HISTÓRIA DA MATEMÁTICA

Blucher

Carl B. Boyer
Uta C. Merzbach

HISTÓRIA DA MATEMÁTICA

A HISTORY OF MATHEMATICS
© 2011 by John Wiley & Sons, Inc.

História da Matemática
© 2012 Editora Edgard Blücher Ltda.
Tradução da 3.ª edição americana
4ª reimpressão – 2018

Blucher

Rua Pedroso Alvarenga, 1245, 4º andar
04531-934 – São Paulo – SP – Brasil
Tel.: 55 11 3078-5366
contato@blucher.com.br
www.blucher.com.br

Segundo o Novo Acordo Ortográfico, conforme 5. ed.
do *Vocabulário Ortográfico da Língua Portuguesa*,
Academia Brasileira de Letras, março de 2009.

É proibida a reprodução total ou parcial por quaisquer meios sem autorização escrita da editora.

Todos os direitos reservados pela Editora Edgard Blücher Ltda.

FICHA CATALOGRÁFICA

B. Boyer, Carl
    História da matemática / Carl B. Boyer, Uta C. Merzbach; [tradução de Helena Castro]. São Paulo: Blucher, 2012.

    Título original: A history of mathematics.
    3. ed. norte-americana.
    Bibliografia
    ISBN 978-85-212-0641-5

    1. Matemática – História I. Boyer, Carl. B. II. Título.

11-11882   CDD-510.9

Índices para catálogo sistemático:
1. Matemática: História   510.9

*Em memória de Carl B. Boyer
(1906-1976)
– U.C.M.*

*Em memória de meus pais,
Howard Franklin Boyer e
Rebecca Catherine (Eisenhart) Boyer
– C.B.B.*

PREFÁCIO DA TERCEIRA EDIÇÃO

Durante as duas décadas desde o aparecimento da segunda edição desta obra, ocorreram mudanças substanciais no curso da matemática e do tratamento de sua história. Dentro da matemática, resultados notáveis foram alcançados por uma mistura de técnicas e conceitos de áreas de especialização anteriormente distintas. História da matemática continuou a crescer quantitativamente, como observado no prefácio da segunda edição; mas aqui, também, houve estudos substanciais que superaram a polêmica da história "interna" versus "externa" e combinaram uma abordagem nova da matemática dos textos originais com as ferramentas linguísticas, sociológicas e econômicas adequadas do historiador.

Nesta terceira edição eu tentei novamente aderir à abordagem de Boyer da história da matemática. Embora desta vez a revisão tenha incluído toda a obra, as mudanças tem a ver mais com ênfase do que com conteúdo original, as exceções obvias sendo a inclusão de novas descobertas desde o aparecimento da primeira edição. Por exemplo, o leitor encontrará maior ênfase no fato de que lidamos com um número tão pequeno de fontes da antiguidade; esta é uma das razões para condensar três capítulos prévios tratando do período helênico em um. Por outro lado, o capítulo tratando da Ìndia e da China foram divididos, como o conteúdo pede. Há uma ênfase maior na recorrente influência mútua entre a matemática pura e aplicada, como exemplificado no capítulo 14. Alguma reorganização é devida à tentativa de salientar o impacto da transmissão institucional e pessoal de idéias; isto afetou a maior parte dos capítulos referentes a épocas anteriores ao século dezenove. Os capítulos que tratam do século dezenove foram os que menos foram alterados, já que eu tinha feito mudanças substanciais em parte deste material na segunda edição. O material do século vinte foi dobrado, e um novo capítulo final trata das tendências recentes, inclusive soluções de problemas de longa data e o efeito dos computadores na natureza das demonstrações.

É sempre um prazer reconhecer aqueles que sabemos ter tido impacto em nosso trabalho. Estou muito agradecida a Shirley Surrete Duffy por ter respondido judiciosamente a diversos pedidos de conselhos referentes a estilo, mesmo nas vezes em que existiam prioridades mais imediatas. Peggy Aldrich Kidwell respondeu com precisão infalível minhas questões referentes a certas fotografias no National Museum of American History. Jeanne LaDuke imediatamente e de maneira animada atendeu meus pedidos de auxílio, especialmente na confirmação de fontes. Judy e Paul Green podem não perceber que uma conversação casual no ano passado me levou a reavaliar algum do material recente. Eu obtive prazer e conhecimento especiais de diversas publicações recentes, entre elas Klopfer 2009 e, de maneira mais relaxada, Szpiro 2007. Muitos agradecimentos são devidos aos editores e à equipe de produção da Jhon Wiley & Sons que trabalharam comigo para tornar esta edição possível: Stephan Power, o editor chefe, foi infalivelmente generoso e diplomático em seus conselhos; o editor assistente, Ellen Wright, facilitou meu progresso pelos principais degraus da criação do manuscrito; a gerente de produção chefe, Marcia Samuels, me deu instruções claras e concisas, advertências e exemplos; Os editores chefes de produção Kimberly Monroe-Hill e John Simko e a editora de texto, Patricia Waldygo, submeteram o manuscrito a um exame detalhado meticuloso. O profissionalismo de todo os envolvidos forneceu um tipo especial de encorajamento em tempos de crise.

Eu gostaria de fazer uma homenagem a dois acadêmicos cuja influência em outros não deveria ser esquecida. A historiadora do renascimento Marjorie N. Boyer (Mrs. Carl B. Boyer) com bondade e sabedoria cumprimentou uma jovem pesquisadora no início de sua carreira por uma palestra proferida em uma conferência sobre Leibniz em 1966. A breve conversa com uma completa estranha teve muita influência sobre mim ao ponderar a escolha entre matemática e sua história.

Mais recentemente, o falecido historiador de matemática, Wilbor Knorr, deu um exemplo significativo a uma geração de acadêmicos mais novos ao se recusar a aceitar a noção de que os autores antigos já foram definitivamente estudados por outros. Deixando de lado o "magister dixit", ele nos mostrou a riqueza de conhecimento ao se procurar os textos.

Uta C. Merzbach, Março de 2010

PREFÁCIO DA SEGUNDA EDIÇÃO

Esta edição trás a uma nova geração e a um espectro mais amplo de leitores um livro que se tornou um padrão em seu assunto, após seu aparecimento inicial em 1968. Os anos desde então têm sido anos de interesse renovado e atividade vigorosa na história da matemática. Isto tem sido demonstrado pelo aparecimento de numerosas publicações novas tratando de tópicos na área, por um aumento no número de cursos sobre história da matemática, e por um crescimento constante, em todos estes anos, do número de livros populares dedicados ao tema. Ultimamente, o interesse crescente na história da matemática se refletiu em outros ramos da imprensa popular e nos meios eletrônicos. A contribuição de Boyer à história da matemática deixou marcas em todas essas atividades.

Quando um dos editores da John Wiley & Sons me procurou, propondo uma revisão desta obra padrão, concordamos logo que as modificações do texto deveriam ser as menores possíveis e que as alterações e adições a serem feitas deveriam, tanto quanto possível, acompanhar a orientação original de Boyer. Assim, os vinte e dois primeiros capítulos foram deixados praticamente sem alteração. Os capítulos relativos ao século XIX foram revistos; o último capítulo foi aumentado e dividido em dois. Em toda parte tentou-se manter uma abordagem consistente dentro do volume e que estivesse de acordo com o objetivo declarado de Boyer de dar ênfase maior a elementos históricos do que é usual em obras similares.

As referências e a bibliografia geral foram substancialmente revistas. Como esta obra foi destinada a leitores da língua inglesa, muitos dos quais eram incapazes de usar as referências de Boyer a obras em outras línguas, estas foram substituídas por obras recentes em inglês. Recomenda-se porém aos leitores que consultem também a Bibliografia Geral. Vindo imediatamente após as referências por capítulo no fim do livro, contém obras adicionais e outras referências bibliográficas, com menos restrições à língua. A introdução à bibliografia fornece orientação geral para outras leituras agradáveis e para a resolução de problemas.

A revisão inicial, que apareceu dois anos atrás, foi destinada a uso em classe. Os exercícios encontrados lá e na edição original foram abandonados nesta edição, dirigida a leitores fora de salas de aula. Os usuários deste livro interessados em exercícios suplementares podem consultar as sugestões na Bibliografia Geral.

Exprimo minha gratidão a Judith V. Grabiner e Albert Lewis por numerosas críticas e sugestões úteis. Tenho o prazer de reconhecer a excelente cooperação e ajuda de vários profissionais da Wiley. Devo agradecimentos sem medida a Virginia Berts por emprestar sua visão num momento crítico da preparação deste texto. Finalmente, devo agradecer a numerosos colegas e estudantes que me comunicaram suas opiniões sobre a primeira edição. Espero que encontrem resultados benéficos nesta revisão.

Uta C. Merzbach
Georgetown, Texas
Março de 1991

PREFÁCIO DA PRIMEIRA EDIÇÃO

Numerosas histórias da Matemática apareceram durante este século, muitas delas em inglês. Algumas são muito recentes como *A History of Mathematics,* de J.F.Scott[1]; uma nova produção neste campo deveria, portanto, ter características não existentes nos livros disponíveis. Na verdade, poucas das histórias publicadas são livros didáticos, ao menos não no sentido que tem essa expressão nos Estados Unidos, e a *History* de Scott não é um desses. Pareceu-me, pois, que havia lugar para um livro novo, um que satisfizesse melhor às minhas preferências e talvez às de outros.

A *History of Mathematics,* em dois volumes, de David Eugene Smith[2], foi de fato escrita "a fim de fornecer um texto de história da matemática elementar que pudesse ser usado por professores e estudantes", mas cobre uma área ampla demais em um nível matemático demasiado elementar para a maior parte dos cursos superiores modernos, e faltam-lhe problemas de tipos variados. *A History of Mathematics,* de Florian Cajori[3], é até hoje um livro de referência muito útil, mas que não se adapta a uso em aulas, nem tampouco o admirável *The Development of Mathematics* de E.T. Bell[4]. Atualmente o mais bem-sucedido e apropriado livro didático parece ser *An Introduction to Mathematics* de Howard Eves[5], que utilizei, com grande satisfação, com pelo menos uma dúzia de cursos desde que apareceu, em 1953. Ocasionalmente eu modifiquei a ordem dos tópicos no livro, procurando alcançar uma maior intensidade de sentimento histórico, e suplementei o material com mais referências às contribuições dos séculos XVIII e XIX, usando para isso principalmente *A Concise History of Mathematics* de D.J. Struik[6].

O leitor deste livro, seja ele leigo, estudante ou professor de um curso de história da matemática, verificará que o nível de conhecimento matemático pressuposto é aproximadamente o de um estudante de curso superior de segundo ou terceiro ano, mas o material pode também ser visto com proveito por leitores que tenham preparo matemático superior ou inferior a esse. Cada capítulo termina com um conjunto de exercícios que podem ser classificados em linhas gerais em três categorias. Questões de redação, cuja intenção é indicar a habilidade do leitor em organizar e por em suas próprias palavras o material discutido no capítulo, são listados primeiro. Então, seguem exercícios relativamente fáceis que pedem as demonstrações de alguns dos teoremas mencionados no capítulo ou sua aplicação a situações variadas. Finalmente, há alguns exercícios marcados com estrela, que ou são mais difíceis ou exigem métodos especializados que podem não ser familiares a todos os estudantes ou todos os leitores. Os exercícios não formam, de modo algum, parte da exposição geral e podem ser desconsiderados pelo leitor sem perda de continuidade.

Aqui e ali no texto há referências a notas de rodapé, em geral de natureza bibliográfica, e no fim de cada capítulo há uma lista de leituras sugeridas. Incluídas aí, há algumas referências à vasta literatura em periódicos do campo, pois não é

---

1 Londres: Taylor and Francis, 1958
2 Boston: Ginn and Company, 1923-1925
3 Nova York: Macmillan, 1931, 2ª ediçãO
4 Nova York: MacGraw-Hill, 1945, 2ª edição
5 Nova York: Holt, Rinehart and Winston, 1964, edição revisada

---

6 Nova York: Dover Publications, 1967, 3ª edição

cedo demais para que estudantes desse nível comecem a conhecer o rico material que se encontra em boas bibliotecas. Bibliotecas menores podem não dispor de todas essas fontes de referências, mas convém que um estudante saiba da existência de domínios mais amplos de conhecimento fora de sua universidade. Há também referências a obras em outras línguas que não o inglês, apesar do fato de que alguns estudantes, esperamos que não muitos, possam não ser capazes de ler nenhuma delas. Além de fornecer importantes fontes adicionais para os que conhecem tais línguas, essas referências podem ajudar a pôr fim ao provincianismo linguístico que, como um avestruz, se refugia na falsa impressão de que tudo que merece ser lido apareceu ou foi traduzido em inglês.

Esta obra difere do texto mais bem-sucedido disponível até agora por aderir mais estritamente a um arranjo cronológico e por dar mais ênfase a elementos históricos. Há sempre a tentação, numa aula de história da matemática, de supor que a finalidade principal do curso é ensinar matemática. Uma quebra dos padrões de rigor matemático é então um pecado mortal, ao passo que um erro histórico é venial. Tentei evitar essa atitude, e o objetivo do livro é apresentar História da Matemática com fidelidade não só para com a estrutura e exatidão matemáticas, mas também para com a perspectiva e o detalhe histórico. Seria absurdo, em um livro deste escopo, esperar que todas as datas, bem como todas as casas decimais, estejam corretas. Espera-se, porém, que as inadvertências que possam ter restado depois do estágio de correção de provas não farão violência ao senso histórico, entendido de modo amplo, ou a uma visão correta dos conceitos matemáticos. É preciso dar forte ênfase ao fato de que esta obra, em um único volume, de modo algum pretende apresentar o assunto completamente. Tal empreendimento exigiria o esforço coordenado de uma equipe, como a que produziu, em 1908, o quarto volume da *Vorlesungen über Geschichte der Mathematik,* de Cantor, e levou a história até 1799. Em uma obra de proporções modestas, o autor deve usar critério na seleção do material a ser incluído, controlando relutantemente a tentação de citar a obra de todo matemático produtivo; raros leitores deixarão de notar aqui algo que considerarão como injustificável omissão. Em particular, o último capítulo busca apenas indicar algumas poucas das características salientes do século XX. No campo da história da matemática, talvez o que mais se deva desejar é que apareça um novo Felix Klein para completar, para o nosso século, o tipo de projeto que Klein tentou para o século XIX, mas não viveu o suficiente para concluir.

Uma obra publicada é até certo ponto como um *iceberg,* pois o que se vê é apenas uma pequena fração do todo. Nenhum livro aparece sem que o autor nele esbanje tempo e sem que receba encorajamento e apoio de outros, demasiado numerosos para serem citados individualmente. No meu caso, o débito começa com os muitos estudantes interessados a quem ensinei história da matemática, principalmente no Brooklyn College, mas também na Yeshiva University, Universidade de Michigan, Universidade da Califórnia (Berkeley) e Universidade do Kansas. Na Universidade de Michigan, principalmente graças ao estímulo do Professor Phillips S.Jones, e no Brooklyn College com o auxílio do Diretor Walter H. Mais e dos Professores Samuel Borofsky e James Singer, eu às vezes tive minha carga didática reduzida para poder trabalhar nos manuscritos deste livro. Amigos e colegas no campo da história da matemática, tais como o Professor Dirk J. Struik do Massachusetts Institute of Technology, Professor Kenneth O. May da Universidade de Toronto, Professor Howard Eves da Universidade do Maine e Professor Morris Kline da New York University, fizeram muitas sugestões valiosas para a preparação do livro, e essas foram grandemente apreciadas. Material em livros e artigos de outros foi livremente usado, com insuficiente reconhecimento, além de uma fria referência bibliográfica, e aproveito esta oportunidade para exprimir a esses autores minha calorosa gratidão. Bibliotecas e editores ajudaram muito, fornecendo informações e ilustrações necessárias ao texto; em particular, foi um prazer trabalhar com a John Wiley and Sons. A datilografia da cópia final, bem como de grande parte do difícil manuscrito preliminar, foi feita, com entusiasmo e cuidado meticuloso, por Mrs. Hazel Stanley de Lawrence, no Kansas. Finalmente, devo exprimir profunda gratidão a uma esposa muito compreensiva, Dra. Marjorie N. Boyer, por sua paciência em tolerar os problemas ocasionados pelo desenvolvimento de mais um livro dentro da família.

Carl B. Boyer
Brooklyn, Nova York
Janeiro de 1968

PREFÁCIO

Isaac Asimov

A matemática é um aspecto único do pensamento humano, e sua história difere na essência de todas as outras histórias.

Com o passar do tempo, quase todo campo de esforço humano é marcado por mudanças que podem ser consideradas como correção e/ou extensão. Assim, as mudanças na história de acontecimentos políticos e militares são sempre caóticas; não há como prever o surgimento de um Gêngis Khan, por exemplo, ou as consequências do pouco duradouro Império Mongol. Outras mudanças são questão de moda e opinião subjetiva. As pinturas nas cavernas de 25.000 anos atrás são geralmente consideradas como grande arte, e, embora a arte tenha mudado continuamente – até caoticamente – nos milênios subsequentes, há elementos de grandeza em todas as modas. De maneira semelhante, cada sociedade considera seus próprios costumes naturais e racionais, e acha os de outras sociedades estranhos, ridículos ou repulsivos.

Mas somente entre as ciências existe verdadeiro progresso; só aí existe o registro de contínuos avanços a alturas sempre maiores.

E, no entanto, em quase todos os ramos da ciência o processo de avanço é tanto de correção quanto de extensão. Aristóteles, uma das maiores mentes que já contemplaram as leis físicas, estava completamente errado em suas ideias sobre corpos em queda e teve que ser corrigido por Galileu por volta de 1590. Galeno, o maior dos médicos da antiguidade, não foi autorizado a estudar cadáveres humanos e estava completamente errado em suas conclusões anatômicas e fisiológicas. Teve que ser corrigido por Vesalius em 1543 e Harvey em 1628. Até Newton, o maior de todos os cientistas, estava errado em sua visão sobre a natureza da luz, a acromaticidade das lentes, e não percebeu a existência de linhas espectrais. Sua obra máxima as leis de movimento e a teoria da gravitação universal, tiveram que ser modificadas por Einstein em 1916.

Agora vemos o que torna a matemática única. Apenas na matemática não há correção significativa, só extensão. Uma vez que os gregos desenvolveram o método dedutivo, o que fizeram estava correto, correto para todo o sempre. Euclides foi incompleto e sua obra foi enormemente estendida, mas não teve que ser corrigida. Seus teoremas, todos eles, são válidos até hoje. Ptolomeu pode ter desenvolvido uma representação errônea do sistema planetário, mas o sistema de trigonometria que ele criou para ajudá-lo em seus cálculos permanece correto para sempre.

Cada grande matemático acrescenta algo ao que veio antes, mas nada tem que ser removido. Consequentemente, quando lemos um livro como *História da Matemática* temos a figura de uma estrutura crescente, sempre mais alta e mais larga e mais bela e magnífica e com uma base que é tão sem mancha e tão funcional agora como era quando Tales elaborou os primeiros teoremas geométricos, há quase 26 séculos.

Nada que se refere à humanidade nos cai tão bem quanto a matemática. Aí, e só aí, tocamos a mente humana em seu ápice.

APRESENTAÇÃO

Uma boa *História da Matemática* é sempre importante. São muitas as Histórias, não muitas as que são boas. A de Boyer já provou seus méritos. Alguns comuns a todas as boas histórias, outros que não o são, como a abrangência e a adaptabilidade ao ensino.

Cabe ressaltar a importância que este texto já teve e deverá continuar a ter entre nós. Critica-se frequentemente a cultura limitada de muitos matemáticos e estudantes de matemática, restrita a aspectos da disciplina e de alguma aplicação.

Uma primeira extensão cultural a recomendar seria certamente pela via da História. A história das dificuldades, esforço, tempo envolvidos em toda a evolução da matemática dá a medida da grandeza desta realização humana. Não deixa persistir a impressão, que o ensino pode dar, de algo que caiu do céu pronto e perfeito. Tudo, inclusive o que já nos parece trivial, agora que sabemos alguma coisa, tudo custou esforço, erros, tentativas até que um resultado fosse construído. E é a história desse esforço permanente que se procura retratar.

Elza F. Gomide
São Paulo, 1996

CONTEÚDO

1 **Vestígios, 23**
Conceitos e relações, 23
Primeiras bases numéricas, 25
Linguagem numérica e contagem, 25
Relações espaciais, 26

2 **Egito antigo, 29**
A era e as fontes, 29
Número e frações, 30
Operações aritméticas, 31
Problemas de "pilhas", 32
Problemas geométricos, 33
Problemas de inclinação, 36
Pragmatismo aritmético, 36

3 **Mesopotâmia, 39**
A era e as fontes, 39
Escritura cuneiforme, 40
Números e frações: sexagesimais, 40
Numeração posicional, 41
Frações sexagesimais, 41
Aproximações, 42
Tabelas, 42
Equações, 43
Medições: ternas Pitagóricas, 46
Áreas poligonais, 48
A geometria como aritmética aplicada, 49

4 **Tradições Helênicas, 53**
A era e as fontes, 53
Tales e Pitágoras, 54
Numeração, 61
Aritmética e logística, 63
Atenas do quinto século, 64
Três problemas clássicos, 64
Quadratura de lunas, 65
Hípias de Elis, 67
Filolau e Arquitas de Tarento, 68
Incomensurabilidade, 70
Paradoxos de Zeno, 71

Raciocínio dedutivo, 73
Demócrito de Abdera, 75
Matemática e as Artes liberais, 76
A Academia, 76
Aristóteles, 85

5 **Euclides de Alexandria, 87**
Alexandria, 87
Obras perdidas, 87
Outras preservadas, 88
Os elementos, 89

6 **Arquimedes de Siracusa, 99**
O cerco de Siracusa, 99
Sobre os equilíbrios dos planos, 99
Sobre corpos flutuantes, 100
O contador de areia, 101
Medida do círculo, 101
Sobre espirais, 102
Quadratura da parábola, 103
Sobre conoides e esferoides, 104
Sobre a esfera e o cilindro, 105
O livro de lemas, 106
Sólidos semirregulares e trigonometria, 107
O método, 107

7 **Apolônio de Perga, 111**
Trabalhos e tradição, 111
Obras perdidas, 112
Ciclos e epiciclos, 113
As cônicas, 113

8 **Correntes secundárias, 121**
Mudança de direção, 121
Eratótenes, 122
Ângulos e cordas, 122
O Almagesto de Ptolomeu, 126
Heron de Alexandria, 130
Declínio da matemática grega, 132
Nicômaco de Gerasa, 132

Diofante de Alexandria, 133
Papus de Alexandria, 135
O fim do domínio de Alexandria, 140
Proclo de Alexandria, 140
Boécio, 140
Fragmentos atenienses, 141
Matemáticos bizantinos, 141

9 **China antiga e medieval, 143**
Os mais antigos documentos, 143
Os nove capítulos, 144
Numerais em barras, 144
O ábaco e as frações decimais, 145
Valores de pi, 146
A matemática do Século Treze, 148

10 **Índia antiga e medieval, 151**
O início da matemática na Índia, 151
Os *Sulbasutras*, 152
Os *Siddhantas*, 152
Aryabhata, 153
Numerais, 154
Trigonometria, 156
Multiplicação, 156
Divisão, 157
Brahmagupta, 158
Equações indeterminadas, 160
Bhaskara, 160
Madhava e a Escola keralesa, 161

11 **A hegemonia Islâmica, 163**
Conquistas árabes, 163
A Casa da Sabedoria, 164
Al-Khwarizmi, 165
'Abd Al-Hamid Ibn-Turk, 169
Thabit Ibn-Qurra, 169
Numerais, 170
Trigonometria, 171
Destaques dos séculos onze e doze, 171
Omar Khayyam, 173
O postulado das paralelas, 174
Nasir al-Din al-Tusi, 174
Al-Kashi, 175

12 **O ocidente latino, 177**
Introdução, 177
Compêndio da Idade das Trevas, 177
Gerbert, 178
O século da tradução, 179

Abacistas e algoristas, 180
Fibonacci, 181
Jordanus Nemorarius, 183
Campanus de Novara, 184
O saber no Século XIII, 185
O restabelecimento de Arquimedes, 185
Cinemática Medieval, 185
Thomas Bradwardine, 186
Nicole Oresme, 187
A latitude das formas, 187
Séries infinitas, 189
Levi ben Gerson, 189
Nicholas de Cusa, 190
Declínio do saber medieval, 190

13 **O renascimento Europeu, 193**
Panorama geral, 193
Regiomontanus, 194
O Triparty de Nicolas Chuquet, 196
A Summa de Lucca Pacioli, 197
Álgebras e aritméticas alemãs, 198
A *Ars magna* de Cardano, 200
Rafael Bombelli, 203
Robert Recorde, 204
Trigonometria, 205
Geometria, 206
Tendências do Ranascimento, 210
François Viète, 211

14 **Primeiros matemáticos modernos dedicados à resolução de problemas, 219**
Acessibilidade de cálculos, 219
Frações decimais, 219
Notações, 221
Logaritmos, 221
Instrumentos matemáticos, 224
Métodos infinitesimais: Stevin, 228
Johannes Kepler, 228

15 **Análise, síntese, o infinito e números, 231**
As duas novas ciências de Galileu, 231
Boaventura Cavalieri, 233
Evangelista Torricelli, 235
Os interlocutores de Mersenne, 236
René Descartes, 237
Lugares geométricos de Fermat, 244
Gregório de St. Vincent, 248

Teoria dos números, 249
Gilles Persone de Roberval, 250
Girard Desargues e a geometria projetiva, 251
Blaise Pascal, 253
Philippe de Lahire, 256
George Mohr, 257
Pietro Mengoli, 257
Frans van Schooten, 257
Jan De Witt, 258
Johann Hudde, 258
René François de Sluse, 259
Christiaan Huygens, 260

16 Técnicas britânicas e métodos continentais, 265
John Walis, 265
James Gregory, 268
Nicolaus Mercator e William Brouncker, 269
Método de Barrow das tangentes, 270
Newton, 271
Abraham De Moivre, 280
Roger Cotes, 282
James Stirling, 283
Colin Maclaurin, 283
Livros didáticos, 285
Rigor e progresso, 286
Leibniz, 286
A família Bernoulli, 291
Transformações de Tschirnhaus, 297
Geometria analítica do espaço, 298
Michel Rolle e Pierre Varignon, 298
Os Clairaut, 299
Matemática na Itália, 300
O postulado das paralelas, 301
Séries divergentes, 301

17 Euler, 303
Vida de Euler, 303
Notação, 304
Fundamentos da análise, 305
Logaritmos e identidades de Euler, 307
Equações diferenciais, 308
Probabilidade, 309
Teoria dos números, 310
Livros didáticos, 311
Geometria analítica, 311
Postulado das paralelas: Lambert, 312

18 A França de pré a pós-revolucionária, 315
Homens e instituições, 315
O comitê de Pesos e Medidas, 316
D'Alembert, 316
Bézout, 318
Condorcet, 319
Lagrange, 320
Monge, 322
Carnot, 325
Laplace, 328
Legendre, 330
Aspectos da abstração, 332
Paris da década de 1820, 332
Fourier, 333
Cauchy, 334
Difusão, 340

19 Gauss, 343
Panorama do século dezenove, 343
Primeiras obras de Gauss, 343
Teoria dos números, 344
Recepção das disquisitiones arithmeticae, 346
Contribuições de Gauss à astronomia, 347
A meia-idade de Gauss, 347
O início da geometria diferencial, 348
Últimos trabalhos de Gauss, 349
Influência de Gauss, 350

20 Geometria, 357
A escola de Monge, 357
A geometria projetiva: Poncelet e Chasles, 358
Geometria sintética métrica: Steiner, 360
Geometrica sintética não métrica: von Staudt, 361
Geometria analítica, 361
Geometria não euclidiana, 364
Geometria riemanniana, 366
Espaços de dimensão superior, 367
Felix Klein, 368
A geometria algébrica pós-riemanniana, 370

21 Álgebra, 371
Introdução, 371
A álgebra na Inglaterra e o cálculo operacional de funções, 371
Boole e a álgebra da lógica, 372
De Morgan, 375
William Rowan Hamilton, 375

Grassmann e Ausdehnungslehre, 377
Cayley e Sylvester, 378
Álgebras lineares associativas, 381
Geometria algébrica, 382
Inteiros algébricos e aritméticos, 382
Axiomas da aritmética, 383

22 Análise, 387
Berlim e Göttingen em meados do século, 387
Riemann Göttingen, 388
Física-matemática na Alemanha, 388
Física-matemática nos países de língua inglesa, 389
Weierstrass e estudantes, 390
A aritmetização da análise, 392
Dedekind, 394
Cantor e Kronecker, 395
Análise na França, 399

23 Legados do Século Vinte, 403
Panorama geral, 403
Poincaré, 404
Hilbert, 408
Integração e medida, 415
Análise funcional e topologia geral, 417
Álgebra, 419
Geometria diferencial e análise tensorial, 420
Probabilidade, 421
Limitantes e aproximações, 422
A década de 1930 e a Segunda Guerra Mundial, 423
Nicolas Bourabki, 424
Álgebra homológica e teoria das categorias, 426
Geometria algébrica, 426
Lógica e computação, 427
As medalhas Fields, 429

24 Tendências recentes, 431
Panorama geral, 431
A conjectura das quatro cores, 431
Classificação de grupos simples finitos, 435
O último teorema de Fermat, 437
A questão de Poincaré, 438
Perspectivas futuras, 441

Referências, 443
Bibliografia, 469
Índice remissivo, 479

VESTÍGIOS

Trouxeste-me um homem que não sabe contar seus dedos?
Do Livro dos Mortos Egípcio

Conceitos e relações

Os matemáticos contemporâneos formulam afirmações sobre conceitos abstratos que podem ser verificadas por meio de demonstrações. Por séculos, a matemática foi considerada a ciência dos números, grandeza e forma. Por esta razão, aqueles que procuram os primeiros exemplos de atividade matemática apontarão para resquícios arqueológicos que refletem a consciência humana das operações numéricas, contagem ou padrões e formas "geométricos". Mesmo quando estes vestígios refletem atividade matemática, eles raramente evidenciam muito significado histórico. Eles podem ser interessantes quando mostram que pessoas em diferentes partes do mundo realizavam certas ações que envolviam conceitos que têm sido considerados matemáticos. Para que uma destas ações assuma significado histórico, entretanto, procuramos por relações que indiquem que esta ação era conhecida por outro indivíduo ou grupo engajado em uma ação relacionada. Uma vez que uma destas conexões tenha sido estabelecida, a porta se abre para estudos históricos mais específicos, como os que tratam da transmissão, tradição e mudança conceitual.

Em geral, os vestígios matemáticos são encontrados no domínio das culturas primitivas, o que torna a avaliação de seu significado ainda mais complexa. Regras de operação podem existir como parte de uma tradição oral, muitas vezes na forma musical ou de versos, ou eles podem estar encobertos na linguagem da mágica ou em rituais. Algumas vezes, eles são encontrados em observações do comportamento animal, removendo-os para ainda mais longe do domínio do historiador. Enquanto os estudos da aritmética canina ou da geometria das aves pertencem aos zoologistas, os do impacto das lesões cerebrais na consciência numéricam pertencem aos neurologistas, e os de encantamentos numéricos que curam, aos antropologistas, todos estes estudos podem se mostrar úteis aos historiadores da matemática sem ser uma parte clara desta história.

A princípio, as noções de número, grandeza e forma podiam estar relacionadas com contrastes mais do que com semelhanças — a diferença entre um lobo e muitos, a desigualdade de tamanho entre uma sardinha e uma baleia, a dessemelhança entre a forma redonda da Lua e a retilínea de um pinheiro. Gradualmente deve ter surgido, da massa de experiências caóticas, a percepção de que há analogias: e dessa percepção de semelhanças em números e formas nasceram a ciência e a matemática. As próprias diferenças parecem indicar semelhanças, pois o contraste entre um lobo e muitos, entre um carneiro e um rebanho, entre uma árvore e uma floresta sugerem que um lobo, um carneiro e uma árvore têm algo em comum — sua unicidade. Do mesmo modo, se observaria que certos grupos, como os pares, podem ser postos em correspondência biunívoca. As mãos podem ser emparelhadas com os pés, os olhos e as orelhas ou as narinas. Essa percepção de uma propriedade abstrata que certos grupos têm em comum e que nós chamamos "número" representa um grande passo no caminho para a matemática moderna. É improvável que isso tenha sido descoberta de um indivíduo ou de uma dada tribo; é mais provável que a percepção tenha sido gradual, desenvolvida tão cedo no desenvolvimento cultural do homem quanto o uso do fogo, talvez há 300.000 anos.

Que o desenvolvimento do conceito de número foi um processo longo e gradual é sugerido pelo fato de que certas línguas, o grego inclusive, conservaram na sua gramática uma distinção tripartite entre um, dois e mais de dois, ao passo que a maior parte das línguas atuais só faz a distinção em "número" entre singular e plural. Evidentemente, nossos antepassados mais antigos, inicialmente, contavam só até dois, e qualquer conjunto além desse nível era designado por "muitos". Mesmo hoje, muitas pessoas ainda contam objetos dispondo-os em grupos de dois.

A ideia de número finalmente tornou-se suficientemente ampla e vívida para que fosse sentida a necessidade de exprimir a propriedade de algum modo, presumivelmente, a princípio, somente na linguagem de sinais. Os dedos de uma mão podem facilmente ser usados para indicar um conjunto de dois, três, quatro ou cinco objetos, sendo que, inicialmente, o número 1, em geral, não era reconhecido como um verdadeiro "número". Usando os dedos das duas mãos podem ser representadas coleções contendo até dez elementos; combinando dedos das mãos e dos pés pode-se ir até vinte. Quando os dedos humanos eram inadequados, podiam ser usados montes de pedras para representar uma correspondência com elementos de outro conjunto. Quando o homem primitivo usava tal método de representação, ele frequentemente amontoava as pedras em grupos de cinco, pois os quíntuplos lhe eram familiares por observação da mão e pé humanos. Como Aristóteles observou há muito tempo, o uso hoje difundido do sistema decimal é apenas o resultado do acidente anatômico de que quase todos nós nascemos com dez dedos nas mãos e nos pés.

Grupos de pedras são demasiado efêmeros para conservar informação: por isso o homem pré-histórico às vezes registrava um número fazendo entalhes em um bastão ou pedaço de osso. Poucos destes registros existem hoje, mas na Morávia foi achado um osso de lobo jovem com profundas incisões, em número de cinquenta e cinco; estavam dispostos em duas séries, com vinte e cinco numa e trinta na outra, com os entalhes em cada série dispostos em grupos de cinco. Foi determinado que ele tem aproximadamente 30.000 anos. Dois outros artefatos numéricos pré-históricos foram encontrados na África: uma fíbula de babuíno com vinte e nove entalhes, que é de cerca de 35.000 anos atrás, e o osso de Ishango, com exemplos do que parecem ser entradas multiplicativas, datado inicialmente como tendo 8.000 anos, mas atualmente com a idade estimada também em até 30.000 anos. Estas descobertas arqueológicas fornecem evidências de que a ideia de número é muito mais velha do que se admitia anteriormente.

Primeiras bases numéricas

Historicamente, contar com os dedos, ou a prática de contar por grupos de cinco e dez, parece ter surgido mais tarde que a contagem por grupos de dois e três; entretanto, os sistemas quinário e decimal quase invariavelmente substituíram o binário e o ternário. Um estudo de várias centenas de tribos de índios americanos, por exemplo, mostrou que quase um terço usava a base decimal e aproximadamente outro terço usava um sistema quinário ou quinário-decimal; menos de um terço tinha um esquema binário, e os que usavam um sistema ternário formavam menos de um por cento do grupo. O sistema vigesimal, com base 20, ocorria em cerca de 10 por cento das tribos.

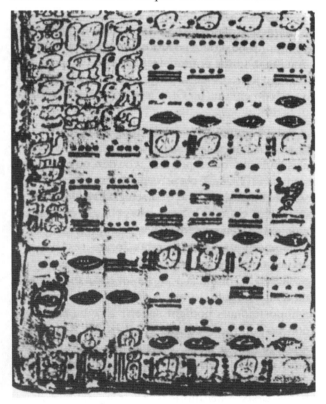

Do Códex de Dresden, dos maias, exibindo números. A segunda coluna da esquerda, de cima para baixo, contém os números 9, 9, 16, 0, 0, que indicam 9 × 144.000 + 9 × 7.200 + 16 × 360 + 0 + 0 = 1.366.560. Na terceira coluna estão os números 9, 9, 9, 16, 0 representando 1.364.360. O original é nas cores preta e vermelha. (*Tirado de Morley*, 1915, p. 266).

Um exemplo interessante de sistema vigesinal é o usado pelos Maias de Yucatan e da América Central. Este foi decifrado algum tempo antes que o resto das línguas maias pudesse ser traduzido. Em sua representação de intervalos de tempo entre datas em seu calendário, os maias usavam uma numeração com valor na posição, geralmente com 20 como base primária e 5 como auxiliar. (Veja a ilustração ao lado.) Unidades eram representadas por pontos e cincos por barras horizontais, de modo que o número 17, por exemplo, teria a aparência ≡ (ou seja, 3(5) + 2). Era usado um arranjo vertical de posição, com as unidades de tempo maior acima; Portanto, a notação ≣ denotava 352 (ou seja, 17(20) + 12). Como o sistema era principalmente para a contagem de dias em um calendário que tinha 360 dias em um ano, a terceira posição em geral não representava múltiplos de (20)(20), como em um sistema vigesimal puro, mas (18)(20). Entretanto, além deste ponto, prevalecia novamente a base 20. Nesta notação posicional, os maias indicavam as posições ausentes pelo uso de um símbolo, que aparece em várias fontes, e lembra um pouco um olho semiaberto.

Assim, no esquema deles, a notação ≣ denotava 17(20 · 18 · 20) + 0(18 · 20) + 13(20) + 0.

Linguagem Numérica e Contagem

Acredita-se, em geral, que o desenvolvimento da linguagem foi essencial para que surgisse o pensamento matemático abstrato; no entanto, palavras que exprimem ideias numéricas apareceram lentamente. *Sinais* para números provavelmente precederam as *palavras* para números, pois é mais fácil fazer incisões em um bastão do que estabelecer uma frase bem modulada para identificar um número. Se o problema da linguagem não fosse tão difícil, talvez sistemas rivais do decimal tivessem feito maiores progressos. A base 5, por exemplo, foi uma das que deixaram a mais antiga evidência escrita palpável; mas quando a linguagem se tornou formalizada, a base dez já predominava. As línguas modernas são construídas quase sem exceção em torno da base 10, de modo que o número treze, por exemplo, não é descrito como três e cinco e cinco, mas como três e dez. A demora no desenvolvimento da linguagem para exprimir abstrações como o número também pode ser percebida no fato de que as expressões verbais numéricas primitivas invariavelmente se referem a coleções concretas específicas – como "dois peixes" ou "dois bastões" – e, mais tarde, uma destas frases seria adotada convencionalmente para indicar todos os conjuntos de dois objetos. A tendência da linguagem de se desenvolver do concreto para o abstrato pode ser percebida em muitas das medidas de comprimento em uso atualmente. A altura de um cavalo é medida em "palmos" e as palavras "pé" e *ell* (ou elbow, cotovelo) também derivaram de partes do corpo.

Os milhares de anos que foram necessários para que o homem fizesse a distinção entre os conceitos abstratos e repetidas situações concretas mostram as dificuldades que devem ter sido experimentadas para se estabelecer um fundamento, ainda que muito primitivo, para a matemática. Além disso, há um grande número de perguntas não respondidas com relação à origem da matemática. Supõe-se usualmente que o assunto surgiu em resposta a necessidades práticas, mas estudos antropológicos sugerem a possibilidade de uma outra origem. Foi sugerido que a arte de contar surgiu em conexão com rituais religiosos primitivos e que o aspecto ordinal precedeu o conceito quantitativo. Em ritos cerimoniais representando mitos da criação era necessário chamar os participantes à cena segundo uma ordem específica, e talvez a contagem tenha sido inventada para resolver esse problema. Se forem corretas as teorias que dão origem ritual à contagem, o conceito de número ordinal pode ter precedido o de número cardinal. Além disso, tal origem indicaria a possibilidade de que o contar tenha uma origem única, espalhando-se subsequentemente a outras partes do mundo. Esse ponto de vista, embora esteja longe de ser estabelecido, estaria em harmonia com a divisão ritual dos inteiros em ímpares e pares, os primeiros considerados como masculinos e os últimos, como femininos. Tais distinções eram conhecidas em civilizações em todos os cantos da Terra, e mitos relativos a números masculinos e femininos se mostraram notavelmente persistentes.

O conceito de número inteiro é o mais antigo na matemática e sua origem se perde nas névoas da antiguidade pré-histórica. A noção de fração racional, porém, surgiu relativamente tarde e em geral não estava relacionada de perto com os sistemas para os inteiros. Entre as tribos primitivas, parece não ter havido praticamente nenhuma necessidade de usar frações. Para necessidades quantitativas, o homem prático pode escolher unidades suficientemente pequenas para eliminar a necessidade de usar frações. Portanto, não houve um progresso ordenado de frações binárias para quinarias para decimais, e o domínio das frações decimais é essencialmente um produto da idade moderna.

Relações Espaciais

Afirmações sobre a origem da matemática, seja da aritmética, seja da geometria, são necessariamente arriscadas, pois os primórdios do assunto são mais antigos que a arte de escrever. Foi somente nos últimos seis milênios, em uma carreira que pode ter coberto milhares de milênios, que o homem se mostrou capaz de pôr seus registros e pensamentos em forma escrita. Para informações sobre a Pré-história, dependemos de interpretações baseadas nos poucos artefatos que restaram, de evidência fornecida pela moderna antropologia, e de extrapolação retroativa, conjectural, a partir dos documentos que sobreviveram. O homem neolítico pode ter tido pouco lazer e pouca necessidade de medir terras, porém seus desenhos e figuras sugerem uma preocupação com relações espaciais que abriu caminho para a geometria. Seus potes, tecidos e cestas mostram exemplos de congruência e simetria, que, em essência, são partes da geometria elementar e aparecem em todos os continentes. Além disso, sequências simples em desenhos como os da Fig. 1.1 sugerem uma espécie de teoria dos grupos aplicada, bem como proposições geométricas e aritméticas. O esquema torna evidente que as áreas dos triângulos estão entre si como os quadrados dos lados, ou, por contagem, que a soma dos números ímpares consecutivos, começando com a unidade, são quadrados perfeitos. Para o período pré-histórico não há documen-

1 – Vestígios

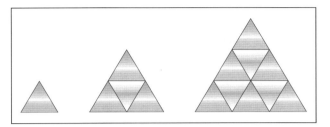

Figura 1.1

tos, portanto é impossível acompanhar a evolução da matemática desde um desenho específico até um teorema familiar. Mas, ideias são como sementes resistentes, e às vezes a origem presumida de um conceito pode ser apenas a reaparição de uma ideia muito mais antiga que ficara esquecida.

A preocupação do homem pré-histórico com configurações e relações espaciais pode ter origem no seu sentimento estético e no prazer que lhe dava a beleza das formas, motivos que muitas vezes propelem a matemática de hoje. Gostaríamos de pensar que ao menos alguns dos antigos geômetras trabalharam pela pura satisfação de fazer matemática, não como auxílio prático à mensuração; mas há teorias alternativas. Uma é que a geometria, como a contagem, tivesse origem na prática de rituais primitivos. Entretanto, a teoria da origem da geometria na secularização de práticas ritualísticas não está de modo algum estabelecida. O desenvolvimento da geometria pode muito bem ter sido estimulado pela necessidade prática de construção e de demarcação de terras, ou pelo sentimento estético por *design* e ordem.

Podemos fazer conjeturas sobre o que levou os homens da Idade da Pedra a contar, medir e desenhar. Que os começos da matemática são mais antigos que as mais antigas civilizações é claro. Ir além e identificar categoricamente uma origem determinada no espaço e no tempo, no entanto, é confundir conjetura com história. É melhor suspender o julgamento nessa questão e ir adiante ao terreno mais firme da história da matemática encontrada em documentos escritos que chegaram até nós.

2 EGITO ANTIGO

Sesóstris... repartiu o solo do Egito entre seus habitantes... Se o rio levava qualquer parte do lote de um homem ... o rei mandava pessoas para examinar e determinar por medida a extensão exata da perda... Por esse costume, eu creio, é que a geometria veio a ser conhecida no Egito, de onde passou para a Grécia.

Heródoto

A era e as fontes

Em cerca de 450 a.C., Heródoto, o inveterado viajante grego e historiador narrativo, visitou o Egito. Ele viu os monumentos antigos, entrevistou sacerdotes e observou a majestade do Nilo e as conquistas dos que trabalhavam ao longo de suas margens. O relato resultante se tornou uma das pedras fundamentais da narrativa da história antiga do Egito. Ao tratar de matemática, ele manteve que a geometria tinha-se originado no Egito, pois acreditava que o assunto tinha aparecido lá a partir da necessidade prática de redemarcar terras depois da enchente anual das margens do vale do rio. Um século mais tarde, o filósofo Aristóteles especulou sobre o mesmo assunto e atribuiu a busca da geometria pelos egípcios à existência de uma classe de sacerdotes com tempo para o lazer. O debate, que se estende bem além das fronteiras do Egito, sobre creditar o progresso em matemática aos homens práticos (os demarcadores de terras ou "esticadores de corda") ou aos elementos contemplativos da sociedade (os sacerdotes e o filósofos) continua até nossos tempos. Como iremos ver, história da matemática mostra uma constante influência mútua entre estes dois tipos de contribuição.

Ao tentar desvendar história da matemática no Egito antigo, os pesquisadores até o século dezenove encontraram duas grandes dificuldades. A primeira era a inabilidade de ler os materiais-fonte que existiam. A segunda era a escassez destes materiais. Por mais de trinta e cinco séculos, as inscrições usaram escrita hieroglífica, com variações de puramente ideográficas para a hierática mais suave e eventualmente para as formas demóticas, ainda mais fluentes. Após o terceiro século d.C., quando os hieróglifos foram substituídos pelo cóptico e eventualmente suplantados pelo árabe, o conhecimento sobre eles desapareceu. O desenvolvimento que permitiu aos pesquisadores modernos decifrarem os textos antigos ocorreu no início do século dezenove, quando o pesquisador francês Jean-François Champollion, trabalhando em estudos em várias línguas, foi capaz de lentamente traduzir diversos hieróglifos. Estes estudos foram suplementados pelos de outros pesquisadores, como físico inglês Thomas Young, que estava intrigado pela pedra de Rosetta, uma placa de basalto trilingue com inscrições em hieróglifos, demótico e grego, que tinha sido encontrada por membros da expedição egípcia de Napoleão em 1799. Em 1822, Champollion foi capaz de anunciar uma parte substancial de sua tradução em uma famosa carta mandada para a Academia de Ciências de Paris, e na época de sua morte, em 1832, tinha publicado um livro de gramática e o início de um dicionário.

Embora estes primeiros estudos dos textos hieroglíficos tenham lançado alguma luz na numeração egípcia, eles não produziram nenhum material puramente matemático. Esta situação se alterou na segunda metade do século dezenove. Em 1858, o antiquário escocês Henry Rhind comprou um rolo de Papiro em Luxor com cerca de 0,30 m de altura e 5 m de comprimento. Exceto por uns poucos fragmentos que estão no Brooklyn Museum, este papiro está agora no British Museum. É conhecido como Papiro de Rhind ou de Ahmes, como homenagem ao escriba que o copiou por volta de 1650 a.C. O escriba conta que o material provém de um protótipo do Reino do Meio de cerca de 2000 a 1800 a.C. Redigido na escrita hierática, ele se tornou a fonte principal de nosso conhecimento da matemática do Egito antigo. Outro papiro importante, conhecido como Papiro de Golenishchev ou de Moscou, foi comprado em 1893 e está agora no Pushkin Museum of Fine Arts em Moscou. Ele também tem cerca de 5 m de comprimento, mas apenas um quarto da largura do papiro de Ahmes. Ele foi escrito com menos cuidado que o trabalho de Ahmes, por um escriba desconhecido em cerca de 1890 a.C. Ele contém 25 exemplos, a maioria da vida prática e que não diferem muito daqueles de Ahme, exceto por dois que serão discutidos mais adiante. Ainda um outro papiro da décima-segunda dinastia, o kahun, está agora em Londres; um papiro de Berlim é do mesmo período. Outros materiais, um pouco mais antigos, são duas tábuas de madeira de Akhmim de cerca de 2.000 a.C. e um rolo de couro contendo uma lista de frações. A maior parte deste material foi decifrado menos de cem anos após a morte de Champollion. Há um grau de coincidência impressionante entre certos aspectos das primeiras inscrições conhecidas e os poucos textos matemáticos do Reino Médio que constituem nossa fonte de material conhecida.

Números e frações

Uma vez que Champollion e seus contemporâneos puderam decifrar as inscrições em tumbas e monumentos, a numeração hieroglífica egípcia foi facilmente decifrada. O sistema, pelo menos tão antigo quanto as pirâmides, datando de cerca de 5.000 anos atrás, baseava-se na escala de dez. Usando um esquema iterativo simples e símbolos diferentes para a primeira meia dúzia de potências de dez, números maiores que um milhão foram entalhados em pedra, madeira e outros materiais. Um traço vertical representa uma unidade, um V invertido indicava 10, um laço que lembra um pouco a letra C maiúscula valia 100, uma flor de lótus, 1.000, um dedo dobrado, 10.000, um peixe era usado para indicar 100.000 e uma figura ajoelhada (talvez o deus do Sem-fim) 1.000.000. Por repetição desses símbolos, o número 12.345, por exemplo, se escrevia como

Às vezes, os dígitos menores eram colocados à esquerda, e outras vezes os dígitos eram dispostos verticalmente. Os próprios símbolos ocasionalmente eram entalhados com orientação invertida, de modo que o laço tanto podia ser convexo para a direita como para a esquerda.

As inscrições egípcias revelam familiaridade com grandes números desde tempos remotos. Um museu em Oxford possui um cetro real de mais de 5.000 anos sobre o qual aparece um registro de 120.000 prisioneiros e 1.422.000 cabras capturadas. Esses números podem ser exagerados, mas de outras considerações fica claro, no entanto, que os egípcios eram louvavelmente precisos no contar e medir. A construção do calendário solar egípcio é um exemplo extraordinário, dos mais antigos, de observação, medição e contagem. As pirâmides são outro exemplo famoso; elas exibem um grau de precisão tão alto em sua construção e orientação que lendas mal fundamentadas surgiram em torno delas.

A escrita hierática mais cursiva usada por Ahmes era melhor adaptada ao uso de pena e tinta sobre folhas de papiro preparadas. A numeração continua decimal, mas o tedioso princípio repetitivo da numeração hieroglífica foi substituído pela introdução de sinais especiais ou cifras para representar dígitos e múltiplos de potências de dez. Quatro, por exemplo, em geral não é mais representado por quatro riscos verticais, mas por uma barra horizontal; sete não é escrito com sete riscos, mas um único símbolo ⌐, semelhante a uma foice. Na forma hieroglífica, o número vinte e oito era ∩∩||||, mas em hierático é simplesmente =⌐. Observe que símbolo = para o dígito menor oito (ou dois quatros) aparece à esquerda em vez de à direita. O princípio de ciferização, introduzido pelos egípcios há cerca de 4.000 anos e usado no Papiro de Rhind, representou uma importante contribuição à numeração, e é um dos fatores que faz do sistema em uso hoje o instrumento eficaz que é.

As inscrições hieroglíficas egípcias têm uma notação especial para frações unitárias, isto é, com numerador um. O recíproco de qualquer inteiro era indicado simplesmente colocando sobre a notação para o inteiro um sinal oval alongado. A fração 1/8 aparecia então como ⌂ e 1/20 como ⌂. Na notação hierática dos papiros, o oval alongado é substituído por um ponto, colocado sobre a cifra para o inteiro correspondente (ou sobre a cifra da direita, no caso do recíproco de um número com vários dígitos). No Papiro de Ahmes, por exemplo, a fração 1/8 aparece como ≐ e 1/20 como ⋅⌐. Tais frações eram manipuladas livremente no tempo de Ahmes, mas a fração geral parece ter sido um enigma para os egípcios. Eles se sentiam à vontade com a fração 2/3, para a qual tinham um sinal hierático ⌐; ocasionalmente usavam sinais especiais para frações da forma $n/(n+1)$, os complementos das frações unitárias. Atribuíam à fração 2/3 um papel especial nos processos aritméticos, de modo que para achar o terço de um número primeiro achavam os dois terços e tomavam depois a metade disso! Conheciam e usavam o fato de dois terços da fração unitária $1/p$ ser a soma de duas frações unitárias $1/2p$ e $1/6p$; também tinham percebido que o dobro da fração $1/2p$ é a fração $1/p$. No entanto, parece que, tirando a fração 2/3, os egípcios consideravam a fração racional própria geral da forma m/n não como uma "coisa" elementar, mas como parte de um processo incompleto. A fração 3/5, para nós uma única fração irredutível, era pensada pelos escribas egípcios como redutível à soma de três frações unitárias 1/3 e 1/5 e 1/15.

Para facilitar a redução de frações próprias "mistas" à soma de frações unitárias, o Papiro de Rhind começa com uma tabela fornecendo $2/n$ como soma de frações unitárias, para todos os valores de n de 5 a 101. O equivalente de 2/5 é dado como 1/3 mais 1/15; 2/11 é escrito como 1/6 mais 1/66; e 2/15 é expresso como 1/10 mais 1/30. O último item da tabela decompõe 2/101 em 1/101 mais 1/202 mais 1/303 mais 1/606. Não é claro por que uma forma de decomposição era preferida a outra, dentre as muitas possíveis. Esta última entrada certamente exemplifica a predisposição dos egípcios para calcular a metade e um terço; não é de modo algum claro para nós por que a decomposição $2/n = 1/n + 1/2n + 1/3n + 1/2 \cdot 3 \cdot n$ é melhor do que $1/n + 1/n$. Talvez um dos objetivos da decomposição de $2/n$ fosse chegar a frações unitárias menores do que $1/n$. Certas passagens sugerem que os egípcios tinham alguma compreensão das regras gerais e dos métodos acima, e além do caso específico considerado e isto representa um passo importante no desenvolvimento da matemática.

Operações aritméticas

A tabela para $2/n$ no Papiro de Ahmes é seguida de uma curta tabela para $n/10$ para n entre 1 e 9, as frações sendo novamente expressas em termos das favoritas: frações unitárias e a fração 2/3. A fração 9/10, por exemplo, é decomposta como 1/30 mais 1/5 mais 2/3. Ahmes tinha começado sua obra garantindo que ela forneceria um "estudo completo e minucioso de todas as coisas... e o conhecimento de todos os segredos", e por isso a parte principal do material que vem a seguir das tabelas para $2/n$ e $n/10$ consiste em 84 problemas sobre questões variadas. Os seis primeiros requerem a divisão de um ou dois ou seis ou sete ou oito ou nove pães entre dez homens, e o escriba usa a tabela para $n/10$ que acabou de dar. No primeiro problema, o escriba tem um trabalho considerável para mostrar que está correto dar a cada homem um décimo de um pão. Se um homem recebe 1/10 de um pão, dois homens receberão 2/10 ou 1/5 e quatro receberão 2/5, ou seja, 1/3 + 1/15 de um pão. Portanto, oito homens receberão 2/3 + 2/15, ou 2/3 + 1/10 + 1/30 de um pão e oito homens mais dois homens terão 2/3 + 1/5 + 1/10 + 1/30, ou um pão inteiro. Ahmes parece ter tido alguma espécie de equivalente de nosso mínimo múltiplo comum, que lhe permitiu terminar a demonstração. Na divisão de sete pães por dez homens, o escriba poderia ter escolhido 1/2 + 1/5 de pão para cada um, mas a predileção por 2/3 levou-o a 2/3 mais 1/30 de pão para cada um.

A operação aritmética fundamental no Egito era a adição, e nossas operações de multiplicação e divisão eram efetuadas no tempo de Ahmes por sucessivas "duplicações". Nossa palavra "multiplicação", na verdade, sugere o processo egípcio. Uma multiplicação de, digamos 69 por 19, seria efetuada somando 69 com ele mesmo para obter 138, depois adicionando este valor a si próprio para alcançar 276, novamente duplicando para obter 552, e mais uma vez, dando 1.104, que é, naturalmente, dezesseis vezes 69. Com 19 = 16 + 2 + 1, o resultado da multiplicação de 69 por 19 é 1.104 + 138 + 69 – isto é, 1.311. Ocasionalmente, usava-se também uma multiplicação por dez, pois isto é natural na notação hieroglífica decimal. Multiplicação de combinações de frações unitárias também era parte da aritmética egípcia. O Problema 13 no Papiro de Ahmes, por exemplo, pede o produto de 1/16 + 1/112 por 1 + 1/2 + 1/4; o resultado 1/8 é achado corretamente. Para a divisão, inverte-se o processo de duplicação, e o *divisor* é dobrado sucessivamente, em vez do *multiplicando*. Que os egípcios tinham alcançado grande virtuosidade na aplicação do processo de duplicação e do conceito de fração unitária é evidente pelos cálculos nos problemas do Papiro de Ahmes. O Problema 70 requer o quociente da divisão de 100 por 7 + 1/2 + 1/4 + 1/8; o resultado, 12 + 2/3 + 1/42 + 1/126 é obtido assim: dobrando o divisor sucessivamente, primeiro obtemos 15 + 1/2 + 1/4, depois 31 + 1/2, e finalmente 63, que é oito vezes o divisor. Além disso, sabe-se que dois terços do divisor é 5 + 1/4. Portanto o divisor, quando multiplicado por 8 + 4 + 2/3 dará 99 3/4, faltando 1/4 para o produto 100 que se quer. Aqui, um ajuste inteligente é feito. Como oito vezes o divisor dá 63, resulta que o divisor quando multiplicado por 2/63 produzirá 1/4. Da tabela para $2/n$ sabe-se que 2/63 é 1/42 + 1/126; portanto, o quociente procurado é 12 + 2/3 + 1/42 + 1/126. Incidentalmente, esse processo usa a comutatividade da multiplicação, princípio evidentemente familiar aos egípcios.

Muitos dos problemas de Ahmes mostram conhecimento de manipulações equivalentes à regra de três. O Problema 72 pergunta qual o número de pães de "força" 45 que são equivalentes a 100 pães de "força" 10, e a solução é apresentada como 100/10 × 45 ou 450 pães. Nos problemas sobre pães ou cerveja, a "força" ou *pesu* é o inverso da densidade de grão, sendo o quociente do número de pães ou de unidades de volume dividido pela quantidade de grão. São numerosos os problemas sobre pães e cerveja no Papiro de Ahmes. O Problema 63, por exemplo, pede que sejam repartidos 700 pães entre quatro pessoas, sendo que as quantidades que devem receber estão na proporção prolongada 2/3 : 1/2 : 1/3 : 1/4. A solução é encontrada fazendo o quociente de 700 pela soma das frações na proporção. Nesse caso, o quociente de 700 por 1 3/4 é encontrado multiplicando 700 pelo recíproco do divisor, que é 1/2 + 1/14. O resultado é 400; calculando 2/3 e 1/2 e 1/3 e 1/4 disto, são obtidas as parcelas de pão requeridas.

Problemas de "pilhas"

Os problemas egípcios descritos até agora são mais bem classificados como aritméticos, mas há outros para os quais a designação de algébricos é adequada. Não se referem a objetos concretos específicos, como pães e cerveja, nem exigem operações entre números conhecidos. Em vez disso, pedem o que equivale a soluções de equações lineares, da forma $x + ax = b$ ou $x + ax + bx = c$, onde a, b, e c são conhecidos e x é desconhecido. A incógnita é chamada de "aha", ou pilha. O Problema 24, por exemplo, pede o valor de pilha sabendo que pilha mais um sétimo de pilha dá 19. A solução de Ahmes não é a dos livros modernos, mas é característica de um processo atualmente conhecido com "método de falsa posição", ou "regra de falso". Um valor específico, provavelmente falso, é assumido para pilha, e as operações indicadas à esquerda do sinal de igualdade são efetuadas sobre esse número suposto. O resultado é então comparado com o resultado que se pretende, e, usando proporções, chega-se à resposta correta. No Problema 24, o valor tentado para a incógnita é 7, de modo que $x + 1/7x$ é 8, em vez de 19, como se queria. Como $8(2 + 1/4 + 1/8) = 19$, deve-se multiplicar 7 por $2 + 1/4 + 1/8$ para obter a resposta: Ahmes achou que a resposta era $16 + 1/2 + 1/8$. Então verificou sua resposta mostrando que se a $16 + 1/2 + 1/8$ somarmos um sétimo disto (que é $2 + 1/4 + 1/8$), de fato obteremos 19. Aqui, observamos outro passo significativo no desenvolvimento da matemática, pois a verificação é um exemplo simples de demonstração. Embora o método de falsa posição fosse o geralmente usado por Ahmes, há um problema (Problema 30) em que a equação $x + 2/3x + 1/2x + 1/7x = 37$ é resolvida fatorando o lado esquerdo da equação e dividindo 37 por $1 + 2/3 + 1/2 + 1/7$, o resultado sendo $16 + 1/56 + 1/679 + 1/776$.

Muitos dos cálculos com "aha" no Papiro de Rhind (ou Ahmes) parecem ser exercícios para jovens estudantes. Embora uma grande parte deles seja de natureza prática, em algumas ocasiões o escriba parece ter tido em mente enigmas ou recreações matemáticas. Assim, o Problema 79 cita apenas "sete casas, 49 gatos, 343 ratos, 2.401 espigas de trigo, 16.807 hécates". É presumível que o escriba estava tratando de um problema, talvez bem conhecido, em que em cada uma das sete casas havia sete gatos, cada um deles come sete ratos, cada um dos quais havia comido sete espigas, cada uma delas teria produzido sete medidas de grão. O problema evidentemente não pedia uma resposta prática, que seria o número de medidas de grão poupadas, mas a não prática soma dos números de casas, gatos, ratos, espigas e medidas de grão. Este divertimento no Papiro de Ahmes parece um antepassado do versinho infantil:

*Quando ia a Sto. Ives,
encontrei um homem com sete mulheres;
cada mulher tinha sete sacos,
cada saco tinha sete gatos,
cada gato tinha sete gatinhos.
Gatinhos, gatos, sacos e mulheres,
quantos iam a Sto. Ives?*

Problemas geométricos

Diz-se frequentemente que os egípcios antigos conheciam o teorema de Pitágoras, mas não há traço disto nos papiros que chegaram até nós. Há, no entanto, alguns problemas geométricos no Papiro de Ahmes. O Problema 51 mostra que a área de um triângulo isósceles era achada tomando a metade do que chamaríamos base e multiplicando isso pela altura. Ahmes justifica seu método para achar a área sugerindo que o triângulo isósceles pode ser pensado como dois triângulos retângulos, um dos quais pode ser deslocado de modo que os dois juntos formem um retângulo. O trapézio isósceles é tratado de modo semelhante no Problema 52, em que a base maior de um trapésio é 6, a menor é 4 e a distância entre elas é 20. Tomando 1/2 da soma das bases, "de modo a fazer um retângulo", Ahmes multiplica isso por 20 para achar a área. Em transformações como essa, em que triângulos e trapézios isósceles são transformados em retângulos, vemos o início de uma teoria de congruências e da ideia de demonstração em geometria, mas não há evidência de os egípcios terem ido além. Em vez disso, em sua geometria faltava uma distinção clara entre relações que são exatas e as que são apenas aproximações.

Um documento de Edfu que se preservou, datando de cerca de 1.500 anos depois de Ahmes, dá exemplos de triângulos, trapézios, retângulos e quadriláteros mais gerais. A regra para achar a área do quadrilátero geral é fazer o produto das médias aritméticas de lados opostos. Imprecisa como é a regra, o autor do documento deduziu dela um corolário – que a área do triângulo é a metade da soma de dois lados multiplicada pela metade do terceiro lado. Este é um notável exemplo de busca de relações entre figuras geométricas, bem como de um dos mais antigos uso do conceito de zero como substituto de uma grandeza na geometria.

A regra egípcia para achar a área do círculo tem sido considerada um dos maiores sucessos da época. No Problema 50, o escriba Ahmes assume que a área de um campo circular com diâmetro de 9 unidades é a mesma de um quadrado com lado de 8 unidades. Comparando esta hipótese com a fórmula moderna $A = \pi r^2$, vemos que a regra egípcia equivale a atribuir a π o valor 3 1/6, uma aproximação bastante elogiável; mas novamente não há sinal de que Ahmes soubesse que as áreas de seu círculo e quadrado não eram *exatamente* iguais. É possível que o Problema 48 dê alguma pista sobre como os egípcios chegaram à sua área do círculo. Nesse problema, o escriba formou um octógono a partir de um quadrado de lado 9 unidades dividindo os lados em três e cortando os quatro triângulos isósceles dos cantos, cada um tendo área 4 1/2 unidades. A área do octógono, que não difere muito da de um círculo inscrito no quadrado, é 63 unidades, o que não está longe da área do quadrado com lado de oito unidades. Que o número $4(8/9)^2$ desempenhava papel comparável ao de nossa constante π parece ser confirmado pela regra egípcia para calcular a circunferência do círculo, segundo a qual a razão da área de um círculo para a circunferência é igual à da área do quadrado circunscrito para seu perímetro. Essa observação representa uma relação geométrica muito mais precisa e matematicamente significativa do que a aproximação relativamente boa para π.

O grau de precisão na aproximação não é uma boa medida nem das realizações matemáticas nem das arquitetônicas, e não devemos dar ênfase demais a esse aspecto da obra dos egípcios. A percepção pelos egípcios de inter-relações entre figuras geométricas foi, por outro lado, muito frequentemente esquecida. No entanto, é aqui que eles mais se aproximaram da atitude de seus sucessores, os gregos. Não se conhece teorema ou demonstração formal na matemática egípcia, mas algumas comparações geométricas feitas no vale do Nilo, como essas sobre perímetros e áreas de círculos e quadrados, estão entre as primeiras afirmações precisas da história referentes a figuras curvilíneas.

O valor 22/7 é frequentemente usado para π, hoje em dia; mas devemos lembrar que o valor de Ahmes para π era cerca de 3 1/6, não 3 1/7. Que o valor de Ahmes foi usado também por outros egípcios é confirmado em um rolo de papiro da décima-segunda dinastia (o Papiro Kahun) em que o volume de um cilindro é calculado multiplicando a altura pela área da base, a área da base sendo determinada pela regra de Ahmes.

Associada ao Problema 14 do Papiro de Moscou, há uma figura que parece um trapézio (ver Fig. 2.1), mas os cálculos associados a ela mostram que o que se quer representar é o tronco de uma pirâmide. Acima e abaixo da figura estão sinais para 2 e 4, respectivamente, e no interior estão os símbolos hieráticos para 6 e 56. As instruções ao lado tornam claro que o problema pergunta qual o volume de um tronco de pirâmide quadrada com altura de 6 unidades se as arestas das bases superior e inferior medem 2 e 4 unidades, respectivamente. O escriba indica que se deve tomar os quadrados dos números dois e quatro e adicionar à soma desses quadrados o produto de 2 por 4, o resultado sendo 28. Esse é então multiplicado por um terço de seis; e o escriba conclui com as palavras, "Veja, é 56; você achou-o corretamente". Isto é, o volume do tronco foi calculado de acordo com a fórmula moderna $V = h(a^2 + ab + b^2)/3$, onde h é a altura e a e b são os lados das bases quadradas. Essa fórmula não aparece escrita em nenhum lugar, mas em substância era evidentemente conhecida pelos egípcios. Se, como se faz no documento de Edfu, toma-se $b = 0$, a fórmula se reduz à fórmula familiar, um terço da base vezes a altura, para o volume da pirâmide.

Como os egípcios chegaram a esses resultados não se sabe. Uma origem empírica para a regra sobre o volume da pirâmide parece ser possível, mas não para o do tronco. Para esse, uma base teórica é mais provável; sugeriu-se que os egípcios tenham procedido nesse caso como nos do triângulo isósceles e do trapézio — podem, mentalmente, ter decomposto o tronco em paralelepípedos, prismas e pirâmides. Substituindo as pirâmides e prismas por blocos retangulares iguais, um agrupamento plausível dos blocos leva à fórmula egípcia. Por exemplo, poder-se-ia começar com uma pirâmide de base quadrada e com o vértice diretamente sobre um dos vértices da base. Uma decomposição

2 – Egito antigo

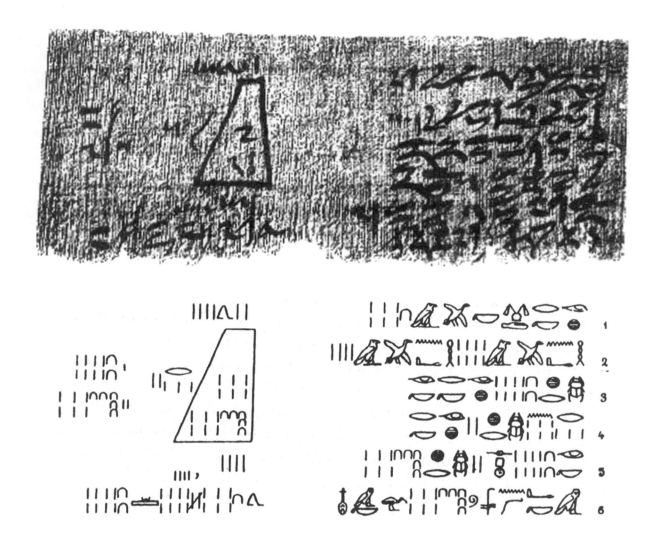

Reprodução (no topo) de uma parte do Papiro de Moscou mostrando o problema de um tronco de pirâmide quadrada, junto com transcrições hieroglíficas (abaixo).

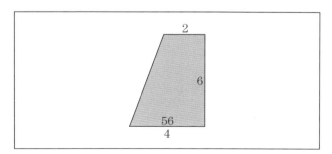

Figura 2.1

evidente do tronco seria a em quatro partes mostrada na Fig. 2.2 — um paralelepípedo retângulo tendo volume b^2h, dois prismas triangulares, cada um com volume $b(a-b)h/2$ e uma pirâmide de volume $(a-b)^2h/3$. Os prismas podem ser juntados em um paralelepípedo retângulo de dimensões b, $a-b$ e h, e a pirâmide pode ser pensada como um paralelepípedo de dimensões $a-b$ e $a-b$ e $h/3$. Dividindo os paralelepípedos mais altos de modo que todas as alturas sejam $h/3$, pode-se facilmente dispor os blocos de modo a formar três camadas, cada uma de altura $h/3$ e tendo secções com áreas a^2 e ab e b^2, respectivamente.

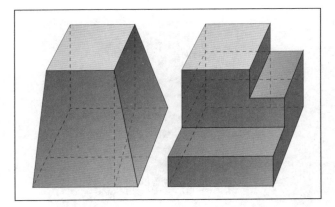

Figura 2.2

O Problema 10 no Papiro de Moscou apresenta uma questão mais difícil de interpretar que a do Problema 14. Aqui, o escriba pede a área da superfície do que parece ser um cesto com um diâmetro 4 1/2. Ele procede como se usasse o equivalente da fórmula $S = (1 - 1/9)^2 (2x) \cdot x$ onde x é 4 1/2, obtendo como resposta 32 unidades. Como $(1 - 1/9)^2$ é a aproximação egípcia para $\pi/4$, a resposta 32 corresponderia à superfície de um hemisfério de diâmetro 4 1/2; e essa foi a interpretação dada ao problema em 1930 . Tal resultado, precedendo de cerca de 1.500 anos o mais antigo cálculo conhecido de uma superfície hemisférica, seria assombroso, e de fato, parece que seria bom demais para ser verdadeiro. Análise posterior indica que a "cesta" pode ter sido um teto — algo como o de um hangar em forma de meio cilindro de diâmetro 4 1/2 e comprimento 4 1/2. O cálculo, nesse caso, não exige mais que o conhecimento do comprimento de um semicírculo, e a obscuridade do texto permite oferecer interpretações ainda mais primitivas, inclusive a possibilidade de ser o cálculo apenas uma avaliação grosseira da área de um teto de celeiro em forma de cúpula. De qualquer forma, parece que temos aqui uma das primeiras estimativas da área de uma superfície curva.

Problemas de inclinação

Na construção de pirâmides era essencial manter uma inclinação constante das faces e pode ter sido essa preocupação que levou os egípcios a introduzir um conceito equivalente ao de cotangente de um ângulo. Na tecnologia moderna, é usual medir o grau de inclinação de uma reta por uma razão entre segmentos verticais e horizontais que é recíproca da usada costumeiramente no Egito. A palavra egípcia *seqt* significava o afastamento horizontal de uma reta oblíqua em relação ao eixo vertical para cada variação de unidade na altura. O *seqt* correspondia assim, exceto quanto a unidades de medida, ao termo usado hoje pelos arquitetos para indicar a inclinação de uma parede. A unidade de comprimento vertical era o cúbito; mas para medir a distância horizontal a unidade usada era a "mão", das quais havia sete em um cúbito. Portanto, o *seqt* da face de uma pirâmide era o quociente do afastamento horizontal pelo vertical, o primeiro medido em mãos, o segundo, em cúbitos.

No Problema 56 do Papiro de Ahme, pede-se o *seqt* de uma pirâmide que tem 250 cúbitos (ou *ells*) de altura e uma base quadrada com lado de 360 cúbitos. O escriba começa dividindo 360 por 2, depois divide o resultado por 250, obtendo 1/2 + 1/5 + 1/50. Multiplicando o resultado por 7, deu o resultado de 5 1/25 em mãos por cúbitos. Em outros problemas sobre pirâmides no Papiro de Ahmes, o *seqt* dá 5 1/4, o que está um pouco mais de acordo com o da grande Pirâmide de Quéops, com lado de base 440 cúbitos e altura 280, o *seqt* sendo 5 1/2 mãos por cúbito.

Pragmatismo aritmético

O conhecimento revelado nos papiros egípcios existentes é quase todo de natureza prática e o elemento principal nas questões eram cálculos. Quando parecem entrar elementos teóricos, o objetivo pode ter sido o de facilitar a técnica. Mesmo a geometria egípcia, outrora louvada, na verdade parece ter sido principalmente um ramo da aritmética aplicada. Onde entram relações de congruência elementares, o motivo aparentemente é o de fornecer artifícios de mensuração. As regras de cálculo dizem respeito apenas a casos concretos específicos. Os papiros de Ahmes e Moscou, nossas duas principais fontes de informação, podem ter sido apenas manuais destinados a estudantes, mas mesmo assim indicam a direção e as tendências do ensino de matemática no Egito. Outras evidências fornecidas por inscrições em monumentos, fragmentos de outros papiros matemáticos, e documentos de ramos aparentados da ciência servem para confirmar a impressão geral. É verdade que nossos dois principais papiros matemáticos são de época bastante antiga, mil anos antes do surgimento da matemática grega, mas a matemática egípcia parece ter permanecido notavelmente uniforme durante sua longa história. Em todos os seus estágios, era construída em torno da operação de adição, uma desvantagem que conferia aos cálculos dos egípcios um peculiar primitivismo, combinado com uma ocasional e assombrosa complexidade.

O fértil vale do Nilo tem sido descrito como o maior oásis do mundo no maior deserto do mundo. Regado por um dos rios mais "bem-educados" do mundo e geograficamente protegido em larga extensão da invasão estrangeira, era um abrigo para um povo pacífico que aspirava, em grande parte, levar uma vida calma e sem desafios. O amor aos deuses benevolentes, o respeito à tradição, a preocupação com a morte e as necessidades dos mortos, tudo isso encorajou um alto grau de estagnação. A geometria pode ter sido uma dádiva do Nilo, como Heródoto acreditava, mas as evidências disponíveis sugerem que os egípcios usaram esta dádiva, mas pouco fizeram para expandi-la. A matemática de Ahmes era a de seus antepassados e descendentes. Para realizações matemáticas mais progressistas, devemos examinar o vale fluvial mais turbulento conhecido como Mesopotâmia.

MESOPOTÂMIA

Quanto um deus está além de outro deus?
De um texto astronômico babilônio antigo.

A era e as fontes

O quarto milênio antes de nossa era foi um período de notável progresso cultural, trazendo o uso da escrita, da roda, e dos metais. Como no Egito durante a primeira dinastia, que começou pelo fim desse maravilhoso milênio, também no vale mesopotâmico havia por essa época uma civilização de alto nível. Ali, os sumérios tinham construído casas e templos decorados com cerâmica e mosaicos artísticos em padrões geométricos. Governantes poderosos uniram os principados locais em um império que realizou vastas obras públicas, como um sistema de canais para irrigar a terra e controlar as inundações entre os rios Tigres e Eufrates, onde as inundações dos rios não eram previsíveis como as do vale do Nilo. O tipo de escrita cuneiforme desenvolvido pelos sumérios durante o quarto milênio provavelmente é anterior à hieroglífica egípcia.

As civilizações antigas da Mesopotâmia são frequentemente chamadas babilônicas, embora tal designação não seja inteiramente correta. A cidade de Babilônia não foi inicialmente, nem foi sempre em períodos posteriores, o centro da cultura associada com os dois rios, mas a convenção sancionou o uso informal do nome "babilônia" para a região durante o período de cerca de 2.000 a.C. até aproximadamente 600 a.C. Quando, em 538 a.C., a Babilônia foi dominada por Ciro da Pérsia, a cidade foi poupada, mas o império babilônio terminou. A matemática "babilônia", no entanto, continuou através do período selêucida na Síria, quase até o surgimento do Cristianismo.

Naquela época, como hoje, a Terra dos Dois Rios estava aberta a invasões de várias direções, o que fazia do Crescente Fértil um campo de batalha, com a hegemonia mudando frequentemente. Uma das invasões mais significativas foi a dos acadianos semíticos sob Sargão I (2276-2221 a.C., aproximadamente) ou Sargão, o Grande. Ele estabeleceu um império que se estendeu do Golfo Pérsico ao sul, até o mar Negro ao norte e das estepes da Pérsia a leste, até o Mediterrâneo a oeste. Sob

Sargão, começou uma gradual absorção pelos invasores da cultura suméria nativa, inclusive da escrita cuneiforme. Invasões e revoltas posteriores trouxeram linhagens de várias raças — amoritas, cassitas, elamitas, hititas, assírios, medos, persas, e outros — ao poder político em épocas diversas, mas permaneceu um grau suficientemente alto de unidade cultural na área para que se possa chamar simplesmente de mesopotâmica essa civilização. Em particular, o uso da escrita cuneiforme formou um forte laço.

Leis, registros de impostos, estórias, lições de escola, cartas pessoais — tais coisas e muitas outras eram entalhadas em tábuas de barro mole com um estilete, e as tábuas eram então cozidas ao sol ou em fornos. Tais documentos escritos, felizmente, eram muito menos vulneráveis aos estragos do tempo que os papiros egípcios; por isso se dispõe hoje de muito mais documentação sobre a matemática da Mesopotâmia que sobre a do Egito. Só de um local, a área da antiga Nipur, temos umas 50.000 tábuas. As bibliotecas universitárias em Columbia, Pennsylvania e Yale, entre outras, têm grandes coleções de tábuas antigas da Mesopotâmia, algumas delas matemáticas. Apesar da quantidade de documentos disponíveis, no entanto, a escrita hieroglífica egípcia foi decifrada antes da cuneiforme, nos tempos modernos. Algum progresso na leitura da escrita babilônica tinha sido feito no começo do século dezenove pelo filologista alemão Grotefend, mas somente no segundo quarto do século vinte começaram a aparecer, nas histórias da antiguidade, exposições substanciais da matemática mesopotâmica.

Escrita cuneiforme

O uso antigo da escrita na Mesopotâmia é atestado por centenas de tábuas de barro encontradas em Uruk e datando de cerca de 5.000 anos atrás. Por essa época, a escrita tinha atingido o ponto em que formas estilizadas convencionais eram usadas para muitas coisas: ≈ para água, ⌒ para olho, e combinações dessas para indicar choro. Gradualmente, o número de símbolos tornou-se menor, de modo que de uns 2.000 símbolos sumerianos inicialmente usados, só restava um terço na época da conquista acadiana. Desenhos primitivos deram lugar a combinações de cunhas: água ficou ⋎⋎ e olho ⋝⋎⋲. A princípio, o escriba escrevia do alto para baixo em colunas da direita para a esquerda; mais tarde, por conveniência, a tábua era girada de 90° em sentido anti-horário, e o escriba escrevia da esquerda para a direita em linhas horizontais de cima para baixo. O estilete, que anteriormente fora um prisma triangular, foi substituído por um cilindro circular reto, ou, em vez disso, por dois cilindros de raios diferentes. Nos primeiros tempos da civilização suméria, a ponta do estilete era apoiada verticalmente sobre o barro para representar dez unidades e obliquamente para uma, usando o estilete menor; de modo análogo, uma impressão oblíqua com o maior indicava sessenta unidades e uma vertical indicava 3.600. Combinações dessas eram usadas para representar os números intermediários.

Números e frações: sexagesimais

Quando os acadianos adotaram a escrita suméria, léxicos foram compilados dando equivalentes nas duas línguas, e as formas das palavras e numerais se tornaram menos variadas. Milhares de tábuas do tempo da dinastia Hamurabi (1800-1600 a.C., aproximadamente) ilustram um sistema numérico que estava bem estabelecido. O sistema decimal, comum à maioria das civilizações tanto antigas quanto modernas, tinha sido submerso na Mesopotâmia sob uma notação que dava a base sessenta como fundamental. Muito se escreveu sobre os motivos para essa mudança; sugeriu-se que considerações astronômicas podem ter sido determinantes ou que o sistema sexagesimal pode ter sido a combinação natural de dois esquemas mais antigos, um decimal outro em base 6. Parece mais provável, porém, que a base 60 fosse adotada conscientemente e legalizada no interesse da metrologia, pois uma grandeza de 70 unidades pode ser facilmente subdividida em metades, terços, quartos, quintos, sextos, décimos, doze avos, quinze avos, vigésimos e trigésimos, fornecendo assim dez possíveis subdivisões. Qualquer que tenha sido a origem, o sistema sexagesimal de numeração teve vida notavelmente longa, pois até hoje restos permanecem, infelizmente para a consistência, nas unidades de tempo e medida dos ângulos, apesar da forma fundamentalmente decimal de nossa sociedade.

Numeração posicional

A numeração cuneiforme babilônia, para os inteiros menores, seguia as mesmas linhas que a hieroglífica egípcia, com repetições dos símbolos para unidades e dezenas. Se o arquiteto egípcio, esculpindo na pedra, escrevia 59 como ⩓⩓⩓⩓⩓|||||||||, o escriba mesopotâmio podia analogamente representar o mesmo número em uma tábua de barro por quatorze marcas em cunha — cinco cunhas largas colocadas de lado ou "parênteses em ângulo", cada um representando dez unidades, e nove cunhas verticais finas, cada uma valendo uma unidade, todas justapostas em um grupo bem arrumado como ⋖⋖⋖⋖⋖𐏒𐏒𐏒. Para além do número 59, porém, os sistemas egípcio e babilônio divergiam marcadamente. Talvez fosse a inflexibilidade dos materiais de escrita mesopotâmios, talvez fosse uma centelha de inspiração o que fez com que os babilônios percebessem que seus dois símbolos para unidades e dezenas bastavam para representar qualquer inteiro, por maior que fosse, sem excessiva repetição. Isso se tornou possível pela invenção que fizeram, há cerca de 4.000 anos, da notação posicional — o mesmo princípio que assegura a eficácia de nossa forma numeral atual. Isto é, os antigos babilônios viram que seus símbolos podiam receber valores que dependessem de suas posições relativas na representação de um número. Nosso número 222 usa o mesmo algarismo três vezes, com significado diferente de cada vez. Uma vez vale 2 unidades, depois duas dezenas, e finalmente 2 centenas (isto é, duas vezes o quadrado da base 10). De modo exatamente análogo, os babilônios fizeram uso múltiplo de um símbolo como 𐏒𐏒. Quando escreviam 𐏒𐏒 𐏒𐏒 𐏒𐏒, separando claramente os três grupos de duas cunhas cada, entendiam que o grupo da direita representava duas unidades, o segundo o dobro de sua base, 60, e o da esquerda o dobro do quadrado da base. O numeral, portanto, indicava $2(60)^2 + 2(60) + 2$ (ou, 7.322 em nossa notação).

Há uma abundância de material relativo à matemática na Mesopotâmia, mas, estranhamente, a maior parte dele provém de dois períodos muito separados no tempo. Há uma grande quantidade de tábuas dos primeiros séculos do segundo milênio a.C. (a idade da Babilônia antiga), e muitas também dos últimos séculos do primeiro milênio a.C. (período selêucida). A maior parte das contribuições importantes para a matemática remonta ao período mais antigo, mas há uma contribuição da qual não há evidência até quase 300 a.C. Os babilônios parecem a princípio não ter tido um modo claro de indicar uma posição "vazia" – isto é, não tinham o símbolo zero, embora às vezes deixassem um espaço vazio para indicar o zero. Isto significa que as formas escritas dos números 122 e 7.202 eram muito parecidas, pois 𐏒𐏒 𐏒𐏒 podia significar ou $2(60)+2$ ou $2(60)^2+2$. Muitas vezes podia-se usar o contexto para eliminar a ambiguidade; mas a falta de um símbolo zero, como o que nos permite distinguir imediatamente entre 22 e 202, deve ter sido muito inconveniente.

Mais ou menos na época da conquista por Alexandre, o Grande, no entanto, um símbolo especial, consistindo em duas pequenas cunhas colocadas obliquamente, foi inventado para servir como marcador de lugar onde um numeral faltasse. Dessa época em diante, enquanto a escrita cuneiforme foi usada, o número 𐏒𐏒 ⌿ 𐏒𐏒, ou $2(60)^2+0(60)+2$, era imediatamente distinguível de 𐏒𐏒 𐏒𐏒, ou $2(60)+2$.

O símbolo babilônio para o zero, aparentemente, não terminou de todo com a ambiguidade, pois parece ter sido usado só para posições intermediárias vazias. Não há tábuas preservadas, onde o sinal para o zero apareça em uma posição terminal. Isso significa que os babilônios na antiguidade jamais conseguiram um sistema posicional absoluto. A posição era só relativa; portanto, o símbolo 𐏒𐏒 𐏒𐏒 podia representar $2(60)+2$ ou $2(60)^2+2(60)$ ou $2(60)^3+2(60)^2$ ou qualquer um de infinitos outros números em que apareçam só duas posições sucessivas com dois.

Frações sexagesimais

Se a matemática mesopotâmica, como a do vale do Nilo, se baseasse na adição de inteiros e frações unitárias, a invenção da notação posicional não teria grande significado na época. Não é muito mais difícil escrever 98.765 em notação hieroglífica que em cuneiforme, e a última é muito mais difícil de escrever que a escrita hierática. O segredo da superioridade da matemática babilônia sobre a dos egípcios indubitavelmente está em que os que viviam "entre os dois rios" deram o passo muito feliz de estender o princípio da posição para cobrir as frações, bem como os inteiros. Isto é, a notação ᵞᵞ ᵞᵞ era usada não só para $2(60) + 2$, mas também para $2 + 2(60)^{-1}$ ou para $2(60)^{-1} + 2(60)^{-2}$, ou para outras formas fracionárias envolvendo duas posições sucessivas. Significava que os babilônios dominavam o poder de computação que a moderna notação decimal para frações nos confere. Para o estudioso babilônio, como para o engenheiro moderno, a adição ou a multiplicação de 23,45 e 9,876 não eram essencialmente mais difíceis que as mesmas operações entre os inteiros 2.345 e 9.876; e os mesopotâmios rapidamente exploraram essa importante descoberta.

Aproximações

Uma tábua da Babilônia antiga, da coleção de Yale (n. 7289) contém o cálculo da raiz quadrada de dois até três casas sexagesimais, a resposta sendo escrita como ▌⧫⧫⧫⧫⟨⟨⧫▌⟨. Em caracteres modernos, esse número pode ser adequadamente escrito como 1;24,51,10 onde se usa ponto e vírgula para separar a parte inteira da fracionária, e uma vírgula para separar posições sexagesimais. Essa forma será usada em geral neste capítulo para denotar números em notação sexagesimal. Traduzindo esta notação para a forma decimal, temos $1 + 24(60)^{-1} + 51(60)^{-2} + 10(60)^{-3}$. Esse valor babilônio para $\sqrt{2}$ é aproximadamente 1,414222, diferindo por cerca de 0,000008 do valor verdadeiro. A precisão nas aproximações era relativamente fácil de conseguir para os babilônios com sua notação para frações, a qual raramente foi igualada até a época do Renascimento.

A eficácia da computação babilônia não resultou somente de seu sistema de numeração. Os matemáticos mesopotâmios foram hábeis no desenvolvimento de processos algorítmicos, entre os quais um para extrair a raiz quadrada, frequentemente atribuído a homens que viveram bem mais tarde. Às vezes, este é atribuído ao sábio grego Arquitas (428-365 a.C.) ou a Heron de Alexandria (100 d.C. aproximadamente); ocasionalmente é chamado algoritmo de Newton. Esse processo babilônio é tão simples quanto eficiente. Seja $x = \sqrt{a}$ a raiz quadrada desejada e seja a_1 uma primeira aproximação dessa raiz; seja b_1 uma segunda aproximação dada pela equação $b_1 = a/a_1$. Se a_1 é pequeno demais, b_1 é grande demais e vice-versa. Logo, a média aritmética $a_2 = 1/2(a_1 + b_1)$ é uma próxima aproximação plausível. Como a_2 é sempre grande demais, a seguinte, $b_2 = a/a_2$ será pequena demais e toma-se a média aritmética $a_3 = 1/2(a_2 + b_2)$ para obter um resultado ainda melhor; o processo pode ser continuado indefinidamente. O valor de $\sqrt{2}$ na tábua 7289 de Yale é o de a_3, onde $a_1 = 1;30$. No algoritmo babilônio para raiz quadrada, acha-se um processo iterativo que poderia ter levado os matemáticos da época a descobrir processos infinitos, mas eles não levaram adiante a pesquisa das implicações de tais problemas.

O algoritmo acima descrito é equivalente à aproximação por dois termos da série binomial, familiar aos babilônios. Se se procura $\sqrt{a^2+b}$, a aproximação $a_1 = a$ leva a $b_1 = (a^2 + b)/a$ e $a_2 = (a_1 + b_1)/2 = a + b/(2a)$ o que coincide com os dois primeiros termos na expansão de $(a^2 + b)^{1/2}$ e fornece uma aproximação encontrada em textos da Babilônia antiga.

Tabelas

Uma boa parte das tábuas cuneiformes encontradas são "textos-tabelas", inclusive tabelas de multiplicação, de recíprocos, de quadrados e cubos e de raízes quadradas e cúbicas, escritas, é claro, em sexagesimais cuneiformes. Uma dessa, por exemplo, contém o equivalente do que aparece na tabela a seguir.

2	30
3	20
4	15
5	12
6	10

8	7,30
9	6,40
10	6
12	5

O produto de elementos de uma mesma linha é sempre 60, a base da numeração babilônia, e a tabela aparentemente era considerada uma tabela de recíprocos. A sexta linha, por exemplo, diz que o recíproco de 8 é $7/60 + 30/(60)^2$. Deve-se notar que faltam os recíprocos de 7 e 11 na tabela, porque os recíprocos desses números "irregulares" são sexagesimais infinitos, como em nosso sistema decimal são os recíprocos de 3, 6, 7 e 9. Novamente, os babilônios se defrontavam com o problema da infinidade, mas não o tratavam sistematicamente. Em um dado momento, no entanto, um escriba mesopotâmio parece dar um majorante e um minorante para o recíproco do número irregular 7, colocando-o entre 0; 8, 34, 16, 59 e 0; 8, 34, 18.

É claro que as operações aritméticas fundamentais eram tratadas pelos babilônios de modo não muito diferente do usado hoje, e com facilidade comparável. A divisão não era efetuada pelo incômodo processo de duplicação dos egípcios, mas por uma fácil multiplicação do dividendo pelo inverso do divisor, usando os itens apropriados nas tabelas. Assim como hoje, o quociente de 34 por 5 é achado facilmente multiplicando 34 por 2 e colocando vírgula, na antiguidade o mesmo processo era realizado achando o produto de 34 por 12 e deslocando uma casa sexagesimal, dando 6 48/60. Tabelas de recíprocos, em geral, forneciam apenas os de números "regulares", isto é, aqueles que são produtos de fatores dois, três e cinco, embora haja algumas exceções. Uma tabela contém as aproximações 1/59 = 0; 1, 1, 1 e 1/61 = 0; 0, 59, 0, 59. Aqui temos os análogos sexagesimais das expressões decimais 1/9 = .111 e 1/11 = .0909, frações unitárias em que o denominador é a base mais ou menos um; mas parece novamente que os babilônios não observaram, ou pelo menos não consideraram significativas, as expansões infinitas periódicas nessa situação.

Entre as tabelas babilônias encontram-se tabelas contendo potências sucessivas de um dado número, semelhantes às nossas tabelas de logaritmos, ou mais propriamente, de antilogaritmos. Tabelas exponenciais (ou logarítmicas) foram encontradas, em que são dadas as dez primeiras potências para as bases 9, 16, 1,40 e 3,45 (todos quadrados perfeitos). A questão posta em um problema, a que potência deve ser elevado um certo número para fornecer um número dado, equivale à nossa: "qual o logaritmo de um número dado em um sistema com um certo número como base?". As diferenças principais entre as tabelas antigas e as nossas, além de linguagem e notação, são que não é usado um número único, sistematicamente, como base em variadas situações e que as lacunas entre os números que constam das tabelas antigas são muito maiores que nas nossas. Também, suas "tabelas de logaritmos" não eram usadas para fins gerais de cálculo, mas para resolver certas questões bem específicas.

Apesar das grandes lacunas em suas tabelas exponenciais, os matemáticos babilônios não hesitavam em interpolar por partes proporcionais para obter valores intermediários aproximados. A interpolação linear parece ter sido comumente usada na Mesopotâmia antiga, e a notação posicional é conveniente para a regra de três. Vê-se um exemplo claro do uso prático da interpolação em tabelas exponenciais em um problema que pergunta quanto tempo levaria uma quantia em dinheiro para dobrar, a 20 por cento ao ano; a resposta dada é 3; 47, 13, 20. Parece inteiramente claro que o escriba usou interpolação linear entre os valores para $(1; 12)^3$ e $(1; 12)^4$, usando a fórmula para juros compostos $a = P(1 + r)^n$, onde r é 20 por cento ou 12/60, e tirando valores de uma tabela exponencial com potências de 1;12.

Equações

Uma tabela que os babilônios achavam muito útil é uma tabulação dos valores de $n^3 + n^2$ para valores inteiros de n, tabela essencial na álgebra babilônia; esse assunto atingiu nível consideravelmente mais alto na Mesopotâmia que no Egito. Muitos textos de problemas do período babilônio antigo mostram que a solução da equação quadrática completa de três termos não constituía dificuldade séria para os babilônios, pois tinham desenvolvido operações algébricas flexíveis. Podiam transportar termos em uma equação somando iguais a iguais, e multiplicar ambos os membros por quantidades iguais para remover frações ou eliminar fatores. Somando $4ab$ a $(a-b)^2$ podiam obter $(a+b)^2$, pois muitas fórmulas simples de fatoração lhes eram familiares. Não usavam letras para quantidades desconhecidas, pois o alfabeto não fora inventado, mas palavras como "comprimento", "largura", "área" e "volume" serviam bem nesse papel. Que tais palavras possam ter sido usadas em um sentido bem abstrato é sugerido pelo fato de os babilônios não hesitarem em somar um "comprimento" com uma "área", ou uma "área" com um "volume".

A álgebra egípcia tratara muito de equações lineares, mas os babilônios evidentemente as acharam demasiado elementares para merecer muita atenção. Um problema pede o peso x de uma pedra se $(x + x/7) + 1/11(x + x/7)$ é um mina; a resposta é dada simplesmente como 48; 7, 30 gin, onde 60 gin formam um mina. Em outro problema em um texto da Babilônia antiga, achamos duas equações lineares simultâneas em duas incógnitas, chamadas respectivamente "primeiro anel de prata" e "segundo anel de prata". Se as denotarmos por x e y, em nossa notação as equações são $x/7 + y/11 = 1$ e $6x/7 = 10y/11$. A resposta é dada laconicamente em termos da regra

$$\frac{x}{7} = \frac{11}{7+11} + \frac{1}{72} \quad \text{e} \quad \frac{y}{11} = \frac{7}{7+11} - \frac{1}{72}$$

Em outro par de equações, parte do método de resolução está incluído no texto. Aqui 1/4 da largura + comprimento = 7 mãos e comprimento + largura = 10 mãos. A solução é achada primeiro substituindo cada "mão" por 5 "dedos" e então observando que uma largura de 20 dedos e um comprimento de 30 dedos satisfazem a ambas as equações. Em seguida, porém, a solução é achada por um método alternativo, equivalente a uma eliminação por combinação. Exprimindo todas as dimensões em termos de mãos, e fazendo comprimento e largura iguais a x e y respectivamente, as equações ficam $y + 4x = 28$ e $x + y = 10$. Subtraindo a segunda da primeira tem-se o resultado $3x = 18$; daí $x = 6$ mãos ou 30 dedos e $y = 20$ dedos.

Equações quadráticas

A solução de uma equação quadrática com três termos parece ter sido demasiado difícil para os egípcios, mas Otto Neugebauer em 1930 descobriu que tais equações tinham sido tratadas eficientemente pelos babilônios em alguns dos mais antigos textos de problemas. Por exemplo, um problema pede o lado de um quadrado se a área menos o lado dá 14,30. A solução desse problema, equivalente a resolver $x^2 - x = 870$, é expressa assim:

Tome a metade de 1, que é 0;30, e multiplique 0;30 por 0;30, o que dá 0;15; some isto a 14,30, o que dá 14,30;15. Isto é o quadrado de 29;30. Agora some 0;30 a 29;30 e o resultado é 30, o lado do quadrado.

A solução babilônica, é claro, equivale exatamente à fórmula $x = \sqrt{(p/2)^2 + q} + p/2$ para uma raiz da equação $x^2 - px = q$, a fórmula quadrática que qualquer aluno do ensino médio conhece. Em outro texto, a equação $11x^2 + 7x = 6;15$ foi reduzida ao tipo padrão, $x^2 + px = q$, multiplicando primeiro tudo por 11, para obter $(11x)^2 + 7(11x) = 1, 8; 45$. Essa é uma quadrática em forma normal para a incógnita $y = 11x$, e a solução para y é achada facilmente pela regra familiar $y = \sqrt{(p/2)^2 + q} - p/2$, e dela se calcula então o valor de x. Essa solução é um notável exemplo de uso de transformações algébricas.

Até os tempos modernos, não se pensava em resolver uma equação quadrática da forma $x^2 + px + q = 0$, onde p e q são positivos, pois a equação não tem raiz positiva. Por isso, as equações quadráticas na antiguidade e na Idade Média, e mesmo no começo do período moderno, foram classificadas em três tipos:

1. $x^2 + px = q$,
2. $x^2 = px + q$,
3. $x^2 + q = px$.

Todos os três tipos são encontrados em textos do período babilônio antigo, de uns 4.000 anos atrás. Os dois primeiros tipos estão exemplificados nos problemas dados acima; o terceiro aparece frequentemente em textos de problemas, onde é tratado como equivalente ao sistema simultâneo $x + y = p, xy = q$. Tão numerosos são os problemas em que se pede achar dois números dados seu produto e, ou sua soma ou sua diferença, que eles parecem ter sido para os antigos, tanto babilônios quanto gregos, uma espécie de forma "normal" à qual as quadráticas se reduzem. Então, transformando as equações simultâneas $xy = a$ e $x \pm y = b$ no par de equações lineares $x \pm y = b$ e $x \mp y = \sqrt{b^2 \mp 4a}$, os valores de x e y são achados por uma adição e uma subtração. Uma tábua cuneiforme de Yale, por exemplo, pede a solução do sistema $x + y = 6;30$ e $xy = 7;30$. As instruções do escriba são essencialmente as seguintes. Primeiro ache

$$\frac{x+y}{2} = 3;15$$

e então ache

$$\left(\frac{x+y}{2}\right)^2 = 10;33,45$$

A seguir,

$$\left(\frac{x+y}{2}\right)^2 - xy = 3;3,45$$

e

$$\sqrt{\left(\frac{x+y}{2}\right)^2 - xy} = 1;45$$

Logo,

$$\left(\frac{x+y}{2}\right) + \left(\frac{x+y}{2}\right) = 3;15 + 1;45$$

e

$$\left(\frac{x+y}{2}\right) - \left(\frac{x+y}{2}\right) = 3;15 - 1;45$$

Das duas últimas equações é evidente que $x = 5$ e $y = 1\ 1/2$. Como as quantidades x e y entram simetricamente nas equações dadas, pode-se interpretar os valores de x e y como as duas raízes da equação quadrática $x^2 + 7;30 = 6;30x$. Outro texto babilônico pergunta qual o número que somado com seu recíproco dá 2;0,0,33,20. Isso leva a uma equação quadrática do tipo 3, e novamente temos duas soluções, 1;0,45 e 0;59,15,33,20.

Equações cúbicas

A redução babilônia de uma equação quadrática da forma $ax^2 + bx = c$ à forma normal $y^2 + by = ac$ pela substituição $y = ax$ mostra o grau extraordinário de flexibilidade da álgebra mesopotâmia. Não há registro no Egito de resolução de uma equação cúbica, mas entre os babilônios há muitos exemplos.

Cúbicas puras como $x^3 = 0;7,30$ eram resolvidas por referência direta às tabelas de cubos e raízes cúbicas, onde a solução $x = 0;30$ era encontrada. A interpolação linear dentro das tabelas era usada para achar aproximações para valores não constantes na tabela. As cúbicas mistas na forma padrão $x^3 + x^2 = a$ eram resolvidas de modo semelhante, por referência às tabelas disponíveis, que davam valores para a combinação $n^3 + n^2$ para valores inteiros de n entre 1 e 30. Com a ajuda dessas tabelas, viam facilmente que a solução, por exemplo, de $x^3 + x^2 = 4,12$ é igual a 6. Para casos ainda mais gerais de equações de terceiro grau, como $144x^3 + 12x^2 = 21$, os babilônios usavam seu método de substituição. Multiplicando ambos os membros por 12 e usando $y = 12x$, a equação fica $y^3 + y^2 = 4,12$, da qual se acha que y é igual a 6, donde x é 1/2 ou 0;30. Cúbicas da forma $ax^3 + bx^2 = c$ são redutíveis à forma babilônia normal multiplicando tudo por a^2/b^3 para obter $(ax/b)^3 + (ax/b)^2 = ca^2/b^3$, cúbica do tipo padrão na incógnita ax/b. Lendo na tabela o valor dessa incógnita, determina-se o valor de x. Se os babilônios eram ou não capazes de reduzir a cúbica geral de quatro termos $ax^3 + bx^2 + cx = d$ à sua forma normal, não se sabe. Que não é demasiado improvável que pudessem reluzi-la é indicado pelo fato de que basta a resolução de uma quadrática para levar a equação em quatro termos à forma em três termos $px^3 + qx^2 = r$, da qual, como vimos, se obtém facilmente a forma normal. Não há, porém, evidência que sugira que os matemáticos mesopotâmios de fato realizaram tal redução da equação cúbica geral.

Com o simbolismo moderno é fácil ver que $(ax)^3 + (ax)^2 = b$ é essencialmente o mesmo tipo de equação que $y^3 + y^2 = b$; mas reconhecer isso sem nossa notação é uma realização de significado muito maior para o desenvolvimento da matemática que até o louvado princípio posicional na aritmética, que devemos à mesma civilização. A álgebra babilônia tinha atingido um tal nível de abstração que as equações $ax^4 + bx^2 = c$ e $ax^8 + bx^4 = c$ eram reconhecidas como sendo apenas equações quadráticas disfarçadas, isto é, quadráticas em x^2 e x^4.

Medições: ternas pitagóricas

As realizações dos babilônios no domínio da álgebra são admiráveis, mas os motivos que impulsionaram essa obra não são fáceis de entender. Tem sido suposição comum que virtualmente toda a ciência e a matemática pré-helênicas eram puramente utilitárias; mas que espécie de situação da vida real na Babilônia antiga podia levar a problemas envolvendo a soma de um número e seu recíproco, ou a diferença entre uma área e um comprimento? Se o motivo era utilitário, então o culto do imediatismo era menos forte que hoje, pois conexões diretas entre o objetivo e a prática na matemática babilônia não são nada aparentes. Que pode ter havido tolerância para com a matemática por si mesma, se não encorajamento, é sugerido por uma tábua (n. 322) na Plimpton Collection da Columbia University. A tábua é do período babilônio antigo (1900 a 1600 a.C., aproximadamente) e as tabelas que contêm podiam facilmente ser tomadas por um registro de negócios. No entanto, a análise mostra que ela tem profundo significado matemático na teoria dos números, e que talvez se relacionasse com uma espécie de prototrigonometria. Plimpton 322 era parte de uma tábua maior, como se vê pela quebra ao longo da margem esquerda, e a parte que resta contém quatro colunas de números dispostos em quinze linhas horizontais. A coluna da direita contém os números de um a quinze, e sua finalidade é evidentemente a de identificar a ordem dos itens nas outras três colunas dispostas como segue.

1,59,0,15	1,59	2,49	1
1,56,56,58,14,50,6,15	56,7	1,20,25	2
1,55,7,41,15,33,45	1,16,41	1,50,49	3
1,53,10,29,32,52,16	3,31,49	5,9,1	4
1,48,54,1,40	1,4	1,37	5
1,47,6,41,40	5,19	8,1	6
1,43,11,56,28,26,40	38,11	59,1	7
1,41,33,59,3,45	13,19	20,49	8
1,38,33,36,36	8,1	12,49	9
1,35,10,2,28,27,24,26,40	1,22,41	2,16,1	10
1,33,45	45,0	1,15,0	11
1,29,21,54,2,15	27,59	48,49	12
1,27,0,3,45	2,41	4,49	13
1,25,48,51,35,6,40	29,31	53,49	14
1,23,13,46,40	56	1,46	15

A tábua não está em condições tão perfeitas que todos os números possam ainda ser lidos, mas o esquema de construção claramente discernível da tabela que tornou possível determinar a partir do contexto os poucos itens que faltam por causa de pequenas fraturas. Para entender o que os elementos na tabela provavelmente significavam para os babilônios, consideremos o triângulo retângulo ABC (Fig. 3.1). Se os números na segunda e terceira colunas (da esquerda para a direita) foram considerados como os lados a e c respectivamente, a primeira coluna à esquerda contém em cada caso o quadrado da razão de c para b. Assim, a coluna da esquerda é uma curta tabela de valores de $\sec^2 A$, mas não devemos assumir que os babilônios conheciam nosso conceito de secante. Nem egípcios, nem babilônios introduziram uma medida de ângulos no sentido moderno. No entanto, as linhas de números em Plimpton 322 não estão dispostas ao acaso, como um olhar superficial poderia fazer pensar. Se a primeira vírgula na coluna um (à esquerda) for substituída por ponto e vírgula, ficará evidente que os números dessa coluna decrescem continuamente do alto para baixo.

Além disso, o primeiro número é muito próximo de $\sec^2 45°$, e o último número da coluna é aproximadamente $\sec^2 31°$, os números intermediários sendo próximos dos valores de $\sec^2 A$ quando A decresce por graus de 45° a 31°.

Isso evidentemente não pode ser fruto apenas do acaso. Não só o arranjo foi cuidadosamente planejado, mas as dimensões do triângulo também foram deduzidas segundo uma regra. Os que construíram a tabela evidentemente começaram com dois inteiros sexagesimais regulares, que chamaremos p e q, com $p > q$, e então formaram a tripla de números $p^2 - q^2$ e $2pq$ e $p^2 + q^2$. Os três inteiros assim obtidos formam uma terna pitagórica, em que o quadrado do maior é igual à soma dos quadrados dos outros dois. Portanto, esses números podem ser usados como dimensões do triângulo retângulo ABC, com $a = p^2 - q^2$ e $b = 2pq$ e $c = p^2 + q^2$. Restringindo-se a valores de p menores que 60 e a valores correspondentes de q tais que $1 < p/q < 1 + \sqrt{2}$, isto é, a triângulos retângulos para os quais $a < b$, os babilônios presumivelmente verificaram que havia exatamente 38 pares possíveis de valores de p e q satisfazendo às condições, e para esses aparentemente formaram as 38 correspondentes ternas pitagóricas. Só as 15 primeiras, dispostas em ordem decrescente para o quociente $(p + q^2)/2pq$, estão incluídas na tabela da tábua, mas é provável que o escriba pretendesse continuar a tabela no outro lado da tábua. Foi sugerido também que a parte da Plimpton 322 quebrada do lado esquerdo continha quatro colunas adicionais em que estavam tabulados os valores de p e q e $2pq$ e o que chamaríamos hoje $\operatorname{tg}^2 A$.

A tábua Plimpton 322 poderia dar a impressão de um exercício em teoria dos números, mas é provável que esse aspecto do assunto fosse apenas auxiliar para o problema de medir áreas de quadrados sobre os lados de um triângulo retângulo. Os babilônios não gostavam de trabalhar com recíprocos de números irregulares, pois esses não podiam ser expressos exatamente em frações sexagesimais finitas. Portanto, estavam interessados em valores de p e q que lhes fornecessem inteiros regulares para os lados dos triângulos retângulos de formas variadas, desde o triângulo isósceles retângulo até um com valor pequeno para a razão a/b. Por exemplo, os números na primeira linha são obtidos partindo de $p = 12$ e $q = 5$, com valores correspondentes $a = 119$ e $b = 120$ e $c = 169$. Os valores de a e c são exatamente os que se encontram na segunda e terceira posição a partir da esquerda na primeira linha da tabela; a razão $c^2/b^2 = 28561/14400$ é o número 1;59,0,15 que aparece na primeira posição dessa linha. A mesma relação é encontrada nas outras quatorze linhas; os babilônios fizeram os cálculos tão precisamente que a razão c^2/b^2 na décima linha é expressa como uma fração com oito casas sexagesimais, equivalentes a cerca de quatorze casas decimais em nossa notação.

Tão grande parte da matemática babilônia depende de tabelas de recíprocos que não é de admirar que os itens em Plimpton 322 estejam ligados a relações recíprocas. Se $a = 1$, então $1 = (c + b)(c - b)$, de modo que $c + b$ e $c - b$ são recíprocos. Se começarmos com $c + b = n$ onde n é qualquer sexagesimal regular, então $c - b = 1/n$; donde $a = 1$ e $b = 1/2(n - 1/n)$ e $c = 1/2(n + 1/n)$ são uma terna fracionária pitagórica que pode ser facilmente convertida em uma terna pitagórica de inteiros multiplicando cada um dos três por $2n$. Todas as ternas na tábua Plimpton podem ser calculadas facilmente com esse artifício.

A exposição da álgebra babilônia que acabamos de dar é representativa, mas não pretende ser exaustiva. Há nas tábuas babilônias muitas outras

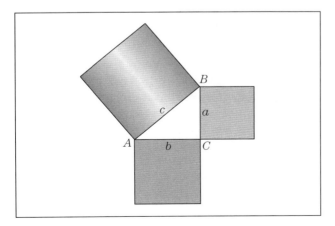

Figura 3.1

Plimpton 322

coisas, embora não tão extraordinárias quanto as da tábua Plimpton 322; como neste caso, muitas estão abertas a múltiplas interpretações. Por exemplo, em uma tábua a progressão geométrica $1 + 2 + 2^2 + \ldots + 2^9$ é somada e em outra a soma da série de quadrados $1^2 + 2^2 + 3^2 + \ldots + 10^2$ é achada. Perguntamo-nos se os babilônios conheciam as fórmulas gerais para a soma de uma progressão geométrica e a soma dos n primeiros quadrados perfeitos. É possível que sim, e conjeturou-se que teriam percebido que a soma dos n primeiros cubos perfeitos é igual ao quadrado da soma dos n primeiros inteiros. No entanto, deve-se ter em mente que as tábuas mesopotâmicas se assemelham aos papiros egípcios em que só são dados casos específicos, sem formulações gerais.

Áreas poligonais

Era usual afirmar que os babilônios eram melhores que os egípcios na álgebra, mas que tinham contribuído menos na geometria. A primeira metade da afirmação é claramente confirmada pelo que vimos nos parágrafos anteriores; tentativas de justificar a segunda metade da comparação se limitam em geral à medida do círculo ou ao volume do tronco de pirâmide. No vale mesopotâmio, a área do círculo era achada em geral tomando três vezes o quadrado do raio, e em precisão isso é bem inferior à medida egípcia. No entanto, a contagem de casas decimais nas aproximações para π dificilmente seria uma medida adequada da estatura geométrica de uma civilização, e uma descoberta do século vinte anulou de modo efetivo até esse fraco argumento.

Em 1936, um grupo de tábuas matemáticas foi desenterrado em Susa, a uns trezentos quilômetros de Babilônia, e essas incluem resultados geométricos significativos. Seguindo o gosto mesopotâmio de fazer tabelas e listas, uma tábua do grupo de Susa compara as áreas e os quadrados dos lados de polígonos regulares de três, quatro, cinco, seis e sete lados. A razão da área do pentágono, por exemplo, para o quadrado do lado do pentágono é dada como 1;40, um valor que está correto até dois algarismos significativos. Para o hexágono e heptágono, as razões são expressas como 2;37,30 e 3;41, respectivamente. Na mesma tábua, o escriba dá 0;57,36 como razão entre o perímetro do hexágono regular e a circunferência do círculo circunscrito; e disso podemos concluir imediatamente que o escriba babilônio tinha tomado 3;7,30 ou 3 1/8 como aproximação para π. Isso é pelo menos tão bom quanto o valor adotado no Egito. Além disso, nós o encontramos em um contexto mais elaborado do que no Egito, pois a tábua de Susa é um bom exemplo de comparação sistemática de figuras geométricas. Fica-se quase tentado a ver nela a genuína origem da geometria, mas é importante notar que não era tanto o contexto geométrico que interessava aos babilônios quanto as aproximações numéricas que usavam na mensuração. A geometria para eles não era uma disciplina matemática no nosso sentido, mas uma espécie de álgebra ou aritmética aplicada em que números são ligados a figuras.

Há algum desacordo quanto a se os babilônios tinham ou não o conceito de figuras semelhantes, embora pareça provável que sim. A semelhança de todos os círculos parece tomada como evidente na Mesopotâmia, como no Egito, e os muitos problemas sobre medidas de triângulos em tábuas cuneiformes parecem implicar uma noção de semelhança. Uma tábua no museu de Bagdá tem um triângulo ABC (Fig. 3.2) com lados $a = 60$ e $b = 45$ e $c = 75$ e está subdividido em quatro triângulos retângulos menores, ACD, CDE, DEF e EFB. As áreas desses

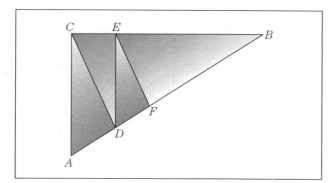

Figura 3.2

quatro triângulos são dadas como 8,6 e 5,11;2,24 e 3,19;3,56,9,36 e 5,53;53,39,50,24, respectivamente. Desses valores, o escriba obteve o comprimento de AD como 27, aparentemente usando uma espécie de "fórmula de semelhança" equivalente ao nosso teorema de que áreas de figuras semelhantes estão entre si como os quadrados de lados correspondentes. Os comprimentos CD e BD são dados como 36 e 48, respectivamente, e por aplicação da "fórmula de semelhança" aos triângulos BCD e DCE o comprimento de CE é calculado dando 21;36. O texto se quebra no meio do cálculo de DE.

A geometria como aritmética aplicada

Medidas eram o ponto central da geometria algebrizada do vale mesopotâmio, mas um defeito grave, como na geometria egípcia, era que a distinção entre medidas exatas e aproximadas não era tornada clara. A área de um quadrilátero era achada tomando o produto das médias aritméticas dos pares de lados opostos, sem nenhum aviso de que isso na maior parte dos casos era apenas uma aproximação grosseira. Também, o volume de um tronco de cone ou de pirâmide era achado às vezes tomando a média aritmética das bases superior e inferior e multiplicando pela altura; às vezes, para um tronco de pirâmide quadrada com áreas a^2 e b^2 para as bases inferior e superior aplicava-se a fórmula

$$V = \left(\frac{a+b}{2}\right)^2 h.$$

No entanto, para esse tronco, os babilônios usavam também uma regra equivalente a

$$V = h\left[\left(\frac{a+b}{2}\right)^2 + \frac{1}{3}\left(\frac{a-b}{2}\right)^2\right],$$

uma fórmula que é correta e se reduz à conhecida pelos egípcios.

Não se sabe se os resultados egípcios e babilônios eram sempre obtidos independentemente, mas, de qualquer forma, esses últimos foram decididamente maiores que os primeiros, tanto na geometria quanto na álgebra. O teorema de Pitágoras, por exemplo, não aparece em forma alguma nos documentos egípcios encontrados, mas tábuas até do período babilônio antigo mostram que na Mesopotâmia o teorema era largamente usado. Um texto cuneiforme da coleção de Yale, por exemplo, contém um diagrama de um quadrado e suas diagonais em que o número 30 está escrito ao longo de um lado e os números 42;25,35 e 1;24,51,10 ao longo da diagonal. O último número é evidentemente a razão entre os comprimentos da diagonal e do lado, e está expresso tão precisamente que coincide com $\sqrt{2}$ até cerca de 1 milionésimo. A precisão do resultado foi possível graças ao conhecimento do teorema de Pitágoras. Às vezes, em cálculos menos precisos, os babilônios usavam 1;25 como aproximação grosseira dessa razão. Mais significativa que a precisão dos valores, no entanto, é a implicação de que a diagonal de qualquer quadrado podia ser achada multiplicando o lado por $\sqrt{2}$. Assim, parece haver alguma consciência de princípios gerais, apesar de que esses são expressos exclusivamente em casos especiais.

O conhecimento babilônio do teorema de Pitágoras não se limitava de modo algum ao caso do triângulo retângulo isósceles. Em um texto babilônio antigo aparece um problema em que uma escada ou prancha de comprimento 0;30 está apoiada a uma parede; a questão é: quanto a extremidade inferior se afastará da parede se a superior escorregar para baixo uma distância de 0;6 unidades? A resposta é encontrada corretamente usando o teorema de Pitágoras. Mil e quinhentos anos depois problemas semelhantes, alguns com novos requintes, ainda estavam sendo resolvidos no vale mesopotâmio. Uma tábua selêucida, por exemplo, propõe o seguinte problema. Uma vara está apoiada a uma parede. Se o topo escorrega de três unidades quando a extremidade inferior se afasta da parede de nove unidades, qual o comprimento da vara? A resposta é dada corretamente como sendo quinze unidades.

Textos de problemas antigos em cuneiforme fornecem grande número de problemas do que poderíamos chamar geometria, mas que os babilônios provavelmente consideravam como aritmética aplicada. Um problema de herança típico pede a divisão de uma propriedade em forma de triângulo retângulo entre seis irmãos. A área é dada como 11,22,30 e um dos lados é 6,30; as retas divisórias devem ser equidistantes e paralelas ao outro lado do triângulo. Pede-se para achar as diferenças entre os lotes. Outro texto dá as bases de um trapézio isósceles como sendo 50 e 40 unidades, e o comprimento dos lados como sendo 30; pede-se a altura e a área [van der Waerden, 1963, pp.76-77].

Os babilônios antigos conheciam outras importantes relações geométricas. Como os egípcios, sabiam que a altura de um triângulo isósceles bissecta a base. Daí, dado o comprimento de uma corda num círculo de raio conhecido, sabiam achar o apótema. Diferentemente dos egípcios, conheciam o fato de que o ângulo inscrito em um semicírculo é reto, proposição geralmente conhecida como teorema de Tales, apesar de Tales ter vivido bem mais de um milênio depois de os babilônios terem começado a usá-la. Esta denominação errônea de um teorema bem conhecido da geometria é sintomática da dificuldade em avaliar a influência da matemática pré-helênica sobre culturas posteriores. As tábuas cuneiformes tinham uma permanência que não podia ser igualada por documentos de outras civilizações, pois papiro e pergaminho não resistem bem aos estragos do tempo. Além disso, textos cuneiformes continuaram a ser entalhados até o surgimento da era cristã; mas seriam eles lidos pelas civilizações vizinhas, especialmente pelos gregos? O centro do desenvolvimento matemático estava se deslocando da Mesopotâmia para o mundo grego meia dúzia de séculos antes do começo de nossa era, mas reconstruções da matemática grega mais antigas são arriscadas devido ao fato de praticamente não restarem documentos matemáticos do período pré-helênico. É importante, por isso, ter em mente as características gerais da matemática egípcia e babilônia, de modo que seja possível fazer ao menos conjeturas plausíveis quanto às aparentes analogias entre as contribuições pré-helênicas e as atividades e atitudes de povos de período posterior.

Há a falta de enunciados explícitos de regras e de distinções claras entre resultados exatos e aproximados. A omissão nas tabelas de casos envolvendo sexagesimais irregulares parece implicar certa percepção de tais distinções, mas nem egípcios nem babilônios parecem ter levantado a questão de quando a área de um quadrilátero (ou de um círculo) está calculada exatamente e quando só aproximadamente. Questões sobre resolubilidade ou não de um problema não parecem ter sido levantadas; nem se investigou a natureza da demonstração. A palavra "demonstração" significa várias coisas em diferentes níveis e épocas; por isso é arriscado afirmar categoricamente que os povos pré-helênicos não tivessem noção de demonstração, nem sentissem a necessidade de demonstração. Há indícios de que esses povos ocasionalmente percebiam que certos métodos de calcular áreas e volumes podiam ser justificados por redução a problemas mais simples de área e volume. Além disso, os escribas pré-helênicos não raro verificavam ou "demonstravam" suas divisões por multiplicação; ocasionalmente verificavam o método usado em um problema por meio de uma substituição que confirmava a correção da resposta. No entanto, não há frases explícitas do período pré-helênico que indiquem que é percebida a necessidade de demonstrações ou que há preocupação com questões de princípios lógicos. Nos problemas da Mesopotâmia, as palavras "comprimento" e "largura" deveriam talvez ser interpretadas como interpretamos as letras x e y, pois os escribas de tábuas cuneiformes podem bem ter passado de exemplos específicos a abstrações gerais. Como, senão assim, explicar a adição de um comprimento a uma área? Também no Egito, o uso da palavra para quantidade não é incompatível com uma interpretação abstrata como a que lhe atribuímos hoje. Além disso, havia no Egito e na Babilônia problemas que têm as características de matemática de recreação. Se um problema pede a soma de gatos e medidas de trigo, ou de um comprimento e uma área, não se pode negar a quem o perpetrou ou um certo humor ou uma procura de abstração. Naturalmente, muito da matemática pré-helênica era prática, mas certamente não toda. Na prática de cálculos, que se estendeu por um par de milênios, as escolas de escribas usaram muito material de exercícios, frequentemente, talvez, como puro divertimento.

TRADIÇÕES HELÊNICAS

*Para Tales... a questão primordial não era **o que** sabemos, mas **como** sabemos.*
[Ênfase adicionada]

Aristóteles.

A era e as fontes

A atividade intelectual das civilizações dos vales dos rios no Egito e na Mesopotâmia tinha perdido sua verve bem antes da era cristã; mas quando a cultura nos vales dos rios estava declinando, e o bronze cedendo lugar ao ferro na fabricação de armas, vigorosas culturas novas estavam surgindo ao longo de todo o litoral do Mediterrâneo. Para indicar essa mudança nos centros de civilização, o intervalo entre aproximadamente 800 a.C. e 800 d.C. é às vezes chamado Idade Talássica (isto é, a "idade do mar"). Não houve uma quebra brusca marcando a transição da liderança intelectual dos vales dos rios Nilo, Tigre e Eufrates para a costa do Mediterrâneo. Os estudiosos egípcios e babilônios continuaram a produzir textos em papiro e cuneiforme durante muitos séculos após 800 a.C.; mas, enquanto isso, uma nova civilização se preparava rapidamente para assumir a hegemonia cultural, não só na região mediterrânea, mas, finalmente, também nos principais vales fluviais. Para indicar a fonte da nova inspiração, a primeira parte da Idade Talássica é chamada Era Helênica e, consequentemente, as culturas mais antigas são ditas pré-helênicas. Os gregos de hoje ainda se denominam helenos. Pode-se traçar a história grega até o segundo milênio a.C., quando várias ondas de invasores vindos do norte pressionaram para o sul. Não trouxeram com eles tradição matemática ou literária. Entretanto, parecem ter sido muito ávidos em aprender, e não demoraram a melhorar o que absorveram. Supõe-se que alguns rudimentos de cálculo viajaram pelas mesmas rotas de comércio. Isto é verdade sobre os primeiros alfabetos gregos que foram tomados e expandidos do alfabeto existente dos fenícios, o qual consistia só de consoantes. O alfabeto parece ter-se originado entre os mundos babilônio e egípcio, talvez na região da Península do Sinai, por um processo de redução drástica do número de símbolos cuneiformes ou hieráticos. Esse alfabeto chegou às novas colônias — gregas, romanas e cartaginesas — graças à atividade dos mercadores. Logo, mercadores, negociantes e estudiosos gregos se dirigiram aos centros de cultura no Egito e Babilônia. Ali entraram em contato com a matemática pré-helênica; mas não estavam dispostos a apenas receber antigas tradições, e se apropriaram tão completamente do assunto que logo ele tomou forma drasticamente diferente.

Os primeiros Jogos Olímpicos se realizaram em 776 a.C., e por esse tempo uma maravilhosa literatura grega já tinha se desenvolvido, evidenciada pelas obras de Homero e Hesíodo. Da matemática grega da época, nada sabemos. Presumivelmente, estava em atraso comparada com o desenvolvimento de formas literárias; essas últimas se prestam melhor à continuidade da transmissão oral. Passaram-se ainda quase dois séculos até haver alguma citação, mesmo indireta, da matemática grega. Então, durante o sexto século a.C., apareceram dois homens, Tales e Pitágoras, a quem se atribuem certas descobertas matemáticas definidas. Historicamente, são figuras um pouco imprecisas. Não sobreviveu nenhuma grande obra matemática de qualquer deles, nem se sabe se Tales ou Pitágoras jamais compuseram tal obra. No entanto, as mais antigas referências gregas à história da matemática, que não sobreviveram, atribuem a Tales e Pitágoras diversas descobertas matemáticas bem definidas. Esboçamos essas contribuições neste capítulo, mas o leitor deve entender que é principalmente sobre tradições persistentes e não sobre documentos históricos existentes que o relato se baseia.

Até certo ponto, essa situação referente a tratados matemáticos escritos permanece durante todo o quinto século a.C. Não existe praticamente nenhum documento matemático ou científico preservado até os dias de Platão, no quarto século a.C. No entanto, durante a segunda metade do quinto século circularam relatos persistentes e consistentes sobre um punhado de matemáticos que evidentemente estavam intensamente preocupados com problemas que formaram a base da maior parte dos desenvolvimentos posteriores na geometria. Por isso, chamaremos esse período de "Idade Heroica da Matemática", pois raramente, antes ou depois, homens com tão poucos recursos atacaram problemas matemáticos de significado tão fundamental. A atividade matemática já não se centrava quase inteiramente em duas regiões em extremidades quase opostas do mundo grego: floresceu à volta do Mediterrâneo todo. No que agora é o sul da Itália, havia Arquitas de Tarento (nasceu em 428 a.C., aproximadamente) e Hipasus de Metaponto (viveu por volta de 400 a.C.); em Abdera, na Trácia, achamos Demócrito (nasceu em 460 a.C., aproximadamente); mais perto do centro do mundo grego, na península ática, havia Hípias de Elis (nasceu em 460 a.C., aproximadamente); e nas vizinhanças de Atenas, viveram em tempos diferentes durante a segunda metade, crítica, do quinto século a.C., três matemáticos de outras regiões: Hipócrates de Chios (viveu por volta de 430 a.C.), Anaxágoras de Clazomene (viveu em 428 a.C.) e Zeno de Eleia (viveu por volta de 450 a.C.). Por meio da obra desses sete homens, descreveremos as mudanças fundamentais por que passou a matemática pouco antes do ano 400 a.C. Novamente, devemos lembrar que embora as histórias de Heródoto e Tucídides e as peças de Ésquilo, Eurípedes e Aristófanes até certo ponto tenham se preservado, quase não há uma linha preservada do que foi escrito pelos matemáticos da época.

Fontes matemáticas de primeira mão do quarto século a.C. são quase igualmente raras, mas essa falta é suprida em grande parte pelas exposições escritas por filósofos que estavam a par da matemática de seu tempo. Temos a maior parte do que Platão escreveu e cerca de metade da obra de Aristóteles; com os escritos desses dois líderes intelectuais do quarto século a.C. como guia, podemos dar uma exposição muito mais confiável do que aconteceu em seu tempo, do que podemos fazer quanto à Idade Heroica.

Tales e Pitágoras

Os relatos das origens da matemática grega estão centrados nas chamadas escolas jônica e pitagórica e os principais representantes de cada — Tale e Pitágoras — embora, como acabamos de observar, reconstruções de seu pensamento se apoiem em relatos fragmentados e tradições construídas durante séculos posteriores. O mundo grego, por muitos séculos, teve seu centro entre os mares Egeu e Jônio, mas a civilização helênica não estava de modo algum localizada só ali. Em cerca de 600 a.C., colônias gregas podiam ser encontradas ao longo das margens da maior parte do Mar Negro e Mediterrâneo e foi nessas regiões afastadas que um novo impulso se manifestou na matemática. Com relação a isso, os colonizadores da beira-mar, especialmente na Jônia, tinham duas vantagens: tinham o espírito ousado e imaginativo típico de pioneiros e estavam mais próximos dos dois principais vales de rio nos quais o conhecimento florecia. Tales de Mileto (624-548 a.C., aproximadamente) e Pitágoras de Samos (580-500 a.C., aproximadamente) tinham ainda mais uma vantagem: estavam em condição de viajar aos centros antigos de conhecimento e lá adquirir informação de primeira mão sobre astronomia e matemática. No Egito, diz-se que aprenderam geometria; na Babilônia, sob o esclarecido governante caldeu Nabucodonosor, Tales provavelmente entrou em contato com tabelas e instrumentos astronômicos. Diz a tradição, que em 585 a.C. Tales assombrou seus contemporâneos ao predizer o eclipse solar desse ano. A veracidade dessa tradição, entretanto, é muito discutível.

O que se sabe de fato sobre a vida e obra de Tales é realmente muito pouco. A opinião antiga é unânime em considerar Tales como um homem de rara inteligência e como o primeiro filósofo — por acordo geral, o primeiro dos Sete Sábios. Era considerado um "discípulo dos egípcios e caldeus"; hipótese que parece plausível. A proposição agora conhecida como teorema de Tales — que um ângulo inscrito em um semicírculo é um ângulo reto — pode muito bem ter sido aprendida por Tales durante suas viagens à Babilônia. No entanto, a tradição vai mais longe e lhe atribui uma espécie de demonstração do teorema. Por isso, Tales foi frequentemente saudado como o primeiro matemático verdadeiro — criador da organização dedutiva da geometria. Esse relato, ou lenda, foi ornamentado acrescentando-se a esse teorema quatro outros, que se diz terem sido demonstrados por Tales:

1. Um círculo é bissectado por um diâmetro.
2. Os ângulos da base de um triângulo isósceles são iguais.
3. Os pares de ângulos opostos formados por duas retas que se cortam são iguais.
4. Se dois triângulos são tais que dois ângulos e um lado de um são iguais respectivamente a dois ângulos e um lado de outro, então os triângulos são congruentes.

Não há nenhum documento antigo que possa ser apontado como evidência desse feito; no entanto, a tradição é persistente. O mais perto que se pode chegar de evidência digna de confiança nesse ponto é por uma fonte datando de 1.000 anos depois do tempo de Tales. Um discípulo de Aristóteles, chamado Eudemo de Rodes (viveu por volta de 320 a.C.), escreveu uma história da matemática. Essa perdeu-se, mas, antes de desaparecer, alguém resumiu ao menos parte dela. O original desse resumo também se perdeu, mas, durante o quinto século de nossa era, informação extraída do sumário foi incorporada pelo filósofo neoplatônico Proclo (410-485) nas páginas iniciais de seu *Commentary on the First Book of Euclid's Elements* (Comentário sobre o primeiro livro de Os Elementos de Euclides).

É principalmente dessas observações de Proclo que vem a designação de Tales como o primeiro matemático. Proclo, mais tarde, em seu *Commentary*, novamente baseando-se em Eudemo, atribui a Tales os quatro teoremas mencionados anteriormente. Há outras referências a Tales espalhadas em fontes antigas, mas quase todas descrevem suas atividades mais práticas. Elas não estabelecem a conjetura ousada de Tales ter criado a geometria demonstrativa; mas de qualquer forma Tales é o primeiro homem da história a quem foram atribuídas descobertas matemáticas específicas.

Que foram os gregos que acrescentaram à geometria o elemento novo da estrutura lógica é quase universalmente admitido hoje, mas permaneceu a grande questão de saber se esse passo crucial foi dado por Tales ou por outros mais tarde — talvez dois séculos mais tarde até. Quanto a esse ponto não se pode fazer um juízo definitivo sem que apareça nova evidência sobre o desenvolvimento da matemática grega.

Pitágoras é uma figura dificilmente menos controvertida que Tales, pois foi mais completamente envolto em lenda e apoteose. Tales era um homem de atividades práticas, mas Pitágoras era um profeta e um místico, nascido em Samos, uma das ilhas do Dodecaneso, não longe de Mileto, o lugar do nascimento de Tales. Embora alguns relatos afirmem que Pitágoras foi discípulo de Tales, isto é improvável, dada a diferença de meio século entre suas idades. Algumas semelhanças nos seus interesses podem ser facilmente explicadas pelo fato de Pitágoras também ter viajado pelo Egito e Babilônia — possivelmente indo até a Índia. Durante suas peregrinações, ele evidentemente absorveu não só informação matemática e astronômica como também muitas ideias religiosas. Pitágoras, aliás, praticamente foi contemporâneo de Buda, Confúcio e Laozi (Lao-Tzu); o século foi fundamental no desenvolvimento da religião bem como da matemática. Quando voltou ao mundo grego, Pitágoras estabeleceu-se em Crotona, na costa sudeste do que agora é a Itália, mas que era então chamada Magna Grécia. Lá, ele fundou uma sociedade secreta que se assemelhava um pouco a um culto órfico, exceto por suas bases matemáticas e filosóficas.

Que Pitágoras permanece uma figura muito obscura se deve em parte à perda de documentos daquela época. Várias biografias de Pitágoras foram escritas na antiguidade, inclusive uma de Aristóteles, mas se perderam. Uma outra dificuldade para caracterizar claramente a figura de Pitágoras provém do fato de que a ordem que ele fundou era comunitária, além de secreta. Conhecimento e propriedade eram comuns, por isso a atribuição de descobertas não era feita a um membro específico da escola. É melhor, por isso, não falar na obra de Pitágoras, mas, sim, das contribuições dos pitagóricos, embora na antiguidade fosse usual dar todo o crédito ao mestre.

Talvez a mais notável característica da ordem pitagórica fosse a confiança que mantinha no estudo da matemática e da filosofia como base moral para a conduta. As próprias palavras "filosofia" (ou "amor à sabedoria") e matemática (ou "o que é aprendido") supõe-se terem sido criadas pelo próprio Pitágoras para descrever suas atividades intelectuais.

É evidente que os pitagóricos desempenharam um papel importante na história da matemática. No Egito e na Mesopotâmia, os elementos de aritmética e geometria eram essencialmente exercícios de aplicação de processos numéricos a problemas específicos, fossem eles referentes a cerveja ou pirâmides ou heranças de terras; não encontramos nada que se parecesse com uma discussão filosófica de princípios. Presume-se, em geral, que Tales deu algum passo nessa direção, embora a tradição apoie a opinião de Eudemo e Proclo de que a nova ênfase na matemática se deve principalmente aos pitagóricos. Para eles, a matemática se relacionava mais com o amor à sabedoria do que com as exigências da vida prática. Que Pitágoras foi uma das figuras mais influentes da história é difícil negar, pois seus seguidores, sejam iludidos, sejam inspirados, espalharam suas crenças por quase todo o mundo grego. As harmonias e mistérios da filosofia e da matemática eram partes essenciais dos rituais pitagóricos. Nunca, antes ou depois, a matemática teve um papel tão grande na vida e na religião como entre os pitagóricos.

Dizia-se que o lema da escola pitagórica era "Tudo é número". Lembrando que os babilônios tinham associado várias medidas numéricas às coisas que os cercavam, desde os movimentos nos céus até o valor de seus escravos, podemos perceber nesse lema uma forte afinidade com a Mesopotâmia. Mesmo o teorema ao qual o nome de Pitágoras ainda está ligado, muito provavelmente, veio dos babilônios. Sugeriu-se, como justificativa para chamá-lo teorema de Pitágoras, que foram os pitagóricos os primeiros a dar uma demonstração dele; mas não há meios de se verificar essa conjetura. As lendas de que Pitágoras sacrificou um boi (cem bois, segundo outras versões) ao descobrir o teorema são implausíveis, tendo em vista as regras vegetarianas da escola. Além disso, são repetidas, com idêntica incredibilidade, em conexão com vários outros teoremas. É razoável supor que os membros mais antigos da escola pitagórica tinham familiaridade com propriedades geométricas conhecidas pelos babilônios; mas quando o sumário de Eudemo-Proclo lhes atribui a construção das "figuras cósmicas" (isto é, sólidos regulares) há lugar para dúvidas. O cubo, o octaedro e o dodecaedro podiam talvez ter sido observados em cristais, como o da pirita (dissulfeto de ferro); mas em Euclid's *Elements* XIII está dito que os pitagóricos só conheciam três dos poliedros regulares: o tetraedro, o cubo e o dodecaedro. Conhecimento dessa última figura é plausível, dada a descoberta perto de Pádua de um dodecaedro de pedra etrusco datando de antes de 500 a.C. Não é improvável, portanto, que, mesmo que os pitagóricos não conhecessem o octaedro e o icosaedro, conhecessem algumas propriedades do pentágono regular. A estrela de cinco pontas (formada traçando as cinco diagonais de uma face pentagonal de um dodecaedro regular) era, ao que se diz, o símbolo especial da escola pitagórica. O pentágono estrelado tinha aparecido antes na arte babilônia, e é possível que aqui também tenhamos um elo de ligação entre a matemática pré-helênica e a pitagórica.

Uma das questões tantalizantes quanto à geometria pitagórica diz respeito à construção do pentagrama ou pentágono estrelado. Se começarmos com um polígono regular $ABCDE$ (Fig. 4.1) e traçarmos as cinco diagonais, essas diagonais se cortam em pontos $A'B'C'D'E'$, que formam outro pentágono regular. Observando que o triângulo BCD', por exemplo, é semelhante ao triângulo isósceles BCE, e observando também os muitos pares de triângulos congruentes no diagrama, não é difícil ver que os pontos das diagonais $A'B'C'D'E'$ dividem as diagonais de um modo notável. Em cada caso, um ponto da diagonal divide uma diagonal em dois segmentos desiguais, tais que a razão da diagonal toda para o maior é igual à deste para o menor. Essa subdivisão das diagonais é a bem conhecida "secção áurea" de um segmento, mas esse nome só foi usado uns dois mil anos depois — mais ou menos pela época em que Kepler escrevia liricamente:

> A geometria tem dois grandes tesouros: um é o teorema de Pitágoras; o outro, a divisão de um segmento em média e extrema razão. O primeiro pode ser comparado a uma medida de ouro; o segundo podemos chamar de joia preciosa.

Para os gregos antigos, esse tipo de subdivisão logo se tornou tão familiar que não se achava necessário ter um nome especial para ela; por isso a designação "divisão de um segmento em média e extrema razão" em geral é substituída simplesmente pela palavra "secção".

Uma das propriedades importantes da "secção" é que, por assim dizer, ela se autopropaga. Se um ponto P_1 divide um segmento RS (Fig. 4.2) em média e extrema razão, sendo RP_1 o segmento maior e se sobre esse segmento maior marcamos o ponto P_2 tal que $RP_2 = P_1S$, então o segmento RP_1, por sua vez, ficará subdividido em média e extrema razão pelo ponto P_2. Novamente, se marcarmos em RP_2 o ponto P_3 tal que $RP_3 = P_2P_1$, o segmento RP_2 ficará subdividido em média e extrema razão por P_3. Esse processo iterativo, é claro, pode ser repetido tantas vezes quanto se queira, obtendo-se segmentos RP_n cada vez menores divididos em média e extrema razão pelo ponto P_{n+1}. Se os pitagóricos observaram ou não esse processo sem fim, ou dele tiraram conclusões significativas, não se sabe. Mesmo a questão mais fundamental de saber se os pitagóricos de cerca de 500 a.C. sabiam dividir um segmento em média e extrema razão não pode ser respondida com segurança, embora pareça muito provável que sim. A construção equivale à resolução de uma equação quadráti-

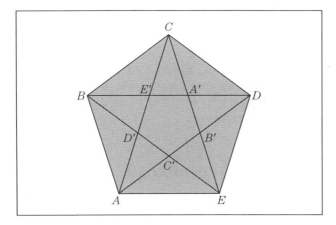

Figura 4.1

Figura 4.2

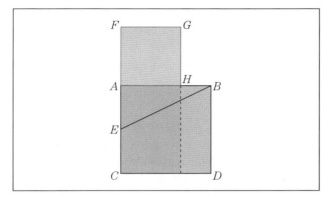

Figura 4.3

ca. Para mostrar isso, seja $RS = a$ e $RP_1 = x$ na Fig. 4.2. Então, pela propriedade da secção áurea $a : x = x : (a - x)$ e multiplicando médios e extremos, temos a equação $x^2 = a^2 - ax$. Essa é uma equação quadrática do tipo 1 na classificação do Cap. 3, e Pitágoras podia ter aprendido dos babilônios como resolvê-la algebricamente. No entanto, se a é um número racional, não há um número x racional que satisfaça à equação. Teria Pitágoras percebido isso? Parece improvável. Talvez os pitagóricos tenham usado, em vez do método algébrico de resolução dos babilônios, um processo geométrico análogo ao que se encontra em II. 11 e VI. 30 de Euclides. Para dividir um segmento AB de reta em média e extrema razão, Euclides construía primeiro sobre AB o quadrado $ABCD$ (Fig. 4.3). Então bissectava AC pelo ponto E, traçava EB e prolongava a reta CEA até F, de modo que $EF = EB$. Completado o quadrado $AFGH$, o ponto H será o ponto procurado, pois pode-se ver imediatamente que $AB : AH = AH : HB$. Se pudéssemos saber que tipo de solução, se é que tinham alguma, os pitagóricos adotavam para o problema da secção áurea, avançaríamos bastante no esclarecimento do nível e das características da matemática pré-socrática. Se a matemática pitagórica começou sob a influência babilônia, com sua forte fé nos números, como (e quando) aconteceu que esta cedeu lugar à ênfase familiar sobre a geometria pura, que está tão firmemente santificada nos tratados clássicos?

Misticismo sobre números

Misticismo sobre números não é criação dos pitagóricos. O número sete, por exemplo, era objeto de especial respeito, presumivelmente por causa das sete estrelas errantes, ou planetas, das quais a semana derivou (daí nossos nomes para os dias da semana). Os pitagóricos não eram os únicos a imaginar que os números ímpares tinham atributos masculinos e, os pares, femininos — com a concomitante crença (não destituída de preconceito), encontrada ainda em Shakespeare, de que "há divindade nos números ímpares". Muitas civilizações primitivas partilharam de vários aspectos da numerologia, mas os pitagóricos levaram a extremos a adoração dos números, baseando neles sua filosofia e modo de viver. O número um, diziam eles, é o gerador dos números e o número da razão; o dois é o primeiro número par, ou feminino, o número da opinião; três é o primeiro número masculino verdadeiro, o da harmonia, sendo composto de unidade e diversidade; quatro é o número da justiça ou retribuição, indicando o ajuste de contas; cinco é o número do casamento, união dos primeiros números feminino e masculino verdadeiros; e seis é o número da criação. Cada número, por sua vez, tinha seus atributos peculiares. O mais sagrado era o dez ou o *tetractys*, pois representava o número do universo, inclusive a soma de todas as possíveis dimensões geométricas. Um único ponto gera as dimensões, dois pontos determinam uma reta de dimensão um, três pontos não alinhados determinam um triângulo com área de dimensão dois, e quatro pontos não coplanares determinam um tetraedro com volume de dimensão três; a soma dos números que representam todas as dimensões é, portanto, o adorado número dez. É um tributo à abstração da matemática pitagórica que a veneração ao número dez evidentemente não era ditada pela anatomia da mão ou pé humanos.

Aritmética e cosmologia

Na Mesopotâmia, a geometria não tinha sido muito mais do que uma aplicação dos números à extensão espacial; ao que parece, a princípio era mais ou menos o mesmo para os pitagóricos, mas com uma modificação. Número, no Egito, significava o domínio dos números naturais e frações unitárias; entre os babilônios, o corpo das frações racionais. Na Grécia, a palavra "número" era usada só para os inteiros. Uma fração não era considerada como um ente único, mas como uma razão ou relação entre inteiros (a matemática grega, nos seus estágios iniciais, frequentemente chegou mais perto da matemática "moderna" de hoje do que da aritmética usual das gerações que nos precederam). Como Euclides mais tarde o disse (*Os elementos* V, 3), "Uma razão é uma relação de tamanho entre grandezas de mesma espécie". Um tal ponto de vista, que focaliza a atenção sobre a conexão entre pares de números, tende a pôr em relevo os aspectos teóricos do conceito de número e a reduzir a ênfase no papel do número como instrumento de cálculo ou aproximação de medidas. A aritmética agora podia ser considerada uma disciplina intelectual, além de uma técnica, e a transição para esse ponto de vista parece ter sido cultivada na escola pitagórica.

Se a tradição merece confiança, os pitagóricos não só fizeram da aritmética um ramo da filosofia; parecem ter feito dela uma base para a unificação de todos os aspectos do mundo que os rodeava. Por meio de configurações de pontos, ou unidades sem extensão, associavam números com extensão geométrica; isso, por sua vez, levou-os à aritmética celeste. Filolau (morreu em 390 a.C., aproximadamente), um pitagórico posterior que partilhava da veneração pelo *tetractys* ou década, escreveu que ele era "grande, todo-poderoso e gerador de tudo, o começo e o guia da vida divina e terrestre". Essa visão do número dez como o perfeito, o símbolo da saúde e da harmonia, parece ter inspirado o primeiro sistema astronômico não geocêntrico. Filolau postulou que no centro do universo havia um fogo central em torno do qual a Terra e os sete planetas (o Sol e a Lua, inclusive) giravam uniformemente. Como isso fazia chegar somente a nove o número de corpos celestes (além da esfera de estrelas fixas), o sistema de Filolau assumia a existência de um décimo corpo — uma "contraterra" colinear com a Terra e o fogo central — e que tinha o mesmo período que a terra em sua revolução diária em torno do fogo central. O Sol dava uma volta por ano em torno do fogo, e as estrelas fixas eram estacionárias. A Terra em seu movimento conservava sempre a mesma face não habitada voltada para o fogo central; por isso, nem o fogo nem a contraterra eram jamais vistos. O postulado do movimento circular uniforme que os pitagóricos adotaram iria dominar o pensamento dos astrônomos por mais de 2.000 anos. Copérnico, quase 2.000 anos depois, aceitou-o sem discussão e era aos pitagóricos que Copérnico se reportava para mostrar que sua doutrina de uma Terra móvel não era tão nova ou revolucionária.

Quão completamente os pitagóricos fizeram entrar os números em suas ideias é bem ilustrado por sua preocupação com os números figurativos. Embora nenhum triângulo possa ser formado com menos de três pontos, é possível ter triângulos a partir de maior número de pontos, como seis, dez ou quinze (veja Fig. 4.4). Números como três, seis, dez e quinze ou, em geral, números dados pela fórmula

$$N = 1 + 2 + 3 + \cdots + n = \frac{n(n+1)}{2}$$

eram chamados triangulares; e o desenho triangular para o número dez, o sagrado, competia com o pentágono quanto à veneração na teoria dos números pitagóricos. Havia, é claro, uma infinidade de outras categorias de números privilegiados. Números quadrados sucessivos são formados a partir da sequência $1 + 3 + 5 + 7 + \cdots + (2n - 1)$, em que cada número ímpar, por sua vez, era considerado como uma configuração de pontos semelhante a um gnômon (o relógio de sombra babilônio) colocado em torno de dois lados da precedente configuração de pontos em forma de quadrado (veja Fig. 4.4). Assim, o termo gnômon (aparentado à palavra para "saber") veio a ser ligado aos próprios números ímpares.

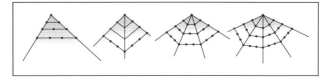

Figura 4.4

A sequência de números pares, $2 + 4 + 6 + \cdots + 2n = n(n + 1)$ produz o que os gregos chamaram "números oblongos", cada um dos quais é o dobro de um número triangular. Configurações pentagonais de pontos ilustravam os números pentagonais dados pela sequência

$$N = 1 + 4 + 7 + \cdots + (3n - 2) = \frac{n(3n + 1)}{2}$$

e os números hexagonais provinham da sequência

$$1 + 5 + 9 + \cdots + (4n - 3) = 2n^2 - n.$$

De modo semelhante, eram escolhidos números poligonais de todas as ordens; é claro que o processo se estende facilmente ao espaço tridimensional, em que se lida com números poliedrais. Encorajado por essas ideias, Filolau, ao que se conta, afirmou que

> Todas as coisas que podem ser conhecidas têm número: pois não é possível que sem número qualquer coisa possa ser concebida ou conhecida.

A frase de Filolau parece ter sido artigo de fé da escola pitagórica, daí surgindo estórias sobre a descoberta, por Pitágoras, de algumas leis simples da música. Conta-se que Pitágoras observou que, quando os comprimentos de cordas vibrantes podem ser expressos como razões de números inteiros simples, como dois para três (para a quinta) ou três para quatro (para a quarta), os tons serão harmoniosos. Em outras palavras, se uma corda produz a nota dó quando tocada, então uma corda semelhante com o dobro do comprimento produzirá o dó uma oitava abaixo; e os tons entre essas notas são emitidos por cordas cujos comprimentos são dados por razões intermediárias: 16:9 para o ré, 8:5 para o mi, 3:2 para o fá, 4:3 para o sol, 6:5 para o lá e 16:15 para o si. Aqui temos, talvez, as mais antigas leis quantitativas da acústica — possivelmente, as mais antigas leis quantitativas da física. Tão audazmente imaginativos eram os pitagóricos mais antigos que eles extrapolavam apressadamente para concluir que os corpos celestes em seus movimentos também emitiam tons harmoniosos, a "harmonia das esferas". A ciência pitagórica, como a matemática pitagórica, parece ter sido uma estranha mistura de pensamento lúcido e fantástica especulação. A doutrina da Terra esférica é frequentemente atribuída a Pitágoras, mas não se sabe se essa conclusão era baseada em observação (talvez de novas constelações quando Pitágoras viajava para o sul) ou em imaginação. A própria ideia de que o universo é um "cosmos", ou um todo harmoniosamente ordenado, parece ser uma contribuição pitagórica relacionada com essas ideias — uma ideia que na época tinha pouca base de observação direta mas que foi enormemente frutífera no desenvolvimento da astronomia. Quando sorrimos das fantasias numéricas dos antigos, devemos também lembrar-nos do impulso que deram ao desenvolvimento tanto da matemática quanto da ciência. Os pitagóricos foram dos primeiros a acreditar que as operações da natureza podiam ser entendidas por meio da matemática.

Proporções

Proclo, talvez citando Eudemo, atribuiu a Pitágoras duas descobertas matemáticas específicas: (1) a construção dos sólidos regulares e (2) a teoria das proporções. Embora haja dúvida sobre até que ponto isso deve ser tomado literalmente, há forte probabilidade de que a afirmação reflita corretamente a direção do pensamento pitagórico. A teoria das proporções claramente se ajusta ao esquema de interesses matemáticos dos gregos antigos, e não é difícil achar uma provável fonte de inspiração. Conta-se que Pitágoras soube, na Mesopotâmia, das três médias, aritmética, geométrica e a subcontrária (mais tarde chamada harmônica) — e da "proporção áurea" que relaciona duas delas: o primeiro de dois números está para a sua média aritmética como a média harmônica está para o segundo número. Essa relação é a essência do algoritmo babilônio para extração de raiz quadrada, portanto o relato é ao menos plausível. Em algum momento, porém, os pitagóricos generalizaram esse trabalho acrescentando sete novas médias para perfazer dez ao todo. Se b é a média de a e c, onde $a < c$, então as três quantidades estão relacionadas por uma das equações seguintes:

$$(1)\frac{b-a}{c-b}=\frac{a}{a} \qquad (6)\frac{b-a}{c-b}=\frac{c}{b}$$

$$(2)\frac{b-a}{c-b}=\frac{a}{b} \qquad (7)\frac{c-a}{b-a}=\frac{c}{a}$$

$$(3)\frac{b-a}{c-b}=\frac{a}{c} \qquad (8)\frac{c-a}{c-b}=\frac{c}{a}$$

$$(4)\frac{b-a}{c-b}=\frac{c}{a} \qquad (9)\frac{c-a}{b-a}=\frac{b}{a}$$

$$(5)\frac{b-a}{c-b}=\frac{b}{a} \qquad (10)\frac{c-a}{c-b}=\frac{b}{a}.$$

As três primeiras equações são, naturalmente, as equações para as médias aritmética, geométrica e harmônica, respectivamente.

É difícil atribuir uma data ao estudo pitagórico das médias, e problemas semelhantes surgem a propósito da classificação dos números. O estudo das proporções ou da igualdade de razões presumivelmente formava de início uma parte da aritmética ou teoria dos números pitagórica. Mais tarde, as quantidades a, b e c que entravam em tais proporções seriam provavelmente olhadas como grandezas geométricas; mas o período em que teve lugar essa mudança não é claro. Além dos números poligonais mencionados acima e da distinção entre ímpares e pares, os pitagóricos começaram em dado momento a falar em número ímpar-ímpar ou par-ímpar, conforme fosse o produto de dois números ímpares ou de um ímpar e um par, de modo que às vezes o termo "número par" era reservado às potências inteiras de dois. Pelo tempo de Filolau, a distinção entre números primos e compostos parece ter-se tornado importante. Espeusipo, sobrinho de Platão e seu sucessor como chefe da Academia, afirmava que dez era "perfeito" para os pitagóricos porque, entre outras coisas, é o menor inteiro n para o qual há exatamente tantos primos entre 1 e n quanto não primos (ocasionalmente, os números primos eram chamados lineares, por serem usualmente representados por pontos em uma dimensão apenas). Os neopitagóricos às vezes excluíam o dois da lista dos primos dizendo que um e dois não são números verdadeiros, mas geradores dos números ímpares e pares. A supremacia dos ímpares era considerada demonstrada pelo fato de ímpar + ímpar ser par, enquanto que par + par permanece par.

Tem sido atribuída aos pitagóricos a regra para ternas pitagóricas dadas por $(m^2 - 1)/2$, m, $(m^2 + 1)/2$, onde m é um inteiro ímpar; mas como essa regra se relaciona de perto com os exemplos babilônios, talvez não seja uma descoberta independente. Também são atribuídas aos pitagóricos, com dúvidas quanto ao período em questão, as definições de números perfeitos, abundantes e deficientes, conforme a soma dos divisores próprios do número seja igual a, maior que, ou menor que o número em questão. Segundo essa definição, seis é o menor número perfeito, vinte e oito vindo em seguida. Que isso seja provavelmente um desenvolvimento mais tardio no pensamento pitagórico é sugerido pela veneração inicial do dez em lugar do seis. Por isso, a doutrina relacionada dos números "amigáveis" é também provavelmente uma noção posterior. Dois inteiros a e b se dizem "amigáveis" se a é a soma dos divisores próprios de b e se b é a soma dos divisores próprios de a. O menor par deste tipo é o dos inteiros 220 e 284.

Numeração

Os helenos eram famosos como negociantes astutos e deve ter havido um nível inferior de aritmética ou computação que satisfazia às necessidades da vasta maioria dos gregos. Atividades numéricas desse nível não mereceriam a atenção dos filósofos e registros de aritmética prática não apareceriam nas bibliotecas dos estudiosos. Portanto, se nem fragmentos restam das obras mais sofisticadas dos pitagóricos, é claro que não é razoável esperar que manuais de aritmética comercial sobrevivessem aos estragos do tempo. Por isso, não é possível dizer como os processos comuns da aritmética eram efetuados na Grécia há 2.500 anos atrás. O melhor que se pode fazer é descrever os sistemas de numeração que parecem ter estado em uso.

De modo geral, parecem ter existido dois sistemas principais de numeração na Grécia: um, provavelmente o mais antigo, é conhecido como notação ática (ou herodiânica); o outro é chamado sistema jônio (ou alfabético). Ambos, quanto aos inteiros, são em base 10, mas o primeiro é mais primitivo, sendo baseado em um esquema de iteração simples encontrado na numeração hieroglífica primitiva do Egito e depois nos numerais romanos. No sistema ático, os números de um a quatro eram representados por riscos verticais repetidos. Para o número cinco, adotou-se um novo símbolo — a primeira letra Π (ou Γ) da palavra cinco, (só maiúsculas eram usadas na época, tanto em obras literárias como na matemática, as letras minúsculas sendo uma invenção do período antigo final ou medieval inicial). Para números de seis a nove, o sistema ático combinava o símbolo Γ com riscos unitários, de modo que oito, por exemplo, era escrito Γ\\\. Para potências inteiras positivas da base (dez), as letras iniciais das palavras correspondentes eram usadas – Δ para *deka* (dez), H para *hekaton* (cem), X para *khilioi* (mil), e M para *myrioi* (dez mil). Exceto quanto à forma dos símbolos, o sistema ático se parecia com o romano; mas tinha uma vantagem. Enquanto o mundo latino adotou símbolos distintos para 50 e 500, os gregos escreviam esses números combinando as letras para 5, 10 e 100, usando Γ^Δ (ou 5 vezes 10) para 50, e Γ^H (ou 5 vezes 100) para 500. Da mesma forma, escreviam Γ^X para 5.000 e Γ^M para 50.000. Na escrita ática, o número 45.678, por exemplo, apareceria como

MMMMΓ^X Γ^H HΓ^Δ ΔΔΓ\\\

O sistema ático (conhecido também como herodiano, por estar descrito em um fragmento atribuído a Herodian, um gramático do segundo século) aparece em inscrições de várias datas de 454 a 95 a.C., mas pelo início da Idade Alexandrina, mais ou menos ao tempo de Ptolomeu Filadelfo, foi sendo substituído pelos numerais jônios ou alfabéticos. Esquemas alfabéticos semelhantes foram usados em várias épocas por diversos povos semíticos, incluindo os hebreus, sírios, aramaicos e árabes — bem como por outras culturas, como a gótica, mas ao que parece foram emprestados da notação grega. O sistema jônio provavelmente começou a ser usado desde o quinto século a.C., talvez desde o oitavo século a.C. Uma razão para colocar a origem da notação relativamente cedo é que o esquema usava vinte e sete letras do alfabeto — nove para os inteiros menores que 10, nove para os múltiplos de 10 inferiores a 100 e nove para os múltiplos de 100 inferiores a 1.000. O alfabeto grego clássico contém somente vinte e quatro letras; consequentemente, foi usado um alfabeto mais antigo que incluía três letras adicionais arcaicas — ϛ (vau ou digama ou stigma), ϙ (koppa) e ϡ (sampi) — para estabelecer a seguinte associação entre letras e números:

A	B	Γ	Δ	E	F	Z	H	Θ
1	2	3	4	5	6	7	8	9
I	K	Λ	M	N	Ξ	O	Π	ϙ
10	20	30	40	50	60	70	80	90
P	Σ	T	Υ	Φ	X	Ψ	Ω	ϡ
100	200	300	400	500	600	700	800	900

Após a introdução das letras minúsculas na Grécia, a associação entre letras e números ficou:

α	β	γ	δ	ϵ	ϛ	ζ	η	θ
1	2	3	4	5	6	7	8	9
ι	κ	λ	μ	ν	ξ	ο	π	ϙ
10	20	30	40	50	60	70	80	90
ρ	σ	τ	υ	φ	χ	ψ	ω	ϡ
100	200	300	400	500	600	700	800	900

Como essas formas são mais familiares hoje, nós as usaremos aqui. Para os primeiros nove múltiplos de mil, o sistema jônico adotou as primeiras nove letras do alfabeto, um uso parcial do princípio posicional; mas para maior clareza essas letras eram precedidas por um risco ou acento:

,α	,β	,γ	,δ	,ε	,ϛ	,ζ	,η	,θ
1000	2000	3000	4000	5000	6000	7000	8000	9000

Dentro desse sistema, qualquer número inferior a 10.000 podia ser escrito facilmente com apenas quatro símbolos. O número 8.888, por exemplo, apareceria como ,ηωπη ou como ηωπη, com o acento às vezes omitido, quando o contexto fosse claro. O uso das mesmas letras para milhares e para unidades deveria ter sugerido aos gregos o completo esquema posicional na aritmética decimal, mas não parece que eles tenham percebido as vantagens de tal ideia. Que tinham mais ou menos em mente tal princípio é evidente não só pelo uso repetido das letras de α a θ para unidades e milhares, mas também pelo fato de serem os símbolos dispostos em ordem de grandeza, do menor à direita ao maior à esquerda. Ao chegar a 10.000, que para os gregos era o início de uma nova contagem ou categoria (assim como nós frequentemente separamos os milhares das potências menores por um ponto), a notação jônia adotava um princípio multiplicativo. Um símbolo para um inteiro de 1 a 9.999, quando colocado acima da letra M, ou depois dela, separado do resto do número por um ponto, indicava o produto do inteiro pelo número 10.000 — a miríade grega. Assim o número 88.888.888 apareceria como $\mathbf{M},\eta\omega\pi\eta \cdot \eta\omega\pi\eta$. Se aparecessem números ainda maiores, o mesmo princípio seria aplicado à dupla miríade, 100.000.000 ou 10^8.

As notações gregas primitivas para os inteiros não eram excessivamente incômodas e serviam bem aos seus objetivos. Era no uso de frações que o sistema era fraco. Como os egípcios, os gregos se sentiram tentados a usar frações unitárias, e para estas tinham uma representação simples. Escreviam o denominador e depois simplesmente o seguiam de um sinal diacrítico ou acento para distingui-lo do inteiro correspondente. Assim, 1/34 se escrevia $\lambda\delta'$. Isso, é claro, podia ser confundido com o número 30 1/4, mas podia-se supor que o contexto ou palavras explicativas esclarecessem a situação. Em séculos posteriores, frações comuns gerais e frações sexagesimais passaram a ser usadas; serão discutidas adiante em conexão com a obra de Arquimedes, Ptolomeu e Diofante, pois existem documentos que, embora não datem de fato do mesmo tempo desses homens, são cópias de obras escritas por eles — uma situação muito diferente da referente aos matemáticos do período helênico.

Aritmética e logística

Por causa da completa ausência de documentos da época, há muito mais incerteza quanto à matemática grega de 600 a.C. a 450 a.C. do que acerca da álgebra babilônia ou da geometria egípcia de cerca de 1700 a.C. Nem mesmo artefatos matemáticos dos primeiros tempos da Grécia se preservaram. É evidente que algum tipo de ábaco ou tábua de contagem era usado nos cálculos, mas a natureza e a maneira de operar de tal dispositivo devem ser inferidas do ábaco romano e de algumas referências casuais em autores gregos. Heródoto, escrevendo no começo do quinto século a.C., diz que, ao contar com pedrinhas, do mesmo modo que na escrita, a mão dos gregos ia da esquerda para a direita e a dos egípcios da direita para a esquerda. Um vaso de um período um pouco posterior mostra um coletor de tributos com uma tábua de contagem que era usada não só para múltiplos decimais inteiros do dracma mas para subdivisões não decimais. Começando da esquerda, as colunas designam miríades, milhares, centenas e dezenas de dracmas, respectivamente, sendo os símbolos expressos em notação herodiana. Depois, seguindo a coluna de unidades para dracmas, há colunas para abdos (seis abdos = um dracma), para meio abdo, e um quarto de abdo. Aqui vemos como as civilizações antigas evitaram o uso excessivo de frações: simplesmente subdividiam as unidades de comprimento, peso e dinheiro tão eficazmente que podiam calcular em termos de múltiplos inteiros das subdivisões. Essa é sem dúvida a explicação da popularidade, na antiguidade, das subdivisões duodecimais e sexagesimais, pois o sistema decimal aqui fica em forte desvantagem. Frações decimais eram raramente usadas, seja pelos gregos seja por outros povos do Ocidente, antes do período da Renascença. O ábaco pode facilmente ser adaptado a qualquer sistema de numeração ou qualquer combinação de sistemas; é provável que o uso amplamente difundido do ábaco explique ao menos em parte o desenvolvimento estranhamente tardio de uma notação posicional consistente para inteiros e frações. Quanto a isso, a Idade Pitagórica pouco ou nada contribuiu.

A visão dos pitagóricos parece ter sido tão completamente abstrata e filosófica que detalhes técnicos eram relegados a uma disciplina à parte, chamada logística. Essa tratava da enumeração das coisas, em vez da essência e propriedades do número em si, questões que pertenciam à aritmética. Isto é, os gregos antigos fizeram uma distinção clara entre simples cálculo, de um lado, e o que hoje se chama teoria dos números, do outro. Se uma distinção tão nítida foi ou não uma desvantagem para o desenvolvimento histórico da matemática pode ser discutível, mas não é fácil negar aos matemáticos jônios e pitagóricos antigos o papel primordial para o estabelecimento da matemática como uma disciplina racional. É evidente que a tradição pode ser muito inexata, mas é raro ser totalmente mal orientada.

Atenas do quinto século

O quinto século a.C. foi um período crucial na história da civilização ocidental, pois iniciou-se com a derrota dos invasores persas e terminou com a rendição de Atenas a Esparta. Entre esses dois acontecimentos situa-se a grande Idade de Péricles, com suas realizações na literatura e na arte. A prosperidade e a atmosfera intelectual de Atenas durante esse século atraíram estudiosos de todas as partes do mundo grego, e uma síntese de vários aspectos foi conseguida. Da Jônia vieram homens como Anaxágoras, de espírito prático; do sul da Itália vieram outros, como Zeno, com inclinações metafísicas mais fortes. Demócrito de Abdera defendeu uma visão materialista do mundo, enquanto Pitágoras, na Itália, sustentava atitudes idealistas na ciência e na filosofia. Em Atenas encontravam-se devotos entusiastas de antigos e novos ramos do conhecimento, da cosmologia à ética. Havia um ousado espírito de livre investigação, que às vezes entrava em conflito com os costumes estabelecidos.

Em particular, Anaxágoras foi preso em Atenas por descrença, ao afirmar que o Sol não era uma divindade, mas uma grande pedra incandescente, tão grande como todo o Peloponeso, e que a Lua era uma terra habitada que emprestava do Sol a sua luz. Ele representa bem o espírito de pesquisa racional, pois considerava como objetivo de sua vida o estudo da natureza do universo, um propósito que nele derivava da tradição jônia de que Tales fora um dos fundadores. O entusiasmo intelectual de Anaxágoras foi compartilhado com seus compatriotas por meio do primeiro best-seller científico — um livro *On Nature* — que podia ser comprado em Atenas por apenas uma dracma. Anaxágoras foi professor de Péricles, que fez com que seu mentor fosse afinal libertado da prisão. Sócrates foi, a princípio, atraído pelas ideias científicas de Anaxágoras, mas achou o ponto de vista naturalístico jônio menos satisfatório que a busca de verdades éticas. A ciência grega tinha raízes em uma curiosidade altamente intelectual que é frequentemente contrastada com o utilitarismo imediatista do pensamento pré-helênico; Anaxágoras claramente representava o motivo grego típico — o desejo de saber. Também na matemática, a atitude grega diferia fortemente das culturas potâmicas anteriores. O contraste era claro já nas contribuições geralmente atribuídas a Tales e Pitágoras, e continuou aparente nos relatos, mais dignos de confiança, sobre o que se passou em Atenas durante a Idade Heroica. Anaxágoras era primariamente um filósofo da natureza, em vez de um matemático, mas sua mente inquiridora levou-o a tomar parte na investigação de questões matemáticas.

Três problemas clássicos

Conta-nos Plutarco que, enquanto Anaxágoras esteve preso, ocupou-se com uma tentativa de quadrar o círculo. Aqui temos a primeira menção de um problema que iria fascinar os matemáticos por mais de 2.000 anos. Não há outros detalhes quanto à natureza do problema ou as regras que o condicionam. Mais tarde, ficou entendido que o quadrado procurado, de área exatamente igual à do círculo, deveria ser construído só com régua e compasso. Aqui vemos um tipo de matemática muito diferente da dos egípcios e babilônios. Não se trata de aplicação prática de uma ciência de números a um aspecto da experiência comum, mas de uma questão teórica envolvendo uma distinção clara entre precisão na aproximação e exatidão de pensamento.

Anaxágoras faleceu em 428 a.C., ano em que nasceu Arquitas, apenas um ano antes do nascimento de Platão e um ano depois da morte de Péricles. Diz-se que Péricles morreu da peste que matou talvez um quarto da população de Atenas, e que a profunda impressão criada por esta catástrofe talvez tenha originado um segundo problema matemático famoso. Diz-se que uma delegação fora enviada ao oráculo de Apolo em Delos para perguntar como a peste poderia ser combatida e que o oráculo respondeu que o altar de Apolo, cúbico, deveria ser duplicado. Os atenienses, ao que se diz, obedientemente dobraram as dimensões do altar, mas isto não adiantou para afastar a peste. É claro, o altar tivera seu volume multiplicado por oito e não por dois. Essa, diz a lenda, foi a origem do problema da "duplicação do cubo", que a partir daí foi geralmente designado como "problema deliano" — dada a aresta de um cubo, construir apenas com régua e compasso a aresta de um segundo cubo, que tenha o dobro do volume do primeiro.

Mais ou menos na mesma época circulava ainda em Atenas um terceiro problema célebre: dado um ângulo arbitrário, construir, por meio apenas de régua e compasso, um ângulo igual a um terço do ângulo dado. Esses três problemas — quadratura do círculo, duplicação do cubo, trissecção do ângulo — têm sido conhecidos desde então como os "três problemas famosos (ou clássicos)" da antiguidade. Mais de 2.200 anos depois seria demonstrado que todos os três são impossíveis de resolver só com régua e compasso. No entanto, a maior parte da matemática grega e muito da investigação matemática posterior foi motivada por esforços para conseguir o impossível — ou, à falta disso, para modificar as regras. A Idade Heroica fracassou em seu objetivo imediato, sob as regras, mas seus esforços foram coroados por brilhante sucesso em outros pontos.

Quadratura de lunas

Hipócrates de Chios era um pouco mais jovem que Anaxágoras, e proveniente aproximadamente da mesma região da Grécia. Não deve ser confundido com seu contemporâneo ainda mais famoso, o médico Hipócrates de Cos. Tanto Cos como Chios são ilhas do grupo do Dodecaneso; mas Hipócrates de Chios, em cerca de 430 a.C., deixou sua terra natal por Atenas, na qualidade de mercador. Aristóteles conta que Hipócrates era menos astuto que Tales e que perdeu seu dinheiro em Bizâncio por fraude; outros dizem que foi atacado por piratas. De qualquer modo, o incidente nunca foi lamentado por sua vítima, pois considerava que isso foi sua sorte, já que, em consequência, ele se voltou para o estudo da geometria, em que conseguiu notável sucesso — uma estória típica da Idade Heroica. Proclo escreveu que Hipócrates compôs uma obra, antecipando-se por mais de um século à mais conhecida de Euclides. No entanto, o texto de Hipócrates — bem como outro que se diz ter sido escrito por Leon, um associado posterior da escola platônica — se perdeu, embora Aristóteles o tenha conhecido. Na verdade, nenhum tratado matemático do quinto século se preservou; mas temos um fragmento referente a Hipócrates, que Simplício (viveu por volta de 520 d.C.) diz ter copiado literalmente da *History of mathematics* (hoje perdida) de Eudemo. Essa breve menção, o que de mais próximo temos de uma fonte original sobre a matemática da época, descreve uma parte da obra de Hipócrates que trata da quadratura de lunas. Uma luna é uma figura limitada por dois arcos circulares de raios diferentes; o problema de sua quadratura certamente se originou do da quadratura do círculo. O fragmento de Eudemo atribui a Hipócrates o teorema seguinte:

> Segmentos de círculo semelhantes estão na mesma razão que os quadrados de suas bases.

O relato de Eudemo diz que Hipócrates demonstrou isso, mostrando primeiro que as áreas de dois círculos estão entre si como os quadrados dos diâmetros. Aqui, Hipócrates usa a linguagem e conceito de proporção que desempenhou papel tão grande no pensamento pitagórico. Na verdade, alguns pensam que Hipócrates se tornou um pitagórico. A escola pitagórica de Crotona fora suprimida (talvez por causa de seu caráter secreto, talvez por causa de suas tendências políticas conservadoras), mas o fato de seus adeptos se espalharem pelo mundo grego serviu simplesmente para ampliar a influência da escola. Essa influência certamente foi sentida, direta ou indiretamente, por Hipócrates.

O teorema de Hipócrates sobre as áreas de círculos parece ser o mais antigo enunciado preciso sobre mensuração curvilínea no mundo grego. Eudemo acreditava que Hipócrates tinha dado uma demonstração do teorema, mas uma demonstração rigorosa parece improvável nessa época (digamos, cerca de 430 a.C.). A teoria das proporções, neste estágio, provavelmente estava feita só para grandezas comensuráveis. A demonstração dada em Euclides XII.2 provém de Eudoxos, que viveu em uma época intermediária entre o tempo de Hipócrates e o de Euclides. No entanto, assim como muito do conteúdo dos primeiros dois livros de Euclides parece provir dos pitagóricos, também parece razoável supor que ao menos as formulações de muito do que está nos livros III e IV de *Os Elementos* provinham da obra de Hipócrates. Além disso, se Hipócrates de fato deu uma demonstração de seu teorema sobre áreas de círculos, ele pode ter sido quem introduziu na matemática o método indireto de demonstração. Isto é, a razão entre as áreas de dois círculos é igual à razão dos quadrados de seus diâmetros, ou não é. Por uma *reductio ad absurdum* (redução ao absurdo) da segunda possibilidade, a demonstração da única alternativa está completa.

Desse teorema sobre a área dos círculos, Hipócrates facilmente encontrou a primeira quadratura rigorosa de uma área curvilínea da história da matemática. Ele começou com um semicírculo circunscrito a um triângulo isósceles retângulo e sobre a base (hipotenusa), construiu um segmento semelhante aos segmentos circulares sobre os lados do triângulo retângulo (Fig. 4.5). Como os segmentos estão entre si como os quadrados de suas bases, resulta, usando o teorema de Pitágoras para o triângulo retângulo, que a soma dos dois segmentos circulares menores é igual ao segmento circular maior. Portanto, a diferença entre o semicírculo sobre AC e o segmento $ADCE$ é igual ao triângulo ABC. Logo, a luna $ABCD$ é exatamente igual ao triângulo ABC; como o triângulo ABC é igual ao quadrado sobre a metade de AC, conseguiu-se a quadratura da luna.

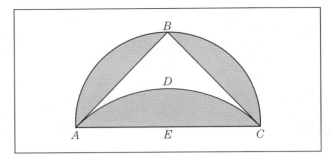

Figura 4.5

Eudemo descreve também uma quadratura de lunas de Hipócrates baseada em um trapézio isósceles, $ABCD$, inscrito em um círculo, de modo que o quadrado sobre o lado maior (base), AD, seja igual à soma dos quadrados sobre os três lados menores iguais, AB e BC e CD (Fig. 4.6). Então, se construirmos sobre AD um segmento circular, $AEDF$, semelhante aos que estão sobre os três lados iguais, a luna $ABCDE$ é igual ao trapézio $ABCDF$.

O fato de que outros, além de Simplicius, também se referem a esse trabalho indica que estamos sobre terreno firme, historicamente falando, ao descrever a quadratura de lunas de Hipócrates. Simplicius viveu no sexto século, mas apoiou-se não só em Eudemo (viveu por volta de 320 a.C.), mas também em Alexandre de Afrodisias (viveu por volta de 200 d.C.), um dos mais importantes comentadores de Aristóteles. Alexandre descreve duas quadraturas além das mencionadas acima. (1) Se construirmos semicírculos sobre a hipotenusa e lados de um triângulo retângulo isósceles (Fig. 4.7), então as lunas criadas sobre os lados menores juntas igualam o triângulo. (2) Se sobre o

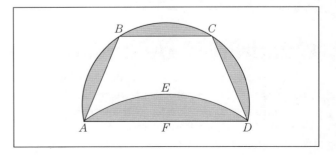

Figura 4.6

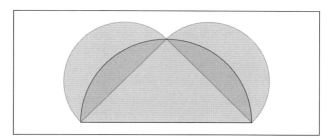

Figura 4.7

diâmetro de um semicírculo construirmos um trapézio isóceles, com três lados iguais (Fig. 4.8) e se sobre os três lados iguais construirmos três semicírculos, então a área do trapézio é igual à soma de quatro áreas curvilíneas: as três lunas iguais e um semicírculo sobre um dos lados iguais do trapézio. Da segunda dessas quadraturas, resultaria que se fosse possível fazer a quadratura das lunas, também seria possível a quadratura do semicírculo — logo do círculo. Essa conclusão parece ter encorajado Hipócrates, bem como seus contemporâneos, a pensar que algum dia se conseguiria quadrar o círculo.

As quadraturas de Hipócrates são significativas não tanto como tentativas de quadrar o círculo, mas como indicações do nível da matemática na época: mostram que os matemáticos atenienses eram hábeis ao tratar transformações de áreas e proporções. Em particular, evidentemente não havia dificuldade em converter um retângulo de lados a e b em um quadrado. Isso exige achar a média proporcional ou geométrica entre a e b. Isto é, se $a : x = x : b$, os geômetras de então construíam facilmente o segmento x. Era natural, pois, que tentassem generalizar a questão inserindo

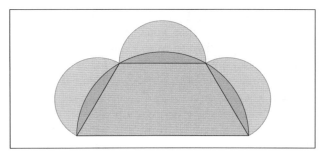

Figura 4.8

médias entre duas grandezas dadas a e b. Isto é, dados dois segmentos a e b, esperavam construir dois outros segmentos x e y tais que $a : x = x : y = y : b$. Diz-se que Hipócrates percebeu que esse problema contém o da duplicação do cubo; pois se $b = 2a$, as proporções, por eliminação de y, levam à conclusão que $x^3 = 2a^3$.

Há três opiniões quanto ao que Hipócrates deduziu de suas quadraturas de lunas. Alguns acham que ele acreditou poder quadrar todas as lunas, logo também o círculo; outros acham que ele percebia as limitações de sua obra, já que lidava só com certos tipos de lunas. E pelo menos um estudioso afirmou que Hipócrates sabia não ter quadrado o círculo, mas tentou enganar seus compatriotas, fazendo-os acreditar que tinha tido sucesso. Há outras dúvidas, também, quanto às contribuições de Hipócrates, pois foi-lhe atribuído, com alguma incerteza, o primeiro uso de letras em figuras geométricas. É interessante notar que embora tenha feito avanços em dois dos três problemas famosos, parece não ter feito progressos na trissecção do ângulo, problema estudado um pouco depois por Hípias de Elis.

Hípias de Elis

Pelo fim do quinto século a.C., prosperou em Atenas um grupo de mestres profissionais muito diferente dos pitagóricos. Os discípulos de Pitágoras estavam proibidos de aceitar pagamento para partilhar seus conhecimentos com outros. Os sofistas, no entanto, publicamente se sustentavam dando aulas a seus concidadãos — não só orientando-os em esforço intelectual honesto, como na arte de "fazer o pior parecer o melhor". Até certo ponto, a acusação de superficialidade feita contra os sofistas era justificada; mas isto não deve ocultar o fato de serem os sofistas em geral muito bem informados em muitos assuntos e de terem alguns deles feito contribuições reais. Entre esses estava Hípias, nascido em Elis, que estava em atividade em Atenas na segunda metade do quinto século a.C. É um dos mais antigos matemáticos de que temos informação de primeira mão, pois nos diálogos de Platão encontramos muita coisa sobre ele. Lemos, por exemplo, que Hípias se gabava de ter ganho mais dinheiro que quaisquer dois outros sofistas juntos. Diz-se que escreveu muito, sobre assuntos indo desde a matemática até a oratória, mas nada se preservou. Tinha uma memória notável, gabava-se de imensa cultura, e era hábil em artesanato. A esse Hípias (havia muitos outros na Grécia com o mesmo nome) aparentemente devemos a introdução na matemática da primeira curva além do círculo e da reta. Proclo e outros comentadores lhe atribuem a curva conhecida depois por trissetriz ou quadratriz de Hípias. Essa é traçada assim: no quadrado $ABCD$ (Fig. 4.9) desloque o lado AB para baixo, uniformemente, a partir de sua posição original até coincidir com DC e suponhamos que esse movimento leve exatamente o mesmo tempo que o lado DA leva para girar em sentido horário de sua posição original até coincidir com DC. Se as posições dos dois segmentos em movimento são dadas em um instante fixado qualquer por $A'B'$ e DA'', respectivamente, e se P é o ponto de intersecção de $A'B'$ e DA'', o lugar geométrico descrito por P durante esses movimentos será a trissetriz de Hípias — a curva APQ na figura. Dada essa curva, faz-se a trissecção de um ângulo com facilidade. Por exemplo, se PDC é o ângulo a ser trissectado, simplesmente trissectamos os segmentos $B'C$ e $A'D$, com os pontos R, S, T e U. Se as retas TR e US cortam a trissetriz em V e W, respectivamente, as retas VD e WD, pela propriedade da trissetriz, dividirão o ângulo PDC em três partes iguais.

A curva de Hípias é geralmente chamada de quadratriz, pois pode ser usada para quadrar o círculo. Se o próprio Hípias sabia dessa aplicação não pode ser determinado agora. Foi conjecturado que Hípias sabia desse método de quadratura, mas não podia justificá-lo. Como a quadratura por meio da curva de Hípias foi especificamente dada mais tarde por Dinóstrato, deixaremos a descrição desse trabalho para mais adiante.

Hípias viveu pelo menos tanto quanto Sócrates (morreu em 399 a.C.) e da pena de Platão temos uma descrição pouco lisonjeira dele como típico sofista — vaidoso, cheio de si e ganancioso. Diz-se que Sócrates descreveu Hípias como bonito e culto, mas vaidoso e superficial. O diálogo de Platão sobre Hípias satiriza essa exibição de conhecimento, e nos *Memorabilia* de Xenofonte encontra-se uma descrição nada elogiosa de Hípias como alguém que se considera profundo conhecedor de tudo, desde história e literatura até artes manuais e ciência. Ao julgar essas descrições, no entanto, devemos lembrar que Platão e Xenofonte se opunham totalmente aos sofistas em geral. Também é bom ter em mente que tanto Protágoras, "o pai dos sofistas", quanto Sócrates, o arquioponente do movimento, eram contrários à matemática e às ciências. Quanto ao caráter, Platão contrasta Hípias e Sócrates, mas pode-se estabelecer praticamente o mesmo contraste comparando Hípias com outro contemporâneo — o matemático pitagórico Arquitas de Tarento.

Filolau e Arquitas de Tarento

Diz-se que Pitágoras se retirou para Metaponto no fim de sua vida e morreu lá em 500 a.C., aproximadamente. A tradição diz que não deixou obras escritas, mas suas ideias foram levadas adiante por um grande número de discípulos entusiastas. O centro em Crotona foi abandonado quando um grupo político rival, de Sibaris, surpreendeu e assassinou muitos dos líderes, mas os que escaparam ao massacre levaram as doutrinas da escola a outras partes do mundo grego. Entre os que receberam ensinamentos dos refugiados estava Filolau de Tarento, e diz-se que ele escreveu

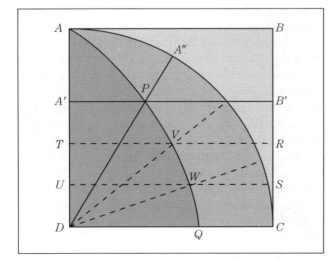

Figura 4.9

a primeira exposição do pitagorismo — tendo-lhe sido dada permissão, diz a estória, a fim de reparar sua fortuna abalada. Aparentemente, foi desse livro que Platão tirou seu conhecimento da ordem pitagórica. O fanatismo pelo número, que era tão característico da irmandade, era evidentemente partilhado por Filolau e foi de seu relato que derivou muito da doutrina mística em torno do tetractys assim como o conhecimento da cosmologia pitagórica. O esquema cósmico de Filolau, ao que se diz, foi modificado por dois dos pitagóricos posteriores, Ecfantus e Hicetas, que abandonaram o fogo central e a contraterra e explicaram a noite e o dia colocando a Terra girando no centro do universo. Os extremismos de adoração pelo número de Filolau também parecem ter sofrido alguma modificação, especialmente das mãos de Arquitas, um discípulo de Filolau em Tarento.

A seita pitagórica tinha exercido forte influência intelectual através de toda a Magna Grécia, com matizes políticos que podem ser descritos como de uma "internacional reacionária", ou talvez melhor como cruzamento entre orfismo e franco-maçonaria. Em Crotona, os aspectos políticos eram particularmente observáveis, mas nos centros pitagóricos mais afastados, como Tarento, o impacto era sobretudo intelectual. Arquitas acreditava firmemente na eficácia do número; como governante da cidade, com poderes autocráticos, era justo e moderado, pois considerava a razão como uma força trabalhando pelo aperfeiçoamento da sociedade. Por muitos anos sucessivos, foi eleito general e nunca foi derrotado; no entanto, era bondoso e amava as crianças, para as quais diz-se que inventou o "chocalho de Arquitas". Talvez também a pomba mecânica de madeira, que dizem ter ele fabricado, tivesse sido feita para divertir as crianças.

Arquitas continuou a tradição pitagórica, pondo a aritmética acima da geometria, mas seu entusiasmo pelo número tinha menos da componente religiosa e mística do que se encontrava em Filolau. Escreveu sobre a aplicação das médias aritmética, geométrica e subcontrária à música, e provavelmente foi Filolaus ou Arquitas o responsável pela mudança do nome da última para "média harmônica". Entre suas afirmações a esse respeito encontra-se a observação de que entre dois inteiros que estão na razão $n:(n+1)$ não pode existir um inteiro que seja uma média geométrica. Arquitas deu mais atenção à música que seus predecessores, e achava que ela devia ter um papel mais importante que a literatura na educação das crianças. Entre suas conjeturas há uma que atribui diferenças de tom a variações de taxas de movimento resultantes do fluxo que causa o som. Arquitas parece ter dado considerável atenção ao papel da matemática no aprendizado, e foi-lhe atribuída a designação dos quatro ramos no quadrivium matemático — aritmética (ou números em repouso), geometria (ou grandezas em repouso), música (ou números em movimento) e astronomia (ou grandezas em movimento). Esses temas, juntos com o trivium consistindo de gramática, retórica e dialética (que Aristóteles atribuía a Zeno), constituíram mais tarde as sete artes liberais; portanto, o papel proeminente que a matemática desempenhou na educação se deve em grande parte a Arquitas.

É provável que Arquitas tivesse acesso a um tratado mais antigo sobre os elementos da matemática, e o processo iterativo para achar a raiz quadrada, frequentemente conhecido pelo seu nome, tinha sido usado bem antes na Mesopotâmia. No entanto, Arquitas contribuiu também com resultados originais. A sua contribuição mais notável foi uma solução tridimensional do problema de Delos, que pode ser mais facilmente descrita, ainda que de maneira anacrônica, na linguagem moderna da geometria analítica. Seja a a aresta do cubo a ser duplicado, e seja o ponto $(a, 0, 0)$ o centro de três círculos mutuamente ortogonais de raio a, cada um deles situado em um plano perpendicular a um eixo coordenado. Sobre o círculo perpendicular ao eixo x, constrói-se um cone circular reto com vértice $(0, 0, 0)$; sobre o círculo no plano xy constrói-se um cilindro circular reto; gira-se o círculo no plano xz em torno do eixo z para gerar um toro. As equações dessas três superfícies são respectivamente $x^2 = y^2 + z^2$ e $2ax = x^2 + y^2$ e $(x^2 + y^2 + z^2)^2 = 4a^2(x^2 + y^2)$. Essas três superfícies se encontram em um ponto cuja coordenada é $a\sqrt[3]{2}$, portanto, o comprimento deste segmento de reta é a aresta do cubo que se queria.

O resultado de Arquitas impressiona mais quando se considera que ele obteve sua solução sinteticamente, sem ajuda de coordenadas. No entanto, a sua mais importante contribuição à matemática pode ter sido sua intervenção junto ao tirano Dionísio, para salvar a vida de seu amigo Platão, que permaneceu até o fim de sua vida profundamente comprometido com veneração pitagórica pelo número e pela geometria. A supremacia de Atenas no mundo matemático do quarto século a.C. resultou principalmente do entusiasmo de Platão, o "forjador de matemáticos". No entanto, antes de expor o papel de Platão é necessário discutir a obra de um pitagórico anterior — um apóstata chamado Hipasus.

Diz-se que Hipasus de Metaponto (ou Crotona), aproximadamente contemporâneo de Filolau, foi inicialmente um pitagórico, mas que depois foi expulso da confraria. Uma estória diz que os pitagóricos lhe erigiram um túmulo, como se estivesse morto, outra que sua apostasia foi punida pela morte em um naufrágio. A causa exata da ruptura não é conhecida, em parte por causa da regra de segredo, mas três possibilidades foram sugeridas. Segundo uma, Hipasus foi expulso por insubordinação política, tendo chefiado um movimento democrático contra a conservadora regra pitagórica. Uma segunda, atribui a expulsão a indiscrições relativas à geometria do pentágono ou do dodecaedro, talvez uma construção de uma dessas figuras. Uma terceira explicação mantém que a expulsão esteve relacionada com a revelação de uma descoberta matemática de significado devastador para a filosofia pitagórica — a da existência de grandezas incomensuráveis.

Incomensurabilidade

Era um artigo de fé fundamental do pitagorismo que a essência de tudo, tanto na geometria como nas questões práticas e teóricas da vida do homem, pode ser explicada em termos de *arithmos* ou das propriedades intrínsecas dos inteiros e suas razões. Os diálogos de Platão mostram, no entanto, que a comunidade matemática grega fora assombrada por uma descoberta que praticamente demolia a base da fé pitagórica nos inteiros. Tratava-se da descoberta que, na própria geometria, os inteiros e suas razões eram insuficientes para descrever mesmo propriedades básicas simples. Não bastam, por exemplo, para comparar a diagonal de um quadrado ou de um cubo ou de um pentágono com seu lado. Os segmentos são incomensuráveis, não importa quão pequena se escolha a unidade de medida.

As circunstâncias que rodearam a primeira percepção da incomensurabilidade de segmentos de reta são tão incertas quanto a época da descoberta. Comumente, se supõe que a percepção veio em conexão com a aplicação do teorema de Pitágoras ao triângulo retângulo isósceles. Aristóteles se refere a uma demonstração da incomensurabilidade da diagonal de um quadrado com seu lado, indicando que se baseava na distinção entre pares e ímpares. Uma demonatração deste tipo é fácil de construir. Sejam d e l a diagonal e o lado do quadrado, e suponhamos que sejam comensuráveis, isto é, que a razão d/l é racional e igual a p/q, onde p e q são inteiros sem fator comum. Agora, do teorema de Pitágoras, sabe-se que $d^2 = l^2 + l^2$; logo $(d/l)^2 = p^2/q^2 = 2$ ou $p^2 = 2q^2$. Logo, p^2 deve ser par, e então p é par. Portanto, q deve ser ímpar. Fazendo $p = 2r$ e substituindo na equação $p^2 = 2q^2$ vem $4r^2 = 2q^2$, ou $q^2 = 2r^2$. Então q^2 deve ser par; logo q é par. Mas tínhamos demonstrado acima que q deve ser ímpar e um inteiro não pode ser ao mesmo tempo par e ímpar. Resulta, pois, pelo método indireto, que a hipótese de d e s serem comensuráveis deve ser falsa.

Nessa demonstração, o grau de abstração é tão alto que a possibilidade de ter sido a base da descoberta original da incomensurabilidade tem sido questionada. Entretanto, há outros modos pelos quais a descoberta pode ter sido feita. Entre esses, a simples observação de que quando se traçam as cinco diagonais de um pentágono, elas formam um pentágono regular menor (Fig. 4.10), e as diagonais do segundo pentágono, por sua vez, formam um terceiro pentágono regular, que é ainda menor. Esse processo pode ser continuado indefinidamente, resultando em pentágonos tão pequenos quanto se queira e levando à conclusão de que a razão da diagonal para o lado em um pentágono regular não é racional. A irracionalida-

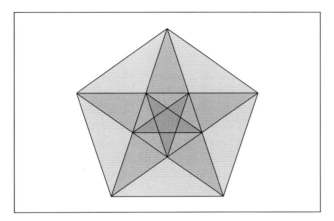

Figura 4.10

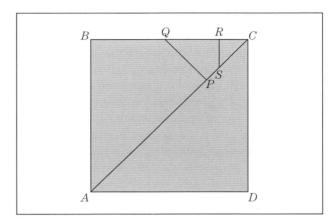

Figura 4.11

de dessa razão é, de fato, uma consequência do argumento discutido em conexão com a Fig. 4.2, em que se viu que a secção áurea se repete indefinidamente. Foi talvez essa propriedade que levou à revelação, talvez por Hipasus, da incomensurabilidade? Não ficaram documentos que resolvam a questão, mas a sugestão é, pelo menos, plausível. Nesse caso, não seria $\sqrt{2}$ mas $\sqrt{5}$ que primeiro revelou a existência de grandezas incomensuráveis, pois a solução da equação $a : x = x : (a - x)$ leva a $(\sqrt{5} - 1)/2$ como sendo a razão entre o lado de um pentágono regular e sua diagonal. A razão da diagonal do cubo para uma aresta é $\sqrt{3}$ e aqui, também, o espectro da incomensurabilidade ergue sua feia cabeça.

Uma demonstração geométrica análoga à que serve para a razão da diagonal do pentágono para seu lado também pode ser fornecida para a razão da diagonal de um quadrado para seu lado. Se no quadrado $ABCD$ (Fig. 4.11) se constrói sobre a diagonal AC o segmento $AP = AB$ e em P se levanta a perpendicular PQ, a razão de CQ para PC será igual à de AC para AB. Novamente, se em CQ se marca $QR = QP$ e se constrói RS perpendicular a CR, a razão da hipotenusa para o lado será ainda igual à de antes. Esse processo também pode ser continuado indefinidamente, fornecendo uma demonstração de que nenhuma unidade de comprimento, por menor que seja, pode ser encontrada de modo que a hipotenusa e um lado sejam comensuráveis.

Paradoxos de Zeno

A doutrina pitagórica de que "Números formam o céu todo" enfrentava agora um problema realmente sério, mas não era o único, pois a escola enfrentava também os argumentos dos vizinhos eleáticos, um movimento filosófico rival. Os filósofos jônios da Ásia Menor tinham procurado identificar um primeiro princípio para todas as coisas. Tales julgara achá-lo na água, outros preferiam pensar no ar ou no fogo como elemento básico. Os pitagóricos tinham tomado direção mais abstrata, postulando que o número em toda a sua pluralidade era a matéria básica por trás dos fenômenos; esse atomismo numérico, lindamente ilustrado na geometria dos números figurativos, tinha sido atacado pelos seguidores de Parmênides de Eleia (viveu por volta de 450 a.C.). O artigo de fé básico dos eleáticos era a unidade e permanência do ser, visão que contrastava com as ideias pitagóricas de multiplicidade e mudança. Dentre os discípulos de Parmênides, o mais conhecido foi Zeno, o Eleático (viveu por volta de 450 a.C.), que propôs argumentos para demonstrar a inconsistência dos conceitos de multiplicidade e divisibilidade. O método adotado por Zeno era dialético, antecipando Sócrates nesse modo indireto de argumento: partindo das premissas de seus oponentes, ele as reduzia ao absurdo.

Os pitagóricos tinham assumido que o espaço e o tempo podem ser pensados como consistindo de pontos e instantes; mas o espaço e o tempo têm também uma propriedade, mais fácil de intuir do que de definir, conhecida como "continuidade". Supunha-se que os elementos fundamentais, que constituíam uma pluralidade, de um lado possuíam as características da unidade geométrica — o ponto — e por outro possuíam certas características de unidades numéricas ou números. Aristóteles descrevia um ponto pitagórico como uma "unidade tendo posição" ou "unidade considerada no espaço". Sugeriu-se que foi contra tal visão que Zeno propôs seus paradoxos, dos quais aqueles sobre o movimento são citados mais frequentemente. Na forma em que chegaram a nós, por meio de Aristóteles e outros, quatro parecem ter causado maior perturbação: (1) a *Dicotomia*, (2) o *Aquiles*, (3) a *Flecha* e (4) o *Estádio*. O primeiro diz que antes que um objeto possa percorrer uma distância dada, deve percorrer a primeira metade dessa distância; mas antes disto, deve percorrer o primeiro quarto; e antes disso, o primeiro oitavo e assim por diante, através de uma infinidade de subdivisões. O corredor que quer pôr-se em movimento precisa fazer infinitos contatos em um tempo finito; mas é impossível exaurir uma coleção infinita, logo, é impossível iniciar o movimento. O segundo paradoxo é semelhante ao primeiro, apenas a subdivisão infinita é progressiva em vez de regressiva. Aqui, Aquiles aposta corrida com uma tartaruga que sai com vantagem e é argumentado que Aquiles, por mais depressa que corra, não pode alcançar a tartaruga, por mais devagar que ela caminhe. Pois, quando Aquiles chegar à posição inicial da tartaruga, ela já terá avançado um pouco; e quando Aquiles cobrir essa distância, a tartaruga terá avançado um pouco mais. E o processo continua indefinidamente, com o resultado que Aquiles nunca pode alcançar a lenta tartaruga.

A *Dicotomia* e o *Aquiles* argumentam que o movimento é impossível sob a hipótese de subdivisibilidade infinita do espaço e do tempo; a *Flecha* e o *Estádio*, por outro lado, argumentam que o movimento também é impossível, sob a hipótese contrária — de que a subdivisibilidade do tempo e do espaço termina em indivisíveis. Na *Flecha*, Zeno argumenta que um objeto em voo sempre ocupa espaço igual a si mesmo; mas aquilo que sempre ocupa um espaço igual a si mesmo está em movimento. Logo, a flecha que voa está sempre parada, portanto seu movimento é uma ilusão.

O mais discutido dos paradoxos sobre movimento e o mais complicado de descrever é o *Estádio* (ou *Stadium*), mas o argumento pode ser descrito como segue. Sejam A_1, A_2, A_3, A_4 corpos de igual tamanho, estacionários; sejam B_1, B_2, B_3, B_4 corpos de mesmo tamanho que os A, que se movem para a direita de modo que cada B passa por um A num instante — o menor intervalo de tempo possível. Sejam C_1, C_2, C_3, C_4 também do mesmo tamanho que os A e os B, e movendo-se uniformemente para a esquerda com relação aos A, de modo que cada C passa por cada A em um instante do tempo. Suponhamos que num dado momento os corpos ocupem as seguintes posições relativas:

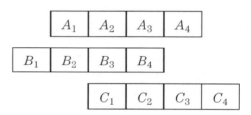

Então, passado um único instante, isto é, após uma subdivisão indivisível do tempo, as posições serão:

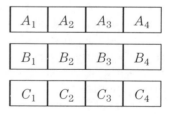

É claro então que C_1 terá passado por dois dos B; logo, o instante não pode ser o intervalo de tempo mínimo, pois podemos tomar como uma unidade nova e menor o tempo que leva C_1 para passar por um dos B.

Os argumentos de Zeno parecem ter influenciado profundamente o desenvolvimento da matemática grega, influência comparável à da descoberta dos incomensuráveis, com a qual talvez se relacione. Originalmente, nos círculos pitagóricos, as grandezas eram representadas por pedrinhas ou cálculos, de onde vem nossa palavra calcular, mas na época de Euclides existe uma completa mudança de ponto de vista. As grandezas não são, em geral, associadas a números ou pedras, mas a segmentos de reta. Em *Os elementos*, os próprios inteiros são representados por segmentos. O reino dos números continuava a ser discreto, mas o mundo das grandezas contínuas (e esse continha a maior parte da matemática pré-helênica e pitagórica) era algo à parte dos números e devia ser tratado por métodos geométricos. Parece ter sido a geometria, em vez dos números, que governava o mundo. Essa foi talvez a conclusão de maior alcance da Idade Heroica e não é improvável que se deveu em grande parte a Zeno de Eleia e a Hipasus de Metaponto.

Raciocínio dedutivo

Há várias hipóteses quanto às causas que levaram à transformação das receitas matemáticas dos pré-helênicos para a estrutura dedutiva que apareceu na Grécia. Alguns sugeriram que Tales, em suas viagens, notara discrepâncias na matemática pré-helênica, como as regras egípcia e babilônia para a área do círculo, e que ele e seus primeiros sucessores viram, portanto, a necessidade de um método estritamente racional. Outros, mais conservadores, colocam a forma dedutiva muito mais tarde, talvez até no início do quarto século, após a descoberta do incomensurável. Outras sugestões encontram as causas fora da matemática. Uma, por exemplo, é que a dedução pode ter vindo da lógica, na tentativa de convencer um oponente de uma conclusão ao procurar hipóteses a partir das quais a conclusão necessariamente segue.

Quer a dedução tenha penetrado na matemática no sexto século a.C. ou no quarto, quer a incomensurabilidade tenha sido descoberta antes ou depois de 400 a.C., não pode haver dúvida de que a matemática grega tinha sofrido modificações drásticas ao chegar à época de Platão. A dicotomia entre número e grandezas contínuas exigia um novo método para tratar a álgebra babilônia que os pitagóricos tinham herdado. Os velhos problemas em que, dada a soma e o produto de dois lados de um retângulo se pediam as dimensões, tinham de ser tratados de modo diferente dos algoritmos numéricos dos babilônios. Uma "álgebra geométrica" tomara o lugar da antiga "álgebra aritmética", e nessa nova álgebra não podia haver somas de segmentos com áreas ou de áreas com volumes. De agora em diante, devia haver estrita homogeneidade dos termos de uma equação e as formas normais mesopotâmicas, $xy = A$, $x \pm y = b$, deviam ser interpretadas geometricamente. A conclusão óbvia, a que o leitor pode chegar eliminando y, é que se deve construir sobre um segmento b dado um retângulo cuja largura desconhecida x deve ser tal que a área do retângulo excede a área dada A pelo quadrado x^2 ou (no caso do sinal menos), é inferior a A pelo quadrado x^2 (Fig. 4.12). Dessa forma, os gregos construíram a solução de equações quadráticas pelo processo conhecido como "a aplicação de áreas", uma parte da álgebra geométrica completamente estudada em *Os elementos*, de Euclides. Além disso, a inquietação resultante das grandezas incomensuráveis levou a que se evitassem razões, tanto quanto possível, na matemática elementar. A equação linear $ax = bc$, por exemplo, era considerada como uma igualdade entre as áreas ax e bc e não como uma proporção — uma igualdade entre as duas razões $a : b$ e $c : x$. Consequentemente, ao construir a quarta proporcional, x, nesse caso, era usual construir um retângulo $OCDB$ com lados $b = OB$ e $c = OC$ (Fig. 4.13) e então ao longo de OC marcar $OA = a$. Completa-se o retângulo $OAEB$ e traça-se a diagonal OE que corta CD em P. É claro que CD é o segmento x desejado, pois o retângulo $OARS$

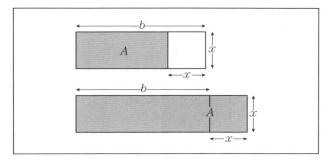

Figura 4.12

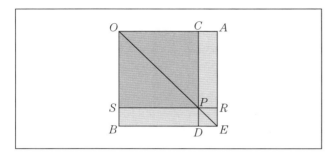

Figura 4.13

tem área igual à do retângulo $OCDB$. Só no livro V de *Os elementos* é que Euclides atacou a difícil questão da proporcionalidade.

A álgebra geométrica grega parece ao leitor atual excessivamente artificial e difícil; aos que a usaram e tornaram-se hábeis no trato de suas operações, deve ter parecido um instrumento conveniente. A lei distributiva $a(b + c + d) = ab + ac + ad$ era sem dúvida muito mais evidente para um estudioso grego que para o estudante que se inicia na álgebra hoje, pois para o primeiro podia facilmente representar as áreas dos retângulos nesse teorema, que diz simplesmente que o retângulo sobre a e a soma dos segmentos b, c, d é igual à soma dos retângulos sobre a e cada um dos segmentos b, c, d tomados separadamente (Fig. 4.14). Também a identidade $(a + b)2 = a2 + 2ab + b2$ se torna evidente com um diagrama que mostra os três quadrados e os dois retângulos iguais na identidade (Fig. 4.15); e uma diferença de dois quadrados $a^2 - b^2 = (a + b)(a - b)$ pode ser representada de modo semelhante (Fig. 4.16). Somas, diferenças, produtos e quocientes de segmentos podem facilmente ser construídos com régua e compasso. Raízes quadradas também não causam dificuldade na álgebra geométrica. Se quisermos achar um segmento x tal que $x^2 = ab$,

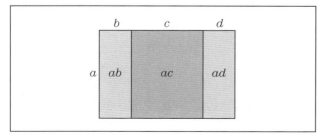

Figura 4.14

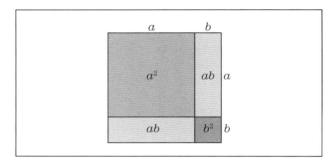

Figura 4.15

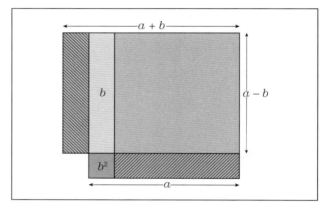

Figura 4.16

simplesmente seguimos o processo indicado nos textos de geometria elementar de hoje. Coloca-se sobre uma reta o segmento ABC (onde $AB = a$ e $BC = b$ (Fig. 4.17). Com AC como diâmetro, constrói-se um semicírculo (com centro O) e em B levanta-se a perpendicular BP, que é o segmento x desejado. É interessante que aqui, também, a demonstração dada por Euclides, provavelmente seguindo a tendência inicial de evitar razões, usa áreas em vez de proporções. Se em nossa figura fizermos $PO = AO = CO = r$ e $BO = s$, Euclides diria essencialmente que $x^2 = r^2 - s^2 = (r - s)(r + s) = ab$.

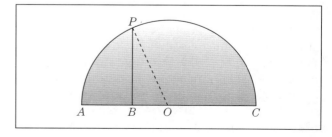

Figura 4.17

Demócrito de Abdera

A Idade Heroica da matemática produziu meia dúzia de grandes figuras, e entre essas deve ser incluído um homem que é mais conhecido como filósofo da química. Demócrito de Abdera (aproximadamente 460-370 a.C) é célebre hoje como proponente de uma doutrina materialista atômica, mas em seu tempo adquiriu também reputação como geômetra. Diz-se que viajou mais do que qualquer outro em seu tempo — para Atenas, Egito, Mesopotâmia e talvez Índia — adquirindo todo conhecimento que pôde; mas seus próprios feitos em matemática foram tais que ele se gabava de que nem mesmo os "estiradores de corda" do Egito o superavam. Escreveu muitas obras de matemática, das quais nenhuma se preservou.

A chave para a matemática de Demócrito, sem dúvida, é encontrada em sua doutrina física do atomismo. Todos os fenômenos deviam ser explicados, ele arguia, em termos de átomos rígidos infinitamente pequenos e variados (em tamanho e forma), que se movem incessantemente no espaço vazio. O atomismo físico de Leucipo e Demócrito pode ter sido sugerido pelo atomismo geométrico dos pitagóricos e não é de surpreender que os problemas matemáticos que mais interessavam a Demócrito fossem aqueles que exigissem alguma forma de tratamento infinitesimal. Os egípcios, por exemplo, sabiam que o volume da pirâmide é um terço da base vezes a altura, mas uma demonstração disto quase certamente estava acima de suas possibilidades, pois exige um ponto de vista equivalente ao do cálculo. Arquimedes mais tarde escreveu que esse resultado era devido a Demócrito, mas que esse não o demonstrou rigorosamente. Isso cria um enigma, pois, se Demócrito acrescentou alguma coisa ao conhecimento egípcio aqui, só pode ter sido alguma espécie de demonstração, ainda que inadequada. Talvez Demócrito tenha mostrado que um prisma triangular pode ser dividido em três pirâmides triangulares que têm a mesma altura e as áreas das bases iguais e depois deduzido, da hipótese que pirâmides de mesma altura e bases iguais são iguais, o teorema egípcio familiar.

Essa hipótese só pode ser justificada por aplicação de técnicas infinitesimais. Se, por exemplo, pensamos em duas pirâmides de mesma base e altura como compostas de uma infinidade de secções infinitamente finas e iguais em correspondência biunívoca (um artifício usualmente chamado princípio de Cavalieri, em honra do geômetra do século dezessete), ela parece ficar justificada. Um tal atomismo geométrico nebuloso pode ter estado na base do pensamento de Demócrito, embora isto não tenha sido estabelecido. De qualquer forma, depois dos paradoxos de Zeno e da percepção dos incomensuráveis, tais argumentos baseados em uma infinidade de infinitésimos já não eram aceitos. Arquimedes, consequentemente, podia bem achar que Demócrito não tinha dado uma demonstração rigorosa. O mesmo julgamento se aplicaria ao teorema, também atribuído por Arquimedes a Demócrito, que diz que o volume de um cone é um terço do volume do cilindro que o circunscreve. Esse resultado era provavelmente considerado por Demócrito como um corolário do teorema sobre a pirâmide, pois o cone é essencialmente uma pirâmide cuja base é um polígono regular com uma infinidade de lados.

O atomismo geométrico de Demócrito logo se deparou com certos problemas. Se a pirâmide ou o cone, por exemplo, é feito de infinitas secções infinitamente finas, triangulares ou circulares, paralelas à base, a consideração de duas quaisquer lâminas adjacentes cria um paradoxo. Se forem iguais em área, então, como todas serão iguais, a totalidade será um prisma ou um cilindro, não uma pirâmide ou um cone. Se, por outro lado, secções adjacentes são desiguais, a totalidade será uma pirâmide em degraus, ou cone em degraus, não a figura de superfície lisa que se tem em mente. Esse problema é parecido com as dificuldades com incomensuráveis e com os paradoxos do movimento. Talvez em seu *On the Irrational* (Sobre o irracional), Demócrito tenha analisado as dificuldades encontradas aqui, mas não há como saber que direção tomaram suas tentativas. Sua extrema impopularidade nas duas escolas filosóficas dominantes do século seguinte, as de Platão e Aristóteles, pode ter encorajado o descaso das ideias de Demócrito. No entanto, o principal legado matemático da Idade Heroica pode ser condensado em seis problemas: quadratura do círculo, duplicação do cubo, trissecção do ângulo, razão de grandezas incomensuráveis, paradoxos do movimento e validade dos métodos infinitesimais. Até certo ponto, eles podem ser associados, embora não exclusivamente, com homens tratados neste capítulo: Hipócrates, Arquitas, Hípias, Hipasus, Zeno e Demócrito. Outras épocas também produziram uma comparável coleção de talentos, mas talvez nunca mais em qualquer época se faria um ataque tão audacioso a tantos problemas matemáticos fundamentais com recursos metodológicos tão insuficientes. É por isto que chamamos esse período, de Anaxágoras a Arquitas, a Idade Heroica.

Matemática e as artes liberais

Incluímos Arquitas entre os matemáticos da Idade Heroica, mas, em certo sentido, ele é na verdade uma figura de transição na matemática durante o tempo de Platão. Foi um dos últimos pitagóricos, tanto literal quanto figuradamente. Podia acreditar ainda que o número era o que há de mais importante na vida e na matemática, mas a onda do futuro ia elevar a geometria à posição de supremacia, em grande parte devido ao problema da incomensurabilidade. Por outro lado, diz-se que foi Arquitas quem estabeleceu o quadrivium — aritmética, geometria, música e astronomia — como o núcleo de uma educação liberal, e nisto suas opiniões iriam dominar muito do pensamento pedagógico até nossos dias. As sete artes liberais, que permaneceram intocáveis por dois milênios, eram constituídas pelo quadrivium de Arquitas mais o trivium da gramática, da retórica e da dialética de Zeno. Por isso, pode-se com alguma justiça sustentar que os matemáticos da Idade Heroica foram responsáveis por muito da orientação nas tradições educacionais do Ocidente, especialmente na forma transmitida pelos filósofos do quarto século a.C.

A Academia

O quarto século a.C. iniciou-se com a morte de Sócrates, um filósofo que adotou o método dialético de Zeno e repudiou o pitagorismo de Arquitas. Sócrates reconhecia que na juventude fora atraído por questões como por que a soma 2 + 2 é igual ao produto 2 × 2, bem como pela filosofia da natureza de Anaxágoras; porém, percebendo que nem a matemática nem a ciência podiam satisfazer seu desejo de conhecer a essência das coisas, ele se entregou à sua característica busca do bem.

No *Phaedo* de Platão, o diálogo em que as últimas horas de Sócrates são tão magnificamente descritas, vemos como profundas dúvidas metafísicas impediam que Sócrates se dedicasse à matemática ou à ciência da natureza:

> Não posso me convencer de que, quando se soma um a um, o um a que foi feita a adição se transforma em dois, ou que duas unidades somadas façam dois em consequência da adição. Não posso entender como quando separadas cada uma era um e não dois e agora, quando reunidas, a simples justaposição ou encontro delas seja causa de se tornarem dois.

Por isso, a influência de Sócrates no desenvolvimento da matemática foi ínfima, senão negativa. Isso torna ainda mais surpreendente que seu discípulo e admirador, Platão, se tornasse a inspiração para a matemática do quarto século a.C.

Embora o próprio Platão não tenha feito nenhuma contribuição específica importante para os resultados matemáticos técnicos, ele foi o centro da atividade matemática da época e guiou e inspirou seu desenvolvimento. Sobre as portas de sua escola, a Academia de Atenas, estava escrito o lema "Que ninguém ignorante de geometria entre aqui". Seu entusiasmo pelo assunto o levou a se tornar conhecido não como um matemático, mas como um "forjador de matemáticos".

Os homens cujo trabalho descreveremos (além do de Platão e Aristóteles) viveram entre a morte de Sócrates em 399 a.C. e a morte de Aristóteles em 322 a.C. São eles: Teodoro de Cirene (viveu por volta de 390 a.C.), Teaetetus (viveu de 414 a 369 a.C., aproximadamente), Eudoxo de Cnido (morreu por volta de 355 a.C.), Menaecmus (viveu por volta de 360 a.C.) e seu irmão Dinóstrato (viveu por volta de 350 a.C.) e Autolicus de Pitane (viveu por volta de 330 a.C.).

Esses seis matemáticos não estavam espalhados pelo mundo grego, como os do quinto século a.C.; estavam associados, mais ou menos de perto, com a Academia. É claro que a alta opinião que tinha da matemática, Platão não recebeu de Sócrates; na verdade, os primeiros diálogos platônicos raramente mencionam a matemática. Quem converteu Platão a uma visão matemática foi certamente Arquitas, um amigo a quem ele visitou na Sicília, em 388 a.C. Talvez tenha sido lá que ele soube dos cinco sólidos regulares, que eram associados aos quatro elementos de Empédocles, em um esquema cósmico que fascinou os homens por séculos. Possivelmente, a veneração dos pitagóricos pelo dodecaedro tenha sido o que levou Platão a considerá-lo, o quinto e último sólido regular, como um símbolo do universo. Platão pôs suas ideias sobre os sólidos regulares em um diário intitulado presumivelmente do nome de um pitagórico, que serve como principal interlocutor. Não se sabe se Timaeus de Locri realmente existiu ou se Platão o inventou como um personagem por meio do qual expressou as ideias pitagóricas que ainda eram influentes no que hoje é o sul da Itália. Os poliedros regulares, frequentemente, foram chamados "corpos cósmicos" ou "sólidos platônicos" devido à maneira pela qual Platão, no *Timaeus*, os aplicou à explicação de fenômenos científicos. Embora esse diálogo, escrito provavelmente quando Platão estava perto dos setenta anos, seja a mais antiga evidência definida da associação dos quatro elementos com os sólidos regulares, muito dessa fantasia pode se dever aos pitagóricos.

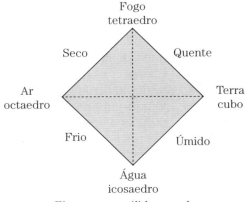

Elementos e sólidos regulares

Proclo atribui a construção das figuras cósmicas a Pitágoras; mas o escoliasta Scridas relatou que o amigo de Platão, Teaetetus (viveu de 414 a.C. a 369 a.C., aproximadamente) e filho de um dos mais ricos patrícios da Ática, foi o primeiro a escrever sobre eles. Um escólio (de data incerta) ao livro XIII de *Elements* de Euclides afirma que somente três dos cinco sólidos regulares eram devidos aos pitagóricos e que foi por meio de Teaetetus que o octaedro e o icosaedro se tornaram conhecidos. Parece provável que, em qualquer caso, Teaetetus tenha feito um dos estudos mais extensos dos cinco sólidos regulares e a ele provavelmente se deve o teorema que diz que há cinco, e somente cinco, poliedros regulares. Talvez seja também o responsável pelos cálculos, que se encontram em *Elements*, das razões das arestas dos sólidos regulares para o raio da esfera circunscrita.

Teaetetus era um jovem ateninense, que morreu de uma combinação de ferimentos recebidos em batalha e disenteria, e o diálogo que tem seu nome foi um tributo comemorativo de Platão a seu amigo. No diálogo, travado supostamente trinta anos antes, Teaetetus discutiu com Sócrates e Teodoro a natureza das grandezas incomensuráveis. Supõe-se que essa discussão tomou mais ou menos a forma que encontramos no início do livro X de *Elementos*. Aqui são feitas distinções não só entre grandezas comensuráveis e incomensuráveis, mas entre aquelas que, sendo incomensuráveis em comprimento, são ou não são incomensuráveis em quadrado. Raízes como $\sqrt{3}$ e $\sqrt{5}$ são incomensuráveis em comprimento, mas são comensuráveis em quadrado, pois seus quadrados têm razão 3 para 5. As grandezas $\sqrt{1+\sqrt{3}}$ e $\sqrt{1+\sqrt{5}}$, por outro lado, são incomensuráveis tanto em comprimento quanto em quadrado.

O diálogo, que Platão compôs em memória de seu amigo Teaetetus, contém informação sobre outro matemático a quem Platão admirava e que contribuiu para o desenvolvimento inicial da teoria das grandezas incomensuráveis. Falando da então recente descoberta do que chamamos irracionalidade de $\sqrt{2}$, Platão, no *Teaetetus*, diz que seu mestre, Teodoro de Cirene — de quem Teaetetus também fora aluno —, tinha sido o primeiro a demonstrar a irracionalidade das raízes quadradas dos inteiros não quadrados de 3 a 17, inclusive. Não se sabe como ele o fez, nem por que parou na $\sqrt{17}$. A demonstração, em qualquer dos casos, poderia ser construída na linha da que Aristóteles deu para $\sqrt{2}$ e que foi interpolada em versões posteriores do livro X de *Os elementos*. Referências em obras históricas antigas indicam que Teodoro fez descobertas em geometria elementar que mais tarde foram incorporadas em *Os elementos* de Euclides; mas as obras de Teodoro se perderam.

Platão é importante na história da matemática principalmente por seu papel como inspirador e guia de outros, e talvez a ele se deva a distinção clara que se fez na Grécia antiga entre aritmética (no sentido de teoria dos números) e logística (a técnica de computação). Platão considerava a logística adequada para negociantes e guerreiros, que "precisam aprender as artes dos números, ou não saberão dispor suas tropas". O filósofo, por outro lado, deve conhecer aritmética "porque deve subir acima do mar das mudanças e captar o verdadeiro ser". Além disso, diz Platão, na *República*, "a aritmética tem um efeito muito grande de elevar a mente, compelindo-a a raciocinar sobre o número abstrato". Os pensamentos de Platão sobre o número eram tão elevados que chegam ao domínio do misticismo e evidente fantasia. No último livro de *República*, ele se refere a um número que chama "o senhor de melhores e piores nascimentos". Tem havido muita especulação sobre esse "número platônico", e uma teoria é que seja o número $60^4 = 12.960.000$, importante na numerologia babilônica e possivelmente transmitido a Platão por meio dos pitagóricos. Mas o número de cidadãos no Estado ideal é dado como 5.040 (isto é, 7·6·5·4·3·2·1). Esse é às vezes chamado o número nupcial de Platão e muitas teorias foram elaboradas quanto ao que Platão teria em mente.

Assim como Platão via na aritmética uma clara separação entre os aspectos teóricos e computacionais, também na geometria ele defendia a causa da matemática pura contra a visão materialista do artesão ou técnico. Plutarco, em sua *Life of Marcellus*, fala da indignação de Platão em face do uso de aparatos mecânicos em geometria. Aparentemente, Platão considerava tal uso "pura e simples corrupção e aniquilação do que há de bom na geometria, que assim dava vergonhosamente as costas aos objetos desmaterializados da inteligência pura". Platão, consequentemente, pode ter sido o grande responsável pela restrição, que prevalecia nas construções geométricas gregas, às que podem ser efetuadas só com régua e compasso. A razão desta limitação provavelmente não foi a simplicidade dos instrumentos usados na construção de retas e círculos, mas antes a simetria das configurações. Qualquer dos infinitos diâmetros de um círculo é um eixo de simetria da figura; qualquer ponto de uma reta infinita pode ser considerado um centro de simetria, assim como qualquer reta perpendicular a uma reta dada é uma reta em relação à qual a reta dada é simétrica. A filosofia platônica, com sua glorificação de ideias, naturalmente acharia um papel privilegiado para uma reta e o círculo entre as figuras geométricas. De modo um tanto semelhante, Platão glorificou o triângulo. As faces dos cinco sólidos regulares, segundo Platão, não eram simples triângulos, quadrados e pentágonos. Por exemplo, cada uma das faces de um tetraedro, que é um triângulo equilátero, é feita de seis triângulos retângulos menores, formados com suas alturas. Por isso, ele pensava no tetraedro regular como feito de vinte e quatro triângulos retângulos escalenos, em que a hipotenusa é o dobro de um dos lados; o octaedro regular contém 8 × 6 ou 48 de tais triângulos, e o icosaedro 20 × 6 ou 120. De modo semelhante, o hexaedro (cubo) é construído de vinte e quatro triângulos retângulos isósceles, pois cada face quadrada fica dividida em quatro triângulos retângulos quando se traçam as diagonais.

Ao dodecaedro, Platão tinha atribuído papel especial como representante do universo, dizendo enigmaticamente que "Deus usou-o para o todo" (*Timaeus* 55C). Platão considerava o dodecaedro como composto de 360 triângulos retângulos escalenos, pois, quando em cada uma das faces pentagonais são traçadas as cinco diagonais e as cinco medianas, cada uma das doze faces conterá trinta triângulos retângulos. A associação dos quatro primeiros sólidos regulares com os tradicionais quatro elementos universais forneceu a Platão, no *Timaeus*, uma teoria da matéria harmoniosamente unificada, de acordo com a qual tudo era construído de triângulos retângulos ideais. Toda a fisiologia, bem como as ciências da matéria inerte, está baseada, no *Timaeus*, nesses triângulos.

Ter tornado a matemática uma disciplina liberal é atribuído a Pitágoras, mas Platão teve grande influência para que se tornasse parte essencial do currículo para a educação de homens de estado. Influenciado talvez por Arquitas, Platão acrescentaria às matérias do quadrivium uma nova, a estereometria, pois acreditava que a geometria dos sólidos não tivera a ênfase necessária. Platão discutiu também os fundamentos da matemática, esclareceu algumas definições e reorganizou hipóteses. Frisou que o raciocínio usado na geometria não se refere às figuras visíveis desenhadas, mas às ideias absolutas que elas representam. Os pitagóricos tinham definido um ponto como "unidade com posição", mas Platão preferia pensar em um ponto como início de segmento de reta. A definição de reta como "comprimento sem largura" parece originária da escola de Platão, assim como a ideia de que a reta "jaz uniformemente com seus pontos". Na aritmética, Platão deu ênfase não só à distinção entre números pares e ímpares como entre as categorias "par vezes par", "ímpar vezes par" e "ímpar vezes ímpar". Embora nos seja dito que Platão deu contribuições aos axiomas da matemática, não temos uma exposição de suas premissas.

Poucas contribuições matemáticas específicas são atribuídas a Platão. Uma fórmula para ternas pitagóricas, $(2n)^2 + (n^2 - 1)^2 = (n^2 + 1)^2$, onde n é qualquer número natural, tem o nome de Platão, mas é apenas uma versão ligeiramente modificada de um resultado já conhecido pelos babilônios e pitagóricos. Talvez seja mais genuinamente significativa a atribuição do chamado método analítico a Platão. Em uma demonstração matemática começa-se com o que é dado, ou, de modo geral, nos axiomas e postulados ou, mais especificamente, no problema a resolver. Avançando passo a passo, chega-se à afirmação a ser demonstrada. Platão parece ter observado que, com frequência, é conveniente, pedagogicamente, quando a cadeia de raciocínios que leva das premissas à conclusão não é evidente, inverter o processo. Começa-se com a proposição a ser demonstrada e dela deduz-se uma conclusão que se sabe ser válida. Se, então, for possível inverter os passos nesse raciocínio, o resultante é uma demonstração legítima da proposição. É improvável que Platão tenha sido o primeiro a notar a eficácia do ponto de vista analítico, pois qualquer investigação preliminar de um problema equivale a isso. O que Platão provavelmente fez foi formalizar o método, ou talvez dar-lhe um nome.

O papel de Platão na história da matemática causa ainda disputas acirradas. Alguns o consideram um pensador excepcionalmente profundo e incisivo; outros o representam como um flautista de Hamelin da matemática, que induzia os homens a abandonar os problemas do trabalho do mundo e encorajava especulações fúteis. De qualquer forma, poucos negariam que Platão teve uma tremenda influência sobre o desenvolvimento da matemática. A Academia Platônica de Atenas tornou-se o centro matemático do mundo, e dessa escola provieram os principais mestres e pesquisadores durante os meados do quarto século a.C. Desses, o maior foi Eudoxo de Cnido (408?-355? a.C.), um homem que em certa época foi um discípulo de Platão e tornou-se o mais célebre matemático e astrônomo de seu tempo.

Eudoxo

Às vezes temos referências à "reforma platônica" na matemática e, embora a frase tenda a exagerar as mudanças que tiveram lugar então, a obra do Eudoxo foi tão significativa que a palavra "reforma" não é inapropriada. Na juventude de Platão, a descoberta do incomensurável causou um verdadeiro escândalo lógico, pois pareceu arruinar teoremas envolvendo proporções. Duas quantidades, como a diagonal e o lado do quadrado, são incomensuráveis quando sua razão não é igual à de algum número (inteiro) para um outro número (inteiro). Como então comparar as razões de grandezas incomensuráveis? Se Hipócrates realmente demonstrou que as áreas de círculos estão entre si como os quadrados dos seus diâmetros, deve ter tido algum modo de manejar proporções ou igualdade de razões. Não sabemos como o fez, ou se ele, até certo ponto, antecipou Eudoxo, que deu uma nova definição, geralmente aceita, de razões iguais. Aparentemente, os gregos usaram a ideia de que quatro quantidades estão em proporção, $a : b = c : d$, se as duas razões $a : b$ e $c : d$ têm a mesma subtração mútua; isto é, se em cada razão a quantidade menor cabe um igual número inteiro de vezes na maior e o resto em cada caso cabe um igual número inteiro de vezes na menor e o novo resto no precedente o mesmo número inteiro de vezes, e assim por diante. Tal definição seria complicada para usar e foi um brilhante feito de Eudoxo descobrir a teoria de proporções usada no livro V de *Os elementos* de Euclides.

A palavra razão denotava essencialmente um conceito não definido na matemática grega, pois a "definição" de Euclides de razão, como uma espécie de relação de tamanho entre duas grandezas de mesmo tipo, é inteiramente inadequada. Tem mais sentido a afirmação de Euclides que duas grandezas estão em uma razão entre si se é possível achar um múltiplo de cada uma que seja maior que a outra. Isto é essencialmente um enunciado do chamado "axioma de Arquimedes", uma propriedade que o próprio Arquimedes atribuiu a Eudoxo. O conceito de razão de Eudoxo exclui, pois, o zero e esclarece o que se entende por grandezas da mesma espécie. Um segmento de reta, por exemplo, não pode ser comparado, em termos de razão, com uma área; nem uma área com um volume.

Após essas observações preliminares sobre razões, Euclides dá na Definição 5 do Livro V a célebre formulação de Eudoxo:

> Diz-se que grandezas estão na mesma razão, a primeira para a segunda e a terceira para a quarta se, quando, equimúltiplos quaisquer são tomados da primeira e da terceira e equimúltiplos quaisquer da segunda e da quarta, os primeiros equimúltiplos são ambos maiores que, ou ambos iguais a, ou ambos menores que, os últimos equimúltiplos, considerados em ordem correspondente [Heath 1981, vol. 2, p.114].

Isto é, $a/b = c/d$ se, e somente se, dados inteiros m e n, sempre que $ma < nb$ então $mc < nd$, ou se $ma = nb$ então $mc = nd$, ou se $ma > nb$ então $mc > nd$.

A definição de Eudoxo de igualdade de razões se assemelha ao processo de multiplicação cruzada em uso hoje para frações, $a/b = c/d$ se, e somente se, $ad = bc$, processo equivalente a reduzir a um mesmo denominador. Para mostrar que 3/6 é igual a 4/8, por exemplo, multiplicamos 3 e 6 por 4 para obter 12 e 24 e multiplicamos 4 e 8 por 3, obtendo o mesmo par de números 12 e 24. Poderíamos ter usado 7 e 13 como multiplicadores, obtendo o par 21 e 42 no primeiro caso e 52 e 104 no segundo, e assim como 21 é menor que 52 também 42 é menor que 104. (Aqui, permutamos o segundo e o terceiro termos na definição de Eudoxo, para ficar de acordo com as operações comumente usadas hoje, mas em qualquer dos casos vale relações semelhantes.) Nosso exemplo aritmético não faz justiça à sutileza e eficiência da ideia de Eudoxo, porque a aplicação aqui parece ser trivial. Para formar uma apreciação melhor de sua definição seria conveniente substituir a, b, c, d por irracionais, ou melhor, tomar a e b como volumes de esferas e c e d como cubos de seus raios. Aqui, a multiplicação cruzada perde o sentido e não é evidente que a definição de Eudoxo se aplica. Na verdade, será observado que, estritamente falando, a definição não está muito longe das definições de número real dadas no século dezenove, pois divide a coleção dos números racionais m/n em duas classes, conforme $ma \leq nb$ ou $ma > nb$. Porque existem infinitos números racionais, os gregos, por implicação, se defrontavam com um conceito que desejavam evitar, o de conjunto infinito; mas pelo menos era possível agora dar demonstrações satisfatórias dos teoremas envolvendo proporções.

O Método de Exaustão

Uma crise resultante do incomensurável fora enfrentada com sucesso, graças à imaginação de Eudoxo; mas restava um problema não resolvido, o da comparação de configurações curvas e retilíneas. Aqui, também, parece ter sido Eudoxo quem forneceu a chave. Matemáticos anteriores parecem ter sugerido que se tentasse inscrever e circunscrever figuras retilíneas por dentro e por fora da figura curva, e ir multiplicando indefinidamente o número de lados; mas não sabiam como terminar o argumento, pois o conceito de limite não era conhecido na época. Segundo Arquimedes, foi Eudoxo quem forneceu o lema que hoje tem o nome de Arquimedes, às vezes chamado axioma da continuidade e que serviu de base para o método de exaustão, o equivalente grego de cálculo integral. O lema, ou axioma, diz que, dadas duas grandezas que têm uma razão (isto é, nenhuma delas sendo zero), pode-se achar um múltiplo de qualquer delas que seja maior que a outra. Esse enunciado eliminava um nebuloso argumento sobre segmentos de reta indivisíveis, ou infinitésimos fixos, que às vezes aparecia no pensamento grego. Excluía também a comparação entre o chamado ângulo de contingência (formado por uma curva C e sua tangente T em um ponto P de C) com ângulos retilíneos ordinários. O ângulo de contingência parecia ser uma grandeza diferente de zero, no entanto não satisfaz ao axioma de Eudoxo com relação às medidas de ângulos retilíneos.

Do axioma de Eudoxo (ou de Arquimedes) é um passo fácil, por uma redução ao absurdo demonstrar uma proposição que formava a base do método de exaustão dos gregos:

> Se, de uma grandeza qualquer, subtrairmos uma parte não menor que sua metade e, se do resto novamente subtrai-se não menos que a sua metade e se esse processo de subtração for continuado, finalmente restará uma grandeza menor que qualquer grandeza de mesma espécie prefixada.

Esta proposição, que chamaremos de "propriedade de exaustão", equivale à Euclides X.1 e à seguinte formulação moderna: se M é uma grandeza dada, ε uma grandeza prefixada de mesma espécie e r é uma razão tal que $1/2 \leq r < 1$, então podemos achar um inteiro positivo N tal que $M(1-r)^n < \varepsilon$ para todo inteiro $n > N$. Isto é, a propriedade de exaustão equivale a dizer que $\lim_{n \to \infty} M(1-r)^n = 0$. Ainda mais, os gregos usaram essa propriedade para demonstrar teoremas sobre as áreas e volumes de figuras curvilíneas. Em particular, Arquimedes atribuiu a Eudoxo a primeira demonstração satisfatória de que o volume de cone é um terço do volume do cilindro de mesma base e a mesma altura, o que parece indicar que o método de exaustão foi deduzido por Eudoxo. Se é assim, então é a Eudoxo (e não a Hipócrates) que devemos provavelmente as demonstrações encontradas em Euclides dos teoremas sobre áreas de círculos e volumes de esferas. Tinham já sidos feitas, antes, simples sugestões de que a área do círculo podia ser esgotada inscrevendo nele um polígono regular e aumentando indefinidamente o número de lados, mas foi o método de exaustão de Eudoxo que primeiro tornou esse processo rigoroso. (Deve-se notar que a frase "método de exaustão" não era usada pelos gregos antigos, sendo uma invenção moderna; mas ela está tão firmemente estabelecida na história da matemática que continuaremos a fazer uso dela.) Como ilustração do modo pelo qual Eudoxo provavelmente aplicava o método, damos aqui, em notação um tanto modernizada, a demonstração de que áreas de círculos estão entre si como os quadrados de seus diâmetros. A demonstração, tal como está em *Elementos* de Euclides, X11. 2, é provavelmente a de Eudoxo.

Sejam c e C os círculos, com diâmetros d e D e áreas a e A. Queremos demonstrar que $a/A = d^2/D^2$. A demonstração estará completa se procedermos indiretamente, mostrando que não são verdadeiras as outras duas possibilidade, isto é, $a/A < d^2/D^2$ e $a/A > d^2/D^2$. Suponhamos, pois, primeiro que $a/A > d^2/D^2$. Então existe uma grandeza $a' < a$ tal que $a'/A = d^2/D^2$. Seja $a - a'$ a grandeza prefixada $\varepsilon > 0$. Vamos inscrever nos círculos c e C polígonos regulares de áreas p_n e P_n, com o mesmo número n de lados, e consideremos as áreas intermediárias, fora dos polígonos, mas dentro dos círculos (Fig. 4.18). Se dobrarmos o número de lados, é evidente que estaremos subtraindo dessas áreas intermediárias mais da metade. Logo, pela propriedade de exaustão, dobrando sucessivamente o número de lados (isto é, fazendo crescer n), as áreas intermediárias podem ser reduzidas até que $a - p_n < \varepsilon$. Então, como $a - a' = \varepsilon$, temos $p_n > a'$. Agora, de teoremas anterio-

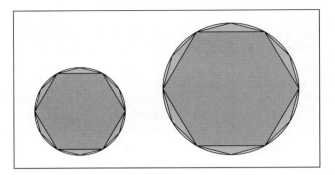

Figura 4.18

res sabemos que $p_n/P_n = d^2/D^2$ e como supusemos que $a'/A = d^2/D^2$, temos $p_n/P_n = a'/A$. Logo, mostramos que se $p_n > a'$ devemos concluir que $P_n > A$. Mas, como P_n é área de um polígono inscrito no círculo de área A, é evidente que P_n não pode ser maior que A. Como uma falsa conclusão implica que uma premissa é falsa, está excluída a possibilidade que $a/A > d^2/D^2$. De modo análogo, mostramos ser impossível que $a/A < d^2/D^2$, e com isso demonstramos o teorema que diz que as áreas de círculos estão entre si como os quadrados de seus diâmetros.

Astronomia matemática

A propriedade que acabamos de demonstrar parece ter sido o primeiro teorema preciso relativo a grandezas de figuras curvilíneas; aponta Eudoxo como o provável originador do cálculo integral, a maior contribuição à matemática feita por membros da Academia Platônica. Eudoxo, além disso, não era de modo algum apenas um matemático, e na história da ciência é conhecido como o pai da astronomia científica. Diz-se que Platão propôs a seus associados que tentassem dar uma representação geométrica dos movimentos do Sol, da Lua e dos cinco planetas conhecidos. Evidentemente, era aceito tacitamente que tais movimentos se comporiam de movimentos circulares uniformes. Apesar de tal restrição, Eudoxo conseguiu dar para cada um dos sete corpos celestes uma representação satisfatória por meio de uma composição de esferas concêntricas com a Terra como centro e com raios variáveis, cada uma girando uniformemente em torno de um eixo fixo em relação à superfície da esfera maior seguinte. Para cada planeta, portanto, Eudoxo deu um sistema conhecido por seus sucessores como "esferas homocêntricas"; esses esquemas geométricos foram combinados por Aristóteles na bem conhecida cosmologia peripatética das esferas cristalinas, que prevaleceu durante quase 2.000 anos.

Eudoxo foi sem dúvida o melhor matemático da Idade Helênica, mas todas as suas obras se perderam. Em seu esquema astronômico, Eudoxo tinha visto que por uma combinação de movimentos circulares ele podia descrever os movimentos dos planetas em órbitas que se enrolavam ao longo de uma curva chamada *hippopede*, ou grilão de cavalo. Essa curva, que se assemelha a um oito traçado sobre uma esfera, é obtida como intersecção de uma esfera com um cilindro tangente internamente à esfera — uma das poucas curvas novas reconhecidas pelos gregos. Havia, na época, apenas duas maneiras de definir curvas: (1) por combinações de movimentos uniformes e (2) como intersecções de superfícies geométricas familiares. A de Eudoxo é um bom exemplo de uma curva que pode ser obtida de qualquer uma destas duas maneiras. Proclo, que escreveu cerca de 800 anos depois do tempo de Eudoxo, conta que Eudoxo tinha descoberto muitos teoremas gerais de geometria e tinha aplicado o método platônico de análise ao estudo de seção (provavelmente a secção áurea); mas a teoria das proporções e o método de exaustão são ainda as grandes contribuições que justificam a fama de Eudoxo.

Menaecmus

Eudoxo deve ser lembrado na história da matemática não só por seu próprio trabalho, mas também pelo de seus discípulos. Na Grécia, havia uma forte corrente de continuidade da tradição de mestre a discípulo. Assim, Platão aprendeu de Arquitas, Teodoro e Teaetetus; a influência platônica, por sua vez, passou de Eudoxo aos irmãos Menaecmus e Dinóstrato, que atingiram ambos a eminência em matemática. Vimos que Hipócrates de Chios tinha mostrado que a duplicação do cubo podia ser conseguida desde que se pudesse encontrar e usar curvas com as propriedades expressas na proporção aumentada $a/x = x/y = y/2a$; vimos também que os gregos tinham somente dois processos para descobrir curvas novas. Foi, portanto, uma realização importante de Menaecmus ter descoberto que curvas com a propriedade desejada estavam à disposição. Na verdade, havia uma família de curvas adequadas, que podiam ser obtidas de uma mesma fonte: o corte de um cone circular reto por um plano perpendicular a um elemento do cone. Ou seja, Menaecmus parece ter descoberto as curvas que mais tarde foram chamadas elipse, parábola e hipérbole.

De todas as curvas, além de círculos e retas, que deveriam ser visíveis pela experiência diária, a elipse deveria ser a mais evidente, pois está presente sempre que um círculo é olhado obliquamente ou sempre que um tronco cilíndrico é serrado diagonalmente. No entanto, a primeira descoberta da elipse parece ter sido feita por Menaecmus como um simples subproduto da pesquisa em que a parábola e a hipérbole é que ofereciam as propriedades necessárias à solução do problema de Delos.

Começando com um cone circular reto de uma folha, tendo um ângulo reto no vértice (isto é, um ângulo gerador de 45°), ele descobriu que cortando-o por um plano perpendicular a um elemento, a curva de intersecção é tal que, em linguagem de geometria analítica atual, sua equação pode ser escrita na forma $y^2 = lx$ onde l é uma constante que depende da distância do plano ao vértice. Não sabemos como Menaecmus deduziu essa propriedade, mas ela depende apenas de teoremas de geometria elementar. Considere o cone ABC e suponha que seja cortado segundo a curva EDG por um plano perpendicular ao elemento ADC do cone (Fig. 4.19). Então, por um ponto P qualquer da curva, passa-se um plano horizontal, que cortará o cone segundo o círculo PVR, e seja Q o outro ponto de intersecção da curva (parábola) com o círculo. Das simetrias envolvidas, resulta que a reta $PQ \perp RV$ em O. Logo, OP é a média proporcional entre RO e OV. Além disso, da semelhança dos triângulos OVD e BCA segue que $OV/DO = BC/AB$, e da semelhança dos triângulos $R'DA$ e ABC resulta $R'D/AR' = BC/AB$. Se $OP = y$ e $OD = x$ são

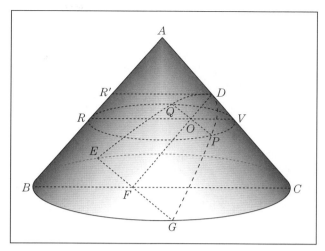

Figura 4.19

coordenadas do ponto P, temos $y^2 = RO \cdot OV$, ou, substituindo

$$y^2 = R'D \cdot OV = AR' \cdot \frac{BC}{AB} \cdot DO \cdot \frac{BC}{AB} = \frac{AR' \cdot BC^2}{AB^2} x.$$

Como os segmentos AR', BC e AB são os mesmos para todos os pontos P da curva $EQDPG$, podemos escrever a equação da curva, uma "secção de cone com ângulo reto", como $y^2 = lx$, onde l é uma constante, mais tarde chamada o *latus rectum* da curva. De modo semelhante podemos deduzir uma equação da forma $y^2 = lx - b^2x^2/a^2$ para uma "secção de cone acutângulo" e uma equação da forma $y^2 = lx + b^2x^2/a^2$ para uma "secção de cone obtusângulo", onde a e b são constantes e o plano de corte é perpendicular a um elemento do cone circular reto, acutângulo ou obtusângulo.

Duplicação do cubo

Menaecmus não poderia prever quantas belas propriedades o futuro desvendaria. Tinha esbarrado nas cônicas em uma busca bem-sucedida por curvas com as propriedades adequadas à duplicação do cubo. Em termos de notação moderna é fácil é chegar à solução. Deslocando o plano de secção (Fig. 4.19), podemos achar uma parábola com qualquer *latus rectum*. Se, então, quisermos duplicar um cubo de aresta a determinamos sobre um cone com ângulo reto duas parábolas, uma com *latus rectum* a e outra com *latus rectum* $2a$. Se, agora, as colocarmos com vértices na origem e eixos segundo o eixo dos y e o dos x respectivamente, o ponto de intersecção das duas curvas terá coordenadas (x, y) satisfazendo a proporção continuada $a/x = x/y = y/2a$ (Fig. 4.20) — isto é, $x = a\sqrt[3]{2}$, x, $y = a\sqrt[3]{4}$. A abscissa x é, portanto, a aresta do cubo procurado.

É provável que Menaecmus soubesse que a duplicação também pode ser efetuada por meio de uma hipérbole retangular e uma parábola. Se a parábola de equação $y^2 = (a/2)x$ e a hipérbole $xy = a^2$ são colocadas sobre um mesmo sistema de coordenadas, o ponto de intersecção terá coordenadas $x = a\sqrt[3]{2}$, $y = a\sqrt[3]{2}$, a abscissa x sendo o lado do cubo procurado. Menaecmus provavelmente conhecia muitas das propriedades hoje familiares das secções cônicas, inclusive as assíntotas da hipérbole, o que lhe permitiria operar com equivalentes das equações modernas que usamos acima. Proclo relatou que Menaecmus foi um daqueles que "tornaram o todo da geometria mais perfeito"; mas pouco sabemos do que fez realmente. Sabemos que Menaecmus ensinou Alexandre, o Grande, e a lenda atribui a Menaecmus o célebre comentário, quando seu real discípulo lhe pediu um atalho mais curto para a geometria: "Rei, para viajar pelo país há estradas reais e estradas para os cidadãos comuns; mas na geometria há só uma estrada para todos". Entre as principais autoridades quanto à atribuição a Menaecmus da descoberta das secções cônicas, há uma carta de Eratóstenes ao rei Ptolomeu Energetes, citada uns 700 anos depois por Eutocius, em que várias duplicações do cubo são mencionadas. Entre elas, uma com a construção de difícil manejo de Arquitas e outra "cortando cones nas tríadas de Menaecmus".

Dinóstrato e a quadratura do círculo

Dinóstrato, irmão de Menaecmus, era também um matemático, e se um irmão "resolveu" o problema da duplicação do cubo, o outro "resolveu" o da quadratura do círculo. A quadratura tornou-se uma questão simples quando foi observada uma notável propriedade Q da extremidade da trissectriz de Hípias, aparentemente por Dinóstrato. Se a equação da trissectriz (Fig.4.21) é $\pi r \operatorname{sen}\theta = 2a\theta$, onde a é o lado do quadrado $ABCD$ associado à curva, então o limite de r quando θ tende a zero é $2a/\pi$. Isso é evidente para quem conhece rudimentos de cálculo e se lembra do fato que $\lim_{\theta \to 0} \operatorname{sen}\theta/\theta = 1$ para a medida em radianos. A demonstração, tal como é dada por Papus e provavelmente devida a Dinóstrato, baseia-se unicamente em considerações de geometria elementar. O teorema de Dinóstrato diz que o lado a é a média proporcional entre o segmento DQ e o arco do quarto de círculo AC, isto é, $\widehat{AC}/AB = AB/DQ$. Usando uma demonstração indireta tipicamente grega, estabelecemos o teorema por destruição das alternativas. Assim, suponhamos primeiro que $\widehat{AC}/AB = AB/DR$, onde $DR > DQ$. Então, seja S a intersecção do círculo de centro D e raio DR com a trissectriz e seja T a intersecção do mesmo círculo com o lado AD do quadrado. De S baixemos a perpendicular SU ao lado CD. Conforme Dinóstra-

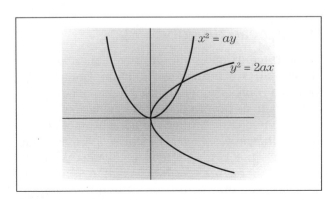

Figura 4.20

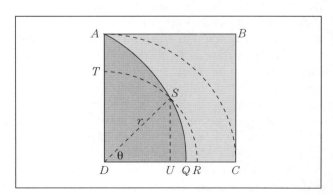

Figura 4.21

to sabia, arcos de círculos correspondentes estão entre si como seus raios; logo, $\widehat{AC}/AB = \widehat{TR}/DR$ e, como por hipótese, $\widehat{AC}/AB = AB/DR$ resulta que $\widehat{TR} = AB$. Mas, pela propriedade que define a trissectriz, sabemos que $\widehat{TR}/\widehat{SR} = AB/SU$. Logo, como $\widehat{TR} = AB$, deve-se concluir que $\widehat{SR} = SU$, o que é evidentemente falso, pois a perpendicular é mais curta que qualquer outro segmento ou curva indo de S ao segmento DC. Portanto, o quarto termo DR na proporção $\widehat{AC}/AB = AB/DR$ não pode ser maior que DQ. De modo semelhante demonstramos que essa quarta proporcional não pode ser menor que DQ; portanto o teorema de Dinóstrato está demonstrado, isto é, $\widehat{AC}/AB = AB/DQ$.

Dado o ponto Q de intersecção da trissectriz com DC temos, pois, uma proporção envolvendo três segmentos retilíneos e o arco circular AC. Logo, por uma construção geométrica simples do quarto termo em uma proporção podemos facilmente traçar um segmento de reta b de comprimento igual a AC. O retângulo que tem como um lado $2b$ e como o outro lado a, tem área exatamente igual à do círculo com raio a; constrói-se facilmente um quadrado de área igual à do retângulo, tomando como lado do quadrado a média geométrica dos lados do retângulo. Como Dinóstrato demonstrou que a trissectriz de Hípias serve para quadrar o círculo, a curva veio a ser chamada mais comumente de quadratriz.

Naturalmente, esteve sempre perfeitamente claro para os gregos que o uso da curva para problemas de trissecção e quadratura violava as regras do jogo — que só permitiam círculos e retas. As "soluções" de Hípias e Dinóstrato, como seus autores sabiam, eram sofisticadas; por isso, a procura de outras soluções, canônicas ou ilegítimas, continuou, com o resultado que várias curvas novas foram descobertas pelos geômetras gregos.

Autólico de Pitane

Poucos anos depois de Dinóstrato e Menaecmus, na segunda metade do quarto século a.C., viveu um astrônomo que se distingue por ter escrito o mais antigo tratado matemático grego preservado. Autólico de Pitane é o autor de um tratado, *On the Moving Sphere* (Sobre a esfera em movimento), que fazia parte de uma coleção conhecida por "Pequena astronomia", largamente usada pelos antigos astrônomos. *On the Moving Sphere* não é uma obra profunda, nem provavelmente muito original, pois contém pouca coisa além dos teoremas elementares da geometria da esfera que seriam necessários à astronomia. Seu significado principal está no fato de indicar que a geometria grega tinha evidentemente atingido a forma que consideramos típica da idade clássica. Teoremas são claramente enunciados e demonstrados. Além disso, o autor usa, sem demonstração ou indicação de fonte, outros teoremas que ele considera bem conhecidos. Concluímos, pois, que havia na Grécia em seu tempo, por volta de 320 a.C., uma tradição bem estabelecida de textos de geometria.

Aristóteles

Aristóteles (384-322 a.C.), o mais erudito dos estudiosos, foi, como Eudoxo, discípulo de Platão e, como Menaecmus, mestre de Alexandre, o Grande. Aristóteles era antes de tudo um filósofo e biólogo, mas estava completamente a par das atividades dos matemáticos. Pode ter tido um papel em uma das principais controvérsias da época, pois foi-lhe atribuído um tratado intitulado *On Indivisible Lines* (Sobre segmentos indivisíveis). Os historiadores modernos questionam a autenticidade dessa obra, mas, de qualquer forma, ela provavelmente resultou de discussões ocorridas no Liceu Aristotélico. A tese do tratado é que a doutrina dos indivisíveis defendida por Xenócrates, um sucessor de Platão como chefe da Academia, é insustentável. Xenócrates julgou que o conceito de indivisível, ou infinitésimo fixo de comprimento, área, ou volume, resolveria os paradoxos como os de Zeno, que atormentavam matemáticos e filósofos. Aristóteles também dedicou muita atenção aos paradoxos de Zeno, mas procurou refutá-los baseado no senso comum. Ele hesitou em acompanhar os matemáticos platônicos nas abstrações e tecnicalidades da época, e não deu contribuição importante ao assunto. Por ter fundado a lógica e por suas frequentes alusões a conceitos e teoremas matemáticos em sua volumosa obra, pode-

-se considerar que Aristóteles contribuiu para o desenvolvimento da matemática. A discussão aristotélica sobre o potencialmente e o realmente infinito na aritmética e geometria influenciou muitos dos que mais tarde escreveram sobre fundamentos da matemática; mas a afirmação de Aristóteles de que os matemáticos "não precisam do infinito, nem o usam" deve ser comparada com as asserções de nosso tempo de que o infinito é o paraíso dos matemáticos. De significado mais positivo é a análise que Aristóteles fez do papel das definições e das hipóteses na matemática.

Em 323 a.C. Alexandre, o Grande, morreu subitamente e seu império se desfez. Seus generais dividiram o território que o jovem conquistador dominava. Em Atenas, onde Aristóteles fora considerado um estrangeiro, o filósofo verificou que se tornara impopular, agora que seu poderoso soldado-estudante estava morto. Deixou Atenas e morreu no ano seguinte. Em toda a Grécia, a ordem antiga estava mudando, política e culturalmente. Sob Alexandre, tinha-se dado uma fusão gradual de costumes e cultura helênicos e orientais, de modo que era mais apropriado falar da nova civilização como sendo helenística em vez de helênica. Além disso, a nova cidade de Alexandria, fundada pelo conquistador do mundo, agora tomou o lugar de Atenas como centro do mundo matemático. Na história da civilização costuma-se por isso distinguir dois períodos no mundo grego, separados por uma linha divisória conveniente, constituída pelas mortes quase simultâneas de Alexandre e Aristóteles (assim como de Demóstenes). A parte mais antiga chama-se Idade Helênica, a segunda Helenística ou Alexandrina. Nos próximos capítulos descrevemos a matemática do primeiro século de nova era, frequentemente chamada Idade Áurea da matemática grega.

EUCLIDES DE ALEXANDRIA

Ptolomeu uma vez perguntou a Euclides se havia um caminho mais curto para a geometria que o estudo de Os elementos, e Euclides lhe respondeu que não havia estrada real para a geometria.

Proclo Diadoco

Alexandria

A morte de Alexandre, o Grande, levou a conflitos mortais entre os generais do exército grego, mas, após 306 a.C., o controle da parte egípcia do império estava firmemente nas mãos dos Ptolomeus, os governantes macedônios do Egito. Ptolomeu I assentou os alicerces de duas instituições de Alexandria que a tornariam o principal centro de erudição por gerações. Eram a Universidade (Museum) e a Biblioteca, ambas amplamente financiadas por ele e por seu filho, Ptolomeu II, que trouxe para este grande centro de pesquisa um grupo de sábios de primeira linha, em diversas áreas. Entre eles estava Euclides, o autor do texto de matemática mais bem sucedido de todos os tempos — *Os elementos* (*Stoichia*). Considerando a fama do autor e de seu *best-seller*, sabe-se notavelmente pouco sobre a vida de Euclides. Ele foi tão obscuro que nenhum lugar de nascimento é associado a seu nome. Embora edições de *Os elementos* frequentemente identificassem o autor como Euclides de Megara, e um retrato de Euclides em Megara frequentemente apareça em histórias da matemática, trata-se de um caso de erro de identidade.

Da natureza de seu trabalho, pode-se presumir que Euclides de Alexandria tenha estudado com discípulos de Platão, senão na própria Academia. Há uma estória contada sobre ele que diz que quando um de seus estudantes lhe perguntou para que servia o estudo da geometria, Euclides disse a seu escravo que desse três moedas ao estudante, "pois ele precisa ter lucro com o que aprende".

Obras perdidas

Do que Euclides escreveu, mais da metade se perdeu, inclusive algumas das obras mais importantes, como um tratado sobre as cônicas em quatro volumes. Tanto este trabalho quanto um tratado anterior sobre Lugares Geométricos Sólidos (o nome grego para secções cônicas), de Aristeu, um geômetra um pouco mais velho, logo foram superados pelo trabalho mais amplo sobre cônicas de Apolônio. Entre as obras perdidas de Euclides está também uma sobre *Lugares geométricos de superfície,* outra sobre *Pseudaria* (ou falácias) e uma terceira sobre *Porismas.* Pelas referências antigas não fica claro sequer que material continham. Tanto quanto sabemos, os gregos não estudaram outras superfícies além das de sólidos de revolução.

A perda dos *Porismas* de Euclides é particularmente atormentadora. Papus disse mais tarde que um *porisma* é algo intermediário entre um teorema, em que alguma coisa é proposta para demonstração, e um problema, em que alguma coisa é proposta para construção. Outros descreveram um porisma como uma proposição em que se determina uma relação entre quantidades conhecidas e variáveis ou indeterminadas, talvez a melhor aproximação da ideia de função da antiguidade.

Obras preservadas

Cinco obras de Euclides sobreviveram até hoje: *Os elementos, Os dados, Divisão de figuras, Os fenômenos* e *Óptica.* Essa última tem interesse por ser um dos primeiros trabalhos sobre perspectiva, ou a geometria da visão direta. Os antigos dividiam o estudo da óptica em três partes; (1) óptica (a geometria da visão direta), (2) catóptrica (geometria dos raios refletidos) e (3) dióptrica (a geometria de raios refratados). Uma *Catóptrica* às vezes atribuída a Euclides é de autenticidade duvidosa, sendo talvez de Teon de Alexandria, que viveu cerca de seis séculos depois. *Óptica* de Euclides é digna de nota por adotar uma teoria de "emissão" para a visão, segundo o qual o olho envia raios que vão até o objeto, em contraste com uma doutrina rival de Aristóteles, na qual uma atividade em um meio caminha em linha reta do objeto para o olho. Deve-se observar que a matemática da perspectiva (em contraposição à descrição física) é a mesma em qualquer das duas teorias. Entre os teoremas que se encontram na *Óptica* de Euclides está um largamente usado na antiguidade, $tg\alpha/tg\beta < \alpha/\beta$ se $0 < \alpha < \beta < \pi/2$. Um objetivo da *Óptica* era combater a insistência dos epicuristas de que um objeto é exatamente do tamanho que aparenta, não se devendo fazer nenhuma concessão à redução de dimensão sugerida pela perspectiva.

A *Divisão de figuras* de Euclides é um trabalho que teria sido perdido se não fosse pela erudição dos estudiosos árabes. Não sobreviveu no original grego; mas antes do desaparecimento das versões gregas, uma tradução árabe tinha sido feita (omitindo algumas das demonstrações originais "porque as demonstrações são fáceis"), a qual por sua vez foi mais tarde traduzida para o latim, e, finalmente, para as línguas modernas. Isso não é excepcional, para obras antigas. A *Divisão de figuras* contém uma coleção de trinta e seis proposições relativas à divisão de configurações planas. Por exemplo, a Proposição 1 pede a construção de uma reta que seja paralela à base de um triângulo e que divida o triângulo em duas áreas iguais. A Proposição 4 pede a bissecção de um trapézio *abqd* (Fig. 5.1) por uma reta paralela às bases; a reta zi pedida é achada determinando z tal que $\overline{ze}^2 = 1/2\,(\overline{eb}^2 + \overline{ea}^2)$. Outras proposições requerem a divisão de um paralelogramo em duas partes iguais por uma reta traçada por um ponto dado em um dos lados (Proposição 6) ou por um ponto dado fora do paralelogramo (Proposição 10). A proposição final pede a divisão de um quadrilátero em uma razão dada, por uma reta passando por um ponto sobre um dos lados do quadrilátero.

Um tanto semelhante à *Divisão de figuras* em natureza e em objetivo é a obra *Os dados* de Euclides, que chegou até nós tanto em grego como em árabe. Parece ter sido escrita para uso na universidade de Alexandria, servindo de complemento aos seis primeiros volumes de *Os elementos,* de modo semelhante ao que um manual de tabelas complementa um livro-texto. Inicia-se com quinze definições relativas a grandezas e lugares geomé-

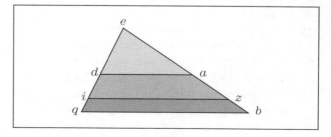

Figura 5.1

tricos. A parte principal do texto compõe-se de noventa e cinco enunciados relativos às implicações das condições e grandezas que podem ser dadas em um problema. Os dois primeiros dizem que se duas grandezas a e b são dadas, sua razão está dada, e que se uma grandeza é dada e também sua razão para uma segunda, a segunda grandeza está dada. Há cerca de duas dúzias de enunciados semelhantes, servindo como regras ou fórmulas algébricas. Depois disso, o trabalho apresenta regras geométricas simples sobre retas paralelas e grandezas proporcionais, lembrando ao estudante as implicações dos dados de um problema, como o lembrete de que se dois segmentos estão em uma razão dada, então se conhece a razão das áreas de figuras retilíneas semelhantes construídas sobre esses segmentos. Alguns dos enunciados são equivalentes geométricos da resolução de equações quadráticas. Por exemplo, ele nos diz que se uma área (retangular) dada AB é colocada sobre um segmento AC de comprimento dado (Fig. 5.2) e se a área BC que falta à área AB para completar todo o retângulo AD é dada, então as dimensões de BC são conhecidas. A veracidade desta afirmação é fácil de demonstrar com a álgebra moderna. Sejam a o comprimento de AC, b^2 a área de AB e $c:d$ a razão de FC para CD. Então, se $FC = x$ e $CD = y$, temos $x/y = c/d$ e $(a-x)y = b^2$. Eliminando y, temos $(a-x)dx = b^2c$ ou $dx^2 - adx + b^2c = 0$, donde $x = a/2 \pm \sqrt{(a/2)^2 - b^2c/d}$. A solução geométrica dada por Euclides é equivalente a isto, exceto pelo fato de ser usado o sinal negativo antes do radical. Os enunciados 84 e 85 de *Os dados* são equivalentes geométricos das familiares soluções algébricas babilônicas dos sistemas $xy = a^2$, $x \pm y = b$, que por sua vez são equivalentes a soluções de equações simultâneas. Os últimos enunciados em *Os dados* se referem a relações entre medidas lineares e angulares em um círculo dado.

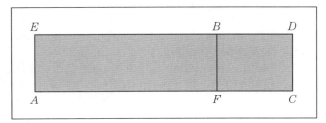

Figura 5.2

Os elementos

Os elementos era um livro didáticos e de modo nenhum o primeiro. Sabemos da existência de pelo menos três anteriores a ele, inclusive o de Hipócrates de Chios; mas não resta traço desses, nem de outros rivais potenciais de tempos antigos. *Os elementos* de Euclides superaram de tanto seus competidores que foram os únicos a sobreviver. Não era, como se pensa às vezes, um compêndio de todo o conhecimento geométrico; ao contrário, trata-se de um texto introdutório cobrindo toda a matemática *elementar* — isto é, aritmética (no sentido de "teoria dos números"), geometria sintética (de pontos, retas, planos, círculos e esferas), e álgebra (não no sentido simbólico moderno, mas um equivalente em roupagem geométrica). Observe que a arte de calcular não está incluída, pois não era parte da instrução matemática; nem o estudo das cônicas ou de curvas planas de maior grau, pois esse era parte da matemática mais avançada. Proclo descreve *Os elementos* como tendo com o resto da matemática o mesmo tipo de relação que as letras do alfabeto com a linguagem. Se *Os elementos* pretendesse ser uma fonte completa de informação, o autor provavelmente incluiria referências a outros autores, informação sobre pesquisas recentes e explicações informais. Porém, *Os elementos* se limitam austeramente ao seu campo — a exposição em ordem lógica dos assuntos básicos da matemática elementar. Ocasionalmente, no entanto, autores posteriores interpolaram no texto notas explicativas, e tais adições foram copiadas por escribas posteriores como parte do texto original. Algumas dessas aparecem em todos os manuscritos existentes agora. O próprio Euclides não manifesta qualquer pretensão de originalidade, e é claro que ele utilizou grandemente obras de seus predecessores. Acredita-se que a ordenação seja dele e, presumivelmente, algumas das demonstrações foram fornecidas por ele; mas afora isso é difícil avaliar o grau de originalidade dessa obra, a mais renomada na história da matemática.

Definições e postulados

Os elementos está dividido em treze livros ou capítulos, dos quais os seis primeiros são sobre geometria plana elementar, os três seguintes sobre teoria dos números, o décimo sobre incomensuráveis e os três últimos versam principalmente sobre geometria no espaço. Não há introdução ou preâmbulo à obra, e o primeiro livro começa abruptamente com uma lista de vinte e três definições. A deficiência, aqui, é que algumas definições não definem, pois não há um conjunto prévio de elementos não definidos em termos dos quais os outros possam ser definidos. Assim, dizer, como Euclides, que "um ponto é o que não tem parte", ou que "uma reta é comprimento sem largura", ou que "uma superfície é o que tem apenas comprimento e largura" não é definir esses entes, pois uma definição deve ser expressa em termos de coisas precedentes, que são mais bem conhecidas que as coisas definidas. Também se pode facilmente fazer objeções, por razão de circularidade lógica, a outras assim chamadas "definições" de Euclides, tais como "as extremidades de uma linha são pontos", ou "uma linha reta é uma linha que jaz igualmente com os pontos sobre ela", ou "as extremidades de uma superfície são linhas", todas as quais podem ser devidas a Platão.

Em seguida às definições, Euclides dá uma lista de cinco postulados e cinco noções comuns. Aristóteles tinha feito uma forte distinção entre axiomas (ou noções comuns) e postulados; os primeiros, ele dizia, devem ser convincentes por si mesmos — verdades comuns a todos os estudos — mas os postulados são menos óbvios e não pressupõem o assentimento do estudante, pois dizem respeito somente ao assunto em discussão. Não sabemos se Euclides fazia distinção entre dois tipos de hipóteses. Os manuscritos preservados não estão de acordo aqui e em alguns casos as dez hipóteses aparecem juntas em uma só categoria. Os matemáticos modernos não veem diferença essencial entre axioma e postulado. Na maioria dos manuscritos de *Os elementos* encontramos as dez hipóteses seguintes:

Postulados. Considere os seguintes postulados:

1. Traçar uma reta de qualquer ponto a qualquer ponto.
2. Prolongar uma reta finita continuamente em uma linha reta.
3. Descrever um círculo com qualquer centro e qualquer raio.
4. Que todos os ângulos retos são iguais.
5. Que, se uma reta cortando duas retas faz os ângulos interiores de um mesmo lado menores que dois ângulos retos, as duas retas, se prolongadas indefinidamente, se encontram desse lado em que os ângulos são menores que dois ângulos retos.

Noções comuns:

1. Coisas que são iguais a uma mesma coisa são também iguais entre si.
2. Se iguais são somados a iguais, os totais são iguais.
3. Se iguais são subtraídos de iguais, os restos são iguais.
4. Coisas que coincidem uma com a outra são iguais uma a outra.
5. O todo é maior que a parte.

Aristóteles tinha escrito que "outras coisas sendo iguais, a demonstração melhor é a que provém de menos postulados", e Euclides evidentemente aceitava esse princípio. Por exemplo, o Postulado 3 é interpretado em seu sentido literal muito limitado, às vezes descrito como o uso do compasso euclidiano (não fixável), cujas pernas mantêm uma abertura constante somente enquanto a ponta está sobre o papel, mas caem uma sobre a outra quando levantadas. Isto é, o postulado não é interpretado de modo a permitir o uso de um compasso para marcar uma distância igual a um segmento sobre um outro segmento maior não contíguo, a partir de uma extremidade. Demonstra-se nas três primeiras proposições do livro I que essa construção é sempre possível, mesmo com a interpretação estrita do Postulado 3. A primeira proposição justifica a construção de um triângulo equilátero ABC, sobre um segmento dado *AB*, construindo por *B* um círculo de centro *A* e um outro por *A*, com centro *B*, e tomando como *C* o ponto de intersecção dos dois círculos. (Que eles se cortam é implicitamente assumido.) A Proposição 2 então usa a Proposição 1, mostrando que de qualquer ponto A como extremidade (Fig. 5.3), pode-se marcar um segmento de reta igual a um segmento dado *BC*. Primeiro, Euclides traça *AB* e sobre esse segmento constrói o triângulo equilátero *ABD*, prolongando então os lados *DA* e *DB* a *E* e *F*, respectivamente. Com *B* como centro, traça o círculo por *C* que corta *BF* em *G*; então com *D* como centro traça o círculo por *G* que corta *DE* em H. Mostra-se então facilmente que *AH* é o segmento pedido. Finalmente, na Proposição 3, Euclides usa a Proposição 2 para mostrar que, dados dois segmentos desiguais quaisquer, pode-se marcar sobre o maior um segmento igual ao menor.

Alcance do livro I

Nas três primeiras proposições, Euclides se deu a grande trabalho para mostrar que uma interpretação muito limitada do Postulado 3 implica, no entanto, o livre uso de compassos, como usualmente se faz, para marcar distâncias. Mesmo assim, por padrões modernos de rigor, as hipóteses euclidianas são infortunadamente inadequadas, e em suas demonstrações Euclides frequentemente usa postulados tácitos. Por exemplo, na primeira proposição de *Os elementos* ele assume sem demonstração que os dois círculos vão se cortar em um ponto. Para essa situação e outras semelhantes é necessário acrescentar aos postulados um equivalente a um princípio de continuidade. Além disso, os Postulados 1 e 2, como foram expressos por Euclides, não garantem nem a unicidade da reta passando por dois pontos não coincidentes, nem sequer sua infinitude; eles dizem apenas que há pelo menos uma, e que ela não tem extremos.

A maior parte das proposições do livro I de *Os elementos* é dada em qualquer curso de geometria do ensino médio. Contém os teoremas familiares sobre congruência de triângulos (mas sem um axioma que justifique o método de superposição), sobre construções simples com régua e compasso, sobre desigualdades relativas a ângulos e lados de um triângulo, sobre propriedades de retas paralelas (levando ao fato de ser a soma dos ângulos de um triângulo igual a dois ângulos retos), e sobre paralelogramos (inclusive a construção de um paralelogramo tendo ângulos dados e área igual à de um triângulo dado ou à de uma figura retilínea dada). O livro termina com a demonstração (nas Proposições 47 e 48) do teorema de Pitágoras e sua recíproca. A demonstração do teorema dada por Euclides não é a usualmente dada nos livros de hoje, nos quais são aplicadas proporções simples aos lados de triângulos semelhantes formados baixando a altura sobre a hipotenusa. Para o teorema de Pitágoras, Euclides usou em vez disso a bela demonstração com uma figura às vezes descrita como um moinho de vento, cauda de pavão ou cadeira da noiva (Fig. 5.4). A demonstração é feita mostrando que o quadrado sobre *AC* é igual a duas vezes o triângulo *FAB* ou a duas vezes o triângulo *CAD* ou ao retângulo *AL*, e que o quadrado sobre *BC* é igual a duas vezes o triângulo *ABK* ou a duas vezes o triângulo *BCE* ou ao retângulo *BL*. Logo, a soma dos quadrados é igual à soma dos retângulos, isto é, ao quadrado sobre *AB*. Supõe-se que esta demonstração é original de Euclides,

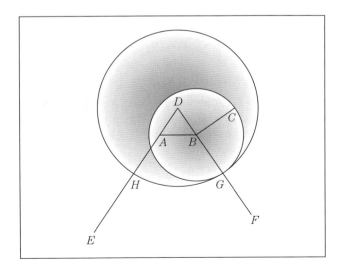

Figura 5.3

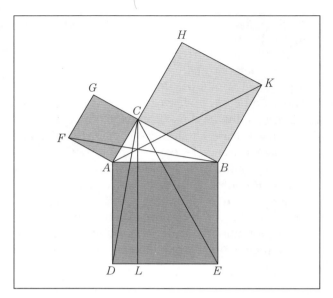

Figura 5.4

e muitas conjeturas têm sido feitas quanto à forma possível de demonstrações anteriores. Desde os tempos de Euclides, muitas outras demonstrações têm sido propostas.

Euclides tem a seu favor o fato de o teorema de Pitágoras ser seguido imediatamente por uma demonstração da recíproca: se em um triângulo o quadrado sobre um lado é igual à soma dos quadrados sobre os outros dois lados, o ângulo entre esses dois outros lados é reto. Não raro em textos modernos, os exercícios que vem a seguir da demonstração do teorema de Pitágoras são tais que exigem, não o próprio teorema, mas a recíproca ainda não demonstrada. Há muitas falhas pequenas em Os elementos, mas o livro tem todas as virtudes lógicas mais importantes.

Álgebra geométrica

O livro II de Os elementos é curto, contendo apenas quatorze proposições, nenhuma das quais desempenha qualquer papel em textos modernos; mas nos dias de Euclides esse livro tinha grande significado. É fácil explicar essa discrepância pronunciada entre as concepções antiga e moderna — hoje temos a álgebra simbólica e a trigonometria, que substituíram os equivalentes geométricos da Grécia. Por exemplo, a Proposição II.1 diz que "se são dadas duas retas, e uma é cortada em um número qualquer de segmentos, o retângulo contido pelas duas é igual aos retângulos contidos pela reta não cortada e cada um dos segmentos". Esse teorema, que diz (Fig. 5.5) que $AD(AP + PR + RB) = AD \cdot AP + AD \cdot PR + AD \cdot RB$, não é nada mais que um enunciado geométrico de uma das leis fundamentais da aritmética, conhecida hoje como propriedade distributiva: $a(b + c + d) = ab + ac + ad$. Em livros posteriores de Os elementos (V e VII) achamos demonstrações das propriedades comutativa e associativa da multiplicação. Nos dias de Euclides, as grandezas eram representadas como segmentos de reta, satisfazendo aos axiomas e teoremas da geometria.

O livro II de Os elementos, que é uma álgebra geométrica, servia aos mesmos fins que nossa álgebra simbólica. Não há dúvida que a álgebra moderna facilita grandemente a manipulação de relações entre grandezas. Mas também é sem dúvida verdade que um geômetra grego conhecendo os quatorze teoremas da "álgebra" de Euclides era muito mais capaz de aplicar esses teoremas a questões práticas de mensuração do que um geômetra experimentado de hoje. A álgebra geométrica antiga não era um instrumento ideal, mas era eficaz e seu apelo visual para um jovem estudante de Alexandria deve ter sido muito mais vívido do que seu equivalente algébrico moderno pode ser. Por exemplo, Os elementos II.5, contém o que consideraríamos um circunlóquio pouco prático para $a^2 - b^2 = (a + b)(a - b)$:

Se uma reta é cortada em segmentos iguais e desiguais, o retângulo contido pelos segmentos desiguais do todo, junto com o quadrado sobre a reta entre os pontos de secção, é igual ao quadrado sobre a metade.

O diagrama que Euclides usa aqui desempenhou um papel-chave na álgebra grega; por isso nós o reproduzimos sem mais explicações. (Em todo este capítulo, as traduções e a maior parte dos diagramas são baseados em Thirteen Books of Euclid's Elements, editado por T. L. Heath.) Se

5 – Euclides de Alexandria

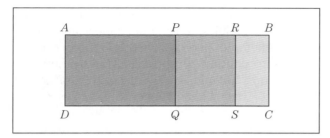

Figura 5.5

no diagrama (Fig. 5.6) fazemos $AC = CB = a$, e $CD = b$, o teorema diz que $(a + b)(a - b) + b^2 = a^2$. A verificação geométrica dessa afirmação não é difícil. Mas o significado do diagrama não está tanto na demonstração do teorema como no uso que os algebristas geométricos fizeram de diagramas semelhantes. Se fosse pedido a um estudioso grego para construir um segmento x tendo a propriedade expressa por $ax - x^2 = b^2$, onde a e b são segmentos tais que $a > 2b$, ele traçaria o segmento $AB = a$ e o dividiria ao meio em C. Então, em C ele levantaria uma perpendicular CP de comprimento igual a b; com P como centro e raio $a/2$ ele traçaria um círculo, que encontra AB em um ponto D. Então, sobre AB ele construiria o retângulo $ABMK$ de largura $BM = BD$ e completaria o quadrado $BDHM$. Este quadrado é a área x^2 que tem a propriedade expressa pela equação quadrática. Os gregos diriam que aplicamos ao segmento $AB(= a)$ um retângulo $AH(= ax - x^2)$, que é igual a um quadrado dado (b^2), e que difere para menos (de AM) por um quadrado DM. A demonstração disso resulta da proposição citada acima (II.5), na qual é claro que o retângulo $ADHK$ é igual ao polígono côncavo $CBFGHL$ — isto é, difere de $(a/2)^2$ pelo quadrado $LHGE$, cujo lado, por construção, é $CD = \sqrt{(a/2)^2 - b^2}$.

A figura usada por Euclides em Os elementos II.11 e novamente em VI.30 (nossa Fig. 5.7), é a base de um diagrama que aparece hoje em muitos livros de geometria para ilustrar a propriedade iterativa da secção áurea. Ao gnômon $BCDFGH$ (Fig. 5.7) acrescentamos o ponto L para completar o retângulo $CDFL$ (Fig. 5.8), e dentro do retângulo menor $LBGH$, que é semelhante ao retângulo maior $LCDF$, construímos, tomando $GO = GL$, o gnômon $LBMNOG$ semelhante ao gnômon $BCDFGH$. Agora, dentro do retângulo $BHOP$, que é semelhante

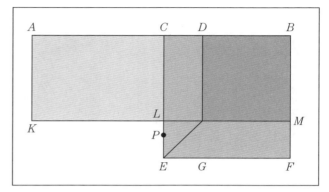

Figura 5.6

aos retângulos maiores $CDFL$ e $LBHG$, construímos o gnômon $PBHQRN$ semelhante aos gnomons $BCDFGH$ e $LBMNOG$. Continuando assim indefinidamente, temos uma sequência sem fim de retângulos encaixantes semelhantes, tendendo a um ponto limite Z. Verifica-se que Z, que como se vê facilmente é a intersecção das retas FB e DL, é também o polo de uma espiral logarítmica tangente aos lados dos retângulos nos pontos C, A, G, P, M, Q,... Outras propriedades notáveis podem ser observadas nesse diagrama fascinante.

As Proposições II.12 e II.13 são interessantes porque são um prenúncio do interesse por trigonometria que logo iria florescer na Grécia. Essas propriedades serão reconhecidas pelo leitor como formulações geométricas — primeiro para o ângulo obtuso, depois para o ângulo agudo — do que depois se chamou a lei dos cossenos para triângulos planos:

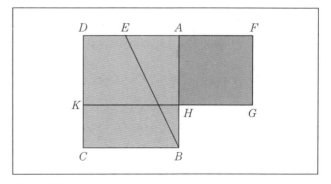

Figura 5.7

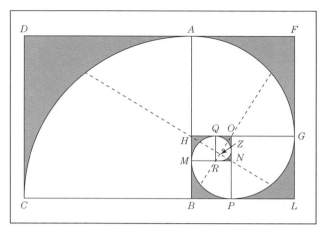

Figura 5.8

Proposição 12

Em triângulos obtusângulos, o quadrado sobre o lado que subentende o ângulo obtuso é maior que os quadrados sobre os lados contendo o ângulo por duas vezes o retângulo contido por um dos lados contendo o ângulo obtuso, aquele sobre o qual cai a perpendicular, e pelo segmento, cortado do lado de fora pela perpendicular, em direção ao ângulo obtuso.

Proposição 13

Em triângulos acutângulos, o quadrado sobre o lado que subentende o ângulo agudo é menor que os quadrados sobre os lados que contêm o ângulo agudo por duas vezes o retângulo contido por um dos lados contendo o ângulo agudo, aquele sobre o qual cai a perpendicular, e o segmento cortado dentro dele pela perpendicular, em direção ao ângulo agudo.

As demonstrações das Proposições 12 e 13 são análogas às usadas hoje em trigonometria, feitas por aplicação dupla do teorema de Pitágoras.

Livros III e IV

Em geral, tem sido suposto que o conteúdo dos dois primeiros livros de Os elementos seja em grande parte devido aos pitagóricos. Os livros III e IV, por outro lado, tratam da geometria do círculo, e aqui presume-se que muito venha de Hipócrates de Chios. O que os dois livros contêm não difere muito dos teoremas sobre círculos encontrados nos textos de hoje. A primeira proposição do livro III, por exemplo, pede a construção do centro de um círculo; a última, Proposição 37, é o enunciado familiar que diz que se de um ponto fora de um círculo se traçam uma tangente e uma secante, o quadrado sobre a tangente é igual ao retângulo sobre a secante toda e o segmento externo. O livro IV contém dezesseis proposições, em geral familiares aos estudantes de hoje, relativas a figuras inscritas em, ou circunscritas a, um círculo. Os teoremas sobre medida de ângulos são deixados para depois que a teoria das proporções esteja estabelecida.

Teoria da proporção

Dos treze livros de Euclides, os mais admirados têm sido o quinto e o décimo — um sobre a teoria geral das proporções, o outro sobre os incomensuráveis. A descoberta dos incomensuráveis tinha ameaçado a matemática de uma crise lógica, lançando dúvidas sobre demonstrações que usassem proporcionalidade, mas a crise foi enfrentada com sucesso, graças aos princípios enunciados por Eudoxo. Mesmo assim, os matemáticos gregos tendiam a evitar as proporções. Vimos que Euclides adiou seu uso o quanto possível, e uma relação entre comprimentos da forma $x : a = b : c$ seria pensada como uma igualdade entre as áreas $cx = ab$. Mais cedo ou mais tarde, porém, as proporções são necessárias, e assim Euclides atacou o problema no livro V de Os elementos. Alguns comentadores chegaram a sugerir que o livro todo, consistindo de vinte e cinco proposições, é obra de Eudoxo, mas isto parece improvável. Algumas definições — como a de razão — são tão vagas que são inúteis. A Definição 4, porém, é essencialmente o axioma de Eudoxo e Arquimedes: "diz-se que grandezas têm uma razão uma para a outra se são capazes, quando multiplicadas, de excederem uma à outra." A Definição 5, de igualdade de razões, é precisamente a que foi dada antes, quando tratamos da definição de proporcionalidade de Eudoxo.

O livro V trata tópicos de importância fundamental em toda a matemática. Começa com proposições que equivalem a coisas como propriedade distributiva à esquerda e à direita da multiplicação em relação à adição, propriedade distributiva à esquerda da multiplicação em relação à subtração, e a propriedade associativa da multiplicação $(ab)c = a(bc)$. A seguir, o livro expõe regras para "maior que" e "menor que" e as propriedades bem conhecidas das proporções. Frequentemente se afirma que a álgebra geométrica grega não poderia ir além do segundo grau em geometria plana, ou do terceiro grau em geometria no espaço, mas não é verdade. A teoria geral das proporções permitiria trabalhar com produtos de qualquer número de dimensões, pois uma equação da forma $x^4 = abcd$ equivale a uma envolvendo produtos de razões de segmentos, como $x/a \cdot x/b = c/x \cdot d/x$.

Tendo desenvolvido a teoria das proporções no livro V, Euclides explorou-a no livro VI demonstrando teoremas relativos a razões e proporções que aparecem em triângulos, paralelogramos e outros polígonos que são semelhantes. Merece destaque a Proposição 31, uma generalização do teorema de Pitágoras: "em triângulos retângulos, a figura sobre o lado que subentende o ângulo reto é igual às figuras semelhantes e semelhantemente descritas sobre os lados que contêm o ângulo reto." Proclo atribui esta extensão ao próprio Euclides. O livro VI contém também (nas Proposições 28 e 29) uma generalização do método de aplicação de áreas, pois a base sólida para as proporções, dada no livro V, permitia ao autor fazer um uso livre do conceito de semelhança. Os retângulos do livro II são agora substituídos por paralelogramos, e pede-se aplicar sobre um segmento dado um paralelogramo igual a uma figura retilínea dada e deficiente (ou excedendo) por um paralelogramo semelhante a um dado paralelogramo. Essas construções, como as de II.5-6, são, na realidade, resoluções das equações quadráticas $bx = ac \pm x^2$, sujeitas à restrição (implicada em IX.27) de ser o discriminante não negativo.

Teoria dos números

Frequentemente se pensa, erradamente, que *Os elementos* de Euclides só tratam de geometria. Já descrevemos dois livros (II e V) que são quase exclusivamente algébricos; três livros (VII, VIII e IX) são dedicados à teoria dos números. A palavra "número" para os gregos sempre se referia ao que chamamos números naturais — os inteiros positivos. O livro VII começa por uma lista de vinte e duas definições distinguindo vários tipos de números — ímpares e pares, primos e compostos, planos e sólidos (isto é, os que são produtos de dois ou três inteiros) e finalmente definindo número perfeito como "aquele que é igual às suas partes". Os teoremas nos livros VII, VIII e IX provavelmente são familiares aos leitores que tenham tido um curso elementar de teoria dos números, mas a linguagem das demonstrações certamente não será familiar. Em todos esses livros, cada número é representado por um segmento, de modo que Euclides se refere a um número AB. (A descoberta dos incomensuráveis tinha mostrado que nem todos os segmentos podem ser associados a inteiros, mas a afirmação recíproca — de que números inteiros podem sempre ser representados por segmentos — evidentemente continua válida.) Por isso Euclides não usa frases como "é um múltiplo de" ou "é um fator de", pois ele as substitui por "é medido por" e "mede", respectivamente. Isto é, um número n é medido por outro número m se existe um terceiro número k tal que $n = km$.

O livro VII começa com duas proposições que constituem a célebre regra na teoria dos números, hoje conhecida como "algoritmo de Euclides" para achar o máximo divisor (medida) comum de dois números. É um esquema que sugere a aplicação inversa repetida do axioma de Eudoxo. Dados dois números diferentes, subtrai-se o menor a do maior b repetidamente até que se obtenha um resto r_1 menor que o menor número; então subtrai-se repetidamente esse resto r_1 de a até resultar um resto $r_2 < r_1$; então subtrai-se repetidamente r_2 de r_1; e assim por diante. Finalmente, o processo leva a um resto r_n que mede r_{n-1}, portanto todos os restos precedentes, bem como a e b; este número r_n será o máximo divisor comum de a e b. Entre as proposições seguintes, achamos equivalentes de teoremas familiares da aritmética. Assim, a Proposição 8 afirma que se $an = bm$ e $cn = dm$, então $(a-b)n = (b-d)m$; a Proposição 24 diz que se a e b são primos com c, então ab é primo com c. Esse livro termina com uma regra (Proposição 39) para achar o mínimo múltiplo comum de vários números.

O livro VIII é dos menos interessantes dos treze livros de *Os elementos*. Começa com proposições sobre números em proporção continuada (progressão geométrica) e depois volta-se para propriedades simples de quadrados e cubos, terminando com a Proposição 27: "números sólidos semelhantes têm entre si a razão que um número cúbico tem para um número cúbico." Esse enunciado diz simplesmente que se temos um "número sólido" $ma \cdot mb \cdot mc$ e um "número sólido semelhante" $na \cdot nb \cdot nc$ então sua razão será $m^3 : n^3$ — isto é, como de um cubo para um cubo.

O livro IX, o último dos três sobre teoria dos números, contém vários teoremas interessantes. Desses, o mais célebre é a Proposição 20: "números primos são mais do que qualquer quantidade fixada de números primos." Isto é, Euclides dá aqui a demonstração elementar bem conhecida do fato que há infinitos números primos. A demonstração é indireta, pois mostra-se que a hipótese de haver só um número finito de primos leva a uma contradição. Seja P o produto de todos os primos, supostos em número finito, e consideremos o número $N = P + 1$. N não pode ser primo, pois isso contradiria a hipótese de P ser o produto de *todos* os primos. Logo, N é composto e deve ser medido por algum número p. Mas p não pode ser nenhum dos fatores primos que entram em P, senão seria um fator de 1. Logo p deve ser um primo diferente de todos os fatores de P; portanto, a hipótese de P ser o produto de *todos* os primos é falsa.

A Proposição 35 desse livro contém uma fórmula para a soma de números em progressão geométrica, expressa em termos elegantes, mas pouco usuais:

Se tantos números quantos quisermos estão em proporção continuada, e se subtrairmos do segundo e último números iguais ao primeiro, então assim como o excesso do segundo está para o primeiro, o excesso do último estará para todos os que o precedem.

É claro que este enunciado é equivalente à fórmula

$$\frac{a_{n+1} - a_1}{a_1 + a_2 + \cdots a_n} = \frac{a_2 - a_1}{a_1},$$

que por sua vez é equivalente a

$$S_n = \frac{a - ar^n}{1 - r}.$$

A proposição seguinte, a última do livro IX, é a fórmula bem conhecida para números perfeitos: "se tantos números quantos quisermos, começando com a unidade, forem colocados continuadamente em dupla proporção até que a soma de todos seja um primo, e se a soma for multiplicada pelo último, o produto será perfeito." Isto é, em notação moderna, se $S_n = 1 + 2 + 2^2 + \cdots + 2^{n-1} = 2^n - 1$ é um primo, então $2^{n-1}(2^n - 1)$ é perfeito. A demonstração é fácil, em termos da definição de número perfeito dada no livro VII. Os gregos antigos conheciam os quatro primeiros números perfeitos: 6, 28, 496 e 8.128. Euclides não respondeu à pergunta recíproca — se essa fórmula fornece ou não *todos* os números perfeitos. Sabe-se agora que todos os números perfeitos *pares* são desse tipo, mas a questão da existência de números perfeitos ímpares é ainda um problema não resolvido.

Das duas dúzias de números perfeitos conhecidos hoje, todos são pares, mas concluir por indução que todos devem ser pares seria arriscado.

Nas Proposições 21 a 36 do livro IX há uma unidade que sugere que em algum período esses teoremas formassem um sistema matemático autocontido, talvez o mais antigo na história da matemática e presumivelmente datando do meio ou começo do quinto século a.C. Foi até sugerido que as Proposições 1 a 36 do livro IX foram tiradas por Euclides, sem mudança essencial, de um texto pitagórico.

Incomensurabilidade

Antes do advento da álgebra moderna, o livro X era o mais admirado — e o mais temido. Trata da classificação sistemática de segmentos incomensuráveis das formas $a \pm \sqrt{b}$, $\sqrt{a} \pm \sqrt{b}$, $\sqrt{a \pm \sqrt{b}}$ e $\sqrt{\sqrt{a} \pm \sqrt{b}}$, onde a e b, quando são da mesma dimensão, são comensuráveis. Hoje, diríamos que esse livro trata de *números irracionais* dos tipos acima, onde a e b são *números racionais*; mas Euclides via esse livro como parte da geometria, não da aritmética. Na verdade, as Proposições 2 e 3 do livro repetem para grandezas geométricas as duas primeiras proposições do livro VII, em que o autor tratava de números inteiros. Aqui, ele demonstra que se a dois segmentos desiguais se aplica o processo descrito acima como algoritmo de Euclides, e se o resto nunca mede o que o precede, as grandezas são incomensuráveis. A Proposição 3 mostra que o algoritmo, quando aplicado a duas grandezas comensuráveis, fornece a maior medida comum dos segmentos.

O livro X contém 115 proposições — mais do que qualquer outro — a maior parte das quais contém equivalentes geométricos do que conhecemos atualmente na aritmética como raízes. Entre os teoremas há alguns equivalentes aos processos para racionalizar denominadores de frações da forma $a/(b \pm \sqrt{c})$ e $a/(\sqrt{b} \pm \sqrt{c})$. Segmentos dados por raízes quadradas, ou por raízes quadradas de somas de raízes quadradas, são quase tão fáceis de construir com régua e compasso quanto combinações racionais. Uma razão para os gregos construírem uma álgebra geométrica em vez de uma álgebra aritmética é que, na falta de um conceito de número real, a primeira parecia mais geral que a última. As raízes de $ax - x^2 = b^2$, por exemplo, sempre podem ser construídas (desde que $a > 2b$). Por que, então, Euclides se daria a um trabalho enorme para demonstrar, nas Proposições 17 e 18 do livro X, as condições sob as quais as raízes dessa equação são comensuráveis com a? Ele mostrou que as raízes são comensuráveis ou incomensuráveis com a, conforme a e $\sqrt{a^2 - 4b^2}$ sejam comensuráveis ou não. Foi sugerido que tais considerações indicam que os gregos usavam suas soluções de equações quadráticas para problemas *numéricos* também, como os babilônios o faziam com seus sistemas de equações $x + y = a$, $xy = b^2$. Em tais casos, seria vantajoso saber se as raízes serão ou não passíveis de serem expressas como quocientes de inteiros. Um estudo minucioso da matemática grega parece indicar que sob o verniz geométrico havia mais preocupação com a logística e as aproximações numéricas do que os tratados clássicos preservados retratam.

Geometria no espaço

O material no livro XI, que contém trinta e nove proposições sobre geometria em três dimensões, será em grande parte familiar a quem tenha tido um curso sobre elementos de geometria no espaço. Novamente é fácil criticar as definições, pois Euclides define como sólido "aquilo que tem comprimento, largura e espessura" e então nos diz que "uma extremidade de um sólido é uma superfície". As quatro últimas definições são de quatro dos sólidos regulares. O tetraedro não está entre eles, presumivelmente por causa de uma definição anterior de pirâmide como "figura sólida, limitada por planos, construída de um plano para qualquer ponto". As dezoito proposições do livro XII são todas referentes à medida de figuras, usando o método de exaustão. O livro começa com uma demonstração cuidadosa do teorema que diz que as áreas de círculos estão entre si como os quadrados dos diâmetros. Aplicações semelhantes do típico método de *reductio ad absurdum* são então feitas a medidas volumétricas de pirâmides, cones, cilindros, e esferas. Arquimedes atribui as demonstrações rigorosas desses teoremas a Eudoxo, de quem Euclides provavelmente adaptou muito desse material.

O último livro é inteiramente dedicado a propriedades dos cinco sólidos regulares. Os teoremas finais são um clímax digno desse notável tratado. Seu objetivo é "compreender" cada um dos sólidos em uma esfera — isto é, achar a razão de uma aresta do sólido para o raio da esfera circunscrita. Tais cálculos são atribuídos por comentadores gregos a Teaetetus, a quem se deve provavelmente muito do livro XIII. Em preliminares a esses cálculos, Euclides se refere ainda uma vez à divisão de um segmento em média e extrema razão, mostrando que "o quadrado sobre o segmento maior somado com metade do todo é cinco vezes o quadrado sobre a metade" — como se verifica facilmente resolvendo $a/x = x/(a - x)$

— e citando outras propriedades das diagonais de um pentágono regular. Então, na Proposição 10, Euclides demonstrou o teorema, bem conhecido, que um triângulo cujos lados são respectivamente lados do pentágono regular, hexágono regular e decágono regular inscritos em um mesmo círculo, é retângulo. As Proposições 13 a 17 exprimem a razão da aresta para o diâmetro, para cada um dos sólidos regulares, sucessivamente: e/d é $\sqrt{2/3}$ para o tetraedro, $\sqrt{1/2}$ para o octaedro, $\sqrt{1/3}$ para o cubo ou hexaedro, $\sqrt{(5 + \sqrt{5})/10}$ para o icosaedro, e $(\sqrt{5}-1)/2\sqrt{3}$ para o dodecaedro. Finalmente, na Proposição 18, a última de *Os elementos*, é facilmente demonstrado que não pode haver outro poliedro regular além desses cinco. Cerca de 1.900 anos depois, o astrônomo Kepler ficou tão assombrado com esse fato que construiu uma cosmologia sobre os cinco sólidos regulares, acreditando que deveriam ser a chave do Criador para a estrutura dos céus.

Apócrifos

Antigamente, não era raro que se atribuísse a um autor célebre obras que não eram dele; assim, algumas versões de *Os elementos* de Euclides contêm um décimo quarto e mesmo um décimo quinto volumes, ambos os quais se mostrou mais tarde serem apócrifos. O assim chamado livro XIV continua a comparação de Euclides dos sólidos regulares inscritos em uma esfera, os resultados principais sendo que a razão das superfícies do dodecaedro e do icosaedro inscritos na mesma esfera é igual à razão de seus volumes, sendo a razão a da aresta do cubo para a aresta do icosaedro — isto é, $\sqrt{10/[3(5 - \sqrt{5})]}$. Esse livro pode ter sido escrito por Hipsicles, com base em um tratado (agora perdido) de Apolônio, comparando o dodecaedro e o icosaedro. Hipsicles é também o autor de uma obra de astronomia, *De ascensionibus*, uma adaptação para a latitude de Alexandria de uma técnica babilônia para o cálculo dos tempos de elevação dos signos do zodíaco; este trabalho também contém a divisão partir da qual pode ter sido adotada a divisão da eclíptica em 360 partes.

Pensa-se que o espúrio livro XV, que é inferior, tenha sido (ao menos em parte) o trabalho de um aluno de Isidoro de Mileto (viveu por volta de 532 d.C.), arquiteto da catedral da Santa Sabedoria (Hágia Sophia) em Constantinopla. Esse livro também trata dos sólidos regulares, mostrando como inscrever alguns deles em outros, contando o número de arestas e ângulos sólidos nos sólidos, e achando as medidas dos ângulos diedros de faces que se encontram em uma aresta. É interessante notar que, apesar dessas enumerações, os antigos não perceberam a chamada fórmula poliedral, conhecida por René Descartes e mais tarde enunciada por Leonhard Euler.

Influência de *Os elementos*

Os elementos de Euclides foi composto em 300 a.C. aproximadamente e foi copiado e recopiado repetidamente depois. Erros e variações inevitavelmente se inseriram, e alguns editores posteriores, notadamente Teon de Alexandria no fim do quarto século, tentaram melhorar o original. Acréscimos posteriores, geralmente aparecendo como escólios, ajuntam informação suplementar, frequentemente de natureza histórica, e na maior parte dos casos é fácil distingui-los do original. A transmissão das traduções do grego para o latim, começando com Boécio, foram traçadas com algum detalhe. Diversas cópias de *Os elementos* chegaram até nós também em traduções árabes, mais tarde vertidas para o latim, principalmente no século doze, e finalmente, no século dezesseis, em vernáculo. O estudo da transmissão destas variações continua a representar um desafio.

A primeira versão impressa de *Os elementos* apareceu em Veneza em 1482, um dos primeiros livros de matemática impressos; calcula-se que desde então pelo menos mil edições foram publicadas. Talvez nenhum livro, além da Bíblia, possa se gabar de tantas edições, e certamente nenhuma obra matemática teve influência comparável à de *Os elementos* de Euclides.

6 ARQUIMEDES DE SIRACUSA

Havia mais imaginação na cabeça de Arquimedes que na de Homero.

Voltaire

O cerco de Siracusa

Durante a Segunda Guerra Púnica, a cidade de Siracusa se viu envolvida na luta pelo poder entre Roma e Cartago, e a cidade foi sitiada pelos romanos durante três anos, a partir de 214 a.C. Lemos que durante o cerco, Arquimedes, o principal matemático da época, inventou engenhosas máquinas de guerra para conservar o inimigo à distância — catapultas para lançar pedras; cordas, polias e ganchos para levantar e espatifar os navios romanos; invenções para queimar os navios. Por fim, no entanto, durante o saque da cidade em 212, Arquimedes foi morto por um soldado romano, apesar das ordens do general romano Marcelo para que a vida do geômetra fosse poupada. Como se diz que Arquimedes tinha então setenta e cinco anos, provavelmente nasceu em 287 a.C. Seu pai era um astrônomo, e Arquimedes também adquiriu uma reputação em astronomia. Diz-se que Marcelo reservou para si, como parte do saque, engenhosos planetários que Arquimedes tinha construído para retratar os movimentos dos corpos celestes. Todas as narrativas da vida de Arquimedes, no entanto, concordam que ele dava menos valor a seus engenhos mecânicos do que à abordagem excepcionalmente inovadora dos produtos abstratos de seus pensamentos. Mesmo quando lidava com alavancas e outras máquinas simples, acredita-se que ele estava mais interessado em princípios gerais que em aplicações práticas. Foram preservados quase uma dúzia de trabalhos que ilustram os problemas que o interessavam.

Sobre os equilíbrios dos planos

Arquimedes não foi, é claro, o primeiro a usar alavancas, nem mesmo o primeiro a formular a lei geral das alavancas. As obras de Aristóteles contêm a afirmação de que dois pesos em uma alavanca se equilibram quando são inversamente proporcionais a suas distâncias ao fulcro; e os peripatéticos associavam essa lei à sua suposição de que o movimento retilíneo vertical é o único movimento natural sobre a Terra. Arquimedes, por outro lado, deduziu a lei de um postulado estático muito mais plausível — que corpos bilateralmente simétricos estão em equilíbrio. Isto é, suponhamos que uma barra sem peso, de quatro unidades de comprimento e apoiando três unidades de peso, uma em cada ponta e uma no meio (Fig. 6.1), está em equilíbrio sobre um fulcro no seu centro. Pelo axioma de simetria de Arquimedes, o sistema está em equilíbrio. Mas o princípio da simetria mostra também, considerando só a metade direita do sistema, que o equilíbrio se preservará se os dois pesos, situados a uma distância de duas unidades, forem reunidos no ponto médio do braço direito. Isto significa que um peso de uma unidade, a duas unidades do fulcro, equilibrará um peso sobre o outro braço, de duas unidades, colocado a uma unidade do fulcro. Por uma generalização desse processo, Arquimedes chegou à lei da alavanca por princípios estáticos apenas, sem recorrer ao argumento cinemático aristotélico. Após examinar a história destes conceitos durante o período medieval, se verá que uma conjunção de argumentos cinemáticos e estáticos produziu progressos tanto na ciência como na matemática.

A obra de Arquimedes sobre a lei da alavanca é parte de seu tratado, em dois volumes, *Sobre o equilíbrio de planos*. Não é o mais antigo livro existente sobre o que se pode chamar de ciência física, pois, cerca de um século antes, Aristóteles tinha publicado uma obra de muita influência, em oito volumes, chamada *Física*. Mas, enquanto a obra de Aristóteles era especulativa e não matemática, o desenvolvimento de Arquimedes se assemelhava à geometria de Euclides. De um conjunto de postulados simples, Arquimedes extraía algumas conclusões bastante profundas, estabelecendo a relação estreita entre a matemática e a mecânica, que viria a ser tão significativa, tanto para a física quanto para a matemática.

Figura 6.1

Sobre corpos flutuantes

Arquimedes pode bem ser chamado de pai da física-matemática, não só por seu *Sobre o equilíbrio de planos* como também por outro tratado, em dois volumes, *Sobre corpos flutuantes*. De novo, começando com um simples postulado sobre a natureza da pressão dos fluidos, ele obtém resultados muito profundos. Entre as primeiras proposições estão duas que exprimem o bem conhecido princípio de Arquimedes:

> Todo sólido mais leve que um fluido, se colocado nele, ficará imerso o suficiente para que o peso do sólido seja igual ao do fluido deslocado (I.5).
>
> Um sólido mais pesado que um fluido, se colocado nele, descerá até o fundo do fluido, e o sólido, se pesado dentro do fluido, pesará menos que seu peso real de um tanto igual ao peso do fluido deslocado (I.7).

A dedução matemática desse princípio de flutuação é certamente a descoberta que levou o distraído Arquimedes a saltar fora do banho e correr para casa nu, exclamando "eureka" ("eu achei"). É também possível, embora menos provável, que o princípio o tenha ajudado a verificar a honestidade de um ourives, suspeito de fraudulentamente substituir parte do ouro por prata em uma coroa (ou, mais provavelmente uma grinalda) feita para o rei Hiero II de Siracusa. Uma tal fraude podia facilmente ser detectada pelo método mais simples de comparar as densidades do ouro, da prata e da coroa, simplesmente medindo deslocamentos de água quando pesos iguais de cada um fossem mergulhados em um **vaso cheio de água**.

O tratado de Arquimedes *Sobre corpos flutuantes* contém muito mais do que as propriedades simples dos fluidos que acabamos de descrever. Virtualmente, todo o livro II, por exemplo, diz respeito à posição de equilíbrio de segmentos de paraboloides quando colocados em fluidos, mostrando que a posição de equilíbrio depende das gravidades específicas relativas do paraboloide sólido e do fluido em que flutua. A Proposição 4 é um exemplo típico:

> Dado um segmento reto de paraboloide de revolução cujo eixo a é maior que 3/4 p (onde p é o parâmetro), cuja gravidade específica é maior que a de um fluido, mas está para esta em uma razão não menor que $[a - (3/4)p]^2 : a^2$, se o segmento de paraboloide for colocado no fluido com seu eixo em qualquer ângulo com a vertical, mas de modo que sua base não toque na superfície do fluido, ele não ficará nessa posição mas voltará à posição em que seu eixo está vertical.

Casos ainda mais complicados, com demonstrações longas, vêm em seguida. Foi provavelmente por seus contatos em Alexandria que Arquimedes ficou interessado no problema técnico de fazer subir a água no Nilo para irrigar as partes aráveis do vale; para isso, ele inventou um engenho, agora chamado parafuso de Arquimedes, feito de tubos em hélice ou tubos presos a um eixo inclinado com uma manivela para fazê-lo girar. Diz-se que ele se gabou de que, se lhe dessem uma alavanca suficientemente longa e um fulcro para apoiá-la, poderia mover a Terra.

O contador de areia

Na Grécia antiga fazia-se uma clara distinção não só entre teoria e aplicação, como também entre computação mecânica de rotina e o estudo teórico das propriedades dos números. À primeira, para a qual os matemáticos gregos, ao que se diz, olhavam com desprezo, era dado o nome de logística, enquanto a aritmética, um respeitável assunto de investigação filosófica, tratava apenas esse último aspecto.

Arquimedes viveu mais ou menos na época em que se efetivou a transição da numeração ática para a jônica, e isso pode explicar o fato de ele ter-se rebaixado a dar uma contribuição à logística. Em uma obra chamada *Psammites* (*Contador de areia*), Arquimedes se gabava de poder escrever um número maior do que o número de grãos de areia necessários para encher o universo. Ao fazer isso, ele se referia a uma das mais audaciosas especulações astronômicas da antiguidade — aquela em que Aristarco de Samos, por meados do terceiro século a.C., propunha pôr a Terra em movimento ao redor de Sol. Aristarco afirmou que a ausência de paralaxe foi o fator que levou os maiores astrônomos da antiguidade (inclusive, provavelmente, Arquimedes) a rejeitar a hipótese heliocêntrica; mas Aristarco afirmou que a ausência de paralaxe pode ser atribuída à enormidade da distância das estrelas fixas à Terra. Agora, para cumprir sua palavra, Arquimedes tinha, por força, que prever todas as possíveis dimensões do universo, e, portanto, mostrou que podia enumerar os grãos de areia necessários para preencher mesmo o imenso mundo de Aristarco.

Para o universo de Aristarco, que está para o universo ordinário como esse está para a Terra, Arquimedes mostrou que são necessários não mais que 10^{63} grãos de areia. Arquimedes não usou essa notação, mas em vez disso descreveu o número como sendo dez milhões de unidades da oitava ordem de números (em que os números de segunda ordem começam com uma miríade de miríades, e os de oitava com a sétima potência de uma miríade de miríades). Para mostrar que podia exprimir um número maior ainda, Arquimedes estendeu sua terminologia para chamar todos os números de ordem menor que uma miríade de miríades os do primeiro período, o segundo período, consequentemente, começando o número $(10^8)^{10^8}$, um número que teria 800.000.000 de algarismos. Isto é, seu sistema iria até um número que se escreveria como 1, seguido de uns oitenta mil milhões de milhões de algarismos. Foi em conexão com esse trabalho sobre números imensos que Arquimedes mencionou, muito incidentalmente, o princípio que mais tarde levou à invenção dos logaritmos — a adição das "ordens" dos números (o equivalente de seus expoentes quando a base é 100.000.000) corresponde a achar o produto dos números.

Medida do círculo

Em seu cálculo aproximado da razão da circunferência para o diâmetro de um círculo, novamente Arquimedes mostrou sua habilidade em computação. Começando com o hexágono regular inscrito, ele calculou os perímetros de polígonos obtidos dobrando sucessivamente o número de lados, até chegar a noventa e seis lados. Seu processo iterativo para esses polígonos relacionava-se com o que às vezes se chama algoritmo de Arquimedes. Escreve-se a sequência $P_n, p_n, P_{2n}, p_{2n}, P_{4n}, p_{4n}, ...$, onde P_n e p_n são os perímetros dos polígonos regulares circunscrito e inscrito de n lados. Começando do terceiro termo, calcula-se cada termo a partir dos dois precedentes, tomando alternadamente suas médias harmônica e geométrica. Isto é, $P_{2n} = 2p_nP_n/(p_n + P_n)$, $p_{2n} = \sqrt{p_nP_n}$, e assim por diante. Caso se prefira, também é possível usar a sequência $a_n, A_n, A_{2n}, ...$, onde a_n e A_n são as áreas dos polígonos regulares inscrito e circunscrito de n lados. O terceiro termo e os seguintes são calculados tomando alternadamente suas médias geométrica e harmônica, de modo que $a_{2n} = \sqrt{a_nA_n}$, $A_{2n} = 2A_na_{2n}/(A_n + a_{2n})$, e assim por diante. Seu método para calcular raízes quadradas, ao achar o perímetro do hexágono circunscrito e para médias geométricas, era semelhante ao dos babilônios. O resultado do cálculo de Arquimedes sobre o círculo foi uma aproximação do valor de π expressa pelas desigualdades $3\ 10/71 < \pi < 3\ 10/70$, uma aproximação melhor que a dos egípcios e a dos babilônios. (Deve-se ter em mente que nem Arquimedes nem qualquer outro matemático grego jamais usou nossa notação π para a razão da circunferência para o diâmetro em um círculo.) Esse resultado foi dado na Proposição 3 do tratado sobre a *Medida do círculo*, uma das obras mais populares de Arquimedes no período medieval.

Sobre espirais

Arquimedes, como seus predecessores, foi atraído pelos três famosos problemas de geometria, e a bem conhecida espiral de Arquimedes forneceu soluções para dois deles (não, é claro, só com régua e compasso). A espiral é definida como o lugar geométrico no plano de um ponto que se move, partindo da extremidade de um raio, ou semirreta, uniformemente ao longo do raio, en-
quanto esse, por sua vez, gira uniformemente em torno de sua extremidade. Em coordenadas polares, a equação da espiral é $r = a\theta$. Dada uma tal espiral, a trissecção de um ângulo é fácil. O ângulo é colocado de modo que seu vértice e primeiro lado coincidam com o ponto inicial O da espiral e a posição inicial OA da semirreta. O segmento OP, onde P é o ponto em que o segundo lado do ângulo corta a espiral, é então dividido em terços pelos pontos R e S (Fig. 6.2), e são traçados círculos com O como centro e raios OR e OS. Se esses círculos cortam a espiral nos pontos U e V, as retas OU e OV trissectam o ângulo AOP.

A matemática grega tem sido descrita como essencialmente estática, com pouca consideração pela ideia de variabilidade; mas Arquimedes, em seu estudo da espiral, parece ter achado a tangente a uma curva por considerações cinemáticas aparentadas ao cálculo diferencial. Pensando em um ponto sobre a espiral $r = a\theta$ como sujeito a um duplo movimento — um movimento radial uniforme, afastando-se da origem das coordenadas e um movimento circular uniforme em torno da origem — ele parece ter achado (através do paralelogramo de velocidades) a direção do movimento (logo, da tangente à curva) observando a resultante dos dois movimentos componentes. Parece ser esse o primeiro caso em que foi achada a tangente a uma curva que não era o círculo.

O estudo que Arquimedes fez da espiral, curva que ele atribuiu a seu amigo Conon de Alexandria, era parte da busca dos gregos por soluções dos três problemas famosos. A curva se presta tão bem

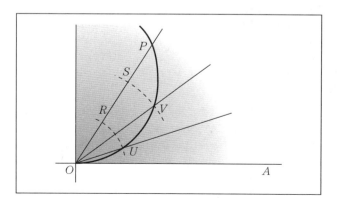

Figura 6.2

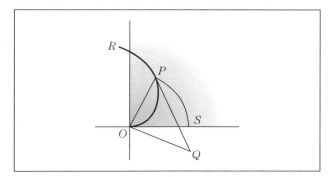

Figura 6.3

a subdivisões de ângulos que pode bem ter sido inventada por Conon para esse fim. Como no caso da quadratriz, porém, ela também serve para quadrar o círculo, como Arquimedes mostrou. Pelo ponto P, trace a tangente à espiral OPR e suponha que essa tangente corte no ponto Q a reta por O que é perpendicular a OP. Então, demonstrou Arquimedes, o segmento de reta OQ (chamado subtangente polar para o ponto P) tem comprimento igual ao do arco circular PS com centro O e raio OP (Fig. 6.3) que é cortado entre a semirreta inicial (eixo polar) e a semirreta OP (raio vetor). Esse teorema, demonstrado por Arquimedes por uma típica dupla *reductio ad absurdum,* pode ser verificado por um estudante de cálculo que se lembre de que tg $\psi = r/r'$, onde $r = f(\theta)$ é a equação polar de uma curva, r' é a derivada de r em relação a θ, e ψ é o ângulo entre o raio vetor em um ponto P e a tangente à curva no ponto P. Uma grande parte da obra de Arquimedes é tal que hoje seria incluída em um curso de cálculo; isto é particularmente verdade da obra *Sobre espirais.* Se o ponto P sobre a espiral for escolhido como intersecção da espiral com a reta de ângulo 90° em coordenadas polares, a subtangente polar OQ será precisamente igual ao quarto da circunferência do círculo de raio OP. Portanto, se constrói a circunferência toda facilmente, como quatro vezes o segmento OQ, e, pelo teorema de Arquimedes, se acha um triângulo de área igual à do círculo. Uma transformação geométrica simples produz um quadrado em lugar do triângulo, e a quadratura do círculo está feita.

Quadratura da parábola

A obra *Sobre espirais* foi muito admirada, mas pouco lida, pois era geralmente considerada a mais difícil obra de Arquimedes. Dos tratados que se ocupavam principalmente do "método de exaustão", o mais popular era *Quadratura da parábola.* As secções cônicas eram conhecidas havia mais de um século quando Arquimedes escreveu esta obra, mas nenhum progresso fora feito no cálculo de suas áreas. Só o maior matemático da antiguidade conseguiu resolver a questão de quadrar uma secção cônica — um segmento de parábola — o que ele realizou na Proposição 17 da obra em que o objetivo era a quadratura. A demonstração pelo método padrão de exaustão de Eudoxo é longa e elaborada, mas Arquimedes demonstrou rigorosamente que a área K de um segmento parabólico APBQC (Fig. 6.4) é quatro terços da área de um triângulo T tendo a mesma base e mesma altura. Nas sete proposições seguintes (e últimas), Arquimedes deu uma segunda demonstração, diferente, do mesmo teorema. Primeiro mostrou que a área do maior triângulo inscrito, ABC, sobre a base AC é quatro vezes a soma dos triângulos inscritos correspondentes sobre cada um dos lados AB e BC como base. Continuando o processo sugerido por essa relação, fica claro que a área K do segmento parabólico ABC é dada pela soma da série infinita $T + T/4 + T/4^2 + \cdots + T/4^n + \cdots$, que vale, é claro, 4/3T. Arquimedes não falou em soma de série infinita, pois processos infinitos eram malvistos em seu tempo; em vez disso ele demonstrou por uma dupla *reductio ad absurdum* que K não pode ser nem maior nem menor que 4/3T. (Arquimedes,

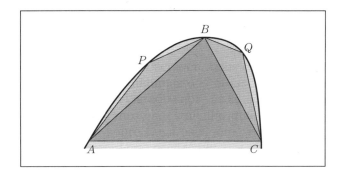

Figura 6.4

como seus predecessores, não usou o nome *parábola*, mas a palavra *orthotome* ou secção de um cone reto.)

No preâmbulo da *Quadratura da parábola* encontramos a suposição ou lema que se chama usualmente hoje de axioma de Arquimedes: "que o excesso pelo qual a maior de duas áreas diferentes excede a menor pode, ao ser somada a si mesma, vir a exceder qualquer área finita dada." Esse axioma elimina o infinitésimo ou indivisível fixo, que tinha sido muito discutido no tempo de Platão. Arquimedes admitiu francamente que

> os geômetras de antes também usaram esse lema, pois é por seu uso que mostraram que círculos estão entre si na razão dupla de seus diâmetros, e que esferas estão entre si na razão tripla de seus diâmetros; e ainda que toda pirâmide é um terço do prisma de mesma base que a pirâmide e mesma altura; também, que todo cone é um terço do cilindro de mesma base que o cone e mesma altura, eles demonstraram assumindo um lema semelhante a esse.

Os "geômetras de antes" mencionados aqui presumivelmente incluem Eudoxo e seus sucessores.

Sobre conoides e esferoides

Arquimedes aparentemente não conseguiu achar a área de um segmento geral de elipse ou hipérbole. Achar hoje a área de um segmento parabólico por integração não envolve nada pior do que polinômios, mas as integrais que surgem na quadratura de um segmento de elipse ou hipérbole (assim como nos comprimentos de arco dessas curvas ou da parábola) exigem funções transcendentes. No entanto, em seu importante tratado *Sobre conoides e esferoides*, Arquimedes achou a área da elipse *inteira*: "as áreas das elipses são como os retângulos sob seus eixos" (Proposição 6). É claro que isso é o mesmo que dizer que a área de $x^2/a^2 + y^2/b^2 = 1$ é πab ou que a área da elipse é igual à área de um círculo cujo raio é a média geométrica dos semieixos da elipse. Além disso,

no mesmo tratado Arquimedes mostrou como achar os volumes dos segmentos cortados de um elipsoide ou paraboloide ou hiperboloide (de duas folhas) de revolução em torno do eixo principal. O processo que usou se parece tanto com o da integração moderna que o descreveremos em um caso. Seja *ABC* um segmento de paraboloide (ou conoide paraboloidal) e seja *CD* seu eixo (Fig. 6.5); em volta do sólido circunscreva o cilindro circular *ABEF*, também tendo *CD* como eixo. Divida o eixo em n partes iguais de comprimento h, e pelos pontos de divisão tome planos paralelos à base. Sobre as secções circulares que são cortadas no paraboloide por esses planos, construa os troncos cilíndricos circunscrito e inscrito, como se vê na figura. É fácil demonstrar então, usando a equação da parábola e a soma de progressão aritmética, as seguintes proporções e desigualdades:

$$\frac{\text{Cilindro ABEF}}{\text{Fig. inscrita}} = \frac{n^2 h}{h + 2h + 3h + \cdots + (n-1)h} > \frac{n^2 h}{\frac{1}{2}n^2 h},$$

$$\frac{\text{Cilindro ABEF}}{\text{Fig. circunscrita}} = \frac{n^2 h}{h + 2h + 3h + \cdots + nh} < \frac{n^2 h}{\frac{1}{2}n^2 h}.$$

Arquimedes tinha mostrado previamente que a diferença de volume entre as figuras circunscrita e inscrita era igual ao volume da fatia de baixo do cilindro circunscrito; aumentando o número n de subdivisões do eixo, e com isso fazendo cada fatia ficar mais fina, a diferença entre as figuras circunscrita e inscrita pode ser forçada a ficar menor que qualquer grandeza prefixada. Daí, as desigualdades levam à conclusão necessária de que o volume do cilindro é duas vezes o volume do segmento

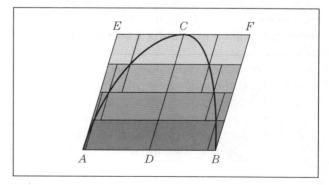

Figura 6.5

conoidal. Essa obra difere do processo moderno do cálculo integral essencialmente pela falta do conceito de limite de função — um conceito que estava tão próximo e, no entanto, nunca foi formulado pelos antigos, nem mesmo por Arquimedes, o homem que chegou mais perto de consegui-lo.

Sobre a esfera e o cilindro

Arquimedes escreveu muitos tratados maravilhosos, dentre os quais seus sucessores se inclinavam a admirar mais *Sobre espirais*. O próprio autor parece ter preferido outro, *Sobre a esfera e o cilindro*. Arquimedes pediu que sobre seu túmulo fosse esculpida uma representação de uma esfera inscrita em um cilindro circular reto cuja altura é igual ao seu diâmetro, pois ele tinha descoberto, e demonstrado, que a razão dos volumes do cilindro e da esfera é igual à razão das áreas, isto é, três para dois. Essa propriedade, que Arquimedes descobriu após sua *Quadratura da parábola*, era, diz ele, desconhecida dos geômetras que o precederam. Tinha-se pensado outrora que os egípcios sabiam achar a área de um hemisfério; mas Arquimedes parece agora o primeiro a saber e a demonstrar que a área da esfera é simplesmente quatro vezes a área de um círculo máximo seu. Além disso, Arquimedes mostrou que "a superfície de qualquer segmento de uma esfera é um círculo cujo raio é igual a uma reta traçado do vértice do segmento à circunferência do círculo que é base do segmento". Isso, é claro, equivale ao enunciado mais familiar que diz que a área da superfície de qualquer segmento esférico é igual à da superfície curva de um cilindro cujo raio é o mesmo que o da esfera e cuja altura é igual à do segmento. Isto é, a área da superfície do segmento não depende da distância ao centro da esfera, mas somente da altura (ou espessura) do segmento. O teorema crucial sobre a superfície da esfera aparece na Proposição 33, após uma longa série de teoremas preliminares incluindo um que é equivalente à integração da função seno:

Se um polígono é inscrito em um segmento de círculo LAL′, de modo que todos os seus lados exceto a base são iguais e seu número par, como LK...A...KL′, sendo A o ponto médio do segmento; e se as retas BB′, CC′,... paralelas à base LL′ e unindo pares de vértices são traçadas, então (BB′ + CC′ + ··· + LM): AM = A′B′: BA, onde M é o ponto médio de LL′ e AA′ é o diâmetro por M (Fig. 6.6).

Isso é o equivalente geométrico da equação trigonométrica

$$\operatorname{sen}\frac{\theta}{n} + \operatorname{sen}\frac{2\theta}{n} + \cdots + \operatorname{sen}\frac{n-1}{n}\theta +$$
$$\cdot \frac{1}{2}\operatorname{sen}\frac{n\theta}{n} = \frac{1-\cos\theta}{2}\operatorname{cotg}\frac{\theta}{2n}.$$

Desse teorema, é fácil obter a expressão $\int_0^\varphi \operatorname{sen} x \, dx = 1 - \cos\phi$ multiplicando ambos os membros da equação acima por θ/n e tomando o limite para n crescendo indefinidamente. O lado esquerdo fica

$$\lim_{n\to\infty} \sum_{i=1}^n \operatorname{sen}(x_i)\Delta x_i,$$

onde $x_i = i\theta/n$ para $i = 1, 2, ..., n$, $\Delta x_i = \theta/n$ para $i = 1, 2, ..., n - 1$, e $\Delta x_n = \theta/2n$. O lado direito fica

$$(1-\cos\theta)\lim_{n\to\infty}\frac{\theta}{2n}\operatorname{cotg}\frac{\theta}{2n} = 1-\cos\theta$$

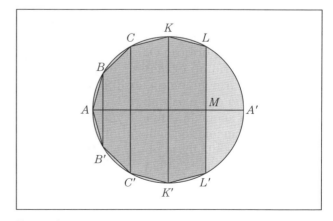

Figura 6.6

O equivalente do caso especial $\int_0^\pi \operatorname{sen} x\,dx = 1 - \cos \pi = 2$ tinha sido dado por Arquimedes na proposição anterior.

Um problema no livro II de *Sobre a esfera e o cilindro* lança uma curiosa luz sobre a álgebra geométrica dos gregos. Na Proposição 2, Arquimedes justifica sua fórmula para o volume de um segmento de uma esfera dada; na Proposição 3, ele mostra que, para cortar uma esfera dada por um plano de modo que as *superfícies* dos segmentos estejam em uma razão dada, simplesmente se traça um plano perpendicular a um diâmetro por um ponto sobre o diâmetro que o divida em dois segmentos tendo a razão dada. Então, mostra na Proposição 4 como cortar a esfera dada de modo que os *volumes* dos dois segmentos estejam em uma razão dada, um problema muito mais difícil. Em notação moderna, Arquimedes foi levado à equação

$$\frac{4a^2}{x^2} = \frac{(3a-x)(m+n)}{ma},$$

onde $m:n$ é a razão dos segmentos. Essa é uma equação cúbica, e Arquimedes atacou sua solução como seus predecessores tinham feito ao resolver o problema de Delos — através de intersecções de cônicas. É interessante que o método de ataque usado pelos gregos para cúbicas era muito diferente do usado para a equação quadrática. Por analogia com a "aplicação de áreas" no último caso, esperaríamos uma "aplicação de volumes", mas esse não foi o caminho seguido. Por substituições, Arquimedes reduziu sua equação cúbica à forma $x^2(c-x) = db^2$ e prometeu dar em separado uma análise completa dessa cúbica quanto ao número de raízes positivas. Essa análise tinha aparentemente estado perdida havia séculos quando Eutocius, um importante comentador do começo do sexto século, achou um fragmento que parece conter a autêntica análise de Arquimedes. A solução foi obtida por meio da intersecção da parábola $cx^2 = b^2y$ e da hipérbole $(c-x)y = cd$. Indo além, ele achou uma condição sobre os coeficientes que determina o número de raízes reais que satisfazem às condições dadas — uma condição equivalente a achar o discriminante, $27b^2d - 4c^3$, da equação cúbica $b^2d = x^2(c-x)$. (Isso pode ser facilmente verificado usando um pouco de cálculo elementar.) Como toda equação cúbica pode ser transformada no tipo arquimediano, temos aqui a essência de uma análise completa da cúbica geral.

Livro de lemas

A maior parte dos tratados de Arquimedes que descrevemos dizem respeito à matemática avançada, mas o grande siracusano não desprezava problemas elementares. Em seu *Livro de lemas*, por exemplo, achamos um estudo do chamado *arbelos* ou "faca do sapateiro". A faca do sapateiro é a região limitada pelos três semicírculos tangentes em pares na Fig. 6.7, a área em questão sendo aquela que está dentro do semicírculo maior e fora dos menores. Arquimedes mostrou na Proposição 4 que se CD é perpendicular a AB, a área do círculo com CD como diâmetro é igual à área do arbelos. Na proposição seguinte, ele mostra que os dois círculos inscritos nas duas regiões em que CD divide a faca do sapateiro são iguais.

É no *Livro de lemas* que achamos também (como Proposição 8) a bem conhecida trissecção do ângulo de Arquimedes. Seja ABC o ângulo a ser trissectado (Fig. 6.8). Então, com B como centro, trace um círculo de qualquer raio, que cortará AB em P, BC em Q e, BC estendido, em R. Então, trace um segmento de reta STP de modo que S esteja em $CQBR$ estendido e T sobre o círculo e tal que $ST = BQ = BP = BT$. Verifica-se então, facilmente, já que os triângulos STB e TBP são isósceles, que o ângulo BST é precisamente um terço do ângulo QBP, o ângulo a ser trissectado. Arquimedes e seus contemporâneos sabiam, é claro, que essa não era uma trissecção canônica no sentido platônico, pois envolve o que chamavam de *neusis*

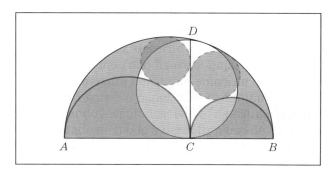

Figura 6.7

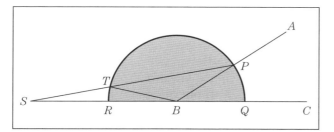

Figura 6.8

— isto é, a inserção de um comprimento dado, no caso $ST = BQ$, entre duas figuras, aqui o segmento QR estendido e o círculo.

O *Livro de lemas* não se preservou no original grego, mas em tradução árabe, que depois foi por sua vez traduzida para o latim. (Por isso, frequentemente é designado por seu título em latim de *Liber assumptorum*.) Na verdade, a obra que chegou em latim até nós não pode ser genuinamente a de Arquimedes, pois seu nome é várias vezes citado no texto. No entanto, mesmo que não seja senão uma miscelânea de teoremas que os árabes atribuíam a Arquimedes, a obra provavelmente é, em substância, autêntica. Há dúvidas também quanto à autenticidade do *problema do gado*, que é um desafio aos matemáticos para resolver um sistema de equações indeterminadas em oito incógnitas. O problema, incidentalmente, fornece um primeiro exemplo do que mais tarde se chamou uma "equação de Pell".

Sólidos semirregulares e trigonometria

Que um bom número de obras de Arquimedes se perdeu é claro por muitas referências. Sabemos (por Pappus) que Arquimedes descobriu todos os treze possíveis sólidos ditos semirregulares, ou um poliedro convexo cujas faces são polígonos regulares, mas não todos do mesmo tipo. Sabemos pelos árabes que a familiar fórmula para a área de um triângulo, em termos de seus lados, conhecida usualmente como fórmula de Heron — $K = \sqrt{s(s-a)(s-b)(s-c)}$, onde s é o semiperímetro — era conhecida por Arquimedes vários séculos antes de Heron ter nascido. Os estudiosos árabes também atribuem a Arquimedes o "teore-

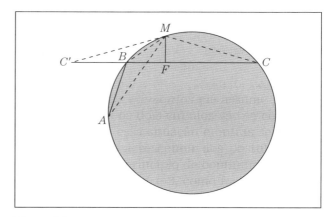

Figura 6.9

ma sobre a corda quebrada" — se AB e BC formam uma corda quebrada em um círculo (com $AB \neq BC$) e se M é o ponto médio do arco ABC e F o pé da perpendicular de M à corda maior, F será o ponto médio da corda quebrada ABC (Fig. 6.9). Al-Biruni deu várias demonstrações desse teorema, uma das quais é obtida traçando as linhas pontilhadas da figura, tomando $FC' = FC$, e demonstrando que $\triangle MBC' \cong \triangle MBA$. Logo $BC' = BA$ e resulta que $C'F = AB + BF = FC$. Não sabemos se Arquimedes viu algum significado trigonométrico no teorema, mas sugeriu-se que ele lhe servia como uma fórmula análoga à nossa $\operatorname{sen}(x-y) = \operatorname{sen} x \cos y - \cos x \operatorname{sen} y$. Para mostrar a equivalência pomos $\widehat{MC} = 2x$ e $\widehat{BM} = 2y$. Então, $\widehat{AB} = 2x - 2y$. Agora, as cordas que correspondem a esses arcos são respectivamente $MC = 2 \operatorname{sen} x$, $BM = 2 \operatorname{sen} y$ e $AB = 2 \operatorname{sen}(x-y)$. Além disso, as projeções de MC e MB sobre BC são $FC = 2 \operatorname{sen} x \cos y$ e $FB = 2 \operatorname{sen} y \cos x$. Se, finalmente, escrevemos o teorema da corda quebrada na forma $AB = FC - FB$ e nela substituirmos os equivalentes trigonométricos dessas três cordas, resulta a fórmula para $\operatorname{sen}(x-y)$. Outras identidades trigonométricas podem ser obtidas, é claro, do mesmo teorema da corda quebrada, o que indica que Arquimedes pode tê-lo achado uma ferramenta útil em seus cálculos astronômicos.

O método

Ao contrário de *Os elementos* de Euclides, que foram conservados em muitos manuscritos gregos e árabes, os tratados de Arquimedes chegaram a nós por um fio frágil. Quase todas as cópias derivam de um mesmo original grego que existia no começo do século dezesseis e que era ele próprio copiado de um original do século nove ou dez. *Os elementos* de Euclides eram familiares aos matemáticos, quase sem interrupção desde sua composição; mas os tratados de Arquimedes tiveram uma carreira mais diversificada. Houve épocas em que poucas ou nenhuma das obras de Arquimedes eram conhecidas. Nos dias de Eutocius, um estudioso de primeira linha e hábil comentador do século seis, somente três obras de Arquimedes eram bastante conhecidas — *Sobre o equilíbrio de planos,* a incompleta *Medida de um círculo,* e o admirável *Sobre a esfera e o cilindro.* Em tais circunstâncias, é de admirar que tão grande parte do que Arquimedes escreveu tenha sobrevivido até hoje. Entre os aspectos assombrosos da proveniência das obras de Arquimedes está a descoberta no século vinte de um de seus mais importantes trabalhos — um que Arquimedes chamou simplesmente *O método* e que esteve perdido desde os primeiros séculos de nossa era até sua redescoberta em 1906.

O método de Arquimedes é de particular importância porque nos revela uma faceta do pensamento de Arquimedes não encontrada em outras obras. Seus outros tratados são joias de precisão lógica, com poucos traços da análise preliminar que possa ter levado à formulação definitiva. Suas demonstrações pareceram tão completamente sem motivação a alguns escritores do século dezessete que eles suspeitaram que Arquimedes tivesse ocultado seu método de descoberta a fim de que sua obra fosse ainda mais admirada. O quanto essa avaliação pouco generosa do grande siracusano era injustificada se tornou claro em 1906 com a descoberta do manuscrito contendo *O método.* Aqui, Arquimedes publicou uma descrição das investigações "mecânicas" preliminares que levaram a muitas de suas principais descobertas matemáticas. Ele julgava que seu "método" nesses casos não tinha rigor, pois considerava uma área, por exemplo, como soma de segmentos de reta.

O método, na forma em que o temos, contém a maior parte do texto de umas quinze proposições, enviadas em forma de carta a Eratóstenes, matemático e chefe da universidade de Alexandria. O autor começa dizendo que é mais fácil fornecer uma demonstração de um teorema se sabemos antes o que está envolvido; como exemplo, cita as demonstrações de Eudoxo sobre o cone e a pirâmide, que tinham sido facilitadas por asserções prévias, sem demonstração, feitas por Demócrito. Depois, Arquimedes anuncia que ele próprio tinha um método "mecânico" que abria caminho para algumas de suas demonstrações. O primeiro teorema que ele descobriu desse modo foi o teorema sobre a área de um segmento parabólico; na Proposição 1 de *O método*, o autor descreve como ele chegou a esse teorema, equilibrando retas como se faz com pesos em mecânica. Pensou nas áreas do segmento parabólico *ABC* e do triângulo *AFC* (onde *FC* é tangente à parábola em *C*) como sendo a totalidade de uma coleção de segmentos de reta paralelos ao diâmetro *QB* da parábola, tais como *OP* (Fig. 6.10) para a parábola e *OM* para o triângulo. Se, agora, colocarmos em *H* (onde *HK = KC*) um segmento igual a *OP*, isso equilibraria *OM* onde está, sendo *K* o fulcro. (Isso pode ser mostrado usando a lei da alavanca e a propriedade da parábola.) Logo, a área da parábola, se colocada com o centro de gravidade em H, equilibrará exatamente o triângulo, cujo centro de gravidade está sobre *KC*, a um terço da distância de *K* a *C*. Disso resulta facilmente que a área do segmento parabólico é um terço da área do triângulo *AFC,* ou quatro terços da área do triângulo inscrito *ABC.*

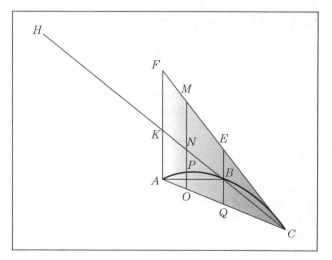

Figura 6.10

6 – Arquimedes de Siracusa

O teorema favorito de Arquimedes, representado em seu túmulo, também foi sugerido pelo seu método mecânico. É descrito na Proposição 2 de *O método*.

> Qualquer segmento de esfera tem para o cone de mesma base e altura a razão que a soma do raio da esfera e da altura do segmento complementar tem com a altura do segmento complementar.

O teorema resulta diretamente de uma bela propriedade de equilíbrio que Arquimedes descobriu (e que pode ser facilmente verificada em termos de fórmulas modernas). Seja *AQDCP* uma secção transversal de uma esfera com centro *O* e diâmetro *AC* (Fig. 6.11) e seja *AUV* uma secção plana de um cone circular reto com eixo *AC* e *UV* como diâmetro da base. Seja *IJUV* um cilindro circular reto com eixo *AC* e com *UV* = *IJ* como diâmetro e seja *AH* = *AC*. Se traçarmos um plano por um ponto *S* qualquer do eixo *AC* e perpendicular a AC, o plano cortará a esfera, o cone, e o cilindro em círculos de raios $r_1 = SP$, $r_2 = SR$ e $r_3 = SN$, respectivamente. Se chamarmos as áreas desses círculos A_1, A_2, e A_3, então, Arquimedes descobriu, A_1 e A_2, quando colocados com seus centros em *H*, equilibrarão exatamente A_3, onde está, com *A* como fulcro. Logo, se chamarmos os volumes da esfera, do cone e do cilindro de V_1, V_2 e V_3 vem que $V_1 + V_2 = 1/2\ V_3$; e como $V_2 = 1/3\ V_3$, a esfera deve ser $1/6\ V_3$. Como o volume V_3 do cilindro é conhecido (através de Demócrito e Eudoxo), o volume da esfera fica também conhecido — em notação atual, $V = 4/3\pi r^3$. Aplicando a mesma técnica de equilíbrio ao segmento esférico com diâmetro da base *BD*, ao cone de diâmetro da base *EF* e ao cilindro com diâmetro da base *KL*, o volume do segmento esférico é achado do mesmo modo que o da esfera toda.

O método do equilíbrio de secções circulares em torno de um vértice como fulcro foi aplicado por Arquimedes para descobrir os volumes dos segmentos de três sólidos de revolução — o elipsoide, o paraboloide e o hiperboloide, bem como os centros de gravidade do paraboloide (conoide), de qualquer hemisfério e de um semicírculo. O *método* conclui com a determinação dos volumes de dois sólidos que são os favoritos dos livros atuais de cálculo — uma cunha cortada de um cilindro circular reto por dois planos (como na Fig. 6.12) e o volume comum a dois cilindros circulares retos iguais que se cortam em ângulo reto.

A obra contendo esses maravilhosos resultados de mais de 2.000 anos foi recuperada quase acidentalmente em 1906. O infatigável erudito dinamarquês J. L. Heiberg tinha lido que em Constantinopla havia um palimpsesto de conteúdo matemático. (Um palimpsesto é um pergaminho em que a escrita original foi imperfeitamente apagada

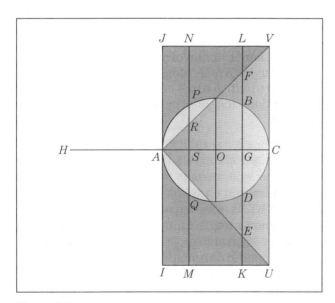

Figura 6.11

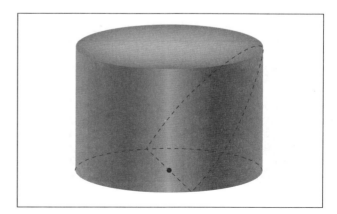

Figura 6.12

e substituída por um novo texto diferente.) Uma inspeção cuidadosa mostrou-lhe que o texto original tinha contido algo de Arquimedes, e por meio de fotografias ele conseguiu ler a maior parte do texto de Arquimedes. O manuscrito consistia de 185 folhas, quase todas de pergaminho, mas algumas de papel, com o texto de Arquimedes copiado por mão do século dez. Uma tentativa — felizmente não muito bem-sucedida — tinha sido feita para apagar esse texto a fim de usar o pergaminho para um Euchologion (uma coleção de orações e liturgias usadas na Igreja Ortodoxa Oriental) escrito por volta do século treze. O texto matemático continha *Sobre a esfera e o cilindro*, a maior parte da obra *Sobre espirais*, parte de *Medida de um círculo* e de *Sobre o equilíbrio de planos*, e *Sobre corpos flutuantes*, obras todas preservadas em outros manuscritos; mais importante que tudo isto é que o palimpsesto nos dá a única cópia existente de *O método*.

O palimpsesto, perdido após a Primeira Grande Guerra, veio novamente à atenção pública na década de 1990 quando foi colocado à venda em leilão. Em 1999, o comprador anônimo o depositou na Walters Art Gallery em Baltimore, Maryland e continuou financiando estudos intensos do palimpsesto por um grupo de especialistas trazidos das áreas conservação, de estudos clássicos e medievais e técnicas de imagens. Eles foram capazes de capturar a maior parte dos textos parcialmente destruídos de Arquimedes, uma tarefa tornada difícil não só pela reutilização do palimpsesto no século treze, mas também por uma falsificação adicional no século vinte que superpôs imagens religiosas ao texto. A tecnologia do século vinte usada para ajudar na revelação do texto original incluiu aparelhos de imagem espectral do Instituto Tecnológico de Rochester e da Universidade John Hopkins, entre outros e mesmo um cíclotron do Stanford Linear Accelerator Center.

Em um certo sentido, o palimpsesto simboliza a contribuição da Idade Média, bem como da Idade Moderna da Tecnologia. A intensa preocupação com assuntos religiosos quase apagou de vez uma das mais importantes obras do maior matemático da antiguidade; mas afinal foi a atividade cultural medieval que inadvertidamente preservou isso e muito mais, que de outra forma se perderia. De modo semelhante, a tecnologia moderna, apesar de seu potencial para a destruição material, nos permitiu um olhar detalhado naquilo que foi preservado.

APOLÔNIO DE PERGA

Aquele que compreende Arquimedes e Apolônio admirará menos os feitos dos mais notáveis homens de épocas posteriores

Leibniz

Trabalhos e tradição

Durante o período helenístico, a cidade de Alexandria permaneceu o foco matemático do Ocidente. Apolônio nasceu em Perga, na Panfília (sul da Ásia Menor); mas pode ter sido educado em Alexandria, e parece ter passado algum tempo ensinando lá. Durante certo tempo, esteve em Pérgamo, onde havia uma biblioteca só inferior à de Alexandria. Pouco se sabe sobre sua vida e não sabemos as datas precisas de seu nascimento e morte: foram sugeridos os anos de 262 a 190 a.C.

Seu trabalho mais famoso e influente e um dos dois que se preservaram é o tratado sobre *Cônicas*. O outro, *Dividir em uma razão,* era conhecido apenas pelos árabes até 1706, quando Edmund Halley publicou uma tradução para o latim. Ele tratava de vários casos de um problema geral — dadas duas retas e um ponto em cada uma, traçar por um terceiro ponto dado uma reta que corte sobre as retas dadas segmentos (medidos a partir dos pontos fixados sobre elas) que estejam em uma razão dada. Esse problema equivale a resolver uma equação quadrática do tipo $ax - x^2 = bc$, isto é, aplicar a um segmento um retângulo igual a um retângulo e faltando um quadrado.

O que sabemos de seus outros trabalhos, perdidos, é baseado em grande parte nos resumos do comentador do quarto século, Pappus. Apolônio tratou diversos temas discutidos no capítulo anterior. Por exemplo, ele desenvolveu um esquema para expressar números grandes. O esquema numérico de Apolônio foi provavelmente aquele do qual parte é descrita na última parte preservada do livro II da Coleção Matemática, de Papus.

Em uma obra perdida chamada *Resultado rápido*, Apolônio parece ter ensinado processos rápidos de calcular. Nela, diz-se que o autor obteve uma aproximação de π melhor do que a dada por Arquimedes — provavelmente o valor que conhecemos como 3,1416. Temos os títulos de muitas obras perdidas. Em alguns casos, sabemos qual o assunto do tratado, pois Papus deu uma breve descrição deles. Seis das obras de Apolônio estavam incluídas, junto com dois dos tratados mais avançados (hoje perdidos) de Euclides, em uma coleção chamada "Tesouro da análise". Papus a descreveu como uma coleção especial destinada aos que, depois de adquirir os elementos usuais, queriam adquirir a capacidade de resolver problemas envolvendo curvas.

Obras perdidas

Quando, no século dezessete, o esporte de reconstruir livros de geometria perdidos estava no auge, os tratados de Apolônio estavam entre os favoritos. Das restaurações do que é denominado *Lugares geométricos planos,* por exemplo, inferimos que dois dos lugares geométricos considerados eram os seguintes: (1) o lugar geométrico dos pontos cuja diferença de quadrados das distâncias a dois pontos fixos é constante é uma reta perpendicular à reta que une os dois pontos; (2) o lugar geométrico dos pontos cuja razão das distâncias a dois pontos fixos é constante (e diferente de um) é um círculo. Esse último lugar geométrico é, na realidade, chamado agora "círculo de Apolônio", mas é má denominação, pois era conhecido por Aristóteles, que o utilizou para justificar matematicamente a forma semicircular do arco-íris.

Em *Cortar uma área,* o problema é semelhante ao que era considerado em *Dividir em uma razão,* só que se exige que os segmentos cortados contenham um retângulo dado, em vez de estar em uma razão dada. Esse problema leva a uma equação quadrática da forma $ax + x^2 = bc$, de modo que é preciso aplicar a um segmento um retângulo igual a um retângulo e com excesso de um quadrado.

O tratado de Apolônio *Sobre secção determinada* estuda o que se poderia chamar de geometria analítica em uma dimensão. Considerava o seguinte problema geral, usando a típica análise algébrica grega em forma geométrica: dados quatro pontos *A, B, C, D* sobre uma reta, determinar um quinto ponto *P* sobre ela, tal que o retângulo sobre *AP* e *CP* esteja em uma razão dada com o retângulo sobre *BP* e *DP.* Aqui, também, o problema se reduz facilmente à solução de uma equação quadrática; e, como em outros casos, Apolônio tratou a questão exaustivamente, inclusive os limites de possibilidade e o número de soluções.

O tratado *Tangências* é de tipo diferente dos três citados acima, pois da forma pela qual Papus o descreve, vemos o problema conhecido hoje como "Problema de Apolônio": dadas três coisas, cada uma das quais pode ser um ponto, uma reta ou um círculo, trace um círculo que seja tangente a cada uma das três coisas (onde tangência a um ponto deve ser entendida como significando que o círculo passa pelo ponto). Esse problema envolve dez casos, desde os dois mais fáceis (em que as três coisas são três pontos ou três retas) até o mais difícil de todos (traçar um círculo tangente a três círculos). Não temos as soluções de Apolônio, mas elas podem ser reconstruídas com base em informação dada por Papus. No entanto, estudiosos dos séculos dezesseis e dezessete em geral pensavam que Apolônio não tinha resolvido o último caso, por isso o consideravam como um desafio às suas capacidades. Newton, em sua *Arithmetica universalis,* foi um dos que deram uma solução, usando apenas a régua e compasso.

O tratado de Apolônio sobre *Inclinações* considerava a classe dos problemas de *neusis* que podem ser resolvidos por métodos "planos", isto é, só usando régua e compasso. (A trissecção de Arquimedes, é claro, não é um destes problemas, pois em tempos modernos demonstrou-se que o ângulo geral não pode ser trissectado por métodos "planos".) De acordo com Papus, um dos problemas tratados em *Inclinações* é o da inserção, dentro de um círculo dado, de uma corda de comprimento dado tendendo a um ponto dado.

Fizeram-se na antiguidade alusões ainda a outras obras de Apolônio, inclusive uma sobre *Comparação entre dodecaedro e icosaedro.* Nela, o autor dava uma demonstração do teorema (conhecido talvez por Aristeu) que diz estarem as faces pentagonais planas de um dodecaedro à mesma distância do centro da esfera circunscrita que as faces triangulares de um icosaedro inscrito na mesma esfera. O teorema principal no espúrio livro XIV de *Os elementos* decorre imediatamente da proposição de Apolônio.

Ciclos e epiciclos

Apolônio foi também um astrônomo célebre. Enquanto Eudoxo tinha usado esferas concêntricas para representar o movimento dos planetas, de acordo com Ptolomeu, Apolônio propôs, em vez disto, dois sistemas alternativos, um feito de movimentos epicíclicos, outro envolvendo movimentos excêntricos. No primeiro modelo, assumia-se que um planeta P se move uniformemente ao longo de um pequeno círculo (epiciclo), cujo centro C, por sua vez, se move uniformemente ao longo de um círculo maior (deferente) com centro na terra E (Fig. 7.1).

No esquema excêntrico, o planeta P se move uniformemente ao longo de um círculo grande, cujo centro C', por sua vez, se move uniformemente em um círculo pequeno de centro E. Se $PC = C'E$, os dois esquemas geométricos serão equivalentes, como Apolônio evidentemente sabia. Embora a teoria de esferas homocêntricas tivesse se tornado, por obra de Aristóteles, o esquema astronômico favorito dos que se satisfaziam com uma representação grosseira dos movimentos aproximados, a teoria dos ciclos e epiciclos, ou dos excêntricos, por meio do trabalho de Ptolomeu, veio a ser adotada pelos astrônomos matemáticos que desejavam maior refinamento de detalhe e precisão nas previsões. Durante cerca de 1.800 anos, os dois modelos — um de Eudoxo e o outro de Apolônio — foram rivais cordiais disputando a preferência dos estudiosos.

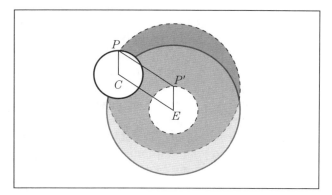

Figura 7.1

As Cônicas

Da obra prima de Apolônio, as *Cônicas*, apenas a metade — os quatro primeiros dos oito livros originais — existe ainda em grego. Felizmente, no século nove, Thabit ibn Qurra tinha traduzido os três volumes seguintes para o árabe, e essa versão se preservou. Em 1710, Edmund Halley forneceu uma tradução para o latim dos sete livros, e desde então apareceram edições em muitas línguas.

As secções cônicas eram conhecidas havia cerca de um século e meio quando Apolônio escreveu seu célebre tratado sobre essas curvas. Pelo menos duas vezes nesse intervalo, tinham sido escritas exposições gerais — por Aristeu e por Euclides — mas do mesmo modo como *Os elementos* de Euclides substituíram textos elementares anteriores, assim também, em nível mais avançado, o tratado sobre *Cônicas* de Apolônio derrotou todos os rivais no campo das secções cônicas, inclusive *As cônicas* de Euclides.

Antes do tempo de Apolônio, a elipse, a parábola e a hipérbole eram obtidas como secções de três tipos bem diferentes de cone circular reto, conforme o ângulo no vértice fosse agudo, reto ou obtuso. Apolônio, aparentemente pela primeira vez, mostrou sistematicamente que não é necessário tomar secções perpendiculares a um elemento do cone e que de um único cone podem ser obtidas todas as três espécies de secções cônicas, simplesmente variando a inclinação do plano de secção. Esse foi um passo importante para ligar os três tipos de curvas. Uma segunda generalização importante ocorreu quando Apolônio demonstrou que o cone não precisa ser reto — isto é, um cone cujo eixo é perpendicular à base circular — mas pode também ser um cone circular oblíquo ou escaleno. Se Eutócio, ao comentar as Cônicas, estava bem informado, podemos inferir que Apolônio foi o primeiro geômetra a mostrar que as propriedades das curvas não são diferentes conforme sejam cortadas de cones oblíquos ou retos. Finalmente, Apolônio trouxe as curvas antigas mais para perto do ponto de vista moderno substituindo o cone de uma só folha (como um cone de sorvete) por um duplo (semelhante a dois cones de sorvete colocados em sentidos opostos e indefinidamente estendidos, de modo que seus vértices coincidam e os eixos estejam sobre uma mesma reta). Apolônio, na verdade, deu a mesma definição de cone circular usada hoje:

> Se fizermos uma reta, de comprimento indefinido e passando sempre por um ponto fixo, mover-se ao longo da circunferência de um círculo, que não está em um mesmo plano com o ponto, de modo a passar sucessivamente por cada um dos pontos dessa circunferência, a reta móvel descreverá a superfície de um cone duplo.

Essa mudança fez da hipérbole a curva de dois ramos que nos é familiar hoje. Os geômetras frequentemente falavam das "duas hipérboles" em vez dos "dois ramos" de uma única hipérbole, mas de qualquer forma a duplicidade da curva era percebida.

Na história da matemática, os conceitos são mais importantes que a terminologia, mas a mudança de nome das secções cônicas devida a Apolônio teve significado mais profundo do que o usual. Durante cerca de século e meio, as curvas não tinham tido designações além de descrições banais do modo pelo qual tinham sido descobertas — secções de cone acutângulo (*oxytome*), secções de cone retângulo (*orthotome*) e secções de cone obtusângulo (*amblytome*). Arquimedes tinha continuado a usar esses nomes (embora se diga que também usou o nome parábola como sinônimo para secção de cone retângulo). Foi Apolônio (talvez seguindo uma sugestão de Arquimedes) quem introduziu os nomes elipse e hipérbole para essas curvas. As palavras "elipse", "parábola" e "hipérbole" não foram inventadas nesta ocasião; foram adaptadas de uso anterior, talvez pelos pitagóricos, na solução de equações quadráticas por aplicação de áreas. *Ellipsis* (significando falta) tinha sido a palavra usada quando um retângulo de área dada era aplicado a um segmento e lhe faltava um quadrado (ou outra figura especificada), e *hyperbola* (um lançamento além) tinha sido a palavra usada quando a área excedia o segmento. A palavra *parábola* (uma colocação ao lado ou comparação) não indicava nem excesso nem deficiência. Apolônio aplicou estas palavras em um contexto novo, como nomes para as seções cônicas. A equação familiar moderna para a parábola com vértice na origem é $y^2 = lx$ (onde l é o *latus rectum* ou parâmetro, agora frequentemente representado por $2p$, ou ocasionalmente por $4p$). Isso é, a parábola tem a propriedade que não importando qual ponto sobre a curva se escolha, o quadrado sobre a ordenada é precisamente igual ao retângulo sobre a abscissa x e o parâmetro l. As equações da elipse e hipérbole, também com um vértice como origem, são $(x \mp a)^2/a^2 \pm y^2/b^2 = 1$ ou $y^2 = lx \mp b^2 x^2/a^2$ (onde l é novamente o *latus rectum* ou parâmetro, $2b^2/a$). Isto é, para a elipse $y^2 < lx$ e para a hipérbole $y^2 > lx$, e são as propriedade das curvas que são representadas por essas desigualdades que sugeriram os nomes dados por Apolônio há mais de dois milênios e que ainda lhes estão firmemente associados. O comentador Eutocius foi responsável por uma impressão errônea, ainda bastante difundida, de que as palavras elipse, parábola e hipérbole foram adotadas por Apolônio para indicar que o plano de secção não atingia, passava ao lado ou cortava a segunda folha do cone. Não é isso absolutamente o que Apolônio diz nas *Cônicas*.

Ao mostrar como obter todas as secções cônicas de um mesmo cone oblíquo de duas folhas e ao lhes dar nomes eminentemente apropriados, Apolônio deu importante contribuição à geometria, mas não foi tão longe quanto poderia ter ido em generalidade. Poderia igualmente bem ter partido de um cone elíptico — ou de qualquer cone quádrico — e ter ainda obtido as mesmas curvas. Isto é, qualquer secção plana do cone "circular" de Apolônio poderia servir como a curva geradora ou de "base" em sua definição, e a restrição "cone circular" é desnecessária. Na verdade, como o próprio Apolônio mostrou (livro I, Proposição 5), todo cone circular oblíquo tem não só uma infinidade de secções circulares paralelas à base, mas também um outro conjunto infinito de secções circulares dadas pelo que ele chamou de secções subcontrárias. Seja BFC a base do cone circular oblíquo e seja ABC uma secção triangular do cone (Fig. 7.2). Seja P qualquer ponto de uma secção circular DPE paralela à BFC e seja HPK uma secção por um plano tal que os triângulos AHK e ABC sejam semelhantes,

7 – Apolônio de Perga

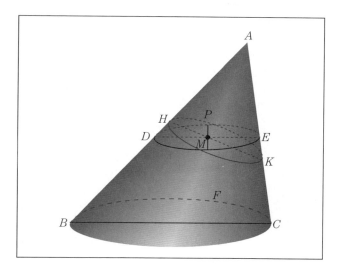

Figura 7.2

mas de orientações contrárias. Apolônio então chamou a secção HPK de secção subcontrária e mostrou que é um círculo. É fácil obter a demonstração usando a semelhança dos triângulos HMD e EMK, da qual resulta que $HM \cdot MK = DM \cdot ME = PM^2$, a propriedade característica de um círculo. (Em linguagem de geometria analítica, se pusermos $HM = x$, $HK = a$ e $PM = y$, então $y^2 = x(a - x)$ ou $x^2 + y^2 = ax$, que é a equação de um círculo.)

Propriedades fundamentais

Os geômetras gregos dividiam as curvas em três categorias. A primeira, conhecida como "lugares geométricos planos" consistia das retas e círculos; a segunda, conhecida como "lugares geométricos sólidos" era formada pelas secções cônicas; a terceira, conhecida como "lugares geométricos lineares" reunia todas as curvas restantes. O nome dado à segunda categoria sem dúvida era sugerido pelo fato de as cônicas não serem definidas como lugares geométricos em um plano que satisfazem a uma certa condição, como se faz hoje; eram descritas estereometricamente como secções de uma figura a três dimensões. Apolônio, como seus predecessores, obtinha as cônicas a partir de um cone no espaço tridimensional, mas dispensou o cone logo que possível. A partir do cone, ele deduziu uma propriedade plana fundamental ou *symptome* para a secção, e daí por diante continuou com um estudo puramente planimétrico baseado nessa propriedade. Esse passo, que ilustramos para a elipse (livro I, Proposição 13), provavelmente era quase o mesmo usado por seus predecessores, inclusive Menaecmus. Seja ABC uma secção triangular de um cone circular oblíquo (Fig. 7.3) e seja P qualquer ponto sobre uma secção HPK cortando todos os elementos do cone. Prolongue HK até encontrar BC em G e por P passe um plano horizontal que corta o cone no círculo DPE e o plano HPK na reta PM. Trace DME, um diâmetro do círculo perpendicular a PM. Então, da semelhança dos triângulos HDM e NBG temos $DM/HM = BG/HC$ e, da semelhança dos triângulos MEK e KCG, temos $ME/MK = CG/KG$. Agora, da propriedade do círculo, temos $PM^2 = DM \cdot ME$; logo $PM^2 = (HM \cdot BG/HG)(MK \cdot CG)/KG$. Se $PM = y$, $HM = x$ e $HK = 2a$, a propriedade na sentença precedente é equivalente à equação $y^2 = kx(2a - x)$, que reconhecemos como a equação de uma elipse com H como vértice e HK como eixo maior. De modo semelhante, Apolônio obteve para a hipérbole o equivalente da equação $y^2 = kx(x + 2a)$. Essas formas são facilmente redutíveis às formas de "nome" mencionadas acima, bastando tomar $k = b^2/a^2$ e $l = 2b^2/a$.

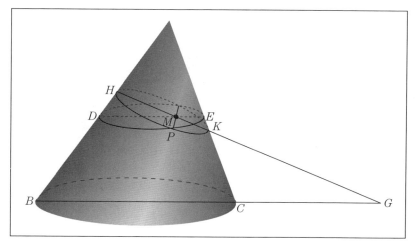

Figura 7.3

Diâmetros conjugados

Depois de Apolônio ter obtido de um estudo estereométrico do cone a relação básica entre o que chamaríamos hoje as coordenadas planas de um ponto da curva — dada pelas três equações $y^2 = lx - b^2x^2/a^2$, $y^2 = lx$ e $y^2 = lx + b^2x^2/a^2$ — obteve outras propriedades a partir das equações no plano, sem mais referência ao cone. O autor das *Cônicas* diz que no livro I ele analisou as propriedades fundamentais das curvas "mais completamente e com mais generalidade que nos escritos de outros autores". O quanto essa afirmação é verdadeira é sugerido pelo fato de aqui, já no primeiro livro, ser desenvolvida a teoria dos diâmetros conjugados. Isto é, Apolônio mostrou que os pontos médios de um conjunto de cordas paralelas a um diâmetro de uma elipse ou hipérbole formarão um segundo diâmetro, os dois sendo chamados "diâmetros conjugados". Na verdade, enquanto hoje invariavelmente referimos uma cônica a um par de retas perpendiculares entre si como eixos, Apolônio em geral usava um par de diâmetros conjugados como equivalente de eixos de coordenadas oblíquos. O sistema de diâmetros conjugados fornecia um quadro de referência excepcionalmente útil para uma cônica. Apolônio mostrou que se for traçada uma reta por uma extremidade de um diâmetro de uma elipse ou hipérbole, paralela ao diâmetro conjugado, a reta "tocará" a cônica e nenhuma outra reta pode cair entre ela e a cônica — isto é, a reta será tangente à cônica. Aqui, vemos claramente o conceito estático grego de tangente a uma curva, em contraste com o conceito cinemático de Arquimedes. Na verdade, frequentemente nas *Cônicas* vemos um diâmetro e uma tangente em sua extremidade usados como sistema de referência de coordenadas.

Entre os teoremas no livro I há vários (Proposição 41 a 49) que equivalem a transformações de coordenadas de um sistema baseado em uma tangente e um diâmetro por um ponto P da cônica para um novo sistema determinado por uma tangente e um diâmetro por um segundo ponto Q da mesma curva, junto com a demonstração de que uma cônica pode ser referida a qualquer destes sistemas como eixos. Em particular, Apolônio conhecia as propriedades da hipérbole, e referida às suas assíntotas como eixos, dada, para a hipérbole equilátera, pela equação $xy = c^2$. Não podia saber, é claro, que um dia essa relação seria fundamental no estudo dos gases, ou que seu estudo da elipse seria essencial para a astronomia moderna.

O livro II continua o estudo de diâmetros conjugados e tangentes. Por exemplo, se P é qualquer ponto sobre qualquer hipérbole, com centro C, a tangente em P cortará as assíntotas em pontos L e L' (Fig. 7.4) que são equidistantes de P (Proposições 8 e 10). Além disso (Proposições 11 e 16), toda corda QQ' paralela a CP encontrará as assíntotas em pontos K e K' tais que $QK = Q'K'$ e $QK \cdot QK = CP^2$. (Essas propriedades eram verificadas sinteticamente, mas o leitor pode convencer-se de sua validade usando métodos analíticos.) Proposições posteriores no livro II mostram como traçar tangentes a uma cônica usando a teoria da divisão harmônica. No caso da elipse (Proposição 49), por exemplo, se Q é um ponto da curva (Fig. 7.5), Apolônio traçava uma perpendicular QN de Q ao eixo AA' e achava o conjugado harmônico T de N com relação a A e A'. (Isto é, ele achava o ponto T da reta AA' estendida tal que $AT/A'T = AN/NA'$; em outras palavras, determinava o ponto T que divide o segmento AA' externamente na mesma razão em que N o divide internamente.) A reta por T e Q será então tangente à elipse. O caso em que Q não está sobre a curva pode ser reduzido a esse por meio de propriedades familiares da divisão harmônica. (Pode-se demonstrar que não há curvas planas, além das secções cônicas, tais

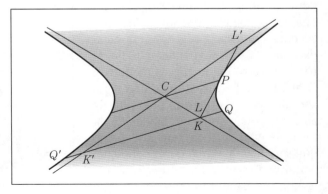

Figura 7.4

7 – Apolônio de Perga

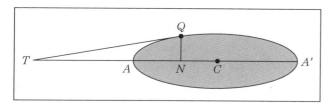

Figura 7.5

que dada a curva e um ponto, uma tangente pode ser traçada, só com régua e compasso, do ponto à curva; mas é claro que Apolônio não sabia disso.)

O lugar geométrico a três e quatro retas

Apolônio aparentemente se orgulhava especialmente do livro III, pois no prefácio geral das *Cônicas* ele escreveu:

> O terceiro livro contém muitos teoremas notáveis, úteis para a síntese de lugares geométricos sólidos e determinação de limites; a maior parte e os mais bonitos desses teoremas são novos e, quando os descobri, observei que Euclides não tinha efetuado a síntese do lugar geométrico com relação a três e quatro retas, mas só uma parte casual dela e não bem-sucedida: pois a síntese não poderia ser completada sem minhas descobertas adicionais.

O lugar geométrico a três e quatro retas, a que se refere, desempenhou um papel importante na matemática de Euclides a Newton. Dadas três retas (ou quatro retas) de um plano, achar o lugar geométrico de um ponto P, que se move de modo que o quadrado da distância de P a uma delas seja proporcional ao produto das distâncias às outras duas (ou, no caso de quatro retas, o produto das distâncias a duas delas é proporcional ao produto das distâncias às outras duas), as distâncias sendo medidas em ângulos dados com relação às retas. Por métodos analíticos modernos, usando a forma normal da equação da reta, é fácil mostrar que o lugar geométrico é uma secção cônica, real ou imaginária, redutível ou irredutível. Se, para o lugar geométrico a três retas, as equações das retas são $A_1x + B_1y + C_1 = 0$, $A_2x + B_2y + C_2 = 0$ e $A_3x + B_3y + C_3 = 0$ e se os ângulos em que as distâncias

devem ser medidas são θ_1, θ_2, θ_3, então o lugar geométrico de $P(x, y)$ é dado por

$$\frac{(A_1x + B_1y + C_1)^2}{(A_1^2 + B_1^2)\operatorname{sen}^2\theta_1} = \frac{K(A_2x + B_2y + C_2)}{\sqrt{A_2^2 + B_2^2}\;\operatorname{sen}\theta_2} \cdot \frac{(A_3x + B_3y + C_3)}{\sqrt{A_2^2 + B_2^2}\;\operatorname{sen}\theta_3}$$

Essa equação é, em geral, de segundo grau em x e y; logo, o lugar geométrico é uma secção cônica. Nossa solução não faz justiça ao tratamento dado por Apolônio no livro III, em que mais de cinquenta proposições cuidadosamente enunciadas, todas demonstradas por métodos sintéticos, levam eventualmente ao lugar geométrico pedido. Meio milênio depois, Papus sugeriu uma generalização desse teorema para n retas, onde $n > 4$, e foi contra esse problema generalizado que Descartes em 1637 pôs à prova sua geometria analítica. Assim, poucos problemas tiveram papel tão importante na história da matemática quanto o do "lugar geométrico a três ou quatro retas".

Intersecção de cônicas

O livro IV das *Cônicas* é descrito pelo autor como mostrando "de quantos modos as secções de um cone se encontram", e ele se mostra particularmente orgulhoso de teoremas, "nenhum dos quais discutido por escritores anteriores", relativos ao número de pontos em que uma secção de um cone encontra "os ramos opostos de uma hipérbole". A ideia da hipérbole como curva de dois ramos era novidade de Apolônio e ele gostava muito de descobrir e demonstrar teoremas relativos a elas. É em relação aos teoremas desse livro que Apolônio faz uma afirmação de que se infere que, em seus dias como nos nossos, havia oponentes de espírito estreito da matemática pura que pejorativamente indagavam da utilidade desses resultados. O autor orgulhosamente afirma: "Eles merecem aceitação pelas suas próprias demonstrações, do mesmo modo como aceitamos muitas outras coisas na matemática por esta razão e nenhuma outra" (Heath, 1961, P.LXXIV).

Livros V a VII

O prefácio do livro V, relativo a retas máximas e mínimas traçadas a uma cônica, novamente argumenta que "o assunto é um daqueles que parecem dignos de estudo por si mesmos". Embora devamos admirar o autor por sua elevada atitude intelectual, pode ser pertinentemente observado que o que em seu tempo era bela teoria, sem perspectivas de aplicabilidade à ciência ou engenharia de seu tempo, desde então tornou-se fundamental em campos como a dinâmica terrestre e a mecânica celeste. Os teoremas de Apolônio sobre máximos e mínimos na verdade são teoremas sobre tangentes e normais a secções cônicas. Sem conhecimento das propriedades das tangentes a uma parábola, uma análise de trajetórias locais seria impossível, e um estudo das trajetória dos planetas é impensável sem referência às tangentes a uma elipse. É claro, em outras palavras, que foi a matemática pura de Apolônio que permitiu, cerca de 1.800 anos mais tarde, os *Principia* de Newton; esse, por sua vez, deu aos cientistas da década de 1960 condições para que a viagem de ida e volta à Lua fosse possível. Mesmo na Grécia antiga, o teorema de Apolônio que diz que todo cone oblíquo tem duas famílias de secções circulares era aplicável à cartografia, na transformação estereográfica, usada por Ptolomeu e possivelmente por Hiparco, de uma região esférica em uma parte do plano. Frequentemente se verificou no desenvolvimento da matemática que tópicos que originalmente podiam ser justificados apenas como "dignos de estudo por eles mesmos" mais tarde se tornaram de valor inestimável para o "homem prático".

Os matemáticos gregos não tinham uma definição satisfatória de tangente a uma curva C em um ponto P, pensando nela como uma reta L tal que nenhuma outra podia ser traçada por P entre C e L. Talvez fosse insatisfação com essa definição o que levou Apolônio a evitar definir uma normal a uma curva C por um ponto Q como uma reta por Q que corta a curva C em um ponto P e é perpendicular à tangente a C por P. Em vez disso, usou o fato de ser a normal de Q a C uma reta tal que a distância de Q a C é um máximo ou mínimo relativo. Nas *Cônicas*, V. 8, por exemplo, Apolônio demonstrou um teorema relativo à normal a uma parábola que hoje, em geral, é parte de cursos de cálculo. Em terminologia moderna o teorema afirma que a subnormal a parábola $y^2 = 2px$ por qualquer ponto P sobre a curva é constante e igual a p; na linguagem de Apolônio essa propriedade se exprime mais ou menos assim:

> Se A é o vértice de uma parábola $y^2 = px$, e se G é um ponto no eixo tal que $AG > p$, e se N é um ponto entre A e G tal que $NG = p$, e se NP é traçado perpendicularmente ao eixo, encontrando a parábola em P (Fig. 7.6), então PG é o segmento de reta mínimo de G à curva e portanto é normal à parábola em P.

A demonstração de Apolônio é uma típica demonstração indireta — mostra-se que se P' é qualquer outro ponto da parábola, $P'G$ cresce quando P' se afasta de P de qualquer dos dois lados. Uma demonstração do teorema correspondente, mas mais complicada, referente à normal a uma elipse ou hipérbole de um ponto sobre o eixo é dada então; e mostra-se que se P é um ponto sobre uma cônica, só uma normal pode ser traçada por P, quer seja considerada como um mínimo ou um máximo, e essa normal é perpendicular à tangente em P. Observe que a perpendicularidade que tomamos como definição é aqui demonstrada como um teorema, enquanto a propriedade de máximo--mínimo, que tomamos como teorema, serve para Apolônio como definição. Proposições posteriores no livro V levam o tópico das normais a uma côni-

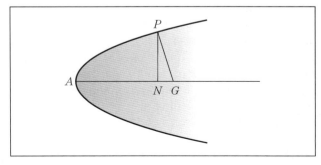

Figura 7.6

ca a tal ponto que o autor dá critérios que permitem decidir quantas normais podem ser traçadas de um ponto a uma secção cônica. Esses critérios equivalem ao que descreveríamos como equações das evolutas às cônicas. Para a parábola $y^2 = 2px$, Apolônio mostrou, em essência, que pontos cujas coordenadas satisfazem à equação cúbica $27\,py^2 = 8(x-p)^3$ são posições limites do ponto de intersecção de normais à parábola em pontos P e P' quando P' tende a P. Isto é, pontos sobre essa cúbica são os centros de curvatura para pontos sobre a cônica (em outras palavras, os centros de círculos osculadores para a parábola). No caso da elipse e da hipérbole, cujas equações são respectivamente $x^2/a^2 \pm y^2/b^2 = 1$, as equações correspondentes para a evoluta são $(ax)^{2/3} \pm (by)^{2/3} = (a^2 \mp b^2)^{2/3}$.

Depois de dar as condições para a evoluta de uma cônica, Apolônio mostrou como construir uma normal a uma secção cônica a partir de um ponto Q. No caso da parábola $y^2 = 2px$, e para Q fora da parábola e não sobre o eixo, traça-se a perpendicular QM ao eixo AK, mede-se $MH = p$, e levanta-se HR perpendicular a HA (Fig. 7.7). Então, por Q traça-se a hipérbole retangular com assíntotas HA e HR, que corta a parábola em um ponto P. A reta QP é a normal pedida, como é possível demonstrar mostrando que $NK = HM = p$. Se o ponto Q está dentro da parábola, a construção é semelhante, só que P cai entre Q e R. Apolônio deu ainda construções, usando também uma hipérbole auxiliar, para a normal a partir de um ponto a uma elipse ou hipérbole dadas. Deve-se notar que a construção de normais à elipse e à hipérbole, ao contrário da construção de tangentes, exige mais do que régua e compasso. Como os antigos descreveram os dois problemas, traçar uma *tangente* a uma cônica é um "problema plano"; pois bastam retas e círculos que se cortam. Ao contrário, traçar uma *normal* de um ponto arbitrário no plano a uma cônica central dada é um "problema sólido", pois não pode ser resolvido usando apenas retas e círculos, mas pode ser feito usando lugares geométricos sólidos (no nosso caso, uma hipérbole). Papus mais tarde criticou severamente Apolônio por sua construção de uma normal à parábola por tê-lo tratado como problema sólido em vez de plano. Isto é, a hipérbole que Apolônio usou poderia ser substituída por um círculo. Talvez Apolônio tenha achado que a obsessão com reta e círculo deveria ceder, na sua construção de normais, a um desejo de uniformidade de métodos em relação aos três tipos de cônicas.

Apolônio descreveu o sexto livro das *Cônicas* como contendo proposições acerca de "segmentos de cônicas iguais e desiguais, semelhantes e dessemelhantes, além de outras questões não tratadas pelos que me precederam. Em particular, encontrará neste livro como, em um cone reto dado, se pode cortar uma secção igual a uma secção dada." Duas cônicas se dizem semelhantes se as ordenadas, quando traçadas a distâncias proporcionais do vértice, são respectivamente proporcionais às abscissas correspondentes. Entre as proposições mais fáceis do livro VI estão as que demonstraram que todas as parábolas são semelhantes (VI.11) e que uma parábola não pode ser semelhante a uma elipse ou hipérbole nem uma elipse a uma hipérbole (VI.14, VI.15). Outras proposições (VI.26, VI.27) demonstram que se um cone qualquer é cortado por dois planos paralelos em secções elípticas ou hiperbólicas, as secções serão semelhantes, mas não iguais.

O livro VII volta ao assunto de diâmetros conjugados e "muitas proposições novas relativas a diâmetros de secções e figuras descritas sobre eles". Entre essas estão algumas encontradas em textos modernos, tais como a demonstração (VII.12, VII.13, VII.29, VII.30) de que

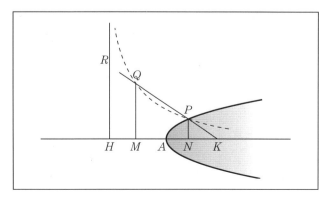

Figura 7.7

> Em toda elipse a soma, em toda hipérbole a diferença, dos quadrados sobre dois diâmetros conjugados quaisquer é igual à soma ou diferença, respectivamente, dos quadrados sobre os eixos.

Há também a demonstração do teorema familiar que diz que se tangentes são traçadas nas extremidades de um par de eixos conjugados de uma elipse ou hipérbole, o paralelogramo formado por essas quatro tangentes será igual ao retângulo sobre os eixos. Conjeturou-se que o livro VIII perdido das *Cônicas* contivesse problemas semelhantes, pois no prefácio do livro VII o autor escreveu que os teoremas do livro VII eram usados no livro VIII para resolver certos problemas sobre cônicas, de modo que o último livro "é uma espécie de apêndice".

Comentário

As *Cônicas* de Apolônio constituem um tratado de amplitude e profundidade tão extraordinárias, que ficamos surpresos de observar a omissão de algumas propriedades que a nós parecem tão evidentemente fundamentais. Do modo como as curvas são agora introduzidas em livros didáticos, os focos desempenham papel proeminente; no entanto, Apolônio não tinha nome para esses pontos e se referia a eles apenas indiretamente. Não é claro se o autor conhecia o papel, agora familiar, da diretriz. Parece ter sabido como determinar uma cônica que passe por cinco pontos, mas esse tópico é omitido nas *Cônicas*. É bem possível, é claro, que algumas ou todas essas omissões tantalizantes resultem do fato de terem sido tratados em outro lugar, em obras perdidas de Apolônio ou outros autores. Tanto de matemática antiga se perdeu que um argumento *e silencio* é realmente precário.

A álgebra geométrica grega não englobava grandezas negativas; além disso, o sistema de coordenadas era sempre superposto *a posteriori* sobre uma curva dada, a fim de estudar suas propriedades. Da geometria grega, podemos dizer que as equações são determinadas pelas curvas, mas não que curvas fossem definidas por equações. Coordenadas, variáveis e equações eram noções subsidiárias derivadas de uma situação geométrica específica; e infere-se que do ponto de vista grego, não era suficiente definir curvas abstratamente como lugares geométricos satisfazendo a condições dadas sobre duas coordenadas. Para garantir que um lugar geométrico fosse realmente uma curva, os antigos achavam que era necessário exibi-lo estereometricamente, como uma secção de um sólido ou descrever um processo cinemático de construção.

A definição e estudo das curvas pelos gregos em comparação com a flexibilidade e extensão do tratamento moderno ficam em posição desfavorável.

Embora os gregos fossem esteticamente um dos povos mais bem-dotados de todos os tempos, as únicas curvas que exploraram nos céus e na terra foram combinações de retas e círculos. Que Apolônio, o maior geômetra da antiguidade, não tenha desenvolvido a geometria analítica, se deveu provavelmente à pobreza de curvas mais do que de ideias. Além disso, os inventores modernos da geometria analítica tinham toda a álgebra da Renascença à sua disposição, enquanto Apolônio trabalhava necessariamente com o instrumento mais rigoroso, mas menos manejável da álgebra geométrica.

CORRENTES SECUNDÁRIAS

As abelhas... em virtude de uma certa intuição geométrica... sabem que o hexágono é maior que o quadrado e o triângulo, e conterá mais mel com o mesmo gasto de material.

Papus de Alexandria

Mudança de direção

Hoje, usamos a frase convencional "matemática grega" como se indicasse um corpo de doutrina homogêneo e bem definido. Tal visão pode ser muito enganosa, no entanto, pois significaria que a geometria sofisticada do tipo Arquimedes-Apolônio era a única espécie que os gregos conheciam. Devemos lembrar que a matemática no mundo grego cobriu um intervalo de tempo indo pelo menos de 600 a.C. a 600 d.C. e que viajou da Jônia à ponta da Itália, a Atenas, a Alexandria e a outras partes do mundo civilizado. A escassez de obras preservadas, especialmente do nível inferior, tende a obscurecer o fato de nosso conhecimento sobre o mundo grego estar longe de completo.

A morte de Arquimedes pela mão de um soldado romano pode ter sido acidental, mas foi verdadeiramente premonitória. Tanto Perga quanto Siracusa floresceram sob o controle romano, mas durante sua longa história, Roma antiga pouco contribuiu para a ciência e a filosofia e menos ainda para a matemática. Tanto durante a república como nos dias do império, os romanos mostraram pouca inclinação para a investigação especulativa ou lógica. As artes práticas como a medicina e a agricultura eram cultivadas com algum entusiasmo, e a geografia descritiva era olhada favoravelmente. Projetos notáveis de engenharia e monumentos arquitetônicos se relacionavam com os aspectos mais simples da ciência, mas os construtores romanos se satisfaziam com técnicas práticas elementares que requeriam pouco conhecimento da grande massa de pensamento grego teórico. A extensão do conhecimento da ciência pelos romanos pode ser avaliada pelo *De architectura* de Vitruvius, escrito durante o período médio da Idade de Augusto e dedicada ao imperador. Em um certo ponto, o autor descreve o que lhe parecem ser as três maiores descobertas matemáticas: a incomensurabilidade do lado e diagonal de um cubo; o triângulo retângulo de lados 3, 4 e 5; e o cálculo feito por Arquimedes da composição da coroa do rei. Afirma-se às vezes que obras notáveis de engenharia, como as pirâmides do Egito e os aquedutos romanos, indicam um alto grau de realização matemática, mas a evidência histórica não apoia essa ideia.

As duas principais instituições associadas com a matemática na Grécia antiga, a Academia em Atenas e a Biblioteca em Alexandria, foram submetidas a mudanças severas de direção antes de seu eventual desaparecimento. A Academia não mantinha mais o forte apoio a estudos matemáticos que tinham sido tornados obrigatórios por Platão; na época de Proclus, um interesse renovado na matemática pode ser atribuído a seu papel como santuário para os neoplatonistas. A Universidade e a Biblioteca de Alexandria já não se beneficiavam do apoio que lhes tinham dado os dois primeiros Ptolomeu, e mesmo Cleópatra, a última governante Ptolomeu, que segundo dizem apreciava as reuniões na Universidade, provavelmente não conseguiu persuadir nem Antonio nem Cesar a financiar suas atividades acadêmicas.

Eratóstenes

Quando Arquimedes enviou o tratado sobre *O método* para Eratóstenes em Alexandria, escolheu como destinatário um homem que representava as muitas áreas de estudo na biblioteca de Alexandria. Eratóstenes (viveu aproximadamente de 275 a 194 a.C.) era um nativo de Cirene que passara boa parte de sua juventude em Atenas. Tinha conseguido proeminência em vários campos — poesia, astronomia, história, matemática, atletismo — quando na meia-idade foi chamado a Alexandria por Ptolomeu III para ensinar a seu filho e para lá ser bibliotecário chefe.

Hoje, Eratóstenes é lembrado especialmente por sua medida da Terra — não a primeira nem a última de tais estimativas feitas na antiguidade, mas em tudo a de mais sucesso. Eratóstenes observou que, ao meio-dia no dia do solstício de verão, o Sol brilhava diretamente para dentro de um poço profundo em Siene. Ao mesmo tempo, em Alexandria, considerada como estando no mesmo meridiano e a 5.000 estádios ao norte de Siene, verificou-se que o Sol lançava uma sombra a qual indicava que a distância angular do Sol ao zênite era um cinquentavo de um círculo. Da igualdade

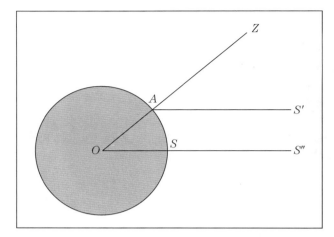

Figura 8.1

dos ângulos correspondentes $S'AZ$ e $S''OZ$, na Fig. 8.1, é claro que a circunferência da Terra deve ter cinquenta vezes a distância entre Siene e Alexandria. Quão precisa era esta medida foi assunto de debate entre os acadêmicos, em parte porque há diferentes relatos sobre o comprimento de um estádio. Existe, entretanto, consenso de que o resultado da medida foi uma conquista memorável.

Tendo dado contribuições a vários domínios do conhecimento, Eratóstenes é bem conhecido dos matemáticos pelo "crivo de Eratóstenes", um método sistemático para isolar os números primos. Com todos os números naturais dispostos em ordem, simplesmente são riscados os números de dois em dois a seguir do dois, de três em três (na sequência original) a seguir do três, de cinco em cinco a seguir do cinco, e continua-se assim a riscar cada n-ésimo número a seguir do número n. Os números restantes, de dois em diante, serão, é claro, primos. Eratóstenes também escreveu obras sobre médias e lugares geométricos, mas essas se perderam. Mesmo seu tratado *Sobre a medida da Terra* já não existe, embora alguns detalhes dele tenham sido preservados por outros, Heron e Ptolomeu de Alexandria inclusive.

Ângulos e cordas

Como Eratóstenes, em seu trabalho sobre geografia matemática, diversos astrônomos da era alexandrina trataram problemas que indicavam a necessidade de uma relação sistemática ente ângulos e cordas. Os teoremas sobre os comprimentos de cordas são essencialmente aplicações da lei dos senos moderna.

Aristarco

Entre os predecessores de Erastótenes, estava Aristarco de Samos, o qual, segundo Arquimedes e Plutarco, propôs um sistema heliocêntrico, mas o que quer que ele tenha escrito sobre esse assunto se perdeu. Em vez disso, temos um tratado de Aristarco, talvez escrito antes (cerca de 260 a.C.), *Sobre os tamanhos e distâncias do Sol e da Lua,* que assume um universo geocêntrico. Nessa obra, Aristarco observa que quando a Lua está exatamente meio cheia, o ângulo entre as linhas de visão ao Sol e à Lua é um trintavos de um quadrante menor que um ângulo reto. (A introdução sistemática do círculo de 360° veio um pouco depois.) Na linguagem da trigonometria de hoje, isso significa que a razão da distância até a Lua para a distância até o Sol (a razão LT para ST na Fig. 8.2) é sen 3°. Não tendo ainda sido desenvolvidas as tabelas trigonométricas, Aristarco recorreu a um bem conhecido teorema geométrico de então, que agora seria expresso pelas desigualdades sen α/senβ < α/β < tgα/tgβ, onde 0° < β < α < 90°. Dessas, ele concluiu que 1/20 < sen 3° < 1/18, e daí que o Sol está mais de dezoito vezes, mas menos de vinte, mais longe da Terra que a Lua. Isso está muito longe do valor moderno — pouco menos que 400 — mas é melhor que os valores nove e doze que Arquimedes tinha atribuído respectivamente a Eudoxo e Fídias (pai de Arquimedes). Além disso, o método usado por Aristarco era incontestável, o resultado sendo prejudicado apenas pelo erro de obser-

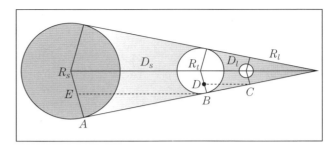

Figura 8.3

vação ao medir o ângulo LTS como 87° (quando, de fato, é aproximadamente 89°50').

Tendo determinado as distâncias relativas do Sol e da Lua, Aristarco sabia também que seus respectivos tamanhos estavam na mesma razão. Isso decorre do fato de terem o Sol e a Lua aproximadamente o mesmo tamanho aparente — isto é, subentendem aproximadamente o mesmo ângulo ao olho de um observador na Terra. No tratado em questão, esse ângulo é dado como 2°, mas Arquimedes atribui a Aristarco o valor muito melhor de (1/2)°. Dessa razão, Aristarco pôde obter uma aproximação para os tamanhos do Sol e da Lua em comparação com o da Terra. Por observação de eclipses lunares, ele concluiu que a largura da sombra lançada pela Terra à distância da Lua era duas vezes a largura da Lua. Então, se R_s, R_t e R_l são os raios do Sol, Terra e Lua, respectivamente, e se D_s e D_l são as distâncias do Sol e da Lua à Terra, resulta da semelhança dos triângulos BCD e ABE (Fig. 8.3) a proporção $(R_t - 2R_l)/(R_s - R_t)$ = D_l/D_s. Se nessa equação substituirmos D_s e R_s pelos valores aproximados $19D_l$ e $19R_l$, obtém-se a equação $(R_t - 2R_l)/(19R_l - R_t) = 1/19$ ou $R_l = 20/57 R_t$. Aqui, os cálculos de Aristarco foram consideravelmente simplificados. Seu raciocínio era exposto muito mais cuidadosamente e levava às conclusões que

$$\frac{108}{43} < \frac{R_t}{R_l} < \frac{60}{19} \quad \text{e} \quad \frac{19}{3} < \frac{R_s}{R_t} < \frac{43}{6}.$$

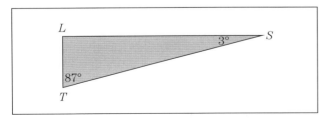

Figura 8.2

Hiparco de Niceia

Durante cerca de dois séculos e meio, de Hipócrates a Eratóstenes, os matemáticos gregos estudaram as relações entre retas e círculos e as aplicaram a uma variedade de problemas de astronomia, mas disso não resultou uma trigonometria sistemática. Então, presumivelmente durante a segunda metade do segundo século a.C., foi compilada a que foi aparentemente a primeira tabela trigonométrica pelo astrônomo Hiparco de Niceia (por volta de 180-125 a.C.), que assim ganhou o direito de ser chamado "o pai da trigonometria". Aristarco sabia que em um dado círculo a razão do arco para a corda diminui quando o arco diminui de 180° para 0°, aproximando-se do limite 1. Entretanto, parece que antes de Hiparco empreender a tarefa, ninguém tinha tabulado valores correspondentes do arco e da corda para toda uma série de ângulos. Foi sugerido, no entanto, que Apolônio pode ter-se antecipado a Hiparco quanto a isto, e que a contribuição deste último à trigonometria foi apenas a de calcular um melhor conjunto de cordas do que seus predecessores. Hiparco, evidentemente, calculou suas tabelas para serem usadas na sua astronomia. Ele foi uma figura de transição entre a astronomia babilônica e a obra de Ptolomeu. As principais contribuições à astronomia atribuídas a Hiparco foram a organização de dados empíricos provenientes dos babilônios, a elaboração de um catálogo estelar, melhoramentos em constantes astronômicas importantes (tais como a duração do mês e do ano, o tamanho da Lua, e o ângulo de inclinação da eclíptica) e, finalmente, a descoberta da precessão dos equinócios.

Não se sabe bem quando o uso sistemático do círculo de 360° foi incorporado à matemática, mas parece dever-se em grande parte a Hiparco, por meio de sua tabela de cordas. É possível que ele a tenha retomado de Hipsicles, que, anteriormente, tinha dividido o dia em 360 partes, subdivisão que pode ter sido sugerida pela astronomia babilônica. Como Hiparco fez sua tabela não se sabe, pois suas obras se perderam (excetuando um comentário sobre um poema astronômico popular por Aratus). É provável que seus métodos fossem semelhantes aos de Ptolomeu, descritos mais adiante, pois Teon de Alexandria, comentando a tabela de cordas de Ptolomeu, relatou que Hiparco anteriormente tinha escrito um tratado em doze livros sobre cordas em um círculo.

Menelau de Alexandria

Teon menciona também outro tratado, em seis livros, de Menelau de Alexandria (cerca de 100 d.C.) tratando de *Cordas em um círculo*. Outras obras de matemática e astronomia de Menelau são citadas por comentadores gregos e árabes posteriores, inclusive um *Elementos de geometria*, mas a única que se preservou — e somente em tradução árabe — foi sua *Sphaerica*. No Livro I desse tratado, Menelau estabeleceu uma base para triângulos esféricos análoga à de Euclides I para triângulos planos. Contém um teorema que não tem um análogo euclidiano — que dois triângulos esféricos são congruentes se os ângulos correspondentes forem iguais (Menelau não fazia distinção entre triângulos esféricos congruentes e simétricos); e o teorema $A + B + C > 180°$ é demonstrado. O segundo livro de *Sphaerica* descreve a aplicação da geometria esférica aos fenômenos astronômicos e é de pouco interesse matemático. O livro III, o último, contém o bem conhecido "teorema de Menelau" como parte do que é essencialmente trigonometria esférica na forma grega típica — em uma geometria ou trigonometria de cordas em um círculo. No círculo da Fig. 8.4 escreveríamos que a corda AB é duas vezes o seno da metade do ângulo central AOB (multiplicado pelo raio do círculo). Menelau e seus sucessores gregos, em vez disso, referiam-se a AB simplesmente como a corda correspondente ao arco AB. Se BOB' é um diâmetro do círculo, então a corda AB' é duas vezes o cosseno da metade do ângulo AOB (multiplicado pelo raio do círculo). Logo, os teoremas de Tales e Pitágoras, que levam à equação $AB^2 + AB'^2 = 4r^2$, são equivalentes à identidade trigonométrica moderna $\operatorname{sen}^2\theta + \cos^2\theta = 1$. Menelau, como também provavelmente Hiparco antes dele, conhecia bem outras identidades, duas das quais ele usou como lemas para demonstrar seu teorema sobre transversais. O primeiro desses lemas pode ser enunciado na terminologia moderna como segue.

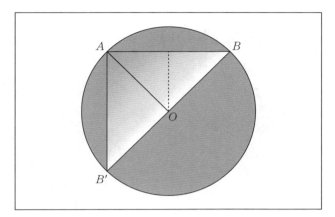

Figura 8.4

Se uma corda AB em um círculo de centro O (Fig. 8.5) é cortada no ponto C por um raio OD, então $AC/CB = \text{sen}\ \widehat{AD}/\text{sen}\ \widehat{DB}$. O segundo lema é semelhante: se a corda AB prolongada é cortada no ponto C' por um raio OD' prolongado, então $AC'/BC' = \text{sen}\ \widehat{AD'}/\text{sen}\ \widehat{BD'}$. Esses lemas são assumidos por Menelau sem demonstração, presumivelmente porque podiam ser encontrados em textos anteriores, possivelmente nos doze livros de Hiparco sobre cordas. (O leitor pode demonstrar os lemas facilmente traçando AO e BO, traçando perpendiculares de A e B a OD e usando semelhança de triângulos.)

É provável que o "teorema de Menelau" para o caso de triângulos planos fosse conhecido por Euclides, talvez tendo surgido no desaparecido *Porismas*. O teorema no plano diz que se os lados AB, BC, CA de um triângulo são cortados por uma

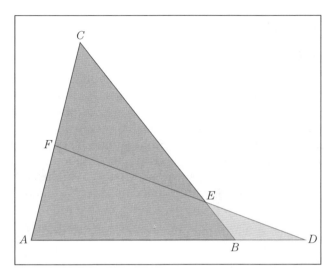

Figura 8.6

transversal nos pontos D, E, F, respectivamente (Fig. 8.6), então $AD \cdot BE \cdot CF = BD \cdot CE \cdot AF$. Em outras palavras, qualquer reta corta os lados de um triângulo de modo que o produto de três segmentos não adjacentes é igual ao produto dos outros três, como se demonstra facilmente por geometria elementar ou por aplicação de relações trigonométricas simples. Menelau considerou esse teorema bem conhecido por seus contemporâneos, mas ele o estendeu a triângulos esféricos em uma forma equivalente a sen AD sen BE sen CF = sen BD sen CE sen AF. Se são considerados segmentos com orientação, em vez de grandezas absolutas, os dois produtos são iguais em valor absoluto, mas diferem em sinal.

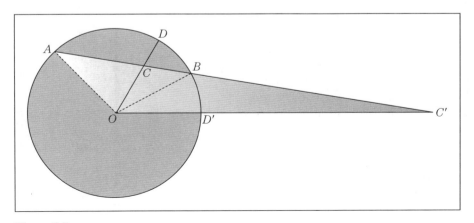

Figura 8.5

O *Almagesto* de Ptolomeu

De longe, a mais influente e significativa obra trigonométrica da antiguidade foi a *Syntaxis matemática*, obra de treze livros escrita por Ptolomeu de Alexandria cerca de meio século depois de Menelau. Essa célebre "Síntese matemática" era distinguida de um outro grupo de tratados astronômicos por outros autores (Aristarco, inclusive) por ser a de Ptolomeu chamada a coleção "maior" e a de Aristarco e outros, a coleção "menor".

Devido às frequentes referências à primeira como *megiste*, surgiu mais tarde na Arábia o costume de chamar o livro de Ptolomeu o *Almagesto* ("o maior") e é por esse nome que a obra é conhecida desde então.

Da vida de seu autor, sabemos tão pouco quanto da do autor de *Os elementos*. Sabemos que Ptolomeu fez observações em Alexandria de 127 a 151 d.C., e por isso supomos que nasceu pelo fim do primeiro século. Suidas, escritor que viveu no século dez, diz que Ptolomeu ainda estava vivo sob Marco Aurélio (imperador de 161 a 180 d.C.).

O *Almagesto* de Ptolomeu, ao que se supõe, deve muito quanto a seus métodos ao *Cordas em um círculo*, de Hiparco. Ptolomeu fez uso do catálogo de posições estelares legado por Hiparco, mas se as tabelas trigonométricas de Ptolomeu derivavam, ou não, em grande parte, de seu ilustre predecessor não se pode saber. Felizmente, o *Almagesto* de Ptolomeu sobreviveu aos estragos do tempo; por isso temos não só suas tabelas trigonométricas mas também uma exposição dos métodos usados em sua construção. De importância central para o cálculo das cordas de Ptolomeu era uma proposição geométrica ainda hoje conhecida como "teorema de Ptolomeu": se $ABCD$ é um quadrilátero (convexo) inscrito em um círculo (Fig. 8.7), então $AB \cdot CD + BC \cdot DA = AC \cdot BD$; isto é, a soma dos produtos de lados opostos de um quadrilátero inscritível é igual ao produto das diagonais. A demonstração disso se faz facilmente traçando BE de modo que o ângulo ABE seja igual ao ângulo DBC e observando a semelhança dos triângulos ABE e BCD.

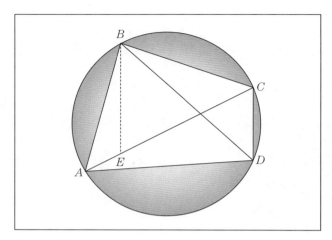

Figura 8.7

Um caso especial útil do teorema geral de Ptolomeu é aquele em que um lado, digamos AD, é um diâmetro do círculo (Fig. 8.8). Então, se $AD = 2r$, temos $2r \cdot BC + AB \cdot CD = AC \cdot BD$. Se fizermos arco $BD = 2\alpha$ e arco $CD = 2\beta$, então $BC = 2r\,\text{sen}(\alpha - \beta)$, $AB = 2r\,\text{sen}(90° - \alpha)$, $BD = 2r\,\text{sen}\,\alpha$, $CD = 2r\,\text{sen}\,\beta$ e $AC = 2r\,\text{sen}(90° - \beta)$. O teorema de Ptolomeu, portanto, leva ao resultado $\text{sen}(\alpha - \beta) = \text{sen}\,\alpha\,\cos\beta - \cos\alpha\,\text{sen}\,\beta$. Raciocínio semelhante leva à fórmula $\text{sen}(\alpha + \beta) = \text{sen}\,\alpha\,\cos\beta + \cos\alpha\,\text{sen}\,\beta$, e ao par análogo $\cos(\alpha \pm \beta) = \cos\alpha\,\cos\beta \mp \text{sen}\,\alpha\,\text{sen}\,\beta$. Por isso, essas quatro fórmulas de soma e diferenças hoje em dia são frequentemente chamadas fórmulas de Ptolomeu.

Foi a fórmula para seno da diferença — ou, mais precisamente, corda da diferença — que

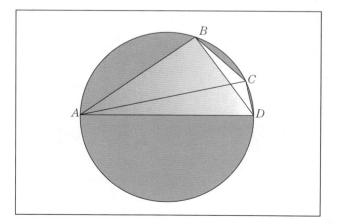

Figura 8.8

Ptolomeu achou especialmente útil ao construir suas tabelas. Outra fórmula que lhe foi muito útil foi a equivalente de nossa fórmula para metade do ângulo. Dada a corda de um arco em um círculo, Ptolomeu achava a corda da metade do arco como segue. Seja D o ponto médio do arco BC em um círculo com diâmetro $AC = 2r$ (Fig. 8.9), seja $AB = AE$, e tomemos DF bissectando (perpendicularmente) EC. Então, não é difícil mostrar que $FC = 1/2(2r - AB)$. Mas, da geometria elementar, sabemos que $DC^2 = AC \cdot FC$, donde resulta que $DC^2 = r(2r - AB)$. Se tomarmos arco $BC = 2\alpha$, então $DC = 2r$ sen $\alpha/2$ e $AB = 2r$ cos α, donde resulta a fórmula familiar moderna sen $\alpha/2 = \sqrt{(1 - \cos \alpha)/2}$. Em outras palavras, se for conhecida a corda de um arco qualquer, a corda da metade do arco também será. Agora, Ptolomeu estava preparado para construir uma tabela de cordas tão precisa quanto se poderia desejar, pois tinha o equivalente de nossas fórmulas fundamentais.

O círculo de 360 graus

Deve-se lembrar que desde os dias de Hiparco até os tempos modernos não havia coisas como *razões* trigonométricas. Os gregos, e depois deles os hindus e os árabes, usaram *linhas* trigonométricas. Essas, a princípio, tiveram a forma de cordas em um círculo, como vimos, e coube a Ptolomeu associar valores numéricos (ou aproximações) às cordas. Para isso, duas convenções foram necessárias; (1) algum esquema para subdividir a circunferência de um círculo e (2) alguma regra para subdividir o diâmetro. A divisão de uma circunferência em 360 graus parece ter estado em uso na Grécia desde os dias de Hiparco, embora não se saiba bem como a convenção surgiu. Não é improvável que a medida de 360 graus tenha sido tomada da astronomia, onde o zodíaco fora dividido em doze "signos" ou 36 "decanatos". Um ciclo de estações, de aproximadamente 360 dias, podia ser facilmente posto em correspondência com o sistema de signos zodiacais e decanatos, subdividindo cada signo em trinta partes e cada decanato em dez partes. Nosso sistema comum de medida de ângulos pode derivar dessa correspondência. Além disso, como o sistema babilônico posicional para frações era evidentemente superior às frações unitárias egípcias e às frações comuns gregas, era natural que Ptolomeu subdividisse seus graus em sessenta *partes minutae primae,* cada uma das quais era dividida em sessenta *partes minutae secundae,* e assim por diante. É das frases latinas que os tradutores usaram neste contexto, que proveem nossas palavras "minutos" e "segundos".

Nossas identidades trigonométricas podem facilmente ser traduzidas para a linguagem de cordas de Ptolomeu por meio das relações simples

$$\text{sen } x = \frac{\text{corda } 2x}{120} \quad \text{e} \quad \cos x = \frac{\text{corda}(180° - 2x)}{120}.$$

As fórmulas $\cos(x \pm y) = \cos x \cos y \mp \text{sen } x \text{ sen } y$ ficam (corda será abreviado para cd)

$$cd\overline{2x \pm 2y} = \frac{cd\overline{2x} \, cd\overline{2y} \mp cd2x \, cd2y}{120}$$

onde uma barra sobre um arco (ângulo) indica o arco suplementar. Observe que não só ângulos e arcos, mas também suas cordas eram expressas em notação sexagesimal. Na verdade, sempre que os estudiosos da antiguidade queriam um sistema preciso de aproximação, eles adotavam a base 60 para a parte fracionária; isto levou às expressões "frações de astrônomos" e "frações de físicos" para distinguir as frações sexagesimais das comuns.

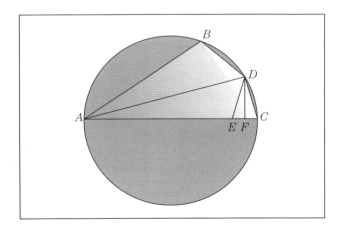

Figura 8.9

Construção de tabelas

Tendo fixado seu sistema de medidas, Ptolomeu estava pronto para calcular as cordas dos ângulos dentro do sistema. Por exemplo, como o raio do círculo de referência continha sessenta partes, a corda de um arco de sessenta graus também continha sessenta partes lineares. A corda de 120° será $60\sqrt{3}$ ou, aproximadamente, 103 partes e 55 minutos e 33 segundos, ou, na notação jônica de Ptolomeu ou notação alfabética, $\rho\gamma^p\upsilon\varepsilon'\lambda\gamma''$. Ptolomeu poderia agora usar sua fórmula para o ângulo metade para achar a corda de 30°, depois a de 15° e assim por diante, para ângulos ainda menores. No entanto, ele preferiu adiar a aplicação dessa fórmula, e calcular, em vez disso, as cordas de 36° e 72°. Usou um teorema de *Os elementos* XIII.9, que mostra que um lado de um pentágono regular, um lado de um hexágono regular, e um lado de um decágono regular, todos inscritos em um mesmo círculo, constituem os lados de um triângulo retângulo. Incidentalmente, esse mesmo teorema de Euclides fornece a justificativa para a elegante construção dada por Ptolomeu de um pentágono regular inscrito em um círculo. Seja O o centro de um círculo e AB um diâmetro (Fig. 8.10). Então, se C é o ponto médio de OB e OD é perpendicular a AB, e se CE é tomado igual a CD, os lados do triângulo retângulo EDO são os lados do pentágono, do hexágono, e do decágono regular inscritos. Então, se o raio OB contém 60 partes, das propriedades do pentágono e da secção áurea resulta que OE, a corda de 36°, é $30(\sqrt{5} - 1)$ ou cerca de 37,083 ou $37^p 4'55''$ ou $\lambda\zeta^p \nu\varepsilon''$. Pelo teorema de Pitágoras, a corda de 72° é $30\sqrt{10 - 2\sqrt{5}}$ ou, aproximadamente, 70,536 ou $70^p 32'3''$ ou $o^p\lambda\beta'\gamma''$.

Conhecendo a corda de um arco de s graus em um círculo, pode-se facilmente achar a do arco $180° - s$, a partir dos teoremas de Tales e Pitágoras, pois $cd^2 s + cd^2 \overline{s} = 120^2$. Portanto, Ptolomeu conhecia as cordas dos suplementos de 36° e 72°. Além disso, das cordas de 72° e 60°, ele achou a corda de 12° por meio de sua fórmula para a corda da diferença de dois arcos. Então, por aplicações sucessivas de sua fórmula para metade do arco, ele obteve as cordas dos arcos de 6°, 3°, 1(1/2)° e

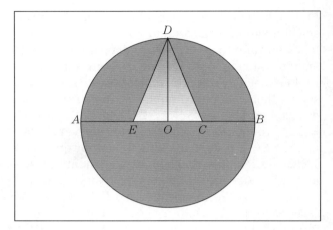

Figura 8.10

(3/4)°, as duas últimas sendo $1^p 34'15''$ e $0^p 47'8''$, respectivamente. Por interpolação linear entre esses valores, Ptolomeu obteve $1^p 2'50''$ como a corda de 1°. Usando a fórmula para metade do ângulo — ou, como o ângulo é muito pequeno, simplesmente dividindo por dois — achou o valor $0^p 31'25''$ para a corda de 30'. Isso equivale a dizer que sen 15', é 0,00873, o que está correto até quase meia dúzia de casas decimais.

O valor de Ptolomeu para a corda de (1/2)° é, naturalmente, o comprimento de um lado do polígono de 720 lados inscrito em um círculo de raio 60 unidades. Enquanto o polígono de 96 lados de Arquimedes levava a 22/7 como uma aproximação para π, o de Ptolomeu equivale a $6(0^p 31'25'')$ ou 3;8,30. Essa aproximação de π, usada por Ptolomeu no *Almagesto*, é o mesmo que 377/120, que leva a uma fração decimal aproximadamente igual a 3,1416, valor que pode ter sido dado antes por Apolônio.

Astronomia ptolomaica

Armado com suas fórmulas para cordas de somas e diferenças de arcos e corda de metade de um arco, e tendo um bom valor para a corda (1/2)°, Ptolomeu prosseguiu na construção de sua tabela, correta a menos de um segundo, de cordas de arcos de 1/2° a 180° para cada 1/4°. Essa é praticamente a mesma que uma tabela de senos de 1/4° a 90°, por passos de 1/4°. A tabela formava parte essencial do livro I do *Almagesto* e continuou a ser um instrumento indispensável para os astrônomos por mais de mil anos. Os doze livros restantes do célebre tratado contêm, entre outras coisas, a teoria elegantemente desenvolvida dos ciclos e epiciclos para os planetas, conhecida como sistema ptolomaico. Como Arquimedes, Hiparco, e a maior parte dos outros grandes pensadores da antiguidade, Ptolomeu postulou um universo essencialmente geocêntrico, pois uma terra móvel parecia acarretar dificuldades — tais como a aparente falta de paralaxe estelar e aparente inconsistência com os fenômenos da dinâmica terrestre. Em comparação com esses problemas, a implausibilidade da imensa velocidade necessária para a rotação diária da esfera das estrelas "fixas" parecia reduzir-se à insignificância.

Platão tinha proposto a Eudoxo os problemas astronômicos de "conservar os fenômenos" — isto é, produzir um esquema matemático, como, por exemplo, uma combinação de movimentos circulares uniformes, que servisse como modelo para os movimentos aparentes dos planetas. O sistema de Eudoxo de esferas homocêntricas tinha sido abandonado pela maioria dos matemáticos em favor do sistema de ciclos e epiciclos de Apolônio e Hiparco. Ptolomeu, por sua vez, fez uma modificação essencial nesse esquema. Em primeiro lugar, ele deslocou um pouco a Terra do centro do círculo deferente, de modo que tinha órbitas excêntricas. Tais modificações tinham sido feitas antes dele, mas Ptolomeu introduziu uma novidade tão drástica em implicação científica que Nicolau Copérnico, mais tarde, não pôde aceitá-la, por mais eficaz que fosse o artifício, conhecido como equante, para reproduzir os movimentos dos planetas. Por mais que tentasse, Ptolomeu não tinha conseguido arranjar um sistema de ciclos, epiciclos e excêntricas que aproximasse bem os movimentos observados dos planetas. Sua solução foi abandonar a insistência grega na uniformidade de movimentos circulares e introduzir, em vez disso, um ponto geométrico, o equante E colinear com a terra G e com o centro C do círculo deferente, de modo que o movimento angular *aparente* do centro Q do epiciclo, em que um planeta P se desloca, seja uniforme quando visto de E (Fig. 8.11).

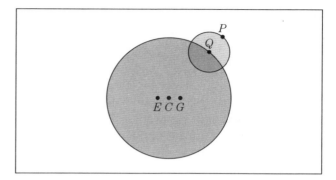

Figura 8.11

Dessa maneira, Ptolomeu conseguiu representações precisas dos movimentos dos planetas, mas naturalmente o artifício era apenas cinemático e não tentava contribuir em nada para resolver as questões de dinâmica levantadas por movimentos circulares não uniformes.

Outras obras de Ptolomeu

A fama de Ptolomeu hoje está associada principalmente a um único livro, o *Almagesto*, mas há outras obras dele. Entre as mais importantes estava a *Geografia*, em oito livros, que era uma "bíblia" para os geógrafos da época tanto quanto o *Almagesto* para os astrônomos. A *Geografia* de Ptolomeu introduzia o sistema de latitudes e longitudes tal como é usado hoje, descrevia métodos de projeção cartográfica e catalogava cerca de 8.000 cidades, rios e outros aspectos importantes da Terra. Infelizmente, não havia na época meios satisfatórios de determinar longitudes, portanto, erros substanciais eram inevitáveis. Ainda mais significativo era o fato de Ptolomeu aparentemente ter feito uma má escolha quando se tratava de avaliar o tamanho da Terra. Em vez de aceitar a cifra de 252.000 estádios dada por Eratóstenes, ele preferiu o valor de 180.000 estádios proposto por Posidônio, um professor estoico de Pompeu e Cícero. Por isso, Ptolomeu julgava que o mundo eurasiano conhecido era uma parte maior da circunferência do que realmente é — mais de 180° de longitude, em vez da cifra real de cerca de 130°. Esse erro grande sugeriu a navegadores posteriores, inclusive a Colombo, que uma viagem para oeste partindo da Europa para a Índia não seria de modo algum tão longa quanto acabou sendo na realidade. Se Colombo soubesse de quanto a estimativa de Ptolomeu do tamanho da Terra era inferior à realidade, talvez nunca tivesse embarcado.

Os métodos geográficos de Ptolomeu eram melhores na teoria que na prática, pois, em monografias separadas, que se preservaram apenas em traduções latinas do árabe, Ptolomeu descreveu dois tipos de projeção cartográfica. A projeção ortográfica é explicada no *Analemma*, a mais antiga exposição desse método de que dispomos, embora possa ter sido usada por Hiparco. Nessa transformação de uma esfera para um plano, pontos na superfície da esfera são projetados ortogonalmente sobre três planos perpendiculares entre si. No *Planisphaerium*, Ptolomeu descreve a projeção estereográfica, em que pontos da esfera são projetados por retas por um polo sobre um plano — no caso de Ptolomeu, do polo sul para o plano do equador. Ele sabia que, sob tal transformação, um círculo que não passasse pelo polo de projeção ia em um círculo do plano, e que um círculo pelo polo era projetado em uma reta. Ptolomeu percebia também o importante fato de tal transformação ser conforme — isto é, preservar ângulos. A importância de Ptolomeu para a geografia pode ser julgada pelo fato de os mais antigos mapas da Idade Média que chegaram até nós em manuscritos, nenhum anterior ao século treze, terem como protótipos os mapas feitos por Ptolomeu mais de mil anos antes.

Óptica e astrologia

Ptolomeu escreveu também uma *Óptica* que sobreviveu, imperfeitamente, em uma tradução latina de uma tradução árabe. Ela trata da física e da psicologia da visão, com a geometria dos espelhos, e contém uma das primeiras tentativa de uma lei da refração.

Nenhuma exposição da obra de Ptolomeu seria completa sem alguma menção de sua *Tetrabiblos* (ou *Quadripartitum*), pois mostra-nos um aspecto da investigação antiga que estamos inclinados a esquecer. O *Almagesto* é realmente um modelo de boa matemática e dados de observação precisos, postos a trabalhar para construir uma astronomia sóbria e científica; mas o *Tetrabiblos* (ou obra em quatro livros) representa uma espécie de religião sideral a que muito do mundo antigo se submetia. Ptolomeu, no *Tetrabiblos*, arguia que não se deve, por causa da possibilidade de erro, desencorajar o astrólogo mais do que o médico.

O *Tetrabiblos* difere do *Almagesto* não só como a astrologia difere da astronomia; as duas obras também usam diferentes tipos de matemática. O segundo usa bem a geometria grega sintética; o primeiro sugere que o povo em geral estava mais interessado em cálculos aritméticos que em pensamento racional. Pelo menos dos dias de Alexandre, o Grande, ao fim do mundo clássico, havia muita intercomunicação entre a Grécia e a Mesopotâmia, e parece claro que a aritmética e a geometria algébrica babilônicas continuaram a exercer considerável influência no mundo helenístico. A geometria grega, por outro lado, parece não ter tido boa acolhida na Mesopotâmia até a conquista árabe.

Heron de Alexandria

Heron de Alexandria é conhecido na história da matemática sobretudo pela fórmula, que tem seu nome, para a área do triângulo:

$$K = \sqrt{s(s-a)(s-b)(s-c)}$$

onde a, b, c são os lados e s é a metade da soma destes lados, isto é, o semiperímetro. Os árabes nos contam que a "fórmula de Heron" já era conhecida por Arquimedes, que sem dúvida tinha uma demonstração dela, mas a demonstração de Heron em sua *Métrica* é a mais antiga que temos. Embora agora a fórmula seja em geral demonstrada trigonometricamente, a demonstração de Heron é convencionalmente geométrica. A *métrica*, como *O método* de Arquimedes, ficou perdida durante muito tempo, até ser redescoberta em Constantinopla em 1896, em um manuscrito datando de cerca de 1100. A palavra "geometria" originalmente significava "medida de terra", mas a geometria clássica como se encontra em *Os ele-*

mentos de Euclides e nas *Cônicas* de Apolônio estava muito longe da mundana mensuração de terras. A obra de Heron, de outro lado, nos mostra que nem toda a matemática na Grécia era do tipo "clássico". Havia evidentemente dois níveis no estudo de configurações — comparáveis à distinção feita em contexto numérico entre aritmética (ou teoria dos números) e logística (ou técnicas de computação) — uma, que era eminentemente racional, podia ser chamada geometria e a outra, inteiramente prática, seria melhor chamada geodésia. Os babilônios não tinham a primeira, mas eram fortes na segunda, e é essencialmente o tipo de matemática babilônio que se encontra em Heron. É verdade que na *Métrica* uma ou outra demonstração é incluída, mas a maior parte da obra diz respeito a exemplos numéricos na mensuração de comprimentos, áreas e volumes. Há fortes semelhanças entre seus resultados e os que se encontram nos antigos textos de problemas mesopotâmios. Por exemplo, Heron dá uma tabulação das áreas A_n dos polígonos regulares de n lados em termos do quadrado de um lado s_n, começando com $A_3 = 13/30 s_3^2$ e indo até $A_{12} = 45/4 s_{12}^2$. Como na matemática pré-helênica, Heron também não fazia distinção entre resultados que são exatos e os que são apenas aproximações.

O fosso que separava a geometria clássica da mensuração de Heron é ilustrado claramente por certos problemas enunciados e resolvidos por Heron em outra de suas obras, a *Geométrica*. Um problema pede o diâmetro, perímetro e área de um círculo, dada a soma dessas grandezas. O axioma de Eudoxo excluiria tal problema de consideração teórica, pois as três grandezas não são de mesma dimensão, mas de um ponto de vista numérico não crítico o problema faz sentido. Além disso, Heron não resolveu o problema em termos gerais, mas, novamente se inspirando em métodos pré-helênicos, escolheu o caso específico em que a soma é 212; sua solução é como as receitas antigas, em que só os passos, sem razões, são dados. O diâmetro 14 é facilmente achado, tomando o valor de Arquimedes para π e usando o método babilônico de completar o quadrado para resolver uma equação quadrática. Heron simplesmente dá as instruções lacônicas, "Multiplique 212 por 154, some 841, extraia a raiz quadrada e subtraia 29, e divida por 11". Esse não é o melhor método para ensinar matemática, mas os livros de Heron se destinavam a servir como manuais para o praticante.

Heron dava tão pouca atenção à unicidade da resposta quanto às dimensões das grandezas. Em um problema, ele pedia os lados de um triângulo retângulo, se a soma da área com o perímetro é 280. Isto, é claro, é um problema indeterminado, mas Heron dá uma só solução, usando a fórmula de Arquimedes para a área do triângulo. Em notação moderna, se s é o semiperímetro do triângulo e r o raio do círculo inscrito, então $rs + 2s = s(r + 2) = 280$. Usando sua própria regra do livro de receitas, "Sempre procure fatores", ele escolhe $r + 2 = 8$ e $s = 35$. Então, a área rs é 210. Mas o triângulo é retângulo; logo, a hipotenusa c é igual a $s - r$ ou 35-6 ou 29; a soma dos lados a e b é igual a $r + s$ ou 41. Os valores de a e b são, pois, como se acha facilmente, 20 e 21. Heron nada diz sobre outras fatorações de 280, que naturalmente levariam a outras respostas.

Princípio da mínima distância

Heron se interessava por mensuração em todas as formas — na óptica e na mecânica tanto quanto na geodésia. A lei da reflexão da luz já era conhecida por Euclides e Aristóteles (possivelmente também por Platão); mas foi Heron quem mostrou, por um argumento geométrico simples, em uma obra chamada *Catóptrica* (ou reflexão), que a igualdade dos ângulos de incidência e reflexão é uma consequência do princípio aristotélico que diz que a natureza nada faz do modo mais difícil. Isto é, se a luz deve ir de uma fonte S a um espelho MM' e, então, ao olho E de um observador (Fig. 8.12), o caminho mais curto possível SPE é aquele em que os ângulos SPM e EPM' são iguais. Que nenhum outro caminho $SP'E$ pode ser tão curto quanto SPE fica claro traçando-se SQS' perpendicular a MM', com $SQ = QS'$, e comparando o caminho SPE com o caminho $SP'E$. Como os caminhos SPE e $SP'E$ são de comprimentos iguais aos caminhos $S'PE$ e $S'P'E$, respectivamente, e como $S'PE$ é uma reta (porque o ângulo $M'PE$ é igual ao ângulo MPS), resulta que $S'PE$ é o caminho mais curto.

Heron é lembrado na história da ciência e tecnologia como inventor de um tipo primitivo de máquina a vapor, descrita em *Pneumática,* de um precursor do termômetro, e de vários brinquedos e engenhos mecânicos baseados nas propriedades dos fluidos e em leis das máquinas simples. Ele sugeriu em *Mecânica* uma lei (engenhosa, mas incorreta) da máquina simples cujo princípio nem mesmo Arquimedes conseguira explicar — o plano inclinado. Seu nome também está ligado ao "algoritmo de Heron" para achar raízes quadradas, mas esse método de iteração era na verdade devido aos babilônios de 2.000 anos antes de seu tempo. Embora Heron evidentemente tivesse aprendido muito da matemática babilônica, parece não ter dado o devido valor à importância do princípio posicional para frações. As frações sexagesimais tinham-se tornado o instrumento usual dos astrônomos e físicos, mas é provável que permanecessem pouco familiares para o homem comum. As frações comuns eram usadas com certa frequência pelos gregos, a princípio com o numerador colocado abaixo do denominador, depois com as posições trocadas (e sem a barra separando os dois), mas Heron, escrevendo para o homem prático, parece ter preferido as frações unitárias. Ao dividir 25 por 13 ele escreve a resposta como $1 + 1/2 + 1/3 + 1/13 + 1/78$. A velha preferência egípcia por frações unitárias continuou na Europa durante pelo menos mil anos depois do tempo de Heron.

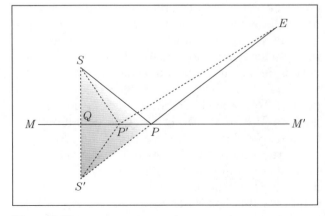

Figura 8.12

Declínio da matemática grega

O período de Hiparco a Ptolomeu, cobrindo três séculos, foi uma fase em que a matemática aplicada era predominante. Afirma-se, às vezes, que a matemática se desenvolve melhor quando em contato estreito com o trabalho do mundo; mas o período que estivemos considerando forneceria um argumento para a tese oposta. De Hiparco a Ptolomeu houve progressos na astronomia e geografia, óptica e mecânica, mas nenhum desenvolvimento significativo na matemática, além da trigonometria. Alguns atribuem o declínio às deficiências e dificuldades da álgebra geométrica grega, outros ao sopro frio que vinha de Roma. De qualquer forma, o período em que a trigonometria e a mensuração adquiriram importância foi caracterizado pela falta de progresso — se não real declínio; no entanto, foram precisamente esses aspectos da matemática grega que mais atraíram os estudiosos hindus e os árabes que serviram de ponte para o mundo moderno. Antes de nos voltarmos a esses povos, no entanto, precisamos olhar o veranico da matemática grega, às vezes chamado a "Idade de Prata".

O período que consideramos a seguir, de Ptolomeu a Proclo, cobre quase quatro séculos (do segundo ao sexto), mas nossa descrição está baseada em grande parte em dois trabalhos importantes, dos quais apenas trechos ainda existem, bem como em diversos trabalhos de menor importância.

Nicômaco de Gerasa

Deve-se lembrar que na Grécia antiga, a palavra aritmética significava teoria dos números, em vez de cálculos. Frequentemente, a aritmética grega tinha mais em comum com a filosofia que com o que consideramos como matemática; por isso teve um papel importante no neoplatonismo, durante a Segunda Idade Alexandrina. Isso era particularmente verdadeiro quanto à *Introductio arithmeticae* de Nicômaco de Gerasa, um neopitagórico que viveu perto de Jerusalém, por volta do ano 100 d.C. Afirma-se às vezes que o autor é de origem síria, mas certamente as tendências filosóficas gregas predominam em sua obra. A *Introductio* de Nicômaco, como a temos, contém só dois livros, e é possível que isso seja apenas uma versão abreviada de uma obra originalmente mais extensa. De qualquer forma, a possível perda nesse caso é muito menos de se lamentar que a perda de sete livros da *Arithmetica* de Diofante. Nicômaco, tanto quanto se pode julgar, tinha pouca competência matemática e se ocupava apenas com as propriedades mais elementares dos números. O nível da obra pode ser avaliado pelo fato do autor achar conveniente juntar uma tabuada de multiplicação indo até ι vezes ι (isto é, 10 vezes 10).

A *Introductio* de Nicômaco começa, como era de se esperar, com a classificação pitagórica dos números em pares e ímpares, depois em parmente pares (potências de dois) e parmente ímpares ($2^n \cdot p$, onde p é ímpar e $p > 1$ e $n > 1$) e imparmente pares ($2 \cdot p$ onde p é ímpar e $p > 1$). São definidos os números primos, compostos e perfeitos, e é dada uma descrição do crivo de Eratóstenes, bem como uma lista dos quatro primeiros números perfeitos (6 e 28 e 496 e 8.128). A obra inclui também uma classificação das razões e combinações de razões (razões de inteiros são essenciais na teoria pitagórica dos intervalos musicais), um tratamento extenso dos números figurativos (que tinham tido tanto relevo na aritmética pitagórica) em duas e três dimensões, e uma exposição bem completa sobre as várias médias (também um tópico favorito na filosofia pitagórica). Como alguns outros escritores, Nicômaco considerava o número três como o primeiro número no sentido estrito da palavra, pois um e dois eram realmente apenas os geradores do sistema numérico. Para Nicômaco, os números tinham certas qualidades, eram melhores ou piores, mais jovens ou mais velhos, e podiam transmitir traços, como os pais aos filhos. Apesar desse antropomorfismo aritmético como pano de fundo, a *Introductio* contém um teorema moderadamente sofisticado. Nicômaco observou que se os inteiros ímpares são agrupados segundo o esquema 1; 3 + 5; 7 + 9 + 11; 13 + 15 + 17 + 19; ..., as somas sucessivas são os cubos dos inteiros. Essa observação, junto com a antiga observação pitagórica de ser a soma dos n primeiros números ímpares igual a n^2, leva à conclusão de que a soma dos n primeiros cubos perfeitos é igual ao quadrado da soma dos n primeiros inteiros.

Diofante de Alexandria

Vimos que a matemática grega não era toda de alto nível, pois ao período glorioso do terceiro século a.C. seguiu-se um declínio, talvez interrompido até certo ponto nos dias de Ptolomeu, mas não realmente cancelado até o século da "Idade de Prata", de 250 a 350 d.C., aproximadamente. No começo desse período, também chamado Segunda Idade Alexandrina, encontramos o maior algebrista grego, Diofante de Alexandria, e, perto do fim desse período, apareceu o último geômetra grego importante, Papus de Alexandria. Nenhuma outra cidade foi o centro da atividade matemática por tanto tempo quanto Alexandria, dos dias de Euclides (cerca de 300 a.C.) aos de Hipatia (415 d.C.).

A incerteza sobre a vida de Diofante é tão grande que não se sabe exatamente em que século viveu. Em geral, supõe-se que viveu cerca de 250 d.C. Uma tradição, relatada em uma coleção de problemas chamada "Antologia Grega", é descrita abaixo:

> Deus lhe concedeu ser um menino pela sexta parte de sua vida, e somando uma duodécima parte a isto cobriu-lhe as faces de penugem. Ele lhe acendeu a lâmpada nupcial após uma sétima parte, e cinco anos após seu casamento concedeu-lhe um filho. Ai! infeliz, criança tardia; depois de chegar à metade da vida de seu pai, o Destino frio o levou. Depois de consolar sua dor com a ciência dos números por quatro anos, ele terminou sua vida [Cohen e Drabkin, 1958; p.27].

Se esse enigma é historicamente exato, Diofante viveu oitenta e quatro anos.

Diofante é frequentemente chamado o pai da álgebra, mas veremos que tal designação não deve ser tomada literalmente. Sua obra não é, de modo algum, o tipo de material que forma a base da álgebra elementar moderna; nem se assemelha à álgebra geométrica de Euclides. A principal obra de Diofante que conhecemos é a *Arithmetica*, tratado que era originalmente em treze livros, dos quais só os seis primeiros se preservaram.

A *Arithmetica* de Diofante

A *Arithmetica* de Diofante era um tratado caracterizado por um alto grau de habilidade matemática e de engenho. Neste aspecto, o livro pode ser comparado aos grandes clássicos da Idade Alexandrina anterior; no entanto, quase nada tem em comum com esses ou, na verdade, com qualquer matemática grega tradicional. Representa essencialmente um novo ramo e usa uma abordagem diferente. Desvinculado dos métodos geométricos, assemelha-se à álgebra babilônica em muitos aspectos. Mas, enquanto os matemáticos babilônios se ocupavam principalmente com soluções *aproximadas* de equações *determinadas* de até terceiro grau, a *Arithmetica* de Diofante (tal como a temos) é quase toda dedicada à resolução *exata* de equações tanto *determinadas* quanto *indeterminadas*. Devido à ênfase dada na *Arithmetica* à solução de problemas indeterminados, o assunto, às vezes chamado análise indeterminada, tornou-se conhecido como análise diofantina.

A álgebra hoje se baseia quase exclusivamente em formas simbólicas de enunciados, em lugar da linguagem escrita usual da comunicação comum em que a matemática grega anterior bem como a literatura grega se expressavam. Tem-se afirmado que podem ser reconhecidos três estágios no desenvolvimento histórico da álgebra: (1) o primitivo, ou retórico, em que tudo é completamente escrito em palavras; (2) um estágio intermediário ou sincopado, em que são adotadas algumas abreviações; e (3) um estágio simbólico ou final. Tal divisão arbitrária do desenvolvimento da álgebra em três estágios é, naturalmente, uma simplificação superficial excessiva; mas serve efetivamente como primeira aproximação ao que aconteceu, e nesse esquema a *Arithmetica* de Diofante deve ser colocada na segunda categoria.

Nos seis livros preservados da *Arithmetica*, há um uso sistemático de abreviações para potências de números e para relações e operações. Um número desconhecido é representado por um símbolo parecido com a letra grega **ς** (talvez pela última letra de *arithmos);* o quadrado disto aparece como Δ^γ, o cubo como K^γ, a quarta potência, chamada quadrado-quadrado, como $\Delta^\gamma\Delta$, a quinta potência ou quadrado-cubo, como ΔK^γ, e a sexta potência ou cubo-cubo, como $K^\gamma K$. Diofante conhecia as regras de combinação equivalentes às nossas leis sobre expoentes. A diferença principal entre a sincopação de Diofante e a notação algébrica moderna está na falta de símbolos especiais para operações e relações, bem como de notação exponencial.

Problemas diofantinos

Se pensarmos primariamente em termos de notação, Diofante tem boas razões para pretender o título de pai da álgebra, mas em termos de motivação e conceitos a pretensão é menos justificada. A *Arithmetica* não é uma exposição sistemática sobre as operações algébricas ou as funções algébricas ou a resolução de equações algébricas. Em vez disso, é uma coleção de cerca de 150 problemas, todos resolvidos em termos de exemplos numéricos específicos, embora talvez pretendendo conseguir generalidade de método. Não há desenvolvimento postulacional, nem se faz um esforço para achar todas as soluções possíveis. Não é feita uma distinção clara entre problemas determinados e indeterminados, e mesmo para os últimos, para os quais o número de soluções em geral é infinito, uma só resposta é dada. Diofante resolvia problemas envolvendo vários números desconhecidos expressando engenhosamente todas as quantidades desconhecidas, quando possível, em termos de uma apenas.

Diofante usou na análise indeterminada essencialmente a mesma abordagem que na análise de equações determinadas. Um problema pede que sejam encontrados dois números tais que cada um somado com o quadrado do outro forneça um quadrado perfeito. Esse é um exemplo típico de análise diofantina, em que somente números racionais são admissíveis como resposta. Ao resolver o problema, Diofante não chamou os números de x e y, mas de x e $2x + 1$. Aqui, o segundo, quando somado ao quadrado do primeiro, fornecerá um quadrado perfeito qualquer que seja o valor de x escolhido. Agora, exige-se também que $(2x + 1)^2 + x$ seja um quadrado perfeito. Aqui, Diofante não menciona a existência de uma infinidade de respostas. Ele se contenta com escolher um caso particular de quadrado perfeito, neste caso, o número $(2x - 2)^2$, de modo que quando igualado a $(2x + 1)^2 + x$ resulte uma equação linear em x. Aqui, o resultado é $x = 3/13$, de modo que o outro número, $2x + 1$, é 19/13. Poderíamos, é claro, usar $(2x - 3)^2$ ou $(2x - 4)^2$ ou expressões semelhantes, em vez de $(2x - 2)^2$, e chegar a outros pares de números tendo a propriedade desejada. Aqui, vemos um esquema que chega perto de ser um "método" na obra de Diofante: quando duas condições devem ser satisfeitas por dois números, eles são escolhidos de modo a satisfazer a uma das duas condições; e então se ataca o problema de satisfazer à segunda. Isto é, em vez de tratar equações *simultâneas* em duas incógnitas, Diofante opera com condições *sucessivas,* de modo que apareça um só número desconhecido no trabalho.

O lugar de Diofante na álgebra

Entre os problemas indeterminados na *Arithmetica,* há alguns envolvendo equações como $x^2 = 1 + 30y^2$ e $x^2 = 1 + 26y^2$, que são exemplos da chamada "equação de Pell", $x^2 = 1 + py^2$; novamente, considera-se que uma só solução basta. De certa maneira, é injusto criticar Diofante por se satisfazer com uma única resposta, pois ele estava resolvendo problemas, não equações. A *Arithmetica* não é um texto de álgebra, mas uma coleção de problemas de aplicação de álgebra. Neste aspecto, Diofante se assemelha aos algebristas babilônios, mas seus números são inteiramente abstratos e não se referem a medidas de grãos ou dimensões de campos ou unidades monetárias, como no caso da álgebra egípcia e mesopotâmica. Além disso, ele se interessava apenas por soluções racionais *exatas,* enquanto os babilônios tinham inclinações computacionais e aceitavam aproximações de soluções irracionais das equações.

Não sabemos quantos problemas na *Arithmetica* eram originais ou se Diofante tinha tomado emprestado de outras coleções. Possivelmente, de alguns dos problemas ou métodos é possível seguir a trilha até origens babilônicas, pois enigmas e exercícios costumam reaparecer geração após geração. Para nós, hoje, a *Arithmetica* de Diofante parece surpreendentemente original, mas talvez essa impressão resulte da perda de coleções de problemas rivais. Indicações de que Diofante possa ter sido uma figura menos isolada do que tem sido suposto são encontradas em uma coleção de problemas, talvez do começo do segundo século de nossa era (portanto presumivelmente anterior à *Arithmetica),* em que aparecem alguns símbolos diofantinos. No entanto, Diofante teve uma influência maior sobre a teoria moderna dos números do que qualquer outro matemático grego não geômetra. Em particular, Pierre de Fermat foi levado ao seu célebre "grande" ou "último" teorema quando procurou generalizar um problema que tinha lido na *Arithmetica* de Diofante (II.8): dividir um dado quadrado em dois quadrados.

Papus de Alexandria

A *Arithmetica* de Diofante é uma obra brilhante, digna do período de renascimento em que foi escrita, mas, em motivação e conteúdo, está muito distante dos tratados magnificamente lógicos do grande triunvirato de geômetras da primeira Idade Alexandrina. A álgebra parecia mais adequada à resolução de problemas do que à exposição dedutiva, e a grande obra de Diofante ficou fora da corrente principal da matemática grega. Uma obra menor sobre números poligonais de Diofante está mais perto dos antigos interesses gregos, mas mesmo essa não pode ser considerada próxima do ideal lógico grego. A geometria clássica não tinha achado um defensor ardente, com a possível exceção de Menelau, desde a morte de Apolônio, mais de quatrocentos anos antes. Mas, durante o reino de Diocleciano (284-305 d.C.), viveu novamente em Alexandria um estudioso que era movido pelo mesmo espírito que animara Euclides, Arquimedes e Apolônio.

A *Coleção*

Em 320 d.C. aproximadamente, Papus de Alexandria escreveu uma obra com o título *Coleção* (*Synagoge*), que é importante por várias razões. Em primeiro lugar, fornece um registro histórico muito valioso de partes da matemática grega que de outro modo não conheceríamos. Por exemplo, é pelo livro V da *Coleção* que ficamos sabendo da descoberta por Arquimedes dos treze poliedros semirregulares ou "sólidos arquimedianos". Além disso, a *Coleção* contém também novas demonstrações e lemas suplementares para proposições das obras de Euclides, Arquimedes, Apolônio e Ptolomeu. Finalmente, o tratado contém novas descobertas e generalizações, não encontradas em nenhuma obra anterior. A *Coleção*, o mais importante tratado de Papus, continha oito livros, mas o primeiro livro e a primeira parte do segundo livro se perderam.

O livro III da *Coleção* mostra que Papus compartilhava totalmente da clássica apreciação grega pelas sutilezas da precisão lógica em geometria. Aqui, ele faz distinção clara entre problemas "planos", "sólidos" e "lineares" — os primeiros sendo construíveis com retas e círculos apenas, os segundos resolúveis pelo uso de secções cônicas e os terceiros exigindo outras curvas que não retas, círculos e cônicas. A seguir, Papus descreve algumas soluções dos três famosos problemas da antiguidade, a duplicação e trissecção sendo problemas da segunda categoria, isto é, sólidos, e a quadratura do círculo, um problema linear. Papus virtualmente afirma aqui o fato de ser impossível resolver os problemas clássicos sob as condições platônicas, pois eles não estão entre os problemas planos; mas demonstrações rigorosas só foram dadas no século dezenove.

No livro IV, Papus novamente insiste em que se deve dar a cada problema uma construção adequada a ele. Isto é, não devem ser usados lugares geométricos lineares para resolver problemas sólidos, nem lugares geométricos sólidos ou lineares na solução de um problema plano. Afirmando que a trissecção de um ângulo é um problema sólido, ele sugere, portanto, métodos que empreguem secções cônicas, ao passo que, Arquimedes, em um caso, tinha usado uma *neusis,* ou seja, uma construção usando régua móvel, e em outro uma espiral, que é um lugar geométrico linear. Uma das trissecções de Papus é como segue. Considere o ângulo dado AOB colocado em um círculo com centro O (Fig. 8.13) e seja OC a bissetriz do ângulo. Trace a hipérbole tendo A como um foco, OC como a diretriz correspondente, e com excentricidade igual a 2. Então, um ramo dessa hipérbole cortará a circunferência do círculo em um ponto T tal que $\angle AOT$ é um terço de $\angle AOB$.

Uma segunda construção da trissecção proposta por Papus usa uma hipérbole equilátera como segue. Considere que o lado OB do ângulo AOB seja uma diagonal de um retângulo $ABCO$ e por A trace a hipérbole equilátera tendo BC e OC (prolongados) como assíntotas (Fig. 8.14). Com A como centro e com raio duas vezes OB, trace um círculo, que corta a hipérbole em P e de P baixe a perpendicular PT a CB prolongado. Então, demonstra-se facilmente, usando as propriedades da hipérbole, que a reta que passa por O e T é paralela a AP e que $\angle AOT$ é um terço de $\angle$ AOB. Papus não menciona nenhuma fonte para suas trissecções e não podemos deixar de nos perguntar se Arquimedes conhecia esta trissecção. Se traçarmos o semicírculo passando por B, tendo QT como diâmetro e M como centro, teremos essencialmente a construção de Arquimedes por *neusis,* pois $OB = QM = MT = MB$.

No Livro III, Papus descreve também a teoria das médias e dá uma atraente construção que põe

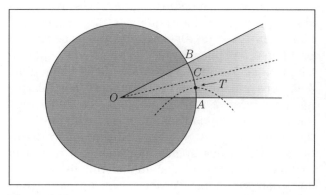

Figura 8.13

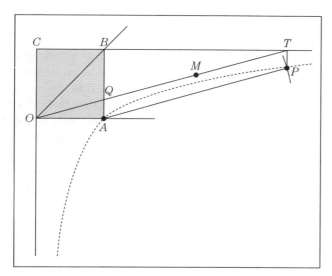

Figura 8.14

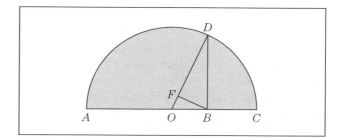

Figura 8.15

a média aritmética, a geométrica e a harmônica no mesmo semicírculo. Papus mostra que, se no semicírculo ADC com centro O (Fig. 8.15) tivermos $DB \perp AC$ e $BF \perp OD$, então DO é a média aritmética, DB é a média geométrica e DF a média harmônica das grandezas AB e BC. Aqui, Papus diz que é o autor apenas da demonstração, atribuindo o diagrama a um geômetra cujo nome não é citado.

Teoremas de Papus

A *Coleção* de Papus está repleta de informações interessantes e de resultados significativos novos. Em muitos casos, as novidades têm a forma de generalizações de teoremas anteriores, e exemplos disso aparecem no livro IV. Aqui, achamos uma generalização elementar do teorema de Pitágoras. Se ABC é *qualquer* triângulo (Fig. 8.16) e se $ABDE$ e $CBGF$ são *quaisquer* paralelogramos construídos sobre dois dos lados, então Papus constrói sobre o lado AC um terceiro paralelogramo $ACKL$ igual à soma dos dois outros. Isso se faz facilmente, prolongando os lados FG e ED até se encontrarem em H, depois traçando HB e prolongando-o até encontrar o lado AC em J, e finalmente traçando AL e CK paralelos a HBJ. Não se sabe se essa generalização, que leva usualmente o nome de Papus, era original dele, e já foi sugerido que Heron já a conhecia anteriormente.

Outro exemplo de generalização no livro IV, que também leva o nome de Papus, estende teoremas de Arquimedes sobre a faca do sapateiro. Afirma que se os círculos $C_1, C_2, C_3, C_4, \ldots, C_n, \ldots$ forem inscritos sucessivamente como na Fig. 8.17, todos sendo tangentes aos semicírculos sobre AB e sobre AC e, sucessivamente, cada um ao anterior, a distância perpendicular do centro do n-ésimo círculo à reta de base ABC é n vezes o diâmetro do n-ésimo círculo.

O Problema de Papus

O livro V da *Coleção* foi um favorito dos comentadores posteriores, porque levantava a questão da sagacidade das abelhas. Tendo Papus mostrado que, de dois polígonos regulares de mesmo perímetro, o que tem maior número de lados tem maior área, ele concluiu que as abelhas demonstravam algum entendimento matemático ao construir células como prismas hexagonais, em vez de quadrados ou triangulares. O livro examina outros problemas de isoperimetria, inclusive uma de-

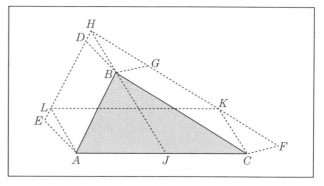

Figura 8.16

monstração de que o círculo tem maior área, para um perímetro dado, que qualquer polígono regular. Aqui, Papus parece estar seguindo de perto uma obra, *Sobre figuras isométricas*, escrita quase meio milênio antes por Zenodoro (cerca de 180 a.C.), da qual alguns fragmentos foram preservados por comentadores posteriores. Entre as proposições no tratado de Zenodoro, havia uma afirmando que de todas as figuras sólidas de igual superfície a esfera têm o volume máximo, mas só é dada uma justificativa incompleta.

Os livros VI e VIII da *Coleção* tratam principalmente de aplicações da matemática à astronomia, à óptica e à mecânica (inclusive uma tentativa malsucedida de achar a lei do plano inclinado). De muito maior significado na história da matemática é o livro VII, em que, graças à sua propensão para generalizar, Papus chega perto do princípio fundamental da geometria analítica. Os únicos métodos reconhecidos pelos antigos para definir curvas planas eram (1) definições cinemáticas, em que o ponto se move sujeito a dois movimentos superpostos, e (2) secção por um plano de uma superfície geométrica, tal como um cone ou esfera ou cilindro. Entre essas últimas curvas, estavam certas quárticas chamadas secções espíricas, descritas por Perseu (cerca de 150 a.C.), obtidas cortando-se um anel de âncora, ou toro, por um plano. Ocasionalmente, uma curva tortuosa chamava a atenção dos gregos, inclusive a hélice cilíndrica e uma curva análoga à espiral de Arquimedes, descrita sobre uma superfície esférica, ambas conhecidas por Papus; mas a geometria grega se restringia principalmente ao estudo de curvas planas, na verdade, a um número muito limitado de curvas planas. É interessante notar, portanto, que no livro VII da *Coleção*, Papus propôs um problema generalizado que levava a uma infinidade de novos tipos de curvas. Esse problema, mesmo em sua forma mais simples, é conhecido usualmente como "problema de Papus", mas o enunciado original, envolvendo três ou quatro retas, parece vir dos dias de Euclides. Em sua primeira forma, o problema é chamado "o lugar a três ou quatro retas", descrito anteriormente em conexão com a obra de Apolônio. Euclides, evidentemente, tinha determinado o lugar geométrico para certos casos especiais, mas parece que Apolônio, em uma obra agora perdida, tinha dado uma solução completa. No entanto, Papus dá a impressão de que os geômetras tinham fracassado nas tentativas de chegar a uma solução geral e de que ele teria sido o primeiro a demonstrar que o lugar geométrico é sempre uma secção cônica.

Mas, o que é mais importante, Papus então foi adiante, considerando o problema análogo para mais de quatro retas. Para seis retas em um plano, ele percebeu que uma curva é determinada pela condição de o produto das distâncias a três destas retas estar em uma razão fixada para o produto das distâncias às outras três. Nesse caso, uma curva é definida pelo fato de um sólido estar em uma razão fixada para outro sólido. Papus hesitou em passar a casos envolvendo mais que seis retas, porque "não há nada contido por mais do que três dimensões". Mas, ele continuou, "homens que viveram um pouco antes de nós se permitiam interpretar tais coisas, que nada significam que seja compreensível, falando do produto do conteúdo de tal e tal retas pelo quadrado disso ou conteúdo daquelas. Tais coisas, porém, poderiam ser enunciadas e demonstradas de modo geral, usando proporções compostas". Os predecessores não citados por nome, evidentemente, estavam dispostos a dar um passo muito importante na direção de uma geometria analítica que incluiria curvas de grau superior a três, assim como Diofante tinha usado as expressões quadrado-quadrado e cubo-cubo para potências superiores de números. Se Papus tivesse seguido a sugestão até mais longe, poderia ter-se antecipado a Descartes com uma classificação e teoria geral das curvas, indo muito além da distinção clássica entre lugares geométricos planos, sólidos e lineares. Que ele tinha

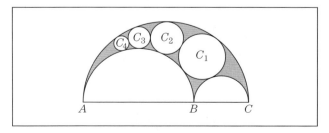

Figura 8.17

percebido que, para qualquer número de retas no problema de Papus, uma curva específica fica determinada, constitui a observação mais geral sobre lugares geométricos em toda a geometria antiga, e as sincopações algébricas que Diofante tinha desenvolvido teriam sido suficientes para revelar algumas das propriedades das curvas. Mas Papus, no fundo, era unicamente um geômetra, como Diofante tinha sido unicamente um algebrista; por isso, Papus apenas comentou com surpresa que ninguém tenha feito uma síntese desse problema, para algum caso que envolvesse mais do que quatro retas. O próprio Papus não fez um estudo mais profundo desses lugares geométricos, "dos quais nada mais se sabe e que são simplesmente chamados curvas". Para o passo seguinte, nessa questão, era necessário que aparecesse um matemático que se ocupasse ao mesmo tempo com álgebra e geometria; é significativo observar que quando tal figura apareceu, na pessoa de Descartes, foi esse mesmo problema de Papus que serviu como ponto de partida para a invenção da geometria analítica.

O *Tesouro da Análise*

Há outros tópicos importantes no livro VII da *Coleção*, além do problema de Papus. Entre eles, há uma descrição completa do que se chamava o método de análise e de uma coleção de obras conhecida como *Tesouro da Análise*. Papus descreve a análise como sendo "um método de tomar como aceito o que se busca e daí passar por suas consequências até alguma coisa que seja aceita como resultado de síntese". Isto é, ele via na análise uma "solução ao contrário", cujos passos devem ser percorridos de novo em sentido inverso para constituir uma demonstração válida. Se a análise leva a alguma coisa que se admite ser impossível, o problema também será impossível, pois uma conclusão falsa implica uma premissa falsa. Papus explica que o método de análise e síntese é usado pelos autores cujas obras constituem o *Tesouro da Análise*. "É isto um corpo de doutrina fornecido para o uso daqueles que, depois de estudar os elementos usuais, querem se tornar capazes de resolver problemas envolvendo curvas, que lhes sejam propostos", e Papus menciona entre as obras do *Tesouro da Análise* os tratados sobre cônicas de Aristeu, Euclides e Apolônio. É pela descrição de Papus que ficamos sabendo que *Cônicas* de Apolônio continham 487 teoremas. Como os sete livros preservados compreendem 382 proposições, concluímos que o oitavo livro continha 105 proposições. Cerca de metade das obras mencionadas por Papus como parte do *Tesouro da Análise* está agora perdida, inclusive *Dividir em uma razão* de Apolônio, *Sobre médias* de Eratóstenes e *Porismas* de Euclides.

Os Teoremas de Papus-Guldin

O livro VII da *Coleção* contém o primeiro enunciado conhecido da propriedade foco-diretriz das três secções cônicas. Parece que Apolônio conhecia as propriedades focais para as cônicas centrais, mas é possível que a propriedade foco-diretriz para a parábola não fosse conhecida antes de Papus. Outro teorema no livro VII, que aparece pela primeira vez, é um que em geral tem o nome de Paul Guldin, matemático do século dezessete: se uma curva fechada plana gira em torno de uma reta que não a corta, o volume do sólido gerado é obtido tomando o produto da área limitada pela curva pela distância percorrida, durante a revolução, pelo centro de gravidade da área. Papus, justificadamente, se orgulhava bastante desse teorema muito geral, pois inclui "um grande número de teoremas de todos os tipos sobre curvas, superfícies e sólidos, todos demonstrados simultaneamente com uma demonstração". Há uma possibilidade de que o "teorema de Guldin" represente uma interpolação no manuscrito da *Coleção*. De qualquer modo, é um avanço notável, por alguém que viveu durante ou logo a seguir do longo período de declínio. Papus deu também o teorema análogo que diz que a área da superfície gerada pela revolução de uma curva em torno de uma reta que não a corta é igual ao produto do comprimento da curva pela distância percorrida pelo centroide da curva durante a revolução.

O fim do domínio de Alexandria

A *Coleção* de Papus é o último tratado matemático antigo realmente significativo, pois a tentativa do autor de ressuscitar a geometria não teve sucesso. Obras matemáticas continuaram a ser escritas em grego por mais de mil anos, continuando uma influência com início quase um milênio antes, mas os autores que vieram depois de Papus nunca mais chegaram ao seu nível. Suas obras têm quase exclusivamente a forma de comentários sobre tratados anteriores. O próprio Papus é em parte responsável pelos comentários que surgiram em seguida de todos os lados, pois ele escreveu comentários sobre *Os elementos* de Euclides e o *Almagesto* de Ptolomeu, entre outros, dos quais só restam fragmentos. Comentários posteriores, como os de Teon de Alexandria (viveu em 365 d.C.), são mais úteis para informação histórica do que por resultados matemáticos. Teon foi responsável por uma importante edição de *Os elementos* que se preservou; é lembrado também como o pai de Hipatia, que escreveu os comentários sobre Diofante, Ptolomeu e Apolônio e também revisou parte dos comentários de seu pai sobre Ptolomeu. Ardente e influente professora do neoplatonismo pagão, Hipatia atraiu inimizade de uma fanática multidão cristã em cujas mãos sofreu uma morte cruel em 415 d.C. O impacto dramático de sua morte em Alexandria fez com que esse ano fosse tomado por alguns como marco do fim da matemática antiga; mais especificamente, marca o fim de Alexandria como o grande centro de matemática que tinha sido.

Proclo de Alexandria

Em Proclo (410-485 d.C.), Alexandria produziu um jovem estudioso de matemática que foi para Atenas, onde se tornou o último chefe da Academia e líder da escola neoplatônica. Proclo era mais filósofo que matemático, mas suas observações são frequentemente cruciais para a história da geometria grega mais antiga. De grande importância é seu *Comentário sobre o livro I de Os elementos de Euclides*, pois, enquanto escrevia, Proclo certamente tinha à mão um exemplar da *História da geometria* de Eudemus, agora perdida, assim como os *Comentários sobre Os elementos* de Papus, em grande parte perdido. Devemos muito da informação de que dispomos sobre a história da geometria antes de Euclides a Proclo, que incluiu em seu *Comentário* um sumário ou extrato substancial da *História* de Eudemus. Essa passagem, que se tornou conhecida como *Sumário eudemiano*, pode ser considerada a principal contribuição de Proclo à matemática, embora lhe seja atribuído o teorema que diz que se um segmento de reta de comprimento fixo se move com as extremidades sobre duas retas que se cortam, um ponto do segmento descreverá uma parte de uma elipse.

Boécio

Durante os anos que Proclo passou em Atenas, o Império Romano no Ocidente estava desmoronando gradualmente. O fim do império é geralmente situado em 476 d.C., pois nesse ano o então imperador foi destituído por Odoacro, um godo. Restava algo do orgulho do antigo senado romano, mas o partido senatorial tinha perdido o controle político. Nessa situação, Boécio (cerca de 480-524 d.C.), um dos principais matemáticos produzidos pela Roma antiga, achou sua posição difícil, pois provinha de antiga e importante família patrícia. Ele não era apenas um filósofo e matemático, mas também um homem de Estado, e provavelmente encarou com desgosto o emergente poder ostrogodo. Escreveu livros didáticos para cada um dos quatro ramos matemáticos das artes liberais, mas esses livros eram abreviações insignificantes e extremamente elementares de clássicos mais antigos — uma *Arithmetica* que era apenas uma forma abreviada da *Introdução* de Nicômaco; uma *Geometria* baseada em Euclides e contendo apenas enunciados, sem demonstração, de algumas das partes mais simples dos quatro primeiros livros de *Os elementos*, uma *Astronomia* derivada do *Almagesto* de Ptolomeu; e uma *Música* em dívida com obras anteriores de Euclides, Nicômaco e Ptolomeu. Em alguns casos, esses livros elementares, muito usados em escolas monásticas medievais, podem ter sofrido interpolações posteriores, por isso é difícil determinar precisamente o que se deve de fato ao próprio Boécio. No entanto, é claro que o autor se preocupava principalmente com dois aspectos da matemática: sua relação com a filosofia e sua aplicabilidade a problemas simples de mensuração.

Boécio parece ter sido um homem de estado de elevadas motivações e indiscutível integridade; ele e seus filhos serviram como cônsules. Boécio foi um dos principais conselheiros de Teodorico, mas por alguma razão política ou religiosa, o filósofo caiu no desagrado do imperador. Insinuou-se que Boécio era cristão (como talvez também Papus) e ter ele adotado ideias trinitárias que desagradavam ao imperador ariano. É possível também que Boécio estivesse associado muito de perto com elementos políticos, que buscavam no Império do Oriente ajuda para restaurar a antiga ordem romana no Ocidente. De qualquer forma, Boécio foi executado em 524 ou 525 d.C., após longo encarceramento. (Incidentalmente, Teodorico morreu cerca de apenas um ano depois, em 526 d.C.) Foi na prisão que ele escreveu sua obra mais célebre, *De consolatione philosophiae*. Esse ensaio, escrito em prosa e verso enquanto esperava a morte, discute a responsabilidade moral à luz da filosofia aristotélica e platônica.

Fragmentos atenienses

A morte de Boécio pode ser considerada como marco do fim da matemática antiga no Império Romano do Ocidente, como a morte de Hipatia tinha marcado o fim de Alexandria como centro matemático; mas em Atenas ainda se trabalhou por mais alguns anos. Não surgiu nenhum grande matemático original aí, mas o comentador peripatético Simplicius (viveu em 520 d.C.) se preocupava suficientemente com a geometria grega para preservar para nós o que pode ser o mais antigo fragmento existente. Aristóteles, na *Physica*, tinha mencionado a quadratura do círculo ou de um segmento e Simplicius aproveitou esta oportunidade para citar "palavra por palavra" o que Eudemus escrevera sobre a quadratura de lunas por Hipócrates. A exposição, contendo várias páginas, dá detalhes completos sobre a quadratura de lunas, citados por Simplicius de Eudemus, que por sua vez se presume ter dado ao menos parte das demonstrações nas próprias palavras de Hipócrates, especialmente onde eram usadas certas formas de expressão arcaicas. Essa fonte é aonde chegamos a um contato mais direto com a matemática grega antes dos dias de Platão.

Simplicius era primariamente um filósofo, mas em seus dias circulava uma obra usualmente descrita como a *Antologia grega*, cujas partes matemáticas lembram fortemente os problemas no Papiro Ahmes de mais de dois milênios antes. A *Antologia* continha cerca de seis mil epigramas; desses, mais de quarenta são problemas matemáticos, presumivelmente reunidos por Metrodorus, um gramático talvez do século quinto ou sexto. A maior parte deles, inclusive a epigrama neste capítulo sobre a idade de Diofante, leva a equações lineares simples. Por exemplo, pergunta-se quantas maçãs há em uma coleção, se devem ser distribuídas entre seis pessoas de modo que a primeira receba um terço das maçãs, a segunda receba um quarto, a terceira pessoa receba um quinto, a quarta receba um oitavo, a quinta receba dez maçãs, e reste uma maçã para a última pessoa. Outro problema é típico de textos de álgebra elementar de nossos dias: se um cano pode encher uma cisterna em um dia, um segundo em dois dias, um terceiro em três dias e um quarto em quatro dias, quantos dias levam os quatro vertendo juntos para enchê-la? Os problemas não devem ser originais de Metrodorus, mas reunidos de várias fontes. Alguns provavelmente vêm dos dias de Platão, lembrando-nos que nem toda a matemática grega era do tipo que consideramos clássico.

Matemáticos bizantinos

Havia contemporâneos de Simplicius e Metrodorus com preparo suficiente para permitir-lhes entender as obras de Arquimedes e Apolônio. Entre esses, havia Eutocius (nascido por volta de 480 d.C.) que comentou vários tratados de Arquimedes e *Cônicas* de Apolônio. É a Eutocius que devemos a solução de Arquimedes de uma cúbica por cônicas que se cortam, mencionada em *A es-*

fera e o cilindro, mas que fora isso só existe no comentário de Eutocius. O comentário de Eutocius sobre *Cônicas* era dedicado a Antemius de Trales (morreu cerca de 534 d.C.), um matemático competente e arquiteto de Sta. Sofia de Constantinopla, que descreveu a construção da elipse com cordel e escreveu uma obra *Sobre espelhos que queimam,* em que são descritas as propriedades focais da parábola. Seu colega e sucessor na construção de Sta. Sofia, Isidoro de Mileto (viveu em 520 d.C.), era também matemático capaz. Foi Isidoro quem tornou conhecidos os comentários de Eutocius e promoveu um ressurgimento do interesse pelas obras de Arquimedes e Apolônio. A ele talvez devamos a familiar construção com cordel e régua-tê da parábola e talvez também o apócrifo livro XV de *O elementos* de Euclides. Talvez se deva em grande parte às atividades do grupo de Constantinopla — Eutocius, Isidoro e Antemius — que tenham sido preservadas versões gregas de obras de Arquimedes e dos quatro primeiros livros de *As cônicas* de Apolônio.

Quando, em 527 d.C., Justiniano se tornou imperador do Oriente, evidentemente julgou que a cultura pagã das escolas filosóficas em Atenas era uma ameaça ao cristianismo ortodoxo; por isso em 529 d.C. as escolas filosóficas foram fechadas e os seus membros dispersados. Por essa época, Simplicius e alguns outros filósofos procuraram asilo no Oriente. Encontraram-no na Pérsia, onde, sob o rei Sassanid, eles estabeleceram o que se poderia chamar a "Academia Ateniense no Exílio". A data 529 d.C., portanto, é frequentemente considerada o marco do fim do desenvolvimento da matemática na Europa na antiguidade.

Daí por diante, as sementes da ciência grega se desenvolveriam nos países do Oriente Próximo e do Extremo Oriente até que, cerca de 600 anos depois, o mundo latino estivesse mais receptivo. A data de 529 d.C. tem outro significado que pode ser considerado sintomático da mudança de valores — nesse ano, foi fundado o venerável monastério de Monte Cassino.

A matemática grega, é claro, não desapareceu de vez da Europa em 529 d.C., pois comentários continuaram a ser escritos em grego no Império Bizantino, onde os manuscritos gregos eram copiados e preservados. Durante os dias de Proclo, a academia de Atenas tinha-se tornado um centro de estudos neoplatônicos. O pensamento neoplatônico exerceu forte influência no Império Oriental, o que explica os comentários sobre a *Introdução à aritmética* de Nicômaco por Jhon Philoponus no século seis e por Michael Constantine Psellus no século onze. Psellus escreveu também um resumo grego do quadrivium matemático, como fez também Georgios Pachymeres (1242-1316) dois séculos mais tarde. Tanto Pachymeres quanto seu contemporâneo Maximos Planudes escreveram comentários sobre a *Arithmetic*, de Diofante. Estes exemplos mostram que uma linha fina da velha tradição grega continuou no Império Oriental até o fim do período medieval. Entretanto, o espírito matemático se apagou, enquanto os homens discutiam menos o valor da geometria e mais o caminho para a salvação. Por isso, para os próximos passos no desenvolvimento matemático, devemos voltar as costas à Europa e olhar para o Oriente.

9 CHINA ANTIGA E MEDIEVAL

Ninguém tem o método bom...
Neste mundo, não há maneiras naturalmente corretas, e entre os métodos,
técnicas que sejam exclusivamente boas.

Ji Kang

Os mais antigos documentos

As civilizações das margens dos rios Iang-tse e Amarelo são de época comparável à do Nilo ou de entre os rios Tigre e Eufrates; mas registros cronológicos da história da matemática na China são menos confiáveis do que os relativos ao Egito e Babilônia. Como no caso de outras civilizações antigas, há vestígios das primeiras atividades matemáticas na forma de contagem, medições e pesagem de objetos. O conhecimento do teorema de Pitágoras parece ser anterior aos primeiros textos matemáticos conhecidos. Entretanto, datar os documentos matemáticos da China não é nada fácil. Não se conhece nenhuma versão dos primeiros clássicos que tenha se preservado. Um conjunto de textos em faixas de bambu, descoberto no início da década de 1980, projeta alguma luz sobre a idade de alguns clássicos relacionados, pois foram encontrados selados em tumbas que datam do século dois a.C. Estimativas quanto ao *Zhoubi Suanjing* (*Chou Pei Suang Ching*), geralmente considerado o mais antigo dos clássicos matemáticos, diferem por quase mil anos. Alguns consideram o *Zhoubi* como uma boa exposição da matemática chinesa de cerca de 1200 a.C., mas outros colocam a obra no primeiro século antes de nossa era. Na verdade, pode representar a obra de períodos diferentes. Uma data de depois de 300 a.C. parece razoável, o que colocaria a obra perto do ou no período da dinastia de Han (202 a.C.). A palavra *"Zhoubi"* parece referir-se ao uso do gnomo no estudo das trajetórias circulares no céu, e o livro com esse título trata de cálculos astronômicos, embora contenha uma introdução relativa às propriedades do triângulo retângulo, o teorema de Pitágoras e alguma coisa sobre o uso de frações. A obra tem a forma de um diálogo entre um príncipe e seu ministro sobre o calendário; o ministro diz ao governante que a arte dos números deriva do círculo e do quadrado, o quadrado pertencendo à terra e o círculo aos céus.

Os *Nove capítulos*

Quase tão antigo quanto o *Zhoubi*, e talvez o mais influente livro de matemática chinês, foi o *Jiuzhang suanchu (Chui-chang suan-shu)* ou *Nove Capítulos sobre a arte matemática*. Esse livro contém 246 problemas sobre mensuração de terras, agricultura, sociedades, engenharia, impostos, cálculos, solução de equações e propriedades dos triângulos retângulos. Enquanto os gregos da mesma época estavam compondo tratados logicamente ordenados e sistematicamente expositivos, os chineses, como os babilônios e os egípcios, tinham o hábito de compilar coleções de problemas específicos.

Nesta e em outras obras chinesas, chama a atenção a justaposição de resultados exatos e aproximações. São usadas regras corretas para as áreas de triângulos, retângulos e trapézios. A área do círculo era calculada tomando três quartos do quadrado sobre o diâmetro ou um doze avos do quadrado da circunferência – resultado correto se for adotado o valor três para π – mas para a área de um segmento de círculo, o *Nove capítulos* usa o resultado aproximado $s(s+c)/2$, onde s é a seta (isto é, o raio menos o apótema) e c a corda ou base do segmento. Há problemas resolvidos pela regra de três; noutros são encontradas raízes quadradas e cúbicas. O Cap. 8 do *Nove capítulos* é significativo por conter a solução de problemas sobre equações lineares simultâneas, usando tanto números positivos quanto negativos. O último problema no capítulo envolve quatro equações em cinco incógnitas, e o tópico das equações indeterminadas continuaria a ser um dos preferidos entre os matemáticos orientais. O nono e último capítulo contêm problemas sobre triângulos retângulos, alguns dos quais reapareceram mais tarde na Índia e na Europa. Um deles pergunta qual a profundidade de uma lagoa de 10 pés quadrados se um caniço que cresce no centro e se estende 1 pé para fora da água atinge exatamente a superfície, se puxado para a sua margem. Outro desses problemas bem conhecidos é o do bambu quebrado: há um bambu de 10 pés de altura, cuja extremidade superior, ao ser quebrada, atinge o chão a 3 pés da haste. Achar a altura da quebra.

Os chineses gostavam especialmente de padrões; assim, não é surpreendente que o primeiro registro (de origem antiga, mas desconhecida) de um quadrado mágico tenha aparecido lá. O quadrado

4	9	2
3	5	7
8	1	6

foi supostamente trazido para os homens por uma tartaruga do Rio Luo nos dias do lendário Imperador Yii, considerado um engenheiro hidráulico. A preocupação com tais padrões levou o autor dos *Nove capítulos* a resolver o sistema de equações lineares simultâneas

$$3x + 2y + z = 39$$
$$2x + 3y + z = 34$$
$$x + 2y + 3z = 26$$

efetuando operações sobre colunas na matriz

1	2	3
2	3	2
3	1	1
26	34	39

para reduzi-la a

0	0	3
0	5	2
36	1	1
99	24	39

A segunda forma representava as equações $36z = 99$, $5y + z = 24$ e $3x + 2y + z = 39$, das quais facilmente são calculados sucessivamente os valores de z, y e x.

Numerais em barras

Se a matemática chinesa tivesse tido continuidade de tradição, algumas das notáveis antecipações dos métodos modernos poderiam ter modificado substancialmente o desenvolvimento da matemática. Mas a cultura chinesa foi seriamente prejudicada por rupturas abruptas. Em 213 a.C., por exemplo, o imperador da China mandou queimar os livros, uma atividade internacionalmente popular em épocas de tensão política. Algumas obras evidentemente escaparam, seja pela existência de cópias, seja por transmissão oral; e o aprendizado de fato continuou, com ênfase matemática em problemas de comércio e no calendário.

Parece ter havido algum contato entre a Índia e a China, bem como entre a China e o Ocidente, mas os entendidos não estão de acordo quanto à extensão e sentido dos empréstimos. A tentação de ver influência babilônica ou grega na China, por exemplo, se depara com o problema de não terem os chineses usado frações sexagesimais. A numeração chinesa permaneceu essencialmente decimal, com notações marcadamente diferentes das de outros países. Na China, desde os tempos primitivos, dois sistemas de notação estiveram em uso. Em um, predominava o princípio multiplicativo, no outro, era usada uma forma de notação posicional. No primeiro havia símbolos diferentes para os dígitos de um a dez e símbolos adicionais para as potências de dez, e nas formas escritas, os dígitos em posições ímpares (da esquerda para a direita ou de baixo para cima) eram multiplicados pelo seu sucessor. Assim, o número 678 seria escrito como um seis seguido do símbolo para cem, depois um sete seguido do símbolo para dez, e finalmente o símbolo para oito.

No sistema de "numerais em barras", os dígitos de uma nove apareciam como I II III IIII IIIII ⊤ ⊤ ⊤ III, e os nove primeiros múltiplos de dez como _ = ≡ ≣ ≣ ⊥ ⊥ ⊥ ≜ . Usando esses dezoito símbolos alternadamente em posições da direita para a esquerda, podiam ser escritos números tão grandes quanto se desejasse. Por exemplo, representar-se-ia 56.789 por IIIII ⊥ ⊤ ≜ III. Como na Babilônia, só relativamente tarde é que apareceu um símbolo para uma posição vazia. Em uma obra de 1247, o número 1.405.536 é escrito, com um símbolo redondo para o zero, como I ≡ o ≡ IIII ≡ ⊤. (Ocasionalmente, como na forma do triângulo aritmético do século quatorze, eram permutadas as barras verticais e horizontais.)

A idade precisa dos numerais em barras originais não pode ser determinada, mas certamente estavam em uso vários séculos antes de nossa era, isto é, muito antes de ser adotada na Índia a notação posicional. O uso de um sistema posicional centesimal, em vez de decimal, na China, era conveniente para a adaptação aos cálculos na tábua de calcular. Notações diferentes para potências de dez vizinhas permitiam aos chineses usar, sem confusão, uma placa de calcular com colunas verticais não marcadas. Antes do século oito, o lugar em que o zero deveria aparecer era simplesmente deixado vazio. Embora em textos anteriores a 300 d.C. os números e tabelas de multiplicação fossem escritos em palavras, os cálculos, na verdade, eram feitos com numerais em barras em uma tábua de calcular.

O ábaco e as frações decimais

Os numerais em barras de cerca de 300 a.C. não eram apenas uma notação para escrever o resultado de um cálculo. Barras verdadeiras, de bambu, marfim ou ferro, eram carregadas em uma sacola pelos administradores e usadas para cálculos. As barras de contagem eram manipuladas com tal destreza que um escritor do século onze descreveu-as como "voando tão depressa que o olhar não podia acompanhar seu movimento". Provavelmente, era mais rápido efetuar cancelamentos com barras sobre uma tábua de contar do que em cálculos escritos. Na verdade, o uso das barras sobre uma tábua era tão eficiente que o ábaco ou moldura rígida com fichas móveis sobre arames não foi usado tão cedo quanto se tem suposto em geral. As primeiras descrições claras das formas modernas, conhecidas na China como *saun phan* e no Japão como o *soroban,* são do século dezesseis; mas formas precursoras parecem ter sido usadas talvez mil anos antes. A palavra *ábaco* provavelmente deriva da palavra semítica *abq* ou pó, indicando que em outras regiões, como na China, o instrumento foi proveniente de uma bandeja de areia usada como tábua de contar. É possível, mas nada certo, que o uso da tábua de contar na China preceda o europeu, mas não se dispõe de datas definidas e confiáveis. Pudemos observar que no Museu Nacional em Atenas há uma placa de mármore, datando provavelmente do quarto século a.C. que parece ser uma tábua de contar. E, quando um século antes Heródoto escreveu "Os egípcios movem a mão da direita para a esquerda para calcular, enquanto os gregos a movem da esquerda para a direita", provavelmente ele se referia ao

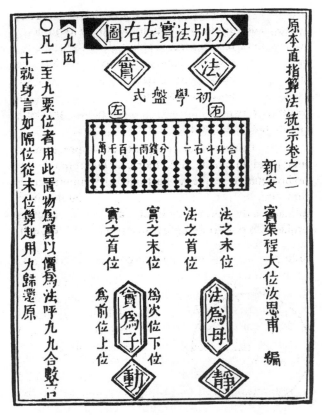

Um desenho impresso antigo de um ábaco, de *Suan Fa Tongzong*, 1592 (Reproduzido de J. Needham, 1959, v. 3, p. 76).

uso de algum tipo de tábua de calcular. Quando exatamente tais instrumentos cederam lugar ao ábaco propriamente dito é difícil determinar; nem podemos dizer se os aparecimentos de ábaco na China, Arábia e Europa foram ou não invensões independentes. O ábaco árabe tinha dez bolas em cada arame, sem barra central, enquanto o chinês tinha cinco fichas inferiores e dois contadores superiores em cada arame, separadas por uma barra. Cada contador superior em um ábaco chinês equivale a cinco inferiores; um número é marcado fazendo deslizar as fichas adequadas até encostar na barra.

Nenhuma descrição da numeração chinesa seria completa sem uma referência ao uso de frações. Os chineses conheciam as operações sobre frações comuns, para as quais achavam o mínimo denominador comum. Como em outros contextos, viam analogias com as diferenças entre os sexos, referindo-se ao numerador como "filho" e ao denominador como "mãe". A ênfase sobre *yin* e *yang* (opostos, especialmente em sexo) tornava mais fácil seguir as regras para manipular frações. Mais importante do que essas, no entanto, era a tendência à decimalização de frações na China. Como na Mesopotâmia uma metrologia sexagesimal levou à numeração sexagesimal, também na China, a adesão à ideia decimal em pesos e medidas teve como resultado um hábito decimal no tratamento de frações que, ao que se diz, pode ser encontrado já no século quatorze a.C. Artifícios decimais na computação eram às vezes adotados para facilitar a manipulação de frações. Em um comentário do primeiro século aos *Nove capítulos*, por exemplo, vemos o uso das regras agora familiares para raízes quadradas e cúbicas, equivalentes a $\sqrt{a} = \sqrt{100a}/10$ e $\sqrt[3]{a} = \sqrt[3]{1000a}/10$, que facilitam a decimalização das extrações de raiz. A ideia de números negativos parece não ter causado muitas dificuldades aos chineses, pois estavam acostumados a calcular com duas coleções de barras – vermelha para os coeficientes ou números positivos e uma preta para os negativos. No entanto, não aceitavam a ideia de que um número negativo pode ser solução de uma equação.

Valores de pi

A matemática chinesa primitiva é tão diferente da de períodos comparáveis em outras partes do mundo que a hipótese de desenvolvimento independente parece justificada. De qualquer forma, parece seguro dizer que se houve alguma intercomunicação antes de 400 d.C, então mais matemática saiu da China do que entrou. Para épocas posteriores, a questão torna-se mais difícil. O uso do valor três para π na matemática chinesa antiga não chega a ser um argumento para afirmar dependência com relação à Mesopotâmia, especialmente porque a busca de valores mais precisos, desde os primeiros séculos da era cristã, era mais persistente na China que nos demais lugares. Valores como 3,1547, $\sqrt{10}$, 92/29 e 142/45 são encontrados; e, no terceiro século, Liu Hui, um importante comentador do *Nove capítulos*, obteve

9 – China Antiga e Medieval

3,14 usando um polígono regular de 96 lados e a aproximação 3,14159 considerando um polígono de 3.072 lados. Na reelaboração do *Nove capítulos,* por Lui Hui, há muitos problemas de mensuração, inclusive a determinação correta do volume de um tronco de pirâmide quadrada. Para um tronco de cone circular, uma fórmula semelhante era aplicada, mas com valor três para π. Pouco comum é a regra que diz que o volume de um tetraedro com duas arestas opostas perpendiculares entre si é um sexto do produto dessas duas arestas e de sua perpendicular comum. O método da falsa posição é usado para resolver equações lineares, mas há também resultados mais sofisticados, tais como a solução, por um método matricial, de um problema diofantino envolvendo quatro equações em cinco incógnitas. A resolução aproximada de equações de grau superior parece ter sido efetuada por um processo semelhante ao que chamamos "método de Horner". Lui Hui também inclui, em sua obra sobre *Nove capítulos,* numerosos problemas envolvendo torres inacessíveis e árvores em encostas de colinas.

A fascinação dos chineses com o valor de π atingiu o ápice na obra de Zu Chongzhi (Tsu Ch'ung-chih) (430-501). Um de seus valores era o familiar valor arquimediano 22/7, descrito por Zu Chongzhi como "inexato"; seu valor "preciso" era 355/113. Se se persistir em procurar possíveis influências ocidentais, pode-se explicar essa aproximação notavelmente boa, sem igual em qualquer outro lugar até o século quinze, subtraindo o numerador e o denominador do valor arquimediano, respectivamente, do numerador e o denominador do valor ptolomaico 377/120. No entanto, Zu Chongzhi foi ainda mais longe em seus cálculos, pois deu 3,1415927 como valor "em excesso" e 3,1415926 como "em falta". Os cálculos pelos quais ele chegou a essas limitações, aparentemente ajudado por seu filho Zu Chengzhi, provavelmente estavam contidos em algum de seus livros, agora perdido. De qualquer modo, seus resultados eram notáveis para a época e é justo que hoje um ponto de referência na superfície da Lua tenha seu nome.

O trabalho de Liu Hui e de Zu Chongzhi representa um interesse maior na teoria e demonstrações do que exemplos conhecidos de atividade matemática antiga na China; o exemplo do cálculo do valor de π pode obscurecer este fato, pois a precisão no valor de π é mais questão de perceverança computacional do que de visão teórica. O teorema de Pitágoras por si só basta para dar uma aproximação tão boa quanto se queira. Partindo do perímetro conhecido de um polígono regular de n lados inscrito em um círculo, o perímetro do polígono regular inscrito de $2n$ lados pode ser calculado com duas aplicações do teorema de Pitágoras. Seja C um círculo de centro O e raio r (Fig. 9.1) e seja $PQ = s$ um lado do polígono regular inscrito de n lados, de perímetro conhecido. Então o apótema $OM = u$ é dado por $u = \sqrt{r^2 - (s/2)^2}$; logo, a flecha $MR = v = r - u$ é conhecida. Então, o lado $RQ = w$ do polígono regular inscrito de $2n$ lados é dado por $w = \sqrt{v^2 + (s/2)^2}$; logo, o perímetro desse polígono é conhecido. O cálculo, como Liu Hui observou, pode ser simplificado notando que $w^2 = 2rv$. Uma iteração do processo fornecerá aproximações cada vez melhores do perímetro do círculo, em termos do qual π é definido.

Do século seis ao século dez, um grupo de doze "clássicos", que tratam de aritmética e teoria dos números, serviu como base para o ensino de matemática na "Escola para os filhos do estado". Estes trabalhos incluíam o *Zhoubi* e o *Nove capítulos* antigos, bem como livros-texto posteriores, em grande parte derivados, como os trabalhos de Liu Hui e outros. O grupo de uma dúzia de livros cobria tópicos de aritmética e teoria dos números, triângulos retângulos, o cálculo de áreas e volumes irregulares e ainda mais.

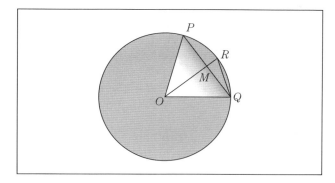

Figura 9.1

Entre os séculos dez e treze, não conhecemos nenhum desenvolvimento matemático chinês novo, embora alguma das maiores inovações tecnológicas, como o papel e a bússola, tenham aparecido nesta época. Em geral, podemos observar que os problemas matemáticos chineses muitas vezes parecem mais pitorescos do que práticos, e no entanto, a civilização chinesa foi responsável por um número substancial de outras inovações tecnológicas. O uso da imprensa e da pólvora (século oito) foi anterior na China que em outros lugares, e antes, também, do ponto mais alto da matemática chinesa, que ocorreu no século treze, durante a última parte do período Sung.

A matemática do século treze

O fim do período Sung pode ser considerado como o patamar mais alto da matemática medieval na China. Durante este período, que coincide com a expansão Mongol e com o aumento da interação com o Islã, diversos matemáticos combinaram o ensino tradicional de aritmética e mensuração com novas abordagens para a resolução de equações de graus mais altos, tanto determinadas quanto indeterminadas.

Naquele tempo, havia matemáticos trabalhando em várias partes da China; mas as relações entre eles parecem ter sido remotas e, como no caso da matemática grega, evidentemente possuímos relativamente poucos dos tratados outrora existentes.

Um dos matemáticos deste período foi Li Zhi (1192-1279), um matemático de Pequim, que levou uma vida longa e interessante, ocasionalmente como administrador, eremita, estudioso e acadêmico. Kublai Khan ofereceu a ele um posto como analista real em 1260, mas ele achou uma desculpa polida para recusá-lo. Seu *Ceyuan Haijing* (*Ts'e-yuan hai-ching*) ("Espelho marinho das medidas do círculo") inclui 170 problemas tratando de círculos inscritos em, ou circunscritos fora, de um triângulo retângulo, e da determinação das relações entre os lados e os raios, alguns desses problemas levando a equações de quarto grau. Embora não descrevesse seu método de resolução de equações, inclusive de algumas de grau seis, parece que não era muito diferente do usado por Zhu Shijie (Chu Shih-chieh) (viveu em 1280-1303) e Horner. Outros que usaram o método de Horner foram Qin Jiushao (Ch'in Chiu-shao) (por volta de 1202-1261) e Yang Hui (viveu por volta de 1261-1275). O primeiro foi um governador e ministro sem princípios, que adquiriu riquezas imensas no período de cem dias após assumir seu posto. Seu *Shushu juizhang* (*Tratado matemático em nove partes*) marca o ápice da análise indeterminada na China, com a invenção de regras de rotina para resolver congruências simultâneas. Nessa obra, ele também achou a raiz quadrada de 71.824 por passos semelhantes aos do método de Horner. Com 200 como primeira aproximação de uma raiz de $x^2 - 71.824 = 0$, ele diminuiu as raízes dessa equação de 200, obtendo $y^2 + 400y - 31.824 = 0$. Para esta última equação, ele achou 60 como aproximação, e subtraiu 60 das raízes, chegando a uma terceira equação, $z^2 + 520z - 4.224 = 0$, de que 8 é raiz. Logo, o valor de x é 268. De modo semelhante ele resolveu equações cúbicas e quárticas.

O mesmo "método de Horner" foi usado por Yang Hui, sobre cuja vida quase nada se sabe. Ele foi um perito em aritmética prolífico; entre suas contribuições estão os mais antigos quadrados mágicos chineses de ordem maior que três preservados, inclusive dois de cada ordem de quatro a oito, um de ordem nove e um de ordem dez.

A obra de Yang Hui inclui também resultados quanto à soma de séries e o chamado triângulo de Pascal, coisas publicadas e melhor conhecidas através do *Espelho precioso* (*Precioso espelho dos quatro elementos*) de Zhu Shijie, com o qual a idade áurea da matemática chinesa teve fim.

O último e maior entre os matemáticos da era Sung foi Zhu Shijie, no entanto pouco sabemos dele – nem mesmo quando nasceu ou morreu. Residia em Yanshan, perto da moderna Pequim, mas parece ter passado cerca de vinte anos como sábio errante, ganhando sua vida com o ensino da matemática, embora tivesse oportunidade de escrever dois tratados. O primeiro deles, escrito em

9 – China Antiga e Medieval

1299, foi o *Suanxue qimeng* (*Suan-hsueh ch'i-meng*) (*Introdução aos estudos matemáticos*), obra relativamente elementar que influenciou fortemente a Coreia e o Japão, embora na China se perdesse até reaparecer no século dezenove. De maior interesse histórico e matemático é o *Siyuan yujian* (*Ssu-yuan yu-chien*) (*Precioso espelho dos quatros elementos*) de 1303. No século dezoito, esse também desapareceu na China, sendo redescoberto somente no século seguinte. Os quatro elementos, chamados céu, terra, homem e matéria, são as representações de quatro incógnitas na mesma equação. O livro representa o ápice do desenvolvimento da álgebra chinesa, pois trata de equações simultâneas e de equações de grau até quatorze. Nele, o autor descreve um método de transformação que chama *fan fa,* cujos elementos parecem ter surgido muito antes disso na China, mas que tem geralmente o nome de Horner, que viveu meio milênio depois. Para resolver a equação $x^2 + 252x - 5.292 = 0$, por exemplo, Zhu Shijie primeiro obteve $x = 19$ como aproximação (uma raiz cai entre $x = 19$ e $x = 20$), depois usou o *fan fa*, nesse caso a transformação $y = x - 19$, para obter a equação $y^2 + 290y - 143 = 0$ (com uma raiz entre $y = 0$ e $y = 1$). Deu então a raiz dessa como (aproximadamente) $y = 143/(1 + 290)$; portanto, o valor correspondente de x é 19 143/291. Para a equação $x^3 - 574 = 0$ ele usou $y = x - 8$ para obter $y^3 + 24y^2 + 192y - 62 = 0$, e deu a raiz como sendo $x = 8 + 62/(1 + 24 + 192)$ ou $x = 8\ 2/7$. Em alguns casos, ele encontrou aproximações decimais.

Algumas das muitas somas de séries encontradas no *Espelho* são as seguintes:

$$1^2 + 2^2 + 3^2 + \cdots + n^2 = n(n+1)\frac{(2n+1)}{3!}$$

$$1 + 8 + 30 + 80 + \cdots + n^2(n+1)\frac{(n+2)}{3!}$$
$$= n(n+1)(n+2)(n+3) \times \frac{(4n+1)}{5!}$$

No entanto, não são dadas demonstrações, nem o tópico parece ter continuado na China outra vez senão no século dezenove. Zhu Shijie parece ter tratado suas somas pelo método de diferenças finitas, elementos do qual parecem remontar na China ao século sete; mas logo depois de sua obra o método desapareceu por muitos séculos.

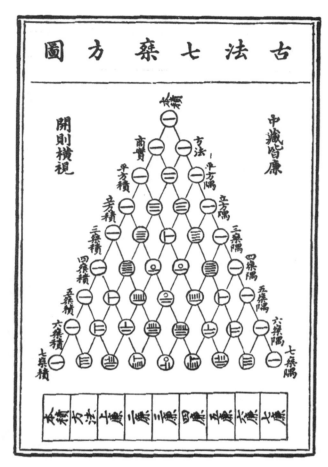

O triângulo de "Pascal", como mostrado em 1303 na capa do *Espelho precioso*, de Zhu Shijie. É intitulado "O diagrama do velho método dos sete quadrados multiplicativos" e coloca em uma tabela os coeficientes binomiais até a oitava potência. (Reproduzido de J. Needham, 1959, v. 3, p. 135.)

O *Espelho precioso* começa com um diagrama do triângulo aritmético impropriamente conhecido no Ocidente como "triângulo de Pascal" (veja a ilustração acima). No arranjo de Zhu, temos os coeficientes das expansões binomiais até a oitava potência, claramente dadas em numerais em barra e um símbolo redondo para o zero. Zhu não reivindicava crédito pelo triângulo, referindo-se a ele como um "diagrama do velho método para achar potências oitavas e menores". Um arranjo semelhante de coeficientes até a sexta potência tinha aparecido na obra de Yang Hui, mas sem o símbolo redondo para o zero. Nas obras chinesas de cerca de 1100, há referências a sistemas de tabulação para coeficientes binomiais, e é provável que o triângulo aritmético tenha se originado na China aproximadamente nessa data. É interessante observar que a descoberta chinesa do teorema binomial para potências inteiras estava associada, em sua origem, à extração de raízes e não a potenciações. O equivalente do teorema aparentemente era conhecido por Omar Khayyam mais ou menos na mesma época em que estava sendo usado na China, mas a mais antiga obra árabe existente que o contém é de al-Kashi, no século quinze. Por essa época, a matemática chinesa tinha decaído. A ênfase era colocada novamente na tradição do *Nove capítulos* e nas necessidades da aritmética comercial. As conquistas teóricas impressionantes, envoltas em uma linguagem simbólica que lhe emprestava uma aura de mistério, seriam restauradas apenas após a interação mais intensa com o conhecimento da Europa ocidental nos séculos dezesseis e dezessete.

10 ÍNDIA ANTIGA E MEDIEVAL

*Uma mistura de conchas de pérolas e tâmaras amargas...
ou de valioso cristal e pedregulho comum.*

Índia, de Al-Biruni

O início da matemática na Índia

Escavações arqueológicas em Mohenjo Daro e Harappa fornecem evidências de uma civilização antiga e de alta cultura no vale do Indo durante a era das construções das pirâmides egípcias (cerca de 2650 a.C.), mas não temos documentos matemáticos indianos dessa época. Existem evidências de um sistema estruturado de pesos e medidas e foram encontradas amostras de numeração com base decimal. Entretanto, durante este período e nos séculos seguintes, ocorreram grandes movimentos e conquistas de povos no subcontinente indiano. Muitas das línguas e dialetos que apareceram como resultado ainda não foram decifradas. É, portanto, difícil traçar um mapa do espaço-tempo das atividades matemáticas nesta vasta região. O desafio liguístico é aumentado pelo fato de que as amostras mais antigas da língua indiana conhecidas eram parte de uma tradição oral, em vez de uma tradição escrita. Apesar disso, Vedic Sanskrit, a língua em questão, nos apresenta a primeira informação concreta sobre os conceitos matemáticos indianos primitivos.

O Vedas, grupo de textos antigos essencialmente religiosos, inclui referências a números grandes e a sistemas decimais. De especial interesse são as dimensões, formas e proporções dadas para os tijolos usados na construção de altares de fogo rituais. A Índia, como o Egito, tinha seus "estiradores de corda", e as primitivas noções geométricas adquiridas em conexão com o traçado de templos e medida e construção de altares tomaram a forma de um corpo de conhecimentos conhecido como os *Sulbasutras* ou "regras de corda", *Sulba* (ou *sulva*) refere-se às cordas usadas para medidas, e *sutra* significa um livro de regras ou aforismos relativos a um ritual ou a uma ciência. O estirar de cordas é notavelmente reminiscente da origem da geometria egípcia, e sua associação com funções nos templos nos faz lembrar a possível origem ritual da matemática. Mas tão importante quanto a dificuldade em datar as regras são as dúvidas quanto à influência que os egípcios tiveram sobre matemáticos hindus posteriores. Mais ainda do que na China, há uma notável falta de continuidade na tradição matemática na Índia.

Os *Sulbasutras*

Existem diversos *Sulbasutras*; os principais preservados, todos em verso, estão associados com os nomes de Baudhayama, Manava, Katyayana e, o mais bem conhecido, Apastamba. Eles podem ser da primeira metade do primeiro milênio a.C., embora datas anteriores e posteriores também tenham sido sugeridas. Encontramos regras para a construção de ângulos retos por meio de ternas de cordas cujos comprimentos formem ternas pitagóricas, como 3, 4 e 5, ou 5, 11 e 13, ou 8, 15 e 17, ou 12, 35 e 37. Embora não seja improvável que tenha havido influência mesopotâmica nos *Sulbasutras*, não conhecemos evidências conclusivas a favor ou contra este fato. Apastamba sabia que o quadrado sobre a diagonal de um retângulo é igual à soma de quadrados sobre os dois lados adjacentes. Menos fácil de explicar é outra regra dada por Apastamba — uma que se assemelha muito à álgebra geométrica no livro II de *Os elementos* de Euclides. Para construir um quadrado de área igual à do retângulo $ABCD$ (Fig. 10.1), marca-se os lados menores sobre os maiores, de modo que $AF = AB = BE = CD$, e traça-se HG bissectando os segmentos CE e DF; prolonga-se EF até K, GH até L, e AB até M, de modo que $FK = HL = FH = AM$, e traça-se LKM. Agora, constrói-se um retângulo com a diagonal igual a LG e lado menor HF. Então, o lado maior do retângulo é o lado do quadrado pedido.

Existem também regras para transformar formas retilíneas em curvilíneas e vice-versa. A origem e data dos *Sulbasutras* são tão incertas, que não podemos dizer se tais regras são ou não relacionadas com a primitiva agrimensura egípcia ou com o problema grego posterior de duplicar um altar.

Os *Siddhantas*

Existem referências a séries geométricas e aritméticas na literatura védica que provém de até 2.000 a.C., mas não há documentos contemporâneos da Índia para confirmá-las. Afirmou-se também que a primeira constatação dos incomensuráveis se acha na Índia, no período *Sulbasutra*, mas tais asserções não estão bem fundamentadas. Ao período dos *Sulbasutras*, seguiu-se a idade dos *Siddhantas*, ou sistemas (de astronomia). São conhecidas nominalmente cinco versões diferentes dos *Siddhantas: Paulisha Siddhanta, Surya Siddhanta, Vasisishta Siddhanta, Paitamaha Siddhanta* e *Romanka Siddhanta*. Desses, o *Surya Siddhanta* (*Sistema do Sol*), escrito por volta de 400 d.C., é o único que parece ter-se preservado completamente. De acordo com o texto, escrito em versões épicas, ele é obra de Surya, o deus do Sol. As principais doutrinas astronômicas são evidentemente gregas, mas conservando grande quantidade de tradição popular hindu. O *Paulisha Siddhanta*, que data de 380 d.C. aproximadamente, foi resumido pelo matemático hindu Varahamihira (viveu em 505 d.C.), que também forneceu uma lista dos outros quatro *Siddhantas*. Foi citado frequentemente pelo estudioso árabe al-Biruni, que sugeriu uma origem ou influência grega. Escritores posteriores dizem que os *Siddhantas* concordavam bastante em substância, variando apenas a fraseologia; por isso podemos supor que os outros, como o *Surya Siddhanta*, eram compêndios de astronomia contendo regras enigmáticas em verso sânscrito, com pouca explicação e sem demonstração.

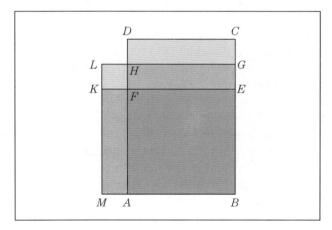

Figura 10.1

Concorda-se em geral em que os *Siddhantas* provêm do fim do quarto século ou começo do quinto, mas há muito desacordo quanto à origem do conhecimento que contêm. Estudiosos hindus insistem em afirmar a originalidade e independência dos autores, ao passo que autores ocidentais se inclinam a ver sinais claros da influência grega. Não é improvável, por exemplo, que o *Paulisha Siddhanta* derive em grande parte da obra do astrólogo Paulo, que viveu em Alexandria pouco antes da data em que se presume terem sido compostos os *Siddhantas* (al-Biruni de fato atribuiu explicitamente esse *Siddhanta* a Paulo de Alexandria). Isso daria uma explicação simples para as evidentes semelhanças entre partes dos *Siddhantas* e a trigonometria e astronomia de Ptolomeu. O *Paulisha Siddhanta*, por exemplo, usa o valor 3 177/1250 para π, o que está bem de acordo com o valor sexagesimal 3; 8, 30 de Ptolomeu.

Mesmo que os autores hindus tenham adquirido seu conhecimento de trigonometria do helenismo cosmopolita de Alexandria, o material em suas mãos tomou uma forma significativamente nova. Enquanto a trigonometria de Ptolomeu se baseava na relação funcional entre as cordas de um círculo e os ângulos centrais que subentendem, os autores dos *Siddhantas* converteram isso em um estudo da correspondência entre *metade* de uma corda de um círculo e *metade* do ângulo subentendido no centro pela corda toda. Assim, aparentemente nasceu na Índia a precursora da função trigonométrica moderna que chamamos seno de um ângulo, e a introdução da função seno representa a contribuição mais importante dos *Siddhantas* à história da matemática. É dos hindus, e não dos gregos, que deriva nosso uso da metade da corda; e nosso termo "seno", por acidente de tradução (ver mais a frente), provém da palavra sânscrita *jiva*.

Aryabhata

Durante o sexto século, logo depois da composição dos *Siddhantas*, viveram dois matemáticos hindus dos quais se sabe terem escrito livros sobre o mesmo tipo de material. O mais antigo e importante dos dois foi *Aryabhata*, cuja obra mais conhecida, escrita em 499 d.C. e intitulada *Aryabhatiya*, é um pequeno volume escrito em verso, sobre astronomia e matemática. Os nomes de vários matemáticos hindus anteriores são conhecidos, mas nada de sua obra, além de uns poucos fragmentos, se preservou. Neste aspecto, portanto, a posição do *Aryabhatiya* de Aryabhata na Índia é semelhante à de *Os elementos* de Euclides na Grécia, cerca de oito séculos antes. Ambos são sumários de resultados anteriores, compilados por um único autor. Há porém mais diferenças que analogias significativas entre as obras. *Os elementos* é uma síntese bem-ordenada de matemática pura, com alto grau de abstração, uma estrutura lógica clara e uma evidente intenção pedagógica; o *Aryabhatiya* é uma curta obra descritiva, em 123 estrofes metrificadas, destinadas a fornecer regras de cálculo usadas na astronomia e na matemática de mensuração, sem nenhum presença de metodologia dedutiva. Cerca de um terço da obra é sobre *ganitapada* ou matemática. Essa parte se inicia com os nomes das potências de dez até a décima e em seguida dá instruções quanto a raízes quadradas e cúbicas de inteiros. Seguem-se as regras de mensuração, cerca da metade delas erradas. A área de um triângulo é dada corretamente, como a metade do produto da base pela altura, mas também o volume da pirâmide é tomado como a metade do produto da base pela altura. A área do círculo é achada corretamente, como produto da circunferência pela metade do raio, mas o volume da esfera é incorretamente dado como produto da área de um círculo máximo pela raiz quadrada dessa área. Também no cálculo de áreas de quadriláteros aparecem lado a lado regras corretas e incorretas. A área de um trapézio é expressa como metade da soma dos lados paralelos multiplicada pela perpendicular entre eles; mas depois vem a afirmação incompreensível de que a área de qualquer figura plana é obtida determinando dois lados e multiplicando-os. Uma afirmação no *Aryabhatiya* que os estudiosos hindus assinalam com orgulho é a seguinte.

Some 4 a 100, multiplique por 8, e some 62.000. O resultado é aproximadamente a circunferência de um círculo cujo diâmetro é 20.000 [Clark 1930, p. 28].

Aqui vemos o equivalente de 3,1416 para π, mas deve-se lembrar que esse é essencialmente o valor usado por Ptolomeu. A probabilidade de Aryabhata aqui ser influenciado por predecessores gregos é reforçada pela adoção da miríade, 10.000, como número de unidades do raio.

Uma parte típica do *Aryabhatiya* é a que trata de progressões aritméticas, a qual contém regras arbitrárias para achar a soma dos termos em uma progressão e determinar o número de termos de uma progressão, dados o primeiro termo, a razão e a soma dos termos. A primeira regra há muito era conhecida por autores anteriores. A segunda constitui uma explanação curiosamente complicada:

Multiplique a soma da progressão por oito vezes a razão, some-se o quadrado da diferença entre duas vezes o primeiro termo e a razão, extraia a raiz quadrada disso, subtraia duas vezes o primeiro termo, divida pela razão, some um, divida por dois. O resultado será o número de termos.

Aqui, como no resto do *Aryabhatiya*, não se dá motivação ou justificativa para a regra. Provavelmente chegou-se a ela resolvendo uma equação quadrática, o que poderia ter sido aprendido da Mesopotâmia ou da Grécia. Após alguns problemas complicados sobre juros compostos (isto é, progressões geométricas), o autor se volta, em linguagem floreada, para o problema muito elementar de achar o quarto termo de uma proporção simples.

Na regra de três, multiplique o fruto pelo desejo e divida pela medida. O resultado será o fruto do desejo.

Isto, é claro, é regra familiar que diz que se $a/b = c/x$, então $x = bc/a$, onde a é a "medida", b o "fruto", c o "desejo", e x o "fruto do desejo". A obra de Aryabhata é na verdade uma miscelânea de coisas simples e complexas, corretas e incorretas. O estudioso árabe al-Biruni, meio milênio mais tarde, caracterizou a matemática hindu como uma mistura de pedregulho comum e cristal valioso, uma descrição muito adequada para o *Aryabhatiya*.

Numerais

A segunda metade do *Aryabhatiya* trata da medida do tempo e de trigonometria esférica; aqui observamos um elemento que iria deixar marca permanente na matemática de gerações posteriores — a numeração decimal posicional. Não se sabe exatamente como Aryabhata efetuava seus cálculos, mas sua frase "de lugar para lugar, cada um vale dez vezes o precedente" é uma indicação de que tinha em mente a aplicação do princípio de posição. "Valor local" tinha sido uma parte essencial da numeração babilônica, e talvez os hindus estivessem começando a perceber sua aplicabilidade à notação decimal para inteiros em uso na Índia. O desenvolvimento de notações numéricas na Índia parece ter seguido a mesma linha que se encontra na Grécia. As inscrições mais antigas em Mohenjo Daro mostram a princípio simples traços verticais, dispostos em grupos, mas pela época de Asoka (terceiro século a.C.) estava em uso um sistema semelhante ao herodiânico. No novo sistema, continuava vigorando o princípio da repetição, mas foram adotados novos símbolos de ordem superior para quatro, dez, vinte e cem. Esse sistema de escrita, dita karosthi, aos poucos cedeu lugar a uma outra notação, dos caracteres ditos brahmi, que se assemelhava à alfabética do sistema grego jônico; é de se perguntar se foi apenas coincidência que a mudança na Índia se desse pouco depois do período em que na Grécia os numerais herodiânicos foram substituídos pelos jônicos.

Para passar dos numerais cifrados brahmi à notação atual para inteiros são necessários dois pequenos passos. O primeiro é uma percepção de que, pelo uso do princípio posicional, os símbolos para as primeiras nove unidades podem servir também para os múltiplos correspondentes de dez, ou, igualmente bem, para os múltiplos correspondentes de qualquer potência de dez. Essa percepção tornaria supérfluos todos os símbolos brahmi além dos nove primeiros. Não se sabe quando ocorreu essa redução a nove símbolos, e é provável que a transição para a notação mais econômica se tenha processado gradualmente. Parece, pela evidência existente, que a mudança se deu na Índia, mas a fonte de inspiração para isso não é conhecida. Possivelmente, os chamados numerais hindus foram resultado de desenvolvimento interno apenas; talvez tenham se desenvolvido primeiro ao longo dos limites ocidentais entre Índia e Pérsia, onde a lembrança da notação posicional babilônica pode ter levado à modificação do sistema brahmi. É possível que o novo sistema tenha surgido ao longo dos limites orientais com a China, onde os numerais em barras pseudoposicionais podem ter sugerido a redução a nove símbolos. Há ainda uma teoria que diz que essa redução pode ter sido feita primeiro em Alexandria, dentro do sistema alfabético grego, e daí se propagado para a Índia. Durante o segundo período alexandrino, o hábito grego antigo de escrever frações comuns com o numerador embaixo do denominador foi invertido, e foi nessa forma que os hindus o adotaram, sem a barra entre eles. Infelizmente, os hindus não aplicaram a nova numeração para inteiros ao domínio das frações decimais; assim perdeu-se a principal vantagem potencial da mudança de notação.

A primeira referência específica aos numerais hindus se encontra em 662, nos escritos de Severus Sebokt, um bispo sírio. Depois que Justiniano fechou as escolas filosóficas de Atenas, alguns de seus membros se mudaram para a Síria, onde fundaram centros de cultura grega. Sebokt evidentemente se sentia irritado com o desdém para com a cultura não grega expressa por alguns desses membros; por isso achou conveniente lembrar aos que falavam grego que "também há outros que sabem alguma coisa". Para ilustrar esse ponto, ele chamou a atenção para os hindus e suas "sutis descobertas em astronomia", especialmente "seus valiosos métodos de cálculo, e sua computação que ultrapassa descrições. Quero só dizer que essa computação é feita por meio de nove sinais" (Smith, 1959, Vol. 1, p.167). Que os numerais estavam em uso já havia algum tempo é indicado pelo fato de que apareceram em um objeto indiano do ano 595 d.C., onde a data 346 está escrita em notação decimal posicional.

O símbolo para zero

Deve-se observar que a referência a *nove* símbolos, em vez de *dez*, significa que os hindus ainda não tinham dado o segundo passo na transição para o moderno sistema de numeração — a introdução de uma notação para uma posição vazia, isto é, um símbolo zero. História da matemática contém muitas anomalias, e a não menor dessas é que "a mais antiga ocorrência indubitável de um zero na Índia se acha em uma inscrição de 876" (Smith, 1958, Vol. II, p. 69), isto é, mais de dois séculos depois da primeira referência aos nove outros numerais. Não se sabe sequer se o número zero (distinto de um símbolo para a posição vazia) surgiu em conjunção com os outros nove numerais hindus. É bem possível que o zero seja originário do mundo grego, talvez de Alexandria, e que tivesse sido transmitido à Índia depois do sistema decimal posicional já estar estabelecido lá.

A história do zero para ocupar um lugar na notação posicional fica mais complicada ainda quando se observa que o conceito apareceu independentemente, bem antes dos dias de Colombo, no hemisfério ocidental como no oriental.

Com a introdução na notação hindu do décimo numeral, um ovo de ganso arredondado para o zero, o moderno sistema de numeração para os inteiros estava completo. Embora as formas hindus medievais dos dez numerais sejam bastante diferentes das em uso hoje, os princípios do sistema estavam firmados. A nova numeração, que chamamos em geral o sistema hindu, é apenas uma nova combinação dos três princípios básicos, todos de origem antiga: (1) uma base decimal; (2) uma notação posicional; e (3) uma forma cifrada para cada um dos dez numerais. Nenhum desses três se deveu originalmente aos hindus, mas presumivelmente foi devido a eles que os três foram ligados pela primeira vez para formar o moderno sistema de numeração.

Talvez convenha dizer uma palavra sobre a forma do símbolo hindu para o zero — que também é o nosso. Foi suposto anteriormente que a forma redonda vinha da letra grega ômicron, letra inicial da palavra *ouden* ou vazio, mas investigações recentes parecem desmentir tal origem. Embora o símbolo para uma posição vazia, em algumas versões existentes das tabelas de cordas de Ptolomeu, se assemelhe de fato a um ômicron, os antigos símbolos para o zero nas frações sexagesimais gregas são formas redondas com ornatos variados e diferindo bastante de um simples ovo de ganso. Além disso, quando no século quinze, no Império Bizantino, foi elaborado um sistema decimal posicional a partir dos antigos numerais alfabéticos, abandonando as últimas dezoito letras e ajuntando um símbolo para o zero às primeiras nove letras, o sinal zero tomou formas muito diferentes do ômicron. Às vezes, ele parecia uma forma invertida de nossa letra h minúscula, às vezes aparecia como um ponto.

Trigonometria

O desenvolvimento de nosso sistema de notação para os inteiros foi uma das duas contribuições da Índia de maior influência na história da matemática. A outra foi a introdução de um equivalente da função seno na trigonometria, para substituir a tabela grega de cordas. As mais antigas tabelas da função seno que foram preservadas são as do *Siddhantas* e do *Aryabhatiya*. Aqui, são dados os senos dos ângulos até 90°, para vinte e quatro intervalos iguais de 3 3/4° cada um. Para exprimir o comprimento do arco e o comprimento do seno em termos da mesma unidade, o raio era tomado como 3.438 e a circunferência como 360 × 60 = 21.600. Isso significa um valor para π que coincida com o de Ptolomeu até o quarto algarismo significativo. Em outra situação, Aryabhata usou o valor $\sqrt{10}$ para π, o qual que apareceu tão frequentemente na Índia, que às vezes é chamado o valor hindu.

Para o seno de 3 3/4°, o *Siddhantas* e o *Aryabhatiya* tomaram o número de unidades no arco — isto é, 60 × 3 3/4 ou 225. Em linguagem moderna, o seno de um ângulo pequeno é quase igual à medida em radianos do ângulo (que é virtualmente o que os hindus estavam usando). Para os demais valores na tabela dos senos, os hindus usaram uma fórmula de recorrência que pode ser expressa como segue. Se o n-ésimo seno na sequência de $n = 1$ a $n = 24$ é denotado por s_n, e se a soma dos n primeiros senos é S_n, então $s_{n+1} = s_n + s_1 - S_n/s_1$. Dessa regra, se deduz facilmente que sen 7 1/2° = 449, sen 11 1/4° = 671, sen 15° = 890, e assim por diante, até sen 90° = 3.438 — os valores dados nas tabelas nos *Siddhantas* e no *Aryabhatiya*. Além disso, a tabela contém também os valores do que denotamos por seno versor (isto é, $1 - \cos \theta$ na trigonometria moderna, ou $3.438(1 - \cos \theta)$ na trigonometria hindu) desde vers 3 3/4° = 7 a vers 90° = 3.438. Se dividirmos os valores da tabela por 3.438, verificamos que estão bem próximos dos valores correspondentes nas tabelas atuais (Smith, 1958, v. II).

Multiplicação

A trigonometria era evidentemente um instrumento útil e preciso para a astronomia. Como os hindus obtiveram resultados como a fórmula de recorrência acima não se sabe bem, mas sugeriu-se que uma abordagem intuitiva de equações de diferenças e interpolação pode ter levado a elas. A matemática indiana é frequentemente descrita como "intuitiva", em contraste com o severo racionalismo da geometria grega. Embora na trigonometria hindu haja traços de influência grega, os indianos não parecem ter tido ocasião de tomar emprestada a geometria grega, preocupados como estavam com simples regras de mensuração. Dos problemas geométricos clássicos, ou do estudo das curvas além do círculo, há poucos sinais na Índia, e mesmo as secções cônicas não parecem ter sido consideradas pelos hindus, como também não pelos chineses. Os matemáticos hindus se sentiam fascinados, em vez disso, pelo trabalho com números, quer envolvesse as operações aritméticas ordinárias, quer a solução de equações determinadas ou indeterminadas. A adição e a multiplicação eram efetuadas na Índia de modo muito semelhante ao que usamos hoje, só que os indianos parecem inicialmente ter preferido escrever os números com as unidades menores à esquerda, portanto trabalhar da esquerda para a direita, usando pequenas lousas com tinta removível branca ou uma tábua coberta de areia ou farinha. Entre os esquemas usados para a multiplicação, havia um que é conhecido sob vários nomes:

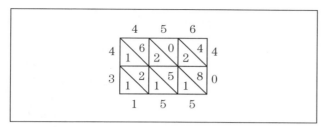

Figura 10.2

multiplicação em reticulado, multiplicação em *gelosia*, em célula, em grade ou quadrilateral. A ideia atrás disso é fácil de perceber em dois exemplos. No primeiro (Fig. 10.2), o número 456 é multiplicado por 34. O multiplicando foi escrito acima do reticulado e o multiplicador à esquerda, com os produtos parciais ocupando as células quadradas. Os dígitos nas fileiras diagonais são somados e o produto 15.504 aparece embaixo e à direita. Para indicar que outros arranjos são possíveis, damos um segundo exemplo na Fig. 10.3, em que o multiplicando 537 é colocado no alto e o multiplicador 24 à direita, o produto 12.888 aparecendo à esquerda e em baixo. Ainda outras variantes são facilmente construídas. O princípio fundamental da multiplicação em *gelosia*, evidentemente, é o mesmo da nossa, o arranjo em células sendo apenas um estratagema conveniente para aliviar a concentração mental necessária ao "vai-um" de lugar a lugar para as dezenas que aparecem nos produtos parciais. O único "transporte" necessário na multiplicação em reticulado aparece nas adições finais ao longo das diagonais.

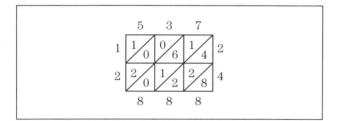

Figura 10.3

Divisão

Não se sabe quando ou onde a multiplicação em gelosia apareceu, mas a Índia parece ser a fonte mais provável; foi usada lá pelo menos desde o século doze, e de lá parece ter sido levada à China e à Arábia. Dos árabes passou para a Itália nos séculos quatorze e quinze e lá o nome gelosia lhe foi associado, por causa da semelhança com os gradeados colocados em frente às janelas em Veneza e outros lugares (a palavra atual *jalousie* parece provir da gelosia italiana, e significa veneziana na França, Alemanha, Holanda e Rússia). Os árabes (e através deles, mais tarde, os europeus) parecem ter adotado a maior parte de seus métodos aritméticos da Índia, e por isso é provável que o esquema de divisão conhecido como "método de riscar" ou "método do galeão" (por sua semelhança com um navio) também venha da Índia (ver a ilustração a seguir). Para ilustrar o método, suponhamos que se queira dividir 44.977 por 382. Na Fig. 10.4 damos o método moderno, na Fig. 10.5, o do galeão. Esse último de assemelha muito ao primeiro, apenas o dividendo aparece no meio, porque as subtrações são executadas cancelando dígitos e colocando as diferenças *acima* em vez de *abaixo* dos minuendos. Por isso, o resto, 283, aparece acima e à direita, em vez de embaixo.

O processo na Fig. 10.5 é fácil de acompanhar se observarmos que os dígitos em um dado subtraendo, como 2.674, ou em uma dada diferença, como 2.957, não estão todos necessariamente na mesma linha e que subtraendos são escritos abaixo do meio e diferenças, acima. A posição em uma coluna é significativa, mas não a posição em uma linha. A determinação de raízes de números provavelmente seguia um esquema "em galeão" semelhante, associado em anos posteriores com o teorema binominal em forma de "triângulo de Pascal", mas os autores hindus não forneceram explicações de seus cálculos ou demonstrações de

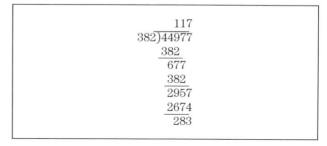

Figura 10.4

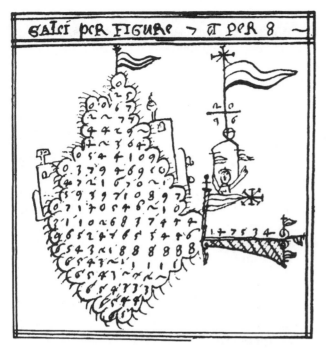

Divisão em galeão, século seis. De um manuscrito não publicado de um monge veneziano. O título do trabalho é "Opus Arithmetica D. Honorati veneti monarch coenobij S. Lauretig". Da biblioteca do Mr. Plimpton.

Brahmagupta

Os últimos parágrafos anteriores podem ter dado a impressão injustificada de que havia uniformidade na matemática hindu, pois frequentemente localizamos desenvolvimentos simplesmente como sendo de "origem indiana", sem especificar o período. A dificuldade é que há um alto grau de incerteza na cronologia hindu. O material no importante manuscrito Bakshali, contendo uma aritmética anônima, data, ao que alguns supõem, do terceiro ou quarto século, mas outros creem que é do oitavo ou nono século ou ainda de mais tarde; e há uma sugestão de que pode não ser sequer de origem hindu. Colocamos a obra de Aryabhata em 500 d.C. aproximadamente, mas houve dois matemáticos chamados Aryabhata e não podemos com certeza atribuir resultados ao nosso Aryabhata, o mais antigo. A matemática hindu apresenta mais problemas históricos do que a grega, pois os matemáticos indianos raramente se referiam a seus predecessores e exibiam surpreendente independência em seu trabalho matemático. Assim é que Brahmagupta (viveu em 628 d.C.), que viveu na Índia Central um pouco mais de cem anos depois de Aryabhata, tem pouco em comum com seu predecessor, que tinha vivido no leste da Índia. Brahmagupta menciona dois valores de π — o "valor prático" 3 e o "valor bom" $\sqrt{10}$ — mas não o valor mais preciso de Aryabhata; na trigonometria de sua obra mais conhecida, o *Brahmasphuta Siddhanta*, ele usou um raio de 3.270, em vez de 3.438 como Aryabhata. Em um aspecto ele se assemelha a seu predecessor — na justaposição de resultados bons e ruins. Achou a área "bruta" de um triângulo isósceles multiplicando a metade da base por um dos lados iguais; para o triângulo escaleno com base quatorze e lados treze e quinze, ele achou a área "bruta" multiplicando a metade da base pela média aritmética dos outros lados. Ao achar a área "exata", ele utilizou a fórmula arquimediana-heroniana. Para o raio do círculo circunscrito a um triângulo, ele deu o equivalente do resultado trigonométrico correto $2R = a/\operatorname{sen} A = b/\operatorname{sen} B = c/\operatorname{sen} C$, mas isto, é claro, é apenas uma reformulação de um resultado que Ptolomeu já conhecia

suas afirmações. É possível que influências babilônicas e chinesas desempenhassem um papel no problema da evolução ou extração de raiz. Diz-se frequentemente que a "prova por noves fora" é invenção hindu, mas parece que os gregos conheciam já antes essa propriedade, sem usá-la muito, e o método se tornou de uso comum somente com os árabes do século onze.

```
                    2
                 2  3
              3  9  8
           1  6  7  3  3
    382    4  4  9  7  7    117
           3  8  2  2  4
              3  8  7
                 2  6
```

Figura 10.5

na linguagem de cordas. Talvez o resultado mais belo na obra de Brahmagupta seja a generalização da "fórmula de Heron" para achar a área do quadrilátero. Essa fórmula,

$$K = \sqrt{(s-a)(s-b)(s-c)(s-d)}$$

onde a, b, c, d são os lados e s é o semiperímetro, ainda leva seu nome; mas a glória de seu sucesso é obscurecida pelo fato de ele não observar que a fórmula só é correta no caso de um quadrilátero *cíclico*. A fórmula correta para um quadrilátero arbitrário é

$$K = \sqrt{(s-a)(s-b)(s-c)(s-d) - abcd\,\cos^2\alpha}$$

onde α é metade da soma de dois ângulos opostos. Como regra para a área "bruta" de um quadrilátero, Brahmagupta deu a fórmula pré-helênica, o produto das médias aritméticas dos lados opostos. Para o quadrilátero de lados $a = 25$, $b = 25$, $c = 25$, $d = 39$, por exemplo, ele achou uma área "bruta" de 800.

A fórmula de Brahmagupta

As contribuições de Brahmagupta à álgebra são de ordem mais alta que suas regras de mensuração, pois aqui achamos soluções gerais de equações quadráticas, inclusive duas raízes, mesmo quando uma delas é negativa.

A aritmética sistematizada dos números negativos e do zero, na verdade, encontra-se pela primeira vez em sua obra. Equivalentes das regras sobre grandezas negativas eram já conhecidas através dos teoremas geométricos dos gregos sobre subtração, como, por exemplo $(a-b)(c-d) = ac + bd - ad - bc$, mas os hindus as converteram em regras numéricas sobre números negativos e positivos. Além disso, embora os gregos tivessem um conceito do nada, eles nunca o interpretaram como um número, como fizeram os hindus. No entanto, também aqui Brahmagupta estragou um pouco as coisas, ao afirmar que $0 \div 0 = 0$, e na delicada questão de $a \div 0$ para $a \neq 0$ ele não se comprometeu:

Positivo dividido por positivo, ou negativo por negativo, é afirmativo. Cifra dividida por cifra é nada. Positivo dividido por negativo é negativo. Negativo dividido por afirmativo é negativo. Positivo ou negativo dividido por cifra é uma fração com esse denominador. [Colebrook 1817, Vol. I].

Deve-se mencionar aqui que os hindus, diferentemente dos gregos, consideravam as raízes irracionais dos números como números. Isso era de enorme utilidade na álgebra, e os matemáticos indianos têm sido muito elogiados por terem dado esse passo. Vimos a ausência de distinção cuidadosa, da parte dos matemáticos hindus, entre resultados exatos e inexatos, e era natural que não levassem a sério a diferença entre grandezas comensuráveis e incomensuráveis. Para eles, não havia dificuldade em aceitar números irracionais, e gerações posteriores seguiram seu exemplo sem análise crítica, até que os matemáticos do século dezenove estabeleceram o sistema dos números reais sobre base sólida.

A matemática indiana era, como dissemos, uma mistura de bom e ruim. Mas parte do bom era magnificamente bom, e aqui Brahmagupta merece grande louvor. A álgebra hindu é especialmente notável em seu desenvolvimento da análise indeterminada, à qual Brahmagupta fez várias contribuições. Por exemplo, em sua obra achamos uma regra para a formação de ternas pitagóricas expressas na forma m, $1/2(m^2/n - n)$, $1/2(m^2/n + n)$; mas isso é apenas uma forma modificada da antiga regra babilônica, que ele pode ter conhecido. A fórmula de Brahmagupta para a área do quadrilátero, mencionada acima, foi usada por ele em conjunção com as fórmulas

$$\sqrt{(ab+cd)(ac+bd)/(ad+bc)}$$

e

$$\sqrt{(ac+bd)(ad+bc)/(ab+cd)}$$

para as diagonais, para achar quadriláteros cujos lados, diagonais, e áreas fossem todos racionais. Entre esses, estava o quadrilátero de lados $a = 52$, $b = 25$, $c = 39$, $d = 60$, e diagonais 63 e 56. Bramhagupta deu a área "bruta" como sendo 1.933 3/4, apesar de sua fórmula fornecer a área exata, 1.764, nesse caso.

Equações indeterminadas

Como muitos de seus conterrâneos, Brahmagupta evidentemente amava a matemática por ela mesma, pois nenhum engenheiro de espírito prático proporia questões como as que Brahmagupta fazia sobre quadriláteros. Admiramos ainda mais sua atitude quanto à matemática quando percebemos que aparentemente ele foi o primeiro a dar uma solução *geral* da equação linear diofantina $ax + by = c$, onde a, b e c são inteiros. Para que essa equação tenha soluções inteiras, o máximo divisor comum de a e b deve dividir c; e Brahmagupta sabia que se a e b são primos entre si, todas as soluções da equação são dadas por $x = p + mb$, $y = q - ma$, onde m é um inteiro arbitrário. Ele sugeriu também a equação diofantina quadrática $x^2 = 1 + py^2$, que erroneamente leva o nome de John Pell (1611-1685), mas que aparece pela primeira vez no problema do gado de Arquimedes. A equação de Pell foi resolvida para alguns casos pelo conterrâneo de Brahmagupta, Bhaskara (1114 a cerca de 1185). Brahmagupta merece muito louvor por ter dado todas as soluções inteiras da equação linear diofantina, enquanto o próprio Diofante tinha se contentado em dar uma solução particular de uma equação indeterminada. Como Brahmagupta usou alguns dos exemplos de Diofante, vemos de novo um indício de ter havido influência grega na Índia — ou a possibilidade de terem usado uma fonte comum, talvez babilônica. É interessante notar também que a álgebra de Brahmagupta, como a de Diofante, era abreviada. A adição era indicada por justaposição, a subtração colocando um ponto sobre o subtraendo, e a divisão colocando o divisor sob o dividendo, como em nossa notação para frações, mas sem a barra. As operações de multiplicação e evolução (extração de raízes), bem como quantidades desconhecidas, eram representadas por abreviações de palavras adequadas.

Bhaskara

A Índia produziu muitos matemáticos na segunda metade da Idade Média, mas descreveremos apenas a obra de um deles, Bhaskara o mais importante matemático do século doze. Foi ele quem preencheu algumas lacunas na obra de Brahmagupta, por exemplo dando uma solução geral da equação de Pell e considerando o problema da divisão por zero. Aristóteles observara que não existe uma razão pela qual um número como quatro excede o número zero; mas a aritmética do zero não entrava na matemática grega, e Brahmagupta não se comprometera quanto à divisão de um número diferente de zero por zero. É, pois, na *Vija-Ganita* de Bhaskara que achamos pela primeira vez a afirmação de que um tal quociente é infinito.

> Afirmação: Dividendo 3. Divisor 0. Quociente a fração 3/0. Essa fração cujo o denominador é cifra, chama-se uma quantidade infinita. Nessa quantidade, que consiste no que tem cifra como divisor, não há alteração mesmo que muito seja acrescentado ou retirado; como nenhuma alteração se dá no Deus infinito e imutável.

Essa afirmação parece promissora, mas a falta de compreensão clara da situação é sugerida pela asserção seguinte de Bhaskara de que $a/0 \cdot 0 = a$.

Bhaskara foi o último matemático medieval importante da Índia, e sua obra representa o auge de contribuições hindus anteriores. Em seu tratado mais conhecido, o *Lilavati*, ele compilou problemas de Brahmagupta e outros, acrescentando novas observações próprias. O próprio título dessa obra pode ser tomado como indicação da qualidade desigual do pensamento hindu, pois o nome do título é o da filha de Bhaskara que, segundo a lenda, perdeu a oportunidade de se casar por causa da confiança de seu pai em suas predições astrológicas. Bhaskara tinha calculado que sua filha só poderia se casar de modo propício em uma hora determinada de um dia dado. No dia que deveria ser o de seu casamento, a jovem ansiosa estava debruçada sobre o relógio de água quando se aproximava a hora do casamento, quando uma pérola em seu cabelo caiu, sem ser observada, e deteve o fluxo de água. Antes que o acidente fosse notado, a hora propícia passara. Para consolar a infeliz moça, o pai deu seu nome ao livro que estamos descrevendo.

O *Lilavati*

O *Lilavati*, como o *Vija-Ganita*, contém numerosos problemas sobre os tópicos favoritos dos hindus: equações lineares e quadráticas, tanto determinadas quanto indeterminadas, simples mensuração, progressões aritméticas e geométricas, radicais, ternas pitagóricas e outros. O problema do "bambu quebrado", popular na China (e considerado também por Brahmagupta), aparece na forma seguinte: se um bambu de 32 cúbitos de altura é quebrado pelo vento de modo que a ponta encontra o chão a 16 cúbitos da base, a que altura a partir do chão ele foi quebrado? Também usando o teorema de Pitágoras, temos o problema seguinte: um pavão está sobre o topo de uma pilastra, em cuja base há um buraco de cobra. Vendo a cobra a uma distância da pilastra igual a três vezes a altura da pilastra, o pavão avançou para a cobra em linha reta alcançando-a antes que chegasse a sua cova. Se o pavão e a cobra percorreram distâncias iguais, a quantos cúbitos de cova eles se encontraram?

Esses dois problemas ilustram bem a natureza heterogênea de *Lilavati*, pois apesar de sua semelhança aparente e do fato de se pedir uma única resposta, um dos problemas é determinado e o outro, indeterminado. Ao tratar do círculo e da esfera, o *Lilavati* não distingue também afirmações exatas das aproximadas. A área do círculo é corretamente dada como igual a um quarto da circunferência vezes o diâmetro e o volume da esfera como um sexto do produto da área da superfície pelo diâmetro, mas para a razão da circunferência para o diâmetro de um círculo, Bhaskara sugere ou 3.927 para 1.250 ou o valor "bruto" de 22/7. O primeiro valor equivale à razão mencionada, mas não usada, por Aryabhata. Não há indicação em Bhaskara, ou em outros escritores hindus, de que soubessem que todas as razões propostas eram apenas aproximações. No entanto, Bhaskara condena severamente seus predecessores por usarem as fórmulas de Brahmagupta para a área e as diagonais do quadrilátero geral, porque percebeu que um quadrilátero não é univocamente determinado por seus lados. Evidentemente, ele não percebeu que as fórmulas são realmente corretas para todos os quadriláteros cíclicos.

Muitos dos problemas de Bhaskara no *Lilavati* e no *Vija-Ganita* evidentemente provinham de fontes hindus anteriores, por isso não é surpreendente que o autor tenha seus melhores momentos ao tratar a análise indeterminada. Com relação à equação de Pell, $x^2 = 1 + py^2$, proposta antes por Brahmagupta, Bhaskara deu soluções particulares para os cinco casos $p = 8, 11, 32, 61$ e 67. Para $x^2 = 1 + 61y^2$, por exemplo, ele deu a solução $x = 1.776.319.049$ e $y = 22.615.390$. Esse é um notável feito de cálculo, e só a sua verificação dará trabalho ao leitor. Os livros de Bhaskara estão repletos de outros exemplos de problemas diofantinos.

Madhava e a escola keralesa

Começando no final do século quatorze, um grupo de matemáticos emergiu ao longo da costa sudoeste da Índia e passaram a ser conhecidos como membros da "escola keralesa", cujo nome veio de sua localização geográfica em Kerala. O grupo parece ter começado sob a liderança de Madhava, que é mais bem conhecido por sua expansão do seno e do cosseno em séries de potências, a qual em geral leva o nome de Newton, e pela série de $\pi/4$, cujo crédito é dado a Liebnitz. Entre suas outras contribuições está um cálculo de π correto até onze casas decimais, o cálculo da circunferência de um círculo usando polígonos e a expansão em série do arco-tangente, usualmente atribuída a James Gregory, bem como várias outras expansões em séries e aplicações astronômicas.

Poucos dos versos originais de Madhava foram documentados; a maior parte de seu trabalho chegou a nós pelas descrições e referências de seus alunos e outros membros posteriores da escola keralesa.

A escola keralesa, com suas realizações impressionantes em expansões em séries, procedimentos geométricos, aritméticos e trigonométricos, bem como em observações astronômicas, inspirou considerável especulação com relação à transmissão e influência. Até agora, a documentação existente é inadequada para confirmar qualquer uma das principais conjecturas a respeito. Entretanto, há muito a se aprender das traduções recentes destes e de textos anteriores. (Demos apenas alguns poucos exemplos de resultados usualmente associados gigantes do século dezessete da Europa ocidental. Para amostras de tradução que forneçam uma apreciação mais próxima da natureza das questões matemáticas encontradas nos textos sânscritos antigos e medievais, referimos o leitor a Plofker 2009.)

11 A HEGEMONIA ISLÂMICA

Ah, mas meus Cálculos, dizem as Pessoas, trouxeram o Ano à Medida humana? Então, foi por cortar do Calendário o Amanhã que ainda não nasceu e o morto Ontem.

Omar Khayyam (Rubayat, na tradução de FitzGerald)

Conquistas árabes

Um dos desenvolvimentos mais transformadores a afetar a matemática na Idade Média foi a notável expansão do Islam. Dentro de um século a partir de 622 d.C., o ano do Hégira do profeta Maomé, o Islam tinha expandido da Arábia até a Pérsia, o norte da África e a Espanha.

Pela época em que Brahmaguta escrevia, o Império Sabeano da Arábia Félix tinha caído e a península passava por uma crise séria. Era habitada principalmente por nômades do deserto, chamados beduínos, que não sabiam ler nem escrever. Entre eles estava o profeta Maomé, nascido em Meca, cerca de 570. Durante suas viagens, Maomé entrou em contato com judeus e cristãos, e o amálgama dos sentimentos religiosos que surgiram em sua mente levou-o a considerar-se como apóstolo de Deus, enviado para conduzir seu povo. Durante uns dez anos pregou em Meca, mas em 622, perante uma conspiração para matá-lo, aceitou um convite para ir a Medina. Essa "fuga", conhecida como Hégira, marcou o início da era maometana — era que exerceria forte influência sobre o desenvolvimento da matemática. Maomé agora tinha se tornado um líder militar, além de religioso. Dez anos depois, estabeleceu um estado maometano, com centro em Meca, no qual os judeus e cristãos, sendo também monoteístas, recebiam proteção e liberdade de culto. Em 632, enquanto planejava atacar o Império Bizantino, Maomé morreu em Medina. Sua morte súbita não impediu de modo algum a expansão do domínio islâmico, pois seus seguidores invadiram territórios vizinhos com espantosa rapidez. Dentro de poucos anos, Damasco e Jerusalém e grande parte do vale mesopotâmico caíram perante os conquistadores; em 641, Alexandria, que por muitos anos fora o centro matemático do mundo, foi capturada. Como acontece tão frequentemente nestas conquistas, os livros na biblioteca foram queimados. A extensão do estrago feito nesta ocasião não é clara; tem sido suposto que após as depredações de fanáticos militares e religiosos anteriores, e longos períodos de completo abandono, pode ter havido relativamente poucos livros para abastecer as chamas na biblioteca que antes fora a maior do mundo.

Por mais de um século, os conquistadores árabes lutaram entre si e com seus inimigos, até que, por volta de 750, o espírito guerreiro se abrandou. Nessa época, surgira um cisma entre os árabes ocidentais de Marrocos e os árabes orientais que, sob o califa al-Mansur, tinham estabelecido uma nova capital em Bagdá, cidade que logo se transformaria em um novo centro da matemática. No entanto, o califa de Bagdá não podia sequer conseguir a obediência de todos os muçulmanos da metade oriental de seu império, embora seu nome aparecesse nas moedas e fosse incluído nas orações de seus "súditos". A unidade do mundo árabe, em outras palavras, era mais econômica e religiosa que política. A língua árabe não era necessariamente usada por todos, embora fosse a língua normal dos intelectuais. Por isso, seria mais apropriado falar de cultura islâmica, em vez de árabe, embora usemos ambos os termos mais ou menos indiferentemente.

Durante o primeiro século das conquistas árabes, houvera confusão política e cultural, e possivelmente isto explica a dificuldade de localizar a origem do moderno sistema de numeração. Os árabes, no início, não tinham interesses intelectuais conhecidos, e tinham pouca cultura, além da língua, a impor aos povos que venciam. Nisso, vemos uma repetição da situação de quando Roma conquistou a Grécia, da qual se disse que, em um sentido cultural, a Grécia cativa capturou Roma. Por volta de 750 d.C., os árabes estavam prontos a deixar que a história se repetisse, pois os vencedores se mostraram ansiosos por absorver a cultura das civilizações que tinham sobrepujado. Sabemos que, no início da década de 770, uma obra astronômico-matemática, conhecida pelos árabes como *Sindhind*, foi trazida a Bagdá da Índia. Poucos anos depois, talvez em 775 mais ou menos, esse *Siddhanta* foi traduzido para o árabe e não muito tempo depois (cerca de 780) o *Tetrabiblos* astrológico de Ptolomeu foi traduzido do grego para o árabe. A alquimia e a astrologia estiveram entre os primeiros estudos a estimular o interesse dos conquistadores. O "milagre árabe" não está tanto na rapidez com que surgiu o império político quanto no entusiasmo com que, uma vez despertado seu gosto, os árabes absorveram a cultura de seus vizinhos.

A Casa da Sabedoria

O primeiro século do império muçulmano fora destituído de realizações científicas. Esse período (cerca de 650 a 750) foi na verdade, talvez, o nadir do desenvolvimento da matemática, pois os árabes ainda não tinham adquirido entusiasmo intelectual, e o interesse pela cultura tinha quase desaparecido no resto do mundo. Não fosse o súbito despertar cultural do Islã na segunda metade do oitavo século, certamente muito mais se teria perdido da ciência e da matemática antigas. A Bagdá, nesse tempo, foram chamados estudiosos da Síria, Iran e Mesopotâmia, inclusive judeus e cristãos nestoriamos; sob três grandes patronos da cultura abássidas — al-Mansur, Harum al-Rachid e al-Mamum — a cidade se tornou uma nova Alexandria. Durante o reino do segundo desses califas, familiar hoje por meio das *Mil e uma noites,* parte de Euclides foi traduzida. Foi durante o califado de al-Mamum (809-833), no entanto, que os árabes se entregaram totalmente à sua paixão por tradução. Diz-se que o califa teve um sonho em que apareceu Aristóteles, e em consequência al-Mamum decidiu mandar fazer versões árabes de todas as obras gregas em que conseguissem deitar as mãos, inclusive o *Almagesto* de Ptolomeu e uma tradução completa de *Os elementos* de Euclides. Do Império Bizantino, com o qual os árabes mantinham uma paz inquieta, foram obtidos, mediante tratados, manuscritos gregos.

Al-Mamum estabeleceu em Bagdá uma "Casa da Sabedoria" (Bait al-hikma), comparável à antiga Universidade de Alexandria. Desde o começo, foi colocada ênfase principalmente nas traduções, inicialmente do persa para o árabe, e mias tarde, do sânscrito e do grego. Gradualmente, a Casa da Sabedoria incluiu uma coleção de manuscritos antigos, obtidos em grande parte de fontes bizantinas. Finalmente, foi adicionado um observatório às propriedades da instituição. Entre os matemáticos e astrônomos lá, destacamos Mohammed ibn

Musa al-Khwarizmi, cujo nome, como o de Euclides, iria tornar-se familiar mais tarde na Europa Ocidental. Outros, que estiveram ativos no século nove, das traduções, foram os irmãos Banu Musa, al Kindi e Thabit ibn Qurra. Pelo século treze, durante a invasão mongol de Bagdá, a biblioteca da Casa da Sabedoria foi destruída; foi-nos dito que, desta vez, os livros não foram queimados, mas jogados no rio, o que foi igualmente efetivo, já que a água lavou rapidamente toda a tinta.

Al-Khwarizmi

Mohammed ibn Musa al-Khwarizmi (cerca de 780 a cerca de 850) escreveu mais de meia dúzia de obras de astronomia e matemática, das quais as mais antigas provavelmente se baseavam nos *Sindhind*. Além de tabelas astronômicas e tratados sobre o astrolábio e o relógio de sol, al-Khwarizmi escreveu dois livros sobre aritmética e álgebra, que tiveram papéis muito importantes na história da matemática. Um deles sobrevive apenas em uma única cópia de uma tradução latina, com título *De numero indorum* (Sobre a arte hindu de calcular), a versão árabe original tendo sido perdida. Nessa obra, baseada provavelmente em uma tradução árabe de Brahmagupta, al-Khwarizmi deu uma exposição tão completa dos numerais hindus, que provavelmente foi o responsável pela impressão muito difundida, mas falsa, de que nosso sistema de numeração é de origem árabe. Al-Khwarizmi não manifesta nenhuma pretensão de originalidade quanto ao sistema, cuja origem hindu ele assume como fato; mas quando mais tarde traduções latinas de sua obra apareceram na Europa, leitores descuidados começaram a atribuir não só o livro, mas a numeração, ao autor. A nova notação veio a ser conhecida como a de al-Khwarizmi, ou mais descuidadamente, *algorismi*; finalmente, o esquema de numeração usando numerais hindus veio a ser chamado simplesmente algorismo ou algoritmo, palavra que, originalmente derivada do nome de al-Khwarizmi, agora significa, mais geralmente, qualquer regra especial de processo ou operação — como o método de Euclides para encontrar o máximo divisor comum, por exemplo.

Al-Jabr

Através de sua aritmética, o nome de al-Khwarizmi tornou-se uma palavra vernácula; através do título de seu livro mais importante, *Hisob al-jabr wa'l muqabalah,* ele nos deu uma palavra ainda mais familiar. Desse título veio o termo *álgebra,* pois foi por esse livro que mais tarde a Europa aprendeu o ramo da matemática que tem esse nome. Nem al-Khwarizmi nem outros estudiosos árabes usaram sincopação ou números negativos. Mesmo assim, o *Al-jabr* está mais próximo da álgebra elementar de hoje que as obras de Diofante e de Brahmagupta, pois o livro não se ocupa de problemas difíceis de análise indeterminada, mas contém uma exposição direta e elementar da resolução de equações, especialmente de segundo grau. Os árabes em geral gostavam de uma boa e clara apresentação indo da premissa à conclusão, e também de organização sistemática — pontos em que nem Diofante nem os hindus se destacavam. Os hindus eram fortes em associação e analogias, em intuição e faro artístico e imaginativo, ao passo que os árabes tinham mente mais prática e terra a terra na sua abordagem matemática.

O *Al-jabr* chegou a nós em duas versões, uma latina e outra árabe, mas na tradução latina, *Liber algebrae et al mucabola*, falta uma parte considerável do texto árabe. Na tradução latina, por exemplo, não há prefácio, talvez porque o prefácio do autor em árabe elogiasse profusamente o profeta Maomé e al-Mamum, "o Comendador dos Crentes". Al-Khwarizmi escreve que esse último o tinha encorajado a

"compor uma breve obra sobre cálculos por (regras de) complementação e redução, restringindo-a ao que é mais fácil e útil na aritmética, tal como os homens constantemente necessitam em casos de heranças, legados, partições, processos legais e comércio, e em todas as suas transações uns com os outros, ou onde se trata de medir terras, escavar canais, computação geométrica e de outras coisas de vários tipos e espécies". [Karpinski, 1915, p. 96].

Não se sabe bem o que significam os termos *al-jabr* e *muqabalah,* mas a interpretação usual é semelhante à que a tradução mencionada implica. A palavra *al-jabr* presumivelmente significa algo como "restauração" ou "completação" e parece referir-se à transposição de termos subtraídos para o outro lado da equação, a palavra *muqabalah,* ao que se diz, refere-se a "redução" ou "equilíbrio" — isto é, ao cancelamento de termos semelhantes em lados opostos da equação. A influência árabe na Espanha, muito depois do tempo de al-Khwarizmi, pode ser vista em *Dom Quixote,* onde a palavra *algebrista* é usada para indicar um "restaurador" de ossos.

Equações quadráticas

A tradução latina da *Álgebra* de al-Khwarizmi se inicia com uma breve explanação introdutória do princípio posicional para números e daí passa à resolução, em seis capítulos curtos, dos seis tipos de equações formadas com as três espécies de quantidades: raízes, quadrados e números (isto é, x, x^2 e números). O Cap. 1, em três parágrafos curtos, abrange o caso de quadrados iguais a raízes, expresso em notação moderna como $x^2 = 5x$, $x^2/3 = 4x$ e $5x^2 = 10x$, dando as respostas $x = 5$, $x = 12$ e $x = 2$, respectivamente. (A raiz $x = 0$ não era reconhecida.) O Cap. II abrange o caso de quadrados iguais a números, e o Cap. III resolve o caso de raízes iguais a números, sempre com três exemplos por capítulo, para ilustrar os casos em que o coeficiente do termo variável é igual a, maior que, ou menor que um. Os Caps. IV, V e VI são mais interessantes, pois abrangem sucessivamente os três casos clássicos de equações quadráticas com três termos: (1) quadrados e raízes iguais a números, (2) quadrados e números iguais a raízes, e (3) raízes e números iguais a quadrados. As soluções são dadas por "receitas" para "completar o quadrado", aplicadas a exemplos específicos. O Cap. IV, por exemplo, contém as três ilustrações $x^2 + 10x = 39$, $2x^2 + 10x = 48$ e $(1/2)x^2 + 5x = 28$. Em cada caso, só é dada a resposta positiva. No Cap. V só é usado um exemplo, $x^2 + 21 = 10x$, mas ambas as raízes, 3 e 7, são dadas, correspondendo à regra $x = 5 \mp \sqrt{25 - 21}$. Aqui al-Khwarizmi chama a atenção para o fato de que o que chamamos de discriminante deve ser positivo:

> É preciso que vocês entendam também que quando tomam a metade das raízes nessa forma da equação e então multiplicam a metade por ela mesma; se o que resulta da multiplicação for menor que as unidades mencionadas acima como acompanhando o quadrado, então vocês têm uma equação.

No Cap. VI, novamente o autor usa um só exemplo, $3x + 4 = x^2$, pois quando o coeficiente de x^2 não for a unidade, o autor nos lembra de dividir primeiro por esse coeficiente (como no Cap. IV). Mais uma vez, os passos para completar o quadrado são meticulosamente indicados, sem justificativa, o processo sendo equivalente à solução $x = 1\ 1/2 + \sqrt{(1\ 1/2)^2 + 4}$. Também aqui, só uma raiz é dada, porque a outra é negativa.

Os seis casos de equações mencionados esgotam as possibilidades de equações lineares e quadráticas que têm uma raiz positiva. A arbitrariedade das regras e a forma estritamente numérica dos seis capítulos nos lembram a matemática da Babilônia antiga e a da Índia medieval. A exclusão da análise indeterminada, um tópico favorito dos hindus, e a ausência de qualquer sincopação, como a que se encontra em Brahmagupta, poderiam sugerir a Mesopotâmia como fonte mais provável que a Índia. Quando lemos além do sexto capítulo, no entanto, uma luz inteiramente nova é lançada sobre a questão. Al-Khwarizmi continua:

> Já dissemos o bastante, no que se refere a números, sobre os seis tipos de equações. Agora, porém, é necessário que demonstremos geometricamente a verdade dos mesmos problemas que explicamos com números.

O tom dessa passagem é obviamente grego, não babilônio ou indiano. Há, pois, três diferentes teorias quanto à origem da álgebra árabe; uma dá ênfase a influências hindus, outra ressalta a tradi-

11 – A Hegemonia Islâmica

ção mesopotâmica, ou sírio-persa, e a terceira aponta inspiração grega. Provavelmente, chegaremos perto da verdade combinando as três teorias. Os filósofos do Islã admiravam Aristóteles a ponto de imitá-lo servilmente, mas os ecléticos matemáticos maometanos parecem ter escolhido os elementos adequados de várias fontes.

Fundamentos geométricos

A *Álgebra* de al-Khwarizmi revela inconfundíveis elementos gregos, mas as primeiras demonstrações geométricas têm pouco em comum com a matemática grega clássica. Para a equação $x^2 + 10x = 39$, al-Khwarizmi traça um quadrado ab para representar x^2, e sobre os quatro lados desse quadrado coloca retângulos c, d, e e f, cada um com largura 2 1/2 unidades. Para completar o quadrado maior, é preciso acrescentar os quatro pequenos quadrados nos cantos (pontilhas na Fig. 11.1), cada um dos quais tem uma área de 6 1/4 unidades. Portanto, para "completar o quadrado" somamos 4 vezes 6 1/4 unidades ou 25 unidades, obtendo pois um quadrado de área total 39 + 25 = 64 unidades (como fica claro do segundo membro da equação dada). O lado do quadrado grande deve, portanto, ser de 8 unidades, de que subtraímos 2 vezes 2 1/2 ou 5 unidades, achando $x = 3$, e demonstrando assim que a resposta encontrada no Cap. IV está correta.

As demonstrações geométricas para os Caps. V e VI são um pouco mais complicadas. Para a

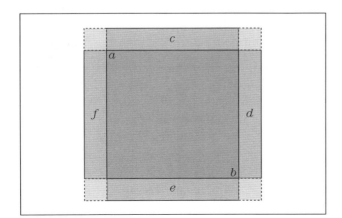

Figura 11.1

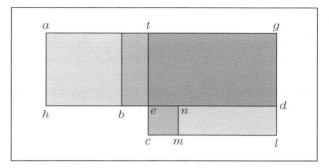

Figura 11.2

equação $x^2 + 21 = 10x$, o autor traça o quadrado ab para representar x^2 e o retângulo bg para representar 21 unidades. Então, o retângulo grande formado com o quadrado e o retângulo bg deve ter uma área igual a $10x$, de modo que o lado ag ou hd deve ser de 10 unidades. Se, então, bissectamos hd em e, traçamos et perpendicular a hd, estendemos te até c de modo que $tc = tg$, e completamos os quadrados $tclg$ e $cmne$ (Fig. 11.2), a área tb será igual à área md. Mas o quadrado tl é 25 e o gnômon $tenmlg$ é 21 (porque o gnômon é igual ao retângulo bg). Logo, o quadrado nc é 4 e seu lado ec é 2. Como $ec = be$ e como $he = 5$, vemos que $x = hb = 5 - 2$ ou 3, o que demonstra que a solução aritmética dada no Cap. V está correta. Um diagrama modificado é dado para a raiz $x = 5 + 2 = 7$, e um tipo análogo de figura é usado para justificar geometricamente o resultado achado algebricamente no Cap. VI.

Problemas algébricos

Uma comparação entre a Fig. 11.2, tirada da *Álgebra* de al-Khwarizmi, com diagramas encontrados em *Os elementos* de Euclides em conexão com a álgebra geométrica grega, leva inevitavelmente à conclusão de que a álgebra árabe tinha muito em comum com a geometria grega; no entanto, a primeira parte, aritmética, da *Álgebra* de al-Khwarizmi evidentemente é estranha ao pensamento grego. O que aparentemente aconteceu em Bagdá foi exatamente o que seria de se esperar em um centro intelectual cosmopolita. Os sábios árabes tinham grande admiração pela astronomia, matemática, medicina e filosofia gregas, assuntos que dominaram o melhor que podiam. No entanto, não podiam deixar de observar que, como tinha dito o bispo nestoriano Sebokt quando em 662 ele pela primeira vez chamou a atenção para os nove maravilhosos dígitos hindus, "há também outros que sabem alguma coisa". É provável que al-Khwarizmi fosse um exemplo típico do ecletismo árabe que será tão frequentemente observado em outros casos. Seu sistema de numeração muito provavelmente vinha da Índia, sua sistemática resolução de equações pode ter se desenvolvido a partir da Mesopotâmia, e o quadro geométrico lógico para suas soluções evidentemente vinha da Grécia.

A *Álgebra* de al-Khwarizmi contém mais que a resolução de equações, material que ocupa cerca da primeira metade. Há, por exemplo, regras para operações com expressões binomiais, inclusive produtos como $(10 + 2)(10 - 1)$ e $(10 + x)(10 - x)$. Embora os árabes rejeitassem as raízes negativas e grandezas negativas, conheciam as regras que governam o que chamamos números com sinal. Há também demonstrações geométricas alternativas de alguns dos seis casos de equações do autor. Finalmente, a *Álgebra* contém uma ampla variedade de problemas ilustrando os seis capítulos ou casos. Como ilustração para o quinto capítulo, por exemplo, al-Khwarizmi pede a divisão de dez em duas partes de modo que "a soma dos produtos obtidos multiplicando cada parte por si mesma seja igual a cinquenta e oito". A versão árabe existente, ao contrário da latina, contém também uma extensa discussão de problemas de herança, como o seguinte:

> Um homem morre deixando dois filhos e legando um terço de seu capital a um estranho. Deixa dez dirhems de propriedades e uma dívida de dez dirhems de um dos filhos.

A resposta não é o que se espera, pois o estranho só recebe 5 dirhems. Segundo a lei árabe, um filho que deve à herança de seu pai uma quantia maior que a sua parte conserva toda a soma que deve, uma parte sendo considerada como sua parcela na propriedade e o resto como doação de seu pai. Até certo ponto, parecem ter sido as complicadas leis que regiam a herança a encorajar o estudo da álgebra na Arábia.

Um problema de Heron

Alguns dos problemas de al-Khwarizmi constituem prova bastante clara da dependência dos árabes com relação à corrente matemática babilônico-heroniana. Um deles, presumivelmente, foi tirado diretamente de Heron, pois a figura e as dimensões são iguais. Dentro de um triângulo isósceles tendo lados de 10 m e base de 12 m (Fig. 11.3), deve-se inscrever um quadrado, e é pedido o lado deste quadrado. O autor da *Álgebra* primeiro mostra pelo teorema de Pitágoras que a altura do triângulo é 8 m, de modo que a área do triângulo é 48 m². Chamando o lado do quadrado a "coisa", ele observa que o quadrado da "coisa" será encontrado tirando da área do triângulo grande as áreas de três triângulos pequenos que estão fora do quadrado, mas dentro do triângulo grande. A soma das áreas dos dois pequenos triângulos na parte de baixo ele sabe ser igual ao produto da "coisa" por seis menos metade da "coisa"; e a área de triângulo pequeno de cima é o produto de oito menos a "coisa" por metade da "coisa". Então, ele é levado à conclusão óbvia de que a "coisa" é 4 4/5 m — o lado do quadrado. A diferença principal entre a forma desse problema em Heron e em al-Khwarizmi é que Heron exprimiu a resposta em termos de frações unitárias como 4 1/2 1/5 1/10. As semelhanças são tão mais acentuadas que as diferenças, que podemos tomar esse caso como confirmação do axioma geral de que a continuidade na história da matemática é a regra e não a exceção. Quando parece haver uma descontinuida-

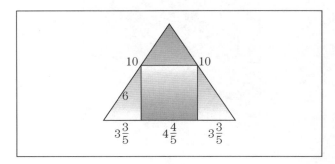

Figura 11.3

de, devemos primeiro considerar a possibilidade de que o salto aparente possa ser explicado pela perda de documentação.

'Abd-al-Hamid ibn-Turk

A *Álgebra* de al-Khwarizmi é em geral considerada como a primeira obra sobre o assunto, mas uma publicação na Turquia levanta algumas dúvidas quanto a isso. Um manuscrito de uma obra de Abd-al-Hamid ibn-Turk, chamada "Necessidades lógicas em equações mistas" era parte de um livro sobre *Al-jabr wa'l muqabalah,* que era evidentemente muito semelhante ao de al-Khwarizmi e publicado mais ou menos ao mesmo tempo, talvez até antes. Os capítulos preservados de "Necessidades lógicas" dão exatamente o mesmo tipo de demonstração geométrica que a *Álgebra* de al-Khwarizmi e em um caso, o mesmo exemplo ilustrativo $x^2 + 21 = 10x$. Em um ponto, a exposição de Abdal-Hamid é mais completa que a de al-Khwarizmi, pois ele fornece figuras geométricas para demonstrar que se o discriminante for negativo, uma equação quadrática não tem solução. Semelhanças nas obras dos dois homens e a organização sistemática que nelas se encontra parecem indicar que a álgebra em seus dias não era um desenvolvimento tão recente quanto se supunha. Quando aparecem simultaneamente textos com uma exposição convencional e bem-ordenada, é provável que o assunto esteja bem adiante do estágio formativo. Os sucessores de al-Khwarizmi podiam dizer, depois que um problema fora posto em forma de equação, "Operem segundo as regras da álgebra e almucabala". De qualquer forma, a preservação da *Álgebra* de al-Khwarizmi pode ser tomada como indício de que era um dos melhores textos típicos da álgebra da época. Foi para a álgebra o que *Os elementos* de Euclides foi para a geometria — a melhor exposição elementar disponível até os tempos modernos — mas a obra de al-Khwarizmi tinha uma deficiência séria que precisava ser removida antes de poder servir eficazmente aos seus fins nos tempos modernos: precisava ser desenvolvida uma notação simbólica para substituir a forma retórica. Esse passo os árabes nunca deram, exceto quanto a substituir as palavras para número por sinais para número.

Thabit ibn-Qurra

O século nove foi glorioso para a matemática, tanto em descobertas como na sua transmissão. Produziu não só al-Khwarizmi, na primeira metade do século, como também Thabit ibn-Qurra (826-901) na segunda metade. Thabit, um sabeano, nasceu em Harran, a antiga cidade mesopotâmia localizada atualmente no sudeste da Turquia, e que, naquela época, ficava ao longo das notáveis rotas de comércio da região. Thabit, trilingue desde sua juventude, chamou a atenção de um dos irmãos Musa, que o encorajou a vir para Bagdá para estudar com seus irmãos na Casa da Sabedoria. Thabit se tornou proficiente em medicina, bem como em matemática e astronomia, e, quando foi nomeado astrônomo da corte pelo califa de Bagdá, estabeleceu uma tradição em traduções, especialmente do grego e sírio. Com ele temos uma dívida imensa, por traduções para o árabe de obras de Euclides, Arquimedes, Apolônio, Ptolomeu e Eutócio. Não fossem por seus esforços, o número de obras gregas existentes hoje seria menor. Por exemplo, teríamos apenas os quatro primeiros livros, em vez dos sete primeiros, de *As cônicas* de Apolônio.

Além disso, Thabit dominava tão completamente o conteúdo dos clássicos que traduziu, que sugeriu modificações e generalizações. Deve-se a ele uma fórmula notável para números amigáveis: se p, q e r são primos, e se são da forma $p = 3 \cdot 2^n - 1$, $q = 3 \cdot 2^{n-1} - 1$ e $r = 9 \cdot 2^{2n-1} - 1$, então $2^n pq$ e $2^n r$ são números amigáveis, pois cada um é igual à soma dos divisores próprios do outro. Como Papus, ele também deu uma generalização do teorema de Pitágoras que se aplica a todos os triângulos, sejam retângulos, sejam escalenos. Se do vértice A de um triângulo qualquer ABC traçamos retas que cortam BC em pontos B' e C' tais que os ângulos $AB'B$ e $AC'C$ são cada um igual ao ângulo A (Fig. 11.4), então $\overline{AB}^2 + \overline{AC}^2 = \overline{BC}\,(\overline{BB'} + \overline{CC'})$. Thabit não forneceu demonstração do teorema, mas é fácil dá-la por teoremas sobre triângulos semelhantes. Na verdade, o teorema fornece uma bela generalização do diagrama usado por Euclides na demonstração do teorema de Pitágoras. Se, por exemplo, o ângulo A é obtuso, então o quadrado sobre o lado AB é igual ao retângulo $BB'B''B'''$ e o quadrado sobre AC é igual ao retângulo $CC'''C'C''$, em que $BB'' = CC''' = BC = B''C'''$. Isto é, a soma dos quadrados sobre AB e AC é o quadrado sobre BC menos o retângulo $B'C'B'''C'''$. Se o ângulo A for agudo, então as posições de B' e C' são trocadas com relação a AP, onde P é a projeção de A sobre BC, e, nesse caso, as soma dos quadrados sobre AB e AC é igual ao quadrado sobre BC *aumentado* do retângulo $B'C'B'''C'''$. Se A for um ângulo reto então B' e C' coincidem com P, e, nesse caso, o teorema de Thabit se reduz ao de Pitágoras. (Thabit não traçou as linhas pontilhadas mostradas na Fig. 11.4, mas ele efetivamente considerou os diferentes casos.)

Demonstrações alternativas do teorema de Pitágoras, trabalhos sobre segmentos parabólicos e paraboloidais, uma discussão de quadrados mágicos, trisseções de ângulos e novas teorias astronômicas estão entre as outras contribuições de Thabit à cultura matemática. Thabit audaciosamente acrescentou uma nona esfera às oito previamente assumidas em versões simplificadas da astronomia aristotélico-ptolomaica; e em vez da precessão dos equinócios de Hiparco só em um sentido, Thabit propôs uma "trepidação dos equinócios" em um tipo de movimento reciprocante.

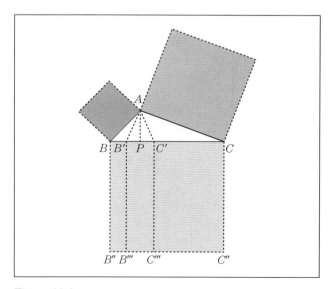

Figura 11.4

Numerais

Dentro das fronteiras do império árabe, viviam povos de origens étnicas muito variadas: sírios, gregos, egípcios, persas, turcos e muitos outros. A maior parte deles tinha uma religião comum, o islamismo, embora cristãos e o judeus fossem tolerados; muitos compartilhavam uma língua comum, o árabe, embora fossem usados às vezes o grego e o hebraico. Havia considerável dose de facciosismo sempre, e às vezes esse explodia em conflitos. O próprio Thabit tinha crescido em uma comunidade pró-grega, que se opunha a ele por causa de suas simpatias pró-árabes. Tais diferenças culturais ocasionalmente se tornavam evidentes, como nas obras dos estudiosos dos séculos dez e onze, Abu'l Wefa (940-998) e al-Karkhi (ou al-Karagi, cerca de 1029). Em algumas de suas obras, eles usavam numerais hindus, que tinham chegado à Arábia através do *Sindhind* astronômico; em outras, eles adotavam o tipo grego de numeração alfabética (naturalmente com equivalentes árabes para as letras gregas). No fim, os numerais hindus, por serem superiores, predominaram, mas mesmo no círculo dos que usavam a numeração da Índia as formas dos numerais variavam consideravelmente. Obviamente tinha havido variação na Índia, mas na Arábia as variantes eram tão marcadas que há teorias sugerindo origens inteiramente diferentes para as formas usadas nas metades oriental e ocidental do mundo árabe. Talvez os numerais dos sarracenos do leste tenham vindo diretamente da Índia, enquanto os dos mouros do oeste derivavam de formas gregas ou romanas. É mais provável que as variantes resultassem de mudanças graduais, que se verificam no espaço e no tempo, pois os numerais arábicos de hoje são muito diferentes dos numerais Devanagari (ou "divinos") modernos, ainda em uso na Índia. Afinal, são os princípios que regem o sistema de numeração que importam, não as formas específicas dos numerais. Nossos numerais são frequentemente conhecidos como arábicos, apesar de pouco se parecerem com os em uso agora no Egito, Iraque, Síria, Arábia, Iran e outros países de cultura islâmica — isto é, as formas ١٢٣٤٥٦٧٨٩. Chamamos de arábicos os nossos numerais porque os princípios nos dois

11 – A Hegemonia Islâmica

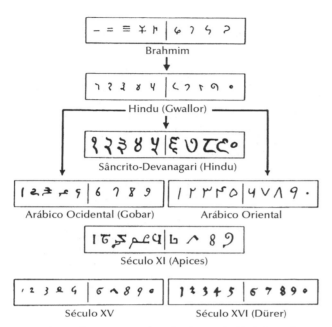

Genealogia de nossos numerais. Segundo Karl Menninger, *Zahlwort und Ziffer* (Göttingen: Vanderhoeck & Ruprecht, 1957-1958, 2 volumes), v. II, p. 233.

sistemas são os mesmos e porque nossas formas podem ter derivado das arábicas. No entanto, os princípios governando os numerais arábicos presumivelmente vieram da Índia; por isso é melhor chamar nosso sistema de hindu ou indo-arábico (ver a ilustração acima).

Trigonometria

Assim como na numeração havia competição entre os sistemas de origens grega e indiana, também nos cálculos astronômicos houve a princípio na Arábia dois tipos de trigonometria — a geometria grega da cordas, como é encontrada no *Almagesto*, e as tabelas hindus de senos, derivadas através dos *Sindhind*. Aqui também, o conflito terminou com triunfo do sistema hindu, e quase toda a trigonometria árabe finalmente se baseou na função seno. Na verdade, foi também por meio dos árabes, e não diretamente dos hindus, que essa trigonometria do seno chegou à Europa.

Tenta-se, às vezes, atribuir às funções tangente, cotangente, secante e cossecante datas específicas e mesmo autorias específicas, mas isto não pode ser feito com qualquer segurança. Na Índia e na Arábia, houve uma teoria geral dos comprimentos das sombras, relativas a uma unidade de comprimento, ou a um gnômon, para altitudes solares variáveis. Não havia uma unidade de comprimento padrão para a barra ou gnômon usado, embora um palmo ou a altura de um homem fossem frequentemente adotados. A sombra horizontal, para um gnômon vertical de comprimento dado, era o que chamamos a cotangente do ângulo de elevação do Sol. A "sombra reversa" — isto é, a sombra lançada em uma parede vertical por uma barra ou gnômon que se projeta da parede horizontalmente — era o que chamamos tangente da elevação do Sol. A "hipotenusa da sombra" — isto é, distância da ponta do gnômon à ponta da sombra — era o equivalente de nossa função cossecante; e a "hipotenusa da sombra reversa" desempenhava o papel da nossa secante. Essa tradição quanto a sombras parece ter estado bem estabelecida na Ásia ao tempo de Thabit ibn-Qurra, mas raramente eram tabulados valores da hipotenusa (secante ou cossecante).

Destaques dos séculos onze e doze

Com Abu'l-Wefa, a trigonometria assumiu uma forma mais sistemática, na qual teoremas como as fórmulas para o ângulo duplo e para a metade de um ângulo foram demonstrados. Embora a função seno hindu tenha sobrepujado a corda grega, foi, entretanto, o *Almagesto* de Ptolomeu que motivou o arranjo lógico de resultados trigonométricos. A lei dos senos, em sua essência, era conhecida por Ptolomeu e está contida por implicação na obra de Brahmagupta, mas é frequentemente atribuída a Abu'l-Wefa e seu contemporâneo Abu Nars Mensur, por causa de sua formulação clara da lei para triângulos esféricos. Abu'l-Wefa também fez uma nova tabela para senos para ângulos, a intervalos de $(1/4)°$, usando o equivalente de oito casas decimais. Forneceu também uma tabela de tangentes e usou todas as seis funções trigonométricas comuns, bem como relações entre elas, mas seu uso das novas funções não parece ter tido muitos seguidores no período medieval.

Abu'l-Wefa era um algebrista competente, além de especialista em trigonometria. Comentou a *Álgebra* de al-Khwarizmi e traduziu do grego um dos últimos grandes clássicos — a *Arithmetica* de Diofante. Seu sucessor, al-Karkhi, evidentemente usou essa tradução para se tornar um discípulo árabe de Diofante — mas sem análise diofantina! Isto é, al-Karkhi se interessava pela álgebra de al--Khwarizmi, não pela análise indeterminada dos hindus; mas como Diofante (e diferentemente de al-Khwarizmi) ele não se limitou a equações quadráticas — apesar de seguir o costume árabe de dar demonstrações geométricas para equações quadráticas. Em particular, a al-Karkhi é atribuída a primeira solução numérica de equações da forma $ax^{2n} + bx^n = c$ (só eram consideradas equações com raízes positivas), onde a restrição diofantina a números racionais foi abandonada. Foi exatamente nessa direção, busca de solução algébrica (em termos de radicais) das equações de grau superior a dois, que estavam destinados a se verificar os primeiros desenvolvimentos da matemática na Renascença.

O tempo de al-Karkhi — começo do século onze — foi uma era brilhante na história da cultura árabe, e muitos de seus contemporâneos merecem uma breve menção — breve não porque fossem menos capazes, mas porque não eram primariamente matemáticos.

Ibn-Sina (980-1037), mais conhecido no Ocidente como Avicena, foi o mais importante sábio e cientista do Islã, mas em seus interesses enciclopédicos a matemática tinha papel menos importante que a medicina e a filosofia. Fez uma tradução de Euclides e explicou a regra de noves fora (que por isso é às vezes injustificadamente atribuída a ele), mas é mais lembrado por sua aplicação da matemática à astronomia e à física.

Assim como Avicena conciliava a cultura grega com o pensamento muçulmano, também seu contemporâneo al-Biruni (973-1048), por meio de seu conhecido livro chamado *Índia,* fez com que a matemática e a cultura hindus se tornassem familiares aos árabes, e, portanto, a nós. Infatigável viajante e pensador crítico, fez um relato favorável, mas justo, com descrições completas dos *Sinddhantas* e do princípio posicional para a numeração. Foi ele quem nos contou que Arquimedes conhecia a fórmula de Heron, e deu uma demonstração desta e da fórmula de Brahmagupta, insistindo corretamente que a última se aplica apenas a quadriláteros cíclicos. Ao inscrever um nonágono em um círculo, al-Biruni reduziu o problema, através da fórmula trigonométrica para cos 3θ, a resolver a equação $x^3 = 1 + 3x$ e, para esta, deu a solução aproximada em frações sexagesimais como 1;52,15,17,13 — equivalente à precisão de mais de seis casas. Al-Biruni também nos deu, em um capítulo sobre comprimentos de gnômon, uma exposição do cálculo de sombras hindu. A audácia de seu pensamento é ilustrada por sua discussão sobre se a terra roda ou não em torno de seu eixo, pergunta a que não deu resposta (anteriormente, Aryabhata parece ter sugerido uma terra que gira no centro do espaço).

Al-Biruni contribui também para a física, especialmente por seus estudos sobre a gravidade específica e os princípios dos poços artesianos; mas como físico e matemático foi superado por ibn-al-Haitham (cerca de 965-1039), conhecido no Ocidente como Alhazen. O tratado mais importante escrito por Alhazen é o *Tesouro da óptica,* livro inspirado na obra de Ptolomeu sobre reflexão e refração e que, por sua vez, inspirou os cientistas da Europa medieval e do começo do período moderno. Entre as questões que Alhazen considerou estão a estrutura do olho, o aumento aparente do tamanho da Lua quando está próxima do horizonte, e uma estimativa da altura da atmosfera, a partir da observação que o crepúsculo dura até o Sol atingir 19° abaixo do horizonte. O problema de achar o ponto em um espelho esférico no qual a luz de uma fonte será refletida para o olho de um observador é conhecido até hoje como "problema de Alhazen". É um "problema sólido" no velho sentido grego, solúvel por secções cônicas, assunto que Alhazen conhecia bem. Estendeu os resultados de Arquimedes sobre conoides, achando o volume gerado quando a área limitada por um arco parabólico, o eixo e uma ordenada da parábola gira em torno da tangente no vértice.

Omar Khayyam

A matemática árabe pode, de modo bem adequado, ser dividida em quatro partes: (1) uma aritmética, derivada presumivelmente da Índia e baseada no princípio posicional; (2) uma álgebra que, embora viesse de fontes gregas, hindus e babilônicas, tomou nas mãos dos muçulmanos uma forma caracteristicamente nova e sistemática; (3) uma trigonometria cuja substância vinha principalmente da Grécia, mas à qual os árabes aplicaram a forma hindu e acrescentaram novas funções e fórmulas; e (4) uma geometria que vinha da Grécia, mas para a qual os árabes contribuíram com generalizações aqui e ali. Houve uma contribuição significativa cerca de um século depois de Alhazen, por um homem que no Oriente é conhecido como cientista, mas que o Ocidente olha como um dos maiores poetas persas. Omar Khayyam (cerca de 1050-1122), o "fabricante de tendas", escreveu uma *Álgebra* que ia além da de al-Khwarizmi, incluindo equações de terceiro grau. Como seus predecessores árabes, Omar Khayyam dava para equações de segundo grau tanto soluções aritméticas quanto geométricas; para as equações cúbicas gerais, ele acreditava (erradamente, como se demonstrou mais tarde no século dezesseis) que soluções aritméticas eram impossíveis; por isso, deu apenas soluções geométricas. A ideia de usar cônicas que se cortam para resolver cúbicas tinha sido usada antes por Menaecmus, Arquimedes e Alhazen, mas Omar Khayyam deu o passo importante de generalizar o método para cobrir todas as equações de terceiro grau (que tivessem raízes positivas). Quando, em uma obra anterior, encontrou uma equação cúbica, ele observou especificamente: "Isso não pode ser resolvido por geometria plana, ou seja, usando apenas régua e compasso, pois contém um cubo. Para a solução, precisamos de secções cônicas" (Amir-Moez 1963, p. 328).

Para equações de grau superior a três, Omar Khayyam evidentemente não imaginava métodos geométricos semelhantes, pois o espaço não contém mais do que três dimensões, "o que os algebristas chamam quadrado-quadrado em grandeza contínua é um fato teórico. Não existe de modo nenhum na realidade". O processo que Omar Khayyam aplicou tão tortuosamente — e orgulhosamente — às equações cúbicas pode ser enunciado com brevidade muito maior em notação e conceitos modernos como segue. Considere a cúbica $x^3 + ax^2 + b^2x + c^3 = 0$. Então, se nessa equação substituirmos x^2 por $2py$ obtemos (lembrando que $x^3 = x^2 \cdot x$) o resultado $2pxy + 2apy + b^2x + c^3 = 0$. Como a equação resultante representa uma hipérbole, e a igualdade $x^2 = 2py$ usada na substituição representa uma parábola, é claro que se traçarmos a parábola e a hipérbole sobre o mesmo conjunto de eixos coordenados, então as abscissas dos pontos de intersecção das duas curvas serão as raízes da equação cúbica. Evidentemente muitos outros pares de secções cônicas podem ser usados de modo semelhante para resolver a equação cúbica.

Nossa exposição da obra de Omar Khayyam não faz justiça ao seu gênio, pois, não tendo o conceito de coeficientes negativos, ele tinha que decompor o problema em muitos casos distintos, conforme os parâmetros a, b, c fossem positivos, negativos, ou zero. Além disso, ele tinha de identificar especificamente suas secções cônicas para cada caso, pois o conceito de parâmetro geral não existia. Nem todas as raízes de uma cúbica dada eram fornecidas, pois ele não aceitava que raízes negativas fossem apropriadas e não considerava todas as intersecções das secções cônicas. Deve-se observar também que, nas antigas soluções geométricas gregas das equações cúbicas, os coeficientes eram segmentos de retas enquanto na obra de Omar Khayyam eram números específicos. Uma das mais frutíferas contribuições do ecletismo árabe foi a tendência a estreitar o fosso entre a álgebra numérica e a geométrica. O passo decisivo nesta direção veio muito mais tarde, com Descartes, mas Omar Khayyam estava avançado nesta direção quando escreveu: "Quem quer que imagine que a álgebra é um artifício para achar quantidades desconhecidas pensou em vão. Não se deve dar atenção ao fato de a álgebra e a geometria serem diferentes na aparência. As álgebras são fatos geométricos que são demonstrados". Ao substituir a teoria das proporções de Euclides por uma abordagem numérica, ele chegou perto da definição de números irracionais e empenhou-se em encontrar o conceito de número real em geral.

Em sua *Álgebra,* Omar Khayyam escreveu que tinha exposto em outra obra uma regra que tinha descoberto para encontrar as potências quarta, quinta, sexta e mais altas de um binômio, mas essa obra se perdeu. Presume-se que ele se referia ao arranjo do triângulo de Pascal, que parece ter aparecido ao mesmo tempo na China. Não é fácil explicar tal coincidência, mas enquanto não for encontrada nova evidência, deve-se presumir a independência das descobertas. A intercomunicação entre a Arábia e a China não era grande na época; mas havia uma rota da seda ligando a China à Pérsia, e alguma informação poderia ter-se escoado por ela.

O postulado das paralelas

Os matemáticos árabes claramente se sentiam mais atraídos pela álgebra e pela trigonometria que pela geometria, mas um aspecto da geometria tinha um fascínio especial para eles — a demonstração do quinto postulado de Euclides. Mesmo entre os gregos, a tentativa de demonstrar o postulado tinha-se transformado virtualmente em um "quarto famoso problema de geometria" e vários matemáticos muçulmanos continuaram o esforço. Alhazen tinha começado por um quadrilátero tri-retângulo (às vezes conhecido como "quadrângulo de Lambert" em homenagem aos esforços deste no século dezoito) e julgava ter demonstrado que o quarto ângulo também tinha que ser reto. Desse "teorema" sobre o quadrilátero resulta facilmente o quinto postulado. Em sua "demonstração", Alhazen assumia que o lugar geométrico de um ponto que se move de modo a permanecer equidistante de uma reta dada é necessariamente uma reta paralela à reta dada — mas isso, como se demonstrou no período moderno, é equivalente ao quinto postulado de Euclides. Omar Khayyam criticou a demonstração de Alhazen com o argumento de que Aristóteles tinha condenado o uso do movimento em geometria. Omar Khayyam partiu então de um quadrilátero com dois lados iguais, ambos perpendiculares à base (usualmente chamado "quadrilátero de Saccheri", novamente em reconhecimento de esforços no século dezoito), e perguntou como seriam os outros ângulos (os superiores) do quadrilátero, que são necessariamente iguais um ao outro. Há, é claro, três possibilidades. Os ângulos podem ser (1) agudos, (2) retos, ou (3) obtusos. Omar Khayyam excluiu a primeira e a terceira possibilidade baseando-se em um princípio, que atribuiu a Aristóteles, que diz que duas retas convergentes devem cortar-se — novamente, um enunciado equivalente ao postulado das paralelas de Euclides.

Nasir al-Din al-Tusi

Quando Omar Khayyam morreu, em 1123, a ciência árabe declinava, mas as contribuições muçulmanas não cessaram subitamente com sua morte. Tanto no século treze quanto de novo no século quinze, achamos um matemático árabe merecedor de atenção. Em Maragha, por exemplo, Nasir al-Din (Eddin) al-Tusi (1201-1274), astrônomo de Hulagu Khan, neto do conquistador Gengis Khan e irmão de Kublai Khan, continuou os esforços para demonstrar o postulado das paralelas, partindo das três hipóteses usuais sobre um quadrilátero de Saccheri. Sua "demonstração" depende da seguinte hipótese, também equivalente à de Euclides:

> Se uma reta u é perpendicular a uma reta w em A e se a reta v é oblíqua a w em B, então as perpendiculares traçadas de u sobre v são menores que AB do lado em que v faz um ângulo agudo com w e maiores do lado em que v faz um ângulo obtuso com w.

Os escritos de Nasir Eddin, o último da sequência de três precursores árabes da geometria não euclidiana, foram traduzidos e publicados por Wallis no século dezessete. Parece que essa obra foi o ponto de partida para os desenvolvimentos de Saccheri no primeiro terço do século dezoito.

Continuando a obra de Abu'l-Wefa, al-Tusi foi responsável pela primeira obra sistemática sobre trigonometria plana e esférica, tratando o material como assunto independente e não apenas como servidor da astronomia, como se fazia na Grécia e na Índia. São usadas as seis funções trigonométricas usuais, e são dadas regras para resolver os vários casos de triângulos planos e esféricos. Infelizmente, a obra de al-Tusi teve influência limitada por não ter sido bem conhecida na Europa. Na astronomia, no entanto, al-Tusi deu uma contribuição que pode ter chegado ao conhecimento de Copérnico. Os árabes tinham adotado teorias tanto de Aristóteles quanto de Ptolomeu para os céus; observando elementos de conflito entre as cosmologias, tentaram conciliá-las e refiná-las. Com relação a isso, al-Tusi observou que uma combinação de dois movimentos circulares uniformes na construção epicíclica usual pode produzir um movimento reciprocante retilíneo. Isto é, se um ponto se move com movimento circular uniforme em sentido horário ao longo do epiciclo, enquanto o centro deste se move em sentido anti-horário com metade da velocidade ao longo de um círculo deferente igual, o ponto descreverá um segmento de reta. (Em outras palavras, se um círculo rola sem deslizar ao longo do interior de um círculo cujo diâmetro é duas vezes maior, o lugar geométrico de um ponto sobre a circunferência do círculo menor será um diâmetro do círculo maior.) Esse "teorema de Nasir Eddin" se tornou conhecido, ou foi redescoberto, por Nicolau Copérnico e Jerome Cardan no século dezesseis.

Al-Kashi

A matemática árabe continuou a declinar após Nasir Eddin, mas nossa exposição sobre a matemática árabe não seria adequada sem uma referência à obra de uma figura do começo do século quinze. Jamshid al-Kashi (cerca de 1380-1429) achou um patrono no príncipe Ulugh Beg, neto do conquistador mongol Tamerlão. Em Samarkand, onde tinha sua corte, Ulugh Beg construíra um observatório e estabeleceu um centro de estudos, e al-Kashi se uniu ao grupo de cientistas reunidos lá. Em numerosas obras, escritas em persa e árabe, al-Kashi contribuiu para a matemática e a astronomia. Ele também produziu um importante livro didático para uso dos estudantes de Samarkand, o qual fornecia uma introdução à aritmética, álgebra e suas aplicações à arquitetura, medição de terras, comércio e outras áreas de interesse. Suas habilidades computacionais parecem não ter sido igualadas. É digna de nota a precisão de seus cálculos, especialmente no que se refere à resolução de equações por um caso especial do método de Horner, proveniente talvez da China. Também da China, al-Kashi pode ter tomado o hábito de usar frações decimais. Al-Kashi é uma figura importante na história das frações decimais, e ele percebeu a importância de sua contribuição a esse assunto, considerando-se o inventor das frações decimais. Embora até certo ponto tivesse precursores, ele foi talvez, entre os que usavam frações sexagesimais, o primeiro a sugerir que as decimais são igualmente convenientes para problemas que exigem muitas casas exatas. No entanto, em seu cálculo sistemático de raízes, ele continuou a usar as frações sexagesimais. Ao ilustrar seu método para achar a raiz n-ésima de um número, ele extraiu a raiz sexta da fração sexagesimal.

$$34, 59, 1, 7, 14, 54, 23, 3, 47, 37; 40.$$

Esse foi um prodigioso sucesso de computação, usando os passos que seguimos no método de Horner — localização da raiz, subtração, e o aumento ou multiplicação das raízes — e usando um esquema semelhante ao nosso para divisão.

Al-Kashi obviamente se deliciava com cálculos longos, e se orgulhava com razão de sua aproximação para π, que era mais precisa que qualquer das aproximações fornecidas por seus predecessores. Ele exprimiu seu valor para 2π em *ambas* as formas, sexagesimal e decimal. A primeira — 6;16,59,28,34,51,46,15,50 — é mais reminiscente do passado e a segunda — 6,2831853071795865 — em um certo sentido, pressagiava o futuro uso de frações decimais. Nenhum matemático até o fim do século dezesseis se aproximou da precisão desse *tour de force* computacional. Sua habilidade computacional parece ter sido a base da tabela de senos produzida no observatório de Samarkand. Em al-Kashi, o teorema binominal sob a forma do "triângulo de Pascal" aparece de novo, quase exatamente um século depois de sua publicação na China e cerca de um século antes de ser impresso em livros europeus.

O número de árabes que deram contribuições significativas à matemática antes de al-Kashi foi consideravelmente maior do que nossa exposição sugere, pois nos concentramos nas figuras principais; mas depois dele o número é insignificante. Foi realmente uma sorte que, quando a cultura árabe começou a declinar, a ciência na Europa estivesse em ascensão e preparada para aceitar a herança intelectual legada por eras anteriores.

12 O OCIDENTE LATINO

O descuido com a matemática traz dano a todo o conhecimento, pois aquele que a ignora não pode conhecer as outras ciências ou as coisas do mundo.

Roger Bacon

Introdução

O tempo e a história são, é claro, ininterruptos e qualquer subdivisão em períodos é obra do homem; mas assim como um sistema de coordenadas é útil na geometria, também a subdivisão dos acontecimentos em períodos ou eras é conveniente para a história. No que se refere à história política é costume designar a queda de Roma em 476 como o começo da Idade Média, e a queda de Constantinopla perante os turcos em 1453 como o fim. Para história da matemática, vamos considerar simplesmente que período de 500 a 1450 abrange a matemática da Idade Média. Lembramos aos leitores que cinco grandes civilizações, escrevendo em cinco línguas principais, fornecem a maior parte da história da matemática medieval. Nos quatro capítulos precedentes descrevemos as contribuições em grego, chinês, sânscrito e árabe, do Império Bizantino, China, Índia e Islã, quatro das cinco principais culturas medievais. Neste capítulo, examinamos a matemática do Império do Ocidente, ou Romano, que não tinha um centro único nem uma única língua falada, mas onde o latim era a língua rotineira dos estudiosos.

Compêndio da Idade das Trevas

O século seis foi um período amargo para os países que tinham feito parte do Império do Ocidente. Conflitos internos, invasões e migrações deixaram grande parte da região com uma população diminuída e na miséria. As instituições romanas, incluindo o notável sistema escolar, estavam mortas. A igreja cristã, em crescimento, que também não era imune aos conflitos internos, estava ainda gradualmente implantando um sistema educacional. É sobre este pano de fundo que devemos avaliar as contribuições matemáticas limitadas de Boécio, bem como de Cassiodoro (cerca de 480 a cerca de 575) e Isidoro de Sevilha (570-636). Nenhum dos três era particularmente conhecedor da matemática; suas contribuições aritmética e geométrica devem ser vistas no contexto de que tinham por objetivo suprir as escolas e bibliotecas monásticas com uma introdução às artes liberais.

Cassiodoro, um contemporâneo de Boécio, a quem substituiu como *magister officiorum* a serviço de Teodoro, passou seus últimos anos em um mosteiro que fundara, onde criou uma biblioteca e instruiu os monges na fina arte de copiar de modo preciso textos manuscritos gregos e latinos. Isto criou as condições para uma atividade que desempenhou um papel importante na preservação de textos antigos, tanto cristãos quanto "pagãos".

Isidoro de Sevilha, considerado por seus contemporâneos como o homem mais culto de seu tempo, foi o autor do volumoso *Origines* ou *Etymologies*, que consistia de vinte volumes, um dos quais tratava de matemática. Este compreendia quatro partes: aritmética, geometria, música e astronomia, o quadrivium. De modo semelhante à *Arithmetic* de Boécio, as partes de aritmética e geometria estavam restritas às definições e propriedades elementares de números e figuras.

Estes homens se distinguiram por servirem de instrumento na preservação de elementos do conhecimento tradicional no que foi de fato a "idade das trevas" da ciência. Pelos dois séculos seguintes, as sombras se mantiveram, a tal ponto que se tem dito que nada de erudito podia ser ouvido na Europa, a não ser o arranhar da pena do venerável Beda (cerca de 673-735), escrevendo na Inglaterra sobre a matemática necessária para determinar a data da páscoa, ou sobre a representação dos números por meio dos dedos. Ambos os tópicos eram insignificantes: o primeiro era necessário para estabelecer o calendário anual na era cristã; o segundo dava condições, a uma população ignorante, de realizar transações aritméticas.

Gerbert

Em 800, Carlos Magno foi coroado imperador pelo papa. Ele esforçou-se para tirar seu império da estagnação da Idade das Trevas e dentro deste projeto chamou o educador Alcuin de York (cerca de 735-804), o qual ele tinha trazido para Tours, alguns anos antes, para revitalizar a instrução na França. Isto trouxe uma melhoria suficiente para levar alguns historiadores a falar em um Renascimento carolingiano. Entretanto, Alcuin não era um matemático; presumivelmente, mostrou influência neopitagórica em sua explicação de que o ato de criação levara seis dias, porque seis era um número perfeito. Além de alguma aritmética, geometria e astronomia, que se diz que Alcuin escreveu para principiantes, pouca matemática houve na França ou na Inglaterra por mais de dois séculos. Na Alemanha, Hrabanus Maurus (784-856) continuou os modestos esforços matemáticos e astronômicos de Beda, especialmente os relacionados ao cálculo da data da Páscoa. Mas passou-se ainda século e meio antes de haver alguma modificação do clima matemático da Europa Ocidental, e então ela se deu por meio daquele que viria finalmente a tornar-se o Papa Silvestre II.

Gerbert (cerca de 940-1003) nasceu na França, estudou na Espanha e Itália, e depois serviu na Alemanha como tutor e mais tarde conselheiro do Imperador do Santo Império Romano, Otto III. Tendo sido arcebispo, primeiro em Reims e depois em Ravena, Gerbert, em 999, foi elevado ao papado, tomando o nome de Silvestre — talvez em memória de um papa anterior que fora conhecido pela erudição, mas mais provavelmente porque Silvestre I, papa durante os dias de Constantino, simbolizava a união do papado e do império. Gerbert se ocupava ativamente de política, tanto leiga quanto eclesiástica, mas tinha tempo também para questões educacionais. Escreveu sobre aritmética e geometria, dependendo provavelmente da tradição de Boécio, que dominara o ensino nas escolas eclesiásticas do Ocidente. Mais interessante que essas obras expositórias, no entanto, é o fato de Gerbert ser talvez o primeiro a ter ensinado, na Europa, os numerais indo-arábicos. Não se sabe como ele os conheceu. A cultura moura incluía a numeração arábica com a forma ocidental ou Gobar (pó) dos numerais, embora exista pouca evidência de influência árabe nos documentos preservados. Uma cópia espanhola de *Origens* de Isidoro, datando de 992, contém os numerais, sem o zero. Em certos manuscritos de Boécio, no entanto, aparecem formas numerais semelhantes (ou ápices), para uso, como contadores, no ábaco ou na tábua de calcular. Os ápices de Boécio, por outro lado, podem ter sido interpolações posteriores. A situação quanto à introdução dos numerais na Europa é mais ou menos tão confusa quanto a da invenção do sistema, talvez meio milênio antes. Além disso, não se sabe se houve um uso continuado dos novos numerais na Europa durante os dois séculos seguintes a Gerbert. Somente no século treze é que o sistema indo-arábico ficou definitivamente estabelecido na Europa, e isto não foi realização de um homem, mas de vários.

O século da tradução

Não se pode absorver a ciência do vizinho sem lhe conhecer a língua. Os muçulmanos tinham quebrado a barreira de linguagem que os separava da cultura grega no século nove, e os europeus latinos superaram a barreira da língua para a cultura árabe no século doze. No começo do século doze, nenhum europeu poderia pretender ser um matemático ou astrônomo verdadeiro, sem um bom conhecimento da língua árabe; e a Europa, durante a primeira parte do século doze, não podia orgulhar-se de qualquer matemático que não fosse mouro, judeu ou grego. Pelo fim do século, surgiu na Itália cristã o mais importante e original matemático do mundo todo. A época foi de transição de um ponto de vista antigo para um mais novo. O ressurgimento começou, inevitavelmente, com uma série de traduções. A princípio, essas foram quase exclusivamente do árabe para o latim, mas pelo século treze havia muitas variantes — do árabe para o espanhol, do árabe para o hebraico, do grego para o latim, ou combinações como o do árabe para o hebraico para o latim.

Não é fácil dizer se as cruzadas religiosas tiveram uma influência positiva sobre a transmissão da cultura, mas é provável que mais tenham interrompido que facilitado as vias de comunicação. De qualquer modo, as vias pela Espanha e pela Sicília eram as mais importantes no século doze, e essas quase não foram perturbadas pelos exércitos predadores dos cruzados entre 1096 e 1272. O renascimento da cultura da Europa latina teve lugar *durante* as cruzadas, mas, provavelmente, *apesar* delas.

Havia na época três pontes principais entre o mundo islâmico e o cristão — Espanha, Sicília e o império do Oriente — e dessas, a primeira era a mais importante. Entretanto, nem todos os principais tradutores se valeram da ponte intelectual espanhola. Por exemplo, sabe-se que o inglês Adelard de Bath (cerca de 1075-1160), esteve na Sicília e no Oriente, mas parece que ele não esteve na Espanha; não se sabe como ele travou conhecimento com a cultura muçulmana. Em 1126, Adelard traduziu as tabelas astronômicas de al-Khwarizmi do árabe para o latim. Em 1142, ele produziu uma versão importante de *Os elementos*, de Euclides, que estava entre os primeiros clássicos matemáticos a aparecer em tradução para do árabe para o latim. A tradução de *Os elementos* de Adelard não teve grande influência antes de haver passado mais um século, mas não foi de modo algum um acontecimento isolado. Mais tarde (por volta de 1155), traduziu o *Almagesto* de Ptolomeu do grego para o latim.

Na península Ibérica, especialmente em Toledo, onde o arcebispo encorajava tal trabalho, uma verdadeira escola de tradução se desenvolvia. A cidade, outrora uma capital visigoda, e mais tarde, de 712 a 1085, nas mãos dos muçulmanos, antes de ser conquistada pelos cristãos, era um lugar ideal para a transmissão da cultura. Nas bibliotecas de Toledo havia uma abundância de manuscritos muçulmanos; e grande parte da população, inclusive cristãos, maometanos e judeus, falava o árabe, o que facilitava o fluxo de informação entre as línguas. O cosmopolitismo dos tradutores na Espanha é evidente por alguns dos nomes: Robert de Chester, Hermann o Dálmata, Platão de Tivoli, Rudolph de Bruges, Gerardo de Cremona, e John de Sevilha, esse um judeu convertido. Esses são apenas uns poucos dentre os homens ocupados com traduções na Espanha.

Dos tradutores na Espanha, talvez o mais prolífico tenha sido Gerardo de Cremona (1114-1187). Tinha ido à Espanha para aprender o árabe, a fim de entender Ptolomeu, mas dedicou o resto de sua vida a traduções do árabe. Entre esses trabalhos exemplares, estava a tradução para o latim de uma edição revista da versão árabe de Thabit ibn Qurra de *Os elementos* de Euclides, a tradução posterior de Gerardo do *Almagesto*, principalmente por meio da qual Ptolomeu veio a ser conhecido no Ocidente; e traduções de mais de oitenta outros manuscritos.

Entre as obras de Gerardo, encontra-se uma adaptação em latim da *Álgebra* de al-Khwarizmi, mas uma tradução anterior e mais popular da *Álgebra* tinha sido feita em 1145, por Robert de Chester. Essa, a primeira tradução do tratado de al-Khwarizmi (como também a tradução do Corão feita por Robert, alguns anos antes, fora uma "primeira"), pode ser tomada como marcando o início da álgebra na Europa. Robert de Chester voltou à Inglaterra em 1150, mas a obra de tradução continuou na Espanha, sem esmorecimento, por meio de Gerardo e outros. As obras de al-Khwarizmi evidentemente estavam entre as mais populares na época, e os nomes de Platão de Tivoli e John de Sevilha estão ligadas a ainda outras adaptações da *Álgebra*. Subitamente, a Europa ocidental mostrou inclinação muito maior pela matemática árabe do que jamais mostrara pela geometria grega. Parte do motivo para isso talvez fosse que a aritmética e a álgebra árabe fossem de nível muito mais elementar do que fora a geometria grega durante os dias da república e império romanos. No entanto, os romanos nunca mostraram grande interesse pela trigonometria grega, relativamente útil e elementar como era; mas os estudiosos latinos do século doze devoraram a trigonometria árabe, tal como aparecia nas obras de astronomia.

Abacistas e algoristas

Foi durante o período de traduções do século doze e século seguinte que surgiu a confusão quanto ao nome de al-Khwarizmi que levou à palavra "algoritmo". Os numerais hindus tinham sido explicados aos leitores latinos por Adelard de Bath e John de Sevilha mais ou menos na mesma ocasião em que um sistema semelhante foi apresentado aos judeus por Abraham ibn-Ezra (cerca de 1090-1167), autor de livros sobre astrologia, filosofia e matemática. Assim como na cultura bizantina, os numerais alfabéticos gregos, acrescidos de um símbolo especial para o zero, substituíram os numerais hindus, também ibn-Ezra usou os nove primeiros numerais alfabéticos hebraicos, e um círculo para o zero, no sistema decimal posicional para os inteiros. Apesar de surgirem numerosas exposições dos numerais indo-arábicos, a transição do sistema numérico romano para o novo foi surpreendentemente lenta. Talvez isso se devesse a que a computação com o ábaco fosse bastante comum, e, nesse caso, as vantagens do novo sistema não seriam tão claras quanto nos cálculos com pena e papel apenas. Durante vários séculos, houve acirrada rivalidade entre os "abacistas" e os "algoristas", e somente no século dezesseis os últimos triunfaram definitivamente.

No século treze, autores de várias classes sociais ajudaram a popularizar o "algorismo", mas mencionaremos três deles em particular. Um deles, Alexandre de Villedieu (viveu por volta de

Uma xilografia de Gregor Reisch, *Margarita Philosophica* (Freiburg, 1503). A Aritmética ensina ao algorista e ao abacista, aqui representados, erroneamente, por Boécio e Pitágoras.

1225), era um franciscano francês; um outro, John de Halifax (cerca de 1200-1256), também conhecido como Sacrobosco, era um mestre inglês; o terceiro era Leonardo de Pisa (cerca de 1180-1250), mais conhecido como Fibonacci ou "filho de Bonaccio", um comerciante italiano. *Carmen de algorismo,* de Alexandre, é um poema em que são completamente descritas as quatro operações fundamentais sobre os inteiros, usando numerais indo-arábicos e tratando o zero como um número. O *Algorismus vulgaris,* de Sacrobosco, era uma exposição prática da computação que rivalizava em popularidade com seu *Sphaera,* uma obra elementar sobre astronomia, usada para ensino nas escolas durante todo o fim da Idade Média. O livro em que Fibonacci descreve o novo algarismo é um clássico célebre, completado em 1202, mas tem um título enganador — *Liber abaci* (ou *Livro do ábaco*). Ele não é sobre o ábaco; é um tratado muito completo sobre métodos e problemas algébricos, no qual o uso de numerais indo-arábicos é fortemente recomendado.

Fibonacci

O pai de Fibonacci, Bonaccio, era natural de Pisa e tinha negócios no norte da África; seu o filho Leonardo estudou com um professor muçulmano e viajou pelo Egito, Síria e Grécia. Era, pois, natural que Fibonacci estivesse impregnado pelos métodos algébricos árabes, inclusive, felizmente, os numerais indo-arábicos e, infelizmente, a forma retórica de expressão. O *Liber abaci* se inicia com uma ideia que parece quase moderna, mas que era característica da forma de pensar medieval tanto islâmica quanto cristã — que a aritmética e a geometria são interligadas e se auxiliam mutuamente. Isso, é claro, faz lembrar a *Álgebra* de al-Khwarizmi, mas era aceito igualmente na tradição latina oriunda de Boécio. No entanto, o *Liber abaci* trata muito mais de números que de geometria. Descreve primeiro "as nove cifras indianas", juntamente com o símbolo 0, "chamado zephirum em árabe". Incidentalmente, é de *zephirum* e suas variantes que derivam nossas palavras "cifra" e "zero". A exposição de Fibonacci da numeração indo-arábico foi importante no processo de transmissão; mas, como vimos, não foi a primeira dessas exposições, nem alcançou a popularidade das descrições posteriores, mas mais elementares, de Sacrobosco e Villedieu. A barra horizontal para frações, por exemplo, era usada regularmente por Fibonacci (e já era conhecida antes na Arábia), mas somente no século dezesseis seu uso tornou-se comum (a barra inclinada foi sugerida em 1845, por Augustus De Morgan).

O *Liber Abaci*

O *Liber abaci* não é uma leitura interessante para o leitor moderno, pois, depois de expor os processos usuais algorítmicos ou aritméticos, inclusive a extração de raízes, demora-se em problemas sobre transações comerciais, usando um complicado sistema de frações para calcular câmbios de moedas. É uma das ironias da história que a vantagem principal da notação posicional — sua aplicabilidade a frações — escapasse quase completamente aos que usavam os numerais indo-arábicos durante os primeiros mil anos de sua existência. Quanto a isso, Fibonacci tem tanta responsabilidade quanto qualquer outro, pois usou três tipos de frações — comuns, sexagésimas, e unitárias — mas não frações decimais. Na verdade, no *Liber abaci,* os dois piores dentre esses sistemas — as frações unitárias e as comuns — são muito usados. Além disso, há numerosos problemas do seguinte tipo: se 1 solidus imperial, que vale 12 deniers imperiais, é vendido por 31 deniers pisanos, quantos deniers pisanos se deve obter em troca de 11 deniers imperiais? Em uma exposição do tipo receita, acha-se com muito esforço a resposta 5/12 28 (ou, como escreveríamos, 28 5/12). Fibonacci costumava colocar a parte ou partes fracionária de um número misto antes da parte inteira. Em vez de escrever 11 5/6, por exemplo, ele escrevia 1/3 1/2 11, com a justaposição de frações unitárias e inteiros implicando adição.

Fibonacci evidentemente gostava das frações unitárias — ou julgava que seus leitores gostassem — pois o *Liber abaci* contém tabelas de conversão de frações comuns a unitárias. A fração 98/100, por exemplo, é decomposta em 1/100 1/50 1/5 1/4 1/2 e 99/100 aparece como 1/25 1/5 1/4 1/2.

Um estranho capricho de sua notação levou-o a exprimir a soma de 1/5 3/4 e 1/10 2/9 como $\frac{1}{6}\frac{6}{9}\frac{2}{10}$ 1, a notação $\frac{1}{6}\frac{6}{9}\frac{2}{10}$ significando, neste caso,

$$\frac{1}{2\cdot 9\cdot 10}+\frac{6}{9\cdot 10}+\frac{2}{10}.$$

Assim também, em outro dos muitos problemas sobre conversão de moedas no *Liber abaci*, lemos que se 1/4 2/3 de um rótulo vale 1/7 1/6 2/5 de um bizâncio, então $\frac{1}{8}\frac{4}{9}\frac{7}{10}$ de um bizâncio vale $\frac{3}{4}\frac{8}{10}\frac{83}{149}\frac{11}{12}$ de um rótulo. Pobre do homem de negócios medieval que devia operar com este sistema!

A sequência de Fibonacci

Muito do *Liber abaci* é desinteressante, mas alguns dos problemas são tão estimulantes que foram usados por autores posteriores. Entre esses, acha-se um perene, que pode ter sido sugerido por um problema semelhante no papiro de Ahmes. Nas palavras de Fibonacci, tem-se:

> Sete velhas foram a Roma, cada uma tinha sete mulas; cada mula carregava sete sacos, cada saco continha sete pães; e com cada pão havia sete facas; cada faca estava dentro de sete bainhas.

Sem dúvida, o problema de *Liber abaci* que mais inspirou os futuros matemáticos foi o seguinte:

> Quantos pares de coelhos serão produzidos em um ano, começando com um só par, se em cada mês cada par gera um novo par que se torna produtivo a partir do segundo mês?

Esse problema célebre dá origem à "sequência de Fibonacci" 1, 1, 2, 3, 5, 8, 13, 21, ..., u_n, ..., em que $u_n = u_{n-1} + u_{n-2}$, isto é, em que cada termo após os dois primeiros é a soma dos dois imediatamente precedentes. Verificou-se que essa sequência tem muitas propriedades belas e significativas. Por exemplo, pode-se demonstrar que dois termos sucessivos quaisquer são primos entre si e que $\lim_{n\to\infty} u_{n-1}/u_n$ é a razão da secção áurea $(\sqrt{5}-1)/2$. A sequência se aplica também a questões de filotaxia e crescimento orgânico.

Uma solução de uma equação cúbica

O *Liber abaci* foi o livro mais conhecido de Fibonacci, e apareceu em nova edição em 1228, mas evidentemente não foi amplamente apreciado nas escolas, e não foi impresso senão no século dezenove. Fibonacci foi sem dúvida o matemático mais original e capaz do mundo cristão medieval, mas muito de sua obra era demasiado avançado para ser entendido por seus contemporâneos. Seus outros tratados, além do *Liber abaci*, também contêm muita coisa interessante. No *Flos*, que data de 1225, há problemas indeterminados que lembram Diofante, e problemas determinados que lembram Euclides, os árabes e os chineses.

Fibonacci evidentemente usou muitas e variadas fontes. Especialmente interessante, pela combinação de algoritmo e lógica, é o tratamento que deu à equação cúbica $x^3 + 2x^2 + 10x = 20$. O autor exibe uma atitude quase moderna ao demonstrar primeiro a impossibilidade da existência de raiz no sentido euclidiano, como razão de inteiros, ou da forma $a + \sqrt{b}$, onde a e b são racionais. Naquela época isso significava que não se podia achar solução exata por meios algébricos. Fibonacci então tratou de exprimir a raiz positiva aproximadamente como uma fração sexagesimal com meia dúzia de casas – 1;22,7,42,33,4,40. Esse foi um feito notável, mas não sabemos como ele o conseguiu. Talvez, dos árabes, tivesse aprendido o que chamamos o "método de Horner", processo conhecido já antes na China, como mencionamos previamente. Essa é a aproximação europeia mais precisa de uma raiz irracional de uma equação algébrica conseguida até então — ou em qualquer parte da Europa pelos 300 anos seguintes e mais. É característico da época que Fibonacci usasse frações sexagésimas em obra matemática teórica, mas não em questões mercantis. Talvez isso explique por que os números indo-arábicos não foram logo usados em tabelas astronômicas como as tabelas Alfonsinas do século treze. Onde eram usadas as frações "dos físicos" (sexagesimais) havia menos urgência em substituí-las do que em relação às frações comuns e unitárias do comércio.

Teoria dos números e geometria

Em 1225, Fibonacci publicou não só o *Flos*, mas também o *Liber quadratorum*, uma obra brilhante sobre análise indeterminada. Essa obra, como o *Flos*, contém uma variedade de problemas, alguns dos quais provenientes das competições matemáticas realizadas na corte do imperador Frederick II, às quais Fibonacci fora convidado. Um dos problemas propostos se assemelha notavelmente aos do tipo com o qual Diofante se deliciava — achar um número racional tal que se se somar, ou subtrair, cinco do quadrado do número, o resultado seja o quadrado de um número racional. Tanto o problema como a solução, 3 5/12, são dados no *Liber quadratorum*. O livro usa frequentemente as identidades

$$(a^2 + b^2)(c^2 + d^2) = (ac + bd)^2 + (bc - ad)^2 =$$
$$= (ad + bc)^2 + (ac - bd)^2$$

que apareceram em Diofante e foram muito usadas pelos árabes. Em alguns de seus problemas e métodos, Fibonacci parece seguir de perto os árabes.

Fibonacci era antes de tudo um algebrista, mas escreveu também, em 1220, um livro intitulado *Practica geometriae*. Esse parece ser baseado em uma versão árabe da *Divisão de figuras* de Euclides (hoje perdida) bem como nas obras de Heron sobre mensuração. Contém, entre outras coisas, uma demonstração de que as medianas de um triângulo se dividem mutuamente na razão de 2 para 1, e um análogo tridimensional do teorema de Pitágoras. Continuando uma tendência babilônia e árabe, ele usava álgebra para resolver problemas geométricos.

Jordanus Nemorarius

Pelos poucos exemplos que demos já fica claro que Fibonacci era um matemático excepcionalmente capaz. É verdade que não teve rival à altura nos 900 anos de cultura europeia medieval, mas não é uma figura tão isolada quanto às vezes se diz. Em Jordanus Nemorarius (1225-1260) teve um contemporâneo mais jovem, competente embora menos dotado. Jordanus Nemorarius, ou Jordanus de Nemore, representa um lado da ciência mais aristotélico do que os outros que encontramos no século treze, e tornou-se o fundador do que às vezes se chama de escola medieval da mecânica. A ele devemos a primeira formulação correta da lei do plano inclinado, lei que os antigos tinham buscado em vão: a força ao longo de uma trajetória inclinada é inversamente proporcional à obliquidade, sendo a obliquidade medida pela razão de um segmento dado da trajetória oblíqua pela porção da vertical interceptada por ele, ou seja, o "trajeto" sobre a "elevação". Na linguagem trigonométrica, isso significa que $F : P = 1/\text{cosec}\,\theta$, o que equivale à formulação moderna $F = P \,\text{sen}\,\theta$, onde P é o peso, F é a força, e θ é o ângulo de inclinação.

Jordanus escreveu livros de aritmética, geometria e astronomia, além de mecânica. Sua *Arithmetica*, em particular, serviu de base a comentários muito difundidos na Universidade de Paris até o século dezesseis; não era um livro sobre computação, mas uma obra quase filosófica, na tradição de Nicômaco e Boécio. Contém resultados teóricos, como o teorema que diz que todo múltiplo de um número perfeito é abundante e que o divisor de um número perfeito é deficiente. A *Arithmetica* é significativa especialmente por usar letras em vez de numerais para denotar números, o que torna possível enunciar teoremas algébricos gerais. Nos teoremas aritméticos de *Os elementos* VII-IX de Euclides, os números eram representados por segmentos de retas, aos quais eram associadas letras, e as demonstrações geométricas na *Algebra* de al-Khwarizmi usavam diagramas com letras; mas todos os coeficientes nas equações usadas na *Álgebra* são números específicos, quer sejam representados em numerais, quer sejam escritos em palavras. A ideia de generalidade está contida na exposição de al-Khwarizmi, mas ele não tinha um método para exprimir algebricamente as proposições gerais que aparecem tão claramente na geometria.

Na *Arithmetica*, o uso de letras sugere o conceito de "parâmetro", mas os sucessores de Jordanus em geral não perceberam seu método de usar letras. Parecem ter estado mais interessados nos aspectos arábicos da álgebra, que se encontram em outra obra de Jordanus, *De numeris datis*, uma coleção de regras algébricas para encontrar, a partir de um número dado, outros números a ele relacionados segundo certas condições, ou para mostrar que um número satisfazendo a certas restrições específicas está determinado. Um exemplo típico é o seguinte: se um número dado é dividido em duas partes, de modo que o produto de uma parte pela outra seja dado, então, cada uma das duas partes está necessariamente determinada.

Merece grandes elogios por ter sido o primeiro a enunciar completamente, em forma geral, a regra equivalente à resolução de uma equação quadrática. Só depois é que ele dá um exemplo específico da regra, expresso em numerais romanos: para dividir o número X em duas partes cujo produto é XXI, Jordanus efetua os passos indicados anteriormente para achar que as partes são III e VII.

Campanus de Novara

A Jordanus é também atribuído um *Algorismus* (ou *Algorithmus*) *demonstratus*, uma exposição de regras aritméticas que foi popular durante três séculos. O *Algorismus demonstratus* novamente exibe inspiração em Boécio e Euclides, bem como características algébricas arábicas. Uma preponderância ainda maior da influência de Euclides aparece na obra de Johannes Campanus de Novara (viveu por volta de 1260), capelão do Papa Urbano IV. A ele, o fim do período medieval deve uma tradução fidedigna de Euclides, do árabe para o latim, aquela que foi a primeira a aparecer em forma impressa em 1482. Ao fazer a tradução, Campanus usou várias fontes árabes, bem como a versão latina feita antes por Adelard. Tanto Jordanus como Campanus discutiram o ângulo de contato, ou em chifre, tópico que suscitou animada discussão no fim do período medieval, quando a matemática tomou uma forma mais filosófica e especulativa. Campanus observou que se comparamos o ângulo de contato — isto é, o ângulo formado por um arco de círculo e a tangente em uma extremidade — com o ângulo entre duas retas, parece haver uma inconsistência com *Os elementos* X, 1 de Euclides, a proposição fundamental do "método de exaustão". O ângulo retilíneo é evidentemente maior que o ângulo em chifre. Então, se do ângulo maior tiramos mais que a metade, e do resto tiramos mais que a metade, e se continuamos assim, de cada vez tirando mais que a metade, no final deveríamos chegar a um ângulo retilíneo menor que o de contato; mas isto evidentemente não é verdade. Campanus concluiu, corretamente, que a proposição se aplica a grandezas de mesma espécie, e que os ângulos de contato são diferentes dos ângulos retilíneos.

A semelhança de interesses entre Jordanus e Campanus transparece no fato de Campanus, no fim do livro IV de sua tradução de *Os elementos*, descrever uma trissecção do ângulo que é exatamente a mesma que tinha aparecido no *De triangulis*, de Jordanus. A única diferença é que no diagrama de Campanus as letras são latinas, enquanto no de Jordanus são greco-arábicas. A trissecção, diferente das usadas na antiguidade, é essencialmente como segue.

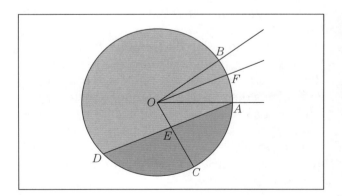

Figura 12.1

Considere o ângulo *AOB,* a ser trissectado, colocado com o vértice no centro de um círculo de raio qualquer *OA = OB* (Fig. 12.1). De *O*, trace um raio *OC* ⊥ *OB*, e por *A* passe uma reta *AED* de tal modo que *DE = AO*. Finalmente, por O trace a reta *OF* paralela a *AED*. Então, ∠*FOB* é um terço do ∠*AOB*, como se queria.

O saber no século XIII

Na obra de Fibonacci, a Europa ocidental veio a rivalizar com as outras civilizações no nível de suas realizações matemáticas; mas isto era apenas uma pequena parte do que estava acontecendo com a cultura latina, em seu todo. Muitas das universidades famosas — Bolonha, Paris, Oxford e Cambridge — foram fundadas no fim do século doze ou início do século treze, e esse foi também o período em que as grandes catedrais góticas — Chartres, Notre Dame, Westminster, Reims — foram construídas. A filosofia e a ciência aristotélicas tinham sido recuperadas e eram ensinadas nas universidades e nas escolas religiosas. O século treze é o período dos grandes eruditos e homens da Igreja, como Alberto Magno, Robert Grosseteste, Tomás de Aquino e Roger Bacon. Dois deles, Grosseteste e Bacon, defenderam fortemente a importância da matemática no currículo escolar, embora nenhum deles fosse grande matemático. Foi durante o século treze que muitas invenções práticas vieram a ser conhecidas na Europa — a pólvora e a bússola, ambas talvez vindas da China, e os óculos da Itália, com os relógios mecânicos vindo só um pouco depois.

O restabelecimento de Arquimedes

O século doze tinha visto a grande maré de traduções do árabe para o latim, mas agora havia outras correntes de traduções. Por exemplo, a maior parte das obras de Arquimedes era virtualmente desconhecida no Ocidente medieval; mas em 1269 William de Moerbeke (cerca de 1215-1286) publicou uma tradução (da qual o manuscrito original foi descoberto em 1884, no Vaticano) do grego para o latim dos principais tratados científicos e matemáticos de Arquimedes. Moerbeke, que era originário de Flandres e foi nomeado arcebispo de Corinto, conhecia pouco de matemática; por isso, sua tradução excessivamente literal (o que agora é útil para reconstituir o texto grego original) era de utilidade limitada, mas, a partir de então, a maior parte das obras de Arquimedes se tornou ao menos acessível. Na verdade, a tradução de Moerbeke incluía partes da obra de Arquimedes que evidentemente não eram familiares aos árabes, tais como os tratados *Sobre espirais, Quadratura da parábola* e *Conoides e esferoides*. No entanto, os muçulmanos foram capazes de progredir mais na compreensão da matemática de Arquimedes do que os europeus durante o período medieval.

Durante o século doze, a obra de Arquimedes não escapara totalmente à atenção do infatigável Gerardo de Cremona, que tinha vertido para o latim uma versão árabe da curta obra sobre *Medida do círculo,* que foi usada na Europa durante vários séculos. Tinha também circulado, antes de 1269, uma parte de *Esfera* e *cilindro* de Arquimedes. Esses dois exemplos só podiam dar uma ideia muito inadequada do que Arquimedes tinha feito, e, portanto, a tradução de Moerbeke teve enorme importância, já que continha uma boa parte dos principais tratados. É verdade que durante os dois séculos seguintes essa versão só ocasionalmente foi usada, mas ao menos foi preservada. Foi essa tradução que Leonardo da Vinci e outros sábios do Renascimento vieram a conhecer, e foi ela a primeira a ser impressa no século dezesseis.

Cinemática medieval

História da matemática não relata um desenvolvimento contínuo e de ritmo uniforme; por isso não deve causar surpresa o fato de o progresso durante o século treze perder parte de seu impulso. Não houve um equivalente latino de Papus, para estimular um renovado interesse pela geometria clássica mais avançada. As obras de Papus não existiam em árabe ou latim. Mesmo *Cônicas* de Apolônio era pouco conhecido, exceto por algumas propriedades simples da parábola, que apareciam nos múltiplos tratados sobre óptica, um ramo da ciência que fascinava os filósofos escolásticos. Também a ciências da mecânica atraia os estudiosos dos séculos treze e quatorze, pois agora dispunham tanto da estática de Arquimedes como da cinemática de Aristóteles.

Já observamos antes que as conclusões de Aristóteles sobre o movimento tinham sido questionadas e modificações tinham sido sugeridas, especialmente por Filoponus. Durante o século quatorze, o estudo das mudanças em geral, e do movimento em particular, foi um tópico favorito nas universidades, especialmente em Oxford e Paris. Em Merton College, Oxford, os filósofos escolásticos tinham deduzido uma formulação para a taxa uniforme de variação, que atualmente, em geral, é conhecida por regra de Merton. Expressa em termos de distância e tempo, a regra diz essencialmente que se um corpo se move com movimento uniformemente acelerado, então a distância percorrida será igual à que seria percorrida por outro corpo, que se deslocasse uniformemente, durante o mesmo intervalo de tempo, com velocidade igual à do primeiro no ponto médio do intervalo de tempo. Como nós a formularíamos, a regra diz que a velocidade média é a média aritmética entre as velocidades inicial e final. Na mesma época, na Universidade de Paris, foi desenvolvida uma teoria mais específica e clara do *impetus* do que a proposta por Filoponus. Nela, podemos reconhecer um conceito semelhante ao nosso de inércia.

Thomas Bradwardine

Os físicos do fim do período medieval constituíam um grupo numeroso de professores das universidades e homens da Igreja, mas chamamos a atenção somente sobre dois, pois esses foram também matemáticos importantes. O primeiro é Thomas Bradwardine (1290?-1349), um filósofo, teólogo e matemático que subiu à posição de arcebispo de Canterbury; o segundo é Nicole Oresme (1323?-1382), sábio parisiense que se tornou bispo de Lisieux. A esses dois homens deve-se uma visão mais ampla de proporcionalidade.

Os elementos de Euclides continham uma teoria da proporção, ou igualdade de razões, logicamente firme, e essa fora aplicada pelos estudiosos antigos e medievais a questões científicas. Para um tempo dado, a distância percorrida em um movimento uniforme é proporcional à velocidade; e para uma distância dada, o tempo é inversamente proporcional à velocidade.

Aristóteles julgara, nada corretamente, que a velocidade de um objeto sujeito a uma força propulsora atuando em um meio resistente é proporcional à força e inversamente proporcional à resistência. Em certos aspectos, parecia aos estudiosos posteriores que essa formulação ia contra o senso comum. Quando a força F é maior ou igual à resistência, será imposta uma velocidade V de acordo com a lei $V = KF/R$, onde K é uma constante de proporcionalidade não nula; mas, quando a resistência equilibra ou excede a força, seria de se esperar que não fosse adquirida nenhuma velocidade. Para evitar esse absurdo, Bradwardine usou uma teoria generalizada de proporções. Em seu *Tractatus de proportionibus*, de 1328, Bradwardine desenvolveu a teoria de Boécio da proporção dupla ou tripla ou, mais geralmente, o que chamaríamos proporção "n-upla". Seus argumentos são expressos em palavras, mas em notação moderna diríamos que, nesses casos, quantidades variam como a segunda ou terceira ou n-ésima potência. Do mesmo modo, a teoria de proporção incluía proporção subdupla ou subtripla ou sub-n-upla, em que quantidades variam como a segunda ou terceira ou n-ésima raiz.

Agora, Bradwardine estava em condições de propor uma alternativa para a lei de movimento de Aristóteles. Para dobrar uma velocidade que resulta de uma dada razão ou proporção F/R, ele dizia, é necessário elevar ao quadrado a razão F/R; para triplicar a velocidade deve-se elevar ao cubo a *proportio* ou razão F/R; para multiplicar por n a velocidade, deve-se tomar a n-ésima potência da razão F/R. Isto equivale a afirmar que a velocidade é dada, em nossa notação, pela relação $V = K \log F/R$, pois $\log (F/R)^n = n \log F/R$. Isso é, se $V_0 = \log F_0/R_0$, então $V_n = \log(F_0/R_0)^n = n\log F_0/R_0 = nV_0$. O próprio Bradwardine, evidentemente, nunca procurou confirmação experimental de sua lei, que parece não ter sido muito aceita.

Bradwardine escreveu também várias outras obras matemáticas, todas bem dentro do espírito do seu tempo. Sua *Arithmetica* e sua *Geometria* mostram a influência de Boécio, Aristóteles, Euclides e Campanus. Bradwardine, conhecido em seu tempo como *Doctor profundus*, também foi atraído por tópicos como o ângulo de contato e polígonos estrelados, ambos os quais aparecem em Campanus e em obras anteriores. Os polígonos estrelados, que incluem como caso particular os polígonos regulares, remontam à antiguidade. Um polígono estrelado é formado ligando com retas cada m-ésimo ponto, a partir de um dado ponto, dentre os n pontos que dividem um círculo em n partes iguais, onde $n > 2$ e m é primo com n. Há na *Geometria* até mesmo um toque do *Medida do círculo,* de Arquimedes. O espírito filosófico de toda a obra de Bradwardine aparece mais claramente na *Geometrica speculativa* e no *Tracttus de continuo,* em que ele dizia que as grandezas contínuas, embora contendo um número infinito de indivisíveis, não são formadas desses átomos matemáticos, mas são compostas de um número infinito de contínuos de mesma espécie. Diz-se, às vezes, que suas ideias se assemelham às dos modernos intuicionistas; seja como for, as especulações medievais sobre o *continuum,* populares entre os pensadores escolásticos como Tomás de Aquino, mais tarde influenciaram o infinito cantoriano do século dezenove.

Nicole Oresme

Nicole Oresme viveu depois de Bradwardine, e na obra do primeiro vemos extensões das ideias do segundo. Em *De proportionibus proportionum*, escrito por volta de 1360, Oresme generalizou a teoria da proporção de Bradwardine, de modo a incluir qualquer potência de expoente racional e deu regras para combinar proporções que são equivalentes às nossas leis sobre expoentes, agora expressas como $x^m \cdot x^n = x^{m+n}$ e $(x^m)^n = x^{mn}$. Para cada regra, são dados exemplos específicos; e a parte final de outra obra, o *Algorismus proportionum*, aplica as regras a problemas geométricos e físicos. Oresme sugeriu também o uso de notações especiais para potências fracionárias, pois em seu *Algorismus proportionum* há expressões como

p	1
1	2

para denotar a "proporção um e um meio" — isto é, o cubo da raiz quadrada principal — e formas como

$$\frac{1 \cdot p \cdot 1}{4 \cdot 2 \cdot 2}$$

para $\sqrt[4]{2\ 1/2}$. Usamos agora notações simbólicas para potência e raízes, sem mais pensar na lentidão com que se desenvolveram ao longo da história da matemática. Ainda mais imaginativa que suas notações, foi a sugestão de Oresme de que eram possíveis proporções irracionais. Aqui ele se esforçava por exprimir, por exemplo, o que escreveríamos como $x^{\sqrt{2}}$, e isso pode ser o primeiro indício na história da matemática de uma função transcendente; mas a falta de uma terminologia e uma notação adequadas impediu-o de desenvolver efetivamente seu conceito de potências irracionais.

A latitude das formas

A noção de potência irracional pode ter sido a ideia mais brilhante de Oresme, mas não foi nessa direção que sua influência foi maior. Por quase um século antes de seu tempo, os filósofos escolásticos vinham discutindo a quantificação das "formas" variáveis, um conceito de Aristóteles aproximadamente equivalente a qualidades. Entre tais formas, havia coisas como a velocidade de um objeto em movimento e a variação da temperatura, de ponto para ponto, em um objeto com temperatura não uniforme. As discussões eram interminavelmente prolixas, pois os instrumentos de análise disponíveis eram inadequados. Apesar dessa falta, os lógicos em Merton College tinham obtido, como vimos, um importante teorema quanto ao valor médio de uma forma "uniformemente diforme" — isto é, uma em que a taxa de variação da taxa de variação é constante. Oresme conhecia bem esse resultado, e ocorreu-lhe, em algum momento antes de 1361, um pensamento brilhante — "por que não traçar uma figura ou gráfico da maneira pela qual variam as coisas?" Vemos aqui, é claro, uma sugestão antiga daquilo que agora chamamos representação gráfica de funções. Marshall Clagett encontrou o que parece ser um gráfico antigo, desenhado por Giovani di Cosali, no qual a reta de longitudes está colocada em uma posição vertical (Clagett 1959, p. 332-333, 414). A exposição de Oresme, entretanto, supera a de Cosali em claridade e influência.

Tudo o que é mensurável, escreveu Oresme, é imaginável na forma de quantidade contínua; por isso ele traçou um gráfico velocidade-tempo para um corpo que se move com aceleração constante. Ao longo de uma reta horizontal, ele marcou pontos representando instantes de tempo (ou longitudes), e para cada instante ele traçou perpendicularmente à reta de longitudes um segmento de reta (latitude) cujo comprimento representava a velocidade. As extremidades desses segmentos, ele percebeu, ficam ao longo de uma reta; e se o movimento uniformemente acelerado parte do repouso, a totalidade dos segmentos de velocidade (que chamamos ordenadas) preencherá um triângulo retângulo (ver Fig. 12.2). Como a área desse triângulo representa a distância percorrida, Oresme forneceu assim uma verificação geométrica da regra de Merton, pois a velocidade no ponto médio do intervalo de tempo é a metade da velocidade final. Além disso, o diagrama leva obviamente à lei de movimento usualmente atribuída a Galileu, no século dezessete. Do diagrama geométrico resulta claramente que a área na primeira metade do intervalo de tempo está para a área na segunda metade na razão de 1 para 3. Se subdividirmos o tempo em três partes iguais, as distâncias percorridas (dadas pelas áreas) estão na razão 1:3:5. Para quatro partes iguais, as distâncias estão na razão 1:3:5:7. De modo geral, como Galileu mais tarde observou, as distâncias estão entre si como os números ímpares; e como a soma dos n primeiros números ímpares consecutivos é o quadrado de n, a distância total percorrida varia como o quadrado do tempo, a familiar lei de Galileu para corpos em queda livre.

Os termos latitude e longitude, que Oresme usou, são equivalentes, em um sentido amplo, às nossas ordenada e abscissa, e sua representação gráfica assemelha-se com nossa geometria analítica. Seu uso de coordenadas, é claro, não era novo, pois Apolônio, e outros antes dele, tinham usado sistemas de coordenadas, mas sua representação gráfica de uma quantidade variável era novidade. Parece que ele percebeu o princípio fundamental de se poder representar uma função de uma variável como uma curva, mas não soube usar eficazmente essa observação a não ser no caso de função linear. Além disso, Oresme se interessava principalmente pela área sob a curva; por isso não é muito provável que tenha percebido que toda curva plana pode ser representada, com relação a um sistema de coordenadas, como uma função de uma variável. Ao passo que dizemos que o gráfico da velocidade em um movimento uniformemente acelerado é uma reta, Oresme escrevia "Toda qualidade uniformemente diforme terminando em intensidade zero é imaginada como um triângulo retângulo". Isto é, Oresme se preocupava mais com: (1) o modo pelo qual a função varia (isto é, a equação diferencial da curva), e (2) o modo pelo qual a área sob a curva varia (isto é, a integral da função). Ele salientou a propriedade de inclinação constante para seu gráfico do movimento uniformemente acelerado — uma observação equivalente à moderna equação por dois pontos de uma reta em geometria analítica e que leva ao conceito de triângulo diferencial. Além disso, ao achar a função distância, a área, Oresme, evidentemente, estava realizando geometricamente uma integração simples que resulta na regra de Merton. Ele não explicou por que a área sob a curva velocidade-tempo representa a distância percorrida, mas é provável que pensasse na área como sendo formada de muitos segmentos

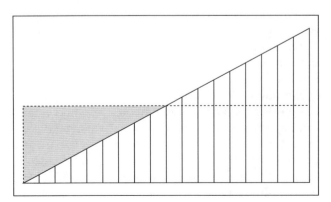

Figura 12.2

verticais ou indivisíveis, cada um dos quais representa uma velocidade que se mantinha por um tempo muito curto.

A representação gráfica de funções, conhecida então como a latitude de formas, continuou a ser um tópico popular desde o tempo de Oresme até o de Galileu. O *Tractatus de latitudinibus formarum*, escrito talvez por um estudante de Oresme, senão pelo próprio Oresme, apareceu em numerosas formas manuscritas e foi impresso pelo menos quatro vezes entre 1482 e 1515; mas constituía apenas um resumo de uma obra maior de Oresme intitulada *Tractatus de figuratione potentiarum et mensurarum*. Aqui, Oresme chegou a sugerir uma extensão a três dimensões de sua "latitude de formas", em que uma função de duas variáveis independentes era representada como um volume formado de todas as ordenadas levantadas segundo uma regra dada, em pontos em uma parte do plano de referência.

Séries infinitas

Os matemáticos do Ocidente, durante o século quatorze, tinham imaginação e precisão de pensamento, porém, faltava-lhes técnica algébrica e geométrica; por isso suas contribuições não foram no sentido de estender a obra clássica, mas no de sugerir novos pontos de vista. Entre estes, estava um interesse por séries infinitas, um tópico essencialmente novo no Ocidente, antecipado apenas por alguns antigos algoritmos iterativos e pelo cálculo da soma de uma progressão geométrica infinita, por Arquimedes. Ao passo que os gregos tinham um *horror infiniti*, os filósofos escolásticos do fim da Idade Média se referiam frequentemente ao infinito, tanto como potencialidade quanto como uma realidade (ou algo "completado"). Na Inglaterra, no século quatorze, um lógico, chamado Richard Suiseth (viveu por volta de 1350), mas mais conhecido como Calculator, resolveu o seguinte problema sobre latitude de formas:

> Se durante a primeira metade de um intervalo de tempo dado, uma variação continua com uma certa intensidade, durante a quarta parte seguinte do intervalo continua com o dobro da intensidade, durante a oitava parte seguinte, com o triplo da intensidade e assim *ad infinitum*; então a intensidade média para o intervalo todo será a intensidade de variação durante o segundo subintervalo (ou, o dobro da intensidade inicial).

Isso equivale a dizer que

$$\frac{1}{2} + \frac{2}{4} + \frac{3}{8} + \cdots + \frac{n}{2^n} + \cdots = 2$$

Calculator deu uma longa e tediosa demonstração verbal, pois não conhecia representação gráfica, mas Oresme usou seu processo gráfico para demonstrar mais facilmente o teorema. Oresme tratou também de outros casos, tais como

$$\frac{1 \cdot 3}{4} + \frac{2 \cdot 3}{16} + \frac{3 \cdot 3}{64} + \cdots + \frac{n \cdot 3}{4^n} + \cdots$$

em que a soma é 4/3. Problemas semelhantes a esses continuaram a ocupar os estudiosos durante o século e meio seguinte.

Entre outras contribuições de Oresme às séries infinitas, encontra-se sua demonstração de que a série harmônica é divergente. Ele agrupou os termos sucessivos da série

$$\frac{1}{2} + \frac{1}{3} + \frac{1}{4} + \frac{1}{5} + \frac{1}{6} + \frac{1}{7} + \frac{1}{8} + \cdots + \frac{1}{n} + \cdots,$$

colocando o primeiro termo no primeiro grupo, os dois termos seguintes no segundo grupo, os quatro termos seguintes no terceiro grupo, e assim por diante, o m-ésimo grupo contendo 2^{m-1} termos. Então, é evidente que temos uma infinidade de grupos e que a soma dos termos em cada grupo é pelo menos 1/2. Logo, somando um número suficiente de termos em ordem, podemos superar qualquer número dado.

Levi ben Gerson

Levi ben Gerson (1288-1344), um estudioso judeu que vivia em Provença, contribuiu com diversos trabalhos matemáticos em hebraico. Como, nesta época, Provença não era parte da França, onde os judeus eram perseguidos sob Felipe, o Justo, Levi ben Gerson se beneficiou do apoio tolerante do papa de Avignon, Clemente VI e escreveu um de seus textos a pedido do bispo de Meaux. Sua cultura era extensa; talvez mais bem conhecido como teólogo e filósofo, ele era versado em diversas disciplinas e parece ter sido respeitado pela elite educada de Provença. Ele era um pensador independente, aparentemente questionando as crenças aceitas na maioria das áreas que estudou, seja ela teologia judaica ou a doutrina astronômica de Ptolomeu.

Ele escreveu a *Art of Calcuation* (*Arte do cálculo*), em 1321, no qual descreveu muitos tópicos encontrados mais tarde nos cursos ditos de álgebra superior: extração de raízes quadradas e cúbicas, a soma de séries, permutações e combinações, e coeficientes binomiais, entre outros. Ele forneceu demonstrações usando métodos que não eram usuais naquela época. Em 1342, ele escreveu a *Harmony of numbers* (*Harmonia dos números*), que contém a demonstração de que (1,2), (2,3), (3,4) e (8,9) são os únicos pares de números consecutivos cujos únicos fatores são 2 ou 3. Suas principais contribuições à geometria consistem em dois livros, em um dos quais fez um comentário sobre os primeiros cinco livros de Euclides; deu também argumentos relativos à independência do postulado das paralelas.

Sua maior obra, *The wars of the Lord* (*As guerras do Senhor*), que escreveu entre 1317 e 1328, consiste em seis livros. O quinto, uma *Astronomy* (*Astronomia*) volumosa, traduzida para o latim pela corte de Avignon, incluía seu *On sines, chords and arcs* (*Sobre senos, cordas e arcos*), que também era fornecida separadamente. Este contém sua principal discussão de trigonometria, incluindo a demonstração do teorema do seno para triângulos planos e uma discussão da construção de tabelas de senos e senos versores. Suas tabelas são muito precisas, até 3/4°. Suas contribuições astronômicas incluem uma descrição do cajado de Jacó, usado para medir distâncias angulares, e de outros instrumentos de medida astronômicos, bem como a crítica a Ptolomeu, mencionada previamente, que reivindicava uma melhor concordância entre a teoria e a observação.

Nicholas de Cusa

Oresme tinha dito que tudo o que é mensurável pode ser representado por um segmento de reta (latitude); e, durante o início do Renascimento, se desenvolveu uma matemática da mensuração, tanto do ponto de vista teórico como prático. Um ponto de vista análogo foi adotado por Nicholas de Cusa (1401-1464), um homem que representou bem os pontos fracos de sua época, pois estava na linha fronteiriça entre os tempos medievais e o período moderno. Nicholas percebeu que uma fraqueza escolástica na ciência tinha sido a falta de medidas; *mens*, julgava ele, era etimologicamente ligado a *mensura*, de modo que o conhecimento deve ser baseado em medidas.

Nicholas de Cusa também foi influenciado pela preocupação humanista com a antiguidade e adotou ideias neoplatônicas. Além disso, estudou os trabalhos de Ramon Lull e tinha acesso a uma tradução de parte da obra de Arquimedes. Mas, infelizmente, Nicholas de Cusa era melhor eclesiástico do que matemático. Na Igreja, ele subiu ao posto de cardeal, mas no domínio da matemática, ele é conhecido como um equivocado quadrador de círculo. Sua doutrina filosófica da "concordância de contrários" levou-o acreditar que máximos e mínimos são relacionados, portanto, que o círculo (um polígono com o maior número possível de lados) deve ser reconconciliável com o triângulo (o polígono com o menor número possível de lados). Ele acreditava que, tomando médias de polígonos inscritos e circunscritos, tinha chegado à quadratura. Que estivesse errado é menos importante que o fato de ser ele um dos primeiros europeus modernos a atacar um problema que havia fascinado as melhores mentes da antiguidade, e que seu esforço estimulasse seus contemporâneos a criticar sua obra.

Declínio do saber medieval

Acompanhamos história da matemática na Europa através da Idade das Trevas desde os primeiros séculos medievais, ao ponto alto, no tempo dos escolásticos. Desde o ponto mais baixo, no sétimo século, até a obra de Fibonacci e Oresme no século treze e no quatorze, o progresso foi notável; mas os esforços medievais não foram em nenhum sentido comparáveis às realizações matemáticas da Grécia antiga. O progresso da matemática não foi continuamente ascendente em nenhuma parte do mundo — Babilônia, Grécia, China, Arábia ou Império Romano — e não deve constituir surpresa que na Europa ocidental, um declínio se inicie após a obra de Bradwardine e Oresme. Em 1349, Thomas Bradwardine tinha sucumbido perante a Peste Negra, a pior peste que jamais assolou a Europa. As estimativas do número dos que morreram da epidemia, no curto espaço de um ou dois anos, variam entre um terço e metade da população. A catástrofe inevitavelmente causou severas perturbações e quebra de espírito. Se observamos que a Inglaterra e a França, as nações que tinham assumido a liderança na matemática do século quatorze, foram, além disso, devastadas pela Guerra dos Cem Anos e pela Guerra das Rosas, o declínio da cultura será compreensível. As universidades italianas, alemãs e polonesas, durante o século quinze, tomaram a frente na matemática, suplantando o escolasticismo decadente de Oxford e Paris, e é principalmente aos representantes desses países que agora nos voltamos.

13
O RENASCIMENTO EUROPEU

*Porei, como muitas vezes uso no trabalho, um par de paralelas,
ou retas gêmeas de um comprimento, assim: ═══
porque duas coisas não podem ser mais iguais.*

Robert Recorde

Panorama geral

A queda de Constantinopla, em 1453, representou o colapso do Império Bizantino. Afirma-se frequentemente que, por essa ocasião, refugiados que escaparam para a Itália levaram manuscritos preciosos de antigos tratados gregos, e assim puseram o mundo europeu ocidental em contato com obras da antiguidade. É provável, porém, que a queda da cidade tivesse exatamente o efeito oposto: agora o Ocidente já não contava com o que tinha sido uma segura fonte de material manuscrito de clássicos da antiguidade, tanto literários quanto matemáticos. Qualquer que seja a decisão final quanto a esse ponto, não pode haver dúvida de que, na metade do século quinze, a atividade matemática estava outra vez aumentando. A Europa estava se recuperando do choque físico e espiritual da peste negra, e a invenção, então recente, da impressão com tipos móveis tornava possível uma difusão de obras eruditas muito maior do que em qualquer período anterior. O primeiro livro impresso na Europa Ocidental data de 1447, e, pelo fim do século, mais de 30.000 edições de várias obras estavam circulando. Dessas, poucas eram obras matemáticas; mas essas poucas, junto com os manuscritos existentes, forneceram uma base para expansão.

A recuperação de clássicos geométricos gregos pouco conhecidos foi, a princípio, menos significativa do que a impressão de traduções medievais latinas de tratados árabes de álgebra e aritmética, pois poucos homens do século quinze liam grego ou conheciam suficientemente a matemática para tirar proveito das obras dos melhores geômetras gregos. Neste aspecto, a matemática diferia da literatura, e mesmo das ciências naturais. À medida que os humanistas dos séculos quinze e dezesseis se enamoravam mais profundamente dos tesouros gregos redescobertos nas ciências e nas artes, sua apreciação pelas realizações latinas e árabes imediatamente precedentes diminuía. Por outro lado, a matemática clássica, excetuadas as partes mais elementares de Euclides, era acessível apenas aos que tinham grande preparo prévio; por isso, a revelação dos tratados gregos nesse campo, a princípio, não interferiu muito na continuidade da tradição medieval matemática. Os estudos medievais latinos de geometria elementar e teoria das proporções, bem como as contribuições árabes às operações aritméticas e métodos algébricos, não apresentavam dificuldades comparáveis àquelas associadas às obras de Arquimedes e Apolônio. Os ramos mais elementares é que iam chamar a atenção e aparecer em obras impressas. Ao mesmo tempo, surgiram diferenças significativas caracterizando a linguagem e o âmbito da matemática renascida. Provavelmente, a vida de ninguém é mais representativa dos fatores de mudança que afetaram este período de transição, do que a do homem conhecido como Regiomontanus.

Regiomontanus

Talvez o matemático mais influente do século quinze, Johann Müller (1436-1476), nascido perto de Königsberg, na Franconia, adotou o nome de Regiomontanus, a forma latina de "rei da montanha". Um estudante precoce, com interesse desde bem cedo em matemática e astronomia, frequentou a universidade de Leipzig antes de ir para a universidade de Viena, aos quatorze anos, onde estudou com Georg Peurbach (1423-1469), ministrou cursos de geometria e colaborou com Peurbach em seus estudos observacionais e teóricos de astronomia. Um ano antes da morte de Peurbach, o Cardeal Bessarion, na época embaixador do papa para o Santo Império Romano, conhecido por seus esforços para reunir as igrejas grega e latina e por seu desejo de disseminar o conhecimento da cultura clássica, veio a Viena. Ele tinha interesse especial em ter uma nova tradução do *Almagesto* de Ptolomeu, e sugeriu que Peurbach assumisse este trabalho. Peurbach legou a tarefa para Regiomontanus, que se associou com Bessarion, acompanhou-o a Roma, tendo passado algum tempo lecionando em Pádua quando Bessarion se tornou embaixador do papa para a república Veneziana. Conheceu inúmeros eruditos internacionais, que o ajudaram a ter acesso aos principais observatórios e coleções de bibliotecas.

Entre as cidades da Europa central em que indivíduos ou instituições assumiram a liderança na matemática e na astronomia estavam Viena, Cracóvia, Praga e Nuremberg. Foi em Nuremberg que Regiomontanus se estabeleceu ao voltar para a Alemanha; ela se tornaria um centro de impressão de livros (bem como de conhecimento, arte e invenção), e alguns dos maiores clássicos científicos foram publicados lá em meados do século dezesseis. Em Nuremberg, Regiomontanus adquiriu um novo patrono e, com o apoio deste comerciante, estabeleceu uma impressora e um observatório. A lista de livros que ele esperava impprimir foi preservada. Incluía traduções de Arquimedes, Apolônio, Heron, Ptolomeu e Diofante. Sabemos também de diversos instrumentos astronômicos que projetou, inclusive a torqueta, astrolábios e outros aparelhos de medida astronômicos; alguns eram construídos em sua pequena oficina. Entretanto, como seus outros planos, suas esperanças de endireitar várias discrepâncias em astronomia permaneceram, em grande parte, não realizadas, porque, tendo sido convidado a Roma para uma conferência sobre a reforma do calendário, morreu lá em circunstâncias não esclarecidas.

Na astronomia, a principal contribuição de Regiomomtanus foi completar uma nova versão latina, começada por Peuerbach, do *Almagesto* de Ptolomeu. O *Theoricae novae planetarum*, de Peuerbach, um novo texto de astronomia, foi publicado pela empresa de Regiomontanus em 1472; ele representava um progresso sobre o *Esferas* de Sacrobosco, de que se encontravam cópias por toda parte. O projeto de tradução de Regiomontanus resultou também em textos de sua autoria. Seu *Epítome do Almagesto de Ptolomeu* merece menção por dar ênfase a partes matemáticas que muitas vezes tinham sido omitidas em comentários que tratavam de astronomia descritiva elementar. De maior importância para a matemática, no entanto, foi seu *De triangulis omnimodis*, uma exposição sistemática dos métodos para resolver triângulos que marcou o renascimento da trigonometria.

Os humanistas, que insistiam na elegância e na pureza em suas línguas clássicas, recebiam bem as novas traduções em ciências bem como nas humanidades, pois detestavam o bárbaro latim medieval, assim como o árabe de que muitas vezes ele derivava. Regiomontanus compartilhava o amor dos humanistas pela cultura clássica, mas, contrário à maioria deles, respeitava as tradições da erudição escolástica e islâmica, bem como as inovações práticas dos profissionais da matemática.

Trigonometria

O primeiro livro de *De triangulis*, escrito por volta de 1464, começa com noções fundamentais, derivadas em grande parte de Euclides, sobre grandezas e razões; vêm, a seguir, mais de cinquenta proposições sobre a resolução de triângulos, usando as propriedades dos triângulos retângulos. O segundo livro começa com um enunciado claro e uma demonstração da lei dos senos, e depois inclui problemas sobre determinação de lados, ângulos e áreas de triângulos planos, dadas determinadas condições. Entre os problemas, por exemplo, está o seguinte: se a base de um triângulo e o ângulo oposto são conhecidos, e se damos ou a altura relativa à base ou a área, então os lados podem ser determinados. O terceiro livro contém teoremas do tipo encontrado nos antigos textos gregos sobre "esféricos", anteriores ao uso da trigonometria. O quarto livro trata de trigonometria esférica, incluindo a lei esférica dos senos.

O uso de "fórmulas" de área, escritas em palavras, era uma das novidades no *De triangulis*, de Regiomontanus, mas, ao evitar a função tangente, mostra-se inferior ao tratamento de al-Tusi (Nasir Eddin). No entanto, a função tangente foi incluída em outro tratado de trigonometria de Regiomontanus — *Tabulae directionum*.

Revisões de Ptolomeu tinham sugerido a necessidade de novas tabelas, e estas foram fornecidas por diversos astrônomos do século quinze, entre os quais Regiomontanus. A fim de evitar frações, era costume tomar um valor grande para o raio de círculo, ou o *sinus totus*. Para uma de suas tabelas de senos, Regiomontanus acompanhou seus predecessores imediatos, usando um raio de 600.000; para outras, usou 10.000.000 ou 600.000.000. Para sua tabela de tangentes em *Tabulae directionum*, ele escolheu 100.000. Ele não chama a função de "tangente", mas usa apenas a palavra *numerus* para os valores, grau por grau, em uma tabulação com título *Tabula fecunda* (*Tabela produtiva*). O valor dado para 89° é 5.729,796, e para 90°, simplesmente *infinito*.

A morte súbita de Regiomontanus deu-se antes de serem publicadas suas duas obras trigonométricas, e isso atrasou consideravelmente seu efeito. O *Tabulae directionum* foi publicado em 1490, mas o tratado mais importante, *De triangulis*, só apareceu impresso em 1533 (e novamente em 1561). No entanto, as obras eram conhecidas em forma manuscrita pelo grupo de matemáticos em Nüremberg, onde Regiomontanus estava trabalhando, e é muito provável que tenham influenciado trabalhos do começo do século dezesseis.

Álgebra

Um estudo geral de triângulos levou Regiomontanus a considerar problemas de construção geométrica um tanto reminiscentes da *Divisão de figuras* de Euclides. Por exemplo, pede-se construir um triângulo dados um lado, a altura relativa a ele, e a razão dos dois outros. Aqui, no entanto, encontramos uma divergência importante quanto ao costume antigo: ao passo que em Euclides os problemas invariavelmente eram dados em termos de quantidades gerais, Regiomontanus dava a seus segmentos valores numéricos específicos, mesmo quando pretendia que seus métodos fossem gerais. Isso lhe permitia usar os métodos algorítmicos desenvolvidos pelos algebristas árabes e transmitidos à Europa nas traduções do século doze. No problema citado, um dos lados desconhecidos pode ser expresso como raiz de uma equação quadrática com coeficientes numéricos conhecidos, e essa raiz pode ser construída por métodos familiares de *Os elementos* de Euclides, ou da *Álgebra* de al-Khwarizmi (como Regiomontanus o exprimiu, ele tomava uma parte como sendo a "coisa" e depois resolvida pela regra da "coisa" e "quadrado" — isto é, por equações quadráticas). Outro problema, em que Regiomontanus pedia a construção de um quadrilátero cíclico, dados os quatro lados, pode ser tratado de modo semelhante.

A influência de Regiomontanus sobre a álgebra foi reduzida não só por sua adesão à forma retórica de expressão e por sua morte prematura; seus manuscritos, após sua morte, ficaram nas mãos de seu patrono de Nüremberg, que não tornou a obra efetivamente acessível à posteridade. A Europa aprendeu sua álgebra penosa e lentamente da escassa tradição grega, árabe e latina que fluía aos poucos pelas universidades, pelos escribas da Igreja, pelas crescentes atividades mercantis e por estudiosos de outros campos.

O *Triparty* de Nicolas Chuquet

A Alemanha e a Itália forneceram a maior parte dos matemáticos do início do Renascimento, mas em 1484 foi composto na França um manuscrito que em nível e importância foi talvez a mais notável álgebra desde o *Liber abaci* de Fibonacci, de quase três séculos antes, e que, como o *Liber abaci*, só foi impresso no século dezenove. Essa obra, intitulada *Triparty en la science des nombres*, foi escrita por Nicolas Chuquet (1445-1488), de quem quase nada sabemos, exceto que nasceu em Paris, formou-se em medicina e praticou em Lyon. O *Triparty* não se parece muito com qualquer obra anterior de aritmética ou álgebra, e os únicos autores que nela são citados são Boécio e Campanus. Há evidência de influência italiana, que talvez resulte de o autor conhecer o *Liber abaci* de Fibonacci.

A primeira das "Três Partes" diz respeito às operações aritméticas racionais sobre os números, incluindo uma explicação dos numerais indo-arábicos. Sobre esses, Chuquet diz que "o décimo numeral não tem ou significa um valor, e por isso é chamado cifra ou nada ou numeral sem valor". A obra é essencialmente retórica, sendo as quatro operações fundamentais indicadas pelas palavras e frases *plus, moins, multiplier par* e *partyr par*, as duas primeiras às vezes abreviadas à maneira medieval com o $\bar{p}$ e $\bar{m}$. Ao tratar de cálculo de médias, Chuquet dá uma *regle des nombres moyens*, segundo a qual $(a + c)/(b + d)$ está entre a/b e c/d se a, b, c, d são números positivos. Na segunda parte, que trata de raízes de números, há alguma sincopação, de modo que a expressão moderna $\sqrt{14 - \sqrt{180}}$ aparece na forma não muito diferente R)$^2 \cdot 14 \cdot \bar{m} \cdot$R)$^2 180$.

A última parte, de longe a mais importante do *Triparty*, diz respeito à *"Regle des premiers"* — isto é, a regra da incógnita, ou o que chamaríamos de álgebra. Durante os séculos quinze e dezesseis, vários nomes foram dados à coisa desconhecida, tais como *res* (em latim), ou *chose* (em francês) ou *cosa* (em italiano) ou *coss* (em alemão); o termo de Chuquet, *premier*, não é usual nesse contexto. A segunda potência ele chamava *champs* (ao passo que o termo latino era *census)*, a terceira, *cubiez*, e quarta, *champs de champ*. Para múltiplos dessas, Chuquet inventou uma notação exponencial de grande importância. A *denominacion* ou potência da quantidade desconhecida era indicada por um expoente associado ao coeficiente do termo, de modo que nossas expressões modernas $5x$ e $6x^2$ e $10x^3$, apareciam em *Triparty* como $.5.^1$ e $.6.^2$ e $.10.^3$. Além disso, expoentes zero e negativos também aparecem juntamente com potências inteiras positivas, de modo que nosso $9x^0$ ficava $.9.^0$ e $9x^{-2}$ era escrito como $.9.^{2m}$, isto é, $.9.$ *seconds moins*. Uma tal notação revelava as leis dos expoentes, que Chuquet pode ter conhecido através da obra de Oresme sobre proporções. Chuquet escreveu, por exemplo, que $.72.^1$ dividido por $.8.^3$ dá $.9.^{2m}$ — isto é $72x \div 8x^3 = 9x^{-2}$. Sua observação sobre relações entre as potências do número dois se relaciona com essas leis, os índices dessas potências sendo colocados em uma tabela de 0 a 20, em que as somas dos índices correspondem aos produtos das potências. Exceto por serem grandes as lacunas entre as colunas, isso seria uma tabela de logaritmos na base 2 em miniatura. Durante o século seguinte, observações semelhantes às de Chuquet seriam repetidas várias vezes, e certamente tiveram um papel na invenção dos logaritmos.

A segunda metade da última parte de *Triparty* trata da resolução de equações. Aqui se encontram muitos dos problemas que haviam aparecido no trabalho de seus predecessores, mas há pelo menos uma novidade importante. Ao escrever $.4.^1$ egaulx a $\bar{m}.2.^0$ (isto é, $4x = -2$), Chuquet estava pela primeira vez exprimindo um número negativo isolado em uma equação algébrica. Em geral, ele rejeitava o zero como raiz de uma equação, mas ocasionalmente observava que o número procurado era zero. Ao considerar equações da forma $ax^m + bx^{m+n} = cx^{m+2n}$ (onde os coeficientes e expoentes são números inteiros positivos específicos), ele descobriu que algumas traziam soluções imaginárias; nesses casos ele dizia simplesmente *"Tel nombre est ineperible"*.

O *Triparty* de Chuquet, como o *Collectio* de Papus, é um livro em que não se pode avaliar o grau de originalidade do autor. Ambos, evidentemente, deviam muito a seus predecessores imediatos, mas não somos capazes de identificar nenhum desses. Além disso, no caso de Chuquet, não podemos avaliar sua influência sobre autores posteriores. O *Triparty* só foi impresso em 1880, e provavelmente poucos matemáticos o conheciam; mas um daqueles em cujas mãos ele caiu usou uma parte tão grande do material que, pelos padrões modernos, poderia ser acusado de plágio,

Página título de Gregor Reish, *Margarita Philosophica* (1503). Em torno da figura de três cabeças no centro, estão agrupadas as sete artes liberais, com a aritmética sentada no meio, segurando uma tábua de calcular.

embora mencionasse o nome de Chuquet. A *Larismethique nouvelement composee*, publicada em Lyons por Etienne de la Roche, em 1520, e de novo em 1538, dependia fortemente, como sabemos agora, de Chuquet; por isso, pode-se dizer com segurança que o *Triparty* não deixou de ter efeitos.

A *Summa* de Luca Pacioli

A mais antiga álgebra da Renascença, a de Chuquet, foi escrita por um francês, mas a álgebra mais conhecida desse período foi publicada dez anos depois, na Itália. Na verdade, a *Summa de arithmetica, geometrica, proportioni et proportionalita*, do frade Luca Pacioli (1445-1514), obscureceu tanto o *Triparty*, que as exposições históricas mais antigas da álgebra saltam diretamente do *Lider abaci* de 1202 para a *Summa* de 1494, sem mencionar a obra de Chuquet ou de outros do período intermediário. No entanto, o caminho para a *Summa* tinha sido preparado por uma geração de algebristas, pois a *Álgebra* de al-Khwarizmi já tinha sido traduzida para o italiano pelo menos em 1464, a data de uma cópia manuscrita na Plimpton Collection, em Nova York; o autor desse manuscrito afirma que baseou sua obra em numerosos predecessores nesse campo, citando por nome alguns do século quatorze. Supõe-se frequentemente que o renascimento na ciência foi resultado da recuperação de obras gregas antigas; mas na matemática, ele se caracterizou principalmente pelo avanço da álgebra, e, nesse aspecto, era apenas uma continuação da tradição medieval.

A *Summa*, concluída em 1487, teve influência superior à sua originalidade. É uma notável compilação (com fontes de informação geralmente não indicadas) de material em quatro campos: aritmética, álgebra, geometria euclidiana muito elementar, e contabilidade. Pacioli (também conhecido como Luca di Borgo) fora, durante algum tempo, professor dos filhos de um rico comerciante de Veneza, e sem dúvida estava ciente da crescente importância da aritmética comercial na Itália. A mais antiga aritmética impressa, que apareceu anonimamente em Treviso em 1478, tratava das operações fundamentais, das regras de dois e três, e de aplicações comerciais. Várias outras aritméticas comerciais mais técnicas apareceram logo depois, e Pacioli as usou livremente como fonte. Uma delas, o *Compendio de lo abaco* de Francesco Pellos (viveu em 1450-1500), que foi publicada em Turim, no ano em que Colombo descobriu a América, usava um ponto para indicar a divisão de um inteiro por uma potência de dez, uma sugestão de nosso ponto decimal.

Summa, que como o *Triparty* foi escrito em vernáculo, era uma recapitulação de obras não publicadas, que o autor escrevera antes, bem como do conhecimento geral da época. A parte sobre aritmética se ocupa muito de processos para multiplicação e extração de raízes quadradas; a secção sobre álgebra inclui a resolução usual de equações lineares e quadráticas. Embora não tenha a notação exponencial de Chuquet, há uso crescente de sincopação por abreviações. As letras p e m, por essa época, eram amplamente usadas na Itália para indicar adição e subtração, e Pacioli usou *co, ce,* e *ae* para *cosa* (a incógnita), *censo* (o quadrado da incógnita) e *aequalis,* respectivamente. Para a quarta potência da incógnita, ele naturalmente usou *cece* (para quadrado-quadrado). Compartilhando uma impressão de Omar Khayyam, ele julgava que equações cúbicas não podiam ser resolvidas algebricamente.

A obra de Pacioli sobre geometria na *Summa* não é significativa, embora alguns de seus problemas geométricos nos lembrem a geometria de Regiomontanus, sendo usados casos numéricos específicos. Embora a geometria de Pacioli não atraísse muita atenção, o aspecto comercial do livro tornou-se tão popular que o autor em geral é considerado o pai da contabilidade a duas entradas.

Pacioli, primeiro matemático de quem temos um retrato autêntico, em 1509 fez mais duas tentativas no campo da geometria, publicando uma edição, sem grandes méritos, de Euclides e uma obra com o imponente título *De divina proportione*. Essa última diz respeito a polígonos e sólidos regulares e a razão mais tarde chamada "a secção áurea". Merece destaque pela excelência das figuras, que têm sido atribuídas a Leonardo da Vinci (1452-1519). Leonardo é frequentemente considerado um matemático. Em seus cadernos de notas encontramos quadraturas de lunas, construções de polígonos regulares e ideias sobre centros de gravidade e curvas de dupla curvatura; mas ele é mais conhecido por sua aplicação da matemática à ciência e à teoria da perspectiva. Séculos depois, as noções renascentistas sobre perspectiva matemática floresceriam em um novo ramo da geometria, mas tais desenvolvimentos não foram influenciados, de modo perceptível, pelos pensamentos que o canhoto Leonardo confiou a seus cadernos, sob a forma de anotações escritas na forma espelhada. Da Vinci é citado como o típico homem da Renascença, e em campos, que não a matemática, há muita justificativa para essa ideia. Leonardo era um gênio, de pensamento ousado e original, um homem de ação tanto quanto de contemplação, ao mesmo tempo artista e engenheiro. Entretanto, parece não ter tido grande contato com a principal tendência matemática da época — o desenvolvimento da álgebra.

Álgebras e aritméticas alemãs

A palavra Renascimento inevitavelmente traz à mente os tesouros literários, artísticos e científicos italianos, pois o renovado interesse pela arte e pela cultura se tornou aparente mais cedo na Itália do que em outras partes da Europa. Lá, em um turbulento conflito de ideias, os homens aprenderam a confiar mais em observações independentes da natureza e em julgamentos da mente. Além disso, a Itália fora uma das duas principais rotas ao longo das quais a cultura árabe, inclusive algorismo e álgebra, penetrara na Europa. No entanto, outras partes da Europa não ficaram muito atrás, como mostra a obra de Regiomontanus e de Chuquet. Na Alemanha, por exemplo, os livros sobre álgebra foram tão numerosos que durante algum tempo a palavra alemã *coss* para a incógnita triunfou em outras partes da Europa, e o assunto ficou conhecido como a "arte cóssica". Além disso, os símbolos alemães para adição e subtração acabaram substituindo os p e m italianos. Em 1489, antes

13 – O Renascimento europeu

da publicação da *Summa* de Pacioli, um professor alemão de Leipzig ("Mestre nas artes liberais"), Johann Widman (1462-1498), tinha publicado uma aritmética comercial, *Rechnung auff allen Kauffmanschafften*, o mais antigo livro em que nossos sinais + e – aparecem impressos. Usados inicialmente para indicar excesso e deficiência em medidas em armazéns, mais tarde tornaram-se símbolos para as operações aritméticas familiares. Widman, incidentalmente, possuía uma cópia manuscrita da *Álgebra* de al-Khwarizmi, obra bem conhecida também por outros matemáticos alemães.

Entre as numerosas álgebras alemãs estava a *Die Coss*, escrita em 1524 pelo célebre *Rechenmeister* alemão, Adam Riese (1492-1559). Esse foi o mais influente autor alemão no movimento para substituir a antiga computação (em termos de contas de ábaco e numerais romanos) pelo novo método (usando a pena e numerais indo-arábicos); tão eficazes foram seus numerosos livros de aritmética que a frase "*nach* Adam Riese" (segundo Adam Riese) ainda subsiste na Alemanha, como um tributo à precisão em processos aritméticos. Riese, em seu *Coss*, menciona a *Álgebra* de al-Khwarizmi e se refere a numerosos predecessores alemães no campo.

Página de rosto de uma edição (1529) de um dos *Rechenbücher*, de Adam Rice, o *Rechenmeister*. Ela mostra uma disputa entre um algorista e um abacista.

A primeira metade do século dezesseis viu surgir uma nuvem de álgebras alemãs, entre as mais importantes delas estavam a *Coss* (1525) de Christoph Rudolff (aproximadamente entre 1500-1545), um tutor de matemática em Viena, a *Rechnung* (1527) de Peter Apian (1495-1552), e a *Arithmetica integra* (1544) de Michael Stifel (cerca de 1487-1567). A primeira é especialmente importante por ser uma das mais antigas obras impressas a usar frações decimais, bem como o símbolo moderno para raízes; a segunda merece menção pelo fato de, nela, uma aritmética comercial, o chamado "triângulo de Pascal" ser impresso, na página de rosto, quase um século antes do nascimento de Pascal. A terceira obra, a *Arithmetica integra* de Stifel, foi a mais importante de todas as álgebras alemãs do século dezesseis. Inclui, também, o triângulo de Pascal, mas o aspecto mais importante é seu tratamento dos números negativos, radicais, e potências. Usando coeficientes negativos em equações, Stifel pôde reduzir a multiplicidade de casos de equações quadráticas ao que aparecia como uma única forma; mas teve explicar, por uma regra especial, quando usar + e quando —. Ainda mais, até ele se recusou a admitir números negativos como raízes de uma equação. Stifel, um ex-monge que se tornou pregador luterano itinerante, e foi, por algum tempo, professor de Matemática em Jena, foi dos muitos autores a difundir os símbolos "alemães" + e – às custas da notação "italiana" p e m. Conhecia muitíssimo bem as propriedades dos números negativos, apesar da chamá-los *numeri absurdi*. Quanto aos números irracionais, ele se mostrava um tanto hesitante, dizendo que eles estão "escondidos sob uma espécie de nuvem de infinitude". Chamando novamente a atenção para as relações entre progressões aritméticas e geométricas, como Chuquet fizera com as potências de dois de 0 a 20, Stifel estendeu a tabela incluindo $2^{-1} = 1/2$ e $2^{-2} = 1/4$ e $2^{-3} = 1/8$ (sem, no entanto, usar notação exponencial). Para as potências da quantidade desconhecida em álgebra, Stifel, na *Arithmetica integra*, usou abreviações para as palavras alemãs *coss, zensus, cubus*, e *zenzizensus;* mas em um tratado posterior, *De algorithmi numerorum cossicorum*, ele propôs usar uma única letra para a incógnita e repetir a letra para indicar potências superiores da incógnita, esquema empregado mais tarde por Thomas Harriot (1560-1621).

A *Ars magna* de Cardano

A *Arithmetica integra* constituía um tratamento completo da álgebra tal como era geralmente conhecida até 1544, mas em certo sentido, dentro de um ano, já estava completamente superada. Stifel deu muitos exemplos levando a equações quadráticas, mas nenhum de seus problemas levava a cúbicas mistas, pela simples razão que ele não sabia mais sobre a solução algébrica das cúbicas do que sabiam Pacioli ou Omar Khayyam. Mas, em 1545, a resolução não só da equação cúbica como também da quártica tornaram-se conhecimento comum pela publicação da *Ars magna* de Gerônimo Cardano (1501-1576). Um progresso tão notável e imprevisto causou tal impacto sobre os algebristas, que o ano de 1545 frequentemente é tomado como marco do início do período moderno na matemática. Deve-se salientar imediatamente, porém, que Cardano (ou Cardan) não foi o descobridor original da solução quer da equação cúbica, quer da quártica. Ele próprio admitiu isso francamente em seu livro. A sugestão para resolver a cúbica, ele afirma, lhe tinha sido dada por Niccolo Tartaglia (cerca de 1500-1557); a solução da quártica tinha sido descoberta primeiramente pelo antigo amanuense de Cardano, Ludovico Ferrari (1522-1565). O que Cardano deixou de mencionar na *Ars magna* foi o solene juramento que havia feito a Tartaglia de não revelar o segredo, pois esse último pretendia firmar sua reputação publicando a solução da cúbica como parte culminante de seu tratado sobre álgebra.

Para que não se tenha por Tartaglia uma indevida simpatia, deve-se notar que ele tinha publicado uma tradução de Arquimedes (1543), derivada de Moerbeke, dando a impressão de que era uma obra sua, e em seu *Quesiti et inventioni diverse* (Veneza, Itália, 1546), ele deu a lei do plano inclinado, presumivelmente derivada de Jordanus Nemorarius, sem atribuição apropriada. Na verdade, é possível que o próprio Tartaglia tenha recebido uma sugestão quanto à resolução da cúbica de uma fonte mais antiga. Qualquer que seja a verdade em uma controvérsia um tanto complicada e sórdida entre defensores de Cardano e Tartaglia, o que está claro é que nenhum dos opositores foi o primeiro a fazer a descoberta. O herói no caso foi evidentemente alguém cujo nome mal é lembrado hoje — Scipione del Ferro (cerca de 1465-1526), professor de matemática em Bolonha, uma das mais antigas universidades medievais e uma escola com forte tradição matemática. Como ou quando del Ferro fez sua maravilhosa descoberta não se sabe. Ele não publicou a solução, mas antes de sua morte ele a revelou a um estudante, Antonio Maria Fior (ou Floridus, em latim).

Parece que rumores da existência de solução algébrica para uma cúbica propalou-se, e Tartaglia nos conta que o conhecimento da possibilidade de resolver a equação inspirou-o a dedicar-se a descobrir ele mesmo o método. Seja independentemente, seja baseado em uma sugestão, Tartaglia tinha de fato aprendido, por volta de 1541, a resolver equações cúbicas. Quando a notícia disso se espalhou, foi organizada uma competição matemática entre Tartaglia e Fior. Cada um dos concorrentes propôs trinta questões para que o outro resolvesse em um intervalo de tempo fixado. Quando chegou o dia da decisão, Tartaglia tinha resolvido todas as questões propostas por Fior, enquanto o infortunado Fior não tinha resolvido nenhuma das enunciadas por seu oponente. A explicação disso é relativamente simples. Hoje, pensamos em equações cúbicas como sendo essencialmente todas de um mesmo tipo e como podendo ser tratadas por um único método unificado de solução. Na época, porém, quando coeficientes negativos praticamente não eram usados, havia tantos tipos de cúbicas quantas são as possibilidades de coeficientes positivos e negativos. Fior só sabia resolver equações do tipo em que cubos e raízes estão igualados a um número — isto é, as do tipo $x^3 + px = q$, embora na época só fossem usados coeficientes numéricos (positivos) específicos. Mas, enquanto isso, Tartaglia tinha aprendido também a resolver equações em que cubos e quadrados são igualados a um número. É provável que Tartaglia soubesse reduzir esse caso ao de Fior por remoção do termo quadrático, pois por essa época tornou-se conhecido que se o coeficiente dominante é a unidade, então o coeficiente do termo quadrático, quando aparece do outro lado do sinal de igual, é a soma das raízes.

A notícia do triunfo de Tartaglia chegou a Cardano, que logo convidou o vencedor a vir à sua casa, insinuando que trataria de arranjar um encontro entre ele e um possível patrono. Tartaglia não tinha nenhuma fonte substancial de recursos, talvez em parte por causa de um defeito na fala. Quando criança, tinha recebido um corte de sabre, na tomada de Bréscia pelos franceses em 1512, e isso lhe prejudicou a fala. Por esse fato é que recebeu o apelido de Tartaglia, ou gago, nome que usou em lugar de Niccolo Fontana, que recebera ao nascer. Cardano, ao contrário, lograra sucesso material como médico. Tão grande era sua fama, que foi uma vez chamado à Escócia para diagnosticar uma doença do arcebispo de St. Andrews (evidentemente, um caso de asma). De nascimento ilegítimo, e sendo astrólogo, jogador e herege, Cardano foi, no entanto, um respeitado professor em Bolonha e Milão, e, por fim, recebeu do papa uma pensão. Um de seus filhos envenenou a própria esposa, outro era um canalha, e o secretário de Cardano, Ferrari, provavelmente morreu envenenado por sua própria irmã. Apesar desses transtornos, Cardano foi autor prolífico em tópicos que iam de sua própria vida e do elogio da gota à ciência e à matemática.

Em sua principal obra científica, um pomposo volume com o título *De subtilitate,* Cardano revela ser um verdadeiro filho de seu tempo, discutindo interminavelmente a física aristotélica transmitida por meio da filosofia escolástica, ao passo que, ao mesmo tempo, se entusiasmava com as novas descobertas de épocas então recentes. Quase o mesmo pode ser dito de sua matemática, pois também essa era típica da época. Pouco sabia de Arquimedes e menos de Apolônio, mas conhecia muito bem álgebra e trigonometria. Tinha já publicado uma *Practica arithmetice,* em 1539, que incluía, entre outras coisas, a racionalização de denominadores contendo raízes cúbicas. Quando publicou a *Ars magna,* meia dúzia de anos depois, ele pro-

Jerome Cardan

vavelmente era o mais competente algebrista da Europa. Mesmo assim, hoje a *Ars magna* é uma leitura enfadonha. Caso após caso de equação cúbica é laboriosamente tratado em detalhe, conforme termos dos vários graus apareçam de um mesmo lado ou de lados opostos da igualdade, pois os coeficientes eram necessariamente positivos. Apesar de tratar de equações sobre números, ele seguia al-Khwarizmi ao pensar geometricamente, de modo que podemos considerar seu método como sendo de "completar o cubo". Há, é claro, certas vantagens nesse tratamento. Por exemplo, como x^3 é um volume, $6x$, na equação seguinte de Cardano, também deve ser considerado como volume. Logo, o número 6 deve ter dimensão de área, o que sugere o tipo de substituição usado por Cardano, como veremos logo.

Cardano usava pouca sincopação, sendo um verdadeiro discípulo de al-Khwarizmi, e, como os árabes, pensava em suas equações com coeficiente numéricos específicos como representantes de categorias gerais. Por exemplo, quando escrevia, "seja o cubo e seis vezes o lado igual a 20" (ou, $x^3 + 6x = 20$), ele evidentemente estava pensando nessa equação como típica de *todas* as que têm "um cubo e coisa igual a um número" — isto é, da forma $x^3 + px = q$. A solução dessa equação cobre um par de páginas de retórica que agora poríamos em símbolos como segue: substitua x por $u - v$ e suponha que u e v estejam relacionados de modo que seu produto (pensado como área) seja um terço do coeficiente de x na equação cúbica — isto é, $uv = 2$. Substituindo na equação, o resultado é $u^3 - v^3 = 20$ e, eliminando v, temos $u^6 = 20u^3 + 8$, uma equação quadrática em u^3. Portanto u^3, como é sabido, vale $\sqrt{108} + 10$. Da relação $u^3 - v^3 = 20$, vemos que $v^3 = \sqrt{108} - 10$; donde, de $x = u - v$ temos $x = \sqrt[3]{\sqrt{108} + 10} - \sqrt[3]{\sqrt{108} - 10}$. Tendo efetuado todos os cálculos para esse caso específico, Cardano termina com uma formulação verbal da regra equivalente à nossa solução de $x^3 + px = q$ como

$$x = \sqrt[3]{\sqrt{(p/3)^3 + (q/2)^2} + q/2} - \sqrt[3]{\sqrt{(p/3)^3 + (q/2)^2} - q/2}$$

Cardano passou então a outros casos, tais como "cubo igual a coisa e número". Aqui, faz-se a substituição $x = u + v$ em vez de $x = u - v$, o resto do método permanecendo essencialmente o mesmo. Nesse caso, porém, há uma dificuldade. Quando se aplica a regra a $x^3 = 15x + 4$, por exemplo, o resultado é $x = \sqrt[3]{2 + \sqrt{-121}} + \sqrt[3]{2 - \sqrt{-121}}$. Cardano sabia que não existe raiz quadrada de número negativo, e, no entanto, ele sabia que $x = 4$ é uma raiz. Não conseguiu entender como sua regra faria sentido em tal situação. Tinha brincado com raízes quadradas de números negativos em outra situação, quando pediu que se dividisse 10 em duas partes tais que o produto fosse 40. As regras usuais da álgebra levam às respostas $5 + \sqrt{-15}$ e $5 - \sqrt{-15}$ para as partes (ou, na notação de Cardano, 5p : R m : 15 e 5m : R m :15). Cardano se referia a essas raízes quadradas de números negativos como "sofísticas" e concluía que o resultado nesse caso era "tão sutil quanto inútil". Autores posteriores mostrariam que tais manipulações eram de fato sutis, mas nada inúteis. É um mérito de Cardano que ele ao menos tenha dado alguma atenção a essa intrigante situação.

A solução de Ferrari para a equação quártica

Sobre a regra para resolver equações quárticas, Cardano escreveu na *Ars magna* que "é devida a Luigi Ferrari, que a inventou a meu pedido". Novamente, casos separados, em um total de vinte, são sucessivamente tratados, mas para o leitor de hoje basta um. Seja quadrado-quadrado e quadrado e número igual a lado (Cardano sabia eliminar o termo cúbico somando ou subtraindo das raízes um quarto do coeficiente do termo cúbico). Então, os passos para a resolução de $x^4 + 6x^2 + 36 = 60x$ são descritos por Cardano essencialmente como segue:

1. Primeiro, some a ambos os membros da equação quadrados e números suficientes de modo que o primeiro membro se torne um quadrado perfeito.

2. Agora, some a ambos os membros da equação termos envolvendo uma nova incógnita y, de modo que o primeiro membro continue a ser um quadrado perfeito.

3. O passo seguinte, crucial, consiste em escolher y de modo que o trinômio no segundo membro fique um quadrado perfeito. Isso se faz, é claro, igualando a zero o discriminante — uma regra antiga e bem conhecida.

4. O resultado do passo 3 é uma equação cúbica em y: $y^3 + 15y^2 + 36y = 450$, conhecida atualmente como "cúbica resolvente" da equação quártica dada. A equação para y é então resolvida pelas regras dadas anteriormente para a resolução de equações cúbicas.

5. Substitua um valor de y, do passo 4, na equação para x, do passo 2, e tome a raiz quadrada de ambos os membros.

6. O resultado do passo 5 é uma equação quadrática, que agora deve ser resolvida para encontrar o valor desejado de x.

A resolução das equações cúbica e quártica foi talvez a maior contribuição à álgebra desde que os babilônios, quase quatro milênios antes, aprenderam a completar o quadrado para equações quadráticas. Nenhuma outra descoberta constituiu um estímulo para o desenvolvimento da álgebra comparável a essas reveladas na *Ars magna*. A resolução de equações cúbicas e quárticas não foi, em nenhum sentido, motivada por considerações práticas, nem tinham valor para os engenheiros ou praticantes de matemáticos. Soluções aproximadas de algumas equações cúbicas já eram conhecidas na antiguidade, e al-Kashi, um século antes de Cardano, podia resolver com qualquer grau de precisão qualquer equação cúbica resultante de um problema prático. A fórmula de Tartaglia-Cardano é de grande importância lógica, mas não é nem de perto tão útil para as aplicações quanto os métodos de aproximações sucessivas.

Influência da *Ars magna*

A mais importante consequência das descobertas publicadas na *Ars magna* foi o enorme impulso que deram à pesquisa em álgebra em várias direções. Era natural que o estudo fosse generalizado e que, em particular, se procurasse resolver a equação quíntica. Aqui, os matemáticos se depararam com um problema algébrico insolúvel, comparável aos problemas geométricos clássicos da antiguidade. O resultado foi muita matemática boa, mas somente uma conclusão negativa.

Outro resultado imediato da resolução da cúbica foi a primeira observação significativa de uma nova espécie de número. Os números irracionais já tinham sido aceitos no tempo de Cardano, embora não tivessem base firme, pois eram facilmente aproximáveis por números racionais. Os números negativos causaram dificuldades maiores, porque não são facilmente aproximáveis por números positivos, mas a noção de sentido sobre uma reta tornou-os plausíveis. Cardano usou-os, embora chamando-os *"numeri ficti"*. Se um algebrista desejava negar a existência de números irracionais ou negativos, dizia simplesmente, como os gregos antigos, que as equações $x^2 = 2$ e $x + 2 = 0$ não são resolúveis. Do mesmo modo, os algebristas tinham podido evitar os imaginários, simplesmente dizendo que uma equação como $x^2 + 1 = 0$ não é resolúvel. Não havia necessidade de considerar raízes quadradas de números negativos. Porém, com a solução da equação cúbica, a situação mudou radicalmente. Sempre que as três raízes de uma equação cúbica são reais e diferentes de zero, a fórmula de Tartaglia-Cardano leva inevitavelmente a raízes quadradas de números negativos. Sabia-se que o objetivo era um número real, mas ele não podia ser atingido sem que se compreendesse alguma coisa sobre os números imaginários. Era agora necessário levar em conta os imaginários, mesmo que se concordasse em só aceitar raízes reais.

Rafael Bombelli

A essa altura, Rafael Bombelli (1526-1572), um engenheiro hidráulico florentino, em grande parte autodidata, ao estudar as publicações de álgebra de sua época, teve o que chamou "ideia louca", pois toda a questão "parecia apoiar-se em sofismas". Os dois radicandos das raízes cúbicas que resultam da fórmula usual diferem apenas por um sinal. Vimos que a solução pela fórmula de $x^3 = 15x + 4$ leva a $x = \sqrt[3]{2 + \sqrt{-121}} + \sqrt[3]{2 - \sqrt{-121}}$, ao passo que se sabe, por substituição direta, que $x = 4$ é a única raiz positiva da equação (Cardano tinha observado que, quando todos os termos de um lado do sinal de igualdade são de grau maior que os do outro lado, a equação tem uma e uma só raiz positiva — uma pequena antecipação de parte da regra dos sinais de Descartes). Bombelli teve a feliz ideia de que os próprios radicais poderiam ser relacionados de modo análogo àquele em que os radicandos são relacionados — que, como diríamos agora, eles são imaginários conjugados que levam ao número real 4. É evidente que se a soma das partes reais é 4, então a parte real de cada um é 2; e se um número de forma $2 + b\sqrt{-1}$ deve ser uma raiz cúbica de $2 + 11\sqrt{-1}$, então é fácil ver que b deve ser 1. Logo, $x = 2 + 1\sqrt{-1} + 2 - 1\sqrt{-1}$, ou 4.

Com seu engenhoso raciocínio, Bombelli mostrou o papel importante que os números imaginários conjugados iriam desempenhar no futuro.

Mas, na época, a observação não ajudou no trabalho real de resolver equações cúbicas, pois Bombelli precisava saber antecipadamente o valor de uma das raízes. Neste caso, a equação já está resolvida, e não há necessidade da fórmula; sem tal conhecimento prévio, a abordagem de Bombelli falha. Qualquer tentativa para achar algebricamente as raízes cúbicas dos números imaginários na regra de Cardano-Tartaglia leva à própria cúbica, em cuja resolução as raízes cúbicas apareceram, de modo que se volta ao ponto de partida. Como esse impasse surge sempre que as três raízes são reais, esse caso é conhecido como "caso irredutível". Aqui, uma expressão para a incógnita é, de fato, fornecida pela fórmula, mas a forma em que aparece é inútil para quase todos os fins.

Bombelli escreveu sua *Algebra* por volta de 1560, mas ela só foi impressa em 1572, cerca de um ano antes de sua morte, e só em parte. Um dos aspectos significativos desse livro é que contém simbolismos que lembram os de Chuquet. Bombelli escrevia às vezes 1 Z p.5Rm.4 (isto é, 1 zenus plus 5 res minus 4) para $x^2 + 5x - 4$. Mas usava também outra forma de expressão, talvez por influência da *Larismethique* de de la Roche, em que a potência da incógnita é representada simplesmente como um numeral arábico acima de um pequeno arco de círculo. Os livros IV e VI de sua *Algebra* estão cheios de problemas de geometria que são resolvidos algebricamente, de maneira parecida com Regiomontanus, mas usando um novo simbolismo. Em problemas como os de achar o lado de um quadrado inscrito em um certo triângulo, uma álgebra altamente simbólica ajudou a geometria, mas Bombelli trabalhou também em outra direção. Na *Algebra*, a solução algébrica de equações cúbicas está acompanhada por demonstrações geométricas em termos de subdivisão do cubo. Infelizmente para o futuro da geometria — e da matemática em geral — os últimos livros da *Algebra* de Bombelli não foram incluídos na publicação de 1572, mas permaneceram na forma manuscrita até 1929.

A *Algebra* usa os símbolos padrões italianos *p* e *m* para adição e subtração, mas Bombelli ainda não tinha um símbolo para a igualdade. Nosso sinal de igualdade padrão tinha sido publicado antes de Bombelli escrever seu livro; o símbolo aparecera na Inglaterra em 1557, no *Whetstone of Witte* de Robert Recorde (1510-1558).

Robert Recorde

A matemática não tinha prosperado na Inglaterra no período de quase dois séculos após a morte de Bradwardine, e o pouco trabalho lá realizado no começo do século dezesseis depende muito de autores italianos, como Pacioli. Na verdade, Recorde foi praticamente o único matemático de importância na Inglaterra durante todo esse século. Nasceu no País de Gales, estudou e ensinou matemática tanto em Oxford quanto em Cambridge. Em 1545, graduou-se em medicina em Cambridge, e tornou-se médico de Eduardo VI e da Rainha Mary. Recorde fundou, praticamente, a escola inglesa matemática. Como Chuquet e Pacioli antes dele, e Galileu depois, escreveu em vernáculo; isso pode ter limitado sua influência no continente. A primeira obra de Recorde ainda existente é *Grounde of Artes* (1541), uma popular aritmética que inclui computação por ábaco e algorismo, com aplicações comerciais. O nível e estilo desse livro, dedicado a Edward IV e que teve mais de duas dúzias de edições, podem ser avaliados pelo problema seguinte:

> Então o que você diz dessa equação? Se eu lhe vendo um cavalo tendo 4 ferraduras e cada ferradura 6 pregos, com a condição que você pague pelo primeiro prego um ob; pelo segundo dois ob; pelo terceiro quatro ob; e assim por diante, dobrando até terminarem todos os pregos, agora pergunto-lhe, a quanto chegará o preço do cavalo?

Seu *Castle of Knowledge,* uma astronomia em que o sistema de Copérnico é citado com aprovação; e seu *Pathewaie to Knowledge,* uma edição abreviada de *Os Elementos* e a primeira geometria a aparecer em inglês, apareceram ambos em 1551. A obra mais frequentemente citada de Recorde é *The Whetstone of Witte,* publicado em 1557, apenas um ano antes de ele morrer na prisão. O título

Whetstone (pedra de amolar) era, evidentemente, um trocadilho sobre a palavra "coss", pois *cos* em latim significa pedra de amolar, e o livro trata da *cossike practise* (isto é, álgebra). Fez para a Inglaterra o que Stifel fizera para a Alemanha — com uma adição. O bem conhecido sinal de igualdade apareceu primeiro nele, explicado por Recorde na frase citada no início deste capítulo. No entanto, um século ou mais passaria antes que o sinal triunfasse sobre as notações rivais. Recorde morreu no mesmo ano em que também a Rainha Mary morreu, e durante o longo reinado de Elizabeth I não apareceu matemático inglês comparável. Foi a França, não a Inglaterra ou a Alemanha ou a Itália, que produziu o mais importante matemático da Era Elizabetana. Mas antes de nos voltarmos à obra deste, devemos esclarecer alguns aspectos do começo do século dezesseis.

Trigonometria

A direção em que houve maior progresso na matemática durante o século dezesseis foi, evidentemente, a álgebra, mas os desenvolvimentos na trigonometria não ficaram muito atrás, embora não fossem nem de longe tão espetaculares. A construção de tabelas trigonométricas é uma tarefa aborrecida, mas elas são de grande utilidade para astrônomos e matemáticos; nisso, a Polônia e a Alemanha no princípio do século dezesseis muito ajudaram. Quase todos nós hoje pensamos em Nicolau Copérnico (1473-1543) como um astrônomo que revolucionou a visão do mundo ao conseguir colocar a Terra movendo-se em torno do Sol (o que Aristarco tentara, sem sucesso); mas um astrônomo era quase inevitavelmente também um especialista em trigonometria, e devemos a Copérnico também serviços à matemática.

Copérnico e Rheticus

Durante a vida de Regiomontanus, a Polônia tivera uma "Idade Áurea" da cultura, e a Universidade de Cracóvia, onde Copérnico ingressara em 1491, tinha grande prestígio em matemática e astronomia. Depois de mais estudos em direito, medicina e astronomia em Bolonha, Pádua e Ferrara, e depois de ensinar durante algum tempo em Roma, Copérnico voltou à Polônia em 1510, para tornar-se Cônego de Frauenburg. Apesar de numerosos deveres administrativos, inclusive reforma da moeda e controle da Ordem dos Cavaleiros Teutônicos, Copérnico completou o célebre tratado, *De revolutionibus orbium coelestium*, publicado em 1543, ano de sua morte. Contém secções substanciais sobre trigonometria que haviam sido publicadas em separado no ano anterior sob o título *De lateribus et angulis triangulorum*. O conteúdo trigonométrico é semelhante ao do *De triangulis* de Regiomontanus, publicado em Nüremberg apenas uma década antes; mas as ideias de Copérnico sobre trigonometria parecem datar de antes de 1533, e nessa época ele provavelmente não conhecia a obra de Regiomontanus. É muito provável, no entanto, que a forma final da trigonometria de Copérnico derivasse em parte de Regiomontanus, pois em 1539 ele recebeu como estudante Georg Joachim Rheticus (ou Rhaeticus, 1514-1576), professor em Wettenberg, que tinha visitado Nüremberg. Rheticus trabalhou com Copérnico cerca de três anos, e foi ele quem, com a aprovação de seu professor, publicou a primeira breve exposição da astronomia de Copérnico em uma obra intitulada *Narratio prima* (1540) e tomou as primeiras providências, completadas por Andreas Osiander, para a impressão do célebre *De revolutionibus*. É provável, portanto, que a trigonometria na obra clássica de Copérnico se relacione de perto, por meio de Rheticus, com a de Regiomontanus.

Percebemos o completo conhecimento de trigonometria de Copérnico não só pelos teoremas incluídos em *De revolutionibus*, mas também por uma proposição originalmente incluída pelo autor em uma versão manuscrita anterior do livro, não na obra impressa. A proposição eliminada é uma generalização do teorema de Nasir Eddin (que aparece no livro) sobre o movimento retilíneo resultante da composição de dois movimentos circulares. O teorema de Copérnico é como segue: se um círculo menor rola sem deslizar ao longo do interior de um círculo maior de diâmetro duas vezes maior, então o lugar geométrico de um ponto que não está sobre a circunferência do círculo menor, mas que é fixo com relação a esse círculo menor, é uma elipse. Cardano, incidentalmente, conhecia o teorema de Nasir Eddin, mas não o do lugar geométrico de Copérnico, teorema redescoberto no século dezessete.

Por meio dos teoremas trigonométricos em *De revolutionibus*, Copérnico ampliou a influência de Regiomontanus, mas seu estudante Rheticus foi mais longe. Ele combinou as ideias de Regiomontanus e Copérnico, juntamente com as suas próprias, no tratado mais elaborado de trigonometria escrito até então — o *Opus palatinum de triangulis*, em dois volumes. Nele, a trigonometria atingiu a maioridade. O autor abandonou a tradicional consideração de funções relativas ao arco de círculo — em lugar disto, concentrou-se nos lados de triângulos retângulos. Além disso, as seis funções trigonométricas agora foram completamente utilizadas, pois Rheticus calculou elaboradas tabelas de todas. As frações decimais ainda não eram de uso comum; por isso, para as funções seno e cosseno, ele usou uma hipotenusa (raio) de 10.000.000, e para as outras quatro funções, uma base (ou lado adjacente ou raio) 10.000.000 partes, para intervalos de ângulo de 10". Começou tabelas de tangentes e secantes com uma base de 10^{15} partes; mas não viveu bastante para terminá-las, e o tratado foi completado e editado, com adições, por seu discípulo Valentin Otho (cerca de 1550-1605), em 1596.

Geometria

A geometria pura no século dezesseis apresentou menos avanços espetaculares do que a álgebra ou a trigonometria, mas não ficou inteiramente sem representantes. Foram feitas contribuições na Alemanha, por Johannes Werner (1468-1528) e Albrecht Dürer (1471-1528), e na Itália, por Francesco Maurolico (1494-1575) e Pacioli. Novamente, observamos a predominância desses dois países nas contribuições à matemática durante o Renascimento. Werner tinha ajudado a preservar a trigonometria de Regiomontanus, mas de maior importância para a geometria foi sua obra em latim, em vinte e dois volumes, sobre *Elementos de cônicas*, impressa em Nüremberg, em 1522.

Embora essa obra não possa ser favoravelmente comparada à *Cônicas* de Apolônio, quase inteiramente desconhecida no tempo de Werner, ela marca a renovação do interesse pelas curvas quase pela primeira vez desde Papus. Como o autor estava primariamente preocupado com a duplicação do cubo, ele se concentrou na parábola e na hipérbole, deduzindo as equações no plano estereometricamente do cone, como o tinham feito seus predecessores na Grécia; mas parece haver alguma originalidade em seu método para marcar no plano os pontos de uma parábola com régua e compasso. Primeiro, traça-se um feixe de círculos tangentes entre si e cortando a normal comum nos pontos c, d, e, f, g,... (Fig. 13.1). Depois, ao longo da normal comum, marca-se uma distância ab igual a um parâmetro desejado. Em b levanta-se a perpendicular bG a ab, que corta os círculos nos pontos C, D, E, F, G,... respectivamente. Então, em c, traça-se segmentos de reta cC' e cC'' perpendiculares a ab e iguais a bC; em d, traçam-se os segmentos dD' e dD'' perpendiculares a ab e iguais a bD; em e, os segmentos eE' e eE'' iguais a bE, e assim por diante. Então, os pontos C', C'', D', D'', E', E'',... estão todos sobre a parábola de vértice b, eixo segundo ab e tendo ab como grandeza do parâmetro — como se vê facilmente pelas relações

$$(cC')^2 = ab \cdot bc, \quad (dD')^2 = ab \cdot bd,$$

e assim por diante.

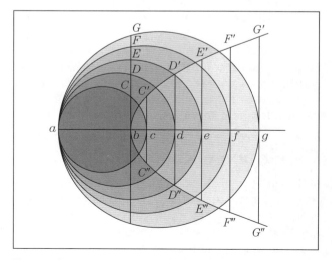

Figura 13.1

Teoria da perspectiva

A obra de Werner se relaciona de perto com os estudos sobre cônicas da antiguidade; mas, ao mesmo tempo, na Itália e na Alemanha uma relação mais ou menos nova entre a matemática e a arte estava aparecendo. Um ponto importante em que a arte renascentista diferia da medieval era o uso da perspectiva na representação plana de objetos do espaço tridimensional. Diz-se que o arquiteto florentino Filippo Brunelleschi (1377-1446) deu muita atenção a esse problema, mas a primeira exposição formal de alguns problemas foi dada por Leon Battista Alberti (1404-1472) em um tratado de 1435 (impresso em 1511), chamado *Della pictura*. Alberti começa com uma discussão geral dos princípios da redução (em perspectiva), depois descreve um método que tinha inventado para representar em um "plano de figura" vertical uma coleção de quadrados em um "plano de terra" horizontal. Suponhamos o olho colocado em um "ponto de parada" S que está h unidades acima do plano de terra e k unidades a frente do plano de figura. A intersecção do plano da figura com o de terra chama-se a "linha de terra", o pé V da perpendicular de S ao plano de figura chama-se o "centro de visão" (ou o ponto de desaparecimento principal), a reta por V paralela à linha de terra chama-se "reta de desaparecimento" (ou de horizonte) e os pontos P e Q sobre essa reta que estão a k unidades de V chamam-se "pontos de distância". Se tomarmos os pontos A, B, C, D, E, F, G a distâncias iguais ao longo da linha de terra RT (Fig. 13.2) onde D é a intersecção dessa reta com o plano vertical por S e V, e se traçarmos retas ligando esses pontos a V, então a projeção dessas retas, com S como centro, sobre o plano de terra será uma coleção de retas paralelas e equidistantes. Se P (ou Q) é ligado aos pontos B, C, D, E, F, G formando outra coleção de retas que cortam AV nos pontos H, I, J, K, L, M, e se por esses pontos traçarmos paralelas à linha de terra RT, então a coleção de trapézios no plano da figura corresponderá a uma coleção de quadrados no plano de terra.

Outro passo no desenvolvimento da perspectiva foi dado pelo pintor italiano de afrescos, Piero della Francesca (cerca de 1415-1492), em *De prospectiva pingendi* (cerca de 1478). Enquanto Alberti tinha-se concentrado na representação sobre o plano da pintura de figuras sobre o plano de terra, Piero atacou o problema mais complicado de representar, sobre o plano da pintura, objetos em três dimensões vistos de um ponto de vista dado. Escreveu também *De corporibus regularibus*, em que observou "a proporção divina" na qual as diagonais de um pentágono regular se cortam e em que achou o volume comum a dois cilindros circulares iguais cujos eixos se cortam em ângulo reto (sem saber do *Método* de Arquimedes, desconhecido na época). A relação entre a arte e a matemática era também forte na obra de Leonardo da Vinci. Ele escreveu uma obra, agora perdida, sobre perspectiva; seu *Trattato della pittura* começa com a advertência: "Que ninguém que não seja matemático leia minhas obras". A mesma combinação de interesses mate-

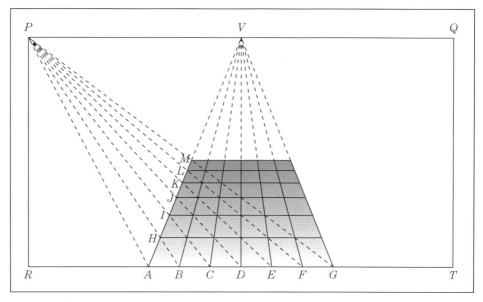

Figura 13.2

máticos e artísticos se encontra em Albrecht Dürer, um contemporâneo de Leonardo e conterrâneo de Werner em Nüremberg. Na obra de Dürer vemos também a influência de Pacioli, especialmente na célebre gravura de 1514, intitulada *Melancholia*. Aqui, o quadrado mágico tem presença proeminente. Esse é considerado frequentemente o primeiro uso do quadrado mágico no Ocidente, mas Pacioli tinha deixado um manuscrito não publicado, *De viribus quantitatis*, em que mostra interesse por tais quadrados.

16	3	2	13
5	10	11	8
9	6	7	12
4	15	14	1

O interesse de Dürer pela matemática, no entanto, era muito mais geométrico do que aritmético, como indica o título de seu livro mais importante: "Investigação sobre a medida com círculos e retas de figuras planas e sólidas". Essa obra, que apareceu em várias edições alemãs e latinas entre 1525 e 1538, contém várias novidades dignas de nota, sendo suas novas curvas as mais importantes. Essa é uma direção em que o Renascimento poderia facilmente ter aperfeiçoado a obra dos antigos, que só haviam estudado um punhado de tipos de curvas. Dürer tomou um ponto fixo sobre um círculo e depois deixou que o círculo rolasse ao longo da circunferência de um outro círculo, gerando uma epicicloide; mas, não tendo os instrumentos algébricos necessários, não a estudou analiticamente. O mesmo se deu com outras curvas planas que ele obteve projetando curvas reversas helicoidais sobre um plano para formar espirais. Na obra de Dürer, encontramos a construção de Ptolomeu do pentágono regular, que é exata, bem como outra construção original que é apenas uma aproximação. Para o heptágono e o eneágono, ele também deu construções engenho-

Melancholia, de Albrecht Dürer (Museu Britânico). Observe o quadrado mágico de ordem quatro no canto superior direito.

sas, mas evidentemente inexatas. A construção de Dürer de um nonágono, aproximadamente regular, é a seguinte: seja O o centro de um círculo ABC, em que A, B, C são os vértices do triângulo

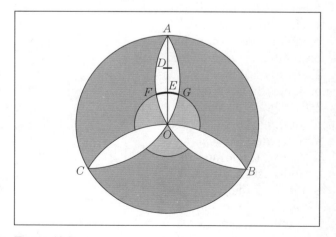

Figura 13.3

equilátero inscrito (Fig. 13.3). Por A, O e C trace um arco de círculo, trace arcos semelhantes por B, O e C e por B, O e A. Seja AO trissectado nos pontos D e E, e por E trace um círculo com centro em O e cortando os arcos AFO e AGO nos pontos F e G respectivamente. Então, o segmento de reta FG será quase igual ao lado do nonágono regular inscrito nesse círculo menor, o ângulo FOG diferindo de 40° por menos de 1°. A relação entre a arte e a geometria poderia ter sido realmente muito produtiva, se tivesse chamado a atenção de matemáticos profissionais, mas isso não ocorreu por mais de um século depois do tempo de Dürer.

Cartografia

Vários tipos de projeções são essenciais para os cartógrafos. As explorações geográficas tinham ampliado os horizontes e criado uma necessidade de melhores mapas, mas nisso o escolasticismo e o humanismo eram de pouca ajuda, pois as novas descobertas tinham tornado obsoletos os mapas antigos e medievais. Um dos mais importantes entre os inovadores foi o matemático e astrônomo alemão Peter Apian (ou Bienewitz). Em 1520, ele publicou o que talvez seja o mais antigo mapa do Velho Mundo e do Novo Mundo em que foi usado o nome "América"; em 1527, ele publicou uma aritmética comercial em que, na página de rosto, aparecia o triângulo aritmético, ou "de Pascal", impresso pela primeira vez. Os mapas de Apian eram benfeitos, mas, sempre que possível, seguiam de perto os de Ptolomeu. Para a novidade que se considera tão característica do Renascimento, é melhor olhar para um geógrafo flamengo, Gerard Mercator (ou Gerhard Kremer, 1512-1594), que por algum tempo esteve ligado à corte de Carlos V, em Bruxelas. Pode-se dizer que Mercator rompeu com Ptolomeu em geografia, como Copérnico tinha se rebelado contra Ptolomeu em astronomia.

Durante a primeira metade de sua vida, Mercator se apoiou fortemente em Ptolomeu, mas, em 1554, ele já se emancipara suficientemente para reduzir a estimativa feita por Ptolomeu da largura do Mediterrâneo de 62° para 53° (na verdade, é próxima de 40°). E o que é mais importante, em 1569 ele publicou o primeiro mapa, *Nova et aucta orbis terrae descriptio,* traçado com princípios novos. Os mapas usados no tempo de Mercator eram em geral baseados em uma rede retangular formada de duas coleções de retas paralelas equidistantes, uma coleção para as latitudes, a outra para as longitudes. Porém, o comprimento de um grau de longitude varia conforme o paralelo de latitude ao longo do qual ele é medido, uma variação desprezada na prática comum e que resulta em distorção da forma e erros de direção da parte dos navegadores, que baseavam uma rota em uma reta traçada entre dois pontos do mapa. A projeção estereográfica de Ptolomeu preservava as formas, porém não usava o reticulado de retas. A fim de

O Triângulo de Pascal, em sua primeira impressão. Frontispício da aritmética de Petrus Apianus, Ingolstadt, 1527, mais de um século antes de Pascal investigar as propriedades do triângulo.

obter algum acordo entre teoria e prática, Mercator introduziu a projeção que tem seu nome e que, com aperfeiçoamentos posteriores, tem sido básica para a cartografia a partir daí. O primeiro passo na projeção de Mercator consiste em pensar na Terra como uma esfera inscrita em um cilindro circular reto infinitamente longo, que a toca ao longo do equador (ou de algum outro círculo máximo), e em projetar sobre o cilindro, a partir do centro da Terra, os pontos sobre a superfície da Terra. Cortando em seguida o cilindro ao longo de uma geratriz e estendendo-o em um plano, os meridianos e paralelos sobre a Terra se transformam em um reticulado retangular de retas. As distâncias entre retas meridianas sucessivas serão iguais, mas as distâncias entre retas de latitude sucessivas não. Na verdade, essas últimas distâncias crescerão tão rapidamente à medida que nos afastamos do equador, que ocorrem distorções de forma e de direção; porém Mercator descobriu que, por meio de uma modificação empiricamente determinada dessas distâncias, era possível preservar direções e formas (embora não os tamanhos). Em 1599, Edward Wright (1558-1615), de Cambridge, professor de Henry, Príncipe de Gales, e um bom navegador, desenvolveu a base teórica da projeção de Mercator calculando a relação funcional $D = a \ln \operatorname{tg}(\phi/2 + 45°)$ entre a distância D no mapa a partir do equador e a latitude ϕ.

Tendências do renascimento

Diversas características do período que estamos examinando se sobressaem: a diversidade de ocupações nas quais se engajavam os homens que consideramos, a variedade de línguas nas quais as obras matemáticas se tornaram disponíveis e o crescimento das aplicações matemáticas. Enquanto a maioria dos contribuintes medievais da matemática receberam sustento institucional da Igreja, os matemáticos do renascimento, como Regiomontanus, gradualmente mudaram sua base de sustento para o crescente interesse comercial da época. Um número cada vez maior conseguiu emprego com chefes de estado ou instituições municipais que precisavam de calculistas ou professores, cartógrafos ou engenheiros. Um número considerável era formado de físicos ou de professores de medicina. A maior parte das obras matemáticas do começo do período estavam disponíveis em latim, ou, como já observamos, se tivessem sido produzidas originalmente em grego, árabe ou hebraico, eram traduzidas para o latim. Pelo fim do século dezesseis, haviam trabalhos originais disponíveis em inglês, alemão, francês, italiano e holandês.

A matemática durante a Renascença tinha sido amplamente aplicada à contabilidade, mecânica, mensuração de terras, artes, cartografia, óptica e havia numerosos livros tratando das artes práticas. Ninguém encorajou a florescente ênfase nas aplicações mais fortemente do que Pirre de la Ramée, ou Ramus (1515-1572), um homem que contribuiu para a matemática em um sentido pedagógico. Ele defendeu em 1536, no Collège de Navarre, para obter o grau de mestre, a audaciosa tese de que tudo que Aristóteles tinha dito estava errado — em uma época em que o peripatetismo era o mesmo que ortodoxia. Ramus discordava de sua época de muitas maneiras; banido de ensinar filosofia na França, ele propôs revisões nos currículos universitários, de modo que a lógica e a matemática recebessem mais atenção. Não estando satisfeito nem mesmo com *Os elementos*, de Euclides, Ramus editou esta obra com revisões. Entretanto, sua compeência em geometria era limitada. Ramus tinha mais confiança na matemática elementar prática do que na álgebra e na geometria superiores especulativas. Sua lógica desfrutou popularidade considerável em países protestantes, em parte porque ele morreu como mártir no massacre de São Bartolomeu. Isto nos chama a atenção para o fato de que, no primeiro século da reforma, a maioria das obras escritas em vernáculo e dedicadas aos praticantes de matemática foi criada nas áreas protestantes da Europa, enquanto a maioria dos tratados clássicos tradicionais foram estudados e comentados nas partes católicas.

O interesse pelas obras clássicas da antiguidade permanecia forte, como vemos no caso de Maurolico, padre de origem grega que nasceu, viveu e morreu na Sicília. Maurolico era um estudioso que fez muito no sentido de reavivar o interesse pelas obras mais avançadas da antiguidade. A geometria na primeira metade do século dezesseis dependera fortemente das propriedades elementares ensinadas em Euclides. Com exceção de Werner, poucos conheciam realmente a geometria de Arquimedes, Apolônio e Papus. A razão para isso era simples — as traduções latinas desses autores não estavam disponíveis em geral até meados do século. Nesse processo de tradução, uniu-se a Maurolico um estudioso italiano, Federigo Commandino. Já mencionamos a tradução de Arquimedes, impressa em 1543, que Tartaglia tomou emprestada; a essa se seguiu uma edição em grego, em 1544, e uma tradução latina, por Commandino, em Veneza, em 1558.

Quatro livros das *Cônicas* de Apolônio tinham sido preservados em grego, e esses traduzidos para o latim e impressos em Veneza em 1537. A tradução de Maurolico, completada em 1548, só foi publicada mais de um século depois, aparecendo em 1654, mas outra tradução de Commandino foi impressa em Bolonha, em 1566. A *Coleção matemática* de Papus tinha sido virtualmente desconhecida pelos árabes e europeus medievais, mas também foi traduzida pelo infatigável Commandino, embora só fosse impressa em 1588. Maurolico conhecia os vastos tesouros de geometria antiga, que estavam se tornando disponíveis, pois lia grego, bem como latim. Na verdade, a partir de algumas indicações em Papus sobre a obra de Apolônio sobre máximos e mínimos — isto é, sobre normais às secções cônicas — Maurolico tentou uma reconstrução do então perdido livro V das *Cônicas*. Nesse aspecto, ele representou uma voga que seria um dos principais estímulos à geometria antes de Descartes — a de reconstituir obras perdidas, em geral, e os últimos livros das *Cônicas*, em particular. Durante o intervalo entre a morte de Maurolico, em 1575, e a publicação de *La géométrie* de Descartes, em 1637, a geometria marcou passo até que o desenvolvimento da álgebra atingisse um nível que tornasse possível a geometria algébrica. O Renascimento poderia perfeitamente ter desenvolvido a geometria pura na direção sugerida pela arte e pela perspectiva, mas não foi dada atenção a essa possibilidade até quase exatamente a mesma época em que foi criada a geometria algébrica.

Por volta de 1575, a Europa ocidental tinha recuperado a maior parte das principais obras matemáticas da antiguidade agora existentes. A álgebra árabe fora perfeitamente dominada e tinha sido aperfeiçoada, tanto pela resolução das cúbicas e quárticas quanto por um uso parcial de simbolismo; e a trigonometria se tornara uma disciplina independente. Uma figura central na transição para o século dezessete foi o francês Francois Viète.

François Viète

Viète (1540-1603) não era matemático por vocação. Na juventude, ele estudou e praticou direito, tornando-se membro do parlamento da Bretanha; mais tarde tornou-se membro do conselho do rei, servindo primeiro sob Henrique III, depois sob Henrique IV. Foi enquanto servia a esse último, Henrique de Navarra, que teve tanto sucesso ao decifrar as mensagens em códigos do inimigo, que os espanhóis o acusaram de ter um pacto com o demônio. Só o tempo de lazer de Viète era dedicado à matemática, no entanto fez contribuições à aritmética, álgebra, trigonometria e geometria. Houve um período de quase meia dúzia de anos, antes da ascensão de Henrique IV, em que Viète esteve em desfavor, e esses anos ele dedicou em grande parte a estudos matemáticos. Na aritmética, ele deve ser lembrado por seu apelo em favor do uso de frações decimais, em vez de sexagesimais. Em uma de suas primeiras obras, o *Canon mathematicus*, de 1579, ele escreveu:

> Sexagesimais e múltiplos de sessenta devem ser pouco, ou nunca, usados em matemática, e milésimos e milhares, centésimos e centenas, décimos e dezenas, e progressões semelhantes, ascendentes e descendentes, devem ser usadas frequentemente ou exclusivamente.

Nas tabelas e computações, ele seguiu sua regra e usou frações decimais. Os lados dos quadrados inscrito e circunscrito em um círculo de diâmetro 200.000 ele escreveu como 141.421.$\frac{356.24}{}$ e 200.000.$\frac{000.00}{}$, e sua média como 177.245.$\frac{385.09}{}$.

Algumas páginas adiante ele escreveu a semicircunferência como $314.159.\frac{265.35}{1.000.00}$, e mais adiante ainda, esse número aparecia como 314.159.265.36, com a parte inteira em negrito. Ocasionalmente, ele usava uma barra vertical para separar as partes inteiras e fracionárias, como quando escreve que o apótema do polígono regular de 96 lados, em um círculo de diâmetro 200.000, é aproximadamente 99.946|458.75.

A arte analítica

Sem dúvida, foi à álgebra que Viète deu suas mais importantes contribuições, pois foi aqui que chegou mais perto das ideias modernas. A matemática é uma forma de raciocínio, e não uma coleção de truques. Não poderia haver grande progresso na teoria da álgebra enquanto a preocupação principal fosse a de encontrar a "coisa" em uma equação com coeficientes numéricos específicos. Tinham sido desenvolvidos símbolos e abreviações para uma incógnita e suas potências, bem como para operações e a relação de igualdade. Stifel tinha ido ao ponto de escrever *AAAA* para indicar a quarta potência de uma quantidade desconhecida; no entanto não tinha um esquema para escrever uma equação que pudesse representar uma qualquer dentre uma classe toda de equações, por exemplo, dentre todas as quadráticas, ou dentre todas as cúbicas. Um geômetra, por meio de um diagrama, poderia fazer *ABC* representar todos os triângulos, mas um algebrista não tinha um esquema correspondente para escrever todas as equações de segundo grau. Desde os dias de Euclides que letras tinham sido usadas para representar grandezas, conhecidas ou desconhecidas, e Jordanus fizera isso constantemente; mas não havia meios de distinguir grandezas supostas conhecidas das quantidades desconhecidas que deviam ser achadas. Aqui, Viète introduziu uma convenção tão simples quanto fecunda. Usou uma vogal para representar, em álgebra, uma quantidade suposta desconhecida, ou indeterminada, e uma consoante para representar uma grandeza ou números supostos conhecidos ou dados. Aqui encontramos, pela primeira vez na álgebra, uma distinção clara entre o importante conceito de parâmetro e a ideia de uma quantidade desconhecida. Se Viète tivesse adotado outros simbolismos já existentes em seus dias, ele poderia ter escrito todas as equações quadráticas na forma única $BA^2 + CA + D = 0$, onde A é a incógnita e B, C, e D são parâmetros; mas infelizmente ele só era moderno em alguns aspectos, em outros era antigo e medieval. Embora ele, sensatamente, adotasse os símbolos germânicos para adição e subtração, e, ainda mais sensatamente, usasse símbolos diferentes para parâmetros e incógnitas, o resto de sua álgebra consistia de palavras e abreviações. A terceira potência da quantidade desconhecida não era A^3, ou mesmo *AAA*, mas *A cubus*, e a segunda potência era *A quadratus*. A multiplicação era denotada pela palavra latina *in*, a divisão, pela barra de fração, e para a igualdade, Viète usava uma abreviação para a palavra latina *aequalis*. Não é dado a um só homem fazer toda uma dada transformação; ela deve vir em passos.

Um dos passos além da obra de Viète foi dado por Harriot quando reavivou a ideia que Stifel já tivera, de escrever o cubo da incógnita como *AAA*. Essa notação foi usada sistematicamente por Harriot em seu livro póstumo intitulado *Artis analyticae praxis* e impresso em 1631. Seu título tinha sido sugerido por uma obra anterior de Viète, que não gostava da palavra árabe álgebra. Ao procurar uma outra palavra, Viète observou que em problemas envolvendo a *cosa* ou quantidade desconhecida, geralmente se procede do modo que Papus e os antigos haviam descrito como análise. Isto é, em vez de raciocinar a partir do que é conhecido para o que se deve demonstrar, os algebristas invariavelmente raciocinavam a partir da hipótese que a incógnita foi dada, e deduziam uma conclusão necessária a partir da qual a incógnita pode ser determinada. Em símbolos modernos, se queremos resolver $x^2 - 3x + 2 = 0$, por exemplo, partimos da premissa de que existe um valor de x que satisfaz à equação; dessa hipótese tiramos a conclusão necessária que $(x - 2)(x - 1) = 0$, de modo que está satisfeita $x - 2 = 0$ ou $x - 1 = 0$ (ou ambas as coisas), logo, que x é necessariamente 2 ou 1. No entanto, isso não significa que um, ou ambos, desses números satisfaz à equação, a menos que se possa inverter os passos do desenvolvimento do raciocínio; isto é, a análise deve ser seguida de demonstração sintética.

Tendo em vista o tipo de raciocínio tão frequentemente usado na álgebra, Viète denominou o assunto "a arte analítica". Além disso, ele percebia claramente o largo alcance do assunto, vendo que a quantidade desconhecida não precisava ser nem número nem segmento de reta. A álgebra raciocina sobre "tipos" ou espécies, por isso Viète contrastava a *logistica speciosa* e a *logistica numerosa*. Sua álgebra foi exposta na *Isagoge* (ou *Introdução*), impressa em 1591, mas suas várias outras obras sobre álgebra só apareceram vários anos após sua morte. Em todas, ele conservou um princípio de homogeneidade nas equações, de modo que em uma equação como $x^3 + 3ax = b$, a é designado como *planum* e b como *solidum*. Isso sugere uma certa inflexibilidade, que Descartes removeu uma geração mais tarde; mas a homogeneidade tem também algumas vantagens, como Viète certamente percebeu.

A álgebra de Viète merece atenção pela generalidade de sua expressão, mas há ainda outras novidades. Uma delas é que Viète sugeriu um novo modo de atacar a resolução das equações cúbicas. Depois de reduzi-las à forma padrão equivalente $x^3 + 3ax = b$, ele introduziu uma nova quantidade desconhecida y, relacionada com x pela equação $y^2 + xy = a$. Isso transforma a cúbica em x em uma equação quadrática em y^3, cuja solução se obtém facilmente. Além disso, Viète percebia algumas das relações entre raízes e coeficiente de uma equação, embora fosse prejudicado por sua recusa em aceitar coeficientes ou raízes negativos. Ele percebia, por exemplo, que se $x^3 + b = 3ax$ tem duas raízes positivas, x_1 e x_2, então $3a = x_1^2 + x_1 x_2 + x_2^2$ e $b = x_1 x_2^2 + x_2 x_1^2$. Isso, é claro, é um caso particular de nosso teorema que diz que o coeficiente do termo em x, em uma cúbica com coeficiente dominante um, é a soma dos produtos das raízes tomadas duas a duas, e o termo constante é o oposto do produto das raízes. Em outras palavras, Viète chegou perto do assunto das funções simétricas das raízes na teoria das equações. Coube a Girard, em 1629, em *Invention nouvelle en l'algèbre*, enunciar claramente as relações entre raízes e coeficientes, pois ele admitiu raízes negativas e imaginárias, ao passo que Viète reconhecia apenas as raízes positivas. De um modo geral, Girard percebia que as raízes negativas são orientadas em sentido oposto ao dos números positivos, antecipando assim a ideia de reta numérica. "O negativo em geometria indica um retrocesso", ele disse, "ao passo que o positivo é um avanço". Parece que a ele também se deve em grande parte a percepção de que uma equação pode ter tantas raízes quanto indica o grau da equação. Girard conservou as raízes imaginárias das equações porque elas exibem os princípios gerais na formação de uma equação a partir de suas raízes.

Descobertas semelhantes às de Girard tinham sido feitas mesmo antes por Thomas Harriot, mas elas só foram impressas dez anos depois de Harriot ter morrido de câncer em 1621. A publicação das obras de Harriot fora prejudicada por correntes políticas conflitantes durante os últimos anos do reinado de Elizabeth I. Ele tinha sido enviado por Sir Walter Raleigh como mensurador na expedição desse último ao Novo Mundo, em 1585, tornando-se assim o primeiro matemático importante a chegar à América do Norte (o Irmão Juan Diaz, jovem capelão com algum preparo matemático, tinha antes participado da expedição de Cortez ao Yucatan, em 1518). Ao voltar, Harriot publicou *A Briefe and True Report of the New found Land of Virginia* (1586). Quando seu patrono perdeu as boas graças da rainha e foi executado, Harriot recebeu uma pensão de £300 por ano de Henry, Conde de Northumberland; mas em 1606 o conde foi enviado à prisão pelo sucessor de Elizabeth, James I. Harriot continuou a ver Henry na prisão e estes transtornos juntamente com sua má saúde contribuíram para que não publicasse seus resultados.

Harriot conhecia as relações entre raízes e coeficientes e entre raízes e fatores, mas como Viète, ele era prejudicado por não reconhecer raízes negativas e imaginárias. No que toca às notações, no entanto, ele fez progressos no uso de simbolismo, sendo responsável pela introdução dos sinais > e <, para "maior que" e "menor que", respectivamente. Foi também, em parte, por ele ter usado o sinal de igualdade de Recorde, que esse foi finalmente adotado. Harriot mostrou muito mais moderação no uso das novas notações que seu contemporâneo mais jovem, William Oughtred. Este publicou seu *Clavis mathematicae* no mesmo ano, 1631, em que *Praxis* de Harriot foi impresso. No *Clavis*, a notação para potências dava um passo atrás na direção de Viète, pois onde Harriot escrevia *AAAAAAA*, por exemplo, Oughtred usava *Aqqc* (isto é, *A* quadrado quadrado cubo). De todas as notações novas de Oughtred, só uma é agora amplamente usada, o sinal × para a multiplicação.

A forma homogênea de suas equações mostra que o pensamento de Viète sempre se mantinha próximo da geometria, mas sua geometria não era do nível elementar da de tantos predecessores seus; era do nível mais elevado de Apolônio e Papus. Interpretando as operações algébricas fundamentais geometricamente, Viète percebeu que régua e compasso bastam até as raízes quadradas. No entanto, permitindo a interpolação de duas médias geométricas entre duas grandezas, é possível construir raízes cúbicas, ou, *a fortiori*, resolver geometricamente qualquer equação cúbica. Neste caso, pode-se, mostrou Viète, construir o heptágono regular, pois essa construção conduz a uma cúbica da forma $x^3 = ax + a$. Na verdade, toda equação cúbica ou quártica é resolúvel por trissecções de ângulos e inserção de duas médias geométricas entre duas grandezas. Aqui, vemos claramente uma tendência muito significativa — a de associar a nova álgebra avançada com a antiga geometria avançada. A geometria analítica não podia então estar muito distante, e Viète poderia tê-la descoberto se não evitasse o estudo geométrico de equações indeterminadas. Os interesses matemáticos de Viète eram excepcionalmente amplos, por isso ele tinha lido a *Aritmética* de Diofante; mas quando um problema geométrico conduzia Viète a uma equação final em duas incógnitas, ele o abandonava com a observação displicente de que o problema era indeterminado. Desejaríamos que, com sua visão geral, ele tivesse investigado as propriedades geométricas da indeterminação.

A solução aproximada de equações

Em muitos aspectos, a obra de Viète recebe avaliação muito inferior a seus méritos, mas em um caso é possível que tenha recebido crédito indevido por um método conhecido já muito antes, na China. Em uma de suas últimas obras, o *De numerosa potestatum ... resolutione* (1600), ele deu um método para a resolução aproximada de equações, que é praticamente aquele que hoje se chama método de Horner.

Trigonometria

A trigonometria de Viète, como sua álgebra, era caracterizada por uma ênfase maior sobre generalidade e amplitude de visão. Assim como Viète foi o verdadeiro fundador de uma álgebra literal, também com alguma razão pode ser chamado de pai de uma abordagem analítica generalizada para a trigonometria, que às vezes é chamada goniometria. Aqui também, é claro, Viète partiu da obra de seus predecessores, notadamente Regiomontanus e Rheticus. Como o primeiro, ele considerava a trigonometria um ramo independente da matemática; como o segundo, ele em geral trabalhava sem referência direta a meias cordas em um círculo. Viète, no *Canon mathematicus* (1579), preparou extensas tabelas de todas as seis funções de ângulos a cada minuto. Vimos que ele tinha recomendado o uso de frações decimais, em vez de sexagesimais; mas para evitar todas as frações tanto quanto possível, Viète escolheu um *sinus totus*, ou hipotenusa, de 100.000 partes para as tabelas de seno e cosseno e uma "base" ou *perpendiculum* de 100.000 partes para as tabelas de tangentes, cotangentes, secantes e cossecantes. (Não usava, porém, esses nomes, exceto quanto à função seno.)

Para resolver triângulos oblíquos, Viète, no *Canon mathematicus*, decompunha-os em triângulos retângulos, mas em outra obra, *Variorum de rebus mathematicis* (1593), poucos anos depois, há um enunciado equivalente a nossa lei das tangentes:

13 – O Renascimento europeu

$$\frac{\frac{(a+b)}{2}}{\frac{(a-b)}{2}} = \frac{\operatorname{tg}\frac{A+B}{2}}{\operatorname{tg}\frac{A-B}{2}}$$

Embora Viète possa ter sido o primeiro a usar essa fórmula, ela foi publicada pela primeira vez pelo físico e professor de matemática alemão, Thomas Finck (1561-1656), em 1583, em *Geometria rotundi libri XIV*.

Por essa época, estavam aparecendo identidades trigonométricas de vários tipos em todas as partes da Europa, o que teve como resultado uma redução da ênfase na computação na resolução de triângulos e aumento da preocupação com relações funcionais analíticas. Entre essas, havia um grupo de fórmulas conhecidas como regras de prostaférese — isto é, fórmulas que transformavam um produto de funções em uma soma ou diferença (daí o nome *prosthaphaeresis*, palavra grega que significa adição e subtração). Do seguinte tipo de diagrama, por exemplo, Viète deduzia a fórmula

$$\operatorname{sen} x + \operatorname{sen} y = 2 \operatorname{sen}\frac{x+y}{2}\cos\frac{x-y}{2}$$

Seja sen $x = AB$ (Fig. 13.4) e sen $y = CD$. Então

$$\operatorname{sen} x + \operatorname{sen} y = AB + CD = AE = AC\cos\frac{x-y}{2} =$$

$$= 2\operatorname{sen}\frac{x+y}{2}\cos\frac{x-y}{2}$$

Fazendo as substituições $(x + y)/2 = A$ e $(x - y)/2 = B$, obtemos a forma mais útil sen$(A + B)$ + sen$(A - B)$ = 2 sen A cos B. De modo semelhante, obtém-se sen$(A + B)$ – sen$(A - B)$ = 2 cos A sen B, colocando os ângulos x e y do mesmo lado do raio OD. As fórmulas 2 cos A cos B = cos$(A + B)$ + cos$(A - B)$ e 2 sen A sen B = cos$(A - B)$ – cos$(A + B)$ são obtidas de modo semelhante.

As regras anteriores às vezes são chamadas "fórmulas de Werner", pois parecem ter sido usadas por Werner para simplificar cálculos astronômicos. Pelo menos uma delas, a que transforma um produto de cossenos em uma soma de cos-

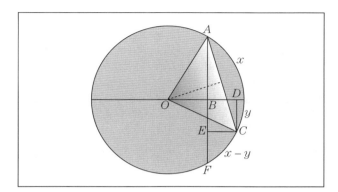

Figura 13.4

senos, era conhecidas pelos árabes no tempo de ibn-Yunus, mas foi somente no século dezesseis, mais particularmente no fim do século, que o método de prostaférese veio a ser comumente usado. Se, por exemplo, se desejava multiplicar 98.436 por 79.523, podia-se por cos A = 49218 (isto é, 98436/2) e cos B = 79523. (Em notação moderna, colocaríamos provisoriamente um "0," antes de cada um dos números e ajustaríamos a vírgula na resposta.) Então, da tabela de funções trigonométricas, acham-se os ângulos A e B, e da tabela tira-se o valor de cos$(A + B)$ e o de cos$(A - B)$, a soma desses sendo o produto desejado. Observe que o produto é encontrado sem que qualquer multiplicação tenha sido efetuada. Em nosso exemplo de multiplicação por prostaférese, não houve grande economia de tempo e energia; mas quando lembramos que naquela época não eram raras as tabelas trigonométricas com até doze ou quinze algarismos significativos, as possibilidades de prostaférese como meio de economizar esforço se tornam mais evidentes. A técnica foi adotada nos principais observatórios astronômicos, inclusive no de Tycho Brahe (1546-1601), na Dinamarca, de onde a informação sobre ele foi levada a Napier, na Escócia. Quocientes eram tratados de modo semelhante, usando uma tabela de secantes e cossecantes.

Talvez em nenhuma outra parte a generalização de Viète de trigonometria para goniometria seja mais evidente que em conexão com suas fórmulas para ângulos múltiplos. As fórmulas de ângulo duplo para seno e cosseno já eram, é claro, conhecidas por Ptolomeu, e as fórmulas para ângulo triplo são então facilmente obtidas a partir das fórmulas de Ptolomeu para o seno e o cosseno da soma de dois ângulos. Usando as fórmulas de Ptolomeu recursivamente, pode-se deduzir uma fórmula para sen nx ou para cos nx, mas com grande trabalho. Viète usou uma engenhosa manipulação de triângulos retângulos e a identidade bem conhecida

$$(a^2 + b^2)(c^2 + d^2) = (ad + bc)^2 + (bd - ac)^2 =$$
$$= (ad - bc)^2 + (bd + ac)^2$$

para chegar a fórmulas para ângulos múltiplos equivalente às que agora escreveríamos na forma

$$\cos nx = \cos^n x - \frac{n(n-1)}{1 \cdot 2}\cos^{n-2} x \operatorname{sen}^2 x +$$
$$+ \frac{n(n-1)(n-2)(n-3)}{1 \cdot 2 \cdot 3 \cdot 4}\cos^{n=4} x \operatorname{sen}^4 x - \cdots$$

e

$$\operatorname{sen} nx = n\cos^{n-1} x \operatorname{sen} x -$$
$$- \frac{n(n-1)(n-2)}{1 \cdot 2 \cdot 3}\cos^{n=3} x \operatorname{sen}^3 x + \cdots,$$

onde os sinais se alternam e os coeficientes são em valor absoluto os números alternados na linha adequada do triângulo aritmético. Aqui vemos um elo significativo entre a trigonometria e a teoria dos números.

Resolução trigonométrica de equações

Viète observou também uma conexão importante entre suas fórmulas e a resolução de equações cúbicas. A trigonometria podia servir de auxiliar para a álgebra, onde esta tinha se defrontado com uma barreira intransponível, isto é, no caso irredutível da cúbica. Isso evidentemente ocorreu a Viète quando ele observou que o problema de trissecção do ângulo levava a uma equação cúbica. Se na equação $x^3 + 3px + q = 0$ substituímos $mx = y$ (para obter um grau de liberdade na posterior escolha de um valor para m), o resultado é $y^3 + 3m^2py + m^3q = 0$. Comparando isso com a fórmula $\cos^3 \theta - 3/4 \cos 3\theta - 1/4 \cos 3\theta = 0$, observamos que se $y = \cos \theta$, e se $3m^2p = -3/4$, então $-1/4 \cos 3\theta = m^3q$. Como p é dado, m agora fica conhecido (e será real, sempre que as três raízes sejam reais). Portanto, 3θ é facilmente determinado, já que q é conhecido; logo, cos θ é conhecido. Assim, y, e daí x, está determinado. Além disso, considerando todos os possíveis ângulos que satisfazem às condições, todas as três raízes reais serão encontradas. Essa resolução trigonométrica do caso irredutível da cúbica, sugerida por Viète, foi feita em detalhe por Girard, em 1629, em *Invention nouvelle en l'algèbre*.

Em 1593, Viète encontrou uma ocasião pouco comum para usar suas fórmulas para ângulos múltiplos. O matemático e professor de medicina belga Adriaen van Roomen (1561-1615) havia feito um desafio público para quem quer que conseguisse resolver uma equação de grau 45:

$$x^{45} - 45x^{43} + 945x^{41} - \ldots - 3795x^3 + 45x = K.$$

O embaixador dos Países Baixos na corte de Henrique IV alardeou que a França não tinha nenhum matemático capaz de resolver o problema proposto por seu compatriota. Viète, chamado a defender a honra de seus conterrâneos, observou que a equação proposta resulta de exprimir $K =$ sen 45θ em termos de $x = 2$ sen θ, e imediatamente achou as raízes positivas. O sucesso impressionou tanto van Roomen que ele fez a Viète uma visita especial; isto resultou em comunicações e desafios com problemas frequentes entre eles. Quando Viète mandou a van Roomen o problema de Apolônio de construir um círculo tangente a três círculos dados, o segundo o resolveu com o uso de hibérboles.

Ao aplicar a trigonometria a problemas algébricos e aritméticos, Viète ampliava o alcance do assunto. Além disso, suas fórmulas para ângulos múltiplos deveriam ter revelado a periodicidade das funções goniométricas, mas provavelmente foi sua reticência quanto aos números negativos que o impediu — como impediu seus contemporâneos — de chegar tão longe. Havia considerável entusiasmo pela trigonometria no fim do século dezesseis e começo do dezessete, mas esse tomou forma primariamente de sínteses e livros didáticos. Foi durante esse período que o nome "trigonometria" veio a ser dado ao assunto. Foi usado como título de uma exposição por Bartholomeus Pitiscus (1561-1613), o sucessor de Valentin Otho, em Heidelberg, que foi publicada pela primeira vez em 1595 como suplemento a um livro sobre esféricas e novamente, em separado, em 1600, 1606 e 1612. Por coincidência, o desenvolvimento dos logaritmos, a partir daí sempre aliados da trigonometria, estava também tendo lugar durante esses anos.

PRIMEIROS MATEMÁTICOS MODERNOS DEDICADOS À RESOLUÇÃO DE PROBLEMAS

Na matemática, não posso achar deficiência, a não ser que os homens não compreendem suficientemente o uso excelente da matemática pura.

Francis Bacon

Acessibilidade de cálculos

Durante o fim do século dezesseis e início do século dezessete, um número crescente de comerciantes, proprietários, cientistas e praticantes de matemática sentiram a necessidade de meios que simplificassem cálculos aritméticos e medidas geométricas e que permitissem que uma população em grande parte analfabeta e com dificuldades numéricas participassem das transações comerciais da época.

Entre os que procuravam ferramentas mais efetivas na resolução de problemas matemáticos, estavam numerosos indivíduos bem conhecidos. Consideraremos agora alguns dos mais importantes deles, espalhados pela Europa ocidental. Galileu Galilei (1564-1642) veio da Itália; vários outros, como Henry Briggs (1561-1639), Edmund Gunter (1581-1626) e William Oughtred (1574-1660) eram ingleses; Simon Stevin (1548-1620) era flamengo; John Napier (1550-1617) era escocês; Jobst Bürgi (1552-1632) era suíço e Johannes Kepler (1571-1630), alemão. Bürgi construía relógios e instrumentos, Galileu era um cientista físico, e Stevin, engenheiro. Já vimos que o trabalho de Viète resultou de dois fatores em particular: (1) a redescoberta dos clássicos gregos antigos; e (2) os desenvolvimentos relativamente novos na álgebra medieval e do início da era moderna. Durante todo o século dezesseis e início do século dezessete, os matemáticos teóricos, tanto profissionais quanto amadores, mostraram preocupação com as técnicas práticas da computação, o que contrastava fortemente com a dicotomia enfatizada por Platão dois milênios antes.

Frações decimais

Viète, em 1579, tinha recomendado insistentemente o uso de frações decimais em vez de sexagesimais. Em 1585, uma recomendação ainda mais forte em favor da escala decimal para frações, bem como para inteiros, foi feita pelo principal matemático dos Países Baixos, Simon Stevin, de Bruges. Sob o Príncipe Maurício de Nassau, ele serviu como oficial intendente e comissário de obras públicas, e durante algum tempo ensinou matemática ao príncipe.

Stevin é uma figura importante na história da ciência, bem como na da matemática. Ele e um amigo jogaram duas esferas de chumbo, uma dez vezes mais pesada do que a outra, de uma altura de trinta pés sobre uma tábua, e descobriram que os sons delas ao atingirem a tábua eram praticamente simultâneos. Mas o relatório da experiência publicado por Stevin (em flamengo, em 1586) recebeu muito menos atenção do que a experiência semelhante posterior, atribuída a Galileu, a partir de evidência muito duvidosa. Por outro lado, Stevin em geral recebe o crédito pela descoberta da lei do plano inclinado, justificada pelo seu familiar diagrama de "coroa de esferas", ao passo que esta lei já havia sido enunciada anteriormente por Jordanus Nemorarius.

Embora Stevin fosse grande admirador dos tratados teóricos de Arquimedes, na obra do engenheiro flamengo nota-se um traço de praticidade que é mais característico do período do Renascimento. Assim, Stevin foi o maior responsável pela introdução nos Países Baixos de um sistema de contabilidade de dupla entrada inspirado no de Pacioli, introduzido na Itália quase um século antes. De influência muito mais ampla na prática comercial, na engenharia e na notação matemática foi o pequeno livro de Stevin com o título flamengo *De thiende* (*O décimo*), publicado em Leyden, em 1585. Uma versão em francês, intitulada *La disme*, apareceu no mesmo ano e aumentou a popularidade do livro.

É claro que Stevin não foi em nenhum sentido o "inventor" das frações decimais, nem o primeiro a usá-las sistematicamente. Como já observamos, encontra-se um uso mais do que incidental de frações decimais na China antiga, como também na Arábia medieval e na Europa do Renascimento; quando Viète as recomendou diretamente em 1579, elas já eram geralmente aceitas pelos matemáticos que se encontravam nas fronteiras da pesquisa. Entre o povo em geral, no entanto, e mesmo entre praticantes de matemática, as frações decimais só se tornaram amplamente conhe-

cidas quando Stevin se dispôs a explicar o sistema de modo elementar e completo. Ele queria ensinar a todos "como efetuar, com facilidade nunca vista, todas as computações necessárias entre os homens por meio de inteiros sem frações". Ele não escrevia suas expressões decimais com um denominador, como o fazia Viète; em vez disso, em um círculo acima ou depois de cada dígito, ele escrevia a potência de dez assumida como divisor. Assim, o valor aproximado de π aparecia como

$$3⓪\ 1①\ 4②\ 1③\ 6④ \quad \text{ou} \quad \overset{⓪}{3}\ \overset{①}{1}\ \overset{②}{4}\ \overset{③}{1}\ \overset{④}{6}$$

Uma página da obra de Stevin (edição de 1634) mostrando as notações de Stevin para frações decimais.

Em vez das palavras "décimos", "centésimo" etc., ele usava "primo", "segundo" e assim por diante, um tanto à maneira pela qual ainda designamos casas em frações sexagesimais.

Notações

Stevin era um matemático de espírito prático, que não dava muito valor aos aspectos mais especulativos do assunto. Sobre os números imaginários, ele escreveu: "Há muitas coisas válidas com que trabalhar, sem que seja preciso se ocupar de coisas incertas". No entanto, não tinha mente estreita, e a leitura de Diofante fez com que ele percebesse a importância de notações apropriadas como auxiliar do pensamento. Embora seguisse o costume de Viète e de outros contemporâneos ao escrever algumas palavras, como a palavra para igualdade, ele preferia uma notação puramente simbólica para as potências. Transportando para a álgebra sua notação posicional para frações decimais, ele escrevia ② em vez de Q (ou quadrado), ③ em vez de C (ou cubo), ④ em vez de QQ (ou quadrado-quadrado), e assim por diante. É bem possível que essa notação tenha sido sugerida pela *Algebra* de Bombelli. Também lembra uma notação de Bürgi, que indicava as potências de uma incógnita colocando numerais romanos acima dos coeficientes. Assim, $x^4 + 3x^2 - 7x$, por exemplo, seria escrito por Bürgi como

$$\begin{array}{ccc} \text{iv} & \text{ii} & \text{i} \\ 1 & + 3 & - 7 \end{array}$$

e por Stevin como

$$\begin{array}{ccc} ④ & ② & ① \\ 1 & + 3 & - 7 \end{array}$$

Stevin foi mais longe que Bombelli ou Bürgi, ao propor que tais notações fossem usadas também para potências fracionárias. (É interessante notar que, embora Oresme tivesse usado tanto índices de potências fracionárias quando métodos de coordenadas em geometria, isso parece ter tido influência apenas muito indireta, ou nenhuma, no progresso da matemática nos Países Baixos e na França no começo do século dezessete.) Embora Stevin não tivesse ocasião de usar a notação com índice fracionário, ele disse claramente que 1/2 dentro de um círculo significava raiz quadrada e que 3/2 dentro de um círculo indicaria a raiz quadrada de um cubo. Um pouco mais tarde Girard, editor das obras de Stevin, adotou também a notação de números em círculos para potências, e também indicou que isso poderia ser usado para raízes em vez de símbolos como $\sqrt{}$ e $\sqrt[3]{}$. A álgebra simbólica estava se desenvolvendo rapidamente, e atingiu a maturidade apenas oito anos depois da *Invention nouvelle* de Girard, na *La géométrie* de Descartes.

O uso do ponto decimal para separar as partes inteira e fracionária é geralmente atribuído ou a G. A. Magini (1555-1617), o cartógrafo que assumiu a cadeira de matemática na universidade em que estudou, em Bologna, em 1588, em seu *De planis triangulis*, de 1592, ou a Christopher Clavius (1537-1612), em uma tabela de senos, de 1593. Clavius, nascido em Bamberg, entrou para a ordem jesuíta antes dos dezoito anos; recebeu sua educação, incluindo os primeiros estudos na Universidade de Coimbra, em Portugal, dentro da ordem; e passou a maior parte de sua vida ensinando no Collegio Romano, em Roma. Foi o autor de diversos livros didáticos amplamente lidos e podemos assumir com segurança que ajudou a difundir o uso do ponto decimal. Mas o ponto decimal não se tornou popular até que Napier o usasse mais de vinte anos depois. Na tradução para o inglês, de 1616, do *Descriptio* de Napier, as frações decimais apareciam como hoje, com um ponto decimal separando as partes inteira e fracionária. Em *Rhabdologia*, em 1617, em que descreveu computações usando suas barras, Napier se referiu à aritmética decimal de Stevin e propôs um ponto ou uma vírgula como elemento de separação. Em *Constructio*, de Napier, em 1619, o ponto decimal se tornou padrão na Inglaterra, mas muitos países europeus continuam até hoje a usar a vírgula decimal.

Logaritmos

John Napier (ou Neper), que publicou sua descrição dos logaritmos em 1614, foi o Barão de Merchiston, um proprietário escocês, que administrava suas grandes propriedades, era defensor do protestantismo e escrevia sobre vários assuntos. Ele só se interessava por certos aspectos da matemática, particularmente os que se referiam a computação e trigonometria. As "barras de Napier" eram bastões em que itens de tabuadas de multiplicação eram esculpidos em uma forma que se prestava ao uso prático; as "analogias de Napier" e a "regra de Napier das partes circulares" eram regras mnemônicas ligadas à trigonometria esférica.

Napier conta que trabalhou em sua invenção dos logaritmos durante vinte anos antes de publicar seus resultados, o que colocaria a origem de suas ideias em 1594 aproximadamente. Ele evidentemente pensara nas sequências, publicadas vez por outra, de potências sucessivas de um dado número — como na *Arithmetica integra* de Stifel cinquenta anos antes e nas obras de Arquimedes. Em tais sequências, era óbvio que as somas e diferenças dos índices das potências correspondiam a produtos e quocientes das próprias potências; mas uma sequência de potências inteiras de uma base, tal como dois, não podia ser usada para o propósito de computações, porque as grandes lacunas entre termos sucessivos tornavam a interpolação demasiado imprecisa. Enquanto Napier refletia sobre o assunto, o Dr. John Craig, médico de James VI da Escócia, visitou-o e falou-lhe no uso da prostaférese no observatório de Tycho Brahe, na Dinamarca. A informação sobre isto encorajou Napier a redobrar seus esforços e finalmente a publicar, em 1614, o *Mirifici logarithmorum canonis descriptio* (*Uma descrição da maravilhosa regra dos logaritmos*).

A chave da obra de Napier pode ser explicada muito simplesmente. Para conservar próximos os termos em uma progressão geométrica de potências inteiras de um número dado, é necessário tomar o número dado muito próximo de um. Napier por isso escolheu como seu número dado $1 - 10^{-7}$ (ou 0,9999999). Assim, os termos na progressão de potências crescentes ficam realmente próximos — próximos demais, na verdade. Para chegar a um equilíbrio e evitar decimais, Napier multiplicou cada potência por 10^7. Isto é, se $N = 10^7(1 - 1/10^7)^L$, então L é o "logaritmo" de Napier do número N.

Assim, seu logaritmo de 10^7 é 0, seu logaritmo de $10^7(1 - 1/10^7) = 9999999$ é 1, e assim por diante. Dividindo seus números e logaritmos por 10^7, teríamos virtualmente um sistema de logaritmos de base $1/e$, pois $(1 - 1/10^7)^{10^7}$ fica próximo de $\lim_{n \to \infty} (1 - 1/n)^n = 1/e$. Deve-se lembrar, no entanto, que Napier não tinha o conceito de base de um sistema de logaritmos, pois sua definição era diferente da nossa. Os princípios de sua obra eram explicados em termos geométricos da maneira seguinte. Consideremos dados um segmento de reta AB e uma semirreta CDE... (Fig. 14.1). Suponhamos que um ponto P parte de A e se move ao longo de AB com velocidade variável, decrescendo em proporção com sua distância a B; durante o mesmo tempo, suponhamos que um ponto Q parte de C e se move ao longo de CDE... com velocidade uniforme igual à velocidade inicial de P. Napier chamava esta distância variável CQ de logaritmo da distância PB.

A definição geométrica de Napier coincide, é claro, com a descrição numérica dada antes. Para mostrar isto, seja $PB = x$ e $CQ = y$. Se AB é tomado como 10^7 e se a velocidade inicial de P também é tomada como 10^7, então, em notações modernas, temos $dx/dt = -x$ e $dy/dt = 10^7$, $x_0 = 10^7$, $y_0 = 0$. Então, $dy/dx = -10^7/x$ ou $y = -10^7 \ln cx$, em que das condições iniciais resulta $c = 10^{-7}$. Logo, $y = -10^7 \ln(x/10^7)$ ou $y/10^7 = \log_{1/e}(x/10^7)$. Isto é, se as distâncias PB e CQ fossem divididas por 10^7, a definição de Napier levaria precisamente a um sistema de logaritmos de base $1/e$, como mencionamos antes. É desnecessário dizer que Napier construiu suas tabelas numericamente em vez de geometricamente, como a palavra "logaritmo", que ele fabricou, implica. A princípio, ele chamou seus índices de potências "números artificiais", mas mais tarde ele fez a composição de duas palavra gregas: *logos* (ou razão) e *arithmos* (ou números).

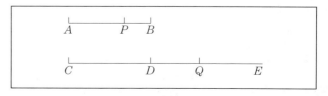

Figura 14.1

Napier não pensou em uma base para seu sistema, mas suas tabelas eram compiladas por multiplicações repetidas, equivalentes a potências de 0,9999999. Evidentemente a potência (ou número) decresce à medida que o índice (ou logaritmo) cresce. Isso é de se esperar, pois ele usava essencialmente a base $1/e$, que é menor que 1. Uma diferença mais importante entre seus logaritmos e os nossos está em que seu logaritmo de um produto (ou quociente) em geral não era igual à soma (ou diferença) dos logaritmos. Se $L_1 = \log N_1$ e $L_2 = \log N_2$, então $N_1 = 10^7(1 - 10^{-7})^{L_1}$ e $N_2 = 10^7(1 - 10^7)^{L_2}$, portanto $N_1 N_2/10^7 = 10^7(1 - 10^{-7})^{L_1 + L_2}$, de modo que a soma dos logaritmos de Napier será o logaritmo não de $N_1 N_2$ mas o de $N_1 N_2/10^7$. Modificações semelhantes valem, naturalmente, para logaritmos de quociente, potências e raízes. Se $L = \log N$, por exemplo, então $nL = \log N^n/10^{7(n-1)}$. Essas diferenças não são muito significativas, pois envolvem apenas um deslocamento da vírgula decimal. Que Napier conhecia perfeitamente as regras para produtos e potências se vê por sua observação de que todos os números (ele os chamava "senos"), na razão de 2 para 1, têm diferenças de 6.931.469,22 nos logaritmos, e todos os que estão na proporção de 10 para 1 têm diferenças de 23.025.842,34 nos logaritmos. Nessas diferenças vemos, deslocando a vírgula, os logaritmos naturais dos números dois e dez. Por isso, é justo usar o nome "neperianos" para os logaritmos naturais, embora estes não sejam exatamente os que Napier tinha em mente.

O conceito de função logarítmica está implícito na definição de Napier e em toda sua obra sobre logaritmos, mas essa relação não não estava em primeiro lugar em seu espírito. Tinha laboriosamente construído seu sistema com um objetivo — a simplificação de computações, especialmente de produtos e quocientes. Além disso, que ele tinha em mente os cálculos trigonométricos fica claro do fato de que aquilo que nós, por simplicidade de exposição, chamamos logaritmo de Napier de um número, ele na verdade chamava de logaritmo de um seno. Na Fig. 14.1, o segmento CQ era chamado logaritmo do seno PB. Isso não faz diferença nenhuma, nem na teoria nem na prática.

Henry Briggs

A publicação em 1614 do sistema de logaritmos teve sucesso imediato, e entre seus admiradores mais entusiásticos estava Henry Briggs, o primeiro *Savilian professor* de geometria em Oxford e o primeiro professor de geometria do Gresham College. Em 1615, ele visitou Napier em sua casa na Escócia, e lá eles discutiram possíveis modificações no método dos logaritmos. Briggs propôs o uso de potências de dez, e Napier disse que tinha pensado nisso e concordava. Napier uma vez tinha proposto uma tabela usando $\log 1 = 0$ e $\log 10 = 10^{10}$ (para evitar frações). Os dois homens finalmente decidiram que o logaritmo de um deveria ser zero e que o logaritmo de dez deveria ser um. Mas Napier já não tinha a energia suficiente para pôr em prática essas ideias. Morreu em 1617, o ano em que sua *Rhabdologia*, com a descrição de suas barras, apareceu. O segundo de seus clássicos tratados sobre logaritmos, o *Mirifici logarithmorum canonis constructio*, em que dava uma exposição completa dos métodos que usava para construir suas tabelas, apareceu postumamente em 1619. Por isso, recaiu sobre Briggs a tarefa de construir a primeira tabela de logaritmos comuns, ou briggsianos. Em vez de tomar as *potências* de um número próximo de 1, como fizera Napier, Briggs começou com $\log 10 = 1$ e depois achou outros logaritmos tomando *raízes* sucessivas. Calculando que $\sqrt{10} = 3{,}162277$, Briggs tinha que $\log 3{,}162277 = 0{,}5000000$, e de $10^{3/4} = 5{,}623413$ tinha que $\log 5{,}623413 = 0{,}7500000$. Continuando desse modo, ele calculou outros logaritmos comuns. No ano da morte de Napier, 1617, Briggs publicou seu *Logarithmorum chilias prima* — isto é, os logaritmos dos números de 1 a 1.000, cada um calculado com quatorze casas. Em 1624, em *Arithmetica logarithmica*, Briggs ampliou a tabela incluindo logaritmos comuns dos números de 1 a 20.000 e de 90.000 a 100.000, novamente com quatorze casas. A tabela completa de logaritmos com dez casas decimais de 1 a 100.000 foi publicada três anos depois por dois holandeses, o agrimensor Ezechiel DeDecker e pelo editor de livros Adriaan Vlacq; com as correçoes adicionadas, esta se tornou o padrão por mais de três séculos. O trabalho com logaritmos podia, a partir daí, ser realizado exatamente como hoje, pois para as tabelas de Briggs todas as leis usuais sobre logaritmos se aplicavam. Incidentalmente, é do livro de Briggs, de 1624, que provêm nossas palavras "mantissa" e "característica". Enquanto Briggs estava computando suas tabelas de logaritmos comuns, um professor de matemática contemporâneo, John Speidell, calculou os logaritmos naturais das funções trigonométricas, publicando-os em seu *New Logarithmes,* de 1619. Alguns logaritmos naturais já tinham, na realidade, aparecido antes, em 1616, em uma tradução para o inglês feita por Edward Wright (1559-1615) da primeira obra de Napier sobre logaritmos, voltada para o uso dos navegantes. Poucas vezes uma descoberta nova "pegou" tão depressa quanto a invenção dos logaritmos, e o resultado foi o aparecimento imediato de tabelas de logaritmos.

Jobst Bürgi

Napier foi o primeiro a publicar uma obra sobre logaritmos, mas ideias muito semelhantes foram desenvolvidas independentemente na Suíça por Jobst Bürgi, mais ou menos ao mesmo tempo. Na verdade, é possível que a ideia de logaritmo tenha ocorrido a Bürgi já em 1588, o que seria meia dúzia de anos antes de Napier começar a trabalhar na mesma direção. Porém, Bürgi só publicou seus resultados em 1620, meia dúzia de anos depois de Napier publicar sua *Descriptio.* A obra de Bürgi apareceu em Praga, em um livro intitulado *Arithmetische und geometrische Progress—Tabulen,* e isso indica que as influências que guiaram seu trabalho foram semelhantes às que ocorreram no caso de Napier. As diferenças entre as obras dos dois homens estão principalmente na terminologia e nos valores numéricos que usavam; os princípios fundamentais eram os mesmos. Em vez de partir de um número um pouco *menor* que um (como Napier, que usava $1 - 10^{-7}$), Bürgi escolheu um número um pouco *maior* que um — o número $1 + 10^{-4}$; e em vez de multiplicar as potências desse número por 10^7, Bürgi multiplicava por 10^8. Havia ainda outra pequena diferença: em sua tabulação, Bürgi multiplicava todos os seus índices de potências por dez. Isto é, se $N = 10^8(1 + 10^{-4})^L$, Bürgi chamava $10\,L$ o número "vermelho" correspondente ao número "preto" N. Se nesse esquema dividirmos todos os números pretos por 10^8 e todos os vermelhos por 10^5, teremos virtualmente um sistema de logaritmos naturais. Por exemplo, Bürgi dava para o número preto 1.000.000.000 o número vermelho 230.270,022 o que, deslocando a vírgula, equivale a dizer que ln 10 = 2,30270022. Isso não é uma aproximação má do valor moderno, especialmente quando lembramos que $(1 + 10^{-4})^{10^4}$ não é bem a mesma coisa que $\lim_{n \to \infty}(1 + 1/n)^n$, embora os valores coincidam até quatro casas significativas.

Bürgi deve ser considerado um descobridor independente, que não teve crédito pela invenção pelo fato da publicação de Napier ser anterior. Em um ponto seus logaritmos se aproximam mais dos nossos que os de Napier, pois a medida que os números pretos de Bürgi crescem, também os vermelhos crescem; mas os dois sistemas partilham da desvantagem de o logaritmo de um produto ou quociente não ser a soma ou diferença dos logaritmos.

Instrumentos matemáticos

A invenção dos logaritmos, bem como a disseminação do uso de frações decimais, está ligada de perto com os esforços no século dezessete de inventar instrumentos matemáticos que facilitariam os cálculos. Três grupos de dispositivos merecem nossa atenção: aqueles que levaram aos setores de computação do século dezoito e início do século dezenove; as escalas de Gunter e as primeiras réguas de cálculo; e as primeiras máquinas mecânicas de somar e de calcular.

Setores de computação

O primeiro grupo de instrumentos se originou com Thomas Hood e Galileu Galilei. Galileu inicialmente tinha tido a intenção de se graduar em medicina, mas seu gosto pelas obras de Euclides e Arquimedes levou-o a tornar-se professor de matemática, primeiro em Pisa e depois em Pádua. Isso não significa, no entanto, que o que ensinava estivesse no nível dos autores que admirava. Pouca matemática era incluída no currículo das universidades da época, e grande parte do que era ensinado nos cursos de Galileu hoje seria classificado como física ou astronomia ou aplicação à engenharia. Além disso, Galileu não era um matemático no sentido de Viète; ele estava perto do que chamaríamos um praticante de matemática. Entre suas primeiras invenções que poderiam ser consideradas dispositivos computacionais com um propósito especial, estava um aparelho para medir a pulsação. Seu interesse por técnicas de computação o levou, em 1597, a construir e vender um instrumento que ele chamou seu "compasso geométrico e militar".

Em um panfleto de 1606, com o título *Le operazioni del compasso geometrico et militare*, ele descreveu detalhadamente o modo pelo qual o compasso geométrico e militar podia ser usado para efetuar uma variedade de computações rapidamente, sem pena, papel ou ábaco. A teoria por trás disso era extremamente elementar, e o grau de precisão muito limitado, mas o sucesso financeiro do instrumento de Galileu mostra que os engenheiros militares e outros praticantes sentiam necessidade de uma tal ajuda às computações. Bürgi tinha construído um instrumento semelhante, mas Galileu tinha mais espírito empresarial, o que lhe dava vantagens. O compasso de Galileu consistia em dois braços unidos como os de um compasso comum atual, mas cada um dos braços marcado com escalas graduadas de vários tipos.

A Fig. 14.2 mostra uma versão reduzida com apenas uma escala aritmética, as graduações simples, equidistantes, até 250, e só a mais simples das muitas computações possíveis, a primeira descrita por Galileu, é explicada aqui. Se, por exemplo, quisermos dividir um dado segmento de reta em cinco partes iguais, abre-se um compasso comum no comprimento do segmento. Depois, abre-se o compasso geométrico de modo que a distância entre as pontas do compasso comum cubra a distância entre duas marcas, uma em cada braço do compasso geométrico, que sejam múltiplos inteiros simples de cinco, digamos, o número 200 em cada braço. Então, mantendo fixa a abertura do compasso geométrico e colocando as pontas do compasso comum na marca 40 em cada braço, a distância entre suas pontas será a quinta parte do comprimento do segmento de reta original. As instruções que Galileu fornecia com seu compasso incluíam muitas outras operações, desde mudar a escala de um desenho até calcular quantias de dinheiro com juros compostos.

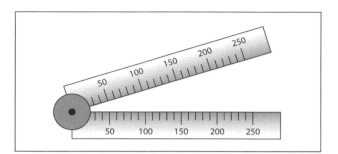

Figura 14.2

Escala de Gunter e réguas de cálculo

Foi Edmund Gunter (1581-1626), graduado da Christ Church, em Oxford e pastor em duas igrejas, quem inventou um instrumento de computação amplamente usado e precursor da régua de cálculo logarítmica (com lingueta deslizante). Amigo de Henry Briggs e visitante frequente de Briggs no Gresham College, foi nomeado professor de astronomia em Gresham, em 1620. Logo depois, publicou o *Description and use of the sector, the crosse-staffe and others instruments*. Ali, ele

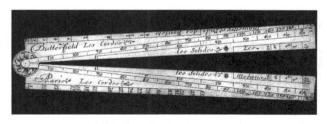

Um setor Butterfield (da coleção do National Museum of American History, Smithsonian Institution)

descreveu o que ficou conhecido como *gunter* ou escala de Gunter, que consistia em uma escala logarítmica de dois pés de comprimento usada com um compasso. Esta e suas outras contribuições à instrumentação matemática foram motivadas por seu interesse em auxiliar marinheiros, agrimensores e outros sem habilidade na multiplicação e em outras técnicas computacionais matemáticas. Entre os outros instrumentos que levam seu nome, está a corrente de Gunter do agrimensor, uma corrente portátil de 66 pés de comprimento, consistindo em 100 elos (observe que um acre é 43.560 ou 66 × 66 × 10 pés quadrados). Ele também contribuiu com a navegação com seus estudos sobre a declinação magnética e sua observação da variação secular.

Em 1624, Edmund Wingate mostrou uma escala de Gunter a um grupo de cientistas e engenheiros em Paris. Isto resultou na publicação no mesmo ano de uma descrição, em francês, deste instrumento. Wingate a chamou régua de proporção, e a descrição francesa indicava que ela incluía quatro segmentos: um segmento dos números, um das tangentes, um dos senos; e dois segmentos de um pé, um dividido em polegadas e décimos de polegadas e outro em décimos e centésimos.

Uma desvantagem do instrumento era seu comprimento. Pela metade do século, Wingate havia evitado isto dividindo as escalas, juntando outras adicionais e usando ambos os lados da régua. Diversos outros inovadores britânicos também trouxeram melhorias à régua.

Enquanto isso, no começo da década de 1630, foram publicadas diversas réguas de cálculo. William Oughtred (1574-1660) inventou uma régua de cálculo linear e outra circular. Para se livrar dos compassos, ele usou duas réguas de Gunter. Outro dos primeiros projetistas das réguas de cálculo foi Richard Delamain, que reivindicou prioridade sobre a invenção de Oughtred, em virtude de uma publicação anterior.

O interesse despertado pelas invenções, bem como as disputas de prioridade subsequentes, levaram as réguas de cálculo a se tornarem rapidamente um acessório padrão para as pessoas em ocupações que envolvam cálculos em base regular. Embora os princípios matemáticos permanecessem aqueles ligados às descobertas do início do século dezessete, a forma das réguas de cálculo mais bem conhecidas no início do século vinte seguia o design de 1850, do oficial do exército francês, Amédée Mannheim (1831-1906), que teve uma longa associação com a École Polytechnique.

Máquinas de somar e de calcular

As máquinas mecânicas de somar e de calcular também apareceram no século dezessete. Sua história foi a inversa das escalas computacionais e das réguas de cálculo. Aqui, não havia nenhum princípio matemático novo, ao contrário do que ocorria no caso dos instrumentos que usavam o conceito de logaritmos. Entretanto, sua aceitação foi muito atrasada, principalmente por causa das necessidades mais complexas de construção e dos custos mais altos. Mencionamos as três mais conhecidas. Wilhelm Schickard (1592-1635), um pastor luterano que teve posições acadêmicas como professor de hebraico e, mais tarde, como professor de matemática e astronomia, trocava correspondências com Kepler, o qual usou os talentos de Schickard como gravador e perito em aritmética. Schickard produziu diversos projetos de um instrumento mecânico; o único construído na época foi destruído em um incêndio. Baise Pascal projetou uma máquina de calcular para ajudar seu pai nos cálculos comerciais e de impostos, mas embora diversas de suas máquinas tenham sido produzidas para a venda e algumas tenham até acabado na China, a produção parou depois de cerca de dez anos. Lei-

A máquina de calcular de Pascal (da coleção da IBM)

O primeiro *arithometer* de Thomas (da coleção do National Museum of American History, Smithsonian Intitution)

A máquina de diferenças de Scheutz (da coleção do National Museum of American History, Smithsonian Institution)

biniz, cujo professor Erhard Weigel tinha usado campos abertos para treinar multidões de adultos em suas tabelas de multiplicação, usou o princípio de um carro móvel para imitar o conceito de "vai um" da multiplicação, mas suas tentativas de despertar o interesse das principais sociedades científica em sua máquina não foram bem-sucedidas. A indústria das máquinas de calcular não decolou até o século dezenove, quando Charles X. Thomas de Colmar produziu seu assim chamado *arithometer*, uma máquina de cilindro escalonado e carro móvel.

Tabelas

A aplicação dos logaritmos teve grande sucesso particularmente na construção e uso de tabelas matemáticas. A partir do século dezessete, quando apareceram as primeiras tabelas de logaritmos, até o fim do século vinte, quando os instrumentos eletrônicos substituíram a maior parte dos outros auxílios à computação, as tabelas estiveram nos bolsos e escrivaninhas de homens, mulheres e crianças. Até o computador eletrônico ter se estabelecido, a principal revista de computação era chamada *Mathematical Tables and Other Aids to Computation* (ou seja, Tabelas matemáticas e outros auxílios à computação).

Henry Briggs já havia produzido tabelas antes de tomar conhecimento dos logaritmos de Napier. Em 1602, ele tinha publicado "Uma tabela para encontrar a altura do polo, dada a declinação magnética" e, em 1610, "Tabelas para melhorar a navegação". Depois de Briggs e Napier se encontrarem pela primeira vez, eles frequentemente discutiam tabelas de logaritmos. Mencionamos anteriormente a primeira publicação de Briggs no assunto em 1617 e sua subsequente *Arithmetica Logarithmica*. Uma tradução póstuma em inglês, intitulada *Trigonometria Britannica*, foi feita por Gellibrand, em 1633. Em 1924, tricentenário da *Arithmetica Logarithmica* de Briggs, apareceu a primeira parte de uma tabela com 20 casas decimais.

Anteriormente, em 1620, também Gunter publicou tabelas de logaritmos de senos e cossenos com sete casas decimais em *Canon Triangulorum*, ou "Tabela de senos e cossenos artificiais". A maioria das tabelas subsequentes de logaritmo de funções trigonométricas não excedeu este número de casas decimais, embora em 1911, em Paris, Andoyer tenha publicado uma tabela com 14 casas decimais e com diferenças para cada dez segundos sexagesimais. Por esta época, as tabelas de computação tinham sido mecanizadas. Na década de 1820, Charles Babbage tinha projetado uma "máquina de diferença", com o propósito de eliminar erros em tabelas de computação, aplicando o método de diferenças, efetuando adições simultâneas e imprimindo os resultados. A primeira máquina de diferenças a operar com sucesso foi projetada pelos suecos Georg e seu filho Edvard Scheutz e efetuava diversos cálculos especializados de tabelas no Dudley Observatory, em Albany, Nova York, no final da década de 1850.

Métodos infinitesimais: Stevin

Como homens práticos que eram, Stevin, Kepler e Galileu necessitavam dos métodos de Arquimedes, mas desejavam evitar os rigores do método de exaustão. Em grande parte, foram as modificações introduzidas por este motivo nos antigos métodos infinitesimais que finalmente conduziram ao cálculo, e Stevin foi um dos primeiros a sugerir modificações. Em sua *Estática,* de 1586, quase um século antes de Newton e Leibnitz publicarem seu cálculo, o engenheiro de Bruges demonstrava que o centro de gravidade de um triângulo está sobre sua mediana da seguinte maneira. No triângulo *ABC* inscreva uma coleção de paralelogramos de mesma altura, cujos lados são, dois a dois, paralelos a um lado e à mediana traçada a esse lado (Fig. 14.3). O centro de gravidade das figuras inscritas cairá sobre a mediana, pelo princípio de Arquimedes de que figuras bilateralmente simétricas estão em equilíbrio. Mas podemos inscrever no triângulo uma infinidade de tais paralelogramos, e quanto maior o número de paralelogramos, menor será a diferença entre a figura inscrita e o triângulo. Como a diferença pode ser tornada tão pequena quanto se queira, o centro de gravidade do triângulo também jaz sobre a mediana. Em algumas de suas proposições sobre pressão dos fluidos, Stevin acrescentou a esse tratamento geométrico uma "demonstração por números" em que uma sequência de números tendia a um valor limite; mas o "Arquimedes Holandês" tinha mais confiança em uma demonstração geométrica que em uma demonstração aritmética.

Johannes Kepler

Ao passo que Stevin se interessava pelas aplicações à física de infinidades de elementos infinitamente pequenos, Kepler necessitava de aplicação à astronomia, especialmente em relação às suas órbitas elípticas de 1609. Desde 1604, Kepler se envolvera com secções cônicas, por meio de seus trabalhos sobre óptica e das propriedades dos espelhos parabólicos. Enquanto Apolônio se inclinara a pensar nas cônicas como sendo três

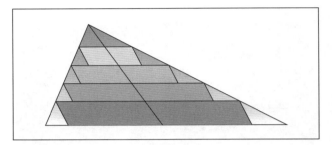

Figura 14.3

tipos diferentes de curvas – elipses, parábolas e hipérboles –, Kepler preferia pensar em cinco espécies de cônicas, todas pertencentes a uma só família ou *genus*. Com sua forte imaginação e um sentimento pitagórico da harmonia da matemática, Kepler desenvolveu para as cônicas, em 1604 (em seu *Ad Vitellionem paralipomena,* isto é, "Introdução à óptica de Vitello"), o que chamamos de princípio de continuidade. Da secção cônica que consiste de duas retas que se cortam, em que os dois focos coincidem no ponto de intersecção, passamos gradualmente por uma infinidade de hipérboles à medida que um foco se afasta cada vez mais do outro. Quando um foco está infinitamente longe, já não temos a hipérbole de dois ramos, mas a parábola. À medida que o foco móvel passa além do infinito e regressa pelo outro lado, passamos por uma infinidade de elipses até que, quando os focos coincidem novamente, chegamos ao círculo.

A ideia de que a parábola tem dois focos, um deles no infinito, deve-se a Kepler, como a palavra *focus* (latim para lareira); encontramos essa audaciosa e frutífera especulação sobre "pontos no infinito" ampliada uma geração mais tarde, na geometria de Girard Desargues. Enquanto isso, Kepler encontrou uma abordagem útil do problema do infinitamente pequeno na astronomia. Em sua *Astronomia nova,* de 1609, ele anunciou suas duas primeiras leis de astronomia: (1) os planetas descrevem órbitas elípticas em torno do Sol, com o Sol ocupando um dos focos; e (2) o raio vetor que une um planeta ao Sol varre áreas iguais em tempos iguais.

Ao tratar problemas de área como esse, Kepler pensava na área formada por uma infinidade

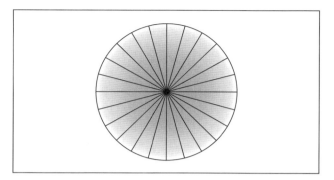

Figura 14.4

Johannes Kepler

de pequenos triângulos, com um vértice no Sol e os outros dois vértices em pontos infinitamente próximos um do outro ao longo da órbita. Dessa forma, ele pôde usar uma forma tosca de cálculo integral semelhante à de Oresme. A área do círculo, por exemplo, é encontrada desse modo, observando que as alturas dos triângulos infinitamente finos (Fig. 14.4) são iguais ao raio. Se chamarmos $b_1, b_2, ..., b_n, ...$ as bases infinitamente pequenas que estão ao longo da circunferência, então a área do círculo – isto é, a soma das áreas dos triângulos – será $1/2\ b_1 r + 1/2\ b_2 r + \cdots + 1/2\ b_n r + \cdots$ ou $1/2\ r(b_1 + b_2 + \cdots + b_n + \cdots)$. Como a soma dos b é a circunferência C, a área A é dada por $A = 1/2\ rC$, o bem conhecido teorema antigo, e que Arquimedes demonstrara mais cuidadosamente.

Por raciocínio semelhante, Kepler sabia a área da elipse – um resultado de Arquimedes que não era conhecido então. A elipse pode ser obtida de um círculo de raio a por uma transformação sob a qual a ordenada do círculo em cada ponto é diminuída segundo uma razão dada, digamos, $b:a$. Então, segundo Oresme, podemos pensar na área da elipse e na área do círculo como formadas de todas as ordenadas de pontos sobre as curvas (Fig. 14.5); mas como as razões das componentes da áreas são $b:a$, as próprias áreas devem estar na mesma razão. Mas sabe-se que a área do círculo é πa^2; portanto, a área da elipse $x^2/a^2 + y^2/b^2 = 1$ deve ser πab. Esse resultado está correto; mas, para o comprimento da elipse, o melhor que Kepler pôde fazer foi dar a fórmula aproximada $\pi(a + b)$. Os comprimentos das curvas em geral, e da elipse em particular, iriam desconcertar os matemáticos por mais meio século.

Kepler tinha trabalhado com Tycho Brahe, primeiro na Dinamarca e mais tarde em Praga, onde, após a morte de Brahe, Kepler tornou-se matemático do Imperador Rudolph II. Uma de suas incumbências era preparar horóscopos; os matemáticos, seja a serviço de imperadores, seja de universidades, encontravam várias aplicações para seus talentos. O ano de 1612 tinha sido muito bom para a safra de vinhos, e enquanto Kepler estava em Linz, na Áustria, começou a meditar nos métodos toscos então em uso para obter estimativas dos volumes dos tonéis de vinho. Comparou esses métodos com os de Arquimedes para os volumes de conoides e esferoides, e passou então a calcular os volumes de vários sólidos de revolução não considerados por Arquimedes. Por exemplo, ele considerou o sólido gerado pela rotação de um segmento de círculo em torno de sua corda, chamando o

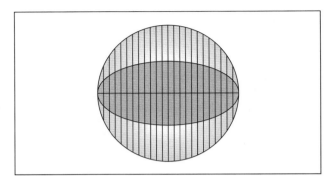

Figura 14.5

resultado um limão, se o segmento era menor que um semicírculo, e de uma maçã, se o segmento era maior que um semicírculo. Seu método volumétrico consistia em considerar os sólidos como compostos de uma infinidade de elementos infinitesimais, e procedia de modo semelhante ao que indicamos antes para áreas. Dispensava a dupla *reductio ad absurdum* de Arquimedes, e nisto foi acompanhado pela maior parte dos matemáticos desde aquela época até agora.

Kepler reuniu suas ideias volumétricas em um livro que apareceu em 1615, com o título *Stereometria doliorum* (*Medida de volume de barris*). Durante uma vintena de anos, pareceu não ter despertado grande interesse, mas em 1635 as ideias de Kepler foram sistematicamente desenvolvidas em um livro célebre chamado *Geometria indivisibilibus,* escrito por Bonaventura Cavalieri, um discípulo de Galileu.

15 ANÁLISE, SÍNTESE, O INFINITO E NÚMEROS

O silêncio eterno desses espaços infinitos me apavora.

Pascal

As duas novas ciências de Galileu

Enquanto Kepler estudava barris de vinho, Galileu estivera observando os céus com seu telescópio e rolando bolas sobre planos inclinados. Os resultados dos esforços de Galileu foram dois tratados famosos, um de astronomia, o outro de física. Ambos foram escritos em italiano, mas usaremos os títulos traduzidos como "*Os dois principais sistemas*" (1632) e "*As duas novas ciências*" (1638). O primeiro era uma discussão sobre os méritos relativos dos sistemas de Ptolomeu e Copérnico para o universo, entre três homens: Salviati (um estudioso bem informado cientificamente), Sagredo (um leigo inteligente) e Simplícius (um aristotélico obtuso). No diálogo, Galileu deixava poucas dúvidas quanto às suas preferências, e as consequências foram seu julgamento e prisão. Durante os anos de seu exílio, ele, no entanto, preparou "As duas novas ciências", uma discussão sobre a dinâmica e a resistência dos materiais, entre os mesmos três personagens. Embora nenhum dos dois grandes tratados de Galileu fosse estritamente matemático, em ambos há muitos pontos em que se faz apelo à matemática, frequentemente às propriedades dos infinitamente grandes e infinitamente pequenos.

O infinitamente pequeno era de maior importância imediata para Galileu que o infinitamente grande, pois ele o considerava essencial para sua dinâmica. Galileu deu a impressão de que a dinâmica era uma ciência totalmente nova, criada por ele, e demasiados escritores desde então concordaram com essa reivindicação. É praticamente certo, no entanto, que ele conhecia perfeitamente a obra de Oresme sobre a latitude de formas, e várias vezes em "*As duas novas ciências*", Galileu usou um diagrama de velocidade semelhante ao gráfico triangular de Oresme. Porém, Galileu organizou as ideias de Oresme e deu-lhes uma precisão matemática que lhes faltava. Entre as contribuições novas de Galileu à dinâmica, estava sua análise do movimento dos projéteis

Galileu Galilei

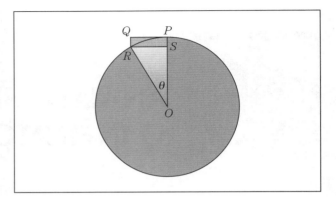

Figura 15.1

em uma componente horizontal uniforme e uma componente vertical uniformemente acelerada. Pôde, assim, mostrar que a trajetória de um projétil, desprezando a resistência do ar, é uma parábola. É um fato notável que as secções cônicas tivessem sido estudadas por mais de 2.000 antes que duas delas, quase simultaneamente, encontrassem aplicabilidade na ciência — a elipse, na astronomia e a parábola, na física. Galileu, erradamente, supôs ter encontrado outra aplicação da parábola na curva de suspensão de uma corda ou corrente (catena) flexível; mas mais tarde, ainda no mesmo século, os matemáticos demonstraram que essa curva, a catenária, não só não é uma parábola como nem sequer é algébrica.

Galileu tinha reparado na curva hoje chamada cicloide, percorrida por um ponto sobre o bordo de uma roda, quando esta rola sobre um caminho horizontal, e tentou achar a área sob um arco dela. Mas o melhor que pôde fazer foi traçar a curva em papel, recortar um arco e pesá-lo, concluindo que a área era um pouco menor que três vezes a área do círculo gerador. Galileu abandonou o estudo da curva, limitando-se a sugerir que a cicloide forneceria um belo arco para uma ponte. Em *Os dois sistemas principais*, de 1632, Galileu deu uma contribuição mais importante à matemática, em um ponto no "terceiro dia", em que Salviati menciona a ideia de um infinitésimo de ordem superior. Simplício tinha argumentado que um objeto em uma terra em rotação seria arremessado tangencialmente para fora pelo movimento; mas Salviati dizia que a distância QR que um objeto tem que cair para permanecer sobre a Terra enquanto ela gira de um ângulo pequeno θ (Fig. 15.1) é infinitamente pequena se comparada com a distância tangencial PQ que o objeto percorre horizontalmente. Por isso, basta uma tendência para baixo muito pequena comparada com o impulso para a frente para manter o objeto na terra. O argumento de Galileu, aqui, equivale a dizer que $PS = \text{vers }\theta$ é um infinitésimo de ordem superior com relação aos segmentos PQ ou RS, ou ao arco PR.

Do infinito em geometria, Salviati levou Simplício ao infinito em aritmética, observando que pode ser estabelecida uma correspondência biunívoca entre todos os inteiros e os quadrados perfeitos, apesar de que quanto mais longe se vai na sequência dos inteiros, mais raros se tornam os quadrados perfeitos. Pelo simples expediente de contar os quadrados perfeitos, é estabelecida uma correspondência biunívoca, em que cada inteiro (positivo) inevitavelmente fica em correspondência com um quadrado perfeito, e vice-versa. Embora haja muitos inteiros que não são quadrados perfeitos (e a proporção desses aumenta quando consideramos números cada vez maiores), "devemos dizer que existem tantos quadrados quanto números". Galileu aqui se deparava com a propriedade fundamental de um conjunto infinito — que uma parte dele pode equivaler ao conjunto todo — mas Galileu não tirou essa conclusão. Embora Salviati concluísse corretamente que o número de quadrados não é menor que o número de inteiros, não conseguiu afirmar que são iguais. Em vez disso, ele concluiu simplesmente que "os atributos 'igual', 'maior' e 'menor' não se aplicam ao infinito, mas somente a quantidades finitas". Afirmou até (incorretamente, como sabemos agora) que não se pode dizer que um número infinito é maior que outro número infinito, ou mesmo que um número infinito é maior que um número finito. Como Moisés, Galileu chegou a avistar a terra prometida, mas não pôde entrar nela.

Boaventura Cavalieri

Galileu tinha tido a intenção de escrever um tratado sobre o infinito em matemática, mas se ele o fez, este não foi encontrado. Enquanto isso, seu discípulo Boaventura Cavalieri (1598-1647) fora estimulado pela *Stereometria* de Kepler, bem como por ideias antigas e medievais e pelo encorajamento de Galileu, a organizar seus pensamentos sobre infinitésimos em forma de um livro. Cavalieri era membro de uma ordem religiosa (dos jesuados, não dos jesuítas como se tem dito frequente, porém incorretamente) e viveu em Milão e Roma antes de tornar-se professor de matemática em Bolonha, em 1629. Como era característico de seu tempo, ele escreveu sobre muitos aspectos da matemática pura e aplicada — geometria, trigonometria, astronomia e óptica — e foi o primeiro autor italiano a apreciar o valor dos logaritmos. Em seu *Directorium universale uranometricum*, de 1632, ele publicou tabelas de senos, tangentes, secantes e senos versos, junto com seus logaritmos, com oito casas; mas ele é mais lembrado por um dos livros mais influentes do início do período moderno, *Geometria indivisibilibus continuorum*, publicado em 1635.

O argumento em que se baseia o livro é essencialmente o sugerido por Oresme, Kepler e Galileu — que uma área pode ser pensada como sendo formada de segmentos ou "indivisíveis" e que, de modo semelhante, volume pode ser considerado como composto de áreas que são volumes indivisíveis ou quase atômicos. Embora Cavalieri na época dificilmente pudesse tê-lo percebido, ele seguia pegadas realmente muito respeitáveis, pois esse é exatamente o tipo de raciocínio que Arquimedes usou em *O método*, então perdido. Mas Cavalieri, ao contrário de Arquimedes, não hesitava perante as deficiências lógicas por trás de tais processos.

O princípio geral de que em uma equação envolvendo infinitésimos, os de ordem superior podem ser desprezados, pois não têm efeito sobre o resultado final, é frequentemente e erroneamente creditado à *Geometria indivisibilibus*, de Cavalieri. O autor certamente conhecia tal ideia, pois ela está implícita em algumas obras de Galileu, e apareceu mais especificamente em resultados de matemáticos franceses contemporâneos; mas Cavalieri assumiu quase o oposto desse princípio. Não havia no método de Cavalieri nenhum processo de aproximação contínua, nem omissão de termos, pois ele usava uma estrita correspondência bijetora dos elementos em duas configurações. Nenhum elemento era descartado, qualquer que fosse a dimensão. O estilo geral e a ilusória plausibilidade do método dos indivisíveis são bem ilustrados pela proposição ainda conhecida em muitos livros de geometria no espaço como "o teorema de Cavalieri":

> Se dois sólidos têm alturas iguais, e se secções feitas por planos paralelos às bases e a distâncias iguais dessas estão sempre em uma dada razão, então os volumes dos sólidos estão também nessa razão (Smith, 1959, pp. 605-609).

Cavalieri se concentrou em um teorema geométrico extremamente útil, equivalente à afirmação moderna do cálculo:

$$\int_0^a x^n\, dx = \frac{a^{n+1}}{n+1}$$

O enunciado e a demonstração do teorema são muito diferentes dos que o leitor moderno conhece, pois Cavalieri comparava potências dos segmentos em um paralelogramo paralelos à base com as potências correspondentes de segmentos em qualquer dos dois triângulos em que uma diagonal divide o paralelogramo. Considere o paralelogramo *AFDC*, dividido em dois triângulos pela diagonal *CF* (Fig. 15.2) e seja *HE* um indivisível do triângulo *CDF* que é paralelo à base *CD*. Então, tomando *BC* = *FE* e traçando *BM* paralelo a *CD*, é fácil mostrar que o indivisível *BM* no triângulo *ACF* será igual a *HE*. Portanto, podemos estabelecer correspondência entre todos os indivisíveis do triângulo *CDF* e indivisíveis iguais do triângulo *ACF*, e, portanto, os triângulos são iguais. Como o paralelogramo é a soma dos indivisíveis nos dois triângulos, é claro que a soma das primeiras potências dos segmentos em um dos triângulos é metade da soma das primeiras potências dos segmentos no paralelogramo; em outras palavras,

$$\int_0^a x\, dx = \frac{a^2}{2}$$

Com argumento semelhante, mas consideravelmente mais elaborado, Cavalieri mostrava que a soma dos quadrados dos segmentos no triângulo é um terço da soma dos quadrados dos segmentos no paralelogramo. Para os cubos dos segmentos, ele encontrou a razão 1/4. Mais tarde, ele estendeu a demonstração a potências superiores, finalmente afirmando, em *Exercitationes geometri-cae sex* (isto é, seis exercícios geométricos) de 1647, a importante generalização que diz que para potências n-ésimas a razão é $1/(n + 1)$. Isso era conhecido pelos matemáticos franceses na mesma época, porém Cavalieri foi o primeiro a publicar esse teorema — que deveria abrir caminho para muitos algoritmos do cálculo. A *Geometrica indivisibilibus*, que tanto facilitou o problema das quadraturas, apareceu novamente em segunda edição em 1653, mas por essa época os matemáticos tinham obtido resultados notáveis em direções novas e os laboriosos métodos geométricos de Cavalieri estavam fora de moda.

O teorema de longe mais importante na obra de Cavalieri era seu equivalente de

$$\int_0^a x^n\, dx = \frac{a^{n+1}}{n+1},$$

mas outra contribuição sua também levaria a resultados importantes. A espiral $r = a\theta$ e a parábola $x^2 = ay$ eram conhecidas desde a antiguidade, sem que ninguém antes tivesse observado uma relação entre elas, até que Cavalieri pensou em comparar indivisíveis segmentos de reta com indivisíveis curvilíneos. Se, por exemplo, enrolarmos a parábola $x^2 = ay$ (Fig. 15.3) como uma mola de relógio, de modo que o vértice O permaneça fixo enquanto o ponto P vai sobre o ponto P′, então as ordenadas da parábola podem ser pensadas como se transformando em raios vetores por meio das relações $x = r$ e $y = r\theta$ entre o que chamamos atualmente coordenadas retangulares e polares. Os pontos sobre a parábola $x^2 = ay$ estudada por Apolônio vão então cair sobre a espiral de Arquimedes $r = a\theta$. Cavalieri observou ainda que se *PP′* é tomado igual à circunferência do círculo de raio *OP′*, a área dentro da primeira volta da espiral é exatamente igual à área entre o arco parabólico *OP* e o raio vetor *OP*. Aqui, vemos trabalho de geometria analítica e cálculo, no entanto, Cavalieri escrevia antes de qualquer desses assuntos ser formalmente inventado. Como em outras partes da história da matemática, vemos que os grandes marcos não aparecem subitamente, mas são apenas formulações mais precisas ao longo do espinhoso caminho do desenvolvimento desigual.

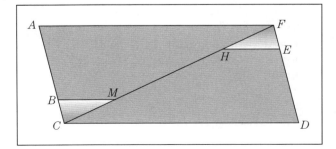

Figura 15.2

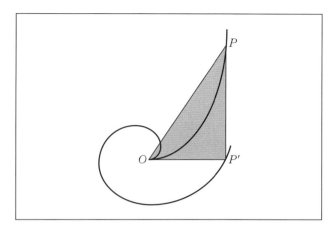

Figura 15.3

Evangelista Torricelli

O ano de 1647, em que Cavalieri morreu, foi também o da morte de outro discípulo de Galileu, o jovem Evangelista Torricelli (1608-1647). Mas, em muitos aspectos, Torricelli representava a nova geração de matemáticos que estava construindo rapidamente sobre as fundações infinitesimais que Cavalieri tinha esboçado de modo bem vago. Se Torricelli não tivesse morrido tão prematuramente, a Itália poderia ter continuado a partilhar a liderança nos novos desenvolvimentos; porém a França é que veio a ser o incontestável centro da matemática durante o segundo terço do século dezessete.

Torricelli estudou matemática em diversas instituições jesuítas antes de estudar com Benedetto Castelli, de quem foi secretário por seis anos. Ele se interessou pela cicloide, talvez por sugestão de Marin Mersenne, talvez por meio de Galileu, a quem Torricelli, como Mersenne, admirava grandemente. Ele chamara a atenção de Galileu ao cuidar da correspondência de Castelli. Em 1643, Torricelli enviou a Mersenne a quadratura da cicloide, e, em 1644, publicou uma obra intitulada *De dimensione parabolae*, em que incluiu tanto a quadratura da cicloide quanto a construção da tangente. Torricelli não mencionou o fato de Gilles Persone de Roberval ter chegado a esses resultados antes dele, e por isso, em 1646, Roberval escreveu uma carta acusando Torricelli de plágio, dele e de Fermat (sobre máximos e mínimos). É claro agora que a prioridade na descoberta cabe a Roberval, mas a prioridade na publicação é de Torricelli, que provavelmente redescobriu a área e a tangente independentemente. Roberval usara o método dos indivisíveis para o problema da área; Torricelli deu duas quadraturas, uma usando o método de Cavalieri dos indivisíveis e a outra pelo antigo método de exaustão. Para achar a tangente à curva, ele empregou uma composição de movimentos, reminiscente da tangente de Arquimedes a sua espiral.

A ideia da composição de movimentos não era original nem de Torricelli nem de Roberval, pois Arquimedes, Galileu, Descartes e outros a tinham usado. Torricelli poderia ter derivado a ideia de qualquer desses homens. Tanto Torricelli quanto Roberval aplicaram o método cinemático também a outras curvas. Um ponto sobre a parábola, por exemplo, se afasta do foco com a mesma velocidade com que se afasta da diretriz, portanto a tangente será a bissetriz do ângulo entre retas nessas duas direções. Torricelli usou também o método de Fermat de tangentes para as parábolas de grau superior, e estendeu a comparação de Cavalieri da parábola e da espiral, ao considerar comprimento de arco bem como área. Na década de 1640, eles mostraram que o comprimento da primeira rotação da espiral $r = a\theta$ é igual ao comprimento da parábola $x^2 = 2ay$ de $x = 0$ a $x = 2\pi a$. Fermat, que sempre procurava generalizações, introduziu espirais de grau superior $r^n = a\theta$ e comparou seus arcos com os comprimentos de suas parábolas de grau superior $x^{n-1} = 2ay$. Torricelli estudou espirais de diversos tipos, tendo descoberto a retificação da espiral logarítmica.

Os problemas envolvendo infinitésimos eram de longe os mais populares na época, e Torricelli, em particular, se deliciava com eles. No *De dimensione parabolae*, por exemplo, Torricelli deu vinte e uma demonstrações diferentes da quadratura da parábola, usando métodos com uso de indivisíveis e de exaustão mais ou menos em igual número. Um na primeira categoria é quase idêntico à quadratura mecânica dada por Arquimedes em seu *Método*, presumivelmente não existente na época. Como se poderia prever, um na segunda categoria é praticamente o dado no tratado de Arquimedes, sobre a quadratura da parábola, existente e bem conhecido na época. Se Torricelli tivesse aritmetizado seus processos nessa questão, teria chegado muito perto do conceito moderno de limite, mas ele permaneceu sob a influência pesadamente geométrica de Cavalieri e seus outros contemporâneos italianos. No entanto, Torricelli foi muito mais longe que eles no uso flexível de indivisíveis para chegar a novas descobertas.

Um resultado novo de 1641, que muito agradou a Torricelli, foi sua demonstração de que se uma área infinita, tal como a limitada pela hipérbole $xy = a^2$, uma ordenada $x - b$ e o eixo das abscissas, é girada em torno do eixo x, o volume do sólido gerado pode ser finito. Torricelli acreditava ser o primeiro a descobrir que uma figura de dimensões infinitas pode ter grandeza finita; mas, nisso, pode ser que Fermat tenha se antecipado a ele, em sua obra sobre as áreas sob as hipérboles de grau superior, ou possivelmente Roberval, e certamente Oresme, no século quatorze.

Entre os problemas que Torricelli considerou logo antes de sua morte prematura em 1647, estava um em que ele esboçou a curva cuja equação escreveríamos como $x = \log y$, talvez o primeiro gráfico de uma função logarítmica, trinta anos após a morte do descobridor dos logaritmos como artifício computacional. Torricelli achou a área limitada pela curva, sua assíntota, e uma ordenada, bem como o volume do sólido obtido por revolução da área em torno do eixo x.

Torricelli foi um dos mais promissores matemáticos do século dezessete – frequentemente chamado o século do gênio. Mersenne tornara a obra de Fermat, Descartes e Roberval conhecida na Itália, tanto por sua correspondência com Galileu a partir de 1635 como durante uma peregrinação a Roma em 1644. Torricelli logo dominou os novos métodos, embora sempre desse preferência ao tratamento geométrico em relação ao algébrico. A breve associação de Torricelli com o idoso e cego Galileu, de 1641 a 1642, tinha despertado no jovem também o interesse pela física, e hoje ele é provavelmente mais lembrado como inventor do barômetro do que como matemático. Ele estudou as trajetórias parabólicas dos projéteis disparados de um ponto com velocidades escalares iniciais fixas, mas ângulos de elevação variáveis, verificando que a envoltória das parábolas é outra parábola. Ao passar de uma equação para a distância em termos de tempo para a da velocidade como função do tempo, e inversamente, Torricelli percebeu o caráter inverso dos problemas de quadratura e tangente. Se tivesse vivido mais, é possível que se tornasse o inventor do cálculo; mas uma doença cruel pôs fim à sua vida prematuramente, em Florença, poucos dias antes de completar trinta e nove anos.

Os interlocutores de Mersenne

A França era o incontestável centro de matemática no segundo terço do século dezessete. As figuras principais foram René Descartes (1596-1650) e Pierre de Fermat (1601-1665), mas três outros franceses contemporâneos também fizeram contribuições importantes: Gilles Persone de Roberval (1602-1675), Girard Desargues (1591-1661) e Blaise Pascal (1623-1662). O restante deste capítulo focaliza a atenção sobre esses homens. Um segundo ponto focal é fornecido pela geração seguinte de Descartes, cujos membros, ativos nos Países Baixos, produziram alguns dos pontos altos da matemática cartesiana.

Não existiam ainda organizações de matemáticos profissionais, mas na Itália, França e Inglaterra havia grupos científicos mais ou menos organizados: a Accademia dei Lincei (a que Galileu pertencia) e a Accademia del Cimento, na Itália; o Cabinet Du Puy, na França; e o Invisible College, na Inglaterra. Havia além disso um indivíduo que, durante o período que estamos agora considerando, serviu, por meio de correspondência, como centro de distribuição de informação matemática. Esse foi um frade Minimita, Marin Mersenne (1588-1648), muito amigo de Descartes e Fermat, bem como de muitos outros matemáticos da época. Se Mersenne tivesse vivido um século antes, talvez não tivesse havido tanta demora na difusão de informação relativa à solução da cúbica, pois, quando Mersenne sabia de alguma coisa, toda a "República das Cartas" era logo informada.

René Descartes

Descartes nasceu em La Haye e recebeu educação meticulosa no colégio jesuíta em La Flèche, onde os livros didáticos de Clavius eram fundamentais. Mais tarde, graduou-se em Poitiers, onde estudara direito sem muito entusiasmo. Durante vários anos, ele viajou em conjunção com várias campanhas militares, primeiro na Holanda com Maurício, príncipe de Nassau, depois com o duque Maximiliano I da Baviera, e mais tarde ainda com o exército francês no cerco de La Rochelle. Descartes não era verdadeiramente um soldado profissional, e seus breves períodos de serviço em conexão com campanhas foram separados por intervalos de viagem e estudo independente, durante os quais ele encontrou alguns dos principais sábios em várias partes da Europa. Em Paris, ele conheceu Mersenne e um círculo de cientistas que discutiam livremente críticas ao pensamento peripatético; de tais estímulos Descartes progrediu para tornar-se o "pai da filosofia moderna", apresentar uma visão científica transformada do mundo e estabelecer um novo ramo da matemática. Em seu mais célebre tratado, o *Discours de la méthode pour bien conduire sa raison et chercher la vérité dans les sciences* (*Discurso sobre o método para raciocinar bem e procurar a verdade nas ciências*) de 1637, ele anunciou seu programa de pesquisa filosófica. Ele esperava, por dúvida sistemática, chegar a ideias claras e precisas, a partir das quais seria possível deduzir inúmeras conclusões válidas. Essa abordagem da ciência levou-o a supor que tudo era explicável em termos de matéria (ou extensão) e movimento. O universo todo, ele postulou, era feito de matéria em movimento incessante em vórtices, e todos os fenômenos deveriam ser explicados mecanicamente em termos de forças exercidas pela matéria contígua. A ciência cartesiana gozou de grande popularidade por quase um século, mas depois necessariamente cedeu lugar ao raciocínio matemático de Newton. Ironicamente, foi em grande parte a matemática de Descartes que mais tarde possibilitou a derrota da ciência cartesiana.

Invenção da geometria analítica

A filosofia e a ciência de Descartes eram quase revolucionárias em sua ruptura com o passado; em contraste, sua matemática estava ligada a tradições anteriores.

Descartes se tornou seriamente interessado na matemática quando passou com o exército bávaro o frio inverno de 1619, quando ficava na cama até as dez da manhã, pensando em problemas. Foi durante esse período de sua vida que ele descobriu a fórmula sobre poliedros que usualmente leva o nome de Euler: $v + f = a + 2$, onde v, f e a são o número de vértices, faces e arestas, respectivamente, de um poliedro simples. Nove anos mais tarde, Descartes escreveu a um amigo na Holanda que tinha feito tais avanços na aritmética e na

René Descartes

geometria que já não tinha mais nada a desejar. Que avanços eram esses não se sabe, pois Descartes nada tinha publicado; mas a direção de seus pensamentos está indicada em uma carta de 1628 a seu amigo holandês, em que ele deu uma regra para a construção das raízes de qualquer equação cúbica ou quártica por meio de uma parábola. Isso, claro, é essencialmente o tipo de coisa que Menaechmus tinha feito para a duplicação do cubo cerca de 2.000 anos antes, e que Omar Khayyam fizera para as cúbicas em geral, por volta de 1100.

Se Descartes, em 1628, estava ou não em completa posse de sua geometria analítica não é claro, mas a data efetiva da invenção da geometria cartesiana não pode ser muito posterior a isso. Por essa época, Descartes deixou a França indo para a Holanda, onde passou os vinte anos seguintes. Três ou quatro anos depois de instalar-se lá, um outro amigo holandês, um classicista, chamou a sua atenção para o problema das três e quatro retas de Papus. Sob a errônea impressão de que os antigos não tinham conseguido resolver esse problema, Descartes aplicou a ele seus novos métodos e resolveu-o sem dificuldade. Isso fez com que ele percebesse o poder e a generalidade de seu ponto de vista, e, em consequência, escreveu a obra bem conhecida, *La géométrie*, que levou a geometria analítica ao conhecimento de seus contemporâneos.

Aritmetização da geometria

La géométrie não foi apresentada como um tratado separado, mas como um dos três apêndices do *Discours de la méthode*, em que ele pensou dar ilustrações de seu método filosófico geral. Os outros dois apêndices eram *La dioptrique*, contendo a primeira publicação da lei da refração (descoberta anteriormente por Willebrord Snell), e *Les météores*, que continha entre outras coisas a primeira explicação quantitativa satisfatória do arco-íris. A edição original do Discours foi publicada sem o nome do autor, mas a autoria da obra era geralmente conhecida.

Geometria cartesiana agora é sinônimo de geometria analítica, mas o objetivo fundamental de Descartes era muito diferente daquele dos textos modernos. O tema é estabelecido na primeira frase:

> Todo problema de geometria pode facilmente ser reduzido a termos tais que o conhecimento dos comprimentos de certos segmentos basta para sua construção.

Como essa afirmação indica, o objetivo é geralmente uma construção geométrica, e não necessariamente a redução da geometria à álgebra. A obra de Descartes é com demasiada frequência descrita simplesmente como aplicação da álgebra à geometria, apesar de que, na verdade, poderia ser igualmente bem caracterizada como sendo a tradução de operações algébricas em linguagem geométrica. Logo a primeira secção de *La géométrie* tem o título "Como os cálculos de aritmética se relacionam com operações de geometria". A segunda secção descreve "Como a multiplicação, a divisão e a extração de raízes quadradas são efetuadas geometricamente". Aqui, Descartes fazia o que, até certo ponto, tinha sido feito desde o tempo de al-Khowarizmi a Oughtred — fornecia um correspondente geométrico de operações algébricas. Mostra que as cinco operações aritméticas correspondem a construções simples com régua e compasso, justificando assim a introdução de termos aritméticos em geometria.

Descartes ia mais longe do qualquer de seus predecessores em sua álgebra simbólica e na interpretação geométrica da álgebra. A álgebra formal vinha progredindo constantemente desde o Renascimento, e encontrou seu auge na *La géométrie* de Descartes, o texto matemático mais antigo que um estudante de álgebra de hoje pode seguir, sem encontrar dificuldade com a notação. Quase que o único símbolo arcaico no livro é o uso de ∞ em vez de = para a igualdade. Em um ponto essencial ele rompeu com a tradição grega, pois em vez de considerar x^2 e x^3, por exemplo, como uma área e um volume, ele também os interpretava como segmentos. Isso lhe permitiu abandonar o princípio de homogeneidade, ao menos explicitamente, e, ainda assim, preservar o significado geométrico. Descartes podia escrever uma expressão como $a^2b^2 - b$ porque, como ele dizia, "deve-se considerar a quantidade a^2b^2 dividida uma vez pela unidade (isto é, o segmento unitário), e a quantidade b multiplicada duas vezes pela unidade". É claro que Descartes substituía a homogeneidade formal por homogeneidade em pensamento, o que tornou sua álgebra geométrica mais flexível — de fato, tão flexível que hoje lemos xx como "x ao quadrado" sem jamais enxergar mentalmente um quadrado.

Álgebra geométrica

O livro I contém instruções detalhadas para resolver equações quadráticas, não no sentido algébrico dos antigos babilônios, mas geometricamente, um tanto à maneira dos gregos antigos. Para resolver a equação $z^2 = az + b^2$, por exemplo, Descartes procedia do modo seguinte. Trace um segmento LM de comprimento b (Fig. 15.4) e, em L, levante um segmento NL igual a $a/2$ e perpendicular a LM. Com centro N, construa um círculo de raio $a/2$ e trace a reta por M e N, que cortará o círculo em O e P. Então, $z = OM$ é o segmento desejado. (Descartes ignorava a raiz PM da equação porque é "falsa", isto é, negativa.) Construções semelhantes são dadas para $x^2 = az - b^2$ e para $z^2 + az - b^2$, as únicas outras equações quadráticas com raízes positivas.

Tendo mostrado como as operações algébricas, inclusive a resolução de equação quadrática, são interpretadas geometricamente, Descartes se volta para a aplicação da álgebra a problemas geométricos determinados, formulando, muito mais claramente que os cossistas da Renascença, o método geral:

> Se, pois, queremos resolver qualquer problema, primeiro supomos a solução efetuada, e damos nomes a todos os segmentos que parecem necessários à construção — aos que são desconhecidos e aos que são conhecidos. Então, sem fazer distinção entre segmentos conhecidos e desconhecidos, devemos elucidar a dificuldade de qualquer maneira que mostre mais naturalmente as relações entre esses segmentos, até conseguirmos exprimir uma mesma quantidade de dois modos. Isso constituirá uma equação (em uma única incógnita), pois os termos de uma dessas expressões são, juntos, iguais aos termos da outra.

Descartes, por todos os livros I e III de *La géométrie*, está preocupado essencialmente com esse tipo de problema geométrico, em que a equação algébrica final só pode conter uma quantidade desconhecida. Descartes percebia bem que era o grau dessa equação algébrica resultante que determinava os instrumentos geométricos pelo qual a construção geométrica pedida podia ser realizada.

> Se pode ser resolvido por geometria ordinária, isto é, com uso de retas e círculos traçados sobre uma superfície plana, quando a última equação tiver sido completamente resolvida restará no máximo o quadrado de uma incógnita, igual ao produto de sua raiz por alguma quantidade conhecida, acrescido ou diminuído de alguma outra quantidade também conhecida.

Aqui vemos uma clara afirmação de que o que os gregos chamavam de "problemas planos" não levava a nada pior que a uma equação quadrática. Como Viète já tinha mostrado que a duplicação do

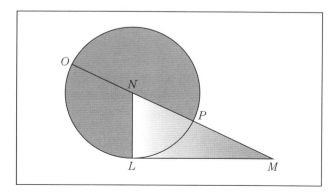

Figura 15.4

cubo e a trissecção do ângulo levavam a equações cúbicas, Descartes afirmava, mas sem demonstração adequada, que esses problemas não podem ser resolvidos com régua e compasso. Dos três problemas antigos, portanto, só o da quadratura do círculo permanecia aberto a discussão.

O título *La géométrie* não deve induzir ao erro de se pensar que a obra é primariamente geométrica. Já no *Discourse*, do qual a *Geometria* era um apêndice, Descartes tinha discutido os méritos relativos da álgebra e da geometria, sem mostrar parcialidade por nenhuma delas. Acusava a segunda de usar, de modo pesado demais, diagramas que fatigam a imaginação desnecessariamente, e a primeira de ser uma arte confusa e obscura que embaraça a mente. O objetivo de seu método, portanto, era duplo: (1) por processos algébricos, libertar a geometria de diagramas e (2) dar significados às operações da álgebra por meio de interpretações geométricas. Descartes estava convencido de que todas as ciências matemáticas partem dos mesmos princípios básicos, e decidiu usar o melhor de cada ramo. Seu método em *La géométrie* consiste, então, em partir de um problema geométrico, traduzi-lo em linguagem de equação algébrica, e depois, tendo simplificado ao máximo a equação, resolvê-la geometricamente, de modo semelhante ao que usava para equações quadráticas.

Classificação das Curvas

Descartes ficou muito impressionado com a força de seu método no tratamento do problema do lugar geométrico das três e quatro retas e, por isso, passou a generalizações desse problema — um problema que corre como um fio de Ariadne através dos três livros de *La géométrie*. Ele sabia que Papus não pudera dizer nada sobre os lugares geométricos quando o número de retas era aumentado para seis ou oito ou mais; por isso, Descartes passou a estudar tais casos. Ele percebia que para cinco ou seis retas o lugar geométrico é uma cúbica, para sete ou oito é uma quártica, e assim por diante. Mas Descartes não mostrou interesse real pela forma desses lugares geométricos, pois estava obcecado com a questão dos meios necessários para construir geometricamente as ordenadas correspondentes a abscissas dadas. Para cinco retas, por exemplo, ele observou triunfante que se elas não são todas paralelas, então o lugar é elementar no sentido que, dado um valor de x, o segmento representando y pode ser construído só com régua e compasso. Se quatro das retas são paralelas e a distâncias iguais a a e a quinta é perpendicular às outras (Fig. 15.5) e se a constante de proporcionalidade no problema de Papus é tomada como sendo essa mesma constante a, então o lugar geométrico é dado por $(a + x)(a - x)(2a - x) = axy$, uma cúbica que Newton mais tarde chamou a parábola ou tridente de Descartes: $x^3 - 2ax^2 - a^2x + 2a^3 = axy$. Essa curva aparece repetidamente em *La géométrie*, no entanto Descartes não deu em parte alguma um esboço completo dela. Seu interesse pela curva era triplo: (1) obter sua equação como um lugar geométrico de Papus; (2) mostrar como gerá-la pelo movimento de curvas de grau inferior; e (3) usá-la, por sua vez, para construir as raízes de equações de grau superior.

Descartes considerava o tridente construtível só por métodos planos no sentido que, para cada ponto x no eixo das abscissas, a ordenada y pode ser traçada só com régua e compasso. Isso, em geral, não é possível para cinco ou mais retas traçadas arbitrariamente no problema de Papus. No caso de não mais que oito retas, o lugar geométrico é um polinômio em x e y tal que, para um ponto dado no eixo x, a construção da ordenada y correspondente exige a solução geométrica de uma

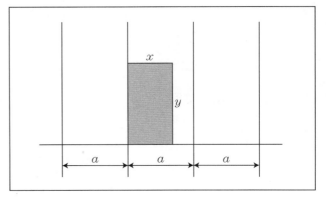

Figura 15.5

equação cúbica ou de uma quártica, o que, como vimos, em geral requer o uso de secções cônicas. Para não mais de doze retas no problema de Papus, o lugar geométrico é um polinômio em x e y de grau não superior a seis, e a construção, em geral, exige curvas além das secções cônicas. Aqui, Descartes fez um progresso importante, além do que os gregos haviam feito quanto a problemas de construtibilidade geométrica. Os antigos nunca tinham verdadeiramente aceito como legítimas construções que usassem curvas que não fossem retas ou círculos, embora às vezes reconhecessem relutantemente, como Papus fizera, as classes a que denominavam problemas sólidos e problemas lineares. A segunda categoria, em particular, era uma miscelânea de problemas sem verdadeira aceitação.

Descartes então resolveu especificar uma classificação ortodoxa de problemas geométricos determinados. Aqueles que levam a equações quadráticas e podem, portanto, ser construídos com régua e compasso, ele colocou na primeira classe; os que levam a equações cúbicas e quárticas, cujas raízes podem ser construídas por meio de secções cônicas, na classe números dois; os que levam a equações de graus cinco ou seis podem ser construídos introduzindo uma curva cúbica, como o tridente ou parábola superior $y = x^3$, e esses ele colocou na classe três. Descartes continuou assim, reunindo problemas geométricos e equações algébricas em classes, supondo que a construção das raízes de uma equação de grau $2n$ ou $2n - 1$ era um problema de classe n.

Essa classificação cartesiana por pares de graus parecia confirmada por considerações algébricas. Sabia-se que a solução da equação quártica era redutível à da cúbica resolvente, e Descartes extrapolou prematuramente ao supor que a solução de uma equação de grau $2n$ pode ser reduzida à de uma equação resolvente de grau $2n - 1$. Muitos anos depois, mostrou-se que a atraente generalização de Descartes não é válida. Mas sua obra teve o efeito salutar de encorajar o relaxamento das regras sobre construtibilidade, de modo que curvas planas de grau superior podiam ser usadas.

Retificação das curvas

Deve-se notar que a classificação de Descartes dos problemas geométricos incluía alguns, mas não todos, dos que Papus amontoara sob o nome de "lineares". Ao introduzir as curvas novas de que necessitava para construções geométricas além do quarto grau, Descartes acrescentara aos axiomas usuais da geometria mais um axioma:

Duas ou mais retas (ou curvas) podem ser movidas, uma sobre a outra, determinando por suas intersecções novas curvas.

Isso em si não difere muito do que os gregos tinham feito em sua geração cinemática de curvas como a quadratriz, a cissoide, a conchoide e a espiral; mas, ao passo que os antigos tinham agrupados todas elas, Descartes fez agora distinções cuidadosas entre aquelas, como a cissoide e a conchoide, que chamaríamos de algébricas, e outras como a quadratriz e a espiral, que hoje são chamadas transcendentes. Ao primeiro tipo, Descartes deu reconhecimento geométrico total, junto com a reta, o círculo, e as cônicas, chamando todas elas de "curvas geométricas"; o segundo tipo ele excluiu totalmente da geometria, estigmatizando-as como "curvas mecânicas". Para essa decisão, Descartes tomou como base a "exatidão de raciocínio". Curvas mecânicas, disse ele, "devem ser concebidas como descritas por dois movimentos separados, cuja relação não admite determinação exata", — tal como a razão entre a circunferência e o diâmetro de um círculo no caso dos movimentos que descrevem a quadratriz e a espiral. Em outras palavras, Descartes considerava as curvas algébricas como descritas exatamente, e as transcendentes como inexatamente descritas, porque essas últimas são em geral definidas em termos de comprimentos de arcos. Sobre isso, ele escreveu, em *La géométrie*:

A geometria não devia incluir retas (ou curvas) que são como barbantes, por serem às vezes retas e às vezes curvadas, porque as razões entre linhas retas e curvas não são conhecidas e eu creio que não podem ser descobertas por mentes humanas, portanto nenhuma conclusão baseada em tais relações pode ser aceita como rigorosa e exata.

Descartes, aqui, simplesmente reitera o dogma, sugerido por Aristóteles e afirmado por Averróis (Ibn Rushad, 1126-1198), que diz que nenhuma curva algébrica pode ser exatamente retificada. É bastante interessante que, em 1638, o ano seguinte ao da publicação de *La géométrie*, Descartes se deparou com uma curva "mecânica" que se verifica ser retificável. Por meio de Mersenne, o representante de Galileu na França, a questão, levantada em *As duas novas ciências*, da trajetória de queda de um objeto sobre uma terra em rotação (assumindo a terra permeável), foi amplamente discutida, e isso levou Descartes à espiral equiangular ou logarítmica $r = ae^{b\theta}$ como a possível trajetória. Se Descartes não fosse tão firme em sua rejeição de tais curvas não geométricas, ele poderia ter-se antecipado a Torricelli na descoberta, em 1645, da primeira retificação moderna de uma curva. Torricelli mostrou, por métodos infinitesimais que tinha aprendido com Arquimedes, Galileu e Cavalieri, que o comprimento total da espiral logarítmica a partir de $\theta = 0$, enquanto se enrola para trás em torno do polo O, é exatamente igual ao comprimento da tangente polar PT (Fig. 15.6) no ponto para o qual $\theta = 0$. Esse notável resultado, é claro, não ia contra a doutrina cartesiana da não retificabilidade de curvas algébricas. Na verdade, Descartes poderia ter afirmado não só que a curva não era exatamente determinada, por ser mecânica, como também que o arco da curva tem um ponto assintótico no polo, que nunca é atingido.

Identificação das cônicas

Praticamente toda a *La géométrie* está dedicada a uma completa aplicação da álgebra à geometria e da geometria à álgebra; mas há pouco no tratado que se assemelha ao que hoje consideramos como geometria analítica. Não há nada de sistemático sobre coordenadas retangulares, pois ordenadas oblíquas são geralmente consideradas; portanto, não há fórmulas para distâncias, inclinação, ponto de divisão, ângulo entre duas retas, ou outro material introdutório semelhante. Além disso, em toda a obra, não há uma única curva nova traçada diretamente a partir de sua equação, e o autor se interessava tão pouco por esboçar curvas que nunca entendeu completamente o significado de coordenadas negativas. Ele sabia de modo geral que as ordenadas negativas são orientadas em sentido oposto ao tomado como positivo, mas nunca usou abscissas negativas. Além disso, o princípio fundamental da geometria analítica — a descoberta de que equações indeterminadas em duas incógnitas correspondem a lugares geométricos — só aparece no segundo livro, e mesmo então só incidentalmente.

> A solução de qualquer desses problemas sobre lugares geométricos não é mais do que achar um ponto para cuja completa determinação falta uma condição... Em qualquer um destes casos se pode obter uma equação contendo duas incógnitas.

Só em um caso Descartes examinou com detalhes um lugar geométrico, e isso foi em conexão com o problema do lugar geométrico das três e quatro retas de Papus, para o qual Descartes deduziu a equação $y^2 = ay - bxy + cx - dx^2$. Essa é a equação geral de uma cônica passando pela

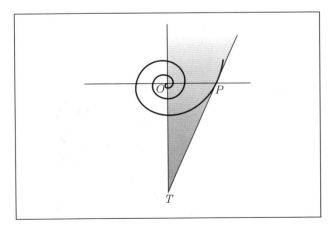

Figura 15.6

origem; embora os coeficientes literais sejam supostos positivos, isto é de longe a abordagem mais geral feita até então da análise da família das secções cônicas. Descartes indicou condições sobre os coeficientes para as quais a cônica é uma reta, uma parábola, uma elipse, ou uma hipérbole, a análise sendo, em certo sentido, equivalente ao reconhecimento da característica da equação da cônica. O autor sabia que, com uma escolha apropriada da origem e dos eixos, podia-se obter a forma mais simples da equação, mas não deu nenhuma das formas canônicas. A omissão de grande parte dos detalhes elementares tornou a obra muito difícil de entender para seus contemporâneos. Nas observações finais, Descartes procurou justificar a insuficiência da exposição com a afirmação pouco razoável de que havia deixado muito por dizer a fim de não roubar ao leitor a alegria da descoberta.

Inadequada como é a exposição, é o livro II de *La géométrie* que mais se aproxima do estilo moderno em geometria analítica. Há até um enunciado de um princípio fundamental de geometria analítica no espaço:

> Se faltarem duas condições para a determinação de um ponto, o lugar geométrico do ponto é uma superfície.

No entanto, Descartes não deu qualquer exemplo de tais equações, nem amplificação dessa breve sugestão de geometria analítica em três dimensões.

Normais e tangentes

Descartes percebia tão bem o significado de sua obra que a considerava como tendo mais ou menos a mesma relação com a geometria antiga que a retórica de Cícero com o abc das crianças. Seu engano, de nosso ponto de vista, esteve em dar ênfase a equações determinadas em vez de indeterminadas. Ele percebia que todas as propriedades de uma curva, tais como sua área ou a direção de sua tangente, ficam completamente determinadas quando é dada uma equação em duas incógnitas, mas não explorou completamente essa percepção. Escreveu:

> Terei dado aqui uma introdução suficiente ao estudo das curvas quando der um método geral para traçar uma reta fazendo ângulos retos com uma curva em um ponto arbitrariamente escolhido sobre ela. E ouso dizer que isso é não só o problema de geometria mais útil e geral que conheço, mas mesmo o que jamais desejei conhecer.

Descartes tinha toda razão ao dizer que o problema de achar a normal (ou a tangente) a uma curva era de grande importância, mas o método que publicou em *La géométrie* era menos eficiente que o que Fermat tinha desenvolvido quase na mesma época.

O livro II de *La géométrie* contém também muito material sobre as "ovais de Descartes", que são muito úteis em óptica e são obtidas generalizando o "método de jardineiro" de construir uma elipse por meio de barbantes. Se D_1 e D_2 são as distâncias de um ponto variável P a dois pontos fixos F_1 e F_2 respectivamente, e se m e n são inteiros positivos e K é qualquer constante positiva, então o lugar geométrico de P tal que $mD_1 + nD_2 = K$ é agora chamado uma oval de Descartes; mas o autor não usou as equações dessas curvas. Descartes percebeu que seus métodos podiam ser estendidos a "todas as curvas que podem ser concebidas como geradas pelo movimento regular dos pontos de um corpo no espaço tridimensional", mas não fez nenhum detalhe. A frase final do livro II — "E assim eu penso que nada omiti de essencial à compreensão das linhas curvas." — é realmente presunçosa.

O terceiro e último livro de *La géométrie* retoma o tópico do livro I — a construção das raízes das equações determinadas. Aqui, o autor previne que em tais construções "devemos sempre escolher com cuidado a curva mais simples que pode ser usada para a resolução de um problema". Isso significa, é claro, que se deve saber qual a natureza das raízes de equação a ser tratada, e em particular deve-se saber se a equação é redutível ou não. Por isso, o livro III é praticamente um curso sobre a teoria elementar das equações. Diz como descobrir raízes racionais, se existirem, como abaixar o grau da equação quando se conhece uma raiz, como aumentar ou diminuir as raízes de uma equação de qualquer quantidade, como multiplicá-las ou dividi-las por um número, como eliminar o segundo termo, como determinar o número de possíveis raízes "verdadeiras" ou "falsas" (isto é, positivas e negativas) pela bem conhecida "regra dos sinais de Descartes" e como achar a solução algébrica de equações cúbicas ou quárticas. Para finalizar, o autor lembra o leitor que deu as construções mais simples possíveis para problemas nas várias classes mencionadas antes. Em particular, a trissecção do ângulo e a duplicação do cubo estão na classe dois, exigindo mais que retas e círculos em sua construção.

Conceitos geométricos de Descartes

Nossa exposição da geometria analítica de Descartes deve ter deixado claro quão longe estavam os pensamentos do autor de considerações práticas que hoje estão tão frequentemente associadas com o uso de coordenadas. Ele não considerava um sistema de coordenadas a fim de localizar pontos, como um agrimensor ou um geógrafo poderiam fazer, nem pensava em suas coordenadas como pares de números. Neste aspecto, a frase "produto cartesiano", tão frequentemente usada hoje, é um anacronismo. *La géométrie* foi, em seu tempo, um triunfo da teoria não prática tanto quanto *As Cônicas* de Apolônio na antiguidade, apesar do papel extraordinariamente útil que ambas acabariam por vir a desempenhar. Além disso, o uso de coordenadas oblíquas era quase o mesmo nas duas obras, confirmando assim que a origem da geometria analítica moderna está na antiguidade, em vez de na latitude de formas medieval. As coordenadas de Oresme, que influenciaram Galileu, estão mais perto, tanto em motivação quanto em forma, do ponto de vista moderno, que as de Apolônio e Descartes. Mesmo que Descartes conhecesse a representação gráfica de funções de Oresme, e isso não é evidente, não há nada no pensamento cartesiano que indique que ele teria percebido qualquer semelhança entre a finalidade da latitude de formas e sua própria classificação das construções geométricas. A teoria das funções no final das contas veio a tirar grande proveito da obra de Descartes, mas a noção de forma ou função não teve papel aparente no desenvolvimento da geometria cartesiana.

Em termos de capacidade matemática, Descartes provavelmente foi o mais habilidoso pensador de seu tempo, mas, no fundo, ele não era realmente um matemático. Sua geometria foi apenas um episódio em uma vida dedicada à ciência e à filosofia, e embora ocasionalmente mais tarde ele contribuísse para a matemática por meio de sua correspondência, ele não deixou outra grande obra no ramo. Em 1649, aceitou um convite da rainha Cristina da Suécia para instruí-la em filosofia e fundar uma academia de ciências em Estocolmo. Descartes nunca teve boa saúde, e o rigor do inverno escandinavo foi demasiado para ele; morreu no início de 1650.

Lugares geométricos de Fermat

Se Descartes tinha um rival em capacidade matemática, era Fermat, mas este não era de modo algum um matemático profissional. Fermat estudou direito em Toulouse, onde serviu no parlamento local, primeiro como advogado, mais tarde como conselheiro. Isso significava que era um homem ocupado; no entanto parece ter tido tempo para dedicar, por prazer, à literatura, ciência e matemática clássicas. O resultado foi que, em 1629, começou a fazer descobertas de importância capital em matemática. Nesse ano, ele começou a praticar um dos esportes favoritos do tempo — a "restauração" de obras perdidas da antiguidade, com base em informação encontrada nos tratados clássicos preservados. Fermat se propôs a reconstruir o *Lugares geométricos planos* de Apolônio, com base em alusões contidas na *Coleção matemática* de Papus. Um subproduto desse esforço foi a descoberta, no mais tardar em 1636, do princípio fundamental da geometria analítica:

> Sempre que em uma equação final encontram-se duas incógnitas, temos um lugar geométrico, a extremidade de um deles descrevendo uma linha, reta ou curva.

Essa afirmação profunda, escrita um ano antes do aparecimento da *Geometria* de Descartes, parece ter resultado da aplicação feita por Fermat da análise de Viète ao estudo dos lugares geométricos de Apolônio. Nesse caso, como no de Descartes, o uso de coordenadas não veio de considerações práticas, nem da representação gráfica medieval de funções. Surgiu da aplicação da álgebra do Renascimento a problemas geométricos da antiguidade. No entanto, o ponto de vista de Fermat não concordava inteiramente com o de Descartes, pois Fermat dava ênfase ao esboço de soluções de equações *indeterminadas*, em vez de à construção geométrica das raízes de equações algébricas *determinadas*. Além disso, enquanto Descartes construíra sua *Geometria* em torno do difícil problema de Papus, Fermat limitou sua exposição, no curto tratado intitulado *Ad locus planos et solidos isagoge* (*Introdução aos lugares geométricos planos e sólidos*), apenas aos lugares geométricos mais simples.

Onde Descartes começara com o lugar geométrico das três e quatro retas, usando uma das retas como eixo das abscissas, Fermat começou com a equação linear e escolheu um sistema de coordenadas arbitrário sobre o qual a esboçou.

Usando a notação de Viète, Fermat esboçou primeiro o caso mais simples de equação linear — dado em latim como "*D in A aequetur B in E*" (isto é, $Dx = By$, em simbolismo moderno). O gráfico é claro, é uma reta pela origem das coordenadas — ou antes, semirreta com a origem como extremidade, pois Fermat, como Descartes, não usava abscissas negativas. A equação linear mais geral $ax + by = c^2$ (pois Fermat conservou a homogeneidade de Viète), ele esboçou como um segmento de reta no primeiro quadrante, com extremidades nos eixos de coordenadas. Em seguida, para mostrar o poder de seu método para tratar lugares geométricos, Fermat anunciou o seguinte problema que descobrira com o método novo:

> Dado qualquer número de retas fixadas, em um plano, o lugar geométrico de um ponto, tal que é constante a soma de múltiplos quaisquer dos segmentos traçados a ângulos dados do ponto às retas dadas, é uma reta.

Isso, claro, é um corolário simples do fato que os segmentos são funções lineares das coordenadas e da proposição de Fermat que diz que toda equação de primeiro grau representa uma reta.

Fermat, em seguida, mostrou que $xy = k^2$ é uma hipérbole e que uma equação da forma $xy + a^2 = bx + cy$ pode ser reduzida a uma da forma $xy = k^2$ (por uma translação de eixos). A equação $x^2 = y^2$ ele considerava como uma só reta (ou semirreta), pois operava só no primeiro quadrante, e reduziu outras equações homogêneas de segundo grau a essa forma. Depois, ele mostrou que $a^2 \pm x^2 = by$ é uma parábola, que $x^2 + y^2 + 2ax + 2by = c^2$ é um círculo, que $a^2 - x^2 = ky^2$ é uma elipse e que $a^2 + x^2 = ky^2$ é uma hipérbole (da qual deu ambos os ramos). A equações quadráticas mais gerais, em que os vários termos de segundo grau aparecem, Fermat aplicou uma rotação de eixos para reduzi-las a uma das formas anteriores. Como "coroamento" de seu tratado, Fermat considerou a proposição seguinte.

> Dado qualquer número de retas, o lugar geométrico de um ponto, tal que é constante a soma dos quadrados dos segmentos traçados a ângulos dados do ponto às retas, é um lugar sólido.

Essa proposição é evidente em termos da exaustiva análise de Fermat dos vários casos de equações quadráticas em duas incógnitas. Como apêndice à *Introdução aos lugares geométricos*, Fermat acrescentou "A solução de problemas sólidos por meio de lugares geométricos", em que observa que equações determinadas cúbicas ou quárticas podem ser resolvidas por meio de cônicas, o tema que tomava tão grandes proporções na geometria de Descartes.

Geometria analítica em dimensão superior

A *Introdução aos lugares geométricos* de Fermat não foi publicada em vida do autor; por isso, na mente de muitos, a geometria analítica era considerada invenção de Descartes unicamente. É claro, agora, que Fermat tinha descoberto essencialmente o mesmo método bem antes do aparecimento de *La géométrie* e que sua obra circulava em forma de manuscrito até sua publicação em 1679, na *Varia opera mathematica*. É uma pena que Fermat não tenha publicado quase nada em toda sua vida, pois sua exposição era muito mais sistemática e didática que a de Descartes. Além disso, sua geometria analítica era um tanto mais próxima da nossa, no fato de serem as ordenadas usualmente tomadas perpendicularmente ao eixo das abscissas. Como Descartes, Fermat percebia a existência de uma geometria analítica em mais de duas dimensões, pois em outra conexão ele escreveu:

> Há certos problemas que envolvem só uma incógnita e que podem ser chamados determinados, para distingui-los dos problemas de lugares geométricos. Há outros que envolvem duas incógnitas e que nunca podem ser reduzidos a uma só; e esses são os problemas de lugares geométricos. Nos primeiros problemas, procuramos um ponto único, nos segundos uma curva. Mas se o problema proposto envolve três incógnitas, deve-se achar, para satisfazer à equação, não apenas um ponto ou curva, mas toda uma superfície. Assim aparecem superfícies como lugares geométricos etc.

Aqui no "etc." final há uma sugestão de geometria em mais de três dimensões, mas se Fermat tinha realmente isso em mente, não foi além. Mesmo a geometria em três dimensões teria que esperar até o século dezoito, antes de ser efetivamente desenvolvida.

Derivações de Fermat

É possível que Fermat, desde 1629, estivesse de posse de sua geometria analítica, pois por essa época ele fez duas descobertas significativas que se relacionam de perto com seu trabalho sobre lugares geométricos. A mais importante dessas foi descrita alguns anos depois em um tratado, também não publicado durante sua vida, chamado *Método para achar máximos e mínimos*. Fermat estivera considerando lugares geométricos dados (em notação moderna) por equações da forma $y = x^n$, por isso elas são hoje frequentemente chamadas "parábolas de Fermat", se n é positivo, ou "hipérboles de Fermat", se n é negativo. Aqui temos uma geometria analítica de curvas planas de grau superior; mas Fermat foi além. Para curvas polinomiais da forma $y = f(x)$, ele notou um modo muito engenhoso para achar pontos em que a função assume um máximo ou o um mínimo. Ele comparou o valor de $f(x)$ em um ponto com o valor $f(x+E)$ em um ponto próximo. Em geral, esses valores serão bem diferentes, mas em um topo ou em um fundo de uma curva lisa, a variação será quase imperceptível. Portanto, para achar os pontos de máximo e de mínimo, Fermat igualava $f(x)$ e $f(x+E)$, percebendo que os valores, embora não exatamente iguais, são quase iguais. Quanto menor o intervalo E entre os dois pontos, mais perto chega a pseudoigualdade de ser uma verdadeira equação; por isso, Fermat, depois de dividir tudo por E fazia $E = 0$. Os resultados lhe davam as abscissas dos pontos de máximo e mínimo do polinômio. Aqui, em essência, tem-se o processo hoje chamado de derivação, pois o método de Fermat equivale a achar

$$\lim_{E \to 0} \frac{f(x+E) - f(x)}{E}$$

e igualar isso a zero. Portanto, é razoável acompanhar Laplace ao saudar Fermat como descobridor do cálculo diferencial, bem como codescobridor da geometria analítica. Fermat não tinha o conceito de limite, mas, fora isso, seu método para máximos e mínimos se iguala ao usado hoje no cálculo.

Durante os anos em que Fermat estava desenvolvendo sua geometria analítica, ele descobriu também como aplicar seu processo de valores vizinhos para achar a tangente a uma curva algébrica da forma $y = f(x)$. Se P é um ponto da curva $y = f(x)$ em que se procura a tangente, e se as coordenadas de P são (a, b), então um ponto próximo na curva, com coordenadas $x = a + E, y = f(a + E)$, estará tão perto da tangente que se pode pensar nele como estando aproximadamente sobre a tangente, além de sobre a curva. Portanto, se a subtangente no ponto P é $TQ = c$ (Fig. 15.7), os triângulos TPQ e $TP'Q'$ podem ser considerados praticamente semelhantes. Portanto, tem-se a proporção

$$\frac{b}{c} = \frac{f(a+E)}{c+E}$$

Multiplicando em cruz, cancelando termos iguais, lembrando que $b = f(a)$, então dividindo tudo por E, e finalmente pondo $E = 0$, acha-se facilmente a subtangente c.

O processo de Fermat equivale a dizer que

$$\lim_{E \to 0} \frac{f(a+E) - f(a)}{E}$$

é a inclinação da tangente em $x = a$; mas Fermat não explicou satisfatoriamente seu processo, dizendo simplesmente que era semelhante ao seu método para máximos e mínimos. Descartes, em particular, quando o método lhe foi exposto por Mersenne em 1638, atacou-o como não sendo válido em geral. Ele propôs como um desafio a curva, a partir daí conhecida como "folium de Descartes", $x^3 + y^3 = 3axy$. Que os matemáticos do tempo desconheciam coordenadas negativas fica aparente pelo fato de a curva ser desenhada como um simples folium ou "folha" no primeiro quadrante — ou às vezes como um trevo de quatro folhas, com uma folha em cada quadrante! Finalmente, de má vontade, Descartes reconheceu a validade do método de tangentes de Fermat, mas a Fermat nunca foi dada a apreciação que merecia.

Integrações de Fermat

Fermat não só tinha um método para achar a tangente de curvas da forma $y = x^m$, mas também, algum tempo depois de 1629, chegou a um teorema sobre a área sob essas curvas — o teorema que Cavalieri publicou em 1635 e 1647. Para achar a área, Fermat a princípio parece ter usado fórmulas para as somas das potências dos inteiros, ou desigualdades da forma

$$1^m + 2^m + 3^m + \cdots + n^m > \frac{n^{m+1}}{m+1} >$$
$$> 1^m + 2^m + 3^m + \cdots + (n-1)^m$$

para estabelecer o resultado para todos os valores inteiros positivos de m. Isso já era um progresso sobre a obra de Cavalieri, que se limitou aos casos de $m = 1$ até $m = 9$; mas mais tarde Fermat desenvolveu um método melhor para tratar o problema, que se aplicava a valores tanto fracionários quanto inteiros de m. Considere a curva $y = x^n$ e suponha que se procura a área sob a curva desde $x = 0$ até $x = a$. Então, Fermat subdividia o intervalo desde $x = 0$ até $x = a$ em uma infinidade de subintervalos tomando os pontos com abscissa $a, aE, aE^2, aE^3, \ldots$ onde E é uma quantidade menor que um. Nesses pontos, ele levantava ordenadas da curva e depois aproximava a área sob a curva por meio de retângulos (como se indica na Fig. 15.8). As áreas dos sucessivos retângulos de aproximação circunscritos, a começar do maior, são dadas pelos termos em progressão geométrica $a^n(a - aE)$, $a^n E^n(aE - aE^2), a^n E^{2n}(aE^2 - aE^3), \ldots$ A soma até infinito desses termos é

$$\frac{a^{n+1}(1-E)}{1-E^{n+1}} \quad \text{ou} \quad \frac{a^{n+1}}{1+E+E^2+\cdots+E^n},$$

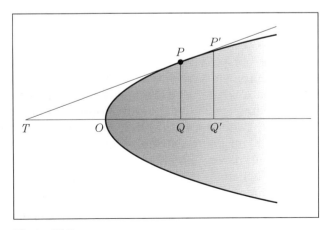

Figura 15.7

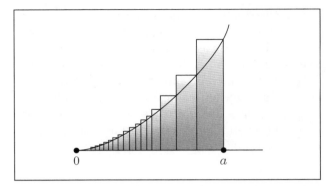

Figura 15.8

Quando E tende a 1 — isto é, os retângulos se tornam cada vez mais estreitos — a soma das áreas dos retângulos se aproxima da área sob a curva. Fazendo $E = 1$ na fórmula acima para a soma dos retângulos, obtemos $(a^{n+1})/(n+1)$, a área procurada sob a curva $y = x^n$ desde $x = 0$ até $x = a$. Para mostrar que isso vale para valores racionais fracionários, p/q, tomemos $n = p/q$. A soma da progressão geométrica é então

$$a^{(p+q)/q}\left(\frac{1-E}{1-E^{p+q}}\right) =$$
$$= a^{(p+q)/q}\left(\frac{1+E+E+\cdots+E^{q-1}}{1+E+E^2+\cdots+E^{p+q-1}}\right),$$

E, quando $E = 1$, isso fica

$$\frac{q}{p+q}a^{(p+q)/q},$$

Se, em notação moderna, queremos obter $\int_a^b x^n\,dx$, basta observar que isso é $\int_0^b x^n\,dx - \int_0^a x^n\,dx$.

Para valores negativos de n (exceto $n = -1$), Fermat usava um processo semelhante, só que E é tomado como maior que um e se aproxima de um por cima, a área encontrada sendo a que se acha sob a curva desde $x = a$ até infinito. Para achar $\int_a^b x^{-n}dx$, bastava então observar que isso é $\int_a^\infty x^{-n}\,dx - \int_b^\infty x^{-n}dx$.

Gregório de St. Vincent

Para $n = -1$, o processo falha; mas o contemporâneo mais velho de Fermat, Gregório de St. Vincent (1584-1667) resolveu esse caso em seu *Opus geometricum quadraturae circuli et sectionum coni* (*Obra geométrica sobre a quadratura do círculo e de secções cônicas*). Grande parte dessa obra tinha sido completada antes de Fermat trabalhar com tangentes e áreas, talvez já em 1622-1625, embora não fosse publicado até 1647. Gregório de St. Vincent, nascido em Ghent, era um professor jesuíta em Roma e Praga e mais tarde tornou-se professor na corte de Filipe IV de Espanha. Em suas viagens, ele se separou de seus artigos e, em consequência, o aparecimento da *Opus geometricum* se atrasou muito. Nesse tratado, Gregório mostrara que se ao longo do eixo x marca-se, a partir de $x = a$, pontos tais que os intervalos entre eles crescem em progressão geométrica, e se nesses pontos levantam-se ordenadas da hipérbole $xy = 1$, então as áreas sob a curva entre ordenadas sucessivas são iguais. Isto é, enquanto a abscissa cresce geometricamente, a área sob a curva cresce aritmeticamente.

Portanto, o equivalente de $\int_a^b x^{-1}dx = \ln b - \ln a$ era conhecido por Gregório e seus contemporâneos. Infelizmente, uma aplicação errada do método dos indivisíveis levara Gregório de St. Vincent a acreditar que tinha quadrado o círculo, erro que prejudicou sua reputação.

Fermat se ocupara de muitos aspectos da análise infinitesimal — tangentes, quadraturas, volumes, comprimentos de curvas, centros de gravidade. Dificilmente poderia deixar de notar que, ao achar tangentes a $y = kx^n$, multiplica-se o coeficiente pelo expoente e abaixa-se o expoente de uma unidade, ao passo que para achar áreas, aumenta-se o expoente e divide-se pelo novo expoente. Poderia a natureza inversa desses dois problemas ter-lhe escapado? Embora isso seja improvável, parece, no entanto, que em lugar nenhum ele chamou a atenção para a relação que hoje se chama o teorema fundamental do cálculo.

A relação inversa entre problemas de área e tangentes deveria ter sido clara em uma comparação da área sob a hipérbole achada por St. Vincent com a análise feita por Descartes dos problemas inversos sobre tangentes propostos via Mersenne, em 1638. Esses problemas tinham sido propostos por Florimond Debeaune (1601-1652), um jurista em Blois que também era um bom matemático, admirado até por Descartes. Um dos problemas pedia a determinação de uma curva cuja tangente tivesse a propriedade agora expressa pela equação diferencial a $dy/dx = x - y$. Descartes percebeu que a solução era não algébrica, mas evidentemente não percebeu que envolvia logaritmos.

Teoria dos números

As contribuições de Fermat à geometria analítica e à análise infinitesimal foram apenas dois dos aspectos de sua obra — e provavelmente não seus tópicos favoritos. Em 1621, a *Arithmetica* de Diofante tinha sido ressuscitada mais uma vez pela edição grega e latina por Claude Gaspard de Bachert (1591-1639), um membro de um grupo informal de cientistas em Paris. A *Arithmetica* de Diofante não era desconhecida, pois Regiomontanus pensara em imprimi-la; várias traduções aparecem durante o século dezesseis, com pouco resultado para a teoria dos números. Talvez a obra de Diofante fosse muito pouco prática para os praticantes e muito algorítmica para os de inclinação especulativa; mas atraiu fortemente Fermat, que se tornou o fundador da moderna teoria dos números. Muitos aspectos do assunto apelaram à sua imaginação, inclusive os números perfeitos e amigáveis, números figurados, quadrados mágicos, ternas pitagóricas, divisibilidade, e acima de tudo, números primos. Alguns de seus teoremas ele demonstrou por um método que denominou sua "descida infinita" — uma espécie de indução matemática ao contrário, processo que Fermat foi dos primeiros a usar. Como ilustração de seu processo, vamos aplicá-lo a um velho e familiar problema — a demonstração de que $\sqrt{3}$ não é racional. Suponhamos que $\sqrt{3} = a_1/b_1$, onde a_1 e b_1 são inteiros positivos com $a_1 > b_1$. Como

$$\frac{1}{\sqrt{3}-1} = \frac{\sqrt{3}+1}{2},$$

substituindo a primeira $\sqrt{3}$ por a_1/b_1 temos

$$\sqrt{3} = \frac{3b_1 - a_1}{a_1 - b_1}$$

Da desigualdade $3/2 < a_1/b_1 < 2$, é claro que $3b_1 - a_1$ e $a_1 - b_1$ são inteiros positivos, a_2 e b_2, cada um menor que a_1 e b_1 respectivamente e tais que $\sqrt{3} = a_2/b_2$. Esse raciocínio pode ser repetido indefinidamente, levando a uma descida infinita, em que a_n e b_n são inteiros cada vez menores tais que $\sqrt{3} = a_n/b_n$. Isso leva à conclusão falsa de que não existe um menor inteiro positivo. Portanto, a premissa de $\sqrt{3}$ ser um quociente de inteiros é falsa.

Usando seu método de descida infinita, Fermat conseguiu demonstrar a afirmação de Girard de que todo número primo da forma $4n + 1$ pode ser escrito de uma única maneira como soma de dois quadrados. Mostrou que se $4n + 1$ não é a soma de dois quadrados, há sempre um inteiro menor dessa forma que não é a soma de dois quadrados. Usando essa relação recursiva para traz, chega-se à falsa conclusão de que o menor inteiro desse tipo, 5, não é a soma de dois quadrados (ao passo que $5 = 1^2 + 2^2$). Portanto, o teorema geral fica demonstrado. Como é fácil demonstrar que nenhum inteiro da forma $4n - 1$ pode ser a soma de dois quadrados e como os primos, exceto 2, são da forma $4n + 1$ ou $4n - 1$, pelo teorema de Fermat pode-se facilmente classificar os números primos em números que são ou não somas de dois quadrados. O primo 23, por exemplo, não pode ser assim dividido, ao passo que o primo 29 pode ser escrito como $2^2 + 5^2$. Fermat sabia que um primo de qualquer das duas formas pode ser expresso como diferença de dois quadrados, de uma e uma só maneira.

Os teoremas de Fermat

Fermat usou seu método de descida infinita para demonstrar que nenhum cubo é soma de dois cubos — isto é, que não existem inteiros positivos x, y, z, tais que $x^3 + y^3 = z^3$. Indo além, Fermat enunciou a proposição geral que para n um inteiro maior que dois, não há valores inteiros positivos x,

y, z, tais que $x^n + y^n = z^n$. Escreveu na margem de seu exemplar do Diofante de Bachet que tinha uma demonstração verdadeiramente maravilhosa desse célebre teorema, que a partir daí se tornou conhecido como "último" ou "grande" teorema de Fermat. Fermat, infelizmente, não deu sua demonstração, descrevendo-a apenas como tal que "essa margem é demasiado estreita para contê-la". Se Fermat tinha realmente essa demonstração, permanece perdida até hoje. Apesar de todos os esforços para encontrar uma demonstração, estimulados por um prêmio de antes da Primeira Guerra Mundial, de 100.000 marcos, para uma solução, o problema permaneceu sem solução até a década de 1990. No entanto, a procura de soluções levou à matemática ainda melhor do que aquela que na antiguidade resultou de esforços para resolver os três problemas geométricos clássicos e insolúveis.

Talvez dois milênios antes do tempo de Fermat, tenha havido uma "hipótese chinesa" que dizia que n é primo se e só se $2^n - 2$ é divisível por n, onde n é um inteiro maior que um. Sabe-se hoje que metade dessa conjetura é falsa, pois $2^{341} - 2$ é divisível por 341, e $341 = 11 \cdot 31$ é composto; mas a outra metade é verdadeira, e o "pequeno" teorema de Fermat é uma generalização disso. Uma consideração de muitos casos de números da forma $a^{p-1} - 1$, inclusive $2^{36} - 1$, sugeriu que se p é primo e a é primo com p, então $a^{p-1} - 1$ é divisível por p. Baseado em uma indução sobre apenas cinco casos ($n = 0, 1, 2, 3$ e 4), Fermat formulou uma segunda conjetura — que os inteiros da forma $2^{2^n} + 1$, agora conhecidos como "números de Fermat", são sempre primos. Euler, um século mais tarde, mostrou que essa conjetura é falsa, pois $2^{2^5} + 1$ é composto. Na verdade, hoje se sabe que $2^{2^n} + 1$ *não* é primo muitos n acima de cinco, e começamos a nos perguntar se existe algum outro número de Fermat primo, além daqueles que Fermat conhecia.

O pequeno teorema de Fermat teve melhor destino que sua conjetura sobre números de Fermat primos. Uma demonstração do teorema foi deixada em manuscrito por Leibniz, e outra demonstração elegante e elementar foi publicada por Euler, em 1736. A demonstração de Euler faz uso engenhoso da indução matemática, método que Fermat, tanto quanto Pascal, conhecia bem. Na verdade, a indução matemática, ou raciocínio por recorrência, ás vezes é chamada "indução de Fermat" para distingui-la da indução científica ou "de Bacon".

Fermat foi verdadeiramente "o príncipe dos amadores" em matemática. Nenhum matemático profissional de seu tempo fez maiores descobertas ou contribuiu mais para o assunto; no entanto Fermat era tão modesto que quase nada publicou. Contentava-se em escrever a Mersenne sobre suas ideias (incidentalmente o nome de Mersenne se preservou em conexão com os "números de Mersenne", isto é, primos da forma $2^p - 1$) e assim perdeu a atribuição de prioridade para muito de sua obra. Neste aspecto, ele partilhou do destino de um de seus amigos e contemporâneos mais capazes — o pouco amigável professor Roberval, um membro do "grupo de Mersenne" e o único matemático verdadeiramente profissional entre os franceses que discutimos neste capítulo.

Gilles Persone de Roberval

A designação para a cátedra de Ramus no Collège Royal, que Roberval manteve durante cerca de quarenta anos, era determinada a cada três anos, com base em um exame competitivo, cujas questões eram postas pelos detentores. Em 1634, Roberval ganhou o concurso, provavelmente porque havia desenvolvido um método de indivisíveis semelhante ao de Cavalieri; não revelando seu método a outros, conseguiu conservar sua posição na cátedra até sua morte, em 1675. Mas isso significou que ele não recebia reconhecimento pela maior parte de suas descobertas e que ele se envolvia em numerosas querelas a respeito de prioridades. A mais amarga dessas controvérsias foi referente à cicloide, curva a que veio a ser aplicada a frase "a Helena dos geômetras", por causa da frequência com que provocou querelas durante o século dezessete. Mersenne, em 1615, tinha chamado a atenção dos matemáticos para a cicloide, tendo talvez ouvido falar da curva por meio de Galileu;

em 1628, quando Roberval chegou a Paris, Mersenne propôs ao jovem que estudasse a curva. Em 1634, Roberval foi capaz de demonstrar que a área sob um arco da curva é exatamente três vezes a área do círculo gerador. Em 1638, ele tinha descoberto como traçar a tangente à curva em qualquer ponto (problema resolvido mais ou menos ao mesmo tempo também por Fermat e Descartes) e tinha achado o volume gerado quando a área sob um arco gira em torno da reta de base. Mais tarde ainda, achou os volumes gerados por revolução da área em torno do eixo de simetria ou em torno da tangente no vértice.

Roberval não publicou suas descobertas relativas à cicloide (que ele chamou de trocoide, da palavra grega para roda), porque ele pode ter desejado propor questões semelhantes para possíveis candidatos a sua cátedra. Como observado anteriormente, isso deu a Torricelli prioridade na publicação. Roberval pensava em um ponto P na cicloide como sujeito a dois movimentos iguais, um de translação, e o outro de rotação. A medida que o círculo gerador rola sobre a reta de base AB (Fig. 15.9), P é carregado horizontalmente, e ao mesmo tempo gira em torno de O, o centro do círculo. Portanto, por P, traçam-se uma reta horizontal OS, para o movimento de translação, e uma reta PR tangente ao círculo gerador, para a componente de rotação. Como o movimento de translação é igual ao movimento de rotação, a bissetriz PT do ângulo SPR é a tangente à cicloide procurada.

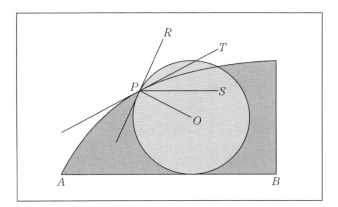

Figura 15.9

Entre as outras contribuições de Roberval, estava o primeiro esboço, em 1635, da metade de um arco da curva do seno. Isto foi importante como indicação de que a trigonometria estava gradualmente se afastando da ênfase computacional que tinha dominado o pensamento neste campo, e indo em direção a uma abordagem funcional. Por meio de seu método de indivisíveis, Roberval foi capaz de mostrar o equivalente de $\int_a^b \operatorname{sen} x dx = \cos a - \cos b$, indicando novamente que os problemas de área tendiam, na época, a serem mais fáceis de manejar do que as questões sobre tangentes.

Girard Desargues e a geometria projetiva

Os grandes desenvolvimentos da matemática durante os dias de Descartes e Fermat foram na geometria analítica e na análise infinitesimal. É provável que o próprio sucesso desses ramos fizesse com que os homens da época esquecessem um pouco outros aspectos da matemática. Já vimos que Fermat não encontrou quem partilhasse sua fascinação com a teoria dos números; também a geometria pura sofreu um abandono totalmente imerecido no mesmo período. *Cônicas*, de Apolônio, tinha sido uma das obras favoritas de Fermat, mas os métodos analíticos modificaram seu ponto de vista. Enquanto isso, *Cônicas* tinha chamado a atenção de um homem prático, com uma imaginação muito pouco prática — Girard Desargues, um arquiteto e engenheiro militar de Lyons. Durante alguns anos, Desargues estivera em Paris, onde pertencia ao grupo de matemáticos que estivemos considerando; mas seu ponto de vista muito pouco ortodoxo sobre o papel da perspectiva na arquitetura e geometria encontrou pouca simpatia, e ele voltou a Lyons para trabalhar em seu novo tipo de matemática quase sozinho. O resultado foi um dos mais malsucedidos grandes livros de todos os tempos. Mesmo o título pomposo era repulsivo — *Brouillon projet d'une atteinte aux événements des recontres d'une cone avec un plan* (Paris 1639). Isso pode ser traduzido como "*Esboço tosco de uma tentativa de tratar o resultado de um encontro entre um cone e um plano*", título de uma prolixidade que contrasta fortemente com a brevidade e simplicidade de *Cônicas*, de Apolônio. Entretanto, a ideia em que se baseia a obra de Desargues é a essência da simplicidade — uma ideia derivada da perspectiva na arte do Renascimento e do princípio de continuidade de Kepler. Todos sabem que um círculo olhado obliquamente parece com uma elipse, ou que o contorno da sombra de um quebra-luz será um círculo ou uma hipérbole conforme esteja projetada no teto ou em uma parede. As formas e tamanhos mudam conforme o plano de incidência que corta o cone de raios visuais ou raios de luz; mas certas propriedades permanecem as mesmas em todas essas mudanças, e foram essas propriedades que Desargues estudou. Primeiro, uma secção cônica continua sendo uma secção cônica, não importa quantas vezes é projetada. As cônicas formam uma única família de parentes próximos, como Kepler sugerira por razões um tanto diferentes. Mas, ao aceitar esse ponto de vista, Desargues tinha que supor, com Kepler, que a parábola tem um foco "no infinito" e que retas paralelas se encontram "em um ponto no infinito". A teoria da perspectiva torna plausíveis essas ideias, pois a luz do sol é comumente considerada como formada de raios paralelos — formando um cilindro ou feixe de raios paralelos — ao passo que os raios de uma fonte de luz terrestre são tratados como um cone ou feixe de um ponto.

O tratamento dado por Desargues às cônicas é muito belo, embora sua linguagem não seja convencional. Ele chama uma secção cônica de "golpe de rolo" (isto é, incidência com um rolo de amassar). Quase o único termo introduzido por ele que ficou é "involução" — isto é, pares de pontos de uma reta cujo produto das distâncias a um ponto fixo é constante. Chamou os pontos em divisão harmônica uma involução de quatro pontos, e mostrou que essa configuração é um invariante projetivo, resultado conhecido por Papus, sob um ponto de vista diferente. Por causa de suas propriedades harmônicas, o quadrângulo completo desempenhou um papel importante no tratamento de Desargues, pois ele sabia que quando um desses quadrângulos (como *ABCD*, na Fig. 15.10) é inscrito em uma cônica, a reta por dois dos pontos diagonais (*E*, *F* e *G*, na Fig. 15.10) é a reta polar, com relação à cônica, do terceiro ponto diagonal. Ele sabia, é claro, que as intersecções com a cônica da polar de um ponto com relação à cônica eram os pontos de contato das tangentes do ponto à cônica; e em vez de definir um diâmetro metricamente, Desargues introduziu-o como polar de um ponto no infinito. Há uma agradável unidade no tratamento dado por Desargues às cônicas por métodos projetivos, mas era uma ruptura demasiado completa com o passado para ser aceita.

A geometria projetiva de Desargues tinha uma enorme vantagem em generalidade sobre a geometria métrica de Apolônio, Descartes e Fermat, pois muitos casos especiais de um teorema se juntaram em um enunciado geral. No entanto, os matemáticos da época não só não aceitaram os métodos da nova geometria, como se opuseram ativamente a eles, considerando-os perigosos e mal fundamentados. Eram tão raros os exemplares do *Brouillon projet*, de Desargues, que pelo fim do século todos haviam desaparecido, pois Desargues publicava suas obras não para vendê-las mas para dá-las aos amigos. A obra ficou completamente perdida, até que, em 1847, uma cópia à mão feita por Philippe de Lahire, um dos poucos admiradores de Desargues, foi encontrada em uma biblioteca em Paris. Mesmo hoje, o nome de Desargue é familiar não por ser o autor do *Brouillon projet*, mas por uma proposição que não aparece no livro, o famoso teorema de Desargues:

> Se dois triângulos estão colocados de tal maneira que as retas que unem os pares de vértices correspondentes são concorrentes, então os pontos de intersecção de pares de lados correspondentes são colineares, e reciprocamente.

Esse teorema, que vale tanto em duas quanto em três dimensões, foi publicado primeiro em 1648 pelo amigo dedicado e admirador de Desargues, Abraham Bosse (1611-1678), um gravador. Aparece em um livro com o título *Manière universelle de S. Desargues, pour pratiquer la perspecti-*

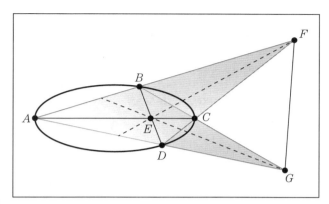

Figura 15.10

ve. O teorema, que Bosse atribui explicitamente a Desargues, no século dezenove tornou-se uma das proposições fundamentais da geometria projetiva. É interessante notar que embora em três dimensões o teorema seja uma consequência simples dos axiomas de incidência, a demonstração para duas dimensões requer uma hipótese adicional.

Blaise Pascal

Desargues foi o profeta de geometria projetiva, mas não foi reconhecido em seu tempo, em grande parte porque seu discípulo mais promissor, Blaise Pascal, abandonou a matemática pela teologia. Pascal foi um prodígio matemático. Seu pai, também, tinha inclinação para a matemática, e o "*limaçon* de Pascal" deve o nome ao pai, Etienne, não ao filho, Blaise. O *limaçon* $r = a + b \cos\theta$ era chamado por Jordanus Nemorarius, e possivelmente pelos antigos, "a conchoide do círculo", mas Etienne Pascal estudou a curva tão completamente que, por sugestão de Roberval, a partir daí ela leva seu nome.

Aos quatorze anos, Blaise, com seu pai, passou a participar das reuniões informais da Academia de Mersenne em Paris. Aí ele veio a conhecer as ideias de Desargues; dois anos depois, em 1640, o jovem Pascal, então com dezesseis anos, publicou um *Essay pour les coniques*. Consistia de uma só página impressa — mas uma das páginas mais fecundas da história. Continha a proposição, descrita pelo autor como *mysterium hexagrammi-*

cum, que a partir daí foi chamada teorema de Pascal. Este diz, em essência, que os lados opostos de um hexágono inscrito em uma cônica se cortam em três pontos colineares. Pascal não enunciou o teorema assim, pois ele não é verdadeiro a não ser que, como no caso de um hexágono regular inscrito em um círculo, se recorra aos pontos e retas ideais da geometria projetiva. Em vez disso, ele usou a linguagem especial de Desargues, dizendo que se A, B, C, D, E e F são vértices sucessivos de um hexágono em uma cônica, e se P é a intersecção de AB e DE e Q é a intersecção de BC e EF (Fig. 15.11), então PQ e CD e FA são retas "da mesma ordem" (ou, como diríamos, as retas pertencem a um mesmo feixe, seja de um ponto, seja um feixe paralelo). O jovem Pascal prosseguiu dizendo que tinha deduzido muitos corolários desse teorema, inclusive a construção da tangente a uma cônica em um ponto da cônica. A inspiração para o pequeno *Essay* foi francamente admitida, pois depois de citar um teorema de Desargues, o jovem autor escreveu, "Gostaria de dizer que devo o pouco que descobri sobre esse assunto a seus escritos".

O *Essay* foi um começo auspicioso para uma carreira matemática, mas o interesse matemático de Pascal variava como um camaleão. Quando tinha cerca de dezoito anos dedicou-se a planejar

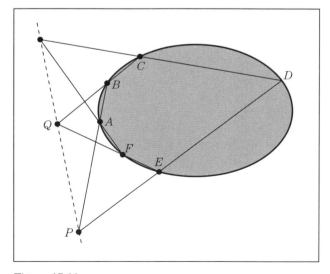

Figura 15.11

uma máquina de calcular, e nos anos seguintes construiu e vendeu umas cinquenta máquinas (veja a ilustração na página 226, capítulo 14). Então, em 1648 Pascal se interessou pela hidrostática, e o resultado foi a célebre experiência em *Puy-de-Dôme*, confirmando o peso do ar e as experiências sobre pressão dos fluidos que esclareceu o paradoxo hidrostático. Em 1654, ele voltou à matemática e trabalhou em dois projetos não relacionados. Um seria uma *Obra completa sobre cônicas*, evidentemente uma continuação do pequeno *Essay* que publicara aos dezesseis anos; mas essa obra maior sobre cônicas nunca foi impressa e não existe hoje. Leibniz viu uma cópia manuscrita e as notas que tomou são agora tudo o que resta da obra (só duas cópias da obra menor se preservaram). De acordo com as notas de Leibniz, a *Obra completa sobre cônicas* continha uma secção sobre o familiar lugar geométrico das três e quatro retas e uma sobre o magna problema — colocar uma cônica dada em um cone de revolução dado.

Probabilidade

Enquanto Pascal, em 1654, trabalhava em sua *Cônicas*, seu amigo, o Chevalier de Méré, propôs-lhe questões como esta: em oito lançamentos de um dado, um jogador deve tentar tirar um, mas, depois de três tentativas infrutíferas, o jogo é interrompido. Como ele deveria ser indenizado? Pascal escreveu a Fermat sobre isso, e a correspondência resultante entre eles se tornou o ponto de partida real da moderna teoria das probabilidades, as ideias de Cardano de um século antes tendo sido esquecidas. Embora nem Pascal nem Fermat tivessem escrito seus resultados, Huygens, em 1657, publicou um pequeno folheto, *De ratiociniis in ludo aleae* (*Sobre o raciocínio em jogos de dados*), que foi estimulado pela correspondência entre os franceses. Enquanto isso, Pascal havia ligado o estudo das probabilidades com o triângulo aritmético, levando a discussão tão mais longe que Cardano, que o arranjo triangular, a partir daí, é conhecido como triângulo de Pascal. O próprio triângulo tinha mais de 600 anos, mas Pascal descobriu algumas propriedades novas, como a seguinte:

> Em todo triângulo aritmético, se duas células são contíguas na mesma base, a superior está para a inferior como o número de células desde a superior até o topo da base está para o número de células da inferior, até o ponto mais baixo, inclusive.

(Pascal chamava posições na mesma coluna vertical, na Fig. 15.12, "células do mesmo posto perpendicular", e as de uma mesma horizontal "células de mesmo posto paralelo"; células na mesma diagonal apontando para cima, ele chamava "células da mesma base".) O método de demonstração dessa propriedade é mais significativo que a propriedade em si, pois aqui, em 1654, Pascal deu uma explanação eminentemente clara do método de indução matemática.

Fermat esperava interessar Pascal na teoria dos números, e, em 1654, ele lhe enviou o enunciado de um de seus mais belos teoremas (demonstrado apenas no século dezenove):

> Todo inteiro é composto de um, dois ou três números triangulares, de um, dois, três ou quatro quadrados, de um, dois, três, quatro ou cinco pentágonos, um, dois, três, quatro, cinco, ou seis hexágonos, e assim ao infinito.

Mas Pascal era um diletante em matemática, bem como um virtuose, e não se interessou pelo problema.

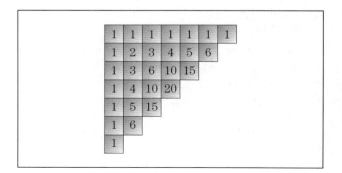

Figura 15.12

A cicloide

Na noite de 23 de novembro de 1654, das 22 h e 30 min até cerca de 24 h e 30 min, Pascal experimentou um êxtase religioso que fez com que abandonasse a ciência e a matemática pela teologia. O resultado foi que escreveu *Lettres provinciales* e *Pensées*; só por um breve período, de 1658 a 1659, é que Pascal voltou à matemática. Uma noite em 1658, uma dor de dentes ou mal-estar impediu-o de dormir e, para se distrair da dor, ele voltou-se para o estudo da cicloide. Milagrosamente, a dor melhorou, e Pascal tomou isso como um sinal de Deus de que o estudo da matemática não Lhe desagradava. Tendo achado certas áreas, volumes e centros de gravidade associados à cicloide, Pascal propôs meia dúzia de tais questões aos matemáticos de seu tempo, oferecendo um primeiro e um segundo prêmio para as soluções — e indicando Roberval como um dos juízes. A publicidade e o senso de tempo eram tão fracos então que só duas coleções de soluções foram apresentadas e continham pelo menos alguns erros de cálculo. Pascal, por isso, não concedeu nenhum prêmio; mas publicou suas próprias soluções, com outros resultados, tudo precedido por uma *Histoire de la roulette* (nome geralmente usado para a curva na França) em uma série de *Lettres de A. Dettonville* (1658-1659). (O nome Amos Dettonville era um anagrama de Louis de Montalte, o pseudônimo usado em *Lettres provinciales*.) As questões do concurso e as *Lettres de A. Dettonville* focalizaram o interesse sobre a cicloide, mas despertaram um "vespeiro" de controvérsias. Os dois finalistas, Antoine de Lalouvère e John Wallis, ambos matemáticos competentes, se aborreceram por lhes serem negados os prêmios; e os matemáticos italianos ficaram indignados, porque a "*História da Cicloide*" de Pascal praticamente desconhecia os méritos de Torricelli, sendo concedida a prioridade na descoberta apenas a Roberval.

Muito do material contido nas *Lettres de A. Dettonville*, como a igualdade entre os arcos de espirais e parábolas, bem como as questões do concurso sobre a cicloide eram conhecidos por Roberval e Torricelli; mas parte disso aparecia impresso pela primeira vez. Entre os resultados novos estava a igualdade do comprimento de um arco da cicloide generalizada $x = aK\phi - a$ sen ϕ $y = a - a \cos \phi$ e a semicircunferência da elipse $x = 2a(1 + K) \cos \phi$ $y = 2a(1 - K)$ sen ϕ. O teorema era expresso retoricamente, em vez de simbolicamente, e era demonstrado de modo essencialmente arquimediano, como eram quase todas as demonstrações de Pascal em 1658-1659.

Tratando da integração da função seno em seu *Traité des sinus du quart de cercle* (*Tratado sobre os senos em um quadrante de um círculo*) de 1658, Pascal chegou notavelmente perto da descoberta do cálculo — tão perto que Leibniz mais tarde escreveu que foi ao ler essa obra de Pascal que uma luz subitamente jorrou sobre ele. Se Pascal não tivesse morrido, como Torricelli,

O triângulo de Pascal no Japão. Do *Sampo Doshimon* de Murai Chuzen (1781), mostrando também as formas sangi dos numerais.

logo depois de completar trinta e nove anos, ou se tivesse se dedicado mais constantemente à matemática, ou se fosse mais atraído por métodos algorítmicos que pela geometria e pela especulação sobre a filosofia da matemática, há pouca dúvida de que poderia ter-se antecipado a Newton e Leibniz em sua maior descoberta.

Philippe de Lahire

Com a morte de Desargues em 1661, de Pascal em 1662 e de Fermat em 1665, encerrou-se um grande período da matemática francesa. É verdade que Roberval viveu ainda mais uma década, mas suas contribuições já não eram significativas e sua influência era limitada por sua recusa de publicar. Quase o único matemático de alguma importância na França então era Philippe de Lahire (1640-1718), um discípulo de Desargues e, como seu mestre, um arquiteto. A geometria pura evidentemente o atraía, e sua primeira obra sobre cônicas em 1673 era sintética, mas ele não rompeu com a onda analítica do futuro. Lahire estava à procura de um patrono, por isso em sua obra *Nouveaux élémens des sections coniques* de 1679, dedicada a Jean Baptiste Colbert, os métodos de Descartes estavam em evidência. A abordagem é métrica e bidimensional, partindo, no caso da elipse e da hipérbole, das definições em termos da soma e diferença dos raios focais e, no caso da parábola, da igualdade das distâncias ao foco e à diretriz. Mas Lahire transportou para a geometria analítica algo da linguagem de Desargues. De sua linguagem analítica, só o termo "origem" sobreviveu. Talvez fosse por causa de sua terminologia que seus contemporâneos não apreciassem devidamente um ponto significativo de seus *Nouveaux élémens* — Lahire forneceu um dos primeiros exemplos de uma superfície dada analiticamente por uma equação a três incógnitas — o que foi o primeiro passo real para a geometria analítica no espaço. Como Fermat e Descartes, ele tinha só um ponto de referência ou origem O sobre uma única reta de referência ou eixo OB, a que ele acrescentou agora o plano de referência ou coordenado OBA (Fig. 15.13). Lahire verificou então que a equação do lugar geométrico de um ponto P, tal que sua distância perpendicular PB ao eixo excede, por uma quantidade fixa a, a distância OB (a abscissa de P), com relação a esse sistema de coordenadas é $a^2 + 2ax + x^2 = y^2 + v^2$ (onde v é a coordenada agora usualmente denotada por z). É claro que o lugar geométrico é um cone.

Em 1685, Lahire voltou a métodos sintéticos em um livro com o simples título *Sectiones conicae*. Esse poderia ser descrito como uma versão por Lahire de *Cônicas* de Apolônio traduzida para o latim a partir da linguagem francesa de Desargues. As propriedades harmônicas do quadrângulo completo, polos e polares, tangentes e normais, e diâmetros conjugados estão entre os tópicos familiares tratados de um ponto de vista projetivo.

Hoje, o nome de Lahire está ligado não a qualquer coisa em seus tratados sintéticos ou analíticos sobre cônicas, mas a um teorema em um artigo de 1706 sobre *roulettes* nas *Mémoires da Académie des Sciences*. Aqui, ele mostrou que se um círculo menor rola sem escorregar ao longo do interior de um círculo maior com o dobro do diâmetro, então (1) o lugar geométrico de um ponto sobre a circunferência do círculo menor é um segmento de reta (um diâmetro do círculo maior) e (2) o lugar geométrico de um ponto que não está sobre a circunferência, mas que está fixo em relação ao círculo menor, é uma elipse. Como vimos, al-Tusi (Nasir Eddin) conhecia a primeira parte desse teorema e Copérnico conhecia a segunda. O nome de Lahire merece ser lembrado, mas é pena que esteja ligado a um teorema que ele não foi o primeiro a descobrir.

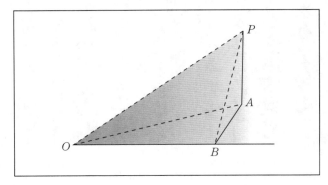

Figura 15.13

George Mohr

Lahire não foi o único geômetra não apreciado da época. Em 1672, o matemático dinamarquês Georg Mohr (1640-1697) publicou um livro pouco comum sob o título *Euclides danicus*, em que mostrou que toda construção ponto a ponto, que possa ser realizada com régua e compasso (isto é, todo problema "plano"), pode ser feita só com compasso. Apesar de toda a insistência de Papus, Descartes e outros no princípio de parcimônia, Mohr mostrou que muitas das construções clássicas violavam esse princípio, usando dois instrumento onde um só bastava! Evidentemente, não se pode traçar uma reta com compasso; mas se consideramos uma reta como conhecida sempre que dois pontos distintos sobre ela são conhecidos, então o uso de régua em geometria euclidiana é supérfluo. Tão pouca atenção prestaram os matemáticos da época a essa notável descoberta, que a geometria que usa apenas compasso, sem régua, tem o nome não de Mohr mas de Mascheroni, que redescobriu o princípio 125 anos depois. O livro de Mohr desapareceu tão completamente que só em 1928, quando um exemplar foi acidentalmente descoberto por um matemático em uma livraria de Copenhague, é que se soube que alguém havia demonstrado, antes de Mascheroni, que a régua é supérflua.

Pietro Mengoli

O ano do natimorto *Euclides danicus*, de Mohr, 1672, marcou a publicação na Itália de mais uma obra sobre quadratura do círculo, *Il problema della quadratura del circolo*, por Pietro Mengoli (1625-1686), um terceiro matemático não apreciado da época. Mengoli, um sacerdote, tinha crescido sob a influência de Cavalieri (de quem era sucessor em Bolonha), Torricelli e Gregório de St. Vincent. Continuando a obra deles sobre indivisíveis e a área sob as hipérboles, Mengoli aprendeu como tratar esses problemas por um processo cuja utilidade começou a tornar-se evidente quase pela primeira vez — o uso de séries infinitas. Mengoli viu, por exemplo, que a soma da série harmônica alternada $1/1 - 1/2 + 1/3 - 1/4 + \cdots + (-1^n)/n$ + $\cdots$ é ln 2. Tinha redescoberto a conclusão de Oresme, obtida por agrupamento de termos, de que a série harmônica não converge, teorema usualmente atribuído a Jacques Bernoulli, em 1689; também mostrou a convergência dos recíprocos dos números triangulares, resultado em geral creditado a Huygens.

Consideramos acima três matemáticos não apreciados trabalhando na década de 1670, e uma razão para não serem adequadamente apreciados era que o centro da matemática não estava em seus países. A França e a Itália, outrora líderes, estavam em declínio matematicamente, e a Dinamarca permanecia fora da corrente principal. Durante o período que estamos considerando — o intervalo entre Descartes e Fermat de um lado e Newton e Leibniz de outro — havia duas regiões em particular em que a matemática estava florescente: a Grã-Bretanha e os Países Baixos. Aqui achamos não figuras isoladas como na França, Itália e Dinamarca, mas um punhado de ingleses eminentes e outro punhado de matemáticos holandeses e flamengos.

Frans van Schooten

Já observamos que Descartes passou uma vintena de anos na Holanda, e sua influência matemática fora decisiva no fato de ter a geometria analítica lançado raízes lá mais depressa que em qualquer outro lugar da Europa. Em Leyden, em 1646, Frans van Schooten (1615-1660) tinha sucedido a seu pai como professor de matemática, e foi principalmente por meio de Schooten, o filho, e de seus discípulos, que a geometria cartesiana se desenvolveu rapidamente. A *La géométrie*, de Descartes, não fora publicada originalmente em latim, a língua universal dos estudiosos, e a exposição estava longe de ser clara; mas ambas as desvantagens foram superadas quando van Schooten publicou uma versão para o latim, em 1649, junto com material suplementar. A *Geometria a Renato Des Cartes* (*Geometria por René Descartes*), de van Schooten, apareceu em uma versão muito ampliada em dois volumes em 1659-1661, e mais edições foram publicadas em 1683 e 1695. Assim, provavelmente não é exagero dizer que, embora a geometria analítica fosse introduzida por Descartes, ela foi estabelecida por Schooten.

A necessidade de introduções explanatórias da geometria cartesiana fora reconhecida tão depressa que uma "Introdução" anônima a ela fora composta, mas não publicada, por um "cavalheiro holandês" menos de um ano depois de seu aparecimento. Dentro de mais um ano, Descartes recebeu e aprovou um comentário mais extenso sobre a Geometria, esse por Florimond Debeaune sob o título *Notae breves*. As ideias de Descartes eram aqui explicadas, com ênfase maior sobre os lugares geométricos representados por equações simples de segundo grau, muito no estilo da *Isagoge* de Fermat. Debeaune mostrava, por exemplo, que $y^2 = xy + bx$, $y^2 = -2dy + bx$ e $y^2 = bx - x^2$ representam hipérboles, parábolas e elipses respectivamente. Essa obra de Debeaune recebeu larga publicidade, devido à sua inclusão na tradução para o latim, de 1649, da *Geometria*, junto com outros comentários de Schooten.

Jan De Witt

Uma contribuição mais ampla à geometria analítica foi composta em 1658 por um dos associados de Schooten, Jan De Witt (1629-1672), o bem conhecido Grande Pensionário da Holanda. De Witt estudara direito em Leyden, mas adquiriu gosto pela matemática quando vivia na casa de Schooten. Teve vida agitadíssima quando dirigia os negócios das Províncias Unidas durante os períodos de guerra, em que se opôs aos desígnios de Luís XIV. Quando, em 1672, os franceses invadiram os Países Baixos, De Witt foi destituído de seu cargo pelo partido Orange e agarrado por uma multidão enfurecida que o fez em pedaços. Embora tivesse sido homem de ação, ele tinha achado tempo em sua juventude para compor uma obra chamada *Elementa curvarum*. Esta se divide em duas partes, das quais a primeira dá várias definições cinemáticas e planimétricas das secções cônicas. Entre essas se encontram as definições por razão foco-diretriz; nossa palavra "diretriz" deve-se a ele. Outra construção da elipse dada por ele é pelo uso agora familiar de dois círculos concêntricos com o ângulo excêntrico como parâmetro.

Aqui, o tratamento é em grande parte sintético; mas o livro II, ao contrário, faz uso tão sistemático de coordenadas que foi descrito, com alguma justificativa, como o primeiro livro didático de geometria analítica. A finalidade da obra de De Witt é reduzir todas as equações de segundo grau em x e y à forma canônica, por translação e rotação de eixos. Ele sabia reconhecer quando uma tal equação representava uma elipse, uma parábola ou uma hipérbole, conforme a chamada característica fosse negativa, nula ou positiva.

Apenas um ano antes de sua morte trágica, De Witt combinou os objetivos de um estadista com a visão de um matemático em seu *Tratado sobre Anuidades Vitalícias* (1671), motivado talvez pelo pequeno ensaio de Huygens sobre probabilidades. Nesse *Tratado*, De Witt exprimiu o que agora seria descrito como a noção de esperança matemática; e em sua correspondência com Hudde ele considerou o problema de uma anuidade baseada no último sobrevivente de duas ou mais pessoas.

Johann Hudde

Em 1656-1657, Schooten tinha publicado uma obra sua, *Exercitationes mathematicae*, em que dava novos resultados sobre a aplicação da álgebra à geometria. Incluía descobertas feitas por seus discípulos mais capazes, tais como Johann Hudde (1629-1704), nobre que serviu durante cerca de trinta anos como burgomestre de Amsterdã. Hudde correspondeu-se com Huygens e De Witt sobre a manutenção de canais e problemas de probabilidades e expectativa de vida; em 1672 ele dirigiu a obra de inundar a Holanda para obstruir o avanço do exército francês. Em 1656, Hudde tinha escrito sobre a quadratura da hipérbole por meio de séries infinitas, como Mengoli fizera; mas o manuscrito perdeu-se. Nas *Exercitationes*, de Schooten, há uma secção por Hudde sobre o estudo de coordenadas de uma superfície de quarto grau, uma antecipação de geometria analítica no espaço que é anterior inclusive à de Lahire, embora menos explicitamente descrita. Além disso, parece que Hudde foi o primeiro matemático a permitir que um coeficiente literal em uma equação represente qualquer número real, seja positivo seja negativo. Esse passo final no processo de generalização das notações de Viète na teoria das equações foi feito em uma obra de Hudde intitulada *De reductione aequationum*, que também fazia parte da edição de 1659-1661 de Schooten da *Geometria* de Descartes.

Os dois assuntos mais populares no tempo de Hudde eram a geometria analítica e a análise matemática, e o futuro burgomestre contribuiu para ambas. Em 1657-1658, Hudde descobriu duas regras que apontavam claramente para os algoritmos do cálculo:

1. Se r é uma raiz dupla da equação polinomial

$$a_0 x^n + a_1 x^{n-1} + \cdots + a_{n-1} x + a_n = 0$$

e se $b_0, b_1, \ldots, b_{n-1}, b_n$ são números em progressão aritmética, então r é também um raiz de

$$a_0 b_0 x^n + a_1 b_1 x^{n-1} + \cdots + a_{n-1} b_{n-1} x + a_n b_n = 0.$$

2. Se para $x = a$ o polinômio

$$a_0 x^n + a_1 x^{n-1} + \cdots + a_{n-1} x + a_n$$

assume um valor máximo ou mínimo relativo, então a é uma raiz da equação:

$$na_0 x^n + (n-1)a_1 x^{n-1} + \cdots + \\ + 2a_{n-2} x^2 + a_{n-1} x = 0.$$

A primeira dessas "regras de Hudde" é uma forma camuflada do teorema moderno que diz que se r é uma raiz dupla de $f(x) = 0$, então r é também uma raiz de $f'(x) = 0$. A segunda é uma ligeira modificação do teorema de Fermat, que hoje aparece na forma: se $f(a)$ é um valor máximo ou mínimo relativo de um polinômio $f(x)$, então $f'(a) = 0$.

René François de Sluse

As regras de Hudde eram amplamente conhecidas, pois foram publicadas por Schooten, em 1659, no Volume I da *Geometria a Renato Des Cartes*. Poucos anos antes, uma regra semelhante para tangentes fora usada por outro representante dos Países Baixos, o cônego René François de Sluse (1622-1685), nascido em Liège e oriundo de uma distinta família valã. Tinha estudado em Lyons e Roma, onde pode ter conhecido a obra dos matemáticos italianos. Talvez por meio de Torricelli, talvez independentemente, Sluse, em 1652, chegou a um processo para achar a tangente a uma curva cuja equação é da forma $f(x, y) = 0$, onde f é um polinômio. A regra, só publicada em 1673, quando apareceu nos *Philosophical Transactions* da Royal Society, pode ser enunciada como segue: a subtangente será o quociente obtido colocando no numerador todos os termos contendo y, cada um multiplicado pelo expoente da potência de y que nele aparece, e colocando no denominador todos os termos contendo x, cada um multiplicado pelo expoente da potência de x que nele aparece, depois dividindo por x. Isso, é claro, equivale a formar o quociente que agora escreveríamos como yf_y/f_x, resultado conhecido por volta de 1659 também por Hudde. Tais exemplos mostram como as descobertas no cálculo estavam se acumulando mesmo antes da obra de Newton.

Sluse, partilhando da tradição dos Países Baixos, foi também muito ativo em promover a geometria de Descartes, embora preferisse o A e E de Viète e Fermat ao x e ao y de Descartes. Em 1659, ele publicou um livro bastante popular, *Mesolabum (Dos meios)*, em que tratou do tópico familiar das construções geométricas das raízes das equações. Mostrou que, dada qualquer cônica, pode-se construir as raízes de qualquer cúbica ou quártica por intersecções da cônica e de um círculo. O nome de Sluse é também ligado a uma família de curvas que ele introduziu em sua correspondência com Huygens e Pascal em 1657-1658. Essas "pérolas" de Sluse, como Pascal as chamou, são curvas dadas por equações da forma $y^m = kx^n(a-x)^b$. Sluse erroneamente pensou que casos como $y = x^2(a-x)$ tinham a forma de pérola, pois, as coordenadas negativas não sendo compreendidas então, Sluse assumiu simetria em relação ao eixo (das abscissas). No entanto, Christiaan Huygens (1629-1695), que tinha a reputação de ser o melhor aluno de Schooten, achou os pontos de máximo e mínimo e os pontos de inflexão e conseguiu esboçar a curva corretamente, tanto para coordenadas positivas quanto para negativas. Pontos de inflexão tinham sido encontrados por muitos antes de Huygens, inclusive Fermat e Roberval.

Christiaan Huygens

Christiaan Huygens, membro de uma proeminente família holandesa e filho do diplomata Constantin Huygens, foi encorajado em suas atividades matemáticas, quando jovem, tanto por Descartes quanto por Mersenne, que eram associados de seu pai. Christiaan se tornou um cientista de reputação internacional, que é lembrado pelo princípio que tem seu nome na teoria ondulatória da luz, pela observação dos anéis de Saturno e pela real invenção do relógio de pêndulo. Foi em conexão com sua busca de melhoramentos em horologia que fez sua descoberta matemática mais importante.

O relógio de pêndulo

Huygens sabia que as oscilações de um pêndulo simples não são estritamente isócronas, mas dependem da amplitude da oscilação. Em outras palavras, se um objeto é colocado sobre o lado de uma superfície hemisférica lisa, e é largado, o tempo que leva para chegar ao ponto mais baixo será quase, mas não exatamente, independente da altura em que foi largado. Aconteceu que Huygens inventou o relógio de pêndulo quase ao mesmo tempo em que se realizava o concurso de Pascal sobre a cicloide, em 1658, e ocorreu-lhe considerar o que aconteceria se a superfície hemisférica fosse substituída por outra, cuja secção fosse um arco de cicloide invertido. Huygens ficou satisfeitíssimo ao observar que em tal caso, o objeto chegará ao ponto mais baixo exatamente no mesmo tempo, qualquer que seja a altura sobre a superfície interna em que o objeto seja colocado na partida. A cicloide é verdadeiramente uma tautócrona; isto é, sobre um arco de cicloide invertido, um objeto escorregará de um ponto qualquer até o fundo exatamente no mesmo tempo, qualquer que seja o ponto de partida. Mas uma grande questão permanecia. Como fazer com que um pêndulo oscile em um arco de cicloide em vez de um arco circular? Aqui, Huygens fez mais uma bela descoberta. Se suspendermos de um ponto P na cúspide entre dois semiarcos de cicloides invertidos PQ e PR (Fig. 15.14) um pêndulo cujo comprimento seja igual ao comprimento de qualquer dos semiarcos, a extremidade do pêndulo descreverá um arco que é um arco de cicloide QSR exatamente do mesmo tamanho e forma que os arcos de que PQ e PR são partes. Em outras palavras, se o pêndulo do relógio oscila em uma cunha cicloidal, ele será verdadeiramente isócrono.

Huygens fez alguns relógios de pêndulo assim, mas verificou que, ao funcionar, eles não eram mais precisos que os que dependiam das oscilações de um pêndulo ordinário simples, que são praticamente isócronos para oscilações muito pequenas. No entanto, Huygens, nessa investigação, tinha feito uma descoberta de importância matemática capital — a involuta de uma cicloide é uma cicloide semelhante, ou inversamente, a evoluta de uma cicloide é uma cicloide semelhante. Esse teorema e outros resultados sobre involutas e evolutas de outras curvas foram demonstrados por Huygens de modo essencialmente arquime-

Christiaan Huygens

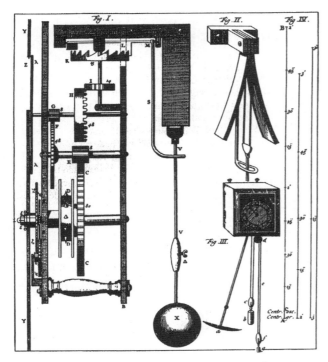

Diagramas do *Horologium oscillatorium* (1673) de Huygens. O que está designado por Fig. II mostra a cunha cicloidal que faz com que o pêndulo oscile em um arco de cicloide.

diano e fermatiano, tomando pontos próximos e observando o resultado quando o intervalo desaparece. Descartes e Fermat tinham usado esse artifício para normais e tangentes a uma curva, e agora Huygens aplicou-o para achar o que chamamos o raio de curvatura de uma curva plana. Se em pontos próximos P e Q sobre uma curva (Fig. 15.15) acharmos as normais e seu ponto de intersecção I, então, quando Q tende a P ao longo da

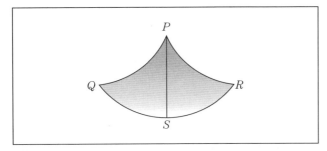

Figura 15.14

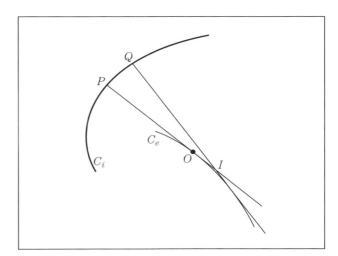

Figura 15.15

curva, o ponto variável I tende a um ponto fixo O, que é chamado o centro de curvatura da curva para o ponto P, e a distância OP é chamada raio de curvatura. O lugar geométrico dos centros de curvatura O para pontos P de uma curva dada C_1 é uma segunda curva C_e chamada a evoluta da curva C_1; e toda curva C_1 de que C_e seja evoluta chama-se um involuta de C_e. É claro que a envoltória das normais a C_1, será C_e, a curva tangente a cada uma das normais. Na Fig. 15.14, a curva QPR é a evoluta da curva QSR e a curva QSR é uma involuta de QPR. As posições da corda, quando a ponta do pêndulo balança para frente e para trás, são normais a QSR e tangentes a QSP. Quando a ponta do pêndulo se afasta mais para um lado, a corda se enrola cada vez mais ao longo da cunha cicloidal, e quando a ponta chega ao ponto mais baixo S, a corda se desenrola. Por isso, Huygens descreveu a cicloide QSR como *ex evolutione descripta*, a cicloide QSR sendo a *evoluta*. (Em francês, usa-se *développante* e *développée*.)

Involutas e evolutas

Os conceitos de raio de curvatura e evoluta tinham sido sugeridos na obra puramente teórica *Cônicas* de Apolônio, mas somente pelo interesse de Huygens em horologia é que os conceitos finalmente encontraram lugar permanente na matemática. A geometria analítica fora um produto de considerações essencialmente teóricas, mas o desenvolvimento dado por Huygens à ideia de curvatura foi estimulado por preocupações práticas. Um jogo entre os dois pontos de vista, o prático e o teórico, frequentemente se mostra frutífero em matemática, como a obra de Huygens bem exemplifica. Seu pêndulo cicloidal presenteou-o com uma evidente retificação da cicloide, resultado que Roberval achara antes, mas não publicara. O fato do arco QS (na Fig. 15.14) ser formado a medida que a corda do pêndulo se enrola na curva QP, mostra que o comprimento do segmento PS é exatamente igual ao comprimento do arco QP. Como PS é duas vezes o diâmetro do círculo que gera a cicloide QSR, o comprimento de um arco completo de cicloide deve ser quatro vezes o diâmetro de círculo gerador. A teoria de involutas e evolutas levou, de modo semelhante, à retificação de muitas outras curvas, e o dogma peripatético-cartesiano da não retificabilidade das curvas algébricas foi mais seriamente questionado.

Em 1658, um dos associados de Huygens, Heinrich van Heuraet (1633-1660?), também protegido de Schooten, descobriu que a parábola semicúbica $ay^2 = x^3$ pode ser retificada por meios euclidianos, terminando assim as dúvidas. A descoberta apareceu em 1659, como um dos mais importantes aspectos da *Geometria a Renato Des Cartes*, de Schooten. O resultado tinha sido obtido independentemente um pouco antes pelo inglês William Neil (1637-1670) e independentemente um pouco depois por Fermat na França, constituindo outro caso notável de simultaneidade de descoberta. De todas as descobertas de Fermat em matemática, só a retificação da parábola semicúbica, usualmente chamada parábola de Neil, foi publicada por ele. A solução apareceu em 1660, como suplemento no *Veterum geometria promota in septem de cycloide libris* (*Geometria dos antigos promovida em sete livros sobre a cicloide*) de Antoine de Lalouvère (1600-1664), quadrador de círculo que tinha tentado obter o prêmio de Pascal. A retificação de Fermat foi obtida comparando um pequeno arco da curva com a figura circunscrita formada pelas tangentes nas extremidades do arco. O método de van Heuraet se baseava na taxa de variação no arco, expressa em notação moderna pela equação $ds/dx = \sqrt{1 + (y')^2}$.

A retificação de Neil dependia da observação, já feita por Wallis em *Arithmetica infinitorum*, de que um arco pequeno é praticamente a hipotenusa de um triângulo retângulo cujos lados são os incrementos na abscissa e ordenada — isto é, o equivalente fórmula moderna $ds = \sqrt{dx^2 + dy^2}$.

A retificação de Neil foi publicada, em 1659, por John Wallis, em um tratado intitulado *Tractatus duo, prior de cycloide, posterior de cissoide* (*Dois tratados, o primeiro sobre a cicloide, o segundo sobre a cissoide*). Essa obra veio poucos meses depois da obra de Pascal sobre a cicloide, indicando até que ponto a febre cicloidal tinha atingido os matemáticos logo antes da invenção do cálculo.

A obra de Huygens sobre involutas e evolutas só foi publicada em 1673, quando apareceu em seu célebre *Horologium oscillatorium*. Esse tratado sobre relógios de pêndulo é um clássico que serviu como introdução aos *Principia*, de Newton, um pouco mais de uma década depois. Continha a lei da força centrípeta para movimentos circulares, a lei de Huygens para movimento pendular, o princípio da conservação da energia cinética, e outros importantes resultados de mecânica. Durante toda sua vida conservou grande interesse por tudo que era matemática, mas especialmente por curvas planas de grau superior. Retificou a cissoide e estudou a tratriz. Enquanto Galileu julgara ser a catenária uma parábola, Huygens mostrou que ela é uma curva não algébrica. Em 1656, tinha aplicado análise infinitesimal às cônicas, reduzindo a retificação da parábola à quadratura da hipérbole (isto é, a achar um logaritmo). No ano seguinte, Huygens tornou-se o primeiro a achar a área da superfície de um segmento de um paraboloide de revolução (a "conoide" de Arquimedes), mostrando que o problema pode ser resolvido por meios elementares.

Van Schooten morreu em 1660, o ano em que a Royal Society foi fundada na Inglaterra (mas só foi reconhecida oficialmente em 1662), e a data pode ser tomada como marcando um novo deslocamento no centro matemático do mundo. O grupo de Leyden, reunido em torno de Schooten, estava perdendo impulso e sofreu mais um golpe quando Huygens, em 1666, partiu para Paris. Enquanto isso, um vigoroso desenvolvimento matemático acontecia na Grã Bretanha, e foi ainda mais encorajado pela formação da Royal Society, que desde sua fundação em 1662, percorreu seu prestigioso caminho por 350 anos.

16 TÉCNICAS BRITÂNICAS E MÉTODOS CONTINENTAIS

Matemática – o inabalável Alicerce das Ciências e a abundante Fonte do Progresso nos negócios humanos.

Isaac Barrow

John Walis

Um dos membros fundadores da Royal Society, John Wallis (1616-1703) era conhecido por seus contemporâneos mais velhos como um estudante de matemática brilhante e pelos historiadores posteriores como o mais influente predecessor inglês de Newton. Wallis, como Oughtred, também se tornou ministro religioso, mas dedicou a maior parte de seu tempo à matemática. Estudou em Cambridge, mas em 1649 foi nomeado *Savilian professor* de geometria em Oxford, ocupando a cátedra cujo primeiro titular fora Briggs, quando ela foi estabelecida em 1619. Wallis era conhecido como monarquista, embora o governo de Cromwell não hesitasse em usar seus serviços na decifração de códigos secretos; e quando Charles II recuperou o trono, Wallis tornou-se capelão do rei. Anteriormente, em 1655, tinha publicado dois livros muito importantes, um sobre geometria analítica, o outro sobre análise infinita. Esses eram os dois principais ramos da matemática na época, e o gênio de Wallis era muito adequado para fazer progressos em ambos.

Sobre seções cônicas

O *Tractatus de sectionibus conicis*, de Wallis, fez pela geometria analítica na Inglaterra o que *Elementa curvarum*, de De Witt, tinha feito pelo assunto no Continente. Wallis queixou-se, na verdade, de que a obra de De Witt era uma imitação de seu próprio *Tractatus*, mas o tratado de De Witt, embora publicado quatro anos depois do de Wallis, na verdade fora escrito antes de 1655. Os livros dos dois homens podem ser descritos como conclusões da aritmetização das secções cônicas, que tinha sido iniciada por Descartes. Wallis, em particular, substituiu conceitos geométricos por numéricos sempre que possível. Mesmo a proporção, o baluarte da geometria antiga, Wallis considerou como conceito aritmético.

As *Cônicas* de Wallis começavam mencionando de leve a geração das curvas como secções de um cone, mas ele deduzia todas as propriedades familiares com métodos de coordenadas no plano, a partir das três formas-padrão $e^2 = ld - ld^2/t$, $p^2 = ld$ e $h^2 = ld + ld^2/t$, onde e, p e h são as ordenadas da elipse, parábola e hipérbole, respectivamente, correspondentes a abscissas d medidas a partir de um vértice na origem, e onde l e t são o *lactus rectum* e o "diâmetro" ou eixo. Mais tarde, ele tomou essas equações como definições das secções cônicas, consideradas "absolutamente", isto é, sem referência ao cone. Aqui, chegou ainda mais perto que Fermat da definição moderna de cônica, como lugar geométrico de pontos em um plano munido de sistema de coordenadas, cujas coordenadas satisfazem a uma equação do segundo grau em duas variáveis, fato que Descartes percebia, mas ao qual não deu ênfase.

Arithmetica Infinitorum

Se *Cônicas*, de Wallis, não tivesse aparecido, a perda não seria grave, pois a obra de De Witt apareceu apenas quatro anos depois. No entanto, não havia substituto para a *Arithmetica infinitorum*, de Wallis, também publicada em 1655. Aqui, Wallis aritmetizou a *Geometria indivisibilibus*, de Cavalieri, como tinha aritmetizado *Cônicas*, de Apolônio. Enquanto Cavalieri obtivera o resultado

$$\int_0^a x^m\, dx = \frac{a^{m+1}}{m+1}$$

por meio de um laborioso processo de fazer corresponder a indivisíveis geométricos de um paralelogramo, os de um dos dois triângulos em que uma diagonal o divide, Wallis abandonou o pano de fundo geométrico, depois de ter associado aos indivisíveis, em número infinito, nas figuras, valores numéricos. Se, por exemplo, queremos comparar os quadrados dos indivisíveis no triângulo com os quadrados dos indivisíveis no paralelogramo, toma-se o comprimento do primeiro indivisível no triângulo como sendo zero, o segundo um, o terceiro dois e assim até o último, que terá comprimento $n-1$, se há n indivisíveis. A razão dos quadrados dos indivisíveis nas duas figuras seria então

$$\frac{0^2+1^2}{1^2+1^2} \quad \text{ou} \quad \frac{1}{2}=\frac{1}{3}+\frac{1}{6}$$

se houvesse apenas dois indivisíveis em cada um; ou

$$\frac{0^2+1^2+2^2}{2^2+2^2+2^2}=\frac{5}{12}=\frac{1}{3}+\frac{1}{12}$$

se houvesse três; ou

$$\frac{0^2+1^2+2^2+3^2}{3^2+3^2+3^2+3^2}=\frac{14}{36}=\frac{1}{3}+\frac{1}{18}$$

se houvesse quatro. Para $n+1$ indivisíveis o resultado é

$$\frac{0^2+1^2+2^2+\cdots+(n-1)^2+n^2}{n^2+n^2+n^2+\cdots+n^2+n^2}=\frac{1}{3}+\frac{1}{6n},$$

e se n for infinito, a razão evidentemente é 1/3. (Para n infinito, o termo de resto $1/6n$ fica $1/\infty$ ou zero. Wallis, aqui, foi o primeiro a usar o símbolo para infinito agora familiar.) Isso, é claro, é o equivalente de dizer que $\int_0^1 x^2 dx = 1/3$. Wallis estendeu o mesmo processo a potências inteiras superiores de x. Por indução incompleta, ele concluiu que

$$\int_0^1 x^m\, dx = \frac{1}{m+1}$$

para todos os valores inteiros de m.

Fermat, com razão, criticou a indução de Wallis, pois não tem o rigor do método de indução completa que Fermat e Pascal frequentemente usavam. Além disso, Wallis seguiu um princípio de interpolação ainda mais discutível, pelo qual ele assumiu que seu resultado valia também para valores fracionários de m, bem como para valores negativos (exceto $m = -1$). Teve até a temeridade de assumir que a fórmula valia para potências irracionais — o mais antigo enunciado no cálculo referente ao que chamaríamos agora uma "função transcendente superior". O uso de notação exponencial para potências fracionárias e negativas era uma importante generalização de sugestões feitas antes, como por Oresme e Stevin, mas Wallis não deu base sólida à sua extensão da exponenciação cartesiana.

Wallis era um inglês chauvinista, e quando mais tarde (em 1685) publicou seu *Treatise of Algebra, both historical and practical*, ele menosprezou a obra de Descartes, dizendo, muito injustamente, que a maior parte dela tinha sido tirada da *Artis analyticae praxis* de Harriot. O fato de suas soluções das questões do concurso de Pascal terem sido rejeitadas, não merecendo o prêmio, evidentemente não contribuiu para melhorar seu preconceito antigaulês. Este preconceito, bem como sua interpretação casual dos registros históricos, também parece explicar por que Wallis, um matemático muito melhor que historiador, não distinguiu a álgebra (ou análise de Viète) da análise geométrica antiga.

Christopher Wren e William Neil

Quando Wallis mandou sua resposta ao desafio de Pascal, Christopher Wren (1632-1723) enviou a Pascal sua retificação da cicloide. Wren estudou em Oxford e mais tarde ocupou lá o cargo de *Savilian professor* de astronomia. Também ele foi eleito para a Royal Society, de que foi presidente durante alguns anos. Se o grande incêndio de 1666 não tivesse destruído tanto de Londres, Wren poderia ser agora conhecido como matemático, em vez de arquiteto da Catedral de St. Paul e de cerca de cinquenta outras igrejas. O círculo matemático a que Wren e Wallis pertenciam em 1657-1658 evidentemente estava aplicando o equivalente da fórmula para comprimento de arco, $ds^2 = dx^2 + dy^2$, a várias curvas, e encontrando brilhante sucesso. Mencionamos antes que William Neil, quando tinha apenas vinte anos, conseguiu retificar sua curva, a parábola semicúbica, em 1657. Wren achou o comprimento da cicloide um ano depois. A retificação de Neil depende do reconhecimento, já observado por Wallis na *Arithmetica infinitorum*, de que um pequeno arco é virtualmente a hipotenusa de um triângulo retângulo cujos lados são os incrementos na abscissa e na ordenada — ou seja, o equivalente da fórmula moderna $ds = \sqrt{dx^2 + dy^2}$. Ambas as descobertas de Neil e de Wren foram incorporadas por Wallis, sendo dado o crédito devido aos descobridores, em seu *Tractatus duo*, de 1659, um livro sobre problemas infinitesimais relacionados com a cicloide e a cissoide. Esta obra foi publicada poucos meses depois da obra de Pascal sobre a cicloide, o que indica a extensão pela qual a febre da cicloide tinha contaminado os matemáticos logo antes da invenção do cálculo.

É uma pena que a geometria de superfícies e curvas em três dimensões estivesse então atraindo tão pouca atenção que, quase um século depois, a geometria analítica no espaço praticamente não fora desenvolvida. Wallis, em sua *Algebra* de 1685, incluiu um estudo de uma superfície que pertencia à classe agora conhecida como das conoides (não, é claro, no sentido de Arquimedes). A superfície de Wallis, que ele chamou *cono-cuneus* (ou cunha cônica) pode ser descrita como segue. Seja C um círculo, L uma reta paralela ao plano de C e P um plano perpendicular a L. Então o *cono-cuneus* é a totalidade das retas que são paralelas a P e passam por pontos de L e C. Wallis sugeriu outras superfícies conoidais obtidas substituindo o círculo C por uma cônica; e em seu *Mechanica*, de 1670, ele notou as secções parabólicas sobre o hiperboloide de Wren (ou "cilindroide hiperbólico"). No entanto, Wallis não deu equações para as superfícies nem aritmetizou a geometria de três dimensões, como fizera com a de duas.

Fórmulas de Wallis

Wallis fez suas contribuições mais importantes em análise infinitesimal. Entre elas, havia uma em que, ao calcular $\int_0^1 \sqrt{x - x^2}\,dx$, ele antecipou algo da obra de Euler sobre a função gama ou fatorial. Da obra de Cavalieri, Fermat e outros, Wallis sabia que essa integral representa a área sob o semicírculo $y = \sqrt{x - x^2}$ e que essa área, portanto, é $\pi/8$. Mas, como se pode obter essa resposta por cálculo direto da integral por métodos infinitesimais? Wallis não podia responder a essa questão, mas seu método de indução e interpolação produziu um resultado interessante. Depois de calcular $\int_0^1 (x - x^2)^n dx$ para vários valores inteiros positivos de n, Wallis chegou por indução incompleta à conclusão de que o valor dessa integral é $(n!)2/(2n + 1)!$. Assumindo que a fórmula vale para valores fracionários de n também, Wallis concluiu que

$$\int_0^1 \sqrt{x - x^2}\,dx = \left(\tfrac{1}{2}!\right)/2!$$

portanto, que $\pi/8 = 1/2(1/2!)^2$ ou $1/2! = \sqrt{\pi/2}$. Esse é um caso especial da função beta de Euler, $B(m, n) = \int_0^1 x^{m-1}(1-x)^{n-1}dx$, em que $m = 3/2$ e $n = 3/2$.

Entre os resultados mais conhecidos de Wallis está o produto infinito

$$\frac{2}{\pi} = \frac{1 \cdot 2 \cdot 3 \cdot 4 \cdot 5 \cdot 7 \cdots}{2 \cdot 2 \cdot 4 \cdot 4 \cdot 6 \cdot 6 \cdots}.$$

Essa expressão pode ser facilmente obtida do teorema moderno

$$\lim_{n \to \infty} \frac{\int_0^{\pi/2} \operatorname{sen}^n x\, dx}{\int_0^{\pi/2} \operatorname{sen}^{n+1} x\, dx} = 1$$

e das fórmulas

$$\int_0^{\pi/2} \operatorname{sen}^m x\, dx = \frac{(m-1)!!}{m!!}$$

para m um inteiro ímpar e

$$\int_0^x \operatorname{sen}^m x\, dx = \frac{(m-1)!!}{m!!} \frac{\pi}{2}$$

para m par. (O símbolo $m!!$ representa o produto $m(m-2)(m-4)\ldots$, que termina em 1 ou 2 conforme m seja ímpar ou par.) Por isso, as expressões acima para $\int_0^{\pi/2} \operatorname{sen}^m x dx$ são conhecidas como fórmulas de Wallis. No entanto, o método que Wallis realmente usou para obter seu produto para $2/\pi$ era baseado novamente no seu princípio de indução e interpolação, aplicado desta vez a $\int_0^1 \sqrt{1-x^2} dx$, que ele não era capaz calcular diretamente por falta do teorema binomial.

James Gregory

O teorema binomial para potências inteiras era conhecido na Europa pelo menos desde 1527, mas Wallis, surpreendentemente, não conseguiu aplicar aqui seu método de interpolação. Parece que esse resultado era conhecido pelo jovem escocês James Gregory (1638-1675), um predecessor de Newton que morreu quando tinha apenas trinta e seis anos. Gregory evidentemente tinha tido contato com a matemática de vários países. Seu tio-avô, Alexandre Anderson (1582-1620?) tinha editado as obras de Viète, e James Gregory tinha estudado matemática não só na escola em Aberdeen, mas também com seu irmão mais velho, David Gregory (1627-1720). Um rico patrono o tinha apresentado a John Collins (1625-1683), bibliotecário da Royal Society. Collins era para a matemática inglesa o que Mersenne tinha sido para a francesa uma geração antes — o grande correspondente. Em 1663, Gregory foi à Itália onde seu patrono o apresentou aos sucessores de Torricelli, especialmente Stefano degli Angeli (1623-1697). As muitas obras de Angeli, protegido do Cardeal Michelangelo Ricci (1619-1682), que tinha sido muito amigo de Torricelli, eram quase todas sobre métodos infinitesimais, com ênfase na quadratura de espirais generalizadas, parábolas e hipérboles. É provável que tenha sido na Itália que Gregory começou a apreciar a força das expansões de funções em séries de potências e dos processos infinitos em geral.

As quadraturas de Gregory

Em 1667, Gregory publicou em Pádua um obra intitulada *Vera circuli et hyperbolae quadratura*, contendo resultados muitos significativos em análise infinitesimal. Em um deles, Gregory estendeu o algoritmo de Arquimedes à quadratura de elipses e hipérboles. Tomava um triângulo inscrito de área a_0 e um quadrilátero circunscrito de área A_0; duplicando sucessivamente o número de lados dessas figuras, ele formava a sequência $a_0, A_0, a_1 A_1, a_2, A_2, a_3, A_3, \ldots$ e mostrava que a_n é a média geométrica dos dois termos imediatamente precedentes e A_n a média harmônica dos dois termos precedentes. Assim, ele tinha duas sequências — a das áreas inscritas e a das áreas circunscritas — ambas convergindo para a área da cônica; ele as usou para obter aproximações muito boas para setores elíticos e hiperbólicos. Incidentalmente, a palavra "cobertura" foi usada aqui por Gregory nesse sentido pela primeira vez. Por meio de seus processos infinitos, Gregory tentou, sem sucesso, demonstrar a impossibilidade de quadrar o círculo por meios algébricos. Huygens, considerado o maior matemático do tempo, acreditava que π pudesse ser expresso algebricamente, e surgiu uma disputa sobre a validade dos métodos de Gregory. A questão da transcendência de π era difícil, e dois séculos se passariam antes que a disputa fosse resolvida a favor de Gregory.

A série de Gregory

Em 1668, Gregory publicou mais duas obras, reunindo resultados oriundos da França, Itália, Holanda e Inglaterra, bem como novas descobertas suas. Umas delas, *Geometriae pars universalis* (*A parte universal da geometria*) foi publicada em Pádua; a outra, *Exercitationes geometricae* (*Exercícios geométricos*), em Londres. Como o título do primeiro livro indica, Gregory rompeu com a distinção de Descartes entre curvas "geométricas" e "mecânicas". Ele preferia dividir a matemática em grupos de teoremas "gerais" e "especiais", em vez de entre funções algébricas e transcendentes. Gregory não queria sequer fazer distinção entre métodos algébricos e geométricos, e, consequentemente, sua obra aparece em uma roupagem essencialmente geométrica, que não é fácil de entender. Se tivesse expressado sua obra analiticamente, poderia ter-se antecipado a Newton na invenção do cálculo, pois conhecia virtualmente todos os elementos fundamentais pelo fim de 1668. Conhecia muito bem quadraturas e retificações e provavelmente percebia que eram inversas de problemas de tangentes. Conhecia até o equivalente de $\int \sec x\, dx = \ln(\sec x + \tg x)$. Tinha descoberto independentemente o teorema binomial para potências fracionárias, resultado conhecido antes por Newton (mas ainda não publicado) e tinha descoberto a série de Taylor, por um processo equivalente ao de derivação sucessiva, mais de quarenta anos antes de Taylor publicá-la. As séries de Maclaurin para $\tg x$ e $\sec x$ e para $\arctg x$ e $\arcsec x$ eram todas conhecidas por ele, mas só uma delas, a série para $\arctg x$, tem seu nome. Pode ter aprendido na Itália que a área sob a curva $y = 1/(1 + x^2)$, desde $x = 0$ até $x = x$, é $\arctg x$; e uma divisão simples converte $1/(1 + x^2)$ em $1 - x^2 + x^4 - x^6 + \cdots$. Portanto, resulta imediatamente da fórmula de Cavalieri, que

$$\int_0^{\pi/2} \frac{dx}{1 + x^2} = \arctan x = x - \frac{x^3}{3} + \frac{x^5}{5} - \frac{x^7}{7} + \cdots$$

Esse resultado é ainda conhecido como "série de Gregory".

Nicolaus Mercator e William Brouncker

Um resultado um tanto análogo à série de Gregory foi obtido mais ou menos ao mesmo tempo por Nicolaus Mercator (1620-1687) e publicado em seu *Logarithmotechnia*, de 1668. Mercator (cujo verdadeiro nome era Kaufmann) nasceu em Holstein, na Dinamarca, mas viveu em Londres durante muito tempo e tornou-se um dos primeiros membros da Royal Society. Em 1683, foi à França e desenhou as fontes de Versalhes; morreu em Paris quatro anos depois. A primeira parte de *Logarithmotechnia* de Mercator é sobre cálculo de logaritmos por métodos derivados dos de Napier e Briggs; a segunda parte contém várias fórmulas de aproximação para logaritmos, uma das quais é essencialmente a que hoje se chama "série de Mercator". Da obra de Gregório de St. Vincent, sabia-se que a área sob a hipérbole $y = 1/(1 + x)$, desde $x = 0$ até $x = x$, é $\ln(1 + x)$. Portanto, usando o método de divisão de Gegory, seguido de integração, temos

$$\int_0^x \frac{dx}{1 + x} = \int_0^x \left(1 - x + x^2 - x^3 + \cdots\right) dx = \ln(1 + x)$$
$$= \frac{x}{1} - \frac{x^2}{2} + \frac{x^3}{3} - \frac{x^4}{4} + \cdots.$$

Mercator tirou de Mengoli o nome "logaritmos naturais" para os valores que são obtidos por meio dessa série. Embora a série tenha o nome de Mercator, parece que era conhecida antes por Hudde e por Newton, embora não publicada por eles.

Durante as décadas de 1650 e 1660, uma grande variedade de métodos infinitos foi desenvolvida, inclusive o método das frações contínuas infinitas para π que fora dado por William Brouncker (1620?-1684), o primeiro presidente da Royal Society. Os primeiros passos para frações contínuas datavam de muito antes, na Itália, onde Pietro Antonio Cataldi (1548-1626), de Bolonha, tinha escrito raízes quadradas nessa forma. Tais expressões são facilmente obtidas como segue: suponhamos que se quer determinar $\sqrt{2}$ e ponhamos $x + 1 = \sqrt{2}$. Então, $(x + 1)^2 = 2$ ou $x^2 + 2x = 1$ ou $x = 1/(2 + x)$. Se, no segundo membro, continuarmos a substituir x sempre que aparece por $1/(2 + x)$, acharemos

$$x = \cfrac{1}{2 + \cfrac{1}{2 + \cfrac{1}{2 + \cdots}}} = \sqrt{2} - 1.$$

Por manipulação do produto de Wallis para $2/\pi$, Brouncker chegou de algum modo à expressão

$$\frac{4}{\pi} = 1 + \cfrac{1}{2 + \cfrac{9}{2 + \cfrac{25}{2 + \cfrac{49}{2 + \cdots}}}}$$

Além disso, Brouncker e Gregory acharam também certas séries infinitas para logaritmos, mas essas foram ofuscadas pela maior simplicidade da série de Mercator. É triste dizer, porém, que Gregory não teve uma influência proporcional a suas realizações. Ele voltou à Escócia para tornar-se professor de matemática, primeiro em St. Andrews, em 1668, depois em Edimburgo, em 1674, onde ficou cego e morreu um ano depois. Depois do aparecimento em 1667-1668 de seus três tratados, ele não publicou mais nada, e muitos de seus resultados tiveram que ser redescobertos por outros.

Método de Barrow das tangentes

Newton poderia ter aprendido muito de Gregory, mas o jovem estudante de Cambridge evidentemente não conhecia bem a obra do escocês. Em vez desse, foram dois ingleses, um em Oxford outro em Cambridge, que mais o impressionaram. Foram eles John Wallis e Isaac Barrow (1630-1677). Barrow, como Wallis, tornou-se ministro religioso, mas ensinou matemática. Um conservador em matemática, Barrow não gostava dos formalismos de álgebra, e nisso sua obra é a antítese da de Wallis. Ele achava que a álgebra deveria ser parte da lógica e não da matemática. Admirador dos antigos, ele editou as obras de Euclides, Apolônio e Arquimedes, além de publicar suas próprias *Lectiones opticae* (1669) e *Lectiones geometriae* (1670), sendo que Newton ajudou na edição de ambas. A data de 1668 é importante pelo fato de Barrow estar dando suas aulas de geometria ao mesmo tempo em que apareciam a *Geometria pars universalis* de Gregory e *Logarithmotechnia* de Mercator, assim como a edição revista do *Mesolabum* de Sluse. O livro de Sluse continha uma nova secção tratando de problemas infinitesimais e contendo um método para máximos e mínimos. Querendo que suas *Lectiones geometriae* dessem conta do estado do assunto na época, Barrow incluiu uma exposição especialmente completa das novas descobertas. Problemas sobre tangentes e quadraturas eram a grande moda, e têm proeminência no tratado de Barrow de 1670. Aqui, Barrow preferia o ponto de vista cinemático de Torricelli à aritmética estática de Wallis e gostava de pensar em grandezas geométricas como geradas por um fluxo uniforme de pontos. O tempo, ele dizia, tem muitas analogias com uma reta; no entanto, ele considerava ambos como formados de indivisíveis. Embora seu raciocínio se aproximasse muito mais do de Cavalieri que do de Wallis ou Fermat, há um ponto em que a análise algébrica aparece proeminentemente. No fim da X Conferência, Barrow escreve:

> Em suplemento a isso acrescentamos, sob forma de apêndices, um método para encontrar tangentes por cálculo frequentemente usado por nós, embora eu não saiba, depois de tantos métodos bem conhecidos e usados dados acima, se há alguma vantagem em fazê-lo. No entanto, eu o faço por conselho de um amigo [que mais tarde se mostrou ter sido Newton]; e com tanto maior boa vontade por parecer ser mais proveitoso e geral que os que já discuti.

Então, Barrow prossegue explicando um método de tangentes que é virtualmente idêntico ao usado no cálculo diferencial. É muito semelhante ao de Fermat, mas usa duas quantidades — em vez da letra E única de Fermat — quantidades que equivalem aos modernos Δx e Δy. Barrow explica sua regra para tangentes essencialmente do modo seguinte. Se M é um ponto sobre uma curva dada (em notação moderna) por uma equação polinomial $f(x, y) = 0$ e se T é o ponto de intersecção da tangente procurada MT com eixo x, então Barrow marcava um "arco infinitamente pequeno, MN, da curva"; e traçava as ordenadas por M e N e por M uma reta MR paralela ao eixo x (Fig. 16.1). Então, designando por m a ordenada conhecida em M, por t a subtangente procurada PT e por a e e os lados vertical e horizontal do triângulo MRN, Barrow observava que a razão de a para e é igual à razão de m para t. Como diríamos agora, a razão de a para e, para pontos infinitamente próximos, é a inclinação da curva. Para achar essa razão, Barrow procedia de modo muito semelhante ao de Fermat. Substituía x e y em $f(x, y) = 0$ por $x + e$ e $y + a$, respectivamente; depois, na equação resultante ele desprezava todos os termos não contendo a ou e (pois esses, juntos, dão zero) e todos os termos de grau maior que um em a e e, e, finalmente, substituía a por m e e por t. Daí, a subtangente é obtida em termos de x e m, e se x e m são conhecidos a quantidade t está determinada. Barrow, aparentemente, não tinha conhecimento direto da obra de Fermat, pois em lugar nenhum menciona seu nome; mas os homens que indica como fontes para suas ideias incluem Cavalieri, Huygens, Gregório de St. Vincent, James Gregory e Wallis, e pode ser que Barrow tenha conhecido o método de Fermat por meio deles. Em particular, Huygens e James Gregory usavam frequentemente o processo, e Newton, com quem Barrow estava trabalhando, reconhecia que o algoritmo de Barrow era apenas um aperfeiçoamento do de Fermat.

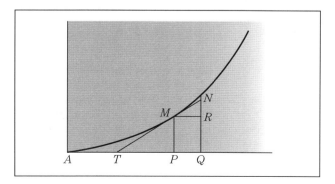

Figura 16.1

De todos os matemáticos que anteciparam partes do cálculo diferencial e integral, nenhum chegou mais perto da nova análise que Barrow. Ele parece ter reconhecido claramente a relação inversa entre os problemas de tangentes e de quadraturas. Mas sua conservadora adesão a métodos geométricos evidentemente impediu-o de fazer uso eficaz da relação, e seus contemporâneos achavam suas *Lectiones geometricae* difíceis de entender. Felizmente, Barrow sabia que naquele mesmo instante o próprio Newton estava trabalhando nos mesmos problemas e o homem mais velho insistiu com seu jovem associado para que reunisse e publicasse seus resultados. Barrow, em 1669, foi chamado a Londres como capelão de Charles II e Newton, por sugestão de Barrow, sucedeu-o na cadeira lucasiana em Cambridge. Que tal sucessão foi um acontecimento muito feliz se tornará claro no restante desse capítulo.

Newton

Isaac Newton nasceu prematuramente no dia de Natal de 1642, o ano da morte de Galileu. Um tio do lado materno, que se formara em Cambridge, percebeu no sobrinho um talento incomum e convenceu a mãe de Isaac a matriculá-lo em Cambridge. O jovem Newton então ingressou no Trinity College em 1661, provavelmente sem pensar em vir a ser um matemático, pois não estudou particularmente o assunto. Porém, no início de seu primeiro ano ele comprou e estudou um exemplar de Euclides, e logo depois leu a *Clavis* de Oughtred, a *Geometria a Renato Des Cartes* de Van Schooten, a *Óptica* de Kepler, as obras de Viète, e o que talvez tenha sido o mais importante de todos, *Arithmetica infinitorum* de Wallis. Além disso, a esse estudo devemos acrescentar as aulas que Barrow deu como *Lucasian professor*, e a que Newton assistiu, depois de 1663. Também veio a conhecer obras de Galileu, Fermat, Huygens e outros.

Não é de se admirar que Newton mais tarde escrevesse a Hooke "Se eu enxerguei mais longe que Descartes é porque me apoiei sobre os ombros de gigantes".

Sir Isaac Newton

Primeiras obras

Pelo fim de 1664, Newton parece ter atingido as fronteiras do conhecimento matemático e estava pronto para fazer contribuições próprias. Suas primeiras descobertas, datando dos primeiros meses de 1665, resultaram de saber exprimir funções em termos de séries infinitas — a mesma coisa que Gregory estava fazendo na Itália pela mesma época, embora dificilmente Newton pudesse saber disso. Newton também começou a pensar, em 1665, na taxa de variação, ou fluxo, de quantidades continuamente variáveis, ou fluentes — tais como comprimentos, áreas, volumes, distâncias e temperaturas. Daí por diante, Newton ligou esses dois problemas — das séries infinitas e das taxas de variação — como "meu método".

Durante boa parte de 1665-1666, logo depois de Newton ter obtido seu grau A. B., o Trinity College foi fechado por causa da peste, e Newton foi para casa para viver e pensar. O resultado foi o mais produtivo período de descoberta matemática jamais registrado, pois foi durante esses meses, Newton mais tarde afirmou, que ele fez quatro de suas principais descobertas: (1) o teorema binomial, (2) o cálculo, (3) a lei da gravitação e (4) a natureza das cores.

O teorema binomial

O teorema binomial nos parece tão evidente agora que é difícil ver por que a sua descoberta tardou tanto. Foi apenas com Wallis que os expoentes fracionários entraram no uso comum, e vimos que mesmo Wallis, o grande interpolador, não foi capaz de escrever uma expansão para $(x - x^2)^{1/2}$ ou para $(1 - x^2)^{1/2}$. Coube a Newton fornecer as expansões como parte de seu método de séries infinitas. Descoberto em 1664 ou 1665, o teorema binomial foi descrito em duas cartas de 1676, de Newton a Henry Oldenburg (1615?-1677), secretário da Royal Society, e publicado por Wallis (dando crédito a Newton) na *Algebra* de Wallis, de 1685. A forma de expressão dada por Newton (e Wallis) parece desajeitada ao leitor moderno, mas indica que a descoberta não foi uma simples substituição de potência inteira por fracionária; foi resultado de muitas tentativas e erros da parte de Newton relativos a divisões e radicais envolvendo quantidades algébricas. Finalmente, Newton descobriu que

As Extrações de Raízes são muito abreviadas pelo Teorema

$$\overline{P + PQ}\frac{m}{n} = P\frac{m}{n} + \frac{m}{n}AQ + \frac{m-n}{2n}BQ + \frac{m-2n}{3n}CQ + \frac{m-3n}{4n}DQ + \text{etc.}$$

onde $P + PQ$ representa uma Quantidade cuja Raiz ou Potência ou cuja Raiz de uma Potência se quer achar, P sendo o primeiro termo dessa quantidade, Q sendo os termos restantes divididos por esse primeiro termo e m/n o Índice numérico das potências de $P + PQ$... Finalmente, em lugar dos termos que ocorrem durante o trabalho no Quociente, eu usarei *A*, *B*, *C*, *D* etc. Assim, *A* representa o primeiro termo *P(m/n)*: *B* o segundo termo *(m/n)AQ*; e assim por diante.

Esse teorema foi anunciado pela primeira vez por Newton em uma carta de 13 de junho de 1676, enviada a Oldenburg, mas destinada a Leibniz. Em uma segunda carta, de 24 de outubro do mesmo ano, Newton explicou detalhadamente como tinha chegado a essa série binomial. Ele escreveu que no começo de seu estudo de matemática, deu com o trabalho de Wallis sobre a determinação da área (de $x = 0$ a $x = x$) sob curvas, cujas ordenadas são de forma $(1 - x^2)^n$. Examinando as áreas para expoentes n iguais a 0, 1, 2, 3 e assim por diante, ele observou que o primeiro termo sempre é x, o segundo $0/3x^3$ ou $1/3x^3$ ou $2/3x^3$ ou $3/3x^3$ conforme a potência n seja 0 ou 1 ou 2 ou 3 e assim por diante. Por isso, pelo princípio de Wallis de "intercalação", Newton assumiu que os primeiros dois termos na área para $n = 1/2$ deviam ser

$$x - \frac{\frac{1}{2}x^3}{3}.$$

Do mesmo modo, procedendo por analogia, ele achou mais termos, os cinco primeiros sendo

$$x - \frac{\frac{1}{2}x^3}{3} - \frac{\frac{1}{8}x^5}{5} - \frac{\frac{1}{16}x^7}{7} - \frac{\frac{1}{128}x^9}{9}.$$

Percebeu, então, que o mesmo resultado poderia ter sido achado obtendo primeiro $(1 - x)^{1/2} = 1 - 1/2x^2 - 1/8x^4 - 1/16x^6 - 5/128x^8 - \cdots$, por interpolação com o mesmo processo e, depois, achando a área por integração dos termos dessa série. Em outras palavras, Newton não passou diretamente do triângulo de Pascal para o teorema binomial, mas indiretamente de um problema de quadratura para o teorema binomial.

Séries infinitas

É provável que esta abordagem indireta de Newton tenha sido benéfica para o futuro de sua obra, pois isso tornou claro para ele que era possível operar com séries infinitas de modo muito semelhante ao usado para expressões polinomiais finitas. A generalidade dessa nova análise infinita foi então confirmada para ele quando obteve a mesma série infinita por extração da raíz quadrada de $1 - x^2$ pelo processo algébrico usual, verificando finalmente o resultado por multiplicação da série infinita por ela mesma para recuperar o radicando original $1 - x^2$. Do mesmo modo, Newton verificou que o resultado obtido para $(1 - x^2)^{-1}$ por interpolação (isto é, o teorema binomial para $n = -1$) coincidia com o resultado obtido por divisão. Por esses exemplos, Newton tinha descoberto algo muito mais importante que o teorema binomial; tinha verificado que a análise por séries infinitas tinha a mesma consistência interior e estava sujeita às mesmas leis gerais, que a álgebra de quantidades finitas. As séries infinitas já não deviam mais ser consideradas apenas como instrumentos de aproximação; eram formas alternativas das funções que representavam.

O próprio Newton nunca publicou o teorema binomial, nem o demonstrou; mas redigiu e finalmente publicou várias exposições de sua análise infinita. A primeira dessas, cronologicamente, foi a *De analysi per aequationes numero terminorum infinitas*, composta em 1669, com base em ideias adquiridas em 1665-1666, mas publicada só em 1711. Nela, ele escreveu:

E tudo que a Análise comum [isto é, a álgebra] executa por Meio de Equações com número finito de Termos (desde que possa ser feito) esse novo método sempre pode executar por Meio de Equações infinitas. Por isso, não Hesitei em dar a isso o Nome de Análise também. Pois os Raciocínios aqui não são menos certos que na outra; nem as Equações menos exatas; embora nós Mortais cujos Poderes de raciocínio estão restritos a Limites estreitos, não possamos nem exprimir, nem conceber todos os Termos dessas Equações de modo a saber exatamente delas as Quantidades que queremos. Para concluir, podemos merecidamente considerar como pertencente à Arte Analítica, aquilo por cuja ajuda as Áreas e Comprimentos etc. das Curvas podem ser exata e geometricamente determinados.

Daí por diante, encorajados por Newton, os matemáticos já não tentaram mais evitar processos infinitos, como tinham feito os gregos, pois estes agora eram considerados como legítimos em matemática.

A *De analysi* de Newton tinha mais conteúdo, é claro, que algum trabalho sobre séries infinitas; é também de grande importância por ser a primeira exposição sistemática da principal descoberta matemática de Newton — o cálculo. Barrow, o mais importante dos mentores de Newton, era antes de mais nada um geômetra, e o próprio Newton foi frequentemente descrito como um expoente da geometria pura; mas os primeiros esboços manuscritos de sua ideias mostram que Newton usava livremente a álgebra e uma variedade de instrumentos algorítmicos e notações. Em 1666, ele não tinha ainda desenvolvido sua notação para fluxos, mas tinha formulado um método sistemático de derivação que não estava muito longe do publicado em 1670 por Barrow. Basta substituir o a de Barrow pelo qo de Newton e o e de Barrow pelo po de Newton para chegar à primeira fórmula de Newton para o cálculo. Evidentemente, para Newton o representava um intervalo de tempo muito pequeno e op e oq pequenos incrementos pelos quais x e y variam nesse intervalo. A razão q/p, portanto, será a razão das taxas instantâneas de variação de y e x, isto é, a inclinação da curva $f(x, y) = 0$. A inclinação da curva $y^n = x^m$, por exemplo, é encontrada a partir de $(y + oq)^n = (x + op)^m$ expandindo ambos os lados pelo teorema binominal, dividindo tudo por o, e desprezando os termos que ainda contenham o, sendo o resultado

$$\frac{q}{p} = \frac{mx^{m-1}}{ny^{n-1}} \quad \text{ou} \quad \frac{q}{p} = \frac{m}{n} x^{m/n-1}.$$

Expoentes fracionários já não preocupavam Newton, pois seu método de séries infinitas lhe tinha dado um algoritmo universal.

Lidando mais tarde com uma função explícita só de x, Newton abandonou seu p e q e usou o o como uma pequena variação da variável independente, notação que foi também usada por Gregory.

Em *De analysi*, por exemplo, Newton demonstrou como segue que a área sob a curva $y = ax^{m/n}$ é dada por

$$\frac{ax^{(m/n)+1}}{(m/n) + 1}.$$

Denote a área por z e suponha que

$$z = \frac{n}{m+n} ax^{(m+n)/n}.$$

Denote por o o momento ou acréscimo infinitesimal da abscissa. Então, a nova abscissa será $x + o$ e a área aumentada será

$$z + oy = \frac{n}{m+n} a(x+o)^{(m+n)/n}.$$

Se aplicarmos aqui o teorema binomial, cancelarmos os termos iguais

$$z \quad \text{e} \quad \frac{n}{m+n} ax^{(m+n)/n},$$

dividirmos tudo por o e abandonarmos os termos que ainda contêm o, o resultado será $y = ax^{m/n}$. Reciprocamente, se a curva for $y = ax^{m/n}$, então a área será

$$z = \frac{n}{m+n} ax^{(m+n)/n},$$

Parece ser essa a primeira vez na história da matemática que uma área foi achada pelo inverso do que chamamos derivação, embora a possibilidade de usar tal processo evidentemente fosse conhecida por Barrow e Gregory, e talvez também por Torricelli e Fermat. Newton tornou-se o inventor efetivo do cálculo porque foi capaz de explorar a relação inversa entre inclinação e área por meio de sua nova análise infinita. Por isso é que mais tarde ele viu com maus olhos toda tentativa de separar seu cálculo de sua análise por séries infinitas.

Método dos fluxos

Sabe-se que na mais popular apresentação feita por Newton de seus métodos infinitesimais, ele considerou x e y como quantidades que fluem, ou fluentes, de que as quantidades p e q (acima) eram os fluxos ou taxas de variação; quando redigiu essa visão do cálculo, por volta de 1671, ele substituiu p e q pelas "letras com pontos" $\dot{x}$ e $\dot{y}$. As quantidades ou fluentes, de que x e y são os fluxos, ele designou por $\acute{x}$ e $\acute{y}$. Duplicando os pontos ou linhas, ele podia representar fluxos de fluxos ou fluentes de fluentes. Deve-se notar que o título da obra, quando publicada muito mais tarde em 1742 (embora uma tradução para o inglês aparecesse antes, em 1736), não era simplesmente o método dos fluxos, mas *Methodus fluxionum et serierum infinitorum*.

Em 1676, Newton escreveu ainda uma terceira exposição de seu cálculo, sob o título *De quadratura curvarum* e dessa vez tentou evitar tanto quantidades infinitamente pequenas quanto quantidades que fluem, substituindo-as por uma doutrina de "primeiras e últimas razões". Ele achava a "primeira razão de aumentos nascentes" ou a "última razão de incrementos evanescentes" como segue. Suponhamos que se procure a razão das variações de x e x^n. Seja o o incremento de x e $(x+o)^n - x^n$ o correspondente incremento de x^n. Então, a razão dos incrementos será

$$1 : \left[nx^{n-1} + \frac{n(n-1)}{2} o x^{n-2} + \cdots \right].$$

Para achar a primeira e última razão, anula-se o o, obtendo-se a razão $1:(nx^{n-1})$. Aqui, Newton realmente se aproxima do conceito de limite, a objeção principal sendo o uso da palavra "anula-se". Existe realmente uma razão entre incrementos que se anularam? Newton não esclareceu a questão e ela continuou a perseguir os matemáticos durante todo o século dezoito.

Principia

Newton descobriu seu método das séries infinitas e o cálculo em 1665-1666, e durante a década seguinte ele escreveu pelo menos três exposições substanciais da nova análise. O *De analysi* circulou entre amigos, inclusive John Collins (1625-1683) e Isaac Barrow, e a expansão binomial infinita foi enviada a Oldenburg e Leibniz; mas Newton não fez nada para publicar seus resultados, embora soubesse que Gregory e Mercator, em 1668, tinham revelado a obra deles sobre séries infinitas. A primeira exposição do cálculo que Newton imprimiu apareceu em 1687, em *Philosophiae naturalis principia mathematica*. Esse livro é geralmente descrito como apresentando os fundamentos da física e da astronomia na linguagem da geometria pura. É verdade que uma parte grande da obra é em forma sintética, mas há também uma grande quantidade de passagens analíticas. A Sec. I do livro I é, na verdade, intitulada "O método da primeira e última razões de quantidades, pelo uso do qual demonstramos as proposições que seguem", incluindo o Lema I:

> Quantidades, e as razões de quantidades, que em qualquer tempo finito convergem continuamente à igualdade, e antes do fim desse tempo se aproximam mais uma da outra que por qualquer diferença dada, se tornam finalmente iguais.

Isto, é claro, é uma tentativa de definir o limite de uma função. O Lema VII na Sec. I postula que "a última razão do arco, corda e tangente, qualquer um para o outro, é a razão da igualdade"; outros lemas daquela seção assumem a semelhança de certos "triângulos evanescentes". Aqui e ali no livro I, o autor recorre a séries infinitas. No entanto, os algoritmos de cálculo só aparecem no livro II, onde no Lema II deparamos com a enigmática formulação:

> O momento de qualquer *genitum* é igual aos momentos de cada um dos lados geradores multiplicados pelos índices das potências desses lados, e por seus coeficientes continuamente.

A explicação de Newton mostra que a palavra *genitum* significa o que chamamos um "termo" e que por "momento" de um *genitum* ele entende o acréscimo infinitamente pequeno. Designando por a o momento de A e por b o momento de B, Newton demonstra que o momento de AB é $aB + bA$, que o momento de A^n é naA^{n-1} e que o momento de $1/A$ é $-a/(A^2)$. Essas expressões, que são os equivalentes da derivada de um produto, de uma potência e de um recíproco, respectivamente, constituem o primeiro pronunciamento oficial de Newton sobre o cálculo, tornando fácil entender por que tão poucos matemáticos da época dominaram a nova análise nos termos da linguagem de Newton.

Newton não foi o primeiro a derivar ou integrar, nem a ver a relação entre essas operações no teorema fundamental do cálculo. Sua descoberta consistiu na consolidação desses elementos em um algoritmo geral aplicável a todas as funções, sejam algébricas sejam transcendentes. Isso era enfatizado em uma nota que Newton publicou nos *Principia*, imediatamente após o Lema II:

> Em uma carta que escrevi a Mr. J. Collins, datada de 10 de dezembro de 1672, tendo descrito um método de tangentes, que eu suspeitava ser o mesmo que o de Sluse, não publicado então, eu acrescentei essas palavras: isso é um particular, ou antes, um Corolário, de um método geral, que se estende, sem qualquer complicação de cálculo, não só ao traçado de tangentes de quaisquer linhas curvas, sejam geométricas sejam mecânicas... mas também à resolução de outros tipos mais obscuros de problemas sobre a curvatura, áreas, comprimentos, centros de gravidade de curvas etc., nem se limita (como o método de máximos e mínimos de Hudden) a equações que são livres de quantidades em radicais. Esse método eu entrelacei com o outro de trabalhar em equações reduzindo-as a série infinitas.

Na primeira edição dos *Principia*, Newton reconheceu que Leibniz estava de posse de um método semelhante, mas na terceira edição, em 1726, após a amarga disputa entre partidários dos dois homens quanto à independência e prioridade da descoberta do cálculo, Newton omitiu as referências ao cálculo de Leibniz. Agora está bastante claro que a descoberta de Newton foi anterior à de Leibniz por cerca de dez anos, mas a descoberta de Leibniz foi independente da de Newton. Além disso, Leibniz tem prioridade de publicação, pois imprimiu uma exposição de seu cálculo em 1684 na *Acta eruditorum*, espécie de "periódico cientifico" mensal que fora fundado só dois anos antes.

Nas secções iniciais do *Principia*, Newton tinha generalizado e esclarecido a tal ponto as ideias de Galileu sobre movimento, que a partir daí damos a essa formulação o nome de "leis de movimento de Newton". Newton foi adiante, combinando essas leis com as leis de Kepler da astronomia e a lei de Huygens da força centrípeta no movimento circular, para estabelecer o grande princípio unificador que diz que duas partículas quaisquer no universo, sejam dois planetas ou dois grãos de mostarda, ou o Sol e um grão de mostarda, se atraem mutuamente com uma força que varia de modo inversamente proporcional ao quadrado da distância entre elas. No enunciado dessa lei, Newton tinha sido antecipado por outros, inclusive Robert Hooke (1638-1703), professor de geometria no Gresham College e sucessor de Oldenburg como secretário da Royal Society. Mas Newton foi o primeiro a convencer o mundo da verdade da lei porque era capaz de manejar a matemática necessária na demonstração.

Para movimentos circulares, a lei do inverso do quadrado é fácil de obter das fórmulas $f = ma$, de Newton, $a = v^2/r$ de Huygens e $T^2 = Kr^3$ de Kepler, simplesmente observando que $T \propto r/v$ e então eliminando T e v das equações para obter $f \propto 1/r^2$. Demonstrar o mesmo para elipses, no entanto, exigia muito mais habilidade matemática. Além disso, demonstrar que a distância deve ser medida entre os centros dos corpos era tarefa tão difícil que evidentemente foi esse problema de integração que levou Newton a deixar de lado o trabalho sobre gravitação durante quase vinte anos em seguida à sua descoberta da lei no ano da peste de 1665-1666. Quando, em 1684, seu amigo Edmund Halley (1656-1742), matemático bastante capaz que havia também conjecturado a lei do inverso do quadrado, insistiu com Newton para que desse uma demonstração, o resultado foi a exposição nos *Principia*. Tão impressionado ficou Halley com a qualidade do livro, que fez com que fosse publicado às suas próprias custas.

Os *Principia*, naturalmente, contêm muito mais que o Cálculo, as leis do movimento, e a lei da gravitação. Contêm, em ciência, coisas como os movimentos dos corpos em meios resistentes e a demonstração de que, para vibrações isotérmicas, a velocidade do som deveria ser a velocidade com que um corpo chegaria à Terra se caísse, sem resistência, de uma altura que é a metade da de uma atmosfera uniforme, tendo a densidade do ar na superfície da Terra e exercendo a mesma pressão. Outra das conclusões científicas dos *Principia* é uma demonstração matemática da não validade do esquema cósmico que então prevalecia — a teoria dos vórtices de Descartes — pois Newton mostrou, no fim do livro II, que, de acordo com as leis da mecânica, planetas em movimentos de vórtices se moveriam mais rapidamente no afélio que no periélio, o que contradiz a astronomia de Kepler. No entanto, passaram-se cerca de quarenta anos até que a teoria gravitacional newtoniana do universo, popularizada por Maupertuis e Voltaire, derrubasse a cosmologia cartesiana na França.

Teoremas sobre cônicas

Alguém que leia apenas os títulos dos três livros dos *Principia* ficará com a impressão errônea de que tratam apenas de física e astronomia, pois os livros se intitulam, respectivamente, *I. O movimento dos corpos, II. O movimento dos corpos (em meios resistentes), e III. O sistema do mundo*. No entanto, o tratado contém também muita matemática pura, especialmente referente a secções cônicas. No Lema XIX do livro I, por exemplo, o autor resolve o problema de Papus das quatro retas, acrescentando que sua solução "não é um cálculo analítico, mas uma composição geométrica, tal como os antigos exigiam", uma referência indireta e pejorativa, aparentemente, ao tratamento dado ao problema por Descartes.

Em todo o *Principia*, Newton deu preferência a métodos geométricos; mas vimos que onde achava conveniente fazê-lo, ele não hesitava em apelar para seu método de séries infinitas e para o cálculo. A maior parte da Sec. II do livro II, por exemplo, é analítica. De outro lado, o tratamento que Newton dá às propriedades das cônicas é quase exclusivamente sintético, pois aqui Newton não precisava recorrer à análise. Após o problema de Papus, ele deu um par de gerações orgânicas de cônicas como intersecções de retas móveis, e depois usou-as em meia dúzia de proposições subsequentes, para mostrar como construir uma cônica satisfazendo a cinco condições — passando por cinco pontos, por exemplo, ou tangente a cinco retas, ou passando por dois pontos e tangente a três retas.

Óptica e curvas

Principia é o maior monumento a Newton, mas de modo nenhum é o único. Seu artigo nos *Philosophical transactions*, de 1672, referente à natureza da cor foi de grande importância para a física, pois foi nele que Newton anunciou o que considerava uma das mais estranhas operações da natureza — que a luz branca era simplesmente uma combinação de raios de diferentes cores, cada cor tendo seu índice de refração característico. Não era fácil para seus contemporâneos aceitar uma ideia tão revolucionária, e a controvérsia subsequente aborreceu Newton. Por quinze anos, ele não publicou mais nada, até que a insistência de Halley o levou a escrever e publicar os *Principia*. Enquanto isso, as três versões de seu cálculo que ele tinha escrito entre 1669 e 1676, bem como um tradado sobre ótica que ele tinha composto, permaneceram sob forma de manuscritos.

Cerca de quinze anos após o aparecimento dos *Principia*, Hooke morreu, e então, finalmente, a aversão de Newton à publicação parece ter diminuído um pouco. *Opticks* apareceu em 1704 e nesse livro tinham sido juntadas duas obras matemáticas: *De quadratura curvarum*, em que finalmente apareceu impressa uma exposição inteligível dos métodos de Newton no cálculo, e um pequeno tratado chamado *Enumeratio line-*

arum tertii ordinis (*Enumeração de curvas de terceiro grau*). Também *Enumeratio* fora escrito por volta de 1676, e é o caso mais antigo de obra dedicada unicamente a gráficos de curvas planas de grau superior na álgebra. Newton notou setenta e duas espécies de cúbicas (uma meia dúzia é omitida) e uma curva de cada espécie é cuidadosamente traçada. Pela primeira vez, são usados sistematicamente dois eixos, e não há hesitação quanto a coordenadas negativas. Entre as propriedades interessantes das cúbicas indicadas nesse tratado estão o fato de uma curva de terceiro grau não poder ter mais de três assíntotas (assim como uma cônica não pode ter mais de duas) e que, assim como todas as cônicas são projeções do circulo, também todas as cúbicas são projeções de uma "parábola divergente" $y^2 = ax^3 + bx^2 + cx + d$.

Coordenadas polares e outras

Enumeratio não foi a única contribuição de Newton à geometria analítica. No *Método de fluxos*, escrito em latim por volta de 1671, ele tinha sugerido oito tipos novos de sistemas de coordenadas. Um desses, a "terceira maneira" de Newton de determinar uma curva, era pelo que hoje chamamos coordenadas bipolares. Se x e y são as distâncias de um ponto variável a dois pontos fixos ou polos, então as equações $x + y = a$ e $x - y = a$ representam elipses e hipérboles, respectivamente, e $ax + by = c$ são ovais de Descartes. Esse tipo de sistema de coordenadas é raramente usado hoje, mas o dado por Newton como "sétima maneira, para espirais" é hoje conhecido como sistema de coordenadas polares. Usando x onde hoje usamos θ ou ϕ e y onde usamos r ou ρ, Newton encontrou a subtangente à espiral de Arquimedes $by = ax$, assim como a outras espirais. Tendo dado a fórmula para o raio de cuvatura em coordenadas retangulares,

$$R = \left(1 + \dot{y}^2\right)\frac{\sqrt{1 + \dot{y}^2}}{\dot{z}},$$

onde $z = \dot{y}$, ele escreveu a fórmula correspondente em coordenadas polares como

$$R \operatorname{sen} \psi = \frac{y + yzz}{1 + zz - \dot{z}},$$

onde $z = \dot{y}/y$ e ψ é o ângulo entre a tangente e o raio vetor.

Newton deu também equações para as transformações de coordenadas retangulares para polares, exprimindo-as como $xx + yy = tt$ e $tv = y$, onde t é o raio vetor e v um segmento representando o seno do ângulo vetorial associado com o ponto (x, y) em coordenadas cartesianas.

O método de Newton e o paralelogramo de Newton

No *Método dos fluxos*, bem como em *De analysi*, encontramos o "método de Newton" para a solução aproximada de equações. Se a equação a ser resolvida é $f(x) = 0$, primeiro se coloca a raiz desejada entre dois valores $x = a_1$ e $x = b_1$, tais que no intervalo (a_1, b_1) nem a primeira nem a segunda derivada se anulam ou deixam de existir. Então, para um dos valores, digamos $x = a_1, f(x)$ e $f''(x)$ terão o mesmo sinal. Nesse caso o valor $x = a_2$ será uma aproximação melhor se

$$a_2 = a_1 - \frac{f(a_1)}{f'(a_1)},$$

e esse processo pode ser aplicado iterativamente para obter uma aproximação tão precisa quanto se queira. Se $f(x)$ é da forma $x^2 - a^2$, as aproximações do método de Newton são as mesmas do antigo algoritmo babilônio para raiz quadrada; por isso este velho processo às vezes é chamado sem razão "algoritmo de Newton". Se $f(x)$ é um polinômio, o método de Newton é, em essência, o mesmo método do arábico-chinês que tem o nome de Horner; mas a grande vantagem do método de Newton é que se aplica igualmente a equações envolvendo funções transcendentes.

O *Método dos fluxos* continha também um diagrama que mais tarde se tornou conhecido como "paralelogramo de Newton", útil para desenvolvimentos em séries infinitas e para o esboço curvas. Para uma equação polinomial $f(x, y) = 0$, forma-se um reticulado cujos pontos de intersecção correspondem a termos de todos o graus possíveis na equação $f(x, y) = 0$; sobre este "paralelogramo" ligam-se por segmentos as intersecções que correspondem a termos efetivamente existentes na equação e forma-se então uma parte de um polígono convexo para o ponto de grau zero. Na Fig. 16.2 temos o diagrama para o *folium* de Descartes $x^3 + y^3 - 3axy = 0$. Então, as equações que são obtidas igualando a zero sucessivamente a totalidade dos termos da equação dada, cujos pontos no reticulado estão em cada um dos segmentos, serão equações aproximantes para ramos da curva passando pela origem. No caso do *folium* de Descartes, as curvas aproximantes são $x^3 - 3axy = 0$ (ou a parábola $x^2 = 3ay$) e $y^3 - 3axy = 0$ (ou a parábola $y^2 = 3ax$); esboçando partes dessas parábolas perto da origem, tem-se um bom auxílio para o esboço da equação dada $f(x, y) = 0$.

Arithmetica universalis

Os três livros de Newton melhor conhecidos hoje são os *Principia*, o *Método dos fluxos* e *Opticks*; há também uma quarta obra que no século dezoito apareceu em um número de edições maior do que as outras três, e também essa continha contribuições valiosas. Este foi a *Arithmetica universalis*, obra composta entre 1673 e 1683, talvez para os cursos de Newton em Cambrige, e publicada pela primeira vez em 1707. Esse influente tratado contém as fórmulas usualmente conhecidas como "identidades de Newton" para as somas das potências das raízes de uma equação polinomial. Cardano sabia que a soma das raízes de $x^n + a_1 x^{n-1} + \cdots + a_{n-1}x + a_n = 0$ é $-a_1$, e Viète tinha levado um tanto mais longe a determinação de relações entre raízes e coeficientes. Girard, em 1629, tinha mostrado como achar a soma dos quadrados das raízes, ou soma dos cubos ou das quartas potências, mas foi Newton quem generalizou isso para cobrir todas as potências. Se $K \leq n$, as relações

$$S_K + a_1 S_{K-1} + \cdots + a_K K = 0$$

e

$$S_K + a_1 S_{K-1} + \cdots + a_K S_0 + a_{K+1} S_{-1} + \cdots + a_n S_{K-n} = 0$$

valem ambas; se $K > n$, vale a relação

$$S_K + a_1 S_{K-1} + \cdots + a_{n-1} S_{K-n+1} + a_n S_{K-n} = 0$$

onde S_i é a soma das i-ésimas potências das raízes. Usando recursivamente essas relações, pode-se achar facilmente a soma de potências das raízes para qualquer potência inteira. Na *Arithmetica universalis* há também um teorema que generaliza a regra dos sinais de Descartes para determinar o número de raízes imaginárias de um polinômio, bem como uma regra para uma majoração para as raízes positivas.

A secção mais longa na *Arithmetica universalis* é a que trata da resolução de questões geométricas. Aqui, a solução de equações cúbicas é feita com a ajuda de uma cônica dada, pois Newton considerava construções geométricas por meio de outras curvas além da reta e do círculo como parte da álgebra e não da geometria:

> Equações são Expressões de Cálculo Aritmético e propriamente não têm lugar na Geometria... Por isso, as secções cônicas e todas as outras Figuras devem ser tiradas da Geometria plana, exceto a Linha reta e o Círculo. Portanto, todas essas descrições das Cônicas *in pranol*, de que os Modernos gostam tanto, são estranhas à Geometria.

O conservadorismo de Newton nesse ponto contrasta fortemente com seu ponto de vista radical em análise — e com o ponto de vista pedagógico dos meados do século vinte.

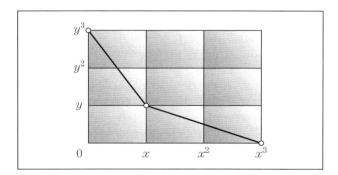

Figura 16.2

Últimos anos

Principia foi o primeiro tratado de Newton a ser publicado, mas foi último na ordem de composição. A fama lhe tinha vindo relativamente cedo, pois fora eleito para a Royal Society em 1672, quatro anos depois de ter construído seu telescópio refletor (a ideia desse tinha ocorrido também a Gregory ainda antes). Os *Principia* obtiveram aprovação entusiástica, e, em 1689, Newton foi eleito para representar Cambridge no Parlamento Britânico. Apesar do generoso reconhecimento que obteve, Newton ficou deprimido e sofreu um esgotamento nervoso em 1692. Em 1696, ele aceitou sua nomeação como *Warden of the Mint* (Guardião da casa da moeda), tornando-se *Master of the Mint* três anos depois. Newton manteve sua extraordinária habilidade matemática até o fim; quando Leibniz, em 1716 (o último ano de sua vida), desafiou Newton a encontrar as trajetórias ortogonais a uma família a um parâmetro de curvas planas, Newton resolveu o problema dentro de poucas horas e deu um método para encontrar trajetórias em geral. (Anteriormente, em 1696, Newton tinha sido desafiado a encontrar a braquistócrona, ou curva de descida mais rápida, e no dia seguinte ao que recebeu o problema apresentou a solução, mostrando que a curva é uma cicloide.)

Em seus últimos anos, as honrarias choveram sobre Newton. Em 1699, foi eleito associado estrangeiro da Académie des Sciences; em 1703 tornou-se presidente da Royal Society, conservando o posto pelo resto de sua vida, e em 1705 recebeu um título de nobreza da Rainha Anne. No entanto, um acontecimento lançou uma nuvem sobre a vida de Newton após 1695. Nesse ano, Wallis lhe disse que, na Holanda, o cálculo era considerado descoberta de Leibniz. Em 1699, Nicolas Fatio de Duillier (1664-1753), um obscuro matemático suíço que vivia na Inglaterra, insinuou em um artigo para a Royal Society que Leibniz poderia ter tirado suas ideias sobre o cálculo de Newton. Ante essa afronta, Leibniz em *Acta eruditorum*, de 1704, insistiu em que tinha direito à prioridade na publicação e protestou perante a Royal Society contra a acusação de plágio. Em 1705, a *De quadratura curvarum* de Newton recebeu crítica desfavorável (de Leibniz?) em *Acta eruditorum*; e em 1708, John Keil (1671-1721), professor em Oxford, vigorosamente defendeu a pretensão de Newton contra a de Leibniz em um artigo na *Philosophical transactions*. Os repetidos apelos de Leibniz à Royal Society finalmente levaram essa a nomear uma comissão para estudar a questão e fazer um relatório. O relatório da comissão, sob o título *Commercium epistolicum*, foi publicado em 1712; mas não melhorou a situação. Tinha chegado à conclusão banal de que Newton fora o primeiro inventor, ponto que não fora seriamente questionado para começar. Implicações de plágio foram apoiadas pela comissão em termos de documentos que supunham que Leibniz tivesse visto, mas que agora se sabe que ele não havia recebido. O azedume do sentimento nacionalista chegou a tal ponto que, em 1726, uma década depois da morte de Leibniz, Newton retirou da terceira edição dos *Principia* toda referência ao fato de Leibniz ter tido um método no cálculo semelhante ao de Newton.

Em consequência da deprimente disputa de prioridade, os matemáticos ingleses ficaram até certo ponto afastados dos que trabalhavam no continente durante boa parte do século dezoito. Ao morrer, Newton foi enterrado na Abadia de Westminster com tal pompa, que Voltaire, que assistiu aos funerais, disse mais tarde: "Eu vi um professor de matemática, só porque era grande em sua vocação, ser enterrado como um rei que tivesse feito bem a seus súditos".

Abraham De Moivre

A matemática britânica teve uma quantidade impressionante de contribuintes capazes durante o começo do século dezoito. Abraham De Moivre (1667-1754) nascera francês huguenote, mas logo depois da revogação de Édito de Nantes foi para a Inglaterra, onde conheceu Newton e Halley e tornou-se professor particular de matemática. Em 1697, foi eleito para a Royal Society e subsequentemente para as Academias de Paris e Berlim. Esperava obter um posto de professor de matemática em uma universidade, mas isso ele nunca conseguiu, em parte por não ser inglês de nascimento; e Leibniz tentou em vão obter um posto para ele na Alemanha. No entanto, apesar das longas horas de aulas que precisava dar para se sustentar, De Moivre produziu uma quantidade de pesquisa considerável.

Probabilidade

A teoria da probabilidade teve muitos devotos durante o início do século dezoito, e De Moivre foi um dos mais importantes deles. Em 1711, publicou em *Philosophical transactions* um longo trabalho sobre as leis do acaso, e esse ele expandiu em um volume célebre, *Doctrine of chances*, que apareceu em 1718 (e em edições posteriores). O trabalho e o volume contêm numerosas questões sobre dados, o problema de pontos (com chances diferentes de ganhar), tirar bolas de cores diferentes de um saco, e outros jogos. Alguns dos problemas tinham aparecido na *Ars conjectandi*, de Jacques Bernoulli, publicado antes que *Doctrine of chances*, mas depois do trabalho de De Moivre. No prefácio da *Doctrine of chances*, o autor se refere à obra sobre probabilidade de Jacques, Jean e Nicolaus Bernoulli. As várias edições do volume contêm mais de cinquenta problemas sobre probabilidades, bem como referentes a anuidades vitalícias. De modo geral, De Moivre deriva a teoria das permutações e combinações dos princípios de probabilidades, ao passo que agora costuma-se fazer o contrário. Por exemplo, para achar o número de arranjos de duas letras escolhidas das seis letras a, b, c, d, e, e f, ele argumenta que a probabilidade de uma letra particular ser a primeira é 1/6 e a probabilidade de uma outra específica ser a segunda é 1/5. Logo, a probabilidade de aparecerem essas duas letras nessa ordem é 1/6 1/5 = 1/30, donde se conclui que o número de arranjos possíveis, duas a duas, é 30. Frequentemente é atribuído a De Moivre o princípio, publicado na *Doctrine of chances*, que diz que a probabilidade de um evento composto é o produto das probabilidades de seus componentes, mas esse princípio já aparece por implicação em trabalhos anteriores.

De Moivre interessava-se particularmente por desenvolver para a teoria das probabilidades processos gerais e notações que ele considerava como uma nova "álgebra". Uma generalização de um problema dado antes por Huygens é chamada usualmente, e apropriadamente, problema de De Moivre: achar a probabilidade de lançar um número dado em um lançamento de n dados, cada um com m faces. Algumas de suas contribuições em probabilidades foram publicadas em um outro volume, *Miscellanea analytica*, de 1730. Em um suplemento a essa obra, De Moivre incluiu alguns resultados que apareciam também em *Methodus differentialis*, de James Stirling (1692-1770), publicado no mesmo ano que *Miscellanea analytica*. Entre esses resultados está a aproximação $n! \approx \sqrt{2\pi n}(n/e)^n$, que geralmente é conhecida como fórmula de Stirling, embora De Moivre a conhecesse antes, e uma série, também chamada de Stirling, relacionando $n!$ com os números de Bernoulli.

De Moivre, aparentemente, foi o primeiro a trabalhar com a fórmula de probabilidades

$$\int_0^\infty e^{-x^2}\,dx = \frac{\sqrt{\pi}}{2},$$

resultado que apareceu discretamente em um panfleto impresso particularmente em 1733, com o título *Approximatio ad summan terminorum binomii $(a+b)^n$ in seriem expansi*. Essa obra, que representa a primeira aparição da lei dos erros ou da curva de distribuição, foi traduzida por De Moivre e incluída na segunda edição (1738) de sua *Doctrine of chances*. Em sua obra sobre *Annuities upon lives*, que primeiro fazia parte da *Doctrine of chances* e foi reimpressa separadamente em mais de meia dúzia de edições, ele adotou uma regra de simplificação, conhecida como "hipótese de De Moivre de decréscimos iguais", segundo a qual anuidades podem ser computadas sob a hipótese de que o número de pessoas de um dado grupo que morrem é o mesmo durante cada ano.

O teorema de De Moivre

A *Miscellanea analytica* é importante não só em probabilidades como também no desenvolvimento do lado analítico da trigonometria. O bem conhecido teorema de De Moivre, $(\cos\theta + i\operatorname{sen}\theta)^n$ = $\cos n\theta + i \operatorname{sen} n\theta$, não é dado explicitamente, mas é claro de seu trabalho sobre ciclometria e outros contextos que o autor conhecia bem essa relação, provavelmente desde 1707. Em um artigo no *Philosophical transactions*, de 1707, De Moivre escreveu que

$$\frac{1}{2}\left(\operatorname{sen} n\theta + \sqrt{-1}\cos n\theta\right)^{1/n} +$$
$$+ \frac{1}{2}\left(\operatorname{sen} n\theta - \sqrt{-1}\cos n\theta\right)^{1/n} = \operatorname{sen}\theta$$

Em sua *Miscellanea analytica*, de 1730, ele exprimiu o equivalente de

$$\left(\cos\theta \pm i \operatorname{sen}\theta\right)^{1/n} = \cos\frac{2K\pi \pm \theta}{n} \pm i \operatorname{sen}\frac{2K\pi \pm \theta}{n},$$

que usou para fatorar $x^{2n} + 2x\cos n\theta + 1$ em fatores quadráticos da forma $x^2 + 2x\cos\theta + 1$. Novamente em um artigo no *Philosophical transactions*, de 1739, ele encontrou as raízes n-ésimas do "binômio impossível" $a + \sqrt{-b}$ pelo processo que usamos hoje de tomar a raiz n-ésima do módulo, dividir o argumento por n, e somar múltiplos de $2\pi/n$.

De Moivre, ao lidar com números imaginários e funções circulares na *Miscellanea analytica*, chegou quase a reconhecer as funções hiperbólicas ao estender teoremas sobre setores de círculos a resultados análogos sobre setores da hipérbole regular. Dada a extensão e profundidade de seus resultados, era natural que Newton, em seus últimos anos, dissesse aos que o procuravam com perguntas de matemática, "Procure Mr. De Moivre, ele sabe essas coisas melhor que eu".

No *Philosophical transactions* de 1697-1698, De Moivre tinha escrito sobre o "infinitonome", isto é, um polinômio infinito ou série infinita, incluindo um processo para achar uma raiz de uma tal expressão, e foi em grande parte em reconhecimento a esse artigo que ele foi eleito membro da Royal Society. O interesse de De Moivre por séries infinitas e probabilidades faz lembrar os Bernoulli. De Moivre manteve uma extensa e cordial correspondência com Jean Bernoulli durante a década de 1704 a 1714, e foi o primeiro quem propôs o segundo para eleição à Royal Society, em 1712.

Roger Cotes

Um dos motivos que tinha levado De Moivre a ocupar-se da fatoração de $x^{2n} + ax^n + 1$ em fatores quadráticos era o desejo de completar parte do trabalho de Roger Cotes (1682-1716) sobre a integração de frações racionais por decomposições em frações parciais. A vida de Cotes é outro exemplo trágico de carreira muito promissora interrompida por morte prematura. Como Newton observou, "se Cotes tivesse vivido, poderíamos saber alguma coisa". Estudante e depois professor em Cambridge, o jovem passou boa parte dos anos de 1709 a 1713 preparando a segunda edição dos *Principia* de Newton e três anos depois morreu deixando uma obra significativa, mas incompleta. Muito dessa obra foi reunido e publicado postumamente em 1722 sob o título *Harmonia mensurarum*. O título deriva do seguinte teorema:

> Se por um ponto fixo O for traçada uma reta variável, que corte uma curva algébrica nos pontos $Q_1, Q_2,..., Q_n$, e se for tomado um ponto P sobre a curva tal que o recíproco de OP é a média aritmética dos recíprocos de $OQ_1, OQ_2,..., OQ_n$, então o lugar geométrico de P é uma reta.

Porém, a maior parte do tratado é sobre a integração de frações racionais, incluindo a decomposição de $x^n - 1$ em fatores quadráticos, trabalho mais tarde completado por De Moivre. A *Harmonia mensurarum* está entre os primeiros trabalhos a mencionar a periodicidade das funções trigonométricas, os ciclos da tangente e da secante aparecendo impressos aqui talvez pela primeira vez. É um dos primeiros livros contendo um tratamento completo do cálculo aplicado à função logarítmica e funções circulares, inclusive uma tabela de integrais que dependem dessas. Nesse contexto, o autor deu o que os livros de trigonometria chamam de "propriedade de Cotes do círculo", resultado que se relaciona de perto com o teorema de De Moivre e permite escrever expressões como

$$x^{2n} + 1 = \left(x^2 - 2x\cos\frac{\pi}{2n} + 1\right)\left(x^2 - 2x\cos\frac{3\pi}{2n} + 1\right)\cdots\left(x^2 - 2x\cos\frac{(2n-1)\pi}{2n} + 1\right).$$

Esse resultado é fácil de verificar marcando no círculo unitário as raízes de –1 de ordem $2n$ e formando os produtos de pares de imaginários conjugados. Cotes aparentemente foi um dos primeiros matemáticos a perceber a relação $\ln(\cos\theta + i\,\text{sen}\,\theta) = i\theta$, de que deu um equivalente em um artigo no *Philosophical transactions* de 1714, e que foi reimpresso em *Harmonia mensurarum*. Esse teorema é usualmente atribuído a Euler, que foi o primeiro a dá-lo na forma exponencial moderna.

James Stirling

Stirling, um jacobita que estudou em Oxford, publicou em 1717 uma obra intitulada *Lineae tertii ordinis Neutonianae*, em que completou a classificação de curvas cúbicas feita por Newton em 1704, acrescentando algumas cúbicas que Newton deixara escapar e também demonstrações que faltavam na *Enumeratio* original. Entre outras coisas, Stirling mostrou que se o eixo y é uma assíntota de uma curva de ordem n, a equação da curva não pode conter termo em y^n e que uma assíntota não pode cortar a curva em mais de $n-2$ pontos. Para gráficos de funções racionais, $y = f(x)/g(x)$, ele encontrou as assíntotas verticais igualando $g(x)$ a zero. Para secções cônicas, Stirling deu um tratamento completo em que os eixos, vértices e assíntotas são encontrados analiticamente a partir da equação geral de segundo grau em relação a eixos oblíquos de coordenadas.

Seu *Methodus differentialis*, de 1730, continha contribuições significativas ao estudo da convergência de séries infinitas, interpolação e funções especiais definidas por séries; entretanto, ele é mais conhecido pela fórmula aproximada para $n!$ mencionada anteriormente.

Colin Maclaurin

Colin Maclaurin (1698-1746), talvez o mais importante matemático britânico da geração posterior a Newton, nasceu na Escócia e foi educado na Universidade de Glasgow. Ele tornou-se professor em Aberdeen aos dezenove anos, e meia dúzia de anos depois ensinava na Universidade de Edinburgh. Na Grã-Bretanha, Suíça e Países Baixos, os principais matemáticos dos séculos dezessete e dezoito pertenciam à universidades, ao passo que na França, Alemanha e Rússia, em geral pertenciam às academias estabelecidas pelos governantes absolutos.

Maclaurin começou a contribuir com artigos no *Philophical transactions* antes dos vinte e um anos, e, em 1720, publicou dois tratados sobre curvas, *Geometrica organica* e *De linearum geometricarum proprietatibus*. O primeiro, em particular, foi uma obra bem conhecida que estendeu os resultados de Newton e Stirling sobre cônicas, cúbicas e curvas algébricas de grau superior. Entre as proposições que contém, está uma em geral conhecida como o teorema de Bézout (como homenagem ao homem que mais tarde deu uma demonstração imperfeita) — uma curva de ordem m corta uma curva de ordem n, em geral, em mn pontos. Tratando desse teorema, Maclaurin observou uma dificuldade que é usualmente conhecida como paradoxo de Cramer, como homenagem a um redescobridor posterior. Uma curva de ordem n, em geral, é determinada, como Stirling tinha indicado, por $n(n+3)/2$ pontos. Assim, uma cônica é univocamente determinada por cinco pontos e uma cúbica deveria ser determinada por nove pontos. Mas, pelo teorema de Maclaurin-Bézout, duas curvas de grau n se cortam em n^2 pontos, de modo que duas cúbicas diferentes se cortam em nove pontos. Logo, é evidente que $n(n+3)/2$ pontos nem sempre determinam univocamente uma curva de ordem n. A resposta do paradoxo só apareceu um século depois, quando foi explicado na obra de Julius Plücker.

Série de Taylor

Dados os resultados notáveis de Maclaurin em geometria, é irônico pensar que hoje seu nome é lembrado quase exclusivamente em conexão com a chamada série de Maclaurin, que aparece em seu *Treatise of fluxions*, de 1742, mas é apenas um caso especial de série de Taylor, publicada por Brook Taylor (1683-1731), em 1715, em seu *Methodus incrementorum directa et inversa*. Taylor, graduado de Cambridge, era um entusiástico admirador de Newton e secretário da Royal Society. Interessava-se muito por perspectiva; sobre esse assunto publicou dois livros, em 1715 e 1719, no segundo dos quais deu o primeiro enunciado geral do princípio dos pontos de desaparecimento. No entanto, seu nome hoje é lembrado quase exclusivamente em conexão com a série

$$f(x+a) = f(a) = f'(a)x + f^n(a)\frac{x^2}{2!} +$$
$$+ f'''(a)\frac{x^3}{3!} + \cdots + f^{(n)}(a)\frac{x^n}{n!} + \cdots$$

que apareceu em seu *Methodus incrementorum*. Essa série se torna a familiar série de Maclaurin ao substituir-se a por zero. A série de Taylor geral era conhecida já por James Gregory muito antes, e em essência também por Jean Bernoulli; mas Taylor não sabia disso. Além disso, a série de Maclaurin tinha aparecido no *Methodus differentialis* de Stirling mais de uma dúzia de anos antes de ser publicada por Maclaurin. Clio, a musa da história, é frequentemente caprichosa na questão de ligar nomes a teoremas!

A controvérsia do *The Analyst*

O *Methodus incrementorum* continha também várias outras partes familiares do cálculo, tais como fórmulas relacionando a derivada de uma função com a derivada da função inversa, por exemplo $d^2x/dy^2 = - d^2y/dx^2/(dy/dx)^3$, soluções singulares de equações diferenciais e uma tentativa de achar uma equação para a corda vibrante. Depois de 1719, Taylor abandonou a pesquisa matemática, mas o jovem Maclaurin estava então apenas começando sua fecunda carreira. Seu *Treatise of fluxions* não era apenas mais um novo livro sobre as técnicas do Cálculo, mas um esforço para dar uma base sólida ao assunto, semelhante à da geometria de Arquimedes. O motivo aqui era o desejo de defender o cálculo de ataques que tinham sido desfechados, especialmente pelo bispo George Berkeley (1685-1753) em um panfleto de 1734 intitulado *The Analyst*. Berkeley não negava a utilidade das técnicas de fluxos nem a validade dos resultados obtidos empregando tais técnicas; mas tinha ficado irritado por um amigo doente ter recusado consolo espiritual, porque Halley o tinha convencido da natureza insustentável da doutrina cristã. Por isso o subtítulo de *The Analyst* diz:

> Ou um Discurso Dirigido a um Matemático Infiel [presumivelmente Halley]. Onde se Examina Se o Objeto, Princípios e Inferências da Análise Moderna são Mais Claramente Concebidos, ou Mais Evidentemente Deduzidos que os Mistérios e Pontos de Fé da Religião. "Primeiro Tira a Tranca de Teu Próprio Olho; e Então Verás Claramente para Tirar o Cisco do Olho de Teu Irmão".

Berkeley dá uma exposição bastante justa do método dos fluxos, e suas críticas eram procedentes. Ele observa que, ao achar sejam fluxos, sejam razões de diferenciais, os matemáticos primeiro assumem que são dados incrementos às variáveis e depois retiram esses incrementos supondo que são nulos. O cálculo, tal como era explicado então, parecia a Berkeley ser apenas uma compensação de erros. Assim, "graças a um engano duplo, chegam, embora não à ciência, no entanto à verdade". Mesmo a explicação de Newton dos fluxos em termos de primeira e última razões era condenada por Berkeley, que negava a possibilidade de uma velocidade literalmente "instantânea", em que os incrementos da distância e do tempo se anulam para deixar o quociente sem sentido 0/0. Como ele dizia:

> E o que são fluxos? As velocidades de incrementos evanescentes. E que são esses mesmos incrementos evanescentes? Não são nem quantidades finitas, nem quantidades infinitamente pequenas, nem nada. Não poderíamos chamá-las de fantasmas de quantidades mortas?

Foi para responder a tais críticas que Maclaurin escreveu seu *Treatise of fluxions* à maneira rigorosa dos antigos; mas ao fazê-lo ele usou um método geométrico que é menos sugestivo dos novos desenvolvimentos que iam aparecer na análise da Europa continental. Talvez isso tenha alguma relação com o fato de Maclaurin ser quase o último matemático importante de Grã-Bretanha durante o século dezoito, um período em que a análise, e não e geometria, estava em evidência. No entanto, o *Treatise of fluxions* continha muitos resultados relativamente novos, inclusive o critério da integral para convergência de séries infinitas (dado antes por Euler, em 1732, mas que, em geral, passou despercebido).

Depois de Maclaurin e De Moivre terem morrido, a matemática inglesa sofreu um eclipse, de modo que, apesar do reconhecimento dado às conquistas matemáticas na Inglaterra até aquela época, o desenvolvimento da matemática lá não conseguiu acompanhar os passos rápidos em outras partes da Europa no século dezoito.

Regra de Cramer

Se hoje o nome de Maclaurin é ligado a uma série de que ele não foi o primeiro descobridor, isso é compensado pelo fato que uma contribuição dele leva o nome de outro, que a descobriu e imprimiu mais tarde. A bem conhecida regra de Cramer, publicada em 1750 por Gabriel Cramer (1704-1752), provavelmente era conhecida por Maclaurin desde 1729, quando ele estava escrevendo uma álgebra a título de comentário da *Arithmetica universalis* de Newton. O *Treatise of Algebra* de Maclaurin foi publicado em 1748, dois anos depois da morte do autor, e nele a regra para resolver equações simultâneas por determinantes aparecia, dois anos antes da *Introduction à l'analyse des lignes courbes algebriques*, de Cramer. A solução para y no sistema

$$\begin{cases} ax + by = c \\ dx + ey = f \end{cases}$$

é dada como

$$y = \frac{af - dc}{ae - db}.$$

A solução para z, no sistema

$$\begin{cases} ax + by + cz = m \\ dx + ey + fz = n \\ gx + hy + kz = p \end{cases}$$

é expressa como

$$z = \frac{aep - ahn + dhm - dbp + gbn - gem}{aek - ahf + dhc - dbk + gbf - gec}.$$

Maclaurin explicava que o denominador consiste, no primeiro caso, na "Diferença dos Produtos dos Coeficientes opostos tirados das Ordens que envolvem as duas Quantidades incógnitas", e, no segundo caso, em "todos os Produtos que podem ser formados de três Coeficientes opostos tirados das Ordens que envolvem as três Quantidades desconhecidas". Os numeradores nos esquemas de Maclaurin diferem dos denominadores apenas pela substituição dos coeficientes dos termos na incógnita procurada pelos termos constantes. Maclaurin explicava como escrever de modo semelhante a solução para quatro equações em quatro incógnitas, "antepondo sinais contrários aos que envolvem os Produtos de dois Coeficientes opostos". Esse enunciado mostra que Maclaurin tinha em mente uma regra de alternação de sinais análoga à que hoje é usualmente descrita em termos do princípio de inversão.

A obra póstuma de Maclaurin, o *Treatise of Algebra*, teve popularidade ainda maior que suas outras obras, uma sexta edição aparecendo em Londres, em 1796. Parece, no entanto, que o mundo aprendeu a resolver equações simultâneas por determinantes mais por meio de Cramer que de Maclaurin, principalmente, suspeitamos, por causa da superioridade da notação de Cramer, em que índices eram ligados a coeficientes literais para facilitar a determinação dos sinais. Outro possível fator foi a alienação, previamente mencionada, dos ingleses em relação aos matemáticos do continente.

Livros didáticos

Maclaurin e outros tinham escrito bons livros didáticos de nível elementar. O *Treatise of Algebra* passou por meia dúzia de edições de 1748 a

1796. Um *Treatise of Algebra* rival, de Thomas Simpson (1710-1761), teve pelo menos oito edições em Londres, de 1745 a 1809; um outro, *Elements of Algebra*, de Nicholas Saunderson (1682-1739), alcançou cinco edições entre 1740 e 1792.

Simpson foi um gênio autodidata que ganhou a eleição para a Royal Society em 1745, mas cuja vida turbulenta acabou em fracasso meia dúzia de anos mais tarde. Entretanto, seu nome é preservado na chamada regra de Simpson, publicada em seu *Mathematical Dissertations on Physical and Anaytical Subjects* (1743), para quadraturas aproximadas usando arcos de parábolas, mas este resultado tinha aparecido de forma um tanto diferente em 1668, no *Exercitationes geometricae*, de James Gregory. A vida de Saunderson, em contraste, foi um exemplo de triunfo pessoal sobre uma enorme desvantagem — cegueira total a partir de um ano de idade, resultante de um ataque de varíola.

Os livros didáticos de álgebra do século dezoito ilustram a tendência a uma ênfase algorítmica crescente, enquanto, ao mesmo tempo, permanecia uma incerteza considerável sobre as bases lógicas do assunto. A maioria dos autores sentia que era necessário enfatizar longamente as regras de multiplicação de dois números negativos. O século foi, por excelência, uma época de livros didáticos em matemática, e nunca antes tinham aparecido tantos livros em tantas edições. A *Algebra* de Simpson tinha um volume companheiro, *Elements of plane geometry*, que passou por cinco edições entre 1747 e 1800. Mas entre o grande número de livros didáticos da época, poucos conseguiram atingir o recorde de edições de *Os elementos de Euclides* de Robert Simson (1687-1768). Esta obra, de um homem que estudou medicina e depois se tornou professor de matemática em Glasgow, apareceu primeiro em 1756, e, em 1834, contava com vinte e quatro edições em inglês, sem mencionar as traduções para outras línguas ou as geometrias mais ou menos derivadas dela, pois a maioria das traduções modernas de Euclides para o inglês tem uma grande dívida com ela.

Rigor e progresso

Simson procurou reviver a geometria grega antiga e, em relação a isso, publicou "restaurações" de trabalhos perdidos, tais como os *Porismas* de Euclides e as *Seções determinadas* de Apolonio. Durante o século dezoito, a Inglaterra continuou a ser o baluarte da geometria sintética e os métodos analíticos fizeram pouco progresso na geometria.

É costume colocar muito da culpa do atraso na análise no supostamente complicado método dos fluxos, quando comparado ao do cálculo diferencial, mas esta visão não é facilmente justificável. A notação de fluxos até hoje é convenientemente usada pelos físicos e se adaptam facilmente à geometria analítica, mas nenhum cálculo, seja diferencial ou por fluxos, combina bem com a geometria sintética. Logo, a predileção britânica pela geometria pura parece ter sido um fator de atraso muito mais efetivo na pesquisa em análise do que a notação ou os fluxos. Nem é justo colocar a culpa do conservacionismo geométrico predominantemente nos ombros de Newton. Afinal de contas, o *Método dos fluxos* de Newton estava cheio de geometria analítica e mesmo o *Principia* continha mais análise do que se reconhece em geral. Talvez tenha sido uma insistência excessiva na precisão lógica o que levou os ingleses a uma visão geométrica estreita. Notamos anteriormente os argumentos de Berkeley contra os matemáticos, e Maclauren tinha sentido que a maneira mais efetiva de refutá-los em uma base racional era voltar ao rigor da geometria clássica. No continente, por outro lado, o sentimento era semelhante ao conselho que supostamente Jean Le Rond d'Alembert deu a um amigo matemático hesitante: "Vá em frente e a fé em breve voltará".

Leibniz

Gottfried Wilhelm Leibniz (1646-1716) nasceu em Leipzig, onde estudou teologia, direito, filosofia e matemática na universidade. Aos vinte anos, ele estava preparado para o grau de doutor em direito, mas esse lhe foi recusado por causa de sua pouca idade. Por causa disso, deixou Leipzig e obteve seu doutorado na Universidade de Altdorf, em Nürem-

16 – Técnicas britânicas e métodos continentais

Gottfried Wilhelm Leibniz

berg. Entrou, então, no serviço diplomático, primeiro para o eleitor de Mainz, depois para a família de Brunswick, e finalmente para os hanoverianos, a quem serviu durante quarenta anos. Entre os eleitores de Hanover a quem Leibniz serviu estava o futuro (1714) Rei George I da Inglaterra. Como um influente representante de governo, Leibniz viajou muito.

Em 1672, foi a Paris, onde encontrou Huygens, que sugeriu que se ele desejava tornar-se um matemático, deveria ler os tratados de Pascal de 1658-1659.

Em 1673, uma missão política levou-o a Londres, onde comprou um exemplar das *Lectiones geometricae* de Barrow, encontrou Oldenburg e Collins, e tornou-se membro da Royal Society. É em grande parte em torno dessa visita que gira a querela posterior sobre prioridade, pois Leibniz poderia ter visto a *De analysi*, de Newton, em manuscrito. Entretanto, é duvidoso que nessa altura ele pudesse tirar grande proveito disso, pois Leibniz não estava ainda bem preparado em geometria

ou análise. Em 1676, Leibniz visitou novamente Londres, trazendo consigo sua máquina de calcular; foi durante esses anos entre suas duas visitas a Londres que o cálculo diferencial tomou forma.

Séries infinitas

Como no caso de Newton, as séries infinitas desempenharam papel importante nos primeiros trabalhos de Leibniz. Huygens tinha-lhe proposto o problema de achar a soma dos recíprocos dos números triangulares, isto é, $2/n(n+1)$. Leibniz, astuciosamente, escreveu cada termo como soma de duas frações, usando

$$\frac{2}{n(n+1)} = 2\left(\frac{1}{n} - \frac{1}{n+1}\right)$$

de onde fica evidente, escrevendo alguns termos, que a soma dos primeiros n termos é

$$2\left(\frac{1}{1} - \frac{1}{n+1}\right),$$

portanto, que a soma da série infinita é 2. Desse sucesso, ele ingenuamente concluiu que seria capaz de achar a soma de quase todas as séries infinitas.

A soma de séries surgiu novamente no triângulo harmônico, cujas analogias com o triângulo aritmético (de Pascal) fascinaram Leibniz.

Triângulo aritmético
1 1 1 1 1 1 1 ⋯
1 2 3 4 5 6 ⋯
1 3 6 10 15 ⋯
1 4 10 20 ⋯
1 5 15 ⋯
1 6 ⋯
1 ⋯

Triângulo harmônico
$\frac{1}{1}$ $\frac{1}{2}$ $\frac{1}{3}$ $\frac{1}{4}$ $\frac{1}{5}$ $\frac{1}{6}$ ⋯
$\frac{1}{2}$ $\frac{1}{6}$ $\frac{1}{12}$ $\frac{1}{20}$ $\frac{1}{30}$ ⋯
$\frac{1}{3}$ $\frac{1}{12}$ $\frac{1}{30}$ $\frac{1}{60}$ ⋯
$\frac{1}{4}$ $\frac{1}{20}$ $\frac{1}{60}$ ⋯
$\frac{1}{5}$ $\frac{1}{30}$ ⋯
$\frac{1}{6}$ ⋯

No triângulo aritmético, cada elemento (que não esteja na primeira coluna) é a diferença dos dois termos logo abaixo dele e à esquerda; no triângulo harmônico, cada termo (que não esteja na primeira linha) é a diferença dos termos logo acima dele e à direita. Além disso, no triângulo aritmético, cada termo (que não esteja na primeira linha ou coluna) é a soma de todos os termos na linha acima dele e à esquerda, ao passo que no triângulo harmônico cada termo é a soma de todos os termos na linha abaixo dele e à direita. A série na primeira linha é a série harmônica, que diverge; em todas as outras linhas, a série converge. Os números na segunda linha são a metade dos recíprocos dos números triangulares, e Leibniz sabia que a soma dessa série é 1. Os números na terceira linha são um terço dos recíprocos dos números piramidais

$$\frac{n(n+1)(n+2)}{1\cdot 2\cdot 3},$$

e o triângulo harmônico indica que a soma dessa série é 1/2; e assim por diante para as linhas sucessivas do triângulo harmônico. Os números na n-ésima diagonal desse triângulo são os recíprocos dos números na n-ésima diagonal correspondente do triângulo aritmético, divididos por n.

De seus estudos sobre séries infinitas e o triângulo harmônico, Leibniz se voltou para a leitura das obras de Pascal sobre a cicloide e outros aspectos da análise infinitesimal. Em particular, foi ao ler a carta de Amos Dettonville sobre *Traité des sinus du quart de cercle* que Leibniz diz ter uma luz jorrado sobre ele. Percebeu então, em cerca de 1673, que a determinação da tangente a uma curva dependia da razão das diferenças das ordenadas e das abscissas, quando essas se tornavam infinitamente pequenas, e que as quadraturas dependiam da soma das ordenadas ou dos retângulos infinitamente finos que formam a área. Como nos triângulos aritmético e harmônico os processos de tomar somas ou diferenças estão em relação oposta, também na geometria, os problemas de quadratura e tangentes, que dependem de somas e diferenças respectivamente, são inversos um do outro. O elo de ligação parecia ser o triângulo infinitesimal ou "característico", pois se Pascal o tinha usado para achar a quadratura de senos, Barrow o aplicara ao problema de tangentes. Uma comparação entre o triângulo no diagrama de Barrow (Fig. 16.1) e o da figura de Pascal (Fig. 16.3) mostrará a semelhança marcante que evidentemente tanto impressionou Leibniz. Se EDE' é tangente em D ao quadrante de círculo unitário BDC (Fig. 16.3), então, Pascal percebeu, AD está para DI como EE' para RR' ou EK. Para um intervalo RR' muito pequeno, o segmento EE' pode ser considerado como virtualmente igual ao arco de círculo interceptado entre as ordenadas E e E'. Portanto, na notação que Leibniz desenvolveu poucos anos depois, temos $1/\operatorname{sen}\theta = d\theta/dx$, onde θ é o ângulo DAC. Como $\operatorname{sen}\theta = \sqrt{1-\cos^2\theta}$ e $\cos\theta = x$, temos $d\theta = dx/\sqrt{1-x^2}$. Pelo algoritmo da raiz quadrada e divisão (ou pelo teorema binominal que Newton comunicara a Leibniz, através de Oldenburg, em 1676) é fácil achar que $d\theta = (1 + x^2/2 + 3x^4/8 + 5x^6/16 + \cdots)dx$. Usando o método usual de quadratura, como se encontra em Gregory e Mercator, obtém-se arcsen $x = x + x^3/6 + 3x^5/40 + 5x^7/112 + \cdots$ (ou, levando em conta a inclinação negativa e a constante de integração, arccos $x = \pi/2 - x - x^3/6 - 3x^5/40 - 5x^7/112 \cdots$.) Newton também tinha chegado a esse resultado antes e por método semelhante. Daqui, era possível achar a série para sen x pelo processo conhecido como reversão, processo aparentemente usado pela primeira vez por Newton, mas redescoberto por Leibniz. Se fizermos $y = \operatorname{arcsen} x$ ou $x = \operatorname{sen} y$ e assumirmos para x uma série de potências da forma $x = a_1 y + a_2 y^2 + a_3 y^3 + \cdots + a_n y^n + \cdots$, então, substituindo cada x na série de potências para arcsen x por essa série em y, obtemos uma identidade em y. Dessa, obtemos as quantidades $a_1, a_2, a_3, \ldots, a_n, \ldots$ igualando os coeficientes de

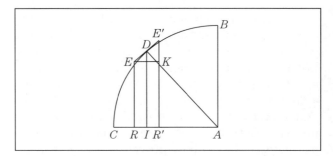

Figura 16.3

mesmo grau. A série resultante, sen $y = y - y^3/3! + y^5/5! - \cdots$, era, pois, conhecida tanto por Newton quanto por Leibniz; e de $\text{sen}^2 y + \cos^2 y = 1$ obtinha-se a série para $\cos y$. O quociente das séries para seno e cosseno fornece a série para tangente, e seus recíprocos dão as três outras funções trigonométricas como séries infinitas. Da mesma maneira, por reversão da série de Mercator, Newton e Leibniz acharam a série para e^x.

O cálculo diferencial

Leibniz, por volta de 1676, tinha chegado à mesma conclusão a que Newton chegara vários anos antes — que ele possuía um método que era altamente importante por causa de sua generalidade. Quer uma função fosse racional ou irracional, algébrica ou transcendente (palavra que Leibniz inventou), suas operações de achar somas e diferenças podiam sempre ser aplicadas. Cabia, pois, a ele desenvolver linguagem e notação adequadas para o novo assunto. Leibniz sempre teve uma percepção aguda da importância de boas notações como ajuda ao pensamento, e sua escolha no caso do cálculo foi particularmente feliz. Depois de algumas tentativas, ele se fixou em dx e dy para as diferenças menores possíveis (diferenciais) em x e y, embora inicialmente usasse x/d e y/d para indicar o abaixamento de grau. A princípio, ele escrevia simplesmente omn. y (ou "todos os y") para a soma das ordenadas sob uma curva, mas mais tarde ele usou o símbolo $\int y$ e ainda mais tarde $\int y\, dx$, o sinal de integral sendo uma letra s (para soma) aumentada. Achar tangentes exigia o uso do *calculus differentialis* e achar quadraturas o *calculus summatorius* ou *calculus integralis*, frases de onde resultaram as expressões "cálculo diferencial" e "cálculo integral" que usamos.

A primeira exposição do cálculo diferencial foi publicada por Leibniz em 1684, sob o longo mas significativo título de *Nova methodus pro maximis et minimis, itemque tangentibus, qua nec irrationales quantitates moratur* (*Um novo método para máximos e mínimos e também para tangentes, que não é obstruído por quantidades irracionais*). Aqui, Leibniz deu as fórmulas $dxy = x\, dy + y\, dx$, $d(x/y) = (y\, dx - x\, dy)/y^2$ e $dx^n = nx^{n-1} dx$ para produtos, quocientes e potências (ou raízes), juntamente com aplicações geométricas. Essas fórmulas eram obtidas desprezando infinitésimos de ordem superior. Se, por exemplo, as menores diferenças em x e y são dx e dy respectivamente, então dxy ou a menor diferença em xy é $(x + dx)(y + dy) - xy$. Como dx e dy são infinitamente pequenos, o termo $dx\, dy$ é também infinitamente pequeno e pode ser desprezado, dando o resultado $dxy = x\, dy + y\, dx$.

Dois anos mais tarde, novamente em *Acta eruditorum*, Leibniz publicou uma explicação do cálculo integral em que mostra que as quadraturas são casos especiais do método inverso do das tangentes. Aqui, Leibniz deu ênfase à relação inversa entre derivação e integração no teorema fundamental do cálculo; observou que na integração das funções familiares "está incluída a maior parte de toda a geometria transcendente". Enquanto a geometria de Descartes tinha excluído todas as curvas não algébricas, o cálculo de Newton e Leibniz mostrava o quanto é essencial o papel delas na nova análise. Se excluíssemos as funções transcendentes da nova análise, não haveria integrais para funções algébricas como $1/x$ ou $1/(1 + x^2)$. Além disso, Leibniz parece ter visto, como Newton, que as operações da nova análise podem ser aplicadas a séries infinitas, bem como a expressões algébricas finitas. Nisso, Leibniz era menos cauteloso que Newton, pois dizia que a série infinita $1 - 1 + 1 - 1 + 1 - \cdots$ é igual a $1/2$. À luz do que se faz sobre séries divergentes, não podemos dizer que é necessariamente "errado" atribuir a soma $1/2$ a essa série. Mas é claro que Leibniz se deixou arrastar demais pelo sucesso de seus algoritmos e não hesitou perante a incerteza dos conceitos. O raciocínio de Newton estava mais perto dos modernos fundamentos do cálculo que o de Leibniz, mas a plausibilidade da visão de Leibniz e a eficácia de sua notação diferencial produziram uma maior aceitação das diferenciais que dos fluxos.

Newton e Leibniz desenvolveram sua nova análise rapidamente, de modo a incluir diferenciais e fluxos de ordem superior, como no caso da fórmula para curvatura de uma curva em um ponto. Provavelmente, foi por não ter ideias claras sobre ordens superiores de infinitésimos que Leibniz foi levado à conclusão errônea de que um círculo osculador tem quatro pontos "consecutivos" ou coincidentes de contato com uma curva, em vez dos três que determinam o círculo de curvatura.

A fórmula para a derivada n-ésima (para usar linguagem moderna) de um produto, $(uv)^{(n)} = u^{(n)}v^{(0)} + nu^{(n-1)}v^{(1)} + \cdots + nu^{(1)}v^{(n-1)} + u^{(0)}v^{(n)}$, semelhantes à expansão binominal de $(u + v)^n$ tem o nome de Leibniz. (No teorema de Leibniz, os expoentes entre parênteses indicam ordens de derivação, em vez de potências.) Também tem o nome de Leibniz a regra, dada em um artigo de 1692, para achar a envoltória de uma família a um parâmetro de curvas planas $f(x, y, c) = 0$ pela eliminação de c entre as equações simultâneas $f = 0$ e $f_c = 0$, onde f_c é o resultado da derivação parcial de f com relação a c.

O nome de Leibniz também é usualmente associado à série infinita $\pi/4 = 1/1 - 1/3 + 1/5 - 1/7 + \cdots$ uma de suas primeiras descobertas matemáticas. Essa série, que surge de sua quadratura do círculo, é um caso especial da expansão do arctg, que tinha sido dada antes por Gregory. O fato de Leibniz ser virtualmente um autodidata em matemática explica, em parte, os casos frequentes de redescoberta que aparecem em sua obra.

Determinantes, notação e números imaginários

A grande contribuição de Leibniz à matemática foi o cálculo, mas outros aspectos de sua obra merecem menção. A generalização do teorema binominal ao multinominal — a expansão de expressões como $(x + y + z)^n$ — é atribuída a ele, como também a primeira referência no Ocidente ao método de determinantes. Em cartas de 1693 a G. F. A. de L'Hospital, Leibniz escreveu que ocasionalmente usava números indicando linhas e colunas em uma coleção de equações simultâneas:

$$10 + 11x + 12y = 0 \qquad 1_0 + 1_1 x + 1_2 y = 0$$
$$20 + 21x + 22y = 0 \quad \text{ou} \quad 2_0 + 2_1 x + 2_2 y = 0$$
$$30 + 31x + 32y = 0 \qquad 3_0 + 3_1 x + 3_2 y = 0$$

Escreveríamos isso como

$$a_1 + b_1 x + c_1 y = 0$$
$$a_2 + b_2 x + c_2 y = 0$$
$$a_3 + b_3 x + c_3 y = 0$$

Se as equações forem consistentes, então

$$\begin{matrix} 1_0 \cdot 2_1 \cdot 3_2 \\ 1_1 \cdot 2_2 \cdot 3_0 \\ 1_2 \cdot 2_0 \cdot 3_1 \end{matrix} = \begin{matrix} 1_0 \cdot 2_2 \cdot 3_1 \\ 1_1 \cdot 2_0 \cdot 3_2 \\ 1_2 \cdot 2_1 \cdot 3_0 \end{matrix}$$

que equivale ao enunciado moderno

$$\begin{vmatrix} a_1 & b_1 & c_1 \\ a_2 & b_2 & c_2 \\ a_3 & b_3 & c_3 \end{vmatrix} = 0.$$

Essa antecipação dos determinantes por Leibniz só foi publicada em 1850 e teve que ser redescoberta mais de meio século depois.

Leibniz tinha consciência do poder na análise de "característica" ou notação que revele adequadamente os elementos de uma dada situação. Evidentemente, ele tinha alta opinião dessa contribuição à notação por causa da facilidade de generalização e gabava-se de ter mostrado que "Viète e Descartes não tinham ainda descoberto todos os mistérios" da análise. Leibniz, na verdade, foi um dos maiores formadores de notação, inferior apenas a Euler nesse ponto. Foi em grande parte graças a Newton e Leibniz que o sinal =, de Recorde, triunfou sobre o símbolo $\propto$, de Descartes. Devemos também a Leibniz os símbolos $\sim$ para "é semelhante a" e $\simeq$ para "é congruente a". No entanto, os símbolos de Leibniz para derivação e integração são seus maiores triunfos no campo da notação.

Entre as contribuições relativamente secundárias de Leibniz estão seus comentários sobre números complexos, em uma ocasião em que estavam quase esquecidos, e a observação do sistema binário de numeração. Ele fatorou $x^4 + a^4$ em

$$\left(x + a\sqrt{\sqrt{-1}}\right)\left(x - a\sqrt{\sqrt{-1}}\right)$$
$$\left(x + a\sqrt{-\sqrt{-1}}\right)\left(x - a\sqrt{-\sqrt{-1}}\right)$$

e mostrou que $\sqrt{6} = \sqrt{1 + \sqrt{-3}} + \sqrt{1 - \sqrt{-3}}$, uma decomposição imaginária de um número real positivo que surpreendeu seus contemporâneos. No entanto, Leibniz não escreveu as raízes quadradas de números complexos na forma complexa padrão, nem conseguiu demonstrar sua conjetura que $f(x + \sqrt{-1}y) + f(x - \sqrt{-1}y)$ é real se $f(z)$ é um polinômio real. A posição ambivalente dos números complexos é bem exemplificada pela observação de Leibniz, que era também um teólogo eminente, que os números imaginários são uma espécie de anfíbio, a meio caminho entre existência e não existência, assemelhando-se nisso ao Espírito Santo na teologia cristã. Sua teologia surgiu também na sua ideia sobre o sistema binário em aritmética (em que são usados só dois símbolos, unidade e zero) como um símbolo da criação em que Deus, representado pela unidade, tirou todas as coisas do nada. Ficou tão satisfeito com a ideia que escreveu sobre ela aos jesuítas, que tinham missionários na China, esperando que pudessem usar a analogia para converter o imperador da China, que tinha inclinações científicas, ao cristianismo.

A álgebra da lógica

Leibniz era também um filósofo, além de matemático; sua contribuição matemática mais significativa, além do cálculo, foi em lógica. No cálculo, foi o elemento de universalidade que o impressionou, e assim foi com seus outros esforços. Ele esperava pôr ordem em todas as coisas. Para reduzir as discussões lógicas à forma sistemática, desejava desenvolver uma característica universal, que servisse como uma espécie de álgebra da lógica. Seu primeiro artigo de matemática tinha sido uma tese sobre análise combinatória em 1666, e já então ele tinha visões de uma lógica simbólica formal. Símbolos universais ou ideogramas deveriam ser introduzidos para o pequeno número de conceitos fundamentais necessários ao pensamento, e ideias compostas deveriam ser formadas desse "alfabeto" dos pensamentos humanos, exatamente do mesmo modo como as fórmulas são desenvolvidas em matemática. O próprio silogismo deveria ser reduzido a uma espécie de cálculo expresso em um simbolismo universal, inteligível em todas as línguas. A verdade e o erro seriam então apenas questão de cálculo correto ou errado dentro do sistema, e terminariam as controvérsias filosóficas. Além disso, novas descobertas podiam ser feitas por operações corretas, mas mais ou menos rotineiras, sobre os símbolos, de acordo com as regras do cálculo lógico. Leibniz tinha orgulho justificado dessa ideia, mas seu entusiasmo não encontrou eco nos demais. O otimismo de Leibniz parece hoje ter sido injustificado; mas sua sugestão de uma álgebra da lógica se desenvolveu em seu pensamento ao longo dos anos e foi reavivada no século dezenove. Desde então, tem desempenhado um papel realmente relevante na matemática.

Leibniz como cientista e defensor da ciência

Leibniz era também um cientista, e ele e Huygens desenvolveram a noção de energia cinética, que finalmente, no século dezenove, tornou-se parte do conceito mais amplo de energia em geral — conceito que Leibniz teria certamente aplaudido, por sua universalidade. Entre suas contribuições gerais ao progresso da ciência e à matemática no século dezoito, seu impacto ao fundar duas das principais academias científicas da Europa não pode ser subestimado. Foram elas a Prussian Academy of Science, fundada em Berlin, em 1870, e a Russian Academy, fundada durante a década seguinte à morte de Leibniz.

A família Bernoulli

As descobertas de um grande matemático não se tornam automaticamente parte da tradição matemática, podem ficar perdidas para o mundo, a menos que outros cientistas as compreendam e se interessem suficientemente para encará-las de vários pontos de vista, esclarecê-las e generalizá-las e indicar suas implicações. Newton, infelizmente, era demasiadamente sensível e não se comunicava livremente, por isso o método dos fluxos não era bem conhecido fora da Inglaterra. Leibniz, por outro lado, encontrou discípulos dedicados que estavam ansiosos por aprender o cálculo diferencial e integral e transmitir o conhecimento a outros. Na primeira linha desses entusiastas estavam dois irmãos suíços, Jacques Bernoulli (1654-1705) e Jean Bernoulli (1667-1748), frequentemente conhecidos também pela forma anglicizada de seus nomes, James e John (ou pelos equivalentes alemães, Jakob e Johann), cada um tão disposto a ofender quanto a sentir-se ofendido. Nenhuma família na história da matemática produziu tantos matemáticos célebres quanto a família Bernoulli, que, assustada com a fúria espanhola em 1576, tinha fugido para Basileia, vinda dos Países Baixos espanhóis católicos, em 1583. Cerca de uma dúzia de membros da família (ver a árvore genealógica) conseguiu distinguir-se na matemática e na física, e quatro deles foram eleitos como sócios estrangeiros da Académie des Sciences.

O primeiro a atingir proeminência na matemática foi Jacques Bernoulli. Ele nasceu e morreu em Basileia, mas viajou muito para encontrar cientistas de outros países. Seu interesse tinha sido dirigido para os infinitésimos pelas obras de Wallis e Barrow, e os artigos de Leibniz em 1684-1686 lhe permitiam dominar os novos métodos. Em 1680, quando ele sugeriu a Leibniz o termo "integral", Jacques Bernoulli estava ele próprio contribuindo com artigos sobre o assunto na *Acta eruditorum*. Entre outras coisas, ele observou que em um ponto de máximo ou mínimo a derivada da função não precisa se anular, mas pode tomar um "valor infinito" ou assumir forma indeterminada. Ele logo se interessou por séries infinitas, e em seu primeiro artigo sobre o assunto, em 1689, ele apresentou a bem conhecida "desigualdade de Bernoulli" $(1 + x)^n > 1 + nx$, onde x é real e $x > -1$ e $x \neq 0$ e n

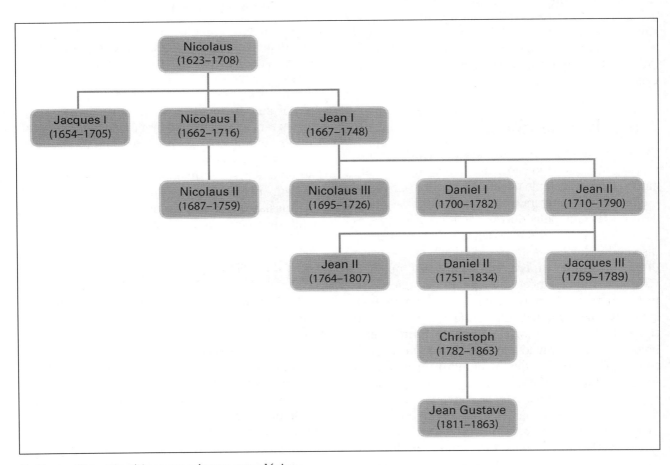

Os Bernoullis matemáticos: uma árvore genealógica

é um inteiro maior que 1; mas esta pode ser encontrada já antes na sétima conferência das *Lectiones geometriae*, de Barrow, de 1670. A ele é também frequentemente atribuída a demonstração de que a série harmônica é divergente, pois a maior parte das pessoas não conhecia as antecipações mais antigas de Oresme e Mengoli. Na verdade, Jacques Bernoulli acreditava que seu irmão fora o primeiro a observar a divergência da série harmônica.

Jacques Bernoulli ficou fascinado pela série dos recíprocos dos números figurados e embora soubesse que a série dos recíprocos dos quadrados perfeitos é convergente, não conseguiu achar sua soma. Como os termos de

$$\frac{1}{1^2}+\frac{1}{2^2}+\frac{1}{3^2}+\cdots+\frac{1}{n^2}+\cdots$$

são, termo a termo, menores ou iguais aos de

$$\frac{1}{1}+\frac{1}{1\cdot 2}+\frac{1}{2\cdot 3}+\frac{1}{3\cdot 4}+\cdots+\frac{1}{n(n-1)}+\cdots$$

e sabe-se que essa última série converge para 2, era claro para Bernoulli que a primeira era convergente.

Correspondendo-se frequentemente com outros matemáticos de seu tempo, Jacques Bernoulli estava a par dos problemas populares, muitos dos quais ele resolveu independentemente. Entre esses estavam os de achar as equações da catenária, da tratriz e da isócrona, todos problemas tratados por Huygens e Leibniz. A isócrona requeria a equação de uma curva plana ao longo da qual um objeto cairia com velocidade vertical uniforme, e Bernoulli mostrou que a curva procurada é a parábola semicúbica. Foi em conexão com tais problemas que os irmãos Bernoulli descobriram o poder do cálculo, e mantiveram comunicação com Leibniz sobre todos os aspectos do novo assunto. Jacques Bernoulli, em sua obra sobre a isócrona na *Acta eruditorum* de 1690, usou a palavra "integral" e poucos anos depois Leibniz concordou que *calculus integralis* seria um nome melhor que *calculus summatorius* para o inverso do *calculus differentialis*. No campo das equações diferenciais, Jacques Bernoulli contribui com o estudo da "equação de Bernoulli" $y' + P(x)y = Q(x)y^n$ que ele, Leibniz e Jean Bernoulli resolveram – Jean por redução a uma equação linear mediante a substituição $z = y^{1-n}$. Leibniz e os Bernoulli estavam procurando uma solução para o problema da braquistócrona. Jean achara primeiro uma demonstração incorreta de que a curva é uma cicloide, mas depois de desafiar o irmão a descobrir a curva procurada, Jacques demonstrou corretamente que curva é uma cicloide.

A espiral logarítmica

Jacques Bernoulli tinha fascinação por curvas e pelo cálculo, e uma curva tem seu nome — a "*lemniscata* de Bernoulli", dada pela equação polar $r^2 = a \cos 2\theta$. A curva foi descrita na *Acta eruditorum* de 1694 como semelhante a um oito ou uma fita com laço (*lemniscus*). Mas a curva que mais lhe prendeu a imaginação foi a espiral logarítmica. Bernoulli mostrou que tem várias propriedades notáveis não observadas antes: (1) a evoluta de uma espiral logarítmica é uma espiral logarítmica igual; (2) a curva pedal de uma espiral logarítmica em relação seu polo (isto é, o lugar geométrico das projeções do polo sobre as tangentes da curva dada) é uma espiral logarítmica igual; (3) a cáustica por reflexão para raios emanando do polo (isto é, a envoltória dos raios refletidos em pontos da curva dada) é uma espiral logarítmica igual; e (4) a cáustica por refração para raios emanando do polo (isto é, a envoltória de raios refratados em pontos da curva) é uma espiral logarítmica igual. Estas propriedades o levaram a pedir que a *spira mirabilis* fosse gravada em sua pedra tumular juntamente com a inscrição *Eadem mutata resurgo* ("Embora modificada, novamente apareço igual").

Jacques Bernoulli fora levado a espirais de tipo diferente quando repetiu o processo de Cavalieri de enrolar metade da parábola $x^2 = ay$ em torno da origem para produzir uma espiral de Arquimedes; mas ao passo que Cavalieri estudara a transformação por métodos essencialmente sintéticos, Bernoulli usou coordenadas retangulares e polares. Newton usara coordenadas polares antes — talvez desde 1671 — mas a prioridade de publicação parece caber a Bernoulli, que na *Acta eruditorum* de 1691 propôs medir abscissas ao longo do arco de um círculo fixo e ordenadas radialmente ao longo das normais. Três anos depois, na mesma revista, ele propôs uma modificação que coincidia com o sistema de Newton. A coordenada y agora era o comprimento do raio vetor do ponto, e x era o arco cortado pelos lados do ângulo vetorial sobre um círculo de raio a descrito com centro no polo. Essas coordenadas eram essencialmente o que agora escreveríamos como $(r, a\theta)$. Bernoulli, como Newton, estava interessado principalmente em aplicações do sistema ao cálculo; por isso, ele também deduziu fórmulas para o comprimento de arco e raio de curvatura em coordenadas polares.

Probabilidade e séries infinitas

As contribuições matemáticas dos Bernoulli, como as de Leibniz, se encontram principalmente em artigos em revistas, especialmente a *Acta eruditorum*; mas Jacques Bernoulli escreveu também um tratado clássico chamado *Ars conjectandi* (ou *Arte de conjeturar*), publicado em 1713, oito anos depois da morte do autor. Esse é o mais antigo volume substancial sobre a teoria das probabilidades, pois o *De ludo aleae*, de Huygens, fora apenas uma breve introdução. O tratado de Huygens, na verdade, é reproduzido como a primeira das quatro partes da *Ars conjectandi*, junto com comentário de Bernoulli. A segunda parte da *Ars conjectandi* contém uma teoria geral de permutações e combinações, facilitada pelos teoremas binominal e multinomial. Aqui, achamos a primeira demonstração adequada do teorema binomial para potências inteiras positivas. A demonstração é por indução matemática, método que Bernoulli tinha redescoberto enquanto lia a *Arithmetica infinitorum*, de Wallis, que ele tinha publicado na *Acta eruditorum* em 1686. Deu a Pascal o crédito pelo teorema binomial com expoente geral, mas essa atribuição parece gratuita. Newton parece ter sido o primeiro a enunciar o teorema em forma geral para qualquer expoente racional, embora não desse demonstração, sendo esta fornecida mais tarde por Euler. Em conexão com a expansão de $(1 + 1/n)^n$, Jacques Bernoulli propôs o problema da composição contínua de juros — isto é, de achar $\lim_{n\to\infty}(1 + 1/n)^n$ como

$$\left(1 + \frac{1}{n}\right)^n < 1 + \frac{1}{1} + \frac{1}{1 \cdot 2} + \cdots + \frac{1}{1 \cdot 2 \ldots n}$$
$$< 1 + 1 + \frac{1}{2} + \frac{1}{2^2} + \frac{1}{2^{n-1}} < 3$$

era claro para ele que o limite existia.

A segunda parte da *Ars conjectandi* contém também os "números de Bernoulli". Esses surgiam como coeficientes em uma fórmula de recorrência para as somas das potências dos inteiros, e hoje encontram muitas aplicações em outras questões. A fórmula era escrita por Bernoulli como segue:

$$\int n^c = \frac{1}{c+1}n^{c+1} + \frac{1}{2}n^c + \frac{c}{2}An^{c-1} +$$
$$+ \frac{c(c-1)(c-2)}{2\cdot 3\cdot 4}Bn^{c-3} +$$
$$+ \frac{c(c-1)(c-2)(c-3)(c-4)}{2\cdot 3\cdot 4\cdot 5\cdot 6}Cn^{c-5}\cdots,$$

onde $\int n^c$ indica a soma das c-ésimas potências dos n primeiros inteiros positivos e as letras $A, B, C, \ldots$ (os números de Bernoulli) são os coeficientes do termo em n (o último termo) nas expressões correspondentes para $\int n^2, \int n^4, \int n^6, \ldots$ [Os números podem também ser definidos como $n!$ vezes os coeficientes dos termos de expoente par na expansão de Maclaurin da função $x/(e^x - 1)$.] Os números de Bernoulli são úteis para escrever as expansões em série infinita das funções trigonométricas e hiperbólicas. Verifica-se facilmente que os três primeiros números são $A = 1/6$, $B = -1/30$ e $C = 1/42$.

A terceira e a quarta partes da *Ars conjectandi* são dedicadas principalmente a problemas que ilustram a teoria das probabilidades. A quarta e última parte contém o célebre teorema que hoje tem o nome do autor, e sobre o qual Bernoulli e Leibniz tinham trocado correspondência — chamado "Lei dos grandes números". Esse diz que se p é a probabilidade de um evento, se m é o número de ocorrências do evento em n experiências, se ε é um número positivo arbitrariamente pequeno, e se P é a probabilidade de que a desigualdade $|m/n - p| < \varepsilon$ esteja satisfeita, então $\lim_{n\to\infty}P = 1$.

À *Ars conjectandi* está anexado um longo artigo sobre séries infinitas. Além da série harmônica e da soma dos recíprocos dos quadrados perfeitos, Bernoulli considerou a série

$$\frac{1}{\sqrt{1}} + \frac{1}{\sqrt{2}} + \frac{1}{\sqrt{3}} + \frac{1}{\sqrt{4}} + \cdots.$$

Ele sabia (por comparação dos termos com os da série harmônica) que essa diverge, e observou o paradoxo que a razão da "soma" de todos os termos ímpares para a "soma" de todos os termos pares é a de $\sqrt{2} - 1$ para 1, de onde se concluiria que a soma de todos os termos ímpares é menor que a soma de todos os termos pares; mas isto é impossível porque, termo por termo, a primeira é maior que a segunda.

Regra de L'Hospital

Enquanto Jean Bernoulli se encontrava em Paris, em 1692, ele ensinou a um jovem marquês francês, G. F. A. de L'Hospital (1661-1704), a nova disciplina de Leibniz; e Jean Bernoulli assinou um pacto pelo qual, a troco de um salário regular, ele concordava em enviar a L'Hospital suas descobertas matemáticas, para serem usadas como o marquês o desejasse. O resultado foi que uma das principais contribuições de Bernoulli, datada de 1694, a partir daí passou a ser conhecida como regra de L'Hospital sobre formas indeterminadas. Jean Bernoulli descobrira que se $f(x)$ e $g(x)$ são funções diferenciáveis em $x = a$ tais que $f(a) = 0$ e $g(a) = 0$ e

$$\lim_{x \to a} \frac{f'(x)}{g'(x)}$$

existe, então

$$\lim_{x \to a} \frac{f(x)}{g(x)} = \lim_{x \to a} \frac{f'(x)}{g'(x)}.$$

Essa regra bem conhecida foi incorporada por L'Hospital no primeiro livro didático sobre cálculo diferencial a aparecer impresso — *Analyse des infiniment petits*, publicado em Paris, em 1696. Esse livro, cuja influência dominou quase todo o século dezoito, se baseia em dois postulados: (1) que duas quantidades que diferem só por uma quantidade infinitamente pequena podem ser consideradas iguais e (2) que uma curva pode ser considerada como formada de segmentos de reta infinitamente pequenos que determinam, pelos ângulos que formam uns com os outros, a curvatura da curva. Esses postulados hoje não seriam considerados aceitáveis, mas L'Hospital os considerava "tão evidentes que não deixavam lugar ao menor escrúpulo quanto à sua validade e certeza na mente de um leitor atento". As fórmulas diferenciais básicas para funções algébricas são obtidas à maneira de Leibniz, e são feitas aplicações a tangentes, máximos e mínimos, pontos de inflexão, curvatura, cáusticas e formas indeterminadas. L'Hospital era um autor excepcionalmente convincente, pois seu *Traité analytique des sections coniques*, publicado postumamente em 1707, fez pela geometria analítica do século dezoito o que a *Analyse* fizera pelo cálculo.

Cálculo exponencial

A publicação recente da correspondência Bernoulli-L'Hospital indica que muito do trabalho se deve evidentemente a Bernoulli. Porém, parte do material na *Analyse* era certamente trabalho independente de L'Hospital, pois ele era um matemático competente. A retificação da curva logarítmica, por exemplo, parece ter surgido pela primeira vez em 1692, em uma carta de L'Hospital para Leibniz. Bernoulli não publicou seu próprio livro sobre cálculo diferencial (que foi impresso finalmente em 1924) e o texto sobre cálculo integral apareceu cinquenta anos depois de ter sido escrito — em suas *Opera omnia*, de 1742. Durante esse tempo todo, Jean escreveu prolificamente sobre vários aspectos avançados da análise — a isócrona, sólidos de resistência mínima, a catenária, a tratriz, trajetórias, curvas cáusticas, problemas isoperimétricos — conquistando uma reputação graças à qual foi chamado a Basileia, em 1705, para ocupar a cadeira que ficara vaga por morte de seu irmão. É frequentemente considerado como o inventor do cálculo de variações, por ter proposto em 1696-1697 o problema da braquistócrona; e contribuiu para a geometria diferencial por seu trabalho sobre geodésicas em uma superfície. Também a ele é frequentemente atribuído o cálculo com exponenciais, pois ele estudou não só as curvas exponenciais simples $y = a^x$, mas as exponenciais gerais, como $y = x^x$. Para a área sob a curva $y = x^x$ de $x = 0$ a $x = 1$, ele achou a notável representação como série infinita

$$\frac{1}{1^1} - \frac{1}{2^2} + \frac{1}{3^3} - \frac{1}{4^4} + \cdots.$$

Esse resultado ele obteve escrevendo $x^x = e^{x \ln x}$, expandindo isso na série exponencial e integrando termo a termo, usando integração por partes.

Logarítimos de números negativos

Jean e Jacques Bernoulli redescobriam as séries para sen $n\theta$ e cos $n\theta$, em termos de senθ e cosθ, que Viète conhecia, e estenderam tais séries, de forma não crítica, para incluir valores fracionários de n. Jean percebeu também a relação entre as funções trigonométricas inversas e os logaritmos imaginários, descobrindo em 1702, por meio de equações diferenciais, a relação

$$\operatorname{arctg} z = \frac{1}{i} \ln \sqrt{\frac{1+iz}{1-ix}}.$$

Ele se correspondeu com outros matemáticos sobre os logaritmos de números negativos, mas aqui ele erradamente acreditava que log $(-n)$ = log n. Inclinava-se a desenvolver a trigonometria e a teoria dos logaritmos de um ponto de vista analítico, e experimentou várias notações para uma função de x, das quais a mais próxima da moderna foi ϕx. Seu vago conceito de função era expresso como "uma quantidade composta de qualquer modo de uma variável e constantes quaisquer". Entre suas numerosas controvérsias houve uma com matemáticos ingleses, quanto a ser ou não a bem conhecida série de Brook Taylor (1685-1731), publicada em *Methodus incrementorum* de 1715, um plágio da série de Bernoulli

$$\int y\, dx = yx - \frac{x^2}{2!}\frac{dy}{dx} + \frac{x^3}{3!}\frac{d^2 y}{dx^2} - \cdots.$$

Nem Bernoulli nem Taylor sabiam que ambos tinham sido antecipados por Gregory na descoberta da "série de Taylor".

Paradoxo de Petersburgo

Jean Bernoulli conservou um zelo pela matemática tão vivo quanto sua persistência em controvérsias. Além disso, foi pai de três filhos, Nicholas (1695-1726), Daniel (1700-1782) e Jean II (1710-1790), todos os quais em alguma ocasião ocuparam postos de professor de matemática: Nicholas e Daniel em S. Petersburgo e Daniel e Jean II em Basileia. (Outro Nicolaus (1687-1759), primo do já mencionado, durante algum tempo ocupou a cadeira de matemática em Pádua, que Galileu ocupara em seu tempo.) Houve ainda outros Bernoulli que conseguiram alguma eminência em matemática, mas desses nenhum conseguiu fama comparável à dos dois irmãos, Jacques e Jean. Da geração mais jovem, o mais célebre foi Daniel, cujo trabalho em hidrodinâmica é lembrado pelo "princípio de Bernoulli". Na matemática, ele é lembrado principalmente por ter feito a distinção, em teoria das probabilidades, entre esperança matemática e "esperança moral", ou entre "fortuna física" e "fortuna moral". Ele assumiu que um pequeno acréscimo nos meios materiais de uma pessoa causa um aumento de satisfação que é inversamente proporcional aos meios. Em forma de equação, $dm = K(dp/p)$, onde m é a fortuna moral, p a fortuna física, e K uma constante de proporcionalidade. Isso leva à conclusão que, quando a fortuna física cresce geometricamente, a fortuna moral cresce aritmeticamente. Em 1734, ele e seu pai repartiram o prêmio oferecido pela Académie des Sciences para um ensaio sobre probabilidade relacionado com as inclinações dos planos orbitais dos planetas; em 1760, ele leu, perante a Académie de Paris, um artigo sobre a aplicação da teoria das probabilidades à questão das vantagens da inoculação contra a varíola.

Quando Daniel Bernoulli foi a S. Petersburgo, em 1725, seu irmão mais velho também foi chamado para lá como professor de matemática; nas discussões entre os dois surgiu um problema que veio a ser conhecido como paradoxo de S. Petersburgo, provavelmente porque apareceu pela primeira vez nos *Commentarii* da Academia de lá. O problema é o seguinte: suponhamos que Pedro e Paulo concordam em jogar um jogo baseado em lançar uma moeda. Se o primeiro lance dá cara, Paulo dará uma moeda a Pedro; se o primeiro lance dá coroa, mas cara aparece no segundo lance, Paulo dará a Pedro duas moedas; se cara aparece pela primeira vez no terceiro lance, Paulo dará a Pedro quatro moedas; e assim por diante, a quantia a ser paga se cara aparece pela primeira vez no n-ésimo lance sendo 2^{n-1} moedas. Quanto deve Pedro pagar a Paulo pelo privilégio de jogar tal jogo? A esperança matemática de Pedro, dada por

$$\frac{1}{2} \cdot 1 + \frac{1}{2^2} \cdot 2 + \frac{1}{2^3} \cdot 2^2 + \cdots + \frac{1}{2^n} \cdot 2^{n-1} + \cdots.$$

é evidentemente infinita, no entanto o senso comum sugere uma soma finita muito modesta. Quando Georges Louis Leclerc, Conde de Buffon (1707-1788), fez um teste empírico do caso, achou que em 2.084 jogos Paulo teria pago a Pedro 10.057 moedas. Isso indica que, em qualquer jogo, a esperança de Paulo, em vez de ser infinita, na verdade é algo inferior a 5 moedas! O paradoxo surgido do problema de S. Petersburgo foi amplamente discutido durante o século dezoito, tendo sido dadas diversas explicações. Daniel Bernoulli procurou resolvê-lo com seu princípio de esperança moral, de acordo com o qual ele substituiu as quantidades $1, 2, 2^2, 2^3, \ldots, 2^n, \ldots$, por $1^{1/2}, 2^{1/4}, 4^{1/8}, 8^{1/16}, \ldots$; outros preferiram, como solução do paradoxo, observar que o problema é inerentemente impossível, pois a fortuna de Paulo é necessariamente finita, portanto ele não poderia pagar as somas ilimitadas que poderiam ser necessárias no caso de uma longa demora no aparecimento de cara.

Transformações de Tschirnhaus

A Europa continental não escapara da controvérsia sobre os fundamentais do cálculo, mas aí o efeito foi menos sentido que na Inglaterra. Desde os dias de Leibniz, tinham surgido objeções à nova análise feitas por um nobre saxônio, Conde Ehrenfried Walter von Tschirnhaus (1651-1708). Seu nome está perpetuado nas "Transformações de Tschirnhaus" da álgebra, pelas quais ele esperava achar um método geral para resolver equações de grau superior. Uma transformação de Tschirnhaus de uma equação polinomial $f(x) = 0$ é uma transformação da forma $y = g(x)/h(x)$, onde g e h são polinômios e h não se anula para uma raiz de $f(x) = 0$. As transformações pelas quais Cardan e Viète resolviam a cúbica eram casos especiais de tais transformações. Em *Acta eruditorum*, de 1683, Tschirnhaus (ou Tschirnhausen) mostrava que um polinômio de grau $n > 2$ pode ser reduzido por suas transformações a uma forma em que os coeficientes dos termos de graus $n-1$ e $n-2$ são zero; para a cúbica ele achou uma transformação da forma $y = x^2 + ax + b$ que reduz a cúbica geral à forma $y^3 = K$.

Uma outra transformação dessas reduzia a quártica a $y^4 + py^2 + q = 0$, fornecendo assim novos métodos de resolução da cúbica e da quártica.

Tschirnhaus esperava desenvolver algoritmos semelhantes que reduzissem a equação geral de grau n a uma equação "pura" de grau n contendo apenas os termos de grau n e de grau zero. Suas transformações constituíam a contribuição mais promissora à resolução de equações durante o século dezessete; mas a eliminação que conseguiu do segundo e terceiro coeficientes, por meio de tais transformações, estava longe de bastar para resolver a equação quíntica. Mesmo quando o matemático sueco E. S. Bring (1736-1798) mostrou, em 1786, que pode ser encontrada uma transformação de Tschirnhaus que reduz a quíntica geral à forma $y^5 + py + q = 0$, a solução continuou a fugir. Em 1834, G. B. Jerrard (1804-1863), inglês, mostrou que se pode achar uma transformação de Tschirnhaus que elimine os termos de graus $n-1$ e $n-2$ e $n-3$ de qualquer equação polinomial de grau $n > 3$; mas o alcance do método é limitado pelo fato de que equações de grau maior ou igual a cinco não são resolúveis algebricamente. A crença de Jerrard de que podia resolver todas as equações algébricas era ilusória.

Tschirnhaus é conhecido pela descoberta de cáusticas por reflexão (catacáusticas), que levam seu nome. Foi sua exposição sobre essas curvas, envoltórias de uma família de raios de uma fonte pontual e refletidos em uma curva, que levou à sua eleição para a Académie des Sciences de Paris; e o interesse por cáusticas e famílias semelhantes continuou em Leibniz, L'Hospital, Jacques e Jean Bernoulli, e outros. Seu nome está também ligado à "cúbica de Tschirnhaus" $a = r\cos^3\theta/3$, forma generalizada mais tarde por Maclaurin a $r^n = a\cos n\theta$ para n racional.

Tschirnhaus estivera em contato com Oldenberg e Leibniz durante os anos de formação do cálculo, e também contribuiu com muitos artigos matemáticos para a *Acta eruditorum* depois de sua fundação, em 1682. Parte da obra de Tschirnhaus, no entanto, foi composta apressadamente e publicada prematuramente, e os irmãos Bernoulli e outros apontaram erros. Em um dado momento, Tschirnhaus rejeitou os conceitos básicos do cálculo e das séries infinitas, afirmando que bastavam os métodos algébricos. Na Holanda, tinham sido feitas objeções ao cálculo de Leibniz em 1694-1696 pelo médico e geômetra Bernard Nieuwentijt (1654-1718). Em três diferentes tratados publicados durante esses anos em Amsterdã, ele admitiu que os resultados eram corretos, mas criticou a imprecisão das quantidades evanescentes de Newton e a falta de definição clara nas diferenciais de ordem superior de Leibniz.

Geometria analítica no espaço

Leibniz, em 1695, tinha-se defendido em *Acta eruditorum* de seu "crítico demasiado preciso", e, em 1701, uma refutação mais detalhada de Nieuwentijt veio da Suíça da pena de Jacob Hermann (1678-1733), um devotado discípulo de Jacques Bernoulli. Ilustrando a mobilidade dos matemáticos durante o início do século dezoito, Hermann ensinou matemática nas Universidades de Pádua, Frankfurt am Oder e S. Petersburgo, antes de terminar sua carreira na Universidade de Basileia, sua cidade natal. Nos *Commentarii Academiae Petropolitanae* para os anos 1729-1733, Hermann fez contribuições à geometria analítica no espaço e a coordenadas polares, continuando resultados dos irmãos Bernoulli mais velhos. Enquanto Jacques Bernoulli aplicara coordenadas polares a espirais um tanto hesitantemente, Hermann deu equações polares também de curvas algébricas, juntamente com equações de transformação de coordenadas retangulares para polares. O uso que Hermann fez de coordenadas no espaço também foi mais ousado que o de Jean Bernoulli, que desde 1692 se referia ao uso de coordenadas como "geometria cartesiana". Bernoulli tinha, um tanto timidamente, sugerido uma extensão da geometria cartesiana a três dimensões, mas Hermann aplicou eficazmente coordenadas no espaço a planos e a diferentes tipos de superfícies quadráticas. Deu um início ao uso de ângulo de direção, mostrando que o seno do ângulo que o plano $az + by + cx = c^2$ faz com o plano xy é dado por $\sqrt{b^2 + c^2}/\sqrt{a^2 + b^2 + c^2}$.

Michel Rolle e Pierre Varignon

Na França, tanto quanto na Inglaterra, Alemanha e Holanda, havia um grupo na Académie des Sciences, especialmente logo depois de 1700, que questionava a validade dos novos métodos infinitesimais, tais como eram apresentados por L'Hospital. Entre esses estava Michel Rolle (1652-1719), cujo nome é lembrado em conexão com o teorema de Rolle, publicado em 1691 em um obscuro livro sobre geometria e álgebra intitulado *Méthode pour résoudre les égalitéz*: se uma função é diferenciável no intervalo de a a b, e se $f(a) = 0 = f(b) = 0$, então $f'(x) = 0$ tem pelo menos uma raiz entre a e b. O teorema, agora importante para o cálculo, foi dado apenas incidentalmente por Rolle, a propósito de uma resolução aproximada de equações.

O ataque de Rolle ao cálculo, que ele descreveu como uma coleção de falácias engenhosas, foi respondido vigorosamente por Pierre Varignon (1654-1722), o "melhor amigo na França" de Jean Bernoulli, e um que também estivera em correspondência com Leibniz. Bernoulli disse simplesmente a Rolle que ele não entendia o assunto, mas Varignon tentou esclarecer a situação mostrando indiretamente que os métodos infinitesimais podiam ser reconciliados com a geometria de Euclides. A maior parte dos elementos do grupo que se opunha ao cálculo era constituída de admiradores da geometria sintética da antiguidade, e a controvérsia na Académie des Sciences faz lembrar a controvérsia literária da mesma época de "antigos *vs.* modernos".

Varignon, como os Bernoulli, não tinha tido a intenção de ser matemático, destinando-se à Igreja; mas quando acidentalmente se deparou com um exemplar de *Os elementos* de Euclides mudou de ideia, e ocupou postos de professor de matemática em Paris, tornando-se membro da Académie. Na *Memoires da Académie des Sciences* de 1704, ele continuou e estendeu o uso de coordenadas polares feito por Jacques Bernoulli, incluindo uma elaborada classificação das espirais obtidas de curvas algébricas, tais como parábolas e hipérboles de Fermat, interpretando a ordenada como raio vetor e a abscissa como um arco vetorial. Varignon, um dos primeiros matemáticos franceses a apreciar o cálculo, tinha preparado um comentário sobre a *Analyse* de L'Hospital, mas esse só apareceu em 1725, depois da morte de ambos, sob o título *Eclaircissemens sur l'analyse des infiniments petits*. Varignon era um escritor mais cuidadoso que L'Hospital, e avisou que séries infinitas não deviam ser usadas sem investigar os termos de resto. Por isso, os ataques ao cálculo o tinham preocupado, e, em 1701, ele escreveu a Leibniz sobre suas disputas com Rolle:

> O Padre Galloys, que é quem realmente está por trás de tudo, está difundindo aqui (em Paris) que você explicou que entende por "diferencial" ou "infinitamente pequeno" uma quantidade muito pequena, mas constante e definida... Eu, de outro lado, chamei uma coisa de infinitamente pequena, ou diferencial de uma quantidade, se essa quantidade é inexaurível em comparação com a coisa.

A ideia que Varignon exprime aqui não é nada clara, mas pelo menos ele percebia que uma diferencial é uma variável, não uma constante. A resposta de Leibniz, datada de Hanover em 1702, tenta evitar disputas metafísicas, mas seu uso da frase "quantidades incomparavelmente pequenas" para diferenciais não era mais satisfatório que a explicação de Varignon. No entanto, a defesa feita por Varignon do cálculo parece ter conquistado a aprovação de Rolle.

Rolle também levantou questões embaraçosas a propósito da geometria analítica, especialmente quanto à solução gráfica de equações de Descartes, tão popular na época. Para resolver $f(x) = 0$, por exemplo, escolhe-se arbitrariamente uma curva $g(x, y) = 0$ e, combinando-a com $f(x) = 0$, obtém-se uma nova curva $h(x, y) = 0$, cujas intersecções com $g(x, y) = 0$ fornecem as soluções de $f(x) = 0$. Rolle percebeu que soluções estranhas podem ser introduzidas por esse processo. Em sua obra mais conhecida, o *Traité d'algèbre* de 1690, Rolle parece ter sido o primeiro a afirmar que existem n valores para a raiz n-ésima de um número, mas só foi capaz de demonstrar isso para $n = 3$, pois morreu antes que os trabalhos nesse sentido de Cotes e De Moivre aparecessem.

Rolle foi o matemático mais capaz no grupo da Académie des Sciences que criticava o Cálculo. Quando Varignon o convenceu da validade essencial da nova análise, a oposição se desfez e o assunto entrou em um século de rápido desenvolvimento na Europa continental. Um exemplo fora de série de quanto um membro talentoso e dedicado de uma geração posterior pode conseguir usando os novos métodos é fornecido por Alexis Clairaut.

Os Clairaut

Alexis Claude Clairaut (1713-1765) foi um dos matemáticos mais precoces, superando até Blaise Pascal nesse ponto. Aos dez anos, ele lia os textos de L'Hospital sobre cônicas e cálculo; aos treze, ele leu à *Académie des Sciences* um artigo sobre geometria; e quando tinha apenas dezoito anos, foi aceito com dispensa especial em relação às exigências de idade, como membro da Académie. No ano em que foi eleito, Clairaut publicou um tratado célebre, *Recherches sur les courbes à double courbure,* cuja substância ele tinha apresentado à Academia dois anos antes. Como a *Géométrie* de Descartes, as *Recherches* de Clairaut apareceram sem nome de autor na página de título, embora também nesse caso a autoria fosse bem conhecida. O tratado de Clairaut realizava para as curvas no espaço o programa que Descartes tinha sugerido quase um século antes – seu estudo por meio de projeções em dois planos coordenados. Na verdade, foi esse método que sugeriu o nome dado por Clairaut a curvas *gauches* ou reversas, pois sua curvatura é determinada pelas curvaturas das duas projeções. Em *Recherches,* numerosas curvas no espaço são determinadas como intersecções de várias superfícies, são dadas explicitamente fórmulas para distância em duas e três dimensões, uma forma da equação do plano por interseções com os eixos incluída, e são determinadas tangentes a curvas no espaço. Esse livro do jovem Clairaut é o primeiro tratado sobre a geometria analítica no espaço. Observou que as derivadas parciais mistas de segunda ordem f_{xy} e f_{yx} de uma função $f(x, y)$ são em geral iguais (sabemos agora que isso vale se as derivadas forem contínuas no ponto em questão) e usou esse fato no critério $M_y \equiv N_x$, familiar em equações diferenciais, para que a expressão diferencial $M(x, y)\,dx + N(x, y)\,dy$ seja exata. Em obras célebres sobre matemática aplicada, tais como *Théorie de la figure de la terre* (1743) e *Théorie de la lune* (1752), ele usou a teoria do potencial. Seus livros didáticos, *Eléments de géométrie* (1741) e *Eléments d'algèbre* (1746), eram parte de um plano, que lembra os de hoje, para aperfeiçoar o ensino da matemática.

Incidentalmente, Clairaut tinha um irmão mais moço que rivalizava com ele em precocidade, pois aos quinze anos, o irmão, conhecido apenas como "*le cadet* Clairaut", publicou em 1731 (o ano em que apareceram também as *Recherches* do irmão mais velho) um livro sobre cálculo chamado *Traité de quadratures circulaires et hyperboliques.* Esse gênio, quase desconhecido, morreu tragicamente de varíola no ano seguinte. O pai dos irmãos Clairaut era ele próprio um matemático competente, mas hoje é lembrado principalmente por meio da obra de seus filhos.

Matemática na Itália

Enquanto os Bernoulli e seus associados estavam defendendo os desenvolvimentos na geometria analítica, cálculo e probabilidades, a matemática na Itália fluía mais ou menos discretamente, com alguma preferência pela geometria. Nenhuma figura de relevo apareceu lá, embora vários homens deixassem resultados suficientemente importantes para merecerem menção. Giovanni Ceva (1648-1734) é lembrado hoje pelo teorema que tem seu nome: uma condição necessária e suficiente para que retas dos vértices A, B, C, de um triângulo para pontos X, Y, Z dos lados opostos sejam concorrentes é que

$$\frac{AZ \cdot BX \cdot CY}{ZB \cdot XC \cdot YA} = +1.$$

Isso se relaciona de perto com o teorema de Menelaus, que fora esquecido, mas foi redescoberto e publicado também por Ceva, em 1678.

Mais próximas dos interesses dos Bernoulli, foram as contribuições de Jacopo Riccati (1676-1754), que tornou conhecida na Itália a obra de Newton. Riccati é lembrado especialmente por seu estudo detalhado da equação diferencial $dy/dx = A(x) + B(x)y + C(x)y^2$, que hoje tem seu nome, embora Bernoulli tivesse estudado antes o caso especial $dy/dx = x^2 + y^2$. Riccati pode ter conhecido esse estudo, pois Nicolas Bernoulli ensinou em Pádua, onde Riccati fora discípulo de Angeli e onde entrou em contato tanto com Nicolas Bernoulli quanto com Hermann. A obra dos Bernoullis era bem conhecida na Itália. O Conde G.C. Fagnano (1682-1766) continuou o trabalho sobre a lemniscata de Bernoulli mostrando, por volta de 1717-1718, que a retificação dessa curva leva a uma integral elíptica, como também o comprimento de arco da elipse, embora certos arcos sejam retificáveis por meios elementares. O nome de Fagnano está ligado à elipse $x^2 + 2y^2 = 1$, que apresenta certas analogias com a hipérbole equilátera ou retangular. A excentricidade dessa elipse, por exemplo, é $1/\sqrt{2}$, enquanto a excentricidade da hipérbole retangular é $\sqrt{2}$.

O postulado das paralelas

Os matemáticos italianos durante o século dezoito fizeram poucas, ou nenhuma, descobertas fundamentais. Quem chegou mais perto de uma descoberta merecendo tal classificação foi sem dúvida Girolamo Saccheri (1667-1733), um jesuíta que ensinava em colégios de sua ordem na Itália. No próprio ano em que morreu, ele publicou um livro chamado *Euclides ab omni naevo vindicatus* (*Euclides com toda falha retirada*), em que fez um elaborado esforço para demonstrar o postulado das paralelas. Saccheri conhecia os esforços de Nasir Eddin para demonstrar o postulado quase meio milênio antes, e decidiu aplicar o método de *reductio ad absurdum* ao problema. Começou com um quadrilátero birretangular isósceles, agora chamado "quadrilátero de Saccheri" – tendo lados AD e BC iguais entre si e ambos perpendiculares à base AB. Sem usar o postulado das paralelas, ele mostrou facilmente que os ângulos de "topo" C e D são iguais e que há, portanto, somente três possibilidades quanto a eles, descritas por Saccheri como (1) a hipótese do ângulo agudo, (2) a hipótese do ângulo reto e (3) a hipótese do ângulo obtuso. Mostrando que as hipóteses 1 e 3 levam a absurdos, ele pensava estabelecer por raciocínio indireto que a hipótese 2 é uma consequência necessária dos postulados de Euclides com o das paralelas excluído. Saccheri teve pouca dificuldade para excluir a hipótese 3, porque assumia implicitamente que uma reta é infinitamente longa. Da hipótese 1, ele deduziu teorema após teorema, sem encontrar dificuldades. Sabemos agora que ele estava construindo uma geometria não euclidiana perfeitamente consistente; mas Saccheri estava tão completamente convencido de que a geometria de Euclides era a única válida, que permitiu que esse preconceito interferisse em sua lógica. Onde não havia contradição, ele torceu o raciocínio até pensar que a hipótese 1 levava a um absurdo. Por isso, deixou de fazer o que teria sido sem dúvida a descoberta mais importante do século dezoito – a geometria não euclidiana. Assim, seu nome permaneceu desconhecido por mais um século, pois a importância de sua obra não foi reconhecida pelos que o seguiram.

Séries divergentes

Saccheri tinha como discípulo outro matemático italiano que merece uma breve menção – Guido Grandi (1671-1742), cujo nome é lembrado nas curvas em pétala de rosa tão familiares em coordenadas polares por meio das equações $r = a \cos n\theta$ e $r = a \operatorname{sen} n\theta$. São chamadas "rosas de Grandi" em reconhecimento do estudo que ele fez delas. Grandi também é lembrado por sua correspondência com Leibniz sobre a questão de saber se é possível tomar como sendo 1/2 a soma da série infinita alternada $1 - 1 + 1 - 1\ldots$ Esse valor é sugerido não só como média aritmética dos dois valores das somas parciais dos n primeiros termos, mas também como valor quando $x = 1$ da função geradora $1/(1 + x)$ de que se obtém a série $1 - x + x^2 - x^3 + x^4 - \cdots$ por divisão. Nessa correspondência, Grandi sugeriu que aqui se tem um paradoxo comparável com os mistérios do cristianismo, pois ao agrupar termos aos pares, chega-se ao resultado

$$1 - 1 + 1 - 1 + 1 - \cdots = 0 + 0 + 0 + \cdots = \frac{1}{2},$$

que lembra a criação do mundo a partir do nada.

Levando essas ideias nebulosas à integral da função geradora $1/(1 + x)$, Leibniz e Jean Bernoulli tinham trocado cartas sobre a natureza dos logaritmos dos números negativos. A série $\ln(1 + x) = x - x^2/2 + x^3/3 - x^4/4 + \cdots$, no entanto, pouco ajuda aqui, pois diverge para $x < -1$. Leibniz argumentava que números negativos não têm logaritmos reais; Bernoulli acreditava que a curva logarítmica é simétrica com relação ao eixo de ordenadas, afirmava que $\ln(-x) = \ln(x)$, o que parecia confirmado pelo fato que $d/dx \ln(-x) = d/dx \ln(+x) = 1/x$. A questão da natureza dos logaritmos dos números negativos não foi definitivamente resolvida por nenhum dos dois, mas pelo mais brilhante aluno de Bernoulli. Jean Bernoulli continuara a irradiar um entusiasmo inspirador, por meio de sua correspondência, durante a primeira metade do século dezoito, pois sobreviveu a seu irmão mais velho por quarenta e três anos. No entanto, muito antes de sua morte, em

1748, já octogenário, sua influência se tornava muito menos forte que a de seu famoso discípulo, Euler, cujas contribuições à análise, inclusive logaritmos de números negativos, foram o núcleo essencial dos desenvolvimentos da matemática durante os meados do século dezoito.

17 EULER

A álgebra é generosa: muitas vezes ela dá mais do que lhe foi pedido.
D'Alembert

Vida de Euler

A Suíça foi o lugar de nascimento de muitas das principais figuras na matemática no início do século dezoito, e o mais importante matemático suíço nessa época — ou em qualquer outra — foi Leonhard Euler (1707-1783).

O pai de Euler era um ministro religioso que, como o pai de Jacques Bernoulli, esperava que seu filho seguisse o mesmo caminho. Porém, o jovem estudou com Jean Bernoulli e se associou com seus filhos, Nicolaus e Daniel, e por meio deles descobriu sua vocação. Euler recebeu instrução ampla, pois ao estudo da matemática somou teologia, medicina, astronomia, física e línguas orientais. Essa amplitude lhe foi muito útil quando, em 1727, ele ouviu da Rússia que havia um lugar vago em medicina na Academia de S. Pertersburgo, para onde os jovens Bernoulli tinham ido como professores de matemática. Por recomendação dos Bernoulli, dois dos mais brilhantes luminares dos primeiros tempos da Academia, Euler foi chamado como membro da secção de medicina e fisiologia.

Em 1730, Euler veio a ocupar a cadeira de filosofia natural em vez da de medicina. Seu amigo Nicolas Bernoulli tinha morrido afogado em S. Petersburgo no ano anterior ao da chegada de Euler, e, em 1733, Daniel Bernoulli deixou a Rússia para ocupar a cadeira de matemática em Basileia. Com isso, Euler, aos vinte e seis anos, tornou-se o principal matemático da Academia. A Academia de S. Petersburgo tinha estabelecido uma revista de matemática, *Commentarii Academiae Scientiarum Imperialis Petropolitanae*, e, quase de saída, Euler contribuiu com uma enorme quantidade de artigos de matemática. O acadêmico francês François Arago disse que Euler podia calcular sem qualquer esforço aparente "do mesmo modo como os homens respiram, como as águias se sustentam no ar". Em consequência, Euler compunha artigos de matemática enquanto brincava com seus filhos. Em 1735, tinha perdido a visão do olho direito, mas esta infelicidade não diminuiu em nada sua produção de pesquisa. Conta-se que ele disse que, ao que parecia, seu lápis o superava em inteligência, tão facilmente fluíam artigos. Ele publicou mais de 500 livros e artigos durante sua vida. Por quase meio século depois de sua morte, obras de Euler continuavam a aparecer nas publicações da Academia de S. Petersburgo. Uma lista bibliográfica das obras de Euler, inclusive itens póstumos, contém 886 itens; e avalia-se que a coleção de suas obras (incluindo sua correspondência), que está sendo publicada sob os auspícios da Suíça, chegará a oitenta e dois volumes substanciais. Sua pesquisa matemática chegava, em média, a cerca de 800 páginas por ano durante toda sua vida; nenhum matemático jamais superou a produção desse homem, que Arago caracterizou como "análise encarnada".

Bem no início, Euler conquistou reputação internacional. Já antes de sair de Basileia, tinha recebido menção honrosa da Académie de Paris por um ensaio sobre mastros de navios. Mais tarde, ele frequentemente apresentou ensaios em concursos organizados pela Académie, e doze vezes ele ganhou o cobiçado prêmio bienal. Os tópicos variavam amplamente, e em uma ocasião, em 1724, Euler partilhou com Maclaurin e Daniel Bernoulli um prêmio por um artigo sobre marés. (O prêmio de Paris foi ganho duas vezes por Jean Bernoulli e dez vezes por Daniel Bernoulli.) Euler nunca sofreu de falso orgulho, e escreveu obras em todos os níveis, inclusive material para livros didáticos para uso nas escolas russas. Geralmente escrevia em latim, algumas vezes em francês, embora o alemão fosse sua língua nativa. Euler tinha incomum facilidade para línguas, como se esperaria de uma pessoa de origem suíça. Isso era uma sorte, pois uma das características da matemática do século dezoito era a facilidade com que os matemáticos se deslocavam de um país para outro, e nisso Euler não tinha problemas de língua. Em 1741, Euler foi convidado por Frederico, o Grande, para fazer parte da Academia de Berlim, e o convite foi aceito. Euler passou vinte e cinco anos na corte de Frederico, e apresentou numerosos artigos à Academia de S. Petersburgo, bem como à Academia da Prússia.

Euler passou quase todos os últimos dezessete anos de sua vida em total cegueira. Mesmo essa tragédia não deteve o fluxo de sua pesquisa e publicações, que continuou sem diminuição até que, em 1783, aos setenta e seis anos, morreu subitamente enquanto tomava chá na companhia de um de seus netos.

Notação

De 1727 a 1783, a pena de Euler esteve ocupada aumentando os conhecimentos disponíveis em quase todos os ramos da matemática pura e aplicada, dos mais elementares aos mais avançados. Além disso, em quase tudo, Euler, o construtor de notação mais bem-sucedido em todos os tempos, escrevia na linguagem e notação que usamos hoje. Quando chegou à Rússia, em 1727, ele havia estado ocupado com experiências sobre disparo de canhões; e em uma exposição manuscrita de seus resultados, escrita provavelmente em 1727 ou 1728, Euler usava a letra e mais de uma dúzia de vezes para representar a base do sistema de logaritmos naturais. O conceito por trás desse número era bem conhecido desde a invenção dos logaritmos, mais de um século antes; no entanto, nenhuma notação padronizada para ele se tornara comum. Em uma carta a Goldbach, em 1731, Euler novamente usou a letra e para "aquele número cujo logaritmo hiperbólico = 1"; apareceu impresso pela primeira vez na *Mechanica* de Euler, de 1736, livro em que a dinâmica de Newton é apresentada pela primeira vez em forma analítica. Essa notação, sugerida talvez pela primeira letra da palavra "exponencial", logo se tornou padrão. O uso definitivo da letra grega π para a razão da circunferência para o diâmetro em um círculo também é em grande parte devido a Euler, embora se encontre uma ocorrência anterior em 1706, um ano antes do nascimento de Euler — na *Synopsis palmariorum matheseos*, ou *Uma nova introdução à matemática*, por William Jones (1675-1749). Foi a adoção do símbolo π por Euler em 1737, e, mais tarde, em seus muitos e populares livros didáticos, que o tornou largamente conhecido e usado. O símbolo i para $\sqrt{-1}$ é outra notação usada primeiro por Euler, embora nesse caso a adoção viesse quase no fim de sua vida, em 1777. Provavelmente, esse uso veio tarde porque em suas primeira obras ele usara i para representar um "número infinito", mais ou menos como Wallis usara ∞. Assim, Euler escrevia $e^x = (1 + x/i)^i$, onde preferiríamos $e^x = \lim_{h\to\infty}(1 + x/h)^h$. Os três símbolos e, π, i, pelos quais Euler em grande parte é responsável, podem ser combinados com os dois inteiros mais importantes, 0 e 1, na célebre igualdade $e^{\pi i} + 1 = 0$, que contém os cinco números mais significativos (bem como a mais importante relação e a mais importante operação) em toda a matemática. O equivalente dessa igualdade, em forma generalizada, fora incluído por Euler, em 1748, em seu livro didático mais conhecido, *Introductio in analysin infinitorum*. A chamada "constante de Euler", frequentemente representada pela letra grega γ é uma sexta constante matemática importante, o número definido como $\lim_{n\to\infty}(1 + 1/2 + 1/3 + \cdots +1/n - \ln n)$, número bem conhecido que foi calculado com centenas de casas decimais, as dez primeiras sendo 0,5772156649.

Não é só para a designação de números importantes que usamos hoje notações introduzidas por Euler. Em geometria, álgebra, trigonometria e análise, encontramos em toda parte símbolos de Euler, bem como terminologia e ideias. O uso das letras minúsculas a, b, c para os lados de um triângulo e das maiúsculas correspondentes A, B, C para os ângulos opostos vem de Euler, como a aplicação das letras r, R e s para os raios dos círculos inscrito e circunscrito e o semiperímetro do triângulo, respectivamente. A bela fórmula $4rRs = abc$, relacionando os seis comprimentos, é também um dos numerosos resultados elementares que lhe são atribuídos, embora coisas equivalentes a esse resultado estejam contidas por implicação na geometria da antiguidade. A designação lx para logaritmo de x, o uso da letra agora familiar Σ para indicar somatória, e talvez a mais importante de todas, a notação $f(x)$ para uma função de x (usada nos *Commentaries de Petersburgo* de 1734-1735) são outras notações de Euler relacionadas às nossas.

Fundamentos da análise

Ao avaliar desenvolvimentos na matemática, devemos sempre ter em mente que as ideias atrás das notações são de longe a melhor metade; também quanto a isso a obra de Euler marcou época. Pode ser dito, com justiça, que Euler fez pela análise de Newton e Leibniz o que Euclides fizera pela geometria de Eudoxo e Teaetetus, ou o que Viète fizera pela álgebra de al-Khwarizmi e Cardano. Euler tomou o cálculo diferencial e o método dos fluxos e tornou-os parte de um ramo mais geral da matemática, que a partir daí é chamado "análise" — o estudo de processos infinitos. A *Introductio in analysin infinitorum*, de Euler, serviu como fonte para os florescentes desenvolvimentos da matemática durante toda a segunda metade do século dezoito. Dessa época em diante, a ideia de "função" tornou-se fundamental na análise. Fora prenunciada pela latitude de formas medieval, e estava implícita na geometria analítica de Fermat e Descartes, bem como no cálculo de Newton e Leibniz. O quarto parágrafo da *Introductio* define função de uma quantidade variável como "qualquer expressão analítica formada daquela quantidade variável e de números ou quantidades constantes". Hoje, tal definição é inaceitável, pois não explica o que é "expressão analítica". Euler, presumivelmente, tinha em mente principalmente as funções algébricas e as funções transcendentes elementares. O tratamento estritamente analítico das funções trigonométricas foi, na verdade, em larga parte, estabelecido pela *Introductio*. O seno, por exemplo, já não era um segmento de reta; era simplesmente um número ou uma razão — a ordenada de um ponto em um círculo unitário, ou o número definido pela série $z - z^3/3! + z^5/5! - \cdots$ para algum valor de z. Das séries infinitas para e^x, sen x e cos x, passava-se facilmente às "identidades de Euler"

$$\operatorname{sen} x = \frac{e^{\sqrt{-1}x} - e^{-\sqrt{-1}x}}{2\sqrt{-1}},$$

$$\cos x = \frac{e^{\sqrt{-1}x} + e^{-\sqrt{-1}x}}{2},$$

e

$$e^{\sqrt{-1}x} = \cos x + \sqrt{-1}\operatorname{sen} x,$$

relações que, em essência, eram conhecidas por Cotes e De Moivre, mas que nas mãos de Euler tornaram-se instrumentos familiares da análise.

Euler usara expoentes imaginários, em 1740, em uma carta a Jean Bernoulli, em que escreveu $e^{x\sqrt{-1}} + e^{-x\sqrt{-1}} = 2\cos x$; as familiares identidades de Euler apareceram na influente *Introductio*, de 1748. As funções transcendentes elementares — trigonométrica, logarítmica, trigonométrica inversa e exponencial — eram escritas praticamente na forma em que são tratadas hoje. As abreviações sin, cos, tang, cot, sec e cosec, que foram usadas por Euler na *Introductio* em latim, são mais próximas das formas atuais em inglês do que as abreviações correspondentes das línguas latinas. Além disso, Euler foi um dos primeiros a tratar logaritmos como expoentes, do modo hoje tão familiar.

Séries infinitas

O primeiro volume de *Introductio* versa do princípio ao fim sobre processos infinitos — produtos infinitos e frações contínuas infinitas, bem como inúmeras séries infinitas. Nesse aspecto, a obra é generalização natural das ideias de Newton, Leibniz e dos Bernoulli, todos os quais gostavam de séries infinitas. No entanto, Euler era surpreendentemente livre em seu uso de tais séries. Embora ocasionalmente prevenisse contra o risco de se trabalhar com séries divergentes, ele próprio usou a série binomial $1/(1-x) = 1 + x + x^2 + x^3 + \cdots$ para valores de $x \geq 1$. Na verdade, combinando as duas séries $x/(1-x) = x + x^2 + x^3 + \cdots$ e $x/(x-1) = 1 + 1/x + 1/x^2 + \cdots$ Euler concluiu que $\cdots 1/x^2 + 1/x + 1 + x + x^2 + x^3 + \cdots = 0$.

Apesar de sua audácia, por manipulações de séries infinitas Euler obteve resultados que tinham fugido de seus predecessores. Entre esses, está a soma dos recíprocos dos quadrados perfeitos: $1/1^2 + 1/2^2 + 1/3^2 + 1/4^2 + \cdots$. Oldenburg, em uma carta a Leibniz, de 1673, tinha perguntado qual a soma dessa série, mas Leibniz não deu resposta; em 1689, Jacques Bernoulli confessou sua própria incapacidade de achar a soma. Euler começou com a série familiar sen $z = z - z^3/3! + z^5/5! - z^7/7! + \cdots$. Então, pode-se pensar em sen $z = 0$ como uma equação polinomial infinita $0 = 1 - z^2/3! + z^4/5! - z^6/7! + \cdots$ (obtida dividindo tudo por z), ou, se z^2 é substituído por w, como a equação $0 = 1 - w/3! + w^2/5! - \cdots$. Da teoria das equações algébricas sabe-se que, se o termo constante é 1, a soma dos recíprocos das raízes é o oposto do coeficiente do termo linear — nesse caso $1/3!$. Além disso, sabe-se que as raízes da equação em z são $\pm\pi, \pm 2\pi, \pm 3\pi$, e assim por diante; logo, as raízes da equação em w são $\pi^2, (2\pi)^2, (3\pi)^2$, e assim por diante. Portanto,

$$\frac{1}{6} = \frac{1}{\pi^2} + \frac{1}{(2\pi)^2} + \frac{1}{(3\pi)^2} + \cdots \quad \text{ou}$$

$$\frac{\pi^2}{6} = \frac{1}{1^2} + \frac{1}{2^2} + \frac{1}{3^2} + \cdots.$$

Com essa despreocupada aplicação a polinômios de grau infinito de regras algébricas válidas no caso finito, Euler conseguiu um resultado que desafiara os irmãos Bernoulli mais velhos; mais tarde, Euler repetidamente fez descobertas de modo semelhante.

O resultado de Euler sobre a soma dos recíprocos dos quadrados dos inteiros parece datar de cerca de 1736, e é provável que fosse a Daniel Bernoulli que ele imediatamente comunicou o resultado. Seu interesse por tais séries sempre foi forte, e, mais tarde, ele publicou a soma dos recíprocos de outras potências dos inteiros. Usando a série do cosseno em vez da do seno, Euler achou de maneira analoga o resultado

$$\frac{\pi^2}{8} = \frac{1}{1^2} + \frac{1}{3^2} + \frac{1}{5^2} + \cdots,$$

Donde, como corolário,

$$\frac{\pi^2}{12} = \frac{1}{1^2} + \frac{1}{2^2} + \frac{1}{3^2} - \frac{1}{4^2} + \cdots.$$

Muitos desses resultados apareceram também na *Introductio* de 1748, inclusive a soma dos recíprocos de potências pares desde $n = 2$ até $n = 26$. As séries de recíprocos de potências ímpares são tão intratáveis que ainda não se sabe se a soma dos recíprocos dos cubos dos inteiros positivos é ou não um múltiplo racional de π^3, ao passo que Euler sabia que para a 26ª potência a soma dos recíprocos é

$$\frac{2^{24} \cdot 76977927\,\pi^{26}}{1 \cdot 2 \cdot 3 \cdots 27}.$$

Séries convergentes e divergentes

O tratamento imaginativo que Euler deu às séries levou-o a algumas notáveis relações entre a análise e a teoria dos números. Mostrou, com demonstração relativamente simples, que a divergência da série harmônica implica o teorema de Euclides sobre a existência de infinitos primos. Se existissem somente K primos, $p_1, p_2, ..., p_K$, então, todo número n seria da forma $n = p_1^{\alpha_1} p_2^{\alpha_2} ... p_k^{\alpha_z}$. Seja α o maior dos expoentes α_i para o número n e formemos o produto

$$P = \left(1 + \frac{1}{p_1} + \frac{1}{p_1^2} + \cdots + \frac{1}{p_1^\alpha}\right)$$
$$\left(1 + \frac{1}{p_2} + \frac{1}{p_2^2} + \cdots + \frac{1}{p_2^\alpha}\right) \cdots$$
$$\left(1 + \frac{1}{p_K} + \frac{1}{p_K^2} + \cdots + \frac{1}{p_1^\alpha}\right)$$

Nesse produto, os termos $1/1, 1/2, \cdots 1/n$ forçosamente aparecem, bem como outros; portanto, o produto P não pode ser menor que $1/1 + 1/2 + \cdots + 1/n$. Da fórmula para a soma de uma progressão geométrica vemos que os fatores no produto são respectivamente menores que

$$\frac{1}{1 - 1/p_1}, \frac{1}{1 - 1/p_2}, \frac{1}{1 - 1/p_3},$$

e assim por diante.

Logo,

$$\frac{1}{1} + \frac{1}{2} + \frac{1}{3} + \cdots + \frac{1}{n} < \frac{p_1}{p_1 - 1} \cdot \frac{p_2}{p_2 - 1} \cdot \frac{p_3}{p_3 - 1} \cdots \frac{p_K}{p_K - 1}$$

para todos os valores de n. Então, se K, o número de primos, fosse finito, a série harmônica seria necessariamente convergente. Com uma análise bem mais elaborada, Euler mostrou que a série infinita formada como os recíprocos dos primos é ela própria divergente, a soma S_n sendo assintótica a $\ln \ln n$, para valores crescentes do inteiro n.

Euler se deliciava com as relações entre a teoria dos números e sua manipulação tosca, mas eficaz, das séries infinitas. Sem se preocupar com os perigos que espreitam atrás das séries alternadas, ele obteve resultados como $\pi = 1 + 1/2 + 1/3 + 1/4 - 1/5 + 1/6 + 1/7 + 1/8 + 1/9 - 1/10 + \cdots$. Aqui, o sinal de um termo, depois dos dois primeiros, é determinado como segue: se o denominador é um primo da forma $4m + 1$, usa-se um sinal menos, se o denominador é um primo da forma $4m - 1$, um sinal mais; e se o denominador é um número composto, usa-se o sinal dado pelo produto dos sinais das componentes. As operações com séries infinitas eram tratadas com grande ligeireza. Do resultado $\ln 1/(1 - x) = x + x^2/2 + x^3/3 + x^4/4 + \cdots$ Euler concluiu que $\ln \infty = 1 + 1/2 + 1/3 + 1/4 + \cdots$ portanto que $1/\ln \infty = 1 - 1/2 - 1/3 - 1/5 + 1/6 - 1/7 + 1/10 - \cdots$, onde a última série é formada de todos os recíprocos de primos (com sinal menos) e recíprocos de produtos de dois primos distintos (com sinal mais). A *Introductio* está repleta de tais séries e de produtos infinitos a elas relacionados, tais como $0 = 1/2 \cdot 2/3 \cdot 4/5 \cdot 6/7 \cdot 10/11 \cdot 12/13 \cdot 16/17 \cdot 18/19 \cdots$ e $\infty = 2/1 \cdot 3/2 \cdot 5/4 \cdot 7/6 \cdot 11/10 \cdot 13/12 \cdot 17/16 \cdot 19/18 \cdots$. O símbolo ∞ é livremente considerado como denotando o recíproco do número 0.

Logaritmos e identidades de Euler

Para a teoria dos logaritmos, Euler contribuiu não só com a definição em termos de expoentes que usamos hoje, mas também com a ideia correta quanto aos logaritmos de números negativos. A ideia de ser $\log(-x) = \log(+x)$ era defendida por Jean Le Rond d'Alembert, o principal matemático da França durante meados do século dezoito. Em 1747, Euler pôde escrever a d'Alembert explicando corretamente a questão dos logaritmos dos números negativos. O resultado, na verdade, deveria ter sido claro para Jean Bernoulli e outros que conheciam mais ou menos bem a fórmula $e^{i\theta} = \cos\theta + i\,\mathrm{sen}\,\theta$, mesmo antes de Euler enunciá-la claramente. Essa identidade vale para todos os ângulos (medidos em radianos): em particular, para $\theta = \pi$ leva a $e^{i\pi} = -1$, isto é, à afirmação que $\ln(-1) = \pi i$. Portanto, os logaritmos dos números negativos não são reais, como Jean Bernoulli e d'Alembert tinham acreditado, mas imaginários puros.

Euler chamou a atenção também para outra propriedade dos logaritmos que resultava claramente de sua identidade. Qualquer número, positivo ou negativo, tem não só um logaritmo, mas uma infinidade. Da relação $e^{i(\theta \pm 2K\pi)} = \cos\theta + i$ senθ vê-se que se ln $a = c$, então $c \pm 2K\pi i$ também são logaritmos naturais de a. Além disso, da identidade de Euler vê-se que os logaritmos de números complexos, reais ou imaginários, também são números complexos. Se, por exemplo, queremos um logaritmo natural de $a + bi$, escrevemos $a + bi = e^{x+iy}$. Obtém-se $e^x \cdot e^{iy} = a + bi = e^x (\cos y + i$ sen $y)$. Resolvendo as equações simultâneas $e^x \cos y = a$ e e^x sen $y = b$ (obtidas igualando as partes reais e as partes imaginárias na equação complexa) obtemos os valores $y = $ arctg b/a e $x = $ ln (b cossec arctg b/a) [ou $x = $ ln (a sec arctg b/a)].

D'Alembert queria demonstrar que o resultado de qualquer operação algébrica efetuada sobre um número complexo é, por sua vez, um número complexo. Em certo sentido, Euler fez para as operações transcendentes elementares, o que d'Alembert tentara fazer para operações algébricas. Com as identidades de Euler não é difícil achar, por exemplo, quantidades como sen $(1 + i)$ ou arccos i, expressas na forma padrão para números complexos. No primeiro caso, escreve-se

$$\text{sen}(1+i) = \frac{e^{i(1+i)} - e^{-i(1+i)}}{2i},$$

de onde se acha que sen $(1 + i) = a + bi$, onde $a = [(1 + e^2) \text{ sen } 1]/2e$ e $b = [(e^2 - 1)\cos 1]/2e$. No segundo caso, escreve-se arccos $i = x + iy$ ou $i = \cos(x + iy)$ ou

$$i = \frac{e^{i(x+iy)} + e^{-i(x+iy)}}{2} =$$

$$= \frac{1 + e^{2y}}{2e^y}\cos x + i\frac{(1 - e^{2y})}{2e^y}\text{sen } x.$$

Igualando as partes reais e imaginárias, vê-se que $\cos x = 0$ e $x = \pm \pi/2$. Logo

$$\frac{1 - e^{2y}}{2e^y} = \pm 1 \quad \text{ou} \quad e^y = \mp 1 \pm \sqrt{2}.$$

Como tanto x quanto y devem ser reais, vemos que $x = \pm \pi/2$ e $y = \ln(\mp 1 + \sqrt{2})$. De modo semelhante, podemos efetuar outras operações transcendentes elementares sobre números complexos, os resultados sendo números complexos. Isto é, o trabalho de Euler mostrara que o sistema dos números complexos é fechado sob as operações transcendentes elementares.

Euler mostrou de modo parecido que, surpreendentemente, uma potência imaginária de um número imaginário pode ser um número real. Em uma carta a Christian Goldbach (1690-1764), em 1746, ele deu o resultado notável $i^i = e^{-\pi/2}$. De $e^{i\theta} = \cos\theta + i \text{ sen}\theta$ temos, para $\theta = \pi/2$, $e^{\pi i/2} = i$; logo

$$\left(e^{\pi i/2}\right)^i = e^{\pi i^2/2} = e^{-\pi/2}.$$

Na verdade, há infinitos valores reais para i^i, como Euler mais tarde mostrou, dados por $e^{-\pi/2 \pm 2K\pi}$, onde K é um inteiro. Nas *Memoirs* da Academia de Berlim de 1749, Euler mostrou que toda potência complexa de um número complexo, $(a + bi)^{c + di}$, pode ser escrita como um número complexo $p + qi$. Esse aspecto da obra de Euler não chamou a atenção, e o valor real de i^i teve que ser redescoberto no século dezenove.

Equações diferenciais

Euler foi, sem dúvida, o maior responsável pelos métodos de resolução usados hoje nos cursos introdutórios sobre equações diferenciais, e até muitos dos problemas específicos que aparecem em livros didáticos de hoje remontam aos grandes tratados que Euler escreveu sobre o cálculo — *Institutiones calculi differentialis* (Petersburgo, 1755) e *Institutiones calculi integralis* (Petersburgo, 1768-1770, 3 volumes). O uso de fatores integrantes, os métodos sistemáticos para resolver equações lineares de ordem superior a coeficientes constantes, e a distinção entre equações lineares homogêneas e não homogêneas, e entre solução particular e solução geral, estão entre suas contribuições ao assunto, embora em alguns pontos o crédito deva ser partilhado com outros. Daniel Bernoulli, por exemplo, tinha resolvido a equação $y'' + Ky = f(x)$ independentemente de Euler e mais ou menos na mesma época, 1739-

1740; e d'Alembert, tanto quanto Euler, tinha métodos gerais, por volta de 1747, para resolver equações lineares completas.

A resolução de equações diferenciais ordinárias, em certo sentido, tinha começado assim que a relação inversa entre derivação e integração tinha sido percebida. Mas a maior parte das equações diferenciais não pode ser facilmente reduzida a simples quadraturas, exigindo, em vez disso, engenhosas substituições ou algoritmos para sua resolução. Uma das realizações do século dezoito foi a descoberta de grupos de equações diferenciais que são solúveis por artifícios bastante simples. Uma das equações diferenciais interessantes estudadas no século dezoito é a chamada equação de Riccati – $y' = p(x)y^2 + q(x)y + r(x)$. Euler foi o primeiro a chamar a atenção para o fato de que, quando se conhece uma solução particular $v = f(x)$, então a substituição $y = v + 1/z$ transforma a equação de Riccati em uma equação diferencial linear em z, de modo que se pode encontrar a solução geral. Em *Commentarii* de Petersburgo, de 1760-1763, Euler observou também que se duas soluções particulares são conhecidas, então uma solução geral pode ser expressa em termos de uma simples quadratura. Até certo ponto, a dívida onipresente que temos com Euler no campo das equações diferenciais está indicada no fato de que um tipo de equação linear a coeficientes variáveis tem seu nome. A equação de Euler $x^n y^{(n)} + a_1 x^{n-1} y^{(n-1)} + \cdots + a_n y^{(0)} = f(x)$ (onde o expoente entre parênteses indica ordem de derivação) se reduz facilmente, pela substituição $x = e^t$, a uma equação linear a coeficientes constantes. Euler também fez progresso nas equações diferenciais parciais, que ainda era um campo para pioneiros, ao dar para a equação $\partial^2 u/\partial t^2 = a^2(\partial^2 u/\partial x^2)$ a solução $u = f(x + at) + g(x - at)$.

Os quatro volumes de *Institutiones* de Euler contêm, de longe, o tratamento mais completo do cálculo dado até então. Além dos elementos do assunto e da resolução de equações diferenciais, encontramos coisas como o "teorema de Euler sobre funções homogêneas" – se $f(x, y)$ é homogênea de ordem n, então $xf_x + yf_y = nf$; um desenvolvimento do cálculo de diferenças finitas; formas padrão para integrais e a teoria das funções beta e gama (ou fatorial) baseada nas "integrais eulerianas" $\Gamma(p) = \int_0^\infty x^{p-1} e^{-x} dx$ e $B(m,n) = \int_0^1 x^{m-1}(1-x)^{n-1} dx$ e relacionadas por fórmulas como $B(m,n) = \Gamma(m)\Gamma(n)/\Gamma(m+n)$. Wallis já conhecia algumas das propriedades dessas integrais, mas graças à organização dada por Euler essas funções transcendentes superiores se tornaram parte essencial do cálculo avançado e da matemática aplicada. Cerca de um século depois, a integral na função beta foi generalizada por Pafnuty L. Chebyshev (1821-1894), que demonstrou que a "integral de Chebyshev" $\int x^p (1-x)^q dx$ é uma função transcendente superior, a menos que p ou q ou $p+q$ seja um inteiro.

Probabilidade

Um dos aspectos característicos da época era uma tendência a aplicar a todos os aspectos da sociedade os métodos quantitativos que tinham tanto sucesso nas ciências físicas. Assim, não é surpreendente ver tanto Euler quanto d'Alembert escrevendo sobre problemas de expectativa de vida, o valor de uma anuidade, loterias, e outros aspectos da ciência social. As probabilidades, afinal, tinham sido um dos interesses principais dos amigos de Euler, Daniel e Nicolas Bernoulli. Entre os problemas de loteria que ele publicou na *Memoirs* da Berlin Academy do ano de 1765, o seguinte é um dos mais simples. Suponha que n bilhetes são numerados consecutivamente de 1 a n e que três bilhetes são tirados ao acaso. Então, a probabilidade de que três números consecutivos sejam tirados é

$$\frac{2 \cdot 3}{n(n-1)},$$

a probabilidade de que dois números consecutivos (mas não três) sejam tirados é

$$\frac{2 \cdot 3(n-3)}{n(n-1)},$$

e a probabilidade de que não sejam tirados números consecutivos é

$$\frac{(n-3)(n-4)}{n(n-1)}.$$

Para a solução não são necessários conceitos novos, mas, como era previsível, Euler aqui contribuiu com notações, como fizera em outros assuntos. Escreveu que achava útil representar a expressão

$$\frac{p(p-1)\cdots(p-1+1)}{1\cdot 2\cdots q}$$

por

$$\begin{bmatrix} p \\ q \end{bmatrix},$$

o que é essencialmente equivalente à notação moderna

$$\binom{p}{q}.$$

Teoria dos números

A teoria dos números tem atraído fortemente muitos dos maiores matemáticos, tais como Fermat e Euler, mas não interessou a outros, inclusive Newton e d'Alembert. Euler não publicou um tratado sobre o assunto, mas escreveu cartas e artigos sobre vários aspectos da teoria dos números. Lembramos que Fermat afirmara, entre outras coisas, que (1) números da forma $2^{2^n}+1$ aparentemente são sempre primos e (2) se p é primo e a é um inteiro que não é divisível por p, então $a^{p-1}-1$ é divisível por p. A primeira dessas conjeturas Euler derrubou em 1732, graças à sua incrível facilidade em computação, mostrando que $2^{25}+1 = 4.294.967.297$ é fatorável em $6.700.417 \times 641$. Hoje, a conjetura de Fermat foi tão completamente esvaziada que os matemáticos se inclinam à opinião contrária — que não há outros números de Fermat primos maiores que o número 65.537, que corresponde a $n=4$.

Do mesmo modo pelo qual Euler, por meio de um contra-exemplo, demonstrou ser falsa uma das conjeturas de Fermat, foi verificado em 1966 que uma sugestão de Euler era falsa. Se n é maior que dois, Euler acreditava, pelo menos n potências n-ésimas são necessárias para fornecer uma soma que seja ela própria uma potência n-ésima. Mas foi mostrado que a soma de apenas quatro quintas potências pode ser uma quinta potência, pois $27^5 + 84^5 + 110^5 + 133^5 = 144^5$. Mas, deve-se notar que, nesse caso, foram necessários dois séculos e os serviços de um computador para encontrar o contraexemplo.

Para a segunda conjetura, conhecida como pequeno teorema de Fermat, Euler foi o primeiro a publicar uma demonstração (embora Leibniz tenha deixado uma mais antiga, em manuscrito). A demonstração de Euler, que apareceu em *Commentarii* de Petersburgo de 1736, é tão surpreendentemente elementar que a descrevemos aqui. A demonstração é feita por indução em a. Se $a=1$, o teorema evidentemente é válido. Agora, mostramos que se o teorema vale para algum valor inteiro positivo de a, como $a = k$, então vale para $a = k+1$. Para isso, usamos o teorema binomial para escrever $(k+1)^p$ como $k^p + mp + 1$, onde m é um inteiro. Subtraindo $k+1$ de ambos os lados, vemos que $(k+1)^p - (k+1) = mp + (k^p - k)$. Como o último termo do segundo membro, por hipótese, é divisível por p, resulta que o segundo membro é divisível por p, e, portanto, o primeiro membro da equação também; o teorema portanto vale, por indução matemática, para todos os valores de a, desde que seja primo com p.

Tendo demonstrado o pequeno teorema de Fermat, Euler demonstrou uma afirmação um pouco mais geral, em que usava o que veio a chamar-se a "função ϕ de Euler". Se m é um inteiro positivo maior que um, a função $\phi(m)$ é definida como o número de inteiros menores que m que são primos com m (mas incluindo o inteiro um em cada caso). Costuma-se definir $\phi(1)$ como 1; para $n=2, 3$ e 4, por exemplo, os valores de $\phi(n)$ são 1, 2 e 2 respectivamente. Se p é um primo, então claramente $\phi(p) = p-1$. Pode-se demonstrar que

$$\phi(m) = m\left(1 - \frac{1}{p_1}\right)\left(1 - \frac{1}{p_2}\right)\cdots\left(1 - \frac{1}{p_r}\right),$$

onde $p_1, p_2, \cdots p_r$ são os fatores primos distintos de m. Usando esse resultado, Euler mostrou que $a^{\phi(m)} - 1$ é divisível por m se a é primo com m.

Euler decidiu duas das conjeturas de Fermat, mas não o "último teorema de Fermat", embora demonstrasse a impossibilidade de soluções inteiras de $x^n + y^n = z^n$ para o caso em que $n=3$.

Em 1747, Euler ajuntou aos três pares de números amigáveis conhecidos por Fermat mais vinte e sete; mais tarde aumentou esses trinta pares para mais de sessenta. Euler também demonstrou que todos os números perfeitos pares são da forma dada por Euclides: $2^{n-1}(2^n - 1)$, onde $2^n - 1$ é primo. Se existe ou não número perfeito ímpar é uma questão aberta.

Também não está resolvida até hoje uma questão levantada na correspondência entre Euler e Christian Goldbach (1690-1764). Ao escrever para Euler, em 1742, Goldbach disse que todo inteiro par (>2) é a soma de dois primos. Esse assim chamado teorema de Goldbach apareceu impresso (sem demonstração) em 1770, na Inglaterra, nas *Meditationes algebraicae* de Edward Waring (1734-1793).

Entre outras asserções não demonstradas está uma que é conhecida como teorema de Waring ou problema de Waring. Euler tinha demonstrado que todo inteiro positivo é a soma de não mais que quatro quadrados; Waring conjeturou que todo inteiro positivo é soma de não mais que nove cubos, ou a soma de não mais que dezenove quartas potências. A primeira metade dessa ousada conjetura foi demonstrada no começo do século vinte; a segunda ainda não foi demonstrada. Waring publicou também nas *Meditationes algebraicae* um teorema com o nome de seu amigo e discípulo John Wilson (1741-1793) — se p é primo, então $(p-1)! + 1$ é um múltiplo de p.

Livros didáticos

Os principais matemáticos do Continente nos meados do século dezoito eram principalmente analistas, mas vimos que suas contribuições não se limitavam à análise. Euler não só contribuiu para a teoria dos números, como também escreveu um popular texto de álgebra, que apareceu em edições alemãs e russas em S. Petersburgo em 1770-1772, em francês (sob os auspícios de d'Alembert) em 1774, e em numerosas outras versões, inclusive edições americanas em inglês. As qualidades excepcionalmente didáticas da *Algebra* de Euler são atribuídas ao fato de ter sido ditada pelo autor cego a uma pessoa relativamente despreparada.

A geometria sintética não fora inteiramente esquecida no Continente. Euler pouco contribuiu nesse campo, apesar do fato de hoje a reta que contém o circuncentro, o ortocentro e o baricentro de um triângulo ser chamada a reta de Euler do triângulo. Que esses centros de um triângulo são colineares parece ter sido sabido antes por Simson, cujo nome está ligado a outra reta relacionada a um triângulo. Essas pequenas adições à geometria pura, no entanto, parecem insignificantes se comparadas com as contribuições do Continente à geometria analítica durante os meados do século dezoito.

Geometria analítica

Descrevemos a geometria analítica de Clairaut, especialmente em relação aos desenvolvimentos em três dimensões, mas o material contido no segundo volume da *Indroductio* de Euler era mais extenso, mais sistemático e mais eficaz. Desde 1728, Euler contribuiu com artigos no *Commentarii* de Petersburgo sobre o uso de geometria de coordenadas no espaço, dando equações gerais para três grandes classes de superfícies — cilindros, cones e superfícies de revolução. Percebeu que a equação de um cone, com vértice na origem, é necessariamente homogênea. Mostrou também que o arco mais curto (geodésica) entre dois pontos de uma superfície cônica se transforma em um segmento de reta se a superfície fosse estendida sobre um plano — um dos mais antigos teoremas sobre superfícies desenvolvíveis.

Vê-se como Euler percebia o significado de trabalhar da maneira mais geral possível especialmente no segundo volume de *Introductio*. Esse livro fez mais do que qualquer outro para tornar o uso de coordenadas, tanto em duas quanto em três dimensões, a base para um estudo sistemático das curvas e superfícies. Em vez de se concentrar em secções cônicas, Euler deu uma teoria geral de curvas, baseada no conceito de função que era central no primeiro volume. As curvas transcendentes não eram desprezadas como de costume, de modo que aqui, praticamente pela primeira vez, o estudo gráfico das funções trigonométricas tornava-se parte da geometria analítica.

A *Introductio* contém também duas exposições sobre coordenadas polares que são tão completas e sistemáticas que, frequentemente, mas erroneamente, esse sistema de coordenadas é atribuído a Euler. Classes completas de curvas, tanto algébricas como transcendentes, são consideradas; pela primeira vez, as equações para as transformações de coordenadas polares para retangulares são dadas em forma trigonométrica estritamente moderna. Além disso, Euler fez uso do ângulo vetorial geral e de valores negativos para o raio vetor, de modo que a espiral de Arquimedes, por exemplo, aparecia em sua forma dual, simétrica com relação ao eixo a 90°. D'Alembert evidentemente fora influenciado por essa obra quando escreveu o artigo sobre *Géométrie* para a *Encyclopédie*. A *Introductio* de Euler foi também a grande responsável pelo uso sistemático do que se chama a representação paramétrica de curvas — isto é, a expressão de cada uma das coordenadas cartesianas como uma função de uma variável auxiliar independente. Para a cicloide, por exemplo, Euler usou a forma

$$x = b - b\cos\frac{z}{a}$$
$$y = z + b\,\text{sen}\,\frac{z}{a}.$$

Um longo e sistemático apêndice à *Introductio* é talvez a mais significativa contribuição de Euler à geometria, pois representa praticamente a primeira exposição em livro didático da geometria analítica no espaço. As superfícies, tanto algébricas como transcendentes, são consideradas em geral e, a seguir, são subdivididas em categorias. Aqui encontramos, evidentemente pela primeira vez, a noção de que as superfícies de segundo grau constituem uma família de quádricas no espaço, análoga à família das secções cônicas na geometria plana. Partindo da equação quadrática geral com dez termos $f(x, y, z) = 0$, Euler observa que a coleção dos termos de segundo grau, quando igualada a zero, dá a equação do cone assintótico, real ou imaginário. E, o que é mais importante, ele usou as equações de translação e rotação de eixos (na forma que, incidentalmente, leva ainda o nome de Euler) para reduzir a equação de uma superfície quádrica não singular a uma das formas canônicas correspondentes aos cinco tipos fundamentais — o elipsoide real, os hiperboloides de uma e duas folhas, e os paraboloides elíptico e hiperbólico. A obra da Euler está mais próxima dos textos modernos que qualquer outro livro anterior à Revolução Francesa.

Postulado das paralelas: Lambert

Muitos matemáticos, inclusive Euler, se consideraram filósofos. Euler perdeu uma oportunidade que outro matemático suíço de inclinações filosóficas tentou explorar. Este era Johann Heinrich Lambert (1728-1777), um suíço alemão, autor em uma variedade de temas matemáticos e não matemáticos, que durante um par de anos foi associado de Euler na Berlin Academy. Diz-se que quando Frederico, o Grande, lhe perguntou em que ciência ele era mais competente, Lambert respondeu brevemente "todas".

Vimos que Saccheri acreditava ter derrubado as possibilidades de que a soma dos ângulos de um triângulo fosse maior ou menor que dois ângulos retos. Lambert chamou a atenção sobre o fato bem conhecido de que, sobre a superfície de uma esfera, a soma dos ângulos de um triângulo é maior que dois ângulos retos, e sugeriu a possibilidade de se achar uma superfície tal que a soma dos ângulos de um triângulo sobre ela fosse menor que dois ângulos retos. Tentando completar o que Saccheri pensara fazer — uma demonstração de que negar o postulado das paralelas de Euclides leva a uma contradição — Lambert, em 1766, escreveu *Die theorie der parallellinien*, embora esta só aparecesse, postumamente, em 1786. Em vez de começar com um quadrilátero de Saccheri, ele adotou como ponto de partida um quadrilátero tendo três ângulos retos (agora conhecido com quadrilátero de Lambert) e então considerou as três possibilidades para o quarto ângulo, ou seja, que fosse agudo, reto ou obtuso. Correspondendo a esses três casos, ele mostrou, à maneira de Saccheri, que a soma dos ângulos de um triângulo seria respectivamente "menor que", "igual a" ou "maior que" dois ângulos retos. Indo além de Saccheri, ele demonstrou que o quanto a soma é menor que, ou excede, dois ângulos retos é proporcional à área do triângulo. No caso do ângulo obtuso, essa situação é semelhante a um teorema clássico de geometria esférica — que a área de um triângulo é proporcional ao seu excesso esférico — e Lambert especulou que a hipótese do ângulo agudo poderia corresponder a uma geometria sobre uma superfície nova, como uma esfera de raio imaginário. Em 1868, Eugênio Beltrami (1835-1900) mostrou que Lambert estava certo em sua conjetura sobre a existência de uma superfície assim. Mas tal superfície não é uma esfera de raio imaginário, e sim uma superfície real chamada pseudoesfera — uma superfície de curvatura constante negativa gerada pela rotação de uma tratriz sobre seu eixo.

Embora Lambert, como Saccheri, tentasse demonstrar o postulado das paralelas, ele parece ter tido consciência de não ter conseguido. Escreveu:

> Demonstrações do postulado de Euclides podem ser levadas até um ponto tal que aparentemente só falta uma bagatela. Mas uma análise cuidadosa mostra que nessa aparente bagatela está o cerne da questão; usualmente ela contém ou a proposição que se quer demonstrar ou um postulado equivalente a ele.

Ninguém mais chegou tão perto da verdade sem descobrir as geometrias não euclidianas.

Lambert é também conhecido hoje por outras contribuições. Uma dessas é a primeira demonstração, apresentada à Berlin Academy, em 1761, de que π é um número irracional. (Euler, em 1737, tinha mostrado que e é irracional.) Lambert mostrou que se x é um número racional não nulo, então tg x não pode se racional. Como tg $\pi/4 = 1$, um número racional, segue que $\pi/4$ não pode ser racional, portanto π tampouco. Por essa época, os quadradores de circulo eram tão numerosos, que a Academia em Paris, em 1775, aprovou uma resolução no sentido de não examinar oficialmente nenhuma pretensa solução do problema da quadratura.

Como outra contribuição de Lambert à matemática, devemos lembrar que ele fez para as funções hiperbólicas o que Euler fizera para as circulares, fornecendo o conceito e notação modernas. Comparações entre as ordenadas do círculo $x^2 + y^2 + = 1$ e da hipérbole $x^2 - y^2 = 1$ tinham fascinado os matemáticos por um século, e por volta de 1757, Vicenzo Riccati, um italiano, sugeriu um desenvolvimento das funções hiperbólicas. Coube a Lambert introduzir as notações senh x, cosh x e tgh x para os equivalentes hiperbólicos das funções circulares da trigonometria usual e popularizar a nova trigonometria hiperbólica, que a ciência moderna considera tão útil. Em correspondência com as três identidades de Euler para sen x, cos x e e^{ix}, há três relações semelhantes para as funções hiperbólicas, expressas pelas equações

$$\text{senh } x = \frac{e^x - e^{-x}}{2}, \quad \text{cosh } x = \frac{e^x + e^{-x}}{2}$$

e

$$e^x = \cosh x + \text{senh } x.$$

Lambert também escreveu sobre cosmografia, geometria descritiva, cartografia, lógica e a filosofia da matemática, mas sua influência não se compara às de Euler ou d'Alembert, cujos trabalhos consideraremos no próximo capítulo.

18 A FRANÇA DE PRÉ- A PÓS-REVOLUCIONÁRIA

O progresso e o aperfeiçoamento da matemática estão intimamente ligados com a prosperidade do Estado.
Napoleão I

Homens e instituições

Os matemáticos da França na época da Revolução não só contribuíram bastante para a reserva de conhecimentos como foram em grande medida responsáveis pelas linhas principais de desenvolvimento na proliferação explosiva da matemática no século seguinte. Cada um dos seis homens que destacaremos como líderes na matemática durante a Revolução já tinha produzido abundantemente antes de 1789; nenhum dos seis expressou pesar mais tarde quando a velha ordem desapareceu. São eles: Gaspard Monge, Joseph-Louis Lagrange, Pierre Simon Laplace, Adrien Marie Legendre, Lazare Carnot e Nicolas Condorcet; estavam no meio do torvelinho, e um deles foi vítima dele.

Dois matemáticos, Jean Le Rond d'Alembert e Condorcet, estavam entre os arautos da Revolução Francesa. Apenas Condorcet viveu o bastante para ver a queda da Bastilha e ele sucumbiu como resultado.

A principal instituição científica da França que apoiava a pesquisa matemática por meio de publicações, encontros e prêmios durante a maior parte do século dezoito foi a Royal Academy of Sciences. Em 1793, a Convenção Nacional encerrou as atividades da Academy of Sciences, bem como de quatro outras das principais academias. Dois anos mais tarde, o Diretório fundou o Institut National des Sciences et des Arts, composto de três setores: ciências físicas e matemáticas, ciências morais e políticas, literatura e belas-artes. Várias reorganizações e mudanças de nomes vieram a seguir, inicialmente por ordem de Napoleão, que tinha ingressado no Institut em 1797. Apenas em 1816 as aulas puderam ser retomadas sob o nome "Academy", que tinha sido considerada reacionária. Durante os primeiros anos desse período dilacerado por conflitos, as atividades da Academy diminuíram muito; o único projeto que sobreviveu as reviravoltas políticas foi a reforma dos pesos e medidas.

O ano de 1793 marcou o fechamento não só das academias mas também das atividades da maioria das escolas que formavam a Universidade de Paris. As universidades não eram os centros matemáticos que são hoje. A maior parte dos matemáticos franceses do século dezoito que estavam ativos antes da revolução estava associada não a universidades mas à Igreja ou à classe militar; outros conseguiam proteção do rei ou se tornavam professores particulares.

Poucos anos depois da queda da Bastilha, em 1789, o sistema de educação superior na França veio a sofrer uma revisão drástica como consequência das convulsões sociais produzidas pela Revolução Francesa. Durante esse período curto, mas significativo, a França tornou-se mais uma vez o centro matemático do mundo, como o fora nos meados do século dezesseis.

O Comitê de Pesos e Medidas

A reforma do sistema de pesos e medidas é um exemplo especialmente apropriado da maneira pela qual os matemáticos pacientemente perseveraram em seus esforços, apesar da confusão e das dificuldades políticas. Já em 1790, bem no início da revolução, Talleyrand propôs a reforma dos pesos e medidas. O problema foi enviado à Académie des Sciences, na qual uma comissão, de que Lagrange e Condorcet faziam parte, foi indicada para redigir uma proposta.

A comissão considerou duas alternativas para o comprimento básico no novo sistema. Uma seria o comprimento de um pêndulo que marcasse segundos. A equação para o pêndulo sendo $T = 2\pi\sqrt{l/g}$, isso daria como comprimento padrão g/π^2. Mas a comissão ficou tão impressionada com a exatidão com que Legendre e outros tinham medido o comprimento de um meridiano terrestre que, no fim, o metro foi definido como a décima milionésima parte da distância entre o equador e o polo. O resultante sistema métrico estava praticamente pronto em 1791, mas houve confusão e demora em estabelecê-lo.

A supressão da Académie em 1793 foi um golpe para a matemática; mas a Convenção manteve o Comitê de Pesos e Medidas, embora o expurgasse de alguns membros, como Lavoisier, e o aumentasse acrescentando outros, inclusive Monge. Em um dado momento, a comissão quase perdeu Lagrange, pois a provinciana Convenção tinha banido da França os estrangeiros; mas Lagrange foi especificamente excluído do decreto e permaneceu para servir como chefe da comissão. Mais tarde ainda, a comissão ficou ligada ao Institut nacional; Lagrange, Laplace, Legendre e Monge pertenciam todos à comissão a essa altura. Em 1799, o trabalho da comissão estava pronto e o sistema métrico como o temos hoje se tornou uma realidade. O sistema métrico, é claro, é um dos resultados matemáticos mais tangíveis da Revolução, mas em termos do desenvolvimento da matemática não se compara em significado com outras contribuições.

D'Alembert

Como Euler e os Bernoulli, Jean Le Rond d'Alembert (1717-1783) também tinha instrução ampla — em direito, medicina, ciência e matemática — o que lhe foi útil quando, entre 1751 e 1772, ele colaborou com Denis Diderot (1713-1784) nos vinte e oito volumes da célebre *Encyclopédie* ou *Dictionnaire raisonné des sciences, des arts, et des métiers*. Para a *Encyclopédie*, d'Alembert escreveu o muito admirado *Discours préliminaire*, bem como a maior parte dos artigos matemáticos e científicos. A *Encyclopédie*, apesar da educação jansenista de d'Alembert, mostrava fortes tendências à secularização da cultura tão característica do Iluminismo, e sofreu fortes ataques dos jesuítas. Devido à sua defesa do projeto, d'Alembert veio a ser conhecido como "a raposa da Enciclopédia" e, incidentalmente, teve um papel de relevo na expulsão da ordem jesuíta da França. Em consequência de suas atividades e de sua amizade com Voltaire e outros *philosophes*, tornou-se um dos que abriram o caminho à Revolução Francesa. Com apenas vinte e quatro anos, foi eleito para a Académie des Sciences, e, em 1754, tornou-se seu *secrétaire perpetuel*, e, nessa qualidade, talvez o cientista mais influente da França.

Enquanto Euler se ocupava de pesquisa matemática em Berlim, d'Alembert estava ativo em

Paris. Até 1757, quando controvérsias sobre o problema das cordas vibrantes ocasionaram um afastamento, a correspondência entre os dois era frequente e cordial, pois seus interesses eram quase os mesmos. Afirmações como $\log(-1)^2 = \log(+1)^2$, equivalente a $2\log(-1) = 2\log(+1)$ ou a $\log(-1) = \log(+1)$ tinham intrigado os melhores matemáticos do começo do século dezoito, mas, como observamos no capítulo anterior, em 1747, Euler pôde escrever a d'Alembert explicando corretamente a questão dos logaritmos dos números negativos.

D'Alembert gastou muito tempo e esforço tentando demonstrar o teorema conjeturado por Girard e conhecido hoje como teorema fundamental da álgebra — que toda equação polinomial $f(x) = 0$, a coeficientes complexos e grau $n \geq 1$, tem pelo menos uma raiz complexa. Tão intensos foram seus esforços para demonstrar o teorema (especialmente em um ensaio sobre "*A causa geral dos ventos*", publicado nas *Memórias* da Academia de Berlim para 1746), que na França, hoje, o teorema é conhecido frequentemente como teorema de d'Alembert. Se pensarmos na resolução de tal equação polinomial como uma generalização das operações algébricas explícitas, podemos dizer que, em essência, d'Alembert queria demonstrar que o resultado de qualquer operação algébrica efetuada sobre um número complexo é, por sua vez, um número complexo. Em um artigo de 1752 sobre a resistência dos fluidos, chegou às chamadas equações de Cauchy-Riemann, que desempenham um papel tão grande na análise complexa.

Limites

Em sua atitude com relação aos desenvolvimentos da matemática, d'Alembert era uma mistura pouco comum de cautela e ousadia. Ele considerava discutível o uso que Euler fazia de séries divergentes (1768), apesar dos sucessos conseguidos. Além disso, d'Alembert fazia objeções a Euler por este assumir que diferenciais são símbolos para quantidades que são zero, mas no entanto são qualitativamente diferentes. Como Euler se restringia às funções bem-comportadas, ele não se envolvera nas dificuldades sutis que mais tarde tornariam insustentável sua atitude ingênua. Enquanto isso, d'Alembert achava que a "verdadeira metafísica" do cálculo seria encontrada na ideia de limite. No artigo sobre a "diferencial" que ele escreveu para a *Encyclopédie,* d'Alembert afirmou que "a derivação de equações consiste simplesmente em achar os limites da razão de diferenças finitas de duas variáveis na equação". Opondo-se aos pontos de vista de Leibniz e Euler, d'Alembert insistia que "uma quantidade é alguma coisa ou é nada: se é alguma coisa, não se anulou ainda; se é nada, ela literalmente se anulou. A suposição de que há um estado intermediário entre esses dois é uma quimera". Esse ponto de vista excluiria a vaga noção de diferenciais como grandezas infinitamente pequenas, e d'Alembert mantinha que a notação diferencial é apenas uma maneira conveniente de falar que depende, para sua justificativa, da linguagem de limites. Seu artigo na *Encyclopédie* sobre a diferencial se referia à *De quadratura curvarum* de Newton, mas d'Alembert interpretava a frase de Newton "primeira e última razão" como um limite em vez de uma primeira ou última razão de duas quantidades que estão apenas surgindo. No artigo sobre "*Limite*" que ele escreveu para a *Encyclopédie*, ele chamou uma quantidade o limite de uma segunda quantidade (variável) se a segunda pode se aproximar da primeira mais perto que por qualquer quantidade dada (sem coincidir com ela). A imprecisão nessa definição foi removida nas obras de matemáticos do século dezenove.

Euler pensava em uma quantidade infinitamente grande como o recíproco de uma quantidade infinitamente pequena; mas d'Alembert, tendo posto fora da lei o infinitésimo, definiu o infinitamente grande em termos de limites. Uma linha, por exemplo, se diz ser infinita em relação a outra se sua razão é maior que qualquer número dado. Prosseguiu definindo quantidades infinitamente grandes de ordem superior de modo semelhante ao usado por matemáticos hoje ao falar de ordens de infinito em relação a funções. D'Alembert negava a existência do infinito real, pois pensava em grandezas geométricas e não na teoria dos conjuntos proposta um século depois.

Equações Diferenciais

D'Alembert, homem de interesses variados, hoje talvez seja mais bem conhecido pelo que se chama o princípio de d'Alembert — as ações internas e as reações de um sistema de corpos rígidos em movimentos estão em equilíbrio. Esse princípio apareceu em 1743, em seu célebre tratado *Traité de dynamique*. Outros tratados de d'Alembert versavam sobre música, o problema dos três corpos, a precessão dos equinócios, movimentos em meios resistentes e perturbações lunares. Ao estudar o problema das cordas vibrantes, ele foi levado à equação diferencial parcial $\partial^2 u/\partial t^2 = \partial^2 u/\partial x^2$ para a qual, em 1747, deu (nas *Memoirs* da Academia de Berlim) a solução $u = f(x + t) + g(x - t)$, onde f e g são funções arbitrárias. D'Alembert também achou a solução singular da equação diferencial $y = xf(y') + g(y')$; por isso, essa é conhecida como equação de d'Alembert.

Bézout

O ano de 1783, no qual Euler e d'Alembert morreram, foi também o ano da morte de Etienne Bézout (1730-1783). Filho e neto de magistrados em Nemours, inspirado pela exposição dos trabalhos de Euler, ele escolheu a carreira matemática e publicou seus primeiros artigos na década de 1750. Um era uma exposição sobre dinâmica, seguido por dois artigos sobre integração. Foi nomeado para a Académie de Sciences, primeiro como assistente em mecânica, depois como *asscié* e, em 1970, como *pensionnaire*. Em 1763, como censor real, foi indicado como examinador da Gardes de la Marine. Nesta posição, era esperado que ele produzisse livros didáticos, uma tarefa que resultou em uma série de obras amplamente adotadas. O primeiro foi o *Cours de mathématique à l'usage des Gardes du Pavillon et de la Marine*, em quatro volumes, que apareceu entre 1764 e 1767. Em 1768, o examinador da artilharia morreu e Bezout foi indicado para sucedê-lo, tornando-se examinador do *Corps d'Artillerie*. Isto resultou na produção de um texto didático ainda mais completo e bem sucedido, o *Cours complet de mathématiques à l'usage de la marine et de l'artillerie*, uma obra em seis volumes que apareceu entre 1770 e 1782. Por décadas, foi este *Cours* que os estudantes estudavam ao se preparar para ingressar em escolas científicas avançadas. Ele levou em conta que estava escrevendo para iniciantes e tentou construir sobre assuntos que lhes eram familiares, tais como geometria elementar, enfatizando a compreensão da amplitude de utilidade do assunto, em vez de salientar os pontos delicados de rigor. A julgar pelas repetidas edições, o dele foi o mais bem-sucedido *Cours* do final do século dezoito, cobrindo os assuntos da matemática desde o nível mais baixo até o mais alto. Seus livros didáticos foram traduzidos para o inglês e nas primeiras décadas do século dezenove ainda eram usados em West Point, bem como em Harvard e outras instituições; em 1826, o primeiro livro didático americano sobre geometria analítica foi derivado do *Cours* de Bezout. A quarta parte do *Cours* de Bezout, os princípios da mecânica, é a razão de ser do programa. A proeminência matemática da França (e, de fato, da Europa continental como um todo) no século dezoito se baseou em grande parte nas aplicações da análise à mecânica, como ensinada nas escolas técnicas, e foi sob esta influência que os matemáticos da revolução francesa haviam sido educados. A ênfase dada à mecânica e à seção final sob navegação estava de acordo com o uso do *Cours de mathèmatiques* como texto nas academias militares, como a de Mezières, que tanto Monge quanto Carnot frequentaram. Foi por meio destas compilações, em vez de pelos trabalhos originais dos próprios autores, que os avanços matemáticos de Euler e d'Alembert se tornaram amplamente conhecidos.

Atualmente, o nome de Bezout é familiar em conexão com o uso de determinantes na eliminação algébrica. Em um artigo para a Academia de Paris em 1764, e, mais extensamente, em um tratado de 1779, intitulado *Théorie générale des équations algébriques,* Bézout deu regras, semelhantes às de Cramer, para resolver n equações lineares simultâneas em n incógnitas. Ele é mais bem conhecido pela extensão dessas a um sistema de equações em uma ou mais incógnitas, em que se quer achar a condição sobre os coeficientes necessária para que as equações tenham solução comum. Para considerar um caso bem simples, pode-se perguntar quais as condições para que as equações $a_1x + b_1y + c_1 = 0$, $a_2x + b_2y + c_2 = 0$, $a_3x + b_3y + c_3 = 0$ tenham uma solução comum. A condição necessária é que o eliminante

$$\begin{vmatrix} a_1 & b_1 & c_1 \\ a_2 & b_2 & c_2 \\ a_3 & b_3 & c_3 \end{vmatrix},$$

aqui um caso especial do "bezoutiante", seja 0. Eliminantes um pouco mais complicados aparecem quando são procuradas condições para que duas equações polinomiais de graus diferentes tenham uma solução comum. Bézout foi também o primeiro a dar uma demonstração satisfatória do teorema, conhecido por Maclaurin e Cramer, que diz que duas curvas algébricas de graus m e n respectivamente se cortam, em geral, em $m \cdot n$ pontos; por isso ele é frequentemente chamado de teorema de Bézout. Euler também tinha contribuído para a teoria da eliminação, mas menos extensamente que Bézout.

Condorcet

Marie Jean Antoine Nicolas de Caritat Condorcet (1743-1794), um fisiocrata, filósofo e enciclopedista, pertencia ao círculo de Voltaire e d'Alembert. A família de Condorcet incluía membros influentes na cavalaria e na igreja; e assim, sua educação não apresentou problemas. Nas escolas jesuítas e mais tarde no Collège de Navarre, ele conseguiu uma reputação invejável em matemática, mas em vez de se tornar uma capitão da cavalaria, como sua família desejava, ele viveu a vida de um estudioso, de modo parecido ao de Voltaire, Diderot e d'Alembert.

Ele era um matemático competente que publicara livros sobre probabilidades e cálculo integral, mas era também um visionário e idealista inquieto que se interessava por tudo que se relaciona com o bem-estar da humanidade. Como Voltaire, tinha ódio ferrenho pela injustiça; embora tivesse o título de marquês, ele via tantas desigualdades no *ancien régime* que escreveu e trabalhou um prol da reforma. Com fé implícita na perfectibilidade humana e acreditando que a instrução eliminaria o vício, ele defendeu a instrução pública gratuita, uma ideia admiravelmente avançada, especialmente naqueles dias. Condorcet é talvez mais lembrado matematicamente como pioneiro em matemática social, especialmente pela aplicação de probabilidades e estatística a problemas sociais. Quando, por exemplo, elementos conservadores (inclusive a Faculdade de Medicina e a de Teologia) atacaram os que advogavam a inoculação contra a varíola, Condorcet (juntamente, com Voltaire e Daniel Bernoulli) defendeu a variolização.

Com o início da Revolução, os pensamentos de Condorcet se voltaram para problemas administrativos e políticos. O sistema educacional entrara em colapso sob a efervescência da Revolução, e Condorcet viu que era o momento para tentar introduzir as reformas que tinha em mente. Ele apresentou seu plano à Assembleia Legislativa, de que se tornou Presidente, mas a agitação quanto a outras questões não permitiu discussão séria do assunto. Condorcet publicou seu plano em 1792, mas a ideia de instrução gratuita foi alvo de ataques. Somente anos depois de sua morte, a França realizou o ideal de Condorcet de instrução pública gratuita.

Condorcet, que tinha sido simpatizante da ala moderada Girondina da revolução, tinha depositado grandes esperanças na revolução — até que extremistas assumissem o controle. Então, atacou ousadamente os setembristas, e por isso sua prisão foi decretada. Escondeu-se, e durante longos meses em que esteve oculto compôs o célebre *Esboço de um quadro histórico do progresso da mente humana*, indicando nove passos na elevação da humanidade do estágio tribal até a fundação da República Francesa, com uma predição de um brilhante décimo estágio que, ele acreditava, a Revolução produziria. Logo depois de completar esta obra (em 1794), e acreditando que sua presença era um risco para os que o abrigavam, ele deixou seu esconderijo. Reconhecido imediatamente como um aristocrata, ele foi preso; na manhã seguinte foi encontrado morto no chão de sua cela.

Condorcet, que é interessante em virtude da amplitude de seus interesses, tinha publicado *De calcul intégral* já em 1765 e *Essai sur l'application de l'analyse à la probabolité des décisions rendues à la pluralité de voix*, em 1785. Condorcet foi o único de nossos seis matemáticos principais na época da revolução de quem se pode afirmar que teve um papel auspicioso nos eventos que levaram a 1789, e ele foi o único a perder sua vida por isso.

Lagrange

Educado em Turim, quando jovem Joseph-Louis Lagrange (1736-1813) se tornou professor de matemática na academia militar de Turim, mas mais tarde encontrou sucessivos patronos reais em Frederico, o grande, da Prússia e Luiz XVI, da França.

Se Carnot e Legendre eram discípulos do culto ao pensamento claro e rigoroso, Lagrange era o sumo sacerdote. Ele tinha publicado seu *Mécanique analytique* (1788), bem como frequentes artigos em álgebra, análise e geometria, antes da revolução. No auge do terror, Lagrange pensou seriamente em deixar a França, mas, nesse momento crítico, a École Normale e a École Polytechnique foram fundadas, e Lagrange foi convidado a ensinar análise. Lagrange parece gostado dessa oportunidade de ensinar. O novo currículo exigia novas notas de curso, e estas Lagrange forneceu em vários níveis. Para os estudantes da École Normale, em 1795, ele preparou e ministrou aulas que hoje seriam adequadas para uma classe de ensino médio, em álgebra avançada, ou para um curso pré-universitário; o material nessas notas de aula gozou de uma popularidade que se estendeu aos Estados Unidos, onde foram publicadas como *Lectures on Elementary Mathematics*. Para os estudantes no nível mais avançado da École Polytechnique, Lagrange deu cursos de análise e preparou o que a partir daí foi considerado um clássico da matemática. Os resultados, em sua *Théorie des fonctions analytiques*, apareceram no mesmo ano que as *Réflexions* de Carnot, e, juntos, eles fazem de 1797 um ano marcante no ressurgimento do rigor.

Teoria das funções

A teoria das funções de Lagrange, que desenvolvia algumas ideias que ele apresentara em um artigo cerca de vinte e cinco anos antes, certamente não era útil em um sentido estreito, pois a notação da diferencial era muito mais cômoda e sugestiva que a "função derivada" de Lagrange, de que vem nosso nome "derivada". Toda a motivação da obra era não tornar o cálculo mais utilitário, mas sim torná-lo mais satisfatório logicamente. A ideia-chave é fácil de descrever. A função $f(x) = 1/(1-x)$, quando expandida por divisão, fornece a série infinita $1 + 1x + x^2 + 1x^3 + \cdots + 1x^n + \cdots$. Se o coeficiente de x^n é multiplicado por $n!$, Lagrange chamava o resultado a derivada n-ésima da função $f(x)$ no ponto $x = 0$, com modificações adequadas para as expansões de funções em torno de outros pontos. A essa obra de Lagrange devemos a notação usual para derivadas de várias ordens, $f'(x), f''(x), \ldots f^{(n)}(x), \ldots$. Lagrange pensava que, com esse artifício, tinha eliminado a necessidade de limites ou infinitésimos, embora continuasse a usar esses últimos lado a lado com suas funções derivadas. Mas, infelizmente, há falhas em seu belo esquema. Nem toda função pode ser assim expandida, pois havia lapsos na pretensa demonstração de Lagrange da expansibilidade; além disso, a questão da convergência da série infinita faz reaparecer a necessidade do conceito de limite. Entretanto, pode-se dizer que a obra de Lagrange durante a Revolução teve uma influência mais ampla por iniciar um novo assunto, que a partir daí foi um centro de atenção na matemática — a teoria das funções de uma variável real.

Cálculo das variações

A primeira e talvez a maior contribuição de Lagrange é o cálculo das variações. Esse era um ramo novo da matemática, cujo nome se origina de notações usadas por Lagrange a partir de cerca de 1760. Em sua forma mais simples, o assunto trata de determinar uma relação funcional $y = f(x)$, de modo que uma integral $\int_a^b g(x, y)dx$ seja máxima ou mínima. Problemas de isoperimetria ou de descida mais rápida eram casos especiais no cálculo das variações. Em 1755, Lagrange tinha escrito a Euler sobre os métodos gerais que tinha desenvolvido para tratar de problemas desse tipo, e Euler generosamente retardou a publicação de um trabalho seu sobre tema semelhante, a fim de que o autor mais jovem recebesse todo o crédito pelos novos métodos, que Euler considerava superiores.

A partir de suas primeiras publicações na *Miscellanea* da Academia de Turim, em 1759-1761, a reputação de Lagrange estava firmada. Quando, em 1766, Euler e d'Alembert aconselharam Frederico, o Grande, na escolha do sucessor de Euler na Academia de Berlim, ambos insistiram que Lagrange fosse indicado. Frederico, então, presunçosamente escreveu a Lagrange que era necessário que o maior geômetra da Europa vivesse perto do maior dos reis. Lagrange concordou; permaneceu em Berlim durante vinte anos, partindo somente depois da morte de Frederico, três anos antes do começo Revolução Francesa.

Álgebra

Foi durante sua estada em Berlim que Lagrange publicou importantes artigos sobre mecânica, o problema dos três corpos, suas primeiras ideias sobre funções derivadas, e importantes trabalhos sobre a teoria das equações. Em 1767, ele publicou um artigo sobre a aproximação de raízes de equações polinomiais por meio de frações contínuas; em outro artigo em 1770, ele considerou a resolubilidade de equações em termos de permutações de suas raízes. Foi esse último trabalho que levou à enormemente bem-sucedida teoria dos grupos e às demonstrações de Évariste Galois e Niels Henrik Abel da impossibilidade de resolver, em termos usuais, as equações de grau maior que quatro. O nome de Lagrange é ligado hoje ao que é talvez o mais importante teorema da teoria dos grupos — se o é a ordem de um subgrupo g de um grupo G de ordem O, então o é um fator de O. Ao descobrir que a resolvente de uma equação quíntica, longe de ser de grau menor que cinco, como se esperaria, era de grau seis, Lagrange conjecturou que equações polinomiais de grau superior a quatro não são resolúveis no sentido usual.

Multiplicadores de Lagrange

Estando sempre à procura de generalidade e elegância no tratamento de problemas, Lagrange foi o inventor do método da variação de parâmetros na resolução de equações diferencias lineares não homogêneas. Isto é, se $c_1 u_1 + c_2 u_2$ é a solução geral de $y'' + a_1 y' + a_2 y = 0$ (onde u_1 e u_2 são funções de x), ele substituía os parâmetros c_1 e c_2 por variáveis a determinar v_1 e v_2 (funções de x) e determinava-as de modo que $v_1 u_1 + v_2 u_2$ fosse uma solução de $y'' + a_1 y' + a_2 y = f(x)$. Na determinação de máximos e mínimos de uma função como $f(x, y, z, w)$ sujeita a vínculos $g(x, y, z, w) = 0$ e $h(x, y, z, w) = 0$, ele sugeriu o uso dos multiplicadores de Lagrange para fornecer um algoritmo elegante e simétrico. Para empregar esse método, introduzimos duas constantes a determinar λ e μ, formamos a função $F = f + \lambda g + \mu h$, e das seis equações $F_x = 0$, $F_y = 0$, $F_z = 0$, $F_w = 0$, $g = 0$ e $h = 0$ eliminamos os multiplicadores λ e μ, e resolvemos para obter os valores procurados de x, y, z e w.

Teoria dos números

Como tantos dos maiores matemáticos modernos, Lagrange tinha um profundo interesse pela teoria dos números. Embora não usasse a linguagem das congruências, Lagrange demonstou, em 1768, o equivalente do enunciado que para um módulo primo p, a congruência $f(x) \equiv 0$ não pode ter mais que n soluções distintas, onde n é o grau (exceto no caso trivial em que todos os coeficientes de $f(x)$ são divisíveis por p). Dois anos depois, ele publicou uma demonstração do teorema, para o qual Fermat dissera ter uma demonstração, que diz que todo inteiro positivo é a soma de no máximo quatro quadrados perfeitos; por isso esse teorema é frequentemente chamado "o teorema de Lagrange dos quatro quadrados". Ao mesmo tempo, ele deu também a primeira demonstração de um resultado conhecido como teorema de Wilson, que aparecera nas *Meditationes algebraicae* de Waring no mesmo ano — para qualquer primo p, o inteiro $(p-1)! + 1$ é divisível por p.

Lagrange contribuiu também para a teoria das probabilidades, mas nesse campo ele ficou abaixo de Laplace, que era mais jovem.

Monge

Gaspard Monge (1746-1818) era filho de comerciantes pobres. Entretanto, por influência de um tenente-coronel que ficara impressionado com a habilidade do rapaz, foi permitido que Monge assistisse alguns cursos na Ècole Militaire de Mezières; ele impressionou tanto aos que decidiam, que logo se tornou membro do corpo docente — o único de nosso grupo de seis que era primeiramente professor, talvez um dos mais influentes professores de matemática desde os dias de Euclides.

Monge contribuiu com numerosos artigos matemáticos para o *Mémoires of the Académie des Sciences*. Visto que sucedeu Bézout como examinador da Marinha, Monge era mais incentivado pelos que detinham a autoridade a fazer o que Bezout havia feito — escrever um *Cours de mathématiques* para uso dos candidatos. Monge, entretanto, tinha mais interesse em ensinar e pesquisar, e completou apenas um volume do projeto: *Traité elementaire de statique* (Paris, 1788). Ele era atraído não apenas para a matemática pura e aplicada como também pela física e pela química. Em particular, participou de experiências com Lavoisier, inclusive aquelas sobre a composição da água, que levou à revolução química de 1789. Na época da revolução, Monge tinha se tornado um dos mais bem conhecidos cientistas franceses, mas sua geometria não tinha sido adequadamente apreciada. Sua obra principal, *Géométrie descriptive*, não tinha sido publicada porque seus superiores achavam que era do interesse da defesa nacional conservá-la secreta.

Monge fez esforços, depois da crise da invasão estrangeira, para estabelecer uma escola de preparação de engenheiros. Assim como Condorcet fora o guia da Comissão de Instrução, Monge foi o principal advogado de instituições de ensino mais avançadas. O resultado foi a formação, em 1794, de uma Comissão de Obras Públicas, de que Monge era membro ativo, encarregada de estabelecer uma instituição apropriada. A escola foi a famosa École Polytechnique, que tomou forma tão rapidamente que já no ano seguinte foram admitidos estudantes. Em todos os estágios de sua criação, o papel de Monge foi essencial, tanto como administrador quanto como professor. É agradável notar que as duas funções não são incompatíveis, pois Monge foi eminentemente bem-sucedido em ambas. Conseguiu até vencer sua relutância em escrever textos, pois com a reforma do currículo de matemática, a necessidade de dispor de livros adequados se tornou aguda.

Geometria descritiva e analítica

Monge se viu ensinando dois assuntos, ambos essencialmente novos em currículos universitários. O primeiro desses era chamado estereotomia, hoje mais comumente chamado de geometria descritiva. Monge deu um curso concentrado sobre esse tema a 400 estudantes, e um esboço manuscrito do curso se preservou. Esse mostra que o curso tinha alcance mais amplo, tanto do lado puro quanto do aplicado, do que é usual hoje. Além do estudo de sombra, perspectiva e topografia, dava atenção a propriedades de superfícies, incluindo retas normais e planos tangentes, e a teoria das máquinas. Entre os problemas propostos por Monge, por exemplo, estava o de determinar a curva de intersecção de duas superfícies, cada uma das quais é gerada por uma reta que se move de modo a cortar três retas reversas no espaço. Outro era o de determinar um ponto no espaço equidistante de quatro retas.

Tais problemas assinalam uma mudança no ensino da matemática, que foi promovido primariamente pela Revolução Francesa. Já na Idade Áurea da Grécia, Platão dissera que o estado da geometria no espaço era deplorável, e o declínio da matemática na Idade Média atingira a geometria no espaço mais fortemente que a plana. Quem não podia atravessar a *pons asinorum* dificilmente podia chegar ao estudo de três dimensões. Descartes e Fermat tinham percebido bem o princípio fundamental da geometria analítica no espaço — que uma equação em três incógnitas representa uma superfície e reciprocamente — mas não o tinham desenvolvido. Enquanto o século dezessete foi o século das curvas — a cicloide, o *limaçon*, a catenária, a lemniscata, a espiral equiangular, as hipérboles, parábolas e espirais de Fermat, as pérolas de Sluse, e muitas outras — o século dezoito foi o século que realmente iniciou o estudo de superfícies. Foi Euler quem chamou a atenção sobre as superfícies quádricas como formando uma família análoga à das cônicas, e sua *Introductio*, em certo sentido, deu a base da geometria analítica no espaço (embora devamos mencionar Clairaut como precursor). Lagrange, talvez influenciado por seu cálculo de variações, mostrou interesse por problemas em três dimensões e deu ênfase à sua resolução analítica. Foi o primeiro, por exemplo, a dar a fórmula

$$D = \frac{ap + bq + cr - d}{\sqrt{a^2 + b^2 + c^2}}$$

para a distância D de um ponto (p, q, r) ao plano $ax + by + cz = d$. Mas Lagrange não tinha alma de geômetra, nem discípulos entusiásticos. Monge, ao contrário, era especialista em geometria — quase o primeiro desde Apolônio — além de excelente professor e formador de currículos. O ressurgimento da geometria no espaço, portanto, deveu-se em parte às atividades matemáticas e revolucionárias de Gaspard Monge. Se ele não tivesse sido politicamente ativo, a École Polytechnique talvez não tivesse sido fundada; se não fosse professor notável, talvez esse ressurgimento não tivesse ocorrido.

A École Polytechnique não foi a única escola criada na época. A École Normale fora apressadamente aberta a uns 1400 ou 1500 estudantes, menos cuidadosamente selecionados que os da École Polytechnique, e tinha um corpo de professores de matemática de alto nível, Monge, Lagrange, Legendre e Laplace estando entre os instrutores. Entretanto, dificuldades administrativas fizeram com que a escola tivesse vida curta. Foram as aulas de Monge na École Normale, em 1794-1795, que foram finalmente publicadas como sua *Géométrie descriptive*.

A ideia por trás da nova geometria descritiva, ou método da dupla projeção ortográfica, é muito fácil de entender. Simplesmente tomam-se dois planos perpendiculares entre si, um vertical outro horizontal, e projeta-se a figura a ser representada ortogonalmente sobre esses planos, indicando claramente as projeções de todas as arestas e vértices. A projeção no plano vertical chama-se "elevação", a outra é chamada o "plano". Finalmente, o plano vertical é dobrado ou girado em torno da reta intersecção dos dois planos até estar também em posição horizontal. A elevação e o plano fornecem assim um diagrama em duas dimensões do objeto tridimensional. Esse simples processo, agora tão comum em desenho mecânico, produziu nos dias de Monge quase uma revolução na engenharia militar.

A geometria descritiva não foi a única contribuição de Monge à matemática tridimensional, pois, na École Polytechnique, ele ministrou também um curso sobre "aplicação da análise à geometria". Assim como o título abreviado "geometria analítica" não estava ainda em uso geral, também não havia "geometria diferencial", mas o curso dado por Monge era essencialmente uma introdução a esse campo. Aqui, também, não havia texto disponível, e assim Monge se viu compelido a escrever e imprimir suas *Feuilles d'analyse* (1795) para o uso dos estudantes. Aqui, a geometria analítica de três dimensões realmente tomou forma. Foi esse curso, exigido a todos os estudantes da Polytechnique, que formou o protótipo dos programas atuais de geometria analítica no espaço. Porém, os estudantes evidentemente achavam o curso difícil, pois as aulas passavam rapidamente sobre as formas elementares da reta e do plano, o grosso do material versando sobre as aplicações do cálculo ao estudo de curvas e superfícies em três dimensões. Monge sempre relutava em escrever textos de nível elementar, ou organizar material que não fosse primariamente dele. Porém, ele encontrou colaboradores dispostos a redigir o que ele incluía em seu curso; e assim, em 1802, apareceu no *Journal de l'École Polytechnique* um longo artigo por Monge e Jean-Nicolas-Pierre Hachette (1769-1834) sobre *Application d'algèbre à la géométrie*. Seu primeiro teorema é típico de uma exposição mais elementar do assunto. É a bem conhecida generalização do teorema de Pitágoras do século dezoito: a soma dos quadrados das projeções de uma figura plana sobre três planos perpendiculares dois a dois é igual ao quadrado da figura. Monge e Hachette demonstraram o teorema tal como os cursos modernos; na verdade, todo o volume poderia ser usado sem dificuldades como texto no século vinte e um. São tratadas completamente as equações para transformação de eixos, o tratamento usual das retas e dos planos, a determinação dos planos principais de uma quádrica. É na geometria analítica de Monge que primeiro encontramos um estudo sistemático da reta em três dimensões.

A maior parte dos resultados de Monge sobre geometria analítica da reta e do plano aparece em artigos datando de 1771 em diante. Em seu arranjo sistemático do material nas *Feuilles d'analyse* de 1795 e especialmente no artigo com Hachette de 1802, achamos a maior parte da geometria analítica no espaço e da geometria diferencial elementar que é incluída em textos de cursos universitários. Uma coisa que falta é o uso explícito de determinantes, pois esse é trabalho do século dezenove. Mas, como no caso de Lagrange, podemos considerar o uso por Monge de notações simétricas como uma antecipação dos determinantes, mas sem o arranjo agora usual (devido a Arthur Cayley).

Entre os novos resultados dados por Monge estão os dois teoremas seguintes que têm seu nome: (1) Os planos traçados pelos pontos médios das arestas de um tetraedro perpendicularmente às arestas opostas se encontram em um ponto M (que é chamado "ponto de Monge" do tetraedro); verifica-se que M é o ponto médio do segmento que une o centroide e o circuncentro. (2) O lugar geométrico dos vértices do ângulo trirretângulo cujas faces são tangentes a uma dada superfície quádrica é uma esfera, chamada a "esfera de Monge" ou esfera diretora da quádrica. O equivalente desse lugar geométrico em duas dimensões leva ao chamado "círculo de Monge" de uma cônica, embora esse lugar geométrico tivesse sido achado um século antes, em forma sintética, por Lahire. Em 1809, Monge demonstrou de várias maneiras que o centroide de um tetraedro é o ponto de concorrência das retas que unem os pontos médios de arestas opostas: deu também o análogo da reta de Euler no espaço, mostrando que para o tetraedro ortocêntrico o centroide está duas vezes mais longe do ortocentro que do circuncentro. Lagrange ficou tão impressionado com o trabalho de Monge que dizem ter exclamado: "Com sua aplicação da análise à geometria, o diabo do homem se tornará imortal".

Livros didáticos

Monge era um administrador capaz, um pesquisador de matemática imaginativo e um professor que sabia inspirar entusiasmo. Os alunos de Monge produziram uma quantidade de textos elementares sobre geometria analítica jamais igualada — nem mesmo hoje. Se julgarmos pela súbita aparição de tantas geometrias analíticas a partir de 1798, uma revolução tivera lugar no ensino da matemática. A geometria analítica, que por um século ou mais fora posta na sombra pelo cálculo, conquistou um lugar nas escolas; o crédito por isto cabe primeiramente a Monge. Entre os anos de 1798 e 1802, quatro geometrias analíticas elementares aparecem, das penas de Sylvestre François Lacroix (1765-1843), Jean-Baptiste Biot (1774-1862), Louis Puissant (1769-1843) e F.L. Lefrançais, todas inspiradas diretamente pelos cursos na École Polytechnique. Politécnicos foram responsáveis por igual número de livros na década seguinte. A maior parte desses foram textos bem-sucedidos, que aparecem em numerosas edições. O volume de Biot teve uma quinta edição em menos de doze anos; o de Lacroix, aluno e colega de Monge, apareceu em vinte e cinco edições em noventa e nove anos! Talvez devêssemos falar em "revolução dos livros didáticos", pois os outros textos de Lacroix tiveram sucesso quase igualmente espetacular, sua *Arithmetica* e sua *Geometria* aparecendo em 1848 em vigésima e décima sexta edições, respectivamente. A vigésima edição de sua *Álgebra* foi publicada em 1859 e a nona edição de seu *Cálculo* em 1881.

Lacroix sobre Geometria Analítica

Monge é conhecido pela maioria dos leitores como um fundador da geometria sintética moderna. Mas há um aspecto da obra de Monge que é menos bem conhecido. Quase sem exceção, os autores de textos de geometria *analítica* atribuem a Monge a inspiração para sua obra, embora também Lagrange seja ocasionalmente mencionado. Lacroix exprimiu claramente esse ponto de vista assim:

> Evitando cuidadosamente todas as construções geométricas, eu desejaria que o leitor percebesse que existe um modo de encarar a geometria que se poderia chamar de *geometria analítica*, e que consiste em deduzir as propriedades de extensão a partir do menor número possível de princípios por métodos puramente analíticos, como Lagrange o fez em sua mecânica em relação às propriedades de equilíbrio e movimento.

Lacroix mantinha que a álgebra e a geometria "deveriam ser tratadas separadamente, tão longe quanto possível uma da outra; e que os resultados em cada uma deveriam servir para mútua iluminação, correspondendo, por assim dizer, ao texto de um livro e sua tradução". Lacroix acreditava que Monge "foi o primeiro a pensar em apresentar nesta forma a aplicação da álgebra à geometria". A parte de sua obra relativa à geometria analítica no espaço Lacroix reconhece ser quase inteiramente obra de Monge.

A expressão "geometria analítica" parece ter sido usada pela primeira vez como título de um texto por Lefrançais, na segunda edição de seus *Essais de géométrie analytiques* de 1804 e por Biot em uma edição de 1805 de seus *Essais de géométrie analytique*, o segundo dos quais, traduzido para o inglês e para outras línguas, foi usado durante muitos anos em West Point.

Carnot

Monge foi uma figura notável da revolução; mas o matemático que todos franceses conheciam de nome durante a revolução não foi Monge, mas Carnot. Lazare Carnot (1753-1823) estava suficientemente acima na situação burguesa para que lhe fosse permitido frequentar a École Militaire em Mezières, onde Monge foi um de seus professores. Ao se graduar, Carnot ingressou no exército, embora não tendo um título, não poderia, no antigo regime, subir além da patente de capitão. Na época de avaliação, surgiu o provérbio que "os competentes não eram nobres e os nobres não eram competentes".

Foi Lazare Carnot quem, quando o sucesso da Revolução estava ameaçado pela confusão interna e pela invasão do exterior, organizou os exércitos e conduziu-os à vitória. Republicano tão ardente quanto Monge, ele, no entanto, evitou todos os grupelhos políticos; tendo um alto sentimento de honestidade intelectual, ele tentou ser imparcial em suas decisões. Após investigação, ele absolveu os monarquistas da infame acusação de terem misturado vidro moído na farinha destinada aos exércitos da revolução, mas sentiu-se obrigado pela consciência a votar pela morte do rei. Porém, uma imparcialidade racional é difícil de manter em tempos de crise, e Robespierre, a quem Carnot tinha feito oposição, advertiu que Carnot perderia a cabeça ao primeiro desastre militar. Porém, Carnot conquistara a admiração de seus concidadãos por seus notáveis sucessos militares; e quando uma voz na Convenção propôs sua prisão, os deputados espontaneamente se ergueram em sua defesa, aclamando-o como "Organizador da Vitória". Em vez disso, foi a cabeça de Robespierre que caiu, e Carnot sobreviveu para tomar parte ativa na formação da École Polytechnique. Carnot se interessava muito pelo ensino em todos os níveis, embora aparentemente nunca tenha dado uma aula. Seu filho Hippolyte foi ministro da instrução pública em 1848. (Outro filho, Sadi, tornou-se físico célebre; e um neto, também chamado Sadi, tornou-se o quarto presidente da Terceira República Francesa.)

Carnot levou uma vida política mágica até 1797. Passou da Assembleia Nacional à Assembleia Legislativa, à Convenção Nacional, ao poderoso Comitê de Segurança Pública, ao Conselho dos Quinhentos e ao Diretório. Em 1797, no entanto, ele recusou tomar parte em um *coup d'état* e foi imediatamente banido. Seu nome foi riscado do rol do Institut e sua cátedra de geometria, por voto unânime, passou ao General Bonaparte. Até Monge, colega na matemática e republicanismo, aprovou o ultraje intelectual. Monge parece ter ficado hipnotizado por Napoleão. Monge seguiu seu ídolo em tudo e por tudo, sua devoção sendo tal que ele ficava literalmente doente cada vez que Napoleão perdia uma batalha. Isso contrasta com a atitude de Carnot que, responsável pela ascensão de Bonaparte ao poder por tê-lo indicado para a campanha na Itália, não hesitou em se opor a ele.

Matematicamente, o banimento de Carnot foi uma boa coisa, pois lhe deu a oportunidade, enquanto no exílio, de completar uma obra que estava na sua mente há tempos. Em 1786, tinha publicado uma segunda edição de seu *Essai sur les machines en general*, bem como alguns versos e uma obra sobre fortificações. Mas a obra que Carnot estivera planejando durante seus dias de atividade política era, *mirabile dictu*, a *Réflexions sur la métaphysique du calcul infinitesimal*, que apareceu em 1797. Não era uma obra de matemática aplicada; estava mais perto da filosofia que da física, e nisso prenunciava o período de rigor e preocupação com fundamento tão típico do século seguinte.

Metafísica do cálculo e da geometria

Durante toda a segunda metade do século dezoito, houve entusiasmo pelos resultados do cálculo, mas confusão quanto a seus princípios básicos. Nenhuma das abordagens usuais, quer pelos fluxos de Newton, quer pelas diferenciais de Leibniz ou pelos limites de d'Alembert, parecia satisfatória. Por isso Carnot, considerando as interpretações conflitantes, tentou mostrar "em que o verdadeiro espírito" da nova análise consistia. Sua escolha do princípio unificador, porém, foi deplorável. Ele concluiu que "os verdadeiros princípios metafísicos" são "os princípios da compensação dos erros". Os infinitésimos, ele arguia, são *quantités inappréciables* que, como os números imaginários, são introduzidos somente para facilitar a computação, e são eliminados quando se chega ao resultado final. "Equações imperfeitas" se tornam "perfeitamente exatas" no cálculo, pela eliminação de quantidades tais como os infinitésimos de ordem superior, cuja presença causava erros.

À objeção de que quantidades se anulando ou são ou não são simplesmente zero, Carnot respondia que "as quantidades chamadas infinitamente pequenas não são quaisquer quantidades nulas, mas sim quantidades nulas designadas por uma lei de continuidade que determina a relação" – um argumento que lembra fortemente Leibniz. Os diversos tratamentos do cálculo, ele dizia, eram apenas simplificações do antigo método de exaustão, que o reduziam de várias maneiras a um algoritmo conveniente. As *Réflexions* de Carnot tiveram grande popularidade, aparecendo em muitas línguas e edições. Embora tão malsucedida, sua síntese dos diversos pontos de vista sem dúvida ajudou a fazer com que os matemáticos se sentissem insatisfeitos com os "abomináveis zerinhos" do século dezoito e a fazer surgir a era do rigor no século dezenove. A reputação de Carnot hoje, no entanto, depende principalmente de outras obras.

Em 1801, ele publicou *De la correlation des figures de géométrie*, novamente uma obra caracterizada por um alto grau de generalidade. Nela, Carnot procurou estabelecer para a geometria pura uma universalidade comparável à da geometria analítica. Mostrou que vários teoremas de Euclides podem ser considerados como casos específicos de um teorema amplo, para o qual basta uma única demonstração. Por exemplo, encontramos em *Os elementos* o teorema que diz que se duas cordas AD e BC de um círculo se cortam em um ponto K, o produto de AK por KD é igual ao produto de BK por KC (Fig. 18.1). Mais tarde, encontramos o teorema que diz que se KDA e KCB são secantes ao círculo, então o produto de AK por KD é igual ao produto de BK por KC. Esses dois teoremas, Carnot consideraria simplesmente como casos especiais, que podem ser relacionados usando quantidades negativas, de uma propriedade geral das retas e círculos. Se observarmos que para as cordas $CK = CB-BK$, enquanto para as secantes $CK = BK-CB$, a relação $AK \cdot KD = CK \cdot KB$ pode ser transportada de um caso para outro simplesmente por uma mudança de sinal. E a tangência é simplesmente um outro caso, em que B e C, digamos, coincidem, de modo que $BC = 0$. Embora a representação gráfica dos números complexos ainda não fosse de uso geral, Carnot

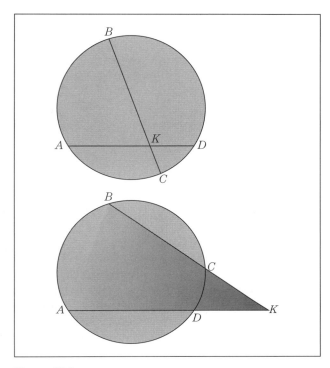

Figura 18.1

não hesitou em sugerir também uma correlação de figuras através de números imaginários. Citou como exemplo o fato do círculo $y^2 = a^2 - x^2$ ser relacionado com a hipérbole $y^2 = x^2 - a^2$ através da identidade $x^2 - a^2 = (\sqrt{-1})^2(a^2 - x^2)$.

Géométrie de position

Carnot ampliou grandemente sua correlação de figuras em sua *Géométrie de position*, de 1803, livro que o colocou ao lado de Monge como fundador da geometria pura moderna. O desenvolvimento da matemática tem se caracterizado por uma busca de graus de generalidade cada vez mais altos, e é essa qualidade que torna significativa a obra de Carnot. Seu gosto pela generalização levou-o a belos análogos de teoremas bem conhecidos da geometria plana. O equivalente da familiar lei dos cossenos de trigonometria, $a^2 = b^2 + c^2 - 2bc \cos A$ era conhecido pelo menos desde os tempos de Euclides; Carnot estendeu esse antigo teorema a uma forma para o tetraedro $a^2 = b^2 + c^2 + d^2 - 2cd \cos B - 2bd \cos C - 2bc \cos D$, onde a, b, c, d são as áreas das quatro faces e B, C, D são os ângulos entre faces de áreas c e d, b e d, e b e c, respectivamente. A paixão pela generalidade que se encontra em sua obra tem sido a força propulsora da matemática moderna.

A *Géométrie de position* é um clássico da geometria pura, mas contém também contribuições significativas à análise. Embora a geometria analítica tivesse feito a geometria sintética passar completamente a segundo plano por mais de um século, sua supremacia tinha sido obtida em termos de dois sistemas de coordenadas, retangulares e polares. No sistema retangular, as coordenadas de um ponto P em um plano são as distâncias de P a duas retas ou eixos perpendiculares entre si; no sistema polar, uma das coordenadas de P é a distância de P a um ponto fixo O (o polo) e a outra, o ângulo formado pela reta OP com a reta fixa (eixo polar) passando por O. Carnot viu que os sistemas de coordenadas podiam ser modificados de vários modos. Por exemplo, as coordenadas de P podem ser as distâncias de P a dois pontos fixos O e Q; ou uma coordenada pode ser a distância OP e a outra a área do triângulo OPQ. Em tais generalizações, Carnot simplesmente redescobriu e estendeu uma sugestão feita por Newton, que tinha, porém, sido esquecida; mas, caracteristicamente, a ideia de Carnot levou-o mais longe. Em todos os casos considerados até então, a equação de uma curva depende do particular sistema de referência que se usa; no entanto, as propriedades da curva não estão ligadas a nenhuma escolha do polo ou eixos. Deveria ser possível, Carnot argumentou, achar coordenadas que não "dependem de qualquer hipótese particular ou de qualquer base de comparação tomada no espaço absoluto". Assim, ele deu início à busca do que hoje se chamam coordenadas intrínsecas. Uma dessas ele encontrou no familiar raio de curvatura de uma curva em um ponto. Como outra coordenada, ele introduziu uma quantidade a que não deu nome, mas que veio a chamar-se aberrância ou ângulo de desvio. Trata-se de uma extensão das ideias de tangência e curvatura. A tangente a uma curva em um ponto P é a posição limite de uma secante PQ, quando Q se próxima de P ao longo da curva; o círculo de curvatura é a posição limite de um círculo pelos pontos P, Q e R quando Q e R se aproximam de P ao longo da curva. Se, agora, fazemos passar uma parábola pelos pontos P, Q, R e S e achamos a posição limite destas parábolas quando Q, R e S se aproximam de P ao longo da curva, a aberrância em P é o ângulo entre o eixo dessa parábola e a normal à curva. A aberrância está relacionada com a terceira derivada de uma função, do mesmo modo como a inclinação e a curvatura estão relacionadas com a primeira e segunda derivadas, respectivamente.

Transversais

O nome de Carnot é conhecido entre os matemáticos por um teorema que tem seu nome e que apareceu em 1806 em um *Essai sur la théorie des transversales*. Novamente, esse é uma extensão de um resultado antigo. Menelau de Alexandria tinha mostrado que se uma reta corta os lados AB, BC e CA de um triângulo (ou os prolongamentos desses lados) nos pontos P, Q e R respectivamente, e se $a' = AP$, $b' = BQ$, $c' = CR$ e $a'' = AR$, $b'' = BP$, $c'' = CQ$, então $a'\,b'\,c' = a''\,b''\,c''$ (Fig. 18.2). Carnot mostrou que se a reta no teorema de Menelau é substituída por uma curva de ordem n que corta AB nos pontos (reais ou imaginários) $P_1, P_2, \ldots, P_n$, BC nos pontos $Q_1, Q_2, \ldots Q_n$ e CA nos pontos $R_1, R_2, \ldots, R_n$, então o teorema de Menelau vale se tomarmos a' como o produto das n distâncias $AP_1, AP_2, \ldots, AP_n$, com definições semelhantes para b' e c' e definições análogas para a'' b'' e c'' (Fig 18.3). A teoria das transversais é apenas uma pequena parte de uma obra que contém outras generalizações interessantes. Da fórmula familiar de

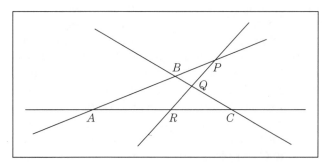

Figura 18.2

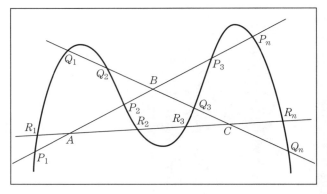

Figura 18.3

Heron de Alexandria para a área de um triângulo em termos de seus três lados, Carnot passou a um resultado correspondente para o volume do tetraedro em termos de suas seis arestas; finalmente ele obteve uma fórmula contendo 130 termos para achar o décimo de dez segmentos unindo cinco pontos arbitrários no espaço, quando os outros nove são conhecidos.

Laplace

Pierre Simon Laplace (1749-1827) também nasceu sem fortuna; como Monge, achou amigos influentes que fizeram com que ele obtivesse uma educação, novamente em uma academia militar. Laplace quase não tomou parte nas atividades revolucionárias. Parece ter tido um forte sentimento de honestidade na ciência, mas em política não tinha convicções. Isso não significa que fosse medroso, pois parece que se associou livremente àqueles entre seus colegas científicos que eram suspeitos durante o período de crise. Diz-se que ele também teria corrido o risco de ser guilhotinado, se não fossem suas contribuições à ciência, mas essa asserção parece discutível, pois frequentemente ele pareceu ser oportunista inescrupuloso. Suas publicações diziam respeito principalmente à mecânica celeste, em que é figura proeminente no período após Newton.

Probabilidade

A teoria das probabilidades deve mais a Laplace que a qualquer outro matemático. A partir de 1774, ele escreveu muitos artigos sobre o assunto, cujos resultados ele incorporou na clássico *Théorie analytique des probabilités*, de 1812. Ele considerou a teoria em todos os aspectos e em todos os níveis, e seu *Essai philosophique des probabilités*, de 1814, é uma exposição introdutória para o leitor comum. Laplace escreveu que "no fundo, a teoria das probabilidades é apenas o senso comum expresso em números"; mas sua *Théorie analytique* mostra a mão de um mestre da análise que conhece seu cálculo avançado. Está cheio de integrais envolvendo as funções beta e gama; e Laplace foi um dos primeiros a mostrar que $\int_{-\infty}^{\infty} e^{-x^2} dx$, a área sob a curva de probabilidade, é $\sqrt{\pi}$. O método pelo qual obteve esse resultado era um tanto artificial, mas não está longe do artifício hoje usado de transformar

$$\int_0^\infty e^{-x^2} dx \cdot \int_0^\infty e^{-y^2} dy = \int_0^\infty \int_0^\infty e^{-(x^2+y^2)} dx\, dy$$

para coordenadas polares como

$$\int_0^{\pi/2} \int_0^\infty r e^{-r^2} dr\, d\theta,$$

que se calcula facilmente e leva a

$$\int_0^\infty e^{-x^2} dx = \frac{\sqrt{\pi}}{2}.$$

Entre muitas coisas para as quais Laplace chamou a atenção em sua *Théorie analytique* está o cálculo de π através do problema da agulha de Buffon, que tinha sido praticamente esquecido por trinta e cinco anos. Esse é conhecido às vezes como problema da agulha de Buffon-Laplace, pois Laplace estendeu o problema original a um reticulado de duas coleções perpendiculares entre si de retas paralelas equidistantes. Se as distâncias são a e b, a probabilidade de que uma agulha de comprimento l (menor que a e b) caia sobre umas das retas é

$$p = \frac{2l(a+b) - l^2}{\pi a b}.$$

Laplace também retirou do esquecimento o trabalho do Rev. Thomas Bayes (1761) sobre probabilidade inversa. Além disso, achamos também no livro de Laplace a teoria dos mínimos quadrados, inventada por Legendre, juntamente com uma demonstração formal que Legendre não dera. A *Théorie Analytique* contém também a transformada de Laplace, que é tão útil em equações diferenciais. Se $f(x) = \int_0^\infty e^{-xt} g(t) dt$, diz-se que a função $f(x)$ é a transformada de Laplace da função $g(x)$.

Mecânica celeste e operadores

As obras de Laplace envolvem aplicação considerável de análise matemática avançada. É típico seu estudo das condições de equilíbrio de uma massa fluida em rotação, assunto que ele considerou em conexão com a hipótese nebular da origem do sistema solar. A hipótese fora apresentada em forma popular em 1796, em *Exposition du système du monde*, livro que está para a *Mécanique céleste* (1799-1825, 5 vols.) na mesma relação que *Essai philosophique des probabilités* está para a *Théorie analytique*. De acordo com a teoria de Laplace, o sistema solar se originou de um gás incandescente girando em torno de um eixo. Ao esfriar, o gás se contraiu, causando rotação cada vez mais rápida, de acordo com a conservação do momento angular, até que anéis sucessivos se desprenderam da camada externa condensando-se e formando planetas. O sol em rotação constitui o cerne restante da nébula. A ideia atrás dessa hipótese não era inteiramente original de Laplace, pois fora proposta em forma qualitativa e esquemática por Thomas Wright e Immanuel Kant, mas o revestimento quantitativo da teoria faz parte da *Mécanique céleste*. É também nesse clássico que achamos, em conexão com a atração de um esferoide sobre uma partícula, o uso da ideia de potencial e a equação de Laplace. Em um artigo altamente técnico, de 1782, sobre *Théorie des attractions des sphéroides et de la figure des planètes*, incluído também na *Mécanique céleste*, Laplace desenvolveu o conceito muito útil de potencial — uma função cuja derivada direcional em cada ponto é igual à componente da intensidade do campo na direção dada. Também de importância fundamental na astronomia e na física-matemática é o chamado laplaciano de uma função $u = f(x, y, z)$. Este é simplesmente a soma das derivadas parciais não mistas de segunda ordem $u_{xx} + u_{yy} + u_{zz}$, frequentemente abreviada por $\nabla^2 u$ (leia-se "del-quadrado de u"), onde ∇^2 chama-se o operador de Laplace. A função $\nabla^2 u$ não depende do particular sistema de coordenadas usado; sob certas condições, potenciais gravitacionais, elétricos e outros satisfazem à equação de Laplace $u_{xx} + u_{yy} + u_{zz} = 0$. Euler tinha esbarrado com essa equação mais ou menos incidentalmente em 1752, em estudos de hidrodinâmica, mas Laplace fez dela uma parte padrão da física-matemática.

A publicação da *Mécanique céleste* de Laplace é considerada comumente como marcando a culminação do ponto de vista newtoniano da gravitação. Explicando todas as perturbações do sistema solar, Laplace mostrou que os movimentos são seculares, de modo que o sistema pode ser considerado estável. Não parecia mais ser necessário admitir ocasional intervenção divina. Diz-se que Napoleão comentou com Laplace o fato de este não mencionar Deus em sua obra monumental, e que Laplace, ao que se conta, respondeu "Não preciso dessa hipótese". Quando contaram isso a Lagrange, este teria dito "Ah, mas é uma bela hipótese".

Laplace completou não só a parte gravitacional dos *Principia* de Newton, mas também alguns pontos na física. Newton tinha computado a velocidade do som em bases puramente teóricas, mas viu que isso lhe dava um valor demasiadamente pequeno. Laplace foi o primeiro a observar, em 1816, que a discrepância entre o valor calculado e o observado da velocidade se devia ao fato de que os cálculos no *Principia* eram baseados na hipótese de compressões e expansões isotérmicas, ao passo que, na realidade, as oscilações para o som são tão rápidas que as compressões são adiabáticas, aumentando, assim, a elasticidade do ar e a velocidade do som.

As mentes de Laplace e Lagrange, os dois principais matemáticos da revolução, em muitos pontos eram diametralmente opostas. Para Laplace, a natureza era a essência, e a matemática apenas uma coleção de instrumentos que ele manejava com extraordinária habilidade; para Lagrange, a matemática era uma arte sublime que era sua própria razão para existir. A matemática da *Mécanique céleste* frequentemente é descrita como difícil, mas ninguém diz que é bela; a *Mécanique analytique*, por outro lado, tem sido admirada como um "poema científico" na perfeição e grandeza de sua estrutura.

Legendre

Adrien Marie Legendre (1752-1833) não teve nenhuma dificuldade em conseguir uma educação, mas nem mesmo ele foi um professor universitário no sentido estrito, embora tenha ensinado por cinco anos na École Militaire, em Paris. Como Carnot, sentia a necessidade de um rigor maior na matemática.

Geometria

A falta de rigor na geometria, retratada pelo *Cours de mathématiques* de Bézout, levou Legendre, que afinal era principalmente um analista, a reviver algo da qualidade intelectual de Euclides. O resultado foi o *Eléments de géométrie*, que apareceu em 1794, o ano do Terror. Aqui, também, vemos a verdadeira antítese daquilo que em geral se considera como prático. Como Legendre diz no prefácio, seu objetivo é apresentar uma geometria que satisfaça ao *espírito*. O resultado dos esforços de Legendre foi um livro didático notavelmente bem-sucedido, pois vinte edições apareceram em vida do autor.

Tendemos a esquecer que durante boa parte do século dezenove foi a matemática francesa que dominou o ensino nos Estados Unidos, e isso se deveu principalmente à obra dos homens que estamos considerando. Livros didáticos de Lacroix, Biot e Lagrange foram publicados nos Estados Unidos para uso nas escolas, mas talvez o mais influente do todos tenha sido a geometria de Legendre. *Davies' Legendre* tornou-se quase um sinônimo para geometria nos Estados Unidos.

Integrais elípticas

O sucesso de *Éléments* de Legendre não deve levar-nos a pensar no autor como geômetra. Os campos em que Legendre fez contribuições significativas foram numerosos, mas em geral não geométricos — equações diferenciais, cálculo, teoria das funções, teoria dos números e matemática aplicada. Compôs um tratado em três volumes, *Exercices du calcul intégral* (1811-1819), que rivalizava com o de Euler em abrangência e autoridade; mais tarde, ele expandiu aspectos destes em outros três volumes, formando o *Traité des fonctions elliptiques et des intégrales eulériennes* (1825-1832). Nesses importantes tratados, bem como em artigos anteriores, Legendre introduziu o nome "integrais eulerianas" para as funções beta e gama. E, o que é mais importante, ele forneceu algumas ferramentas básicas da análise, tão úteis para os físicos—matemáticos, que levam seu nome. Entre esses estão as funções de Legendre, que são soluções da equação diferencial de Legendre $(1-x^2)y'' - 2xy' + n(n+1)y = 0$. As soluções polinomiais para valores inteiros positivos de n são chamadas polinômios de Legendre.

Legendre gastou muito esforço para reduzir as integrais elípticas (quadraturas da forma $\int R(x,s)dx$, onde R é uma função racional e s é a raiz quadrada de um polinômio de terceiro ou quarto grau) a três formas-padrão, que a partir daí levam seu nome. As integrais elípticas de primeira e segunda espécie na forma de Legendre são

$$F(K,\phi) = \int_0^\phi \frac{d\phi}{\sqrt{1-K^2\mathrm{sen}^2\phi}}$$

e

$$E(K,\phi) = \int_0^\phi \sqrt{1-K^2\mathrm{sen}^2\phi}\, d\phi$$

respectivamente, onde $K^2 < 1$; as de terceira espécie são um pouco mais complicadas. Tabelas de tais integrais, tabuladas para K dado e valores variáveis de ϕ, podem ser achadas em grande número de textos, pois essas integrais aparecem em muitos problemas. A integral elíptica de Legendre de primeira espécie aparece naturalmente na resolução da equação diferencial do movimento de um pêndulo simples; a de segunda espécie aparece quando se procura o comprimento de arco de uma elipse. As integrais elípticas aparecem também nos trabalhos anteriores de Legendre, especialmente um de 1785, sobre a atração gravitacional de um elipsoide, problema em conexão com o qual apareceram os chamados "coeficientes de Legendre" ou harmônicos zonais — funções usadas eficazmente por Laplace na teoria do potencial.

Legendre foi uma figura importante em geodésia, e em conexão com isso desenvolveu o método estatístico dos mínimos quadrados. Um caso simples do método dos mínimos quadrados pode ser descrito como segue. Se observações levaram a *três* ou mais equações em duas variáveis — digamos $a_1 x + b_1 y + c_1 = 0$, $a_2 x + b_2 y + c_2 = 0$ e $a_3 x + b_3 y + c_3 = 0$, toma-se como "melhores" valores de x e y a solução das *duas* equações simultâneas

$$(a_1^2 + a_2^2 + a_3^2)x + (a_1 b_1 + a_2 b_2 + a_3 b_3)y + \\ + (a_1 c_1 + a_2 c_2 + a_3 c_3) = 0$$

$$(a_1 b_1 + a_2 b_2 + a_3 b_3)x + (b_1^2 + b_2^2 + b_3^2)y + \\ + (b_1 c_1 + b_2 c_2 + b_3 c_3) = 0.$$

Teoria dos Números

As *Mémoires* do Institut contêm também uma das tentativas de Legendre de demonstrar o postulado das paralelas, mas de todas as suas contribuições à matemática as que mais agradavam a Legendre eram os trabalhos sobre integrais elíticas e sobre teoria dos números. Publicou um *Essai sur la théoriedes nombres* (1797-1798) em dois volumes, o primeiro tratado a ser dedicado exclusivamente ao assunto. O famoso "último teorema de Fermat" o atraiu, e, por volta de 1825, ele deu uma demonstração de sua insolubilidade para $n = 5$. Quase igualmente famoso é um teorema sobre congruências que Legendre publicou no tratado de 1797-1798. Se, dados inteiros p e q, existe um inteiro x tal que $x^2 - q$ é divisível por p, então q é chamado um resto quadrático de p; escrevemos agora (segundo uma notação introduzida por Gauss) $x^2 \equiv q \pmod{p}$, e lemos isso como "x^2 é congruente a q módulo p."

Legendre redescobriu um belo teorema, dado antes em forma menos moderna por Euler, conhecido como lei da reciprocidade quadrática: se p e q são primos ímpares, então as congruências $x^2 \equiv q \pmod{p}$ e $x^2 \equiv p \pmod{q}$ são *ambas* resolúveis ou *ambas* não resolúveis, a menos que p e q sejam ambos da forma $4n + 3$, e nesse caso uma é resolúvel e a outra não. Por exemplo, $x^2 \equiv 13 \pmod{17}$ tem a solução $x = 8$, e $x^2 \equiv 17 \pmod{13}$ tem a solução $x = 11$; e pode-se mostrar que ambos $x^2 \equiv 5 \pmod{13}$ e $x^2 \equiv 13 \pmod{5}$ não têm solução. Por outro lado, $x^2 \equiv 19 \pmod{11}$ não tem solução, enquanto $x^2 \equiv 11 \pmod{19}$ tem a solução $x = 7$. O teorema foi enunciado aqui na forma moderna usual. Na exposição de Legendre, tem a forma

$$\left(\frac{p}{q}\right)\left(\frac{q}{p}\right) = (-1)^{(p-1)(q-1)/4}$$

onde o símbolo de Legendre (p/q) denota 1 ou -1 conforme $x^2 \equiv p \pmod{q}$ tenha ou não solução em x.

Desde os dias de Euclides, sabe-se que o número de primos é infinito, mas é evidente que a densidade dos números primos decresce quando avançamos para inteiros sempre maiores. Tornou-se, então, um dos problemas mais famosos descrever a distribuição de primos entre os números naturais. Os matemáticos procuravam uma regra, conhecida como teorema dos números primos, que exprimisse o número de primos menores que um dado inteiro n como uma função de n, usualmente denotada por $\pi(n)$. Em seu conhecido tratado de 1797-1798, Legendre conjeturou, baseado em uma contagem de um grande número de primos, que $\pi(n)$ se aproximava de $n/(\ln n - 1{,}08366)$ quando n cresce indefinidamente. Essa conjetura está perto da verdade, mas um enunciado preciso do teorema que $\pi(n) \to n/\ln n$, sugerido várias vezes durante o século seguinte, só foi demonstrado em 1896. Legendre mostrou que não existe função algébrica racional que sempre forneça primos, mas ele observou que $n^2 + n + 17$ é primo para todos os valores de n de 1 a 16, e $2n^2 + 29$ é primo para valores de n de 1 a 28. (Euler tinha mostrado antes que $n^2 - n + 41$ é primo para valores de n de 1 a 40.)

Aspectos da abstração

Ao observar as realizações destes seis homens, fica-se impressionado pela ausência de motivo utilitário em seu trabalho. Carnot trata de princípios gerais, não de tecnologia. A *Mécanique*, de Lagrange, do mesmo modo, está preocupada com um tratamento axiomático do assunto, bem distante de critérios de praticidade. É principalmente a ele que devemos formas compactas, embora expressas de forma um pouco diferente, como

$$\frac{1}{2!}\begin{vmatrix} x_1 & y_1 & 1 \\ x_2 & y_2 & 1 \\ x_3 & y_3 & 1 \end{vmatrix} \quad \text{e} \quad \frac{1}{3!}\begin{vmatrix} x_1 & y_1 & z_1 & 1 \\ x_2 & y_2 & z_2 & 1 \\ x_3 & y_3 & z_3 & 1 \\ x_4 & y_4 & z_4 & 1 \end{vmatrix}$$

para a área de um triângulo e para o volume de um tetraedro respectivamente, resultados que apareceram em um artigo, *Solutions analytiques de quelques problèmes sur les pyramides triangulaires*, anunciado em 1773 e publicado em 1775. Tal trabalho parece bastante inconsequente, mas continha uma ideia que se tornaria, por meio das reformas educacionais da revolução, muito importante. Como Lagrange expressou: "Eu alimento a esperança de que a solução que vou dar será de interesse para os geômetras tanto pelos métodos quanto pelos resultados. Estas soluções são puramente analíticas e podem ser compreendidas mesmo sem figuras". Fiel à sua promessa, não há um único diagrama em todo o trabalho. Também Monge, embora usasse diagramas e modelos na geometria descritiva e na diferencial, de algum modo parece ter chegado à conclusão de que se deveria evitar o uso de diagramas na geometria analítica elementar. Talvez Carnot se sentisse de modo parecido, pois seu *Essai*, anterior à *Mécanique* de Lagrange, não continha um único diagrama.

Paris na década de 1820

Paris parecia especialmente atraente a estudantes de matemática na década de 1820. Não só oferecia as oportunidades de estudo sistemático, resumidas pela École Polytechnique, com um número considerável de matemáticos excepcionais oferecendo conferências em uma ampla gama de temas em áreas puras e aplicadas, como havia publicações que refletiam o estado da arte na matemática. Além de obras independentes impressas na capital francesa, tanto as *Mémoires* da Academia de Ciências quanto o *Journal* da École Polytechnique publicavam importantes resultados novos de pesquisa matemática. Além disso, o Collège de France e outras instituições abrigavam outros matemáticos. Ainda vivendo em Paris, embora no fim de suas carreiras, havia Laplace e Legendre. Laplace publicou o último volume de sua *Mécanique celeste* em 1825, dois anos antes de sua morte. Legendre era ativo na Academia, relatando a obra de outros mais jovens e revisando seus próprios resultados, tais como sua obra padrão sobre teoria dos números, de que a terceira edição apareceu em 1830. Talvez o mais influente da próxima geração de matemáticos, ativo em Paris na década de 1820, tenha sido J. B. Fourier (1768-1830).

Fourier

Fourier era filho de um alfaiate em Auxerre. Tendo ficado órfão na infância, estudou sob orientação da Igreja, primeiro na escola militar local, depois em uma escola mantida pela Ordem Beneditina. Durante a Revolução, ensinou em sua cidade natal e foi ativo politicamente. Preso durante o Terror, ao ser libertado entrou na École Normale, o que o levou a tornar-se assistente de Lagrange e Monge na recentemente fundada École Polytechnique. Em 1789, uniu-se a Monge na aventura de Napoleão no Egito, tornando-se secretário do Institut d'Egypte e compilando a *Description de l'Egypte*. De regresso à França, teve vários postos administrativos, mas assim mesmo teve oportunidade de continuar suas atividades ligadas à ciência. Em 1822, foi eleito *sécretaire perpétuel* da Académie des Sciences de Paris, o que o colocou em posição influente na década de 1820. Entre os jovens estrangeiros em Paris nessa década, que foram influenciados por Fourier, estavam P. G. Lejeune Dirichlet (1805-1859), da Prússia, Jean-Jaques-François Sturm (1803-1855), da Suíça, e Mikhail Vasilievich Ostrogradsky (1801-1861), da Rússia. Entre os compatriotas que se beneficiaram de seus conselhos, estão Sophie Germain (1776-1831) e Joseph Liouville (1809-1882).

Fourier é mais conhecido hoje por sua célebre *Théorie analytique de la chaleur*, de 1822. Este livro, descrito por Lord Kelvin como "um grande poema matemático", foi um desenvolvimento de ideias que dez anos antes lhe tinham valido o prêmio da Académie para um trabalho sobre a teoria matemática do calor. Lagrange, Laplace e Legendre, os relatores, tinham criticado o trabalho por uma certa falta de rigor no raciocínio; o esclarecimento posterior das ideias de Fourier foi até certo ponto a razão pela qual o século dezenove foi denominado a idade de rigor.

A contribuição principal de Fourier e seu clássico à matemática foi a ideia, vislumbrada por Daniel Bernoulli, de qualquer função $y = f(x)$ poder ser representada por uma série da forma

$$y = \frac{1}{2}a_0 + a_1 \cos x + a_2 \cos 2x + \cdots + a_n \cos nx + \cdots$$
$$+ b_1 \operatorname{sen} x + b_2 \operatorname{sen} 2x + \cdots + b_n \operatorname{sen} nx + \cdots$$

agora conhecida como série de Fourier. Tal representação permite uma generalidade muito maior que a série de Taylor, quanto ao tipo de funções que podem ser estudadas. Mesmo que existam muitos pontos em que a derivada não existe (como na Fig. 18.4) ou em que a função não é contínua (como na Fig. 18.5), a função ainda pode ter expansão de Fourier. A expansão pode ser facilmente encontrada observando que

$$a_0 = \frac{1}{\pi}\int_{-\pi}^{\pi} f(x)\,dx, \quad a_n = \frac{1}{\pi}\int_{-\pi}^{\pi} f(x)\cos nx\,dx,$$

e

$$b_n = \frac{1}{\pi}\int_{-\pi}^{\pi} \operatorname{sen} nx\,dx.$$

Fourier, como Monge, tinha caído em desgraça quando a restauração Bourbon seguiu-se ao exílio de Napoleão em 1815, mas sua obra desde então foi fundamental tanto na física quanto na matemática. As funções já não precisavam ser do tipo bem-comportado, familiar aos matemáticos até então. Lejeune Dirichlet, por exemplo, em 1837,

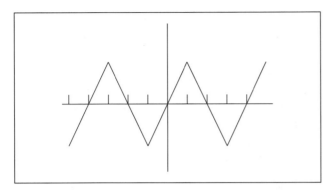

Figura 18.4

sugeriu uma definição muito geral para função: se uma variável y está relacionada com uma variável x de modo que, sempre que um valor numérico é atribuído a x, existe uma regra de acordo com a qual é determinado um único valor de y, então se diz que y é função da variável independente x. Isto está próximo do ponto de vista moderno de uma correspondência entre dois conjuntos de números, mas os conceitos de "conjunto" e de "número real" não tinham ainda sido estabelecidos. Para indicar a natureza completamente arbitrária da regra de correspondência, Dirichlet propôs uma função muito "malcomportada": quando x é racional, faça $y = c$, e quando x é irracional, faça $y = d \neq c$. Esta função, frequentemente chamada função de Dirichlet, é tão patológica que não há nenhum valor de x para o qual seja contínua. Dirichlet deu também a primeira demonstração rigorosa da convergência da série de Fourier para

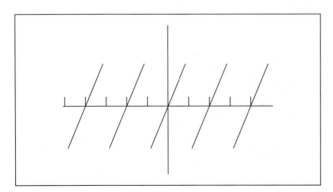

Figura 18.5

uma função sujeita a certas restrições, conhecidas como condições de Dirichlet. Uma série de Fourier nem sempre converge para o valor da função de que provém, mas Dirichlet, no Journal de Crelle, de 1828, demonstrou o seguinte teorema: se $f(x)$ é periódica de período 2π, se para $-\pi < x < \pi$ a função $f(x)$ tem um número finito de valores máximos e mínimos e um número finito de descontinuidades e se $\int_{-\pi}^{\pi} f(x)dx$ é finita, então a série de Fourier converge para $f(x)$ em todos os pontos em que $f(x)$ é contínua, e nos pontos de salto converge à média aritmética dos limites à direita e à esquerda da função. Também é útil outro teorema conhecido como critério de Dirichlet: se os termos da série $a_1b_1 + a_2b_2 + \cdots + a_nb_n + \cdots$ são tais que os b são positivos e tendem a zero monotonamente, e se existe um número M tal que $|a_1 + a_2 + \cdots + a_m| < M$ para todos os valores de m, então a série converge.

O nome de Dirichlet surge em muitos outros contextos em matemática pura e aplicada. É especialmente importante para a termodinâmica e a eletrodinâmica o problema de Dirichlet: dada uma região R limitada por uma curva C, e uma função $f(x, y)$ contínua em C, achar uma função $F(x, y)$ contínua em C e R que satisfaça à equação de Laplace em R e seja igual a f em C. Na matemática pura, Dirichlet é bem conhecido por sua aplicação da análise à teoria dos números, em conexão com a qual introduziu a série de Dirichlet, $\Sigma a_n e^{-\lambda_n S}$, em que os coeficientes de Dirichlet a_n são números complexos, os expoentes de Dirichlet λ_n são números reais monotonamente crescentes, e S é uma variável complexa.

Cauchy

A estrela da década de 1820, porém, foi um homem nascido no ano da revolução, quando Fourier tinha 21 anos. Augustin-Louis Cauchy (1789-1857), filho de pais instruídos, estudou na École Polytechnique, em que ingressou em 1805 e na École des Ponts et Chaussées, em que se matriculou em 1807. Trabalhou como engenheiro até 1813, quando voltou a Paris. Já tinha, então, resolvido vários problemas de interesse matemático. Estes incluíam a determinação de um poliedro convexo por suas faces, a expressão de um número como soma de números n-gonais, e um estudo de determinantes. Este último é um dos poucos ramos em que o papel de Gauss foi pequeno, embora fosse da terminologia de Gauss, em um contexto um pouco diferente, que Cauchy derivou o termo "determinante" para aquilo que ele descreveu também como uma classe de funções simétricas alternadas, tais como $a_1b_2 - b_1a_2$. Pode-se defender bem que a história definitiva dos determinantes começa em 1812, quando Cauchy leu no Institut um longo artigo sobre o assunto, embora assim não se faça justiça a alguns trabalhos pioneiros, desde 1772, por Laplace e Alexandre-Théophile Vandermonde (1735-1796). Tanto Lagrange quanto Laplace se interessaram pelo progresso de Cauchy, e ele seguiu a tradição de Lagrange em sua preferência por matemática pura em forma elegante, com a devida atenção a demonstrações rigorosas. Seu artigo de 1812 sobre determinantes, a que se seguiram muitos outros dele sobre o mesmo tópico, era nessa tradição, ao dar ênfase às simetrias de notação que aí são numerosas.

Uma apresentação didática dos determinantes hoje usualmente começa com a matriz quadrada, para depois associar um significado ou valor a este por uma expansão em termos de transposições ou permutações. No seu artigo, Cauchy faz o contrário. Começou com os n elementos ou números a_1, a_2, a_3, ... a_n, e formou o produto deles por todas as diferenças de elementos distintos $a_1 a_2 a_3 ... a_n$: $(a_2-a_1)(a_3-a_1) ... (a_n-a_1)(a_3-a_2) ... (a_n-a_2) ... (a_n - a_{n-1})$. Definia, então, o determinante como a expressão obtida transformando toda potência que aparecia em um segundo índice, de modo que a_r^s fica $a_{r.s}$; escreveu isto como $S(\pm a_{1.1} a_{2.2} a_{3.3} ... a_{n.n})$. Então, ele dispôs as n^2 diferentes quantidades neste determinante em uma tabela quadrada, semelhante ao que se usa hoje:

$$a_{1\cdot 1}, a_{1\cdot 2}, a_{1\cdot 3}, ... a_{1\cdot n}$$
$$a_{2\cdot 1}, a_{2\cdot 2}, a_{2\cdot 3}, ... a_{2\cdot n}$$
$$\cdot \quad \cdot \quad \cdot \quad \cdot \quad \cdot$$
$$a_{n\cdot 1}, a_{n\cdot 2}, a_{n\cdot 3}, ... a_{n\cdot n}$$

Assim dispostas, dizia-se que as n^2 quantidades neste determinante formavam "um sistema simétrico de ordem n". Definiu termos conjugados como sendo elementos nos quais as ordens dos índices estão invertidas, e os termos autoconjugados ele chamou de termos principais; o produto dos termos no que chamamos de diagonal principal ele chamou de produto principal. Mais adiante no artigo, Cauchy deu outras regras para determinar o sinal de um termo na expansão, usando substituições cíclicas.

O artigo de oitenta e quatro páginas de Cauchy, em 1812, não foi seu único trabalho sobre determinantes; daí em diante achou muitas oportunidades para usá-los em várias situações. Em um artigo de 1815, sobre propagação de ondas, ele aplicou a linguagem de determinantes a um problema de geometria e também a um de física. Cauchy afirmou que se A, B e C são os comprimentos das três arestas de um paralelepípedo e se as projeções destes nos eixos x, y e z de um sistema ortogonal de coordenadas são

$$A_1, \quad B_1, \quad C_1$$
$$A_2, \quad B_2, \quad C_2$$
$$A_3, \quad B_3, \quad C_3$$

então o volume do paralelepípedo será $A_1B_2C_3 - A_1B_3C_2 + A_2B^3C_1 - A_2B_1C_3 + A_3B_1C_2 - A_3B_2C_1 = S(\pm A_1B_2C_3)$. No mesmo artigo, em conexão com a propagação de ondas, ele aplicou sua notação de determinantes a derivadas parciais, substituindo uma condição, que exigia duas linhas para ser escrita, pela abreviação simples

$$S\left(\pm \frac{dx}{da}\frac{dy}{db}\frac{dz}{dc}\right) = 1.$$

O primeiro membro disto é evidentemente o que agora se chama o "jacobiano" de x, y, z em relação a a, b, c. O nome de Carl Gustav Jacob Jacobi está ligado a determinantes funcionais desta forma não porque ele tinha sido o primeiro a usá-los, mas porque ele era um construtor de algoritmos, especialmente entusiasta quanto às possibilidades das notações de determinantes. Foi só em 1829 que Jacobi usou pela primeira vez os determinantes funcionais que levam seu nome.

Por este tempo, Cauchy estava bem estabelecido em Paris. Em 1814, dois anos depois do artigo sobre determinantes, apresentou à Academia francesa um artigo que contém os germes de algumas de suas mais importantes contribuições à teoria das funções de variável complexa. Após outros dois anos, foi elogiado por um premiado trabalho sobre hidrodinâmica. O ano de 1819 o encontra desenvolvendo o método das características na resolução de equações diferenciais parciais; pouco depois apresentou um trabalho clássico sobre a teoria da elasticidade. Durante esta década, tornou-se membro da Academia de Ciências e professor na École Polytechnique; depois disso, casou-se.

Cauchy encheu as páginas do Journal da École Polytechnique e do Comptes Rendus da Académie com artigos cada vez mais longos.

Estes versavam sobre uma variedade de tópicos, mas especialmente sobre a teoria das funções de uma variável complexa, um campo de que, a partir de 1814, Cauchy se tornou o fundador efetivo. Em 1806, Jean Robert Argand (1768-1822), de Genebra, publicara uma exposição sobre representação gráfica de números complexos. Embora de início isto passasse quase tão despercebido quanto o trabalho de Caspar Wessel, pelo fim da segunda década do século dezenove, a maior parte da Europa conhecia, através de Cauchy, não só o diagrama de Wessel-Argand-Gauss para um número complexo, mas as propriedades fundamentais das funções de variável complexa. No século dezoito, ocasionalmente problemas sobre variáveis complexas apareciam em conexão com a física de Euler e d'Alembert, mas agora tornaram-se parte da matemática pura. Como duas dimensões são necessárias para a representação gráfica apenas da variável independente, seriam precisas quatro dimensões para representar graficamente uma relação funcional entre duas variáveis complexas, $w = f(z)$. Assim, a teoria da variável complexa necessariamente contém um grau de abstração e complexidade maior do que o estudo de funções de uma variável real. As definições e regras de derivação, por exemplo, não se transportam imediatamente do caso real para o complexo, e a derivada neste caso já não é representada como a inclinação da tangente a uma curva. Sem a muleta da visualização, é provável que se necessite de definições mais precisas e cuidadosas dos conceitos. Satisfazer a esta necessidade foi uma das contribuições de Cauchy ao cálculo, tanto para variáveis reais quanto para complexas.

Os primeiros professores de École Polytechnique tinham estabelecido um precedente, segundo o qual mesmo os maiores matemáticos escreviam textos didáticos de todos os níveis e Cauchy seguiu a tradição. Em três livros — *Cours d'Analyse de l'École Polytechnique* (1821), *Résumé des leçons sur le calcul infinitésimal* (1823) e *Leçons sur le calcul différentiel* (1829) — ele deu ao cálculo elementar o caráter que tem hoje. Rejeitando "a abordagem pelo teorema de Taylor" de Lagrange, tornou fundamental o conceito de limite de d'Alembert, mas deu-lhe um caráter aritmético mais preciso. Dispensando a geometria e infinitésimos ou velocidades, deu uma definição de limite relativamente clara:

> Quando valores sucessivos atribuídos a uma variável se aproximam indefinidamente de um valor fixo de modo a acabar diferindo dele por tão pouco quanto se queira, este último chama-se o limite dos outros todos.

Onde muitos matemáticos anteriores tinham pensado em um infinitésimo como um número fixo muito pequeno, Cauchy definiu-o claramente como uma variável dependente:

> Diz-se que uma quantidade variável se torna infinitamente pequena quando seu valor numérico diminui indefinidamente de modo a convergir ao limite zero.

No cálculo de Cauchy, os conceitos de função e limite de função eram fundamentais. Ao definir a derivada de $y = f(x)$ com relação a x, ele dava à variável x um acréscimo $\Delta x = i$ e formava a razão

$$\frac{\Delta y}{\Delta x} = \frac{f(x+i) - f(x)}{i}$$

O limite deste quociente quando i se aproxima de zero, ele definia como derivada $f'(x)$ de y em relação a x. Relegava a diferencial a um papel subsidiário, embora percebesse suas vantagens operacionais. Se dx é uma quantidade finita, a diferencial dy de $y = f(x)$ é definida simplesmente como $f'(x)dx$. Cauchy deu também uma definição satisfatória de função contínua. A função $f(x)$ é contínua entre limites dados se entre esses limites um acréscimo infinitamente pequeno i da variável x produz sempre um acréscimo infinitamente pequeno, $f(x + i) - f(x)$, da própria função. Lembrando a definição de Cauchy de quantidades infinitamente pequenas em termos de limites, sua definição de continuidade é análoga à que usamos hoje.

Durante o século dezoito, a integração tinha sido tratada como a inversa da derivação. A definição de Cauchy de derivada torna claro que a derivada não existirá em um ponto em que a função seja descontínua; mas a integral pode não ter dificuldades. Mesmo curvas descontínuas podem determinar uma área bem definida. Por isso, Cauchy definiu a integral definida em termos de limite de somas de modo que não difere muito do usado em textos elementares de hoje, só que tomou o valor da função sempre na extremidade esquerda do intervalo. Se $S_n = (x_1 - x_0)f(x_0) + (x_2 - x_1)f(x_1) + \cdots + (X - x_{n-1})f(x_{n-1})$, então o limite S desta soma S_n, quando os tamanhos dos intervalos $x_i - x_{i-1}$ decrescem indefinidamente, é a integral definida da função $f(x)$ no intervalo de $x = x_0$ até $x = X$. É do conceito de Cauchy de integral como limite de soma, em vez da primitivação, que provieram as muitas e frutíferas generalizações modernas da integral.

Tendo definido a integral independentemente da derivação, Cauchy precisava demonstrar a relação usual entre a integral e a primitiva, e isto ele fez com o teorema do valor médio. Se $f(x)$ é contínua no intervalo fechado $[a, b]$ e derivável no intervalo aberto (a, b), então existirá algum valor x_0 tal que $a < x_0 < b$ e $f(b) - f(a) = (b - a)f'(x_0)$. Isto é uma generalização bastante óbvia do teorema de Rolle, que já era conhecido um século antes. O teorema do valor médio, entretanto, não atraiu atenção séria até os dias de Cauchy, mas desde então desempenha papel básico na análise. É com justiça, portanto, que uma forma ainda mais geral

$$\frac{f(b) - f(a)}{g(b) - g(a)} = \frac{f'(x_0)}{g'(x_0)}$$

com condições adequadas sobre $f(x)$ e $g(x)$, é conhecida como teorema do valor médio de Cauchy.

História da matemática está repleta de casos de simultaneidade e quase simultaneidade de descobertas, alguns dos quais já foram observados. A obra de Cauchy que acabamos de descrever é outro exemplo, pois ideias semelhantes foram desenvolvidas mais ou menos ao mesmo tempo por Bernhard Bolzano (1781-1848), um padre checoslovaco cujas ideias teológicas eram malvistas pela Igreja e cuja obra matemática foi muito injustamente ignorada por seus contemporâneos leigos e clericais. Cauchy viveu algum tempo em Praga, onde Bolzano nasceu e morreu; mas não há indicações de que se tenham encontrado. A semelhança entre suas aritmetizações do cálculo e de suas definições de limite, derivada, continuidade e convergência foi apenas uma coincidência. Bolzano, em 1817, tinha publicado um livro, *Rein analytischer Beweis*, dedicado a uma demonstração puramente aritmética do teorema da locação em álgebra, e isto exigia um tratamento não geométrico da continuidade de uma curva ou função. Indo ainda bem mais longe em suas ideias não ortodoxas, ele exibiu algumas propriedades importantes dos conjuntos infinitos em uma obra póstuma de 1850, *Paradoxien des Unendlichen*.

Do paradoxo de Galileu sobre a correspondência biunívoca entre inteiros e quadrados perfeitos, Bolzano prosseguiu mostrando que tais correspondências entre elementos de um conjunto infinito e um subconjunto próprio são comuns. Por exemplo, uma equação linear simples como $y = 2x$ estabelece uma correspondência biunívoca entre os reais y, no intervalo de 0 a 2, por exemplo, e os reais x, na metade desse intervalo. Isto é, existem exatamente tantos números reais entre 0 e 1 quanto entre 1 e 2, ou exatamente tantos pontos em um segmento de comprimento 1 centímetro quanto em um de comprimento 2 centímetros.

Bolzano parece ter percebido até mesmo, por volta de 1840, que a infinidade de números reais é de tipo diferente da infinidade dos inteiros, sendo não enumerável. Em tais especulações sobre conjuntos infinitos, o filósofo da Boêmia chegou mais perto de partes da matemática moderna que seus contemporâneos mais famosos. Tanto Gauss quanto Cauchy parecem ter tido uma espécie de *horror infiniti*, insistindo em que não poderia existir um infinito completado na matemática. Seus trabalhos sobre "ordens de infinito" na realidade estavam muito distantes dos conceitos de Bolzano, pois dizer, como Cauchy disse essencialmente, que uma função infinita y é infinita de ordem n com relação a x se $\lim_{x\to\infty} y/x^n = K \neq 0$ é muito diferente de fazer uma afirmação sobre correspondência entre conjuntos.

Bolzano era "uma voz clamando no deserto" e muitos de seus resultados tiveram que ser redescobertos mais tarde. Entre estes estava a percepção de que existem funções patológicas, que não se comportam como os matemáticos tinham sempre esperado que se comportassem. Newton, por exemplo, tinha assumido que curvas são geradas por movimentos lisos e contínuos. Ocasionalmente, poderiam existir mudanças abruptas na direção ou até algumas descontinuidades em pontos isolados; mas durante toda a primeira metade do século dezenove, foi assumido em geral que uma função real contínua deve ter derivada em quase todos os pontos. Em 1834, porém, Bolzano tinha inventado uma função contínua em um intervalo, mas que, apesar da intuição física indicar o contrário, não tinha derivada em ponto algum do intervalo. O exemplo de Bolzano infelizmente não se tornou conhecido; por isso, o crédito por construir a primeira função contínua, mas que não era derivável em nenhum ponto foi dado a Weierstrass, um terço de século mais tarde. Também, é o nome de Cauchy, e não o de Bolzano, que está ligado a um importante critério de convergência para séries ou sequências infinitas. Ocasionalmente, antes do tempo deles, tinham surgido avisos da necessidade de verificar a convergência de uma série. Gauss, por exemplo, já em 1812 usou o critério da razão para mostrar que sua série hipergeométrica

$$1 + \frac{\alpha\beta}{\gamma}x + \frac{\alpha\beta(\alpha+1)(\beta+1)}{1\cdot 2\gamma(\gamma+1)}x^2 + \cdots$$
$$\frac{\alpha\beta(\alpha+1)(\beta+1)\cdots(\alpha+n-1)(\beta+n-1)}{1\cdot 2\cdots(n-1)\gamma(\gamma+1)\cdots(\lambda+m-1)}x^n + \cdots$$

converge para $|x| < 1$ e diverge para $|x| > 1$. Este critério parece ter sido usado muito antes na Inglaterra, por Edward Waring, embora leve em geral o nome de d'Alembert ou, mais ocasionalmente, de Cauchy.

Em 1811, Gauss informou um amigo astrônomo, F. W. Bessel (1784-1846), sobre uma descoberta que tinha feito no que logo se tornaria um novo tema nas mãos de Cauchy e que hoje tem o nome deste último. A teoria das funções de uma variável real tinha sido desenvolvida por Lagrange, mas a teoria das funções de uma variável complexa esperou os esforços de Cauchy; mas Gauss percebeu um teorema de significado fundamental no campo ainda não estudado. Se, no plano complexo, ou de Gauss, se traça uma curva fechada simples, e se uma função $f(z)$ da variável complexa $z = x + iy$ é analítica (isto é, tem derivada) em cada ponto da curva e dentro da curva, então a integral de linha de $f(z)$ calculada ao longo da curva é zero.

O nome de Cauchy aparece hoje ligado a muitos teoremas sobre séries infinitas, pois, apesar de esforços da parte de Gauss e Abel, foi em grande parte por meio de Cauchy que a consciência matemática foi despertada no que se refere à necessidade de vigilância quanto à convergência. Tendo definido que uma série é convergente se, para valores crescentes de n, a soma S_n dos n primeiros termos tende a um limite S, a soma da série, Cauchy demonstrou que uma condição necessária e suficiente para que uma série infinita convirja é que, para um dado valor de p, o módulo da diferença entre S_n e S_{n+p} tenda a zero quando n cresce indefinidamente. Esta condição para "convergência intrínseca" tornou-se conhecida como critério de Cauchy, mas Bolzano a conhecia (e talvez Euler, ainda antes).

Cauchy anunciou também, em 1831, o teorema que diz que uma função analítica de variável complexa $w = f(z)$ pode ser expandida em série de potências centrada em um ponto $z = z_0$, a qual converge para todos os valores de z dentro de um círculo de centro z_0 e passando pelo ponto singular de $f(z)$ mais próximo de z_0. Desde então, o uso de séries infinitas tornou-se parte essencial da teoria das funções, tanto de variáveis reais como complexas. Vários critérios de convergência levam o nome de Cauchy, assim como uma forma especial do resto da série de Taylor de uma função, a forma mais usual sendo atribuída a Lagrange. O período do rigor na matemática estabelecia-se rapidamente. Diz-se que quando Cauchy leu na Académie seu primeiro artigo sobre a convergência de séries, Laplace correu para verificar se não tinha usado alguma série divergente em sua *Mécanique céleste*. Já pelo fim de sua vida, Cauchy percebeu a importância da noção de "convergência uniforme", mas aqui também ele não estava só, tendo sido antecipado pelo físico G. G. Stokes (1819-1903) e outros.

À medida que se consideravam classes mais amplas de equações diferenciais, a questão de saber sob quais condições existe uma solução tomou proeminência. Cauchy forneceu dois métodos muito usados para responder à questão. Construindo sobre trabalho de Euler, Cauchy mostrou como utilizar o método de aproximação por equações de diferenças, fornecendo uma demonstração de existência para as soluções aproximadas; isto se tornou a base da técnica de Cauchy-Lipschitz na resolução de equações diferenciais ordinárias. Rudolf Lipschitz (1831-1904), um aluno de Dirichlet, em 1876 refinou e generalizou o trabalho de Cauchy; substituiu pela condição dita de Lipschitz a condição de Cauchy de continuidade das derivadas de primeira ordem e estendeu o trabalho a sistemas de equações de ordem superior. Também devido a Cauchy, mas mais conhecido sob a forma dada pelos matemáticos franceses Briot e Jean-Claude Bouquet, em 1854, é o método de majorantes, que Cauchy intitulou *calcul des limites*. Depois de usá-lo com sucesso para equações diferenciais ordinárias, Cauchy aplicou-o a certos sistemas de equações diferenciais parciais de primeira ordem. Aqui também, seu trabalho veio a ser conhecido na forma generalizada que recebeu de uma matemática da segunda metade do século dezenove. Sofia Kovalevskaya (Sonia Kowalewski) (1853-1891) estendeu o resultado de Cauchy a uma ampla classe de equações de ordem superior, simplificando seu método no processo; simplificado ainda por analistas posteriores, o teorema de Cauchy-Kowalewski recebeu a forma sob a qual é mais bem conhecido em um livro didático de Édouard Goursat (1858-1936), largamente usado no século vinte.

Devido à natureza volumosa, legendária, de suas publicações, Cauchy frequentemente esquecia os resultados que tinha obtido. Também, como acontece muitas vezes, ele avaliava a importância relativa de sua própria obra de modo muito diferente do das gerações subsequentes. A ilustração mais conhecida disto se encontra na teoria das funções complexas; aqui, ele forneceu aos analistas um instrumento poderoso no chamado teorema integral de Cauchy; mas ele dava muito mais valor ao seu "cálculo de resíduos", que não impressionou muito a outros matemáticos posteriores.

O prolífico Cauchy contribuiu em quase tantos campos quanto seu contemporâneo Gauss. Também ele contribuiu à mecânica e teoria dos erros. Embora na teoria dos números seu trabalho seja menos conhecido que o de Legendre e Gauss, é a Cauchy que devemos a primeira demonstração geral de um dos mais belos e difíceis teoremas de Fermat — que todo inteiro positivo é a soma de no máximo três números triangulares ou quatro números quadráticos ou cinco pentagonais ou seis hexagonais, e assim por diante, indefinidamente. Esta demonstração é um clímax adequado ao estudo de números figurados iniciado pelos pitagóricos cerca de 2.300 anos antes.

Cauchy, evidentemente, não sentia muita atração pela geometria em suas várias formas. Porém, em 1811, em um de seus primeiros artigos, apresentou uma generalização da fórmula poliedral de Descartes-Euler $A + 2 = F + V$, onde A, F e V são respectivamente o número de arestas, faces e vértices do poliedro; observamos um caso de aplicação, por ele, dos determinantes ao cálculo do volume de um tetraedro.

Difusão

O papel de liderança da comunidade matemática em Paris diminuiu rapidamente depois de 1830. Isto se deveu em parte à morte dos da geração mais velha; em parte a esforços em outros lugares, notadamente na Inglaterra e Prússia, para estabelecer mais solidamente a matemática; e em parte a circunstâncias políticas na França. Depois das mortes em 1827, 1830 e 1833, respectivamente, de Laplace, Fourier e Legendre, e a partida de Paris de Cauchy, em 1830, o matemático francês mais conhecido nascido antes da Revolução e ainda ativo era Siméon-Denis Poisson (1781-1840).

Poisson

Era esperado que Poisson se tornasse um médico, mas seu forte interesse pela matemática levou-o, em 1798, a ingressar na École Polytechnique, onde se graduou; tornou-se sucessivamente encarregado de aulas, professor e examinador. Diz-se que ele uma vez observou que a vida é boa só para duas coisas: fazer matemática e ensiná-la. Consequentemente, publicou quase 400 trabalhos e teve a reputação de excelente instrutor.

A direção de sua pesquisa é indicada em parte por uma frase em uma carta escrita, em 1826, por Abel, a respeito dos matemáticos em Paris: "Cauchy é o único que se ocupa de matemática pura; Poisson, Fourier, Ampère etc. se ocupam exclusivamente de magnetismo e outros assuntos de física". Isto não deve ser tomado muito literalmente, pois Poisson, em artigos de 1812, ajudou a tornar a eletricidade e magnetismo ramos da física-matemática, como fizeram Gauss, Cauchy e Green. Poisson foi também um digno sucessor de Laplace em estudos de mecânica celeste e atração de esferóides. A integral de Poisson em teoria do potencial, o colchete de Poisson em equações diferenciais, a razão de Poisson em elasticidade e a constante de Poisson em eletricidade indicam a importância de suas contribuições a vários campos de matemática aplicada. Dois de seus tratados mais conhecidos foram o *Traité de mécanique* (2 vols., 1811, 1833) e *Recherches sur la probabilité des jugements* (1837). Neste último, aparece a familiar distribuição de Poisson, ou lei de Poisson dos grandes números. Na distribuição binomial $(p+q)^n$ (onde $p+q=1$ e n é o número de tentativas), quando n cresce indefinidamente, a distribuição binomial usualmente tende a uma distribuição normal; mas se, quando n cresce indefinidamente, p se tende a zero, o produto np permanecendo constante, o caso limite da distribuição binomial é distribuição de Poisson.

Sua habilidade analítica no refinamento da física-matemática de Lagrange e Laplace lhe deram fama cedo. Suas análises críticas da obra de outros muitas vezes o levaram a conceitos inovadores; um exemplo é seu artigo sobre teoria do potencial, em seguida de seu estudo da obra de James Ivory (1765-1842). Por sua vez, o importante trabalho de Poisson foi estudado por George Green (1793-1841) e foi importante ingrediente no trabalho de Green de 1828 sobre o assunto. Mas o apêgo de Poisson a conceitos físicos superados e sua pretensão a um rigor que se aplicava mais à sua confiança em si que à sua matemática o impediram de assumir a liderança matemática mais tarde. Quando homens como Jacobi e Dirichlet escolheram os problemas de Poisson para tratamento especial em suas conferências e artigos, era para colocá-los em novos moldes.

Reformas na Inglaterra e na Prússia

Reformas caracterizaram muito da atividade envolvendo matemática na Inglaterra como na Prússia. O ponto de virada na matemática inglesa veio em 1813, com a formação no Trinity College, Cambridge, da Analytical Society, que era liderada por três jovens cantabrigianos: o algebrista George Peacock (1791-1858), o astrônomo John Herschel (1792-1871) e Charles Babbage (1791-1871), famoso pelas "Máquinas de Calcular". O objetivo imediato da Sociedade era reformar o ensino e a notação do cálculo; e, em 1817, quando Peacock foi nomeado examinador dos programas de matemática, a notação diferencial substituiu os símbolos fluxionais no exame de Cambridge. O próprio Peacock, era graduado e professor de Cambridge, o primeiro dos muitos egressos do Trinity College que iriam liderar o desenvolvimento da álgebra. Graduou-se como segundo *wrangler* — isto é, teve o segundo lugar no célebre exame de *tripos* (iniciado em 1725) para estudantes que se tinham especializado em matemática — o primeiro *wrangler* sendo John Herschel, outro fundador da Analytical Society. Peacock era um zeloso administrador e reformador, tomando parte ativa na modificação dos estatutos da universidade e no estabelecimento da Astronomical Society de Londres, da Philosophical Society de Cambridge, e da British Association for the Advancement of Science, esta última tendo sido o modelo para a American Society for the Advancement of Sciences. Passou os vinte últimos anos de sua vida como Deão da catedral de Ely.

Peacock não produziu resultados notáveis em matemática, mas foi de grande importância na reforma da matéria na Inglaterra, especialmente no que se refere à álgebra. Havia em Cambridge uma tendência em álgebra tão conservadora quanto a na análise ou geometria. Enquanto no Continente os matemáticos desenvolviam representações gráficas de números complexos, na Inglaterra havia quem protestasse que nem números negativos tinham validade.

Nas palavras de Charles Babbage, o objetivo da Analytical Society era promover "os princípios de puro *d-ismo* em oposição ao *dot-age* da universidade". (Um segundo objetivo da Sociedade era "deixar o mundo mais sábio do que o que eles encontraram".) Isto é claro, era uma referência à recusa obstinada dos ingleses de abandonar os fluxos pontilhadas (*dotted*) de Newton pelas diferenciais de Leibniz; mais geralmente, indicava também um desejo de aproveitar os grandes avanços na matemática que tinham sido feitos no Continente. Em 1816, por inspiração da Sociedade, foi publicada uma tradução para o inglês do livro em um volume de Cálculo de Lacroix, e dentro de poucos anos os matemáticos ingleses podiam se comparar aos do Continente. Por exemplo, Georg Green (1793-1841), um filho de moleiro autodidata, que, como observamos, estudou os artigos de Poisson sobre teoria do potencial, em 1828 publicou para circulação limitada um ensaio sobre eletricidade e magnetismo que continha um importante teorema que tem seu nome: se $P(x,y)$ e $Q(x,y)$ têm derivadas parciais contínuas em uma região R do plano xy, limitada por uma curva C, então $\int_C Pdx + Qdy = \iint_R (Q_x - P_y)dx$. Este teorema, ou seu análogo em três dimensões, também é conhecido como teorema de Gauss, pois os resultados de Green passaram quase desparecidos, até que Lord Kelvin os redescobrisse, em 1846. Enquanto isso, o teorema tinha sido também descoberto por Mikhail Ostrogradski (1801-1861) e, na Rússia, tem este nome até hoje.

Na Prússia, grande parte do crédito pelo rejuvenescimento da matemática cabe aos irmãos Humboldt. Wilhelm von Humboldt (1767-1835), um filólogo, é mais conhecido por sua reforma do sistema educacional da Prússia. Alexander von Humboldt (1769-1859), cortesão liberal, naturalista e amigo de cientistas matemáticos, usou sua considerável influência em Berlim para assegurar o retorno de Dirichlet de Paris à Prússia; também auxiliou as carreiras de C. G. J. Jacobi e G. Eisenstein, entre outros, e mostrou interesse por Abel.

19 GAUSS

A matemática é a rainha das ciências e a teoria dos números é a rainha da matemática.

Gauss

Panorama do século dezenove

O século dezenove merece ser considerado a Idade de Ouro da matemática. Seu crescimento durante estes cem anos é de longe maior que a soma total da produtividade em todas as épocas precedentes. O século foi também um dos mais revolucionários na história da matemática. A introdução no repertório matemático de conceitos como de geometrias não euclidianas, espaços n-dimensionais, álgebras não comutativas, processos infinitos e estruturas não quantitativas, tudo contribuiu para uma transformação radical, que mudou não só a aparência mas também as definições da matemática.

A distribuição geográfica da atividade matemática começou também a mudar. Até então, cada período importante na história parecia caracterizado por concentrações geográficas específicas em que tinha lugar a maior parte dos progressos da matemática. Durante a primeira metade do século dezenove, o centro da atividade matemática tornou-se difuso. No entanto, várias décadas se passaram antes que existissem instituições que exibissem o vigor matemático da École Polytechnique francesa. A maior parte das nações sustentava atividades matemáticas dirigidas à mensuração de terras, à navegação, ou outras áreas de aplicação. Apoio à pesquisa em matemática pura — em tempo ou dinheiro — era exceção, não regra. Isto é ilustrado pela carreira do maior matemático da época, que era alemão.

Primeiras obras de Gauss

Carl Friedrich Gauss (1777-1855), quando criança, se divertia com cálculos matemáticos; uma anedota referente a seus começos na escola é característica. Um dia, para ocupar a classe, o professor mandou que os alunos somassem todos os números de 1 a 100, com instruções para que cada um colocasse sua lousa sobre a mesa logo que completasse a tarefa. Quase imediatamente, Gauss colocou sua lousa sobre a mesa dizendo. "Aí está!" Quando

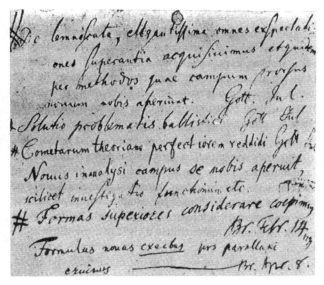
Fac-símile de uma página do famoso diário de Gauss

o instrutor finalmente olhou os resultados, a lousa de Gauss era a única com a resposta correta, 5050, sem nenhum outro cálculo. O menino de dez anos, evidentemente, calculara mentalmente a soma da progressão aritmética $1 + 2 + 3 + \ldots + 99 + 100$, presumivelmente pela fórmula $m(m+1)/2$. Seus mestres logo levaram o talento de Gauss à atenção do Duque de Brunswick, que apoiou seus estudos, primeiro para que pudesse cursar o colégio local, depois na Universidade em Göttingen, onde se matriculou em outubro de 1795.

Em março do ano seguinte, um mês antes de completar dezenove anos, fez uma descoberta brilhante. Havia mais de 2.000 anos que se sabia construir, com régua e compasso, o triângulo equilátero e o pentágono regular (assim como outros polígonos regulares, com número de lados múltiplo de dois, três e cinco), mas nenhum outro polígono com número de lados primo. Gauss mostrou que também o polígono regular de dezessete lados pode ser construído com régua e compasso.

Gauss comemorou sua descoberta iniciando um diário em que, nos dezoito anos seguintes, anotou muitas de suas descobertas. Obteve numerosos resultados ainda quando estudante. Alguns foram redescobertas de teoremas estabelecidos por Euler, Lagrange e outros matemáticos do século dezoito; muitos eram novos. Entre as descobertas mais significativas de seus dias de estudante, podemos destacar o método dos mínimos quadrados, a demonstração da lei da reciprocidade quadrática na teoria dos números e seu trabalho sobre o teorema fundamental da álgebra.

Obteve seu doutorado com uma tese intitulada "Nova demonstração do teorema que toda função algébrica racional inteira em uma variável pode ser decomposta em fatores reais de primeiro ou segundo grau". Nesta, a primeira das quatro demonstrações do Teorema Fundamental da Álgebra que ele publicou em sua vida, Gauss enfatizou a importância de demonstrar a existência de pelo menos uma raiz ao demonstrar o teorema em questão.

Gauss apresentou sua tese de doutorado à Universidade de Helmstedt, que tinha entre seus docentes Johann Friedrich Pfaff (1765-1825), que, depois de Gauss, foi geralmente considerado o maior matemático alemão de seu tempo. Hoje, ele é mais bem conhecido por um artigo de 1813, sobre a integração de sistemas de equações diferenciais. Ao deixar Göttingen, em 1798, ele voltou à sua cidade natal, Brunswick, onde passou os nove anos seguintes, sempre apoiado pelo Duque, esperando uma posição adequada, casando-se, e fazendo algumas de suas principais descobertas.

Teoria dos números

Enquanto ainda estudante em Gottingen, Gauss tinha começado a trabalhar em uma importante publicação em teoria dos números. Aparecendo dois anos depois de sua dissertação de doutoramento, as *Disquisitiones arithmeticae* constituem um dos grandes clássicos da literatura matemática. Consiste em sete secções. Culminando com duas demonstrações da lei da reciprocidade quadrática, as quatro primeiras secções são essencialmente uma reformulação mais compacta da teoria dos números do século dezoito. Fundamentais na discussão são os conceitos de congruência e classe de restos. A secção 5 é dedicada à teoria das formas quadráticas binárias, especificamente à questão de soluções para equações da forma $ax^2 + 2bxy + cy^2 = m$; as técnicas desenvolvidas nesta secção se tornaram a base de muitos trabalhos de gerações posteriores na teoria dos números. A secção 6 consiste em várias aplicações. A última secção, que despertou mais atenção inicialmente, trata da resolução da equação ciclotômica geral de grau primo.

Gauss chamou a lei da reciprocidade quadrática, que Legendre tinha publicado um par de anos antes, de *theorema aureum*, ou a joia da aritmética. Em obra posterior, Gauss tentou achar teoremas comparáveis para congruências $x^n \equiv p \pmod{q}$ para $n = 3$ e 4; mas para estes casos achou necessário estender o significado da palavra inteiro para incluir os chamados inteiros de Gauss, isto é, números da forma $a + bi$, em que a e b são inteiros. Os inteiros de Gauss formam um domínio de integridade como os inteiros reais, porém mais gerais. Os problemas de divisibilidade tornam-se mais complicados, pois 5 já não é primo, sendo decomponível no produto dos dois "primos" $1 + 2i$ e $1 - 2i$. Na verdade, nenhum primo real da forma $4n + 1$ é um "primo de Gauss", ao passo que primos reais da forma $4n - 1$ permanecem primos no sentido generalizado. Nas *Disquisitiones*, Gauss incluiu o teorema fundamental da aritmética, um dos princípios básicos que continuam a valer no anel de integridade dos inteiros de Gauss. Na verdade, todo anel de integridade em que a fatoração é única é chamado hoje de anel de integridade de Gauss. Uma das contribuições das *Disquisitiones* foi uma demonstração rigorosa do teorema, conhecido desde o tempo de Euclides, de que todo inteiro positivo pode ser representado de um e um só modo (exceto quanto à ordem dos fatores) como um produto de primos.

Nem tudo o que Gauss descobriu sobre números primos está na *Disquisitiones*. Na página de trás de um exemplar de uma tábua de logarítmos que ele obtivera aos quatorze anos está escrito cripticamente, em alemão:

$$\text{Primzahlen unter } a(= \infty)\frac{a}{1a}.$$

Isto é o enunciado do célebre teorema dos números primos: o número de primos menores que um dado inteiro a se aproxima assintoticamente do quociente $a/\ln a$ quando a cresce indefinidamente. O que é estranho é que, se Gauss escreveu isto, como presumimos, ele guardou para si este belo resultado. Não sabemos se ele tinha ou não uma demonstração do teorema, ou sequer quando foi escrita a afirmação.

Em 1845, um professor parisiense, Joseph L. F. Bertrand (1822-1900), conjecturou que, se $n > 3$, existe sempre ao menos um primo entre n e $2n$ (ou, mais precisamente, $2n - 2$), inclusive. Esta conjectura, conhecida como postulado de Bertrand, foi demonstrada em 1850 por Pafnuty Lvovich Chebyshev (1821-1894), da Universidade de S. Petersburgo. Chebyshev era um rival de Nikolay Ivanovich Lobachevsky como maior matemático russo de seu tempo e tornou-se associado estrangeiro do Institut de France e da Royal Society de Londres. Chebyshev, evidentemente sem conhecer a obra de Gauss sobre primos, conseguiu mostrar que se $\pi(n)(\ln n)/n$ tende a um limite quando n cresce indefinidamente, este limite tem que ser 1; mas não conseguiu demonstrar a existência do limite. Só dois anos depois da morte de Chebyshev, uma demonstração se tornou largamente conhecida. Então, em 1896, dois matemáticos trabalhando independentemente obtiveram demonstrações no mesmo ano. Um foi um matemático belga C. J. de la Vallée-Poussin (1866-1962), que chegou quase aos noventa e seis anos de idade; o outro foi um francês, Jacques Hadamard (1865-1963) que tinha quase noventa e oito anos quando morreu.

Problemas sobre o número e a distribuição de primos fascinaram muitos matemáticos dos dias de Euclides até hoje. O que pode ser considerado como um corolário profundo e difícil do teorema de Euclides sobre a existência de infinitos primos foi demonstrado por um matemático que, em 1855, sucederia a Gauss em Gottingen. Este foi Peter Gustav Lejeune Dirichlet (1805-1859), o homem que fez mais que qualquer outro para ampliar as *Disquisitiones*. O teorema de Dirichlet diz que não só o número de primos é infinito, mas que se consideramos só os inteiros em uma progressão aritmética $a, a + b, a + 2b, \ldots a + nb$, em que a

e b são primos entre si, então, mesmo neste subconjunto relativamente mais esparso dos inteiros, existirão ainda infinitos primos. A demonstração de Dirichlet exigia instrumentos complicados da análise, em que o nome de Dirichlet também aparece, no critério de Dirichlet para convergência uniforme de uma série. Entre outras contribuições de Dirichlet está a primeira demonstração do teorema conhecido como postulado de Bertrand. Devemos observar que o teorema de Dirichlet mostrou que o domínio discreto da teoria dos números não pode ser estudado isolado do ramo da matemática que trata de variáveis contínuas — isto é, a teoria dos números exigia a ajuda da análise. O próprio Gauss, nas *Disquisitiones*, tinha dado um exemplo notável do fato de propriedades dos números primos se intrometerem do modo mais inesperado até mesmo no reino da geometria.

Perto do fim das *Disquisitiones*, Gauss incluiu a primeira descoberta importante que tinha feito em matemática: a construção do polígono regular de dezessete lados. Levou o tópico à sua conclusão lógica, mostrando quais dos infinitos possíveis polígonos regulares podem ser construídos e quais não podem. Teoremas gerais como o que Gauss demonstrou então são muitíssimo mais valiosos que um caso particular, não importa quão espetacular este seja.

Lembremos que Fermat acreditava que números da forma 2^{2^n} são primos, conjetura que Euler mostrou ser incorreta. O número $2^{2^2} + 1 = 17$ é primo, como também $2^{2^3} + 1 = 257$ e $2^{2^4} + 1 = 65.537$. Gauss já tinha mostrado que o polígono de dezessete lados é construtível, e surge naturalmente a questão de saber se pode ser construído com os instrumentos euclidianos um polígono regular de 257 ou 65.537 lados. Nas *Disquisitiones*, Gauss responde afirmativamente à questão, mostrando que um polígono regular de N lados pode ser construído com instrumentos euclideanos se, e somente se, o número N é da forma $N = 2^m p_1 p_2 p_3 \ldots p_r$, onde m é qualquer inteiro positivo e os p são primos de Fermat distintos. Resta uma questão, a que Gauss não respondeu e ainda não foi respondida. O número de primos de Fermat é finito ou infinito? Para $n = 5, 6, 7, 8$ e 9 sabe-se que os números de Fermat não são primos, e parece possível que existam cinco e só cinco polígonos regulares construtíveis com número primo de lados, dois conhecidos na antiguidade e os três que foram descobertos por Gauss. Um jovem a quem Gauss muito admirava, Ferdinand Gotthold Eisenstein (1823-1852), instrutor de matemática em Berlim, acrescentou uma nova conjetura sobre números primos quando arriscou a ideia, não verificada até hoje, de serem primos os números da forma $2^2 + 1$, $2^{2^2} + 1$, $2^{2^{2^2}} + 1$ e assim por diante. A Gauss se atribui a observação: "Existiram só três matemáticos que fizeram época: Arquimedes, Newton e Eisenstein". Se, vivendo um número de anos normal, Eisenstein teria cumprido tão brilhante predição é só uma conjetura, pois o jovem *privatdozent* morreu antes de completar trinta anos.

Recepção das disquisitiones arithmeticae

Muitos matemáticos, introduzindo novos métodos ou conceitos, viram que estes eram olhados com ceticismo, até que se tornasse claro não só que eram úteis para a obtenção de novos resultados, mas que eram tão superiores às técnicas existentes que valia a pena, para um pesquisador maduro, aprendê-las. Gauss também descobriu que isto era verdade no caso de seu grande livro sobre teoria dos números. Despertou pouca atenção inicialmente; só a contribuição algébrica da última secção foi notada com aprovação por autores franceses da época. Um dos poucos indivíduos que iniciaram uma correspondência com Gauss com o propósito de trocar ideias sobre aspectos da teoria dos números do livro foi um certo "Monsieur Leblanc"; este acabou sendo Sophie Germain, matemática francesa que trabalhava fora das instituições estabelecidas, fechadas às mulheres. Germain obteve o respeito e ajuda não só de Gauss como de Lagrange e Legendre. O último ligou o nome dela a um teorema que constitui um degrau importante na maratona de três séculos para demonstrar o último teorema de Fermat. Em outra área, a Academia de Ciências de Paris lhe outorgou um prêmio por um trabalho sobre a teoria matemática das superfícies elásticas.

Em geral, porém, — e apesar da disponibilidade em Paris de uma tradução para o francês a partir de 1807 — as *Disquisitiones arithmeticae* de Gauss ficaram esquecidas até o fim dos anos 1820, quando C. G. J. Jacobi (1804-1851) e P. G. Lejeune Dirichlet trouxeram à luz algumas das consequências mais profundas que derivavam dessa obra.

Contribuições de Gauss à astronomia

Foi a astronomia, e não a teoria dos números, que trouxe fama imediata para o autor de vinte e quatro anos das *Disquisitiones arithmeticae*. Em 1 de janeiro de 1801, Giuseppe Piazzi (1746-1826), diretor do observatório de Palermo, tinha descoberto o novo planeta menor (asteroide) Ceres; mas poucas semanas depois o pequeno corpo celeste se perdeu das vistas. Gauss, que tinha uma habilidade computacional inusitada, bem como a vantagem a mais do método dos mínimos quadrados, enfrentou o desafio de calcular, a partir das poucas observações registradas do planeta, a órbita em que se movia. Para o cálculo de órbitas a partir de número reduzido de observações, desenvolveu um esquema, conhecido como método de Gauss, que ainda é usado para acompanhar satélites. O resultado foi um estrondoso sucesso, o planeta sendo redescoberto no fim do ano quase na posição indicada por seus cálculos. O cálculo de órbitas de Gauss atraiu a atenção dos astrônomos internacionalmente, e logo o levou à proeminência entre cientistas matemáticos alemães, a maioria dos quais se dedicava a atividades astronômicas e geodésicas nessa época. Em 1807, ele foi nomeado diretor do observatório de Göttingen, posto que conservou durante quase meio século. Dois anos depois, seu tratado clássico sobre astronomia teórica, o *Theoria motus*, apareceu. Fornecia um guia claro para realizar cálculos de órbitas, e, na época de sua morte, tinha sido traduzido para o inglês, francês e alemão.

Cálculos de órbitas não foram, porém, a única área de pesquisa astronômica em que Gauss se distinguiu e traçou o caminho para gerações futuras. Muito de seu tempo durante a primeira década do século dezenove foi gasto trabalhando no problema de perturbações. Isto tinha tomado a frente no interesse dos astrônomos depois da descoberta, em 1802, do pequeno planeta Pallas pelo bom amigo de Gauss, o físico e astrônomo amador Heinrich Wilhelm Olbers (1758-1840). Pallas tem uma excentricidade relativamente grande e é particularmente afetado pela atração de outros planetas como Júpiter e Saturno. A determinação do efeito dessas atrações é um exemplo específico do problema de n-corpos, que Euler e Lagrange tinham tratado para $n = 2$ ou 3.

O trabalho de Gauss neste problema resultou não só em artigos astronômicos, mas em dois artigos clássicos de matemática, um tratando de séries infinitas, outro de um novo método em análise numérica.

A meia-idade de Gauss

A década em que Gauss chegou aos resultados precedentes tinha sido repleta de novas descobertas, bem como de acontecimentos emocionalmente desgastantes. Ele tinha cedo experimentado reconhecimento e honras, felicidade no casamento, e paternidade. Mas então sobrevieram preocupações financeiras, resultantes de taxações impostas pela administração das forças de ocupação em Göttingen; as mortes de seu patrono, o Duque de Brunswick, e de sua mulher e terceiro filho; aborrecimento pela falta de apreciação de sua obra entre cientistas como o astrônomo francês J. B. J. Delambre; preocupação com a educação dos filhos; e a rápida realização de um novo casamento. O jovem gênio, antes alegre, se tornou uma figura austera, cujo senso estrito do dever frequentemente o levou a decisões aparentemente rígidas no âmbito não científico. Esta imagem se intensificou depois de 1820, pela longa doença de sua segunda mulher, que morreu em 1831, e um distanciamento de um de seus filhos que durou mais de uma década.

Enquanto isso, a posição de Gauss como diretor do observatório de Gottingen apresentava novos desafios. Entre 1810 e 1820, muito de sua energia foi absorvida em construir e equipar um novo observatório. Conheceu alguns dos principais fabricantes de instrumentos da época e se envolveu pessoalmente nos detalhes da construção de instrumentos. O estudo de instrumentos e observações o levaram a resultados significativos na teoria dos erros. Após 1815, sua crescente compreensão da natureza de erros instrumentais, observacionais e técnicos foi reforçada por sua imersão em mensuração e geodésia. O resultado foi uma coleção de relatórios sobre teoria dos erros. Durante a década de 1820, foi encarregado do levantamento topográfico do Reino de Hannover, o que significou passar vários verões no campo, conduzindo mensurações pessoalmente, muitas vezes em condições primitivas e arriscadas. A publicação mais importante a resultar de considerações geométricas nessa década apareceu em 1827, e abriu nova direção na pesquisa geométrica e, afinal, na pesquisa física.

Gauss não gostava especialmente de geometria, mas pensou no assunto o suficiente para fazer duas coisas: (1) chegou, em 1824, a uma importante mas não publicada conclusão sobre o postulado das paralelas e (2) publicou, em 1827, um tratado clássico que é considerado a pedra angular de um novo ramo da geometria. Gauss, ainda quando estudante em Göttingen, tinha tentado demonstrar o postulado das paralelas, como também tinha feito seu amigo íntimo Wolfgang (ou Farkas) Bolyai (1775-1856). Ambos continuaram a procurar uma demonstração, o último desistindo em desespero, o primeiro chegando eventualmente à convicção de que não só a demonstração era impossível, mas que uma geometria completamente diferente da de Euclides poderia ser desenvolvida. Se Gauss tivesse desenvolvido e publicado suas ideias sobre o postulado das paralelas, seria saudado como inventor da geometria não euclidiana, mas seu silêncio sobre a questão levou a que o crédito fosse dado a outros, como veremos mais adiante.

O início da geometria diferencial

O novo ramo da geometria que Gauss iniciou em 1827 é chamado geometria diferencial, e pertence talvez mais à análise do que ao campo tradicional da geometria. Desde os dias de Newton e Leibniz, o cálculo vinha sendo aplicado ao estudo de curvas em duas dimensões e, em certo sentido, este trabalho constituía um protótipo da geometria diferencial. Euler e Monge estenderam isto de modo a incluir um estudo analítico de superfícies; por isso, algumas vezes são considerados como pais da geometria diferencial. Porém, só com o aparecimento do tratado clássico de Gauss, *Disquisitiones circa superficies curvas* é que existiu um volume abrangente dedicado inteiramente ao tema. Falando genericamente, a geometria usual se interessa pela totalidade de um diagrama ou figura, ao passo que a geometria diferencial se concentra nas propriedades de uma curva ou superfície em uma vizinhança imediata de seus pontos. Gauss estendeu a obra de Huygens e Clairaut sobre a curvatura de uma curva plana ou reversa, definindo a curvatura de uma superfície em um ponto — a "curvatura gaussiana" ou "curvatura total". Se em um ponto P de uma superfície bem-comportada S levantamos uma reta N normal a S, o feixe de planos que contém N corta a superfície S em uma família de curvas planas, cada uma das quais terá um raio de curvatura. As direções das curvas com raios de curvatura máximo e mínimo, R e r, são chamadas direções principais de S em P, e acontece serem sempre perpendiculares entre si. R e r chamam-se raios de curvatura principais de S em P, e a curvatura gaussiana de S em P é definida por $K = 1/rR$ (a quantidade $K_m = 1/2(1/r + 1/R)$ chama-se a curvatura média de S em P e também é útil). Gauss deu fórmulas para K em termos das derivadas parciais da superfície em relação a vários sistemas de coordenadas, curvilíneas bem como cartesianas; também descobriu o que até ele considerou como "teoremas notáveis" sobre propriedades de famílias de curvas, como as geodésicas, traçadas sobre a superfície.

Gauss começa o tratamento de superfícies usando a equação paramétrica da superfície introduzida por Euler. Isto significa que se um ponto (x, y, z) de uma superfície pode ser representado pelos parâmetros u e v, de modo que $x = x(u, v)$, $y = y(u, v)$ e $z = z(u, v)$, então $dx = a\,du + a'dv$, $dy = b\,du + b'dv$, $dz = c\,du + c'dv$, onde $a = x_u, a' = x_v, b = y_u, b' = y_v, c = z_u$ e $c' = z_v$.

Tomando o comprimento de arco $ds^2 = dx^2 + dy^2 + dz^2$ e exprimindo-o nas coordenadas paramétricas obtem-se $ds^2 = (a\,du + a'dv)^2 + (b\,du + b'dv)^2 + (c\,du + c'dv)^2 = E\,du^2 + 2F\,dudv + G\,dv^2$, em que $E = a^2 + b^2 + c^2$, $F = aa' + bb' + cc'$, e $G = a'^2 + b'^2 + c'^2$. Gauss mostra, então, que as propriedades da superfície dependem só de E, F e G. Isto traz muitas consequências. Em particular, fica fácil dizer quais propriedades da superfície permanecem invariantes. Foi construindo sobre este trabalho de Gauss que Bernhard Riemann e geômetras posteriores transformaram a geometria diferencial.

Últimos trabalhos de Gauss

Quando surgiu a obra sobre superfícies curvas, o clima matemático na Alemanha começava a mudar. Um dos aspectos mais significativos desta mudança foi a fundação de um novo periódico, em 1809. Este foi o *Annales de Mathématiques Pures et Appliquées*, editado por Joseph-Diaz Gergonne (1771-1859). Na Alemanha, um periódico semelhante ao *Annales* de Gergonne e de mais sucesso ainda, foi iniciado em 1826 por August Leopold Crelle (1780-1855), sob o título *Journal für die reine und angewandte Mathematik*. Os artigos (notadamente os de Abel, seis dos quais apareceram no primeiro volume) tendiam tão fortemente para a matemática pura (reine), que foi sugerido que o título seria mais apropriado se as duas palavras *und angewandte* ("e aplicada") fossem substituídas pela única palavra *unangewandte* (não aplicada). Gauss contribuiu com dois artigos curtos para este novo empreendimento: um foi uma demonstração do "teorema de Harriot na álgebra", o outro continha o enunciado do princípio da restrição mínima de Gauss. Porém, continuou a apresentar seus trabalhos principais no *Gottingen Gesellschaft der Wissenschaften*. Um importante trabalho sobre capilaridade foi publicado pela Sociedade Gottingen, assim como seus dois influentes artigos sobre teoria dos números. Historiadores frequentemente citam o primeiro destes, publicado em 1832, porque contém a representação geométrica de Gauss para os números complexos. A importância do artigo está mais no fato de abrir caminho para a extensão da teoria dos números do corpo real para o complexo e mais além. Como se observou acima, isto foi crucial na obra de matemáticos posteriores.

No nível mais elementar, é interessante observar que a representação gráfica dos complexos já fora descoberta em 1797 por Caspar Wessel (1745-1818) e publicada nas atas da academia dinamarquesa de 1798; mas o trabalho de Wessel ficou praticamente ignorado; por isso, usualmente o plano complexo é hoje chamado o plano de Gauss, embora Gauss só publicasse sua ideia trinta anos depois da publicação de Wessel. Ninguém antes de Wessel e Gauss deu o passo óbvio de pensar nas partes real e imaginária de um número complexo $a + bi$ como coordenados retangulares de pontos em um plano. Números imaginários, já que estes agora podiam ser visualizados no sentido de que cada ponto do plano corresponde a um número complexo, e as velhas ideias sobre a inexistência de números imaginários foram abandonadas.

Durante os últimos vinte anos de sua vida, Gauss publicou apenas dois grandes trabalhos de interesse matemático. Um, foi sua quarta demonstração do teorema fundamental da álgebra, que ele apresentou por ocasião de seu jubileu doutoral, em 1849, cinquenta anos depois da publicação de sua primeira demonstração. O outro, foi um influente artigo sobre teoria do potencial, que apareceu em 1840, em um dos volumes de resultados geomagnéticos que ele coeditou com seu amigo mais jovem, o físico Wilhelm Weber (1804-1891). Questões de geomagnetismo ocuparam muito de seu tempo entre 1830 e os primeiros anos após 1840; também nesse período ele dedicou tempo a questões de pesos e medidas. A maior parte de suas publicações, na última década de sua vida, se refere ao trabalho no observatório astronômico; tratam dos planetas menores recentemente descobertos, com observações sobre o também recentemente descoberto planeta Netuno, e com outros dados de interesse para os astrônomos da época, que os liam no *Astronomische Nachrichten*.

A matemática de Gauss forneceu o ponto de partida para algumas das principais áreas de pesquisa da matemática moderna. Excetuada sua fama pessoal e a fortuna que acumulou com investimentos benfeitos, suas condições externas eram, porém, semelhantes às de muitos matemáticos anteriores. Seus deveres principais consistiam na direção do observatório e na realização de várias tarefas para seu governo. Tinha responsabilidades de ensino, mas como a maior parte de seus estudantes era mal preparada, ele evitava o ensino em sala de aula tanto quanto possível, sentindo que o retorno não valia o investimento em tempo. Seus melhores estudantes tendiam a tornar-se astrônomos e não matemáticos, embora alguns, como August Ferdinand Möbius, adquirissem renome como matemáticos. Além das publicações em livros, a maior parte de suas pesquisas apareceu nas publicações da Sociedade de Ciência de Gottingen ou em periódicos dedicados a astronomia e geodésia — inicialmente o *Monatliche Korrespondenz Beförderung der Erd-und Himmelskunder* de Feanz Xaver von Zach; após 1820 no *Astronomische Nachrichten*. Suas comunicações matemáticas se restringiam a correspondência com uns poucos amigos e visitas ocasionais de colegas mais jovens do exterior.

Influência de Gauss

Apesar do número relativamente pequeno de matemáticos bem conhecidos que poderiam alegar ser alunos de Gauss em um sentido formal, seria difícil superestimar a influência que Gauss teve em gerações sucessivas. Aqueles que estudaram suas publicações, os poucos que vinham se encontrar com ele, os que seguiram as novas avenidas de pesquisa que ele abriu incluem alguns dos mais bem conhecidos matemáticos do século dezenove. Quando se tratava de sua opinião expressa sobre o trabalho de outros, no entanto, seu impacto não era sempre salutar. Perto do fim de sua vida, Gauss pode ter se tornado, de modo não característico, generoso em seus comentários; observamos a bem merecida apreciação da habilitação de Riemann e o entusiamo questionável em relação a Eisenstein.

Nos voltamos agora para a obra de alguns que se beneficiaram diretamente com o estudo de suas publicações, especialmente o *Disquisitiones arithmeticae*, e encorajamento indireto pelo exemplo que deu. Em vários casos, seus estudos da obra de Gauss suplementaram suas exposições à pesquisa de Legendre.

Abel

A curta vida de Niels Henrik Abel (1802-1829) foi cheia de pobreza e tragédia. Nasceu em família numerosa, filho do pastor de uma pequena aldeia de Findo, na Noruega. Quando tinha dezesseis anos, seu professor lhe recomendou que lesse os grandes livros de matemática, inclusive as *Disquisitiones arithmeticae*, de Gauss. Em suas leituras, Abel notou que Euler demonstrara o teorema binomial somente para expoentes racionais, então preencheu a lacuna dando uma demonstração válida no caso geral. Quando Abel tinha dezoito anos, seu pai morreu e muito do cuidado pela família recaiu sobre seus ombros jovens e frágeis; no entanto, durante o ano seguinte, fez uma descoberta matemática notável. Desde que as equações cúbicas e quárticas tinham sido resolvidas, no século dezesseis, as quínticas vinham sendo estudadas. Abel primeiro pensou ter obtido uma solução; mas, em 1824, ele publicou um artigo "Sobre a resolução algébrica de equações", em que chegava à conclusão oposta: deu a primeira demonstração de que nenhuma solução é possível, terminando assim a longa busca. Não pode haver fórmula geral, expressa em operações algébricas explícitas sobre os coeficientes de uma equação polinomial, para as raízes da equação, se o grau da equação é maior que quatro. Uma demonstração anterior, menos satisfatória e de modo geral esquecida, da não resolubilidade da equação quíntica tinha sido publicada em 1799, por Paolo Ruffini (1765-1822) e, assim, o resultado agora é denominado teorema de Abel-Ruffini.

Quando Abel visitou Paris em 1826, esperava que os resultados de suas pesquisas lhe garantissem o reconhecimento pelos membros da Academia. Achou a cidade nada hospitaleira, no entanto, e escreveu a um amigo em sua cidade: "Todo principiante tem grande dificuldade de ser observado aqui. Acabei agora um extenso tratado sobre certa classe de funções transcendentes mas M. Cauchy mal se digna a olhá-lo". A publicação em questão continha o que ele considerava a joia de seus tesouros matemáticos, "o teorema da adição de Abel", uma grande generalização dos teoremas de adição de Euler para integrais elípticas. Antes de chegar a Paris, Abel tinha passado algum tempo em Berlim e tinha sido bem recebido por Crelle, que estava prestes a inaugurar seu novo *Journal*. Convidou Abel a contribuir para a publicação. Abel concordou; o primeiro volume continha seis artigos seus, que foram seguidos de outros em volumes sucessivos. Incluíam a versão expandida de sua demonstração da insolubilidade da equação quíntica, bem como outras contribuições à teoria das funções elípticas e hiperelípticas. Enquanto estes apareciam em Berlim, Abel tinha voltado à Noruega; cada vez mais enfraquecido pela tuberculose, continuava a mandar mais material a Crelle. Morreu em 1829, quase sem ter percebido o interesse que suas publicações despertavam. Dois dias depois de sua morte chegou uma carta oferecendo-lhe uma posição em Berlim.

Jacobi

O que criou um pouco de sensação e ajudou a aumentar o número de leitores do novo *Journal*, de Crelle, foi o fato de Abel não estar só em suas novas descobertas. O matemático prussiano Carl Cristov Jacob Jacobi (1804-1851) estava obtendo muitos dos mesmos resultados independentemente; além disso, ele também estava publicando-os nos primeiros volumes do *Journal* de Crelle. A homens como Legendre, ficou claro que Abel e Jacobi estavam forjando novos instrumentos de grande importância. O que não se sabia em geral era que os memorandos não publicados de Gauss estavam suspensos como uma espada de Dâmocles sobre a matemática da primeira metade do século dezenove. Quando um importante resultado novo era anunciado por outros, frequentemente acontecia que Gauss tinha tido a ideia antes, mas não a tinha publicado. Entre os exemplos notáveis dessa situação estava a revelação das funções elípticas, descoberta em que estão envolvidas quatro grandes figuras. Uma destas, é claro,

foi Legendre, que passou cerca de quarenta anos estudando integrais elípticas quase sozinho. Tinha desenvolvido muitas fórmulas, algumas semelhantes às relações entre funções trigonométricas inversas (várias das quais já eram conhecidas por Euler, bem antes). Isto não é surpreendente, já que a integral elíptica

$$\int \frac{dx}{\sqrt{(1-K^2x^2)(1-x^2)}}$$

inclui

$$\int \frac{dx}{\sqrt{(1-x^2)}}$$

como o caso particular em que $K = 0$. No entanto, coube a Gauss e seus dois contemporâneos mais jovens usar com proveito um ponto de vista que muito facilita o estudo de integrais elípticas. Se

$$u = \int_0^v \frac{dx}{\sqrt{1-x^2}},$$

então $u = \text{arc sen } v$. Aqui, u é expresso como função da variável independente v (x sendo apenas a variável muda da integração), mas acontece que é mais vantajoso inverter os papéis de u e v, escolhendo u como variável independente. Neste caso, temos $v = f(u)$, ou, na linguagem da trigonometria, $v = \text{sen } u$. A função $v = \text{sen } u$ é mais fácil de manipular, e tem uma propriedade notável que $u = \text{arcsen } v$ não tem: é periódica. Os papéis particulares de Gauss mostravam que, talvez desde 1800, ele tivesse descoberto a dupla periodicidade das funções elípticas (ou lemniscáticas). Só em 1827-1828, no entanto, é que essa notável propriedade foi revelada por Abel.

Em 1829, Jacobi escreveu a Legendre para perguntar do artigo que Abel tinha deixado com Cauchy, pois Jacobi tinha informações de que se relacionava com sua notável descoberta. Ao analisar a situação, Cauchy, em 1830, desencavou o manuscrito, que Legendre mais tarde descreveu como "um monumento mais duradouro que o bronze", e foi publicado em 1841 pelo Instituto francês, entre os artigos apresentados por estrangeiros. Continha uma importante generalização da obra de Legendre sobre integrais elípticas. Se

$$u = \int_0^v \frac{dx}{\sqrt{(1-K^2x^2)(1-x^2)}},$$

u é uma função de v, $u = f(v)$, cujas propriedades tinham sido extensamente descritas por Legendre em seu tratado sobre integrais elípticas. O que Legendre não viu, mas Gauss, Abel e Jacobi viram, foi que invertendo a relação funcional entre u e v obtém-se uma função mais bela e útil, $v = f(u)$. Esta função, geralmente escrita $v = \operatorname{sn} u$ e lida "v é amplitude seno de u", junto com outras definidas de modo semelhante, são as chamadas agora "funções elípticas". (Ocorreu um pouco de confusão histórica, pois Legendre usou a frase "funções elípticas" para se referir às integrais elípticas e não ao que agora é conhecido como funções elípticas.)

A propriedade mais notável destas novas funções transcendentes superiores é, como viram seus três descobridores independentes, que na teoria das funções de variável complexa elas têm dupla periodicidade, isto é, existem dois números complexos m e n tais que $v = f(u) = f(u + m) = f(u + n)$. Enquanto as funções trigonométricas têm só um período real (um período 2π) e a função e^x tem só um período imaginário ($2\pi i$), as funções elípticas têm dois períodos distintos. Jacobi ficou tão impressionado com a simplicidade obtida por uma simples inversão da relação funcional nas integrais elípticas, que considerava o conselho "deve-se sempre inverter" como o segredo do sucesso na matemática.

Jacobi merece crédito também por vários teoremas críticos sobre funções elípticas. Em 1834, demonstrou que se uma função univalente de uma variável tem dois períodos, a razão entre os períodos não pode ser real, e que é impossível que uma função univalente de uma única variável independente tenha mais que dois períodos distintos. A ele devemos também o estudo das "funções teta de Jacobi", uma classe de funções inteiras quase duplamente periódicas de que as funções elípticas são quocientes.

O fatídico artigo perdido de Abel continha a sugestão de algo ainda mais geral que as funções elípticas. Se substituirmos a integral elíptica por

$$u = \int_0^v \frac{dx}{\sqrt{P(x)}},$$

em que $P(x)$ é um polinômio cujo grau pode exceder quatro, e se novamente se inverte a relação entre u e v, para obter $v = f(u)$, esta função é um caso especial do que é conhecido como função abeliana. Foi Jacobi, porém, quem, em 1832, primeiro demonstrou que a inversão pode ser feita não só para uma única variável, mas para funções de várias variáveis.

Os resultados mais célebres de sua pesquisa foram os relativos a funções elípticas, publicados em 1829, que lhe trouxeram elogios de Legendre. Por meio de sua nova análise, Jacobi mostrou mais tarde novamente o teorema de Fermat e Lagrange dos quatro quadrados. Em 1829, Jacobi publicou também um artigo em que fazia uso extenso e geral de jacobianos, exprimindo-os em uma forma mais moderna que Cauchy:

$$\frac{\partial u}{\partial x}, \frac{\partial u}{\partial x_1}, \frac{\partial u}{\partial x_2}, \ldots \frac{\partial u}{\partial x_{n-1}},$$
$$\frac{\partial u_1}{\partial x}, \frac{\partial u_1}{\partial x_1}, \frac{\partial u_1}{\partial x_2}, \ldots \frac{\partial u_1}{\partial x_{n-1}},$$
$$\ldots \quad \ldots \quad \ldots \quad \ldots \quad \ldots$$
$$\frac{\partial u_{n-1}}{\partial x}, \frac{\partial u_{n-1}}{\partial x_1}, \frac{\partial u_{n-1}}{\partial x_2}, \ldots \frac{\partial u_{n-1}}{\partial x_{n-1}}.$$

Jacobi ficou tão apaixonado por determinantes funcionais, que insistia em pensar em determinantes numéricos usuais como jacobianos de n funções lineares em n incógnitas.

O uso por Jacobi de determinantes funcionais em um artigo sobre álgebra, em 1829, foi só incidental, como tinha sido o de Cauchy. Se fosse essa a única contribuição da caneta de Jacobi, seu nome não teria sido ligado ao determinante particular que estamos considerando. Porém, em 1841, ele publicou um longo artigo *De determinantibus functionalibus*, especificamente dedicado ao jacobiano. Observou, entre outras coisas, que este determinante funcional é, em vários aspectos, o análogo, para funções de várias variáveis, do quociente diferencial de uma função de uma só variável; e é claro, chamou a atenção para seu papel em determinar se um conjunto de equações ou funções é ou não independente. Mostrou que se um conjunto de n funções em n variáveis tem relação funcional, o jacobiano deve anular-se identicamente; se as funções são mutuamente independentes, o jacobiano não pode ser identicamente nulo.

Galois

Jovens gênios, cujas vidas foram cortadas pela morte por duelo ou por tuberculose, são parte da tradição literária real e de ficção na Era Romântica. Alguém que desejasse apresentar uma caricatura matemática de tais vidas não poderia fazer melhor do que criar os personagens Abel e Galois. Évariste Galois (1812-1832) nasceu perto de Paris, no vilarejo de Bourg-la-Reine, onde seu pai servia como prefeito. Seus pais, instruídos, não tinham mostrado aptidão especial pela matemática, mas o jovem Galois adquiriu deles um ódio implacável à tirania. Quando entrou na escola aos doze anos, mostrou pouco interesse por latim, grego ou álgebra, mas ficou fascinado pela *Geometry* de Legendre. Mais tarde, estudou com boa compreensão álgebra e análise, nas obras de mestres como Lagrange e Abel, mas seu trabalho de classe de rotina em matemática permaneceu medíocre, e seus professores o consideravam excêntrico. Pelos dezesseis anos, Galois sabia o que seus professores não tinham percebido — que era um gênio matemático. Esperava, pois, entrar na escola que tinha abrigado tantos matemáticos célebres, a École Polytechnique, mas sua falta de preparo sistemático resultou em sua rejeição.

Esta decepção foi seguida por outras. Um artigo que Galois escreveu e apresentou à Academia quando tinha dezessete anos foi aparentemente perdido por Cauchy; fracassou em uma segunda tentativa de entrar na École Polytechnique; pior que tudo, seu pai, sentindo-se perseguido por intrigas clericais, suicidou-se. Galois entrou na École Normale para se preparar para o ensino; também continuou suas pesquisas. Em 1830, apresentou outro artigo à Academia em um concurso para prêmios. Fourier, como secretário da Academia, recebeu o artigo, mas morreu logo depois e este artigo se perdeu. Cercado de todos os lados por tirania e frustração, Galois abraçou a causa da revolução de 1830. Uma carta irada criticando a indecisão do diretor da École Normale resultou na expulsão de Galois. Uma terceira tentativa de apresentar um artigo à Academia resultou em sua devolução por Poison, com pedido de demonstrações. Completamente desiludido, Galois entrou para a Guarda Nacional. Em 1831, foi preso duas vezes; tinha proposto um brinde em uma reunião de republicanos, que foi interpretado como ameaça à vida do rei Luís Filipe. Pouco depois, envolveu-se com uma coquete e foi desafiado a um duelo. Na noite anterior ao duelo, com premonições de morte, Galois passou horas escrevendo, em uma carta a um amigo chamado Chevalier, notas para a posteridade sobre suas descobertas. Pediu que a carta fosse publicada (como foi, ainda no mesmo ano) na *Revue Encyclopédique* e expressou a esperança de que Jacobi e Gauss dessem publicamente sua opinião quanto à importância de seus teoremas. Na manhã de 30 de maio de 1832, Galois encontrou seu adversário em um duelo com pistolas, que resultou em sua morte no dia seguinte. Tinha vinte anos.

Em 1846, Joseph Liouville editou vários artigos e fragmentos manuscritos de Galois e publicou-os junto com a última carta a Chevalier em seu *Journal de Mathématiques*. Isto marca o início de uma efetiva divulgação das ideias de Galois, embora algumas pistas sobre o trabalho de Galois tivessem sido publicadas antes. Dois artigos de Galois tinham aparecido no *Bulletin Sciences Mathématiques*, de Ferussac, em 1830. No primeiro, Galois dava três critérios para resolubilidade de uma equação primitiva; o principal destes era a bela proposição

Para que uma equação irredutível de grau primo possa ser resolvida por radicais é necessário e suficiente que todas as raízes sejam funções racionais de duas quaisquer dentre elas.

Além de referir-se à equação ciclotômica de Gauss e observar que seus resultados derivavam da teoria das permutações, seu artigo não continha indicação do método usado para deduzir resultados, nem demonstrações. Em outro artigo, sobre teoria dos números, Galois mostrava como construir corpos finitos de característica p, dada a raiz de uma congruência irredutível de grau n mod p. Aqui, também, ele ressaltava a analogia com os resultados de Gauss na Secção III das *Disquisitiones arithmeticae*. Sua carta a Chevalier, publicada em setembro de 1832, continha um esboço dos principais resultados do artigo que tinha sido devolvido pela Academia. Lá, Galois tinha indicado o que considerava ser a parte essencial de sua teoria. Em particular, enfatizava a diferença entre a adjunção de uma ou de todas as raízes da resolvente, e relacionava-a com a decomposição do grupo G da equação. Em terminologia moderna, ele indicava que uma extensão de um dado corpo é normal se, e só se, o subgrupo correspondente é um subgrupo normal de G. Observava que uma equação cujo grupo não pode ser decomposto propriamente (uma equação cujo grupo não possui subgrupo normal) deveria ser transformada em uma que possa. Então, observava o equivalente a dizer que uma equação é resolúvel se, e só se, obtém-se uma cadeia de subgrupos normais de índice primo. Desacompanhado de demonstrações, definições ou explicações adequadas, o conteúdo profundo da carta não foi compreendido senão quando Liouville publicou o artigo todo juntamente com esses artigos previamente publicados.

O objetivo principal do artigo é a demonstração do teorema citado acima. Contém a importante noção de "adjunção":

Chamaremos racional toda quantidade que é expressa como função racional dos coeficientes da equação e de um certo número de quantidades juntadas à equação e arbitrariamente escolhidas.

Galois notou que a equação ciclotômica de Gauss de grau primo n é irredutível até que se faça a adjunção de uma raiz das equações auxiliares. Gauss, em seus critérios para construtibilidade de polígonos regulares, tinha essencialmente resolvido a questão da resolubilidade da equação $a_0 X^n + a_n = 0$ em termos de operações racionais e raízes quadradas dos coeficientes. Galois generalizou o resultado para fornecer critérios para a resolubilidade de $a_0 X^n + a_1 X^{n-1} + \cdots + a_{n-1} X + a_n = 0$ em termos de operações racionais e raízes n-ésimas sobre os coeficientes. Sua abordagem do problema, agora chamada teoria de Galois, foi outra contribuição altamente original à álgebra do século dezenove. Porém, foi dito que a teoria de Galois é como o alho, no sentido de que não existe algo como um pouco dela. É preciso fazer um estudo substancial dela para apreciar o raciocínio — como mostrou a experiência de Galois com seus contemporâneos. No entanto, podemos indicar de modo geral o que está por trás da teoria de Galois e porque foi importante.

Galois começou suas investigações com algum trabalho de Lagrange sobre permutações das raízes de uma equação polinomial. Toda mudança na ordenação de n objetos chama-se uma permutação desses objetos. Se, por exemplo, a ordem das letras a, b, c é mudada para c, a, b, esta permutação é escrita sucintamente como (acb), uma notação em que cada letra é levada na imediatamente seguinte e entende-se que a primeira é sucessora da última. Assim, a é levada em c, c, por sua vez é levado em b e b vai em a. A notação (ac) ou (ac, b), porém, significa que a vai em c, c vai em a e b vai em si mesmo. Se duas permutações são efetuadas sucessivamente, a permutação resultante é chamada o produto das duas transformações. Assim, o produto de (acb) e (ac, b), escrito como $(acb)(ac, b)$ é a permutação (a, bc). A permutação idêntica I leva cada letra em si mesma — isto é, deixa inalterada a ordem a, b, c. O conjunto de todas as permutações sobre as letras a, b, c claramente satisfaz à definição de grupo dada no Capítulo 20 sobre geometria; este grupo, contendo seis permutações, é chamado o grupo simétrico sobre a, b, c. No caso de n elementos distintos, $x_1, x_2, \ldots, x_n$, o grupo simétrico sobre eles contém $n!$ permutações. Se estes elementos são as raízes de uma equação irredutível, as propriedades do grupo simétrico fornecem condições necessárias e suficientes para que a equação possa ser resolvida por radicais.

Inspirado pela demonstração de Abel da insolubilidade por radicais da equação quíntica, Galois descobriu que uma equação algébrica irredutível é resolúvel por radicais se, e só se, seu grupo — isto é, o grupo simétrico sobre suas raízes — é solúvel. A descrição de um grupo solúvel é bastante complicada, envolvendo relações entre o grupo e seus subgrupos. As três permutações (abc), $(abc)^2$ e $(abc)^3 = I$ formam um subgrupo do grupo simétrico sobre a, b e c. Lagrange já tinha mostrado que a ordem de um subgrupo deve ser um fator da ordem do grupo; mas Galois foi mais fundo e achou relações entre a fatorabilidade do grupo de uma equação e a resolubilidade da equação. Além disso, devemos a ele o uso, em 1830, da palavra grupo no sentido técnico em matemática e o conceito de subgrupo normal.

Embora seu trabalho precedesse o da maior parte dos algebristas ingleses do grande período de 1830-1850, as ideias de Galois não tiveram influência até serem publicadas, em 1846. A presença em Paris não garantia sucesso nem mesmo às mais brilhantes jovens mentes matemáticas da época. Abel e Galois são os exemplos mais ilustres de homens que se sentiram frustrados por seu fracasso em encontrar o reconhecimento que buscavam em Paris.

A situação tinha mudado na época que Liouville publicou a obra de Galois em seu *Journal*. Em meados do século, um número substancial de matemáticos estava ativo em pesquisa na França, Prússia e Inglaterra. Cada país fundou um importante periódico matemático no segundo quarto do século. Em 1836, Liouville tinha fundado o *Journal de Mathématiques Pures et Appliquées*. Seguiu-se o *Cambridge Mathematical Journal*. O periódico de Crelle continuou a prosperar, com muito apoio ativo de Dirichlet e seus estudantes.

Gauss e Cauchy morreram a distância de dois anos um do outro, o primeiro em 1855, o segundo em 1857. Tinham sido precedidos na morte por muitos de seus contemporâneos, inclusive seguidores mais jovens; foram seguidos, em 1859, por Dirichlet e Alexander von Humboldt. Neste particular, a década de 1850 marca o fim de uma era. Mas a década trouxe também uma nova direção nos continuados desdobramentos do legado de Gauss e Cauchy: a que emergia da obra de Bernhard Riemann (1826-1866).

20 GEOMETRIA

Não há ramo da matemática, por mais abstrato que seja, que não possa um dia vir a ser aplicado aos fenômenos do mundo real.

Lobachevsky

A escola de Monge

Dentre todos os ramos da matemática, a geometria tem sido o mais sujeito a mudanças de gosto, de uma época para outra. Na Grécia clássica subiu ao zênite, para cair ao nadir ao tempo da queda de Roma. Tinha recuperado parte do terreno perdido na Arábia e na Europa do Renascimento; no século dezessete esteve no limiar de uma nova era, para ser novamente quase esquecida, ao menos pelos pesquisadores em matemática, por quase mais dois séculos, permanecendo à sombra dos ramos prolíficos da análise. A Inglaterra, especialmente durante o fim do século dezoito, travara uma batalha perdida para devolver a *Os elementos* de Euclides sua posição outrora gloriosa, mas os ingleses pouco fizeram para desenvolver a pesquisa no assunto. Através dos esforços de Monge e Carnot, houve alguns sintomas de reavivamento da geometria pura durante o período da Revolução Francesa, mas a redescoberta quase explosiva da geometria como um ramo vivo da matemática veio principalmente no início do século dezenove.

Como podia ser previsto, os estudantes de Monge na École Polytechnique fizeram contribuições significativas ao novo movimento geométrico. Refletindo a natureza múltipla da pesquisa de seu professor, alguns seguiram a área de aplicações da geometria à engenharia, alguns à pedagogia, alguns à física; muitos estudaram o assunto por seu interesse intrínseco. Assim, Charles Dupin (1784-1873) aplicou seu conhecimento geométrico principalmente a problemas de arquitetura naval e fundou cursos de treinamento técnico no Conservatoire des Arts et Métiers. Ainda assim, ele é mais lembrado entre os geômetras por contribuições à teoria das superfícies, onde introduziu conceitos como o de *cyclide*, a superfície envolvida por todas as esferas tangentes à um dado conjunto de esferas. Theodore Olivier (1793-1853) foi além de Monge ao criar modelos geométricos para desenvolver visualizações poderosas de conceitos geométricos; este trabalho começou a construção de coleções de modelos geométricos, fortemente promovidos no final do século pela influência pedagógica de Felix Klein (1849-1925). Jean-

-Baptiste Biot (1774-1862), embora seja lembrado principalmente como físico, em suas aulas passou a ênfase de Monge na visualização geométrica de problemas físicos e matemáticos. Charles Julien Brianchon (1785-1864) é mais bem conhecido atualmente por um teorema que descobriu apenas um ano após ingressar na École Polytechnique, onde estudou sob a orientação de Monge e leu a *Géométrie de position* de Carnot. O estudante de vinte e um anos, mais tarde oficial de artilharia e professor, primeiro retomou o teorema de Pascal, há muito esquecido, que Brianchon exprimiu em forma moderna: em todo hexágono inscrito em uma secção cônica, os três pontos de intersecção dos lados opostos sempre estão sobre uma reta. Continuando com mais algumas demonstrações, chegou a do resultado que tem seu nome: "em todo hexágono circunscrito a uma secção cônica, as três diagonais se cortam em um mesmo ponto". Assim como Pascal ficara impressionado com o número de corolários que podia tirar de seu teorema, também Brianchon observou que seu próprio teorema "está prenhe de consequências curiosas". Os teoremas de Pascal e Brianchon são, na verdade, fundamentais no estudo projetivo das cônicas. Formam, além disso, o primeiro exemplo claro de um par de teoremas "duais" significativos na geometria, isto é, teoremas que permanecem válidos quando (em geometria plana) as palavras ponto e reta são permutadas. Se lermos a frase "uma reta é tangente a uma cônica" como "uma reta está sobre uma cônica", os dois teoremas podem ser expressos na seguinte forma combinada:

Os seis $\begin{cases}\text{vértices}\\ \text{lados}\end{cases}$ de um hexágono estão sobre uma cônica se, e somente se, os(as) três $\begin{cases}\text{pontos}\\ \text{retas}\end{cases}$ comuns aos três pares de $\begin{cases}\text{lados}\\ \text{vértices}\end{cases}$ opostos tem uma (um) $\begin{cases}\text{reta}\\ \text{ponto}\end{cases}$ comum

A geometria projetiva: Poncelet e Chasles

Relações entre pontos e retas sobre cônicas foram também exploradas de modo eficaz por outro graduado da École Polytechnique, o homem que se tornou o verdadeiro fundador da geometria projetiva. Este foi Jean-Victor Poncelet (1788-1867), que também estudou sob a orientação de Monge. Poncelet entrou no corpo de engenheiros do exército bem a tempo de tomar parte na malfadada campanha de 1812 de Napoleão na Rússia e ser feito prisioneiro. Enquanto na prisão, Poncelet compôs um tratado de geometria analítica, *Applications d'analyse et de géométrie*, baseado nos princípios que aprendera na École Polytechnique. Essa obra, porém, só foi publicada cerca de meio século depois (2 volumes, 1862-1864), apesar do fato que, na intenção original do autor, deveria servir de introdução ao seu muito mais célebre *Traité des propriétés projectives des figures*, de 1822. Essa última obra diferia muito da primeira, pois está no estilo sintético, em vez de analítico. Os gostos de Poncelet tinham mudado ao voltar para Paris, e a partir daí ele se tornara um firme defensor dos métodos sintéticos. Ele percebeu que a aparente vantagem da geometria analítica residia em sua generalidade, e por isso tentou tornar suas afirmações de geometria sintética as mais gerais possíveis. Para isso, ele formulou o que chamou "princípio de continuidade" ou o "princípio da permanência das relações matemáticas". Este, ele descrevia como segue:

> As propriedades métricas descobertas para uma figura primitiva permanecem aplicáveis, sem modificações além de mudança de sinal, a todas as figuras correlatas que podem ser consideradas como provindo da primeira.

Como exemplo do princípio, Poncelet citou o teorema da igualdade dos produtos dos segmentos de cordas de um círculo que se cortam, que se transforma, quando o ponto de intersecção está fora do círculo, em igualdade dos produtos de segmentos de secantes. Se uma das retas é tangente ao círculo, o teorema ainda assim permanece válido, substituindo o produto dos segmentos da secante pelo quadrado da tangente. Cauchy se inclinava a caçoar do princípio de continuidade de Poncelet, pois ele lhe parecia ser apenas uma ousada indução. Em certo sentido, o princípio se aproxima das ideias de Carnot, mas Poncelet levou-o adiante, incluindo os pontos no infinito que Kepler e Desargues tinham sugerido. Assim, se poderia dizer que duas retas sempre se cortam — seja em um ponto ordinário, seja (no caso de retas paralelas) em um ponto no infinito, chamado um ponto ideal. Para chegar à generalidade da análise, Poncelet achou necessário introduzir na geometria sintética não só pontos ideais, mas também pontos imaginários, pois só assim ele podia dizer que um círculo e uma reta sempre se cortam. Entre suas descobertas notáveis está a de que todos os círculos de um plano têm dois pontos em comum. Esses são dois pontos ideais imaginários, chamados os pontos circulares no infinito e usualmente denotados por I e J (ou, mais informalmente, Isaac e Jacob).

Poncelet achava que seu princípio de continuidade, que presumivelmente fora sugerido pela geometria analítica, era propriamente um desenvolvimento da geometria sintética, e rapidamente se tornou um defensor desta contra os analistas. Durante a segunda metade do século dezoito tinha havido alguma controvérsia, especialmente na Alemanha, sobre os méritos relativos da análise e da síntese. Durante o começo do século dezenove, o interesse pelas metodologias rivais era tal na França que um prêmio foi oferecido, em 1813, pela Sociedade Científica de Bordeaux para o melhor ensaio caracterizando a síntese e a análise e a influência exercida por cada uma. O ensaio premiado, de um professor em Versalhes, acabava exprimindo a esperança de que houvesse uma reconciliação entre os dois campos; mas meia dúzia de anos depois a controvérsia recomeçou e tornou-se cada vez mais amarga.

A história da geometria no século dezenove está cheia de casos de descoberta e redescoberta independentes. Um exemplo é o do círculo de nove pontos. Poncelet e Brianchon publicaram, juntos, um artigo nos *Annales* de Gergonne de 1820-1821, que, embora denominado *Recherches sur la détermination d'une hyperbole équilatère*, continha uma demonstração do belo teorema:

O círculo que passa pelos pés das perpendiculares baixadas dos vértices de qualquer triângulo sobre os lados opostos a eles passa também pelos pontos médios desses lados, assim como pelos pontos médios dos segmentos que unem os vértices ao ponto de intersecção das perpendiculares.

Este teorema em geral não leva nem o nome Brianchon nem o de Poncelet, mas o de um matemático alemão, Karl Wilhelm Feuerbach (1800-1834), que, trabalhando independentemente, publicou-o em 1822. A pequena monografia, contendo este teorema e algumas proposições a ele relacionadas, incluía também demonstrações de algumas propriedades fascinantes do círculo. Entre estas está o fato de o centro do círculo dos nove pontos estar sobre a reta de Euler e ser o ponto médio entre o ortocentro e o circuncentro, e o "teorema de Feuerbach" que diz que o círculo dos nove pontos de qualquer triângulo é tangente internamente ao círculo inscrito e tangente externamente aos três círculos excritos. Um entusiasta, o geômetra americano Julian Louvell Coolidge (1873-1954), chamou este de "o mais belo teorema da geometria elementar descoberto desde o tempo de Euclides". Deve-se notar que o encanto destes teoremas encorajou considerável investigação na geometria de triângulos e círculos durante todo o século dezenove.

Voltando a Poncelet, notemos que ele é lembrado principalmente por usar conceitos desargueanos existentes de projeções centrais (ponto) e de pontos no infinito para estabelecer a noção de plano projetivo complexo. É básico o estudo de propriedades projetivas, definidas como sendo as que ficam invariantes por perspectividades. Dado um ponto O e uma reta l no plano, uma perspecticidade associa a cada ponto P um ponto P' de l tal que se Q é um segundo ponto, existe Q' sobre

OQ tal que *PQ* corta *P'Q'* em um ponto de *l*. Uma sequência de perspectividades chama-se uma projetividade. Novamente, apelando para uma abordagem usada por Desargues, Poncelet trouxe ao primeiro plano os conceitos de Apolonio de pólo e polar, aos quais, como dissemos, atribuía sua descoberta do princípio de dualidade.

A obra de Poncelet foi continuada por Michel Chasles (1798-1880), também formado na École Polytechnique, onde se tornou professor de tecnologia de máquinas em 1841; a partir de 1846 teve a cadeira de geometria superior na Sorbonne. A Chasles se deve a ênfase, na geometria projetiva, sobre as seis razões duplas ou anarmônicas, $(c-a)/(c-b):(d-a)/(d-b)$ de quatro pontos colineares ou quatro retas concorrentes, e a invariância dessas razões sob transformações projetivas. Seu *Traité de géométrie supérieure* (1852) também teve influência em estabelecer o uso de segmentos de reta orientados na geometria pura. Chasles, também conhecido por seu *Aperçu historique sur l'origine et le développement des méthodes en géométrie* (1837), foi um dos últimos grandes geômetras projetivos na França. Já em idade avançada, iniciou o estudo da geometria enumerativa, o ramo da geometria algébrica cuja tarefa é determinar o número de soluções de problemas algébricos por meio de interpretação geométrica. Nisto, como em outras questões, fez uso proeminente do "princípio de correspondência".

Geometria sintética métrica: Steiner

Em diversos aspectos, os resultados de Chasles tinham muitos pontos comuns com os de vários geômetras alemães. O mais importante destes era Jakob Steiner, que foi considerado o maior geômetra sintético dos tempos modernos. Em suas mãos, a geometria sintética teve avanços comparáveis aos que tivera antes a análise. Ele detestava métodos analíticos. O termo análise implica em certa dose de técnica ou maquinaria; frequentemente se diz que a análise é um instrumento, termo nunca aplicado à síntese. Steiner fazia objeções a todo tipo de instrumento em geometria.

Demonstrou só com métodos sintéticos, em um artigo no *Journal* de Crelle, um notável teorema que parece pertencer naturalmente à análise: que uma superfície de terceira ordem contém só vinte e sete retas. Steiner demonstrou também que todas as construções euclidianas podem ser feitas usando só a régua, desde que seja dado um único círculo fixo. Este teorema mostra que não se pode, na geometria euclideana, dispensar completamente o compasso, mas tendo-o usado para traçar um círculo, daí por diante é possível abandoná-lo em favor da régua.

O nome de Steiner é lembrado em vários temas, inclusive as propriedades dos pontos de Steiner: unindo de todas as maneiras possíveis os seis pontos sobre uma cônica do hexágono místico de Pascal, obtêm-se sessenta retas de Pascal que se cortam três a três em vinte pontos de Steiner. Entre os resultados não publicados de Steiner estão os relacionados com a útil transformação geométrica chamada geometria inversiva: se dois pontos P e P' estão sobre um raio do centro O de um círculo C de raio $r \neq 0$ e se o produto das distâncias OP e OP' é r^2, então P e P' se dizem inversos um do outro com relação a C. A cada ponto P fora do círculo corresponde um ponto dentro do círculo. Como não há ponto correspondendo a P quando P coincide com o centro O, tem-se, em certo sentido, uma paradoxo semelhante ao de Bozano: o interior de qualquer círculo, por menor que seja, contém um ponto a mais que a parte do plano exterior ao círculo. De modo exatamente análogo, define-se o inverso de um ponto no espaço tridimensional com relação a uma esfera.

Diversos teoremas na geometria inversiva plana ou no espaço podem ser facilmente demonstrados por métodos analíticos ou sintéticos. Em particular, é fácil mostrar que um círculo que não passa pelo centro de inversão se transforma, por inversão plana, em um círculo, enquanto um círculo que passe pelo centro de inversão se transforma em uma reta que não passa pelo centro de inversão (resultados análogos valendo para esferas e planos na geometria inversiva tridimensional). Um pouco mais difícil de demonstrar é o resultado mais significativo que diz que a inversão é uma transformação conforme — isto é, nessa geometria, os ângulos entre curvas são preservados. Que tais transformações, que preservam ângulos, não são nada comuns no espaço, se vê por um teorema de Joseph Liouville, segundo o qual no espaço as únicas transformações conformes são as inversões e as transformações de semelhança e congruência. Steiner não publicou suas ideias sobre inversão, e a transformação foi redescoberta várias vezes por outros matemáticos do século, inclusive Lord Kelvin (ou William Thompson, 1824-1907), que em 1845 chegou a ela pela física e que a aplicou a problemas de eletrostática.

Se o centro O do círculo de inversão de raio a está na origem de um sistema de coordenadas cartesianas no plano, as coordenadas x' e y' do inverso P' de um ponto $P(x, y)$ são dadas pelas equações

$$x' = \frac{a^2 x}{x^2 + y^2} \quad \text{e} \quad y' = \frac{a^2 y}{x^2 + y^2}$$

Essas equações mais tarde sugeriram a Luigi Cremona (1830-1903), professor de geometria sucessivamente em Bolonha, Milão e Roma, o estudo da transformação muito mais geral $x' = R_1(x, y)$, $y' = R_2(x, y)$, onde R_1 e R_2 são funções algébricas racionais. Tais transformações, de que as de inversão são um caso particular, são chamadas transformações de Cremona, como homenagem aquele que em 1863 publicou uma exposição sobre elas e mais tarde generalizou-as à dimensão três.

Geometria sintética não métrica: von Staudt

Steiner, em seu *Systematische Entwicklungen*, de 1823, tinha produzido um tratamento da geometria projetiva baseado em considerações métricas. Alguns anos depois, a geometria pura encontrou outro devoto alemão em K. G. C. von Staudt (1798-1867), antes estudante de Gauss, cuja *Geometrie der Lage*, de 1847, construiu a geometria projetiva sem referência a grandeza ou número. Von Staudt, depois de definir a razão dupla de quatro pontos x_1, x_2, x_3 e x_4 como $x_1 - x_3/x_1 - x_4$: $x_2 - x_3/x_2 - x_4$, fez de um conjunto harmônico de pontos (um conjunto cuja razão dupla é –1) a base para construir a geometria projetiva; dois feixes de pontos se dizem projetivos se conjuntos harmônicos são preservados. A geometria de von Staudt foi muito importante ao mostrar como uma geometria projetiva podia ser estabelecida sem o conceito de distância, abrindo assim caminho para a ideia de se ter uma geometria não métrica em que a noção de distância podia ser definida. Alguns anos depois, Edmond Laguerre (1834-1886), na França, discutiu a possibilidade de impor uma medida em uma geometria de ângulos não métrica. Foi Arthur Cayley, porém, quem subsequentemente apresentou a elaboração mais influente de todo o conceito de definir uma métrica em uma geometria projetiva em seu "*Sexto artigo sobre quânticas*".

Geometria analítica

Da mesma forma como Monge fora talvez o primeiro especialista moderno em geometria em geral, assim também Julius Plücker (1801-1868) tornou-se o primeiro especialista em geometria analítica em particular. Suas primeiras publicações nos *Annales* de Gergonne, em 1826, tinham sido principalmente sintéticas, mas inadvertidamente ele ficou tão transtornado com controvérsia com Poncelet que abandonou o campo dos sintetistas e tornou-se o mais prolífico dos geômetras analíticos. Os métodos algébricos, ele veio a crer firmemente, eram muito preferíveis aos puramente geométricos de Poncelet e Steiner. Que seu nome sobreviva na geometria de coordenadas no que se chama notação abreviada de Plücker é um tributo à sua influência, embora nesse caso a frase lhe dê mais do que é justo. Durante o começo do século dezenove muitos, Gergonne inclusive, tinham percebido que a geometria analítica estava sobrecarregada por cálculos algébricos incômodos; por isso, começaram a abreviar drasticamente as notações. Por exemplo, a família de todos os círculos que passam pela intersecção dos dois círculos $x^2 + y^2 + ax + by + c = 0$ e $x^2 + y^2 + a'x + b'y + c' = 0$, era denotada por Gabriel Lamé (1795-1870) em 1818 simplesmente por $mC + m'C' = 0$, usando dois parâmetros ou multiplicadores m e m'. Gergonne e Plücker preferiram um único multiplicador designado por uma letra grega, o primeiro escrevendo $C + \lambda C' = 0$, de onde temos a palavra "lambdalizar" e o segundo usando $C + \mu C' = 0$, o que deu a expressão "μ de Plücker". Lamé parece ter sido o primeiro a estudar na geometria analítica famílias a um parâmetro por meio de notação abreviada, mas foi Plücker quem, especialmente durante os anos de 1827-1829, levou mais longe esse estudo.

Entre os muitos usos que Plücker fez de notação abreviada está um de 1828, nos *Annales* de Gergonne, em que explicou o paradoxo de Cramer-Euler. Se, por exemplo, tomamos quatorze pontos ao acaso em um plano, a curva quártica por eles pode ser escrita como $Q + \mu Q' = 0$, onde $Q = 0$ e $Q' = 0$ são quárticas distintas passando pelos mesmos treze pontos dentre os quatorze dados. Determinemos μ de modo que as coordenadas do décimo quarto ponto satisfaçam $Q + \mu Q' = 0$. Então, $Q = 0$, $Q' = 0$ e $Q + pQ' = 0$ têm em comum não só os *treze* pontos iniciais mas todos os *dezesseis* pontos de intersecção de $Q = 0$ e $Q' = 0$. Portanto, associados a qualquer coleção de treze pontos há três pontos adicionais, dependendo dos treze iniciais, e nenhuma coleção de quatorze pontos ou mais extraídos da coleção total de dezesseis determinará uma quártica única, apesar do fato que quatorze pontos arbitrários em geral determinam univocamente uma curva quártica. Mais geralmente, todo conjunto dado de

$$\frac{n(n+3)}{2} - 1$$

pontos arbitrários determinará uma coleção associada de

$$n^2 - \left[\frac{n(n+3)}{2} - 1\right] = \frac{(n-1)(n-2)}{2}$$

pontos "dependentes" adicionais, tal que qualquer curva de grau n passando por todos os pontos dados passará também pelos pontos dependentes. Plücker deu também um dual desse teorema sobre o paradoxo, bem como generalizações a superfícies em três dimensões.

Foi Plücker, no primeiro volume de *Analytisch-geometrische Entwicklungen* (1828), quem elevou à categoria de princípio a notação abreviada de Lamé e Gergonne; no segundo volume dessa influente obra (1831), ele redescobriu um novo sistema de coordenadas que já tinha sido inventado independentemente três vezes. Era o que chamamos agora de coordenadas homogêneas, de que Feuerbach foi um inventor. Outro descobridor foi A. F. Möbius (1790-1860), também aluno de Gauss, que publicou seu esquema em 1827, em um trabalho com o título *Der barycentrishe Calcul*. Introduziu suas "coordenadas baricêntricas" considerando um triângulo dado ABC e definindo as coordenadas de um ponto P como a massa a ser colocada em A, B e C para que P seja o centro de gravidade dessas massas. Mobius classificou transformações conforme fossem congruências (deixando iguais figuras correspondentes), semelhanças (figuras correspondentes semelhantes), afins (figuras correspondentes preservando retas paralelas), ou colineações (retas indo em retas), e sugeriu o estudo de invariantes sob cada família de transformações. O autor de *Der barycentrische Calcul* é mais conhecido, no entanto, pela superfície de um só lado que tem seu nome — a faixa de Mobius, obtida unindo as extremidades de uma fita depois de virar uma delas de cima para baixo. Ainda outro inventor das coordenadas homogêneas foi Étienne Bobillier (1797-1832), um graduado da École Polytechnique que publicou seu novo sistema de coordenadas nos *Annales* de Gergonne de 1827-1828.

As notações e linhas de raciocínio dos quatro inventores diferiam um pouco, mas todos tinham uma coisa em comum — usavam *três* coordenadas em vez de duas para determinar um ponto do plano. Os sistemas eram equivalentes ao que também chamamos coordenadas trilineares. Plücker, na verdade, a princípio tomou especificamente suas três coordenadas x, y e t de um ponto P de um plano como sendo as três distâncias de P aos lados de um triângulo de referência. Mais tarde, no Vol. II de *Analytisch-geometrische Entwicklungen*, ele deu a definição mais usual de coordenadas homogêneas como coleção de triplas ordenadas de números (x, y, t) relacionadas com as coordenadas cartesianas (X, Y) de P por $x = Xt$ e $y = Yt$. É evidente que as coordenadas homogêneas de um ponto P não são únicas, pois a tripla (x, y, t) e a tripla (kx, ky, kt), $k \neq 0$, correspondem ao mesmo par cartesiano $(x/t, y/t)$. Porém, a falta de unicidade não causa mais dificuldade que a falta de unicidade em coordenadas polares ou a falta de unicidade de forma no caso de frações. O nome "homogêneas" provém, é claro, do fato de que quando usamos as equações de transformação para passar da equação $f(X, Y) = 0$ de uma curva em coordenadas cartesianas para a forma $f(x/t, y/t) = 0$, a nova equação conterá termos todos de mesmo grau na variáveis x, y e t. E, o que é mais importante, deve-se notar que não há no sistema de coordenadas cartesianas um par que corresponde a uma tripla numérica homogênea da forma $(x, y, 0)$. Uma tal tripla (desde que x e y não sejam ambos nulos) designa um ponto ideal, ou "ponto no infinito". Finalmente, tinha-se conseguido ligar os elementos infinitos de Kepler, Desargues e Poncelet a um sistema de coordenadas de números ordinários. Além disso, assim como toda tripla ordenada de números reais (não todos nulos) em coordenadas homogêneas corresponde a um ponto em um plano, também toda equação linear $ax + by + ct = 0$ (desde que a, b e c não sejam todos nulos) corresponde a uma reta no plano. Em particular, todos os "pontos no infinito" no plano estão evidentemente sobre a reta dada pela equação $t = 0$, chamada reta no infinito ou reta ideal no plano. É evidente que esse novo sistema de coordenadas é o ideal para o estudo da geometria projetiva, que até então fora estudada quase exclusivamente do ponto de vista da geometria pura.

As coordenadas homogêneas representaram um grande passo na direção da aritmetização da geometria, mas, em 1829, Plücker publicou no *Journal* de Crelle um artigo com um ponto de vista revolucionário, que era uma completa ruptura com o conceito cartesiano de coordenadas como segmentos de reta. A equação de uma reta em coordenadas homogêneas tem a forma $ax + by + ct = 0$. Os três coeficientes ou parâmetros (a, b, c) determinam uma única reta no plano, exatamente como as três coordenadas homogêneas (x, y, t) correspondem a um único ponto do plano. Como as coordenadas são números, portanto não diferentes dos coeficientes, Plücker viu que se podia modificar a linguagem usual e chamar (a, b, c) as *coordenadas* homogêneas de uma reta. Se, finalmente, invertemos a convenção cartesiana de modo que as primeiras letras do alfabeto designem variáveis e as do fim do alfabeto constantes, a equação $ax + by + ct = 0$ representará um feixe de retas passando pelo ponto fixo (x, y, t), em lugar do feixe de pontos sobre a reta fixa (a, b, c). Considerando agora a equação descomprometida $pu + qv + rw = 0$, é claro que ela pode ser olhada indiferentemente como representando a totalidade dos pontos (u, v, w) que estão sobre a reta fixa (p, q, r) ou a totalidade das retas (p, q, r) passando pelo ponto fixo (u, v, w).

Plücker havia descoberto o correspondente analítico imediato do princípio geométrico de dualidade, a respeito do qual Gergonne e Poncelet haviam brigado; ficou claro agora que a justificativa que a geometria pura havia buscado em vão era aqui fornecida pelo ponto de vista algébrico. A permuta das palavras "ponto" e "reta" corresponde apenas à permuta das palavras "constante" e "variável" em relação às quantidades p, q, r e u, v, w. Da simetria da situação algébrica resulta claramente que todo teorema que diz respeito a $pu + qv + rw = 0$ aparece imediatamente em duas formas, duais uma da outra. Além disso, Plücker mostrou que toda curva (que não seja uma reta) pode ser encarada como tendo uma origem dual: é um lugar geométrico gerado por um ponto móvel e é envolvida por uma reta móvel, o ponto movendo-se continuamente ao longo da reta enquanto a reta gira com centro no ponto. E, o que é estranho, o grau de uma curva em coordenadas de ponto (a "ordem" da curva) não precisa ser igual ao grau da curva em coordenadas de reta (a "classe" da curva) e um dos grandes sucessos de Plücker, publicado no *Journal* de Crelle de 1834, foi a descoberta de quatro equações, que têm seu nome, relacionando a classe e a ordem de uma curva com as singularidades da curva:

$$m = n(n-1) - 2\delta - 3\kappa \text{ e } n = m(m-1) - 2\tau - 3\iota;$$
$$\iota = 3n(n-2) - 6\delta - 8\kappa \text{ e } \kappa = 3m(m-2) - 6\tau - 8t,$$

onde m é a classe, n a ordem, δ o número de nós, κ o número de cúspides, ι o número de tangentes estacionárias (pontos de inflexão) e τ o número de bitangentes. Dessas equações resulta imediatamente que uma cônica (de ordem dois) não pode ter singularidades e, portanto, deve ser também de classe dois.

Em artigos e volumes posteriores, Plücker estendeu seu trabalho de modo a incluir coordenadas cartesianas e homogêneas imaginárias. Agora era trivial justificar o teorema de Poncelet, que diz que os círculos têm em comum dois pontos imaginários no infinito, pois os pontos $(1, i, 0)$ e $(i, 1, 0)$ satisfazem ambos à equação $x^2 + y^2 + axt + byt + ct^2 = 0$, quaisquer que sejam os valores de a, b, c. Plücker mostrou também que os focos das cônicas têm a propriedade que as tangentes imaginárias à curva por esses pontos passam pelos dois pontos circulares citados acima; por isso ele definiu um foco de uma curva plana de ordem superior como um ponto tendo essa propriedade.

Durante os dias de Descartes e Fermat, e novamente durante o tempo de Monge e Lagrange, a França fora o centro do desenvolvimento da geometria analítica, mas com a obra de Plücker a liderança no campo atravessou o Reno, fixando-se na Alemanha. No entanto, Plücker foi, em larga medida, o tradicional profeta não reconhecido em seu próprio país. Lá, Steiner, o defensor dos métodos sintéticos, era extraordinariamente admirado. Mobius permaneceu neutro na controvérsia análise *versus* síntese, mas Jacobi, apesar de ser ele próprio um construtor de algoritmos, se uniu a Steiner na oposição polêmica a Plücker. Desanimado, Plücker, em 1847, se voltou da geometria para a física, publicando uma série de artigos sobre magnetismo e espectroscopia.

É surpreendente que Plücker não tenha aproveitado os desenvolvimentos sobre determinantes, talvez por causa de sua polêmica com Jacobi; pode ser por este motivo que ele não tenha desenvolvido sistematicamente uma geometria analítica em mais de três dimensões. Plücker chegou perto desta noção por sua observação, em 1846, de que os quatro parâmetros que determinam uma reta no espaço tridimensional podem ser pensados como quatro coordenadas; mas só muito depois, em 1865, ele voltou à geometria analítica e desenvolveu a ideia de "uma nova geometria do espaço" — um espaço de dimensão quatro, em que retas em lugar de pontos eram os elementos básicos. Enquanto isso, em 1843, Cayley iniciava a geometria analítica comum do espaço n-dimensional, usando os determinantes como instrumento essencial. Nessa notação, usando coordenadas homogêneas, as equações da reta e do plano, respectivamente, podem ser escritas como

$$\begin{vmatrix} x & y & t \\ x_1 & y_1 & t_1 \\ x_2 & y_2 & t_2 \end{vmatrix} = 0 \quad \text{e} \quad \begin{vmatrix} x & y & z & t \\ x_1 & y_1 & z_1 & t_1 \\ x_2 & y_2 & z_2 & t_1 \\ x_3 & y_3 & z_3 & t_3 \end{vmatrix} = 0.$$

Cayley salientou que o correspondente elemento fundamental $(n - 1)$-dimensional no espaço a n dimensões pode ser expresso em coordenadas homogêneas por um determinante, semelhante a esses anteriores, de ordem $n + 1$. Muitas das fórmulas simples para dimensões dois e três podem, se convenientemente expressas, ser generalizadas facilmente para n dimensões. Em 1846, Cayley publicou um artigo no *Journal* de Crelle em que ele novamente estendia alguns teoremas do espaço tridimensional a um espaço de dimensão quatro; em 1847, Cauchy publicou um artigo no *Comptes Rendus*, em que considerava "pontos analíticos" e "retas analíticas" em um espaço de dimensão maior que três.

Geometria não euclidiana

Na geometria não euclidiana também encontramos um caso surpreendente de simultaneidade de descoberta, pois ideias semelhantes ocorreram, durante o primeiro terço do século dezenove, a três homens, um alemão, um húngaro e um russo. Já notamos que Gauss, durante a segunda década do século, tinha chegado à conclusão de que os esforços para demonstrar o postulado das paralelas feitos por Saccheri, Lambert, Legendre e seu amigo húngaro Farkas eram vãos e que geometrias diferentes da de Euclides eram possíveis. Porém, não compartilhou suas ideias com outros; simplesmente elaborou a ideia, como disse, "para si próprio". Por isso, continuaram os esforços para demonstrar o postulado, e entre os que tentaram tal demonstração estava o jovem Nicolai Ivonovich Lobachevsky (1793-1856). Lobachevsky é considerado o "Copérnico da geometria", o homem que revolucionou o assunto pela criação de todo um ramo novo, a geometria de Lobachevsky, mostrando que a geometria euclidiana não era a ciência exata ou a verdade absoluta que antes se supunha ser. A obra de Lobachevsky forçou a revisão de pontos de vista fundamentais sobre a natureza da matemática; mas os colegas de Lobachevsky estavam muito próximos da situação para vê-la na perspectiva correta, e o pioneiro teve que seguir suas ideias em solitário isolamento.

Parece que a visão revolucionária de Lobachevsky não lhe chegou como inspiração súbita. Em um esboço de geometria que preparou em 1823, presumivelmente para uso em sala de aula, Lobachevsky diz do postulado das paralelas simplesmente que "nenhuma demonstração rigorosa de ser verdadeiro fora jamais descoberta". Aparentemente, então, não excluía a possibilidade de tal demonstração ainda ser descoberta. Três anos depois, na Universidade de Kazan, leu em francês um artigo (agora perdido) sobre os princípios da geometria, incluindo *une démonstration rigoureuse du théorème des parallèles*. O ano de 1826, em que este artigo foi apresentado, pode ser tomado como data não oficial do nascimento da geometria de Lobachevsky, pois foi então que o autor apresentou muitos dos teoremas característicos do novo assunto. Outros três anos mais tarde, no *Kazan Messenger* de 1829, Lobachevsky publicou um artigo, "*Sobre os Princípios da Geometria*", que marca o nascimento oficial da geometria não euclidiana. Entre 1826 e 1829, ele tinha ficado absolutamente convencido de que o quinto postulado de Euclides não pode ser demonstrado com base nos outros quatro, e, no artigo de 1829, tornou-se o primeiro matemático a dar o passo revolucionário de publicar uma geometria especificamente baseada em uma hipótese em conflito direto com o postulado das paralelas: por um ponto C fora de uma reta AB podem ser traçadas mais de uma reta no plano que não encontram AB. Com esse novo postulado, Lobachevsky deduzia uma estrutura geométrica harmoniosa, sem contradições lógicas inerentes. Esta era, em todos os sentidos, uma geometria válida, mas parecia tão contrária ao senso comum, mesmo a Lobachevsky, que ele a chamou de "geometria imaginária".

Lobachevsky percebia bem o significado de sua descoberta da "geometria imaginária", como fica claro do fato de nos vinte anos de 1835 a 1855 ter ele escrito três exposições completas da nova geometria. Em 1835-1838, seu *Novos Fundamentos da Geometria* apareceu em russo; em 1840 publicou *Investigações Geométricas sobre a Teoria das Paralelas* em alemão; e em 1855 seu último livro, *Pangeometria*, foi publicado simultaneamente em francês e russo. (Todos, desde então, foram traduzidos para outras línguas, inclusive inglês.) Através do segundo destes livros, Gauss soube das contribuições de Lobachevsky à geometria não euclideana e foi por recomendação sua que Lobachevsky, em 1842, foi eleito para a Sociedade Científica de Gottingen. Em cartas a amigos, Gauss elogiou o trabalho de Lobachevsky, mas nunca deu seu apoio em texto impresso, por temer os ataques "dos beócios". Em parte, foi por isto que a nova geometria se tornou conhecida só de modo muito lento.

O amigo húngaro de Gauss, Fonkar Bolyai, tinha gasto muito de sua vida tentando demonstrar o postulado das paralelas, e quando soube que seu próprio filho, Jonas Bolyai (1802-1860), estava absorto no problema das paralelas, o pai, professor de matemática provinciano, escreveu ao filho, um garboso oficial do exército:

Pelo amor de Deus, imploro a você, desista. Receie isto tanto quanto as paixões sensuais porque isso, também, pode tomar todo o seu tempo e privá-lo de sua saúde, paz de espírito e felicidade na vida.

O filho, não convencido, continuou seus esforços até que, por volta de 1829, ele chegou à conclusão a que Lobachevsky chegara poucos anos antes. Em vez de tentar demonstrar o impossível, desenvolveu o que chamou "Ciência Absoluta do Espaço", partindo da hipótese de que por um ponto não sobre uma reta, não uma, mas infinitas retas podem ser traçadas no plano, cada uma paralela à reta dada. Jonas mandou suas reflexões ao pai, que as publicou sob a forma de apêndice a um tratado que completara, com um longo título em latim começando com *Tentamen*. O *Tentamen* de Bolyai pai tem *imprimatur* datado de 1829, ano do artigo de Lobachevsky no *Kazan Messenger*, mas só apareceu em 1832.

A reação de Gauss ao "Ciência Absoluta de Espaço" foi semelhante à que teve no caso de Lobachevsky — aprovação sincera, mas não apoio impresso. Quando Farkas Bolyai escreveu pedindo sua opinião sobre o trabalho não ortodoxo de seu filho, Gauss respondeu que não podia elogiar o trabalho de Jonas, pois isto significaria auto elogio, já que ele tinha essas ideias havia anos. O temperamental Jonas ficou compreensivelmente perturbado, temendo ser privado da prioridade. A continuada falta de reconhecimento, bem como a publicação do trabalho de Lobachevsky em alemão em 1840 o perturbaram tanto que nada mais publicou. Assim, a parte do leão do crédito pelo desenvolvimento da geometria não euclidiana pertence a Lobachevsky.

Geometria riemanniana

A geometria não euclidiana continuou por várias décadas a ser um aspecto da matemática um tanto à margem, até ser completamente integrada através das ideias notavelmente gerais de G. F. B Riemann (1826-1866). Filho de um pastor de aldeia, Riemann foi educado em condições muito modestas, permanecendo sempre fisicamente frágil e tímido de modos. Teve, no entanto, boa instrução, primeiro em Berlim depois em Göttingen, onde obteve seu doutorado com uma tese sobre teoria das funções de variável complexa. É aqui que achamos as chamadas equações de Cauchy-Riemann, $u_x = v_y$, $u_y = -v_x$, que uma função analítica $w = f(z) = u + iv$ de uma variável complexa $z = x + iy$ deve satisfazer, embora essa exigência já fosse conhecida mesmo nos dias de Euler e d'Alembert. A tese levava também ao conceito de superfície de Riemann, antecipando o papel que a topologia finalmente viria a desempenhar na análise.

Em 1854, Riemann tornou-se *privatdozent* na Universidade de Göttingen, e segundo o costume ele foi designado para apresentar um *Habilitationschrift* perante o corpo docente. O resultado, no caso de Riemann, foi a mais célebre conferência probacionária da história da matemática, pois apresentava uma profunda e ampla visão de todo o campo da geometria. A tese tinha o tíulo *Über die Hypothesen welche der Geometrie zu Grunde liegen* (*Sobre as hipóteses que estão nos fundamentos da geometria*), mas não apresentava exemplo específico. Propunha, em vez disso, uma visão global da geometria como um estudo de variedades de qualquer número de dimensões em qualquer tipo de espaço. Suas geometrias eram não euclidianas em um sentido muito mais geral do que a de Lobachevsky, em que a questão é simplesmente a de quantas paralelas são possíveis por um ponto. Riemann viu que a geometria nem sequer deveria necessariamente tratar de pontos ou retas ou do espaço no sentido ordinário, mas de conjuntos de n-uplas ordenadas que são combinadas segundo certas regras.

Entre as regras mais importantes em qualquer geometria, Riemann percebeu, está a regra para achar a distância entre dois pontos que estão infinitesimalmente próximos um do outro. Na geometria euclidiana ordinária, essa "métrica" é dada por $ds^2 = dx^2 + dy^2 + dz^2$; mas uma infinidade de outras fórmulas podem ser usadas como fórmula da distância, e, naturalmente, a métrica usada determinará as propriedades do espaço ou a geometria. Um espaço cuja métrica é da forma

$$ds^2 = g_{11}dx^2 + g_{12}dx\,dy + g_{13}dx\,dz \\ + g_{21}dy\,dx + g_{22}dy^2 + g_{23}dy\,dz \\ + g_{13}dz\,dx + g_{23}dz\,dy + g_{33}dz^2,$$

onde as g são constantes ou, mais geralmente, funções de x, y e z, chama-se um espaço riemanniano. Assim, (localmente) o espaço euclidiano é apenas o caso muito especial de um espaço riemanniano em que $g_{11} = g_{22} = g_{33} = 1$ e todos os outros g são zero. Riemann inclusive desenvolveu, a partir da métrica, uma fórmula para a curvatura gaussiana de uma "superfície" em seu "espaço". Não é de espantar que depois da conferência de Riemann, e quase pela única vez em sua longa carreira, Gauss tenha manifestado entusiasmo pela obra de outra pessoa.

Há também um sentido mais restrito em que usamos hoje a frase geometria riemanniana: a geometria plana que se deduz da hipótese de Saccheri do ângulo obtuso, se se abandona também a hipótese da infinitude da reta. Um modelo para essa geometria é encontrado na interpretação do "plano" como a superfície de uma esfera e de uma "reta" como um círculo máximo sobre a esfera. Nesse caso, a soma dos ângulos de um triângulo é maior que dois retos, ao passo que na geometria de Lobachevsky e Bolyai (correspondendo à hipótese do ângulo agudo), a soma dos ângulos é menor que dois retos. Esse uso do nome de Riemann, no entanto, não faz justiça à mudança fundamental nas concepções geométricas que sua *Habilitationschrift* de 1854 (só publicada em 1867) acarretou. Foi a sugestão de Riemann do estudo geral de espaços métricos com curvatura e não o caso especial da geometria sobre a esfera, que mais tarde tornou possível a teoria geral da relatividade. O próprio Riemann contribuiu grandemente para a física teórica em muitas direções, e, portanto, foi apropriado que em 1859 ele fosse nomeado sucessor de Dirichlet na cadeira em Göttingen que Gauss ocupara.

Ao mostrar que a geometria não euclidiana com soma dos ângulos maior que dois retos é realizada sobre a superfície de uma esfera, Riemann essencialmente demonstrou a consistência dos axiomas de que a geometria deriva. No mesmo sentido, Eugênio Beltrami (1835-1900), um colega de Cremona em Bolonha e mais tarde professor em Pisa, Pavia e Roma, mostrou que havia disponível um modelo para a geometria de Lobachevsky. Esse é a superfície gerada pela revolução de uma tratriz em torno de sua assíntota, superfície denominada pseudoesfera por ter curvatura negativa constante, assim como a esfera tem curvatura positiva constante. Se definirmos a "reta" entre dois pontos da pseudoesfera como a geodésica por esses pontos, a geometria resultante terá as propriedades que resultam dos postulados de Lobachevsky. Como o plano é uma superfície com curvatura constante nula, a geometria euclidiana pode ser considerada como um intermediário entre os dois tipos de geometria não euclidiana.

Espaços de dimensão superior

A unificação da geometria que Riemann tinha conseguido era especialmente relevante no aspecto microscópico da geometria diferencial, ou geometria "da pequena vizinhança". A geometria analítica, ou "do global" não mudara muito. Na verdade, a conferência de Riemann foi feita mais ou menos a meio tempo da aposentadoria geométrica autoimposta de Plücker, durante a qual tinha havido uma pausa na atividade sobre geometria analítica na Alemanha. Em 1865, Plücker novamente voltou a publicar trabalhos de matemática, desta vez em publicações inglesas em vez do *Journal* de Crelle, provavelmente porque Cayley mostrara interesse pela obra de Plücker. Nesse ano, ele publicou um artigo em *Philosophical Transactions* (frequentemente chamada simplesmente *Phil. Trans.*), que três anos depois ele expandiu em um livro, sobre uma "nova geometria do espaço". Aqui, ele explicitamente formulou um princípio que ele já indicara cerca de vinte anos antes. Um espaço, ele dizia, não precisa ser pensado como uma totalidade de pontos; pode igualmente bem ser visualizado como composto de retas. Na verdade, cada figura que antes fora pensada como um lugar geométrico ou totalidade de pontos, pode ser ela própria pensada como um *elemento* de um espaço, e a dimensionalidade do espaço corresponderá ao número de parâmetros que determinam esse elemento. Se nosso espaço ordinário a três dimensões é pensado como um "feixe de feno cósmico de palhas infinitamente finas e infinitamente longas", em vez de um "aglomerado de chumbo de matar passarinho infinitamente fino", ele terá quatro dimensões em vez de três. Em 1868, o ano do livro de Plücker baseado nesse tema, Cayley desenvolveu analiticamente em *Phil. Trans.* a noção do plano cartesiano ordinário de duas dimensões como um espaço de cinco dimensões, cujos elementos são as cônicas. Há ainda outras ideias na *Neue Geometrie des Raumes* de Plücker. A representação geométrica de uma única equação

$f(x, y, z) = 0$ em coordenadas de ponto é chamada uma superfície, duas equações simultâneas correspondem a uma curva, e três determinam um ou mais pontos. Na "*Nova Geometria*" de seu espaço de retas de quatro dimensões, Plücker chamou a "figura" representada por uma única equação $f(r, s, t, u) = 0$ nas quatro coordenadas de seu espaço de retas um "complexo", duas equações designavam uma "congruência" e três um "domínio". Descobriu que o complexo de retas quadrático tem propriedades semelhantes às de uma superfície quádrica, mas não viveu para completar o estudo extenso que planejava. Morreu em 1868, o ano em que o primeiro volume de sua *Nova Geometria* apareceu, seguido um ano depois, pelo segundo volume, editado por um de seus estudantes, Felix Klein (1849-1925).

Felix Klein

Klein fora assistente de Plücker na Universidade de Bonn, durante a volta deste último à geometria, e, em certo sentido, foi o sucessor de Plücker no entusiasmo pela geometria analítica. No entanto, a obra do jovem no campo tomou direção diferente — uma direção que serviu para trazer um elemento de unidade à diversidade dos novos resultados da pesquisa. Esse novo ponto de vista pode ter sido em parte resultado de visitas a Paris, onde as noções de Lagrange de teoria dos grupos tinham sido desenvolvidas, especialmente através de grupos de substituição, em um ramo completo da álgebra. Klein ficou profundamente impressionado com as possibilidades unificadoras do conceito de grupo, e passou boa parte do resto de sua vida desenvolvendo, aplicando e popularizando a noção.

Diz-se que um conjunto de elementos forma um grupo com relação a uma dada operação se (1) a coleção é fechada sob a operação; (2) a coleção contém um elemento identidade com relação à operação; (3) para cada elemento na coleção, há um elemento inverso com relação à operação; e (4) a operação é associativa. Os elementos podem ser números (como na aritmética), pontos (na geometria), transformações (em álgebra ou geometria) ou qualquer coisa. A operação pode ser aritmética (como adição ou multiplicação) ou geométrica (como uma rotação em torno de um ponto ou eixo) ou qualquer outra regra para combinar dois elementos de um conjunto (tais como duas transformações) de modo a formar um terceiro elemento do conjunto. A generalidade do conceito de grupo é evidente; Klein em um célebre programa inaugural em 1872, quando se tornou professor em Erlangen, mostrou como podia ser aplicado como um meio conveniente para caracterizar as várias geometrias que tinham aparecido durante o século.

Esse programa de Klein, que veio a chamar-se o *Erlanger Programm*, descrevia a geometria como o estudo das propriedades das figuras que permanecem invariantes sob um grupo particular de transformações. Portanto, toda classificação de grupos de transformações torna-se uma codificação das geometrias. A geometria plana euclidiana, por exemplo, é o estudo das propriedades das figuras, inclusive área e comprimento, que ficam invariantes sob o grupo de transformações obtidas a partir de translações e rotações do plano — as transformações ditas rígidas, equivalentes ao axioma não enunciado de Euclides de que as figuras permanecem invariantes quando deslocadas no plano. Analiticamente, as transformações rígidas do plano podem ser escritas na forma

$$\begin{cases} x' = ax + by + c, \\ y' = dx + ey + f, \end{cases}$$

onde $ae - bd = 1$; esses elementos formam um grupo. A "operação" que "combina" dois tais elementos é simplesmente a de efetuar as transformações uma depois da outra. É fácil ver que se a transformação acima é seguida por uma outra

$$\begin{cases} x'' = Ax' + By' + C, \\ y'' = Dx' + Ey' + F, \end{cases}$$

o resultado das duas operações executadas sucessivamente é equivalente a alguma operação deste tipo que levará o ponto (x, y) no ponto (x'', y'').

Se nesse grupo de transformações substituímos a restrição $ae - bd = 1$ pela exigência mais geral $ae - bd \neq 0$, as novas transformações também formam um grupo. No entanto, comprimentos e áreas não são mais preservados, mas uma cônica de um tipo dado (elipse, parábola, hipérbole) permanecerá, sob essas transformações, uma cônica de mesmo tipo. Tais transformações, estudadas antes por Mobius, são conhecidas como transformações afins; caracterizam uma geometria conhecida como *afim*, assim chamada porque pontos finitos vão em pontos finitos sob qualquer transformação dessas. É claro, pois, que a geometria euclidiana, do ponto de vista de Klein, é simplesmente um caso especial da geometria afim. A geometria afim, por sua vez, é apenas um caso especial de uma outra ainda mais geral — a projetiva. Uma transformação projetiva pode ser escrita na forma

$$x' = \frac{ax + by + c}{dx + ey + f}, \quad y' = \frac{Ax + By + c}{dx + ey + f}.$$

É claro que se $d = 0 = e$ e $f = 1$, a transformação é afim. Propriedades interessantes das transformações projetivas incluem o fato de que (1) uma cônica é transformada em uma cônica, (2) razões duplas permanecem invariantes.

A obra de Klein, em certo sentido, é um clímax adequado para a "Idade Heroica da Geometria", pois ele ensinou durante meio século. Tão contagiante era seu entusiasmo, que algumas figuras do fim do século dezenove profetizaram que não só a geometria, mas finalmente toda a matemática viria a ser contida na teoria dos grupos. No entanto, nem toda a obra de Klein se refere a grupos. Sua clássica história da matemática no século dezenove (publicada postumamente) mostra como ele conhecia todos os aspectos do assunto; seu nome é também lembrado hoje na topologia, na superfície de uma face chamada garrafa de Klein. Ocupava-se muito de geometria não euclidiana, à qual contribuiu com os nomes "geometria elíptica" e "geometria hiperbólica" para as hipóteses do ângulo obtuso e do ângulo agudo respectivamente; para a última, ele propôs um modelo simples como alternativa ao de Beltrami. Considere o plano hiperbólico, imaginado como formado dos pontos interiores a um círculo C no plano euclidiano, considere a "reta" hiperbólica por dois pontos P_1 e P_2 como a parte da reta euclidiana P_1P_2 que está dentro do círculo C, e defina a "distância" entre os dois pontos P_1 e P_2 dentro do círculo como

$$\ln \frac{P_2Q_1 \cdot P_1Q_2}{P_1Q_1 \cdot P_2Q_2},$$

onde Q_1 e Q_2 são os pontos de intersecção da reta P_1P_2 com o círculo C (Fig. 20.1). Com uma definição conveniente de "ângulo" entre duas "retas", os "pontos", "retas" e "ângulos" no modelo hiperbólico de Klein têm propriedades semelhantes às da geometria euclidiana, excetuado o postulado das paralelas.

Desde Monge, não existira professor tão influente, pois além de dar aulas estimulantes, Klein se preocupava com o ensino da matemática em muitos níveis e exerceu forte influência em círculos pedagógicos. Em 1886, ele se tornou professor de Matemática em Göttingen, e sob sua liderança, a universidade tornou-se a Meca a que estudantes de muitos países, inclusive dos Estados Unidos, acorriam. Em seus últimos anos, Klein desempenhou muito eficazmente o papel de "velho estadista" no reino da matemática. Assim, a idade áurea da geometria moderna, que começara tão auspiciosamente na França na École Polytechnique, com a obra de Lagrange, Monge e Poncelet, atingiu a seu zênite na Alemanha, na Universidade de Göttingen, através da pesquisa e inspiração de Gauss, Riemann e Klein.

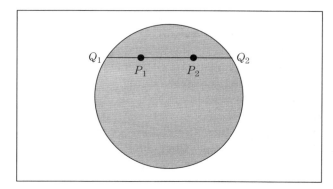

Figura 20.1

A geometria algébrica pós-riemanniana

Havia muitos enfoques novos da geometria pelo fim do século, que são usualmente classificados como versões da geometria algébrica. Estes têm uma base comum na obra de Riemann. Mais do que suas publicações explicitamente geométricas, foi sua obra sobre teoria das funções de variável complexa, especialmente a ligada ao conceito de superfície de Riemann em um artigo clássico sobre funções abelianas, que forneceu o estímulo para a maior parte dessas investigações.

Inicialmente, Alfred Clebsch (1833-1872) fez mais do que qualquer outro para explorar a teoria das funções de Riemann com objetivos geométricos. Clebsch, um neto matemático de Jacobi, por meio do geômetra Otto Hesse (1811-1874), tinha estudado em Konigsberg, onde sofreu a influência do físico-matemático Franz Neumann. Sua carreira no ensino levou-o do colégio politécnico de Karlsruhe a Giessen, onde passou cinco anos, antes de ser chamado a Göttingen. Em 1868, ele e Carl Neumann fundaram juntos o periódico *Mathematische Annalen*.

Clebsch primeiro chamou a atenção sobre nosso tema em um artigo "Sobre a aplicação de funções abelianas à geometria" que apareceu no *Journal für die reine und angwandte Mathematik*. Isto foi o começo de um ataque triplamente orientado. Clebsch inicialmente se propôs simplesmente a aplicar a teoria de Riemann de funções complexas ao estudo de curvas algébricas. Estava bem preparado para realizar isto: conhecia a obra anterior dos geômetras projetivos complexos, com a tradição de Jacobi de teoria das funções abelianas, e os artigos de Riemann. Obteve muitos resultados frutíferos, que formaram a base de mais pesquisa. Por exemplo, obteve uma classificação de curvas por *genus* e também considerou subclasses de curvas tendo o mesmo *genus*, mas pontos de ramificação diferentes.

Outro enfoque foi usado na obra de Clebsch em colaboração com Paul Gordan (1837-1912), de Erlangen. Em um livro de 1866, *Theorie der Abelschen Functionen*, eles se propuseram a reobter a teoria das funções abelianas com base em geometria algébrica. Gordan é lembrado como defensor da teoria dos invariantes do século dezenove, e observamos neste contexto que a escola da virada do século dos geômetras italianos, que incluía Guido Castelnuovo (1865-195), Federigo Enriques (1871-1946), e, mais tarde, Francesco Severi (1879-1961), também se apoiou pesadamente nos invariantes.

Finalmente, Clebsch se voltou para as superfícies. Introduziu integrais duplas, esperando obter resultados ao explorar a analogia com as integrais abelianas aplicadas ao estudo de curvas. Ele, junto com Cayley, Max Noether (1844-191) e o matemático dinamarquês H.G. Zeuthen (1839-1920), teve sucesso em grande número de casos. O trabalho deles foi continuado por Émile Picard, um especialista no estudo de integrais duplas. Sua pesquisa foi a base para resultados posteriores de Beppo Levi (1875-1928). No entanto, devido à natureza complicada de muitas superfícies, este caminho não foi tão bem-sucedido quanto se esperava inicialmente.

A direção mais ativa foi aquela em que os geômetras aplicaram transformações birracionais ao estudo de curvas. Muitos puseram seus estudos em termos riemannianos, notando que os módulos de Riemann eram simplesmente invariantes birracionais. Apesar de muita atividade por matemáticos nos maiores centros europeus, eventualmente os resultados pareceram decepcionantes. Por volta de 1920, a maior parte desses esforços "algebro-geométricos" começaram a ser superados pelo enfoque puramente algébrico, que dominou a geometria algébrica por várias décadas, com generalidade e abstração crescentes.

21 ÁLGEBRA

Não é paradoxo dizer que em nossos momentos mais teóricos podemos estar mais próximos de nossas aplicações mais práticas.

A. N. Whitehead

Introdução

O desenvolvimento de conceitos algébricos na Inglaterra na primeira metade do século dezenove diferiu fundamentalmente do desenvolvimento no Continente. Abel, Galois e outros matemáticos do Continente desenvolveram novos conceitos enquanto trabalhavam em problemas não resolvidos e adaptando por fusão, generalização ou transferência direta métodos bem-sucedidos existentes. Como vimos, isto permitia que seu trabalho fosse reconhecido por seus resultados imediatos, mesmo que o significado completo de algum conceito novo ali contido não fosse percebido. Por outro lado, os ingleses que trabalharam em álgebra, pertencentes à geração de Abel e Galois, se propuseram estabelecer a álgebra como "ciência demonstrativa". Estes homens sentiam fortemente o fato de as contribuições analíticas dos ingleses estarem em atraso comparadas com as do Continente. Isto era atribuído à superioridade do "raciocínio simbólico" ou, mais especificamente, da notação de Leibniz dy/dx sobre a notação fluxional com pontos ainda em uso na Inglaterra. Porém, desde o século dezessete, os matemáticos vinham observando que nem a análise superior nem a álgebra tinham atingido o nível de rigor da geometria.

A álgebra na Inglaterra e o cálculo operacional de funções

Foi George Peacock quem produziu o primeiro trabalho importante "escrito com a intenção de dar à álgebra o caráter de ciência demonstrativa". Para este fim, Peacock propunha uma reavaliação da relação entre aritmética e álgebra. Em vez de ser vista como fundamento da álgebra, a aritmética "só pode ser considerada como uma ciência de sugestão, a que se adaptam os princípios e operações da álgebra, mas pelos quais não são nem limitados nem determinados". Peacock, portanto, separava a álgebra "aritmética" da "simbólica". Os elementos da álgebra aritmética são números e suas operações, as da aritmética. Porém, a álgebra simbólica é "uma ciência que olha *somente* as combinações de sinais e símbolos de acordo com certas leis, que são totalmente independentes dos valores específicos dos próprios símbolos". Peacock relacionava as duas por um princípio que lembrava o princípio de François-Joseph Servois (1768-1847) da preservação das leis formais; é o "princípio da permanência de formas equivalentes":

> Qualquer forma que seja algebricamente equivalente a outra quando expressa em símbolos gerais deve continuar equivalente seja o que for que esses símbolos denotem.

Reciprocamente,

> Qualquer forma equivalente que pode ser descoberta na álgebra aritmética considerada como ciência da sugestão quando os símbolos são gerais em sua forma, embora específicos em valor, continuará a ser uma forma equivalente quando os símbolos forem gerais em sua natureza assim como em sua forma.

A justificativa para essa ousada extrapolação não é explicada. Peacock simplesmente aceita isso como um "princípio da permanência de formas equivalentes', um tanto semelhante ao princípio de correlação que Carnot e Poncelet tinham usado com tanto sucesso em geometria. Porém, em certo aspecto, a forma algébrica desse nebuloso postulado serviu de obstáculo ao progresso, pois sugeria que as leis da álgebra são as mesmas quaisquer que sejam os números ou objetos dentro dela. Peacock, ao que parece, pensava primariamente no sistema numérico dos inteiros e nas grandezas reais da geometria, e sua distinção entre os dois tipos de álgebra não era muito diferente da que Viète fizera entre "logística numerosa" e "logística speciosa".

Peacock reenunciou suas opiniões sobre a álgebra em um relatório sobre análise apresentado à British Association for the Advancement of Science, em 1833, quando se tornaram amplamente conhecidas. Dentro de poucos anos, vários autores trataram de novo do assunto, ligando em grau variável os fundamentos da álgebra com o cálculo operacional de funções, que também estava sendo tratado com renovado interesse. Robert Murphy (1806-1843) fez isto em um artigo lido na Royal Society em dezembro de 1836; Augustus De Morgan (1806-1871) o fez em um *Tratado sobre o Cálculo de Funções*, publicado no mesmo ano; e D.F. Gregory (1813-1844) o fez em uma série de artigos sobre a natureza da álgebra publicados nas *Transactions of the Edinburgh Royal Society* poucos anos depois. Gregory observou a identidade entre as leis de combinação para os símbolos de diferenciação e de diferenças, e as para números, e colocou seus estudos e os de Peacock na linha de sucessão aos de Leibniz, Lagrange, John F. Herschel e Survois sobre cálculo. O amigo de Gregory, George Boole, em um artigo premiado apresentado à Royal Sociey em 1844, salientou que

> ... qualquer grande avanço na análise superior deve ser procurado por meio de atenção maior às leis de combinação dos símbolos. O valor deste princípio dificilmente pode ser superavaliado ...

Três anos depois, Boole ilustrou sua posição aplicando as leis de combinação de símbolos à lógica.

Boole e a álgebra da lógica

Nascido em uma família de pequeno negociante de poucos recursos em Lincoln, Inglaterra, George Boole (1815-1865) tinha apenas a instrução de uma escola comum; mas aprendeu tanto grego quanto latim independentemente, acreditando que seus conhecimentos o ajudariam a se elevar acima de sua situação. Tendo feito amizade com De Morgan, também se interessou muito por uma controvérsia sobre lógica que fora levantada com De Morgan pelo filósofo escocês Sir William Hamilton (1788-1856), que não deve ser confundido com o matemático irlandês Sir William Rowan Hamilton (1805-1865). O resultado foi que Boole, em 1847, publicou um breve trabalho intitulado *The Mathematical Analysis of Logic,* um pequeno livro que De Morgan reconheceu como destinado a marcar época.

A história da lógica pode ser dividida com simplificação ligeiramente excessiva, em três estágios: (1) lógica grega, (2) lógica escolástica e (3) lógica matemática. No primeiro estágio, as fórmulas lógicas consistiam de palavras da linguagem ordinária, sujeitas às regras sintáticas usuais. No segundo estágio, a lógica era tirada da linguagem ordinária, mas caracterizada por regras sintáticas diferenciadas e funções semânticas especializadas. No terceiro estágio, a lógica ficou marcada pelo uso de uma linguagem artificial em que palavras e sinais têm funções semânticas muito limitadas. Enquanto nos dois primeiros estágios teoremas lógicos eram *derivados* da linguagem ordinária, a lógica do terceiro estágio procede de maneira oposta — primeiro ela *constrói* um sistema puramente formal, e só depois procura uma interpretação na fala comum. Embora Leibniz seja às vezes considerado um precursor desse último ponto de vista, sua data de florescimento é, na verdade, o ano em que apareceu o primeiro livro de Boole, bem como a obra *Formal Logic,* de De Morgan. A obra de Boole, em particular, insistia em que a lógica deve ser associada à matemática, não à metafísica, como arguia o escocês Sir William Hamilton.

Mais importante até que sua lógica matemática era a concepção que Boole tinha da própria matemática. Na Introdução a sua *Análise Matemática da Lógica,* o autor faz objeções à concepção então corrente da matemática como ciência da grandeza e do número (definição ainda adotada em alguns dicionários inferiores). Defendendo uma visão bem mais ampla, Boole escrevia:

Poderíamos, com justiça, tomar isso como característica definitiva de um verdadeiro cálculo: que seja um método que se apoia no uso de símbolos, cujas leis de combinação são conhecidas e gerais, e cujos resultados admitem uma interpretação consistente. É com base nesse princípio geral que eu pretendo estabelecer o cálculo da lógica, e que reivindico para ele um lugar entre as formas reconhecidas da análise matemática.

A *Álgebra* de Peacock, de 1830, tinha sugerido que os símbolos para objetos na álgebra não precisam indicar números, e De Morgan argumentava que as interpretações dos símbolos para operações eram também arbitrárias; Boole levou o formalismo à sua conclusão. A matemática já não estava limitada a questões de número e grandeza contínua. Aqui, pela primeira vez, está claramente expressa a ideia de que a característica essencial da matemática é não tanto seu conteúdo quanto sua forma. Se qualquer tópico é apresentado de tal modo que consiste de símbolos e regras precisas de operação sobre esses símbolos, sujeitas apenas à exigência de consistência interna, tal tópico é parte da matemática. Embora a *Mathematical Analysis of Logic* não conseguisse grande fama, foi provavelmente por causa dessa obra que Boole, dois anos depois, foi nomeado professor de matemática no recém-fundado Queens College, em Cork.

A *Investigation of the Laws of Thought,* de 1854, de Boole é um clássico na história da matemática, pois ampliou e esclareceu as ideias apresentadas em 1847, estabelecendo ao mesmo tempo a lógica formal e uma nova álgebra, chamada álgebra de Boole, ou álgebra dos conjuntos, ou álgebra da lógica. Boole usou as letras $x, y, z, \ldots$ para representar um subconjunto de coisas — números, pontos, ideias ou outras entidades — escolhido de um conjunto universal ou universo de discurso, cuja totalidade ele designava pelo símbolo ou "número" 1. Por exemplo, se o símbolo 1 representa todos os europeus, x poderia representar todos os europeus que são cidadãos franceses, y poderia representar todos os homens europeus de mais de vinte e um anos, e z todos os europeus cuja altura está entre 1,50 m e 1,80 m. Boole tomou o símbolo ou número 0 para indicar o conjunto vazio, que não contém nenhum elemento do conjunto universal, o que agora se chama conjunto nulo. O sinal + entre duas letras ou símbolos, como $x + y$, ele tomou como sendo a união dos subconjuntos x e y, isto é, o conjunto formado de todos os elementos em x ou y (ou ambos). O sinal de multiplicação × representava a intersecção de conjuntos, de modo que $x \times y$ significa os elementos ou objetos que estão no subconjunto x e também no subconjunto y. No exemplo acima $x + y$ consiste de todos os europeus que são cidadãos franceses ou são homens de mais de vinte e um anos, ou ambos; $x \times y$ (escrito também como $x \cdot y$ ou simplesmente xy) é o conjunto de todos os cidadãos franceses que são homens de mais de vinte e um anos. (Boole, ao contrário de De Morgan, usava união exclusiva, não admitindo elementos comuns em x e y, mas a álgebra booleana moderna, mais convenientemente, toma + como sendo a união inclusiva de conjuntos que podem ter elementos comuns.) O sinal = representa a relação de identidade. É claro que as cinco leis fundamentais da álgebra valem para essa álgebra booleana, pois $x + y = y + x$, $xy = yx$, $x + (y + z) = (x + y) + z$, $x(yz) = (xy)z$ e $x(y + z) = xy + xz$. No entanto, nem todas as regras da álgebra ordinária continuam válidas. Por exemplo, $1 + 1 = 1$ e $x \cdot x = x$ (a segunda dessas aparece na obra de Boole, mas não a primeira, já que ele usava união exclusiva). A equação $x^2 = x$ tem somente duas raízes, na álgebra ordinária, $x = 0$ e $x = 1$. Quando escrita na forma $x(1-x) = 0$, equação $x^2 = x$ sugere que $1 - x$ deve designar o complemento do subconjunto x – isto é, todos os elementos do conjunto universal que não estão no subconjunto x. Embora seja sempre verdade na álgebra booleana que $x^3 = x$ ou $x(1-x^2) = 0$ ou $x(1-x)(1+x) = 0$, a solução na álgebra ordinária difere da da álgebra booleana. A álgebra de Boole difere da álgebra ordinária também pelo fato de $zx = zy$ (onde z não é o conjunto nulo) não implicar $x = y$; nem é necessariamente verdade que se $xy = 0$, então x ou y deve ser 0.

Boole mostrou que sua álgebra fornecia um algoritmo simples para raciocínios silogísticos. A equação $xy = x$, por exemplo, diz muito claramente que todos os x são y. Se também é dado que todos os y são z, então $yz = y$. Substituindo na primeira equação o valor de y dado na segunda o resultado é $x(yz) = x$. Usando a lei associativa da multiplicação a última equação pode ser escrita como $(xy)z$ = x, e substituindo xy por x temos $xz = x$, que é simplesmente a maneira simbólica de dizer que todos os x são z.

A *Mathematical Analysis of Logic* (1847) e, *a fortiori*, *The Laws of Thought* (1854) contêm muito mais sobre a álgebra de conjuntos do que indicamos. Em particular, a segunda obra inclui aplicações a probabilidades. As notações mudaram um pouco desde os dias de Boole, de modo que a união e a intersecção são geralmente denotadas por ∪ e ∩, em vez de + e ×, e o símbolo para o conjunto vazio é ϕ em vez de 0; mas os princípios fundamentais da álgebra booleana são os estabelecidos por Boole há mais de um século.

Há um aspecto da obra de Boole que não se relaciona de perto com seus tratados sobre lógica e teoria dos conjuntos, mas que é familiar a todo estudante de equações diferenciais. É o algoritmo dos operadores diferenciais, que ele introduziu para facilitar o tratamento das equações diferenciais lineares. Se, por exemplo, queremos resolver a equação diferencial $ay'' + by' + cy = 0$, a equação é escrita na notação $(aD^2 + bD + c)y = 0$. Então, considerando D como uma incógnita, em vez de operador, resolvemos a equação quadrática *algébrica* $aD^2 + bD + c = 0$. Se as raízes da equação algébrica são p e q (com p ≠ q), então e^{px} e e^{qx} são soluções da equação diferencial e $Ae^{px} + Be^{qx}$ é a solução geral da equação diferencial. Há muitas outras situações em que Boole, em seu *Tratado sobre Equações Diferenciais* de 1859, enfatizou analogias entre as propriedades do operador diferencial (e seu inverso) e as regras da álgebra. Os matemáticos ingleses da segunda metade do século dezenove estavam novamente voltando a liderar na análise algorítmica, campo em que, cinquenta anos antes, estavam muito deficientes.

Boole morreu em 1864, só dez anos depois de publicar suas *Laws of Thought,* mas o reconhecimento, inclusive um grau honorário da Universidade de Dublin, tinha-lhe vindo antes de sua morte. É curioso notar que Cantor, que como Boole foi um dos principais desbravadores de novos caminhos do século, foi um dos poucos a não aceitar a obra de Boole. Por outro lado, a obra de Boole provocou uma sequência de estudos axiomáticos de W. S. Jevans (1835-1882), C. S. Pierce (1839-1914), E. Schoder (1841-1902) e outros, que conduziram a um completo conjunto de postulados para a álgebra da lógica depois de 1900.

De Morgan

Entre os que apoiavam a nova visão da álgebra estava Augustus De Morgan, um escritor prolífico que tinha ajudado também a fundar a British Association for the Advancement of Science (1831). De Morgan nasceu cego de um olho, na Índia, seu pai tendo sido associado à East India Company, mas frequentou o Trinity College, graduando-se como quarto *wrangler*. Não podia ter uma posição em Cambridge ou Oxford porque recusava submeter-se ao necessário exame religioso, apesar de ter sido criado na Igreja da Inglaterra, em que sua mãe esperava que viesse a ser ministro. Em consequência, De Morgan foi nomeado, só com vinte e dois anos, professor de matemática na recentemente fundada Universidade de Londres, mais tarde chamada University College da Universidade de Londres, onde ensinou com curtas interrupções por pedidos de demissão causados por casos de restrição à liberdade acadêmica. Foi sempre um defensor da tolerância religiosa e intelectual, e foi também autor e professor de capacidade excepcional. Muitos de seus enigmas e frases de espírito foram reunidos em seu bem conhecido *Budget of Paradoxes*.

Peacock foi uma espécie de profeta no desenvolvimento da álgebra abstrata, e De Morgan estava para ele um tanto como Eliseu está para Elias. Na *Álgebra* de Peacock, entendia-se em geral que os símbolos representavam números ou grandezas, mas De Morgan os conservava abstratos. Deixava sem significado não só as letras que usava, como também os símbolos de operação; letras como A, B, C podiam indicar virtudes e vícios e + e – podiam significar recompensas e castigos. De Morgan insistia em que "com uma única exceção, nenhuma palavra ou sinal em álgebra ou aritmética tem um átomo de significado em todo este capítulo, cujo assunto é símbolos e suas leis de combinação, dando uma álgebra simbólica que pode a partir daí tornar-se a gramática de cem álgebras diferentes significativas". (A exceção mencionada por De Morgan é o símbolo de igualdade, pois ele pensava que em $A = B$ os símbolos A e B "devem ter o mesmo significado resultante, quaisquer que sejam os passos para atingí-lo".) Essa ideia, expressa já em 1830, em sua *Trigonometry and Double Algebra*, está próxima da percepção moderna de que a matemática lida com funções proposicionais, e não com proposições; mas De Morgan parece não ter percebido a natureza inteiramente arbitrária das regras e definições da álgebra. Estava suficientemente próximo da filosofia de Kant para acreditar que as leis fundamentais usuais da álgebra deveriam aplicar-se a qualquer sistema algébrico. Ele via que, indo da "álgebra simples" do sistema numérico real para a "álgebra dupla" dos números complexos, as regras de operação permaneciam as mesmas. E De Morgan acreditava que essas duas formas esgotam os tipos de álgebra possíveis e que não era possível desenvolver uma álgebra tripla ou quádrupla. Nesse importante ponto, William Rowan Hamilton, de Dublin, mostrou que ele estava errado. Outro matemático de Trinity, Dublin, foi George Salmon (1819-1904), que lá ensinava matemática e religião, e foi autor de excelentes livros didáticos sobre cônicas, álgebra e geometria analítica.

William Rowan Hamilton

O pai de Hamilton, advogado, e sua mãe, ao que se diz ambos intelectualmente bem-dotados, morreram quando ele era ainda menino; mas mesmo antes de ficar órfão a instrução do jovem Hamilton fora determinada por um tio, que era linguista. Criança extremamente precoce, William lia grego, hebraico e latim aos cinco anos; aos dez conhecia meia dúzia de línguas orientais. Um encontro com um calculista relâmpago poucos anos depois talvez tenha estimulado o interesse já forte de Hamilton pela matemática, assim como a amizade com William Wordsworth e Samuel Taylor Coleridge provavelmente encorajou-o a continuar a produzir a má poesia que vinha escrevendo desde a meninice. Hamilton entrou em Trinity College, Dublin, e enquanto ainda estudante lá, aos vinte e dois anos, foi nomeado Royal Astronomer da Irlanda, Diretor de Observatório de Dunsink, e professor de astronomia. No mesmo ano, ele apresentou à Academia Irlandesa um artigo sobre sistemas de raios, em que exprimia um de seus temas favoritos — que o espaço e o tempo estão "indissoluvelmente ligados entre si". Talvez aqui Hamilton estivesse seguindo na álgebra o exemplo de Newton que, quando encontrava dificuldade para definir conceitos abstratos no método dos fluxos, sentia-se mais à vontade apelando para a noção de tempo no universo físico. Talvez estivesse simplesmente concluindo que, como a geometria é a ciência do espaço, e espaço e tempo são os dois aspectos da intuição sensorial, a álgebra deveria ser a ciência do tempo.

Pouco depois de apresentar seu primeiro artigo, a predição feita por Hamilton de refração cônica em certos cristais foi experimentalmente confirmada por físicos. Essa verificação de uma teoria matemática garantiu sua reputação, e aos trinta anos ele recebeu um título de nobreza. Dois anos antes, em 1833, ele tinha apresentado um artigo longo e significativo à Academia Irlandesa, em que introduziu uma álgebra formal de pares de números reais cujas regras de combinação são precisamente as que hoje são dadas para números complexos. A importante regra para multiplicação dos pares é, naturalmente,

$$(a, b)(\alpha, \beta) = (a\alpha - b\beta, a\beta + b\alpha)$$

e ele interpretava esse produto como uma operação envolvendo rotação. Aqui, vê-se o conceito definitivo de número complexo como par ordenado de números reais, ideia que estava indicada nas representações gráficas de Wessel, Argand e Gauss, mas que agora era explicitada pela primeira vez.

Hamilton percebia que seus pares ordenados podiam ser pensados como entidades orientadas no plano e, naturalmente, tentou estender a ideia a três dimensões, passando do número complexo binário $a + bi$ às triplas ordenadas $a + bi + cj$. A operação de adição não oferecia dificuldade, mas durante dez anos ele lutou com a multiplicação de n-uplas, para n maior que dois. Um dia, em 1843, enquanto passeava com a esposa ao longo do Royal Canal, teve uma inspiração: sua dificuldade desapareceria se usasse quádruplas em vez de triplas e se abandonasse a lei comutativa para a multiplicação. Já estava mais ou menos claro que para quádruplas de números $a + bi + cj + dk$ se deveria tomar $i^2 = j^2 = k^2 = -1$; agora Hamilton viu que deveria tomar $ij = k$, mas $ji = -k$, e, de modo semelhante, $jk = i = -kj$ e $ki = j = -ik$. No resto, as leis das operações são as da álgebra ordinária.

Assim como Lobachevsky criara uma nova geometria consistente em si mesma, abandonando o postulado das paralelas, Hamilton criou uma nova álgebra, também consistente em si, abandonando o postulado da comutatividade para a multiplicação. Parou em seu passeio e com uma faca recortou a fórmula fundamental $i^2 = j^2 = k^2 = ijk$ em uma pedra na Brougham Bridge; no mesmo dia, 16 de outubro, pediu licença à Royal Irish Academy para ler um artigo sobre quatérnions na sessão seguinte. A descoberta-chave fora súbita, mas o descobridor vinha trabalhando para ela havia uns quinze anos. Hamilton, muito naturalmente, sempre considerou a descoberta dos quatérnions como seu maior sucesso. Em retrospecto, é claro que não era tanto esse particular tipo de álgebra que era significativo, mas antes a descoberta da tremenda liberdade que tem a matemática de construir álgebras que não precisam satisfazer às restrições impostas pelas ditas "leis fundamentais", que até então, com o apoio do vago princípio da permanência de forma, tinham sido invocadas sem exceção. Durante os últimos vinte anos de sua vida, Hamilton despendeu suas energias com sua álgebra favorita, à qual ele se inclinava a atribuir significado cósmico, e que alguns matemáticos ingleses consideravam uma espécie de *arithmetica universalis* em sentido de Leibniz. Suas *Lectures on Quaternions* apareceram em 1853. Muito dessa obra volumosa é dedicada a aplicações dos quatérnions à geometria, à geometria diferencial e à física. É de alta importância para a história da álgebra moderna o fato de Hamilton aqui apresentar uma teoria detalhada de um sistema algébrico não comutativo.

Entre os conceitos básicos discutidos no livro estão os de vetores e escalares. As unidades quaterniônicas i, j e k são descritas ora como operadores, ora como coordenadas. De modo geral, Hamilton tratou os quatérnions como vetores e essencialmente mostrou que formam um espaço vetorial sobre o corpo dos números reais. Definiu a adição de quatérnions e introduziu a noção de dois tipos de produtos, obtidos multiplicando um vetor por um escalar ou por um outro vetor respectivamente; observou que o primeiro é associativo, distributivo e comutativo, ao passo que o segundo é associativo e distributivo apenas. Também discutiu o produto interno ("produto escalar") de dois vetores e demonstrou sua bilinearidade.

Depois disso, ele se dedicou à preparação de sua obra ampliada, *Elements of Quaternions*. Essa não estava de todo terminada quando morreu, em 1865, mas foi editada e publicada por seu filho no ano seguinte. É uma satisfação para os norte-americanos lembrar que nesses infelizes anos de guerra civil a recém-fundada National Academy of Sciences elegeu Sir William Hamilton seu primeiro associado estrangeiro.

Grassmann e *Ausdehnungslehre*

O conceito de espaço vetorial n-dimensional tinha recebido tratamento detalhado em *Ausdehnungslehre*, de Hermann Grassmann, publicado na Alemanha em 1844. Grassmann (1809-1877), um professor de ensino médio, também foi levado a seus resultados estudando a interpretação geométrica de quantidades negativas e a adição e multiplicação de segmentos orientados em duas e três dimensões. Enfatizou o conceito de dimensão e salientou o desenvolvimento de uma ciência abstrata de "espaços" e "subespaços" que incluiria a geometria em duas e três dimensões como casos particulares. É interessante notar que Grassmann, como Hamilton, era um linguista, sendo especialista em literatura sânscrita. Seu pai, Justus Grassmann, tinha pertencido à chamada "escola combinatória" de matemáticos alemães no começo do século. Isto certamente influenciou suas ideias sobre a natureza da matemática. Grassmann definia a matemática pura como a ciência das formas (*Formenlehre*), enfatizando a diferença entre esta visão e aquela que olha a matemática apenas como ciência das quantidades. Os conceitos básicos nessa ciência das formas são os de igualdade e combinação, que ele denotava por = e ∩ respectivamente. Definiu a inversa ∪ de ∩ dizendo que $a \cap b$ é a forma que satisfaz $a \cup b \cap b = b \cap a$. A ciência da extensão é "o fundamento abstrato da geometria", liberada de conceituações espaciais e da restrição a três dimensões. Um único elemento gera um espaço unidimensional (*einstufiges System*); o conjunto de elementos derivados de um elemento dado por uma mudança constante dá um espaço bidimensional, correspondente às retas na geometria. De modo geral,

> ... se todos os elementos de um domínio n-dimensional são sujeitos a uma mesma espécie de mudança que leva a novos elementos (não contidos no domínio), então a totalidade dos elementos gerados por esta mudança e sua inversa é chamado um domínio a $n + 1$ dimensões.

Esta definição foi tornada mais precisa na edição revista de 1862 de *Ausdehnungslehre* de Grassmann, onde ele elaborou os conceitos de dependência e independência linear de vetores e discutiu subespaços, suas uniões e intersecções, e conjuntos geradores. Também enunciou teoremas equivalentes à proposição que diz que se S e T são dois subespaços de um espaço vetorial V, então $d[S] + d[T] = d[S \cup T] + d[S \cap T]$, onde $d[S]$ representa a dimensão de S e $S \cup T$, $S \cap T$ a união e a intersecção de S e T, respectivamente.

Grassmann deu grande ênfase aos diferentes tipos de multiplicação que surgiram na *Ausdehnungslehre*. Distinguiu entre produtos "internos" e "exteriores" ou "combinatórios". No caso particular tratado por Hamilton, estes se reduzem aos produtos escalar e vetorial. Outros tipos de multiplicação tratados por Grassmann incluíam produtos "algébricos", ou seja, aqueles em que

$ab = ba$ como na álgebra comum, e "exteriores", que correspondem a produtos de matrizes. Seria possível traduzir muitos detalhes do trabalho de Grassmann na linguagem da moderna teoria abstrata dos espaços vetoriais; basta dizer que, usando os conceitos básicos citados acima, Grassmann mostrou como se poderia estabelecer um sistema n-dimensional contendo várias operações novas, que em casos especiais se reduzem às estruturas matemáticas mais familiares.

Demorou para que o significado de seu *Ausdehnungslehre* fosse percebido, pois o livro era não só pouco convencional, como difícil de ler. Uma razão era que Grassmann, como Desargues antes dele, usava uma terminologia muito inusitada, porém, mais fundamental era a novidade e extrema generalidade das ideias do autor quanto à questão da extensão.

Em larga medida por insistência de Mobius, Grassmann não só revisou a *Ausdehnungslehre*, mas publicou vários artigos no *Journal* de Crelle, em que deu um resumo de alguns de seus resultados básicos. Foi por estes artigos que a maior parte dos matemáticos veio a conhecer a essência de sua obra.

O conhecimento da *Ausdehnungslehre* começou a se expandir depois da publicação, em 1867, do trabalho de Hankel sobre sistemas de números complexos. Hankel, estudante de Riemann, tentou apresentar uma introdução rigorosa dos números complexos. Seu trabalho, que refletia estudo de Grassmann, fazia referência a Peacock, dava a primeira exposição em alemão dos quatérnions de Hamilton, e apresentava a teoria dos "números alternantes", equivalente ao produto exterior de Grassmann. Entre aqueles que conheceram o trabalho de Grassmann por meio do livro de Hankel estava Felix Klein. Ele escreveu a F. Engel em 1911:

> Como é bem sabido, Grassmann em sua *Ausdehnungslehre* é um geômetra afim mais do que projetivo. Isto se tornou claro para mim no fim do outono de 1871 e (além do estudo de Mobius e Hamilton e da elaboração de todas as impressões que recebi em Paris) levou à minha concepção de meu posterior *Erlanger Program*.

Na Inglaterra, William K. Clifford difundiu a obra de Grassmann; nos Estados Unidos, a *Ausdehnungslehre* serviu de base para o desenvolvimento, principalmente pelos esforços de um físico da Universidade de Yale, Josiah Williard Gibbs (1839-1903), da álgebra mais limitada dos vetores no espaço tridimensional. A álgebra de vetores é novamente uma álgebra em que não vale a lei comutativa da multiplicação. Na verdade, em 1867 Hankel demonstrou que a álgebra dos complexos é, como De Morgan suspeitava, a álgebra mais geral possível em que valem as leis fundamentais da aritmética. A *Vector analysis* de Gibbs apareceu em 1881 e novamente em 1884, e ele publicou outros artigos durante essa década. Estes trabalhos levaram a uma animada e não muito polida controvérsia com os proponentes dos quatérnions sobre os méritos relativos das duas álgebras. Em 1895, um colega de Gibbs em Yale organizou uma Associação Internacional para a Promoção dos Estudos sobre os Quatérnions e Sistemas Relacionados de Matemática, da qual o primeiro presidente foi um fervoroso defensor dos quatérnions. Não se passou muito tempo e os sistemas relacionados (tais como vetores e sua generalização, tensores) eclipsassem por um tempo os quatérnions, mas hoje eles têm um lugar reconhecido na álgebra, bem como na teoria quântica. Além disso, embora raramente o nome de Hamilton seja associado aos vetores, pois as notações de Gibbs vinham principalmente de Grassmann, as propriedades principais dos vetores tinham sido descobertas nas longas investigações de Hamilton sobre álgebras múltiplas.

Cayley e Sylvester

Pelos meados do século dezenove, os matemáticos alemães estavam muito acima dos de outras nacionalidades no que se referia à análise e à geometria, com as universidades de Berlim e Göttingen na liderança e com a publicação centrada no *Journal* de Crelle. A álgebra, por outro lado, foi durante algum tempo quase um monopólio britâ-

21 – Álgebra

nico, com Trinity College, Cambridge, à frente e o *Cambridge Mathematical Journal* como principal veículo de publicação. Peacock e De Morgan eram ambos de Trinity, como também Cayley, que contribuiu fortemente tanto para a álgebra quanto para a geometria, e que se graduara como *senior wrangler*. Mencionamos a obra de Cayley em geometria analítica, especialmente quanto ao uso de determinantes; mas Cayley foi também um dos primeiros a estudar matrizes, outro exemplo da preocupação britânica com forma e estrutura em álgebra. Essa obra proveio de um artigo de 1858 sobre a teoria das transformações. Se, por exemplo, aplicamos após a transformação

$$T_1 \begin{cases} x' = ax + by \\ y' = cx + dy \end{cases}$$

uma outra transformação

$$T_2 \begin{cases} x'' = Ax' + By' \\ y'' = Cx' + Dy' \end{cases}$$

o resultado (que aparecerá já antes, por exemplo nas *Disquisitiones arithmeticae* de Gauss, em 1801) é equivalente a uma única transformação composta

$$T_2 T_1 \begin{cases} x'' = (Aa + Bc)x + (Ab + Bd)y \\ y'' = (Ca + Dc)x + (Cb + Dd)y \end{cases}$$

Se, por outro lado, invertemos a ordem de T_1 e T_2, de modo que T_2 é a transformação

$$\begin{cases} x' = Ax + By \\ y' = Cx + Dy \end{cases}$$

e T_1 é a transformação

$$\begin{cases} x'' = ax' + by' \\ y'' = cx' + dy' \end{cases}$$

então, essas duas, aplicadas sucessivamente, equivalem à transformação única

$$T_1 T_2 \begin{cases} x'' = (aA + bC)x + (aB + bD)y \\ y'' = (cA + dC)x + (cB + dD)y \end{cases}$$

A troca da ordem das transformações, em geral, produz um resultado diferente. Expresso na linguagem das matrizes,

$$\begin{pmatrix} a & b \\ c & d \end{pmatrix} \cdot \begin{pmatrix} A & B \\ C & D \end{pmatrix} = \begin{pmatrix} aA + bC & aB + bD \\ cA + dC & cB + dD \end{pmatrix}$$

mas

$$\begin{pmatrix} A & B \\ C & D \end{pmatrix} \cdot \begin{pmatrix} a & b \\ c & d \end{pmatrix} = \begin{pmatrix} Aa + Bc & Ab + Bd \\ Ca + Dc & Cb + Dd \end{pmatrix}$$

Como duas matrizes são iguais se, e somente se, todos os elementos correspondentes são iguais, é claro que mais uma vez estamos diante de um exemplo de multiplicação não comutativa.

A definição da multiplicação de matriz é a indicada acima, e a soma de duas matrizes (de dimensões iguais) é definida como a matriz obtida somando os elementos correspondentes das matrizes. Assim

$$\begin{pmatrix} a & b \\ c & d \end{pmatrix} + \begin{pmatrix} A & B \\ C & D \end{pmatrix} = \begin{pmatrix} a+A & b+B \\ c+C & d+D \end{pmatrix}$$

A multiplicação de uma matriz por um escalar K é definida pela equação

$$K \cdot \begin{pmatrix} a & b \\ c & d \end{pmatrix} = \begin{pmatrix} Ka & Kb \\ Kc & Kd \end{pmatrix}$$

A matriz

$$\begin{pmatrix} 1 & 0 \\ 0 & 1 \end{pmatrix}$$

que é usualmente denotada por *I*, deixa toda matriz quadrada de segunda ordem invariante por multiplicação; por isso é chamada a matriz identidade para multiplicação. A única matriz que deixa outra matriz invariante por adição é, evidentemente, a matriz zero

$$\begin{pmatrix} 0 & 0 \\ 0 & 0 \end{pmatrix}$$

que é, portanto, a matriz identidade para a adição. Com essas definições, podemos pensar nas operações sobre as matrizes como nas de uma "álgebra", passo que foi dado por Cayley e pelos matemáticos americanos Benjamin Peirce (1809-1880) e seu filho Charles S. Peirce (1839-1914). Os Peirces desempenharam na América algo do papel que Hamilton, Grassmann e Cayley tinham tido na Europa. O estudo da álgebra de matrizes e de outras álgebras não comutativas foi em toda parte um dos principais fatores no desenvolvimento de uma visão cada vez mais abstrata da álgebra, especialmente no século vinte.

Logo depois de graduar-se em Trinity, Cayley dedicou-se ao direito durante quatorze anos. Isso quase não interferiu com sua pesquisa matemática, e ele publicou várias centenas de artigos durante esses anos. Muitos dos artigos foram sobre a teoria dos invariantes algébricos, campo em que ele e seu amigo James Joseph Sylvester (1814-1897) eram proeminentes. Cayley e Sylvester faziam um contraste total, o primeiro sendo de boa índole e temperamento calmo, o segundo, irrequieto e impaciente. Ambos estudaram em Cambridge — Cayley em Trinity, Sylvester em St. John — mas Sylvester não podia obter um título por ser judeu. Durante três anos depois de 1838, Sylvester ensinara no University College, em Londres, onde era colega de seu antigo professor, De Morgan; depois disso, ele aceitou um posto de professor na University of Virginia. Problemas de disciplina perturbaram tanto o temperamental matemático que ele partiu precipitadamente, depois de três meses apenas. Ao voltar à Inglaterra, passou quase dez anos ocupando-se de negócios e depois se voltou para o estudo de direito, em conexão com o que, em 1850, ele encontrou Cayley pela primeira vez. A partir daí, os dois tornaram-se amigos e matemáticos, e finalmente ambos abandonaram o direito. Em 1854, Sylvester aceitou um posto na Royal Military Academy em Woolwich, e em 1863, Cayley aceitou o posto de *Sadlerian professor* em Cambridge. Em 1876, Sylvester fez mais uma tentativa de ensinar na América do Norte, dessa vez na recém-fundada Johns Hopkins University, onde permaneceu quase até os setenta anos, quando então aceitou um posto de professor na Universidade de Oxford. Em 1881, quando Sylvester estava ainda na Johns Hopkins, Cayley aceitou um convite para fazer lá uma série de conferências sobre funções abelianas e funções teta. Embora os artigos de Cayley, quase tão numerosos quanto os de Euler ou de Cauchy, tratem predominantemente de álgebra e geometria, ele também contribuiu para a análise, e seu único livro, publicado em 1876, é um *Treatise on elliptic functions*.

Os interesses de Cayley se dispersavam, mas a lealdade de Sylvester à álgebra era firme, e é justo que seu nome esteja ligado ao que se chama o método dialítico de Sylvester para eliminar uma incógnita entre duas equações polinomiais. O artifício é simples e consiste em multiplicar uma ou ambas as equações pela incógnita a ser eliminada, repetindo o processo se necessário até que o número total de equações seja uma unidade maior que o número de potências da incógnita. Dessa coleção de $n + 1$ equações, pode-se então eliminar todas as n potências, pensando em cada potência como uma incógnita diferente. Assim, para eliminar x do par de equações $x^2 + ax + b = 0$ e $x^3 + cx^2 + dx + e = 0$, multiplica-se a primeira por x e depois multiplica-se a equação resultante, e também a segunda equação acima, por x. Então, pensando em cada uma das quatro potências de x como em uma incógnita diferente, o determinante

$$\begin{vmatrix} 0 & 0 & 1 & a & b \\ 0 & 1 & a & b & 0 \\ 1 & a & b & 0 & 0 \\ 0 & 1 & c & d & e \\ 1 & c & d & e & 0 \end{vmatrix},$$

chamado o resultante no método de Sylvester, quando igualado a zero, dá o resultado da eliminação.

Mais importante que sua obra sobre eliminação foi a colaboração de Sylvester com Cayley no desenvolvimento da teoria das "formas" (ou "quânticas", como Cayley preferia chamá-las), através da qual os dois vieram a ser chamados os "gêmeos invariantes". Entre 1854 e 1878, Sylvester publicou quase uma dúzia de artigos sobre formas — polinômios homogêneos em duas ou mais variáveis — e seus invariantes. Os casos mais importantes na geometria analítica e na física são as formas quadráticas em duas e três variáveis, pois, quando igualadas a uma constante, representam cônicas e quádricas. Em particular, a forma $Ax^2 + 2Bxy + Cy^2$, quando igualada a uma constante não nula, representa uma elipse (real ou imaginária), uma parábola ou uma hipérbole, conforme $B^2 - AC$ seja menor que, igual a ou maior que zero. Além disso, se a forma é transformada por rotação de eixos em torno da origem na nova forma $A'x^2 + 2B'xy + C'y^2$, então $(B')^2 - A'C' = B^2 - AC$, isto é, a expressão $B^2 - AC$, chamada a característica da forma, é um invariante sob uma tal transformação. A expressão $A + C$ é outro invariante. Outros invariantes importantes associados com a forma são as raízes k_1 e k_2 da equação característica

$$\begin{vmatrix} A-k & B \\ B & C-k \end{vmatrix} = 0 \quad \text{ou} \quad \begin{vmatrix} A'-k & B' \\ B' & C'-k \end{vmatrix} = 0.$$

As raízes, de fato, são os coeficientes de x^2 e y^2 na forma canônica $k_1 x^2 + k_2 y^2$ a que a forma, se não for de tipo parabólico, pode ser reduzida por uma rotação dos eixos. O efervescente Sylvester se gabava de ter descoberto e desenvolvido a redução de formas binárias à forma canônica de uma assentada "com uma garrafa de vinho do Porto para sustentar as energias naturais debilitadas".

Se designarmos por M a matriz dos coeficientes da forma e por I a matriz identidade de ordem dois, a equação característica pode ser escrita como $|M - kI| = 0$, onde as barras verticais representam o determinante da matriz. Uma das propriedades importantes da álgebra de matrizes é que uma matriz M satisfaz à sua equação característica, resultado dado em 1858 e conhecido como teorema de Hamilton-Cayley. Diz-se às vezes que a álgebra de matrizes de Cayley deriva da álgebra de quatérnions de Hamilton, mas Cayley, em 1894, negou especificamente tal ligação. Ele admirava a teoria dos quatérnions, mas afirmava que seu desenvolvimento das matrizes se originava dos determinantes, como modo conveniente de exprimir uma transformação. Na verdade, a publicação de Cayley, de 1858, reflete não só a influência dos quatérnions de Hamilton quanto a preocupação de Cayley com as questões levantadas pelo cálculo operacional de então. Estes dois fatores são também evidentes em uma publicação anterior (1845), em que ele tinha fornecido um exemplo de álgebra não associativa.

Álgebras lineares associativas

A classificação das álgebras lineares associativas foi o que marcou o início de contribuições de americanos à álgebra moderna. Benjamin Peirce, por muitos anos associado com a U. S. Coast Survey, bem como professor de matemática em Harvard, onde estudara, apresentou seu trabalho à American Academy of Arts and Sciences na década de 1860 e o fez imprimir para circulação limitada em 1870. Só se tornou amplamente conhecido em uma versão que apareceu postumamente, no *American Journal of Mathematics*, em 1881, com amplas notas e adendo de seu filho Charles S. Peirce, que tinha também contribuído com ideias básicas para o artigo original. As álgebras lineares associativas incluem a álgebra ordinária, a análise vetorial e os quatérnions como casos especiais, mas não estão restritas às unidades $1, i, j, k$. Peirce construiu tabelas de multiplicação para 162 álgebras. C. S. Peirce continuou a obra de seu pai nessa direção, mostrando que de todas essas álgebras, somente três têm divisão univocamente definida: a álgebra ordinária real, a álgebra dos números complexos, e a álgebra dos quatérnions.

Foi em conexão com sua obra sobre álgebra linear associativa que Benjamin Peirce, em 1870, deu a definição bem conhecida: "A matemática é a ciência que tira conclusões necessárias". Seu filho concordava plenamente com essa ideia, devido à influência de Boole, mas frisava que a matemática e a lógica não são a mesma coisa. "A matemática é puramente hipotética: só produz proposições condicionais. A lógica, ao contrário, é categórica em suas asserções". Essa distinção seria mais discutida pelo mundo matemático durante a primeira metade do século vinte.

Na Inglaterra, ideias um tanto semelhantes eram apresentadas por William Kingdon Clifford (1845-1879), outro graduado de Trinity, cuja obra brilhante, como a de um graduado de Trinity mais antigo, Roger Cotes, foi bruscamente cortada por morte prematura aos trinta e quatro anos. Clifford era extraordinário em muitos aspectos. Por exemplo, era um ginasta capaz de se suspender na barra com qualquer das mãos — feito incomum para qualquer pessoa e quase desconhecido para alguém que se graduou como *second wrangler*. Também, como o matemático de Oxford, C.L. Dogson (1832-1898), mais conhecido como Lewis Carroll, autor de *Alice no País das Maravilhas*, Clifford compôs *Little People*, coleção de histórias para crianças. Em 1870, Clifford escreveu um artigo *On the Space-Theory of Matter* em que se revelou um firme defensor britânico da geometria não euclidiana de Lobachevsky e Riemann. Na álgebra, Clifford também apoiou as ideias novas, e seu nome está perpetuado nas álgebras de Clifford, de que octônions ou biquatérnions são casos particulares. Essas álgebras não comutativas foram usadas por Clifford para estudar movimentos em espaços não euclidianos, dos quais certas variedades são chamadas espaços de Clifford e Klein. Quão diferente era a progressista matemática inglesa da segunda metade do século dezenove do mediocrizante conservadorismo do começo do século!

Geometria algébrica

Em 1882, apareceram dois trabalhos que, vistos com conhecimentos posteriores, antecipam importantes tendências do século vinte. Um foi um profundo estudo de Leopold Kronecker sobre a teoria aritmética das quantidades algébricas. Este difícil artigo teve grande impacto sobre os algebristas e especialistas em teoria dos números na virada do século. O outro trabalho foi um artigo conjunto de Richard Dedekind (1831-1916) e Heinrich Weber (1842-1913) sobre a teoria das funções algébricas. Dedekind e Weber usaram a teoria algébrica desenvolvida pelo primeiro no seu tratamento de números algébricos para separar o trabalho de Riemann sobre teoria das funções de seu suporte geométrico. Isto lhes permitiu definir partes de uma superfície de Riemann algebricamente, de tal modo que podia ser considerada invariante com relação a um corpo de funções algébricas. O tratamento puramente algébrico abriu uma estrada totalmente nova para a geometria algébrica pós-riemanniana; de fato, revelou-se ser um dos mais frutíferos caminhos seguidos por pesquisadores do século vinte. Mas quase meio século se passaria antes que isso ficasse claro.

Inteiros algébricos e aritméticos

A obra de Galois foi importante não só por formular a noção abstrata de grupo fundamental na teoria das equações, mas também por levar, através das contribuições de Dedekind, Kronecker e Kummer, ao que se pode chamar tratamento aritmético da álgebra, algo parecido com a aritmetização da análise. Isso significa o desenvolvimento de um cuidadoso tratamento postulacional da estrutura algébrica em termos de vários corpos de números. O conceito de corpo estava implícito na obra de Abel e Galois, mas Dedekind, em 1879, parece ter sido o primeiro a dar uma definição explícita de corpo numérico — um conjunto de números que formam um grupo abeliano com relação à adição e (com a exceção do inverso do zero) com relação à multiplicação, e no qual a multiplicação é distributiva com relação à adição. Exemplos simples são a coleção dos números racionais, o sistema dos números reais, e o corpo complexo. Kronecker, em 1881, deu outros exemplos com seus domínios de racionalidade. O conjunto dos números da forma $a + b\sqrt{2}$, onde a e b são racionais, forma um corpo, como se verifica facilmente. Nesse caso, o número de elementos do corpo é infinito. Um corpo com um número finito de elementos chama-se um corpo de Galois, e um exemplo simples é o corpo dos inteiros módulo 5 (ou qualquer primo).

A preocupação com estrutura e o surgimento de novas álgebras, especialmente durante a segunda metade do século dezenove, levaram a amplas generalizações quanto a número e aritmética. Já vimos que Gauss estendeu a ideia de inteiro com o estudo dos inteiros gaussianos da forma $a + bi$, onde a e b são inteiros. Dedekind generalizou ainda mais com a teoria dos "inteiros algébricos" — números que satisfazem a equações polinomiais com coeficientes inteiros e primeiro coeficiente igual a um. Tais sistemas de "inteiros", é claro, não formam um corpo, pois faltam os inversos para a multiplicação. Têm algo em comum no fato de satisfazerem às demais exigências para um corpo; dizemos que formam um "domínio de integridade". Tais generalizações da palavra *intei-*

ro têm porém um preço — perde-se a fatoração única. Por isso, Dedekind, adotando ideias de um matemático seu contemporâneo, Ernst Eduard Kummer (1810-1893), introduziu na aritmética o conceito de "ideal".

Dizemos que um conjunto de elementos forma um anel se (1) é um grupo abeliano com relação à adição; (2) o conjunto é fechado com relação à multiplicação; e (3) a multiplicação é associativa e é distributiva com relação à adição. (Assim, um anel que seja comutativo para a multiplicação, tenha elemento unidade, e não tenha divisores do zero, é um domínio de integridade.) Um ideal, então, é um subconjunto I de elementos de um anel R que (1) é um grupo aditivo e (2) tem a propriedade que sempre que x pertence a R e y pertence a I, xy pertence a I. O conjunto dos inteiros pares, por exemplo, é um ideal do anel dos inteiros. Verifica-se que no anel (ou domínio de integridade) R dos inteiros algébricos, todo ideal I de R pode ser representado de modo único (exceto quanto à ordem dos fatores) como um produto de ideais primos. Isto é, a unicidade de fatoração pode ser preservada através da teoria dos ideais.

Kummer obteve se doutorado na Universidade de Halle. Após cerca de doze anos de ensino em *gymnasia*, ele sucedeu a Dirichlet em Berlim quando esse, em 1855, tornou-se o sucessor de Gauss em Göttingen; Kummer permaneceu lá até aposentar-se em 1883. Logo depois de seu doutoramento, Kummer começara a interessar-se pelo último teorema de Fermat. Kummer conseguiu demonstrar o teorema para uma grande classe de expoentes, mas uma demonstração geral ele não conseguiu. A pedra no caminho parece ter estado no fato de que na fatoração de $x^n + y^n$, através da resolução de $x^n + y^n = 0$ para x em termos de y, os inteiros algébricos, ou raízes da equação, não satisfazem necessariamente ao teorema fundamental da aritmética — isto é, não têm fatoração única. O resultado foi que, embora não conseguisse demonstrar o teorema de Fermat, na tentativa de fazê-lo ele criou, em certo sentido, uma nova aritmética. Esta era uma teoria, não dos nossos ideais, mas de entes que chamou "números complexos ideais". Uma das lições que história da matemática ensina é que a busca de soluções de problemas não resolvidos, sejam eles solúveis ou não, invariavelmente leva a descobertas importantes ao longo do caminho.

A preocupação de Dedekind com a álgebra remonta à década de 1850, quando ele assistiu às conferências de Dirichlet sobre teoria dos números em Göttingen e realizou estudos intensivos sobre a teoria de Galois. Suas anotações desse período mostram que ele desenvolveu um tratamento abstrato da teoria dos grupos elementar nessa época. Depois da morte de Dirichlet, Dedekind foi encarregado de publicar as conferências de Dirichlet sobre teoria dos números. Em apêndices a essa obra, ele apresentou vários resultados seus. O mais conhecido destes foi sua teoria das ideais, da qual podem ser comparadas várias versões nas edições sucessivas de Dirichlet-Dedekind. O tratamento mais axiomático, que apareceu na edição de 1894, foi o que mais especialmente influenciou Emmy Noether e sua escola de algebristas na década de 1920.

Em 1897 e 1900, Dedekind publicou também dois artigos sobre uma nova estrutura que chamou "grupo dual". No primeiro deles, o leitor moderno facilmente reconhece um conjunto de axiomas para um reticulado. No segundo, dedicado ao estudo do reticulado modular livre com três geradores, ele mostrou que um reticulado forma um conjunto parcialmente ordenado. Aqui, o leitor acha também os importantes conceitos de relação de recobrimento e de dimensão do reticulado. Dedekind usa também condições de cadeia.

Durante o último quarto do século, muitos outros tratamentos abstratos e muitas vezes axiomáticos de grupos e corpos foram publicados. Vários destes foram estimulados por Dedekind; isto é verdade especialmente para o trabalho de Heinrich Weber, a quem Dedekind interessou em álgebra.

Axiomas da aritmética

A matemática tem sido frequentemente comparada a uma árvore, pois cresce em uma estrutura acima da terra que se espalha e ramifica sempre mais, ao passo que ao mesmo tempo suas raízes cada vez mais se aprofundam e alargam, em busca de fundamentos sólidos. Esse duplo crescimento foi especialmente característico do desenvolvimento da análise no século dezenove, pois a rápida expansão da teoria das funções fora acompanhada pela rigorosa aritmetização do campo, desde Bolzano até Weierstrass. Na álgebra, o século dezenove fora mais notável por desenvolvimentos novos que por atenção aos fundamentos, e os esforços de Peacock para construir uma base sólida eram fracos se comparados com a precisão de Bolzano na análise. Durante os últimos anos do século, porém, houve vários esforços para fornecer raízes mais sólidas para a álgebra. O sistema dos números complexos é definido em termos dos números reais, que são exibidos como classes de números racionais, que por sua vez são pares ordenados de inteiros; mas o que são afinal os inteiros? Todos pensam saber, por exemplo, o que é o número três — até tentarem defini-lo — e a ideia da igualdade de inteiros é tomada como óbvia. Não satisfeito com a ideia de deixar os conceitos básicos da aritmética e, portanto, da álgebra, em estado tão vago, o lógico e matemático alemão F. L. G. Frege (1848-1925) foi levado a sua bem conhecida definição de número cardinal. A base para suas ideias veio da teoria dos conjuntos de Boole e Cantor. Lembremos que Cantor considerara que dois conjuntos infinitos têm a mesma "potência" se os elementos dos conjuntos podem ser postos em correspondência biunívoca. Frege viu que essa ideia de correspondência de elementos é básica também na noção de igualdade de inteiros. Dois conjuntos finitos têm o mesmo número cardinal se os elementos de cada um podem ser postos em correspondência biunívoca com os do outro. Se, então, começarmos com um conjunto inicial, como o conjunto dos dedos de uma mão humana normal, e formarmos o conjunto muito maior de todos os conjuntos cujos elementos podem ser postos em correspondência biunívoca com os elementos do conjunto original, então esse conjunto de todos tais conjuntos constituiria um número cardinal, nesse caso o número cinco. Mais geralmente, a definição de Frege do número cardinal de uma dada classe, finita ou infinita, é a classe de todas as classes que são semelhantes à classe dada (onde por "semelhante" entende-se que os elementos das duas classes em questão podem ser postos em correspondência biunívoca).

A definição de Frege de número cardinal apareceu em 1884, em um livro bem conhecido, *Die Grundlagen der Arithmetik* (*Os fundamentos da aritmética*), e da definição ele deduziu as propriedades dos números inteiros que são familiares na aritmética do ensino fundamental. Nos anos subsequentes, Frege ampliou suas ideias em *Grundgesetze der Arithmetik* (*Leis básicas da aritmética*) em dois volumes, o primeiro volume aparecendo em 1893 e o segundo, dez anos depois. No entanto, quando o segundo volume estava sendo impresso, Frege recebeu uma carta de Bertrand Russell, informando-o do paradoxo a respeito da classe de todas as classes que não são membros de si mesmas. Frege, reconhecendo as implicações de sua definição de números cardinais e de todo o trabalho que acabara de completar, acrescentou uma nota a seu volume comentando o golpe a um pesquisador quando a base de toda uma estrutura que ele estabeleceu é puxada debaixo dele.

Frege se propôs a deduzir os conceitos da aritmética dos da lógica formal, pois discordava da afirmação de C. S. Pierce que a matemática e a lógica são claramente distintas. Frege tinha sido educado nas universidades de Jena e Göttingen e ensinou em Jena durante uma longa carreira. Entretanto, seu programa não teve muita resposta até ser retomado por Bertrand Russel no início do século vinte, quando se tornou uma das principais metas dos matemáticos. Frege ficou agudamente decepcionado com a fraca receptividade a seu livro, mas a culpa em parte está na forma excessivamente nova e filosófica em que seus resultados estavam expressos. A história mostra que as ideias novas são mais facilmente aceitas se apresentadas em forma relativamente convencional.

A Itália tinha tomado parte um tanto menos ativa no desenvolvimento da álgebra abstrata que a França, a Alemanha e a Inglaterra, mas durante os últimos anos do século dezenove houve matemáticos italianos que se interessaram profundamente pela lógica matemática. O mais conhecido desses foi Giuseppe Peano (1858-1932), cujo nome é lembrado hoje em conexão com os axiomas de Peano, dos quais dependem tantas construções rigorosas da álgebra e da análise. Seu objetivo era semelhante ao de Frege, mas era ao mesmo tempo mais ambicioso e mais pé no chão. Esperava, em seu *Formulaire de mathématiques* (1894 e seguintes), desenvolver uma linguagem formalizada que contivesse não só a lógica matemática, como todos os ramos mais importantes da matemática. Que esse programa atraísse um grande círculo de colaboradores e discípulos resultou em parte do fato de ele evitar a linguagem metafísica e de sua feliz escolha de símbolos — tais como $\in$ (pertence à classe de), $\cup$ (soma lógica ou união), $\cap$ (produto lógico ou intersecção) e $\supset$ (contém) — muitos deles usados até hoje. Para seus fundamentos da aritmética, ele escolheu três conceitos primitivos (zero, número (isto é, inteiro não negativo) e a relação "é sucessor de"), satisfazendo aos cinco postulados seguintes.

1. Zero é um número.
2. Se a é um número, o sucessor de a é um número.
3. Zero não é o sucessor de um número.
4. Dois números cujos sucessores são iguais, são eles próprios iguais.
5. Se um conjunto S de números contém o zero e também o sucessor de todo número de S, então todo número está em S.

A última exigência, é claro, é o axioma de indução. Os axiomas de Peano, formulados pela primeira vez em 1889, na *Arithmetices principia nova methodo exposita*, representam a mais notável tentativa do século de reduzir a aritmética comum — portanto, no fim, a maior parte da matemática — a puro simbolismo formal. (Ele exprimia os postulados em símbolos, em vez das palavras que usamos.) Aqui, o método postulacional atingiu novo nível de precisão, sem ambiguidade de sentido e sem hipóteses ocultas. Peano também despendeu muito esforço no desenvolvimento da lógica simbólica, um tema favorito no século vinte.

Mais uma contribuição de Peano deve talvez ser mencionada, pois representou uma das descobertas inquietantes da época. O século dezenove se iniciou com a descoberta de que curvas e funções não precisam ser do tipo bem-comportado que até então dominara o campo, e Peano, em 1890, mostrou até que ponto a matemática podia insultar o senso comum quando construiu curvas contínuas que enchem o espaço, isto é, curvas dadas por equações paramétricas $x = f(t)$, $y = g(t)$, onde f e g são funções reais contínuas no intervalo $0 < t < 1$, cujos pontos preenchem completamente o quadrado unitário $0 < x < 1$, $0 < y < 1$. Esse paradoxo, é claro, combina perfeitamente com a descoberta de Cantor de que não há mais pontos no quadrado unitário que no segmento de reta unitário, e foi um dos fatores que levaram o século seguinte a dedicar muito mais atenção à estrutura básica da matemática. O próprio Peano, porém, em 1903 se distraiu com a invenção da linguagem internacional que ele chamou "interlíngua" ou *Latino sine flexione*, com vocabulário tirado do latim, francês, inglês e alemão. Esse movimento, porém foi muito mais efêmero que sua estrutura axiomática da aritmética.

22 ANÁLISE

É com a hipótese mais simples que se precisa ter cuidado; pois é ela que tem mais chance de passar despercebida.

Poincaré

Berlim e Göttingen em meados do século

Newton e Leibniz tinham entendido que a análise, o estudo de processos infinitos, tratava de grandezas contínuas, tais como comprimentos, áreas, velocidades e acelerações, ao passo que a teoria dos números tem como seu domínio o conjunto discreto dos números naturais. No entanto, vimos que Bolzano tentou dar demonstrações puramente aritméticas de proposições, tais como o teorema da localização na álgebra elementar, que pareciam depender de propriedades de funções contínuas; e Plücker tinha aritmetizado completamente a geometria analítica. A teoria dos grupos originalmente tratara de conjuntos discretos de elementos, mas Klein tinha em mente uma unificação dos aspectos discreto e contínuo da matemática sob o conceito de grupo. O século dezenove foi, de fato, um período de correlação na matemática. A interpretação geométrica da análise e da álgebra foi um aspecto desta tendência; a introdução de técnicas analíticas na teoria dos números foi outra. Pelo fim do século, a corrente mais forte era a da aritmetização; afetava a álgebra, a geometria e a análise.

Em 1855, Dirichlet sucedeu a Gauss em Göttingen. Deixou estabelecida, em Berlim, uma tradição de conferências sobre aplicações da análise a problemas de física e a teoria dos números. Também deixou um pequeno grupo de amigos e estudantes, seus e de Jacobi, que continuaram a influenciar a matemática na Academia, no *Journal für die reine und angewandte Mathematik,* e na universidade. Em Göttingen, conferências de matemática eram menos solidamente estabelecidas. Como já observamos, o ensino limitado de Gauss usualmente dava ênfase a temas como o método dos mínimos quadrados, que seriam úteis a seus assistentes no observatório. A maior parte da matemática propriamente dita era ensinada por um único professor, Moritz Stern (1807-1894). Dirichlet tentou enfatizar o "verdadeiro" legado de Gauss com conferências sobre teoria dos números e teoria do potencial.

Dois jovens em Göttingen seriam profundamente influenciados por Dirichlet, embora diferissem grandemente em personalidade e orientação matemática. Um foi Richard Dedekind (1831-1916), o outro Bernhard Riemann. Quando Dirichlet morreu inesperadamente em 1859, foi Riemann que lhe sucedeu.

Riemann em Göttingen

Quando Riemann se tornou professor em Göttingen, não era um estranho na universidade. Matriculou-se lá em 1846, passou vários semestres em Berlim, obtendo de Jacobi e Dirichlet seu preparo matemático, voltou a Göttingen e obteve bom preparo em física com Wilhelm Weber, foi assistente de Weber, obteve seu doutorado, e foi nomeado professor assistente (*privatdozent*) em 1854. Sua pesquisa e sua carreira se dividiam entre matemática e física. Quando sucedeu a Dirichlet, tinha publicado cinco artigos; dois destes tratavam de problemas de física. Uma divisão semelhante caracteriza seu trabalho posterior; no entanto, conceitualmente, não é a divisão que predomina, mas o que há de comum em muitos conceitos. Riemann era uma matemático de muitas facetas, com uma mente fértil, tendo contribuído para a geometria, a teoria dos números e análise. Tendo mencionado parte de seu trabalho em geometria e teoria das funções anteriormente, citaremos aqui só o exemplo de seu artigo mais curto e possivelmente mais famoso, antes de falar de sua influência na física-matemática.

Euler tinha observado conexões entre a teoria dos números primos e a série

$$\frac{1}{1^s}+\frac{1}{2^s}+\frac{1}{3^s}+\cdots+\frac{1}{n^s}+\cdots,$$

onde s é um inteiro — um caso especial da série de Dirichlet. Riemann estudou a mesma série quando s é uma variável complexa, a soma da série definindo uma função $\zeta(s)$ que a partir daí passou a ser conhecida como função zeta de Riemann. Uma das sugestões tantalizantes que os matemáticos ainda não puderam demonstrar ou negar é a famosa conjetura de Riemann: todos os zeros imaginários $s = \sigma + i\tau$ da função zeta têm parte real $\sigma = 1/2$.

Em análise, Riemann é lembrado por seu papel no refinamento da definição de integral, pela ênfase que deu às equações de Cauchy-Riemann, e pelas superfícies de Riemann. Essas superfícies são um engenhoso meio de uniformizar uma função, isto é, dar uma representação unívoca de funções complexas que no plano ordinário de Gauss seriam multivalentes. Aqui, vemos um aspecto notável da obra de Riemann — uma concepção fortemente intuitiva e geométrica da análise, que está em marcado contraste com as tendências aritmetizantes da escola de Weierstrass. Sua abordagem foi chamada "um método de descoberta" ao passo que a de Weierstrass contituia "um método de demonstração". Seus resultados foram tão significativos que Bertrand Russell descreveu-o como "logicamente o predecessor imediato de Einstein". Foi o gênio intuitivo de Riemann na física e na matemática que produziu conceitos como o de curvatura de um espaço riemanniano ou variedade, sem o qual a teoria da relatividade geral não poderia ter sido formulada.

Física-matemática na Alemanha

Antes de Riemann, já tinham existido vários centros de crescente atividade em física-matemática na Alemanha. Começando na década de 1830, Dirichlet introduzira as técnicas de Fourier e os resultados dos grandes contemporâneos franceses a um grande grupo de estudantes de matemática e física em Berlim. Dirichlet interagiu com os físicos de Berlim; tinha sido amigo de Wilhelm Weber anos antes de se tornarem colegas em Göttingen. Do mesmo modo, em Königsberg, Jacobi trabalhara de perto com o físico matemático Franz Neumann (1798-1895) em pesquisa e ensino. Em Leipzig, a nova análise não estava ainda bem representada; mas quando os irmãos Weber precisavam consultar seus colegas matemáticos, não havia barreiras. Quando Weber envolveu Riemann em suas investigações eletrodinâmicas em Göttingen, o assunto tinha sido tratado também em Königsberg; as duas tradições alemãs usaram o trabalho pioneiro de André-Marie Ampère e Poisson. Quando Riemann iniciou seu influente estudo sobre a propagação de ondas sonoras, elaborou um tópico que Poisson tinha desenvolvido nos primeiros anos do século e sobre o qual Dirichlet tinha feito frequentes conferências em Berlim. É um capítulo importante na história da equação de onda. A abordagem de Riemann envolvia tratar uma equação diferencial linear de segunda ordem em duas variáveis e achar uma função "característica" satisfazendo uma certa equação diferencial parcial adjunta. A técnica de Riemann tem sido amplamente adotada para equações hiperbólicas.

Paul du Bois Reymond (1831-1889), que obteve seu doutorado em Berlim logo antes da partida de Dirichlet, trabalhou sobre resultados de Riemann para obter uma generalização do teorema de Green. Hermann Helmholtz (1821-1894), que veio para a física-matemática de uma formação em fisiologia, obteve resultados com pontos comuns com os de Riemann em estudos acústicos. Muitas de suas notáveis contribuições ao estudo do som foram incluídas em seu popular trabalho *Sobre as sensações do tom*. A equação de onda reduzida $\Delta w + k^2 w = 0$ é frequentemente chamada a "equação de Helmholtz", porque ele foi o primeiro a enfrentar a questão de achar uma solução geral. O físico Gustav Kirchhoff (1824-1887), contemporâneo destes homens, obteve outros resultados significativos no estudo de equações diferenciais parciais, especialmente a equação de onda.

Física-matemática nos países de língua inglesa

Pela metade do século dezenove, vários homens de língua inglesa fomentaram o desenvolvimento da física-matemática na Grã-Bretanha e em outros lugares. As primeiras contribuições significativas no século dezenove à física-matemática do outro lado do canal foram as do irlandês William Rowan Hamilton. Quando iniciou seus estudos sobre dinâmica, em 1830, ele se baseou fortemente em conceitos que tinha desenvolvido enquanto estabelecia uma teoria matemática da ótica, nos últimos anos da década de 1820. A chave de seu método foi a introdução de princípios variacionais no tratamento de certas equações diferenciais parciais. Baseou-se em trabalhos de Lagrange e Poisson, mas utilizou princípios físicos estabelecidos antes. Jacobi, desenvolvendo sua própria dinâmica na década de 1830, reformulou as ideias inovadoras de Hamilton e chamou atenção para elas no contexto de sua própria teoria. O resultado é agora chamado a teoria de Hamilton-Jacobi. O primeiro a divulgar as ideias de Hamilton foi o físico escocês Peter Guthrie Tait (1831-1901). Entre as contribuições matemáticas de Tait estão estudos iniciais sobre nós; nisto, seguiu uma pouco conhecida linha de pesquisas de Gauss e Listing, estimulado por investigações eletrodinâmicas. Seu nome veio a ser conhecido por gerações, junto com o de William Thomson, pelo clássico *Treatise on Natural Philosophy*, usualmente conhecido só por "T e T" ou "T e T'". Este livro, que apareceu primeiro em 1867, teve várias edições. Embora não fosse leitura leve, quase um século depois da primeira publicação, reapareceu em brochura com o nome *Principles of Mechanics and Dynamics*.

William Thomson, coautor com Tait, é mais conhecido por seu título de Lord Kelvin. Nascido em Belfast, criado em Glasgow, educado em Cambridge, descobriu o livro de Fourier sobre teoria do calor quando adolescente e pouco depois ganhou um exemplar do raro *Essay* de Green, de 1828. Thomson não só estudou o trabalho de Green ele próprio, mas tornou-o conhecido no continente. Suas primeiras contribuições matemáticas, a partir de 1840, foram estimuladas por comunicação com Liouville, em cujo *Journal* apareceram. Dizem respeito ao método de inversão e ao princípio de Dirichlet, ambos tratados em relação com eletricidade e magnetismo. Suas pesquisas subsequentes tenderam a ser mais fisicamente e experimentalmente orientadas.

Thomson foi contemporâneo de um físico inglês cujo nome é familiar a todo estudante de cálculo avançado: George Gabriel Stokes (1819-1903). Stokes graduou-se em Cambridge em 1841; como Thomson, tinha sido *senior wrangler*. Muito de sua pesquisa foi feita antes de 1850; durante a segunda parte do século ele teve a cadeira Lucasiana de matemática em Cambridge e foi membro ativo da Royal Society, cuja medalha Copley ele ganhou por um grande estudo sobre ótica, no começo da década de 1850. Em 1850, William Thomson já conhecia o teorema que leva o nome de Stokes, embora este aparecesse impresso pela primeira vez sob forma de questão de exame em 1854. Stokes demonstrou o teorema quando Thomson o mandou a ele em 1850 e parece tê-lo escolhido como questão de exame.

Um dos que fizeram este exame em 1854 foi James Clerk Maxwell (1831-1879). Mais conhecido por sua dedução assombrosamente bem-sucedida, em 1864, das equações de onda eletromagnética, foi influente em insistir com matemáticos e físicos no uso de vetores. Amigo de Tait, ele também admirava Hamilton. No entanto, evitou entrar a fundo nas brigas sobre notações que envolveram muitos defensores do uso da análise vetorial.

Antes de deixar os analistas de língua inglesa da época, deveríamos indicar algumas importantes contribuições dos que estudavam mecânica celeste. Como foi previamente observado, os astrônomos teóricos do século dezenove tinham dois importantes textos como guias: um era o *Mécanique celeste*, de Laplace, o outro o *Teoria motus*, de Gauss. A tradução do livro de Laplace para o inglês trouxe à atenção da Europa um americano, Nataniel Bowditch (1773-1838), na década de 1830. O assunto foi um em que analistas americanos se destacaram várias vezes, a mais notável contribuição americana no século dezenove sendo a de George William Hill (1838-1914). Em 1877-1878, Hill publicou dois importantes artigos sobre a teoria lunar, em que estabeleceu a teoria das equações diferenciais lineares com coeficientes periódicos. Depois de Poincaré observar, em 1885, a importância deste trabalho, o primeiro destes artigos foi republicado na *Acta Mathematica* de Mittag-Leffler e chamou a atenção sobre o recém-fundado *American Journal of Mathematics*, cujo primeiro volume continha o outro artigo de Hill.

Finalmente, deve-se observar que o Astrônomo Real da Inglaterra, G. B. Airy (1801-1892), fez numerosas contribuições ao estudo de séries e integrais que, embora pertençam à era de Gauss e Cauchy, foram importantes pelo efeito que tiveram nos analistas e físicos-matemáticos ingleses da metade do século. Por exemplo, em seus estudos óticos em 1850, Stokes se deparou com uma integral que Airy tinha usado para descrever certa situação envolvendo difração. Stokes montou uma equação diferencial tendo a integral de Airy como solução especial e resolveu a equação por séries "semiconvergentes". Este foi dos primeiros exemplos de trabalho que subsequentemente levou à teoria mais geral de tais séries desenvolvida por T.-J. Stieltjes (1856-1894).

Weierstrass e estudantes

O mais importante analista em Berlim na segunda metade do século dezenove foi Karl Weierstrass (1815-1897). Preparou-se em Münster para o ensino em escola secundária, e lá um instrutor, Christoph Gudermann (1798-1851), tomou-o sob sua proteção.

Gudermann se interessava especialmente por funções elípticas e hiperbólicas, tema em que seu nome é lembrado na gudermanniana: se u é uma função de x satisfazendo à equação tg u = senh x, então u é chamada a gudermanniana de x, escrito como u = gd x. Mais importantes para a matemática que esta contribuição menor foram o tempo e a inspiração que o mestre deu a seu estudante Karl Weierstrass, que estava destinado por sua vez a tornar-se o maior professor de matemática dos meados do século dezenove — pelo menos se medido em termos de número de pesquisadores bem-sucedidos que produziu. Gudermann convenceu o jovem Weierstrass de que a representação em série de potências de uma função era uma ferramenta muito útil e foi neste tema que Weierstrass, seguindo os passos de Abel, produziu seu maior trabalho.

Weierstrass obteve seu certificado de professor já com vinte e seis anos, e por mais de dez anos ensinou em várias escolas secundárias. Em 1854, porém, um artigo sobre funções abelianas, publicado no *Journal* de Crelle, trouxe-lhe tal reputação que logo depois lhe foi oferecido, e ele aceitou, um posto de professor na Universidade de Berlim. Weierstrass tinha então quase quarenta anos, o que o tornou uma exceção notável à ideia comum de que um grande matemático deve revelar-se cedo.

Supunha-se geralmente, antes do meio do século dezenove, que se uma série infinita converge em algum intervalo a uma função contínua e derivável $f(x)$, então, uma segunda série obtida por derivação termo a termo da série original convergirá necessariamente, no mesmo intervalo, a $f'(x)$. Vários matemáticos mostraram que isto não é necessariamente verdade e que a derivação termo a termo merece confiança somente se a série for *uniformemente* convergente no intervalo — isto é, se puder ser achado um único N tal que para todo valor de x no intervalo, as somas parciais $S_n(x)$ diferem da soma $S(x)$ por menos que um dado ε, para todo $n > N$. Weierstrass mostrou que, para uma série uniformemente convergente, a integração termo a termo também é permissível. No que se refere à convergência uniforme, Weierstrass nem de longe estava só, pois o conceito foi percebido mais ou menos ao mesmo tempo por pelo menos três outros — Cauchy, na França (talvez em 1853), Stokes, em Cambridge (em 1847), e P. L. V. Seidel (1821-1896), na Alemanha (em 1848). H. E. Heine (1821-1896), antes próximo de Dirichlet e Riemann, em 1870 demonstrou que o desenvolvimento em série de Fourier de uma função contínua é único se for imposta a condição de que ela seja uniformemente convergente. Entretanto, talvez ninguém mereça mais ser conhecido como o pai do movimento crítico na análise do que Weierstrass. Desde 1857 até sua aposentadoria em 1890, recomendou insistentemente a uma geração de estudantes que usassem a representação em séries infinitas com cuidado.

Uma das importantes contribuições de Weierstrass à análise chama-se prolongamento analítico. Weierstrass tinha mostrado que a representação em série de potências infinita de uma função $f(x)$, centrada em um ponto P_1 do plano complexo, converge em todos os pontos dentro de um círculo C_1 cujo centro é P_1 e que passa pela singularidade mais próxima. Se, agora, expandimos a mesma função em um segundo ponto P_2 diferente de P_1, mas dentro de C_1, esta série será convergente dentro de um círculo C_2 tendo P_2 como centro e passando pela singularidade mais próxima de P_2. Este círculo pode incluir pontos fora de C_1, portanto estendemos a área do plano em que $f(x)$ está definida analiticamente por uma série de potências; o processo pode ser continuado ainda com outros círculos. Weierstrass, portanto, definia uma função analítica como sendo uma série de potências juntamente com todas as que podem ser obtidas dela por prolongamento analítico. A importância de trabalho como este de Weierstrass é sentida especialmente na física-matemática, em que soluções de equações diferenciais raramente são achadas em qualquer forma que não seja uma série infinita.

A influência de Weierstrass se exerceu tanto por meio de seus estudantes quanto por seus cursos e publicações. No campo das equações diferenciais, isto nos traz a Lazarus Fuchs (1833-1902). Construindo sobre trabalhos dos matemáticos franceses Briot e Bouquet, e sobre o artigo de Riemann sobre a equação hipergeométrica, Fuchs iniciou o estudo sistemático de singularidades regulares das equações diferenciais lineares no domínio complexo. Sua motivação imediata veio de conferências sobre funções abelianas que Weierstrass dera em 1863. O trabalho de Fuchs foi aperfeiçoado por G. Frobenius (1849-1917) em Berlim e serviu de ponto de partida para Poincaré.

Outro estudante de Weierstrass que fez contribuições importantes à análise complexa foi H. A. Schwarz (1848-1921). Schwarz se interessava por questões de aplicações e foi especialmente afetado pela crítica de Weierstrass ao uso feito por Riemann do princípio de Dirichlet. O famoso teorema da aplicação de Riemann, traduzido em terminologia posterior, afirma que "existe uma e uma única aplicação conforme de uma dada superfície limitada simplesmente conexa sobre outra, para a qual as imagens de um ponto interior e de um ponto de fronteira são prescritas" (Birkhoff 1973, p.47). Weierstrass observou que a demonstração de Riemann era inaceitável porque estendia o uso do princípio de Dirichlet além das limitações que garantiriam a existência de uma integral minimizante. Schwarz então começou a procurar exemplos específicos para os quais podia validar o teorema. Esta busca levou-o a dois instrumentos muito úteis, um conhecido como seu "princípio de reflexão", o outro como seu "processo alternante". Pôde obter numerosas aplicações específicas; por exemplo, podia levar uma região simplesmente conexa do plano sobre um círculo, mas não pôde obter a generalização mais ampla que esperava.

Outro seguidor de Weierstrass que viria a assumir importância internacional por causa de sua revista e do apoio a matemáticos de diferentes partes do mundo foi o sueco Gösta Mittag-Leffler (1846-1927). Mittag-Leffler tinha estudado com Charles Hermite (1822-1901) em Paris e Ernest Christian Julius Schering (1824-1897) em Göttingen, antes de vir a Berlim. Fez contribuições independentes à teoria das funções complexas. Mais importante foi que fundou o periódico *Acta Mathematica*, foi amigo de Weierstrass e Hermite, trocou informações com matemáticos de todo o mundo e auxiliou numerosos matemáticos, diretamente e através de suas numerosas relações na Suécia e em outros lugares. Assim, teve importante papel nas vidas de indivíduos tão diversos quanto Sonia Kovalevskaya, Henri Poincaré e Georg Cantor.

A aritmetização da análise

O ano de 1872 foi um ano de festa não só na geometria, mas ainda mais particularmente na análise. Nesse ano, contribuições cruciais na direção da aritmetização da análise foram feitas por não menos que cinco matemáticos, um francês, os demais alemães. O francês foi H. C. R. (Charles) Méray (1835-1911) na Borgonha; os quatro alemães foram Karl Weierstrass de Berlim, H. E. Heine de Halle, Georg Cantor (1845-1918), também de Halle e J. W. R. Dedekind (1831-1916) de Braunschweig. Esses homens, em certo sentido, representaram o clímax de meio século de investigação sobre a natureza da função e do número que começara em 1822 com a teoria de calor de Fourier e com uma tentativa feita naquele mesmo ano por Martin Ohm (1792-1872) de reduzir toda a análise a aritmética em *Versuch eines vollständing Konsequenten Systems der Mathematik.*

Havia duas causas principais de inquietação nesse intervalo de cinquenta anos. Uma era a falta de confiança nas operações executadas sobre séries infinitas. Não era sequer claro se uma série infinita de funções — de potências, ou de senos e cossenos, por exemplo — sempre converge à função de que provém. Uma segunda causa de preocupação era a falta de qualquer definição da expressão "número real" que estava no próprio cerne do programa de aritmetização. Bolzano, em 1817, tinha percebido tão bem a necessidade de rigor em análise que Klein o chamava "o pai da aritmetização"; mas Bolzano tinha sido menos influente que Cauchy, cuja análise ainda carregava muito de intuição geométrica. Mesmo a função contínua e não derivável de Bolzano, de cerca de 1830, foi esquecida pelos sucessores, e o exemplo de uma destas funções dado por Weierstrass (em aulas dadas em 1861 e em um artigo para a Academia de Berlim de 1872) em geral foi considerado como a primeira ilustração do fato.

Riemann, enquanto isso, tinha exibido uma função $f(x)$ que é descontínua em uma infinidade de pontos em um intervalo, mas cuja integral, no entanto, existe e define uma função contínua $F(x)$ que, para a infinidade de pontos em questão, não tem derivada. A função de Riemann, em certo sentido, é menos patológica que as de Bolzano ou Weierstrass, mas tornou claro que a integral exigia uma definição mais cuidadosa que a de Cauchy, que fora guiada em grande parte pelo sentimento geométrico sobre a área sob uma curva. A definição atual de integral sobre um intervalo em termos de somas superiores e inferiores é geralmente conhecida como integral de Riemann, em honra do homem que deu condições necessárias e suficientes para que uma função limitada seja integrável. A função de Dirichlet, por exemplo, não tem integral de Riemann em nenhum intervalo. Definições ainda mais gerais da integral, com condições mais fracas sobre a função, foram propostas no século seguinte, mas a definição de integral usada em quase todos os cursos universitários de cálculo é ainda a de Riemann.

Houve uma lacuna de quase cinquenta anos entre a obra de Bolzano e a de Weierstrass, mas a unidade de esforços nesse meio século e a necessidade de redescobrir a obra de Bolzano eram tais que há um célebre teorema que leva o nome de ambos, o teorema de Bolzano-Weierstrass: um conjunto limitado S contendo infinitos elementos (pontos ou números) tem ao menos um ponto de acumulação. Esse teorema foi demonstrado por Bolzano e aparentemente Cauchy também o conhecia, mas foi a obra de Weierstrass que o tornou familiar aos matemáticos.

Ceticismo quanto às séries de Fourier fora expresso por Lagrange, mas Cauchy, em 1823, julgava ter demonstrado a convergência da série de Fourier geral. Dirichlet mostrara que a demonstração de Cauchy não era satisfatória e tinha fornecido condições suficientes para convergência. Foi ao procurar liberalizar as condições de Dirichlet para a convergência de uma série de Fourier, que Riemann desenvolveu sua definição de integral de Riemann; e, com relação a isso, mostrou que uma função $f(x)$ pode ser integrável em um intervalo sem ser representável por uma série de Fourier. Foi o estudo das séries trigonométricas que levou também à teoria dos conjuntos de Cantor, a ser descrita mais adiante.

Só um ano depois desse ano crítico de 1872, morreu, com trinta e quatro anos, um jovem que prometia dar contribuições significativas tanto à matemática quanto à sua história. Foi Hermann Hankel (1839-1873), aluno de Riemann e professor de matemática em Leipzig. Em 1867, ele tinha publicado um livro, *Theorie der Komplexen Zahlensysteme,* em que observava que "a condição para construir uma aritmética universal é ... uma matemática puramente intelectual, desligada de todas as percepções". Vimos que a revolução na geometria teve lugar quando Gauss, Lobachevsky e Boliay se libertaram das pressuposições sobre o espaço. Em um sentido um tanto parecido, a completa aritmetização da análise só se tornou possível quando, como Hankel previra, os matemáticos compreenderam que os números reais devem ser encarados como "estruturas intelectuais" e não como grandezas intuitivamente dadas, legadas pela geometria de Euclides. A ideia de Hankel não era realmente nova; havia uma geração de algebristas, especialmente na Grã-Bretanha, que vinham desenvolvendo uma aritmética universal e álgebras múltiplas. As implicações para a análise, no entanto, não tinham sido percebidas por muitos. Bolzano, no começo da década de 1830, fizera uma tentativa para desenvolver uma teoria dos números reais como limites de sequências de números racionais, mas essa não foi reconhecida nem publicada até 1962. Sir William Rowan Hamilton (1805-1865) tinha talvez sentido a necessidade disso, mas o fato de recorrer ao tempo em vez de ao espaço era uma mudança de linguagem, embora não de forma lógica, dos conceitos geométricos de base. A essência da questão foi percebida e publicada pela primeira vez pelo quinteto de 1872, já mencionado.

Méray não demorou a apresentar suas ideias, pois já em 1869 ele tinha publicado um artigo chamando a atenção para uma séria falha de raciocínio que os matemáticos vinham cometendo desde os tempos de Cauchy. Essencialmente a *petitio principii* consistia em definir o limite de uma sequência como um número real e em seguida definir um número real como limite de uma sequência (de números racionais). Lembremos que Bolzano e Cauchy tinham tentado demonstrar que uma sequência que "converge em si", isto é, uma sequência para a qual S_{n+p} difere de S_n (para n suficientemente grande e um p dado) por menos que um número prefixado ε, também converge no sentido de relações externas a um número real S, o limite da sequência. Méray, em seu *Nouveau precis d'analyse infinitésimale* de 1872, cortou o nó górdio deixando de apelar para a condição externa de convergência ou para o número real S. Usando apenas o critério de Cauchy-Bolzano, onde n, p e ε são números racionais, a convergência pode ser descrita sem referência a números irracionais. Em um sentido amplo, ele considerava que uma sequência convergente determina ou um número racional como limite ou um "número fictício" como um "limite fictício". Mostrou que esses "números fictícios" podem ser ordenados e, em essência, eles são o que chamamos números irracionais. Méray era um tanto vago quanto ao fato de sua sequência convergente ser ou não o número. Se for, como parece indicado, então sua teoria é equivalente à desenvolvida ao mesmo tempo por Weierstrass.

Weierstrass tentou separar o cálculo da geometria e baseá-lo no conceito de número apenas. Como Méray, ele também viu que para fazer isso era necessário dar uma definição de número irracional que fosse independente do conceito de limite, já que esse até então tinha pressuposto o anterior. Para corrigir o erro lógico de Cauchy, Weierstrass decidiu a questão da *existência* de um limite de uma sequência convergente tomando a própria sequência como o número ou limite. A concepção de Weierstrass é demasiado sutil para ser apresentada com detalhe aqui, mas em forma consideravelmente simplificada podemos dizer que o número 1/3 não é o *limite* da série $3/10 + 3/100 + 3/1000 + 3/10^n + \cdots$; ele *é* a sequência associada a essa série. (Na verdade, na teoria de Weierstrass, os números irracionais são mais amplamente definidos como *agregados* de racionais, e não de forma mais restrita como *sequências ordenadas* de racionais, como indicamos.)

Weierstrass não publicou suas ideias sobre a aritmetização da análise, mas elas foram difundidas por homens como Ferdinand Lindemann e Eduard Heine, que assistiram a suas aulas. Em 1871, Cantor iniciara um terceiro programa de aritmetização, semelhante aos de Méray e Weierstrass. Heine sugeriu simplificações que levaram ao chamado desenvolvimento de Cantor-Heine, publicado por Heine no *Journal* de Crelle de 1872, no artigo *Die Elemente der Funktionenlehre*. Em essência, o desenvolvimento se assemelhava ao de Méray, no sentido de que sequências convergentes que não convergem a números racionais, por decreto, definem números irracionais. Uma abordagem inteiramente diferente ao mesmo problema, e a que é mais conhecida hoje, foi dada no mesmo ano por Dedekind em um livro célebre, *Stetigkeit und die irrationalzahlen* (*A continuidade e os números irracionais*).

Dedekind

A atenção de Dedekind se voltara para o problema dos números irracionais desde 1858, quando dava aulas de cálculo. O conceito de limite, ele concluiu, deveria ser desenvolvido através da aritmética apenas, sem usar a geometria como guia, se se desejava que fosse rigoroso. Em vez de simplesmente procurar uma saída do círculo vicioso de Cauchy, Dedekind se perguntou, como indica o título de seu livro, o que há na grandeza geométrica contínua que a distingue dos números racionais. Galileu e Leibniz tinham julgado que a "continuidade" de pontos sobre uma reta era consequência de sua densidade — isto é, do fato que entre dois pontos quaisquer existe sempre um terceiro. Porém os números racionais têm essa propriedade, no entanto não formam um contínuo. Refletindo sobre a questão, Dedekind chegou à conclusão de que a essência da continuidade de um segmento de reta não se deve a uma vaga propriedade de ligação mútua, mas a uma propriedade exatamente oposta: a natureza da divisão do segmento em duas partes por um ponto sobre o segmento. Em qualquer divisão dos pontos do segmento em duas classes tais que cada ponto pertence a uma e somente uma, e tal que todo ponto em uma classe está à esquerda de todo ponto da outra, existe um e um só ponto que realiza a divisão. Como Dedekind escreveu "Por essa observação trivial o segredo da continuidade será revelado". A observação podia ser trivial, mas seu autor parece ter tido algumas dúvidas quanto a ela, pois hesitou durante alguns anos antes de se comprometer em algo impresso.

Dedekind viu que o domínio dos números racionais podia ser estendido de modo a formar um contínuo de números reais se supusermos o que agora se chama o axioma de Cantor-Dedekind, isto é, que os pontos sobre uma reta podem ser postos em correspondência biunívoca com os números reais. Expresso aritmeticamente, isso significa que para toda divisão dos números racionais em duas classes A e B tais que todo número da primeira classe, A, é menor que todo número da segunda classe, B, existe um e um só número real que produz essa *Schnitt*, ou corte de Dedekind. Se A tem um maior número, ou se B contém um menor número, o corte define um número racional; mas se A não tem um maior elemento e B não tem um menor, então o corte define um número irracional. Se, por exemplo, pusermos em A todos os números racionais negativos e também todos os racionais positivos cujos quadrados são inferiores a dois, e em B todos os racionais positivos cujos quadrados são superiores a dois, dividimos todo o conjunto dos racionais de um modo que define um número irracional — nesse caso, o número que usualmente escrevemos como $\sqrt{2}$. Agora, Dedekind observou, os teoremas fundamentais sobre limites podem ser demonstrados rigorosamente sem recorrer à geometria. Foi a geometria que indicou o caminho para uma definição conveniente da continuidade, mas no fim foi excluída da definição aritmética formal do conceito. O corte de Dedekind no sistema de números racionais, ou uma construção equivalente dos números reais, tinha agora substituído a grandeza geométrica como espinha dorsal da análise.

As definições de número real são, como Hankel indicara que deviam ser, construções intelectuais baseadas nos números racionais, em vez de algo imposto à matemática do exterior. Das definições acima, uma das mais populares tem sido a de Dedekind. No começo do século vinte, uma modificação do corte de Dedekind foi proposta por Bertrand Russell (1872-1970). Ele notou que como qualquer das duas classes A, B de Dedekind é univocamente determinada pela outra, uma só basta para a determinação de um número real. Assim, $\sqrt{2}$ pode ser definido simplesmente como o segmento ou subclasse do conjunto dos números racionais formado de todos os números racionais positivos cujos quadrados são menores que dois e também de todos os números racionais negativos; de modo semelhante, todo número real nada mais é que um segmento do sistema dos números racionais.

Em alguns aspectos, a vida de Dedekind se assemelha à de Weierstrass: ele também era um entre quatro filhos, e também ele nunca se casou; e ambos viveram mais de oitenta anos. Por outro lado, Dedekind se iniciou na matemática mais cedo que Weierstrass, entrando em Göttingen aos dezenove anos e obtendo seu doutorado três anos depois com uma tese sobre o cálculo que foi elogiada por Gauss. Dedekind permaneceu em Göttingen durante alguns anos, ensinando e ouvindo aulas de Dirichlet, depois se dedicou ao ensino médio, principalmente em Brunswick, pelo resto de sua vida. Dedekind viveu tantos anos depois de sua célebre introdução dos "cortes" que a famosa editora Teubner deu como data de sua morte, no *Calendário de Matemáticos*, 4 de setembro de 1899. Isso divertiu Dedekind, que viveu ainda mais de uma dúzia de anos, e ele escreveu ao editor que passara a data em questão em conversa estimulante com seu amigo Georg Cantor.

Cantor e Kronecker

A vida de Cantor foi tragicamente diferente da de seu amigo Dedekind. Cantor nasceu em S. Peterburgo, de pais que haviam emigrado da Dinamarca, mas a maior parte de sua vida ele passou na Alemanha, tendo a família se mudado para Frankfurt quando ele tinha onze anos. Seus pais eram cristãos de ascendência judaica — sendo seu pai um convertido ao protestantismo e sua mãe católica de nascimento. O filho Georg se interessou fortemente pelos argumentos sutis dos teólogos medievais sobre a continuidade e o infinito, e isso contribuiu para que não quisesse seguir uma carreira mundana em engenharia, como seu pai sugerira. Em seus estudos em Zurique, Göttingen e Berlim, o jovem consequentemente concentrou-se em filosofia, física e matemática — programa que parece ter estimulado sua enorme imaginação matemática. Doutorou-se em Berlim, em 1867, com uma tese sobre a teoria dos números, mas suas primeiras publicações mostram atração pela análise de Weierstrass. Esse campo estimulou as ideias revolucionárias que lhe ocorreram pouco antes dos trinta anos. Já notamos a obra de Cantor em conexão com a prosaica expressão "número real", mas suas contribuições mais originais centram-se na provocativa palavra "infinito".

Desde os dias de Zeno que se falava em infinito, tanto na teologia quanto na matemática, mas ninguém antes de 1872 fora capaz de dizer exatamente do que estava falando. Com demasiada frequência nas discussões sobre o infinito, os exemplos citados eram coisas como poder ilimitado ou grandezas indefinidamente grandes.

Ocasionalmente, como na obra de Galileu e Bolzano, a atenção se concentrava na infinidade de elementos de uma coleção — por exemplo, os números naturais ou os pontos de um segmento de reta. Cauchy e Weierstrass só viam paradoxo nas tentativas de identificar um infinito real ou "completado" na matemática, acreditando que o infinitamente grande ou pequeno indicava apenas a potencialidade de Aristóteles — uma incompletude do processo em questão. Cantor e Dedekind chegaram a uma conclusão oposta. Dedekind viu nos paradoxos de Bolzano não uma anomalia, mas uma propriedade universal dos conjuntos infinitos que tomou como definição precisa:

> Diz-se que um sistema S é infinito quando é semelhante a uma parte própria dele mesmo; caso contrário, S se diz sistema finito.

Em terminologia um tanto mais moderna, um conjunto S de elementos se diz infinito se os elementos de um subconjunto próprio S' podem ser postos em correspondência biunívoca com os elementos de S. Que o conjunto S' dos números naturais é infinito, por exemplo, é claro pelo fato do conjunto S' dos números triangulares ser tal que a cada elemento n de S corresponde um elemento de S' dado por $n(n+1)/2$. Essa definição positiva de um conjunto "infinito completado" não deve ser confundida com a afirmação negativa às vezes escrita com o símbolo de Wallis como $1/0 = \infty$. Essa "equação" diz apenas que não existe número real que multiplicado por zero produza o número 1.

A definição de Dedekind de conjunto infinito apareceu em 1872, em seu *Stetigkeit und irrationale Zahlen.* (Em 1888, Dedekind expôs mais amplamente suas ideias em outro importante tratado, *Was sind und was sollen die Zahlen.*) Dois anos depois, Cantor casou-se, e na lua de mel foi a Interlaken, onde o casal encontrou Dedekind. No mesmo ano, 1874, Cantor publicou no *Journal* de Crelle um de seus artigos mais revolucionários. Ele, como Dedekind, tinha reconhecido a propriedade fundamental dos conjuntos infinitos, mas ao contrário de Dedekind, Cantor viu que os conjuntos infinitos não são todos iguais. No caso finito, dizemos que conjuntos de elementos têm o mesmo número (cardinal) se podem ser postos em correspondência biunívoca. De modo um tanto semelhante, Cantor se dispôs a construir uma hierarquia de conjuntos infinitos conforme a *Mächtingkeit* ou "potência" do conjunto. O conjunto dos quadrados perfeitos ou o conjunto dos números triangulares têm a mesma potência que o conjunto de todos os inteiros positivos, pois eles podem ser postos em correspondência biunívoca. Esses conjuntos parecem muito menores que o conjunto de todas as frações racionais, no entanto Cantor mostrou que também esse último conjunto é contável ou enumerável — isto é, também esse pode ser posto em correspondência biunívoca com os inteiros positivos, portanto tem a mesma potência. Para mostrar isso, simplesmente seguimos as flechas na Fig. 22.1, "contando" as frações pelo caminho.

As frações racionais são tão densas, que entre duas quaisquer delas, por mais próximas que estejam, há sempre outra; no entanto o arranjo de Cantor mostrou que o conjunto das frações tem a mesma potência que o dos inteiros. Começa-se a pensar se todos os conjuntos infinitos têm a mesma potência, porém Cantor demonstrou conclusivamente que isso não é verdade. O conjunto de to-

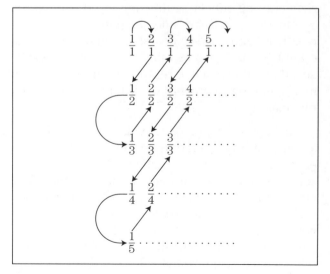

Figura 22.1

dos os números reais, por exemplo, tem potência maior que o conjunto das frações racionais. Para mostrar isso, Cantor usou uma *reductio ad absurdum*. Suponhamos que os números reais entre 0 e 1 sejam contáveis, e que estejam expressos como decimais infinitos (de modo que 1/3, por exemplo, aparece como 0,333..., 1/2 como 0,4999..., e assim por diante), e que estejam enumerados como:

$$a_1 = 0, a_{11}a_{12}a_{13}\cdots,$$
$$a_2 = 0, a_{21}a_{22}a_{23}\cdots,$$
$$a_3 = 0, a_{31}a_{32}a_{33}\cdots,$$
$$\cdots\cdots\cdots\cdots\cdots\cdots,$$

onde a_{ij} é um algarismo entre 0 e 9 inclusive. Para mostrar que nem todos os números reais entre 0 e 1 estão incluídos acima, Cantor exibiu uma fração decimal infinita diferente de todas as da lista. Para isso, formemos $b = 0, b_1b_2b_3 \ldots$, onde $b_K = 9$ se $a_{KK} = 1$ e $b_K = 1$ se $a_{KK} \neq 1$. Esse número real estará entre 0 e 1 e, no entanto, será diferente de todos os do arranjo que se presumia conter todos os números reais entre 0 e 1.

Os números reais podem ser subdivididos em dois tipos de dois modos diferentes: (1) como racionais e irracionais ou (2) como algébricos e transcendentes. Cantor mostrou que mesmo a classe dos números algébricos, que é muito mais geral que a dos racionais, tem ainda a mesma potência que a dos inteiros. Portanto, são os números transcendentes que dão aos sistema dos números reais a "densidade" que resulta em maior potência. Que é fundamentalmente uma questão de densidade que determina a potência de um conjunto é sugerido pelo fato de que a potência do conjunto de pontos em uma reta é a mesma que a potência do conjunto de pontos de um segmento da reta, por menor que seja. Para mostrar isso, seja *RS* a reta indefinidamente estendida e seja *PQ* qualquer segmento finito (Fig. 22.2). Coloquemos o segmento de modo a cortar *RS* em um ponto *O*, mas não ser perpendicular a *RS*, nem estar sobre *RS*. Escolhendo os pontos *M* e *N* de modo que *PM* e *QN* sejam paralelas a *RS*, e *MON* perpendicular a *RS*, então, traçando retas por *M* que cortem tanto *OP* quanto *OR*, e retas por *N* que cortem tanto *OQ* quanto *OS*, estabelecemos facilmente uma correspondência biunívoca.

Ainda mais surpreendente é o fato de a dimensão não decidir a potência de um conjunto. A potência do conjunto de pontos sobre um segmento de reta unitário é a mesma da dos pontos em uma área unitária ou em um volume unitário — ou, aliás, a mesma que a potência do conjunto de todos os pontos do espaço tridimensional. (Porém, a dimensão conserva alguma autoridade por ser uma correspondência biunívoca entre espaços de dimensão diferente necessariamente descontínua.) Alguns resultados na teoria dos conjuntos de pontos eram tão paradoxais que o próprio Cantor uma vez, em 1877, escreveu a Dedekind, "Eu vejo isso, mas não acredito", e pediu a seu amigo que verificasse a demonstração. Os editores também hesitavam muito antes de aceitar seus artigos, e várias vezes a publicação de artigos de Cantor no *Journal* de Crelle foi atrasada devido à indecisão dos editores e à preocupação quanto à possibilidade de erros estarem escondidos nessa abordagem não convencional de conceitos matemáticos.

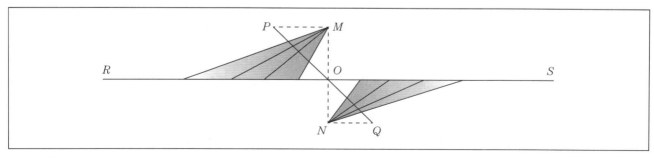

Figura 22.2

Os incríveis resultados de Cantor o levaram a estabelecer a teoria dos conjuntos como uma disciplina matemática completamente desenvolvida, chamada *Mengenlehre* (teoria das coleções) ou *Mannigfaltigkeitslehre* (teoria das multiplicidades), ramo que em meados do século vinte teria efeitos profundos sobre o ensino da matemática. Na época de sua fundação, Cantor despendeu muito esforço para convencer seus contemporâneos da validade de seus resultados, pois havia considerável *horror infiniti*, e os matemáticos sentiam relutância em aceitar o *eigentlich Unendlich* ou infinidade completada. Juntando demonstração sobre demonstração, Cantor finalmente construiu toda uma aritmética transfinita. A "potência" de um conjunto tornou-se o "número cardinal" do conjunto. Assim, o "número" do conjunto dos números inteiros era o "menor" número transfinito, E, e o "número" do conjunto dos números reais ou dos pontos de uma reta é um número "maior", C, o número do contínuo. Ainda não teve resposta a questão de saber se existem ou não números transfinitos entre E e C. O próprio Cantor demonstrou que existem infinitos números transfinitos para além de C, pois demonstrou que o conjunto dos subconjuntos de um conjunto sempre tem potência maior que o próprio conjunto. Portanto, o "número" do conjunto dos subconjuntos de C é um terceiro número transfinito, o conjunto dos subconjuntos desse conjunto de subconjuntos determina um quarto número e assim por diante, indefinidamente. Assim como há uma infinidade de números naturais, também há uma infinidade de números transfinitos.

Os números transfinitos descritos anteriormente são números cardinais, mas Cantor desenvolveu também uma aritmética de números ordinais transfinitos. Relações de ordem são delicadas e verifica-se que a aritmética ordinal transfinita difere marcadamente da aritmética ordinal finita. Para casos finitos, as regras para números ordinais são essencialmente as mesmas que para cardinais. Assim $3 + 4 = 4 + 3$, quer esses algarismos designem números cardinais ou ordinais. No entanto, se designarmos por ω o número ordinal dos "números de contar", então $1 + \omega$ não é a mesma coisa que $\omega + 1$, pois $1 + \omega$ obviamente é a mesma coisa que ω. Ainda mais, pode-se mostrar que $\omega + \omega = \omega$ e $\omega \cdot \omega = \omega$, propriedades diferentes da dos ordinais finitos, mas semelhantes a de cardinais transfinitos.

Dedekind e Cantor estavam entre os matemáticos mais notáveis, e certamente mais originais, de sua época; no entanto, nenhum dos dois conseguiu uma posição profissional de primeiro plano. Dedekind passou quase toda a sua vida ensinando no ensino médio, e Cantor passou a maior parte de sua carreira na Universidade de Halle, pequena escola sem grande reputação. Cantor esperava obter um posto de professor na Universidade de Berlim e culpou Leopold Kronecker (1823-1891) por sua falta de sucesso.

Kronecker foi estudante de Kummer, primeiro no ensino médio quando este último era professor no *gymnasium* que Kronecker frequentara, depois na Universidade de Breslau. Kronecker estudou com Steiner e Dirichlet em Berlim, onde obteve seu doutorado, em 1845. Filho de pais ricos, inicialmente não seguiu a carreira acadêmica, mas cuidou dos interesses financeiros da família. Continuou, porém, suas pesquisas matemáticas. Quando se mudou para Berlim, em 1855, levara a vida de um pesquisador independente. Sua prodigiosa produção, cobrindo teoria dos números, teoria das equações e teoria das funções elípticas, entre outros tópicos, lhe conquistou, em 1861, o título de membro da Academia de Ciências de Berlim. Isto o qualificava para lecionar na Universidade de Berlim, o que ele passou a fazer, sendo nomeado professor regular em 1883, quando Kummer se aposentou. As contribuições à pesquisa de Kronecker foram significativas, tanto por resultados individuais e por sua tentativa de aritmetizar a álgebra quanto na análise. Sua influência na álgebra do início do século vinte foi considerável, como também na teoria dos números; o trabalho de Erich Hecke (1887-1947) serve como exemplo. A importância do trabalho de Kronecker foi ofuscada na maior parte dos relatos históricos por versões hostis de seu conflito com Cantor. Na verdade, sua predileção pelos inteiros e seu apoio a procedimentos construtivos também o afastaram de Weierstrass. É atribuída a ele a bem conhecida afirmação "Deus fez os inteiros, e todo o resto é obra do homem". Rejeitava categoricamente a construção dos reais de seu tempo, por não poder ser realizada só com processos finitos. Diz-se que perguntou a Lindemann de que servia sua demonstração de que π não é algébrico, já que os números irracionais não existem. Às vezes se diz que seu movimento morreu de inanição. Veremos mais tarde que se pode dizer que reapareceu sob nova forma na obra de Poincaré e L. E. J. Brouwer.

Cantor, em 1883, escreveu uma defesa vigorosa em seu *Grundlagen einer allgemeinen mannigfaltigkeitslehre* (*Fundamentos de uma teoria geral das multiplicidades*), em que mantinha que "numerações definidas podem ser feitas com conjuntos infinitos tão bem quanto com finitos". Não temia cair no que chamava um "abismo de transcendentes", no entanto, ocasionalmente ele se entregava a argumentos de tipo teológico. Kronecker continuou seus ataques contra o hipersensível e temperamental Cantor e, em 1884, Cantor sofreu o primeiro dos esgotamentos nervosos que viriam a reaparecer durante os trinta e três anos restantes de sua vida. Acessos de depressão às vezes o levavam a duvidar de sua própria obra, embora fosse até certo ponto reconfortado pelo apoio de homens como Hermite. Quase no fim, ele obteve o reconhecimento de suas realizações, mas sua morte em 1918 em uma instituição para doenças mentais em Halle faz lembrar que o gênio e a loucura às vezes estão relacionados de perto. A tragédia de sua vida pessoal é mitigada pelo hino de elogio de um dos maiores matemáticos de começo do século vinte, David Hilbert, que descreveu a nova aritmética transfinita como "o produto mais extraordinário do pensamento matemático, uma das mais belas realizações da atividade humana no domínio do puramente inteligível". Onde almas tímidas tinham hesitado, Hilbert exclamava "Ninguém nos expulsará do paraíso que Cantor criou para nós".

Análise na França

Antes de examinar alguns frutos do paraíso de Cantor, deveríamos olhar algum trabalho de análise no século dezenove no país até agora ignorado neste capítulo — a França. Embora o progresso na análise no final do século dezenove fosse mais notável na Alemanha e na Inglaterra, tinha havido uma corrente constante de contribuições de Paris. Estas tomaram várias formas, no ensino e na pesquisa. Primariamente, associados ao ensino foram os grandes livros didáticos, em geral baseados em notas de aulas. O *Cours d'analyse* de Sturm foi um dos sucessores de vida mais longa do texto do curso dado por Cauchy na École Polytechnique; no fim do século foi ultrapassado pelo livro de Goursat, que exerceu especial influência nos Estados Unidos, através de sua tradução para o inglês. A *Théorie des fonctions elliptiques* de Briot e Bouquet foi um compêndio abrangente do assunto de funções elípticas. H. Laurent produziu um texto elementar no assunto, mais indicado para uso em sala de aula. Pelo fim do século, Jules Tannery e J. Molk produziram os "*Elementos*" da teoria das funções elípticas, em vários volumes. Outros autores enfrentaram campos mais vastos, como Joseph Alfred Serret (1819-1885), que ensinou e produziu livros didáticos em praticamente todas as áreas da matemática de meados do século dezenove. Também significativo foi o trabalho de divulgadores como o Abbé Moigno, editor do *Cosmos*, periódico que relatava atividades científicas e matemáticas, e autoindicado explicador de Cauchy na década de 1840.

Não surpreendentemente, a obra de Cauchy forneceu amplos pontos de partida para muitos analistas da época. Por exemplo, Pierre-Alphonse Laurent (1813-1854) e Victor Puisieux (1820-1883) são ainda lembrados por suas contribuições à teoria das funções complexas. A expansão de Laurent substitui a série de Taylor em certos pontos de descontinuidade; Puisieux foi além de Cauchy, em uma discussão clara de singularidades essenciais e questões correlatas.

A matemática francesa continuou a influenciar a atividade em outros lugares — já observamos isto com relação a Liouville e Camille Jordan. Outro exemplo pode ser encontrado no trabalho de Gabriel Lamé (1795-1860), cujo nome é associado principalmente com a introdução de coordenadas curvilíneas no tratamento de equações diferenciais parciais descrevendo problemas físicos, especialmente a equação do calor. Eduard Heine, membro muito mais jovem do círculo de Dirichlet, que se concentrou em harmônicos esféricos e na equação do potencial, primeiro seguiu e depois, por algum tempo, competiu de perto com Lamé em sua pesquisa. Também inspirado pelo conceito de Lamé de coordenadas curvilíneas e com pontos em comum com Heine foi E. Mathieu (1835-1900), que introduziu coordenadas cilíndricas elípticas e as funções que levam seu nome no estudo da equação de onda, em conexão com o problema da membrana vibrante elíptica.

Talvez o trabalho mais conhecido em análise na França da metade do século fosse o de Sturm e Liouville, sobre equações diferenciais de segunda ordem, com condições de fronteira. Na verdade, os artigos em questão foram publicados nos primeiros números do *Journal* de Liouville, na década de 1830. No entanto, seu tremendo significado emergiu só gradualmente, especialmente pelo uso que deles fizeram os físico-matemáticos britânicos do período posterior. O problema em questão era o da possibilidade de expandir em funções características (autofunções) a expressão disponível. Pode ser olhado como generalização da teoria das séries de Fourier. Sturm tinha estudado não só a teoria do calor de Fourier, mas também sua obra sobre soluções numéricas de equações; a influência deste trabalho aparece claramente logo que se lê o primeiro grande resultado de Sturm sobre a teoria. Este é o teorema da separação, que afirma que as oscilações de duas quaisquer soluções (reais) se alternam, ou se separam. A teoria de Sturm-Liouville não só confirmou a expansibilidade como forneceu critérios para soluções e para o cálculo de funções características. A teoria, de início, não era completamente rigorosa. Pelo fim do século, apareceram refinamentos em aplicações e demonstrações. Especialmente ativo na área foi o matemático norte-americano Maxime Bôcher (1867-1918). Bôcher, que tinha estudado em Harvard na década de 1880, com William Elwood Byerly, Benjamim O. Pierce e James Mills Peirce, obteve seu doutorado em Göttingen sob orientação de Klein, em 1891, com uma premiada dissertação sobre a expansões em séries na teoria do potencial. Depois da virada do século, Bôcher, durante curto período, teve como companhia no estudo dos problemas de Sturm-Liouville seus compatriotas Max Mason, G. R. D. Richardson e G. D. Birkhoff. Como manifestação de apreciação pela teoria de Sturm-Liouville e as oportunidades de pesquisa que tinha oferecido a este pequeno grupo de analistas americanos, Bôcher escolheu os métodos de Sturm como assunto quando foi convidado a dar uma série de conferências na Universidade de Paris no inverno de 1913-1914.

Liouville é também conhecido por várias outras contribuições. Em análise complexa, seu trabalho é lembrado no teorema de Liouville: se $f(z)$, uma função analítica inteira da variável complexa z, é limitada no plano complexo, então é constante. Deste teorema pode-se deduzir o teorema fundamental da álgebra, como simples corolário da seguinte maneira: se $f(z)$ é um polinômio de grau maior que zero e se $f(z)$ não se anula nunca no plano complexo, então sua recíproca $F(z) = 1/f(z)$ satisfaria às condições do teorema de Liouville. Logo, $F(z)$ teria que ser constante, o que evidentemente não é. Logo, a equação $f(z) = 0$ é satisfeita ao menos por um valor complexo $z = z_0$. Em geometria analítica plana, há outro "teorema de Liouville": os comprimentos das tangentes a uma cônica C que passam por um ponto P são proporcionais às raízes cúbicas dos raios de curvatura de C nos correspondentes pontos de contato. Finalmente, consideremos a mais conhecida contribuição de Liouville à teoria dos números reais.

A teoria dos números trata primariamente de inteiros ou, mais geralmente, razões de inteiros — os chamados números racionais. Tais números são sempre raízes de uma equação linear $ax + b = 0$ com coeficientes inteiros. A análise real trata de um tipo de número mais geral, que pode ser racional ou irracional. Euclides essencialmente já sabia que as raízes $ax^2 + bx + c = 0$, onde a, b, e c são múltiplos inteiros de um dado comprimento podem ser construídas geometricamente com régua e compasso. Se considerarmos $ax^n + bx^{n-1} + cx^{n-2} + \cdots + px + q = 0$, onde n e a, b, c, ..., q são inteiros e $n > 2$, as raízes da equação, em geral, não podem ser construídas com os instrumentos euclidianos. As raízes de uma destas equações, para $n > 0$, são chamadas de números algébricos, para indicar o modo pelo qual são definidas. Como todo número racional é raiz de uma destas equações com $n = 1$, surge naturalmente a questão de saber se todo número irracional é ou não raiz de uma destas equações para algum $n > 2$. A resposta negativa foi finalmente estabelecida em 1844, por Liouville, que nesse ano construiu uma ampla classe de números reais não algébricos. Os números da classe particular que desenvolveu são conhecidos como números de Liouville, o mais amplo conjunto de números reais não algébricos sendo chamado o dos números transcendentes. A construção de Liouville de números transcendentes é bastante complicada, mas se não se insiste na demonstração de transcendência, alguns exemplos simples de números transcendentes podem ser dados — tais como 0,1001000100001..., ou números da forma

$$\sum_{n-1}^{\infty} \frac{1}{10^{n!}}.$$

Demonstrar que algum número real particular, como e ou π, não é algébrico é em geral bastante difícil. Liouville, por exemplo, conseguiu demonstrar em seu *Journal* de 1844 que nem e nem e^2 poderiam ser raízes de uma equação quadrática com coeficientes inteiros; logo, dado um segmento unitário, não se pode construir segmento de comprimento e ou e^2 com instrumentos euclidianos. Mas passaram-se quase trinta anos antes que outro matemático francês, Charles Hermite (1822-1901), continuando as ideias de Liouville, conseguisse mostrar, em 1873, em um artigo dos *Comptes Rendus* da Académie que e não podia ser raiz de nenhuma equação polinomial com coeficientes inteiros — isto é, e é transcendente.

O status do número π intrigou os matemáticos por nove anos a mais que o número e. Lambert, em 1770, e Legendre, em 1794, tinham mostrado que tanto π quanto π^2 são irracionais, mas esta demonstração não pôs fim à antiga questão da quadratura do círculo. O assunto foi finalmente decidido em 1882, em um artigo na *Mathematische Annalen* de C. L. F. Lindemann (1852-1939) de Munique. O artigo, intitulado *Über die Zahl π*, mostrava conclusivamente, estendendo o trabalho de Liouville e Hermite, que π é também um número transcendente. Lindemann, em sua demonstração, primeiro mostrou que a equação $e^{ix} + 1 = 0$ não pode ser satisfeita se x é algébrico. Como Euler tinha mostrado que o valor $x = \pi$ satisfaz à equação, segue que π não é algébrico. Finalmente, aqui estava a resposta ao problema clássico da quadratura do círculo. Para que a quadratura do círculo fosse possível com instrumentos euclidianos, o número π teria que ser raiz de equação algébrica, com uma raiz que pudesse ser expressa por raízes quadradas. Como π não é algébrico, o círculo não pode ser quadrado de acordo com as regras clássicas. Entusiasmado com seu sucesso, Ferdinand Lindemann mais tarde publicou várias alegadas demonstrações do último teorema de Fermat, mas outros mostraram que estas não eram válidas.

Hermite foi um dos analistas franceses mais influentes no século dezenove. Apesar de, ou por causa de, ter-se saído mal como estudante quando se deparava com pedantismo educacional e com exames, Hermite, em uma época ou outra, esteve ligado com as principais instituições de Paris orientadas para a matemática. Hermite servia como examinador da École Polytechnique, foi substituto no Collège de France, ensinou na École Normale e, de 1869 a 1897, teve a cátedra de professor de análise superior na Sorbonne. Na escola, teve o mesmo professor que tinha encorajado o jovem Galois; sua primeira leitura nos clássicos matemáticos consistiu no trabalho de Lagrange sobre a resolução de equações numéricas e a tradução francesa das *Disquisitiones arithmeticae* de Gauss. Chamou a atenção inicialmente em 1842, quando ainda era estudante da escola preparatória, ao apresentar dois artigos às *Nouvelles Annales de Mathematiques,* periódico voltado para professores de matemática e seus estudantes mais avançados. Um destes artigos era uma exposição muito elegante da insolubilidade da equação quíntica. Em 1858, ele, como Kronecker, resolveu a equação quíntica usando funções modulares elípticas. Durante esses anos intermediários, Hermite estivera sob a proteção de Liouville, que o apresentou a seus amigos na Prussia, especialmente Jacobi.

A correspondência resultante mostra os primeiros sucessos de Hermite na teoria das funções elípticas e abelianas e na teoria analítica dos números. Em 1864, exibiu uma nova classe de funções especiais, em conexão com o problema de expansões funcionais sobre intervalos não limitados. Ironicamente, o nome deste grande analista hoje aparece mais frequentemente na álgebra que na análise: dada uma matriz H, substitua cada elemento por seu complexo conjugado tome a transposta e denote por H^* a matriz resultante. Se $H = H^*$, a matriz se diz hermitiana. Hermite mostrou, em 1858, que os valores próprios de uma destas matrizes são reais. Antes, ele tinha posto o nome de "ortogonal" em uma matriz M se $-M$ é a inversa de M^*.

As contribuições regulares dos analistas franceses do século dezenove atestam a continuada fertilidade do solo analítico francês; mas o sinal mais notável foi a espetacular exibição de novos conceitos que Poincaré e seus contemporâneos mais jovens apresentaram ao novo século.

LEGADOS DO SÉCULO VINTE

[M]atemática ... é uma bola de lã, um novelo embaraçado onde todos [os fios] ... têm efeito sobre outro de modo quase imprevisível.

Dieudonné

Panorama geral

Pelo fim do século dezenove, era claro que não só o conteúdo da matemática mas também seu enquadramento institucional e interpessoal tinham mudado radicalmente desde o começo do século. Além da multiplicação de períodos e departamentos acadêmicos de matemática durante o século, e da tradicional comunicação individual entre matemáticos de diferentes países, a troca de ideias matemáticas foi grandemente estimulada pela fundação de sociedades matemáticas nacionais e de encontros internacionais de matemáticos. A London Mathematical Society, fundada em 1865, e a Société Mathématique de France, fundada em 1872, abriram o caminho. Em seguida, na década de 1880, vieram a Edinburgh Mathematical Society na Escócia, o Circolo Matematico di Palermo na Itália e a New York Mathematical Society, que logo foi rebatizada American Mathematical Society. A seguir, veio a Deustche Mathematiker-Vereinigung, em 1890. Cada um destes grupos tinha reuniões regulares e mantinha publicações periódicas.

Um Congresso Internacional de Matemáticos foi realizado pela primeira vez em Chicago, em 1893, em conjunção com a Columbian Exposition. Isto foi seguido, em 1897, pelo primeiro de uma série de congressos "oficiais" de matemáticos, realizados a cada quatro anos, excetuadas as interrupções causadas pelas duas guerras mundiais e pela guerra fria. O primeiro deles teve lugar em Zurique. Durante a maior parte do século vinte, os congressos ocorreram na Europa, as exceções tendo sido 1924 (Toronto), 1974 (Vancouver), 1986 (Berkeley) e 1990 (Kyoto). Apesar das grandes diferenças econômicas e políticas, na maior parte, os matemáticos do século vinte souberam mais rapidamente do trabalho de seus colegas em outros continentes do que seus predecessores tinham sabido dos resultados obtidos por alguém em uma província vizinha.

Outras tendências do século vinte, que estavam começando a aparecer no final do século dezenove, incluem a ênfase em estruturas subjacentes comuns que ressaltam correspondências entre áreas da matemática que eram consideradas não relacionadas até então. Ao mesmo tempo, a matemática não estava menos sujeita a modismos e a dominância de certas escolas matemáticas do que no período anterior da história. Isto é atribuído ao estado da pesquisa em determinada área bem como à influência de contribuintes individuais; há também fatores externos, como o desenvolvimento de campos aliados, como a física, a estatística e a ciência da computação ou pressões econômicas e sociais, que em geral servem para financiar as aplicações.

Poincaré

Quando Gauss morreu, em 1855, pensava-se em geral que nunca mais existiria um universalista em matemática — alguém que estivesse igualmente à vontade em todos os ramos, puros e aplicados. Se alguém a partir daí mostrou que essa ideia estava errada, esse alguém foi Poincaré, pois ele considerou toda a matemática como seu domínio. Em muitos aspectos, porém, Poincaré diferia fundamentalmente de Gauss. Gauss fora um calculista prodígio, que em toda sua vida nunca hesitou perante cálculos complicados, ao passo que Poincaré não foi especialmente precoce em mostrar aptidão matemática e reconhecia que tinha dificuldades com cálculos aritméticos simples. O caso de Poincaré mostra que para ser um grande matemático não é necessário ter facilidade com números; há outros aspectos mais relevantes do talento matemático inato. Também, enquanto Gauss escreveu relativamente pouco, polindo suas obras, Poincaré escrevia apressadamente e extensamente, publicando mais artigos por ano que qualquer outro matemático. Além disso, Poincaré, especialmente em seus últimos anos, escreveu livros populares, com um sabor filosófico, algo que não atraíra Gauss. De outro lado, são numerosas e fundamentais as semelhanças entre Poincaré e Gauss. Ambos transbordavam tantas ideias, que tinham dificuldade de anotar seus pensamentos em papel, ambos tinham forte preferência por teoremas gerais em vez de casos específicos, e ambos contribuíram para uma grande variedade de ramos da ciência.

Henry Poincaré (1854-1912) nasceu em Nancy, cidade que iria abrigar bom número de grandes matemáticos no século vinte. A família conquistou proeminência de várias maneiras; seu primo Raymond foi presidente da França durante a Primeira Grande Guerra. Henri era desajeitadamente ambidestro, e sua inaptidão em exercícios físicos era lendária. Tinha vista fraca e era muito distraído, mas, como Euler e Gauss, tinha notável capacidade para exercícios mentais em todos os aspectos do pensamento matemático. Após graduar-se na École Polytechnique, em 1875, ele obteve um diploma em engenharia de minas, em 1879, e ficou ligado ao Departamento de Minas pelo resto de sua vida. Em 1879, ele obteve também seu doutorado, sob orientação de Hermite, na Universidade de Paris, onde, até sua morte em 1912, teve vários postos de professor de matemática e ciência, além de ser professor da École Polytechnique.

Funções automórficas e equações diferenciais

A tese de doutorado de Poincaré fora sobre equações diferenciais (não métodos de resolução, mas teoremas de existência), que levou a uma de suas mais célebres contribuições à matemática — as propriedades das funções automorfas. Na verdade, ele foi virtualmente o fundador da teoria dessas funções. Uma função automorfa $f(z)$ da variável complexa z é uma função que é analítica, exceto por polos, em um domínio D e que é invariante sob um grupo infinito enumerável de transformações lineares fracionárias

$$z' = \frac{az+b}{cz+d}.$$

Tais funções são generalizações das funções trigonométricas (como vemos se $a = 1 = d, c = 0$ e b é da forma $2k\pi$) e das funções elípticas. Hermite estudara tais transformações no caso especial em que os coeficientes a, b, c e d são inteiros para os quais $ad - bc = 1$ e tinha descoberto uma classe de funções modulares elípticas invariantes por essas transformações. Mas as generalizações de Poincaré revelaram uma categoria mais ampla de funções, conhecidas como funções zeta-fuchsianas, que, conforme Poincaré mostrou, podiam ser usadas para resolver a equação diferencial linear de segunda ordem com coeficientes algébricos.

Este foi só o começo de muitas contribuições importantes de Poincaré à teoria das equações diferenciais. O tema percorre como um fio vermelho a maior parte de sua obra. Em uma sinopse de seu próprio trabalho, ele comentou que os analistas tinham enfrentado três problemas grandes desde o estabelecimento do cálculo: a solução de equações algébricas; a integração de diferenciais algébricas; e a integração de equações diferenciais. Observou que nos três casos a história mostrou que o sucesso não estava nas tentativas tradicionais de redução a um problema mais simples, mas em um ataque frontal à natureza da solução. Isto fora a chave do problema algébrico fornecida por Galois. No segundo caso, o ataque às diferenciais algébricas, sucessos tinham sido conseguidos por décadas por aqueles que já não tentavam mais a redução a funções elementares, mas utilizavam novas funções transcendentes. Poincaré estivera certo de que uma abordagem semelhante ajudaria com os problemas anteriormente intratáveis na solução de equações diferenciais.

Como se observou anteriormente, esta atitude já estava presente em sua tese de doutorado. Intitulava-se "Sobre as Propriedades das Funções Definidas por Equações Diferenciais Parciais". Ele atacou o problema principal em uma série de artigos publicados no início da década de 1880, em que ele se propunha a fornecer uma descrição qualitativa das soluções. Primeiro atacou a equação geral $dx/f(x, y) = dy/g(x, y)$, em que f e g são polinômios reais. Para tratar do problema de ramos infinitos, ele projetou o plano xy na esfera. Então, examinou sua equação dando atenção especial aos pontos em que ambos os polinômios se anulam. Usando a classificação de Briot e Bouquet, baseada em Cauchy, de tais singularidades em nós, pontos de sela, focos e centros, ele pode estabelecer propriedades gerais das soluções que dependiam somente da presença ou ausência de um tipo específico de singularidade. Por exemplo, demonstrou que a solução tradicional do tipo $T(x, y) = C$ (com T analítico e C constante) só ocorre se não existirem nós ou focos. No terceiro dos quatro artigos contendo esta teoria, Poincaré estendeu sua análise a equações de grau mais alto da forma $F(x, y, y') = 0$, F sendo um polinômio. Tratou tais equações considerando a superfície definida por $F(x, y, y') = 0$. Sendo p o genus da superfície, F o número de focos, N o de nós, e S o de pontos de sela, Poincaré mostrou que

$$N + F - S = 2 - 2P.$$

Depois de explorar as ramificações deste resultado e outros, Poincaré passou a estudar equações de ordem mais alta. Embora não conseguisse estabelecer um conjunto de resultados tão amplo como em dimensão 2, ele generalizou a nova técnica utilizando hipersuperfícies e descobriu relações entre as singularidades e os números de Betti das hipersuperfícies.

Entre muitos outros resultados no estudo de equações diferenciais, citamos só alguns. Um de seus primeiros refere-se a equações lineares e a vizinhança de uma singularidade irregular; aqui, ele forneceu um exemplo importante de expansão de soluções em séries assintóticas. Em 1884, ele se voltou ao estudo de equações diferenciais de primeira ordem com singularidades fixas no domínio complexo. Émile Picard (1856-1941) utilizou este trabalho em seu estudo de equações de segunda ordem. O trabalho de Poincaré aqui é também a base das profundas investigações de Paul Painlevé (1863-1933) sobre equações não lineares de segunda ordem, com ou sem singularidades (móveis). O trabalho subsequente de Poincaré em equações diferenciais ordinárias e parciais se relacionava principalmente com aplicações físicas, especialmente em mecânica celeste e no problema dos n corpos.

Física-matemática e outras aplicações

Poincaré não se demorava em campo algum o tempo suficiente para dar um fecho a sua obra; um contemporâneo disse dele, "Ele era um conquistador, não um colonizador". No seu ensino na Sorbonne ele lecionava sobre um tópico diferente em cada ano escolar — capilaridade, elasticidade, termodinâmica, óptica, eletricidade, telegrafia, cosmogonia e outros; a apresentação era tal que em muitos casos as aulas apareciam impressas, pouco depois de serem dadas. Só em astronomia, ele publicou meia dúzia de volumes — *Les méthodes nouvelles de la mécanique céleste* (3 volumes, 1892-1899) e *Leçons de mécanique céleste* (1905-1910) — sendo nisso um digno sucessor de Laplace. Especialmente importantes foram os métodos que ele usou para atacar o problema de três corpos e suas generalizações. Também significativo para a cosmogonia foi um artigo de 1885, em que ele mostrou que uma forma de pera pode ser uma figura de equilíbrio relativo assumida por um fluido homogêneo, sujeito à gravitação newtoniana e girando uniformemente em torno de um eixo, e a questão de uma Terra em forma de pera continuou a interessar os geodesistas até nossos dias. Sir George H. Darwin (1845-1912), filho de Charles Darwin (1809-1882), escreveu em 1909 que a mecânica celeste de Poincaré seria uma vasta mina para pesquisadores ainda por meio século; um século depois, a mina ainda não se exauriu.

É interessante que Poincaré, como Laplace, também tenha escrito extensamente sobre probabilidades. Em certos aspectos, sua obra é apenas uma continuação natural da de Laplace e das dos analistas do século dezenove; mas Poincaré tinha duas faces como Janus e até certo ponto antecipava o grande interesse pela topologia, que seria tão característico do século vinte. A topologia não foi invenção de um homem. Alguns problemas topológicos encontram-se na obra de Euler, Mobius e Cantor, e mesmo a palavra "topologia" fora usada em 1847 por J.B. Listing (1808-1882) no título de um livro, *Vorstudien zur Topologie* (*Estudos introdutórios em topologia*). Mas como data para o início do assunto, a mais apropriada é 1895, o ano em que Poincaré publicou sua *Analysis situs*, no qual foi dado seu primeiro desenvolvimento sistemático.

Topologia

A topologia é agora um ramo amplo e fundamental da matemática, com muitos aspectos, mas pode ser dividida em dois sub-ramos bastante diferentes: a topologia combinatória e a topologia dos conjuntos de pontos. Poincaré tinha pouco entusiasmo pela última e, quando em 1908 falou no Congresso Internacional de Matemática em Roma, ele se referiu ao *Mengenlehre* de Cantor como um doença de que gerações posteriores se considerariam curadas. A topologia combinatória, ou *analysis situs*, como era então chamada em geral, é o estudo de aspectos qualitativos intrínsecos de configurações espaciais que permanecem invariantes por transformações biunívocas contínuas com inversa contínua. Com frequência é chamada, popularmente, de "geometria de borracha", pois deformações de um balão, por exemplo, sem furá-lo ou rasgá-lo, são exemplos de transformações topológicas. Um círculo, por exemplo, é topologicamente equivalente a uma elipse; a dimensão de um espaço é um invariante topológico, como também o número de Descartes-Euler $N_0 - N_1 + N_2$ para poliedros simples. Entre as contribuições originais de Poincaré à topologia está uma generalização da fórmula poliedral de Descartes-Euler para espaços de dimensão superior, usando o que ele chamou "números de Betti", como homenagem a Enrico Betti (1823-1892), que ensinara na Universidade de Pisa e observara algumas das propriedades desses invariantes topológicos. A maior parte da topologia, porém, lida com aspectos qualitativos e não quantitativos da matemática, e neste aspecto, é típica de uma ruptura com o estilo predominante na análise do século dezenove. A atenção de Poincaré parece ter sido atraída para a *analysis situs* por tentativas de integração qualitativa de equações diferenciais. Poincaré, como Riemann, era especialmente hábil ao tratar problemas de natureza topológica, como o de achar as propriedades de uma função, sem se preocupar com sua representação formal no sentido clássico, pois eles eram intuicionistas de julgamento sólido.

Poincaré afirmou que praticamente todos os problemas que considerava o levaram à *analysis situs*. Vimos um exemplo em seu ataque às equações diferenciais. Na década que inclui a virada do século, ele publicou uma série de artigos sobre o assunto. Estes se tornaram a base da topologia combinatória, ou algébrica, do século vinte. Aqui, ele elaborou os conceitos derivados de Riemann e Betti que encontramos em seu trabalho sobre equações diferenciais: tratando uma figura como uma variedade de dimensão n e considerando a ordem de conexão. Elaborou as definições e teoremas fundamentais da teoria de homologia simplicial; estabeleceu a relação entre o grupo fundamental de uma variedade e o primeiro número de Betti; também indicou outras relações envolvendo números de Betti. Estes artigos continham teoremas e conjecturas que levaram a muitas das investigações posteriores dos topólogos do século vinte. Delinearemos a história de um deles em nosso último capítulo.

Outros campos e legado

De muitas outras contribuições de Poincaré à matemática, mencionamos apenas trabalho adicional em teoria das funções, inclusive funções abelianas; trabalho substancioso sobre grupos de Lie e problemas correlatas em álgebra; e influentes escritos não técnicos — alguns polêmicos — sobre matemática e filosofia da matemática.

Como exemplo da variedade de interesses de Poincaré, é a ele que devemos um sugestivo modelo da geometria de Lobachevsky dentro de uma moldura euclidiana. Suponhamos que um mundo seja limitado por uma grande esfera de raio R e que a temperatura absoluta em um ponto dentro da esfera seja $R^2 - r^2$, onde r é a distância ao centro da esfera; suponhamos também que o índice de refração do meio translúcido seja inversamente proporcional a $R^2 - r^2$. Além disso, suponhamos que as dimensões dos objetos variam de ponto para ponto, sendo proporcionais à temperatura em qualquer ponto dado. Aos habitantes de um mundo assim, o universo pareceria infinito; e os raios de luz, ou "retas", não seriam retilíneos, mas círculos ortogonais à esfera de fronteira e pareceriam infinitos. Os "planos" seriam esferas ortogonais à esfera de fronteira e dois destes "planos" não euclidianos se cortariam em uma "reta" não euclidiana. Os axiomas de Euclides valeriam, com exceção do postulado das paralelas.

Além de sua universalidade, dos poderosos instrumentos novos que desenvolveu e dos resultados que obteve, a importância de Poincaré para o século vinte está na natureza "não acabada", mas muito aberta, de muitos de seus artigos. Um exemplo é um famoso artigo que escreveu sobre teoria dos números. Publicado em 1901, tratava do estudo de equações diofantinas. Na direção estabelecida vinte anos antes por Dedekind e Weber, este assunto era agora estudado através da teoria birracional das curvas algébricas. Em outras palavras, dada uma curva $f(x, y) = 0$ com coeficientes racionais, deseja-se achar pontos com coordenadas racionais pertencentes à curva. Poincaré novamente examinou o *genus* da curva, especialmente no caso $p = 1$. Usando uma técnica popularizada por Clebsch, ele usou funções elípticas para uma representação paramétrica da curva e notou que os pontos racionais no jacobiano formam um subgrupo; seu posto é o que ele chamou posto da curva. Este artigo levou a vários estudos importantes. Um artigo de 1917, de Alexander Hurwitz (1959-1919) foi seguido de um de Louis Joel Mordell (1888-1972) em 1922, no qual demonstrou que o posto do subgrupo é finito. André Weil (1906-1998), em 1928, estendeu este resultado a p arbitrário. Como Fermat, Mordell e Weil usaram um "método de descida infinita" baseado na bissecção de funções elípticas, que Poincaré pode ter sugerido em trissecções correlatas. A história subsequente da conjectura de Mordell e de outras expansões destas ideias pertence à matemática contemporânea; mencionamos o artigo de 1901 simplesmente como exemplo da natureza tremendamente sugestiva das publicações de Poincaré.

No dia da morte de Poincaré, Paul Painlevé lhe prestou um breve tributo. Terminou-o enfatizando a sinceridade intelectual de Poincaré. Em particular, ligou a esta qualidade a disposição de Poincaré de publicar resultados parciais quando sentia que não havia tempo, ou havia pouca possibilidade de que pudesse levar o problema a uma solução completa. Como exemplo, Painlevé citou trecho da última publicação de Poincaré, em que ele se justifica por apresentar resultados parciais. Depois de notar que parecia haver pouca possibilidade de que retomasse o problema no futuro, Poincaré tinha escrito:

A importância do assunto é grande demais e a coleção de resultados obtidos considerável demais desde já para que eu me resigne a deixá-los estéreis. Posso ter esperança que geômetras que se interessem por este problema, e que certamente serão mais afortunados do que eu, possam tirar proveito disto e que lhes sirva para achar a direção que devem tomar.

Hilbert

David Hilbert (1862-1943), como Immanuel Kant (1724-1804), nascera em Königsberg na Prússia Oriental, mas, ao contrário de Kant, ele viajou muito, especialmente para assistir a congressos internacionais de matemáticos, que se tornaram tão característicos deste século. Excetuado o semestre passado na Universidade de Heidelberg, onde ele estudou com o analista Lazarus Fuchs (1833-1902), Hilbert fez seus estudos matemáticos na Universidade de Könisberg. O principal professor de matemática ali era Heinrich Weber (1842-1913), que tinha sido encorajado por Dedekind a se voltar ao estudo de conceitos abstratos de álgebra e teoria dos números. Weber apresentou uma das primeiras definições abstratas para grupos e corpos nas décadas de 1880 e 1890, foi autor de um bem conhecido e influente texto de álgebra em três volumes, e foi coautor, com Dedekind, do importante artigo sobre funções algébricas mencionado no capítulo 22. Em 1883, Weber deixou Königsberg. Seu sucessor, F. Lindemann, tinha acabado de publicar sua demonstração da transcendência de π. Lindemann sugeriu a Hilbert o tópico em teoria dos invariantes para sua tese de doutorado e encorajou o trabalho inicial de Hilbert nesse campo. O interesse de Hilbert por invariantes foi ainda mais estimulado por dois homens de idades mais próximas da sua, a quem ele viu muito na década de 1880. Eram Adolf Hurwitz, que tinha estudado com Felix Klein e se juntara a Lindemann como professor em Königsberg em 1884, e Hermann Minkowski (1864-1909), que, embora ainda estudante, em abril de 1893 ganhou o *Grand Prix des Sciences Mathématiques* conferido pela Academia de Ciências de Paris por seu trabalho sobre a decomposição de inteiros na soma de cinco quadrados. Os trabalhos iniciais de Hurwitz tratavam de questões de teoria dos números e de geometria. Muito da pesquisa que realizou em Königsberg aplicava métodos de teoria das funções de Riemann a problemas de álgebra, especificamente de funções algébricas. Deixou Königsberg por Zurique em 1892, e lá passou o resto de sua vida, fazendo importantes contribuições à teoria dos números algébricos e corpos numéricos. Minkowski obteve seu doutorado em julho de 1885, poucos meses depois de Hilbert. Sua tese versava sobre investigações de formas quadráticas usando métodos introduzidos por Dirichlet. Hilbert foi o "oponente' no debate da tese com Minkowski na obtenção do grau deste último. Como veremos, Minkowski e Hilbert permaneceram muito amigos.

Teoria dos invariantes

Hilbert trabalhou predominantemente sobre a teoria dos invariantes até 1892; suas contribuições mais importantes ao assunto foram publicadas em 1890 e 1893. Para entender seu lugar na história da teoria dos invariantes é útil acompanhar o relato do próprio Hilbert sobre a teoria, preparado para o Congresso Internacional de Matemática em Chicago, em 1893.

Durante três décadas após os primeiros trabalhos de Boyle, Cayley e Sylvester sobre a teoria dos invariantes, muito tempo foi gasto calculando invariantes específicos. Além dos matemáticos ingleses já mencionados, deram contribuições importantes à atividade principalmente Clebsch e Siegfried Heinrich Aronhold (1819-1884), que descobriram invariantes para formas cúbicas ternárias e estabeleceram um método "simbólico" para calcular. Para sistematizar a obra, foi proposto que se achasse um sistema completo, ou base, para os invariantes; isto é, dada uma forma em x de grau n, achar o menor número de invariantes e covariantes inteiros racionais, de modo que quaisquer outros invariantes e covariantes inteiros racionais possam ser expressos como forma racional inteira com coeficientes inteiros do conjunto completo. Paul Gordan (1837-1912), professor de matemática na Universidade de Erlangen, demonstrou a existência de um conjunto completo finito para formas binárias. Mostrou que toda forma binária tem um sistema completo finito de invariantes e covariantes e que todo sistema finito de formas binárias possui um tal sistema. A demonstração de Gordan era pesada, mas mostrava como podia ser calculado o sistema completo; Franz Mertens (1840-1927), em 1886, forneceu uma demonstração indutiva mais simples, que não exibia o sistema. O famoso resultado de Hilbert de 1888, chamado seu "teorema de base", era muito mais geral. Foi publicado como teorema I do artigo "Sobre a Teoria das Formas Algébricas", no *Mathematische Annalen*, em 1890. Como era costume, Hilbert definiu uma forma algébrica como uma função racional inteira homogênea em certas variáveis, cujos coeficientes são números de um certo "domínio de racionalidade". O teorema afirma que para toda sequência infinita $S = F_1, F_2, F_3, \ldots$ de formas em n variáveis $x_1, x_2, \ldots, x_n$, existe um número m tal que toda forma dessa sequência pode ser expressa como

$$F = A_1 F_1 + A_2 F_2 + \cdots + A_m F_m,$$

onde os A_i são formas nas mesmas n variáveis, Hilbert aplicou este resultado à demonstração da existência de um sistema finito completo de invariantes, para sistemas de formas em um número arbitrário de variáveis. Em um influente artigo posterior, publicado em 1893, "Sobre um sistema completo de invariantes", Hilbert desenvolveu seus novos métodos para atacar problemas em teoria dos invariantes. Enfatizou que seu procedimento era fundamentalmente diferente do de seus predecessores porque ele tratava a teoria dos invariantes algébricos como parte da teoria geral dos corpos de funções algébricas.

Zahlbericht

O período de três anos, de 1892 a 1895, trouxe mudanças importantes na vida de Hilbert. Tinha iniciado sua carreira como *privatdozent* em Königsberg em 1886, tendo passado o ano após seu doutorado em uma viagem de estudos, parte do tempo em Leipzig, para visitar Felix Klein, parte em Paris, para encontrar Charles Hermite.

Em 1892, tornou-se o sucessor de Hurwitz como professor associado ("extraordinário") em Königsberg; casou-se nesse mesmo ano. Já no ano seguinte, com a partida de Lindemann para Munique, Hilbert tornou-se professor "ordinário". Entretanto, só ficou em Königsberg até 1895, pois nesse ano, Heinrich Weber, que tinha deixado Königsberg por Göttingen doze anos antes, agora foi chamado a Estrasburgo. Felix Klein conseguiu que Hilbert sucedesse a Weber em Göttingen, e desde então seu nome ficou ligado a esse centro de atividade matemática, onde residiu por quase meio século.

Na reunião de 1893 da Sociedade Matemática Alemã, foi pedido a Hilbert e Minkowski que escrevessem um relatório sobre teoria dos números para o *Jahresbericht* da organização. O trabalho resultante de Hilbert sobre "A teoria dos corpos de números algébricos" se tornou um clássico; é comumente designado por "Zahlbericht". Minkowski, que estava trabalhando em sua *Geometria dos números* na época, se retirou do projeto, embora fornecesse a Hilbert comentários cruciais sobre seu manuscrito, como fez com a maioria dos textos de Hilbert até sua morte prematura em 1909.

Na introdução de seu *Zahlbericht*, Hilbert expressou um ponto de vista que se tornaria típico de sua obra e influência. Este caracteriza-se pela ênfase em abstração, aritmetização e desenvolvimento lógico de conceitos e teorias da matemática. Observando que enquanto a teoria dos números tem o menor número de pré-requisitos necessários à compreensão de suas verdades, ela tinha sido censurada por exigir um alto grau de abstração para o domínio completo dos conceitos e técnicas de demonstração da área, Hilbert expressou a opinião de que todos os outros ramos da matemática exigem um grau pelo menos igual de abstração, desde que se sujeite o fundamento desses ramos ao mesmo estudo rigoroso e completo que é necessário. Em seguida, enfatizou a inter-relação entre teoria dos números e álgebra, bem como a existente entre teoria dos números e teoria das funções, como se tornara claro durante o século dezenove. Considerava o desenvolvimento da matemática que se realizava em seu tempo como sendo guiado pelo número. Segundo Hilbert, a definição de Dedekind e Weierstrass dos conceitos aritméticos fundamentais e o trabalho de Cantor levaram a uma "aritmetização da teoria das funções", ao passo que as investigações modernas sobre geometria não euclidiana, com suas preocupações com o desenvolvimento lógico rigoroso e uma introdução clara do conceito de número, levaram à "aritmetização da geometria". No corpo de seu relatório, Hilbert tentou apresentar uma teoria lógica dos corpos de números algébricos. Juntou em seu amplo tratamento a obra de seus predecessores imediatos e de seus contemporâneos, e incluiu também seus próprios resultados. Hilbert contribuiu ainda a esse assunto com alguns outros artigos na década de 1890; são seus esforços mais maduros para obter uma lei generalizada de reciprocidade quadrática sobre uma variedade de corpos numéricos. Com uma notável exceção, Hilbert não produziu outros resultados novos em teoria dos números depois da virada do século; mas até a Primeira Guerra Mundial continuou a orientar teses de doutorado sobre teoria dos números, inclusive as de R. Fueter (1880-1950) e E. Hecke (1887-1947).

Os fundamentos da geometria

Hilbert, que tendia em seu trabalho a se concentrar em um assunto de cada vez, voltou-se para a geometria depois de completar seu *Zahlbericht*. Em 1894, tinha feito conferências sobre geometria não euclidiana, e em 1898-1899 ele publicou um volume pequeno, mas famoso, chamado *Grundlagen der Geometrie (Fundamentos da geometria)*. Essa obra, traduzida para diversas línguas, exerceu forte influência sobre a matemática do século vinte. Com a aritmetização da análise e os axiomas de Peano, a maior parte da matemática, exceto a geometria, conseguira base estritamente axiomática. A geometria no século dezenove florescera como nunca antes, mas foi principalmente nos *Grundlagen* de Hilbert que foi feito pela primeira vez um esforço para dar-lhe o caráter puramente formal que tinham a álgebra e a análise. *Os elementos* de Euclides tinham uma estrutura dedutiva, certamente, mas estavam cheios de hipóteses ocultas, definições sem sentido e falhas lógicas. Hilbert percebia que nem todos os termos em matemática podem ser definidos e, por isso, começou seu tratamento da geometria com três objetos não definidos — ponto, reta e plano — e seis relações não definidas — estar sobre, estar em, estar entre, ser congruente, ser paralelo e ser contínuo. Em lugar dos cinco axiomas (ou noções comuns) de Euclides e cinco postulados, Hilbert formulou para sua geometria uma coleção de vinte e um postulados, conhecidos como axiomas de Hilbert. Oito deles de referem à incidência e incluem o primeiro postulado de Euclides, quatro são sobre propriedades de ordem, cinco sobre congruência, três sobre continuidade (propriedades não mencionadas explicitamente por Euclides) e uma é um postulado de paralelas essencialmente equivalente ao quinto postulado de Euclides. Em seguida à obra pioneira de Hilbert, coleções alternativas de axiomas foram propostas por outros; e o caráter puramente dedutivo e formal da geometria, como dos outros ramos da matemática, ficou completamente estabelecido desde o começo do século vinte.

Hilbert, através de seus *Grundlagen,* tornou-se o principal representante de uma "escola axiomática" de pensamento, que foi bastante influente na formação das atitudes contemporâneas na matemática e no ensino da matemática. Os *Grundlagen* iniciavam com uma frase de Kant: "Todo conhecimento humano começa com intuições, passa a conceitos e termina com ideias", mas o desenvolvimento dado por Hilbert à geometria estabelecia uma visão do assunto decididamente antikantiana. Dava ênfase a que não devem ser supostas, para os termos não definidos na geometria, propriedades além das indicadas nos axiomas. O nível intuitivo-empírico das antigas concepções geométricas deve ser abandonado e pontos, retas e planos devem ser entendidos apenas como elementos de certos conjuntos dados. A teoria dos conjuntos, tendo se apossado da álgebra e da análise, agora invadia a geometria. Analogamente, as relações não definidas devem ser tratadas como abstrações, indicando nada mais que uma correspondência ou aplicação.

Como os artigos mais importantes sobre álgebra e teoria dos números discutidos anteriormente, a pesquisa de Hilbert sobre os elementos da geometria foi em parte estimulada por uma das reuniões matemáticas da década de 1890 a que tinha estado presente. Em 1891, ele ouviu e foi conquistado por uma palestra dada por H. Wiener em um encontro científico em Halle sobre a possibilidade de axiomatizar as regras que governam as uniões e intersecções de pontos e retas sem considerar os axiomas existentes (euclidianos) da geometria. Depois dessa palestra, diz-se que Hilbert enunciou a necessidade de abstração dos conceitos familiares da geometria na forma seguinte: "Deve-se sempre poder substituir 'pontos, retas, planos' por 'mesas, cadeiras, canecas de cerveja'".

Os "Problemas de Hilbert"

Talvez nenhuma contribuição a um congresso internacional seja tão famosa quanto aquela que Hilbert fez em sua exposição perante o segundo congresso, realizado em Paris, em 1900. A conferência de Hilbert intitulava-se "Problemas matemáticos". Consistia em uma introdução que se tornou um clássico da retórica matemática, seguida de uma lista de vinte e três problemas cujo propósito era servir de exemplos da espécie de problema cujo estudo deveria levar a avanço da disciplina. Na verdade, a conselho de Hurwitz e Minkowski, ele cortou a versão falada da exposição, de modo que continha só dez dos vinte e três problemas. Porém, a versão completa, assim como excertos, foram logo traduzidos e publicados em vários países. Por exemplo, o volume de 1902 do *Bulletin of the American Mathematical Society* trazia uma tradução autorizada de Mary Winston Newson (1869-1959), uma especialista em equações diferenciais parciais que foi a primeira mulher norte-americana a obter um doutorado em matemática em Göttingen. Embora Hilbert discordasse da ideia de que só os conceitos da aritmética são suscetíveis de tratamento completamente rigoroso, ele reconhecia que o desenvolvimento do contínuo aritmético por Cauchy, Bolzano e Cantor era um dos dois mais notáveis sucessos do século dezenove — o outro sendo a geometria não euclidiana de Gauss, Bolyai e Lobachevsky — e assim, o primeiro dos vinte e três problemas dizia respeito à estrutura do contínuo dos números reais. A questão consta de duas partes relacionadas: (1) se existe um número transfinito entre o de um conjunto enumerável e o número do contínuo; e (2) o contínuo numérico pode ser considerado um conjunto bem-ordenado? A segunda parte pergunta se a totalidade dos números reais pode ser disposta de outro modo de forma que toda coleção parcial tenha um primeiro elemento. Isso se relaciona de perto com o axioma da escolha, que leva o nome do matemático alemão Ernst Zermelo (1871-1956), que o formulou em 1904. O axioma de Zermelo afirma que, dado qualquer conjunto de conjuntos mutuamente disjuntos não vazios, existe pelo menos um conjunto que contém um e um só elemento em comum com cada um dos conjuntos não vazios. Como ilustração de um problema envolvendo o axioma de Zermelo, consideremos o conjunto de todos os números reais n tais que $0 \leq n \leq 1$; chamemos dois desses números reais de equivalentes se sua diferença é racional. Existem evidentemente infinitas classes de equivalência de números reais. Se formarmos um conjunto S que contém um número de cada uma dessas classes, S é enumerável ou não enumerável? Kurt Gödel (1906-1978) demonstrou, em 1940, que o axioma da escolha, indispensável em análise, é consistente com outros axiomas da teoria dos conjuntos; mas em 1963 foi demonstrado por Paul Cohen (1934-2007) que o axioma da escolha é independente dos outros axiomas em um certo sistema de teoria dos conjuntos, mostrando assim que o axioma não pode ser demonstrado dentro desse sistema. Isso parece excluir uma solução definida para o primeiro problema de Hilbert. O segundo problema de Hilbert, também sugerido pela idade do rigor no século dezenove, perguntava se é possível demonstrar que os axiomas da aritmética são consistentes — que um número finito de passos lógicos baseados neles nunca pode levar a resultados contraditórios. Uma década depois, apareceu o primeiro volume de *Principia mathematica* (3 volumes, 1910-1913), de Bertrand Russell e Alfred North Whitehead (1861-1947), a mais elaborada tentativa feita até então de desenvolver as noções fundamentais de aritmética a partir de um conjunto preciso de axiomas. Essa obra, na tradição de Leibniz, Boole e Frege, e baseada nos axiomas de Peano, desenvolvia em todos os detalhes um programa que se destinava a demonstrar que toda a matemática pura pode ser obtida a partir de um pequeno número de princípios lógicos fundamentais. Isto justificaria a ideia de Russell, expressa antes, de que a matemática é indistinguível da lógica. Mas o sistema de Russell e Whitehead, não inteiramente formalizado, parece ter encontrado mais aprovação entre lógicos do que entre matemáticos. Além disso, os *Principia* deixavam sem resposta a segunda pergunta de Hilbert. Esforços para resolver esse problema levaram, em 1931, a uma surpreendente conclusão por parte de um jovem matemático austríaco, Kurt Gödel. Ele mostrou que, dentro de um sistema rigidamente lógico como o que Russell e Whitehead tinham desenvolvido para a aritmética, podem ser formuladas proposições que são indecidíveis ou indemonstráveis dentro dos axiomas do sistema. Isto é, dentro do sistema existem certos enunciados precisos que não podem ser demonstrados ou negados. Portanto, não se pode, usando os métodos usuais, ter certeza de que os axiomas da aritmética não levarão a contradições. Em certo sentido, o teorema de Gödel, às vezes considerado o resultado mais decisivo da lógica matemática, parece resolver negativamente a segunda pergunta de Hilbert. Em suas implicações, a descoberta por Gödel de proposições indecidíveis é tão perturbadora quanto a revelação por Hipasus de grandezas incomensuráveis, pois parece eliminar a esperança de certeza matemática pelo uso dos métodos óbvios. Talvez também, como resultado, esteja condenado o ideal da ciência — inventar uma coleção de axiomas dos quais todos os fenômenos do mundo natural possam ser deduzidos. No entanto, os matemáticos e os cientistas aceitaram o golpe de modo similar, sem maior preocupação, e continuaram a acumular teorema sobre teorema, em quantidade maior que nunca. Certamente, nenhum estudioso hoje repetiria a asserção de Babbage, em 1813, de que "A idade áurea da literatura matemática certamente passou".

Os problemas levantados pelo teorema de Gödel foram atacados de fora da própria aritmética, através de um novo aspecto da lógica matemática que surgiu pelo meio do século vinte e chamado metamatemática. Essa não se preocupa com o simbolismo e operações da aritmética, mas com a interpretação desses sinais e regras. Se a aritmética não pode sair do areal da possível inconsistência, talvez a metamatemática, estando fora da dificuldade, possa salvar o dia por outros meios — tais como indução transfinita. Alguns matemáticos esperariam ao menos um meio de determinar, para cada proposição matemática, se ela é verdadeira, falsa ou indecidível. De qualquer forma, mesmo a resposta desencorajadoramente negativa ao segundo problema de Hilbert estimulou assim, em vez de reduzi-la, a criatividade matemática.

Os três problemas seguintes, os problemas três, quatro e cinco, estavam entre os omitidos na leitura do artigo. O problema três era geométrico; pede que sejam dados dois tetraedros de mesma base e alturas iguais, que não possam ser decompostos em tetraedros congruentes, nem diretamente nem por adjunção de tetraedros congruentes. Como Hilbert notou, este problema se reporta a uma questão suscitada por Gauss em sua correspondência. Uma resposta negativa foi dada por um estudante de Hilbert, Max Dehn, em 1902 e esclarecida por W. F. Kogan em 1903.

O problema quatro foi formulado um tanto amplamente; perguntava por geometrias cujos axiomas sejam "os mais próximos" dos da geometria euclidiana, se são mantidos os axiomas de ordem e incidência, mas os axiomas de congruência são enfraquecidos e o equivalente do axioma das paralelas é omitido. A primeira resposta foi dada em uma tese de doutorado de outro estudante de Hilbert, G. Hamel.

O problema cinco mostrou-se mais influente e difícil. Perguntava se era possível evitar a hipótese de diferenciabilidade para as funções que definem um grupo contínuo de transformações. O problema veio a ficar ligado de perto com a história inicial dos grupos topológicos. Os grupos de Lie de transformações contínuas eram localmente euclidianos, com operações diferenciáveis. A medida que o conceito de grupo topológico passou a ser objeto de estudos especiais, primeiro por L. E. J.

Brower (1882-1966), depois por Lev Semenovich Pontrjagin (1908-1988), o problema de Hilbert foi reformulado, para se aplicar ao campo mais vasto de grupos topológicos: um grupo topológico localmente euclidiano é um grupo de Lie? O problema e questões correlatas ocuparam numerosos topólogos, até a década de 1950. Na década de 1930, John von Neumann resolveu-o para grupos bicompactos; L. S. Pontrjagin para grupos comutativos localmente bicompactos. C. Chevalley (1909-1984) obteve a resposta para grupos solúveis; em 1946, Anatoly Ivanovich Malcev (1909-1967) resolveu-o para uma classe ainda mais ampla de grupos localmente bicompactos. Já então, o problema se tornara verdadeiramente internacional. Em 1952, três americanos, Andrew Gleason (1921-2008), Deane Montgomery (1909-1992) e Leo Zippin (1905-1995), finalmente obtiveram a resposta para todos os grupos localmente bicompactos.

O sexto problema pedia uma axiomatização da física, um assunto ao qual o próprio Hilbert dedicou algum esforço.

No problema sete, pergunta-se se o número α^β, onde α é algébrico (e não zero ou 1) e β é irracional e algébrico, é transcendente. Em forma geométrica alternativa, Hilbert exprimia isso perguntando se, em um triângulo isósceles, a razão da base para um lado é transcendente se a razão do ângulo no vértice para os ângulos na base é algébrica e irracional. Essa questão foi resolvida, em 1934, quando Aleksander Osipovich Gelfond (1906-1968) demonstrou que a conjetura de Hilbert, agora conhecida como teorema de Gelfond, era, de fato, correta: α^β é transcendente se α é algébrico e não é zero nem 1, e se β é algébrico e não racional. Mais tarde, Alan Baker forneceu uma importante generalização do teorema de Gelfond.

A pergunta oito de Hilbert simplesmente renovava o apelo, familiar no século dezenove, para a obtenção de uma demonstração da conjetura de Riemann, de que os zeros da função zeta, excetuados os zeros inteiros negativos, têm todos a parte real igual a um meio. Uma demonstração disso, ele pensava, poderia levar a uma demonstração da familiar conjetura sobre a infinidade de pares de primos; mas nenhuma demonstração foi dada ainda, embora mais de um século tenha-se passado desde que Riemann arriscou o palpite.

Estes exemplos podem bastar para indicar a diversidade de formulação e interesse dos problemas que Hilbert escolheu; vamos simplesmente listar a natureza dos demais, que incluem alguns dos mais instigantes e que envolveram um grande número de matemáticos do século vinte.

O nono problema pedia generalizações das leis de reciprocidade da teoria dos números. O décimo era o problema de decisão para a resolubilidade de equações diofantinas. O décimo primeiro pedia a extensão a corpos algébricos arbitrários de resultados obtidos para corpos quadráticos. O décimo segundo pedia uma extensão de um teorema de Kronecker a corpos algébricos arbitrários.

Estes problemas de teoria dos números foram seguidos pelo décimo terceiro, que pedia que se demonstrasse a impossibilidade de resolver a equação geral de sétimo grau por funções de duas variáveis; o décimo quarto perguntava da finitude de sistemas de funções relativamente inteiras; o décimo quinto requeria uma justificativa da geometria enumerativa de Hermann Schubert (1848-1911).

O décimo sexto problema era um convite a que se desenvolvesse uma topologia de curvas e superfícies algébricas reais. O décimo sétimo pedia a representação de formas definidas por quadrados; o décimo oitavo continha o desafio de se construírem espaços com poliedros congruentes. O décimo nono trata do caráter analítico das soluções de problemas variacionais. O vigésimo se relacionava de perto com este, tratando de problemas gerais de contorno. O vigésimo primeiro, que o próprio Hilbert resolveu em 1905, pedia a solução de equações diferenciais com um grupo de monodromia dado. O vigésimo segundo era o problema de uniformização e o final, o vigésimo terceiro, pedia a extensão dos métodos do cálculo das variações; em anos recentes, isto se ligou a pesquisa em questões de otimização.

Análise

As contribuições principais de Hilbert à análise caem no período entre 1900 e a Primeira Guerra Mundial. Giram principalmente em torno do estudo de equações integrais. Suas contribuições à área foram precedidas, porém, por seu "reinventamento" do princípio de Dirichlet. Como se notou antes, a crítica ao princípio de Dirichlet tinha sido seguida de tentativas só parcialmente bem-sucedidas de mostrar sua validade. O último grande esforço nessa direção tinha sido publicado por Poincaré, em 1890, em um artigo que continha seu engenhoso método de "varredura" *(balayage)*, publicado em 1890. Hilbert veio a estabelecer o princípio de Dirichlet em sua forma mais geral, tratando-o como um problema de cálculo de variações. Primeiro, ele esboçou uma demonstração construtiva da existência de curvas minimais; depois ele mostrou como se podia inferir a existência de uma função minimizando a região de Dirichlet para regiões planas. O artigo foi seguido de uma exposição weierstrassiana do problema muito acessível do americano W. F. Osgood (1864-1943) no ano seguinte; em 1904, o próprio Hilbert explicitou o seu argumento em um artigo mais minucioso.

Foi durante esse período, em 1901, que o assunto de equações integrais chamou a atenção de Hilbert. Um de seus estudantes escandinavos apresentou um seminário sobre trabalho feito nesse campo por seu professor em Estocolmo, Ivar Fredholm (1866-1927). Os resultados de Hilbert, publicados inicialmente entre 1904 e 1910, foram reunidos em um livro que apareceu em 1912 e tinha por objetivo apresentar uma teoria sistemática das equações integrais lineares. Seu trabalho foi aperfeiçoado por Erhard Schmidt (1876-1959). O que é interessante ao seguir o progresso de Hilbert no assunto é a interação entre seus novos procedimentos, muitas vezes apenas esboçados, e os refinamentos e generalizações trazidos por outros. Na verdade, o grande valor desta obra hoje está no fato de dela terem vindo muitas das ideias mais importantes do século vinte, ideias básicas no estudo de espaços lineares abstratos e espectros.

O problema de Waring e a obra de Hilbert depois de 1909

Talvez como alívio para seu trabalho um tanto pesado sobre equações integrais, Hilbert nessa época voltou à teoria dos números e demonstrou o teorema de Waring, que diz que todo inteiro positivo pode ser representado como soma de no máximo m potências n-ésimas, m sendo uma função de n. Este triunfo, obscurecido pela morte inesperada de seu bom amigo Minkowski, em 1909, marca o fim do período durante o qual Hilbert produziu sua obra mais concentrada e puramente matemática.

Hilbert passou muito da década seguinte trabalhando em física-matemática. Até o começo da Primeira Guerra Mundial, ele estudou a aplicação de equações integrais a teorias físicas, como a teoria cinética dos gases. Com o surgimento da teoria geral da relatividade de Einstein, Hilbert se voltou para este tema, que também ocupava seu colega Felix Klein. É interessante que a contribuição matemática mais duradoura provinda deste esforço viesse de uma algebrista, que recentemente se tinha dedicado a estudos sobre invariantes diferenciais. Esta foi Emmy Noether (1888-1935), filha do geômetra algébrico Max Noether, que Hilbert e Klein trouxeram a Göttingen para auxiliá-los nesta pesquisa. Os resultados dela foram publicados em 1918; o mais conhecido é o "teorema de Noether" que ainda é citado na discussão da correspondência entre certos invariantes e leis de conservação.

Hilbert tinha iniciado seus estudos de física-matemática com a esperança de realizar a axiomatização que tinha pedido em 1900. Chegou mais perto do objetivo em seu último trabalho sobre física, tratando de mecânica quântica. Como Hilbert começara a ter sérios problemas de saúde por essa época, esta pesquisa foi conduzida em colaboração com dois homens mais jovens, L. Nordheim e J. von Neumann.

Os resultados mais importantes de Hilbert em seu último grande esforço para a axiomatização da aritmética e da lógica chegaram a nós também na forma que lhe deram seus sucessores. Estão contidos nos amplos tratados *Grundlagen der Mathematik* e *Grundzüge der mathematischen Logik*, mais conhecidos com os nomes dos coautores como Hilbert-Bernays e Hilbert-Ackermann.

Integração e medida

Pelo fim do século dezenove, a ênfase no rigor levou numerosos matemáticos à produção de exemplos de funções "patológicas" que, devido a alguma propriedade incomum, violavam um teorema que antes se supunha válido em geral. Houve preocupação entre alguns analistas renomados de que a fixação em tais casos especiais desviaria matemáticos mais jovens da busca de respostas às questões abertas mais importantes da época. Hermite dizia que ele evitava "com medo e horror essa praga lamentável de funções sem derivada". Poincaré compartilhava da preocupação de seu professor:

> Antigamente, quando se inventava uma nova função, era com algum objetivo prático; agora inventa-se unicamente para apontar falhas no raciocínio de nossos pais e nunca se deduzirá delas qualquer coisa a não ser isso (traduzida de uma citação em Saks, 1964).

Porém, através do estudo de casos incomuns e do questionamento dos mais velhos, dois matemáticos franceses mais jovens chegaram à definição de conceitos que seriam fundamentais ao desenvolvimento de algumas das teorias mais gerais da matemática do século vinte. Henri Lebesgue (1875-1941) tivera o tipo usual de treinamento matemático, embora tivesse mostrado excepcional irreverência ao questionar afirmações feitas por seus professores e tivesse suplementado seus trabalhos de curso com estudos bibliográficos, incluindo a obra de Camille Jordan (1838-1922) e René Baire (1874-1934), entre outros. Sua dissertação, aceita em 1902, era inusitada, virtualmente refazendo a teoria da integração. Sua obra se afastava tanto das ideias aceitas que Lebesgue, como Cantor, a princípio foi atacado não só por crítica externa como por dúvida interior; mas o valor de suas ideias encontrou crescente reconhecimento, e em 1910 ele foi nomeado para a Sorbonne. No entanto, ele não criou uma "escola de pensamento", nem se concentrou no campo que abrira. Embora seu conceito de integral fosse por si um exemplo notável de generalização, Lebesgue temia que "Reduzida a teorias gerais, a matemática seria uma bela forma sem conteúdo. Morreria rapidamente". Desenvolvimentos posteriores parecem indicar que seus temores quanto à má influência da generalidade na matemática eram injustificados.

A integral de Riemann tinha dominado o estudo da integração, antes que Lebesgue se tornasse o "Arquimedes do período de extensão". Mas, pelo fim do século dezenove, estudos sobre séries trigonométricas e o *Mengenlehre* de Cantor tinham feito com que os matemáticos percebessem mais claramente que a ideia essencial de funcionalidade deveria ser uma correspondência ponto a ponto ou "aplicação" no novo sentido, não a ideia de variação lisa. Cantor tinha até lutado com noções de conjuntos mensuráveis, mas em sua definição a medida da união de dois conjuntos disjuntos podia ser menor que a soma das medidas dos conjuntos. Os defeitos da definição de Cantor foram removidos por Emile Borel (1871-1956), o predecessor imediato de Lebesgue nos estudos sobre teoria da medida.

Borel, que de 1909 a 1941 manteve uma cátedra de teoria das funções na Sorbonne e, a partir de 1921, uma cátedra em probabilidade e física-matemática, era também um administrador de muitas facetas. Substituiu Jukes Tannery como diretor da École Normale Supérieure, um posto que manteve por dez anos; na década de 1920, fundou o Instituto para Estatística na Universidade de Paris e, em 1029, o Instituto Henri Poincaré. Tendo prestado serviço militar e gerenciado uma pasta do governo durante a primeira guerra mundial, a pedido de Painlevé, voltou ao serviço público como membro da Câmara de Deputados; de 1925 a 1936, defendeu a União Europeia e foi ministro da Marinha, até ser preso pelo governo Vichy, em 1940. Sua lista de publicações de matemática antes de 1924 era notável, incluindo mais de meia dúzia de livros. Um dos primeiros volumes tinha sido sobre um tema pouco comum: *Leçons sur les séries divergentes* (1901). Aqui, o autor mostrava como, para certas séries divergentes, é possível definir uma "soma" que faça sentido em relações e operações envolvendo tais séries. Por exemplo, se a série for Σu_n, então uma "soma" pode ser definida como $\int_0^x e^{-x} \Sigma_0^\infty u_n x^n/n!\, dx$, se essa integral existir. Durante as primeiras décadas deste século, houve interesse vívido por tais definições; mas a influência mais duradoura de Borel foi na aplicação da teoria dos conjuntos à teoria das funções, onde seu nome é lembrado no familiar teorema de Heine-Borel:

> Se um conjunto compacto de uma reta pode ser coberto por um conjunto de intervalos de modo que cada ponto do conjunto é um ponto interior de pelo menos um dos intervalos, então existe um número finito de intervalos com essa propriedade de recobrimento.

Em terminologia um pouco diferente, esse teorema fora enunciado por Heine em 1872, mas fora esquecido até ser reenunciado, em 1895, por Borel. O nome de Borel está também ligado a qualquer conjunto que possa ser obtido de conjuntos abertos e fechados da reta real por aplicações repetidas das operações de união e intersecção de um número enumerável de conjuntos. Todo conjunto de Borel é mensurável em sua definição.

Lebesgue, refletindo sobre o trabalho de Borel sobre conjuntos, viu que a definição de Riemann de integral tem o defeito de só se aplicar a casos excepcionais, pois assume não mais que uns poucos pontos de descontinuidade para a função. Se uma função $y = f(x)$ tem muitos pontos de descontinuidade, então, à medida que o intervalo $x_{i+1} - x_i$ se torna menor, os valores $f(x_{i+1})$ e $f(x_i)$ não ficam necessariamente próximos. Em vez de subdividir o domínio da variável independente, Lebesgue dividiu, portanto, o campo de variação $\overline{f} - \underline{f}$ da função em subintervalos Δy_i e em cada subintervalo escolheu um valor η_1. Então, achou a "medida" $m(E_i)$ do conjunto E_i dos pontos do eixo x para os quais os valores de f são aproximadamente iguais a η_1. No modo informal em que Lebesgue gostava de exprimir a diferença, os integradores anteriores tinham somado indivisíveis, grandes ou pequenos, na ordem da esquerda para a direita, ao passo que ele preferia agrupar indivisíveis de tamanhos semelhantes antes de somar. Isto é, substituiu as somas de Riemann $S_n = \Sigma f(x_i)\Delta x_i$ anteriores por somas tipo Lebesgue, $S_n = \Sigma \eta_i m(E_i)$, e depois fazia os intervalos tenderem a zero.

A integral de Lebesgue que descrevemos aqui muito informalmente, na verdade é definida muito mais precisamente em termos de limitantes superiores e inferiores e da medida de Lebesgue de um conjunto, conceito complicado que não pode ser explicado aqui, mas um exemplo pode sugerir como o procedimento de Lebesgue funciona. Vamos assumir que a medida de Lebesgue do conjunto dos números racionais no intervalo [0, 1] seja zero e que a medida de Lebesgue dos irracionais desse intervalo seja um; vamos supor que se queira a integral de $f(x)$ nesse intervalo, onde $f(x)$ é zero para valores racionais de x e um para valores irracionais de x. Como $m(E_i) = 0$ para todos os valores de i exceto $i = n$, onde $n_n = 1$, temos $S_n = 0 + 0 + \cdots + \eta_n m(E_n) = 1 \cdot 1 = 1$; portanto a integral de Lebesgue é 1. A integral de Riemann da mesma função no mesmo intervalo não existe, é claro.

A palavra "medida" pode ter vários significados diferentes. Quando Lebesgue apresentou seu novo conceito de integral, ele usou a palavra no sentido específico do que hoje se chama medida de Lebesgue. Essa era uma extensão das noções clássicas de comprimento e área a conjuntos mais gerais que os associados com as curvas e superfícies usuais. Hoje, a palavra "medida" é usada mais amplamente ainda, uma medida em um espaço R sendo simplesmente uma função não negativa μ com a propriedade $\mu(UA_i) = \Sigma\eta(A_i)$ para toda classe enumerável de partes disjuntas A_i contidas em R. Não só o novo conceito de integral cobre uma classe mais ampla de funções que o de Riemann, mas a relação inversa entre diferenciação e integração (no sentido generalizado de Lebesgue) está sujeita a menos exceções. Por exemplo, se $g(x)$ é diferenciável em $[a, b]$ e se $g'(x) = f(x)$ é limitada, então $f(x)$ é Lebesgue integrável e $g(x) - g(a) = {}_L\!\int_a^x f(t)dt$, ao passo que com as mesmas restrições sobre $g(x)$ e $g'(x)$ a integral de Riemann ${}_R\!\int_a^x f(t)dt$ poderia nem mesmo existir.

As ideias de Lebesgue datam dos anos finais do século dezenove, mas tornaram-se amplamente conhecidas através de seus dois tratados clássicos: *Leçons sur séries trigonométriques* (1903) e *Leçons sur l'intégration et la recherche des fonctions primitives* (1904). As ideias revolucionárias que continham abriram caminho para novas generalizações. Entre essas estão a integral de Denjoy e a integral de Haar, propostas por um francês, Arnaud Denjoy (1884-1974) e um húngaro, Alfred Haar (1885-1933), respectivamente. Outra integral bem conhecida no século vinte é a integral de Lebesgue-Stieltjes, combinação das ideias de Lebesgue e do analista holandês T. J. Stieltjes (1856-1894). A obra desses e de outros homens alterou tanto o conceito de integral, através de generalizações, que se disse que, embora a integração seja tão antiga quanto o tempo de Arquimedes, "a teoria da integração foi criação do século vinte". Logo se falou da nova teoria em muitos lugares. Por exemplo, N. N. Luzin (1883-1950), que passara muito dos anos entre 1910 e 1914 em Paris, introduziu muitas das novas ideias em Moscou, após seu regressou.

Análise funcional e topologia geral

As novas teorias de integração estavam relacionadas de perto com outra característica acentuada do século vinte: o rápido crescimento da topologia geral. Maurice Fréchet (1878-1973) na Universidade de Paris, em sua tese de doutorado de 1906, mostrou claramente que a teoria das funções já não podia passar sem uma visão muito geral da teoria dos conjuntos. O que Fréchet tinha em mente não eram necessariamente os conjuntos de números, mas conjuntos de elementos de natureza arbitrária, tais como curvas ou pontos; sobre tais conjuntos arbitrários, ele construiu um "cálculo funcional", em que uma operação funcional é definida em um conjunto E quando a cada elemento A de E corresponde um valor numericamente determinado $U(A)$. Interessava-se não por um particular exemplo de conjunto E, mas pelos resultados da teoria dos conjuntos que são independentes da natureza dos elementos do conjunto. Nesse cálculo muito geral, a noção de limite é muito mais ampla do que a previamente definida, essa estando incluída na nova noção como caso especial, assim como a integral de Lebesgue contém as integrais de Riemann e Cauchy. Provavelmente nenhum aspecto da matemática do século vinte sobressai tanto quanto o grau sempre crescente de generalização e abstração. Desde o tempo de Hilbert e Fréchet, as noções de conjunto abstrato e espaço abstrato têm sido fundamentais na pesquisa.

É interessante notar que Hilbert e Fréchet chegaram às suas generalizações do conceito de espaço partindo de direções um tanto diferentes. Hilbert se interessara, como Poincaré, pelo estudo de equações integrais, especialmente através da obra de Ivar Fredholm (1866-1927). Em certo sentido, uma equação integral pode ser considerada uma extensão de um sistema de n equações em n incógnitas a um sistema de infinitas equações a infinitas incógnitas, tópico que tinha começado a ser tratado, sob forma de determinantes infinitos, por Helge von Koch (1870-1924). Ao trabalhar com equações integrais, de 1904 a 1910, Hilbert não se referiu explicitamente a espaços com infinitas dimensões, mas desenvolveu o conceito de continuidade de uma função de infinitas variáveis. Até que ponto Hilbert construiu formalmente o "espaço" que mais tarde teve seu nome pode ser um ponto discutível, mas as ideias básicas estavam ali, e seu impacto no mundo matemático foi grande. Seu trabalho sobre equações integrais foi logo estendido a funções mais gerais e espaços mais abstratos por Friedrich Riesz (1880-1956) e Ernest Fisher (1875-1959).

Durante os anos em que Hilbert se ocupou com equações integrais, Jacques Hadamard estava fazendo pesquisas sobre cálculo de variações, e seu orientado Fréchet conscientemente tentou, em 1906, generalizar os métodos nesse campo, através do que chamou *cálculo funcional*. Enquanto o cálculo usual lida com funções, o cálculo funcional lida com funcionais. Enquanto uma função é uma correspondência entre um conjunto S_1 de números e outro conjunto S_2 de números, um funcional é uma correspondência entre uma classe C_1 de funções e outra classe C_2 de funções. Fréchet formulou definições generalizadas, correspondendo aproximadamente a termos como limite, derivada e continuidade no cálculo usual, aplicáveis aos espaços de funções que ele criou assim, introduzindo em grande escala um novo vocabulário para a nova situação. Pouco depois, isto iria intrigar um grupo de jovens russos que estavam prestes a colocar sua marca no campo em desenvolvimento da topologia; este grupo incluía os estudantes de Luzin, P. S. Aleksandrov (1896-1982), Pavel Uryson (1898-1924) e A. N. Kolmogorov (1903-1987).

Dizem alguns que a topologia começou com a *analysis situs* de Poincaré; outros que data da teoria dos conjuntos de Cantor, ou talvez do desenvolvimento dos espaços abstratos. Outros ainda consideram Brouwer o fundador da topologia, especialmente devido a seus teoremas de invariança topológica de 1911 e à fusão que efetuou dos métodos de Cantor com os da *analysis situs*. De qualquer forma, com Brouwer começou o período de evolução intensa da topologia, que continuou até hoje. Durante essa "idade áurea" da topologia, matemáticos americanos têm contribuído notavelmente. Foi dito que "a topologia começou como muita geometria e pouca álgebra, mas agora é muita álgebra e pouca geometria". Ao passo que outrora a topologia podia ser descrita como geometria sem medida, hoje a topologia algébrica ameaça dominar o campo, mudança que resultou em grande parte de liderança dos Estados Unidos.

Hermann Weyl (1885-1955), falando sobre superfícies de Riemann em Göttingen, também enfatizou a natureza abstrata de uma superfície, ou "variedade de dimensão dois" como preferia chamá-la. O conceito de variedade, ele afirmou, não deveria ser ligado a um espaço de pontos (no sentido geométrico usual), mas ter sentido mais amplo. Começamos simplesmente com uma coleção de coisas chamadas "pontos" (que podem ser objetos quaisquer) e introduzimos um conceito de continuidade por meio de definições adequadas. A formulação clássica dessa ideia foi dada um ano depois por Felix Hausdorff (1888-1942), o "sumo sacerdote" da topologia dos conjuntos de pontos.

A primeira parte dos *Grundzüge der Mengenlehre* (*Aspectos básicos da teoria dos conjuntos*) de Hausdorff, de 1914, é uma exposição sistemática dos aspectos característicos da teoria dos conjuntos, em que a natureza dos elementos não tem importância; só as relações entre os elementos são importantes. Na segunda parte do livro, achamos um desenvolvimento claro dos "espaços topológicos de Hausdorff" a partir de uma coleção de axiomas. Por espaço topológico, o autor entende um conjunto E de elementos x e certos subconjuntos S_x, chamados vizinhanças de x. Supõe-se que as vizinhanças satisfazem aos quatro "axiomas de Hausdorff" a seguir:

1. A cada ponto x corresponde ao menos uma vizinhança $U(x)$, e cada vizinhança $U(x)$ contém o ponto x.

2. Se $U(x)$ e $V(x)$ são duas vizinhanças do mesmo ponto x, existe uma vizinhança $W(x)$ que é subconjunto das duas.

3. Se o ponto y pertence a $U(x)$, existe uma vizinhança $U(y)$ que é subconjunto de $U(x)$.

4. Para dois pontos diferentes x e y, existem duas vizinhanças $U(x)$ e $U(y)$ sem pontos comuns.

Vizinhanças assim definidas permitiram a Hausdorff introduzir o conceito de continuidade. Com axiomas adicionais, ele desenvolveu as propriedades de vários espaços mais particulares, tais como o plano euclidiano.

Se algum livro marca o aparecimento da topologia dos conjuntos de pontos como disciplina separada, é o *Grundzüge* de Hausdorff. É interessante notar que embora tenha sido a aritmetização da análise que começou a linha de pensamento que levou de Cantor a Hausdorff, no fim o conceito de número fica totalmente submerso sob um ponto de vista muito mais geral. Além disso, embora a palavra "ponto" seja usada no título, a nova disciplina tem tão pouco a ver com os pontos da geometria ordinária quanto com os números da aritmética comum. Isto foi enfatizado por Zygmunt Janiszewski (1888-1920), Stefan Marzurkiewicz (1888-1945) e o incansável Waclaw

Sierpinski (1882-1969), os fundadores, em 1920, da *Fundamenta Mathematicae*. Quando a revista, que parecia às vezes não conter nada além de contribuições à topologia geral, ressurgiu após a segunda guerra mundial, a capa observava que ela se destinava a teoria dos conjuntos, lógica matemática e fundamentos da matemática, topologia e suas interações com a álgebra e sistema dinâmicos. Aqui e em outros lugares, a topologia emergiu no século vinte como um tema que parece unificar quase toda a matemática, conferindo-lhe uma inesperada coesão.

Álgebra

O alto grau de abstração formal que se introduziu na análise, geometria e topologia no começo do século vinte não podia deixar de invadir a álgebra. O resultado foi um novo tipo de álgebra, às vezes inadequadamente descrito como "álgebra moderna", produto em grande parte da terceira década do século. É, de fato, verdade que um processo gradual de generalização na álgebra tinha se desenvolvido no século dezenove, mas no século vinte o grau de abstração aumentou subitamente. Por exemplo, em 1903, o americano Leonard Engene Dickson (1874-1954), o primeiro estudante de E. H. Moore, publicou uma definição axiomática de uma álgebra linear associativa sobre um corpo abstrato. Em seguida, Dickson, J. H. M. Wedderburn (1882-1948), que passou o período de 1904-1905 em Chicago, e outros publicaram uma série de artigos sobre vários aspectos de sistemas numéricos hipercomplexos e álgebras finitas. O mais conhecido destes é o de Wedderburn, no qual ele abstrai seu tema da dependência de um corpo numérico específico, com isto levando-o mais longe que Frobenius, Theodor Molien (1861-1941) e Elie Cartan (1869-1951) no Continente. Wedderburn aqui apresentou seus influentes teoremas de estrutura. Estes dizem o seguinte:

1. Toda álgebra pode ser expressa como soma de uma álgebra nilpotente e uma álgebra semisimples.

2. Toda álgebra semisimples que não é simples é soma direta de álgebras simples.

3. Toda álgebra simples é produto direto de uma álgebra primitiva e de uma álgebra de matrizes simples.

Outro artigo de grande influência na tendência à abstração foi o trabalho de Ernst Steinitz (1871-1928) sobre a teoria algébrica de corpos, que apareceu no inverno de 1909-1910 e que fora motivado pelo trabalho de Kurt Hensel (1861-1941) sobre corpos p-ádicos. Trabalho análogo sobre teoria dos anéis foi realizado primeiro por A. Fraenkel (1891-1965), que tinha sido aluno de Hensel. Seguindo seu trabalho, Emmy Noether, em 1921, transpôs teoremas de decomposição de ideais em corpos de números algébricos para ideais em anéis arbitrários. Com base neste trabalho, Wolfgang Krull (1899-1971) publicou uma série de artigos sobre a teoria algébrica de anéis, em que explicitou a analogia com o trabalho de Steinitz sobre corpos. Noether e seus estudantes fizeram outras grandes contribuições à teoria dos anéis antes de ela se voltar para o estudo de representações de grupos finitos do ponto de vista da teoria dos ideais. Por essa época, o trabalho de Noether e de seus estudantes tinha superposições com trabalhos correlatos de Richard Brauer (1901-1977), Emil Artin (1898-1962), B. L. von der Waerden (1903-1996) e Helmut Hasse (1898-1979). Ao mesmo tempo, Wedderburn e a escola americana continuaram suas generalizações. Contra este pano de fundo de atividade crescente em teoria abstrata dos anéis e teoria dos sistemas hipercomplexos, Artin publicou uma generalização dos teoremas de estrutura de Wedderburn para anéis satisfazendo condições de cadeia. Condições de cadeia tinham sido usadas desde os dias de Otto Hölder (1859-1937) e Dedekind, mas foram postas em evidência no artigo de Emmy Noether, de 1921, já mencionado. Através da influência de Noether, estas noções algébricas foram ligadas à topologia na obra de Heinz Hopf (1894-1971) e Pavel Aleksandrov, ambos os quais tinham sido orientados em topologia por L. E. J. Brouwer.

Geometria diferencial e análise tensorial

A geometria diferencial do começo do século vinte proporcionaria um campo interessante para o exame do impacto de forças externas na mudança de atitude quanto a um ramo da matemática. Os artigos conjuntos de Gregorio Ricci-Curbastro (1853-1925) e Tullio Levi-Civita (1873-1941) sobre o cálculo absoluto de Ricci-Curbastro forneceram um resumo adequado das realizações do fim do século dezenove na geometria diferencial. O assunto tinha atingido um certo nível; os que aí trabalhavam faziam contribuições menores, alternativas interessantes eram formuladas, e complexos resultados computacionais eram modificados e simplificados — mas no geral parecia um campo condenado a ser de interesse só para o especialista. Isto mudou dramaticamente depois do anúncio de Albert Einstein (1879-1955) de sua teoria da relatividade geral. Em 1915, ele apresentou a descoberta de suas equações gravitacionais observando que constituíam "um verdadeiro triunfo dos métodos do cálculo diferencial geral fundado por Gauss, Riemann, Christoffel, Ricci" (*Sitzungsbericht der Preussischen Akademie der Wissenschaften*, 1915:778-786).

O interesse pela teoria geral da relatividade levou a numerosas publicações objetivando esclarecer ou expandir tanto a teoria da relatividade quanto a geometria diferencial. Em 1916, o especialista em teoria dos conjuntos alemão, Gerhard Hessenberg (1874-1925), tinha introduzido o conceito de uma conexão. Levi-Civita introduziu seu conceito de paralelismo em 1917 e no começo da década de 1920 deu cursos na Universidade de Roma sobre o assunto, que ele continuava a chamar de cálculo diferencial absoluto; publicou uma exposição sistemática em 1923. Um ano antes, Dirk Struik (1894-2000), estudante e colaborador do geômetra diferencial holandês J. A. Schouten (1883-1971), tinha publicado um volume sobre geometria diferencial multidimensional; foi seguido em 1924 por um tratado do próprio Schouten sobre o cálculo de Ricci-Curbastro. Simultaneamente apareceu um grupo de livros de matemáticos e físicos, combinando a exposição de princípios conhecidos com novas contribuições à interpretação física e à teoria matemática. Entre as mais conhecidas destas obras publicadas entre 1916 e 1925, estavam as dos americanos G. D. Birkhoff e R. Carmichael (1879-1967), do inglês A. S. Eddington (1883-1944) e dos alemães Max von Laue e Hermann Weyl. Embora alguns destes livros fossem brilhantes exemplos de exposição, tratando tão claramente quanto possível um assunto cuja base matemática estava envolta em uma pesada teoria, sua própria popularidade entre o público leitor científico e filosoficamente orientado fez muito para espalhar a ideia da incompreensibilidade da matemática e da física-matemática. Por mais de uma geração, relativamente poucos matemáticos percebiam que as sementes de uma nova abordagem da geometria diferencial já tinham sido lançadas.

Quando Hermann Weyl deixou sua posição como *privatdozent* em Göttingen, em 1913, para aceitar um cargo de professor na Universidade de Zurique, tinha completado um período de imersão na matemática de Riemann. No inverno de 1911-1912, tinha dado curso sobre a teoria das funções de Riemann; seu propósito era basear a obra de Riemann não em "plausibilidade visualizável", mas em demonstrações de teoria dos conjuntos satisfazendo às exigências de rigor. O resultado disto foi o clássico livro de Weyl sobre o conceito de superfície de Riemann, completado em abril de 1913. Conceitos e definições novas, tais como o conceito introdutório de variedade complexa, tornaram este pequeno trabalho básico em muita pesquisa subsequente sobre variedades. Weyl investiu mais tempo em geometria riemanniana depois de mudar-se para Zurique e durante a Primeira Guerra. Explorou o conceito de conexão linear, julgando durante algum tempo que ligá-lo ao grupo de semelhanças poderia resultar em uma teoria unificada de campos. Um conjunto de artigos clássicos sobre a teoria das representações lineares de grupos de Lie, escritos em meados da década de 1920 foi em parte resultado deste trabalho. Enquanto isso, Elie Cartan, que tinha começado sua carreira com o estudo de grupos de Lie, renovou a geometria diferencial.

Cartan, no início de suas pesquisas, tinha desenvolvido o cálculo das formas diferenciais exteriores. Fez dele um instrumento poderoso que aplicou à geometria diferencial, bem como a muitas outras áreas da matemática. Em sua abordagem da geometria diferencial, expandiu a noção do século dezenove de "referencial móvel", que fora usada por Gaston Darboux (1842-1917), entre outros. Suas principais realizações se baseavam no uso de dois conceitos que elaborou: um foi sua definição de uma conexão, amplamente adotada pelos geômetras diferenciais. Outro, foi a noção de espaço de Riemann simétrico. Em um tal espaço, se supõe que cada ponto é rodeado por uma "simetria", isto é, uma certa transformação preservando distâncias, que deixa o ponto fixo. Cartan antes tinha conseguido classificar as álgebras de Lie reais simples, e determinar as representações lineares irredutíveis de álgebras de Lie simples. Verifica-se que a classificação dos grupos de Lie simples pode ser aplicada à descrição dos espaços riemannianos simétricos.

Entre as contribuições de Cartan a outras áreas da matemática, mencionamos só seu importante trabalho sobre a teoria de sistemas diferenciais. Aqui, também, ele pôde abstrair o problema tradicional da escolha de variáveis ou funções, definindo uma solução verdadeiramente "geral" de um sistema abstrato. Voltou, então, sua atenção à busca de todas as soluções singulares; este trabalho foi completado por Masatake Kuranishi quatro anos após a morte de Cartan.

Probabilidade

Durante o século vinte, a teoria dos conjuntos e a teoria da medida invadiram uma parte cada vez maior da matemática, e poucos ramos foram tão completamente influenciados por essa tendência quanto a teoria das probabilidades, a que Borel tinha contribuído com seus *Eléments de la théorie des probabilités* (1909). O primeiro ano do novo século foi auspicioso para a probabilidade, tanto na física quanto na genética, pois, em 1901, Josiah Willard Gibbs publicou seus *Elementary principles in statistical mechanics* e, no mesmo ano, a *Biometrika* foi fundada por Karl Pearson (1857-1936). Francis Galton (1822-1911), primo de Charles Darwin, precoce e estatístico nato, tinha estudado os fenômenos de regressão; em 1900, Pearson, professor "Galton" de eugenia na Universidade de Londres, tinha popularizado o teste *chi-quadrado*. Um dos títulos de Poincaré tinha sido "Professor do cálculo de probabilidades", indicando o interesse crescente pelo assunto.

Na Rússia, o estudo de cadeias ligadas de eventos foi iniciado, especialmente em 1906-1907, por A. A. Markov (1856-1922), discípulo de Chebyshev e coeditor das *Oeuvres* (2 volumes, 1899-1904) de seu mestre. Na teoria cinética dos gases e em muitos fenômenos biológicos e sociais, a probabilidade de um evento depende muitas vezes de resultados precedentes e, especialmente desde os meados do século vinte, as cadeias de Markov de probabilidades interligadas têm sido amplamente estudadas. Quando se procuraram fundamentos matemáticos para a teoria das probabilidades, os estatísticos viram que o instrumento adequado estava disponível, e hoje nenhuma exposição rigorosa da teoria das probabilidades é possível sem usar noções sobre funções mensuráveis e teorias modernas da integração. Na Rússia, por exemplo, Kolmogorov fez importantes progressos em processos de Markov (1931) e realizou, em parte, o sexto projeto de Hilbert, que pedia fundamentos axiomáticos para a probabilidade, através do uso da teoria da medida de Lebesgue. A análise clássica se ocupara de funções contínuas, ao passo que os problemas de probabilidade em geral envolvem casos discretos. A teoria da medida e as extensões do conceito de integração eram idealmente adequadas para promover uma associação mais íntima da análise com a probabilidade, especialmente depois da metade do século, quando Laurent Schwartz (1915-2002) de Nancy e Paris generalizou o conceito de diferenciação através da teoria das distribuições (1950-1951).

A função delta de Dirac da física atômica tinha mostrado que as funções patológicas, que por tanto tempo tinham ocupado os matemáticos, eram úteis também na ciência. Nos casos mais difíceis, porém, perde-se a diferenciabilidade, o que causa problemas na resolução de equações diferenciais

— um dos principais elos de ligação entre a matemática e a física — especialmente quando estão envolvidas soluções singulares. Para superar essa dificuldade, Schwartz introduziu uma noção mais ampla de diferenciabilidade, que se tornou possível pelo desenvolvimento, na primeira metade do século, de espaços vetoriais gerais por Stefan Banach (1892-1945), Fréchet e outros. Um espaço vetorial é um conjunto de elementos a, b, c... satisfazendo a certas condições, incluindo especialmente a exigência que se a e b são elementos de L e se α e β são números complexos então $\alpha a + \beta b$ é um elemento de L. Se os elementos de L forem funções, o espaço vetorial chama-se um espaço vetorial de funções e uma aplicação linear dele chama-se um funcional linear. Por "distribuição" Schwartz entendia um funcional linear contínuo sobre o espaço das funções que são diferenciáveis e satisfazem a certas outras condições. A medida de Dirac, por exemplo, é um caso especial de uma distribuição. Schwartz, então, desenvolveu uma definição apropriada de derivada de uma distribuição de modo que a derivada de uma distribuição é sempre uma distribuição. Isso fornece uma poderosa generalização do cálculo, com aplicações imediatas à teoria da probabilidade e à física.

Limitantes e aproximações

Ao se observar o crescimento da abstração e da generalidade durante o começo do século vinte, é fácil deixar de perceber o fato de que este foi também um período de aumento de atividade no desenvolvimento de técnicas numéricas destinadas a ajudar na resolução de problemas que resistem ao ataque com expressões em forma fechada. Um dos exemplos mais conhecidos é o método de Kutta-Runge para a resolução de equações diferenciais, conhecido desde a primeira década do século vinte. Os algoritmos mais fortes de Kutta-Runge se mostraram superiores a muitos dos competidores mais recentes, que floresceram depois da análise numérica ter ganhado nova proeminência, por causa do advento da computação automatizada. Analogamente, diversas aproximações e cálculo de limitantes em teoria dos números que foram conseguidas nas primeiras três décadas do século seriam suplantadas apenas décadas depois.

Um número significativo de estudos tratavam de limitantes de formas mínimas, um assunto para o qual Hermite chamara a atenção; foi ele quem deu um limitante superior para o mínimo de uma forma n-ária com um dado determinante fixado — e ao qual A. N. Korkin (1837-1908) e Egor Zolotarev (1847-1878) fizeram contribuições significativas, que, por sua vez, inspiraram Markov, que tinha estudado com eles, bem como com Chebyshev, em S. Petersburgo. Markov tinha ganhado uma medalha de ouro por um artigo sobre a integração de equações diferenciais por frações contínuas e, dez anos mais tarde, em 1880, escreveu uma tese altamente elogiada sobre formas quadráticas binárias com determinante positivo. Intrigado pela pesquisa proveniente do grupo de S. Petersburgo — a tese de Markov tinha sido publicada no *Mathematische Annalen* — Frobenius escreveu diversos artigos que deram continuidade à obra de Markov; além disso, diversos alunos de Frobenius fizeram contribuições importantes a esta área de pesquisa. O problema que Markov tratou, de encontrar um limitante inferior para uma forma quadrática binária indefinida, fornece um bom exemplo. Em diversos artigos publicados em 1913, Frobenius mostrou que, em contraste a Markov, ele conseguia obter a maior parte dos resultados de Markov sem o uso de frações contínuas. O único caso que tinha escapado a Frobenius foi resolvido por Robert Remak (1888-1942), em 1924. Em seu estudo do problema de Markov, Issai Schur (1875-1941), em 1913, tinha se valido de formas minimais de uma maneira que Remak agora usou, junto com os resultados bem sucedidos de Frobenius. Tendo livrado completamente a solução do problema de Markov das frações contínuas, Rimak, em 1925, demonstrou pela primeira vez, de modo estritamente aritmético, diversos teoremas correlatos e a seguir forneceu uma interpretação geométrica dos resultados obtidos por Markov, Frobenius e por ele próprio.

Outro impulso importante para o estudo de limitantes e aproximações veio de Hermann Minkowski. Em seu *Habilitationsschrift*, de 1886, tinha discutido mínimos de formas quadráticas definidas positivas. As noções encontradas neste trabalho seriam elaboradas em seu *Diophantische Approximationen*, de 1907, e em sua obra póstuma, *Geometrie der Zahlen* (1910). Edmund Landau (1877-1938), o sucessor de Minkowski em Göttingen, embora fosse aluno de Frobenius, estava interessado principalmente em teoria analítica dos números. Em 1903, produziu uma demonstração simplificada do teorema do número primo; em 1909, foi publicada sua obra-prima, um livro em dois volumes sobre a distribuição dos primos. Entretanto, em 1918, ele viria a obter a primeira estimativa de unidades e reguladores em corpos de números algébricos. Ele usou um procedimento que Remak tinha desenvolvido (sem o uso de frações contínuas), em um artigo de 1913, que continha limitantes numéricos para a equação $t^2 - Du^2 = 1$, junto com o teorema de Minkowski relativo a formas lineares. Landau, como Minkowski antes dele, não se intimidava com o uso da teoria dos ideais nestes estudos. Nem evitava o apoio analítico quando necessário; assim, em um dos artigos de 1918, ele usava livremente a equação funcional da função zeta de Dedekind, que Hecke tinha trazido à tona no ano anterior. Por outro lado, Remak, que iria se sobressair nos anos vindouros nas estimativas de unidades e reguladores, esforçava-se para encontrar demonstrações puramente aritméticas e evitava a teoria dos ideais, bem como as ferramentas analíticas.

Três homens que usaram livremente as ferramentas analíticas foram G. H. Hardy (1877-1947), J. E. Littlewood (1885-1977) e o gênio indiano autodidata Srinivasa Ramanujan (1887-1920). Na segunda década do século, Hardy e Littlewood começaram sua bem conhecida colaboração sobre partições numéricas. Durante a época que passou com eles na Inglaterra, Ramanajun e Hardy produziram um artigo conjunto sobre valores assintóticos de $p(n)$, em que $p(n)$ é o número de partições de um inteiro n em somandos. Ramanajun tinha anteriormente feito diversas conjecturas a respeito de $p(n)$, baseadas em dados numéricos para valores pequenos de n; ele também tinha demonstrado algumas de suas conjecturas usando funções elípticas. No artigo conjunto, ele sugeriu uma fórmula assintótica para $p(n)$ que, como Hans Rademacher (1892-1960) demonstraria subsequentemente, levaria realmente a um valor exato de $p(n)$.

As atividades que acabamos de delinear são de interesse não apenas pelos resultados específicos que produziram, mas por causa da competição entre os diversos participantes para demonstrar a superioridade, ou pelo menos a utilidade, de suas técnicas particulares, sejam elas aritméticas, algébricas, analíticas — apenas uma delas ou em combinações. Isto eventualmente esclareceria ainda mais muitas das relações estruturais subjacentes.

A década de 1930 e a Segunda Guerra Mundial

A ascensão de Hitler e do Partido Nacional Socialista ao poder na Alemanha desencadeou uma catástrofe que logo afetaria as instituições matemáticas em todo o mundo. Na primavera de 1933, numerosos professores foram despedidos de universidades alemãs. Isto e ações subsequentes mais graves contra indivíduos de origem judaica ou que tivessem opiniões políticas opostas resultaram em uma grande migração de estudiosos da Alemanha ou países ocupados pela Alemanha, bem como na morte de muitos dos que ficaram. Outro resultado foi a diminuição de alguns dos mais bem estabelecidos centros de matemática da Europa ocidental e central. De modo parecido, tentativas de expurgo de matemáticos na União Soviética reprimiram o crescimento em diversos dos centros de atividade mais novos. Algumas das perdas institucionais e individuais mais severas ocorreram na Polônia, com o fechamento das universidades depois de 1939, a destruição das coleções matemáticas da Universidade de Varsóvia, a deportação de perto de 200 membros do corpo docente da Jagellonian University, em Cracóvia, e a matança planejada dos professores em Lvov, em julho de 1941.

Um grande número de matemáticos europeus foi para os Estados Unidos. Entre os mais conhecidos estavam Hermann Weyl e também os algebristas Emil Artin, Richard Brauer e Emmy Noether; os analistas Richard Courant e Jacques Hadamard;

o especialista em probabilidades William Feller; o estatístico Jerzy Neyman; os lógicos Kurt Gödel e Alfred Tarski; o historiador da matemática Otto Neugebauer, para citar só uns poucos. Houve matemáticos que não foram sujeitos a perseguições que deixaram a vida profissional, em geral no início de suas carreiras, para evitar afiliações institucionais ou organizacionais que eram incompatíveis com suas crenças morais; poucos deles reapareceram após a segunda guerra mundial. Por outro lado, lembrando apenas três da multidão dos que não escaparam, Hausdorff cometeu suicídio para evitar a deportação; Otto Blumenthal, o primeiro aluno de doutorado de Hilbert, morreu em Theresienstadt; e Stanislaw Saks, o famoso contribuidor para a teoria de integração no século vinte, foi morto em Varsóvia.

A relocação de tantos matemáticos que encontraram refúgio resultou na infusão de novas ideias em muitos centros matemáticos. Isto apresentou um desafio tanto aos que foram confrontados com novos conceitos quanto aos que tentavam superpô-los ao sistema vigente. Os matemáticos foram igualmente desafiados pelos novos problemas encontrados na Segunda Guerra. Especialmente importante nessa época foi a necessidade da matemática aplicada. Cálculo de tabelas e a metodologia da pesquisa operacional são só dois exemplos de áreas que reorientaram a atenção de muitos matemáticos provindos de áreas completamente diferentes. Entretanto, a maior parte do enorme desenvolvimento ocorrido durante os vinte anos seguintes à Segunda Guerra foi estimulada por problemas de dentro da própria matemática pura; mas no mesmo período, as aplicações da matemática às ciências se multiplicaram enormemente.

Nicolas Bourabki

A matemática do século vinte viu uma ênfase na abstração e uma preocupação crescente com a análise de esquemas amplos. Talvez isso apareça o mais claramente possível nas obras de meados do século vinte, emanadas do matemático policefálico conhecido como Nicolas Bourbaki. Este é um francês inexistente, com nome grego, que apareceu nas páginas de título de várias dúzias de volumes, em uma grande obra que ainda prossegue, *Éléments de mathématique,* cujo objetivo era dar uma visão geral de toda a matemática que vale a pena. A residência de Bourbaki é dada como Nancy, cidade que forneceu vários dos grandes matemáticos do século vinte. Em Nancy, há uma estátua do pitoresco e outrora muito real General Charles Denis Sauter Bourbaki (1816-1897), a quem, em 1862, foi oferecido o trono da Grécia, que ele rejeitou, e cujo papel na guerra franco-prussiana foi muito notável. Nicolas Bourbaki, porém, não é parente seu em nenhum sentido da palavra; o nome foi simplesmente tomado para designar um grupo de matemáticos anônimos, quase exclusivamente franceses. Como instituição de referência, N. Bourbaki às vezes usa a Universidade de Nancago, referência ao fato que dois dos líderes do grupo durante algum tempo pertenceram a universidades da área de Chicago — André Weil, na Universidade de Chicago (mais tarde, porém, no Institute for Advanced Study em Princeton) e Jean Dieudonné (1906-1992) na Northwestern University (antes na Universidade de Nancy, depois na Universidade de Paris).

O Bourbaki se originou como resultados de conversas entre André Weil e Henri Cartan, em Estrasburgo, em 1934, a respeito da necessidade de livros textos novos, atualizados; eles foram impelidos à ação por sua frustração por seus alunos precisarem contar com o *Traíte d'Analyse* de Goursat, e convidaram um grupo de outros matemáticos jovens para se unir a eles no projeto terapêutico de escrever um novo livro didático de análise. O grupo original, que mantinha reuniões regulares em um café em Paris, consistia de Claude Chevalley (1909-1984), Jean Dieudonné, René de Possel (1905-1974) e Jean Delsarte (1903-1968), além de Cartan e Weil. Também participaram S. Mandelbrojt (1899-1983) e, por um curto período, Paul Debreil (1904-1994) (substituído por Jean Coulomb) e Jean Leray (1906-1988) (substituído por Charles Ehresmann (1905-1979)). Eles rapidamente abandonaram a ideia original de um livro didático compacto, de um volume, e se decidiram, em vez disso, por uma série de volumes linearmente ordenados, autocontidos. Cada volume seria caracterizado por uma aderência estrita a uma abordagem axiomática, uma forma abstrata que fizesse emergir a estrutura dos conceitos subjacentes e uma progressão dos casos gerais para os específicos. Os membros escolhiam e discutiam os tópicos para cada volume; uma pessoa era escolhida para atuar como redator; os membros então revisavam a cópia, com Dieudonné atuando frequentemente como revisor final; e cada volume era liberado para publicação depois de ter sido alcançado consentimento unânime.

Era esperado que a ênfase na estrutura e na coerência lógica teria como efeito uma considerável economia de pensamento. No início do século dezenove, a descoberta de que a estrutura do sistema de números complexos era a mesma que a dos pontos no plano euclidiano mostrou que as propriedades do segundo, estudadas por mais de dois milênios, podia ser aplicada ao primeiro. O resultado foi uma proliferação exuberante na análise complexa. Parecia que a preocupação do século vinte com semelhanças na estrutura deveria, nos anos vindouros, produzir dividendos semelhantes.

Os românticos na matemática no começo do século tinham receado uma tomada de seu campo por um formalismo árido, encorajado pelo logicismo. Pelo meio do século, a luta entre formalistas e intuicionistas se tinha aquietado, e o grupo Bourbaki não achou necessário tomar partido na controvérsia. "O que o método axiomático põe como objetivo essencial", Bourbaki escreveu, "é exatamente o que o formalismo lógico não pode, por si só, fornecer, ou seja, a profunda inteligibilidade da matemática". Na mesma linha, um dos líderes do grupo escreveu que "Se a lógica é a higiene do matemático, não é sua fonte de alimento".

O primeiro volume dos *Éléments* de Bourbaki apareceu em 1939. Depois da Segunda Guerra, partes dos três primeiros livros ainda estavam incompletos e os três últimos precisavam ser iniciados. Novos membros que se uniram a Bourbaki antes de 1950 incluem Roger Godemont, Pierre Samuel, Jacques Dixmier e Jean-Pierre Serre, e eles foram logo seguidos por Samule Eilemberg, Jean-louis Koszul e Laurent Schwartz. Em 1958, quase tudo do que é conhecido como Parte I, *Les structures foundamentales de l'ánalyse*, tinha sido completado. Essa parte contém meia dúzia de subtítulos ou "livros": 1) Teoria dos conjuntos, 2) Álgebra, 3) Topologia geral, 4) Funções de variável real, 5) Espaços vetoriais topológicos e 6) Integração. Como esses títulos indicam, apenas uma pequena parte da matemática contida nesses volumes existia há um século atrás.

Na época em que deviam ser feitos os planos para o próximo volume, uma "terceira geração" se juntou ao grupo. Ela incluía Armand Borel, Francois Bruhat, Pierre Cartier, Alexander Grothendieck, Serge Lang e John Tate. Eles se depararam com grandes desafios ao determinar a direção que o projeto deveria tomar. O conceito original de ordem linear autocontida deveria ser mantido, quando tantos tópicos novos exigiriam preliminares que levariam décadas para serem feitos? Os primeiros seis volumes deveriam ser reescritos e atualizados? Os volumes cobrindo os resultados mais novos de pesquisa em matemática ainda deveriam ser tratados como livros didáticos? Dever-se-ia esperar que todos os membros do grupo tivessem conhecimento suficiente em cada tópico para participar do processo de decisão para este volume?

Depois de várias propostas, discussões substanciais e considerável debate — uma atividade que tinha sempre caracterizado as reuniões do grupo — em 1984, Bourbaki tinha produzido certa quantidade de material novo. Como antes, os capítulos dos livros individuais não eram sempre completados na ordem planejada. Existiam dois capítulos de "sumário" em variedades diferenciais e analíticas, que tinham por objetivo servir de compromisso por ter de desistir da ordem linear rigorosa para estes tópicos; sete capítulos sobre álgebra comutativa, oito capítulos sobre grupos de Lie e álgebras de Lie; e dois capítulos sobre teorias espectrais. Além disso, agora há uma tradução para a língua inglesa de alguns dos primeiros seis livros, de três dos capítulos sobre grupos e álgebras de Lie e dos capítulos sobre álgebra comutativa. Cinquenta anos depois das primeiras reuniões no café em Paris, o futuro de Bourbaki era menos certo do que tinha sido durante os dias difíceis de seu primeiro quarto de século.

Álgebra homológica e teoria das categorias

Os conceitos fundamentais da álgebra moderna (ou abstrata), topologia e espaços vetoriais foram estabelecidos entre 1920 e 1940, mas a vintena de anos seguinte viu uma verdadeira revolução nos métodos da topologia algébrica, que se estendeu à álgebra e à análise. O resultado foi uma nova disciplina chamada álgebra homológica, sobre a qual apareceu, em 1955, o primeiro livro por Henri Cartan (1904-2008) e Samuel Eilenberg (1913-1998), sendo seguido nos próximos doze anos por várias outras monografias, incluindo a *Homology*, de Saunders Mac Lane (1909-2005). A álgebra homológica é um desenvolvimento da álgebra abstrata que trata de resultados válidos para muitas espécies diferentes de espaços — uma invasão da topologia algébrica no domínio da álgebra pura. A rapidez com que esse cruzamento geral e poderoso, entre a álgebra e a topologia algébrica, cresceu é evidente pelo rápido aumento no número de artigos sobre álgebra homológica que aparecem na lista de *Mathematical reviews*. Além disso, os resultados desse ramo têm aplicação tão ampla que as etiquetas antigas, álgebra, análise, geometria, já não se ajustam aos resultados de pesquisa recente. Nunca antes a matemática esteve tão unificada quanto hoje.

Sintomática desta tendência foi a introdução, em 1942, por Eilenberg e MacLane, das noções de funtor e categoria. Nas palavras de Eilenberg:

> Uma categoria A tem "objetos" A, B, C, e assim por diante, e setas $A \xrightarrow{f} B$, $C \xrightarrow{h} D$, e assim por diante. Duas setas consecutivas, $A \xrightarrow{f} B \xrightarrow{g} C$ podem ser compostas dando $A \xrightarrow{gf} C$. Esta composição é associativa. Cada objeto A tem uma identidade, isto é, uma seta $A \xrightarrow{1} A$ que, quando composta com qualquer outra seta, não a altera. Funtores são modos simples de transformar uma categoria em outra... Para aqueles que têm familiaridade com os termos, damos alguns exemplos. A categoria dos grupos: aqui, os objetos são grupos, e as setas (tecnicamente chamadas morfismos) são homomorfismos de grupos. Categoria dos espaços topológicos: os objetos são espaços topológicos e os morfismos são as aplicações contínuas. Categoria das variedades diferenciáveis: os morfismos são aplicações diferenciáveis. Categoria dos espaços vetoriais: os morfismos são transformações lineares. Agora, alguns exemplos de funtores. A regra que associa a cada espaço topológico seu primeiro grupo de homologia, e a cada aplicação contínua de um espaço para outro o homomorfismo induzido nos grupos de homologia é um funtor da categoria dos espaços topologicos para a dos grupos abelianos. A regra que associa a cada variedade diferenciável o espaço vetorial das funções diferenciáveis definidas sobre ela e a cada aplicação diferenciável a aplicação linear induzida do espaço vetorial é um funtor da categoria das variedades diferenciáveis para a dos espaços vetoriais [COSRIMS, 1969, p.159].

Geometria algébrica

A geometria algébrica do século vinte foi submetida a uma série de esforços para colocar seu fundamento em um terreno mais firme. No final da década de 1920, Oscar Zariske (1899-1986), que havia sido educado na escola italiana de geômetras algébricos, trabalhando com Enriques, Castelnuovo e Sevri começara a usar os resultados mais recentes da algebra abstrata como blocos de construção da geometria algébrica. Não é surpresa que B. L. van der Waerden, o autor do paradigmático livro em dois volumes, *Moderne Algebra*, tenha adotado uma abordagem semelhante. Foi Andre Weil, em sua introdução ao seu volume de 1946 do *Foundations of Algebraic Geometry*, que descreveu a questão da seguinte perspectiva mais ampla:

> Por mais agradecidos que nós, geômetras algébricos, devéssemos estar à escola da álgebra moderna por nos emprestar acomodações temporárias, construções temporárias cheias de anéis, ideais e valorizações, nas quais alguns de nós se sentem em constante perigo de se

perder, nosso desejo e objetivo devem ser retornar o mais breve possível aos palácios que são nosso por direito de nascimento, para consolidar fundações instáveis, para fornecer tetos onde eles estão faltando, para terminar, em harmonia com as partes já existentes, o que foi deixado por fazer.

O próximo esforço para estabilizar os fundamentos ocorreu depois da segunda guerra. Em 1946, Jean Leray começou a publicar diversas notas no *Comptes rendus*, discutindo as noções de feixes e sequências espectrais. Muito deste material foi baseado nos pensamentos que desenvolveu como prisioneiro de guerra. Na década de 1950, Jean-Pierre Serre produziu uma série de publicações aplicando feixes à geometria algébrica. Isso, por sua vez, foi seguido na década de 1960, pela série *Éléments de géométrie algébrique*, de Alexander Grothendieck, onde a idéia de esquema veio para primeiro plano. As notas do seminário de Grothendick da mesma década enfatizaram a relação da geometria algébrica com a teoria dos números algébricos e chamaram a atenção para a correspondência entre a geometria algébrica sobre corpos finitos e a topologia das variedades. Uma grande motivação desse trabalho foi um ataque às conjecturas de Weil da década de 1940, relativas às funções zeta locais obtidas de pontos em variedades algébricas sobre corpos finitos. A mais difícil das conjecturas — uma análoga à hipótese de Riemamn — foi demonstrada por Pierre Deligne, em 1974, usando a teoria de *cohomologia etale*.

Enquanto muito da geometria algébrica diz respeito a afirmações abstratas e gerais sobre variedades, métodos para cálculos efetivos com polinômios dados concretamente também foram desenvolvidos. Na década de 1990, livros didáticos para cursos de graduação com boa reputação garantiam aos estudantes e instrutores que eles não precisavam mais ter familiaridade com o conteúdo abstrato tradicional de cursos de graduação em geometria algébrica, mas, graça ao desenvolvimento de novos algoritmos, podiam trabalhar eficientemente com equações polinomiais e deveriam ser capazes de usar um sistema de computação algébrica e de estudar a mais importante das técnicas mais novas, o método das bases de Gröbner, que era utilizado em todos os sistemas de computação algébrica da época.

Lógica e computação

É uma das ironias da história que, enquanto Bourbaki e muitos outros matemáticos puros perseguiram o objetivo de substituir cálculos por ideias, engenheiros e matemáticos aplicados desenvolveram um instrumento que fez reviver o interesse por técnicas numéricas e algorítmicas e afetou fortemente a composição de muitos departamentos de matemática: o computador. Na primeira metade do século, a história das máquinas de computação envolveu mais estatísticos, físicos e engenheiros elétricos que matemáticos. Máquinas de calcular de mesa e sistemas de cartões perfurados eram indispensáveis para negócios, bancos e para as ciências sociais. A régua de calcular se tornou o símbolo do engenheiro; e integradores de vários tipos eram usados por físicos, geodesistas e estatísticos. Lápis e papel continuavam a ser os instrumentos principais do matemático. A situação mudou um tanto na década de 1940, por causa do envolvimento de matemáticos no esforço de guerra. Embora a maior parte do esforço viesse de físicos e engenheiros, numerosos matemáticos jovens desempenharam um papel no desenvolvimento do computador eletrônico digital automático. Alguns destes pioneiros permaneceram no campo da computação; outros foram para campos novos relacionados mais de perto com a nova tecnologia; alguns se voltaram para a matemática aplicada; uns poucos voltaram a suas áreas anteriores. A maior parte destes matemáticos estava iniciando suas carreiras quando se envolveram com computadores, muitos tendo obtido seus doutorados na década de 1930. Consideraremos três matemáticos cujas contribuições ao emergente campo de computação foram notáveis em grande parte pelo fato de já terem obtido uma boa reputação como matemáticos.

John von Neumann (1903-1957) nasceu em Budapeste. Depois de boa formação preparatória, que incluiu instrução matemática individualizada, ele cedo obteve reconhecimento por seu talento matemático. Isto permitiu que obtivesse um doutorado em matemática em Budapeste praticamente *in absentia*, enquanto passava seu tempo em Zurique e Berlim. Obteve, porém, um diploma em engenharia química no Instituto Politécnico em Zurique. Em um artigo publicado quando tinha só vinte e um anos, ele deu uma nova definição de números ordinais; dois anos depois apresentou um sistema de axiomas para a teoria dos conjuntos que era uma alternativa para os de Zermelo e A. Frankel. Em 1926, produziu um artigo pioneiro sobre teoria dos jogos, seguindo um trabalho de Borel. Sua carreira no ensino começou na Alemanha, onde passou os três anos de 1927 a 1930 nas universidades de Berlim e Hamburgo. Em 1930, mudou-se para Princeton, Nova Jersey, onde ficou ligado à Universidade de Princeton até ser convidado a tornar-se membro do Institute for Advanced Study, em 1933. Um dos matemáticos mais criativos e versáteis de nosso século, von Neumann foi um pioneiro em uma nova abordagem da economia matemática. A econometria fazia uso da análise matemática já havia bastante tempo, mas foi especialmente através da *Theory of Games and Economic Behavior* de von Neumann e Oskar Morgensterne, em 1944, que a chamada matemática finita veio a desempenhar papel crescente nas ciências sociais. As contribuições de von Neumann à teoria dos jogos envolviam principalmente versões de jogos cooperativos; o volume de 1944 considerava jogos de duas pessoas e soma zero. (O campo de pesquisa se expandiu consideravelmente na década de 1950, quando John Forbes Nash desenvolveu o conceito de equilíbrio que permitiu o exame de jogos não cooperativos, o que eventualmente resultou no fato dele ter compartilhado o prêmio Nobel de 1994 em economia.)

As relações mútuas entre os vários ramos do pensamento tinham ficado tão complicadas que Norbert Wiener (1894-1964), um prodígio matemático e por muitos anos professor no Massachusetts Institute of Technology, publicou em 1948 seu *Cybernetics,* um livro que estabeleceu um novo campo, dedicado ao estudo do controle e comunicação em animais e máquinas. Von Neumann e Wiener também se envolveram profundamente na teoria quântica, e o primeiro, em 1955, foi indicado para a Comissão de Energia Atômica. Além de sua contribuição à matemática aplicada, estes homens contribuíram ao menos tão extensamente também para a matemática pura — para a teoria dos conjuntos, teoria dos grupos, cálculo operacional, probabilidade e lógica matemática e fundamentos. Na verdade, foi von Neumann quem, em 1929, deu aos espaços de Hilbert seu nome, sua primeira axiomatização e sua forma altamente abstrata atual. Wiener foi importante no começo da década de 1920, nas origens da teoria moderna dos espaços vetoriais e, em particular, no desenvolvimento dos espaços de Banach.

Alan Turing (1913-1954), o mais jovem dos três, foi um inglês graduado no King's College, na Universidade de Cambridge, em 1934. No ano seguinte, fez história ao resolver um dos problemas mais importantes da lógica matemática. O artigo contendo este resultado, publicado em 1937, era intitulado *On Complutable Numbers, with an Application to the Entscheidungsproblem*. Em 1936, Turing tinha ido aos Estados Unidos para estudar em Princeton. Enquanto lá, trabalhou com o lógico A. Church, que tinha publicado sua própria demonstração do *Entscheidungsproblem*, e conheceu John von Neuman. Tendo conseguido o título de doutor em 1938, Turing voltou à Inglaterra. No começo da Segunda Guerra, Turing se apresentou à Government Code and Cipher School, em Bletchley Park. Desde esta época até sua morte prematura em 1954, ele esteve profundamente envolvido com atividades criptoanalíticas, com o projeto de computadores eletrônicos e com o projeto de sistemas de programação.

Os primeiros usos de computadores para propósitos matemáticos foram limitados ao cálculo de tabelas e cálculos de números primos, constantes matemáticas e coisas deste tipo. Alguns dos primeiros cálculos de e e π foram feitos para testar a velocidade e capacidade de computação, bem como para estabelecer novos resultados. No devido tempo, tais esforços se tornaram mais úteis para a matemática, foram desenvolvidos programas para demonstrar teoremas e, como mencionaremos no próximo capítulo, em 1977, foi anunciada a primeira demonstração baseada em computador de um teorema matemático importante.

As medalhas Fields

A comunidade matemática internacional tem um prêmio que é frequentemente comparado com o prêmio Nobel em outras disciplinas. O nome do prêmio é uma homenagem a John Charles Fields (1863-1932), um matemático canadense da Universidade de Toronto, que se especializou no estudo de funções algébricas. Ele tinha boas relações pessoais com matemáticos europeus, especialmente Gösta Mittag-Leffler, e parece ter tido habilidades administrativas consideráveis. Ele teve sucesso em trazer o Congresso Internacional de Matemáticos para Toronto, em 1924, em uma época em que havia sérias diferenças políticas entre os matemáticos. Depois da primeira guerra (até 1928), a Alemanha, Áustria, Hungria, Bulgária e Turquia foram excluídas da International Mathematical Union (IMU), que tinha sido fundada em 1920, para organizar os congressos posteriores. Fields teve sucesso em persuadir muitos matemáticos europeus proeminentes que se opunham ao IMU a apoiar e participar do congresso de 1924. Ele levantou fundos para o congresso e seus participantes; e quando verificou que havia excesso de dinheiro no final, ele propôs, em 1931, que este dinheiro fosse usado para estabelecer uma medalha internacional para matemáticos. Seu testamento forneceu uma quantia adicional.

No Congresso Internacional de Matemáticos de 1932, foi decidido que, começando no congresso de 1936, as "medalhas Fields" deveriam ser concedidas no ICM a dois matemáticos, a cada quatro anos. Os premiados deveriam ter menos de quarenta anos e, como Fields tinha sugerido, o prêmio deveria chamar atenção para as realizações prévias bem como para o potencial futuro. As regras foram modificadas em 1966, para estipular que o número de medalhas Fields concedidas a cada congresso deveria ser pelo menos duas e não mais do que quatro.

As duas primeiras medalhas foram para Lars V. Ahlfors (1907-1996) e Jesse Douglas (1897-1965), por seu trabalho em análise. Ahlfors foi reconhecido por seu trabalho "em superfícies de recobrimento de superfícies de Riemann de funções inversas de funções inteiras e meromorfas"; Douglas recebeu a distinção por seu trabalho na área do problema de Plateau.

A Segunda Guerra interrompeu o Congresso Internacional e as outorgas concomitantes de medalhas; a próxima cerimônia de premiação ocorreu em 1950. A década de 1950 refletiu o decréscimo no domínio da análise clássica; portanto, houve um aumento contínuo de prêmios para pesquisa em topologia, bem como em álgebra, geometria algébrica e teoria dos números. Desde a década de 1990, diversos prêmios foram concedidos a indivíduos que se destacaram em pesquisa que unificou áreas antes diversas da matemática.

Das cinquenta e duas medalhas Fields concedidas antes de 2014, apenas quatro foram para premiados com menos de trinta anos de idade. Onze premiados nasceram nos Estados Unidos, oito na França e também na antiga União Soviética ou Rússia, seis na Inglaterra, e três na Alemanha e também no Japão. Os demais premiados eram nativos da Finlândia, Noruega, Suécia, Itália, Ucrânia, Nova Zelândia, Austrália, África do Sul, China, Vietnam e Israel. Entretanto, estes números têm significado limitado; por exemplo, dois dos nascidos na Alemanha estudaram e viveram na França; diversos outros nascido fora da América do Norte passaram pelo menos parte de suas carreiras nos Estados Unidos. Como veremos no próximo capítulo, um dos premiados recusou o prêmio e outro possível premiado perdeu a medalha por causa da proximidade de seu aniversário de quarenta anos; ele recebeu uma placa de prata, em vez de uma medalha.

24 TENDÊNCIAS RECENTES

O pragmatista sabe que a dúvida é uma arte que deve ser adquirida com dificuldade.

C. S. Pierce

Panorama geral

Quando olhamos para trás, para as últimas três décadas, o período revela diversas características emergentes. Centros significativos de atividade matemática se espalharam pela Ásia, e a comunicação matemática se tornou mais rápida e mundial, em grande parte com o auxílio da Internet. O domínio da álgebra puramente abstrata deu lugar a tópicos que se valem de técnicas mais integradas de álgebra e geometria, estudos de estruturas topológicas complexas, sistemas geométricos diferenciais, questões de estabilidade e outros. Diversos problemas, inclusive questões importantes sem solução há muito tempo, foram resolvidas com computadores; a teoria da complexidade e outros desenvolvimentos matemáticos serviram para aumentar o poder computacional dirigido à resolução de problemas matemáticos. O comprimento e a natureza composta de algumas das demonstrações mais conhecidas levaram ao questionamento de sua validade, e a comunidade matemática se dividiu quanto à questão do que constitui uma demonstração aceitável. Prêmios envolvendo a outorga de quantias monetárias nunca vistas antes ajudaram a trazer a público os desafios matemáticos, em meios de comunicação que, ao que se sabe, nunca haviam tratado de tópicos matemáticos no passado.

Concluímos este texto considerando aspectos de quatro problemas famosos resolvidos durante este período, que ilustram diversas destas características.

A conjectura das quatro cores

A conjectura das quatro cores foi enunciada pela primeira vez por Francis Guthrie (1831-1899), um ex-aluno de Augustus De Morgan na University College, que se formou em direito, mas eventualmente voltou para a matemática e obteve um cargo de professor na África do Sul, onde se distinguiu também como botânico. Em 1852, enquanto ainda estudava direito, Francis Guthrie considerou a coloração de mapas. Ele pediu a seu irmão Frederick, que na época também era aluno de De Morgan, para perguntar a De Morgan sobre a validade de uma conjectura, a qual De Morgan formulou da seguinte maneira em uma carta a Willian Rowan Hamilton:

> Um aluno meu me pediu hoje para lhe dar uma razão para um fato que eu não sabia que era um fato – e ainda não sei. Ele diz que se uma figura for dividida de qualquer maneira e os compartimentos pintados diferentemente de modo que figuras com qualquer parte de uma curva de fronteira em comum tenham cores diferentes, podem ser necessárias quatro cores, mas não mais.

Nem Hamilton nem outros a quem De Morgan perguntou tinham uma solução para o problema dos "quatérnions de cores". Entre os que gastaram algum tempo com o enigma estavam Charles Pierce, nos Estados Unidos, e Arthur Cayley, na Inglaterra. O último chamou a atenção da London Mathematical Society para ele, em 1878, e no ano seguinte publicou uma análise do problema com a Royal Geographic Society. No mesmo ano, Alfred Bray Kempe (1849-1922) anunciou na *Nature* que tinha uma demonstração da conjectura das quatro cores.

Kempe tinha estudado matemática sob a orientação de Cayley, em Cambridge, e, embora tenha ingressado na profissão legal, dedicou algum de seu tempo à matemática durante a maior parte de sua vida. Por sugestão de Cayley, Kempe submeteu sua demonstração ao *American Journal of Mathematics*, onde foi publicada em 1879. O artigo gerou interesse em ambos os lados do Atlântico; Kempe ofereceu versões mais diretas de sua demonstração e, em Edimburgo, P. G. Tait até mesmo publicou duas demonstrações dele próprio.

Na década de 1890, dois homens chamaram atenção para o fato de que a demonstração de Kempe tinha falhas. Um deles foi Vallée Poussin, o outro, Percy John Heawood (1861-1955), que na época era instrutor em Durham, onde subsequentemente se tornou professor de matemática e suporte principal da universidade. Kempe não conseguiu consertar o problema, informou a London Mathematical Society da falha, e se voltou para outros esforços, pelo que foi eleito membro e tesoureiro da Royal Society e recebeu o título de cavaleiro em 1912; ele é mais conhecido pelo seu trabalho em ligações. Verificou-se que a demonstração de Tait também tinha erros, como também numerosas tentativas de outros matemáticos que julgaram poder resolver um enigma que parecia simples. Heawood, que fora o primeiro a destruir a pretensão de Kempe a uma demonstração, mostrou que todo mapa pode ser pintado com cinco cores diferentes, e continuou a trabalhar na coloração de mapas nas próximas décadas. Suas investigações incluiam mapas sobre diversas superfícies e ele conseguiu ligar o número de cores com a característica de Euler da superfície. Em 1898, ele também demonstrou que se o número de arestas em torno de cada região for divisível por 3, então as regiões podem ser pintadas com quatro cores. Diversas generalizações deste teorema vieram a seguir. Entre os que publicaram um artigo sobre a conjectura das quatro cores generalizando o trabalho de Heawood estava o famoso geômetra americano Oswald Veblen (1880-1960). No ano seguinte, em 1913, seu conterrâneo George David Birkhoff publicou um artigo sobre reducibilidade, que assentaria a base para muito trabalho sobre a conjectura das quatro cores nas décadas vindouras.

A maioria das tentativas de demonstração da conjectura das quatro cores usava métodos que se baseavam em três conceitos: "cadeias de Kempe", "conjuntos evitáveis" e "reducibilidade". As "cadeias de Kempe" eram básicas para a abordagem de Kempe. Suponha que lhe seja dado um mapa em que toda região dele ("compartimento"), exceto uma, esteja pintada com uma das cores C_1, C_2, C_3 ou C_4. Seja U a região que é uma exceção. Se U for rodeada por regiões de menos de quatro cores, então pode-se associar a U a cor que está faltando, e tudo está bem. Entretanto, se regiões R_1, R_2, R_3 e R_4, pintadas das cores C_1, C_2, C_3 e C_4, respectivamente, rodearem U, então, ou não existe nenhuma cadeia de regiões adjacentes de R_1 a

R_3 pintadas alternadamente de C_1 e C_3, ou existe uma destas cadeias. No primeiro caso, pinte R_1 de C_3 em vez de C_1, e do mesmo modo, troque todos os C_1 e C_3 na cadeia de regiões adjacentes ligadas a R_1. R_3 não está na cadeia, mantém sua cor C_3 e, assim, U pode ser pintada de C_1. No segundo caso, não pode haver nenhuma cadeia de cores alternadas C_2 e C_4 entre R_2 e R_4. O mesmo procedimento usado no primeiro caso pode agora ser aplicado. O que Kempe não considerou foi o efeito que a troca de C_1 em uma cadeia pode ter sobre outras em alguns dos muitos casos que ele verificou.

Tait tinha introduzido a ideia de considerar arestas, e a maior parte das discussões do século vinte sobre a conjectura das quatro cores explicava as tentativas de demonstrações construtivas em termos da teoria dos grafos, acessível do ponto de vista intuitivo. Isto significava representar as regiões de um mapa por vértices e ligar os vértices de regiões adjacentes por uma aresta. A conjectura agora diz que os vértices podem ser pintados com quatro cores, sem que dois vértices adjacentes tenham a mesma cor. Isto leva às seguintes definições: faça uma triangularização do grafo que representa o mapa, pelo acréscimo de arestas adequadas à suas faces. Uma parte de uma triangularização dentro de um circuito é chamada uma configuração. Um conjunto de configurações tal que qualquer triangularização deve conter um elemento do conjunto é chamado inevitável.

Suponha que um grafo não possa ser pintado com quatro cores. Uma configuração que não possa estar contida em uma triangularização do menor destes grafos é chamada redutível. Em 1922, Philip Franklin (1898-1965), que tinha escrito uma tese de doutorado sobre a conjectura das quatro cores sob a orientação de Veblen, seguindo a análise de Birkoff de reducibilidade, mostrou que um mapa com não mais de 25 regiões pode ser pintado com 4 cores; outros aumentaram o número de regiões para 27 (1926), 35 (1940), 39 (1970) e 95 (1976). Entretanto, foi na década de 1960 que um novo ingrediente foi adicionado à mistura, o que resultaria em um novo tipo de demonstração.

Em 1969, o matemático alemão Heinrich Heesch (1906-1995) introduziu um quarto conceito: o método da descarga. Este consistia em associar a um vértice de grau i a carga $6-i$. (Todo menor contraexemplo é uma triangularização 6-conexa.) A característica de Euler implica que a soma das cargas em todos os vértices deve ser 12. Pode-se demonstrar que um dado conjunto de configurações é inevitável se, para uma triangularização que não contém uma configuração naquele conjunto, as cargas podem ser redistribuídas (sem mudar a carga total), de modo que nenhum vértice acabe com uma carga positiva.

Heesch pensou que a conjectura das quatro cores poderia ser resolvida considerando um conjunto de cerca de 8.900 configurações. Ele não conseguiu completar o programa que planejara, porque algumas de suas configurações não podiam ser reduzidas com os métodos disponíveis; ele não conseguiu acesso a instalações computacionais adequadas na Alemanha, e a bolsa alemã para trabalho em colaboração nos Estados Unidos que lhe permitira fazer diversas viagens para a universidade de Illinois e seu supercomputador foi suspensa.

Em 1976, Kenneth Appel e Wolfgang Haken, na universidade de Illinois, usando o conceito de reducibilidade com a ajuda das cadeias de Kempe, completaram a noção de descarga de Heesch. Eles acabaram construindo um conjunto inevitável com aproximadamente 1.500 configurações. Depois de considerável tentativa e erro e ajustes inteligentes de seu conjunto inevitável e de seu procedimento de descarga, Appel e Haken usaram 1.200 horas de tempo de computação para terminar os detalhes de uma demonstração final.

Usando um programa de computador especialmente projetado, Appel e Haken começaram mostrando que existe um conjunto específico de 1.936 configurações, cada uma das quais não pode fazer parte de um contra exemplo do menor tamanho possível ao teorema das quatro cores. Além disso, qualquer configuração deve ter uma parte como uma dessas 1.936 configurações. Appel e Haken concluíram que nenhum contraexemplo menor existe porque qualquer um deles deve conter, e ao mesmo tempo não conter, umas dessas 1.936 (mais tarde diminuídas para 1.436) configurações.

(Em outras palavras, eles tinham encontrado um conjunto inevitável de configurações reduzidas.) Esta contradição significa que não existe nenhum contraexemplo e o teorema é verdadeiro.

O teorema das quatro cores foi o primeiro teorema importante demonstrado com o uso do computador. A reducibilidade pode ser verificada e conferida por programas e computadores diferentes; a parte de inevitabilidade foi verificada a mão, o resultado acabando em quatrocentas páginas de microfilme. O fato de a demonstração completa não poder ser verificada linha por linha a mão levantou dúvida considerável entre os matemáticos se ela poderia ser considerada uma demonstração no sentido tradicional. O procedimento de Appel-Haken foi sujeito a exame minucioso por diversos grupos. Pesquisadores de ambos os lados do Atlântico corrigiram pequenas falhas e tentaram dar demonstrações mais simples. Em 1977, Appel e Haken publicaram a primeira de diversas explicações de sua metodologia. Uma grande explicação detalhada e um guia por sua demonstração são encontrados na sua publicação, do tamanho de um livro, de 1989.

Notamos duas contribuições posteriores à saga das demonstrações auxiliadas por computador que fizeram muito para aquietar as dúvidas ocasionalmente clamorosas a respeito da validade de tais demonstrações.

Em 1997, Neil Robertson, Daniel P. Sanders, Paul Seymour e Robin Thomas publicaram uma demonstração mais simples, com a ajuda de um computador, do problema das quatro cores. Eles arquitetaram um algoritmo melhorado e precisaram verificar apenas 633 configurações. Eles salientaram que utilizaram apenas 32 regras de descarga, em oposição as mais de 300 de Appel e Haken e puderam evitar um problema de "imersão" na descarga através da confirmação de uma certa conjectura de Heesch. Este aspecto da demonstração de Appel-Haken tinha parecido o mais problemático aos seus críticos. Ambas as partes da demonstração exigiam um computador.

Devemos mencionar que ambos nossos programas usam apenas aritmética inteira, e assim não precisamos nos preocupar com erros de arredondamento e perigos semelhantes da aritmética de pontos flutuantes. Entretanto, é possível argumentar que nossa "demonstração" não é uma demonstração no sentido tradicional, pois ela contém passos que não poderão nunca ser verificados por humanos. Em particular, não demonstramos a correção do compilador onde compilamos nosso programa, nem demonstramos a infalibilidade do hardware em que rodamos nosso programa. Isso deve ser uma questão de fé e pode concebivelmente ser uma fonte de erro. Entretanto, de um ponto de vista prático, a probabilidade de um erro de computador que apareça consistentemente exatamente da mesma maneira em todas as execuções do nosso programa, em todos os compiladores em todos os sistemas operacionais em que nosso programa foi executado, é infinitesimalmente pequena comparada com a probabilidade de um erro humano durante a mesma quantidade de verificação de casos. Aparte desta possibilidade hipotética de um computador consistentemente dar uma resposta incorreta, o resto da nossa demonstração pode ser verificado da mesma maneira que demonstrações matemáticas tradicionais. Reconhecemos, entretanto, que verificar um programa de computador é muito mais difícil do que verificar uma equação matemática do mesmo comprimento. [Robertson et al., 1997]

Alem disso, em 2005, o teorema foi demonstrado por Georges Gonthier, da Microsoft Research Cambridge, e Benjamin Werner, da INRIA, com um software para demonstrar teoremas, de propósito geral. Especificamente, eles verificaram a demonstração de Robertson, Sanders, Seymor e Thomas usando o assistente de demonstração Coq do INRIA, que afastava a tarefa de ter de verificar os vários programas de computador que tinham sido previamente usados. Gonthier enfatizou que o significado do resultado deles estava no fato de que eles haviam abordado isso como uma tarefa de programação, em vez de uma tarefa matemática, e ele indagou se os futuros assistentes de demonstração não deveriam ser projetados com o ambiente de programação em mente, em vez de serem projetados como uma tentativa de fazer uma réplica da forma matemática de uma demonstração.

Classificação de grupos simples finitos

A classificação dos grupos simples finitos está incorporada no seguinte teorema:

Todo grupo simples finito pertence a (é isomorfo a) pelo menos um dos seguintes conjuntos de grupos:

Os grupos cíclicos de ordem prima;

Os grupos alternantes de grau pelo menos cinco;

Os grupos de Lie simples, incluindo os grupos clássicos, bem como os grupos de Lie *twisted* e o grupo de Tits;

ou é um dos 26 grupos simples esporádicos.

Este teorema de classificação é diferente da maioria dos teoremas em diversos aspectos. Alguns dos grupos foram descobertos apenas depois do programa de classificação estar em andamento; o teorema foi remontado a partir de diversos artigos, escritos por muitos matemáticos, depois do empreendimento ter começado, e ele demandou uma visão geral e times de verificadores para confirmar a validade das partes componentes. Uma vez que o teorema pode ser enunciado na sua forma presente, foi iniciado um grande esforço para unificar estas partes componentes, simplificando e substituindo algumas das demonstrações individuais de modo que o teorema final e sua demonstração pudessem adquirir a aparência de um todo coeso.

Certos tipos de grupos simples tinham sido classificados décadas antes do programa de classificação ser iniciado. Por exemplo, Elie Cartan e Wilhelm Killing (1947-1923) classificaram os grupos de Lie simples na década de 1890, em combinação com sua classificação das álgebras de Lie. Os primeiros grupos esporádicos, conhecidos como os primeiros cinco grupos de Mathieu, foram descobertos por Émile Mathieu mesmo antes, quando ele estudou grupos transitivos na década de 1860. Existiram outros resultados isolados que se tornaram parte do teorema de classificação. O que pode ter iniciado uma abordagem mais sistemática ao estudo dos grupos abstratos e à classificação dos grupos simples foi o trabalho de William Burnside (1852-1927), especialmente depois da publicação, em 1897, de seu volume *The theory of groups of finite order* (*A teoria dos grupos de ordem finita*), que foi o primeiro livro didático em inglês sobre teoria dos grupos.

Em uma série de artigos publicados na década de 1890, Burnside tentou estabelecer se, dado um número N, existe um grupo simples de ordem N. O primeiro destes artigos, publicado em 1893, continha uma demonstração de que o grupo alternante $A5$ é o único grupo simples finito cuja ordem é o produto de quatro primos. Em outro artigo, ele mostrou que se um grupo G de ordem par tem um subgrupo de Sylow cíclico, então G não pode ser simples. Ele também conjecturou que todo grupo simples finito não comutativo tem ordem par.

Foi Richard Brauer (1901-1977) quem uniu diversas tendências direcionadas ao teorema de classificação e primeiro anunciou um programa para atingir esta meta. Entre alguns destaques relevantes da sua pesquisa anterior, observamos seu uso dos grupos que vieram a ser conhecidos como grupos "Brauer" no estudo das estruturas das álgebras simples. Estes eram grupos abelianos formados por classes de isomorfismo de álgebras de divisão centrais sobre um corpo perfeito, e foram fundamentais no seu estudo sobre a estrutura das álgebras simples. Em 1937, em trabalho conjunto com o seu estudante de doutorado C. J. Nesbitt, ele usou a teoria dos blocos que permaneceu central em seus estudos posteriores de grupos simples finitos. Por volta de 1950, ele começou a trabalhar em uma abordagem para classificar todos os grupos simples finitos. No International Congress of Mathematicians de 1954 em Amsterdam, ele anunciou seu programa para esta classificação e apresentou um resultado significativo que seria incluído no artigo conjunto *On groups of even order* (*Sobre grupos de ordem par*) que ele e um dos seus alunos de doutorado, K. A. Fowler, publicaram no ano seguinte. Este resultado afirmava que existe apenas um número finito de grupos simples contendo uma involução cujo centralizador é um dado grupo finito. Como um grupo de ordem ímpar não tem involuções, isso é considerado em geral a pista que ajudou a estabelecer o caminho para um programa de classificação e – junto com resultados intermediários de Michio Suzuki (1926-1998) e Felipe Hall (1904-1982) – para o famoso artigo de 255 páginas de John Thompsom e Walter Feit (1930-2004), no qual eles demonstraram que grupos finitos que têm ordens ímpares são solúveis, ou equivalentemente, que todo grupo simples finito tem ordem par.

Em 1960-1961, a Universidade de Chicago organizou um *Group Theory Year* (Ano de teoria de grupos). Daniel Gorenstein (1923-1992), que logo assumiria o papel de coordenador dos esforços daqueles envolvidos no projeto de classificação, mencionou este como seu primeiro encontro com os líderes no campo da teoria dos grupos simples. Foi nesta reunião que Walter Feit e John Thompson anunciaram pela primeira vez seu teorema da ordem ímpar, que emprestou uma aura de viabilidade à ideia de um empreendimento conjunto para esclarecer a questão da classificação de grupos simples finitos. Entretanto, era óbvio que o projeto precisava de coordenação. Depois da orientação inicial de Brauer, isto se tornou tarefa de Gorenstein. Ao aceitar o prêmio Steele para exposição em 1989, o próprio Gorenstein declarou que

> Foi a entrada de Aschbacher no campo, no início da década de 1970, que alterou irrevogavelmente a paisagem dos grupos simples. Ao assumir rapidamente um papel de liderança em uma busca obstinada do teorema de classificação completo, ele arrastou todo o "time" junto com ele durante a próxima década, até que a demonstração estivesse completa.

O desafio era triplo:

1. Não era claro quantos grupos estariam envolvidos; dos vinte e seis grupos esporádicos, apenas cinco eram conhecidos; os outros foram descobertos no decorrer do projeto, entre 1965 e 1975.

2. As demonstrações eram numerosas e longas; a demonstração de Feit-Thompson do teorema da ordem ímpar tomou 255 páginas, mas não foi a mais longa; havia dúzias de matemáticos adicionando centenas de outras páginas ao projeto; a verificação seria uma tarefa pesada.

3. A pesquisa toda parecia ser parte de um sistema fechado, sem nenhuma utilidade externa aparente.

Em resposta às críticas, Gorenstein observou que "todos os movimentos que fazemos parecem ser forçados. Não foi perversidade de nossa parte, mas a natureza intrínseca do problema que parecia estar controlando as direções de nossos esforços e moldando as técnicas desenvolvidas".

Apesar de todas estas dificuldades, Daniel Gorenstein considerou seguro anunciar, em 1983, que a classificação estava completa. A verificação tinha mostrado algumas lacunas e pequenas falhas em algumas das demonstrações, mas estas foram todas consertadas. Entretanto, havia uma grande preocupação: parecia haver uma lacuna mais séria na demonstração não publicada do caso *quasithin*. Michael Aschbacher e Steve Smith salvaram a pátria em 2004, publicando sua própria demonstração, em dois volumes de mais de 1.200 páginas, para este caso. Depois de 1985, começou um esforço concentrado em simplificar e diminuir algumas das primeiras demonstrações, que foi parcialmente bem-sucedido porque os enunciados dos teoremas eram agora conhecidos, bem como as famílias de grupos envolvidas. Estimava-se que versão final unificada da demonstração ainda tomasse 5.000 páginas. Entretanto, a aceitação da demonstração se tornou mais difundida, e a demonstração também se tornou mais palatável pelo fato de o teorema de classificação poder ser aplicado a outras áreas da matemática.

O último teorema de Fermat

O chamado último teorema de Fermat afirma que a equação $x^n + y^n = z^n$ não tem nenhuma solução inteira não nula para x, y, z, quando $n > 2$. Em uma das notas de margem mais famosas da história, a cópia de Fermat da *Arithmetica* de Diofante indica que ele tinha uma demonstração, mas que a margem era muito pequena para contê-la. Como observamos em capítulos anteriores, entre os matemáticos famosos que tentaram obter uma demonstração estavam Euler, que tem o crédito pela demonstração para $n = 3$, Sophie Germain e Legendre, para $n = 5$, Dirichlet, para $n = 5$ e $n = 14$, e Lamé, para $n = 7$.

Em 1847, Lamé apresentou à Académie des Sciences uma suposta demonstração do teorema baseada na fatoração no corpo dos números complexos. Liouville chamou atenção para o fato que ela assumia fatoração única, o que desencadeou uma rajada de tentativas de demonstrar a unicidade da fatoração. Logo depois, Kummer informou Liouville, e por ele a Academia, de um artigo de três anos antes, no qual ele tinha demonstrado que não há a unicidade de fatoração; entretanto, ele achou uma forma de contornar o problema, pela introdução, em 1846, de números complexos ideais. Kummer agora prosseguiu para demonstrar o teorema de Fermat para primos regulares. Isto, naturalmente, levou ao estabelecimento de condições para a regularidade dos primos. Mais tarde, em 1847, Kummer demonstrou que um primo p é regular se p não dividir o numerador de nenhum dos números de Bernoulli $B_2, B_4, \ldots, B_{p-3}$. Ele também observou que diversos primos não satisfazem este critério. Isto desencadeou uma onda de excitamento nova e de duração mais longa. Por mais de um século, houve tentativas de demonstrações de que alguns dos primos irregulares conhecidos satisfaziam a equação e que o número de primos irregulares é infinito. Eventualmente, os computadores entraram em ação para mostrar que o teorema vale para valores de n até 4 milhões – o que é claro, ainda não constitui uma demonstração. Houve muitas tentativas falhas, muitos esforços amadores, mas também trabalho sério por parte dos especialistas em teoria dos números, como H. A. Vandiver (1882-1973), que gastou muitas horas de pesquisa em um teorema aparentemente intratável.

Inesperadamente, o que salvou a situação foi o campo das curvas elípticas e formas modulares. Havia uma conjectura, devida a Goro Shimura e Yutaka Taniyama (1927-1958), de que toda curva elíptica sobre os racionais é modular. Esta conjectura era conhecida desde a década de 1950, mas se tornou mais amplamente publicada depois que André Weil, que tinha elogiado o trabalho de Shimura em *reviews* anteriores, encontrou exemplos que confirmam a conjectura. Ela foi verificada para diversos casos especiais. Em 1985, Gerhard Frey, nesta época na Universidade de Saarbrücken, observou que se a conjectura fosse verdadeira, ela implicaria o último teorema de Fermat. Serre ligou esta observação ("a menos de ε") ao que ficou conhecido como a conjectura ε, e, no mesmo ano, Ken Ribet, da Universidade da Califórnia, em Berkeley, demonstrou a conjectura ε e mostrou que a conjectura de Taniyama-Shimura precisava ser verdade apenas para as chamadas curvas elípticas semiestáveis para que o último teorema de Fermat fosse verdadeiro.

Em junho de 1993, Andrew Wiles deu uma série de três conferências no Issac Newton Intitute, em Cambrigde. A terceira conferência parecia mostrar que a conjectura de Taniyama-Shimura é verdadeira para curvas elípticas semiestáveis. Um dos corolários que Wiles escreveu na lousa com as palavras "eu vou parar aqui" foi o último teorema de Fermat.

Wiles tinha estado interessado no teorema de Fermat desde que lera sobre ele quando tinha dez anos. Depois de se formar em Oxford, em 1974, ele prosseguiu para obter seu doutorado na Universidade de Cambridge, tendo John Coates como seu orientador. Nesta época, ela tinha lido amplamente sobre a história do teorema de Fermat e percebeu que não seria muito prudente tentar sua demonstração como uma tese ou um projeto de pesquisa alternativo. Em vez disso, ele trabalhou com John Coates na teoria de Iwasawa das curvas elípticas e apresentou a dissertação sobre *Reciprocity laws and the conjecture of Biech and Swinnerton-Dyer* (Leis de reciprocidade e a conjectura de Biech e Swinnerton-Dyer), áreas que eram consideradas entre as mais desafiadoras da época; ele obteve seu doutorado em 1980.

Wiles soube do resultado de Ribet em 1986. Ele descreveu o evento em uma entrevista no programa NOVA da PBS:

> Era uma noite no final do verão de 1986, quando eu estava tomando chá gelado na casa de um amigo. Casualmente, no meio da conversa, este amigo me disse que Ken Ribet tinha demonstrado uma ligação entre Taniyama-Shimura e o último teorema de Fermat. Eu estava eletrificado. Eu soube naquele momento que a direção de minha vida estava mudando, porque isto significava que para demonstrar o último teorema de Fermat tudo que eu tinha que fazer era demonstrar a conjectura de Taniyama-Shimura. Isto significava que meu sonho de criação era uma coisa respeitável na qual trabalhar. Eu simplesmente sabia que eu nunca poderia deixar isto passar... Ninguém tinha nenhuma ideia de como abordar Taniyama-Shimura, mas pelo menos era matemática considerada séria. Eu poderia tentar e demonstrar resultados, os quais, mesmo que não dessem a coisa toda, seriam matemática de valor. Assim, o romance de Fermat, que tinha me prendido toda a vida, estava agora combinado com um problema que era aceitável profissionalmente.

Nos próximos sete anos, Wiles se concentrou intensamente no problema em questão. Ele não discutiu com amigos ou colegas porque achou que qualquer menção de Fermat causaria muito interesse e distração. De fato, suas conferências de 1993 criaram uma sensação que foi suplantada apenas pela notícia de que ele havia descoberto uma lacuna em sua demonstração enquanto preparava as três conferências para publicação. Os especialistas rapidamente decidiram que sua tentativa de demonstração iria passar para história apenas como outro esforço vão de esclarecer a questão do último teorema de Fermat. Eles estavam errados. Um ano depois, Wiles tinha consertado a demonstração. Em 1995, *Modular elliptic curves and Fermat's last teorem* (Curva elípticas modulares e o último teorema de Fermat) apareceu nos *Annals of Mathematics*, junto com um suplemento conjunto com seu aluno R. Taylor, *Ring-Theoretic Properties of Hecke Algebras*.

Subsequentemente, construindo em parte sobre o trabalho de Wiles, em 1999 a conjectura completa de Taniyama-Shimura foi demonstrada. Agora um teorema, esta afirmação poderosa teria consequências significativas para a teoria dos números e para o chamado programa de Langlands de conjecturas relativas à teoria dos números e das representações.

A partir de 1985, prêmios, recompensas e um título de cavaleiro se derramaram sobre Wiles, que estava nessa época firmemente estabelecido na universidade de Princeton. Ironicamente, o prêmio principal da comunidade matemática internacional, a medalha Fields, não foi um deles. Como observado anteriormente, esta medalha é concedida nas reuniões do Internacional Congress of Mathematicians para matemáticos com idade abaixo de quarenta anos, por trabalho já realizado e pela promessa de realizações futuras. Wiles tinha feito quarenta anos em abril de 1993.

A questão de Poincaré

Na década de 1895 a 1904, Henri Poincaré publicou uma série de artigos fundamentais que lançaram muitos dos fundamentos da *analysis situs*, conhecida também como topologia combinatória ou algébrica. A publicação inicial introdutória, de 1895, apareceu no *Journal de L'école Polytechnique*; com mais de 120 páginas de comprimento, este foi seguido por uma série de adendos e correções que se espalharam entra as publicações do Circolo Matematico de Palermo, a London Mathematical Society e a Société Mathématique de France, junto com suplementos no *Comptes rendus* da Académie de Sciences de Paris. Como observado no capítulo 23, foi nestes artigos que Poincaré estabeleceu relações entre os números de Betti, o grupo fundamental e outros conceitos básicos da teoria da homologia.

No segundo suplemento (1900) ao artigo de 1895, Poncaré tinha afirmado que todo poliedro livre de torção com número de Betti igual a 1 é simplesmente conexo. Na época do quinto suplemento, em 1904, ele produziu um contraexemplo que ficou conhecido a "esfera de homologia de Poincaré"; ele consistia em dois toros duplos ligados de maneira adequada. Embora possa ser construída de muitas formas diferentes, a esfera de homologia de Poincaré ainda é a única variedade tridimensional que tem a mesma homologia da esfera tridimensional sem ser homeomorfa a ela. Seu contra-exemplo levou Poincaré a fechar o artigo com a seguinte questão:

É possível que o grupo fundamental da [variedade] V se reduza a identidade e ainda assim V não seja simplesmente conexa [não seja homeomorfa a esfera tridimensional]?

Observamos com interesse que a questão de Poincaré, diferentemente das questões de Newton em seu apêndice à *Opticks*, não é formulada na negativa, sugerindo uma resposta positiva, mas como uma questão neutra. Entretanto, este é o enunciado que se tornou famoso como a "conjectura de Poincaré".

Foi apenas na década de 1930, mais de vinte anos depois da morte de Poincaré, que a pergunta desencadeou interesse substancial entre os topólogos. Um dos primeiros praticantes destacados deste campo em crescimento que anunciou que tinha uma demonstração da conjectura de Poincaré foi J. H. C. Whitehead (1904-1960). Estudo mais profundo mostrou que ele estava enganado.

No processo, ele descobriu alguns exemplos interessantes de variedades tridimensionais não compactas, simplesmente conexas, que não são homeomorfas a R^3, o protótipo das quais é agora chamada variedade de Whitehead.

Diversos topólogos seguiram Whitehead na mal-sucedida tarefa de responder à questão de Poincaré. Como exemplo, mencionamos três que obtiveram seus títulos sob a orientação de R. L. Moore (1882-1974) no Texas: R. H. Bing (1914-1986), E. Moise e Steve Armentrout. Bing teve algum sucesso ao demonstrar uma versão mais fraca da conjectura. Em 1958, ele estabeleceu que se toda curva fechada simples de uma variedade tridimensional compacta estiver contida em uma bola tridimensional, então a variedade é homeomorfa à esfera tridimensional.

Embora as tentativas para resolver a conjectura de Poincaré para a dimensão três parecessem não ir a lugar nenhum, levantou-se a questão do que poderia ser dito para dimensões maiores. Aqui, existem variedades simplesmente conexas que não são homeomorfas a uma n-esfera. Não parecia que existisse uma n-esfera de homotopia que fosse homeomorfa a uma n-esfera. Em 1961, entretanto, Stephen Smale demonstrou a chamada conjectura de Poincaré generalizada para dimensão maior que quatro; em 1982, Michael Friedman demonstrou a conjectura para dimensão quatro.

Na década de 1970, William Thurston fez uma conjectura sobre a classificação das variedades de dimensão três. Ele sugeriu que qualquer variedade de dimensão três pode ser dividida univocamente de modo que cada parte tenha uma entre oito geometrias especificadas. Isso lembra rapidamente o teorema de uniformização para a dimensão dois, em que uma divisão parecida envolve três geometrias. A chamada conjectura de geometrização de Thurston se tornou conhecida em um conjunto de conferências de 1980 e foi publicada em 1982. Embora não exista relação óbvia entre ela e a conjectura de Poincaré, como John Morgan observou, o trabalho de Thurston ajudou a construir um consenso crescente de que a conjectura de Poincaré, bem como a própria conjectura de Thurston, são verdadeiras; em 2006, a de Thurston tinha sido confirmada para seis das oito geometrias. Os dois casos difíceis restantes são os da geometria esférica e hiperbólica. Thurston se dedicou ao caso hiperbólico, que tem métrica de curvatura negativa constante, em oposição ao caso esférico com métrica de curvatura positiva constante, que se aplicaria à conjectura de Poincaré.

Em 1982, Richard Hamilton introduziu o fluxo de Ricci em uma variedade. A equação do fluxo de Ricci é considerada uma generalização não linear da equação do calor. Hamilton mostrou que ela poderia ser usada para demonstrar casos especiais da conjectura de Poincaré, mas ele encontrou dificuldades com certas singularidades, o que o impediu de conseguir uma demonstração completa da conjectura. Mais vinte anos se passariam antes que a longamente esperada demonstração aparecesse – desta vez na internet.

O autor desta demonstração não usual era um certo Grigory Perelman, de S. Petersburgo, conhecido por seus associados como Gricha. Ele é filho de um engenheiro elétrico e de uma professora de matemática. Quando tinha dezesseis anos, ele chamou atenção ao ganhar uma medalha de ouro na olimpíada de matemática de Budapest. Ele frequentou a universidade de S. Petersburgo, onde obteve o seu doutorado, a seguir obteve um cargo no Steklov Institute, inicialmente no departamento de geometria e topologia, e depois no departamento de equações diferenciais parciais. Ele passou os anos de 1992 a 1995 nos Estados Unidos, primeiro no Courant Institute e em Stone Brook, a seguir, com uma bolsa de dois anos, na Universidade da Califórnia, Berkeley. No final deste período, depois de recusar diversas ofertas de emprego de universidades americanas, ele voltou para casa e permaneceu virtualmente isolado de 1995 a 2002. Enquanto estava em Berkeley, Perelman tinha obtido uma reputação de brilhantismo e excentricidade. Ele produziu muito, mas publicou pouco. Por um longo período, ele pareceu ter pouco interesse na conjectura de Poincaré. Entretanto, isso mudou depois de ele ouvir Hamilton afirmar repetidamente que a solução para resolver o problema de Poincaré seria descoberta por alguém que pudesse resolver as questões de singularidade associadas ao fluxo de Ricci. Isso atraiu Perelman: alguma coisa para ser atacado como um problema de equações diferenciais por uma pessoa com formação sólida em topologia – um ajuste perfeito para ele próprio. Sem deixar seus colegas suspeitarem do que o tinha engajado por oito anos, ele encerrou o seu exílio autoimposto em novembro de 2002, ao colocar no *arXiv Website* o primeiro de três artigos sobre o fluxo de Ricci. Nenhum dos artigos mencionava Poincaré ou a conjectura por nome; o fato de que ele também estava demonstrando a conjectura de geometrização de Thurson aparecia apenas como uma menção casual no primeiro artigo. Ele não fez nenhum esforço de submeter os artigos para publicação. Entretanto, estava claro para os especialistas da área do que tratava o empreendimento, e muito em breve diversos especialistas começaram a tarefa de preencher os detalhes das demonstrações esboçadas de Perelman, todos observando que estas eram consequências da estrutura de suas próprias técnicas.

Três anos depois do terceiro artigo de Perelman ser colocado no *arXiv Website*, o assunto se tornou muito público. Inicialmente, tinha havido algumas notas na literatura matemática que parecia que Perelman tinha uma demonstração, mas que ela ainda não tinha sido verificada, embora, entre 2003 e 2005, diversas reuniões tenham sido feitas para estudar os três artigos. Agora, em 2006, a verificação estava pronta.

Em maio, Bruce Kleiner e John W. Lott colocaram um artigo no *arXiv Website* que dava conta dos detalhes da demonstração de Perelman para a difícil conjectura de geometrização.

No artigo de junho do *Asian Journal of Mathematics*, apareceu um artigo de Huai-Dong Cao e Xi-Ping Zhu com uma demonstração das conjecturas de Poincaré e da geometrização. Em 20 de junho, Shing-Tung Yau deu uma conferência sobre a conjectura de Poincaré na International Conference on String Theory, em Beijing, na qual ele elogiou seus alunos Cao e Zhu por terem resolvido a conjectura, observando que os matemáticos chineses tinham razão de estar orgulhosos de seu grande sucesso. Yau, nascido em 1949, um ganhador da medalha Fields em 1982, deu contribuições importantes às equações diferenciais parciais, geometria diferencial e física-matemática. Com base nos Estados Unidos, ele tem sido um defensor da educação matemática na China e, em 2004, foi homenageado por sua contribuição à matemática chinesa no Grande Salão do Povo em Beijing.

Em julho, John Morgan e Gang Tian forneceram uma demonstração da conjectura de Poincaré no *arXiv Website* que apareceu na forma de livro no ano seguinte.

Em agosto, o International Congress of Mathematicians (ICM) se reuniu em Madri. Ele concedeu a medalha Fields a Perelman – mas Perelman se recusou a aceitar o prêmio. Isso pode não ter sido uma surpresa completa para os que lembravam que, dez anos antes, ele tinha recusado um prêmio de prestigio dado pela European Mathematical Society. John Morgan, o autor da demonstração publicada no mês anterior, deu uma conferência sobre a conjectura no ICM dizendo, sem deixar dúvidas, que Perelman tinha resolvido a conjectura de Poincaré. Enquanto isso, o número de agosto do *New Yorker* continua um artigo detalhado descrevendo o Congresso de Beijing, enfatizando a referência desdenhosa de Yau a Perelman, questionando seu papel na rápida aceitação do artigo de Cao-Zhu e retratando-o de modo nada lisonjeiro. Yau tentou refutar o artigo com uma ameaça de processo, bem como com diversas entrevistas e uma publicação esclarecedora. Perelman, que tinha contrariado a afirmação que nunca falava com repórteres ao dar aos entrevistadores do *New Yorker* um passeio agradável por S. Petersburgo, pediu demissão de seu cargo no Staklov Institute e continuou a viver pacificamente em casa com sua mãe.

Perspectivas futuras

Entre seus aspectos mais notáveis, a matemática contemporânea apresentou o ressurgimento da geometria, embora em roupagem moderna, e o progresso no esclarecimento de diversos problemas famosos. À medida que o século vinte se aproximava do final, as atitudes relativas ao futuro da matemática não apresentavam nem o pessimismo dos pensadores do final do século dezoito, que diziam que a maioria dos problemas importantes já tinham sido resolvidos, nem o otimismo de Hilbert no final do século dezenove, quando afirmou que todos os problemas podiam ser resolvidos. Ocasionalmente, parece que a pergunta dominante é se os problemas matemáticos deveriam ser resolvidos. Pois o ensino de matemática e a pesquisa em diversos setores estão entre a cruz e a espada dos que condenam o assunto por causa das aplicações que a tornam um condutor potencial da destruição humana e daqueles que gostariam de esvaziá-la de tudo, exceto suas aplicações, de modo a torná-la socialmente mais útil, seja para a medicina ou para a guerra. Entretanto, a história parece apoiar a reflexão de André Weil que "o grande matemático do futuro, como o do passado, vai escapar do caminho bem demarcado. É por aproximações inesperadas, às quais nossa imaginação não saberia como chegar, que ele resolverá, ao dar a eles outra guinada, os grandes problemas que teremos legado a ele". Olhando a frente, Weil também estava confiante em mais uma coisa: "No futuro, como no passado, as grandes ideias devem ser ideias simplificadoras".

REFERÊNCIAS

Veja também a Bibliografia geral para livros que são especialmente relevantes para mais de um capítulo.

1. Vestígios

Ascher, M., Mathematics Elsewhere: *An Exploration of Ideas Across Cultures* (Princeton, NJ: Princeton University Press, 2002).

Ascher, M. e R.Ascher, "Ethnomathematics", *History of Science*, **24** (1986), 125-144.

Bowers, N. e P. Lepi, "Kaugel Valley Systems of Reckoning", *Journal of the Polynesian Society*, **84** (1975), 309-324.

Closs, M. P., *Native American Mathematics* (Austin, Texas: The University of Texas Press, 1986).

Conant, L., *The Number Concept: Its Origin and Development* (New York: Macmillan, 1923).

Day, C. L., *Quipus and Witches' Knots* (Lawrence: University os Kansas Press, 1967).

Dibble, W. E., "A Possible Pythagorean Triangle at Stonehenge", *Journal for the History of Astronomy*, **17** (1976), 141-142.

Dixon, R. B. e A. L. Kroeber, "Numeral Systems of the Languages of California", *American Anthropologist*, **9** (1970), 663-690.

Eels, W. C., "Number Systems of the North American Indians", *American Mathematical Monthly*, **20** (1913), 263-272 e 293-299.

Gerdes, P., "On Mathematics in the History of Sub-Saharan Africa", *Historia Mathematica*, **21** (1994), 345-376.

Harvey, H. R. e B. J. Willian, "Aztec Arithmetic: Positional Notation and Area Calculations", *Science*, **210** (31 de outubro de 1980), 499-505.

Lambert, J. B., et al., "Maya Arithmetic", *American Scientist*, **68** (1980), 249-255.

Marshak, A., *The Roots of Civilisation: The Cognitive Beginings of Man's First Art, Symbol and Notation* (New York: McGraw-Hill, 1972).

Menninger, K., *Number Words and Number Symbols*, trad. por P. Broneer (Cambridge, MA: MIT Press, 1969).

Morley, S. G., *An Introduction to the Study of Maya Hieroglyphics* (Washington DC: Carnegie Institution, 1915).

Schmandt-Besserat, D., "Reckoning before Writing", *Archaelogy*, **32**, No. 3 (1979), 23-31.

Seidenberg, A., "The Ritual Origin of Geometry", *Archive for History of Exact Sciences*, **1** (1962a.), 488-527. "The Ritual Origin of Couting", ibid., **2** (1962b.), 1-40. "The Ritual Origin of the Circle the and Square, ibid., **25** (1972), 269-327.

Smeltzer, D., *Man and Numbers* (New York: Emerson Books, 1958).

Smith, D. E. e J. Ginsburg, *Numbers and Numerals* (Washington, DC: National Council of Teachers of Mathematics, 1958).

Struik, D. J., "Stone age Mathematics", *Scientific American*, **179** (dez. 1948), 44-49.

Thompson, J. Eric S., *Maya Hieroglyphic Writing*, 3ª ed. (Norman: University of Oklahoma Press, 1971).

Zaslavsky, C., *Africa Counts: Number and Pattern in African Culture* (Boston: Prindle, Weber and Schmidt, 1973).

Zaslavsky, C., "Symmetry Along with Other Mathematical Concepts and Applications in African

Life", em: *Applications in School Mathematics*, 1979 Yearbook of the NCTM (Washington, DC: National Council of Teachers of Mathematics, 1979), 82-97.

2. Egito antigo

Bruins, E. M., "The Part in Ancient Egyptian Mathematics", *Centaurus*, **19** (1975), 241-151.

Bruins, E. M., "Egyptian Arithmetic", *Janus*, **68** (1981), 33-52.

Chace, A. B. et al., eds. e trad. *The Rhind Mathematical Papyrus*. Classics in Mathematics Education, nº. 8(1979) (Republicação da ed. 1927-1929 de Reston, VA.: National Council of Teachers of Mathematics).

Clagett, Marshall, *Ancient Egyptian Science: A Sourcebook*, v. 3, *Ancient Egyptian Mathematics* (Philadelphia, PA: American Philosophical Society,1999).

Engels, H., "Quadrature of the Circle in Ancient Egypt", *Historia Mathematica*, **4** (1977), 137-140.

Gillings, R. J., *Mathematics in the Time of the Pharaohs* (Cambridge: MIT Press, 1972).

Gillings, R. J., "The Recto of the Rhind Mathematical Papyrus and the Egyptian Mathematical Leather Roll", *Historia Mathematica*, **6** (1979), 442-447.

Gillings, R. J., "What is the Relation Between the EMLR and the RMP Recto?" *Archive for History of Exact Sciences*, **14** (1975), 159-167.

Guggenbuhl, L., "Mathematics in Ancient Egypt: A Checklist", *The Mathematics Teacher*, **58** (1965), 630-634.

Hamilton, M., "Egyptian Geometry in the Elementary Classroom", *Arithmetic Teacher*, **23** (976), 436-438.

Knorr, W., "Techniques of Fractions in Ancient Egypt and Greece", *Historia Mathematica*, **9** (1982), 133-171.

Neugebauer, O., "On the Orientation of Pyramids", *Centaurus*, **24** (1980), 1-3.

Parker, R. A., *Demotic Mathematical Papyri*. Brown Egyptological Studies, 7 (Providence: Brown University Press, 1972).

Parker, R. A., "Some Demotic Mathematical Papyri", *Centaurus*, **14** (1969), 136-141.

Parker, R. A., "A Mathematical Exercise: P. Dem. Heidelberg 663", *Journal of Egyptian Archaeology*, **61** (1975), 189-196.

Rees, C. S., "Egyptian fractions", *Mathematical Chronicle*, **10** (1981), 13-30.

Robins, G. e C. C. D. Shute, "Mathematical Bases of Ancient Egyptian Architecture and Graphic Art", *Historia Mathematica*, **12** (1985), 107-122.

Rossi, Corinna, *Architecture and Mathematics in Ancient Egypt* (Cambridge, UK: Cambridge University Press, 2004).

Rottlander, R. C. A., "On the Mathematical Connections of Ancient Measures of Length", Acta *Praehistorica et Archaeologica*, **7-8** (1978), 49-51.

Van der Waerden, B. L., "The (2:n) Table in the Rhind Papyrus", *Centaurus*, **23** (1980), 259-274.

Wheeler, N. F., "Pyramids and Their Purpose", *Antiquity*, **9** (1935), 5-21, 161-189, 292-304.

3. Mesopotâmia

Bruins, E. M., "The Division of the Circle and Ancient Arts and Sciences", *Janus*, **63** (1976), 61-84.

Buck, R. C., "Sherlock Holmes in Babylon", *American Mathematical Monthly*, **87** (1980), 335-345.

Friberg, J., "Methods and Traditions of Babylonian Mathematics: Plimpton 322, Pythagoren Triples, and the Babylonian Triangle Parameter Equations", *Historia Mathematica*, **8** (1981), 277-318.

Friberg, J., "Methods and Traditions of Babylonian Mathematics. II", *Journal of Cuneiform Studies*, **33** (1981), 57-64.

Friberg, J., A *Remarkable Collection of Babylonian Mathematical Texts* (New York: Springer, 2007).

Høyrup. J., "The Babylonian Cellar Text BM 85200+ VAT 6599. Retranslation and Analysis", *Amphora* (Basel: Birkhäuser, 1992), 315-358.

Høyrup. J., "Investigations of an Early Sumerian Division Problem", *Historia Mathematica*, **9** (1982), 19-36.

Muroi, M., "Two Harvest Problems of Babylonian Mathematics", *History Sci.* (2) **5** (3). (1996), 249-254.

Neugebauer, O., *The Exact Sciences in Antiquity* (New York: Harper, 1957; publicação em brochura da 2ª ed.).

Neugebauer, O. e A.Sachs, *Mathematical Cuneiform Texts* (New Haven, CT: American Oriental Society and the American Schools of Oriental Research, 1945).

Powell, M. A. Jr., "The Antecedents of Old Babylonian Place Notation and the Early History of Babylonian Mathematics", *Historia Mathematica*, **3** (1976), 417-439.

Price, D. J. de Solla, "The Babylonian 'Pythagorean Triangle' Tablet", *Centaurus*, **10** (1964); 219-231.

Robson, E., *Mesopotamian Mathematics, 2100-1600 BC: Technical Constants in Bureaucracy and Education* (Oxford, UK: Clarendon Press, 1999).

Robson, E., *Mathematics in Ancient Iraq: A Social History* (Princeton, NJ: Princeton University Press, 2008).

Schmidt, O., "On 'Plimpton 322': Pythagorean Numbers in Babylonian Mathematics", *Centaurus*, **24** (1980), 4-13.

4. Tradições helênicas

Allman, G. J., *Greek Geometry from Thales to Euclid* (New York: Arno Press, 1976; reimpressão facsimile da ed. de 1889).

Berggren, J. L., "History of Greek Mathematics. A Survey of Recent Research", *Historia Mathematica*, **11** (1984), 394-410.

Boyer, C. B., "Fundamental Steps in the Development of Numeration", *Isis*, **35** (1944), 153-168.

Brumbaugh, R. S., *Plato's Mathematical Imagination* (Bloomington: Indiana University Press, 1954).

Burnyeat, M. R., "The Philosophical Sense of Theactetus' Mathematics", *Isis*, **69** (1978), 489-513.

Cajori, F., "History of Zeno's Arguments on Motion", *American Mathematical Monthly*, **22** (1915), 1-6, 39-47, 77-82, 109-115, 145-149, 179-186, 215-220, 253-258, 292-297.

Cornford, R. M., *Plato's Cosmology. The Timaeus of Plato*, trad. com comentários acompanhando o texto (London: Routledge and Kegan Paul, 1937).

Fowler, D. H., "Anthyphairetic Ratio and Eudoxan Proportion", *Archive for History of Exact Sciences*, **24** (1981), 69-72.

Freeman, K., *The Pre-Socratic Philosophers*, 2ª ed. (Oxford, UK: Blackwell, 1949).

Giacardi, L., "On Theodorus of Cyrene's problem." *Archives Internationales d'Histoire des Sciences*, **27** (1977), 231-236.

Gow, J. A., *Short History of Greek Mathematics* (Mineola, NY: Dover, 2004; reimpressão da ed. de 1923).

Heath, T. L., *History of Greek Mathematics*, 2 vols. (New York: Dover, 1981; reimpressão da ed. de 1921).

Heath, T. L., *Mathematics in Aristotle* (Oxford, UK: Clarendon, 1949).

Lasserre, R., *The Birth of Mathematics in the Age of Plato*, trad. por H. Mortimer (London: Hutchinson, 1964).

Lee, H. D. P., *Zeno of Elea* (Cambridge, UK: Cambridge University Press, 1936).

McCabe, R. L., "Theodorus' Irrationality Proofs", *Mathematics Magazine*, **49** (1976), 201-202.

McCain, E. G., "Musical 'Marriages' in Plato's Republic", *Journal of Music Theory*, **18** (1974), 242-272.

Mueller, I., "Aristotle and the Quadrature of the Circle", em: *Infinity and Continuity in Ancient and Medieval Thought*, N. Kretzmann, ed. (Ithaca, NY: Cornell University Press, 1982), 146-164.

Plato, *Dialogues*, trad. por B. Jowett, 3ª. ed., 5 vols. (Oxford, UK: Oxford University Press, 1931; reimpressão da ed. de 1891).

Smith, R., "The Mathematical Origins of Aristotle's Syllogistic." *Archive for History of Exact Sciences*, **19** (1978), 201-209.

Stamatakos, B. M., "Plato's Theory of Numbers. Dissertation." *Michigan State University Dissertation Abstracts*, **36** (1975), 8117-A. Order n. 76-12527.

Szabo, A., "The Transformation of Mathematics Into Deductive Science and the Beginnings of its Foundation on Definitions and Axioms", *Scripta Mathematica*, **27** (1964), 27-48, 113-139.

Von Fritz, K., "The Discovery of Incommensurability by Hippasus of Metapontum", *Annals of Mathematics*, (2) **46** (1945), 242-264.

Wedberg, A., *Plato's Philosophy of Mathematics* (Westport, CT: Greenwood, 1977).

White, R. C., "Plato on Geometry", *Apeiron*, **9** (1975), 5-14.

5. Euclides de Alexandria

Archibald, R. C., ed., *Euclid's Book on Divisions of Figures* (Cambridge, UK: Cambridge University Press, 1915).

Barker, A., "Methods and Aims in the Euclidean Sectio Canonis", *Journal of Hellenic Studies*, **101** (1981), 1-16.

Burton, H., "The Optics of Euclid", *Journal of the Optical Society of America*, **35** (1945), 357-372.

Coxeter, H. S. M., "The Golden Section, Phyllotaxis, and Wythoff's Game", *Scripta Mathematica*, **19** (1953), 135-143.

Fischler, R., "A Remark on Euclid II, 11", *Historia Mathematica*, **6** (1979), 418-422.

Fowler, D. H., "Book II of Euclid's Elements and a Pre-Eudoxan Theory of Ratio", *Archive for History of Exact Sciences*, **22** (1980), 5-36, e **26** (1982), 193-209.

Grattan-Guinness, I., "Numbers, Magnitudes, Ratios, and Proportions in Euclid's Elements: How Did He Handle Them?" *Historia Mathematica*, **23** (1996), 355-375.

Heath, T. L., ed., *The Thirteen Books of Euclid's Elements* (New York: Dover, 1956; 3 vols., reimpressão em brochura da ed. de 1908).

Herz-Fischler, R., "What are Propositions 84 and 85 of Euclid's Data all about? *Historia Mathematica*, **11** (1984), 86-91.

Ito, S., ed. e trad. *The Medieval Latin Translation of the Data of Euclid*, prefacio por Marshall Clagett (Boston: Birkhäuser, 1998).

Knorr, W. R., "When Circles Don't Look Like Circles: An Optical Theorem in Euclid and Pappus", *Archive for History of Exact Sciences*, **44** (1992), 287-329.

Theisen, W., "Euclid, Relativity, and Sailing", *Historia Mathematica*, **11** (1984), 81-85.

Thomas-Stanford, C., *Early Editions of Euclid's Elements* (San Francisco: Alan Wofsy Fine Arts, 1977; reimpressão da ed. de 1926).

6. Arquimedes de Siracusa

Aaboe, A. e Berggren, J. L., "Didactical and Other Remarks on Some Theorems of Archimedes and Infinitesimals", *Centaurus*, **38** (4) (1996), 295-316.

Bankoff, L., "Are the Twin Circles of Archimedes Really Twins?" *Mathematics Magazine*, **47** (1974), 214-218.

Berggren, J. L., "A Lacuna in Book I of Archimedes' Sphere and Cylinder", *Historia Mathematica*, **4** (1977), 1-5.

Berggren, J. L., "Spurious Theorem in Archimedes' Equilibrium of Planes: Book I". *Archive for History of Exact Sciences*, **16** (1978), 87-103.

Davis, H. T., "Archimedes and Mathematics", *School Science and Mathematics*, **44** (1944), 136-145, 213-221.

Dijksterhuis, E. J., *Archimedes*, reimpressão da ed. de 1957 da trad. da ed. de 1938-1944 (Princeton, NJ: Princeton University Press, 1987).

Hayashi, E., "A Reconstruction of the Proof of Proposition 11 in Archimedes' Method", *Historia Sci.*, (2) **3** (3) (1994), 215-230.

Heath, T. L., *The Works of Archimedes* (New York: Dover, 1953; reimpressão da ed. de 1897).

Knorr, W. R., "On Archimedes' Construction of the Regular Heptagon", *Centaurus*, **32** (4) (1989), 257-271.

Knorr, W. R., "Archimedes' 'Dimension of the Circle': A View of the Genesis of the Extant Text", *Archive for History of Exact Sciences*, **35** (4) (1986), 281-324.

Knorr, W. R., "Archimedes and the Measurement of the Circle: a New Interpretation", *Archive for History of Exact Science*, **15** (2)(1976), 115-140.

Knorr, W. R., "Archimedes and the Pre-Euclidean Proportion Theory", *Archives Internationales d'Histoire des Sciences*, **28** (1978), 183-244.

Knorr, W. R., "Archimedes and the Spirals. The Heuristic Background", *Historia Mathematica*, **5** (1978), 43 - 75.

Netz, Reviel, "The Goal of Archimedes' *Sand-Reckoner*", *Apeiron*, **36** (2003), 251-290.

Neugebauer, O., "Archimedes and Aristarchus", *Isis*, **34** (1942), 4-6.

Phillips, G. M., "Archimedes the Numerical Analyst", *American Mathematical Monthly*, **88** (1981), 165-169.

Smith, D. E., "A Newly Discovered Treatise of Archimedes", *Monist*, **19** (1909), 202-230.

Taisbak, C. M., "Analysis of the So-Called Lemma of Archimedes for Constructing a Regular Heptagon", *Centaurus*, **36** (1993), 191-199.

Taisbak, C. M., "An Archimedean Proof of Heron's Formula for the Area of a Triangle: Reconstructed", *Centaurus*, **24** (1980), 110-116.

7. Apolônio de Perga

Coolidge, J. L., *History of the Conic Sections and Quadric Surfaces* (New York: Dover, 1968; publ. em brochura da ed. de 1945).

Coolidge, J. L., *History of Geometrical Methods*, (New York: Dover, 1963; publ. em brochura da ed. de 1940).

Coxeter, H. S. M., "The Problem of Apollonius", *American Mathematical Monthly*, **75** (1968), 5-15.

Heath, T. L., "Apollinius", em: *Encyclopedia Britannica*, 11ª. ed., **2** (1910), 186-188.

Heath, T. L., ed., *Apollonius of Perga. Treatise on Conic Sections*. (New York: Barnes and Noble, 1961; reimpressão da ed. de 1896).

Hogendijk, J. P., "Arabic Traces of Lost Works of Apollonius", *Archive for History of Exact Sciences*, **35** (3) (1986), 187–253.

Hogendijk, J. P., "Desargues 'Brouillon Project' and the 'Conics' of Apollonius", *Centaurus*, **34** (1) (1991), 1-43.

Neugebauer, O., "The Equivalence of Eccentric and Epicyclic Motion According to Apollonius", *Scripta Mathematica*, **24** (1959), 5-21.

Thomas, I. ed., *Selections Illustrating the History of Greek Mathematics*, 2 vols. (Cambridge, MA.: Loeb Classical Library, 1939-1941).

Toomer, G. J., ed., *Apollonius: Conics Books V--VII. The Arabic Translation of the Lost Greek Original in the Version of the Banu Musa*. Sources in the History of Mthematics and the Physical Sciences 9 (New York: Springer, 1990).

Unguru, S., "A Very Early Acquaintance with Apollonius of Perga's Treatise on Conic Sections in the Latin West", *Centaurus*, **20** (1976), 112-128.

8. Correntes secundárias

Andersen, K., "The Central Projection in One of Ptolomy's Map Construction", *Centaurus*, **30** (1987), 106-113.

Aaboe, A., *Episodes from the Early History of Mathematics* (New York: Random House, 1964).

Barbera, A., "Interpreting an Arithmetical Error in Boethius's *De Institutione Musica* (iii.14-16)", *Archives Internationales d'Histoire des Sciences*, **31** (1981), 26-41.

Barrett, H. M., *Boethius. Some Aspects of his Times and Work* (Cambridge, UK: Cambridge University Press, 1940).

Berggren, J. L., "Ptolemy's Maps of Earth and the Heavens: A New Interpretation", *Archive for History of Exact Sciences*, **43** (1991), 133-144.

Carmody, F. J., "Ptolemy's Triangulation of the Eastern Mediterranean", *Isis*, **67** (1976), 601-609.

Cuomo, S., *Pappus of Alexandria and the Mathematics of Late Antiquity* (Cambridge, UK: Cambridge University Press, 2000).

Diller, A., "The Ancient Measurements of the Earth", *Isis*, **40** (1949), 6-9.

Dutka, J., "Eratosthenes' Measurement of the Earth Reconsidered", *Archive for History of Exact Sciences*, **46** (1993), 55-66.

Goldstein, B. R., "Eratosthense on the "Measurement" of the Earth", *Historia Mathematica*, **11** (1984), 411-416.

Heath. T. L., *Aristarchus of Samos: The Ancient Copernicus* (New York: Dover, 1981; reimpressão da ed. de 1913).

Heath, T. L., *Diophantus of Alexandria: A Study in the History of Greek Algebra*, 2ª ed. (Chigago: Powell's Bookstore and Mansfield Centre, CT: Martino Pub., reimpressão da ed. de 1964, com novo suplemento sobre problemas diofantinos).

Knorr, W., "The Geometry of Burning-Mirrors in Antiquity", *Isis*, **74** (1983), 53-73.

Knorr, W. R., "'Arithmetike Stoicheiosis': on Diophantus and Hero of Alexandria", *Historia Math*, **20** (1993), 180-192.

Lorch, R. P., "Ptolemy and Maslama on Transformation of Circles into Circles in Stereographic Projection", *Archive for History of Exact Sciences*, **49** (1995), 271-284.

Nicomachus of Gerasa, *Introduction to Arithmetic*, trad. por M. L. D'Ooge, com "Studies in Greek Arithmetic" por F. E. Robbins e L. C. Karpinski. (New York: Johnson Reprint Corp., 1972; reimpressão da ed. de 1926).

Pappus of Alexandria, *Book 7 of the "Collection"*, ed. e trad. com comentário por A. Jones, 2 vols. (New York/Heidelberg/Berlin: Springer, 1986).

Ptolemy's Almagest, trad. e anotado por G.J. Toomer (New York: Springer-Verlag, 1984).

Robbins, F. E., "P. Mich. 620: A Series of Arithmetical Problems", *Classical Philology*, **24** (1929), 321-329.

Sarton, G., *Ancient Science and Modern Civilization* (Lincoln: University of Nebraska Press, 1954).

Sarton, G., *The History of Science*, 2 vols. (Cambridge, MA: Harvard University Press; 1952-1959).

Sesiano, J., *Books IV to VII of Diophantus' "Arith-metica" in the Arabic Translation Attributed to Qusta ibn Luqa* (New York/Heidelberg/Berlin: Springer, 1982).

Smith, A. M., "Ptolemy's Theory of Visual Perception", *Transactions of the American Philosophical Society*, **86**, pt. 2, Philadelphia, PA, 1996.

Stahl, W. H., *Roman Scince* (Madison: University of Wisconsin Press, 1962).

Swift, J. D., "Diophantus of Alexandria", *American Mathematical Monthly*, **43** (1956), 163-170.

Thompson, D'A. W., *On Growth and Form*, 2ª ed. (Cambridge, UK: Cambridge University Press, 1942).

Vitruvius, *On Architecture*, ed. e trad. por F. Granger, 2 vols. (Cambridge, MA: Harvard University Press, e London: William Heinemann, 1955; reimpressão da ed. de 1931).

9. China antiga e medieval

Ang Tian-se, "Chinese Interest in Right-Angled Triangles", *Historia Mathematica*, **5** (1978), 253-266.

Boyer, C. B., "Fundamental Steps in the Development of Numeration", *Isis*, **35** (1944), 153-168.

Gillon, B. S., "Introduction, Translation, and Discussion of Chao Chun-Ch'ing's 'Notes to the Diagrams of Short Legs and Long Legs and of Squares and Circles'", *Historia Mathematica*, **4** (1977), 253-293.

Hoe, J., "The Jade Mirror of the Four Unkowns – Some Reflections", *Mathematical Chronicle*, **1** (1978), 125-156.

Lam Lay-yong, "The Chinese Connection Between the Pascal Triangle and the Solution of Numerical Equations of Any Degree", *Historia Mathematica*, **7** (1980), 407-424.

Lam Lay-yong, "On the Chinese Origin of the Galley Method of Arithmetical Division", *British Journal of the History of Science*, **3** (1966), 66-69.

Lam Lay-yong, A *Critical Study of the Yang Hui Sun Fa, a 13th Century Mathematical Treatise* (Singapore: Singapore University Press, 1977).

Lam Lay-yong e Shen Kang-sheng, "Right-Angled Triangles in Ancient China", *Archive for History of Exact Sciences*, **30** (1984), 87-112.

Lam, L. Y., "Zhang Qiujian Suanjing: An Overwiew", *Archive for History of Exact Sciences*, **50** (1997), 201-240.

Libbrecht, U., *Chinese Mathematics in the Thirteenth Century* (Cambridge, MA: MIT Press, 1973).

Martzloff, J. -C., A *History of Chinese Mathematics*, trad. por S. S. Wilson (Berlin: Springer, 2006; reimpressão da ed. de 1987 da French Masson).

Mikami, Y., *The Development of Mathematics in China and Japan* (New York: Chelsea, 1974; reimpressão da ed. de 1913).

Needham, J., *Science and Civilization in China*, vol. 3 (Cambridge, UK: Cambridge University Press, 1959).

Shen, K., J. N. Crossley e A. W-C. Lun, *The Nine Chapters on the Mathematical Art Companion and Commentary* (Oxford: Oxford University Press; Beijing: Science Press, 1999).

Sivin, Nathan, ed., *Science and Technology in East Asia* (New York: Science History Publications, 1977).

Smith, D. E. e Y. Mikami, *A History of Japanese Mathematics* (Chicago: Open Court, 1914).

Struik, D. J., "On Ancient Chinese Mathematics", *Mathematics Teacher*, **56** (1963), 424-432.

Swetz, F., "Mysticism and Magic in the Number Squares of Old China", *Mathematics Teacher*, **71** (1978), 50-56.

Swetz, F. J. e Ang Tian-se, "A Chinese Mathematical Classic of the Third Century: The Sea Island Mathematical Manual of Liu Hui", *Historia Mathematica*, **13** (1986), 99-117.

Wagner, D. B., "An Early Chinese Derivation of the Volume of a Pyramid: Liu Hui, Third Century A.D.", *Historia Mathematica*, **6** (1979), 164-188.

10. Índia antiga e medieval

Clark, W. E., ed. The *Aryabhatia of Aryabhata* (Chicago: University of Chicago Press, 1930).

Colebrook, H. T., *Algebra, with Arithmetic and Mensuration, from the Sanskrit of Brahmagupta and Bhaskara* (London: John Murray, 1817).

Datta, B. e A. N. Singh, *History of Hindu Mathematics: A Sourcebook*, 2 vols. (Bombay: Asia Publishing House, 1962; reimpressão da ed. de 1935-1938). Observar *review* por Neugebauer em *Isis*, **25** (1936), 478-488.

Delire, J. M., "Quadratures, Circulatures and the Approximation of $\sqrt{2}$ in the Indian Sulba-sutras", *Centaurus*, **47** (2005), 60-71.

Filliozat, P. -S., "Ancient Sanskrit Mathematics: An Oral Tradition and a Written Literature", em: *History of Science, History of Text*, R. S. Cohen et al., eds., Boston Studies in Philosophy of Science 238 (Dordrecht: Springer Netherlands, 2005), 137-157.

Gold, D. e D. Pingree, "A Hitherto Unknown Sanskrit Work Concerning Madhava's Derivation of the Power Series for Sine and Cosine", *Historia Scientiarum*, **42** (1991), 49-65.

Gupta, R. C., "Sine of Eighteen Degrees in India up to the Eighteenth Century", *Indian Journal of the History of Science*, **11** (1976), 1-10.

Hayashi, T., The Bakshali Manuscript: *An Ancient Indian Mathematical Treatise* (Groningen: Egbert Forsten, 1995).

Keller, Agathe, *Expounding the Mathematical Seed: A Translation of Bhaskara I on the Mathematical Chapter of the Aryabhatiya*, 2 vols. (Basel: Birkhäuser, 2006).

Pingree, D., *Census of the Exact Sciences in Sanskrit*, 4 vols. (Philadelphia: American Philosophical Society, 1970-1981).

Plofker, Kim, *Mathematics in India* (Princeton, NJ: Princeton University Press, 2009).

Rajagopal, C. T. e T. V. Vedamurthi Aiyar, "On the Hindu Proof of Gregory's Series", *Scripta Mathematica*, **17** (1951), 65-74 (também cf. 15 (1949) 201-209 e **18** (1952) 25-30).

Rajagopal, C. T. e M. S. Rangachari, "On an Untapped Source of Medieval Keralese Mathematics", *Archive for History of Exact Sciences*, **18** (1978), 89-102.

Sinha, K. N., "Sripati: An Eleventh Century Indian Mathematician", *Historia Mathematica*, **12** (1985), 25-44.

Yano, Michio, "Oral and Written Transmission of the Exact Sciences in Sanskrit", *Journal of Indian Philosophy*, **34** (2006), 143-160.

11. A hegemonia islâmica

Amir-Moez, A. R., "A Paper of Omar Khayyam", *Scripta Mathematica*, **26** (1963), 323-337.

Berggren, J. L., *Episodes in the Mathematics of Medieval Islam* (New York: Springer-Verlag, 1986; reimpresso em 2003).

Brentjes, S. e J. P. Hogendijk, "Notes on Thabit ibn Qurra and His Rule for Amicable Numbers", *Historia Mathematica*, **16** (1989), 373-378.

Gandz, S., "The Origin of the Term 'Algebra'", *American Mathematical Monthly*, **33** (1926), 437-440.

Gandz, S., "The Sources of al-Khowarizmi's Algebra", *Osiris*, **I** (1936), 263-277.

Garro, I., "Al-Kindi and Mathematical Logic", *International Logic Review*, nºs. 17-18 (1978), 145-149.

Hairetdinova, N. G., "On Spherical Trigonometry in the Medieval Near East and in Europe", *Historia Mathematica*, **13** (1986), 136-146.

Hamadanizadeh, J., "A Second-Order Interpolation Scheme Described in the Zij-i Ilkhani", *Historia Mathematica*, **12** (1985), 56-59.

Hamadanizadeh, J., "The Trigonometric Tables of al-Kashi in His Zij-i Khaqani", *Historia Mathematica*, **7** (1980), 38-45.

Hermelink, H., "The Earliest Reckoning Books Existing in the Persian Language", *Historia Mathematica*, **2** (1975), 299-303.

Hogendijk, J. P., "Al-Khwarizmi's Table on yhe 'Sine of the Hours' and the Underlying Sine Table", *Historia Sci*, **42** (1991), 1-12.

Hogendijk, J. P., *Ibn al-Haytham's Completion of the Conics* (New York: Springer, 1985).

Hogendijk, J. P., "Thabit ibn Qurra and the Pair of Amicable Numbers 17296, 18416", *Historia Mathematica*, **12** (1985), 269-273.

International Symposium for the History of Arabic Science, *Proceedings of the First International Symposium*, 5 a 12 de abril de 1976, vol.2, artigos em línguas europeias, ed. por Ahmad Y. al-Hassan et al. (Aleppo, Syria: Institute for the History of Arabic Science, University of Aleppo, 1978).

Kasir, D. S., ed., *The Algebra of Omar Khayyam* (New York: AMS Press, 1972; reimpressão da ed. de 1931).

Karpinski, L. C., ed., *Robert of Chester's Latin Translation of the Algebra of al-Khowarizmi* (New York: Macmillan, 1915).

Kennedy, E. S., *Studies in the Islamic Exact Sciences*, ed. por D. A. King e M. H. Kennedy (Beirut: American University of Beirut, 1983).

King, D. A., "On Medieval Islamic Multiplication Tables", *Historia Mathematica*, **1** (1974), 317-323; notas suplementares, ibid., **6** (1979), 405-417.

King, D. A. e G. Saliba, eds., *From Deferent to Equant: A Volume of Studies in the History of Science in the Ancient and Medieval Near East in Honor of E. S. Kennedy* (New York: New York Academy of Science, 1987).

Levey, M., ed. *The Algebra of Abu Kamil* (Madison: University of Wisconsin Press, 1966).

Lorch, R., "Al-Khazini's 'Sphere that Rotates by Itself' ", *Journal for the History of Arabic Science*, **4** (1980), 287-329.

Lorch, R., "The Qibla-Table Attributed to al-Khazini", *Journal for the History of Arabic Science*, **4** (1980), 259-264.

Lumpkin, B., "A Mathematics Club Project From Omar Khayyam", *Mathematics Teacher*, **71** (1978), 740-744.

Rashed, R., *The Development of Arabic Mathematics: Between Arithmetic and Algebra*, trad. por A. F. W. Armstrong (Boston: Kluwer Academic, 1994).

Rosen, F., ed. e trad., *The Algebra of Mohammed ben Musa* (New York: Georg Olms, 1986).

Sabra, A. I., "Ibn-al-Haytham's Lemmas for Solving 'Alhazen's Problem' ", *Archive for History of Exact Sciences*, **26** (1982), 299-324.

Saidan, A. S., "The Earliest Extant Arabic Arithmetic", *Isis*, **57** (1966), 475-490.

Saidan, A. S., "Magic Squares in an Arabic Manuscript", *Journal for History of Arabic Science*, **4** (1980), 87-89.

Sayili, A., "Thabit ibn-Qurra's Generalization of the Pythagorean Theorem", *Isis*, **51** (1960), 35-37; também ibid., 55 (1964) 68-70 (Boyer) e 57 (1966), 56-66 (Scriba).

Smith, D. E., "Euclid, Omar Khayyan, and Saccheri", *Scripta Mathematica*, **3** (1935), 5-101.

Smith, D. E. e L. C. Karpinski, *The Hindu-Arabic Numerals* (Boston: Ginn, 19XX).

Struik, D. J., "Omar Khayyam, Mathematician", *Mathematics Teacher*, **51** (1958), 280-285.

Yadegari, M., "The Binomial Theorem: A Widespread Concept in Medieval Islamic Mathematics", *Historia Mathematica*, **7** (1980), 401-406.

12. O ocidente latino

Clagett, M., *Archimedes in the Middle Ages*, 5 vols. in 10 (Philadelphia: American Philosophical Society, 1963-1984).

Clagett, M., *Mathematics and its Applications to Science and Natural Philosophy in the Middle Ages* (Cambridge and New York: Cambridge University Press, 1987).

Clagett, M., *The Science of Mechanics in the Middle Ages* (Madison: University of Wisconsin Press, 1959).

Clagett, M., *Studies in Medieval Physics and Mathematics* (London: Variorum Reprints, 1979).

Coxeter, H. M. S., "The Golden Section. Phyllotaxis, and Wythoff's Game", *Scripta Mathematica*, **19** (1953), 135-143.

Drake, S., "Medieval Ratio Theory vs. Compound Indices in the Origin of Bradwardine's Rule", *Isis*, **64** (1973), 66-67.

Evans, G. R., "Due Oculum. Aids to Understanding in Some Medieval Treatises on the Abacus", *Centaurus*, **19** (1976), 252-263.

Evans, G. R., "The Rithmomachia: A Medieval Mathematical Teaching Aid?" *Janus*, **63** (1975), 257-271.

Evans, G. R., "The Saltus Gerberti: The Problem of the 'Leap'", *Janus*, **67** (1980), 261-268.

Fibonacci, Leonardo Pisano, *The Book of Squares*, trad. e anotada por L. E. Sigler (Boston: Academic Press, 1987).

Folkerts, Menso, *Development of Mathematics in Medieval Europe: The Arabs, Euclid, Regiomontanus*, Variorum Collected Studies Series (Aldershot, UK: Ashgate, 2006).

Folkerts, Menso, *Essays on Early Medieval Mathematics: The Latin Tradition*, Variorum Collected Studies Series (Aldershot, UK: Ashgate, 2003).

Gies, J. e F. Gies, *Leonard of Pisa and the New Mathematics of the Middle Ages* (New York: Crowell, 1969).

Ginsburg, B., "Duhem and Jordanus Nemorarius", *Isis*, **25** (1936), 340-362.

Glushkov, S., "On Approximation Methods of Leonardo Fibonacci", *Historia Mathematica*, **3** (1976), 291-296.

Grant, E., "Bradwardine and Galileo: Equality of Velocities in the Void", *Archive for History of Exact Sciences*, **2** (1965), 344-364.

Grant, E., "Nicole Oresme and His De proportionibus proportionum", *Isis*, **51** (1960), 293-314.

Grant, E., "Part I of Nicole Oresme's Algorismus proportionum", *Isis*, **56** (1965), 327-341.

Grim, R. E., "The Autobiography of Leonardo Pisano", *Fibonacci Quaterly*, **11** (1973), 99-104, 162.

Jordanus de Nemore, *De numeris datis, a Critical Edition and Translation*, trad. por B. B. Hughes (Berkeley: University of California Press, 1981).

Molland, A. G., "An Examination of Bradwardine's Geometry", *Archive for History of Exact Sciences*, **19** (1978), 113-175.

Murdoch, J. E., "The Medieval Euclids: Salient Aspects of the Translation of the Elements by Adelard of Bath and Campanus of Novara", *Revue de Synthese*, (3) **89**, nºs. 49-52 (1968), 67-94.

Murdoch, J. E., "Oresme's Commentary on Euclid", *Scripta Mathematica*, **27** (1964), 67-91.

Oresme, N., *De proportionibus proportinum e Ad pauca respicientes*, ed. por E. Grant (Madison: University of Wisconsin, 1966).

Rabinovitch, N. L., Probability and Statistical Inference in Ancient and Medieval Jewish Literature (Toronto: University o Toronto Press, 1973).

Unguro, S., "Witelo and Thirteenth Century Mathematics: An Assessment of His Contribuitions", *Isis*, **63** (1972), 496-508.

13. O renascimento europeu

American Philosophical Society, "Symposium on Copernicus", *Proceedings APS*, **117** (1973), 413-550.

Bokstaele, P., "Adrianus Romanus and the Trigonometric Tables of Rheticus", *Amphora* (Basel: Birkhäuser, 1992)

Bond, J. D., "The Development of Trigonometric Methods Down to the Close of the XVth Century", *Isis*, **4** (1921-1922), 295-323.

Boyer, C. B., "Note on Epicycles and the Ellipse from Copernicus to Lahire", *Isis*, **38** (1947), 54-56.

Boyer, C. B., "Viète's Use of Decimal Fractions", *Mathematical Teacher*, **55** (1962), 123-127.

Brooke, M., "Michael Stifel, the Mathematical Mystic", *Journal of Recreational Mathematics*, **6** (1973), 221-223.

Cajori, F., *William Oughtred, a Great Seventeenth-Century Teacher of Mathematics* (Chicago: Open Court, 1916).

Cardan, J., *The Book of My Life*, trad. por J. Stoner (New York: Dover, 1962; reimpressão em brochura da ed. de 1930).

Cardan, J., *The Great Art*, trad. e ed. por T. R. Witmer, com prefácio por O. Ore (Cambridge, MA: MIT Press, 1968).

Clarke, F. M., "New Light on Robert Recorde", *Isis*, **1** (1926), 50-70.

Copernicus, *On the Revolutions*, trad. por E. Rosen, vol.2, em: *Complete Works* (Warsaw-Cracow: Polish Scientific Publishers, 1978).

Davis, M. D., *Piero della Francesa's Mathematical Treatises: The Trattato d'abaco and Libellus de quinque corporibus regularibus* (Ravenna: Longo ed., 1977).

Easton, J. B., "A Tudor Euclid", *Scripta Mathematica*, **27** (1966), 339-355.

Ebert, E. R., "A Few Observations on Robert Recorde and his Grounde of Artes", *Mathematics Teacher*, **30** (1937), 110-121.

Referências

Fierz, M., *Girolamo Cardano, 1501-1576: Physician, Natural Philosopher, Mathematician, Astrologer and Interpreter of Dreams* (Basel: Birkhäuser, 1983).

Flegg, G., C. Hay e B. Moss, eds., *Nicolas Chuquet, Renaissance Mathematician* (Dordrecht: Reidel, 1985).

Franci, R. e L. T. Rigatelli, "Towards a History of Algebra from Leonardo of Pisa to Luca Pacioli", *Janus*, **72** (1985), 17-82.

Glaisher, J. W. L., "On the Early History of the Signs + and - and on the Early German Arithmeticians", *Messenger of Mathematics*, **51** (1921-1922), 1-148.

Glushkov, S., "An Interpretation of Viète's 'Calculus of Triangles' as a Precursor of the Algebra of Complex Numbers", *Historia Mathematica*, **4** (1977), 127-136.

Green, J. e P. Green, "Alberti's Perspective: A Mathematical Comment", *Art Bulletin*, **64** (1987), 641-645.

Hanson, K. D., "The Magic Square in Albrecht Dürer's 'Melencolia I': Metaphysical Symbol or Mathematical Pastime?", *Renaissance and Modern Studies*, **23** (1979), 5-24.

Hughes, B., *Regiomontanus on Triangles* (Madison: University of Wisconsin Press, 1967).

Jayawardene, S. A., "The Influence of Practical Arithmetics on the Algebra of Rafael Bombelli", *Isis*, **64** (1973), 510-523; ver também *Isis*, **54** (1963), 391-395 e **56** (1965), 298-306.

Jayawardene, S. A., "The 'Trattato d'abaco" of Piero della Francesca", em: *Cultural Aspects of the Italian Renaissance*, ed. por C. H. Clough (Manchester, UK: Manchester University Press, 1976), 229-243.

Johnson, F. R. e S. V. Larkey, "Robert Recorde's Mathematical Teaching and the Anti-Aristotelean Movement", *Huntington Library Bulletin*, **1** (1935), 59-87.

Lohne, J. A., "Essays on Thomas Harriot: I. Billiard Balls and Laws of Collision. II. Ballistic Parabolas. III. A Survey of Harriot's Scientific Writings", *Archive for History of Exact Sciences*, **20** (1979), 189-312.

MacGillavry, C. H., "The Polyhedron in A. Dürer's 'Melencolia F': An Over 450 Years Old Puzzle Solved?" *Koninklijke Nederlandse Akademie van Weternschappen*, Proc. Series B84 No. 3 (1981), 287-294.

Ore, Oystein, *Cardano, the Gambling Scholar* (Princeton, N.J.: Princeton University Press, 1953).

Parshall, K. H., "The Art of Algebra from al-Khwarizmi to Viète: A Study in the Natural Selection of Ideas", *History of Science*, **26** (72,2) (1988), 129-164.

Pedoe, D., "Ausz Disem Wirdt vil Dings Gemacht: A Dürer Construction for Tangent Circles", *Historia Mathematica*, **2** (1975), 312-314.

Ravenstein, E. G., C. F. Close e A. R. Clarke, "Map", *Encyclopedia Britannica*, 11ª ed., vol. 17(1910-1911), 629-663.

Record[e], R., *The Grounde of Artes*, e *Whetstone of Witte* (Amsterdam: Theatrum Orbis Terrarum e New York: Da Capo Press, 1969; reimpressões das eds. de 1542 e 1557).

Record[e], R., *The Pathway to Knowledge* (Amsterdam: Theatrum Orbis Terrarum e Norwood, NJ: Walter J.Johnson, 1974; reimpressão da ed. de 1551).

Rosen, E., "The Editions of Maurolico's Mathematical Works", *Scripta Mathematica*, **24** (1959), 59-76.

Ross, R. P., "Oronce Fine's *De sinibus libri* II: The First Printed Trigonometric Treatise of the French Renaissance", *Isis*, **66** (1975), 379-386.

Sarton, G., "The Scientific Literature Transmitted Through the Incunabula", *Osiris*, **5** (1938), 41-247.

Smith, D. E., *Rara arithmetica* (Boston: Ginn, 1908).

Swerdlow, N. M., "The Planetary Theory of François Viète. 1. The Fundamental Planetary Models", Journal for the *History of Astronomy*, **6** (1975), 185-208.

Swetz, F. J., *Capitalism and Arithmetic. The New Math of the 15th Century, including the Full Text of the Treviso Arithmetic of 1478*, trad. por David Eugene Smith (La Salle, IL: Open Court, 1987).

Tanner, R. C. H., "The Alien Realm of the Minus: Deviatory Mathematics in Cardano's Writings", *Annals of Science*, **37** (1980), 159-178.

Tanner, R. C. H., "Nathaniel Torporley's 'Congestor analyticus' and Thomas Harriot's 'De triangulis laterum rationalium'", *Annals of Science*, **34** (1977), 393-428.

Tanner, R. C. H., "The Ordered Regiment of the Minus Sign: Off-Beat Mathematics in Harriot's Manuscripts", *Annals of Science*, **37** (1980), 159-178.

Tanner, R. C. H., "On the Role of Equality and Inequality in the History of Mathematics", *British Journal of the History of Science*, **1** (1962), 159-169.

Taylor, R. E., *No Royal Road. Luca Pacioli and his Times*. (Chapel Hill: University of North Carolina Press, 1947).

Viète, F., *The Analytic Art: Nine Studies in Algebra, Geometry, and Trigonometry from the Opus restitutae mathematicae analyseos, seun algebra nova*, trad. com introdução e anotações por T. R. Witmer (Kent, OH: Kent State University Press, 1983).

Zeller, Sr. M. C., *The Development of Trigonometry from Regiomontanus to Pitiscus* (Ann Arbor, MI: Edwards Brothers, 1946).

Zinner, Ernest, *Regiomontanus: His Life and Work*, trad. por Ezra Brown (Amsterdam: North-Holland, 1990).

14. Primeiros matemáticos modernos dedicados à resolução de problemas

Brasch, F. E., ed., Johann Kepler, 1571-1630. *A Tercentenary Commemoration of his Life and Works* (Baltimore, MD: Williams and Wilkins, 1931).

Bruins, E. M., "On the History of Logarithms: Bürgi, Napier, Briggs, de Decker, Vlacq, Huygens", *Janus*, **67** (1980), 241-260.

Cajori, F., "History of the Exponential and Logarithmic Concepts", *American Mathematical Monthly*, **20** (1913), 5-14, 35-47, 75-84, 107-117.

Caspar, M., *Kepler*, trad. por D. Hellman (New York: Abelard-Schuman, 1959).

Dijksterhuis, E. J. e D. J. Struik, eds., *The Principal Works of Simon Stevin* (Amsterdam: Swets and Zeitinger, 1955-1965).

Field, J. V., "Kepler's Mathematization of Cosmology", *Acta historiae rerum naturalum necnon technicarum*, **2** (1998), 27-48.

Glaisher, J. W. L., "On Early Tables of Logarithms and Early History of Logarithms", *Quarterly Journal of Pure and Applied Mathematics*, **48** (1920), 151-192.

Gridgeman, N. T., "John Napier and the History of Logarithms", *Scripta Mathematica*, **29** (1973), 49-65.

Hawkins, W. F., "The Mathematical Work of John Napier (1550-1617)", *Bulletin of the Australian Mathematical Society*, **26** (1982), 455-468.

Hobson, E. W., *John Napier and the Invention of Logarithms, 1614* (Cambridge: The University Press, 1914).

Kepler, J., *The Six-Cornered Snowflake* (Oxford: Clarendon, 1966).

Napier, J., *The Construction of the Wonderful Canons of Logarithms* (London: Dawsons of Pall Mall, 1966).

Napier, J., *A Description of the Admirable Table of Logarithms* (Amsterdam: Theatrum Orbis Terrarum; New York: Da Capo Press, 1969).

Pierce, R. C. Jr., "Sixteenth Century Astronomers Had Prosthaphaeresis", *Mathematics Teacher*, **70** (1977), 613-614.

Rosen, E., *Three Imperial Mathematicians: Kepler Trapped between Tycho Brahe and Ursus* (New York: Abanis, 1986).

Sarton, G., "The First Explanation of Decimal Fractions and Measures (1585)", *Isis*, **23** (1935), 153-244.

Sarton, G., "Simon Stevin of Bruges (1548-1620)", *Isis*, **21**(1934), 241-303.

15. Análise, síntese, o infinito e números

Andersen, K., "The Mathematical Technique in Fermat's Deduction of the Law of Refraction", *Historia Mathematica*, **10** (1983), 48-62.

Andersen, K., "Cavalieri's Method of Indivisible", *Archive for History of Exact Sciences*, **31** (1985), 291-367.

Bos, H. J. M., "On the Representation of Curves in Descartes' Géométrie", *Archive for History of Exact Sciences*, **24** (1981), 295-338.

Boyer, C. B., "Johann Hudde and Space Coordinates", *Mathematics Teacher*, **58** (1965), 33-36.

Boyer, C. B., "Note on Epicycles and the Ellipse from Copernicus to Lahire", *Isis*, **38** (1947), 54-56.

Boyer, C. B., "Pascal: The Man and the Mathematician", *Scripta Mathematica*, **26** (1963), 283-307.

Boyer, C. B., "Pascal's Formula for the Sums of the Powers of the Integers", *Scripta Mathematica*, **9** (1943), 237-244.

Bussey, W. H., "Origin of Mathematical Induction", *American Mathematical Monthly*, **24** (1917), 199-207.

Cajori, F., "A Forerunner of Mascheroni", *American Mathematical Monthly*, **36** (1929), 364-365.

Cajori, F., "Origin of the Name 'Mathematical Induction'", *American Mathematical Monthly*, **25** (1918), 197-201.

Court, N. A., "Desargues and his Strange Theorem", *Scripta Mathematica*, **20** (1954), 5-13, 155-164.

Descartes, R., *The Geometry*, trad. por D. E. Smith e Marcia L. Latham (New York: Dover, 1954; ed. em brochura).

Drake, S., "Mathematics and Discovery in Galileo's Physics", *Historia Mathematica*, **1** (1973), 129-150.

Easton, J. W., "Johan De Witt's Kinematical Constructions of the Conics", *Mathematics Teacher*, **56** (1963), 632-635.

Field, J. V. e J. J. Gray, *The Geometrical Work of Girard Desargues* (New York: Springer-Verlag, 1987).

Forbes, E. G., "Descartes and the Birth of Analytic Geometry", *Historia Mathematica*, **4** (1977), 141-151.

Galilei, G., *Discourses on the Two Chief Systems*, ed. por G. de Satillana (Chicago: University of Chicago Press, 1953); ver também ed. por S. Drake (Berkeley: University of California Press, 1953).

Galilei, G., *On Motion, and On Mechanics* (Madison: University of Wisconsin Press, 1960).

Galilei, G., *Two New Sciences*, trad. com introdução e notas por S. Drake (Madison: University of Wisconsin Press, 1974).

Hallerberg, A. E., "Georg Mohr and Euclidis curiosi", *Mathematics Teacher*, **53** (1960), 127-132.

Halleux, E., ed., "René-François de Sluse (1622-1685)", *Bulletin de la Société Royale des Sciences de Liège*, **55** (1986), 1-269.

Ivins, W. M., Jr., "A Note on Girard Desargues", *Scripta Mathematica*, **9** (1943), 33-48.

Lenoir, T., "Descartes and the Geometrization of Thought: A Methodological Background of Descartes' Géométrie", *Historia Mathematica*, **6** (1979), 355-379.

Lutzen, J., "The Relationship Between Pascal's Mathematics and his Philosophy", *Centaurus*, **24** (1980), 263-272.

Mahoney, M. S., *The Mathematical Career of Pierre de Fermat, 1601-1665* (Princeton, NJ: Princeton University Press, 1973).

Mohr, G., *Compendium Euclidis curiosi* (Copenhagen: C. A. Reitzel, 1982; reprodução fotográfica da publicação de Amsterdam de 1673 e da tradução para o inglês de Joseph Moxon, publicada em Londres em 1677).

Naylor, R. H., "Mathematics and Experiment in Galileo's New Sciences", *Annali dell' Instituto i Museo di Storia delle Scienza di Firenze* **4** (1) (1979), 55-63.

Ore, O., "Pascal and the Invention of Probability Theory", *American Mathematical Monthy*, **47** (1960), 409-419.

Ribenboim, P., "The Early History of Fermat's Last Theorem", *The Mathematical Intelligencer*, **11** (1976), 7-21.

Scott, J. F., *The Scientific Work of René Descartes (1596-1650)*, com prefácio de H. W. Turnbull (London: Taylor & Francis, 1976; reimpressão da ed. de 1952).

Smith, A. M., "Galileo's Theory of Indivisibles: Revolution or Compromise?" *Journal for the History of Ideas*, **37** (1976), 571-588.

Walker, E., *A Study of the Traité des Indivisibles of Gilles Persone de Roberval* (New York: Teachers College, 1932).

16. Técnicas britânicas e métodos continentais

Aiton, E. J., *Leibniz: A Biography* (Bristol and Boston: A. Hilger, 1984).

Ayoub, R., "The Lemniscate and Fagnano's Contributions to Elliptic Integrals", *Archive for History of Exact Sciences*, **29** (1984), 131-149.

Ball, W. W. R., "On Newton's Classification of Cubic Curves", *Proceedings of the London Mathematical Society*, **22** (1890-1891), 104-143.

Baum, R. J., "The Instrumentalist and Formalist Elements of Berkeley's Philosophy of Mathematics", *Studies in History and Philosophy of Science*, **3** (1972), 119-134.

Berkeley, G., *Philosophical Works* (London: Dent, 1975).

Barrow, I., *Geometrical Lectures*, ed. por J.M. Child (Chicago: Open Court, 1916).

Barrow, I., *The Usefulness of Mathematical Learning Explained and Demonstrated* (London: Cass, 1970).

Bennett, J. A., *The Mathematical Science of Christopher Wren* (Cambridge: Cambridge University Press, 1982).

Bos, H. J. M., "Differentials, Higher-Order Differentials, and the Derivative in the Leibnizian Calculus", *Archive for History of Exact Sciences*, **14** (1974), 1-90.

Boyer, C. B., "Colin Maclaurin and Cramer's Rule", *Scripts Mathematica*, **27** (1966), 377-379.

Boyer, C. B., "The First Calculus Textbooks", *Mathematics Teacher*, **39** (1946), 159-167.

Boyer, C. B., "Newton as an Originator of Polar Coordinates", *American Mathematical Monthly*, **16** (1949), 73-78.

Cajori, F., *A History of the Conceptions of Limits and Fluxions in Great Britain, from Newton to Woodhouse* (Chicago: Open Court, 1919).

Calinger, R., *Gottfried Wilhelm Leibniz* (Troy, NY: Ressenlaer Polytechnic Institute, 1976).

Child, J. M., ed., *The Early Mathematical Manuscripts of Leibniz*, trad. por C. I. Gerhardt (Chicago: Open Court, 1920).

Cohen, I. B., *Introduction to Newton's Principia* (Cambridge: Cambridge University Press, 1971).

Costabel, P., *Leibniz and Dynamics. The Texts of 1692*, trad. por R. E. W. Madison da ed. de 1960 (Ithaca, NY: Cornell University Press, 1973).

Corr, C. A., "Christian Wolff and Leibniz", *Journal of the History of Ideas*, **36** (1975), 241-262.

Cupillari, A., *Biography f Maria Gaetana Agnesi*,..., com a tradução de parte de seu trabalho do italiano para o inglês, com prefácio de P. R. Allaire (Lewiston, NY: Edwin Mellen Press, 2007).

Dehn, M. e E. D. Hellinger, "Certain Mathematical Achievements of James Gregory", *American Mathematical Monthly*, **50** (1943), 149-163.

Dunham, W., "The Bernoullis and the Harmonic Series", *The College Mathematics Journal*, **18** (1987), 18-23.

Dutka, J., "The Early History of the Hypergeometric Function", *Archive for History of Exact Sciences*, **31** (1984), 15-34.

Referências

Dutka, J., "Wallis's Product, Brouncker's Continued Fraction, and Leibnitz's Series", *Archive for History of Exact Sciences*, **26** (1982), 115-126.

Earman, J., "Infinities, Infinitesimals, and Indivisibles: The Leibnizian Labyrinth", *Studio Leibnitiana*, **7** (1975), 236-251.

Edleston, J., *Correspondence of Sir Isaac Newton and Professor Cotes* (London: Cass, 1969; reimpressão da ed. de 1850).

Feigenbaum, L., "Brook Taylor and the Method of Increments", *Archive for History of Exact Sciences*, **34** (1985), 1-140.

Hall, A. R., *Philosophers at War: The Quarrel between Newton and Leibniz* (Cambridge: Cambridge University Press, 1980).

Hall, A. R. e M. B. Hall, *The Correspondence of Henry Oldenburg* (Madison: University of Wisconsin Press (vols. 1-9) and London: Mansell (vols. 10 e 11), 1965-1977).

Hofmann, J. E., Leibniz in Paris (1672-1676): *His Growth to Mathematical Maturity* (London: Cambridge University Press, 1974).

Kitcher, P., "Fluxions, Limits, and Infinite Littlenesse. A Study of Newton's Presentation of the Calculus", *Isis*, **64** (1973), 33-49.

Knobloch, E., "The Mathematical Studies of G. W. Leibniz on Combinatorics", *Historia Mathematica*, **1** (1974), 409-430.

Lokken, R. N., "Discussions on Newton's Infinitesimals in 18th Century Anglo-America", *Historia Mathematica*, **7** (1980), 141-155.

Maclaurin, C., *The Collected Letters of Colin Maclaurin*, ed. por S. Mills (Nantwich, Cheshire: Shiva, 1982).

Milliken, S. F., "Buffon's Essai D'Arithmetique Morale", em: *Essays on Diderot and the Enlightenment, in Honor of Otis Fellow*, ed. por John Pappas (Geneva: Droz, 1974), 197-206.

Mills, S., "The Controversy Between Colin Maclaurin and George Campbell over Complex Roots, 1728-1729", *Archive for History of Exact Sciences*, **28** (1983), 149-164.

Newton, I., *Isaac Newton's Papers and Letters on Natural Philosophy and Related Documents*, ed. por I. B. Cohen (Cambridge, MA: Harvard University Press, 1958).

Newton, I., *Isaac Newton's Philosophiae Naturalis Principia Mathematica*, ed. por A. Koyré e I. B. Cohen, com leituras variantes (Cambridge: Cambridge University Press, 1972; 2 vols.).

Newton, I., *The Mathematical Papers*, ed. por D. T. Whiteside (Cambridge: Cambridge University Press, 1967-1980; 8 vols.).

Palter, R. ed., *The Annus Mirabilis of Sir Isaac Newton 1666-1966* (Cambridge, MA: MIT Press, 1970).

Rickey, V. F., "Isaac Newton: Man, Myth, and Mathematics", *College Mathematics Journal*, **18** (1987), 362-389.

Rigaud, S. P., *Correspondence of Scientific Men of the Seventeenth Century* (Oxford: University Press, 1841; 2 vols.).

Scott, J. F., "Brouncker", Notes and Records of the *Royal Society of London*, **15** (1960), 147-157.

Scott, J. F., *The Mathematical Works of John Wallis, D. D., E. R. S. (1616-1703)* (New Yok: Chelsea 1981; segunda publicação da ed. de Londres de 1938).

Scriba, C. J., "Gregory's Converging Double Sequence", *Historia Mathematica*, **10** (1983), 274-285.

Shafer, G., "Non-Additive Probabilities in the Work of Bernoulli and Lambert", *Archive for History of Exact Sciences*, **18** (1978), 309-370.

Smith, D. E., "John Wallis as a Cryptographer", *Bulletin of the American Mathematical Society*, **24** (1918) (2) 82-96.

Turnbull, H. W., *Bicentenary of the Death of Colin Maclaurin* (Aberdeen: Aberdeen University Press, 1951).

Turnbull, H. W., *James Gregory Tercentenary Memorial Volume* (London: G.Bell, 1939).

Turnbull, H. W., J. F. Scott, A. R. Hall e L. Tilling, *The Correspondence of Isaac Newton*, 7 vols.

(Cambridge: Cambridge University Press, 1959-1977).

Tweedie, C., James Stirling: *Sketch of his Life and Works* (Oxford: Clarendon, 1922).

Tweedie, C., "A Study of the Life and Writings of Colin Maclaurin", *Mathematical Gazette*, **8** (1915), 132-151 e **9** (1916), 303-305.

Walker, H. M., "Abraham De Moivre", *Scripta Mathematica*, **2** (1934), 316-333.

Westfall, R. S., *Never at Rest: A Biography of Isaac Newton* (Cambridge: Cambridge University Press, 1980).

Whiteside, D. T., "Newton the Mathematician", em: *Contemporary Newtonian Research*, ed. por Z. Bechler (Dordrecht: D. Reidel, 1982), 109-127.

Whiteside, D. T., "Patterns of Mathematical Thought in the Late Seventeeth Century", *Archive for History of Exact Sciences*, **1** (1961), 179-388.

Whiteside, D. T., "Wren the Mathematician", *Notes and Records of the Royal Society of London*, **15** (1960), 107-111.

17. Euler

Aiton, A. J., "The Contributions of Newton, Bernoulli and Euler to the Theory of Tides", *Annals of Science*, **11** (1956), 206-223.

Archibald, R. C., "Euler Integrals and Euler's Spiral, Sometimes called Fresnel Integrals and the Clothoide or Cornu's Spiral", *American Mathematical Monthly*, **25** (1918), 276-282.

Archibald, R. C., "Goldbach's Theorem", *Scripta Mathematica*, **3** (1935), 44-50.

Ayoub, R., "Euler and the Zeta Function", *American Mathematical Monthly*, **81** (1974), 1067-1086.

Barbeau, E. J., "Euler Subdues a Very Obstreperous Series", *American Mathematical Monthly*, **86** (1979), 356-372.

Barbeau, E. J. e P. J. Leah, "Euler's 1760 Paper on Divergent Series", *Historia Mathematica*, **3** (1976), 141-160; ver também **5** (1978), 332, para errata.

Baron, M. E., "A Note on the Historical Development of Logic Diagrams: Leibniz, Euler and Venn", *Mathematical Gazette*, **53** (1969), 113-125.

Boyer, C. B., "Clairaut and the Origin of the Distance Formula", *American Mathematical Monthly*, **55** (1948), 556-557.

Boyer, C. B., "Clairaut le Cadet and a Theorem of Thabit ibn-Qurra", *Isis*, **55** (1964), 68-70; ver também *Isis*, **55** (1966), 56-66 (Scriba).

Boyer, C. B., "The Foremost Textbook of Modern Times (Euler's Introductio in analysin infinitorum)", *American Mathematical Monthly*, **58** (1951), 223-226.

Brown, W. G., "Historical Note on a Recurrent Combinatorial Problem", *American Mathematical Monthly*, **72** (1965), 973-977.

Cajori, F., "History of the Exponential and Logarithmic Concepts", *American Mathematical Monthly*, **20** (1913), 38-47, 75-84, 107-117.

Calinger, R., "Euler's 'Letters to a Princess of Germany' as an Expression of his Mature Scientific Outlook", *Archive for History of Exact Sciences*, **15** (1976), 211-233.

Carlitz, L., "Eulerian Numbers and Polynomials", *Mathematics Magazine*, **33** (1959), 247-260.

Davis, P. J., "Leonhard Euler's Integral: A Historical Profile of the Gamma Function", *American Mathematical Monthly*, **66** (1959), 849-869.

Deakin, M. A. B., "Euler's Version of the Laplace Transform", American Mathematical Monthly, **87** (1980), 264-269.

Dutka, J., "The Early History of the Hypergeometric Function", *Archive for History of Exact Science*, **31** (1984), 15-34.

Euler, L., *Elements of Algebra* (New York: Springer, 1985).

"Euler", *Mathematics Magazine*, **56** (5) (1983); número dedicado a Euler com contribuições de J. Lützen, H. M. Edwards, P. Erdos, U. Dudley, G. L.

Alexanderson, G. E. Andrews, J. J. Burckhardt e M. Kline.

Forbes, E. G., *The Euler-Mayer Correspondence (1751-1755): A New Perspective on Eighteenth Century Advances in the Lunar Theory* (New York: American Elsevier, 1971; e Londres: Macmillan, 1971).

Frisinger, H. H., "The Solution of a Famous Two-Century-Old Problem: The Leonhard Euler-Latin Square Conjecture", *Historia Mathematica*, **8** (1981), 56-60.

Glaisher, J. W. L., "On the History of Euler's Constant", *Messenger of Mathematics*, **1**(1871), 25-30.

Grattan-Guinness, L., "On the Influence of Euler's Mathematics in France During the Period 1795-1825", em: *Festakt und Wissenschaftliche Konferenz aus Anlass des 200. Todestags von Leonhard Euler*, ed. por W. Engel, Abhandlungen der Akademie der Wissenschaften der DDR, Abt. Mathematik-Naturwissenschaft-Technik n°. 1N, 1985, 100-111.

Gray, J. J. e L. Tilling, "Johann Heinrich Lambert, Mathematician and Scientist, 1728-1777", *Historia Mathematica*, **5** (1978), 13-41.

Kawajiri, N., "The Missed Influence of French Encyclopedists on Wasan", *Japanese Studies in the History of Science*, **15** (1976), 79-95.

Lander. L. J. e T. R. Parkin, "Counterexample to Euler's Conjecture on Sums of Like Powers", *Bulletin of the American Mathematical Society*, **72** (1966), 1079.

Sheynin, O. B., "J. H. Lambert's Work on Probability", *Archive for History of Exact Sciences*, **7** (1971), 244-256.

Sheynin, O. B., "On the Mathematical Treatment of Observations by L.Euler", *Archive for History of Exact Sciences*, **9** (1972/1973), 45-56.

Steinig, J., "On Euler's Idoneal Number", *Elemente der Mathematik*, **21** (1966), 73-88.

Truesdell, C., "Leonhard Euler, Supreme Geometer (1707-1783)", em: *Studies in the Eighteenth Century Culture*, Vol. 2, ed. por H. E. Pagliaro (Cleveland and London: Case Western Reserve, 1982), 51-95.

Truesdell, C., "The Rational Mechanics of Flexible or Elastic Bodies", *Introduction to Leonhardi Euleri Opera Omnia* (2) 10-11 em (2) 11. Pt. 2 (Zurich: Orell Füssli, 1960).

Truesdell, C., "Rational Mechanics 1687-1788", *Archive for History of Exact Sciences*, **1** (1960/1962), 1-36.

Van den Broek, J. A., "Euler's Classic Paper 'On the Strenght of Columns'", *American Journal of Physics*, **15** (1947), 309-318.

Volk, O., "Johan Heinrich Lambert and the Determination of Orbits for Planets and Comets", *Celestial Mechanics*, **21** (1980), 237-250, ver também a anterior *Celestial Mechanics*, **14** (1976), 365-382.

18. A França de pré a pós-revolucionaria

Arago, F., "Biographies of Distinguished Scientific Men (Laplace)", em: *Annual Report of the Smithsonian Institution* (Washington, DC, 1874), 129-168.

Baker, R. M., *Condorcet: From Natural Philosophy to Social Mathematics* (Chicago and London: University of Chicago Press, 1975).

Belhoste, B., *Augustin-Louis Cauchy: A Biography*, trad. por Frank Ragland (New York: Springer, 1991).

Burlingame, A. E., *Condorcet, the Torch Bearer of the French Revolution* (Boston: Stratford, 1930).

Caratheodory, C., "The Beginnings of Research in the Calculus of Variations", *Osiris*, **3** (1938), 224-240.

Carnot, L. N. M., "Reflections on the Theory of the Infinitesimal Calculus", trad. por W. Dickson, *Philosophical Magazine*, **8** (1800), 222-240, 335-352; ibid., **9** (1801), 39-56.

Carnot, L. N. M., *Reflexions on the Metaphysical Principles of the Infinitesimal Analysis*, trad. por W. R. Browell (Oxford, UK: University Press, 1832).

Coolidge, J. L., "The Beginnings of Analytic Geometry in Three Dimensions", *American Mathematical Monthly*, **55** (1948), 76-86.

Dale, A. L., "Bayes or Laplace? An Examination of the Origin and Early Applications of Bayes' Theorem", *Archive for History of Exact Sciences*, **27** (1982), 23-47.

Daston, L. J., "D'Alembert's Critique of Probability Theory", *Historia Mathematica*, **6** (1979), 259-279.

Deakin, M. A. B., "The Ascendancy of the Laplace Transform and How it Came About", *Archive for History of Exact Sciences*, **44** (1992), 265-286.

Deakin, M. A. B., "The Development of the Laplace Transform, 1737-1937. I.Euler to Spitzer, 1737-1880", *Archive for History of Exact Sciences*, **25** (1981), 343-390.

Engelsman, S. B., "Lagrange's Early Contribuitions to the Theory of First-Order Partial Differential Equations", *Historia Mathematica*, **7** (1980), 7-23.

Fisher, G., "Cauchys's Variables and Orders of the Infinitely Small", *British Journal of the Philosophy of Science*, **30** (1979), 261-265.

Fraser, C. J. L., "Lagrange's Changing Approach to the Foundations of the Calculus of Variations", *Archive for History of Exact Sciences*, **32** (1985), 151-191.

Fraser, C. J. L., "Lagrange's Early Contributions to the Principles and Methods of Mechanics", *Archive for History of Exact Sciences*, **28** (1983), 197-241.

Gillespie, C. C., Lazare Carnot: Savant (Princeton, NJ: Princeton University Press, 1971).

Gillespie, C. C., *Pierre-Simon Laplace. 1749-1827. A Life in Exact Science* (Princeton, NJ: Princeton University Press, 1997).

Grabiner, J. V., *The Origins of Cauchy's Rigorous Calculus* (Cambridge, MA: MIT Press, 1981).

Grabiner, J. V., "Who Gave you the Epsilon? Cauchy and the Origins of Rigorous Calculus", *American Mathematical Monthly*, **90** (1983), 185-194.

Gridgeman, N. T., "Geometric Probability and the Number π", *Scripta Mathematica*, **25** (1960), 183-195.

Grimsley, R., *Jean d'Alembert (1717-83)* (Oxford, UK: Clarendon, 1963).

Hamburg, R. Rider, "The Theory of Equations in the Eighteenth Century: The Work of Joseph Lagrange", *Archive for History of Exact Sciences*, **16** (1976), 17-36.

Hankins, T. L., *Jean d'Alembert* (Oxford, UK: Clarendon, 1972).

Helman, C. D., "Legendre and the French Reform of Weights and Measures", *Osiris*, **1** (1936), 314-340.

Jourdain, P. E. B., "The Ideas of the 'Fonctions analytiques' in Lagrange's Early Work", *Proceedings of the International Congress of Mathematicians*, **2** (1912), 540-541.

Jourdain. P. E. B., "Note on Fourier's Influence on the Conceptions of Mathematics", *International Congress of Mathematicians* (Cambridge), **2** (1912), 526-527.

Jourdain, P. E. B., "The Origins of Cauchy's Conceptions of a Definite Integral and of the Concept of a Function", *Isis*, **1** (1913), 661-703.

Lakatos, I., "Cauchy and the Continuum", *Mathematical Intelligencer*, **1** (1978), 151-161.

Lagrange, J. L., *Lectures on Elementary Mathematics*, trad. por T. J. McCormack (Chicago: Open Court, 1901).

Laplace, P. S, *Mécanique céleste*, 4 vols., trad. e ed. por B. Bowditch (New York: Chelsea, 1966; reimpressão da ed. de 1829-1839).

Laplace, P. S., *A Philosophical Treatise on Probabilities*, trad. por F. W. Truscott e F. L. Emory (New York: Dover, 1951).

Plackett, R. L., "The Discovery of the Method of Least Squares", Studies in the History of Probability and Statistics, XXIX, *Biometrika*, **59** (1972), 239-251.

Sarton, G., "Lagrange's Personality", *Proceed-*

ings of the American Philosophical Society, **88** (1944), 457-496.

Schot, S. H., "Aberrancy: Geometry of the Third Derivative", *Mathematics Magazine*, **51** (1978), 259-275.

Sheynin, O. B., "P. S. Laplace's Work on Probability", *Archive for History of Exact Sciences*, **16** (1977), 137-187.

Stigler, S. N., "An Attack on Gauss Published by Legendre in 1820", *Historia Mathematica*, **4** (1977), 31-35.

Stigler, S. N., "Laplace's Early Work: Chronology and Citations", *Isis*, **69** (1978), 234-254.

Stigler, S. N., "Napoleonic Statistics: The Work of Laplace" Studies in the History of Probability and Statistics, xxxiv, *Biometrika*, **62** (2) (1975), 503-517.

Truesdell, C., "Cauchy's First Attempt at a Molecular Theory of Elasticity", *Bolletino di Storia delle Scienze Matematica*, **1** (1981), 133-143.

Van Oss, R. G., "D'Alembert and the Fourth Dimension", *Historia Mathematica*, **10** (1983), 455-457.

Woodhouse, R., *A History of the Calculus of Variations in the Eighteenth Century* (New York: Chelsea, 1964; reimpressão da ed. de 1810).

19. Gauss

Bikhoff, G., "Galois and Group Theory", *Osiris*, **3** (1937), 260-268.

Breitenberger, E., "Gauss's Geodesy and the Axiom of Parallels", *Archive for History of Exact Science*, **31** (1984), 273-289.

Bühler, W. K., *Gauss: A Biographical Study* (Berlin: Springer-Verlag, 1981).

Dunnington, G. W., *Carl Friedrich Gauss. Titan of Science* (New York: Exposition Pess, 1955).

Edwards, H. M., *Galois Theory* (New York: Springer-Verlag, 1984).

Gauss, C. F., *Disquisitiones arithmeticae*, trad. por A. A. Clarke (New Haven, CT: Yale University Press, 1966).

Gauss, C. F., *General Investigations of Curved Surfaces*, trad. por A. Hiltebeitel e J. Morehead (New York: Raven Press, 1965).

Gauss, C. F., *Inaugural Lecture on Astronomy and Papers on the Foundations of Mathematics*, trad. por G. W. Dunnington (Baton Rouge: Louisiana State University, 1937).

Gauss, C. F., *Theory of the Motion of Heavenly Bodies* (New York: Dover, 1963).

Goodstein, R. L., "A Constructive Form of the Second Gauss Proof of the Fundamental Theorem of Algebra", em: *Constructive Aspects of the Fundamental Theorem of Algebra*, ed. por B. Dejon e P. Henrici (London: Wiley Interscience, 1969), 69-76.

Gray, J., "A Commentary on Gauss's Mathematical Diary, 1796-1814, with an English Translation", *Expositiones Mathematicae* **2** (1984), 97-130.

Hall, T., *Gauss, a Biography* (Cambridge, MA: MIT Press, 1970).

Heideman, M. T., D. H. Johnson e C. S. Burrus, "Gauss and the History of the Fast Fourier Transform", *Archive for History of Exact Sciences*, **34** (1985), 265-277.

Jourdain, P. E. B., "The Theory of Functions with Cauchy and Gauss", *Bibliotheca Mathematica* (3) **6** (1905), 190-207.

Ore, O., *Niels Henrik Abel* (Minneapolis: University of Minnesota Press, 1957).

Robinson, D. W., "Gauss and Generalized Inverses", *Historia Mathematica*, **7** (1980), 118-125.

Sarton, G., "Évariste Galois", *Osiris*, **3** (1937), 241-259.

Stigler, S. N., "Gauss and the Invention of Least Squares", *Annals of Statistics*, **9** (1981), 465-474.

Zassenhaus, H., "On the Fundamental Theorem of Algebra", *American Mathematical Monthly*, **74** (1967), 485-497.

20. Geometria

Bonola, R., *Non-Euclidean Geometry* (New York: Dover, 1955).

Borel, A., "On the Development of Lie Group Theory", *Mathematical Intelligencer*, **2** (2) (1980), 67-72.

Boyer, C. B., "Analysis: Notes on the Evolution of a Subject and a Name", *Mathematics Teacher*, **47** (1954), 450-462.

Coolidge, J. L., "The Heroic Age of Geometry", *Bulletin of the American Mathematical Society*, **35** (1929), 19-37.

Court, N. A., "Notes on Inversion", *Mathematics Teacher*, **55** (1962), 655-657.

De Vries, H. L., "Historical Notes on Steiner Systems", *Discrete Mathematics*, **52** (1984), 293-297.

Hawkins, T., "The Erlanger Programm of Felix Klein: Reflections on its Place in the History of Mathematics", *Historia Mathematica*, **11** (1984), 442-470.

Hawkins, T., "Non-Euclidean Geometry and Weierstrassian Mathematics: The Background to Killing's Work on Lie Algebras", *Historia Mathematica*, **7** (1980), 289-342.

Hermann, R., ed., "Sophus Lie 's 1884 Differential Invariant Paper", trad. por M. Acherman, vol. 3 de *Lie Groups: History, Frontiers and Applications* (Brookline, MA: Math. Sci. Press, 1976).

Kagan, V., N. *Lobachevski and his Contribution to Science* (Moscow: Foreign Languages Publishing House, 1957).

Klein, F., "A Comparative Review of Recent Researches in Geometry", trad. por M. W. Haskell, *Bulletin of the New York Mathematical Society*, **2** (1893), 215-249.

Nagel, Ernest, "The Formation of Modern Conceptions of Formal Logic in the Development of Geometry", *Osiris*, **7** (1939), 142-224.

Patterson, B. C., "The Origins of the Geometric Principle of Inversion", *Isis*, **19** (1933), 154-180.

Portnoy, E., "Riemann's Contribuition to Differential Geometry", *Historia Mathematica*, **8** (1982), 1-18.

Reid, C., "The Road Not Taken", *Mathematical Intelligencer*, **1** (1978), 21-23.

Rowe, D. E., "Felix Klein's 'Erlanger Antrittsrede': A Transcription with English Translation and Commentary", *Historia Mathematica*, **12** (1985), 123-141.

Rowe, D. E., "A Forgotten Chapter in the History of Felix Klein's Erlanger Programm", *Historia Mathematica*, **10** (1983), 448-454.

Scott, C. A., "On the Intersection of Plane Curves", *Bulletin of the American Mathematical Society*, **4** (1897), 260-273.

Segal, S., "Riemann's Example of a Continuous 'Non-differentiable' Function Continued", *Mathematical Intelligencer*, **1** (1978), 81-82.

Struk, D. J., "Outline of a History of Differential Geometry", *Isis*, **19** (1933), 92-120, e Ibid., **20** (1933), 161-191.

Vucinich, A., "Nikolai Ivanovich Lobachevski. The Man Behind the First Non-Euclidean Geometry", *Isis*, **53** (1962), 465-481.

Weil, A., "Riemann, Betti, and the Birth of Topology", *Archive for History of Exact Sciences*, **20** (1979), 91-96.

Zund, J. D., "Some Comments on Riemann's Contributions to Differential Geometry", *Historia Mathematica*, **10** (1983), 84-89.

21. Álgebra

Crilly, T., "Cayley's Anticipation of a Generalized Cayley-Hamilton Theorem", *Historia Mathematica*, **5** (1978), 211-219.

Crowe, M. J., *A History of Vector Analysis: The Evolution of the Idea of a Vectorial System* (New York: Dover, 1985; versão corrigida da ed. de 1967).

De Morgan, S. E., *Memoir of Augustus De Morgan by his Wife Shophia Elizabeth De Morgan with Selections from his Letters* (London: Longmans, Green, 1882).

Dubbey, J. M., *The Mathematical Work of Charles Babbage* (New York and London: Cambridge University Press, 1978).

Edwards, H. M., *Galois Theory* (New York: Springer, 1984).

Feldmann, R.W., "History of Elementary Matrix Theory", *Mathematics Teacher*, **55** (1962), 482-484, 589-590, 657-659.

Hankins, T. L., *Sir Willian Rowan Hamilton* (Baltimore, MD: Johns Hopkins University Press, 1980).

Hawkins, T., "Another Look at Cayley and the Theory of Matrices", *Archives Internationales d'Histoire des Sciences*, **27** (1977), 83-112.

Hawkins, T., "Hypercomplex Numbers, Lie Groups, and the Creation of Group Representation Theory", *Archive for History of Exact Sciences*, **8** (1971), 243-287.

Kleiner, I., "The Evolution of Group Theory: A Brief Survey", *Mathematics Magazine*, **59** (1986), 195-215.

Koppelman, E., "The Calculus of Operations and the Rise of Abstract Algebra", *Archive for History of Exact Sciences*, **8** (1971), 155-242.

LaDuke, J., "The Study of Linear Associative Algebras in the United States, 1870-1927", em: *Emmy Noether in Bryn Mawr*, ed. por B. Srinivasan e J. Sally (New York: Springer-Verlag, 1983), 147-159.

Lewis, A. H., "Grasmann's 1844 *Ausdehnungslehre* and Schleiermacher's *Dialektik*", *Annals of Science*, **34** (1977), 103-162.

MacHale, D., *George Boole. His Life and Work* (Dublin: Boole Press, 1985).

Mathews, J., "William Rowan Hamilton's Paper of 1837 on the Arithmetization of Analysis", *Archive for History of Exact Sciences*, **19** (1978), 177-200.

Novy, L., *Origins of Modern Algebra*, trad. por J. Tauer (Prague: Academia, 1973).

Orestrom, P., "Hamilton's View of Algebra and his Revision", *Historia Mathematica*, **12** (1985), 45-55.

Parshall, Karen H., *James Joseph Sylvester: Jewish Mathematician in a Victorian World* (Baltimore, MD: Johns Hopkins University Press, 2006).

Peirce, C. S., *The New Elements of Mathematics*, ed. por C. Eisele The Hague: Mouton, 1976.

Pycior, H., "George Peacock and the British Origins of Symbolic Algebra", *Historia Mathematica*, **8** (1981), 23-45.

Pycior, H., "At the Intersection of Mathematics and Humor: Lewis Carroll's Alice and Symbolic Algebra", *Victorian Studies*, **28** (1984), 149-170.

Sarton, G., "Evariste Galois", *Osiris*, **3** (1937), 241-259.

Smith, G. C., *The Boole-DeMorgan Correspondence, 1842-1864* (London: Oxford University Press, 1982).

Winterbourne, A. T., "Algebra and Pure Time: Hamilton's Affinity with Kant", *Historia Mathematica*, **9** (1982), 195-200.

Wussing, H., *The Genesis of the Abstract Group Concept: A Contribution to the History of the Origin of Abstract Group Theory* (Cambridge, MA: MIT Press, 1984; trad. da ed. alemã de 1969 com pequenas revisões e bibliografia atualizada).

22. Análise

Bernkopf, M., "The Development of Function Spaces with Particular Reference to Their Origins in Integral Equation Theory", *Archive for History of Exact Sciences*, **3** (1966), 1-96.

Browder, F., ed. *Mathematical Developments Arising from Hilbert Problems*. Proceedings of a Symposium at Northern Illinois University, 1974 (Providence, RI: American Mathematical Socity, 1976).

Buchwald, J. Z., *From Maxwell to Microphysics: Aspects of Electromagnetic Theory in the Last Quarter of the Nineteenth Century* (Chicago: University of Chicago Press, 1985).

Cantor, G., *Contributions to the Founding of the Theory of Transfinite Numbers*, trad. por P. E. B.

Jourdain (New York: Dover, n.d.; reimpressão em brochura da ed. de 1915).

Cohen, P. J., "The Independence of the Continuum Hypothesis", *Proceedings of the National Academy of Sciences*, **50** (1963), 1143-1148, e ibid. **51** (1964), 105-110.

Cooke, R., *The Mathematics of Sonya Kovalevskaya* (New York: Springer-Verlag, 1984).

Craik, A. D. D., "Geometry versus Analysis in Early 19th-Century Scotland: John Leslie, William Wallace, and Thomas Carlyle", *Historia Mathematica*, **27** (2000), 133-163.

Craik, A. D. D., "James Ivory, F. R. S., Mathematician: 'The Most Unlucky Person That Ever Existed'", *Notes and Records of the Royal Society London*, **54** (2000), 223-247.

Dauben, J. W., *Georg Cantor: His Mathematics and Philosophy of the Infinite* (Cambridge, MA: Harvard University Press, 1979).

Dedekind, R., *Essays on the Theory of Numbers*, trad. por W. W. Beman (Chicago: Open Court, 1901).

Grattan-Guinness, I., *The Development of the Foundations of Mathematical Analysis from Euler to Riemann* (Cambridge, MA: MIT Press, 1971).

Grattan-Guinness, I., "Georg Cantor's Influence on Bertrand Russell", *History and Philisophy of Logic*, **1** (1980), 61-93.

Gurel, O., "Poincaré Bifurcation Analysis", em: *Bifurcation Theory and Applications in Scientific Disciplines* (New York: New York Academy of Sciences, 1979), 5-26.

Harman, P. M., ed., *Wranglers and Physicists* (Manchester: University Press, 1985).

Hawkins, T., *Lebesgue's Theory of Integration: Its Origins and Development* (New York: Chelsea Publishing Company, 1975; reimpressão da ed. de 1970).

Hewitt, E. e R. E. Hewitt, "The Gibbs-Wilbraham Phenomenon: An Episode in Fourier Analysis", *Archive for History of Exact Sciences*, **21** (1979), 129-160.

Hilbert, D., *Foundations of Geometry*, trad. por E. J. Townsend, 2ª ed. (Chicago: Open Court, 1910).

Hilbert, D., "Mathematical problems", trad. por M. W. Newson, *Bulletin of the American Mathematical Society* (2), **8** (1902), 437-439.

Iushkevich, A. P., "The Concept of Function up to the Middle of the Nineteenth Century", *Archive for History of Exact Sciences*, **16** (1978), 37-85.

Jourdain, P. E. B., "The Development of the Theory of Transfinite Numbes", *Archiv der Mathematik und Physik*, (3) **10** (1906), 254-281; ibid., **14** (1909), 289-311; **16** (1910), 21-43; **22** (1913), 1-21.

Jourdain, P. E. B., "On Isoid Relations and Theories of Irrational Numbers", *Proceedings of the International Congress of Mathematicians*, **2** (1912), 492-496.

Jungnicket, C. e R. McCormmach, *Intellectual Mastery of Nature: Theoretical Physics from Ohm to Eistein*, Vol. 1: *The Torch of Mathematics, 1800-1870* (Chicago and London: The University of Chicago Press, 1986).

Katz, V. J., "The History of Stoke's Theorem", *Mathematics Magazine*, **52** (1979), 146-156.

Klein, E., *On Riemann's Theory of Algebraic Functions and Their Integrals*, trad. por F. Hardcastle (Cambridge: Cambridge University Press, 1893).

Loria, G., "Liouville and His Work", *Scripta Mathematica*, **4** (1936), 147-154, 257-262, 301-305.

Manning, K. R., "The Emergence of the Weierstrassian Approach to Complex Analysis", *Archive for History of Exact Sciences*, **14** (1975), 297-383.

Mathews, J., "William Rowan Hamilton's Paper of 1837 on the Arithmetization of Analysis", *Archive for History of Exact Sciences*, **19** (1978), 177-200.

Mitchell, U. G. e M. Strain, "The Number e", *Osiris*, **1** (1936), 476-496.

Monna, A. F., *Dirichlet's Principle. A Mathematical Comedy of Errors and its Influence on the Development of Analysis* (Utrecht: Ossthoek, Schoutema & Holkema, 1975).

Moore, G. H., *Zermelo's Axiom of Choice: Its Origins, Development, and Influence* (New York: Springer-Verlag, 1982).

Nagel, E. e J. R. Newman, "Gödel's Proof", em: *The World of Mathematics*, vol. 3 (New York: Simon and Schuster, 1956).

Putnam, H. e P. Benacerraf, eds., *Philosophy of Mathematics: Selected Readings* (Englewood Cliffs, NJ: Prentice Hall, 1964).

Reid, C., *Hilbert* (New York: Springer, 1970).

Resnick, M. D., "The Frege-Hilbert Controversy", *Philosophy and Phenomenological Research*, **34** (1974), 386-403.

Rootselaar, B. von, "Bolzano's Theory of Real Numbers", *Archive for History of Exact Sciences*, **2** (1964-1965), 168-180.

Schmid, C. W., "Poincaré and Lie Groups", *Bulletin of the American Mathematical Society*, **88** (1982), 612-654.

Smith, C. W., William Thomson and the Creation of Thermodynamics: 1840-1855", *Archive for History of Exact Sciences*, **16** (1977), 231-288.

Stanton, R. J. e R. O. Wells, Jr., eds., "History of Analysis", Proceedings of an American Heritage Bicentennial Conference Held at Rice University, March 12-13, 1977, *Rice University Studies*, **64**; nºs. 2 e 3 (1978).

Stolze, C. H., "A History of the Divergence Theorem", *Historia Mathematica*, **5** (1978), 437-442.

Weyl, H., "David Hilbert and His Mathematical Work", *Bulletin of the American Mathematical Society*, **50** (1944), 612-654.

Zassenhaus, H., "On the Minkowski-Hilbert Dialogue on Mathematization", *Bulletin of the Canadian Mathematical Society*, **18** (1975), 443-461.

23. Legados do século vinte

Aull, C. E. E., "R. Hedrick and Generalized Metric Spaces and Metrization", em: *Topology Conference 1979: Metric Spaces, Generalized Metric Spaces, Continua* (Greensboro, NC: Guilford College, 1979).

Aull, C. E. E. "W. Chittenden and the Early History of General Topology", *Topology and Its Applications*, **12** (1981), 115-125.

Birkhoff, G. D. e B. O. Koopman, "Recent Contributions to the Ergodic Theory", *Proceedings of the National Academy of Sciences*, **18** (1932), 279-282.

Chandrasekharan, K., ed., *Hermann Weyl 1885-1985: Centenary Lectures* (Berlin: Springer-Verlag, 1986).

Committee on Support and Research in the Mathematical Sciences (NAS-NRC). *The Mathematical Sciences. A Collection of Essays* (Cambridge, MA: MIT Press, 1969).

Ebbinghaus, Heinz-Dieter, em colaboração com V. Peckhaus, Ernst Zermelo: *An Approach to His Life and Work* (Berlin: Springer-Verlag, 2007).

Green, J. e J. LaDuke, "Women in the American Mathematical Community: The Pre-1940 Ph.D.'s", *Mathematical Intelligencer*, **9** (1987), 11-23.

Hodges, A., *Alan Turing: The Enigma* (New York: Simon & Schuster, 1983).

Kac, M., *Engimas of Chance: An Autobiography* (New York: Harper and Row, 1985).

Kenschaft, P. C., "Charlotte Angas Scott. 1858-1931", *The College Mathematics Journal* **18** (1987), 98-110.

Kuratowski, K., "Some Remarks on the Origins of the Theory of Functions of a Real Variable and of the Descriptive Set Theory", *Rocky Mountain Journal of Mathematics*, **10** (1980), 25-33.

Lebesgue, H., *Measure and the Integral*, ed. por K. O. May (San Francisco: Holden-Day; 1966).

Littlewood, J. E., *Littlewood's Miscellany* (Cambridge, UK: Cambridge University Press, 1986).

Lyusternik, I. A., "The Early Years of the Moscow Mathematical School", *Russian Mathematical Surveys*, **22** (1) (1967), 133-157; **22** (2) (1967), 171-211, **22** (4) (1967), 55-91; e ibid., **25** (4) (1970), 167-174.

Mackey, G. W., "Origins and Early History of the Theory of Unitary Group Representation", em

Representation Theory of Lie Groups, London Mathematical Society Lecture Notes Series, 34 (Cambridge, UK: Cambridge University Press, 1979), 5-19.

May, K. O., ed., *The Mathematical Association of America: Its First Fifty Years* (Washington, DC: Mathematical Association of America, 1972).

McCrimmon, K., "Jourdan Algebras and Their Applications", *Bulletin of the American Mathematical Society*, **84** (1978), 612-627.

Merzbach, U. C., "Robert Remak and the Estimation of Units and Regulators", em *Amphora* (Basel: Birkhäuser, 1992), 481-522.

Novikoff, A. e J. Barone, "The Borel Law of Normal Numbers, the Borel Zero-One Law, and the Work of Van Vleck", *Historia Mathematica*, **4** (1977), 43-65.

Pais, A., *Subtle is the Lord: The Science and Life of Albert Einstein* (Oxford, UK: Oxford University Press, 1982).

Parshall, K., "Joseph H. M. Wedderburn and the Structure Theory of Algebras", *Archive for History of Exact Sciences*, **32** (1985), 223-349.

Phillips, E. R., "Nicolai Nicolaevich Luzin and the Moscow School of the Theory of Functions", *Historia Mathematica*, **5** (1978), 275-305.

Plotkin, J. M., ed., *Hausdorff on Ordered Sets* (Providence, RI: American Mathematical Society, 2005).

Polya, G., *The Polya Picture Album. Encounters of a Mathematician* (Boston: Birkhäuser, 1987).

Porter, Brian, "Academician Lev Semyonovich Pontryagin", *Russian Mathematical Survey*, **33** (1978), 3-6.

Rankin, R. A., "Ramanujan's Manuscripts and Notebook", *Bulletin of the London Mathematical Society*, **14** (1982), 81-97.

Reid, C., "The Autobiography of Julia Robinson", *The College Mathematics Journal*, **17** (1986), 3-21.

Reid, C., *Courant* (New York: Springer-Verlarg, 1976).

Reingold, N., "Refugee Mathematicians in the United States of America, 1933-1941: Reception and Reaction", *Annals of Science*, **38** (1981), 313-338.

Rickey, V. F., "A survey of Lesniewski's Logic", *Studia Logica*, **36** (1977), 407-426.

Saks, S., *Theory of the Integral*, 2ª ed. revisada (New York: Dover, 1964).

24. Tendências recentes

Appel, K. e W. Haken, *Every Planar Map Is Four-Colorable* (Providence, RI: American Mathematical Society, 1989).

Bing, R. H., "Necessary and Sufficient conditions That a 3-Maniflod Be S^n", *Annals of Mathematics*, **68** (1958), 17-37.

Birkhoff, G. D., "The Reducibility of Maps", *American Journal of Mathematics*, **35** (1913), 115-128.

Cayley, A., "On the Colourings of Maps", *Proceedings of the Royal Geographical Society*, **1** (1879), 259-261.

Edwards, H. M., *Fermat's Last Theorem. A Genetic Introduction to Algebraic Number Theory* (New York: Springer-Verlag, 1977).

Freedman, M. H., "The Topology of Four-Dimensional Manifolds", *Journal of Differential Geometry*, **17** (1982), 357-453.

Gallian, J. A., "The Search for Finite Simple Groups", *Mathematics Magazine*, **49** (1976), 163-179.

Gonthier, G., *A Computer-Checked Proof of the Four Colour Theorem*, http://research.microsoft.com/~gonthier/4colproof.pdf, 1985.

Jackson, Allyn, "Conjecture No More?" *Notices of the American Mathematical Society*, **53** (2006), 897-901.

Kempe, A. B., "On the Geographical Problem of the Four Colours", *American Journal of Mathematics*, **2** (1879), 193-200.

Nasar, S. e D. Gruber, "Manifold Destiny, (2003)", *New Yorker*, 28 de agosto de 2006, 44ff-57.

Perelman, G., "The Entropy Formula for the Ricci Flow and Its Geometric Applications", *arXiv:math*. DG/0211159 (2002). Ver também DG/0303109 (2003) e DG/0307245 (2003).

Ringel, G. e J. W. T. Young, "Solutions of the Heawood Map-Coloring Problem", *Proceedings of the National Academy of Sciences USA*, **60** (1968), 438-445.

Robertson, N., D. P. Sanders, P. Seymour e R. Thomas, "*Efficiently Four-Coloring Planar Graphs*" (New York: ACM Press, 1966 [versão na web em 13 de novembro de 1995]).

Szpiro, G. G., *Poincaré's Priza* (New York: Dutton, 2007).

Tait, P. G., "Note on a Theorem in the Geometry of Position", *Transactions Royal Society Edinburgh*, **29** (1880), 657-660.

Thompson, J. e W. Feit, "Solvability of Groups of Odd Order", *Pacific Journal of Mathematics*, **13** (1963), 775-1029.

Wiles, A. J. "Modular Elliptic Curves and Fermat's Last Theorem", *Annals of Mathematics*, **141** (1995), 443-451.

Wilson, Robin, *Four Colours Suffice* (London: Penguin Books, 2002).

BIBLIOGRAFIA GERAL

Ao contrário das referências por capítulo, esta seção contém obras tradicionais e recentes em diversas línguas. Em geral, os livros listados aqui se relacionam com mais de um ou dois capítulos deste livro.

Os que procuram orientação para outras leituras deveriam observar que, além das referências bibliográficas listadas abaixo, há vários periódicos que publicam resumos de publicações novas ou recentes. Destacamos *Historia Mathematica*, que tem lista abrangente, concisamente anotada de obras recentes na história da matemática no fim de cada número. O editor de resumos, Albert C.Lewis, preparou índices cumulativos por autor e assunto, cobrindo os Volumes 1-13. Estas esplêndidas fontes se encontram no volume 13, número 4 e volume 14, número 1, respectivamente. Outra fonte acessível é a secção 01 de *Mathematical Reviews*; especialmente em anos recentes, isto se tornou muito útil. A bibliografia anual cumulativa de Isis ainda é a fonte principal para publicações na história da ciência e tecnologia que podem não aparecer em periódicos mais orientados para a matemática.

Para trabalhos anteriores, *May 1973* é muito abrangente e bem indexado. Baseia-se fortemente em *Mathematical Reviews* e no *Jahrbuch über Fortschritte der Mathematik*. Porém, omite os títulos de artigos de periódicos; nem sempre indica a língua do material listado; e fornece poucos comentários sobre listagens individuais. Por essa razão, o novato no campo é melhor servido por Dauben 1985, que é muito seletivo, mas com muitos comentários e fornece um guia fácil, relativamente portátil, para leituras em áreas específicas e para outras fontes bibliográficas.

Leitores interessados em bibliografias são bem servidos pelo *Dictionary of Scientific Biography* (Gillispie 1970-1980). Não listamos a seguir obras de referências padrão tais como os principais dicionários biográficos "nacionais" que se encontram na maior parte das bibliotecas, embora frequentemente contenham informação útil sobre matemáticos.

A Internet fornece fontes de materiais novas e variáveis. Embora estas variem muito quanto à confiabilidade, o leitor deveria conhecer um dos sites mais confiáveis: por anos, John J. O'Connor e Edmund F. Robertson tem mantido o MacTutor History of Mathematics Archive na St. Andrews University. Poucas fontes de referências se igualam a ele.

A disponibilidade de fontes primárias depende grandemente do tamanho e alcance da biblioteca do leitor. Em geral, vale a pena demorar-se sobre índices de autores e séries; mesmo uma pequena biblioteca pode conter surpresas. Em anos recentes, houve considerável aumento de publicação de Obras Completas ou Selecionadas. Também tem havido mais traduções para o inglês de autores matemáticos. Para épocas mais antigas, numerosas edições e traduções em inglês foram listadas como parte de nossas bibliografias por capítulo. Para outras fontes em inglês, cobrindo períodos ou tópicos mais amplos, ver Birkhoff 1973, Calinger 1982, Midonick 1985, Smith 1959, Struik 1986 e van Heijenoort 1967.

Muitos estudantes da história da matemática se interessam pela resolução de problemas históricos. Isto pode ser abordado de dois modos. Um é usar as técnicas disponíveis para aqueles com os quais os problemas são historicamente associados; o outro é usar métodos atuais. Frequentemente, é instrutivo fazer ambas as coisas. Às vezes, os dois processos coincidem. Obtém-se grande compreensão de nossos predecessores matemáticos pela abordagem histórica. Mas este é difícil de executar, principalmente para o período anterior a Euler. Para fazer isto, em geral é melhor voltar ao trabalho do autor ou grupo com o qual associamos o problema. A fonte original muitas vezes não é acessível; muitas traduções posteriores, especialmente dos Antigos, tendem a distorcer os problemas ao modernizar a linguagem ou notação usadas pelo autor original, dificuldade agravada na maior parte dos relatos secundários modernos. Isto não significa que se deve simplesmente desistir da resolução histórica de problemas; porém deve-se ter em mente as diferenças entre uma abordagem modernizada e a original, e analisar o ataque ao problema de acordo com isto. Reciprocamente, pode ser agradável tomar teoremas ou problemas de um livro contemporâneo e refletir até que ponto seriam significativos para um matemático de um dado período e lugar na história, ou como poderiam ser resolvidos ou demonstrados por certo grupo. Melhor ainda, podemos formular nossos próprios enunciados matemáticos, demonstrações e soluções de acordo com um período ou tradição históricos. Isto é de certo modo análogo a compor um rondó no estilo de Mozart, e tem vantagens e desvantagens semelhantes.

Leitores interessados em problemas históricos têm três tipos de fontes. Primeiro, as fontes primárias; pelo menos para o século passado, até pequenas bibliotecas frequentemente contêm velhos livros didáticos com problemas e exemplos. Lembrando que nossa tradição de problemas em livros didáticos data só de pouco mais de um século, listamos Gregory 1846 e Scott 1924 na bibliografia a seguir. O primeiro, que é raro, ilustra o tipo de "exemplos" que enriqueciam livros didáticos comuns até depois de 1850. O segundo, mais fácil de obter, é um exemplo pioneiro de livro didático "moderno", em seu uso de problemas que ilustram várias áreas da matemática do fim do século dezenove. Além disso, existem coleções de problemas. Dorrie 1965 e Tietze 1965 são exemplos de coleções de problemas históricos. Polya é um exemplo de problemas contemporâneos, cujas raízes históricas frequentemente fornecem matéria para reflexão. Finalmente, há problemas ligados a relatos históricos, tais como os de Burton 1985 e Eves 1983. Estes esclarecem a relação com a fonte, mas as observações de advertência sobre adaptações modernizadas se aplicam a ambas.

American Mathematical Society. *Semicentennial Addresses* (New York: American Mathematical Society, 1938).
Artigos históricos gerais por E. T. Bell e C. D. Birkhoff; outros artigos de interesse.

Anderson, M., V. Katz e R. Wilson, eds., *Sherlock Holmes in Babylon and Other Tales of Mathematical History* (Washington, DC: Mathematical Association of America, 2004).

Archibald, R. C., *Outline of the History of Mathematics* (Buffalo, NY: Slaught Memorial Papers of the Mathematical Association of America, 1949).
Tem bibliografia extensa.

Archibald, R. C., *A Semi-Centennial History of the American Mathematical Society* (New York: Arno Press, 1980; reimpressão da ed. de 1938 da Mathematical Society of America).
Exposição informativa, bem organizada, com resumos biográficos dos presidentes da Sociedade.

Ball, W. W. R., *A History of the Study of Mathematics at Cambridge* (Mansfield Center, CT: Martino Publications, 2004; reimpressão da ed. de 1889 da Cambridge University Press).
Ainda é a obra geral mais informativa sobre o tópico.

Ball, W. W. R. e H. S. M. Coxester, *Mathematical Recreations and Essays*, 12ª ed. (Toronto: University of Toronto Press, 1974).
Muito popular; contém muita história; primeira edição em 1892.

Baron, M. E., *The Origins of the Infinitesimal Calculus* (New York: Dover, 1987; reimpressão em brochura da ed. de 1969).

Bell, E. T., *Men of Mathematics*, (New York: Simon and Schuster, 1965; sétima reimpressão em brochura da ed. de 1937).
Facilidade de leitura maior que confiabilidade; supõe pequena formação matemática.

Bell, E. T., *Development of Mathematics*, 2ª ed. (New York: Dover, 1992; reimpressão em brochura da ed. de 1945).
Fácil leitura, opiniões marcadas; útil especialmente para matemática contemporânea e para um leitor de boa formação matemática.

Berggren, J. L. e B. R. Goldstein, eds., *From Ancient Omens to Statistical Mechanics: Essays on the Exact Sciences Presented to Asger Aaboe* (Copenhagen: Munksgaard, 1987).

Birkhoff, G. com U.Merzbach, ed., *A Source Book in Classical Analysis* (Cambridge, MA: Harvard University Press, 1973).
Oitenta e uma seleções indo de Laplace, Cauchy, Gauss e Fourier a Hilbert, Poincaré, Hadamard, Lerch e Fejer, entre outros.

Bochenski, I. M., *A History of Formal Logic*, trad. por I. Thomas (Notre Dame, IN: University of Notre Dame Press, 1961).

Bolzano, B., *Paradoxes of the Infinite*, trad. por D. A. Steele (London: Routledge and Kegan Paul, 1950).

Bonola, R., *Non-Euclidean Geometry* (New York: Dover, 1955; reimpressão em brochura da ed. de 1912).
Muitas referências históricas.

Bos, H. J. M., *Lectures in the History of Mathematics* (Providence, RI: American Mathematical Society; London: London Mathematical Society, 1993).

Bourbaki, N., *Elements of the History of Mathematics*, trad. por John Meldrum (Berlin, New York: Springer-Verlag, 1994; reimpressão da ed. francesa de 1974).
Não é história conexa, mas relatos sobre certos aspectos, especialmente modernos.

Boyer, C. B., *History of Analytic Geometry* (New York: Scripta Mathematica, 1956).

Boyer, C. B., *The History of the Calculus and Its Conceptual Development* (New York: Dover, 1959; ed. em brochura de The Concepts os the Calculus).
Obra padrão sobre o tema.

Braunmühl, A. von, *Vorlesungen über Geschichte der Trigonometrie*, 2 vols. em 1 (Wiesbaden: Sandig, 1971; reimpressão da ed. de B.G. Teubner de 1900-1903).

Bunt, L. N. H., P. S. Jones e J. D. Bedient, *The Historical Roots of Elementary Mathematics* (Englewood, NJ: Prentice Hall, 1976).
Tratamento por tópicos; todos os capítulos, exceto o último, relacionam a matemática elementar a grandes obras da antiguidade; o último capítulo trata de numeração e aritmética.

Burckhardt, J. J., E. A. Fellmann e W. Habicht, eds., *Leonhard Euler, Beiträge zu Leben und Werk, Gedenkband des Kantons Basel-Stadt* (Basel: Birkäuser, 1983).
Um compêndio multilingue magnífico em um volume.

Burnett, Charles, et al., eds., *Studies in the History of Exact Sciences in Honour of David Pingree* (Leiden: Brill, 2004).

Burton, D. M., *The History of Mathematics. An Introduction*, 6ª ed. (New York: McGraw-Hill, 2007; reimpressãoda ed. de 1985).
Tratamento episódico, de fácil leitura, com muitos exercícios matemáticos.

Cajori, F., The Early Mathematical Sciences in North and South America (Boston: Gorham, 1928).

Cajori, F., *A History of Elementary Mathematics* (Mineola, NY: Dover, 2004; reimpressão revisada e aumentada da ed. de 1917).

Cajori, F., *A History of Mathematical Notations*, 2 vols. (New York: Dover Publications, 1993; reimpressão da ed. de 1974, a qual era uma reimpressão da ed. de 1928-1929).
A obra definitiva sobre o assunto.

Cajori, F., *A History of Mathematics* (New York: Chelsea, 1985).
Uma das fontes mais abrangentes, não técnicas, em um volume, em inglês.

Cajori, Florian, *History of Mathematics in the United States* (Washington, DC: Government Printing Office, 1890).

Calinger, R., ed., *Classics of Mathematics* (Oak Park, IL: Moore Publishing, 1982, reimpresso em 1995).

Calinger, R. com J. E. Brown e T. R. West, *A Contextual History of Mathematics: to Euler* (Upper Saddle River, NJ: Prentice Hall, 1999).

Campbell, P. e L. Grinstein, *Women of Mathematics* (New York: Greenwood Press, 1987).

Cantor, M., *Vorlesungen über Geschichte der Mathematik*, 4 vols. (Leipzig: Teubner, 1880-1908).
A mais extensa história da matemática publicada até hoje. As correções de Enestrom's em Bibliotheca Mathematica deveriam ser usadas paralelamente. Alguns volumes estão em segunda edição e a obra toda existe em reimpressão.

Carruccio, E., *Mathematics and Logic in History and in Contemporary Thought*, trad. por I. Quigly (New Brunswick, NJ: Aldine, 2006; reimpressão da ed. de 1964).
Tratamento eclético. Predominam autores italianos na bibliografia.

Chasles, M., *Aperçu historique sur l'origine et le développement des méthods en géometrie*, 3ª ed. (Paris: Gauthier-Villars, 1889).
Obra clássica; especialmente forte no que se refere a geometria sintética no século dezenove.

Clagett, M., *Greek Science in Antiquity* (New York: Collier, 1966).

Cohen, M. R. e I. E. Drabkin, eds., *A Source Book in Greek Science* (Cambridge, MA: Harvard University Press, 1958; reimpressão da ed. de 1948).

Cohen, R. S., et al., eds., *For Dirk Struik: Scientific, Historical and Political Essays in Honor of Dirk J. Struik* (Dordrecht & Boston: D. Reidel, 1974).

Cooke, Roger, *The History of Mathematics*: A Brief Course, 2ª ed. (Hoboken, NJ: Wiley-Interscience, 2005).

Coolidge, J. L., *History of the Conic Sections and Quadric Surfaces* (Oxford: Clarendon, 1945).

Coolidge, J. L., *A History of Geometrical Methods* (New York: Dover, 1963; reimpressão em brochura da ed. de 1940.).
Excelente obra, que pressupõe conhecimentos matemáticos.

Coolidge, J. L., *The Mathematics of Great Amateurs* (New York: Dover, 1963; reimpressão em brochura da ed. de 1949).

Dantzig, T., *Mathematics in Ancient Greece* (Mineola. NY: Dover, 2006; antes The Bequest of Greeks, Greewood, 1969, que foi uma reimpressão da ed. de Scriber de 1955).

Dauben, J. W., ed., *The History of Mathematics from Antiquity of the Present*. A selective bibliography (New York and London: Garland, 1985).

Dauben, J. W., *The History of Mathematics: States of the Art: Flores Quadrivii* (San Diego: Academic Press, 1996).

Dauben, J. W., ed., *Mathematical Perspectives* (New York: Academic Press, 1981).
Artigos por Bockstaele, Dugac, Eccarius, Fellmann, Folkerts, Grattan-Guinners, Iushkevich, Knobloch, Merzbach, Neumann, Schneider, Scriba e Vogel.

Dauben, J. W. e C. J. Scriba, eds., *Writing the History of Mathematics: Its Historical Development* (Basel/Boston: Birkhäuser, 2002).

Davis, P. e R. Hersh, *The Mathematical Experience* (Boston: Birkhauser, 1981).

Demidov, S. S., M. Folkerts, D. E. Rowe e C. J. Scriba, eds., *Amphora: Festschift für Hans Wussing zu seinem 65 Geburtstag* (Basel/Berlin/Boston: Birkhäuser, 1992).

Dickson, L. E., *History of the Theory of Numbers*, 3 vols. (New York: Chelsea, 1966; reimpressão da ed. da Carnegie Institution de 1919-1923).
Tratamento definitivo de fontes, disposto por tópicos.

Dieudonné, J. A., ed. *Abrégé d'histoire des mathématiques 1700-1900*, 2 vols. (Paris: Hermann, 1978).
Tratamento confiável, orientado matematicamente, de tópicos conduzindo à matemática contemporânea.

Dieudonné, J. A., *History of Algebraic Geometry*, trad. por J. D. Sally (Montery, CA: Wadsworth Advanced Books, 1985).
Excelente apresentação, matematicamente orientada, usando terminologia e notação contemporâneas.

Dold-Samplonius, Yvonne, et al., eds., *From China to Paris: 2000 Years Transmission of Mathematical Ideas* (Stuttgart: Steiner Verlag, 2002).

Dörrie, H., *100 Great Problems of Elementary Mathematics*: Their History and Solutions, trad. por D. Antin (New York: Dover, 1965).

Dugas, R., *A History of Mechanics* (New York: Central Book Co., 1955).

Dunham, W., *Journey through Genius: The Great Theorems of Mathematics* (New York: Wiley, 1990).

Dunmore, H. e I. Grattan-Guinness, eds., *Companion Encyclopedia of the History and Philosophy of the Mathematical Sciences* (Baltimore, MD: Johns Hopkins University Press, 2003).

Edwards, C. H., Jr., *The Historical Development of the Calculus* (New York/Heidelberg: Springer-Verlag, 1979).

Edwards, H. M., Fermat's Last Theorem. *A Genetic Introduction to Algebraic Number Theory* (New York: Springer-Verlag, 1977).
Introdução cuidadosa à obra de algumas grandes figuras da história da teoria algébrica dos números; modelo do método genético.

Elfving, G., *The History of Mathematics in Finland* 1828-1918 (Helsinki: Frenckell, 1981).

Encyclopédie des sciences mathématiques pures et appliquées. (Paris: Gauthier-Villars, 1904-1914).
Essencialmente uma tradução parcial da seguinte, incompleta devido ao advento da Primeira Guerra Mundial. A versão francesa contém adições significativas quanto a citação de fontes históricas.

Encyklopaedie der mathematischen Wissenschaften (Leipzig: Teubner, 1904-1935; velha série 1898-1904).

Engel, F. e P. Stäckel. *Die Theorie der Parallellinien von Euklid bis auf Gauss*, vols. em 1 (New York: Johnson Reprint Corp., 1968; reimpressão da ed. de 1895).

Eves, H., *An Introduction to the History of Mathematics: With Cultural Connections by J. H. Eves*, 6ª ed. (Philadelphia: Saunder, 1990).
Um texto notavelmente bem-sucedido.

Folkerts, M. e U. Lindgren, eds. *Mathemata: Festschrift für Helmuth Gericke* (Stuttgart: Franz Steiner, 1985).

Fuss, P. H., *Correspondance mathématique et physique de quelques célèbres géomètres du XVIIIème siècle*, 2 vols. (New York: Johnson Reprint Corp., 1968; reimpressão da ed. de S. Peterburgo de 1843).

Gillispie, C. C., *Dictionary of Scientific Biography*, 16 vols. (New York: Scribner, 1970-1980).
Principal fonte de referências biográficas sobre cientistas falecidos.

Goldstine, H. H., *A History of the Calculus of Variations from the 17th Through the 19th Century* (New York: Springer-Verlag, 1977).

Goldstine, H. H., *A History of Numerical Analysis form the 16th Throught the 19th Century* (New York: Springer-Verlag, 1977).

Grattan-Guinness, I., ed., *Companion Encyclopedia of the History and Philosophy of the Mathematical Sciences*, 2 vols. (New York: Routledge, 1994).

Grattan-Guinness, I., *The Development of the Foundations of Mathematical Analysis from Euler to Riemann* (Cambridge, MA: MIT Press, 1970).

Grattan-Guinness, I., ed., *From the Calculus to Set Theory, 1630-1910. An Introductory History* (Princeton, NJ: Princeton Universiyy Press, 2000; reimpressão da ed. de 1980).
Capítulos por H. J. M. Bos, R. Bunn, J. W. Dauben, T. W. Hawkins e K. Moller Pedersen; introdução por Grattan-Guinness.

Grattan-Guinness, I., *The Norton History of Mathematical Sciences: The Rainbow of Mathematics* (New York: Norton, 1998).

Gray, J., *Ideas of Space: Euclidean, Non-Euclidean, and Relativistic*, 2ª ed. (New York: Oxford University Press, 1989).

Gray, J., *Linear Differential Equations and Group Theory from Riemann to Poincaré* (Boston: Birkhäuser, 1985).

Green, J. e J. LaDuke, *Pionnering Women in American Mathematics: The Pre-1940 PhD's* (providence, RI: American Mathematical Society e London: England: London Mathematical Society, 2008).

Gregory, D. F., *Examples of the Processes of the Differential and Integral Calculus*, 2ª ed., ed. por W.Walton (Cambridge, UK: Deighton, 1846).
Exercícios para uso de estudantes de Cambridge.

Hawking, S. W., ed., *God Created the Integers: The Mathematical Breakthroughs That Changed History* (PhiladelPhia: Running Press, 2007).
25 "obras primas" de 15 matemáticos, variando de Euclides a Turing, com comentários de Hawking.

Hawkins, T., *Lebesgue's Theory of Integration: Its Origins and Development* (New York: Chelsea, 1975; reimpressão da ed. de 1970).

Health, T. L., *A History of Greek Mathematics*, 2 vols. (New York: Dover, 1981).
Ainda é a exposição padrão. Versão em brochura da ed. de 1921.

Hill, G. F. *The Development of Arabic Numerals in Europe* (Oxford, UK: Clarendon, 1919).

Hodgkin, L. H. *A History of Mathematics: From Mesopotamia to Modernity* (Oxford, New York: Oxfor University Press, 2005).

Hofmann, J. E., *Geschichte der Mathematik*, 3 vols. (Berlin: Walter de Gruyter, 1953-1963).
Os práticos volumes de bolso contêm índices bibliográficos extraordinariamente úteis. Estes índices tragicamente foram omitidos da tradução para o inglês que apareceu em dois volumes (New York: Philosophical Library, 1956-1959) sob os títulos The History of Mathematics e Classical Mathematics.

Howson, G., *A History of Mathematics Education in England* (Cambridge, UK: Cambridge University Press, 1982).

Itard. J. e P. Dedron, *Mathematics and Mathematicians*, 2 vols., trad. por J. V. Field (London: Transworld, 1973; reimpressão da ed. francesa de 1959).
Elementar mas útil. Contém excertos de fontes.

Iushkevich, A. P., *Geschichte der Mathematik im Mittelalter* (Leipzig: Teubner, 1964).
Texto substancial e com autoridade.

James, G. e R. C. James, *Mathematics Dictionary* (Princeton, NJ: D.Van Nostrand, 1976).
Útil mas não tão completo quanto Naas e Schmid (ver mais adiante).

Kaestner, A. G., *Geschichte der Mathematik*, 4 vols. (Hildeshelm: Olms, 1970; reimpressão da ed. de Gottingen de 1796-1800).
Especialmente útil quanto à ciência e matemática prática na Renascença.

Karpinski, L., *The History of Arithmetic* (New York: Russel & Russel, 1965; reimpressão da ed. de Rand McNally de 1925).

Katz, V. J., *History of Mathematicas: An Introduction*, 3ª ed. (Boston: Addison-Wesley, 2009).

Katz, V., ed., *The Mathematics of Egypt, Mesopotamia, China, India, and Islam: A Sourcebook* (Princeton, NJ: Princeton University Press, 2007).
Com contribuições de Imhausen, Robson, Dauben, Plotker, and Berggren.

Kidwell, P. A., A. Ackerberg-Hasting e D. L. Roberts, *Tools of American Mathematical Teaching, 1800-2000* (Washington, DC: Smithsonian Institution; e Baltimore, MD: Johns Hopkina University Press, 2008).

Kitcher, P., *The Nature of Mathematical Knowledge* (New York: Oxford University Press, 1983).

Klein, F., *Development of Mathematics in the Nineteenth Century*, trad. por M. Ackerman (Brookline, MA: Math Sci Press, 1979).
Exposição em alto nível, incompleta devido à morte do autor.

Klein, J., *Greek Mathematics Thought and the Origin of Algebra*, trad. por E. Brann (new York: Dover, 1992).

Kline, M., *Mathematical Thought from Ancient to Modern Times* (New York: Oxford University Press, 1972).
O mais detalhado tratamento em inglês da matemática do século dezenove e começo do século vinte; orientação matemática.

Kline, M., *Mathematics in Western Culture*. (New York: Oxford, 1953).
Nível popular, escrita atraente.

Klügel, G. S., *Mathematisches Wörterbuch*, 7 vols. (Leipzig: E.B. Schwickert, 1803-1836).
Retrata o estado do assunto no começo do século dezenove.

Kolmogorov, A. N., *Mathematics of the 19th Century: Geometry, Analytic Function Theory* (Basel, Switzerland: Birkhäuser, 1996).

Kramer, E. E., *The Main Stream of Mathematics* (Greenwich, CT: Fawcett, 1964).

Kramer, E. E., *The Nature and Growth of Modern Mathematics* (New York: Hawthorn, 1970).

Knorr, W. R., *The Evolution of the Euclidean Elements* (Dordrecht and Boston: D. Reidel, 1975).

Lakatos, I., *Proofs and Refutations. The Logic of Mathematical Discovery* (London: Cambridge University Press, 1976).

LeLionnais, F., ed., *Great Currents of Mathematical Thought*, 2 vols., trad. por R. Hall (New York: Dover, 1971; trad. da ed. francesa de 1962).

Loria, G., *Il passato e il presente delle principali teorie geometriche*, 4ª ed. (Padua: Ceram, 1931).

Loria, G., *Storia delle matematiche*, 3 vols. (Turin: Sten, 1929-1935).

Macfarlane, A., *Lectures on Ten British Mathematicians of the Nineteenth Century* (New York: Wiley, 1916).
Biografias escritas por um dos defensores dos quaternions.

Manheim, J. J., *The Genesis of Point Set Topology* (New York: Pergamon, 1964).

Marie, M., *Histoire des sciences mathématiques et physiques*, 12 vols. (Paris: Gauthier-Villars, 1883-1888).
Não uma história sistemática, mas uma série de biografias, dispostas cronologicamente, listando as obras principais dos indivíduos.

May, K. O., *Bibliography and Research Manual of the History of Mathematics* (Toronto: University of Toronto Press, 1973).
Muito abrangente; ver comentários introdutórios a esta bibliografia.

Mehrtens, H., H. Bos e I. Schneider, eds., *Social History of Nineteenth Century Mathematics* (Boston/Basel/Stuttgart: Birkhäuser, 1981).

Merz, J. T., *A History of European Thought in the Nineteenth Century*, 4 vols. (New York: Dover, 1965; reimpressão em brochura da ed. inglesa de 1914).
Uma introdução abrangente às correntes de pensamento no século dezenove, ainda útil por incluir ciências e matemática.

Merzbach, U. C., *Quantity to Structure: Development of Modern Algebraic Concepts from Leibniz to Dedekind* (Cambridge, MA: Harvard University [doctoral thesis], 1964).
Estudo de doutorado, notando o papel do cálculo operacional de funções na obra de Peacock, Gregory e Boole, destacando o papel da teoria dos números e da teoria de Galois na formação de Dedekind.

Meschkowski, H., *Ways of Thought of Great Mathematicians* (San Francisco: Holden-Day, 1964).

Midonick, H. O., *The Treasury of Mathematics* (New York: Philosophical Library, 1965). Util; as seleções dão ênfase a contribuições não europeias.

Montucla, J. E., *Histoire des mathématiques*, 4 vols. (Paris: A. Blanchard, 1960; reimpressão da ed. de 1799-1802).
Ainda muito útil, especialmente para aplicações da matemática à ciência.

Moritz, R. E., *On Mathematics and Mathematicians* (New York: Dover, n.d.; ed. em brochura de Memorabilia mathematica, or The Philomath's Quotation-Book, publicado em 1914).
Contém mais de 2.000 citações, organizadas por assunto e com um índice.

Muir, T., *The Theory of Determinants in the Historical Order of Development*, 4 vols. em 2 (New York: Dover, 1960; reimpressão em brochura das ed. de London de 1906-1930).
De longe, o tratamento mais abrangente.

Naas, J. e H. L. Schmidt, *Mathematiches Wörterbuch* (Berlin: Akademie-Verlag, 1961).
Dicionário absolutamente exemplar, contendo número extraordinário de definições e biografias curtas.

Nagel, E., "Impossible Numbers", *Studies in the History of Ideas*, **3** (1935), 427-474.

National Council of Teachers of Mathematics, *Historical Topics for the Mathematics Classroom, Thirty- First Yearbook* (Washington, DC: National Council of Teachers of Mathematics, 1969).
Inclui E. S. Kennedy sobre trigonometria.

National Council of Teachers of Mathematics, *A History of Mathematics Education in the United States and Canada. Thirty-second Yearbook* (Washington, DC: National Council of Teachers of Mathematics, 1970).

Neugebauer, O., *The Exact Sciences in Antiquity*, 2ª ed. (Providence, RI: Brown University Press, 1957).

Newman, J. R., ed., *The World of Mathematics*, 4 vols. (New York: Simon and Schuster, 1957).
Contém muito material sobre a história da matemática.

Nielsen, N., *Géomètres français sous la révolution* (Copenhagen: Levin & Munksgaard, 1929).

Novy, L., *Origins of Modern Algebra*, trad. por J. Tauer (Leyden: Noordhoff; Prague: Academia; 1973).
Ênfase sobre o período de 1770-1870.

O'Connor, John J. e Edmund F. Robertson, The MacTutor History of Mathematics Archive, http://www-history.mcs.st-andrews.ac.uk/index.html, última atualização em 2009.
Uma excelente fonte de referências.

Ore, O., *Number Theory and its History* (New York: McGraw-Hill, 1948).

Parshall, K. H. e J. J. Gray, eds., *Episodes in the History of Modern Algebra* (1800-1950) (Providence, RI: American Mathematical Society, 2007).

Phillips, E. R., ed., *Studies in the History of Mathematics* (Washington, DC: The Mathematical Association of America, 1987).

Picard, E., *Les sciences mathématiques en France depuis un demi-siècle* (Paris: Gauthier-Villars, 1917).
Um interessante relato por um participante.

Poggendorff, J. C., ed., *Biographisch-literarisches Handwörterbuch zur Geschichte der exakten Wissenschaften* (Leipzig: J. A. Barth, et al., 1863ff).
Obras de referência bibliográficas padrão, concisa; tópicos atualizados em volumes sucessivos; ainda em elaboração.

Pont, J. -C., *La topologic algébrique des origines à Poincaré* (Paris: Presses Universitaires de France, 1974).

Prasad, G., *Some Great Mathematicians of the Nineteenth Century*, 2 vols. (Benares: Benares Mathematical Society, 1933-1934).

Read, C. B., "Articles on the History of Mathematics: A Bibliography of Articles Appearing in Six Periodicals", *School Science and Mathematics*, 59 (1959): 689-717; atualizado (com J. K. Bidwell) em 1976, vol.76, 477-483, 581-598, 687-703).
Especialmente útil pelo material introdutório.

Robinson, A., *Non-Standard Analysis* (Amsterdam: North-Holland, 1966).
Note pp. 269ff para o começo do século dezenove.

Robson, E. e J. Stedall, eds., *The Oxford Handbook of the History of Mathematics* (Oxford/New York: Oxford University Press, 2009).

Sarton, G., *A History of Science*, 2 vols. (Cambridge, MA: Harvard University Press, 1952-1959).
Um clássico de agradável leitura, cobrindo principalmente o período pré-medieval no Egito, Mesopotâmia e Grécia.

Sarton, G., *Introduction to the History of Science*, 3 vols. em 5 (Huntington, NY: R. E. Krieger, 1975; reimpressão da ed. de Carnegie Institution de 1927-1948).
Obra monumental, ainda o instrumento padrão na pesquisa sobre história da ciência e da matemática até o ano de 1400.

Sarton, G., *The Study of the History of Mathematics* (New York: Dover, 1957; reimpressão em brochura da aula inaugural de Harvard em 1936).
Um guia breve mais útil. Ver também Sarton's Horus (New York: Ronald Press, 1952).

Schaaf, W. L., A *Bibliography of Mathematical Education* (Forest Hills, NY: Stevinus Press, 1941).
Um índice da literatura em periódicos desde 1920, contendo mais de 4.000 itens.

Schaaf, W. L., *A Bibliography of Recreational Mathematics. A Guide to the Literature*, 3ª ed. (Washington, DC: National Council of Teachers of Mathematics, 1970).
Contém mais de 2.000 referências a livros e artigos.

Scholz, E., *Geschichte des Mannigfaltigkeitsbegriffs von Riemann bis Poincaré* (Boston/Basel/Stuttgart: Birkhäuser, 1980).
Guia para trabalhos relevantes de Beltrami, Betti, Brorwer, Dyck, Fuchs, Helmholtz, Jordan, Klein, Koebe, Mobius, Picard, Poincaré, Riemann, Schottky e Schwarz.

Scott, C. A., *Modern Analytical Geometry*, 2ª ed. (New York: G. E. Stechert, 1924).

Scott, J. F., *A History of Mathematics; From Antiquity to the Beginning of the Nineteenth Century* (London: Taylor & Francis; New York: Barnes & Noble, 1969).
Bom com relação aos matemáticos britânicos, mas não atualizado quanto ao período pré-helênico.

Selin, Helaine, ed., *Mathematics across Cultures: The History of Non-Western Mathematics* (Dordrecht/Boston: Kluwer Academic, 2000).

Smith, D. E., *History of Mathematics*, 2 vols. (New York: Dover, 1958; reimpressão em brochura da ed. de 1923-1925).
Ainda muito útil para dados biográficos e para aspectos elementares da matemática.

Smith, D. E., *Sourcebook in Mathematics*, 2 vols. (New York: Dover, 1959; reimpressão em brochura da ed. de 1929).
Útil, embora a seleção nem de longe seja ideal; Struik 1986 é preferível.

Smith, D. E. e J. Ginsburg. *A History of Mathematics in America Before 1900* (New York: Arno, 1980; reimpressão da ed. de 1934).

Smith, D. E. e L. C. Karpinski, *The Hindu-Arabic Numerals* (Boston: Ginn, 1911).

Stedall, J. A., *Mathematics Emerging: A Sourcebook 1540-1900* (Oxford/New York: Oxford University Press, 2008).

Stigler, S. M., *The History of Statistics: The Measurement of Uncertainty before 1900* (Cambridge, MA: Belknap Press, 1986).

Struik, D. J., *A Concise History of Mathematics* (New York: Dover, 1987).
Breve, agradável de ler, atraente exposição com muitas referências.

Struik, D. J., *A Sourcebook in Mathematics, 1200-1800* (Princeton, NJ: Princeton University Press, 1986; reimpressão da ed. da Harvard University Press de1969).
Muito boa cobertura de álgebra, análise e geometria.

Suppes, P. J. M. Moravcsik e H. Mendell, *Ancient & Medieval Traditions in the Exact Sciences: Essays in Memory of Wilbur Knorr* (Stanford, CA: CSLI Publications, 2000).

Suzuki, J., *A History of Mathematics* (Upper Saddle River, NJ: Prentice Hall, 2002).

Szabo, A., *The Beginnings of Greek Mathematics*, trad. por A. M. Ungar (Dordrecht and Boston: Reidel, 1978).

Tannery, P., *Mémoires scientifiques*, 13 vols. (Paris: Gauthier-Villars, 1912-1934).
Estes volumes contêm muitos artigos sobre a história da matemática, especialmente da antiguidade grega e do século dezessete, por uma das grandes autoridades da área.

Tarwater, J. D., J. T. White e J. D. Miller, eds., *Men and Institutions in American Mathematics*. Texas Tech University Graduate Studies No. 13 (Lubbock: Texas Tech Press, 1976).
Contribuições no bicentenário por M. Stone, G. Birkhoff, S. Bochner, D. J. Struik, P. S. Jones, C. Eisele, A. C. Lewis e R. W. Robinson.

Taylor, E. G. R., *The Mathematical Practitioners of Hanoverian England* (Cambridge: Cambridge University Press, 1966).

Taylor, E. G. R., *The Mathematical Practitioners of Tudor and Stuart England*, 1485-1714 (Cambridge, UK: Cambridge University Press, 1954).

Thomas, I., ed., *Selections Illustrating the History of Greek Mathematics*, 2 vols. (Cambridge, MA: Loeb Classical Library, 1939-1941).

Tietze, H., *Famous Problems of Mathematics* (New York: Graylock, 1965).

Todhunter, I., *History of the Calculus of Variations During the Nineteenth Century*. (New York: Chelsea, n.d., reimpressão da ed. de 1861).
Antigo, mas obra padrão na área.

Todhunter, I., *A History of the Mathematical Theories of Attraction and the Figure of the Earth* (New York: Dover, 1962; reimpressão da ed. de 1873).

Todhunter, I., *A History of the Mathematical Theory of Probability from the Time of Pascal to that of Laplace*. (New York: Chelsea, 1949; reimpressão da ed. de Cambridge de 1865).
Obra completa e padrão na área.

Todhunter, I., *A History of the Theory of Elasticity and of the Strenght of Materials*, 2 vols. (New York: Dover, 1960).

Toeplitz, O., *The Calculus, a Genetic Approach* (Chicago: University of Chicago Press, 1963).

Tropfke, J., *Geschichte der Elementar-mathematik*, 2ª ed., 7 vols. (Berlin and Leipzig: Vereinigung wissenschaftlicher Verleger, 1921-1924).
Uma importante história para os ramos elementares. Alguns volumes apareceram numa terceira edição incompleta.

Truesdell, C., *Essays in the History of Mechanics* (Berlin/Heidelberg: Springer-Verlag, 1968).

Turnbull, H. W., *The Great Mathematicians* (New York: NYU Press, 1969).

Van Brummelen, G., *The Mathematics of the Heavens and the Earth: The Early History of Trigonometry* (Princeton, NJ: Princeton University Press, 2009).

Van Brummelen, G. e M. Kinyon, eds., *Mathematics and the Historian's Craft: The Kenneth O. May Lectures* (New York: Springer, 2005).

van Heijenoort, J., From Frege to Gödel. *A Source Book in Mathematical Logic, 1879-1931* (Cambridge, MA: Harvard University Press, 1967).
Seleção cuidadosa e bem editada de trabalhos sobre lógica e fundamentos; mais de quarenta seleções.

Waerden, B. L. van der, *Science Awakening*, trad. por Arnold Dresden (New York: Wiley, 1963; reimpressão em brochura da ed. de 1961).
Exposição de matemática pré-helênica e grega; a edição original tinha ilustrações muito atraentes.

Weil, A., *Number Theory. An Approach through History: From Hammurapi to Legendre* (Boston: Birkhäuser, 1984).
Um guia soberbo para alguns dos clássicos da teoria dos números; especialmente valioso por Fermat e Euler.

Wieleitner, H., *Geschichte der Mathematik*, 2 vols. em 3; vol. 1 por S. Gunther (Leipzig: G. J. Goschen and W. de Gruyter, 1908-1921).
Muito útil para o início do período moderno. Não confundir com a ed. abreviada de Goschen de 1939.

Wussing, H., com H-W. Alten e H. Wesemuller-Kock, *6000 Jahre Mathematik: eine kulturgeschichtliche Zeitreise*, 2 vols. (Berlin: Springer, 2008-2009).

Zeller, M. C., *The Development of Trigonometry from Regiomontanus to Pitiscus* (Ann Arbor, MI: Edwards, 1946).

Zeuthen, H. G., *Geschichte der Mathematik in XVI. Und XVII. Jahrhundert*, ed. por R. Meyer, trad. (Leipzig: B. G. Teubner, 1903).
Exposição correta e ainda útil.

ÍNDICE REMISSIVO

'Abd-al-Hamid ibn-Turk, 169

ábaco, 63, 145, 178, 204, 225

Abel, Niels Henrik, 321, 350

Abraham ibn-Ezra, 180

abstração, 46, 332, 409

Abu Nasr Mensur, 171

Abu'l-Wefa, 170-172

Académie des Sciences, 280, 292, 296, 316, 437

Adelard de Bath, 179, 180

adição, 32, 156, 434
    símbolos para, 154, 156, 199

Ahlfors, Lars V., 429

Airy, G. B., 390

al-. Ver nome a seguir deste prefixo

alavanca, lei da, 100, 108

Alberti, Leon Battista, 207

Alberto Magno, 185

Alcuin de York, 178

Aleksandrov, P. S., 418

Alembert, Jean Le Rond d', 286, 307-309, 315, 316

Alexandre de Afrodisias, 66

Alexandre de Villedieu, 180

Alexandre o Grande, 41, 84-87

Alexandria, 87, 101, 108, 111, 121, 122

alfabetos, 53

álgebra
    abstrata, 375, 384, 426
    babilônia, 46, 47, 63, 73
    booleana, 374
    da Índia medieval, 166
    de Viète, 211-213
    diofantina, 134, 160, 172
    do Egito antigo, 29, 30
    do renascimento, 196, 245
    estágios do desenvolvimento da, 134
    geométrica, 73, 74, 92, 96, 97, 106, 120, 132
    homológica, 426
    leis da, 372
    não comutativa, 343, 379, 382
    pai da, 133, 134
    simbólica, 92, 204, 221, 238, 372, 375
    sincopada, 134, 139
    sistemas de computação algébrica, 427
    teorema fundamental da, 317, 344, 349, 427

álgebras
    associativas lineares, 381
    de Clifford, 382
    de matrizes, 379, 381, 419
    finitas, 419
    múltiplas, 378, 393

algoritmo
    arquimediano, 102
    de Euclides, 95, 97
    de Heron, 132
    origem da palavra, 165
    raiz quadrada, 288

Alhazen, 172-174

Alquimia, 164

Ampére, André-Marie, 388

Análise, 82, 106, 118, 159, 213, 231, 305
    algébrica, 112, 270
    aritmetização da, 382, 392, 394, 410
    complexa, 317, 391, 400
    de dimensão superior, 246
    funcional, 417

indeterminada, 134, 159, 165, 166
tensorial, 420

analysis situs. Ver topologia

Analytical Society, 340-341

Anaxágoras de Clazomene, 54

Anderson, Alexandre, 268

anéis, teoria dos, 419

anel, forma de um, 383

Angeli, Stefano degli, 268

ângulo
de contingência, 81
de desvio, 327
medida do, 41
obtuso, 94, 113, 367
relação da corda, 122
reto, 55, 123, 152, 170, 243, 301
teorema de Tales, 124
trissecção do, 68, 102, 136

Antemius de Trales, 142

Apastamba, 152

Apian, Peter, 199, 209

Apolônio de Perga, 111
Cônicas, 211, 244, 251, 256
Dividir em uma razão, 111, 112, 139
Inclinações, 112
Lugares geométricos planos, 112, 244
Sobre seção determinada, 112
Tangências, 112

Appel, Kenneth, 433

aproximação, 34, 339
Chinesa antiga, 146
fórmula de Stirling, 281
método de Heron, 107
método de Newton, 278

áreas, aplicação de, 73, 95

Argand, Jean Robert, 336

Aristarco de Samos, 87, 101, 123

Aristeu, 112, 139

Aristóteles, 15, 86, 88, 90, 112, 131, 141, 160, 174, 186, 210, 242, 396

conquista árabe de, 163

arithmometer, 227

Armentrout, Steve, 439

Aronhold, Siegfried Heinrich, 408

Arquimedes de Siracusa, 99
área do triângulo, 130, 131
generalização de Pappus de, 107
problema da "faca do sapateiro", 137
problema do gado, 160
redescoberta dos trabalhos de, 130
teorema da corda quebrada, 107
teorema favorito de, 109

Arquitas de Tarento, 54, 68

Artin, Emil, 419, 423

Aryabhata, 153, 156, 158

Aschbacher, Michael, 436

Asoka, 154

assistente de demonstração Coq, 434

astrologia, 130, 164, 180

astronomia, 180, 183, 190, 194, 225, 228
como disciplina do quadrivium, 76, 178
de Copérnico, 205
de Ptolomeu, 128, 140, 153

Atenas, 64, 67, 70, 75
Academia e escolas em, 76, 79, 122, 142, 155

Autolicus de Pitane, 76

Averróis, 242

Avicena, 172

axioma da escolha, 411

axioma de Cantor-Dedekind, 394

axiomas, 411, 418, 428
postulados vs., 79

Babbage, Charles, 227, 340

Bachet, Claude Gaspard de, 249

Bacon, Francis, 219

Bacon, Roger, 177, 185

Bagdá, 48, 164-165, 167, 169

Baire, René, 415

Baker, Alan, 413

Banach, Stefan, 422

Barrow, Isaac, 265, 270, 275

bases de Gröbner, 427

bases, número, 25

Bayes, Thomas, 329

Beltrami, Eugênio, 313, 367

Berkeley, George, 284

Berlin
    Academy of Sciences, 291, 309, 312
    Universidade de, 423, 428

Bernays, P., 414

Bernoulli, Daniel, 296, 297, 304, 308

Bernoulli, Jacques, 257, 281, 292, 293, 294

Bernoulli, Jean II, 296

Bernoulli, Jean, 282, 284, 292, 293, 295

Bernoulli, mapa genealógico dos, 292

Bernoulli, Nicolaus, 281, 300, 303

Bertrand, L. F., 345-346

Bessel, F. W., 338

Betti, Enrico, 406

Bézout, Etienne, 318
    teorema de Bezout, 283

Bhaskara, 160, 161

Bing, R. H., 439

Biot, Jean-Baptiste, 324

Birkhoff, George David, 432

Biruni, al-, 107, 151-154, 172

Bizâncio, 65, 182

blocos, teoria dos, 435

Blumenthal, Otto, 424

Bobillier, Étienne, 362

Bôcher, Maxime, 400

Boécio, 98, 140, 141, 177, 178

Bologna, Universidade de, 221

Bolyai, Farkas, 348, 366

Bolyai, Jonas, 365

Bolzano, Bernhard, 337

Bombelli, Rafael, 203

Bonaccio, 181

Boole, George, 372

Borel, Armand, 425

Borel, Emile, 415

Bosse, Abraham, 252

Bouquet, Jean-Claude, 339

Bourbaki, Nicolas, 424

Bowditch, Nataniel, 390

Bradwardine, Thomas, 186, 191

Brahe, Tycho, 215, 222, 229

Brahmagupta, 158, 159-161, 165

braquistócrona, 280, 293, 295

Brauer, Richard, 419, 423, 435

Brianchon, Charles Julien, 358

Briggs, Henry, 219, 223, 225, 227

Bring, E. S., 219

Briot, C.-A., 399

British Association for the Advancement of Science, 341, 372

Brouncker, William, 269

Brouwer, L. E. J., 399, 419

Bruhat, Francois, 425

Brunelleschi, Filippo, 207

Brunswick, Duque de, 344

Buffon, Georges Louis Leclerc, Conde de, 297

Bürgi, Jobst, 219, 224

Burnside, William, 435

bússola, invenção da, 148

Byerly, William Elwood, 400

cajado de Jacó, 190

Calculator (Richard Suiseth), 189

cálculo mecânico. Ver máquinas de calcular matemática

cálculo, 196, 202, 215, 219, 223, 226
    controvérsias sobre, 291
    diferencial, 102, 246, 270, 420
    descoberta do, 255, 276
    exponencial, 295
    generalização do, 422
    integral, 81, 82, 105, 229, 289
    teorema fundamental do, 248
    Ver também variações, cálculo das

calendário, 25, 30, 143

Califórnia, Universidade da, Berkeley, 437, 440

calor, 389, 440

Cambridge, Universidade de, 185, 428, 437
    King's College, 428
    Trinity College, 271, 340, 375, 379

Campanus de Novara, 184

Cantor, Georg, 392, 395
    teoria dos conjuntos, 384, 393, 418

Cao, Huai-Dong, 440

Cardan, Jerome, 175, 201

Carmichael, R., 420

Carnot, Hippolyte, 325

Carnot, Lazare, 315, 325

Carnot, Sadi, 325

Carroll, Lewis. Ver Dodgson, C. L.

Cartan, Elie, 419, 420, 435

Cartan, Henri, 424, 426

cartesianismo. Ver Descartes, Rene

Cartier, Pierre, 425

cartografia, 118, 209-210, 313
    problema das quatro cores, 434

Casa da Sabedoria, 164-165, 169

Cassiodoro, 177

Castelli, Benedetto, 235

Castelnuovo, Guido, 370

Cataldi, Pietro Antonio, 269

catenária, 293, 295, 322

catóptrica. Ver reflexão, leis da

Cauchy, Augustin-Louis, 334-338

Cavalieri, Bonaventura, 230, 233-235, 247
    Geometria Indivisibilibus, 266

Cayley, Arthur, 324, 361, 432

Ceva, Giovanni, 300

Champollion, Jean-Francois, 29

Chasles, Michel, 360

Chebyshev, Pafnuty Lvovich, 345, 421

Chevalier, A., 354

Chevalley, C., 413

Chicago, Universidade de, 424, 436

Chou Pei Suang Ching, 143

Chuquet, Nicolas, 196

Church, A., 428

cicloide, 232, 235, 250, 255, 260
    concurso de Pascal, 260

ciferização, 31

cifras, 31, 181

cinemática, 241

Círculo de Apolônio, 112

círculo, 241, 248, 251
    360 graus, 127
    área do, 34, 48, 66, 73, 81, 106, 144
    circunferência do, 175, 205, 234
    conchoide do, 253
    nove pontos, 359
    propriedade de Cotes do, 282
    propriedades do, 346
    quadratura do, 65, 75, 84, 103, 136, 141, 240
    raio do, 124

Clagett, Marshall, 188

Clairaut, Alexis Claude, 299

Clairaut, le cadet, 300

Clavius, Christopher, 221

Clebsch, Alfred, 370

Clifford, William Kingdon, 381

Coates, John, 437

Cohen, Paul, 411

Colbert, Jean Baptiste, 256

Collège de France, 333, 401

Collège de Navarre, 210

Collins, John, 268, 275

Commandino, Federigo, 211

compassos
  construção de um polígono com, 344
  de Galileu, 225

comprimento de arco. Ver curvas, comprimento de área

computação, auxílios para. Ver ábaco; máquina de somar; máquina de calcular; computador; régua de cálculo

computador, 427, 433

condições de cadeia, 383

Condorcet, Nicolas, 315, 319, 322

conexão, conceito de, 420

Congresso de Beijing (2004), 441

congressos internacionais de matemática, 408

congressos. ver congressos internacionais de matemática

conjectura das quatro cores, 431

conjectura de geometrização, 439

conjuntos, teoria dos, 317

conjuntos, 317, 334, 338
  potência de, 396
  Ver também conjuntos infinitos

conoide, 104

Conon de Alexandria, 102

Constantinopla, 109

palimpsesto matemático, 109

construção de mapas. Ver cartografia

construção de tabela, 128, 190
  logarítmica, espiral, 235, 242, 293

contabilidade de dupla entrada, 220

contagem com os dedos, 25

contagem, 23, 25-27, 63, 143, 332

contato, ângulo de. See angle, horn

continuidade, 72, 144
  de pontos, 394

contrários, concordância de, 190

convergência, 320, 334, 337-339, 391
  uniforme, 339, 346, 391

Coolidge, Julian Lowell, 359

coordenadas, 70, 294, 361
  baricêntricas, 362
  bipolar, 278
  cartesiana, 278, 312, 361-364
  curvilínea, 399
  homogêneas, 362-363
  imaginárias, 493
  intrínsecas, 442
  negativas, 242, 259, 278
  polares, 102-103, 278, 294, 298, 301
  trilinear, 362

Copérnico, Nicolau, 129, 175, 205, 256, 365

cor, natureza da, 272, 277

corpos, problema dos, 318, 321

correspondência
  biunívoca, 24, 75, 232, 337, 384, 394, 396, 397
  regras de, 334

corte de Dedekind, 394, 395

Cosali, Giovani di, 188

cosmogonia, 406

cosmologia. Ver astronomia

cossenos
  lei dos, 93, 327
  série de potências, 392

Cotes, Roger, 282, 381

Coulomb, Jean, 424

Courant, Richard, 423

Craig, John, 222

Cramer, Gabriel, 285, 318, 362

Crelle, August Leopold, 349

Cremona, Luigi, 361

criptoanálise, 428

cúbica
    Tschirnhaus, 298
    curvas, 283
    tábuas cuneiformes, 42, 48, 50
    Ver também equações, cúbicas

cubo, 84, 98, 121, 279
    duplicação do. Ver problema deliano

curva de Hípias. Ver quadratriz de Hípias

curva(s), 236, 240-243, 246
    área sob a, 269, 274
    classificação de, 240, 283
    continuidade de, 337
    coordenadas planas da, 116
    coordenadas polares de, 278
    cúbicas, 241
    de descida mais rápida, 280
    determinação de, 249
    distribuição de, 281
    elíptica, 300
    espiral logarítmica, 293
    equações de Plücker, 363
    geometria diferencial, 348
    gráficos de Newton, 278
    intersecção de, 322
    involutas e evolutas de, 260
    minimais, 414
    não algébricas, 289
    ordem da, 363
    origem dual de, 363
    pétala de rosa, 301
    pontos de inflexão, 259
    posto da, 407
    problema de Papus, 139
    propriedade das, 114
    representação da, 296, 312
    representação paramétrica da, 312, 407
    retificação da, 241
    reversas. Ver curvatura, curvas de dupla
    secções espíricas, 138
    seno, 251
    tangentes a, 248, 261, 300
    transformações birracionais, 370
    velocidade-tempo, 188
    Ver também medida, curvilínea

curvas planas, 89, 116, 208, 241

curvatura
    curvas de dupla, 198
    gaussiana, 348, 366

d'Alembert. Ver Alembert, Jean Le Rond d'

Darboux, Gaston, 421

Darwin, Charles, 421

Darwin, George H., 406

De Moivre, Abraham, 280-282, 285, 305

De Morgan, Augustus, 181, 372, 374, 431

de quantidade, 188 Ver também funções, contínua

de Witt. Ver Witt, Jan de

Debeaune, Florimond, 249, 258

Dedecker, Ezechiel, 382

Dedekind, Richard, 382, 388, 394

dedução, 73, 100, 390
    Dehn, Max, 412

Delamain, Richard, 226

Delambre, J. B. J., 347

Deligne, Pierre, 427

Delsarte, Jean, 424

Demócrito de Abdera, 64, 75

demonstração, 32, 33, 50
    Appel-Haken, procedimento de, 434
    arquimediana, 158
    com base no computador, 429, 434
    de Apolônio, 118
    descida infinita, 249
    euclidiana, 91
    método indireto, 66

Demóstenes, 86

Denjoy, Arnaud, 417

derivada, 276, 284, 320

Desargues, Girard, 228, 236, 251, 253, 256

Descartes, René, 236, 237, 257
    Discours de la méthode, 237, 238
    folium de, 247, 279
    La Geometrie, 211, 221, 238, 239, 240, 241
    ovais de, 243, 278
    regra de sinais de, 203, 244, 279

desenvolvimento de Cantor-Heine, 394

desigualdade de, Bernoulli, 292

desvio, ângulo de, 327

determinantes, 335, 336, 339, 352, 364, 379
    definição de, 335
    derivação do nome, 246
    funcional, 335, 352

Dettonville, Amos, 255

diâmetros, conjugados, 116, 119, 120

Diaz, Juan, 213

Dickson, Leonard Eugene, 419

Diderot, Denis, 316, 319

Dieudonné, Jean, 424

diferencial, 331, 337, 348. Ver também cálculo, diferencial

dimensões
    três, 362, 364, 367, 376
    quatro, 367, 368

Dinóstrato, 68, 76, 82, 84

Diofante de Alexandria, 133
    Arithmetica, 134, 135, 172, 249

diofantinas, equações. Ver equações, diofantinas

Dionísio, 70

Dirichlet, P. G. Lejeune, 333, 334, 339, 367, 383

distribuição, 236, 281, 332, 340, 422

divisão
    algoritmo de Euclides, 95
    babilônia, 98
    divisão, 98, 104
    egípcia, 127
    galeão, 157, 158
    por zero, 160

Dixmier, Jacques, 425

dodecaedro, 56, 57, 70, 77, 78
    demonstração de Apolônio, 112

Dogson, C. L. (Lewis Carroll), 382

Douglas, Jesse, 429

Du Bois Reymond, Paul, 389

Debreil, Paul, 424

Duilier, Nicolas Fatio de, 280

Dupin, Charles, 357

Dürer, Albrecht, 206, 208

École Militaire de Mezières, 322

École Normale, 320, 323, 333, 401, 415

École Polytechnique, 333, 334, 336, 340, 343, 353, 357

econometria, 428

Eddington, A. S., 420

Edinburgh Mathematical Society, 403

Egito, matemática no antigo, 29, 30. Ver também Alexandria

Ehresmann, Charles, 424

Eilenberg, Samuel, 426

Einstein, Albert, 388, 414, 420

Eisenstein, Ferdinand Gotthold, 346

elasticidade, 330, 336, 400

eliminação, 380

elipse, 83, 104, 113, 115, 118
    área da, 104, 229
    descoberta da, 83
    quadratura da, 104
    teorema de Copérnico, 206

elipsoide, 109, 331

energia cinética, 262, 291

Engel, F., 378

Enriques, Federigo, 370

Entscheidungsproblem, 428

epiciclo, 113, 129, 175

epicicloide, 208

equações
    cúbica, 45, 148, 173
    determinada, 134, 156
    diferencial. Ver equações diferenciais
    diofantina (indeterminada), 160, 407, 413
    hiperbólica, 389
    hipergeométrica, 391
    integral, 417
    Laplace, 329
    linear, 32, 44, 45, 141, 144, 147
    onda, 389, 390, 400
    Pell, 107, 135, 160
    polinomial, 259, 271, 278, 279, 297, 306, 401
    potencial, 400
    quadrática, 44, 46, 73, 89, 95, 97, 114
    quártica, 138, 148, 200, 202
    quíntica, 203, 297, 321, 350
    simultâneas, 44, 45, 89, 135
    solução aproximada. Ver Método de Horner
    solução trigonométrica, 216
    terceiro grau, 45, 173
    transformações de Tschirnhaus, 297

equações das, 119

equações de Cauchy-Riemann, 317, 366, 388

equações diferenciais, 389
    Bernoulli, 293
    Cauchy-Lipschitz, 339
    Cauchy-Riemann, 317, 366, 388
    colchetes de Poisson, 340
    com grupo de monodromia dado, 413
    d'Alembert, 318
    Euler, 309
    funções automórficas, 404
    hipergeométrica, 391
    Kutta-Runge, 422
    Laplace, 329
    Legendre, 331
    linear, 390, 391
    parcial, 389, 405, 411, 440
    Poincaré, 405, 406, 438
    Riccati, 300, 309

equante, 129

Erastóstenes, 123
    crivo de, 133

Erlanger, Universidade de, 409

Erlanger Program, 368

escala de Gunter, 225

escolasticismo, 191, 209

esfera, 59, 77, 105, 312, 324, 360, 367, 405
    coroa de, 220
    homocêntrica, 82, 113, 129
    volume da, 109, 153, 161

espaço
    Banach, 422, 428
    Hilbert, 428
    riemanniano, 421
    vetorial, 42, 425

espectral, sequência, 427

Espeusipo, 61

espiral, 102, 136, 234
    de Arquimedes, 102, 138, 234
    logarítmica, 93, 235, 242
    retificação da, 235

estrelado, polígono, 187

Euclides de Alexandria, 87, 184
    quinto postulado de. Ver postulado das paralelas
    trabalhos perdidos de, 112, 286
    teorema de, 307, 345
    trabalhos de
        Dados, 88
        Divisão de Figuras, 88, 183, 195
    Os elementos, 88, 89, 93, 95, 98, 107, 113, 140, 152, 153, 164

Euclides de Megara, 87

Eudemus de Rhodes, 140

Eudoxo de Cnido, 76
    demonstrações de, 108

Euler, Leonhard, 98, 283, 294, 303-310, 332, 336, 338
    Álgebra, 305, 311, 317
    Introductio, 132, 305, 323

teoremas de Fermat, 250, 310

Eutócio, 113, 169

evoluta, 260-262, 293

exaustão, método da, 80, 184, 228, 235, 326

excentricidade, 136, 300, 347

expoentes
    leis dos, 196

faca do sapateiro, problema da, 106

Fagnano, G. C., 300

falso, regra de, 33

Feit, Walter, 436

feixes, 361

Feller, William, 424

Fermat conjecturas, 310

Fermat, Pierre de, 135, 236

Ferrari, Ludovico, 200, 202

Ferro, Scipione del, 200

Feuerbach, Karl Wilhelm, 359, 362

Fibonacci, 181-183, 185, 191, 196
    Liber abaci, 181, 196
    Practica geometriae, 183

Fídias, 123

Fields, John Charles, 429

figuras cósmicas, 56

Filolau de Tarento, 59, 68, 69

Finck, Thomas, 215

Fior, Antonio Maria, 200

física, 340
    atômica, 421
    matemática, 340, 388, 389, 391, 405, 414

fluxos (fluentes), 279, 284, 286
    substituição de símbolos, 340

focos (foco), 228

Fontana. Ver Tartaglia, Niccolo

formalistas, 425

formas
    ciência das, 377
    latitude das, 187
    permanência, 372
    teoria das, 380

Fourier, J. B., 333. Ver também séries, Fourier

Fowler, K. A., 436

frações
    barra horizontal na, 181
    conceito de, 32
    contínua, 269
    contínuas infinitas, 306
    multiplicação cruzada de, 80
    decimal, 128, 219, 397
    notação de, 42, 160
    potências de, 269
    racional, 26, 31
    sexagesimal, 175, 182
    unitárias, 31, 43, 59, 63, 127, 132, 168, 181

frações de astrônomos, 127

Fraenkel, A., 419

Franklin, Philip, 433

Fréchet, Maurice, 417, 422

Frederico, o Grande, 304, 312, 320

Fredholm, Ivar, 414, 417

Friedman, Michael, 439

Frege, F. L. G., 384, 412

Frey, Gerhard, 437

Frobenius, G., 391, 422, 423

Fuchs, Lazarus, 391, 408

Fueter, R., 410

função delta de Dirac, 421

função(ões)
    abelianas, 370, 380, 390, 391, 407
    analíticas, 338
    automórficas, 404
    beta de Euler, 268
    complexas, 339, 370, 388, 392, 399
    conceito de, 223, 296, 311
    contínuas, 387, 421

de variável real, 425
definição de, 337
delta de Dirac, 421
derivada, 284, 292
Dirichlet, 333, 341
elípticas, 351, 352, 390, 398
hiperbólicas, 282, 313
Mathieu, 400
notação para, 145
patológica, 334, 338, 415
Poincaré, 415
pontos de descontinuidade, 416
representação gráfica de, 188, 189
transcendental. Ver transcendental, funções
zeta, 388, 413, 423
zeta-Fuchsian, 405

funtor, 426

Galileu Galilei, 219, 224, 232

Galois, Evariste, 321, 353

Galton, Francis, 421

Gang Tian, 441

Gauss, Carl Friedrich, 343
Disquisitiones Arithmeticae, 344, 346, 350, 354
Poincaré comparado com, 404

Gelfond, Aleksander Osipovich, 413

geodésia, 131, 331, 348

geodésicas, 295, 348

geometria
afim, 369
algébrica, 130, 211, 360, 382, 426, 427, 429
analítica, 295, 296, 299, 300, 305, 311, 312, 318, 323, 324
analítica no espaço, 243, 256, 258, 267, 298, 322, 327, 324
aritmetização da, 238, 363
axiomas da, 412
babilônia, 63
cartesiana, 238, 244, 257, 298
chinesa antiga e medieval, 143
de Lobachevski, 345, 357, 365
dedutiva, 55
descritiva, 322, 323
diferencial, 295, 323, 324
elíptica, 369
enumerativa, 360, 413
Hilbert, 410
hiperbólica, 369, 439
inversiva, 360
moderna, 327, 369
n-dimensional, 364, 377, 378
não euclidiana, 301, 313, 343, 364-367, 407
ordinária vs. diferencial, 309
projetiva, 251-253, 358, 360, 363
princípio de Mascheroni, 257
problemas famosos, 441
riemanniana, 366, 420
sintética, 299, 311, 324

geometria de borracha, 406

Gerardo de Cremona, 179, 185

Gerbert, 178

Gergonne, Joseph-Diaz, 349

Germain, Sophie, 333, 346

Gerson, Levi ben. Ver Levi ben Gerson

Gibbs, Josiah Willard, 378, 421

Glasgow, Universidade de, 283

Gleason, Andrew, 413

gnômon, 59, 93, 167

Gödel, Kurt, 411, 424

Goldbach, Christian, 308, 311

Gonthier, Georges, 434

Gordan, Paul, 370, 408

Gorenstein, Daniel, 436

Göttingen Gesellschaft der Wissenschaften, 349

Goursat, Édouard, 339

Göttingen, Universidade de, 344, 366, 369, 378, 384

gráfico de números complexos, 336

gráficos
de curvas, 278
de funções, 283

Grandi, Guido, 301

Grassmann, Hermann, 377

Grassmann, Justus, 377

gravidade, centro de, 108, 1098, 139

gravitação, lei da, 272, 277

Grécia, matemática na antiga, 78, 82, 101
    Idade de Ouro da, 343
    Idade de Prata da, 132
    Idade Heróica da, 54
    intervalo de tempo da, 121

Green, George, 340

Gregório de St. Vincent, 248

Gregory, D. F., 372

Gregory, David, 268

Gregory, James, 268, 271, 284, 286

Gresham College, 223, 225, 276

Grosseteste, Robert, 185

Grotefend, F. W., 40

Grothendieck, Alexander, 425, 427

Group Theory Year (ano da teoria dos grupos) (1960-1961), 436

grupo abeliano, 382, 383

grupos, finitos, 436

grupos, teoria dos, 321, 368, 383, 387, 428
    corpo numérico, 382
    definições abstratas de, 408
    grupo dual, 383
    transformações contínuas, 412
    teorema de classificação, 435
    topologia, 369
    Ver também grupos de Lie

Gudermann, Christoph, 390

Guldin, Paul, 139

Gunter, Edmund, 219, 225

Guthrie, Francis, 431

Guthrie, Frederick, 432

Haar, Alfred, 417

Hachette, Jean-Nicolas-Pierre, 323

Hadamard, Jacques, 345, 417

Haitham, ibn-al-. Ver Alhazen

Haken, Wolfgang, 433

Hall, Filipe, 436

Halle, Universidade de, 383, 398

Halley, Edmund, 111, 113, 276

Hamel, G., 412

Hamilton, Richard, 440

Hamilton, William (1788-1856), 373

Hamilton, William Rowan (1805-1865), 373, 377, 378

Hankel, Hermann, 393

Hardy, G. H., 423

harmonia das esferas, 60

harmônicos, 331, 361, 400. Ver também séries, harmônica

Harriot, Thomas, 200, 212, 267, 349

Harvard, Universidade de, 318, 381

Hasse, Helmut, 419

Hausdorff, Felix, 418

Haytham, al-. Ver Alhazen

Heawood, Percy John, 432

Hecke, Erich, 398, 410

Heesch, Heinrich, 433

Heiberg, J. L., 109

Heine-Borel, função de, 416

Heine, Eduard, 394, 400

Helmholtz, Hermann, 389

hemisfério, área do, 36, 105

Hensel, Kurt, 419

heptágono, 48, 208, 214

Hermann, Jacob, 298

Hermann, o Dálmata, 179

Hermite, Charles, 392, 401, 409

Herodian, 62

herodiânica, notação. Ver numeração Ática

Heródoto, 29, 37, 54, 63, 145

Heron de Alexandria, 42, 130, 328

Heron, fórmula de, 107, 130

Herschel, John, 340, 372

Hesse, Otto, 370

Hessenberg, Gerhard, 420

Heuraet, Heinrich van, 262

hexágono, 98, 102
    Pascal, teorema de, 253, 258

Hicetas, 69

hieróglifo, 29, 30

Hilbert, David, 399, 409-414, 417
    vinte e três problemas de, 441

Hill, George Will, 390

Hindu, matemática. Ver India, matemática na

Hindu, numerais, 165, 170, 180

Hiparco de Niceia, 124

Hipatia, 133, 140

hipérbole, 173, 206, 228, 236, 245, 257
    como curva de dois ramos, 117
    equação da, 245
    equilátera, 116
    infinitesimais, 228
    nomenclatura de Apolônio, 115, 119
    quadratura da, 258, 262
    Ver também funções, hiperbólicas

hiperboloide, 104, 109

hipercomplexos, sistemas, 419

Hípias de Elis, 54, 67

Hipócrates de Chios, 82, 89, 94

Hipsicles, 98, 124

Hölder, Otto, 419

Hood, Thomas, 224

Hooke, Robert, 276

Hopf, Heinz, 419

Horner, método de, 147, 148, 175
    semelhança com o método de Newton, 278

Horner, W. G., 148

Hrabanus Maurus, 178

Hudde, Johann, 258, 259

Hudde, regras de, 259

Hulagu Khan, 174

humanismo, 209

Humboldt, Alexander von, 341, 355

Humboldt, Wilhelm von, 341

Hurwitz, Adolf, 408, 409, 411

Huygens, Christiaan, 259, 260, 261, 262

icosaedro, 57, 77, 98, 112

Idade Média. Ver matemática medieval

ideal, 319, 359, 363
    números complexos, 383, 437
    ponto, 359, 363

impressão, 114, 135, 158, 165

incomensurabilidade, 70, 76, 96, 121

Índia, matemática na, 151, 152

indução
    axioma de, 385
    de Fermat, 250
    transfinita, 412
    Wallis, método de, 266

infinitesimal, 248, 262, 278, 288
    axioma de Arquimedes, 80
    símbolo para, 266
    validade de, 398

infinito, 41, 72, 86, 114, 189
    completado, 338
    de incógnitas, 417
    de primos, 96, 332, 437
    de números reais, 338
    infinidade de pares de primos, 413
    ordens de, 317

infinitos, conjuntos

de Cantor, 393, 418
  correspondência de subconjuntos, 398
infinitos, processos, 103, 268, 274, 305
inscrições, 29, 154
Institut National des Sciences et des Arts, 315
integração, 318, 337, 344, 351, 391
  teorias de, 417
integridade
  Cauchy, 337, 338
  Chebyshev, 422
  Denjoy, 417
  domínio, 383
  elíptica, 300
inteiros (as), 26, 41, 42, 47, 59
  algébricos, 382
  gaussiano, 382
  ímpar e par, 26
  pares ordenados de, 384
  quadrados perfeitos, 232
  razão de, 182
International Mathematical Union, 429
Internet, 431, 440
interpolação, 43, 45, 128, 139, 156
intuicionistas, 406
invariantes
  algébricos, 409
  diferenciais, 414
  teoria dos, 370, 380, 408
  topológicos, 406
inversão, 285, 352, 360, 389
involuta, 260-262
Irish Academy, 376
irracionalidade, 77, 78
Isidoro de Mileto, 98, 142
Isidoro de Sevilha, 177, 178
Islâmica, matemática, 195
  binomial, teorema, 272
  multiplicação em gelosia, 157
  mundo cristão medieval, 182
  Ver também Arábic numerais

isócrona, 260
Ivory, James, 340
Iwasawa, 437
Jacobi, Carl Gustav Jacob, 335, 340, 341, 347
jacobiano, determinantes, 352
Janiszewski, Zygmunt, 418
Jerrard, G. B., 297
Jevans, W. S., 375
Ji Kang, 143
John de Halifax. Ver Sacrobosco John de Sevilha, 181
John Philoponus. Ver Philoponus, John
Jones, William, 304
Jônica, escola, 54
Jônica, numeração, 101
  transição Ática para, 101
Jordan, Camille, 399, 415
Jordanus Nemorarius, 183, 200, 220, 253
juros compostos, 225
Kagan, W. F., 412
Kahun, Papiro, 34
Kant, Immanuel, 329, 408
Karkhi, al-, 170, 172
Karosthi, sistema de escrita, 154
Kashi, Jamshid al-, 175, 203
Keil, John, 280
Kelvin, Lord (William Thomson), 333, 341, 361
Kempe, Alfred Bray, 432
Kempe, cadeias de, 432
Kepler, Johanes, 219, 228
Khwarizmi, al-, 165, 305
  Al-jabr, 167, 169, 172, 179
Killing, Wilhelm, 435
Kindi, al-, 165

Kirchhoff, Gustav, 389

Klein, Felix, 378, 408, 409, 414

Klein, garrafa de, 369

Kleiner, Bruce, 440

Koch, Helge von, 417

Kolmogorov, A. N., 418

Königsberg, Universidade de, 408

Korkin, A. N., 422

Koszul, Jean-Louis, 425

Kovalevskaya, Sofia, 339, 392

Kremer, Gerhard. Ver Mercator, Gerard

Kronecker, Leopold, 398

Krull, Wolfgang, 419

Kublai Khan, 148

Kummer, Ernst Eduard, 383

Kutta-Runge, método de, 422

L'Hospital, G. F. A. de, 290, 295

Lacroix, Sylvestre Francois, 324

Lagrange, Joseph-Louis, 315, 316, 320

Laguerre, Edmond, 361

Lahire, Philippe de, 252, 256

Lalouvère, Antoine de, 262

Lambert, Johann Heinrich, 312

Lamé, Gabriel, 399, 437

Landau, Edmund, 423

Lang, Serge, 425

Langlands, programa de, 438

Laplace, Pierre Simon, 315, 328
    Mecanique celeste, 329, 330, 333, 390

latitude, 98, 129, 187

Laue, Max von, 420

Laurent, H., 399

Laurent, Pierre-Alphonse, 399

Lavoisier, A. L., 322

Lebesgue, Henri, 415

Legendre, Adrien Marie, 330, 351, 364

lei do inverso do quadrado, 276

Leibniz, Gottfried, 286, 288, 289, 291

Leipzig, Universidade de, 194, 286

leis de conservação, 414

Lejeune Dirichlet. Ver Dirichlet, P. G. Lejeune

lemniscata, 293, 322

Leonardo da Vinci, 185, 207

Leonardo de Pisa. Ver Fibonacci

Leray, Jean, 424, 427

Leucipo, 75

Levi ben Gerson, 189

Levi-Civita, Tullio, 420

Levi, Beppo, 420

Leyden, Universidade de, 257

Li Zhi, 148

Lie, grupos, 407, 412, 420

limaçon de Pascal, 253

limitantes, 416

Lindemann, Ferdinand, 394, 399, 401, 408

Liouville, Joseph, 333, 353, 361

Lipschitz, Rudolf, 339

Listing, J. B., 406

Littlewood, J. E., 423

Liu Hui, 146

Livro dos mortos (Egito), 23

Lobachevsky, Nikolai Ivanovich, 345, 365

logaritmos, 43, 101, 196, 217, 221
    cálculo, 269
    gráfico da função, 283

lógica
    álgebra da, 291, 372
    matemática, 373, 384, 385, 412
    simbólica, 372, 385

London Mathematical Society, 403, 432, 438

Londres, Universidade de, 341

longitude, 129, 188, 209

Lott, John W., 440

Luca di Borgo. Ver Pacioli, Luca

lugar geométrico de três e quatro retas. Ver Papus, problema de

Lull, Ramon, 190

luna, quadratura de, 65, 66, 141

Luxor, Papiro de, 30

Luzin, N. N., 417

Mac Lane, Saunders, 426

Maclaurin, Colin, 283, 304, 319

Maclaurin, série de, 269, 283, 284

Magini, G. A., 221

Maia, sistema de numeração, 25

Malcev, Anatoly Ivanovich, 413

Mamun, al-, 164, 165

Mandelbrojt, S., 424

Mannheim, Amédée, 226

Mannigfaltigkeitslehre, 398

Mansur, al-, 164

máquina de calcular, 226, 254, 287 Ver também computador

máquina de diferença, 227

Máquina de somar, 340, 427

Marcelo, 99

Markov, A. A., 421

Mason, Max, 400

matemática
    formalistas vs. intuicionistas, 425
    idades de ouro da, 343
    origens da, 54

matemática aplicada, 132, 300, 309, 326, 331

matemática babilônia, 42, 46, 47

matemática chinesa
    antiga, 143, 146
    contemporânea, 407, 410
    medieval, 62, 143

matemática na França pré e pós revolucionária, 315

matemática norte-americana, 411

Mathieu, Emile, 435

matrizes, 378, 379, 381, 402
    hermitianas, 402

Maurolico, Francesco, 206

máximos e mínimos, 211, 235, 246

Maxwell, James Clerk, 390

Mazurkiewicz, Stefan, 418

mecânica celeste. Ver astronomia

medalhas Fields, 429

média
    aritmética, 33, 42, 49
    geométrica, 69, 85, 102, 104
    harmônica, 60, 69, 102, 137

médias, cálculo de, 196

medida. Ver mensuração

medieval
    bizantina, 164
    chinesa, 148
    européia, 183
    hindu, 152
    intervalo de tempo da, 183
    islâmica, 181

Menaechmus, 238

Menelau de Alexandria, 124, 328
    teorema de, 124, 125, 300

Mengenlehre, 398

Mengoli, Pietro, 257

mensuração ou medida, 27, 36, 48, 131
    curvilínea, 66
    Metrica de Heron, 130, 131

Méray, H. C. R. (Charles), 392, 394

Mercator, Gerard, 209

Mercator, Nicolaus, 269, 270, 275, 289

Meré, Chevalier de, 254

Mersenne, grupo de, 250

Mersenne, Marin, 235, 236

Mertens, Franz, 409

Merton, regra de, 186, 188

mesopotâmia, matemática da. Ver babilônia, matemática da

metamatemática, 412

métrico, sistema, 316

Metrodorus, 141

mínimos quadrados, 329, 331, 344, 347, 387

Minkowski, Hermann, 408, 409, 411, 414, 422

misticismo, numérico, 58, 78

Mittag-Leffler, Gösta, 390, 392, 429

Möbius, August Ferdinand, 350, 362, 369, 378

Möbius, faixa de, 362

Moerbeke. Ver William de Moerbeke

Mohenjo Daro, inscrições, 154

Mohr, Georg, 257

Moigno, Abbé, 399

Moise, E. E., 439

Molien, Theodor, 419

Molk, J., 399

Monge, Gaspard, 315, 322, 323

Montgomery, Deane, 413

Moore, E. H., 419

Moore, R. L., 439

Mordell, Louis Joel, 407

Morgan, John, 439

Morgenstern, Oskar, 428

Moscou, Papiro de, 34-36

Muller, Johann. Ver Regiomontanus

multinomial, teorema, 294

multiplicação, 42, 43, 50, 80, 368
   de frações, 32
   de matrizes, 378
   de números negativos, 286
   de quaternions, 376
   egípcia, 32
   em gelosia (reticulado), 157
   símbolo para, 63, 145
   tabelas, 227

multiplicadores de Lagrange, 301

Murphy, Robert, 372

Musa, irmãos, 169

música, 23, 60, 178

Napier, John, 219, 221, 222, 223

Napoleão I, 315, 326, 330, 333, 358

Nash, John Forbes, 428

Nasir Eddin. Ver Tusi, Nasir al-Din al-n

nebular, hipótese, 329

Neil, William, 262, 267

neopitagóricos, 61

neoplatonismo, 132, 140

Nesbitt, C. J., 435

Neugebauer, Otto, 44, 424

Neumann, Carl, 370

Neumann, Franz, 370

Neumann, John von, 413, 427, 428

neusis, 106

New York Mathematical Society, 403

Newson, Mary Winston, 411

Newton, Isaac, 271, 278, 280, 282-284, 286-288, 437
   Arithmetica Universalis, 279
   De Quadratura Curvarum, 274, 278, 287, 280, 317
   Enumeratio, 277, 278
   Opticks, 277, 439
   Principia, 118, 276, 280, 286

Newton, método de, 286

Newton, paralelogramo de, 278

Neyman, Jerzy, 424

Nicholas de Cusa, 190

Nicômaco de Gerasa, 132

Nieuwentijt, Bernard, 298

noção de "referencial móvel", 421

noção de descarga, 433

Noether, Emmy, 383, 414, 423

Noether, Max, 370, 414

nonágono, 172, 208

Nordheim, L., 414

nós, 414

notação, 145
  algébrica e aritmética, 134
  axiomas de Peano, 385
  geometria analítica, 246
  cálculo, 340
  determinantes, 290, 324
  diferencial, 317
  Euler, 304
  exponencial, 134, 196
  fluxional, 371
  função hiperbólica, 313
  Gauss, 331
  Leibniz, 371
  Plücker, notação abreviada de, 361
  Stevin, 220

Nove Capítulos sobre a Arte Matemática, 144

nulo, conjunto, 374

numeração ática, 101

numeração, 61, 64, 101
  babilônia, 43, 154
  brahmi, 154
  chinesa, 145, 146
  decimal, 154
  egípcia antiga, 30
  sexagesimal. Ver frações, sexagesimais
  Ver também princípio posicional

numerais em barra, 144

numerais. Ver arábicos, numerais; hindu-arábico, numerais; romanos, numerais

número
  amigável, 169
  axioma de, 394
  Bernoulli, 281, 437
  Betti, 405, 406
  cardinal, 26, 384, 396
  complexo. Ver número, imaginário composto, 422, 425, 437
  conceito de, 24, 59, 97, 394
  deficiente, 183
  Fermat, 250
  figurado, 293, 339
  grande, 151
  grandeza contínua vs., 373
  hipercomplexo, 419
  imaginário, 203, 204
  ímpar, 188
  infinito, 187
  inteiro, 197
  irracional, 159, 173, 199, 203
  Liouville, 400
  Mersenne, 250
  negativo, 146, 159, 165, 196, 199
  oblongo, 60
  ordem de, 101
  par, 105
  perfeito, 178, 183
  platônico, 78
  positivo, 144
  primo, 249, 346, 423
  racional, 172, 183, 203
  real, 173, 203
  transcendente, 397
  transfinito, 398, 411
  triangular, 60, 254, 257

número de Descartes-Euler, 406

número pentagonal. Ver número, figurado

numerologia, 58, 78

números, teoria dos, 78, 89, 90, 95, 96, 131, 147, 183, 249
  conjectura de Taniyma-Shimura, 437
  Euler, 237, 308
  Fermat, 310, 311, 346
  Gauss, 346, 376

Hilbert, 409, 410, 411
Legendre, 401
pitágorica, 47, 133

Observatório Göttingen, 470, 471

octaedro, 56, 57, 77, 78, 98

Ohm, Martin, 392

Olbers, Heinrich Wilhelm, 347

Oldenburg, Henry, 272, 275, 276, 288

Olivier, Theodore, 357

Omar Khayyam, 150, 173, 174, 200

onda, equação de, 389, 400

Oresme, Nicole, 186, 187, 196

Osgood, W. F., 414

Osiander, Andreas, 205

Ostrogradsky, Mikhail, 373

Otho, Valentin, 206

Oughtred, William, 214, 219, 226, 265

Oxford, Universidade de, 186, 380
    Merton College, 186

Pachymeres, Georgio, 142

Pacioli, Luca, 197, 200, 204, 206, 208, 220

padronização do comprimento, 316

Pádua, 194, 205, 225, 268, 269, 296

Painleve, Paul, 405, 407, 415

palimpsesto, 109

Papiro de Ahmes, 30-33, 36, 182

papiro de Berlim, 30

papiro de Golenishchev, 30

papiro, 30-37, 40, 48, 50, 141

Papus de Alexandria, 121, 133, 135, 136
    Coleção matemática, 211

Papus, problema de, 137-139, 240, 241, 245
    solução de Newton do, 277

parábola, 83, 84, 103-106, 108, 113, 278, 293
    como caminho de um projétil, 232
    de Neil, 262
    dois focos da, 228
    propriedade da, 114
    quadratura da, 103, 235, 236
    semicúbica, 262, 267, 293

paraboloide, 312

paradoxo de Cramer-Euler, 362

paralelo, 104, 108, 119, 410

paralelogramos, 137, 228

parâmetro
    conceito de, 173
    método da variação dos, 321

parcimônia, princípio da, 257

Paris, Universidade de, 316, 400, 404, 415

Parmênides de Elea, 71

Pascal teorema, 358, 360
    forma moderna de Brianchon do, 358

Pascal, Blaise, 226, 236, 253

Pascal, Etienne, 253

Pascal, triângulo de, 148, 157, 174, 199, 254, 273
    novas propriedades do, 254
    soma de séries infinitas, 287

Paulo de Alexandria, 153

Peacock, George, 340, 341, 371, 375

Peano, Giuseppe, 384, 385, 410

Pearson, Karl, 421

Peirce, Benjamin O., 400

Peirce, Benjamin, 379, 381

Peirce, Charles S., 379, 381

Peirce, James Mills, 400

Pell, John, 160. Ver também equações,

Pellos, Francesco, 198

pêndulo, 260, 262, 316, 331

pentágono, 48, 57, 59, 70, 71, 78, 98

pentagrama, 57

pequeno teorema de Fermat, 250, 310

Perelman, Grigori, 440

Péricles, 64, 65

período selêucida, 39, 41

Peripatético, 99, 141, 237

permutações, 190, 281, 294, 321

pérolas de, 322

Perseu, 138

perspectiva, 198, 207, 211, 251, 284

Peste Negra, 191, 193

Petersburgo, paradoxo de, 296

Peurbach, Georg, 194

Pfaff, Johann Friedrich, 344

Philoponus, John, 142

pi
    método das frações contínuas, 269
    transcendência de, 269, 408
    valor de, 34, 102, 131, 147

Piazzi, Giuseppe, 347

Picard, Émile, 405

Piero della Francesca, 207

pirâmide, 30, 35, 75, 104
    volume da, 35, 75, 153

Pisa, Universidade de, 406

Pitágoras de Samos, 55

pitagóricas, ternas, 61, 79, 152

pitagóricos, 56-61, 339

Pitiscus, Bartholomaeus, 217

plano 220, 240, 319, 323
    gaussiano, 388
    lei do, inclinado, 138, 183, 200, 220

Planudes, Maximos, 142
    Plateau, problema de, 429

Platão de Tivoli, 179

Platão, 54, 61, 65, 67, 70, 73, 79, 82, 104, 122

Plimpton Collection, 46, 197

Plücker, Julius, 283, 361, 363, 367

Plutarco, 64, 78, 123

Poincaré, Henri, 392, 404, 405-407, 414, 438
    questões de, 438

Poisson, Simeon-Denis, 340

poliedral, fórmula, Descartes-Euler, 98, 339
    generalização da, 339

poliedros, 406, 413
    regulares, 57, 77
    semiregulares, 136

polígonos, 95, 102, 161, 187
    construção de, 346
    estrelado, 187

pólo e polar. Ver coordenadas, polares

Poncelet, Jean-Victor, 358

ponto decimal, 198, 221

ponto, ideal e imaginário. Ver infinito, pontos no

pontos evanescentes, princípio dos, 284

Pontrjagin, Lev Semenovich, 413

posicional, princípio, 46, 62, 63, 132
    zero para ocupar um lugar, 155

Posidônio, 129

Possel, Rene de, 424

postulado das paralelas, 174, 190, 301, 312
    tentativas de demonstração, 301, 313

postulados, 90
    axiomas vs., 79
    euclidianos, 90, 301
    Ver também postulado das paralelas

potências
    fracionárias, 187, 212
    irracionais, 187, 260

Princeton, Universidade de, 424, 428

princípio de Cavalieri, 75

princípio de Dirichlet, 389, 391, 414

probabilidade, 154, 254, 258, 281, 294, 415, 421
    Laplace, 321, 329
    Petersburgo, paradoxo de, 296
    Poincaré, 399, 404

probabilidade, leis da. Ver probabilidade

problema da agulha de Buffon-Laplace, 329

Problema de Apolônio, 112

problema de lugar geométrico, três e quatro retas. Ver Papus, problema de

problema deliano, 65

problema do "bambu quebrado", 161

problemas aha, 32

problemas de "pilhas", 32

Proclus, 122

produto, infinito, 268

progressões, 154
    geométrica, 154 Ver também séries

projeções, 107
    Mercator, 210

proporção divina, 207

proporção, 65, 73, 80, 84, 123, 222
    teoria pitagórica da, 133

prostaférese, 215, 222

prova dos nove, 158

prova por noves fora, 158

Psellus, Michael Constantine, 142

pseudoesfera, 313

Ptolomeu de Alexandria, 122, 126
    Almagesto, 126, 129, 130, 140, 164
    geografia, 209
    óptica, 130
    Tetrabiblos, 130

Ptolomeu, fórmulas de, 216

Puisieux, Victor, 399

Puissant, Louis, 324

Qin Jiushao, 148

quadrado mágico, 144, 208

quadrângulo, de Lambert, 174

quadratriz, 241

quadratriz de Hípias, 68

quadraturas, 68
    Ver também círculo, quadratura do; leis de reciprocidade, quadrática

quadrilátero 268, 301
    área do, 33, 49
    Saccheri, 301, 312
    teorema no, 126

quadrivium, 69, 76, 79, 142, 178

quaternions, 376-378, 381, 382
    do problema da cor, 432

raiz cúbica, 203
    caso irredutível, 216

Ramanujan, Srinivasa, 423

Ramus (Pierre de la Ramee), 210

reciprocidade, leis de, 332
    quadrática, 344, 345, 410

recíprocos
    números figurados, 293
    sumas de, 306
    tabelas babilônias, 43

Recorde, Robert, 193, 204, 214, 286

reducibilidade, 432, 433

reductio ad absurdum, 66, 97, 103, 230

reflexão, 172, 293
    lei da, 131

refração, 407

Regiomontanus, 194, 195, 198, 204, 210
    De Triangulis, 195, 205
    Epítome do Almagesto de Ptolomeu, 194

regra de falso, 33

regra de Cramer, 285

regra de três, 43, 144, 154

regressão, 421

régua de cálculo, 225, 226

relatividade geral, teoria da, 388, 420

Renascimento matemático, 210

restrição mínima, princípio da, 349

reta, Euler, 359

Índice Remissivo

retângulo, 33
    área do, 73

reticulado, 157, 209, 278

Rheticus, Georg Joachim, 205

Rhind, Henry, 30. Ver também Ahmes, Papiro de

Ribet, Ken, 437

Riccati, Jacopo, 300

Riccati, Vincenzo, 313

Ricci-Curbastro, Gregorio, 420

Ricci, equação do fluxo de, 440

Ricci, Michelangelo, 268

Richardson, G. R. D., 400

Riemann, função zeta de, 413
    Cauchy-Riemann equação de, 317, 366 Ver também integral de Riemann; superfícies de Riemann

Riese, Adam, 199

Riesz, Friedrich, 417

Robert de Chester, 179

Robertson, Neil, 434

Roberval, Gilles Persone de, 235, 236, 250

Roche, Etienne de la, 197

Rolle, Michel, 298

Roma antiga, matemática na, 121. Ver também Boécio

Roma, Universidade de, 420

romanos, numerais, 62, 184, 199, 221

Roomen, Adriaen van, 216

Rosetta, pedra de, 30

roulette. Ver cicloide

Royal Society, 259, 262, 263, 267, 268

Rudolff, Christoph, 199

Rudolph de Bruges, 179

Ruffini, Paolo, 350

Russell, Bertrand, 384, 388, 395, 411

S. Petersburgo, Universidade de, 345, 440

Saccheri, Girolamo, 301, 312, 367

Sacrobosco, 181, 194

Saks, Stanislaw, 424

Salmon, George, 375

Samuel, Pierre, 425

Sanders, Daniel P., 434

Saunderson, Nicholas, 286

Sauter-Bourbaki, Charles Denis, 424

Schering, Ernst Christian Julius, 392

Scheutz, Georg e Edvard, 227

Schickard, Wilhelm, 226

Schmidt, Erhard, 414

Schooten, Frans van, 257, 263, 271

Schouten, J. A., 420

Schubert, Hermann, 413

Schur, Issai, 422

Schwartz, Laurent, 421, 425

Schwarz, H. A., 391

Sebokt, Severus, 195

secção áurea, 57, 58, 82, 93
    propriedade iterativa da, 93

secções. Ver seções cônicas; secção áurea

seções cônicas, 84, 103, 113-116, 136, 139, 156, 172, 173, 211, 228, 248, 311
    aritmetização das, 265
    intersecções de, 82-85, 93, 103
    magna problema, 254
    princípio da continuidade, 91
    Ver também elipse; hipérbole; parábola

segunda guerra mundial, 419, 423, 424

Seidel, P. L. V., 391

semelhança, 24, 48, 404
    símbolo para, 156

seqt, 36

sequência, 228

Fibonacci, 182
probabilidade, 254
série de Mercator, 269, 270
séries, 154, 161, 162
    Bernoulli, 306
    binomial, 42, 306
    Dirichlet, 334
    divergente, 301, 339, 415
    expansão, 161
    Fourier, 333, 334, 391
    harmônica, 189, 257, 288
    infinita, 189, 258, 268, 272, 273, 275, 277, 282, 283, 287
    Maclaurin, 269
    semiconvergente, 390
Serre, Jean-Pierre, 425, 427
Serret, Joseph Alfred, 399
Servois, Francois-Joseph, 372
Severi, Francesco, 370
sexagesimais. Ver frações, sexagesimais
Seymour, Paul, 434
Shimura, Goro, 437
Siddhantas, 152, 153, 156
Sierpinski, Waclaw, 419
simbólica, álgebra. Ver álgebra simbólica
Simplício, 65, 232
Simpson, Thomas, 286
Simson, Robert, 286, 311
sinal de igualdade, 203, 204, 205
Sindhind. Ver Brahmagupta
sistema binário, 290, 291
sistema decimal, 24, 40, 43, 63, 155
    numeração, 155, 164, 170
Sluse, Rene Francois de, 259
Smith, Steve, 436
Snell, Willebrord, 238
sociedades matemáticas, 403

som, 103, 330
soma zero, jogos de, 428
sombras, teoria dos comprimentos das, 171
Speidell, John, 224
St Petersburg Academia, 303
Staudt, K. G. C. von, 361
Steiner, Jakob, 360
Steinitz, Ernst, 419
Steklov Institute, 440
Stern, Moritz, 387
Stevin, Simon, 219
Stieltjes, T.-J., 390
Stifel, Michael, 199
Stirling, James, 281, 283
Stokes, George Gabriel, 339, 389
Struik, Dirk, 420
Sturm, Jean-Jacques-Francois, 333, 400
Suidas, 126
Suiseth, Richard, 189
Sulbasutras, 151
Sumérios, 39
superfícies, 69, 106, 139
    área de, 36
    categorias eulerianas de, 312
    de um só lado, 362
    natureza abstrata das, 418
    propriedades de, 349
    Riemann, 366, 388, 420
Susa, tábuas de, 48
Suzuki, Michio, 436
Silvester II, Papa, 178
Sylvester, James Joseph, 380
tabelas
    astronômicas, 165
    babilônia, 43
    cordas, 104, 127, 128, 156

Índice Remissivo

logaritmo, 43, 224, 227
    multiplicação, 43, 145, 381
    trigonométrica, 123, 126, 215

tabelas alfonsinas, 183

tábua de contagem. Ver ábaco

Tábuas de Akhmim, 30

tábuas. Ver tábuas cuneiformes

Tait, Peter Guthrie, 389, 432, 433

Tales de Mileto, 55
    teoremas de, 55

tangente, 103, 106, 116-118
    método de Barrow, 270
    trigonométrica, 171
    Ver também curves, tangentes a

Taniyama, Yutaka, 437

Tannery, Jules, 399

Tarski, Alfred, 424

Tartaglia, Niccolo, 200, 201

Tate, John, 425

Taylor, 269, 283, 284 Ver também
    convergência; progressão

Taylor, Brook, 284, 296, 440

Taylor, R., 438

Tchebycheff. Ver Chebyshev, Pafnuty Lvovich

Teaetetus, 76, 77, 82, 97, 385

telescópio, 305

tendências recentes em, 431
    simultaneidade de descoberta em, 262, 364
    três problemas clássicos, 64
    Ver também aplicada, matemática

tensores, 378

Teodoro de Cirene, 76

Teon de Alexandria, 88, 98, 124

teorema binomial, 150, 268, 269, 272

teorema da corda quebrada, 107

teorema da ordem ímpar, 436

Teorema de Apolônio, 118

teorema de Bolzano-Weierstrass, 393

teorema de Cauchy-Kowalewski, 339

teorema de classificação, 435

Teorema de Green, 389

teorema de Pitágoras, 33, 49, 56, 66, 70, 128, 137
    análogo tridimensional do, 183

teorema do número primo, 423

teorema do valor médio, de Cauchy, 337

teorema integral de Cauchy, 339

teoria da complexidade, 431

teoria da medida, 415, 421

teoria das categorias, 426

teoria das funções, 244, 309, 320
    aritmetização da, 384
    Riemann, 388

teoria de Hamilton-Jacobi, 389

teoria dos conjuntos, 393, 397, 398, 410, 416-418
    Cantor, 393, 418

teoria dos erros, 339, 348

teoria dos jogos, 428

teoria quântica, 428

terra, tamanho e forma da, 122

Tesouro da análise, 112

teste chi-quadrado, 421

tetractys, 58

tetraedro, 58, 78
    centroide de, 324
    problema de Hilbert, 411
    volume do, 328

Thabit ibn-Qurra, 169, 171

Thomas, Charles X., 227

Thomas, Robin, 434

Thompson, John, 436

Thomson, William. Ver Kelvin, Lord

Thurston, William, 439

Timaeus de Locri, 77

Tomás de Aquino, 185

topologia, 366, 369, 406, 413
    algébrica (combinatória), 418, 426
    conjuntos, 406, 418
    questão de Poincare, 438

Torricelli, Evangelista, 235, 236, 242, 251, 255

trabalhos de
    Contador de areia, 101
    Livro de lemas, 106
    Quadratura da Parábola, 103, 185, 236
    Sobre a esfera e o cilindro, 105, 110
    Sobre conoides e esferoides, 104
    Sobre corpos flutuantes, 100, 110
    Sobre espirais, 110, 185
    Sobre medidas do círculo, 148
    Sobre o equilíbrio de planos, 100, 108, 110

trajetórias, 236

transcendentais, funções, 278, 289, 306
    elementares, 405
    identidades de Euler, 305

transfinito, ordinal. Ver número, transfinito

transformações, 33, 44, 67, 116, 278, 297
    afins, 369
    de Cayley, 381
    de Cremona, 361
    estereográfica, 118
    inversão, 360
    que preservam ângulos, 361
    topológica, 406
    Tschirnhaus, 297
    Ver também geometria, projetiva

transformada de Laplace, 329

transversais, 124, 328

trapézio, área do, 67

tratriz, 262, 367

três corpos, problema dos, 318

três, regra de, 32, 43, 144

triângulo
    área do, 168, 313, 327
    centro de gravidade, 108
    congruente, 124
    de Pascal. Ver Pascal. triângulo
    Desargues, teorema de, 253
    diferencial, 188
    reta de Euler do, 311
    harmônico, 287, 288
    infinitesimal, 287
    isósceles, 33, 47, 49, 55, 57, 66, 301, 413
    oblíquo, 214
    Regiomontanus, 205
    retângulo, 50, 66, 70, 206, 214, 216
    teorema de Menelaus, 300

trigonometria, 305, 313
    medieval européia, 172
    periodicidade das funções, 216
    primeira tabela, 124
    Renascimento, 194
    seis funções da, 171
    teorema de, 94
    teoria unificada dos campos, 420
    Trinity College (Dublin), 340
    trissectriz. Ver quadratriz
    Tschirnhaus, Ehrenfried Walter von, 297
    Turing, Alan, 428
    Tusi, Nasir al-Din al-, 174
    uniformização, 413
    Uruk, tábuas de barro de, 40
    Uryson, Pavel, 418
    Ver também tabelas, trigonométricas

último teorema de Fermat, 437
    demonstração do, 438

University College, 375, 380, 431

Vallee-Poussin, C. J. de la, 345

valor de lugar. Ver princípio posicional,

Vandermonde, Alexandre-Theophile, 335

Vandiver, H. A., 437

Varahamihira, 152

variação, taxa de, 187

variações, cálculo das, 295, 300

variedades, 420, 425-427
    Clifford e Klein, 382
    tridimensional, 439

Varignon, Pierre, 298

Veblen, Oswald, 432

velocidade, 284
    diagrama de, 231
    Ver também derivada; fluxos

venerável Beda, 178

vetores. Ver espaço, vetorial

vetorial, análise, 381, 390

Viena, Universidade de, 194

Viete, Francois, 211-216, 219, 225

Vitruvius, 121

Vlacq, Adriaan, 223

Voltaire, 277, 280, 316

volume, 75, 88, 100
    cilindro, 109
    cone, 109
    de sólidos, 88
    pirâmide, 49, 75, 147
    quase atômico, 233
    segmento esférico, 109
    tetraedro, 147

von. Ver nome a seguir deste prefixo

Waerden, B. L. van der, 419

Wallis, John, 255, 262, 265
    Arithmetica Infinitorum, 266

Waring, Edward, 311

Waring, problema de, 414

Weber, Heinrich, 382, 383

Weber, Wilhelm, 349, 388

Weierstrass, Karl, 384, 388, 390, 391, 392, 393

Weigel, Erhard, 227

Weil, André, 407, 424, 426, 427, 437

Werner, Benjamin, 434

Werner, fórmulas de, 215

Werner, Johannes, 206

Wessel, Caspar, 336, 349

Weyl, Hermann, 418, 420, 423

Whitehead, Alfred North, 411

Whitehead, J. H. C., 439

Widman, Johann, 199

Wiener, H., 411

Wiener, Norbert, 428

William de Moerbeke, 185

Wilson, John, 311

Wilson, teorema de, 321

Wingate, Edmund, 226

Witt, Jan de, 258

Wren, Christopher, 267

Wright, Edward, 210

Wright, Thomas, 309

Xenócrates, 85

Xenofonte, 68

Yale coleção, 42, 49

Yang Hui, 148, 150

Yau, Shing-Tung, 440

Young, Thomas, 30

Zach, Frenz Xaver von, 350

Zariske, Oscar, 426

Zeno de Eleia, 54, 64, 73
    paradoxos de, 75, 85

Zenodoro, 138

Zermolo, Ernst, 411

zero, 41, 81, 145, 160
    divisão, 160
    imaginario, 388
    origem da palavra, 155, 181
    símbolo para, 155

Zeuthen, H. G., 370

Zhoubi Suanjing, 143

Zhu Shijie, 148

Zhu, Xi-Ping, 440

Zippin, Leo, 413

Zolotarev, Egor, 422
Zu Chengzhi (son), 147
Zu Chongzhi (father), 147
Zurique, Universidade de, 420